国家科学技术学术著作
出版基金资助出版

工业和信息化部“十四五”规划教材

弹箭外弹道学（第2版）

韩子鹏　常思江　等　编著

EXTERIOR BALLISTICS OF PROJECTILES AND ROCKETS (2ND EDITION)

北京理工大学出版社
BEIJING INSTITUTE OF TECHNOLOGY PRESS

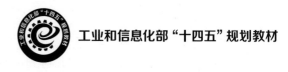

内容简介

本书较为全面地讲述了无控弹箭和有控弹箭的无控、有控飞行外弹道理论，其中包括：有关地球和大气的知识；弹箭空气动力的机理和计算方法；标准条件下的弹箭质心运动及非标准条件下的弹道修正；提高火炮武器系统射击准确度的方法；旋转稳定和尾翼稳定炮弹的角运动及散布分析；尾翼式火箭和涡轮式火箭的角运动及散布分析；弹箭飞行的线性运动稳定性；弹箭非线性角运动特性；外弹道设计与外弹道试验；底部排气弹和装液弹的外弹道；有控弹箭飞行控制理论以及一些新型弹箭的外弹道特点。本书将传统外弹道学的研究领域拓宽，知识加深，适应了现代弹箭向远程精确打击方向发展的需要。

本书可供外弹道学、飞行力学、火炮、弹药、火控、引信、制导、雷达等专业的科研、工程技术人员和军队干部参考使用，也可供相关院校专业本科生和研究生教学之用。

图书在版编目（CIP）数据

弹箭外弹道学／韩子鹏等编著. --2版. --北京：北京理工大学出版社，2022. 12

ISBN 978-7-5763-2037-4

Ⅰ. ①弹… Ⅱ. ①韩… Ⅲ. ①火箭弹外弹道学—教材 Ⅳ. ①TJ013. 2

中国国家版本馆CIP数据核字（2023）第008653号

出版发行／北京理工大学出版社有限责任公司
社　　址／北京市海淀区中关村南大街5号
邮　　编／100081
电　　话／（010）68914775（总编室）
　　　　　（010）82562903（教材售后服务热线）
　　　　　（010）68944723（其他图书服务热线）
网　　址／http://www.bitpress.com.cn
经　　销／全国各地新华书店
印　　刷／保定市中画美凯印刷有限公司
开　　本／787毫米×1092毫米　1/16
印　　张／39. 25
字　　数／921千字
版　　次／2022年12月第2版　2022年12月第1次印刷
定　　价／138. 00元

责任编辑／孟雯雯
文案编辑／王玲玲
责任校对／刘亚男
责任印制／李志强

前 言

PREFACE

弹箭外弹道学是武器系统有关专业共有的一门基础课，如火炮和火箭炮、炮弹、火箭弹与航空炸弹、引信、雷达、火控、导航与制导、靶场试验与测控专业等都在不同程度上需要外弹道学知识；武器系统从论证、设计、加工、试验、定型、生产到作战指挥、战斗使用、长期储存等每个环节，都涉及外弹道知识和理论。因此，外弹道书籍在满足相关专业技术人员、机关人员、军队干部工作需要以及培养大学生、研究生方面都是十分重要的，这是编写本书的主要目的。

此外，近30年来，由于计算机技术、光电测控技术、信息技术、材料加工技术的突飞猛进，加上数学、力学、控制理论的发展，以及现代战争对武器要求的强力推动，使武器系统与弹箭的研制和装备大为改观，这一方面对外弹道学提出了许多新问题、新要求，另一方面也给外弹道学的发展创造了条件，出现了许多新理论、新成果，需要及时归纳、总结、提升，这是编写本书的另一个目的。

当今世界各国弹箭发展的总趋势是增大射程、提高命中精度和提升打击效果，因此，出现了一大批已装备部队或正在研制的新型弹箭，如末敏弹、弹道修正弹、简易控制火箭、制导火箭和炸弹、末制导炮弹、火箭助推远程滑翔增程弹等。它们既不是普通的无控弹，也不是一般意义下带有火箭发动机、全程制导的导弹，而是仍以普通火炮、火箭炮发射或飞机投放，通常不带动力，只在全弹道部分弧段上采用简易控制、弹道修正、弹道末端制导或目标敏感的信息化、智能化、制导化弹箭。这些弹箭除了在作用原理和结构上不同于普通弹箭外，在其飞行原理、运动规律和弹道特性上也区别于普通弹箭。例如，末敏弹要形成对地面目标区的螺旋扫描运动；弹道修正弹在受到脉冲作用或阻力片作用后，要改变飞行姿态和轨迹，向目标靠拢；主动段简易控制火箭利用燃气流作用产生控制力矩，抑制弹轴的摆动，抵消外界的干扰，提高射击密集度；滑翔增程弹箭的全弹道既有无控自由飞行段，又有火箭助推段，还有滑翔控制飞行段；末制导炮弹由火炮发射，先经过短暂延迟时间火箭点火加速，再经过自由飞行，然后进入惯性制导滑翔增程，最后转入末段自动导引；制导炸弹和制导火箭常采用捷联惯导+卫星联合制导体制，大幅度提高命中精度。一维修正弹、卫星制导迫弹和精确制导组件（PGK）二维修正弹的大部分弹道还是无控的，其射击精度不仅与控制有关，还与射表的精度、适时弹道预测和弹道解算的精度等有关。

总之，由火炮和火箭炮发射的新型弹箭已不是完全自由飞行了，而是在一条弹道上既有无控飞行段，又有火箭助推或火箭、底排复合工作段，还有滑翔控制段、弹道修正段或自动导引段等。因此，在进行外弹道设计、计算和分析时，既需要无控炮弹外弹道方面的知识，又要有火箭外弹道、底排外弹道知识，还要有修正弹道及有控弹道方面的知识，缺少其中部分知识，就形成不了新型弹箭全弹道的概念，就会在工作中造成障碍。但这些理论和知识分散在若干本书中，符号各成系统，不利于搞清楚它们之间的关联，而且可能造成重复叙述，增加了学习时间。

因此，本书根据新型弹箭的弹道特点和发展需要，将火炮外弹道、火箭外弹道、底排外弹道、有控弹箭飞行理论和知识有机地融合到一起，统一讲述，能基本满足读者今后工作中对外弹道理论和知识的需求，并为进一步深入研究打下基础。

全书共分为19章，第1章介绍有关地球和大气的知识，第2章讲述了作用在弹箭上的空气动力，第3章和第4章介绍了标准条件下的弹箭质心运动方程组及非标准条件下的弹道修正，第5章介绍了几种弹道解法，第6章讲述了6自由度刚体弹道方程及弹箭角运动方程，第7章和第8章分别讲述了旋转稳定弹和尾翼稳定弹的角运动及对质心运动的影响，第9章介绍了火箭运动方程组的建立，第10章和第11章分别讲述了尾翼式火箭和旋转稳定火箭的角运动与散布分析，第12章全面讲述了弹箭飞行稳定性理论，第13章介绍了弹箭非线性运动及稳定性的一些知识，第14章结合一些例子讲述了外弹道设计理论及方法，第15章介绍了外弹道试验与射表编制等方面的知识，第16章讲述了底部排气弹的弹道计算与分析，第17章介绍了装液弹的外弹道特性，第18章简述了弹箭有控飞行的相关知识，第19章讲述了若干新型弹箭外弹道的特性及相关技术、理论。

本书是以2014年出版的《弹箭外弹道学》一书为蓝本修订而成的。此次修订，除了对书中的文字、公式、图表等进行全面订正外，还新增了一些实用知识或近年来的最新研究成果，如“第2.8节弹箭空气动力系数的工程算法和数值算法”“第4.12.7节提高射击准确度的自主闭环校射系统”“第4.12.8节提高射击准确度的数字气象预报”“第12.7节转速－攻角闭锁”“第13.7节非线性静力矩和马氏力矩作用下旋转弹箭的极限圆运动”“第19.5.4节无迹卡尔曼滤波及其在弹道预测中的应用”等。此外，对部分章节（如第7、8、13及19章等）中一些较复杂的公式补充了详细的推导过程，便于读者阅读。同时，为突出重点、节约篇幅，适当删除了某些章节的部分内容。修订过程中，还增加了部分参考文献。

最后，本书还编制了工作中经常要用到的地面火炮弹道表、高射火炮弹道表、低伸弹道表、火箭外弹道特征函数表、斯图瓦特森表的计算机执行程序，感兴趣的读者可发 E - mail 至 changsijiang@ 126. com 向作者索要。

本书由韩子鹏、常思江等编著，其中，赵子华教授编写了第 16 章，刘世平研究员参加了第 15 章的编写，李磊研究员参加了第 17 章的编写，钱龙军教授、丁松滨教授、舒敬荣教授、张邦楚教授、李臣明教授、曹小兵教授参与了第 19 章的编写，余军教授编写了附录，何宏让教授为第 4 章的数字气象预报提供了素材，史金光研究员、陈琦副研究员、李岩副研究员参与了第 4 章的修订，李东阳博士参与了第 12、13 章的修订，常思江编修了第 2、4、7、8、12、13、15、18、19 章中的有关内容及全部习题，其他章节由韩子鹏编写。全书由韩子鹏、常思江共同统稿。本书还参考了大量国内外专家、学者、工程技术人员和研究生发表的著作、论文，在此向这些同志、同行表示衷心的感谢！

南京理工大学郭锡福教授、原总装 32 基地闫章更将军（研究员）对本书进行了详细的审阅，提出了宝贵的修改意见，特在此致以最诚挚的谢意！

由于编著者水平有限，书中缺点在所难免，敬请读者批评指正。

编著者

2022 年 3 月于南京理工大学

目录
CONTENTS

绪论 …… 001

第1章　有关地球和大气的知识 …… 004

1.1　重力和重力加速度 …… 004

1.2　地球旋转产生的科氏惯性力 …… 006

1.3　大气的组成与结构 …… 007

1.3.1　大气的组成 …… 007

1.3.2　大气的结构 …… 007

1.4　虚温、气压、密度、声速和黏性系数沿高度的分布 …… 009

1.4.1　空气状态方程和虚温 …… 009

1.4.2　气压、气温随高度的分布 …… 011

1.4.3　空气密度随高度的变化 …… 012

1.4.4　声速随高度的变化 …… 012

1.4.5　黏性系数随高度的变化 …… 013

1.5　风的分布 …… 013

1.5.1　自由大气中的地转风 …… 014

1.5.2　近地面层中风速的对数分布 …… 015

1.5.3　上部边界层的艾克曼螺线 …… 016

1.5.4　大气环流和季风 …… 017

1.6　标准气象条件 …… 017

1.6.1　国际标准大气和我国国家标准大气 …… 018

1.6.2　我国炮兵标准气象条件 …… 018

1.6.3　我国空军航弹标准气象条件 …… 020

1.6.4　海军标准气象条件 …… 020

本章知识点 …… 022
本章习题 …… 022

第 2 章　作用在弹箭上的空气动力 …… 023

2.1　弹箭的气动外形和两种飞行稳定方式 …… 023
2.2　空气阻力的组成 …… 025
2.2.1　旋转弹的零升阻力 …… 025
2.2.2　尾翼弹的零升阻力 …… 033
2.3　阻力系数、阻力定律、弹形系数和阻力系数的雷诺数修正 …… 033
2.3.1　阻力系数曲线变化的特点 …… 034
2.3.2　阻力定律和弹形系数 …… 034
2.3.3　阻力系数的雷诺数修正 …… 037
2.4　空气阻力加速度、弹道系数和阻力函数 …… 038
2.5　有攻角时弹箭的静态空气动力和力矩 …… 039
2.5.1　弹体的法向力 R_n 和轴向力 R_A …… 040
2.5.2　弹体（或弹身）的阻力系数 c_x 和升力系数 c_y …… 040
2.5.3　弹翼、尾翼、前翼的升力和阻力 …… 041
2.5.4　全弹的升力系数和阻力系数 …… 043
2.5.5　静力矩 M_z 和压力中心 x_p …… 047
2.6　作用在弹箭上的动态空气动力和力矩 …… 049
2.6.1　赤道阻尼力矩 M_{zz} …… 049
2.6.2　极阻尼力矩 M_{xz} …… 050
2.6.3　尾翼导转力 M_{xw} …… 051
2.6.4　马格努斯力 R_z …… 052
2.6.5　马格努斯力矩 M_y …… 054
2.6.6　非定态阻尼力矩（或下洗延迟力矩）$M_{\dot{\alpha}}$ …… 056
2.6.7　其他空气动力和力矩 …… 056
2.7　作用在有控弹箭上的气动力和力矩 …… 057
2.7.1　作用在有控弹箭上的空气动力 …… 058
2.7.2　作用在有控弹箭上的空气动力矩 …… 060
2.8　弹箭空气动力系数的工程算法和数值算法 …… 066
2.8.1　概述 …… 066
2.8.2　静态气动力系数的工程算法 …… 067
2.8.3　动态气动力系数的工程算法 …… 083
2.8.4　弹箭空气动力数值计算方法简介 …… 086
2.8.5　气动力系数使用时应注意的问题 …… 088
本章知识点 …… 089
本章习题 …… 090

第 3 章　标准条件下弹箭质心运动方程组及弹道特性 …… 091

3.1　基本假设 …… 091
3.2　质心运动方程组的建立 …… 092
3.2.1　直角坐标系里的弹箭质心运动方程组 …… 093
3.2.2　自然坐标系里的弹箭质心运动方程组 …… 093
3.2.3　以 x 为自变量的弹箭质心运动方程组 …… 094
3.3　抛物线弹道的特点 …… 095
3.3.1　抛物线弹道诸元公式 …… 095
3.3.2　真空弹道的特点 …… 096
3.4　空气弹道的一般特性 …… 098
3.4.1　速度沿全弹道的变化 …… 098
3.4.2　空气弹道的不对称性 …… 100
3.4.3　最大射程角 …… 101
3.4.4　空气弹道由 c、v_0、θ_0 三个参数完全确定 …… 102
本章知识点 …… 103
本章习题 …… 103

第 4 章　非标准条件下的质心运动方程组、弹道修正、散布和准确度 …… 105

4.1　标准条件和修正理论概述 …… 105
4.1.1　标准条件 …… 105
4.1.2　修正理论概述 …… 106
4.2　考虑弹道条件和气象条件非标准时的弹箭质心运动方程组 …… 107
4.3　考虑地形、地球条件非标准时的弹箭质心运动方程组 …… 108
4.4　初速、弹重、药温非标准时的微分修正 …… 110
4.5　对气温、气压非标准的微分法修正，弹道相似原理 …… 111
4.5.1　弹道相似原理的导出 …… 111
4.5.2　气温、气压非标准时的射程和飞行时间微分修正公式 …… 113
4.6　气温、气压修正和密度声速修正的匹配问题 …… 115
4.6.1　对单独空气密度偏差的修正 …… 115
4.6.2　对声速非标准的修正 …… 116
4.7　对风的修正 …… 117
4.7.1　横风产生的侧偏（运动方程求解法） …… 117
4.7.2　横风产生的侧偏（相对运动法） …… 117
4.7.3　纵风对射程的修正 …… 118
4.8　弹道准确层权和近似层权 …… 119
4.8.1　弹道平均值和层权 …… 119
4.8.2　准确层权的计算方法和特点 …… 120
4.8.3　近似层权 …… 122

4.8.4 准确层权与近似层权的比较 …… 126
4.9 气象探测和气象通报 …… 126
4.9.1 编报规则 …… 127
4.9.2 地炮气象通报 …… 127
4.9.3 高射炮兵弹道气象通报 …… 128
4.9.4 地炮计算机气象通报 …… 129
4.10 火炮运动时的修正 …… 130
4.11 炮耳轴与炮身轴线不垂直及炮耳轴倾斜时的修正 …… 131
4.11.1 炮耳轴与炮身轴线不垂直时的修正 …… 131
4.11.2 炮耳轴倾斜时的方向修正 …… 132
4.12 射击准确度的定义、计算方法及提高射击准确度的方法 …… 134
4.12.1 射击准确度的定义及对毁伤效率的重要性 …… 134
4.12.2 射击密集度、准确度和精度的试验测量方法与计算公式 …… 135
4.12.3 影响射击准确度的误差源分析 …… 138
4.12.4 准确度的理论计算方法 …… 139
4.12.5 准确度的误差分配和设计 …… 140
4.12.6 提高射击准确度的方法 …… 143
4.12.7 提高射击准确度的自主闭环校射系统 …… 145
4.12.8 提高射击准确度的数字气象预报 …… 149
4.13 火箭弹道修正和低空弹道风计算 …… 157
4.13.1 低空风修正和低空弹道风计算 …… 158
4.13.2 对比冲的修正 …… 159
4.13.3 对药量的修正 …… 159
4.13.4 对火箭药温的修正 …… 160
本章知识点 …… 160
本章习题 …… 160

第5章 弹道解法 …… 161

5.1 概述 …… 161
5.2 弹道方程的数值解法 …… 161
5.2.1 龙格-库塔(Runge-Kutta)法 …… 162
5.2.2 阿当姆斯预报-校正法 …… 162
5.3 弹道表解法 …… 163
5.4 级数解法 …… 164
5.4.1 引言 …… 164
5.4.2 任意点弹道诸元公式 …… 165
5.5 直射距离和有效射程 …… 167
本章知识点 …… 168
本章习题 …… 168

第 6 章　弹箭刚体弹道方程的建立 …… 169
6.1　坐标系及坐标变换 …… 169
6.1.1　坐标系 …… 169
6.1.2　各坐标系间的转换关系 …… 171
6.2　弹箭运动方程的一般形式 …… 174
6.2.1　速度坐标系上的弹箭质心运动方程 …… 174
6.2.2　弹轴坐标系上弹箭绕质心转动的动量矩方程 …… 175
6.2.3　弹箭绕质心运动的动量矩计算 …… 176
6.2.4　有动不平衡时的惯性张量和动量矩 …… 177
6.2.5　弹箭绕心运动方程组 …… 178
6.2.6　弹箭刚体运动方程组的一般形式 …… 179
6.3　有风情况下的气动力和力矩分量的表达式 …… 179
6.3.1　相对气流速度和相对攻角 …… 179
6.3.2　有风时的空气动力 …… 180
6.3.3　有风时的空气动力矩 …… 181
6.4　弹箭的 6 自由度刚体弹道方程 …… 183
6.5　弹箭的角运动方程及角运动的几何描述 …… 184
6.5.1　角运动的几何描述，球坐标和复数平面 …… 185
6.5.2　等效力的概念 …… 186
6.5.3　弹箭角运动方程的建立 …… 187
6.5.4　弹箭攻角方程的建立 …… 189
本章知识点 …… 190
本章习题 …… 190
第 7 章　旋转稳定弹的角运动及对质心运动的影响 …… 191
7.1　引言 …… 191
7.2　弹箭速度和转速的变化 …… 192
7.2.1　弹箭质心速度的变化规律 …… 192
7.2.2　旋转稳定炮弹的自转和转速的衰减 …… 192
7.3　攻角方程齐次解的一般形式——二圆运动 …… 193
7.3.1　攻角方程解的一般形式 …… 193
7.3.2　攻角模 δ、进动角 ν 与二圆运动间的一些关系 …… 195
7.3.3　气动参数与角运动参数间的关系 …… 195
7.3.4　一圆运动和二圆运动产生的原因 …… 195
7.3.5　高速自转物体陀螺效应的物理解释 …… 197
7.4　仅考虑翻转力矩时攻角方程的齐次解——起始扰动产生的角运动 …… 198
7.4.1　由起始攻角速度 $\dot{\delta}_0$ 产生的角运动 …… 199
7.4.2　由起始攻角 δ_0 产生的角运动 …… 201

7.5 起始扰动对初速方向的影响——气动跳角 …… 202
7.5.1 由起始扰动 $\dot{\Delta}_0$ 产生的平均偏角（或气动跳角） …… 203
7.5.2 由起始扰动 Δ_0 产生的气动跳角 …… 204
7.6 起始扰动对质心运动轨迹的影响——螺线弹道 …… 205
7.7 攻角方程的非齐次解——重力产生的动力平衡角 …… 207
7.7.1 动力平衡角的数学推导 …… 207
7.7.2 动力平衡角沿全弹道的变化 …… 209
7.7.3 动力平衡角的物理解释和简易推导方法 …… 211
7.7.4 马也夫斯基方程与刚体运动方程简化 …… 212
7.8 简化刚体运动方程 …… 214
7.9 动力平衡角对弹道轨迹的影响——偏流 …… 214
7.10 修正质点弹道方程 …… 217
7.10.1 自然坐标系里的修正质点弹道方程 …… 217
7.10.2 直角坐标系里的修正质点弹道方程 …… 218
7.10.3 北约（NATO）国家修正质点弹道方程 …… 219
7.11 考虑全部外力和力矩时起始扰动产生的角运动 …… 221
7.12 非对称因素产生的角运动及对质心运动的影响 …… 223
7.12.1 动不平衡产生的角运动及对质心运动的影响 …… 223
7.12.2 气动外形不对称产生的角运动及对质心运动的影响 …… 226
7.13 风引起的角运动及对质心运动的影响 …… 227
本章知识点 …… 229
本章习题 …… 229

第 8 章 尾翼稳定弹的角运动及对质心运动的影响 …… 230

8.1 概述 …… 230
8.2 非旋转尾翼弹由起始扰动产生的角运动及对质心运动的影响 …… 230
8.2.1 非旋转尾翼弹的空间运动形式 …… 230
8.2.2 非旋转尾翼弹的平面运动形式 …… 233
8.2.3 起始扰动对速度方向的影响——气动跳角 …… 234
8.3 低旋尾翼弹的导转和平衡转速 …… 234
8.4 低旋尾翼弹由起始扰动引起的角运动及对质心运动的影响 …… 235
8.5 尾翼弹的动力平衡角及偏流 …… 237
8.5.1 非旋转尾翼弹的动力平衡角及滑翔效应 …… 237
8.5.2 低旋尾翼弹的动力平衡角及偏流 …… 238
8.6 尾翼弹由非对称性产生的角运动及对质心运动的影响 …… 239
8.6.1 不旋转情况 …… 239
8.6.2 旋转情况 …… 239
8.7 风引起的角运动及对质心运动的影响 …… 240
8.7.1 非旋转情况 …… 240

8.7.2　旋转情况 …… 241
本章知识点 …… 241
本章习题 …… 241

第9章　火箭运动方程组的建立 …… 243

9.1　概述 …… 243
9.2　推力、比冲、喷管导转力矩、推力偏心力矩和推力侧分力 …… 246
9.2.1　推力、比冲及其测量 …… 246
9.2.2　涡轮式火箭的推力和喷管导转力矩 …… 248
9.2.3　推力偏心力矩和推力侧分力 …… 249
9.3　火箭作为变质量物体的质心运动方程和转动运动方程 …… 249
9.3.1　火箭质心运动方程 …… 249
9.3.2　火箭绕质心转动运动方程 …… 251
9.4　火箭刚体运动方程组 …… 251
9.4.1　自由飞行段刚体运动方程组 …… 251
9.4.2　滑轨段运动方程 …… 252
9.4.3　半约束期重力矩引起的角运动解析解 …… 253
9.4.4　炮口碰撞问题 …… 254
9.5　火箭的角运动方程组和攻角方程 …… 255
9.5.1　火箭的角运动方程 …… 255
9.5.2　火箭的攻角方程 …… 256
本章知识点 …… 258
本章习题 …… 258

第10章　尾翼式火箭的角运动和散布分析 …… 259

10.1　角运动方程的齐次解——起始扰动产生的角运动和散布 …… 259
10.1.1　起始扰动产生的攻角和偏角 …… 259
10.1.2　有效定向器长的概念 …… 262
10.1.3　起始扰动产生的攻角和偏角的性质 …… 262
10.1.4　由起始扰动产生的散布计算 …… 268
10.2　推力偏心产生的角运动和散布 …… 269
10.2.1　非旋转尾翼式火箭由推力偏心产生的攻角和偏角 …… 269
10.2.2　低旋尾翼式火箭由推力偏心产生的攻角和偏角 …… 272
10.2.3　由推力偏心产生的散布计算 …… 276
10.3　风对火箭角运动的影响和散布计算 …… 276
10.3.1　垂直风产生的攻角和偏角 …… 277
10.3.2　非旋转尾翼式火箭由风产生的角运动和风偏 …… 278
10.3.3　影响尾翼式火箭风偏的因素分析 …… 280
10.3.4　低旋尾翼式火箭由风产生的角运动和风偏 …… 281

10.3.5 低空随机风产生的散布…… 282
10.4 动不平衡引起的角运动和散布…… 282
10.4.1 动不平衡对火箭主动段角运动的影响…… 282
10.4.2 影响因素分析…… 282
10.4.3 散布计算分析…… 283
本章知识点…… 283
本章习题…… 283

第11章 旋转稳定火箭的角运动分析 …… 284

11.1 概述…… 284
11.2 起始扰动引起的角运动…… 284
11.2.1 旋转稳定火箭的角运动方程及齐次方程的解…… 284
11.2.2 攻角和偏角的分析…… 286
11.2.3 影响偏角的因素分析…… 288
11.2.4 涡轮式火箭的“倾离”效应和定偏 …… 289
11.3 推力偏心引起的角运动…… 289
11.3.1 推力偏心产生的攻角和偏角…… 289
11.3.2 影响因素分析…… 290
11.4 风引起的角运动…… 291
11.4.1 垂直风产生的攻角和偏角…… 291
11.4.2 垂直风引起的攻角和偏角曲线变化特点…… 292
11.4.3 影响风偏的因素分析…… 293
11.5 动不平衡的影响…… 294
本章知识点…… 295
本章习题…… 295

第12章 弹箭的飞行稳定性 …… 296

12.1 弹箭飞行稳定性的基本概念…… 296
12.2 静稳定、陀螺稳定和动态稳定…… 297
12.3 动态稳定性判据…… 299
12.3.1 炮弹动态稳定性判据的推导…… 299
12.3.2 动态稳定域的划分…… 301
12.3.3 火箭主动段动态稳定性条件…… 302
12.3.4 关于动态稳定性判据的讨论…… 303
12.4 弹箭在曲线弹道上的追随稳定性…… 306
12.4.1 尾翼弹的追随稳定性…… 306
12.4.2 旋转稳定弹的追随稳定性…… 307
12.5 低速旋转尾翼弹的共振不稳定…… 307
12.6 转速闭锁及灾变性偏航…… 310

12.6.1　诱导滚转力矩和诱导侧向力矩 …… 310
12.6.2　转速闭锁问题 …… 313
12.6.3　转速闭锁情况下的角运动稳定性 …… 315
12.7　转速－攻角闭锁 …… 316
12.7.1　概述 …… 316
12.7.2　描述转速－攻角闭锁的动力学模型 …… 316
12.7.3　转速－攻角闭锁的数值仿真 …… 318
本章知识点 …… 321
本章习题 …… 321
第13章　弹箭的非线性运动及稳定性 …… 322
13.1　弹箭非线性运动概述 …… 322
13.1.1　弹箭非线性运动的特点 …… 322
13.1.2　微分方程的定性分析法 …… 323
13.1.3　奇点理论 …… 324
13.1.4　非线性微分方程的近似解法 …… 326
13.2　尾翼弹平面非线性运动的极限环 …… 326
13.2.1　运动方程 …… 326
13.2.2　非线性角运动方程的第一次近似解 …… 327
13.2.3　相平面分析 …… 328
13.2.4　极限运动的能量解释 …… 331
13.3　强非线性静力矩作用下的椭圆函数精确解 …… 332
13.3.1　椭圆积分和椭圆函数 …… 332
13.3.2　在三次方静力矩作用下的精确解 …… 332
13.4　振幅平面法——尾翼弹的极限平面运动 …… 336
13.4.1　运动方程的近似求解 …… 336
13.4.2　振幅平面法 …… 338
13.5　非旋转弹箭的极限圆运动 …… 342
13.5.1　角运动方程 …… 342
13.5.2　运动方程的近似求解 …… 343
13.5.3　极限圆运动 …… 344
13.6　非线性马格努斯力矩作用下旋转弹箭的运动及稳定性 …… 347
13.6.1　运动方程的近似求解 …… 347
13.6.2　动态稳定性分析 …… 348
13.7　非线性静力矩和马氏力矩作用下旋转弹箭的极限圆运动 …… 352
13.7.1　运动方程的近似求解 …… 352
13.7.2　极限圆运动的稳定性 …… 355
本章知识点 …… 357
本章习题 …… 357

第14章 外弹道设计 …… 358
14.1 概述 …… 358
14.2 旋转稳定炮弹的火炮膛线缠度设计 …… 359
14.2.1 陀螺稳定性和膛线缠度上限 …… 359
14.2.2 追随稳定性和膛线缠度下限 …… 361
14.2.3 单装药号火炮的膛线缠度设计 …… 361
14.2.4 多装药号火炮膛线缠度的设计 …… 362
14.2.5 多弹种火炮膛线缠度的设计 …… 362
14.3 涡轮式火箭喷管倾角设计 …… 363
14.3.1 喷管最小倾角的确定 …… 363
14.3.2 喷管最大倾角的确定 …… 363
14.3.3 喷管倾角的选取 …… 364
14.4 尾翼炮弹和火箭静稳定度与转速的选择 …… 364
14.4.1 尾翼炮弹的静稳定度选择 …… 364
14.4.2 尾翼炮弹的转速设计 …… 364
14.4.3 尾翼弹低速旋转的范围 …… 365
14.4.4 尾翼式火箭炮口转速的选择 …… 366
14.4.5 尾翼式火箭静稳定度的选择 …… 366
14.5 火箭推力加速度与初速匹配的问题 …… 367
14.6 地面火炮初速级的确定 …… 370
14.7 外弹道优化设计与仿真 …… 372
14.7.1 外弹道优化设计 …… 372
14.7.2 外弹道仿真 …… 375
本章知识点 …… 377
本章习题 …… 377

第15章 外弹道试验与射表编制 …… 378
15.1 概述 …… 378
15.2 外弹道试验常用测试仪器和测试原理 …… 378
15.2.1 弹箭飞行时间测量方法及测时仪 …… 378
15.2.2 多普勒雷达测速原理 …… 379
15.2.3 外弹道坐标测量的仪器和方法 …… 380
15.2.4 弹箭运动姿态的测定 …… 384
15.2.5 转速测定试验 …… 388
15.2.6 气象诸元测量 …… 388
15.2.7 弹、炮静参数测量 …… 390
15.2.8 外弹道室内试验 …… 390
15.3 卫星定位与弹道测量 …… 390

15.3.1　概述 ………………………………………………………………………… 390
15.3.2　WGS－84 坐标系 ………………………………………………………… 392
15.3.3　WGS－84 坐标系向东北天坐标系及弹道坐标系转换 ………………… 393
15.4　外弹道试验项目、中间偏差估计和反常结果剔除 ……………………… 394
15.4.1　外弹道室外试验的主要项目 ……………………………………………… 394
15.4.2　一组试验中间偏差的现场估计法——极差法（狄克松方法） ………… 397
15.4.3　反常结果的剔除 …………………………………………………………… 398
15.5　弹箭气动力系数辨识 ……………………………………………………… 400
15.5.1　从雷达测速数据提取弹箭零升阻力系数 c_{x0} 的原理 ……………… 400
15.5.2　弹箭气动力系数辨识方法 ………………………………………………… 401
15.6　射表编制 …………………………………………………………………… 403
15.6.1　概述 ………………………………………………………………………… 403
15.6.2　弹道数学模型的选取 ……………………………………………………… 406
15.6.3　射击试验方案的制定和弹药消耗量预算 ………………………………… 406
15.6.4　分组试验问题和每组试验发数的确定 …………………………………… 406
15.6.5　射击准备和实施 …………………………………………………………… 407
15.6.6　试验数据处理和异常值的剔除 …………………………………………… 407
15.6.7　符合计算和射程标准化 …………………………………………………… 407
15.6.8　射表计算 …………………………………………………………………… 408
15.6.9　射表精度 …………………………………………………………………… 408
15.6.10　射表检查 ………………………………………………………………… 409
15.6.11　其他弹箭射表编制的特点 ……………………………………………… 411
15.6.12　关于高原射表和高原靶场建设的必要性 ……………………………… 412
15.7　平均弹道一致性和共用射表问题 ………………………………………… 414
15.7.1　平均弹道一致性和共用射表的概念 ……………………………………… 414
15.7.2　平均弹道一致性和共用射表检验方法 …………………………………… 415
15.7.3　平均弹道一致性检验时两类错误的公算（概率） ……………………… 416
15.7.4　关于一致性界限问题的其他提法 ………………………………………… 417
本章知识点 ……………………………………………………………………… 418
本章习题 ………………………………………………………………………… 418

第 16 章　底部排气弹的弹道计算与分析 ……………………………… 419

16.1　引言 ………………………………………………………………………… 419
16.1.1　底排技术发展概况 ………………………………………………………… 419
16.1.2　底部排气弹外弹道计算和分析的特点 …………………………………… 419
16.2　底排装置内弹道理论和计算方法 ………………………………………… 420
16.2.1　概述 ………………………………………………………………………… 420
16.2.2　底排药柱的燃速 …………………………………………………………… 420
16.2.3　底排装置燃气流动理论基础 ……………………………………………… 422

16.2.4 底排装置内弹道计算 …… 425
16.3 底部排气减阻机理与底排减阻率计算 …… 428
16.3.1 弹丸零升阻力的组成和底阻的大小 …… 428
16.3.2 底部排气减阻机理 …… 428
16.3.3 底排减阻的表示方法与排气参数的概念 …… 430
16.3.4 影响底排减阻效果的因素分析 …… 430
16.3.5 底排减阻率计算 …… 433
16.4 底部排气弹的弹道计算与弹道性能分析 …… 434
16.4.1 底部排气弹弹道计算方程组 …… 434
16.4.2 弹道性能分析 …… 436
本章知识点 …… 438
本章习题 …… 439

第17章 装液弹外弹道 …… 440

17.1 概述 …… 440
17.2 旋转装液弹的陀螺稳定性 …… 442
17.3 圆柱容腔装液弹内液体运动的本征频率 …… 444
17.3.1 基本假设 …… 444
17.3.2 坐标系和坐标变换 …… 444
17.3.3 旋转装液弹腔内液体运动方程 …… 445
17.3.4 液体运动的边界条件 …… 446
17.3.5 柱形弹腔内无黏液体流动边值问题的斯图瓦特森解 …… 448
17.3.6 圆柱容腔内液体振动的本征频率 …… 451
17.3.7 液体作用力矩计算 …… 453
17.4 斯图瓦特森不稳定性判据，留数公式 …… 454
17.4.1 角运动方程变换 …… 454
17.4.2 斯图瓦特森的不稳定性判据 …… 455
17.4.3 留数公式 …… 456
17.4.4 应用举例 …… 457
17.5 黏性修正、容腔形状修正和有中心爆管情况 …… 458
17.5.1 斯图瓦特森不稳定性判据的黏性修正 …… 458
17.5.2 容腔形状修正 …… 461
17.5.3 有中心爆管的情况 …… 464
本章知识点 …… 465
本章习题 …… 465

第18章 弹箭有控飞行的知识 …… 466

18.1 控制飞行的一般知识 …… 466
18.1.1 改变飞行轨迹和飞行状态的力学原理 …… 466

18.1.2 操纵力矩、操纵面、舵机、舵回路 …… 467
18.1.3 自动驾驶仪、控制系统（稳定系统）和控制通道 …… 467
18.1.4 质心运动控制回路，外回路和内回路 …… 468
18.1.5 导引系统和导引方法 …… 468
18.1.6 控制理论、制导方法、分析方法、传递函数 …… 469
18.1.7 有控弹箭的飞行稳定性、操纵性和机动性 …… 469
18.2 有控弹箭运动方程的建立 …… 471
18.2.1 坐标系与坐标变换 …… 471
18.2.2 导弹质心运动方程组 …… 472
18.2.3 弹箭绕质心转动的动力学方程组和运动学方程组 …… 473
18.2.4 弹箭质量和转动惯量变化方程 …… 473
18.2.5 几何关系式 …… 474
18.2.6 控制方程 …… 474
18.2.7 导弹运动方程组 …… 475
18.3 可操纵质点的运动方程与理想弹道 …… 475
18.4 过载与机动性 …… 477
18.4.1 过载的定义 …… 477
18.4.2 过载矢量的分解 …… 477
18.4.3 过载与运动、过载与机动性的关系 …… 478
18.4.4 弹道曲率半径与法向过载的关系 …… 478
18.4.5 需用过载、极限过载和可用过载 …… 479
18.5 方案飞行弹道 …… 480
18.6 导引弹道的运动学分析 …… 482
18.6.1 追踪法 …… 483
18.6.2 平行接近法 …… 487
18.6.3 比例导引法 …… 488
18.6.4 三点法 …… 493
18.6.5 前置量法和半前置量法 …… 498
18.6.6 经典制导方法与现代制导方法的比较 …… 499
18.6.7 选择导引方法的一般原则 …… 500
18.7 有控弹箭纵向扰动运动方程的建立及线性化 …… 500
18.7.1 纵向运动方程 …… 500
18.7.2 纵向运动方程组线性化的方法 …… 500
18.7.3 有控弹箭纵向扰动运动方程组的建立 …… 502
18.8 纵向动力系数、状态方程和特征根 …… 503
18.8.1 纵向动力系数 …… 503
18.8.2 纵向扰动运动方程 …… 503
18.8.3 纵向扰动运动的状态方程 …… 504
18.8.4 纵向扰动运动特征方程和特征根的求法 …… 504

18.9 纵向自由扰动运动的两个阶段和短周期扰动运动方程…… 505
18.9.1 特征方程的根和运动形态…… 505
18.9.2 纵向自由扰动运动分为两个阶段…… 506
18.9.3 扰动运动分成两个阶段的力学原因…… 507
18.9.4 纵向短周期运动方程…… 507
18.10 纵向短周期扰动运动的特点、传递函数和频率特性 …… 508
18.10.1 短周期扰动运动的动态稳定性 …… 508
18.10.2 短周期扰动运动的振荡特性 …… 509
18.10.3 纵向短周期运动的传递函数 …… 510
18.10.4 纵向短周期运动的频率特性 …… 512
18.11 舵面阶跃偏转时导弹的纵向响应特性 …… 514
18.11.1 用拉氏反变换求过渡函数的方法 …… 514
18.11.2 过渡过程的形态 …… 515
18.11.3 纵向传递系数 K_α 对过渡过程的影响…… 517
18.11.4 纵向时间常数 T_α 对过渡过程的影响…… 518
18.11.5 纵向相对阻尼 ξ_α 对过渡过程的影响…… 519
18.12 弹箭纵向扰动运动的自动稳定与控制 …… 520
18.12.1 概述 …… 520
18.12.2 纵向扰动运动的自动稳定和控制 …… 521
本章知识点…… 526
本章习题…… 526

第19章 新型弹箭外弹道 …… 527

19.1 概述…… 527
19.2 末敏弹外弹道…… 528
19.2.1 引言…… 528
19.2.2 有伞末敏子弹运动的近似解和扫描运动特性分析…… 529
19.2.3 算例及计算结果…… 532
19.2.4 伞-弹运动方程组及其数值解…… 533
19.2.5 无伞末敏弹扫描运动的形成…… 534
19.3 弹道修正弹外弹道…… 537
19.3.1 概述…… 537
19.3.2 阻力型一维弹道修正原理…… 538
19.3.3 二维弹道修正和PGK …… 540
19.3.4 利用鸭舵气动力进行修正的情况…… 542
19.3.5 在冲击力矩作用下弹箭的角运动…… 543
19.3.6 脉冲修正弹的飞行稳定性及对脉冲冲量大小的限制…… 544
19.3.7 弹道修正弹的导引方法问题…… 545
19.4 滑翔增程弹箭外弹道…… 547

19.5 弹道滤波和弹道预测 …… 552
19.5.1 离散系统的卡尔曼滤波 …… 552
19.5.2 推广卡尔曼滤波 …… 556
19.5.3 弹道滤波在弹道预测中的应用 …… 558
19.5.4 无迹卡尔曼滤波及其在弹道预测中的应用 …… 561
19.6 弹道规划和最优方案弹道，极小值原理和伪谱法 …… 564
19.6.1 概述 …… 564
19.6.2 应用极小值原理求解最优滑翔基准弹道问题 …… 565
19.6.3 应用伪谱法进行最优弹道规划 …… 569
19.7 卫星制导炮弹自动瞄准最优导引律 …… 575
19.7.1 概述 …… 575
19.7.2 考虑弹着角约束的最优制导律 …… 575
19.7.3 计及重力补偿的制导律 …… 579
19.7.4 几种导引律的比较 …… 580
19.8 简控火箭、远程炮弹和制导航弹的弹道特点 …… 581
19.8.1 简控火箭的弹道特点 …… 581
19.8.2 滑翔增程炮弹的弹道特点 …… 582
19.8.3 制导航弹的弹道特点 …… 584
本章知识点 …… 585
本章习题 …… 585

附录和附表 …… 586

参考文献 …… 603

绪　论

弹箭外弹道学是研究弹箭在空中运动规律、飞行特性、相关现象及其应用的一门学科。

这里的弹箭泛指无控和有控炮弹、火箭、炸弹、灵巧弹等发射体。

作为刚体的弹箭，其在空中的飞行运动包括弹箭的质心运动和绕质心的转动。质心在空间的位置用三个坐标确定，质心的运动规律取决于作用在弹上的力，包括重力、发动机推力、空气动力等，质心运动的轨迹称为弹道。弹体在空间的方位用三个角度或称三个角坐标确定，通常其中两个是弹轴相对于地面坐标系的高低角和方位角，另一个是弹箭绕弹轴自转的自转角。通过三个角坐标的变化就可描述弹箭绕地面坐标系或绕质心的转动，转动规律取决于作用在弹箭上的力矩，包括空气动力矩、发动机推力对质心的力矩以及操纵力矩等。

但质心运动与绕质心的转动是互相影响的。当推力沿弹轴，而弹轴与质心速度方向保持一致时，可将弹箭看作一个质点，不考虑绕质心的转动，空气动力中只有与速度方向相反的阻力。然而，弹箭实际飞行时，弹轴并不能始终保持与速度方向一致，二者之间的夹角 δ 称为攻角，由于攻角的出现，增大了阻力，并且产生了升力、侧向力及对质心的空气动力矩，它们不仅改变了质心速度的大小和方向，而且引起弹箭绕质心的转动，改变了弹轴的方位，引起攻角变化，从而又使空气动力、推力和空气动力矩的大小及方向发生改变，进一步影响质心运动和绕质心的转动。如此反复交错，使质心运动与绕质心的转动互相影响。

如果弹箭飞行中保持攻角 δ 很小（如小于 $10°$），则弹轴与速度方向基本一致，弹箭就能平稳地向前飞行，我们称弹箭的运动是稳定的；反之，如果攻角很大，甚至越来越大，则称弹箭飞行是不稳定的。对于飞行不稳定的弹箭，射程大减，飞行性能变差，弹道散布增大，严重时甚至弹底着地不发火或在空中翻跟头坠落。因此，保证弹箭的飞行稳定性是弹箭外弹道学研究的一个重要内容。

在攻角 δ 较小的情况下，空气动力和力矩是攻角 δ 的线性函数，弹箭空间运动的攻角方程是线性的，由此得出的稳定性条件是线性运动稳定条件，如陀螺稳定性、动态稳定性、追随稳定性、共振不稳定性等；如果考虑大攻角情况下空气动力和力矩的非线性，则弹箭的攻角方程是非线性的，弹箭非线性运动及其稳定性与线性运动及其稳定性有较大的差别，例如，其运动形态和稳定性与起始条件有关、存在非零的极限运动以及振动频率与振幅有关等。在实际弹箭飞行中出现的一些奇怪现象，如出现极限圆锥摆动，舰艇上左舷发射火箭飞行稳定、右舷发射火箭飞行不稳定等，用线性理论解释不了，而用非线性理论就可以解释，从而可进行运动规律预测和改变运动形态的气动力设计。

在飞行稳定的前提下，质心运动弹道决定了弹箭的射程、侧偏、最大弹道高、至落点或弹着点的飞行时间、落点处速度大小及对目标的命中角等。对于弹箭设计，这些是最重要的弹道数据指标；对于武器系统的作战使用，这些是最重要的弹道诸元。因此，研究准确、实用的弹道数学模型，解决弹道计算、试验射程标准化、射表编制和火控弹道模型建立等问题是弹箭外弹道学的重要任务。但是质心的弹道既与发射参数、发动机参数及起始条件有关,又与弹箭结构参数(如弹重、重心位置、转动惯量、外形尺寸等)、空气动力参数(阻力、升力、力矩等)以及大气参数(如气温、气压、湿度、风等)有关。就各发弹而言,这些参数是不可能完全相同的,而都是在其平均值附近随机变化的,这就形成弹道落点(或弹着点)的随机变化,我们称这种现象为射弹散布或弹道散布。弹道散布将影响到武器系统对目标的命中概率、毁伤概率以及毁伤目标所需弹药的消耗量。如何减小由随机因素造成的弹道散布是弹箭外弹道学的又一项重要研究内容,它甚至成了火箭外弹道研究的核心。显然,弹道散布不仅与弹箭本身有关,也与火炮或发射装置(它也可能产生初速和射角的随机变化)有关,因而射弹散布是整个武器系统的,只是系统内各部分引起的散布在总散布中所占比例不同。根据对武器系统总散布的限制,分配给弹、炮、火控、气象测量和炮位、目标位置测量等分系统以散布大小限制,这是武器系统精度分配中的一项重要工作,弹箭外弹道学在这个工作中也起着重要作用。

因此,弹箭外弹道学要研究弹箭飞行完整的和适用于各种不同应用情况下简化的弹道数学模型,建立弹箭飞行稳定性理论和进行散布分析,这是进行武器系统弹道计算、弹道设计、弹箭设计、射表编制、火控系统弹道数学模型建立、精度分配和分析的基础,也是弹箭外弹道学的一些重要应用,它们一起构成了弹箭外弹道学最基本的内容。

装有液体的弹箭不能简单地直接采用单纯刚体弹箭的外弹道理论,还必须用到充液刚体动力学理论,考虑弹腔内液体在弹体扰动下激起的运动以及液体运动对弹体的反作用,这时弹箭的运动方程除了一组刚体运动方程外,还有一组流体运动方程,使问题在理论上变得复杂起来。幸运的是,对于轴对称容腔高速旋转弹,当容腔内的液体通过壁面摩擦随弹体一起做刚性旋转时,理论分析表明,弹体摆动所激起的腔内液体振动,具有许多本征频率,当其中之一与弹体俯仰频率相同时,会产生很大的液体反作用力矩,即发生共振,这是造成装液弹飞行不稳的主要原因。由于本征频率只与容腔尺寸和液体装填率有关,这使得防止装液弹飞行不稳的工程设计变得简单可行,本书介绍了液体本征频率和装液弹飞行不稳定条件的推导,并给出一些应用例子。

现代战争不断地要求弹箭增大射程、提高精度和威力。因此,研究弹箭增程理论和技术,使弹箭信息化、灵巧化、制导化,并实现精确打击,这是当今国际上弹箭发展的总趋势。在增程方面,出现了诸如火箭增程、底部排气增程、滑翔增程、冲压发动机增程以及复合增程等技术,这使弹箭的飞行与发动机工作原理、底部排气内弹道、飞行控制理论等紧密地联系到一起。此外,由于远程火箭(150 ~ 500 km)的弹道高早已超过 30 km,在大高度上空气稀薄,气动力如何计算、标准气象条件如何确定、大高度范围内的弹道特性和飞行性能如何进行设计等,都成了外弹道学研究的新课题,极大地推动了外弹道学的发展。本书在有关章节里做了一些初步介绍。

在精确打击方面,出现了诸如末敏弹、弹道修正弹、简易控制火箭、制导和末制导炮弹、制导炸弹、布撒器、惯性导航加末段修正的远程火箭等新型弹箭,它们与传统弹箭有很大的差别,其信息化程度和技术含量大为提高,其飞行理论除了要用到力学知识,还需要控制、制导等方面的知识,这大大促进了外弹道学、飞行力学与其他学科之间的融合与渗透。

但应指出的是,弹箭精确化并不是将普通弹箭都改成一般意义上的导弹。首先,各种新型弹箭仍以普通的火炮、火箭炮等为发射平台,要求其具有体积小、抗高过载能力强等特点;其次,还应价格低廉(与导弹相比),在战场上可以大量使用,形成压制火力。因此,精确化弹箭与导弹并不是谁可以取代谁的问题,而是在战场上需要互为补充的问题。此外,不能一味强调发展导弹和精确制导炮弹,而要站在利用武器系统取得战斗胜利的角度考虑,根据战斗条件、目标特性等相机而宜。譬如,打击上百千米之外的目标,必须要发展远程精确制导炮弹(火箭弹)或导弹;而对于千米之内狙击有生目标、2 ~ 3 km 范围内直瞄打装甲目标等,由于这些情况下的弹丸飞行时间很短,没有必要过于强调应用制导技术,而应从武器系统角度出发来提高射击精度。因此,本书将简要介绍从武器系统应用角度来提高射击准确度的自主闭环校射法和数字气象预报法。

进行弹箭外弹道的理论研究、武器系统弹道参数测量及飞行性能评估、型号产品的研制和验收、射表编制等,都离不开外弹道试验和测量。因此,外弹道测试技术、测试方法、测试仪器的研究和测试数据的处理等形成了实验外弹道学,它与弹箭外弹道学的理论研究相辅相成,采用参数辨识技术从射击试验数据中提取空气动力的方法已成为除风洞吹风法和理论计算法获取空气动力系数以外的第三种方法。由于实验外弹道学也是一门独立的学科,内容丰富而且所需知识面广,所以本书中只能做简单的、综合性的介绍。

综上所述,弹箭外弹道学是武器系统设计计算、性能分析、产品研制、定型和作战使用的一门基础课。炮弹、火箭、导弹、引信、火炮、火控、指控、雷达、导航与制导等专业都不同程度地需要弹箭外弹道学知识,而学习这门课又需要数学、刚体力学、弹性体力学、流体力学、空气动力学、火箭发动机原理、自动控制理论、地球与大气物理学等方面的知识,因此,为了学好这门课,应经常复习有关基础知识。

在计算机技术、弹道测试技术、控制理论及控制系统元器件、数学、力学进步的基础上,在强有力的军事需求牵引下,外弹道学也得到了很大的发展,从质点弹道、刚体弹道发展到弹性体弹道、充液刚体弹道和有控弹道,从线性角运动理论发展到非线性角运动理论,从单纯刚体弹道发展到有发动机工作、底排药剂燃烧、修正力间或作用的复合作用原理弹道,从单一弹箭参数设计到多参数综合优化设计和最优过程设计等,都体现了弹箭外弹道学与时俱进的特点,它在武器系统研制和使用中将起到越来越重要的作用,并得到更加广泛、深入的发展。

本书采用由浅入深的方式,首先介绍地球、大气、空气动力方面的基础知识,再讲述标准条件下的质点弹道和非标准条件下的弹道修正,然后考虑无控弹箭绕质心的角运动规律和飞行稳定性、散布特性。在此基础上,讲述了弹道设计、外弹道试验和射表编制以及底部排气弹、装液弹的特殊外弹道理论,最后讲述了有控弹箭飞行理论的主要知识,随时指出它与无控弹箭外弹道理论的区别与联系,便于读者在研究大多数无控弹道与有控弹道并存的新型弹箭时,能够恰当、融会贯通地应用这些理论。至于一些新型弹箭的外弹道理论,因为还正在研究中,只能做一些简单的介绍。

第1章
有关地球和大气的知识

内容提要

弹箭在地球周围大气里飞行,受到地心引力和空气动力的作用。因此,要想把弹箭的各种飞行特性搞清楚,必然涉及地球和大气方面的知识。本章将介绍其中在外弹道学和飞行力学中所必需的有关部分,包括地球产生的重力和科氏惯性力、大气组成和结构、大气要素(虚温、气压、密度、风等)以及标准气象条件,为顺利讲述全书理论做好准备。

1.1 重力和重力加速度

牛顿第二定律指出:物体质量 m 与其加速度 $\boldsymbol{a}$ 的乘积等于物体所受的外力 $\boldsymbol{F}$,即

$$m\boldsymbol{a} = \boldsymbol{F} \tag{1.1.1}$$

但此定律是对惯性坐标系而言的,即在静止坐标系或做匀速直线运动的坐标系内才是正确的。由于我们关心的是弹箭相对于地球的运动,而地球不仅绕极轴自转,同时还绕太阳公转,因此与地球固连的坐标系都不是惯性坐标系,在此坐标系里不能直接应用牛顿第二定律。

由于地球距太阳很远,绕太阳转一周需一年,与炮弹飞行时间相比,这个周期太长,角速度太小,在弹箭飞行时间内完全可以将地球绕太阳的公转看作匀速直线运动,故可略去地球绕太阳公转的影响。然后再从地球中心引出三条坐标轴指向宇宙空间遥远的三个恒星,于是由此三轴组成的坐标系可以看作惯性坐标系,而地球相对于此惯性坐标系绕极轴做定轴旋转。

在这个惯性坐标系里就能运用牛顿第二定律。但我们需要的是弹箭相对于不断旋转着的地球的运动,故需将地球取作动坐标系,求得在动坐标系里的弹箭运动。根据理论力学可知,弹箭对于惯性坐标系的绝对加速度 $\boldsymbol{a}$ 应等于弹箭相对于动坐标系的相对加速度 $\boldsymbol{a}_r$ 与由于动坐标系旋转产生的牵连加速度 $\boldsymbol{a}_e$ 以及科氏加速度 $\boldsymbol{a}_k$ 三者之和,故式(1.1.1)可写成

$$m(\boldsymbol{a}_r + \boldsymbol{a}_e + \boldsymbol{a}_k) = \boldsymbol{F}_g + \boldsymbol{F}_i \tag{1.1.2}$$

式中,$\boldsymbol{F}_g$ 为指向地心的引力;$\boldsymbol{F}_i$ 为其他的外力。将弹箭相对于地球的速度以 $\boldsymbol{v}_r$ 表示,则

$$\boldsymbol{a}_r = \mathrm{d}\boldsymbol{v}_r/\mathrm{d}t, \boldsymbol{a}_k = 2\boldsymbol{\Omega}_E \times \boldsymbol{v}_r \tag{1.1.3}$$

式中,$\boldsymbol{\Omega}_E = 7.292\,2 \times 10^{-5}\ \mathrm{s}^{-1}$ 为地球自转角速度,而由地球旋转产生的牵连加速度 $\boldsymbol{a}_e$ 是垂直于极轴并指向极轴的向心加速度,如图1.1.1所示。于是得

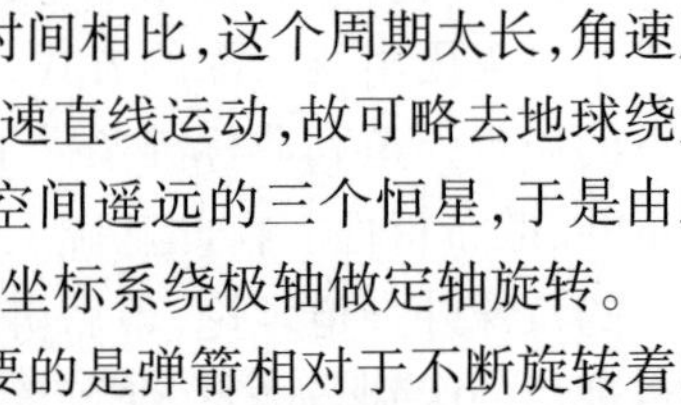

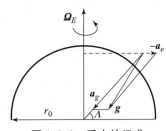

图1.1.1 重力的组成

$$m\frac{\mathrm{d}\boldsymbol{v}_r}{\mathrm{d}t}=(\boldsymbol{F}_g-m\boldsymbol{a}_e)-m\boldsymbol{a}_k+\boldsymbol{F}_i \tag{1.1.4}$$

记
$$\boldsymbol{G}=\boldsymbol{F}_g-m\boldsymbol{a}_e,\boldsymbol{F}_g=m\boldsymbol{a}_g \tag{1.1.5}$$

则
$$\boldsymbol{G}=m\boldsymbol{g},\boldsymbol{g}=\boldsymbol{a}_g-\boldsymbol{a}_e \tag{1.1.6}$$

于是式(1.1.4)就可写成如下形式

$$\frac{\mathrm{d}\boldsymbol{v}}{\mathrm{d}t}=\boldsymbol{g}-\boldsymbol{a}_k+\boldsymbol{F}_i/m \tag{1.1.7}$$

这里改用 $\boldsymbol{v}$ 代表弹箭相对于地球的速度 $\boldsymbol{v}_r$，并在以后称它为相对于地球的绝对速度。

在以上式中，$\boldsymbol{G}$ 就是通常所说的重力，$\boldsymbol{g}$ 为重力加速度。因此，重力是地球引力 $\boldsymbol{F}_g$ 与惯性离心力($-m\boldsymbol{a}_e$)的矢量和，重力加速度 $\boldsymbol{g}$ 是引力加速度 $\boldsymbol{a}_g$ 与惯性离心加速度($-\boldsymbol{a}_e$)的矢量和。其中地球引力的大小为

$$F_g=kmM_E/r^2=ma_g \tag{1.1.8}$$

式中，M_E 为地球质量；r 为弹箭至地心的距离；k 为万有引力常数；a_g 为引力加速度。

惯性离心加速度($-\boldsymbol{a}_e$)的大小与弹箭所处纬度有关，设弹箭处在纬度 Λ 处(图1.1.1)，则它距极轴的距离为 $r\cos\Lambda$，离心加速度 $\boldsymbol{a}_e$ 垂直于极轴并离开极轴，则 $\boldsymbol{a}_e$ 与离心力 $\boldsymbol{F}_e$ 的大小分别是

$$a_e=r\Omega_E^2\cos\Lambda,F_e=mr\Omega_E^2\cos\Lambda \tag{1.1.9}$$

在地球上用弹簧秤或其他设备测出的重量永远是这两个力的合力，不可能将它们分别测出。由图1.1.1的几何关系，利用三角公式可得重力加速度的计算式

$$g=\sqrt{a_g^2+a_e^2-2a_ga_e\cos\Lambda}=a_g\sqrt{1+\left(\frac{a_e}{a_g}\right)^2-2\left(\frac{a_e}{a_g}\right)\cos\Lambda} \tag{1.1.10}$$

由此式可见，重力加速度既与飞行高度有关(它决定 a_g 的大小)，又与纬度有关。因为离心加速度($-\boldsymbol{a}_e$)远小于引力加速度($\boldsymbol{a}_g$)，故 $(a_e/a_g)^2$ 为二阶小量，可以忽略，于是得 g 的近似公式

$$g\approx a_g\left(1-\frac{a_e}{a_g}\cos\Lambda\right)=a_g-r\Omega_E^2\cos^2\Lambda=g'_{\Lambda=0}(1+k_\Lambda\sin^2\Lambda) \tag{1.1.11}$$

式中，
$$g'_{\Lambda=0}=a_g-r\Omega_E^2=kM_E/(r_0+y)^2-(r_0+y)\Omega_E^2 \tag{1.1.12}$$

$$k_\Lambda=r\Omega_E^2/(a_g-r\Omega_E^2) \tag{1.1.13}$$

显然，$g'_{\Lambda=0}$ 是纬度 $\Lambda=0$ 处的重力加速度；r_0 为地表面至地心的距离；y 为弹丸至地面的飞行高度。应用更准确的理论结果再加上实测结果，目前取 $g'_{\Lambda=0}=9.780\ 34\ \mathrm{m/s^2}$。在北纬45°处经多次测量，海平面上重力加速度的平均值为 $9.806\ 65\ \mathrm{m/s^2}$，此值被国际重量和计量委员会采纳，一直作为国际计量检定工作中的标准加速度。经过更准确的计算，这个 g 值对应的纬度为 $\Lambda=45°32'33''$。据此在式(1.1.11)中代入 $\Lambda=45°32'33''$，$g'_{\Lambda=0}=9.780\ 34\ \mathrm{m/s^2}$，$g=9.806\ 65\ \mathrm{m/s^2}$，得 $k_\Lambda=5.280\ 01\times10^{-3}$，此数称为克列罗系数。于是海平面重力加速度随纬度变化的公式为

$$g_0=g'_{\Lambda=0}(1+k_\Lambda\sin^2\Lambda),k_\Lambda=0.005\ 28 \tag{1.1.14}$$

当火炮或火箭射程在80 km以内时，其相应的纬度差小于0.8°，所产生的重力加速度差不超过 $0.000\ 7\mathrm{m/s^2}$，但当弹箭射程大时，这种影响也会加大。

重力加速度的方向为悬挂线方向，与当地水平面垂直，由图1.1.1可见它并不指向地心，而是与指向地心的方向有个夹角 $\Delta\Lambda$，由图可看出，它的近似值应为

$$\Delta\Lambda\approx a_e\sin\Lambda/a_g=r\Omega_E^2\sin2\Lambda/(2a_g) \tag{1.1.15}$$

在纬度 $\Lambda=45°$处,上式取最大值也只约 8′3″,可见重力加速度的方向大致还是指向地心。

因为离心加速度 a_e 只占重力加速度的很小一部分,例如在赤道处最大的 $a_e=0.033\ 9\ \mathrm{m/s^2}$,这个值仅为重力的 1/289,故可认为与 $\boldsymbol{g}$ 与 $\boldsymbol{a}_g$ 一样,与 $\boldsymbol{r}$ 的平方成反比。海拔高为 y 处的重力加速度 g 可用如下平方反比公式计算:

$$g(y)=g_0\left(\frac{r_0}{r_0+y}\right)^2\approx g_0\left(1-\frac{2y}{r_0}\right) \tag{1.1.16}$$

式中,r_0不是平均地球半径,而是在特定纬度上考虑了该纬度的离心加速度影响所取的有效地球半径。而用于计算北纬45°32′33″的 r_0为 6 356.765 km。在我国进行弹道计算时,重力加速度地面标准值常取为 $g_0=9.80\ \mathrm{m/s^2}$。按式(1.1.14)进行反算,可得相应的地球纬度大约为38°,即黄河流域一带,这对于我国地理位置来说还是比较适中的。与此相应的有效地球半径为 $r_0=6\ 358.922$ km。而地球平均半径常取为 6 371 km,按此值计算表明,若 $y=32$ km,g 约减小其地面值的1%,这对远程、大高度弹道的计算是有影响的。在附表 4 和表 5 的国际标准大气表中也列出了纬度 45°处重力加速度沿高度变化的数值。

1.2 地球旋转产生的科氏惯性力

上一节式(1.1.3)中的科氏加速度表明,科氏加速度是由于地球旋转和弹箭相对于地球运动产生的。科氏惯性力 $\boldsymbol{F}_k=-2m\boldsymbol{\Omega}_E\times\boldsymbol{v}$ 恰与科氏加速度方向相反。为了求得科氏惯性力的标量形式,必须选择一个投影坐标系。在图 1.2.1 中假定在北半球纬度为 Λ 处进行射击,射击方向为从正北方算起顺时针转 α_N角的方向。再建立与地面固连的直角坐标系 $Oxyz$,其中 Oxy 为射击面,Ox 沿水平方向指向前,Oy 轴垂直于地球表面指向上,Oz 轴顺射击方向看指向射击面右侧。地球自转角速度 $\boldsymbol{\Omega}_E$ 在地球的极轴方向,将其平移到射击点 O,再向 $Oxyz$ 三轴分解得

$$\Omega_x=\Omega_E\cos\Lambda\cos\alpha_N,\ \Omega_y=\Omega_E\sin\Lambda$$
$$\Omega_z=-\Omega_E\cos\Lambda\sin\alpha_N \tag{1.2.1}$$

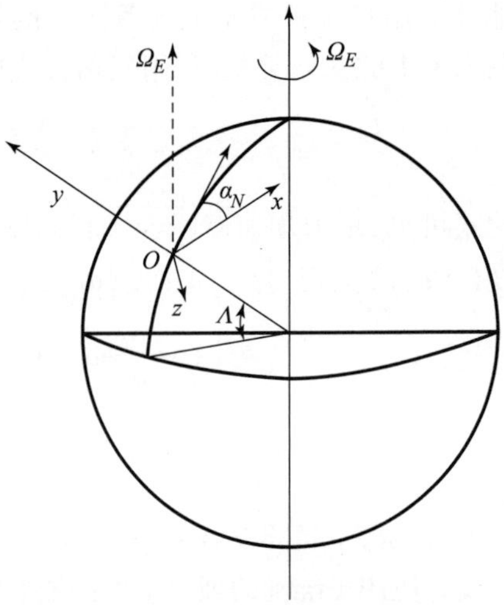

图 1.2.1 地球转速及科氏加速度的分解

再设弹箭飞行速度在 $Oxyz$ 坐标系三轴的分量为 v_x、v_y、v_z。则科氏惯性力 $\boldsymbol{F}_k=-m\boldsymbol{a}_k$ 可计算如下

$$\boldsymbol{F}_k=-m\boldsymbol{a}_k=-2m\Omega_E[(v_z\sin\Lambda+v_y\cos\Lambda\sin\alpha_N)\boldsymbol{i}+(-v_x\cos\Lambda\sin\alpha_N-v_z\cos\Lambda\cos\alpha_N)\boldsymbol{j}+(v_y\cos\Lambda\cos\alpha_N-v_x\sin\Lambda)\boldsymbol{k}] \tag{1.2.2}$$

式中,$\boldsymbol{i}$、$\boldsymbol{j}$、$\boldsymbol{k}$ 分别为 Ox 轴、Oy 轴、Oz 轴上的单位矢量。这就是地球旋转产生的科氏惯性力在地面直角坐标系里的分量形式。如投影坐标系选弹道坐标系(见图 6.1.1),也可用类似方法导出。

1.3　大气的组成与结构

1.3.1　大气的组成

由于地球引力的作用,地球周围聚集着一个气体圈层,称为大气层。大气由多种气体混合而成,此外,还悬浮着一些含量不定的液体和固体微粒,如雾滴、烟粒等。

把大气中除了水汽、液体和固体杂质外的整个混合气体称为干洁气体。在干洁空气中,氮和氧两者就体积来说各占78%和21%,差不多占空气的99%,再与氩合计,则占干空气的99.9%。其他稀有气体(氦、氖、氙、二氧化碳和臭氧)合起来还不到空气总体积的0.1%。

由于大气中存在空气的垂直运动、水平运动、湍流运动和分子扩散,使不同高度、不同地区的空气得以交换和混合,因此,从地面到90 km高空,干洁空气成分的比例基本不变,但在80 km以上,由于太阳紫外线的照射,氮和氧原子逐渐被离解而以原子形式存在。

在干洁空气成分中,占比例极小的臭氧和二氧化碳的作用是不可忽视的,它们对大气的温度分布有较大的影响。其中臭氧是由氧分子分解为氧原子后再与另外的氧分子化合而成的,它主要在太阳紫外线辐射作用下形成,另外有机物的氧化和雷雨闪电作用也能形成臭氧。臭氧主要分布在20～25 km高空,由于臭氧对紫外线的吸收极为强烈,使40～50 km高度气层上的温度大为增高。由于臭氧大量吸收了紫外线,使得地面上的生物免受过多紫外线的伤害。

二氧化碳是有机化合物氧化作用的结果,主要由有机物燃烧、腐化以及生物呼吸过程产生,故二氧化碳集中于大气底部20 km以内。二氧化碳对太阳辐射吸收很少,但却能强烈吸收被太阳紫外线照射后的地面的辐射,同时它又向周围空气和地面放出长波辐射,因此它能使大气和地面保持一定的温度。

水汽是大气中唯一能发生相变(即液态、气态、固态三态可以互相转变)的成分,也是最容易变化的部分。水汽来自江、河、湖、海及潮湿物体表面的水分蒸发,并借助空气的垂直交换向上输送,因此,空气中的水汽含量随高度减少,在1.5～2 km高度上,空气中的水汽含量已减少到地面的一半。水汽在上升过程中由于温度降低到一定程度而凝结,形成云、雾、雨、雪等一系列天气现象。此外,由于水汽能强烈地吸收地面辐射,同时又向周围空气放出长波辐射,在相变过程中又能吸收或放出热量,这些都能对地面和空气温度产生一定的影响。

大气中的烟粒、尘埃、盐粒等固体杂质和水滴、冰晶等液体微粒大多集中于大气底层,使能见度变差。这些固体杂质成为水汽凝结的核心,对云、雨、雾的形成起重要作用。同时,它们还减弱太阳辐射和地面辐射,影响地面空气温度。

1.3.2　大气的结构

大气密度随高度增加而减小,50%的大气质量集中在离地面5.5 km以下,但1 000 km以上大气密度也不为零。观测证明,大气在垂直方向上物理性质是有显著差异的,常以气温垂直分布为特点,同时考虑到大气垂直运动情况,把大气分为五层。图1.3.1就是大气垂直分层示意图。

1. 对流层

接近地面的大气层,越接近地面其温度越高,形成温度随高度降低的分布。这是由于大气

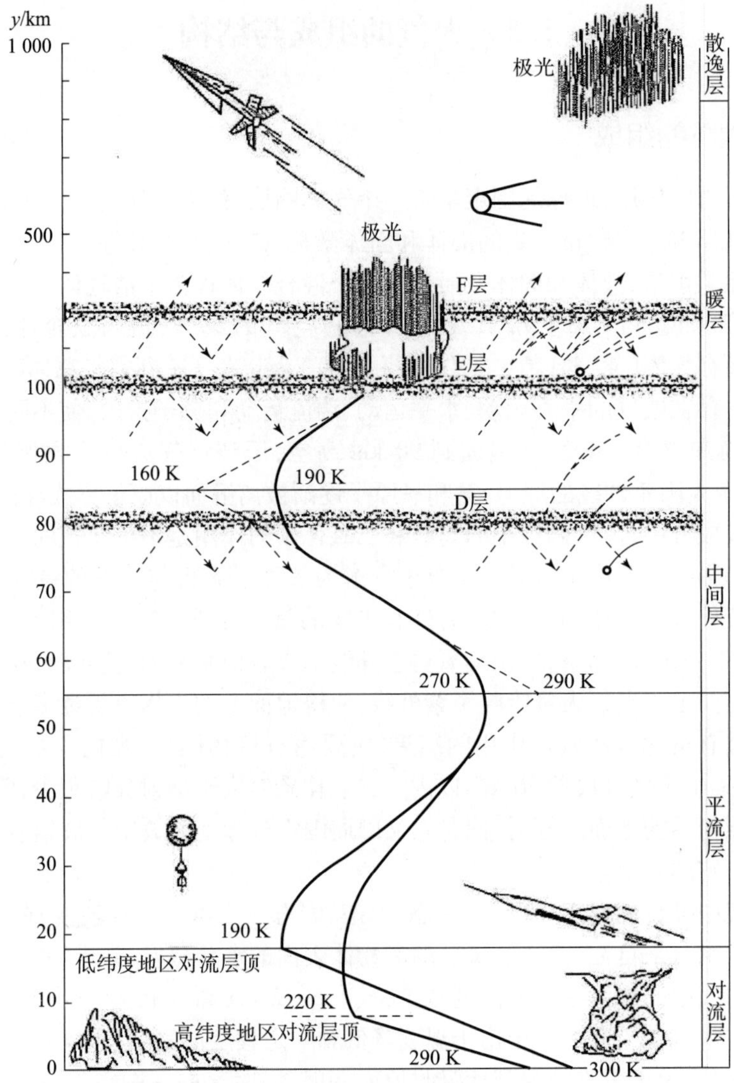

图 1.3.1　大气垂直分层示意图

本身直接吸收太阳热能(短波紫外线)的能力小,而很大一部分太阳热能(约 45%)为地表所吸收,再由地表以长波红外线的形式辐射出去。因而地球好像是一个大火炉,使下层的空气上升、膨胀而冷却,上层较冷的空气下降、压缩而受热。这样不仅形成了温度随高度的某种分布,而且形成了空气不断地上下对流,产生强烈渗混,故称此大气层为对流层。

对流层的厚度在低纬度地区平均为 17 ~ 18 km,在中纬度地区平均为 10 ~ 12 km,在高纬度地区为 8 ~ 9 km。此外,对流层的高度还与季节有关,一般夏季的比冬季的高。从上述数据看,对流层的厚度还不及整个大气的 1%,但是由于地球引力的作用,这一层却集中了大气 3/4 的质量和全部水汽,是天气变化最复杂的层次。平时遇到的云、雾、雨、雪等主要天气现象都出现在这一层中,因此,对流层是对军事活动和人类生产影响最大的一个层次。

对流层中气温随高度增加而降低的数值,在不同地区、不同季节、不同高度是不一样的,平均而言,高度每上升 100 m,气温约下降 0.65 ℃,在对流层上界处,气温一般都下降到 -50 ℃

以下。

此外,在对流层与平流层之间还有一个厚度为数百米的过渡层,称为对流层顶(约 12 km 处)。对流层顶的气温分布特征是温度沿高度不变或很少变化,平均而言,它的气温在低纬度地区约为 -83 ℃,在高纬度地区约为 -53 ℃。

2. 平流层

自对流层顶到 55 km 左右为平流层,此层的特点是处于热平衡状态中,温度变化甚微。此层空气没有上下对流,只有水平移动,故有平流层之称。平流层的底层(为 10 ~ 30 km)气温恒定不变,故叫作同温层。自对流层上部至同温层的 1 ~ 2 km,也即上述对流层顶,是温度逐渐转变的过渡层,叫作亚同温层。随着火箭和导弹武器的发展,有关平流层的研究对于炮兵来说日趋重要。

3. 中间层

自平流层顶到 80 km 左右为中间层。该层的特点是:气温随高度增高而迅速下降。此外,在 80 km 高度上有一个在白天出现的电离层,叫 D 层。

4. 暖层

自中间层顶至 800 km 高度为暖层,其内空气极度稀薄,密度已少到声波难以传播,但气温随高度增加而迅速上升,在 300 km 高度上可达 1 000 ℃。该层空气受紫外线和宇宙射线的作用,处于高度电离状态,能反射无线电波,短波无线通信就是靠它来传播的,故暖层又称为电离层。

5. 散逸层(外层)

暖层以上为散逸层,由于该层内空气稀薄、气温高,再加上地心引力小,所以一些高速运动的分子可以挣脱地球引力的束缚,散逸到宇宙空间中去。

1.4　虚温、气压、密度、声速和黏性系数沿高度的分布

1.4.1　空气状态方程和虚温

由物理学知,联系理想气体压强 p、体积 V 和绝对温度 T 之间关系的状态方程为

$$pV = \nu RT \tag{1.4.1}$$

式中,p 为气体的压强,单位为 Pa(帕斯卡);V 为气体的体积,单位为 m^3;T 为热力学温度或绝对温度,单位为 K,它与摄氏温度 t(℃)的关系是

$$T(\mathrm{K}) = 273.15 + t \tag{1.4.2}$$

R 为摩尔气体常数或普适气体常数,与气体种类无关

$$R = 8.314\ 32\ \mathrm{J/(mol \cdot K)} \tag{1.4.3}$$

ν 为气体质量 M 的物质的量(mol)

$$\nu = M/M_r \tag{1.4.4}$$

而 M_r 为气体摩尔(即 6.02×10^{23} 个分子)质量,数值上等于该气体的相对分子质量,单位是 g/mol。不同物质的摩尔质量是不同的,例如氧气的相对分子质量是 31.999,水的相对分子质量为 18.05,则氧的摩尔质量为 31.999 g/mol,水的摩尔质量为 18.05 g/mol。即摩尔质量在数值上等于该物质的相对分子质量。

将式(1.4.4)代入式(1.4.1)并引用密度符号 $\rho = M/V$,则气体状态方程可改为如下形式

$$p = \rho RT/M_r \tag{1.4.5}$$

因空气是多种气体的混合物,对于干空气,其平均相对分子质量为28.964 4,所以其摩尔质量 M_d =28.964 4 g/mol,将此值代入式(1.4.5)中并取kg为质量单位,记如下 R_d 为干空气气体常数:

$$R_d = R/M_d = 287.05\ \mathrm{J/(kg \cdot K)} \tag{1.4.6}$$

则式(1.4.1)可写成

$$p = \rho R_d T \tag{1.4.7}$$

当空气中含有水蒸气时,称为湿空气,空气潮湿的程度可用绝对湿度 a 表示。定义气块容积 V 内所含水汽质量 M_v 与容积 V 之比为绝对湿度,即

$$a = M_v/V \tag{1.4.8}$$

这表明绝对湿度就是在一个气块中的水汽密度。由于气象观测中气块容积及所含的水汽质量都不是实测的,故需利用状态方程将其转换为可测量的函数。在常温、常压范围内,水汽也服从状态方程,即有

$$p_e = aR_v T,\ a = p_e/(R_v T) \tag{1.4.9}$$

式中,p_e 为水汽压强;R_v 为水汽的气体常数,由于水的相对分子质量为18.05,故其摩尔质量 M_v =18.05 g/mol,这样 $R_v = R/M_v = \frac{R}{M_d} \cdot \frac{M_d}{M_v} = \frac{8}{5}R_d$。

因为大气中 $1/T$ 变化不大,故绝对湿度 a 主要取决于水汽分压 p_e,p_e 与 a 大致一一对应,所以尽管把 a 与 p_e 混为一谈在概念上是错误的,但工程上却常用水汽分压 p_e 来描述湿度。

由式(1.4.7)解出干空气的密度

$$\rho_d = p_d/(R_d T) \tag{1.4.10}$$

并根据道尔顿分压定律知,湿空气总压强 p 为干空气分压 p_d 和水汽分压 p_e 之和;同时,密度为干空气密度 ρ_d 与水汽密度 a 之和,于是得

$$p = p_d + p_e,\quad \rho = \rho_d + a = \frac{1}{R_d T}\left(p_d + \frac{5}{8}p_e\right)$$

整理后得

$$\rho = \frac{p}{R_d}\left(1 - \frac{3}{8}\frac{p_e}{p}\right)\Big/ T$$

如果记

$$\tau = T\Big/\left(1 - \frac{3}{8}\frac{p_e}{p}\right) \tag{1.4.11}$$

并称为虚温,它是把湿空气折合成干空气时对气温的修正。这样,湿空气的状态方程即为

$$p = \rho R_d \tau \tag{1.4.12}$$

它在形式上与干空气状态方程一致。通常空气中的水汽含量不大,将少量水汽的影响归并到虚温中,给问题的处理带来了很大方便,今后本书中所讲的热力学温度均指虚温。

在一个盛有水的容器里,在一定的温度下,随着水的蒸发,水汽压力 p_e 升高,但压力升高到一定限度后,水便不再蒸发,此时的水汽压称为饱和水汽压,记为 p_E。当空气中水汽含量超过饱和水汽密度时就会凝结,由实验测得饱和水汽压 p_E 仅是温度的函数

$$p_E = p_{E_0} e^{\frac{7.45t}{t+235}} \tag{1.4.13}$$

式中,p_{E_0} 表示 t=0 ℃时的饱和水汽压,$p_{E_0} \approx 6.11$ hPa(百帕)。在附表3中已列出饱和水汽

压与温度的函数关系。再记

$$\varphi = p_e/p_E \tag{1.4.14}$$

为相对湿度,则在已知相对湿度 φ 和气温 t 时,可求得相应的水汽压 p_e 并利用它计算虚温:

$$p_e = \varphi \cdot p_E \tag{1.4.15}$$

1.4.2　气压、气温随高度的分布

大气在铅直方向上的上升和沉降是十分缓慢的,除了有强烈对流情况外,可以认为大气处于铅直平衡状态,由此就可求出大气压强随高度的变化。

设在距地面高度 y 处有一底面积为 A、厚度为 $\mathrm{d}y$ 的空气微团,其下面受到向上的压力为 pA,上面受到向下的压力为 $(p+\mathrm{d}p)A$。在大气铅直平衡假设下,它们必与体积 $A\mathrm{d}y$ 内微团的重力 $\rho gA\mathrm{d}y$ 相平衡,即

$$pA - (p+\mathrm{d}p)\cdot A - \rho gA\mathrm{d}y = 0$$

这里 ρ 为空气微团的密度。将上式等号两端同除面积 A 后得

$$\mathrm{d}p/\mathrm{d}y = -\rho g \tag{1.4.16}$$

将湿空气状态方程代入上式后得

$$\frac{\mathrm{d}p}{p} = -\frac{g}{R_d\tau}\mathrm{d}y = \frac{-\mathrm{d}y}{R_1\tau} \tag{1.4.17}$$

式中

$$R_1 = R_d/g = 287.05/9.806\,65 = 29.27 \tag{1.4.18}$$

称为大气常数。将上式两边分别从 p_0 到 p 和从 0 到 y 积分,得气压 p 随高度 y 变化的关系式

$$p = p_0\exp\left(-\frac{1}{R_1}\int_0^y \frac{\mathrm{d}y}{\tau}\right) \tag{1.4.19}$$

此式称为压高公式。由式(1.4.19)可以看出,只要知道了虚温 τ 与高度 y 的函数关系,即可求得在一定地面气压值 p_0 时气压 p 与高度 y 的函数关系。尽管此公式是在大气铅直平衡的假设下导出的,但是对于实际大气也是相当准确的。

下面就来求虚温随高度的变化。在对流层中,空气的热胀冷缩一般是接近瞬时进行的,因此可以近似地看作为绝热过程,故下式成立

$$pV^k = p_0V_0^k \tag{1.4.20}$$

上式中 $V = 1/\rho$ 称为气体的比容。将湿空气状态方程(1.4.12)代入上式得

$$p^{1-k}\tau^k = p_0^{1-k}\tau_0^k \tag{1.4.21}$$

式中,$k = c_p/c_V$ 称为比热比,c_p 为定压比热,c_V 为定容比热;对空气来说,$k = 1.404$。对式(1.4.21)两边取对数并微分之得

$$\frac{\mathrm{d}p}{p} = \frac{k}{k-1}\frac{\mathrm{d}\tau}{\tau} \tag{1.4.22}$$

将式(1.4.17)代入上式,并令 $G_1 = \dfrac{1}{R_1}\dfrac{k-1}{k}$,得

$$\mathrm{d}\tau = -G_1\mathrm{d}y \tag{1.4.23}$$

将式(1.4.23)从 0 到 y 和从 τ_0 到 τ 积分,得到在对流层内虚温随高度变化的关系式如下

$$\tau = \tau_0 - G_1 y \tag{1.4.24}$$

在同温层内气温不变,则有

$$\tau = \tau_T \tag{1.4.25}$$

式中,τ_T 为同温层的温度(K),其值随地点和季节不同而变化。

在亚同温层内,取如下二次函数关系作为过渡

$$\tau = A + B(y - y_d) + C(y - y_d)^2 \tag{1.4.26}$$

式中,y_d为对流层高度,其值随地点和季节不同而异;A、B、C 为常数。

至于气压在对流层、亚同温层和同温层内随高度变化的关系式,只要将有关虚温公式代入式(1.4.19)中积分即可求得。气压随高度增高而降低,在5.5 km 高处气压只有地面气压的一半,而在30 km 高处,气压只有地面值的1.2%。

式(1.4.24)、式(1.4.25)、式(1.4.26)所表示的温度随高度变化的关系式,叫作温度的标准分布。在实际上,温度随高度的分布是很不规则的,甚至可以出现上层温度比下层高的情况,称之为逆温。当有冷空气或暖空气过境时,就破坏了正常的温度沿高度递减的分布,冷暖空气相交即形成锋面,这对弹箭飞行有一定影响。而温度的标准分布只是温度实际分布的某一平均分布(图1.4.1)。

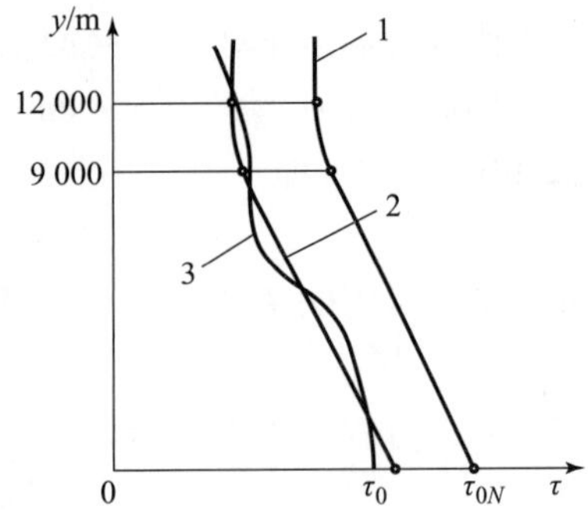

1—气温的标准定律;2—标准分布;3—实际分布。

图1.4.1 温度随高度的分布

1.4.3 空气密度随高度的变化

由理想气体状态方程得空气密度的表达式

$$\rho = p/(R_d\tau) \tag{1.4.27}$$

因此,如已算得某高度上的气压和虚温,就可算出该高度上的空气密度。空气密度随高度降低较快,在6.5 km 高空,空气密度只有地面值的一半;在30 km 高空,则只有地面值的1.5%。

1.4.4 声速随高度的变化

空气具有弹性,当它受到某种压缩扰动后,即以此扰动为中心,产生疏密相间的振动,向四面八方传播。压缩越强,其传播速度 v_B越大,压缩越弱,其传播速度也越小,故强扰动的传播速度随着扰动的减弱而减小。由空气动力学知,扰动传播的速度为

$$v_B = \sqrt{\frac{\Delta p}{\Delta\rho}\frac{\rho + \Delta\rho}{\rho}}$$

在压缩扰动无限微弱的情况下,$\Delta p \to 0$,$\Delta\rho \to 0$,其传播速度即一般所说的声速 c_s,故声速为扰动传播速度的下限,而

$$v_B \geqslant c_s = \sqrt{\mathrm{d}p/\mathrm{d}\rho} \tag{1.4.28}$$

由上式可以看出,声速的大小可反映出空气的可压缩性。当空气可压缩性大时,较小的压强变化(Δp)可引起较大的密度变化($\Delta\rho$),则声速较小;反之,当空气可压缩性小时,声速较大。

在声音的传播过程中,空气的压缩和膨胀是在很短的时间内进行的,来不及有热量的传递,可看作是绝热过程。利用绝热过程状态方程(1.4.21)两边取对数再微分,得 $\mathrm{d}p/\mathrm{d}\rho = kp/\rho$,再代入式(1.4.28)中并利用湿空气状态方程变换为虚温 τ 的函数得

$$c_s = \sqrt{kR_d\tau} = 20.047\sqrt{\tau} \tag{1.4.29}$$

因此,当已知虚温沿高度的分布后,就可以知道声速随高度的分布。

1.4.5　黏性系数随高度的变化

黏性是指空气(或流体)中的一层阻止另一层相对它位移的本领。由于分子的无规则布朗运动,速度高的一层的一些分子进入速度低的一层内,使该层运动加速;速度低的一层内的一些分子进入速度高的一层内,使该层运动减速,减缓两层间的相对运动,这就表现为空气具有黏性。

弹箭在空气中运动,因为空气的黏性,它将不断地带动弹表面附近的空气一起运动,消耗弹箭的动能,使弹箭减速,这就形成了空气摩擦阻力。因此,空气阻力的大小将与空气的黏性有关,黏性越大,阻力也越大。

空气黏性的大小用黏性系数来表示,它定义为两层气体单位面积上的摩擦应力 τ 与两气层间速度梯度 $\partial v_x/\partial y$ 之比,又称为动力学黏性系数,而将 $\eta = \mu/\rho$ 称为运动学黏性系数,即

$$\mu = \frac{\tau}{\partial v_x/\partial y},\ \eta = \mu/\rho \tag{1.4.30}$$

空气的黏度 μ 可用如下公式计算

$$\mu = \beta_a \frac{T^{3/2}}{T + T_s} \tag{1.4.31}$$

式中,$\beta_a = 1.458 \times 10^{-6}\ \mathrm{kg/(s \cdot m \cdot K^{1/2})}$,$T_s = 110.4\ \mathrm{K}$。

当已知 T 沿高度的分布后,即可求得黏性系数 μ 随高度的变化。式中的绝对温度 T 可用虚温 τ 近似代替。故当地面温度 $t = 15\ ℃$(或虚温 288.9 K)时,$\mu_{0N} = 1.786 \times 10^{-5}\ \mathrm{kg/(m \cdot s \cdot K^{1/2})}$。

1.5　风的分布

空气的水平移动称为风,风有风速和风向,通常将风的来向称为风向,从正北方顺时针转至风的来向的角度为风向方位角。风向和风速大小主要与大气压力场的分布、地球的自转以及空气的黏性有关,也即与气压梯度的大小和方向、科氏惯性力、空气黏性系数及地表的粗糙度等有关。通过状态方程,气压又与气温及密度有关,而气温又随季节、高度、下垫面特性(如海洋、陆地、沙漠、草原)而变化,加上密度随高度变化等。这使得风随地点、高度、季节、昼夜的变化很大,难以用一个统一的公式来描述风的分布。

图 1.5.1 为摩擦层中风速随时间迅速变化的示意图。为了研究问题方便,通常将变化着的风在一段时间内平均,此平均值称为平均风,记为 w,而瞬时风与此平均值之差称为阵风。摩擦层中的风对飞机的起飞、着陆影响很大,对火箭、炮弹的飞行也影响很大。在外弹道学中,把近地面层中(野战火箭主动段基本上都在此层中)的风称为低空风,而将近地面层以上的风称为高空风。沿弹道的平均风将使各发弹的弹道相对于无风弹道产生相同的偏差,例如射程偏差、方向偏差,而阵风将使各发弹产生不同的偏差,是形成射弹散布的重要原因之一。

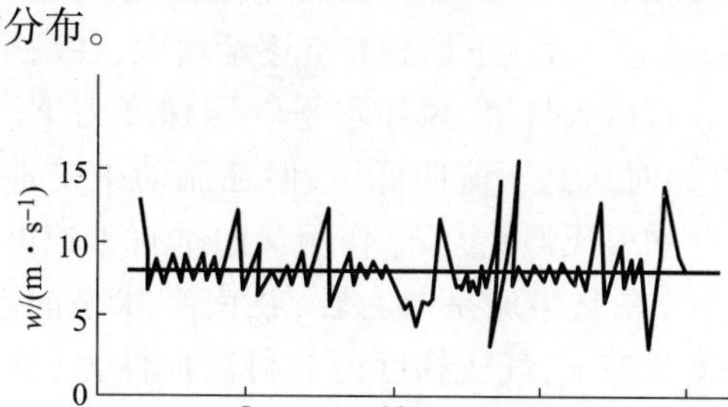

图 1.5.1　风速随时间变化的示意图

习惯上将风力大小用风力等级来描述,如0~12级风分别称为无风、软风、轻风、微风、和风、清劲风、强风、疾风、大风、烈风、狂风、暴风、飓风。它们都代表一定风速范围,例如6级强风,风速为10.8~13.8 m/s,平均为12.3 m/s,范围为±1.5 m/s。2级轻风风速为(2.4±0.8)m/s,10级狂风风速为(26.4±2)m/s等。风力等级K与其代表的平均风速w可用以下近似公式计算

$$w = K + 0.17K^2, K = 0,1,\cdots,17 \tag{1.5.1}$$

风速沿时间坐标或空间坐标的变化过程都是随机过程。在一定时间或空间范围内,还可视为平稳随机过程,可用谱密度或相关函数加以描述。火箭和弹丸在飞行过程中所遇到的风速变化过程也是一个随机过程,用随机过程理论来研究风的影响目前正在进行中。长期以来,外弹道工作者很希望获得低空风的统计特性数据,然而由于这需要对各种地理条件、各个季节的低空风进行大量的观测统计,并进行理论分析和整理,工作量很大,故目前关于这方面的资料还不多,在本书参考文献[8]、[14]中有少量这方面的内容。

由于风对弹箭飞行中的空气动力和运动特性影响较大,尤其是对火箭的风偏和散布影响更大,故必须进行实际测量才能较好地考虑风的影响。大气的铅直运动常称为上升气流或下降气流,也有称为铅直风的,当测得弹道通过的空域有这种气流时,也应予以考虑。

但就大范围、长时间而言,风的变化也表现出一定的规律,例如我国冬季多西北风、夏季多东南风(常称季风),地面风速风向易变而高空风比较稳定并且多为西风(地转风),沿海地区白天风从海洋吹向陆地,晚上风从陆地吹向海洋(常称海陆风)等。本节简单介绍这类一般性规律,这对于恰当地考虑不同射击条件下风对弹箭飞行的影响是有益的。

1.5.1 自由大气中的地转风

大气流动的特性在不同高度层上是不同的。从地面至1~1.5 km高度范围的大气层称为摩擦层或行星边界层,许多野战火箭的主动段都在此范围。摩擦层又分为三层:最接近地面的一层称为贴地层,厚度不到2 m;其上至50~100 m为近地面层;再往上至1~1.5 km称上部边界层或艾克曼层。贴地层中分子黏性作用大,湍流作用小;近地面层内空气湍流摩擦力比分子黏性力大得多;在上部边界层,湍流摩擦力、气压梯度力以及由地球自转产生的科氏惯性力同样重要,从1~1.5 km再往上,湍流摩擦力基本消失,这里的大气称为自由大气。除近地面层以外,风速一般从下层到高空逐渐增大,在高空,风速可达到每秒几十米甚至一百多米。

在自由大气里,风在水平气压梯度力$\boldsymbol{F}_A$作用下,开始时从高压流向低压,但在流动中受地球自转产生的科氏惯性力$\boldsymbol{F}_k$作用又向垂直于速度的方向偏转,在北半球是向右转、在南半球是向左转。在平衡状态下,气压梯度力与科氏惯性力(或地转偏向力)大小相等,方向相反,大气沿平行于等压线的方向流动,如图1.5.2所示。

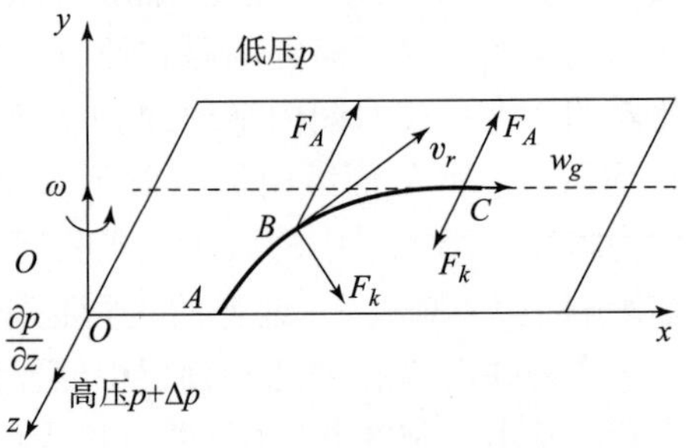

图1.5.2 地转风的形成

在图1.5.2中,Oxz为水平面,y轴铅直向上,地球旋转角速度$\boldsymbol{\Omega}_E$在y轴上的分量为$\omega = \Omega_E \sin\Lambda$(图1.2.1)。设水平等压线沿$x$轴方向,又设压强梯度$\partial p/\partial z$沿$z$轴垂直于等压线从低压$p$指向高压$p+\Delta p$,则质量为$m$的空气微团最初沿$z$轴反方向逆压力梯度流向低压,获得一速度

$\boldsymbol{v}_r$,并立即产生科氏惯性力 $\boldsymbol{F}_k = -2m\boldsymbol{\omega} \times \boldsymbol{v}_r$,它与 $\boldsymbol{v}_r$ 垂直,使空气微团速度向右偏转,并且这种偏转一直进行下去,直到微团所受的压强梯度力与科氏惯性力平衡为止。由于梯度力与等压线垂直,故最后空气微团平行于等压线流动,形成地转风 $\boldsymbol{w}_g$。

地转风的大小可由力平衡方程求出。设空气微团的体积为 $A\mathrm{d}z$,这里 A 为与 z 轴垂直的侧面积,该体积内的质量为 $m=\rho A\mathrm{d}z$,受到的科氏惯性力为 $\boldsymbol{F}_k = -2m\boldsymbol{\omega} \times \boldsymbol{w}_g$,而作用于其中的梯度力为微团两侧的压力差 $F_A = A\left(-\frac{\partial p}{\partial z} \cdot \mathrm{d}z\right)$,注意到 $\boldsymbol{\omega} \perp \boldsymbol{w}_g$,则力的平衡方程为:

$$-A\frac{\partial p}{\partial z}\mathrm{d}z - 2\rho A\mathrm{d}z\Omega_E \sin\Lambda w_g = 0$$

由此得风速为

$$w_g = \left|\frac{1}{\rho f}\frac{\partial p}{\partial z}\right|, f = 2\Omega_E \sin\Lambda, y > 1 \sim 1.5\ \mathrm{km} \tag{1.5.2}$$

式中,f 称为地转参数;Λ 为地理纬度;w_g 称为地转风速,其风向平行于等压线,在北半球背地转风而立,高压在右、低压在左(而南半球正好相反)。

由式(1.5.2)知,同一地区高空地转风较大(因 ρ 小),低纬度地区地转风比高纬度地区(f 小)大。中高纬度地区的观测资料表明,自由大气中的风接近于地转风,因此,地转风的概念在一些理论计算和天气分析中得到较广泛的应用。但在计算地转风时,必须知道水平压力梯度 $\partial p/\partial z$,这就需要各地气象台站进行气象观测,作出各高度上的等压线图。

1.5.2 近地面层中风速的对数分布

在近地面层中,分子黏性作用大,与空气动力学中的附面层类似,该层风速分布的特点是在靠近地表面处风速迅速接近于零。对于大气中性平衡状态,该层内风速随高度的变化可用如下对数公式表示

$$w = w_1 \frac{\ln\frac{y+y_0}{y_0}}{\ln\frac{y_1+y_0}{y_0}}, y < 50 \sim 100\ \mathrm{m} \tag{1.5.3}$$

式中,y_0为粗糙度参数,与下垫面的性质有关,见表1.5.1。

表1.5.1 粗糙度参数 y_0

地形条件	y_0/m
平坦地形、冰层	$10^{-5} \sim 3\times10^{-5}$
平静的海面	$2\times10^{-4} \sim 3\times10^{-4}$
沙地	$10^{-4} \sim 10^{-3}$
雪地	$10^{-3} \sim 6\times10^{-3}$
割过的草地(0.01 m)	$10^{-3} \sim 10^{-2}$
草原	$10^{-2} \sim 4\times10^{-2}$
荒地	$2\times10^{-2} \sim 3\times10^{-2}$
高草地	$4\times10^{-2} \sim 10^{-1}$

续表

地形条件	y_0/m
森林(树平均高15 m)	0～0.5
市郊	1～2
城市	1～4

式(1.5.3)表明,只要测得高度 y_1 上的风速 w_1,就可算得近地面层内其他高度上的风,这就是著名的风的对数分布律。由于近地面层黏性作用使各层强烈渗混,可认为各层风向一致。

低空风对炮口速度较低的野战火箭主动段或临界段运动影响较大,故射击时都要进行低空风测量。为了避免贴地层(2 m以下)风速风向飘忽不定的影响,一般要测接近炮口处离地3.5 m上的风速风向。例如,海面或荒地以上3.5 m处风速为5 m/s,则100 m空中风速分别约为6.7 m/s和8.2 m/s。

1.5.3 上部边界层的艾克曼螺线

在摩擦层的上部边界层(约100 m～约1.5 km),湍流摩擦力、气压梯度力和地转偏向力共同起作用,越往上,湍流摩擦作用越小,越接近自由大气,故风沿高度不断增大,风向不断地向自由大气地转风方向(即高空气压等压线的方向)逼近。图1.5.3中的曲线即为风速风向矢量的理论分布曲线,此曲线即为著名的艾克曼螺线。由图可见,在近似理论中,摩擦层顶以上的风向与自由大气地转风 $\boldsymbol{w}_g$ 风向的夹角不超过45°。风速风向的观测资料表明,上部边界层实际风的变化是接近艾克曼螺线的。图1.5.4中实线为一个实测的艾克曼螺线。

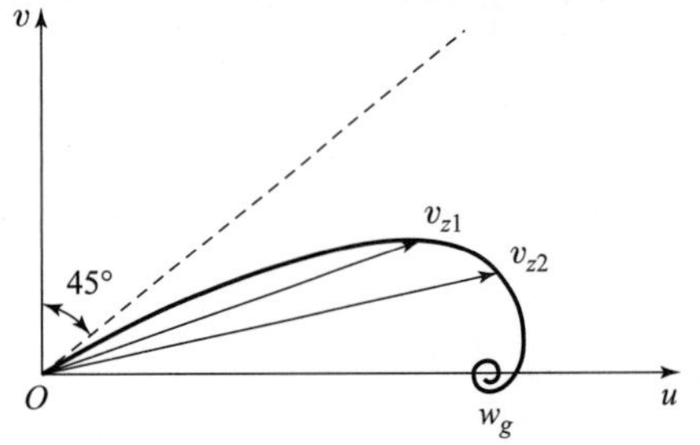

图1.5.3 艾克曼螺线

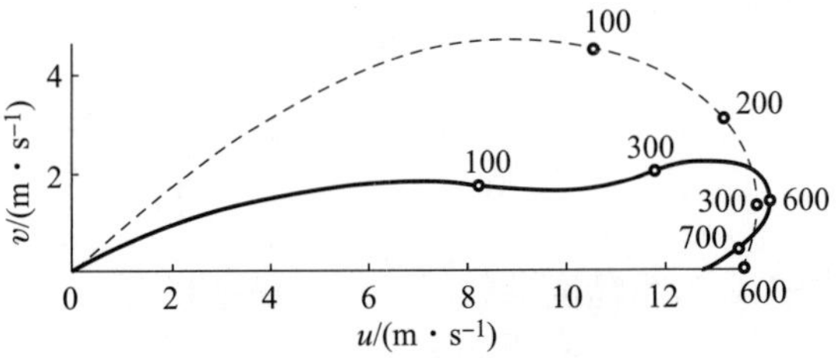

图1.5.4 实际风速矢端图

但如果取近地面层的上界为上部边界层的下界,较为接近实际的艾克曼螺线的方程则为

$$u = w_g[1 + \sqrt{2}\sin\beta e^{-ay}\cos(3\pi/4 + \beta - ay)] \tag{1.5.4}$$

$$v = \sqrt{2}w_g\sin\beta e^{-ay}\sin(3\pi/4 + \beta - ay) \tag{1.5.5}$$

$$a = \sqrt{f/(2k_1)}, k_1 \approx 5\ \mathrm{m^2/s}, 50 \sim 100\ \mathrm{m} < y < 1.5\ \mathrm{km}$$

式中,u 为沿自由大气地转风 $\boldsymbol{w}_g$ 方向的分量;v 为垂直于 $\boldsymbol{w}_g$ 方向的分量;β 为近地面层上界的风向与地转风风向间的夹角,它可以是小于 π 的任何角度。

实际进行风的观测时,由测风气球上升的路线可以看到,有时自由大气的风向与近地面层中风向是不一致的,测风气球在空中绕了一个大圈子后改变了飘移方向,这之间的过渡可近似用艾克曼螺线来说明。由 $v=0$ 所确定的高度 $y = \sqrt{2k_1/f}(\beta + 3\pi/4)$ 即为摩擦层顶的高度。

1.5.4　大气环流和季风

大气环流主要是由于赤道比极地受热多，再加上科氏惯性力影响造成的。

由于地球的自转，在赤道处受热上升的上空高压空气流向极地，在地转偏向力作用下气流逐渐偏转，在北半球向右转，在南半球向左转，到达纬度 20° ~30°就不能沿经向流动了，而是变成由西向东的纬向流动。赤道上空的空气源源不断地流到这里，冷却堆积而下沉，结果形成地面高压带，称为副热带高压，如图 1.5.5 所示。

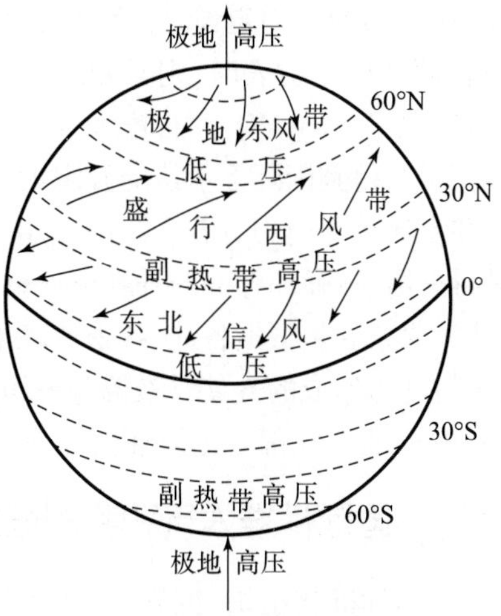

图 1.5.5　大气三圈环流地面风和气压分布示意图

副热带高压的空气分为两支，向南的一支流向赤道地面低压区时，受地转偏向力的作用，在低空北半球变成东北信风，使热带地区气流形成一个环流，称为信风环流。由于副热带高压和极地高压的存在，在这两个高压区中间大约纬度 60°处相对是一低压，称为副极地低压。从副热带高压流向副极地低压的气流在地转偏向力作用下右转，逐渐形成偏西风（北半球），故纬度 30° ~60°区域在北半球叫盛行西风带，在南半球叫咆哮西风带。我国大部分地区恰好处在盛行西风带，因而天气预报卫星云图中云系总是自西向东飘移。此外，极地冷空气下沉形成地面高压，也向纬度 60°的低压区流动、偏转，在北半球形成东北信风。

因为忽略了海陆分布、地形起伏、下垫面性质以及气旋、反气旋活动等因素，上述模式与大气中实际环流情况是有较大差异的。此外，由于冬夏太阳高度角及海陆温差的影响，还会形成风向随季节更替的季风。

由于影响风的因素很多，使风的变化很大，在计算实际弹道或使用射表时，必须实测风的分布。但在进行理论分析计算时，可采用某种平均风的模型，这种模型应由各地区、各季节、各高度上风的实测数据进行统计平均才能获得。图 1.5.6 即为美国肯尼迪角大风季节风沿高度的分布，可以作为建立风分布模型的参考（一般取概率为 90% 的曲线）。

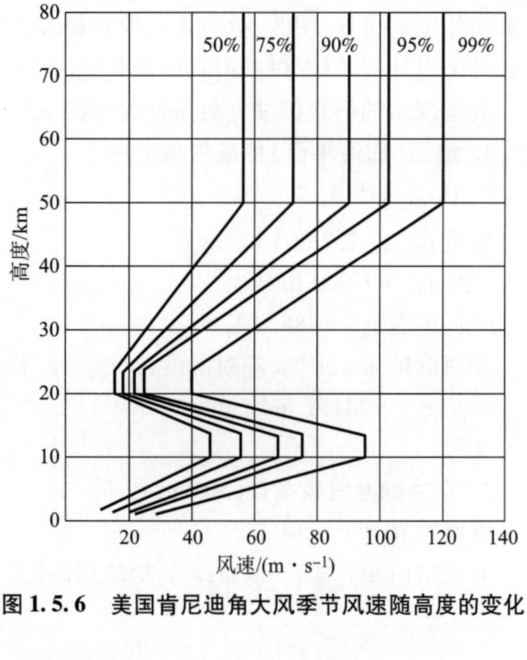

图 1.5.6　美国肯尼迪角大风季节风速随高度的变化

1.6　标准气象条件

各种火炮、火箭、导弹、炸弹等武器，最重要的指标是射程和侧偏。但是弹箭在大气中飞行，其射程的远近和侧偏的大小将随大气情况而变化，而大气条件又是随地域、时间千变万化的,因此,在武器的外弹道设计、弹道表和射表的编制中,必须统一选定某一种标准气象条件来计算弹道,而在应用射表时,则必须对实际气象条件与标准气象条件的偏差进行修正。

世界气象组织(WMO)对标准大气的定义是:“所谓标准大气,就是能够粗略地反映出周年、中纬度情况的,得到国际上承认的假定大气温度、压力和密度的垂直分布。”标准大气在气象、军事、航空和宇航等部门中有着广泛的应用,它的典型用途是作为压力高度计校准,进行飞机性能计算,进行火箭、导弹和弹丸的外弹道计算,进行弹道表和射表编制,以及作为一些气象制图的基准。标准气象条件是根据各地、各季节多年的气象观测资料统计分析得出的,使用标准大气能使实际大气与它所形成的气象要素偏差平均而言比较小,这将有利于对非标准气象条件进行修正。

所有的标准大气都规定风速为零。

1.6.1 国际标准大气和我国国家标准大气

现在国际标准化组织、世界气象组织、国际民航组织及一些国家都采用1976年美国标准大气(30 km以下),故这一标准大气已经作为国际标准大气。

我国在1980年公布了30 km以下标准大气,直接采用1976年美国标准大气,编号为GB/T 1920—1980。在本书附表4中列有国家标准大气的数据及必要的说明。

1.6.2 我国炮兵标准气象条件

1957年,哈尔滨军事工程学院外弹道教研室提出了我国炮兵标准气象条件,这个标准气象条件在兵器界和部队一直沿用至今。目前我国炮兵所使用的射表、弹道表以及气象观测与计算所使用的仪器、图线、机电式火控和观瞄器具等都是按此标准气象条件制定的。武器的外弹道性能设计与比较、试验射程标准化也以此标准气象条件为准。

我国现用的炮兵标准气象条件规定如下①:

1. 地面(即海平面)标准气象条件②

气温 $t_{0N}=15$ ℃

密度 $\rho_{0N}=1.2063$ kg/m^3

气压 $p_{0N}=1000$ hPa③

地面虚温 $\tau_{0N}=288.9$ K

相对湿度 $\varphi=50\%$(绝对湿度 $(p_e)_{0N}=8.47$ hPa)

声速 $c_{s0N}=341.1$ m/s

无风

2. 空中标准气象条件(30 km以下)

在所有高度上无风。

对流层($y\leqslant y_d=9300$ m;y_d为对流层高度)

---

① 按照外弹道学中的习惯,以下用 y 表示高度,用 τ 表示虚温,用下标N表示标准值。

② 由于我国东北地区特别寒冷,平均气温在零摄氏度以下,如黑河竟低至 −21 ℃,而最低温度可达 −40 ℃。这样,在东北冬季的温度偏差 $\delta\tau$ 可达40~50 ℃。如果应用微分法进行修正,误差将失之过大。为此,对东北冬季采用单独的地面标准值

$$t_{0N}^*=-15\ ℃,\tau_{0N}^*=258.1\ \text{K},p_{0N}^*=1000\ \text{hPa}$$

最好在射表中增加一项“东北冬季修正项”来解决。

③ 现在部队也常用毫米汞柱(mmHg)作气压单位,1 mmHg = 4/3 hPa(百帕)。

$$\tau = \tau_{0N} - G_1 y = 288.9 - 0.006\,328y \tag{1.6.1}$$

亚同温层(9 300 m $< y <$ 12 000 m)

$$\tau = A + B(y - 9\,300) + C(y - 9\,300)^2 \tag{1.6.2}$$

$$A = 230.0;\quad B = -6.328 \times 10^{-3};\quad C = 1.172 \times 10^{-6}$$

同温层(30 000 m $> y \geqslant y_T =$ 12 000 m, y_T 为同温层起点高度)

$$\tau_T = 221.5\ \text{K} \tag{1.6.3}$$

至于气压和空气密度随高度分布的标准定律,只需将气温标准分布定律代入压高式(1.4.19)中即得

$$\pi(y) = \frac{p}{p_{0N}} = \mathrm{e}^{-\frac{g}{R_d}\int_0^y \frac{\mathrm{d}y}{\tau}}, R_d = 287.05 \tag{1.6.4}$$

$$H(y) = \frac{\rho}{\rho_{0N}} = \frac{p}{p_{0N}} \frac{\tau_{0N}}{\tau} = \pi(y) \frac{\tau_{0N}}{\tau} \tag{1.6.5}$$

至于声速随高度的标准分布,可将虚温 τ 随高度的标准分布代入式(1.4.29)中,得

$$c_s = \sqrt{kR_d\tau} \approx 20.047\sqrt{\tau}, k = 1.40 \tag{1.6.6}$$

气压和密度随高度变化的标准定律如图 1.6.1 所示。

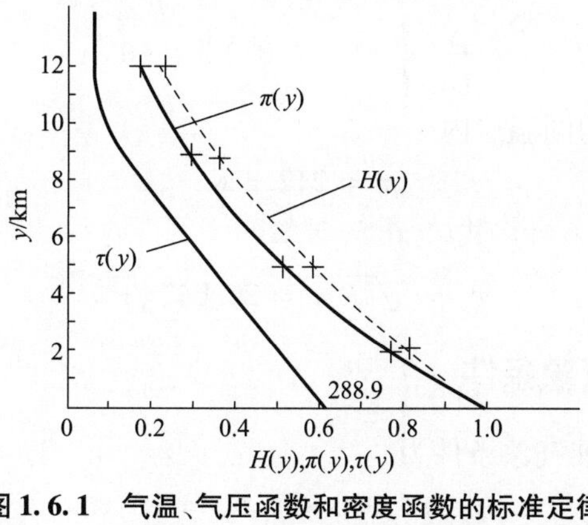

图 1.6.1　气温、气压函数和密度函数的标准定律

在计算弹道时,为了方便,可事先将气压函数 $\pi(y)$ 和密度函数 $H(y)$ 积分出来:

在对流层内($y <$ 9 300 m)

$$\pi(y) = (1 - 2.190\,4 \times 10^{-5}y)^{5.4}, H(y) = (1 - 2.190\,4 \times 10^{-5}y)^{4.4} \tag{1.6.7}$$

在亚同温层内(9 300 m $\leqslant y <$ 12 000 m)

$$\pi(y) = 0.292\,257\,5 \times \exp\left\{-2.120\,642\,6\left[\arctan\frac{2.344(y - 9\,300) - 6\,328}{32\,221.057} + 0.193\,925\,20\right]\right\} \tag{1.6.8}$$

在同温层内($y >$ 12 000 m)

$$\pi(y) = 0.193\,725\,4\exp[-(y - 12\,000)/6\,483.305] \tag{1.6.9}$$

在用计算机计算弹道时,也可将式(1.4.17)两边同除 $\mathrm{d}t$ 变成如下微分方程

$$\frac{\mathrm{d}p}{\mathrm{d}t} = -\frac{pv_y}{29.27\tau(y)} \tag{1.6.10}$$

式中,v_y 为弹箭铅直分速。将此方程随同弹道方程组一起积分,积分起始条件为 $t = 0$ 时 $p = p_0$,

$v_y=v_{y0},\tau=\tau_0,y=y_0$。此时$\tau(y)$可以是标准分布,也可以是实际分布。

1.6.3 我国空军航弹标准气象条件

空军根据航弹和航空武器作战空域的平均气象条件制定了空军标准气象条件:

1. 地面标准气象条件

气压 $p_{0N}=1\ 013.33\ \text{hPa}$

气温 $t_{0N}=15\ ℃$

空气密度 $\rho_{0N}=1.225\ \text{kg/m}^3$

虚温 $\tau_{0N}=288.34\ \text{K}$,相对湿度70%(绝对湿度$(p_e)_{0N}=11.237\ 19\ \text{hPa}$)

声速 $c_{s0N}=340.4\ \text{m/s}$

无风

2. 空中标准气象条件

在 $y<13\ 000\ \text{m}$ 高度内

$$\tau=\tau_{0N}-0.006y \tag{1.6.11}$$

$$\pi(y)=(1-2.032\ 3\times10^{-5}y)^{5.830} \tag{1.6.12}$$

$$H(y)=\frac{\rho}{\rho_{0N}}=(1-2.032\ 3\times10^{-5}y)^{4.830} \tag{1.6.13}$$

在 $y\geqslant13\ 000\ \text{m}$ 以上的同温层内

$$\tau=212.2\ \text{K} \tag{1.6.14}$$

$\pi(y)$,$H(y)$仍按式(1.6.4)、式(1.6.5)计算。

$$c_s=\sqrt{kR_d\tau}=20.047\sqrt{\tau} \tag{1.6.15}$$

1.6.4 海军标准气象条件

海军规定海平面上标准气象条件为

$$p_{0N}=1\ 000\ \text{hPa},t_{0N}=20\ ℃$$

其他同炮兵标准气象条件。

密度函数还有以下的经验公式,在 $y\leqslant10\ 000\ \text{m}$ 内具有足够的准确性。

$$H(y)=\frac{\rho}{\rho_0}=\frac{\rho g}{\rho_0 g}=\mathrm{e}^{-1.059\times10^{-4}y},$$

$$H(y)=\frac{20\ 000-y}{20\ 000+y} \tag{1.6.16}$$

现在许多武器的飞行高度已突破了30 km,例如150 km、300 km火箭的最大弹道高可达50~100 km,各军兵种尚未建立30 km以上炮兵的军用标准大气,目前正在研究之中。对这些大高度武器的弹道计算暂可直接借用国际标准大气(见附表5)。图1.6.2是美国1976年标准大气和苏联1964年标准大气的气温-

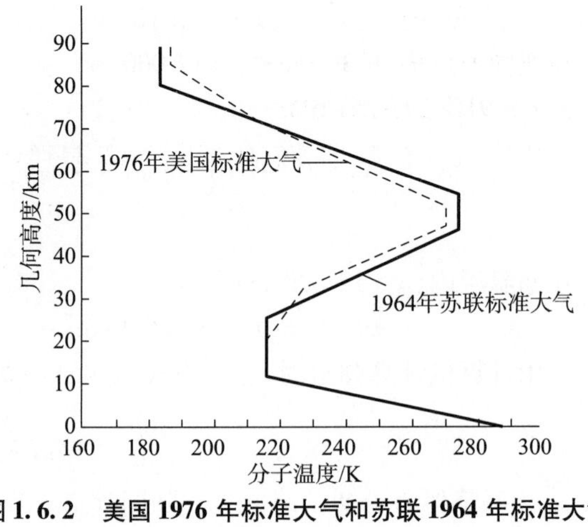

图1.6.2 美国1976年标准大气和苏联1964年标准大气

高度曲线的比较图。

1976 年美国标准大气分段逼近公式如下：

各段统一选用海平面的气压值 $p_0 = 1\,013.25$ hPa、密度值 $\rho_0 = 1.225$ kg/m^3 作为参照。各段公式如下：

先计算位势高度 H，它与几何高度 Z 的关系为

$$H = Z/(1 + Z/R_0)$$

式中，$R_0 = 6\,356.766$ km 为所取的地球平均半径；Z 以 km 为单位。

（Ⅰ）当 $0 \leqslant Z \leqslant 11.019\,1$ km 时，$W = 1 - \dfrac{H}{44.330\,8}$，$T = 288.15\,W$(K)，$p/p_0 = W^{5.255\,9}$，$p/p_0 = W^{4.255\,9}$。

（Ⅱ）当 $11.019\,1$ km $< Z \leqslant 20.063\,1$ km 时，$W = \exp\left(\dfrac{14.964\,7 - H}{6.341\,6}\right)$，$T = 216.650$ K，$p/p_0 = 1.195\,3 \times 10^{-1} W$，$\rho/\rho_0 = 1.589\,8 \times 10^{-1} W$。

（Ⅲ）当 $20.063\,1$ km $< Z \leqslant 32.161\,9$ km 时，$W = 1 + \dfrac{H - 24.902\,1}{221.552}$，$T = 221.552W$(K)，$p/p_0 = 2.515\,8 \times 10^{-2}\,W^{-34.162\,9}$，$\rho/\rho_0 = 3.272\,2 \times 10^{-2}\,W^{-35.162\,9}$。

（Ⅳ）当 $32.161\,9$ km $< Z \leqslant 47.350\,1$ km 时，$W = 1 + \dfrac{H - 39.749\,9}{89.410\,7}$，$T = 250.350W$(K)，$p/p_0 = 2.833\,8 \times 10^{-3}\,W^{-12.201\,1}$，$\rho/\rho_0 = 3.261\,8 \times 10^{-3}\,W^{-13.201\,1}$。

（Ⅴ）当 $47.350\,1$ km $< Z \leqslant 51.412\,5$ km 时，$W = \exp\left(\dfrac{48.625\,2 - H}{7.922\,3}\right)$，$T = 270.650$ K，$p/p_0 = 8.915\,5 \times 10^{-4}\,W$，$\rho/\rho_0 = 9.492\,0 \times 10^{-4}\,W$。

（Ⅵ）当 $51.412\,5$ km $< Z \leqslant 71.802\,0$ km 时，$W = 1 - \dfrac{H - 59.439\,0}{88.221\,8}$，$T = 247.021W$(K)，$p/p_0 = 2.167\,1 \times 10^{-4}\,W^{12.201\,1}$，$\rho/\rho_0 = 2.528\,0 \times 10^{-4}\,W^{11.201\,1}$。

（Ⅶ）当 $71.802\,0$ km $< Z \leqslant 86.000\,01$ km 时，$W = 1 - \dfrac{H - 78.030\,3}{100.295\,0}$，$T = 200.590W$(K)，$p/p_0 = 1.227\,4 \times 10^{-5}\,W^{17.081\,6}$，$\rho/\rho_0 = 1.763\,2 \times 10^{-5}\,W^{16.081\,6}$。

（Ⅷ）当 $86.000\,0$ km $< Z \leqslant 91.000\,0$ km 时，$W = \exp\left(\dfrac{87.284\,8 - H}{5.470\,0}\right)$，$T = 186.870$ K，$p/p_0 = (2.273\,0 + 1.042 \times 10^{-3} H) \times 10^{-6}\,W$，$\rho/\rho_0 = 3.641\,1 \times 10^{-6}\,W$。

在 0 ~ 91 km 范围内的声速计算公式为 $c_s = 20.046\,8\sqrt{T(K)}$ (m/s)。

特别应指出的是，即使在平稳天气，大高度上的地转风也可达每秒几十甚至上百米（图 1.6.3）。因此，标准气象无风的假设与大高度上一般天气情况的差别失之过大，故建议在高空标准弹道气象条件中建立风随高度变化的标准分布才有利于远程弹箭的弹道设计计算、射表编制及战斗使用。

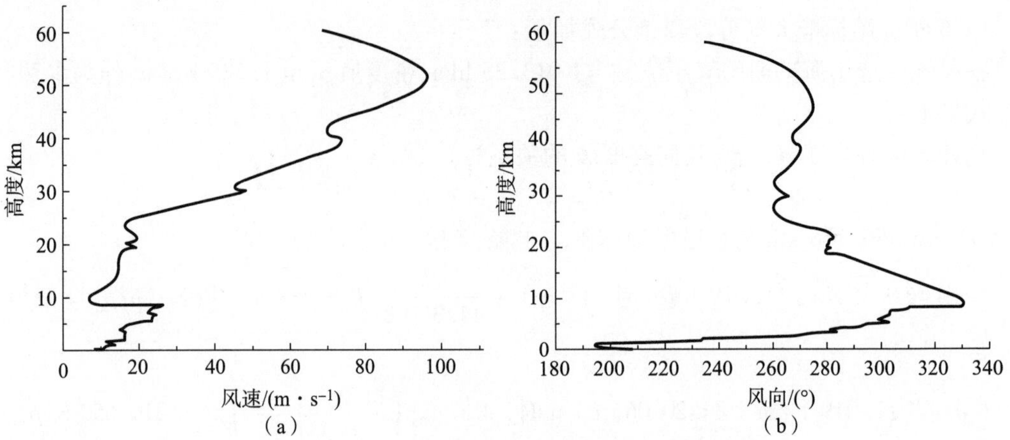

图1.6.3　某地区实测风速和风向随高度的变化

本章知识点

①地球产生的重力和科氏惯性力在外弹道学和飞行力学中的表达形式。

②虚温、气压、密度、声速及黏性系数沿高度分布表达式的物理意义及推导。

③标准气象条件的概念及应用。

本章习题

1. 根据式(1.1.16),试利用级数展开的方法,从重力加速度与距地心距离(r_0+y)的平方成反比的关系式$g(y)=g_0[r_0/(r_0+y)]^2$推导出$g(y)\approx g_0(1-2y/r_0)$,并试估算所略去部分的首项的影响大小如何。

2. 我国幅员辽阔,如果在海拔4 500 m的青藏高原使用火炮武器,试根据我国炮兵标准气象条件估算青藏高原地面的密度、气压、虚温及声速,并同平原(如海拔0 m)的对应值进行比较。

第2章

作用在弹箭上的空气动力

内容提要

本章主要讲述作用于弹箭上的阻力、升力、马格努斯力、静力矩、赤道阻尼力矩、极阻尼力矩、马格努斯力矩、导转力矩等空气动力，介绍它们的物理意义、产生机理及对应的空气动力系数，讲述了弹箭空气动力系数的理论计算方法，为后续建立外弹道模型、开展外弹道仿真提供必要的基础知识。

2.1 弹箭的气动外形和两种飞行稳定方式

根据飞行性能要求和战斗性能要求，弹箭的气动外形和气动布局是各种各样的，甚至是奇形怪状的，但就对称性来分，有轴对称形、面对称性和非对称形。轴对称形中又分完全旋成体形和旋转对称面形。例如普通线膛火炮弹丸即是完全旋成体形（图2.1.1(b)），其外形由一条母线绕弹轴旋转形成。尾翼或鸭翼或弹翼或舵面沿弹尾或弹头或弹身圆周均布的弹箭，具有旋转对称面形（图2.1.1(a)）。如翼面数为n，则弹每绕纵轴旋转$2\pi/n$，其气动外形又回复到原来的状态。面对称弹箭一般是有控弹箭，例如飞机形的飞航式导弹和布撒器等（图2.1.2(e)）。非对称弹箭的典型例子是由气动偏心导旋扫描的末敏子弹。

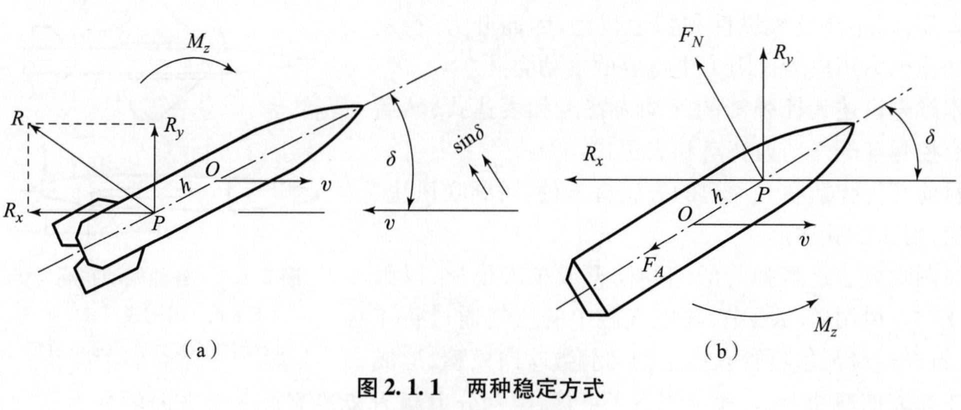

图2.1.1 两种稳定方式

(a)尾翼稳定；(b)旋转稳定

弹箭在空气中飞行将受到空气动力和力矩的作用，其中空气动力直接影响质心的运动，使速度大小、方向和质心坐标改变，而空气动力矩则使弹箭产生绕质心的转动并进一步改变空气动力,影响到质心的运动。这种转动有可能使弹箭翻滚造成飞行不稳而达不到飞行目的,因此,保证弹箭飞行稳定是外弹道学、飞行力学、弹箭设计、飞行控制系统最基本、最重要的问题。

目前使弹箭飞行稳定有两种基本方式:一是安装尾翼实现风标式稳定,二是采用高速旋转的方法形成陀螺稳定。图 2.1.1(a)为尾翼弹飞行时的情况,其中弹轴与质心速度方向间的夹角 δ 称为攻角。由于尾翼空气动力大,使全弹总空气动力 $\boldsymbol{R}$ 位于质心和弹尾之间,总空气动力与弹轴之交点 P 称为压力中心。总空气动力 $\boldsymbol{R}$ 可分解为平行于速度反方向的阻力 R_x 和垂直于速度的升力 R_y(或沿弹轴反方向的轴向力 R_A 和垂直于弹轴的法向力 R_N)。显然此时总空气动力对质心的力矩 M_z 力图使弹轴向速度线方向靠拢,起到稳定飞行的作用,故称之为稳定力矩,这种弹称为静稳定弹,这种稳定原理与风标稳定原理相同。

图 2.1.1(b)为无尾翼的旋成体弹箭。这时主要的空气动力在头部,故总空气动力 $\boldsymbol{R}$ 和压力中心 P 在质心之前,将 $\boldsymbol{R}$ 也分解为平行于速度反方向的阻力 R_x 和垂直于速度方向的升力 R_y。这时的力矩 M_z 使弹轴离开速度线,使 δ 增大,如不采取措施,弹就会翻跟斗,造成飞行不稳,故称之为翻转力矩,这种弹称为静不稳定弹。使静不稳定弹飞行稳定的办法就是令其绕弹轴高速旋转(如线膛火炮弹丸或涡轮式火箭),利用其陀螺定向性来保证弹头向前稳定飞行。

对于有控飞行器,一般主要依靠尾翼(或安定面)稳定,但舵面偏转形成的操纵力矩也可以适度地改变或调节总的稳定力矩大小,还可用前翼形成反安定面,减小稳定力矩,从而调节弹的稳定性、操纵性及动态品质。

故有控弹的气动布局是十分重要的问题,目前最常见的有正常式、鸭式、无尾式和旋转弹翼式,如图 2.1.2 所示。正常式布局是操纵面在弹尾部,鸭式布局的操纵面在弹头部,无尾式的操纵面与弹尾相连接,旋转弹翼式的翼面就是操纵面。

对于无控弹箭的弹道轨迹,包括最大射程、最大弹道高等,从气动力方面讲,主要取决于作用在弹箭上的阻力,故对阻力的研究是无控弹箭气动力研究的核心。对有控弹箭,因还涉及操纵性和弹道机动,因而升力、稳定力矩和操纵力矩成为比阻力更重要的气动力。

本章先讲述无控弹箭的气动力特点和表达式,然后讲述有控弹箭的气动力特点和表达式。

目前获得弹箭空气动力的方法有三种:风洞吹风法、计算法、射击试验法。

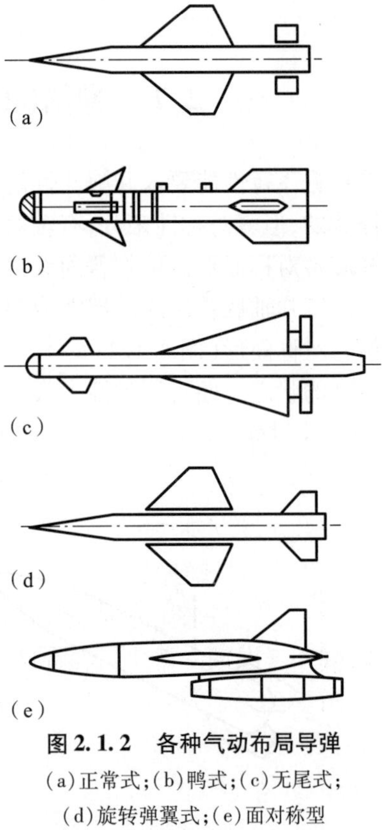

图 2.1.2　各种气动布局导弹

(a)正常式;(b)鸭式;(c)无尾式;(d)旋转弹翼式;(e)面对称型

风洞吹风法是将弹箭的缩小模型或扩大模型,以天平杆支撑在风洞试验段中,高压气瓶中的空气通过整流装置,再经过拉瓦尔喷管以一定的马赫数吹向模型,形成作用于弹箭模型的力,并通过测力天平杆,由六分力测力装置测得三个方向的分力及力矩,最后整理出弹箭的气动力系数。气流的马赫数通过更换形状不同的喷管实现,攻角通过可以转动模型状态的机构(称为 α 机构)实现。以相似理论为基础,由模型吹风获得的气动力系数就是弹箭的气动力系数(一般要根据实验条件做些修正)。吹风中模型不动时,可获得弹箭的升力、阻力、静力矩，称为静态空气动力；吹风中模型摆动或自转时，可获得弹箭的动态空气动力系数。有控弹箭操纵面(如舵面)上的气动力，尤其是操纵力矩，也可由吹风获得。一般而言，获取动态气动力系数较为复杂、困难。

数值计算法是用空气流动所满足的 Navier - Stokes 方程、来流性质及弹箭外形的边界条件，采用有限元法，将流场分成许多网格进行数值积分运算，获得作用在弹表每一微元上的压强，再进行全弹积分求得各个气动力和力矩分量。此种方法计算量大、耗用机时多。

第二种方法是工程计算法，将流体力学方程简化。建立不同情况下的解法，例如源汇法、二次激波 - 膨胀波方法等，再加上一些吹风试验数据、经验公式等，同样也可计算气动力，并且由于它的计算时间很短，故特别适用于在弹箭方案设计及方案寻优过程中的气动力反复计算。目前由工程计算法获得的气动力精度：对于旋成体，阻力和升力误差大约为 5%，静力矩大约为 10%；但对于尾翼弹，计算所得气动力精度要稍低一些。

第三种方法是实弹射击法，将弹箭发射出去，用各种测试仪和方法(例如测速雷达、坐标雷达、闪光照相、弹道摄影、高速录像、攻角纸靶、地磁传感器等)测得弹箭飞行运动的弹道数据(例如速度、坐标随时间的变化、攻角变化、转速变化等)，然后再用参数辨识技术，从中提取气动力系数。也就是反问，弹箭应具有什么样的气动力系数才能与实际测得的运动状态相匹配。射击试验法因其包含了所有实际情况，因此它所测得的气动力往往与弹箭实际飞行符合得更好。射击试验在靶场或靶道里进行。

2.2　空气阻力的组成

本节首先研究轴对称弹箭当弹轴与速度矢量重合(即攻角 δ 为零)时的情况。此时作用于弹箭的空气动力沿弹轴向后，它就是一般所说的空气阻力或迎面阻力。因这时没有升力，故也称此阻力为零升阻力。下面先讲旋转弹的阻力，再讲尾翼弹的阻力。空气作用在弹箭上的阻力与弹箭相对于空气的运动速度有很大关系。

2.2.1　旋转弹的零升阻力

①当速度很小时，气流流线均匀、连续绕过弹丸(图 2.2.1(a))，此时如用测力天平可以测出弹丸受到一个不大的、与来流方向相反的阻力。如果是理想流体(不考虑气体黏性)，在此情况下应该没有阻力(即所谓达朗伯疑题)。但由于空气是非理想流体，具有黏性，因此，由空气黏性(内摩擦)产生的这部分阻力称为摩阻。

②如将气流速度增大至某值，则弹尾部附近的流线与弹体分离，并在弹尾部出现许多旋涡(图 2.2.1(b))。此时如再用测力天平测量弹丸所受阻力，会发现在旋涡出现后阻力显著增大。因此将伴随旋涡出现的那一部分阻力叫涡阻。

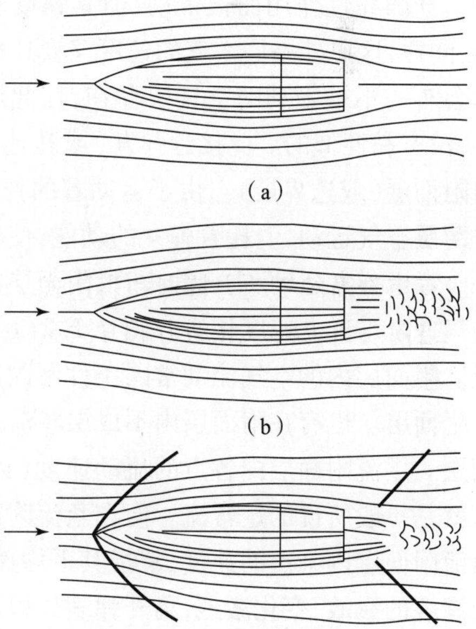

图 2.2.1　气流环绕弹丸的情况

在上述两种情况下的弹丸速度(或风洞中气流速度)总是亚声速的。如在跨声速或超声速情况下做类似试验,则所见现象将有很大的不同。

③如将弹丸或其模型放在超声速风洞中、用纹影照相法可以拍出如图2.2.1(c)所示的情况。除尾部有大量旋涡外,在弹头部与弹尾部附近有近似为锥状的、强烈的压缩空气层存在。这就是空气动力学中所说的激波(在弹道学中把弹头附近的激波叫弹头波,弹尾附近的激波叫弹尾波),此时空气阻力突然增大。由此可见,对于跨声速和超声速弹丸,除受上述的摩阻和涡阻作用外,还必然受伴随激波出现而产生的所谓波阻的作用。此后速度如再行增大,则直到出现弹头部烧蚀现象以前,都不会有其他特殊变化。

由此可见,弹丸的空气阻力,在超声速与跨声速时,应包括上述的摩阻、涡阻和波阻三个部分;而在亚声速时则没有波阻。由空气动力学知,空气阻力的表达式为

$$R_x = \frac{\rho v^2}{2} S c_{x_0}(Ma), q = \frac{\rho v^2}{2} \tag{2.2.1}$$

式中,$q = \rho v^2/2$ 称为速度头或动压头,它是单位体积中气体质量的动能;v 为弹丸相对于空气的速度;ρ 为空气密度;S 为特征面积,通常取为弹丸的最大横截面积,此时 $S = \pi d^2/4$。Ma 为飞行马赫数,$Ma = v/c_s$,c_s为声速。当 $Ma<1$ 时,$v<c_s$为亚声速;当 $Ma>1$ 时,$v>c_s$为超声速。

$c_{x_0}(Ma)$为阻力系数,下标"0"指攻角 $\delta=0$ 的情况。如将摩阻、涡阻和波阻分开,只需将阻力系数 $c_{x_0}(Ma)$分开,即将其分为摩阻系数 c_{xf}、涡阻系数(或底阻系数)c_{xb}和波阻系数 c_{xw}。故

$$c_{x_0}(Ma) = c_{xf} + c_{xb} + c_{xw} \tag{2.2.2}$$

在亚声速时,$c_{xw}=0$。下面简叙摩阻、涡阻和波阻产生的原因,以及旋转弹阻力系数的估算方法。

1. 摩阻

当弹丸在空气中飞行时,弹丸表面常常附有一层空气,伴随弹丸一起运动。其外相邻的一层空气因黏性作用而被带动,但其速度较弹丸的低;这一层又因黏性带动更外一层的空气运动,同样,这更外一层空气的速度又要比内层降低一些。如此带动下去,在距弹丸表面不远处,总会有一不被带动的空气层存在,在此层外的空气就与弹丸运动无关,好像空气是理想的气体,没有黏性似的。此接近弹丸(或其他运动着的物体)表面、受空气黏性影响的一薄层空气叫附面层(或边界层)。由于运动着的弹丸表面附面层不断形成,即弹丸飞行途中不断地带动一薄层空气运动,消耗着弹丸的动能,使弹丸减速。与此相当的阻力就是所谓摩阻。

考虑弹丸运动、空气静止时,附面层内空气速度变化如图2.2.2(a)所示。在弹丸表面处,空气速度与弹丸速度相等。图2.2.2(b)为弹丸静止,空气吹向弹丸时附面层内速度分布情况。附面层内的空气流动常因条件不同而异,有呈平行层状流动、彼此几乎不相渗混的,叫层流附面层。也有在附面层内不成层状流动而有较大旋涡扩及数层,形成强烈渗混者,叫紊流附面层。层流附面层内各点的流动速度(以及其他参量,如压力、密度、温度等)不随时间改变,这就是一般所说的定常流。但在紊流附面层内各点的速度随时间变化而不是定常流。故研究紊流附面层内某点的速度,常指其平均速度。紊流附面层内近弹丸表面处的平均速度,由于强烈渗混的缘故,变化激烈,离开弹表处以后变化趋缓,如图2.2.3(a)所示,而层流附面则否,如图2.2.3(b)所示。一般在弹尖附近很小区域内常为层流附面层,向后逐渐转化成紊流附面层。这种层流与紊流共存的附面层叫混合附面层,如图2.2.4所示。

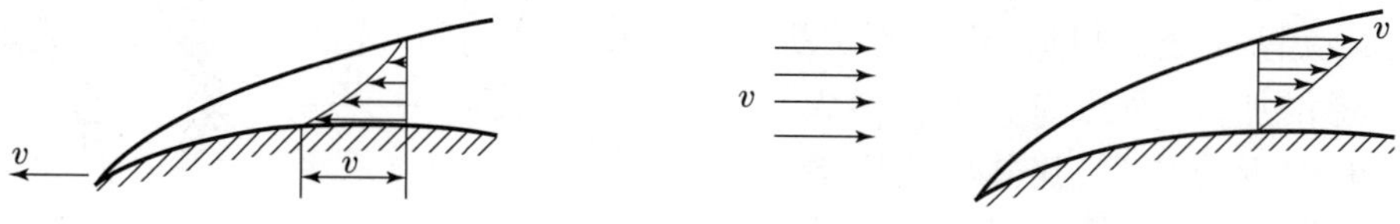

（a）　　　　（b）

图 2.2.2　附面层

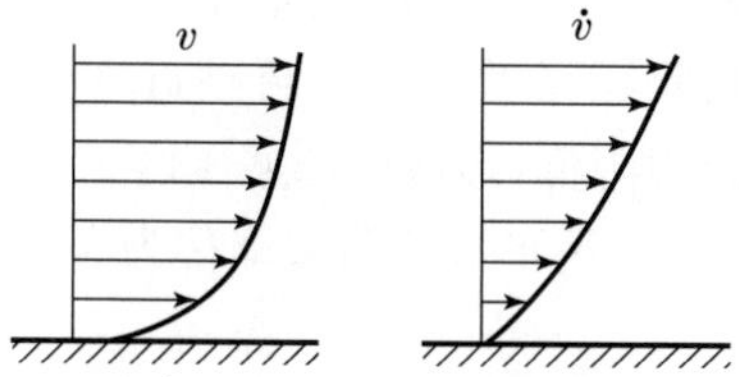

（a）　　（b）

图 2.2.3　附面层内速度变化

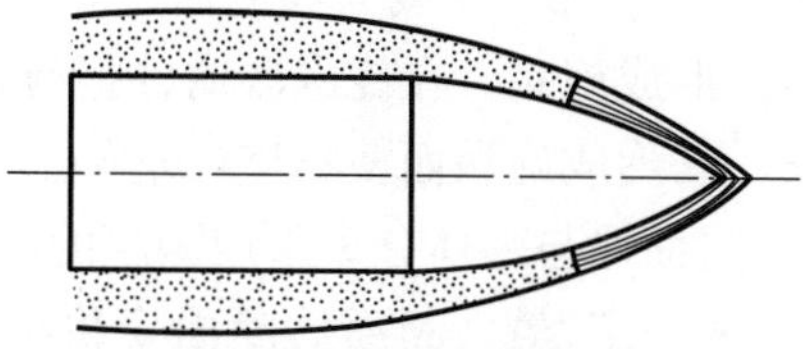

图 2.2.4　混合附面层

附面层从层流向紊流的转变（或转捩），常与一个量纲为 1 的量，即所谓雷诺数 Re 有关：

$$Re = \frac{\rho vl}{\mu} = \frac{vl}{\nu} \tag{2.2.3}$$

式中，ρ 为气体（或流体）密度；v 为气体（或流体）速度；l 为平板长度，对弹丸来说，为一相当平板的长度（弹长），有时也可用弹丸的直径表示；μ 为气体（或流体）的黏性系数，空气的黏性系数按式（1.4.31）计算；ν 为气体的动力黏性系数，它与黏性系数 μ 的关系为

$$\nu = \mu/\rho \tag{2.2.4}$$

根据实验，当雷诺数小于某定值时为层流，大于这个值时为紊流。此由层流转变为紊流的雷诺数叫临界雷诺数。在紊流附面层内，由于各层空气的强烈渗混，等于使空气黏性增大，消耗弹丸更多的动能。在弹尖处的层流附面层与其后的紊流附面层相比是微不足道的，故计算弹丸摩阻时应以紊流附面层为主。由附面层理论知，在紊流附面层条件下，弹的摩阻系数为

$$c_{xf} = \frac{0.072}{Re^{0.2}}\frac{S_s}{S}\eta_m\eta_\lambda, Re < 10^6; c_{xf} = \frac{0.032}{Re^{0.145}}\frac{S_s}{S}\eta_m\eta_\lambda, 2\times10^6 < Re < 10^{10} \tag{2.2.5}$$

式中，S_s为弹丸的侧表面积；S 为弹丸的特征面积，对于普通弹箭，S 常取为最大横截面积；η_λ 为形状修正系数，对于长细比 λ_B（弹长与弹径之比）为 6 左右的弹丸，取为 $\eta_\lambda = 1.2$，当 $\lambda_B > 8$ 时，取 $\eta_\lambda \approx 1.08$；$\eta_m$ 为考虑到空气的压缩性后采用的修正系数

$$\eta_m = \frac{1}{\sqrt{1 + aMa^2}},\ a = \begin{cases} 0.12, Re \approx 10^6 \\ 0.18, Re \approx 10^8 \end{cases} \tag{2.2.6}$$

式中，$Ma = v/c_s$ 为当地马赫数，是弹丸飞行速度 v 与当地声速 c_s 之比。

在弹箭空气动力学中，c_{xf}、η_m、η_λ 均有图表曲线可查。

另外，摩阻还与弹丸表面粗糙度有关，表面粗糙可使摩阻增加 2 ~ 3 倍。在实践上，常用弹丸表面涂漆的方法来改善表面粗糙度（同时可以防锈），这样可使射程增加 0.5% ~ 2.5%。

2. 涡阻

在弹头部附面层中，流体由 A 点向 B 点流动时，由于物体断面增大，由一圈流线所围成的流管的断面积 S 必然减小（图 2.2.5）。根据连续方程 ρSv = 常数，流速 v 将增大。再根据伯努

利方程 $\rho v^2/2+p=$ 常数，压强 p 将减小。在物体的最大断面处 B 以后，流管的横断面积 S 又将增加，因而压强 p 也将增大。故在最大断面 B 点以后，流体将被阻滞。物体的横断面减小得越快，S 增大得越快，因而 p 也增大得越快，附面层中的流体被阻滞得也越烈。在一定条件下，这种阻滞作用可使流体流动停止。在流体流动停止点后，由于反压的继续作用，流体可能形成与原方向相反的逆流，图 2.2.5 中的 BC 线位于顺流和逆流的边界，流速为零，故 BC 线为零流速线。当有逆流出现时，附面层就不可能再贴近物体表面而与其分离，形成旋涡。在旋涡区内，由于附面层分离，使压力降低，形成所谓低压区。这种由于附面层分离，形成旋涡而使物体（或弹丸）前后有压力差出现，所形成的阻力即称为涡阻。

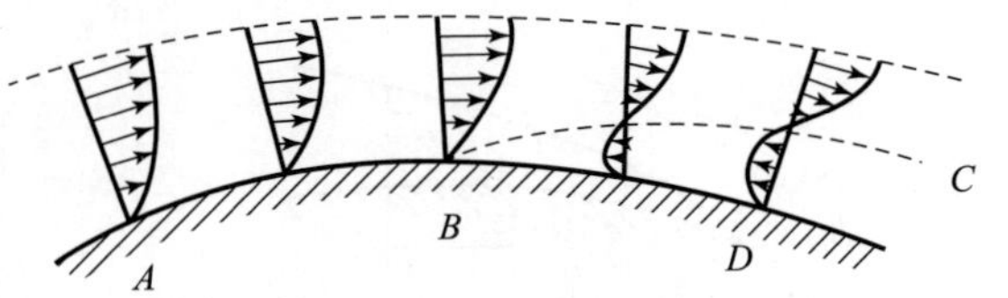

图 2.2.5　涡流的形成

影响附面层与弹体分离形成涡阻的原因有二：

①流速一定，最大断面后断面变化越急，旋涡区越大，涡阻也越大，如图 2.2.6(a)～(c)所示。

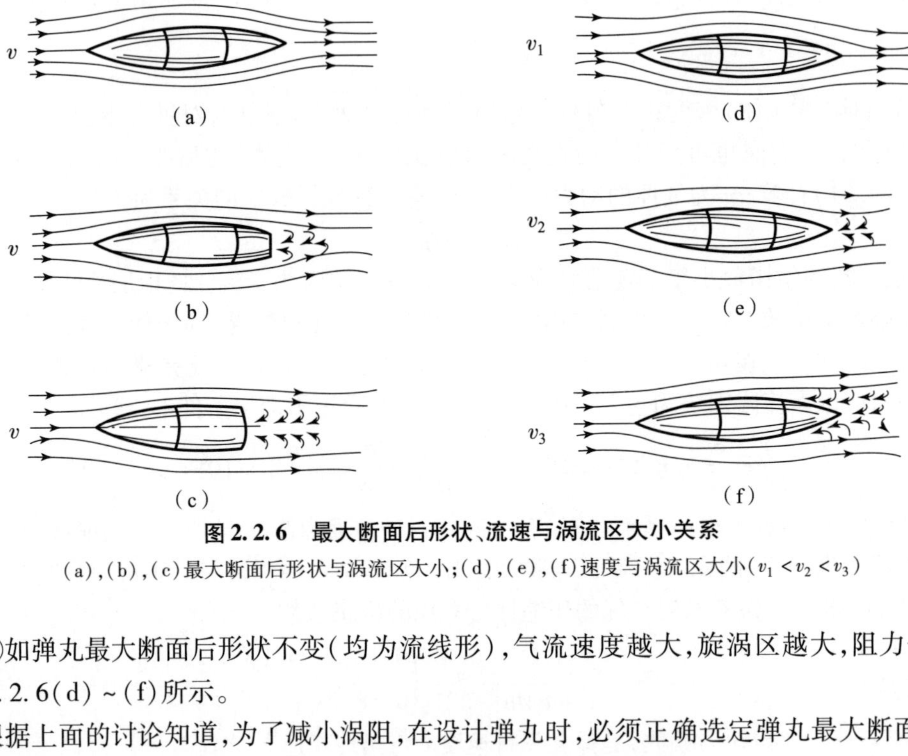

图 2.2.6　最大断面后形状、流速与涡流区大小关系

(a),(b),(c)最大断面后形状与涡流区大小；(d),(e),(f)速度与涡流区大小（$v_1<v_2<v_3$）

②如弹丸最大断面后形状不变（均为流线形），气流速度越大，旋涡区越大，阻力也越大，如图 2.2.6(d)～(f)所示。

根据上面的讨论知道，为了减小涡阻，在设计弹丸时，必须正确选定弹丸最大断面后的形状。对于速度较小的迫击炮弹，常采用流线形尾部，如图 2.2.7 所示。

对于旋转稳定弹丸，为了保证膛内的稳定，必须具有一定长度的圆柱部。又由于稳定性的要求，弹体不宜过长。因此，为了减小涡阻，通常采用截头形尾锥部（即船尾形弹尾）。其尾锥角 α_k 的大小，根据经验，以 $\alpha_k=6°\sim9°$ 较好，尾锥部越长，其端面积 S_b 越小，在保证附面层不分离的条件下，底部阻力也越小。但由于尾部不能过长，故宜根据所设计弹种的其他要求，适当地选取弹的相对尾锥部长度 $E(d)$（图 2.2.8）。

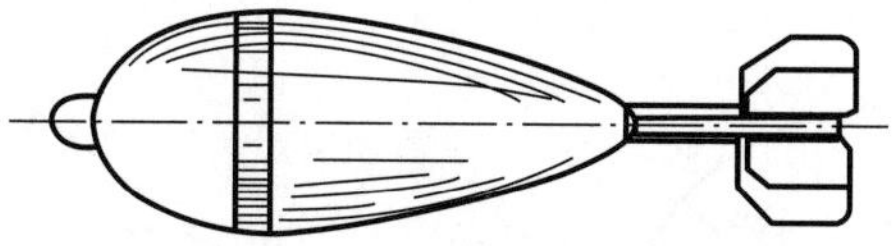

图 2.2.7　迫击炮弹流线形尾部

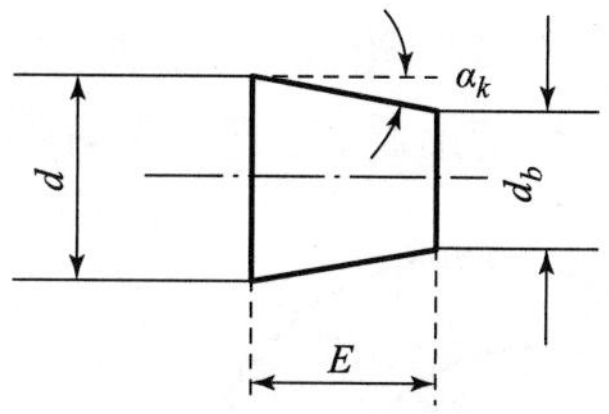

图 2.2.8　旋转弹的船尾部(尾锥)

到目前为止,还没有一个准确计算涡阻的理论方法。因此,涡阻通常由风洞试验测定底部压力来确定。在附面层不分离的条件下,涡阻即等于底阻

$$R_b = |(p_b - p_\infty)|S_b = \Delta p S_b$$

式中,R_b 为底阻;Δp 为底部压力 p_b 与周围大气压 p_∞的压差;S_b 为尾锥底部端面积。当底部出现分离时,应取分离处的断面积,此时涡阻大于底阻。在工程计算中,把弹体侧表面上产生的压差阻力 c_{xp}与摩擦阻力 c_{xf}合在一起计算,而把底部阻力 c_{xb}单独计算,即

$$c_{xf} + c_{xp} = Ac_{xf} + c_{xb} \tag{2.2.7}$$

式中
$$A = 1.865 - 0.175\lambda_B\sqrt{1 - Ma^2} + 0.01\lambda_B^2(1 - Ma^2)$$

实验指出,在亚声速和跨声速情况下,底阻有下面的经验公式:

$$c_{xb} = 0.029\zeta^3/\sqrt{c_{xf}} \tag{2.2.8}$$

而在超声速时的经验公式为

$$c_{xb} = 1.14\frac{\zeta^4}{\lambda_B}\left(\frac{2}{Ma} - \frac{\xi^2}{\lambda_B}\right) \tag{2.2.9}$$

式中,λ_B是弹丸长细比,$\lambda_B = l/d$;ζ 是尾椎收缩比 $\zeta = d_b/d$,d_b 为底部直径。

对于超声速弹丸,底阻约占总阻的 15%;而对于中等速度飞行的弹丸,底阻占总阻的 40% ~50%。因而设法减小底阻(涡阻)来增程是有实际意义的,现在许多弹丸都在减小底阻上做文章,提出了各种减小底阻的方法。

如美国的 155 mm 远程榴弹就将弹头部和弹尾部做得很细长,使弹形成了枣核状的流线形,通俗称为枣核弹,其底阻明显降低,射程随之增大。为了使这种弹在膛内运动稳定,必须在弹上加装稳定舵片,这种舵片还能起到抗马格努斯效应的作用。

另外,设法增大底部涡流区内气体压力也是一种减小底阻的方法。故有一种空心船尾部弹丸,称为底凹弹,在亚声速时,有保存底部气体不被带走,提高底压的作用;在超声速时,还在底凹侧壁开孔,将前方压力高的空气引入底凹,以提高底压。用这种方法可提高射程 7% ~10%。

一种最有效的方法是底部排气,在弹底凹槽中装上低燃速火药,火药燃烧生成的气体源源不断地补充底部气体的流失,提高了底压,可提高射程近 30%。这将在第 16 章里讲述。

3. 波阻

空气具有弹性,当受到扰动后,即以疏密波的形式向外传播,扰动传播速度记为 v_B,最微弱扰动传播的速度即为声速,记为 c_s。当扰动源静止(例如静止的弹尖)时,由于连续产生的扰动将以球面波的形式向四面八方传播。对于在空中迅速运动着的扰动源(如运动着的弹尖),其扰动传播的形式将因扰动源运动速度 v 小于、等于或大于扰动传播速度 v_B 的不同而异。

①$v < v_B$,则扰动源永远追不上在各时刻产生的波,如图 2.2.9(a)所示。图中 O 为弹尖现

在的位置,三个圆依次是1 s以前、2 s以前、3 s以前所产生的波现在到达的位置。由图可见,当 $v<v_B$ 时,弹尖所给空气的压缩扰动向空间的四面八方传播,并不重叠,只是弹尖的前方由于弹丸不断往前追赶,各波面相对弹丸而言传播速度慢一些而已。

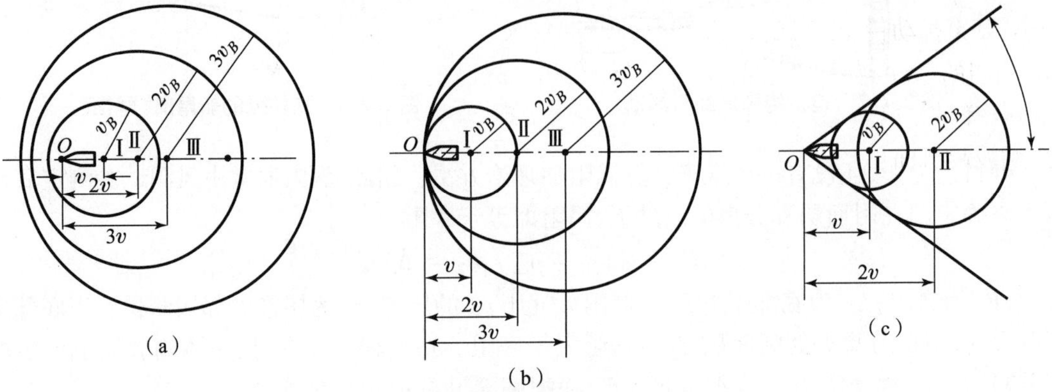

图 2.2.9　扰动传播与激波形成

(a) $v<v_B$;(b) $v=v_B$;(c) $v>v_B$

②$v=v_B$,弹丸正好追上各时刻发出的波,诸扰动波前成为一组与弹尖 O 相切的、直径大小不等的球面。也就是说,在 $v=v_B$ 时,弹尖所给空气的扰动,只向弹尖后方传播。在弹尖处,由于无数个球面波相叠加,形成一个压力、密度和温度突变的正切面,如图2.2.9(b)所示。

③$v>v_B$,这时弹丸总是在各时刻发出波的前面,诸扰动波形成一个以弹尖 O 为顶点的圆锥形包络面。其扰动只能向锥形包络面的后方传播。此包络面是空气未受扰动与受扰动部分的分界面,在包络面处前后有压力、温度和密度的突变。如图2.2.9(c)所示。

在②和③两种情况下所造成的压力、密度和温度突变的分界面,就是外弹道学上所说的弹头波,也就是空气动力学上所说的激波。前者($v=v_B$ 时)称为正激波,后者($v>v_B$ 时)称为斜激波。由以上分析可知,斜激波的强度不如正激波。

在弹丸的任何不光滑处,尤其是弹带处,当 $v \geqslant v_B$ 时,也将产生激波,这就是弹带波。又根据弹丸在超声速条件下飞行时的纹影照片看出,在弹尾区也产生所谓弹尾波,如图2.2.10所示。这是因为流线进入弹尾部低压区先向内折转,而后又因距弹尾较远,压力渐大,又向外折转。这种迫使气流绕内钝角的折转,必然产生压缩扰动。当 $v>v_B$ 时形成激波,即弹尾波。

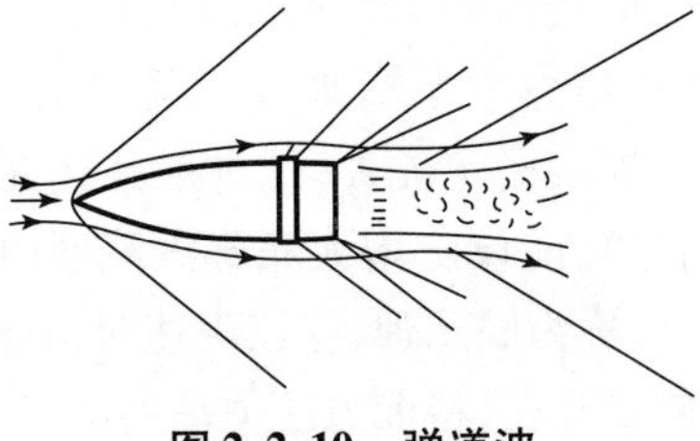

图 2.2.10　弹道波

弹头波、弹带波、弹尾波在弹道学中总称为弹道波。在弹道波出现处,总是形成空气的强烈压缩,压强增高,其中尤以弹头波为最。弹头越钝,扰动越强,激波越强,消耗的动能越多,前后压差大;弹头越锐,扰动越弱,产生的激波越弱,消耗的动能越少,压差小。由激波形成的阻力就叫波阻。

只要弹丸的速度 v 超过声速 c_s,就一定会产生弹道波,这是因为虽然扰动传播速度 v_B 开始可能很大,超过了弹丸飞行速度,即 $v_B>v>c_s$,但 v_B 在传播中会迅速减小而向声速接近,在离扰动源不远处就出现 $v \geqslant v_B=c_s$,因而在 $v>c_s$ 的条件下,弹道波就一定会出现。这种情况正好说明所谓分离波出现的原因。

由图 2.2.11 可以看出，当 $v > c_s$ 时，如弹头较钝，其在弹顶附近造成的扰动传播速度 v_{B_1} 可能大于弹速 v，即 $v < v_{B_1}$，因此，紧接弹顶“1”处不会产生弹头波。但因传播速度迅速减小，设当扰动传至“2”时，$v = v_{B_2}$，此时即形成与图 2.2.9(b)相同的情况，各扰动波前在点“2”处相切。故在离弹顶处有与弹顶分离但与飞行方向垂直的正激波出现，离弹顶越远，激波越弯曲。

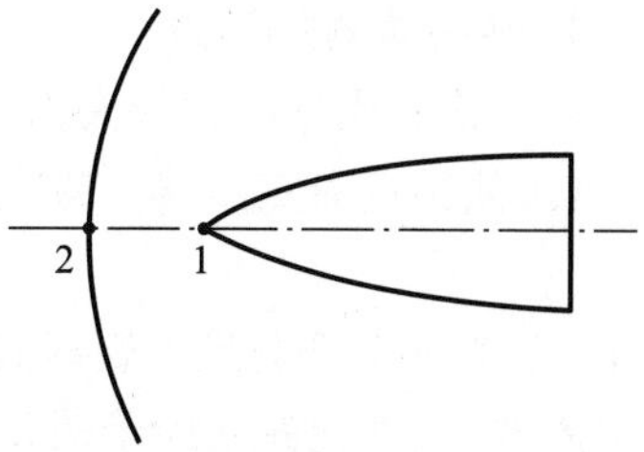

图 2.2.11　分离波

与分离波相对应，凡与弹顶密接的弹头波叫密接波。密接波总是斜激波，斜激波与速度方向间的夹角 β 叫激波角，它与弹速及扰动传播速度间的关系为

$$\sin\beta = v_B/v \tag{2.2.10}$$

如图 2.2.9(c)所示，当 $v = v_B$ 时，$\sin\beta = 1$。故正激波的激波角为直角($\beta = 90°$)。当 v_B 越小时，v_B/v 也越小，因而斜激波的激波角就越小，于是随着 v_B 减小，斜激波逐渐弯曲。

当扰动无限减弱时，$v_B = c_s$，因而斜激波就转变成无限微弱扰动波，即所谓马赫波。此时激波角 β 就变为一般所说的马赫角 β_0，并且 $\sin\beta_0 = c_s/v = 1/Ma$。在弹速 v 稍小于声速 c_s 的条件下，在弹体附近仍可出现局部激波。这是由于在靠近弹表的某一区域内的空气流速可能等于或大于该处气温所相应的声速，这就是产生了局部超声速区，如图 2.2.12 所示。产生局部激波的弹丸飞行马赫数称临界马赫数。

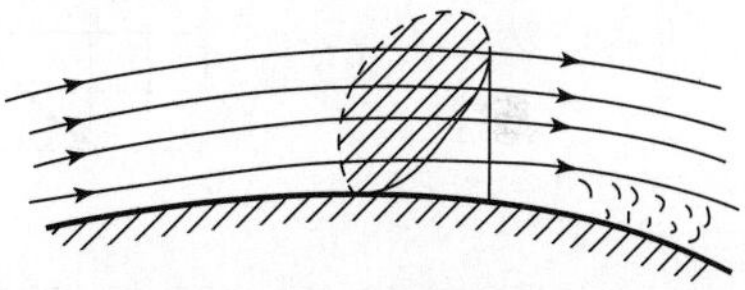
图 2.2.12　局部超声速区

对于中等速度的弹丸，波阻约占总阻力的 50%。波阻的理论计算方法在弹箭空气动力学里讲述。根据理论和实验，获得估算下各种头部形状的头部波阻系数公式：

锥形头部
$$c_{xw}^{c} = \left(0.0016 + \frac{0.002}{Ma^2}\right)\psi_c^{1.7} \tag{2.2.11}$$

卵形头部
$$c_{xw}^{0} = \frac{0.08(15.5 + Ma)}{3 + Ma}\left(0.0016 + \frac{0.002}{Ma^2}\right)\psi_0^{1.7} \tag{2.2.12}$$

抛物线头部
$$c_{xw}^{p} = \frac{0.3}{\chi}\frac{1 + 2Ma}{\sqrt{Ma^2 + 1}} \tag{2.2.13}$$

式中，ψ_c 为锥形弹头半顶角(°)；ψ_0 为卵形弹头半顶角(°)；χ 为相对弹头部长，$h_t = \chi d$。

对于截锥尾部的波阻

$$c_{xwb} = \left(0.0016 + \frac{0.002}{Ma^2}\right)\alpha_k^{1.7}\sqrt{1 - \zeta^2} \tag{2.2.14}$$

式中，ζ 为相对底径，$\zeta = d_b/d$；α_k 为尾锥角(°)。

由上述公式可以看出，为减小波阻，应尽量使弹头部锐长(即令半顶角 ψ_0 较小或相对头部长 χ 较大)，此点由前述定性分析也可看出，弹头部越锐长，对空气的扰动越弱，弹头波也越弱。

至于头部母线形状，由理论和实验证明，以指数为 0.7～0.75 的抛物线头部波阻较小。

值得注意的是，弹丸外形并不是由那么理想的光滑曲线旋成的，例如有弹带突起部，头部引信顶端有小圆平台，有的火箭弹侧壁上还有导旋钮等，这些部位产生的阻力一般很难用理论计算，通常是借助于由实验整理成的曲线或经验公式计算。

4. 钝头体附加阻力

对于带有引信的弹体头部,前端面近乎平头或半球头,前端面的中心部分与气流方向垂直,其压强接近滞点压强。钝头部分附加阻力系数可按钝头体的头部阻力系数计算,即

$$\Delta c_{xn} = (c_{xn})_d S_n / S \tag{2.2.15}$$

式中,S_n 为钝头部分最大横截面积;S 为弹丸最大横截面积;$(c_{xn})_d$ 为按 S_n 定义的钝头体头部阻力系数,其变化曲线绘于图 2.2.13。

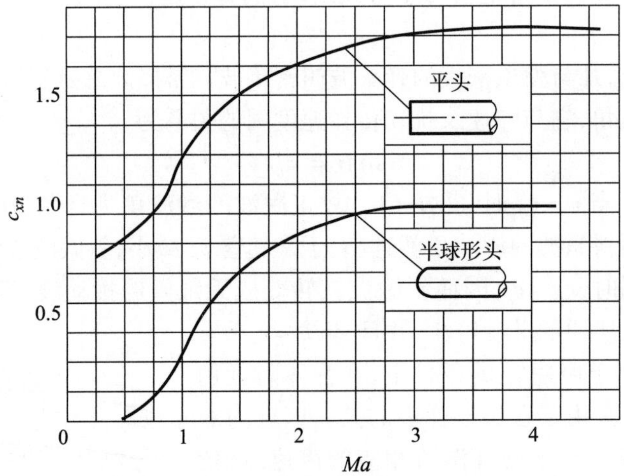

图 2.2.13　钝头体的头部阻力系数

5. 定心带阻力

由于膛内发射要求,弹体上常有定心带或弹带,如图 2.2.14 所示。根据对定心带 $H = 0.026d$ 模型的风洞试验,由定心带产生的阻力系数为

$$c_{xh} = \Delta c_{ch} H / (0.01d) \tag{2.2.16}$$

式中,Δc_{xh} 为 $H = 0.01d$ 时定心带的阻力系数。图 2.2.14 绘出了 Δc_{xh} 随 Ma 数的变化曲线(图中 d 为弹径)。

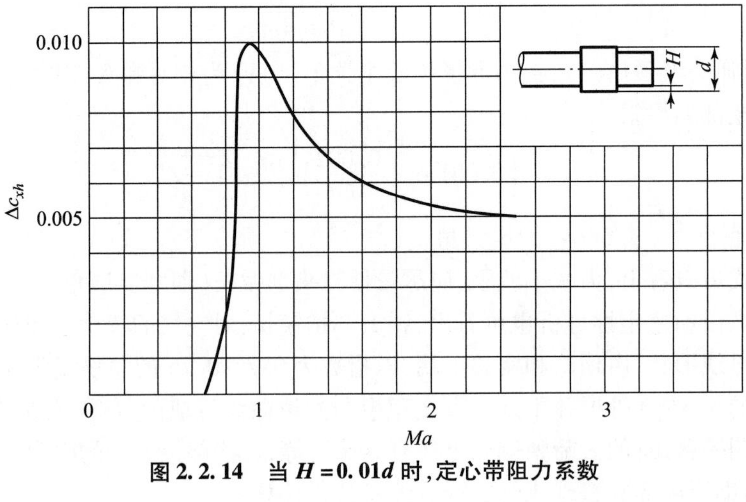

图 2.2.14　当 $H = 0.01d$ 时,定心带阻力系数

2.2.2 尾翼弹的零升阻力

对于尾翼弹，除弹体要产生阻力外，尾翼部分也要产生阻力。尾翼气动力的计算方法与弹翼的相同，而弹翼的零升阻力系数 c_{x_0} 由摩阻系数 c_{x_f}、波阻系数 c_{xww}、钝前缘阻力系数 c_{xu} 和钝后缘阻力系数 c_{xb} 组成。它们形成的机理与弹体阻力形成的机理相同。其计算方法在弹箭空气动力学中有详细叙述。

其中波阻系数 c_{xww} 与翼面相对厚度有较大关系，按线化理论，有

$$c_{xww} = 4(\bar{c})^2/\sqrt{Ma^2-1} \tag{2.2.17}$$

式中，$\bar{c}$ 为上下翼表面间的最大厚度与平均几何弦 b_{av} 之比。故采用薄弹翼可显著减小波阻。在相对厚度 $\bar{c}$ 相同的条件下，对称的菱形剖面弹翼具有最小的零升波阻。

尾翼弹的零升阻力系数 $(c_{x_0})_{Bw}$ 为单独弹体的零升阻力系数 $(c_{x_0})_B$ 与 N 对尾翼（二片尾翼为一对）的零升阻力 $(c_{x_0})_w$，即

$$(c_{x_0})_{Bw} = (c_{x_0})_B + N(c_{x_0})_w S_w/S \tag{2.2.18}$$

式中，S_w 为计算尾翼阻力时的特征面积；S 为计算全弹阻力用的特征面积。

尾翼弹的零升阻力系数 $c_{x_0}(Ma)$ 随马赫数变化的曲线如图 2.2.15 所示。由图可见，该曲线上有两个极值点，一个在 $Ma=1.0$ 附近，另一个极值点只有当来流 Ma 在弹翼前缘法向上的分量超过 1、弹翼的主要部分产生激波时才出现。这个极值点所对应的来流临界马赫数随弹翼前缘后掠角 χ（弹翼前边缘线与垂直于弹箭纵对称面的直线间的夹角）而变化。χ 增大，需要更大的来流马赫数才能使其在前缘法线上的分量大于 1，故第二个极值点向后移动。在第 2.5 节图 2.5.7 中就隐约有这种现象。

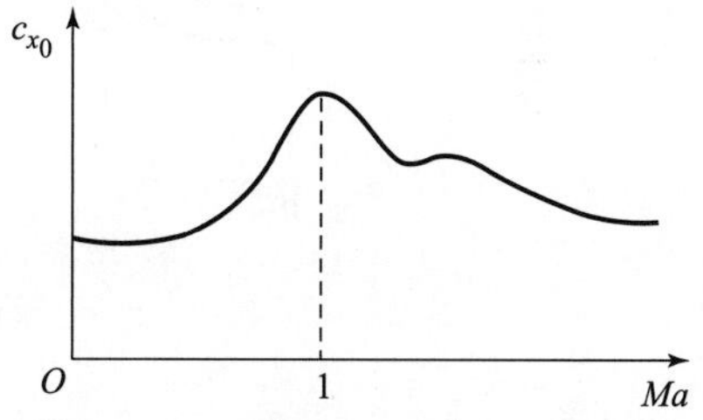

图 2.2.15　尾翼弹的零升阻力系数曲线

除简单的旋成体阻力有近似计算公式外，大多数尾翼弹和异型弹，例如头部为酒瓶状的杆式弹、带卡瓣槽的长杆穿甲弹、弧形尾翼弹、圆柱平头面或凹形抛物面的末敏子弹等都没有什么简单的理论计算公式，只能借助试验曲线、经验公式计算。在需准确阻力系数数据计算弹道时，还需利用风洞或射击方法从实验中获取。精确的数值解在很多情况下也需用试验值校正。

2.3 阻力系数、阻力定律、弹形系数和阻力系数的雷诺数修正

由上一节中所述知，阻力系数 c_{x_0} 不仅是马赫数 Ma 的函数，也是雷诺数 Re 的函数。但从旋转稳定弹摩阻式（2.2.5）~式（2.2.6）、底阻公式（2.2.8）~式（2.2.9）及波阻公式（2.2.11）~式（2.2.14）可见，阻力系数只与 Re 的 0.1~0.2 次方有关，而与 Ma 的 1~2 次方有关，因此阻力系数随 Ma 的变化比随 Re 的变化快得多，而与雷诺数的关系不大（除非是下面将要讲的雷诺数变化很大的情况）。实验指出，当 $Ma>0.6$ 以后，雷诺数 Re 对 c_{x_0} 的影响很小，c_{x_0} 主要由 Ma 决定，故可将 c_{x_0} 看作仅是 Ma 的函数，记为 $c_{x_0}=c_{x_0}(Ma)$。这是因为，$Ma>0.6$ 以后，即可出现局部激波，此时摩阻仅占总阻很小的一部分。当 $Ma<0.6$ 时，总阻只是摩

阻和底阻之和,它们与空气弹性无关,故几乎不随 Ma 数变化。其他弹箭也是这种情况。

2.3.1 阻力系数曲线变化的特点

图 2.3.1 为弹箭阻力系数随马赫数变化的曲线。此曲线的特点是,Ma 在亚声速阶段($Ma<0.7$),c_{x_0} 几乎为常数;在跨声速阶段($Ma=0.7\sim1.2$),起初出现局部激波,阻力系数逐渐上升;随后在 $Ma=1.0$ 附近出现头部激波;阻力系数几乎呈直线急剧上升,大约在 $Ma=1.1\sim1.2$ 范围内取得极大值。头部越锐长的弹,其 c_{x_0} 最大值的位置越接近于 $Ma=1.1$;当 Ma 继续增大时,头部激波由脱体激波变为附体激波,并且激波倾角 β 随 Ma 增大而减小。这使得气流速度与波面的垂直分量 $v_\perp$ 相对减小(图 2.2.9(c)),空气流经激波的压缩程度也相对减弱,所以 $c_{x_0}(Ma)$ 曲线开始下降,直到 $Ma=3.5\sim4.5$ 又渐趋平缓而接近于常数。

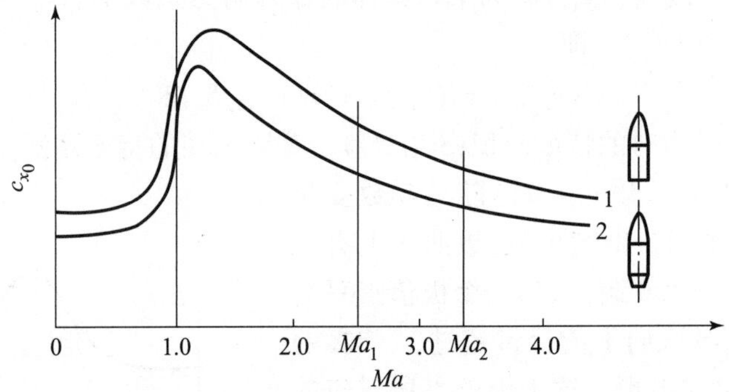

图 2.3.1 $c_{x_0}-Ma$ 曲线

需指出的是,超声速时阻力系数 $c_{x_0}(Ma)$ 随马赫数增大而减小并不意味着阻力也减小,这是因为空气阻力除与 $c_{x_0}(Ma)$ 成正比外,还与速度 v 的平方成正比,而 Ma 越大,速度 v 也越大。

2.3.2 阻力定律和弹形系数

要计算弹道,必须先知道各马赫数上弹箭的阻力系数,即 $c_{x_0}-Ma$ 曲线。但在过去实验条件和计算工具都十分落后的情况下,要获得这样一条曲线是极其困难的,需要花费大量的人力和财力,故希望有一个简便的方法能迅速算出各马赫数上的阻力系数。

上面所讲的阻力系数随马赫数变化的规律是一般性规律。计算和试验表明,由两个形状相似的弹丸所测出的两条 $c_{x_0}-Ma$ 曲线,尽管它们不重合,但相差不大,而且在同一马赫数,如 Ma_{I} 处两个不同弹丸的 c_{x_0} 比值与另外同一马赫数如 Ma_{II} 处的两弹丸的 c_{x_0} 比值近似相等(如图 2.3.1 中的弹 1 和弹 2),即

$$\frac{c_{x_0}(Ma_{\mathrm{I}})_1}{c_{x_0}(Ma_{\mathrm{I}})_2}=\frac{c_{x_0}(Ma_{\mathrm{II}})_1}{c_{x_0}(Ma_{\mathrm{II}})_2}=\cdots \tag{2.3.1}$$

根据这一性质,我们找到估算空气阻力的简便方法。这就是预先选定一个特定形状的弹丸作为标准弹丸,将它的阻力系数曲线仔细测定出来(一组的,测出其平均阻力系数曲线)。其他与此相似的弹丸,只需要测出任意一个马赫数时的阻力系数 c_{x_0} 的值,将其与标准弹在同一马赫数处的 $c_{x_{0N}}$ 值相比,得出其比值 i,定义它为该弹丸相对于标准弹的弹形系数

$$i = \frac{c_{x_0}(Ma)}{c_{x_{0N}}(Ma)} \tag{2.3.2}$$

既然这个比值 i 在各个马赫数处均近似相等，那么其他任意马赫数处的阻力系数，就可近似地利用弹形系数 i 估算出来

$$c_{x_0}(Ma) = ic_{x_{0N}}(Ma) \tag{2.3.3}$$

这在实际应用上是十分方便的。

标准弹的阻力系数 $c_{x_{0N}}$ 与 Ma 的关系，就是习惯上所说的空气阻力定律。

历史上最早的阻力定律是由意大利弹道学家西亚切于 1896 年针对弹头部长为 1.2 ~ 1.5 倍弹径的弹丸，用多种弹的 $c_{x_0}-Ma$ 关系平均后确定的，这就是著名的西亚切阻力定律。

但以后由于弹丸形状改善、长细比加大，与西亚切阻力定律相应的标准弹形相差过大，再使用西亚切阻力定律就会产生较大的误差，于是在 1943 年由苏联炮兵工程学院外弹道教研室重新制定了新的阻力定律，这就是人们熟悉的 43 年阻力定律，这个阻力定律一直沿用至今。

43 年阻力定律的标准弹的头部长为 3 ~ 3.5 倍口径，与目前常见的旋转稳定弹的弹形相近，如图 2.3.2 所示。而图 2.3.3 即为 43 年阻力定律的 $c_{x_0}-Ma$ 曲线，同一图中还给出了西亚切阻力定律的 $c_{x_0}-Ma$ 曲线。在附表 1 中，列出了 43 年阻力定律的 $c_{x_0}-Ma$ 函数值。

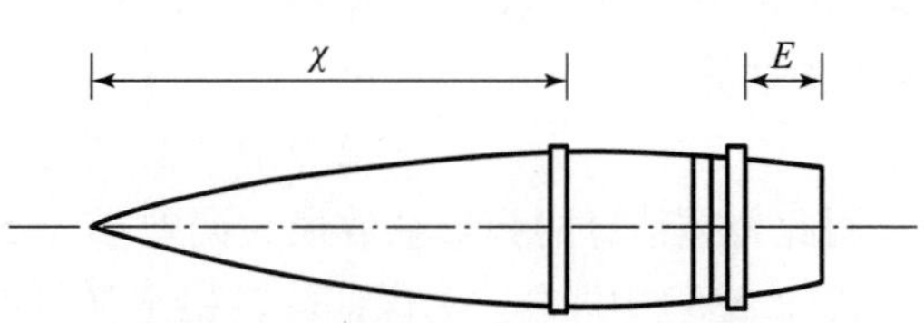

图 2.3.2　43 年阻力定律的标准弹外形

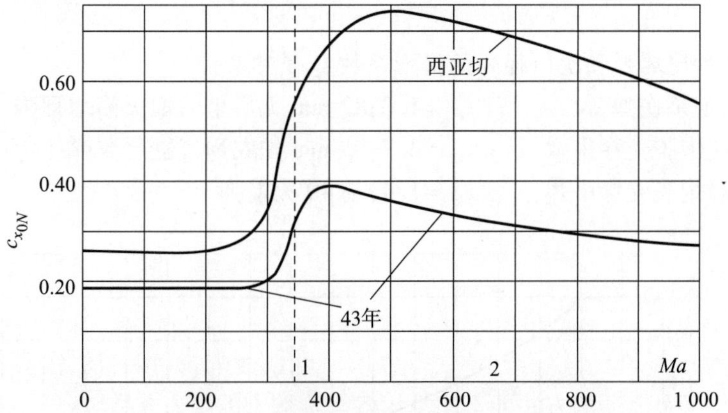

图 2.3.3　43 年阻力定律和西亚切阻力定律曲线

对于现代旋转稳定弹，就 43 年阻力定律来说，$i_{43} \approx 0.85 \sim 1.0$，对于特别好的弹形，弹形系数可达 $i_{43} = 0.7$；而就西亚切阻力定律而言，$i_{西} \approx 0.4 \sim 0.5$。因此 $i_{43} \approx 2i_{西}$。

在使用弹形系数时，必须注明其相应的阻力定律，否则易引起混乱。

另外，各种形状弹丸的阻力系数也并不是很准确地遵守式（2.3.1），尤其当弹形与标准弹相差较大时更是如此。因此，弹形系数 i 实际上也在随 Ma 变化。尾翼弹与旋转弹的弹形相差很大，故尾翼弹要采用 43 年阻力定律是十分勉强的。曾有过对尾翼弹专门建立一个阻力定律的设想，但由于各种尾翼弹的弹形相差过大，即使有这么一个尾翼弹阻力定律，也同样效果不好。但对于亚声速尾翼弹，因阻力系数随 Ma 变化不大，故还可用弹形系数的

概念。

在后面一节中我们还要讲述,由于阻力系数随攻角 δ 增大而增大,这使得弹形系数 i 也随弹丸摆动的攻角变化而变化,这就会造成使用上的困难。

在实际应用上,常常采取平均弹形系数代替变化的弹形系数来确定弹道诸元,这样使弹道计算大为简化。例如某弹初速 v_0 一定时,以某一射角 θ_0(例如 $\theta_0=45°$)进行射击试验,经过各种修正得到在标准条件下的射程 x_{0N},由此就可反算得一个平均的弹形系数。用此弹形系数来计算 $\theta_0=45°$ 附近其他弹道,也能得到基本准确的射程。

由于旋转稳定弹的阻力系数(因而弹形系数)主要取决于头部长度 $\chi(d)$ 和尾锥长度 $E(d)$,这里 χ 和 E 以弹径为单位,如图 2.3.2 所示。根据我国经验,这两个参量可以合并成一个参数 $H(d)$:

$$H=\chi+(E-0.3) \tag{2.3.4}$$

对于我国加农炮和榴弹炮的榴弹,在下列条件下:①头部母线为圆弧形;②全装药初速 $v_0\geqslant 500$ m/s;③最大射程角 $\theta_0\approx 45°$,对 43 年阻力定律的弹形系数,可用下式的经验公式或图 2.3.4 来估算:

$$i_{43}=2.900-1.373H+0.320H^2-0.0267H^3 \tag{2.3.5}$$

用此公式估算的弹形系数最大误差小于 5%。对于光滑度特别好的弹丸,可用 $H=\chi+E$ 代入式(2.3.5)中计算。为保证旋转稳定弹具有良好的飞行稳定性,其弹长一般不超过 $5.5d\sim 6d$。在表 2.3.1 中列出了若干种中外制式弹在表定条件下的平均弹形系数,除了美国 175 mm 榴弹外,由式(2.3.5)算出的弹形系数,与表中弹丸实际求出的平均弹形系数是基本一致的。

还有以下几种尾翼弹和次口径弹的弹形系数 i_{43} 供参考:

82 mm 迫击炮杀伤弹 $i_{43}=1.0$;82 mm 无后坐力炮火箭增程弹 $i_{43}=3.7$;

100 mm 滑膛炮脱壳穿甲弹 $i_{43}=3.7$;85 mm 加农炮气缸尾翼弹 $i_{43}=1.9$;

120 mm 滑膛炮脱壳穿甲弹 $i_{43}=1.4$;新 40 火箭弹 $i_{43}=4.0$。

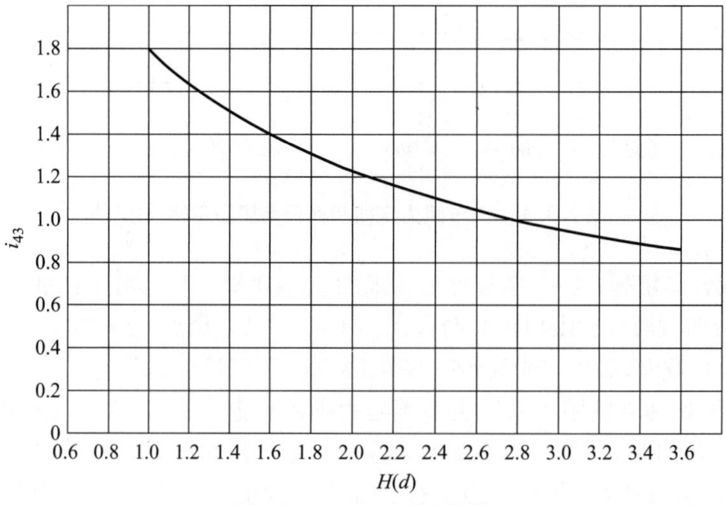

图 2.3.4　$i_{43}-H(d)$ 曲线

表 2.3.1　各种弹丸的平均弹形系数

弹种	弹重/kg	θ_0 /(°)	v_0/(m · s^{-1})	x/m	c_{43}	i_{43}
85 高	9.54	45	793	16 460	0.784 4	1.036
76.2 加	6.21	45	680	13 290	0.892	0.952
122 榴	21.76	45	515	11 800	0.708	1.035
苏 M47	43.56	45	770	20 470	0.521 9	0.978 8
152 加榴	40	45	670	15 740	0.647	1.114
12 榴	43.56	45	655	17 230	0.521	0.977
美 175(M437)	66.8	50	914	32 670	0.361 3	0.788

现代由于有了测速雷达、各种马赫数范围的风洞、多站测量靶道等先进实验手段以及处理实验数据或用数值方法计算气动力的高速电子计算机,确定弹箭本身的阻力系数曲线已不是难事,弹形系数概念的实际应用价值已大为降低。由于弹形系数一方面是弹道学发展过程中的产物,现有的大量文献、资料、数据都涉及这个概念;另一方面,由于应用这一概念的确有其方便之处,人们只要提到某弹的弹形系数,就能大致判断其阻力特性的好坏、减速情况,甚至最大射程多少,简单明了,因此必须予以介绍。

2.3.3　阻力系数的雷诺数修正

过去由于弹箭射程小,飞行高度不大,故在弹道计算中直接应用在地面测得的阻力系数曲线,而不考虑随飞行高度不同雷诺数变化的影响,所造成的误差一般不大。

现代弹箭的飞行距离和高度已大为增加,例如 80 km 火箭的飞行高度可以大于 30 km。在这种情况下,高空与地面的空气密度及黏性系数差别很大,使雷诺数减小很多,例如 30 km 高空上的雷诺数约只有地面值的 1.5/10。这使摩阻系数和底阻系数增大(注意,不是高空阻力比低空的大)。再加上弹箭飞行时间长,累积作用结果可使弹箭的射程和侧偏产生误差。例如,对射程 30 km 炮弹,可影响射程 0.5%,对 40 km 射程炮弹,可影响射程 1%。这种误差已不容忽视,故必须考虑同一马赫数,不同高度上雷诺数改变对摩阻和底阻的影响,对地面测得的阻力系数曲线加以修正,即有

$$c'_x(Ma,Re) = c_{x_{0N}}(Ma,Re_{0N}) + \Delta c_{xf} + \Delta c_{xb} \tag{2.3.6}$$

图 2.3.5 为某尾翼弹阻力系数随高度变化示意图。由图可见,①阻力系数在各马赫数上均随高度增加而增加,并且高度越大,增加量 Δc_x 也越大。高度增加 10 km,阻力系数增量可大于 10%。②亚声速时,阻力系数随高度增加大,超声速时,阻力系数随高度增加要小些,对于远程大高度飞行弹箭,应将阻力系数作为马赫数和飞行高度 y 的二元函数,不考虑雷诺数的影响,会造成实际射程比计算射程小。

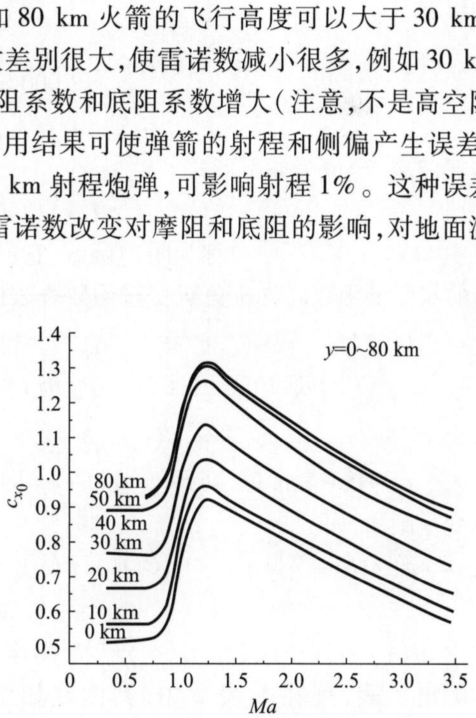

图 2.3.5　阻力系数曲线随高度变化的情况

由以上分析可见,这里还引出一个阻力系数曲线标准化问题,即在地面非标准条件下测得的阻力系数,应经过雷诺数修正转换成标准气象条件下的阻力系数。以后再以此标准阻力系数曲线为基础,对实际气象条件进行雷诺数修正,转换成实际条件下的阻力系数。即

$$c_{x_{0N}}(Ma) = c'_{x_0}(Ma) - \Delta c_{xf} - \Delta c_{xb} \tag{2.3.7}$$

当然,雷诺数对阻力系数的影响也可用不同雷诺数下的吹风试验获得。但这只有在可变雷诺数、较高水平的风洞中才能实现。

2.4 空气阻力加速度、弹道系数和阻力函数

阻力对质心速度大小和方向的影响是通过阻力的加速度 a_x 来体现的。由式(2.2.1)得

$$a_x = \frac{R_x}{m} = \frac{S}{m}\frac{\rho v^2}{2}c_{x_0}(Ma) \tag{2.4.1}$$

利用式(2.3.3)将 $c_{x_0}(Ma)$ 以标准弹阻力系数乘以弹形系数表示,并注意到 $S = \pi d^2/4$,得

$$a_x = \left(\frac{id^2}{m} \times 10^3\right)\frac{\rho}{\rho_{0N}}\left(\frac{\pi}{8\ 000}\rho_{0N}c_{x_{0N}}(Ma)v^2\right) \tag{2.4.2}$$

式中第一个组合表示弹丸本身的特征(形状,尺寸大小和质量)对运动影响的部分,此组合叫弹道系数,并用 c 表示

$$c = \frac{id^2}{m} \times 10^3 \tag{2.4.3}$$

式中第二个组合就是在第1.6节中讲过的空气密度函数 $H(y) = \rho/\rho_{0N}$。式中第三个组合,主要表示弹丸相对于空气的速度 v 对弹丸运动影响的部分,由于 $Ma = v/c_s$,故实际上还有声速 c_s 的影响。令

$$F(v,c_s) = \frac{\pi}{8\ 000}\rho_{0N}c_{x_{0N}}(Ma)v^2 = G(v,c_s)v \tag{2.4.4}$$

$$G(v,c_s) = 4.737 \times 10^{-4}c_{x_{0N}}(Ma)v \tag{2.4.5}$$

则式(2.4.2)成为如下形式

$$a_x = cH(y)F(v,c_s) = cH(y)G(v,c_s)v \tag{2.4.6}$$

式中,$F(v,c_s)$、$G(v,c_s)$ 称为阻力函数,它们是 v 和 c_s 的双变量函数。为避免双变量函数查表的麻烦,也可引进符号 $v_\tau = vc_{s_{0N}}/c_s = v\sqrt{\tau_{0N}/\tau}$,则有 $Ma = v/c_s = v_\tau/c_{s_{0N}}$,于是 $F(v,c_s)$,$G(v,c_s)$ 变为 $F(v,c_s) = F(v_\tau,c_{s_{0N}})\tau/\tau_{0N}$,$G(v,c_s) = G(v,c_{s_{0N}})\cdot\sqrt{\tau/\tau_{0N}}$。由于 $c_{s_{0N}} = 341.1$ 是常数,则 $F(v_\tau)$ 和 $G(v_\tau)$ 即为 v_τ 的单变量函数,而

$$a_x = c\pi(y)F(v_\tau) = c\pi(y)v_\tau G(v_\tau),\pi(y) = p/p_{0N} \tag{2.4.7}$$

式中,$\pi(y)$ 为气压函数。$G(v_\tau)$ 已按43年阻力定律编出了表,列在附表2中,其图线如图2.4.1所示。

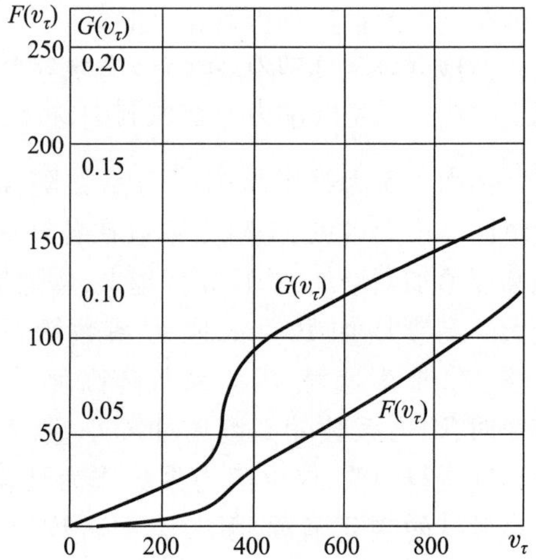

图2.4.1 $F(v_\tau)$ 和 $G(v_\tau)$ 的曲线

与弹形系数一样，在使用弹道系数时，必须注明它所对应的阻力定律，例如 c_{43}，$c_{西}$等。因为弹丸质量大致与体积成正比，故对同一类弹，质量可表示为 $m = c_m \cdot d^3$，其中，c_m 为弹质系数，对榴弹，为 12 ~ 14，对穿甲弹，为 15 ~ 23。这样，弹道系数即可表示为 $c = i \cdot 10^3/(c_m d)$，可见口径越大，弹道系数越小。此外，弹道系数还可写成 $c = i \cdot 10^3/(m/d^2)$形式，m/d^2表示单位横截面上的质量，故提高单位横截面积上的质量可减小弹道系数，这就是高速穿甲弹的弹芯直径小、用重金属钨做成细长杆的原因。但为了提高初速，需利用卡瓣支撑弹丸用大口径火炮发射，弹出膛后，卡瓣分离。

顺便讲一下炸弹以投弹方式测定弹道系数的方法。

飞机投弹时，依其飞行速度 v_0与水平的夹角 $\theta_0 > 0°$，$\theta_0 = 0°$，$\theta_0 < 0°$不同，分别称为上仰投弹、水平投弹（图 2.4.2）和俯冲投弹。为避免机弹干扰造成炸弹划伤飞机，一般用弹射机构向下弹射投放，航弹弹道可用一般弹道方程计算。

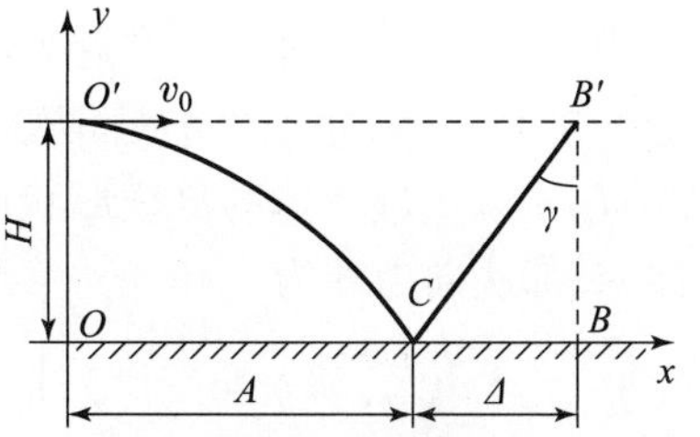

图 2.4.2　水平投弹

B'—弹落地至 C 点时飞机的位置；A—炸弹射程；Δ—退曳距离；γ—退曳角

真空中 2 000 m 高水平投弹至地面的落下时间 $T = \sqrt{2 \times 2\,000/9.8} = 20.203(\mathrm{s})$，称为特征落下时间，而空气中的特征落下时间与 43 年阻力定律弹道系数 c_{43}的关系为

$$T^* = 20.203 + 0.498c_{43} \tag{2.4.8}$$

据此可通过 2 000 m 高投弹测落下时间求取弹道系数 c_{43}。

2.5　有攻角时弹箭的静态空气动力和力矩

所谓静态空气动力，是指物体姿态不变，仅由气流以某个不变的攻角和流速（定态流动）流过时产生的空气动力。在风洞中，将模型以一定的攻角固定吹风，在测力天平上测出的力即为静态空气动力。对于轴对称弹箭，当质心速度方向与弹轴一致时，只有沿速度反方向的阻力。

当攻角不为零时，气流在由弹轴和速度线组成的攻角平面内关于弹轴是不对称的，弹箭迎风的一侧风压大，背风的一侧风压小，在超声速情况下也是迎风一侧激波强烈，这时总空气动力显著增大，并且它既不沿弹轴或速度线反方向，也不通过质心，而是在攻角平面内偏在弹丸背风面并与弹轴同在速度线的一侧，如第 2.1 节图 2.1.1 所示。

在攻角面内，总空气动力 $\boldsymbol{R}$ 可以分解为沿速度反方向的分力 R_x和垂直于速度方向的分力 R_y，也可以分解为沿弹轴的分力或轴向力 R_A 和沿垂直弹轴的分量或法向力 R_n（气动力吹风或计算都先按这两个方向进行）。由图 2.1.1 可得它们之间的关系式

$$R_x = R_A\cos\delta + R_n\sin\delta, R_y = R_n\cos\delta - R_A\sin\delta \tag{2.5.1}$$

但它们对质心的力矩是相同的。下面先讲弹体法向力和轴向力。

2.5.1 弹体的法向力 R_n 和轴向力 R_A

1. 弹体的法向力系数

弹体的法向力系数 c_n 可表示为头部法向力系数 c_{nn}、尾部法向力系数 c_{nt} 和黏性法向力系数 c_{nf} 之和,即

$$c_n = c_{nn} + c_{nt} + c_{nf} \tag{2.5.2}$$

①头部法向力系数 c_{nn} 按细长体理论为

$$c_{nn} = 2\delta \tag{2.5.3}$$

式中,δ 为攻角,以弧度计。由上式求导得 $c'_{nn} = 2$。如果以"度"计攻角,则 $c'_{nn} = 2/57.3 = 0.035\,1(°)^{-1}$。但一是因为弹并非十分细长,二是因为靠近头部的圆柱部也提供法向力,它应加入 c_{nn} 中去,故使 c'_{nn} 比上述理论值要大一些,并且也不是常数,而是随 Ma 变化,并且与头部长细比 $\lambda_n = l_n/d$、圆柱部长细 $\lambda_c = l_c/d$ 以及旋成体的母线形状(锥头、卵形等)有关,在弹箭空气动力学中可查曲线求得。这样,头部法向力即为

$$c_{nn} = c'_{nn}\cdot\delta(c'_{nn}\text{和}\,\delta\,\text{均按}(°)\text{计}) \tag{2.5.4}$$

②尾部法向力系数 c_{nt} 由细长体理论给出

$$c_{nt} = -0.006\,3\delta(1 - \bar{S}_b) \tag{2.5.5}$$

式中,δ 以(°)计;$\bar{S}_b$ 为弹底部相对面积,$\bar{S}_b = S_b/S = (D_b/D)^2$,式中 D_b 为弹底部直径。由上式可见尾部法向力为负,与头部相反,从而减小了弹体法向力。

③弹体的黏性法向力系数 c_{nf} 是由于气流的横向分量 $v\sin\delta$ 流过弹体圆柱段时气流分离在弹体上产生的附加法向力,其计算公式如下

$$c_{nf} = \frac{4}{\pi}\cdot c_{xt}(\lambda_c + \lambda_t)\sin^2\delta \tag{2.5.6}$$

式中,c_{xt} 为横流的阻力系数,当弹体绕流为层流附面层时,$c_{xt} = 1.2$,为紊流附面层时,$c_{xt} = 0.35$;λ_c 为圆柱部长细比;λ_t 为尾部长细比。因弹头部气流分离不明显,故计算法向力时不考虑。

2. 弹体轴向力系数

攻角不为零时,弹体除产生法向力外,还产生附加轴向力 ΔX,于是弹体轴向力为弹体零升阻力与附加轴向阻力之和,用系数表示即为

$$c_A = c_{x_0} + \Delta c_{x_1}, \Delta c_{x_1} = \xi(c_{nn} + c_{nt})\sin\delta \tag{2.5.7}$$

式中,ξ 为实验修正系数,亚声速时,$\xi = -0.2$;超声速时,$\xi = 1.5/(1 + \lambda_n)$。

2.5.2 弹体(或弹身)的阻力系数 c_x 和升力系数 c_y

式(2.5.1)用气动力系数表示,即有

$$c_x = c_A\cos\delta + c_n\sin\delta, c_y = c_n\cos\delta - c_A\sin\delta \tag{2.5.8}$$

当攻角 δ 较小时,可取 $\sin\delta = \delta$,$\cos\delta \approx 1 - \delta^2/2$,$c_A \approx c_{x_0}$,$c_n \approx c'_n\cdot\delta$,$c_y = c'_y\cdot\delta$,将这些关系式

代入上两式中，略去 δ^3 项，并由式(2.5.8)的第二式解出 $c'_n\delta = c'_y\delta + c_{x0}\delta$ 后得

$$c_x = c_{x0} + (c'_y + 0.5c_{x0})\delta^2, c_y \approx (c'_n - c_{x0})\delta \approx c'_n\delta, c'_y \approx c'_n \tag{2.5.9}$$

在式(2.5.9)中，因为 $c'_y \gg c_{x0}$，故在升力系数中常将 c_{x0} 忽略。但由于阻力直接影响弹箭飞行速度，对无控弹箭长时间飞行的射程、飞行时间等影响较大，故保留了 $(c'_y + 0.5c_{x0})\delta^2$ 这一项，它是由攻角产生的，称为诱导阻力。由式(2.5.9)中的第二式还可见，小攻角时，升力系数与攻角 δ 成正比，但当攻角较大时，这种关系是不成立的。这可从式(2.5.8)中的第二式定性看出，此时虽然法向力 c_n 增大，但 $\cos\delta$ 减小，而 $\sin\delta$ 增大，当 δ 大到一定程度时，升力系数就会随攻角增大而减小。

2.5.3　弹翼、尾翼、前翼的升力和阻力

弹翼一般安放在弹身中段，用于提供升力，是有控弹箭提供法向过载的气动面。尾翼安放在弹尾，用于提供稳定力矩，故也叫安定面。前翼安放在弹顶附近，用于调节全弹压力中心位置和静稳定度，也称反安定面。前翼或后翼如能转动，就是舵面，用于提供使弹体转动的操纵力矩。

弹翼的气动力与弹翼平面形状以及翼剖面形状（简称翼型）有关。翼型是垂直于弹翼平面并平行于弹纵轴的平面截弹翼所得的平面，如图 2.5.1 所示。常见的弹箭翼型有亚声速翼型（图 2.5.1(a)）、对称菱形（图 2.5.1(b)）、六角形（图 2.5.1(c)）、双弧形（图 2.5.1(d)）、非对称菱形（图 2.5.1(e)）等。以亚声速翼型为例，如图 2.5.1(f)所示，翼型最前一点 O 叫前缘，最后一点 G 叫后缘，此两点的连线称为翼弦，垂直于翼弦上、下翼面之间最长的线段 AB 称为最大厚度 c。

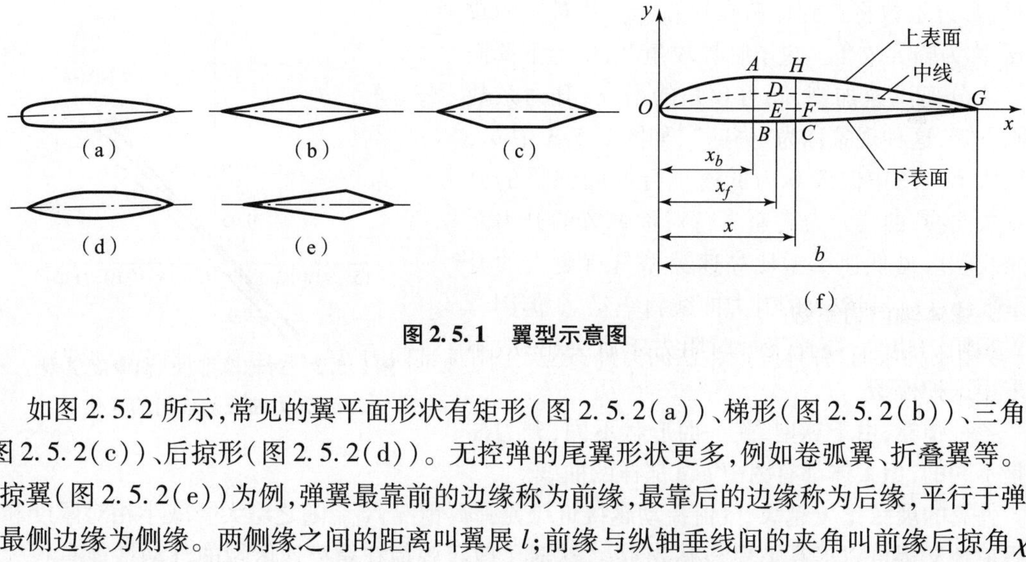

图 2.5.1　翼型示意图

如图 2.5.2 所示，常见的翼平面形状有矩形（图 2.5.2(a)）、梯形（图 2.5.2(b)）、三角形（图 2.5.2(c)）、后掠形（图 2.5.2(d)）。无控弹的尾翼形状更多，例如卷弧翼、折叠翼等。以后掠翼（图 2.5.2(e)）为例，弹翼最靠前的边缘称为前缘，最靠后的边缘称为后缘，平行于弹轴的最侧边缘为侧缘。两侧缘之间的距离叫翼展 l；前缘与纵轴垂线间的夹角叫前缘后掠角 χ_0；后缘与纵轴垂线间的夹角叫后缘后掠角 χ_1；弹翼根部翼型的弦长叫根弦长 b_r，弹翼梢部翼型的弦长叫梢弦长 b_t，$\eta = b_r/b_t$ 称为根梢比；弹翼平面面积 S_1 与翼展之比称为平均几何弦长 $b_{av} = S_1/l$；而翼展与平均几何弦长之比称为展弦比，以 $\lambda = l/b_{av}$ 表示；平均几何弦长处翼剖面最大厚度 c 对弦长之比称为相对厚度 $\bar{c} = c/b_{av}$。

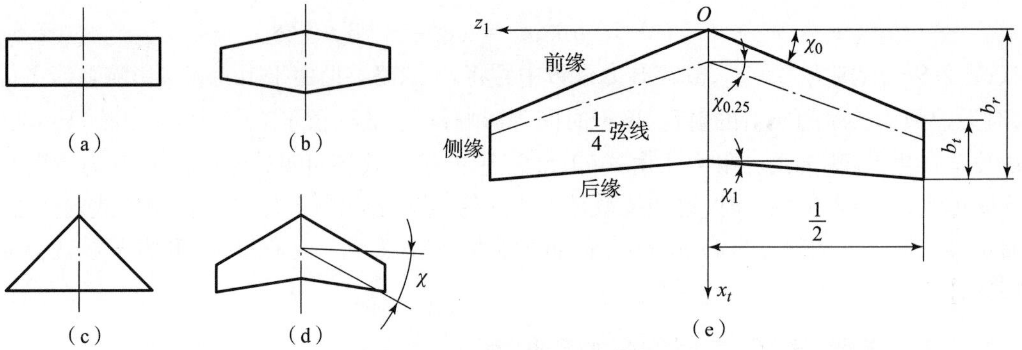

图 2.5.2　翼平面形状示意图

1. 弹翼的升力

对于无限长翼展弹翼(或二元弹翼),如不计空气黏性和压缩性的影响,按照儒可夫斯基定理,得到翼型的升力系数为

$$c_{yw0} = 2\pi(\delta - \delta_0) \tag{2.5.10}$$

式中,δ_0为零升攻角。对于上下翼表面对称的翼型,$\delta_0 = 0$。由上式可见,c_{yw0}与攻角呈线性关系,对攻角的导数为$c_{yw0} = 2\pi$,如图2.5.3中曲线a所示。

但是实际弹翼的翼展都是有限长的,当有攻角时,迎风面的高压气流在翼梢处会卷到上翼面,减小了上下翼面的压力差,从而使升力比二元弹翼的升力小。这种现象称为翼端效应。此外,由于黏性影响,在攻角较大时,气流会从翼面分离,因此,c_{yw0}对α的线性关系只能保持在小攻角范围内。攻角超过线性范围后,随着攻角增大,升力线斜率通常下降。当攻角增至一定值时,升力系数将达到极值点$(c_{yw0})_{\max}$,其对应的攻角α_k称为临界攻角。过了临界攻角,由于上下翼面的气流分离迅速加剧,随着攻角的增大,升力系数急剧下降,这种现象称为"失速",如图2.5.3中b、c曲线所示。图中曲线b为低速飞行弯曲弹翼的升力系数曲线,曲线c为高速飞行对称弹翼的升力系数曲线。可见低速翼型比高速翼型具有更大的升力系数$(c_{yw0})_{\max}$和较大的升力曲线斜率c'_{yw0}。但因弯曲翼型阻力也大,高速飞行时阻力矛盾突出,故不能采用这种模型。

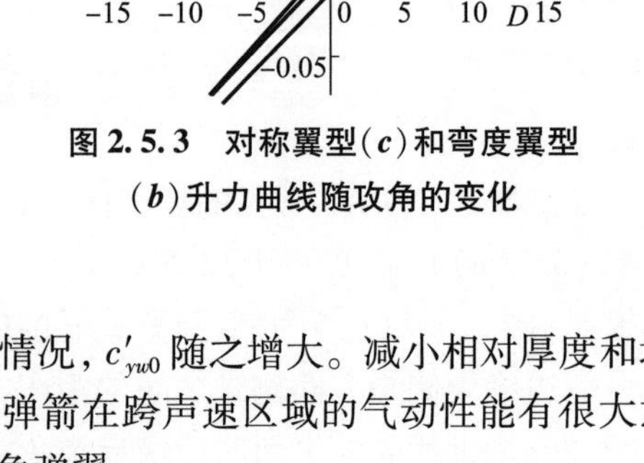

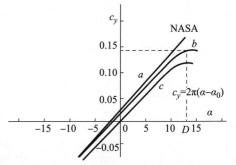

图 2.5.3　对称翼型(c)和弯度翼型(b)升力曲线随攻角的变化

各种弹翼,由于翼型、翼平面形状不同,升力曲线是不同的,但大体都有图中b、c那样的曲线。

弹翼的展弦比λ越大,气流流动越接近二元弹翼情况,c'_{yw0}随之增大。减小相对厚度和增大后掠角χ都可以提高临界马赫数Ma_k,这对于改善弹箭在跨声速区域的气动性能有很大意义,所以,在弹箭上广泛采用薄翼、大后掠角弹翼和三角弹翼。

如考虑空气的压缩性,则在亚声速区域,翼型的c'_{yw0}是随Ma的增大而增大的,并且有

$$c'_{yw_0} = 2\pi\eta/\sqrt{1 - Ma^2} \tag{2.5.11}$$

式中,$\eta<1$为校正系数,它与相对厚度有关;在超声速区,c'_{yw0}随Ma的增大而减小,对于薄翼

$$c'_{yw0} = 4/\sqrt{Ma^2 - 1} \tag{2.5.12}$$

在跨声速区，由于此时翼面上既有超声速流，又有亚声速流动，由于激波和气流的分离迅猛发展，翼面压力分布变化剧烈，升力大幅度下降、阻力急剧增大，气动力矩特性变坏(非线性严重)，导致弹箭气动力性能变坏。

2. 弹翼(尾翼)的阻力

记升力为零时的弹翼阻力系数为 c_{xw0}，当弹翼的升力不为零时，会产生一部分在零升力时所没有的阻力，它与升力同时存在，称为诱导阻力，其系数记为 c_{xwi}，于是有升力时弹翼的阻力系数为

$$c_{xw} = c_{xw0} + c_{xwi} \tag{2.5.13}$$

诱导阻力系数 c_{xwi} 与翼型、展弦比、后掠角有关，并且与攻角平方 δ^2 成比例。

2.5.4　全弹的升力系数和阻力系数

1. 全弹升力系数

对于旋转弹，其升力系数就可用弹体升力系数公式计算，即

$$(c_y)_B = c'_n \cdot \delta \tag{2.5.14}$$

对于尾翼弹，由于通常不只一对翼面，例如十字尾翼有两对翼面，＊形尾翼有三对翼面，这样总升力就应是各翼面提供的升力之和。设十字弹翼有一对翼面与攻角平面平行，它不提供升力；另一对弹翼与攻角平面垂直，它提供的升力为

$$Y_w = c_y q_\infty S_w = c'_y \delta q_\infty S_w, \quad q_\infty = 0.5\rho v_\infty^2 \tag{2.5.15}$$

设各翼面相对于攻角面转过 γ 角(图 2.5.4)，将横流 $v_\infty\delta$ 分解为垂直于翼面(1)的分量 $v_\infty\delta\sin\gamma$ 和平行于翼面(1)的分量 $v_\infty\delta\cos\gamma$，这样翼面(1)对来流的有效攻角即为 $\delta\sin\gamma$；同理，翼面(2)的有效攻角为 $\delta\cos\gamma$。两翼面上垂直于翼面的升力在横流方向的分量分别为

$$Y_{(1)} = (c'_y \cdot \delta\sin\gamma q_\infty S_w)\sin\gamma, Y_{(2)} = (c'_y \cdot \delta\cos\gamma q_\infty S_w)\cos\gamma \tag{2.5.16}$$

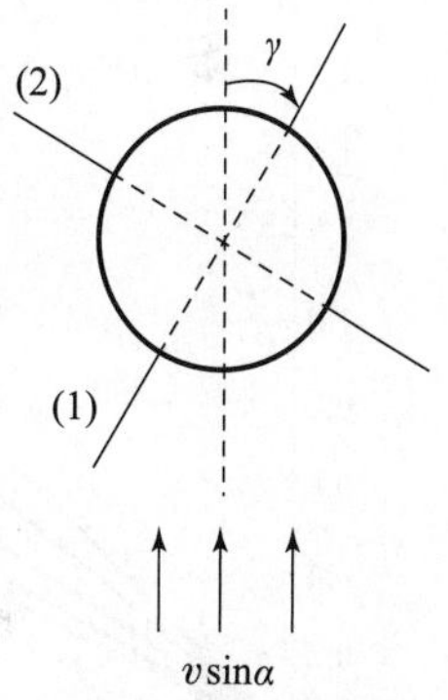

图 2.5.4　十字弹翼转过 γ 角的情况

而两对弹翼提供的总升力 $Y_{(1)} + Y_{(2)} = c'_y\delta q_\infty S_w = Y_w$ 与一对水平弹翼提供的升力相等，因而与弹翼滚转方位角 γ 无关，并且两对弹翼在总攻角面侧方向上的合力为零。同理，如果有 3 对尾翼＊形布置，则尾翼提供的总升力为

$$Y = Y_{(1)} + Y_{(2)} + Y_{(3)} = 1.5Y_w \tag{2.5.17}$$

十字翼的结论已为实验所证实，而对于六片尾翼，实验表明升力仅为 $1.25Y_w \sim 1.30Y_w$。这是由于翼间干扰使有效攻角减小。不过仅从翼面有效攻角来分析滚转角 γ 的影响是不全面的。实际上当翼面有滚转角 γ 时，攻角面两侧流场已不对称，还会产生周期性的诱导滚转力矩和诱导侧向力矩，对弹箭运动稳定性有很大影响，这将在第 12 章里讲述。

至于尾翼弹的总升力，则是单独弹体升力 $(Y)_B$、单独弹翼升力 $(Y)_w$、由于弹体存在而使弹翼产生的附加升力 $(\Delta Y_w)_B$ 和由于弹翼的存在而使弹体产生的附加升力 $(\Delta Y_B)_w$ 之和，即

$$R_y = Y_{Bw} = Y_B + Y_w + (\Delta Y_w)_B + (\Delta Y_B)_w \tag{2.5.18}$$

令

$$K_w = [Y_w + (\Delta Y_w)_B + (\Delta Y_B)_w]/Y_w, \bar{K}_w = [Y_w + (\Delta Y_w)_B]/Y_w \tag{2.5.19}$$

称 K_w 和 $\bar{K}_w$ 为干扰因子,其计算方法在弹箭空气动力学中可以查得。于是对于尾翼弹得

亚声速时 $$(c_y)_{Bw} = (c_y)_B + K_w(c_y)_w S_w/S \tag{2.5.20}$$

超声速时 $$(c_y)_{Bw} = (c_y)_B + \bar{K}_w(c_y)_w S_w/S \tag{2.5.21}$$

弹箭的总升力表达式为 $$R_y = \rho v^2 S c_y/2 \tag{2.5.22}$$

由式(2.5.9)、式(2.5.10)、式(2.5.20)和式(2.5.21)中 $(c_y)_B$、$(c_y)_w$ 的性质可知,无论是旋转弹还是尾翼弹,小攻角时,升力系数 c_y 与攻角 δ 成线性关系,但当攻角较大时,都与攻角成非线性关系。因为当攻角 δ 从正变负或由负变正时,升力的方向也反过来,故升力是攻角 δ 的奇函数。将此函数在 $\delta=0$ 附近展成台劳级数,并只取到三次方,得三次方非线性升力表达式为

$$R_y = \rho v^2 S(c_{y0}\delta + c_{y2}\delta^3)/2 = \rho v^2 S(c_{y0} + c_{y2}\delta^2)\delta/2 \tag{2.5.23}$$

式中,$c_{y0} = c_y'$;c_{y2} 为三次方升力项的系数。

一般尾翼弹的升力系数变化规律如图 2.5.5 所示。

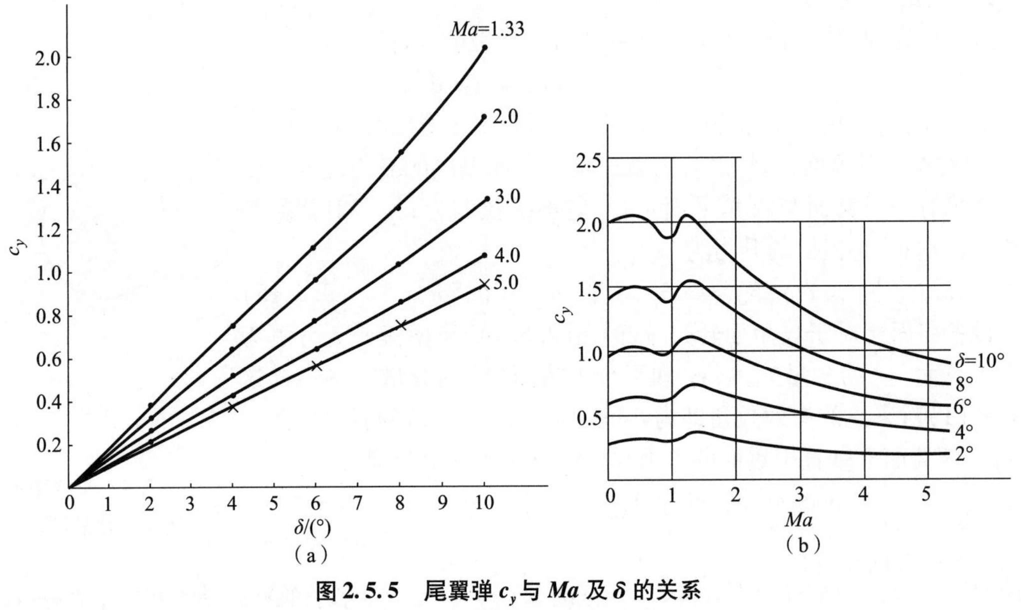

图 2.5.5 尾翼弹 c_y 与 Ma 及 δ 的关系

由图 2.5.5(a)可见,当马赫数一定时,小章动角时的 $c_y-\delta$ 曲线近似为直线,即 c_y' 只是马赫数的函数。当 δ 较大时,$c_y-\delta$ 曲线不再为直线,这时就不能略去升力中的三次方项 $c_{y2}\delta^3$。

与图 2.5.5 相应的大长径比超口径尾翼弹(外形未画出)风洞试验结果显示,在 $Ma=1.33\sim5.0$ 时,$c_y'=10.5\sim5.3$。而图 2.5.6(b)中相应旋转弹的升力系数导数,在 $Ma=2$ 时,$c_y'=2.6$,可见尾翼弹的 c_y' 要比旋转弹大 2~4 倍,这是翼面提供了较大的升力所致。

此外,由图 2.5.5(b)还可看出,在跨声速区升力系数突然减小的情况,这就是局部超声速出现,从而产生亚、超声速混流的结果。

2. 有攻角时全弹阻力系数

对于旋转弹,其阻力系数可用单独弹体的阻力系数公式(2.5.9)计算。对于尾翼弹,其阻力系数也为零升阻力系数和诱导阻力系数之和,即

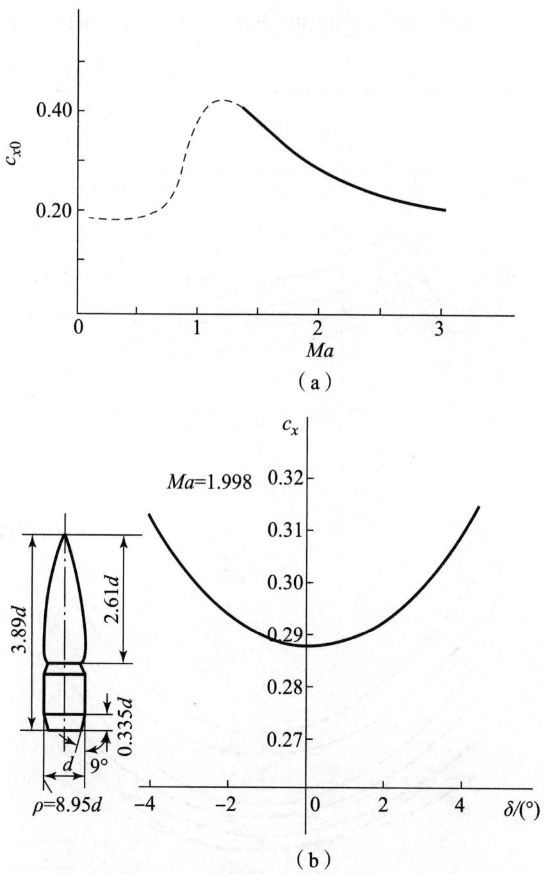

图 2.5.6　某旋转弹 $c_{x_0}(Ma)$ 和 $c_x-\delta$ 曲线

$$(c_x)_{Bw} = (c_{x_0})_{Bw} + (c_{x_i})_{Bw} \tag{2.5.24}$$

从对诱导阻力表达式(2.5.9)、式(2.5.13)的说明可知,它们都与攻角平方 δ^2 成正比,故无论是旋转弹还是尾翼弹,其阻力系数是攻角 δ 的偶函数。这是因为无论攻角为正为负,阻力总是与速度方向相反。这样弹箭的阻力系数可统一写为

$$c_x = c_{x_0}(Ma,Re) + c_{x_2}(Ma,Re)\delta^2 \tag{2.5.25}$$

上式中第二项是由攻角产生的,称为诱导阻力。式中,c_{x_2} 为诱导阻力系数,此式也可写成

$$c_x = c_{x_0}(1 + k\delta^2) \tag{2.5.26}$$

与式(2.5.9)对比可知

$$c_{x_2} = c'_y + 0.5c_{x_0}, k = c'_y/c_{x_0} + 0.5 \tag{2.5.27}$$

式中,c'_y 为升力系数导数。但实际上,由试验测出的 k 值较用式(2.5.27)算出的大得多,一般为其 2 倍左右,甚至更大些。

对于旋转稳定弹丸来说,k 近似在 15 ~ 30 的范围内变化,平均为 20 左右。图 2.5.6 为某旋转弹($l=3.89d$)由风洞试验测出的 $c_{x_0}(Ma)$ 曲线和 $c_x-\delta$ 曲线,其 $k=16.4$。这样,当 $\delta=13°$ 时,$c_x \approx 2c_{x_0}$,即当 $\delta=13°$时,阻力增大一倍。

对于长径比 $\lambda=l/d$ 较大的超口径尾翼弹,由风洞试验结果(图 2.5.7)看出,$c_x(Ma)$ 曲线的形状与图 2.5.6 所示小长径比旋转弹丸的相似,但在 $Ma>2$ 后,曲线有个小的二次峰,在

$Ma \geqslant 3$ 以后减小较快,而 c_x 随 δ 的增大也增加较快,其 $k \approx 30 \sim 40$。

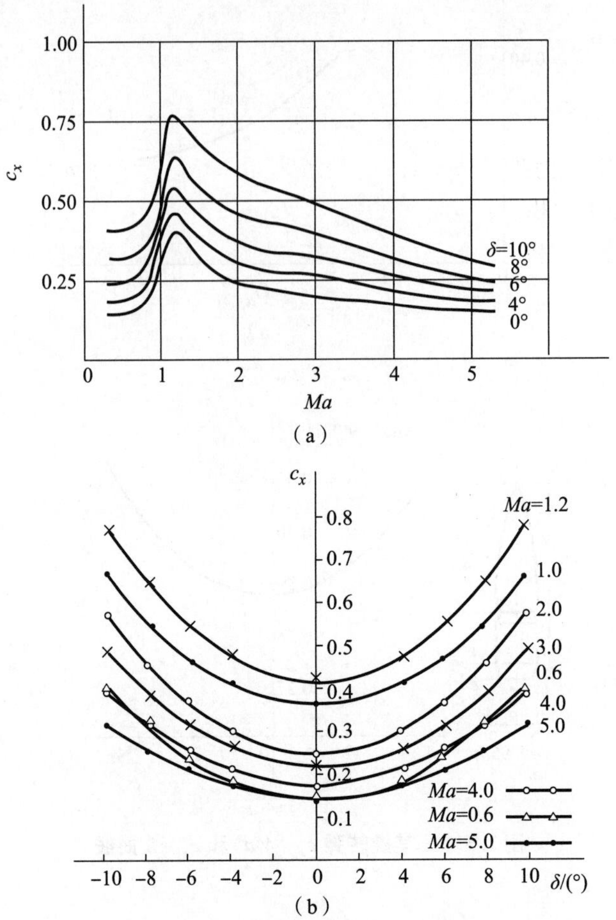

图 2.5.7 某大长径比尾翼弹的 $c_{x_0}(Ma)$ 和 $c_x - \delta$ 曲线

由弹形系数和弹道系数的定义可知,它们必与阻力系数一样,也是 δ 的函数,即

$$i_\delta = i_0(1 + k\delta^2),c_\delta = c_0(1 + k\delta^2) \tag{2.5.28}$$

式中,i_0 和 c_0 为 $\delta = 0$ 时的弹形系数和弹道系数;i_δ 和 c_δ 分别为 $\delta \neq 0$ 时的弹形系数和弹道系数。

弹箭在出炮口时一般摆动较大(即 δ 较大),以后则迅速衰减。因此,弹箭在出炮口后不长的距离内,弹形系数和弹道系数较大,以后逐渐减小,如图 2.5.8 所示。

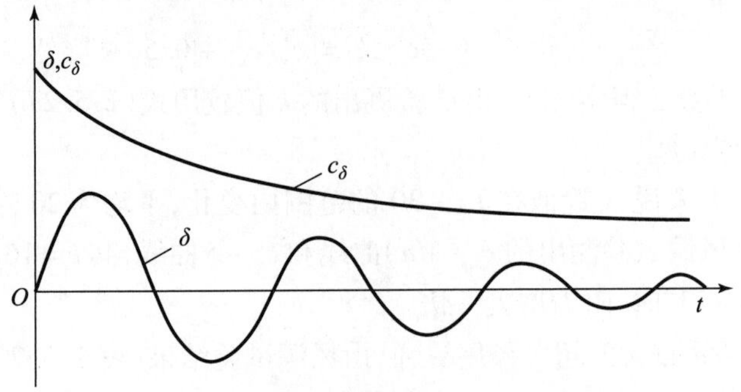

图 2.5.8 弹道起始段上的 c_δ 与 δ 的关系

2.5.5　静力矩 M_z 和压力中心 x_p

静力矩是攻角面内总空气动力对弹箭质心的矩，其表达式为

$$M_z = \frac{\rho v^2}{2} S l m_z \tag{2.5.29}$$

式中，l 为参考长度，常取为弹长或弹径；m_z 为静力矩系数，在给出 m_z 的值时，必须同时指出其相应的参考长度和参考面积，不可盲目套用。

由图 2.1.1(a)或(b)将总空气动力 R 以作用于压心的二分力 R_x、R_y 代替，可得出静力矩 M_z 与升力 R_y、阻力 R_x 和压心 P 到质心 O 之间的距离 h 的关系

$$M_z = R_x h\sin\delta + R_y h\cos\delta \tag{2.5.30}$$

写成力和力矩系数的形式，则有

$$m_z = (c_y\cos\delta + c_x\sin\delta)h/l \tag{2.5.31}$$

由上式可见，静力矩与升力一样，也是攻角的奇函数，在小攻角情况下，因 $c_y = c_y'\delta$，$\sin\delta \approx \delta$，$\cos\delta \approx 1$，故由式(2.5.31)可将 m_z 表示成

$$m_z = m_z'\delta, m_z' = (c_y' + c_x)h/l \tag{2.5.32}$$

式中，m_z' 称为静力矩系数导数。由于通常 $c_y' \gg c_x$，故又得

$$m_z' \approx c_y' h/l \tag{2.5.33}$$

设压心至弹顶的距离为 x_p，质心距弹顶的距离为 x_c。对于旋转稳定弹，压心在质心之前，$x_c > x_p$，此时静力矩为翻转力矩，有使弹轴离开速度线增大攻角 δ 的趋势，我们定义此时的 $m_z' > 0$；对于尾翼弹，压心在质心之后，$x_c < x_p$，此时静力矩为稳定力矩，有使弹轴向速度靠拢减小攻角 δ 的趋势，我们定义此时的 $m_z' < 0$。这样就可将 m_z' 写成统一的形式

$$m_z' = \frac{x_c - x_p}{l}(c_y' + c_x) \approx \frac{x_c - x_p}{l}c_y', |x_p - x_c| = h \tag{2.5.34}$$

此外，对于尾翼弹，由式(2.5.34)还可得到

$$\frac{|x_c - x_p|}{l} = \frac{h}{l} = \left|\frac{m_z'}{c_y'}\right| \tag{2.5.35}$$

上式中 h/l 为压心到质心的距离与全弹长之比（当取全弹长为参考长度时），称为静稳定储备量。对于尾翼弹，一般要求稳定储备量为 12% ~20% 才能有较好的飞行稳定性，但是静稳定度过大也不好，因为这会引起弹箭对风和其他扰动的猛烈反应，还会增大振动频率。对有控飞行器，为了操纵灵活，稳定储备量不能太大，通常只有 2% ~5%，甚至有静不稳定设计。

当攻角较大时，m_z 为攻角 δ 的非线性函数，最简单的非线性奇函数为三次函数，此时有

$$m_z = (m_{z_0} + m_{z_2}\delta^2)\delta, m_{z_0} = m_z' \tag{2.5.36}$$

式中，m_{z_0} 和 m_{z_2} 分别为静力矩系数的线性项系数和三次方项系数。

实验证明，弹箭的压心位置不仅随马赫数变化而变化，而且也随攻角 δ 的不同而不同。图 2.5.9(a)和(b)是用相对头部长度 $x = 2.5(d)$，圆弧半径 $r = 6.5d$、圆柱部长为 $2.5d$ 的旋转弹丸在风洞中吹风的实验结果。当 $\delta = 0$，速度 v 由 400 m/s 变至 1 100 m/s 时，压心（距弹底长度用 x_b 表示）向弹底移动约 $0.5d$。也就是压心随马赫数的增大而向弹底移动，使实际的压心与质心之间的距离 h 减小。但随马赫数的增大，其减小渐缓，如图 2.5.9(b)所示。

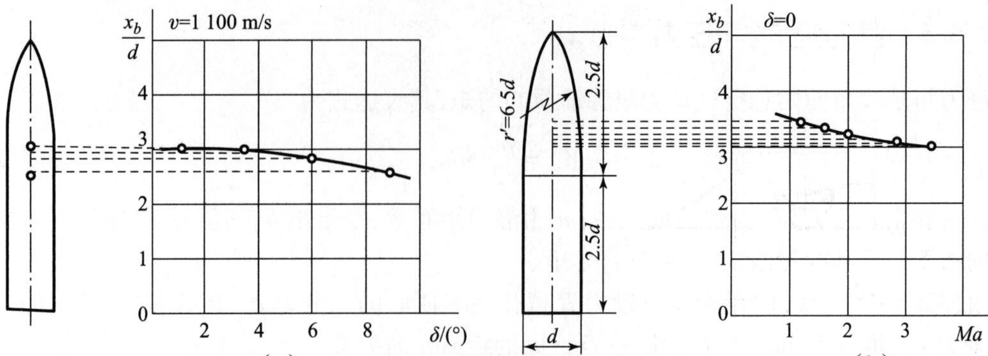

(a)　　　　　　　　　　(b)

图 2.5.9　旋转弹丸的风洞试验

(a)压心随 δ 的变化;(b)压心随 Ma 的变化

图 2.5.9(a)为用同一弹丸在 $v=1\ 100$ m/s 时做风洞试验,当 δ 由 0°变至 10°时的压心位置变化曲线。由图看出,在 $\delta<4°$时,压心位置变化很小。但当 $\delta>4°$后,变化增速;至 $\delta=10°$时,压心向弹底移动了 $0.5d$。

对于超口径尾翼弹,压心位置变化规律与旋转弹不完全相同。图 2.5.10 为对 $l=16.5d$ 超口径尾翼弹的实际试验结果。由图看出,当 δ 一定时,压心随马赫数增大而逐渐向弹顶靠近(与旋转弹刚好相反)。当马赫数一定时,压心随攻角 δ 的增大而逐渐向弹底靠近,又与旋转弹类似。

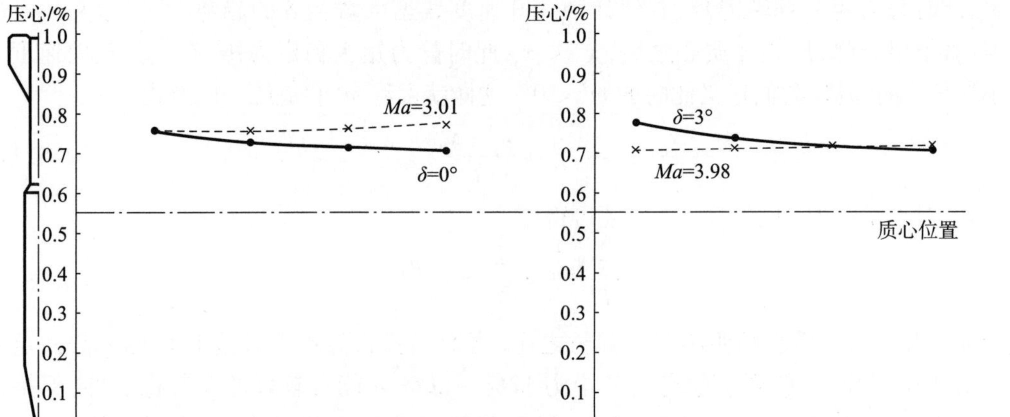

(a)　　　　　　　　　　(b)

图 2.5.10　大长细比尾翼弹的压心位置与 Ma 及 δ 的关系

至于在亚、跨声速附近,尾翼弹压心随马赫数变化的情况如图 2.5.11 所示。在 $Ma=0.6\sim1.75$ 的范围内,压心先向前移,至 $Ma=1$ 达最前点。此后又回升,至 $Ma=1.75$ 附近回到最后点。而后随马赫数的增大又向前移。在跨声速区,攻角大小对压心位置影响也很大,而且攻角越大,压心位置越向尾部靠近。

对于旋转弹,其压心至质心的距离 h 可用所谓高巴尔公式估算,即

$$h=\begin{cases}h_0+0.57h_t-0.16d(\text{圆弧形头部})\\h_0+0.37h_t-0.16d(\text{圆锥形头部})\end{cases}\tag{2.5.37}$$

式中，h_0为头部底端至质心的距离（图 2.5.12）；h_t 为头部长，$h_t=\chi d$，χ 指相对头部长。

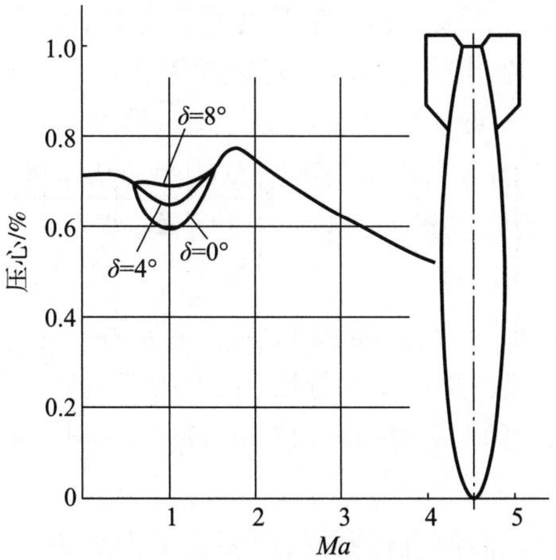

图 2.5.11　尾翼弹在亚、跨声速附近压力位置的变化

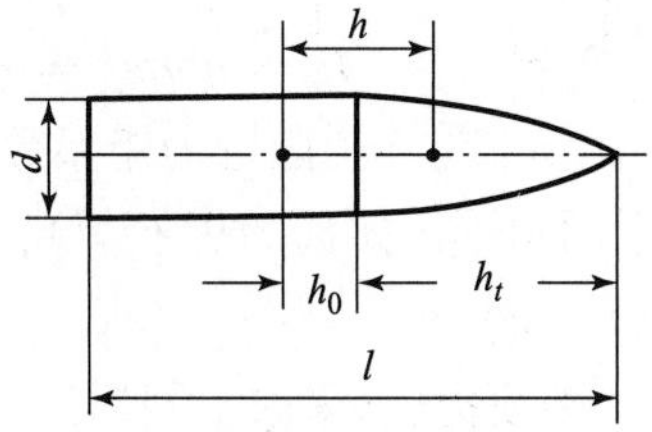

图 2.5.12　弹丸各部尺寸

实际上旋转弹的压心质心距 h 是随马赫数的增大而减小的（见上一小节），为了方便，也可将 h 随 Ma 的变化符合到 m_z' 随马赫数的变化中去，而不计 h 随 Ma 的变化。图 2.5.13 即为旋转弹实测 m_z' 随速度 v 变化的曲线，其中实线为 $l=4.5d$ 的某 76.2 mm 榴弹实测结果，而“×”号为某 37 mm 榴弹的实测结果，其中的 h 均用高巴尔公式计算。

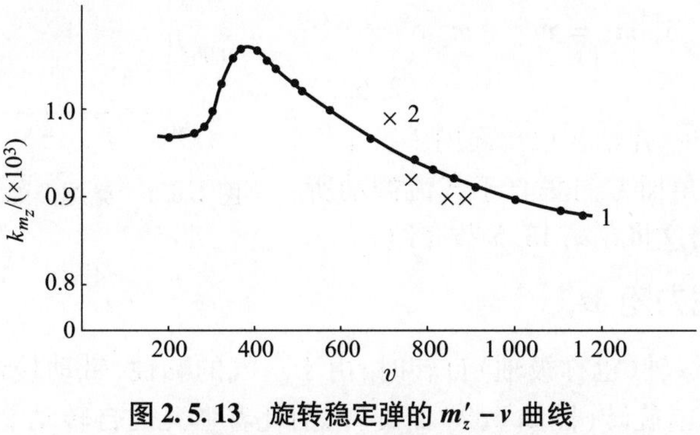

图 2.5.13　旋转稳定弹的 $m_z'-v$ 曲线

（图中 $k_{m_z}=4.737\times10^{-4}l/h\cdot m_z'$）

2.6　作用在弹箭上的动态空气动力和力矩

由弹箭自转和摆动或攻角变化产生的气动力和力矩即为动态空气动力和力矩，相应气动力或力矩系数对弹箭自转和摆动角速度的导数称为动导数。此外，本节还讲述尾翼导转力矩。

2.6.1　赤道阻尼力矩 M_{zz}

它是由弹箭绕过质心的横轴转动而产生的，其作用是抑制这种运动。因为外弹道学中常将过质心的横轴称为赤道轴，故称这种力矩为赤道阻尼力矩。在空气动力学术语中称为俯仰阻尼力矩和偏航阻尼力矩。

对于旋转稳定弹，当弹箭绕赤道轴摆动时，在弹箭压缩空气的一面空气压力增大；另一面因弹箭离去、空气稀薄而压力减小，这样就形成一个反对弹箭摆动的力偶。此外，由于空气的黏性,在弹箭表面两侧还产生阻止弹箭摆动的摩擦力偶。以上二力偶的合力矩就是阻止弹丸摆动的赤道阻尼力矩。对于尾翼弹,当弹箭以角速度 ω_z 或 ω_y 绕赤道轴转动时,除了弹体形成赤道阻尼力矩外,尾翼也要产生赤道阻尼力矩。赤道阻尼力矩的表达式为

$$M_{zz} = qSlm_{zz}, m_{zz} = m'_{zz}(l\omega_1/v) \tag{2.6.1}$$

式中,m_{zz} 称为赤道阻尼力矩系数。赤道阻尼力矩的方向永远与弹箭总的摆动角速度 ω_1 的方向相反,阻止弹箭摆动,并且总角速度 ω_1 越大,其数值也越大,其数值可用弹箭摆动时产生的诱导攻角($\delta_i = h\omega_1/v$)所形成的诱导升力来估算。即

$$M_{zz} = qSlm_{zz} = qSc'_y(h\omega_1/v)\cdot h, m_{zz} = m'_{zz}(l\omega_1/v), m'_{zz} = c'_y h^2/l^2 \tag{2.6.2}$$

式中,m'_{zz} 为赤道阻尼力矩系数 m_{zz} 对 $(l\omega_1/v)$ 的导数,是一个动导数(长度因子 l)。根据所选长度因子不同(如选为弹径 d),赤道阻尼力矩也可写成 $M_{zz} = qSldm'_{zz}\omega_1$ 的形式,此时 $m'_{zz} = c'_y h^2/(ld)$。

必须指出,采取不同形式时,相应的 m_{zz} 和 m'_{zz} 数值也将不同,但要保证力矩 M_{zz} 大小不变。

m_{zz} 和 m'_{zz} 都是马赫数的函数,图2.6.1即为某尾翼弹的 $m'_{zz}d/l$ 随马赫数变化的曲线。

m_{zz} 和 m'_{zz} 也随攻角大小而变化,通常认为与攻角方位无关,故它们是攻角的偶函数,一般而言是非线性函数,而最简单的非线性偶函数是二次函数,故可将 m_{zz} 和 m'_{zz} 写成如下形式

$$M_{zz} = M_{zz_0} + M_{zz_2}\delta^2, m'_{zz} = m'_{zz_0} + m_{zz_2}\delta^2 \tag{2.6.3}$$

但仔细考察会发现,弹轴在攻角面内平行于气流摆动与在垂直于攻角面方向垂直于气流摆动所遇到的阻尼不应相同,这将在第13.5节介绍。

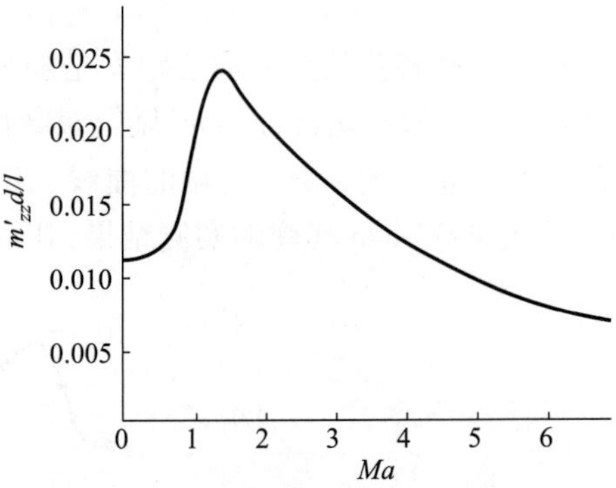

图2.6.1 某尾翼弹的 $m'_{zz}d/l-Ma$ 曲线

2.6.2 极阻尼力矩 M_{xz}

弹箭在绕其几何纵轴(也称极轴)自转时,由于空气的黏性,带动接近弹表周围的一薄层空气(附面层)随着弹箭旋转(图2.6.2)而旋转,消耗着弹丸的自转动能,使其自转角速度衰

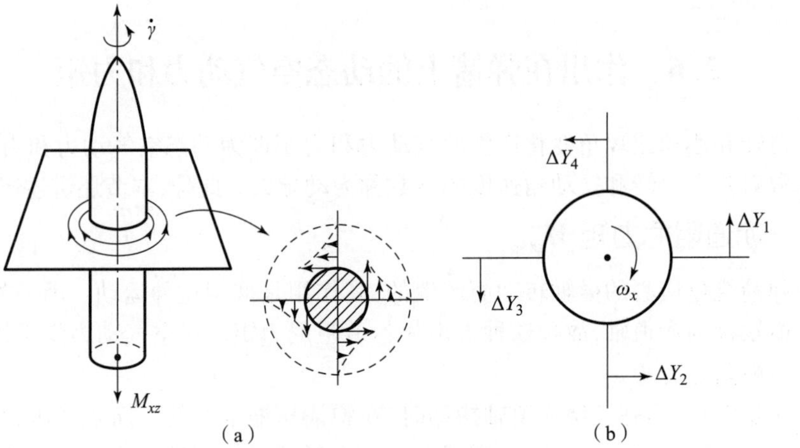

图2.6.2 极阻尼力矩的形成

(a)旋转弹;(b)尾翼弹

减。这个阻止弹箭自转的力矩叫极阻尼力矩,用 M_{xz} 表示,它可用作用在弹表上的摩擦应力对弹轴形成的总力矩来计算。

由于旋转,弹表产生了相对于空气的切向速度 $(\dot{\gamma}d/2)$,而弹箭质心相对空气的速度为 v,于是气流相对于纵轴的斜角为 $\varepsilon \approx \dot{\gamma}[d/(2v)]$。由摩擦产生的单位面积上的切向应力 τ 在垂直于弹箭纵轴方向的投影为 $\tau \cdot \varepsilon = \tau \cdot \dot{\gamma}d/(2v)$,它对弹丸纵轴的力矩为 $\tau\dfrac{\dot{\gamma}d}{2v}\cdot\dfrac{d}{2}$,将此微元力矩对全部弹表面积分后,即得极阻尼力矩 M_{xz},将 M_{xz} 表示成如下形式

$$M_{xz} = \frac{\rho v^2}{2}Slm_{xz} = \frac{\rho v^2}{2}Slm'_{xz}\left(\frac{\dot{\gamma}d}{v}\right) = \frac{\rho v}{2}Sldm'_{xz}\dot{\gamma} \tag{2.6.4}$$

式中

$$m_{xz} = m'_{xz}\left(\frac{\dot{\gamma}d}{v}\right), m'_{xz} = c_{xf}\cdot\frac{d}{4l} \tag{2.6.5}$$

上两式中,m_{xz} 称为极阻尼力矩系数;c_{xf} 为弹体摩擦阻力系数,可按式(2.2.5)计算。

式(2.6.4)中,m'_{xz} 称为极阻尼力矩系数对相对切向速度 $\dot{\gamma}d/v$ 的导数,简称极阻尼力矩系数导数,也是一个动导数。但式(2.6.5)中的 m'_{xz} 是假定弹体为圆柱表面导出的结果,与实际情况是有差别的。必须指出,在空气动力学中也有定义 $m_{xz} = m'_{xz}[\dot{\gamma}d/(2v)]$ 的,此时 m'_{xz} 数值大了一倍。如定义 $M_{xz} = qSdm_{xz}$,则 m_{xz} 和 m'_{xz} 与上面定义的 m_{xz} 和 m'_{xz} 的数值也不同。

对于尾翼弹,除了弹体产生极阻尼力矩外,尾翼也产生极阻尼力矩。当尾翼弹绕纵轴自转时,每个翼面上都将产生与翼面相垂直的切向速度 v_t,如图 2.6.2(b)所示。设翼面至弹轴的平均距离为 $kd/2$(k 为大于 1 的比例系数),则此平均速度为 $v_t = k\dot{\gamma}d/2$,此速度使各翼面上产生一个平均的诱导攻角 $\Delta\delta_t = k\dot{\gamma}d/(2v)$。各翼面上由 $\Delta\delta_t$ 的升力 ΔY 对弹轴的力矩即合成阻止自转的轴向力矩,也称为滚转阻尼力矩或极阻尼力矩。由以上分析可知,此极阻尼力矩也与 $\dot{\gamma}d/(2v)$ 成比例,故仍可写成式(2.6.4)的形式。总极阻尼力矩即为弹体和尾翼的极阻尼力矩之和。

2.6.3　尾翼导转力 M_{xw}

为消除弹箭外形不对称、质量分布不均及火箭推力偏心的影响,常让尾翼弹低速旋转,使非对称因素在各方向上的作用互相抵消。通常有两种方法让尾翼弹旋转:一种是让每片尾翼相对于弹轴斜置 ε 角,如图 2.6.3(a)所示,当平行于弹轴的气流以 ε 角流向翼面时,在翼面上产生的侧向升力对弹轴的力矩即形成导转力矩;另一种是使直尾翼的径向外侧边缘切削成一斜面,如图 2.6.3(b)所示,由斜面上产生的切向升力对弹丸纵轴的矩就构成了导转力矩。斜面与翼平面的夹角 ε 称为尾翼斜切角。也可同时采用这两种方法导转。尾翼导转力矩的表达式如下:

$$M_{xw} = qSlm_{xw}, m_{xw} = m'_{xw}\cdot\varepsilon, q = \rho v^2/2 \tag{2.6.6}$$

式中,m_{xw} 为导转力矩系数。

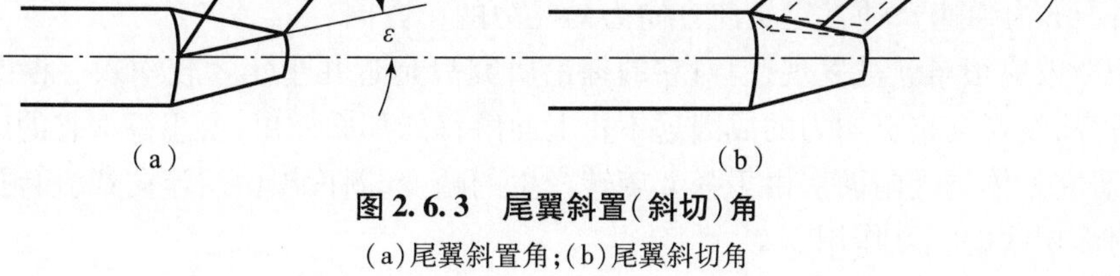

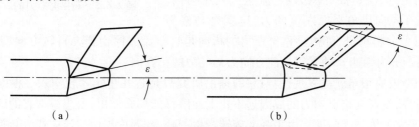

图 2.6.3　尾翼斜置(斜切)角

(a)尾翼斜置角;(b)尾翼斜切角

根据某高速尾翼弹($l=16.5d$)尾翼斜置角 $\varepsilon=20°$ 的风洞试验结果,测得尾翼导转力矩系数 m_{xw} 及其导数 m'_{xw} 与马赫数 Ma 及攻角 δ 的关系,如图 2.6.4 所示。在高速条件($Ma=3\sim4.5$)下,m'_{xw} 随马赫数的增大而增大,但随攻角增大而略有减小。

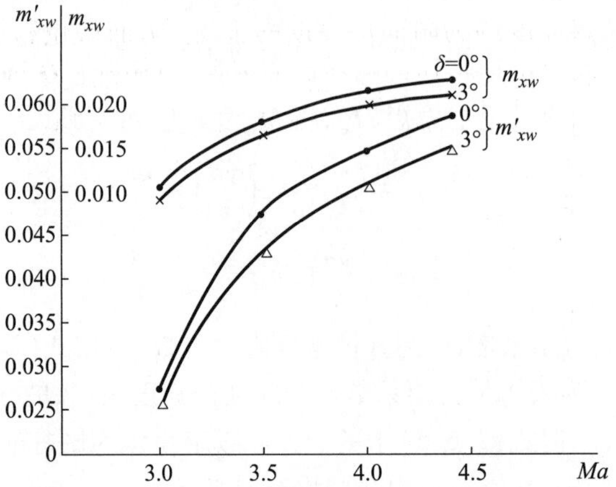

图 2.6.4　斜置(切)尾翼导转力矩系数及其导数

2.6.4　马格努斯力 R_z

当弹箭自转并存在攻角或摆动时,由于弹表面附近流场相对于攻角平面不对称而产生垂直于攻角面的力 R_z 及其对质心的力矩。德国科学家马格努斯于 1852 年在研究火炮弹丸射击偏差时发现并研究了这一现象,故称此现象为马格努斯效应,相应的力和力矩称为马格努斯力和马格努斯力矩(简称马氏力和马氏力矩)。

马格努斯效应的古典解释如下:当旋转弹以攻角 δ 飞行时,流经弹体的横流为 $v\sin\delta$;此外,由于气体有黏性,弹丸旋转将带动周围的气流也旋转,产生环流。图 2.6.5 即为从弹尾向前看去弹体的旋转方向和横流流场。攻角面左侧(也即图中 y 轴左侧)横流与环流方向一致,气流速度加快,而右侧情况正好相反,流速降低。根据伯努利定理,流速高处压力低,流速低处压力高,结果就形成了指向攻角平面左侧的力,这就是马格努斯力。由以上分析可见,弹体马格努斯力的指向是自横流方向逆弹丸自转方向转 90°,也即 $\dot{\boldsymbol{\gamma}}\times\boldsymbol{v}$ 的方向($\boldsymbol{v}$ 为弹速),通常定义此方向为马氏力的正方向。

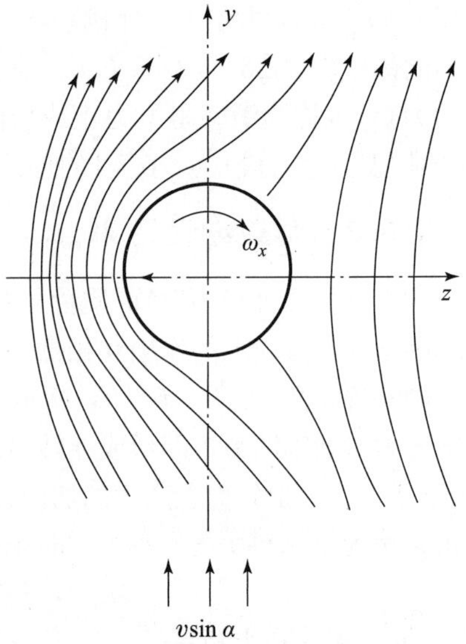

图 2.6.5　马格努斯力的古典解释

马格努斯效应很早就被发现,但对它的理论研究只是近几十年才较深入。根据大量的实验和理论研究,发现马格努斯力的成因远不止上面解释的那么简单,要想搞清它的成因和计算方法,必须研究弹体周围附面层由于弹丸旋转产生的畸变、附面层由层流向紊流转捩的特性以及涡流与附面层间的相互作用。

当弹箭仅有攻角而不旋转时，轴对称弹的附面层关于攻角平面是左右对称的。当弹箭旋转时，附面层的对称面就偏出攻角平面之外，图 2.6.6 即为横截面上附面层厚度不对称分布以及附面层内速度分布不对称的情况。附面层内侧速度等于弹丸旋转时弹表面的线速度，附面层外边界的速度等于理想无黏性流体绕不旋转弹体流动时的速度，此两边界之间的厚度即为附面层厚度，而附面层位移厚度约为附面层厚度的 1/3。附面层位移厚度相当于改变了弹丸的外形，对于由附面层位移厚度所形成的畸变后的外形，可用细长体理论求出畸变物体上的压力分布，并积分得到侧向力，这就是由附面层产生的马格努斯力的一部分。此外，由于横流沿弹壁曲线流动将产生离心力，攻角面左侧附面层内因气流流速高，离心力大，因而对弹体的径向压力低；右侧情况正好相反，流速低，离心力小，径向压力高。这样就形成了垂直于攻角平面的侧向力，这就是附面层产生的马格努斯力的第二个部分。除在跨声速区间附面层位移效应较大外，在其他马赫数区间里位移效应和离心效应的数量级是相近的。

马氏力的大小还与附面层内流动状态以及从层流向紊流转捩的特性有关。紊流情况下的马氏力比层流的增大 30% ~40%，故转捩越早，马氏力越大（图 2.6.7）。在低转速和小雷诺数下，附面层沿弹轴保持为层流，并向弹箭旋转方向歪斜，形成侧向力；在大雷诺数和高转速下，附面层变为紊流，转速越高，歪斜越甚，形成的侧向力也越大。

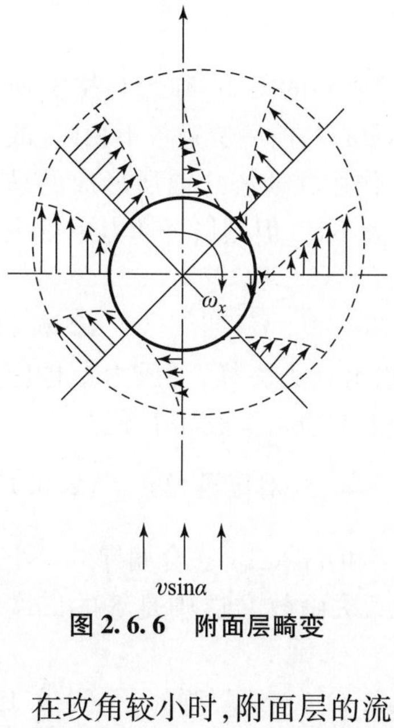

图 2.6.6　附面层畸变

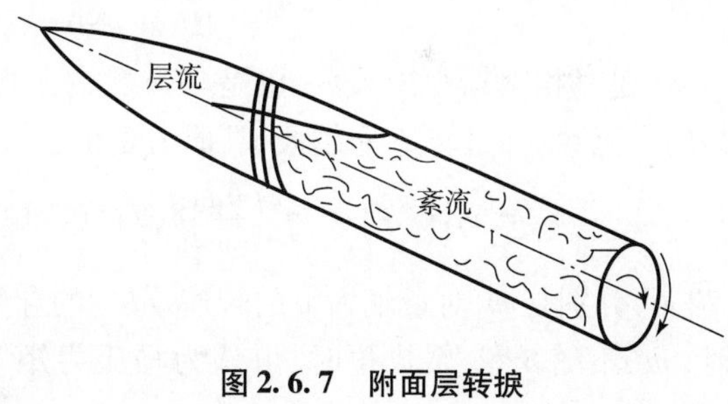

图 2.6.7　附面层转捩

在攻角较小时，附面层的流动不脱体，弹体背风面内的涡浸沉在附面层内；但大攻角时，背风面内成涡脱体，由于旋转使分离涡呈非对称分布，形成负的马格努斯力，如图 2.6.8 所示。增大转速，使顺旋转方向的涡更加靠近弹体，最后又依附到弹体上，而另一个涡则顺旋转方向移动，马氏力又为正。大攻角情况下的特点是弹体可以产生负的马格努斯力。

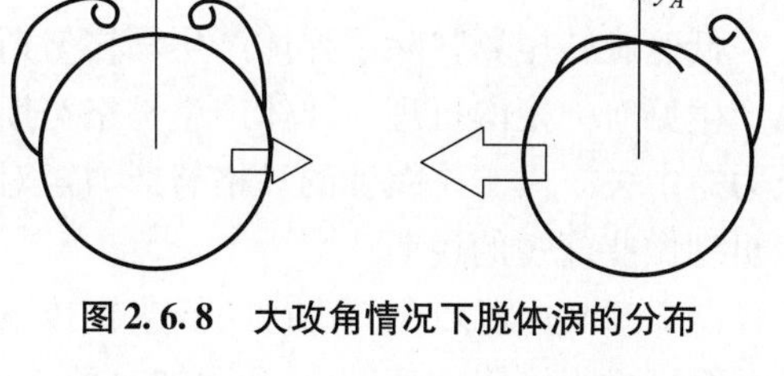

图 2.6.8　大攻角情况下脱体涡的分布

马格努斯力一般可写成如下形式

$$R_z = qSc_z, q = \rho v^2/2 \tag{2.6.7}$$

式中,c_z为马格努斯力系数。从以上分析可知,转速 $\dot{\gamma}$ 越大,攻角 δ 越大,则马格努斯力必然越大,故 c_z除了随马赫数变化外,还应与 $\dot{\gamma}$ 及 δ 有关,因而可将 c_z写成如下形式

$$c_z = c'_z(\dot{\gamma}d/v) \tag{2.6.8}$$

式中,c'_z是马氏力系数 c_z对量纲为 1 的转速 $\dot{\gamma}d/v$ 的导数。由于当攻角由正变负时,弹轴相对于速度线的方位正好相反,横流的方向也反过来,因而马氏力的方向也反过来。因此,马氏力是攻角的奇函数。当攻角较小时,可写成线性函数形式

$$R_z = \frac{\rho v}{2}Sdc''_z\dot{\gamma}\delta, c''_z = \frac{\partial c'_z}{\partial \delta} = \frac{\partial c_z}{\partial \delta \partial(\dot{\gamma}d/v)} \tag{2.6.9}$$

式中,c''_z为马氏力系数 c_z对攻角 δ 和量纲为 1 的转速 $\dot{\gamma}d/v$ 的联合偏导数,小攻角情况下不随攻角变化。

当攻角较大时,马氏力的非线性特性就表现出来,而最简单的非线性奇函数是三次函数,如只考虑这种三次非线性,则可将马氏力系数导数写成如下形式

$$c''_z = c_{z_0} + c_{z_2}\delta^2 \tag{2.6.10}$$

这时 c''_z就是 δ 的二次函数,c_{z_2} 是马氏力系数导数的非线性部分。

2.6.5 马格努斯力矩 M_y

由于马格努斯力一般不恰好通过弹箭的质心,于是形成对质心的力矩,称为马格努斯力矩。因随弹箭的不同,马氏力的正负方向以及其作用点相对于质心的前后位置各不相同,故马氏力矩的方向也不同,须具体计算确定。我们规定正的马氏力作用在质心之前所形成的马格努斯力矩为正。作用在弹箭上的马格努斯力一般很小,常可略去不计,但马格努斯力矩对飞行稳定性有重要影响,不可忽视。马氏力矩可写成如下形式

$$M_y = qSlm_y, q = \rho v^2/2 \tag{2.6.11}$$

式中,m_y是马格努斯力矩系数,也是马赫数的函数,并且与马格努斯力一样,马氏力矩也应是攻角的奇函数,并且转速 $\dot{\gamma}$ 越大,马氏力矩也越大,故马氏力矩系数也可写成如下形式

$$m_y = m'_y\left(\frac{\dot{\gamma}d}{v}\right) = m''_y\left(\frac{\dot{\gamma}d}{v}\right)\delta\text{(对旋转稳定弹) 或 } m_y = m'_y\delta\text{(对尾翼弹)} \tag{2.6.12}$$

m'_y和 m''_y分别是 m_y对量纲为 1 的转速 $\dot{\gamma}d/v$ 的导数以及对 $\dot{\gamma}d/v$ 和 δ 的二阶联合偏导数。小攻角时,m''_y不随 δ 变,大攻角时,可认为马氏力矩 M_y是攻角的三次函数,m''_y 则是 δ 的二次函数,即

$$m''_y = m_{y_0} + m_{y_2}\delta^2\text{(对旋转稳定弹) 或 } m'_y = m_{y0} + m_{y2}\delta^2\text{(对尾翼弹)} \tag{2.6.13}$$

式中,m_{y_0} 和 m_{y_2} 分别是马氏力矩系数导数一次方项和三次方项的系数。

低速旋转尾翼弹除了弹体产生马格努斯力矩外,尾翼也能产生使弹丸偏航的力矩,尽管尾翼产生偏航力矩的机理与弹体产生马格努斯力矩的机理大不相同,但习惯上也将它归并到马氏力矩中去。由于尾翼弹的马格努斯力矩对尾翼弹的运动稳定性有重大影响,故下面对其产生机理做些简短的说明。

图 2.6.9 为以攻角 δ 飞行的低速旋转尾翼弹,先设其弹翼是平直的。弹在旋转时,尾翼上任一纵剖面得到附加速度 $\dot{\gamma}_z$ 和附加攻角 $\Delta\delta = \pm\dot{\gamma}_z/v$,这里 z 是该剖面至弹轴的距离。对于右旋弹,右翼面攻角增大,$\Delta\delta > 0$,左翼面攻角减小,$\Delta\delta < 0$,并且由图 2.6.9(c)可见,右翼面有效

来流速度增大，$v_{右} > v_{\infty}$，而左翼面 $v_{左} < v_{\infty}$。这样就使右翼面产生向上的升力增量 $\Delta Y_{右}$ 和向后的阻力增量 $\Delta X_{右}$；而左翼面产生向下的 $\Delta Y_{左}$ 和向前的 $\Delta X_{左}$。将这些增量向翼弦平面投影，即可得到图 2.6.9(b) 中相应的投影值 $\Delta X'_{左}$、$\Delta X'_{右}$、$\Delta Y'_{左}$、$\Delta Y'_{右}$。其中，$\Delta X'_{左}$、$\Delta X'_{右}$ 形成负的偏航力矩，$\Delta Y'_{左}$、$\Delta Y'_{右}$ 形成正的偏航力矩。将各剖面上的这两种力矩相加并积分，即得到使弹偏航的马格努斯力矩。对于"＋"字尾翼，只需计算一对与攻角面垂直的尾翼上形成的马氏力矩即可。

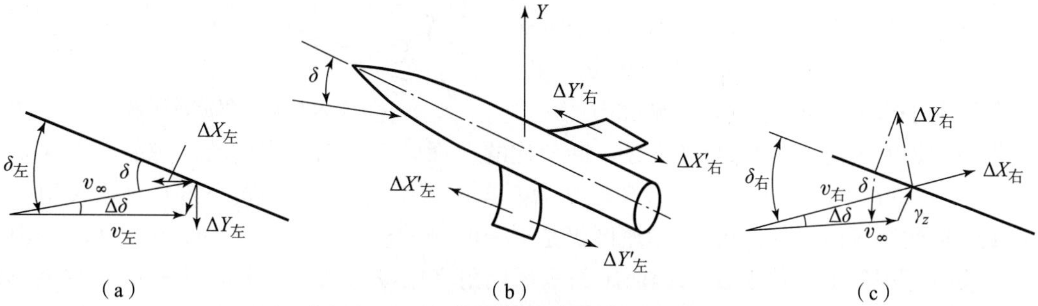

图 2.6.9　平直尾翼由旋转产生的马氏力矩

图 2.6.10 为具有斜置翼的尾翼弹，各翼面与弹轴均成 δ_f 角。当来流与弹轴成 δ 角时，则左、右翼面上实际攻角为 $\delta+\delta_f$ 和 $\delta-\delta_f$，这时左翼面将产生正的附加升力 $\Delta Y_{左}$、正的附加阻力 $\Delta X_{左}$；右翼面产生负的 $\Delta Y_{右}$ 和 $\Delta X_{右}$。将这些附加力向弹轴方向投影，则 $\Delta Y'_{左}$、$\Delta Y'_{右}$ 形成负的偏航力矩，$\Delta X'_{左}$、$\Delta X'_{右}$ 形成正的偏航力矩。显然此偏航力矩只与斜置角 δ_f 有关，弹丸不旋转时也存在。但由于斜置尾翼弹的平衡转速 $\dot{\gamma}_L$ 与尾翼面斜置角 δ_f 有一定的关系（见式(8.3.2)），故此偏航力矩与转速间接相关。

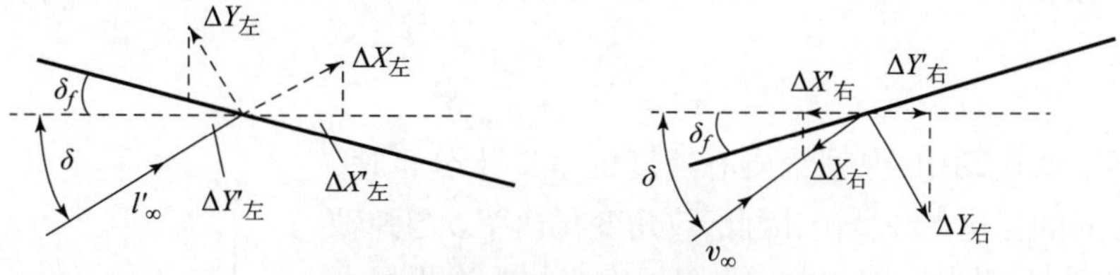

图 2.6.10　斜置尾翼产生的偏航力矩

此外，当有攻角时，由于弹体对横流的遮挡，使弹体迎风面和背风面气流性质不同，这使攻角面内一对翼的上、下翼面处于不同性质的气流中（图 2.6.11）。由弹箭旋转产生的翼面附加攻角将在二翼面上产生不相等的附加升力，其中上翼面升力小，下翼面升力大。结果将不仅产生阻止弹箭旋转的极阻尼力矩，而且形成侧向力和偏航力矩。

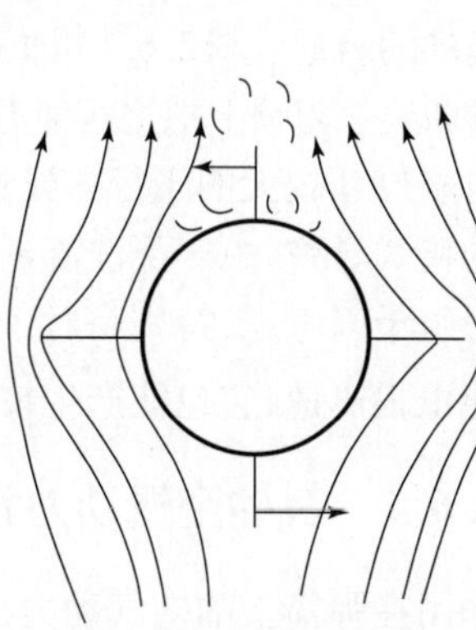

图 2.6.11　弹体的迎风面与背风面

对于用斜置尾翼导转的低速旋转尾翼弹，全弹的马格努斯力矩以尾翼的马格努斯力矩为主。全弹的马格努斯力矩仍可用式(2.6.11)、式(2.6.12)和式(2.6.13)表示。

2.6.6 非定态阻尼力矩(或下洗延迟力矩)$M_{\dot{\alpha}}$

当有攻角 δ 时,气流作用于弹头和弹身或前翼,将产生升力,同时弹头和弹身或前翼也阻挡气流,给气流以反作用,使气流速度大小和方向改变,改变了速度大小和方向的气流称为下洗流。设气流速度方向改变了 ε' 角,称 ε' 角为下洗角,如图 2.6.12 所示,则流经弹尾或尾翼上的实际攻角为 $\delta-\varepsilon'$,它比原来的攻角小。此外,由于气流与弹体摩擦会产生激波,使气流的部分动能变成热能耗散,从而动压降低,因此,弹尾和尾翼上的实际升力将小于不考虑下洗影响时的升力。

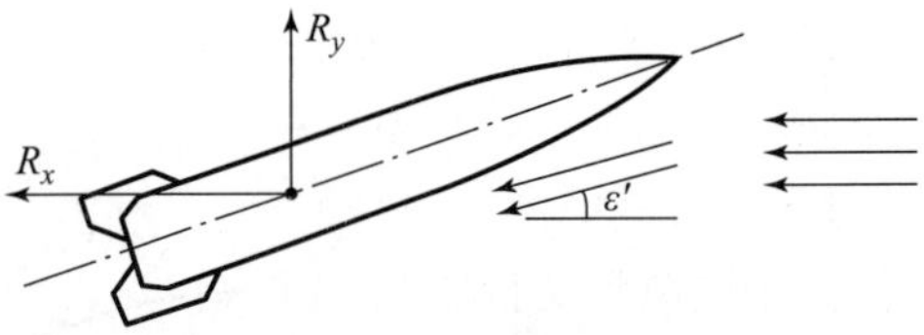

图 2.6.12 气流的下洗

当弹箭做非定态飞行时,攻角 δ 是不断变化的。现设 $\dot{\delta}>0$,又设洗流从弹头至弹尾需要时间 $\Delta t=t_2-t_1$,则在 t_2 时刻虽然攻角已变为 $\delta=\delta_1+\dot{\delta}\Delta t$,头部洗流的下洗角已增大到 $\varepsilon_2'=\varepsilon_1'+\Delta\varepsilon'$,但此洗流尚未到达尾部,弹尾区仍是上一时刻的洗流,下洗角为 ε_1',它比按每一时刻做定态飞行考虑的下洗角小 $\Delta\varepsilon'$,因而尾部实际攻角将比按定态飞行考虑时大 $\Delta\varepsilon'$,这就形成了尾部向上的附加升力。此附加升力对质心的矩正好阻止弹轴向增大攻角的方向转动,故具有与赤道阻尼力矩 M_{zz} 相同的作用,称为非定态阻尼力矩或下洗延迟力矩,以 $M_{\dot{\alpha}}$ 记之。如设 $\dot{\delta}<0$,经过同样的分析可知,下洗延迟力矩有阻止攻角减小的作用,总之是阻尼攻角的变化。

非定态阻尼力矩用下式表示

$$M_{\dot{\alpha}}=\frac{\rho v^2}{2}Slm_{\dot{\alpha}},m_{\dot{\alpha}}=m_{\dot{\alpha}}'\left(\frac{\dot{\delta}d}{v}\right) \tag{2.6.14}$$

式中,$m_{\dot{\alpha}}$ 和 $m_{\dot{\alpha}}'$ 分别是非定态阻尼力矩系数及其对量纲为 1 的攻角变化率($\dot{\delta}d/v$)的导数。$M_{\dot{\alpha}}$ 与攻角大小有关,但与攻角方位无关,它永远只与攻角变化速率 $\dot{\delta}$ 的方向相反,因此,$M_{\dot{\alpha}}$ 应是攻角的偶函数,最简单的非线性偶函数是二次函数,此时非线性非定态阻尼力矩系数可表示为如下形式

$$m_{\dot{\alpha}}'=m_{\dot{\alpha}_0}+m_{\dot{\alpha}_2}\delta^2 \tag{2.6.15}$$

由于在弹箭的运动中,弹轴绕质心速度的摆动十分迅速,而质心速度方向的变化十分缓慢,因此,攻角变化速率 $\dot{\delta}$ 与弹轴摆动速率 ω_1 几乎是相同的,因此非定态阻尼力矩与赤道阻尼力矩二者的作用基本上是相同的,故可将二者合并起来成为弹箭摆动运动的阻尼。图 2.6.13 即为某尾翼弹的($m_{zz}'+m_{\dot{\alpha}}'$)随攻角变化的曲线。习惯上把这两种力矩统称为赤道阻尼力矩。

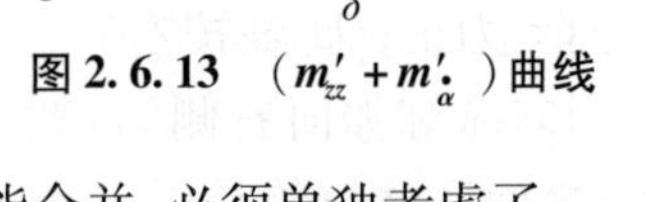

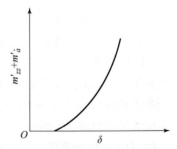

图 2.6.13 ($m_{zz}'+m_{\dot{\alpha}}'$)曲线

对于尺寸较大的飞行器或长细比较大的尾翼式弹箭和有前翼的鸭式导弹,由于下洗流延迟时间长,非定态阻尼力矩的作用必须予以考虑,特别是对于有控飞行器,由于质心速度方向变化也很迅速,它也能产生攻角变化率 $\dot{\delta}$,这时 m_{zz}' 和 $m_{\dot{\alpha}}'$ 就不能合并,必须单独考虑了。

2.6.7 其他空气动力和力矩

作用在弹箭上的空气动力是十分复杂的,除上述一些在普通空气动力学中讲述的空气动力外,还有一些目前弹箭空气动力学未曾讲述,但对弹箭运动有重大影响的空气动力和力矩,

例如轴对称非旋转弹的偏航力矩、与弹丸滚转方位角有关的诱导滚转力矩和诱导侧向力矩，以及由外形不对称产生的干扰力和干扰力矩等。关于这些力矩的影响将在有关章节专门讲述。

2.7　作用在有控弹箭上的气动力和力矩

有控弹箭既包括带有火箭发动机、全程制导的导弹，也包括无动力有控滑翔增程的航空炸弹、布撒器、火箭增程、有控滑翔的远程炮弹、仅在主动段简易控制的火箭及末段修正弹等。

对于在大气中飞行的有翼式有控弹箭，从空气动力产生的物理本质讲，与无控弹箭没有差别，但由于这两种飞行器在飞行方式（有控飞行和自由飞行）、弹道特性（机动弹道和自由飞弹道）上的不同，使它们在气动布局、所关心的主要气动力上不同。两类弹箭在气动力坐标系、气动力表达式和符号上也有一些不同，为了与控制系统各通道（俯仰、偏航、滚转）相对应以及由于传统习惯的不同，导弹多沿用飞机飞行力学中的坐标系和符号，而无控弹箭多沿用弹道学中的一些符号，但由于现在常规武器向制导化、智能化方向改进，这两种体系也在互相渗透。例如对于具有轴对称外形，只有一副舵机的单通道旋转导弹、远程炮弹，采用外弹道中的坐标系有其方便之处；对普通炸弹进行控制飞行，应用飞行力学中的坐标系较为方便等。

为了便于阅读有控飞行器飞行与控制方面的图书、资料，本节将采用导弹飞行力学和导弹空气动力学中的一些气动力公式、符号、坐标系，并注明它与前面几节无控弹箭气动力、公式、符号、坐标系间的关系。尤其是攻角用 α 表示，侧滑角用 β 表示，舵偏角用 δ_x、δ_y、δ_z 表示。

无控弹箭几乎都是轴对称或旋转对称的，弹体的滚转方位对气动力基本无影响，故可简单地定义弹轴与速度矢量间的夹角为攻角 δ，弹轴与速度线组成的平面称为攻角面，作用在无控弹箭上的气动力及力矩的大小和方向与攻角大小以及攻角平面方位密切相关，但与弹体的滚转方位无关（仅在第 12 章“转速闭锁”中考虑了滚转方位对气动力的影响）。

有控弹箭除了有轴对称型的，还有面对称型的，即弹箭上只有一个气动力对称面，例如飞航式导弹和布撒器等，如图 2.1.2(e) 所示。这时就不能简单地只用速度线与弹轴间的夹角大小和方位来描述气流与弹轴间的相互位置关系和相互作用。因为当弹箭自转后，弹轴方位不变，但对称面方位改变，气流对弹箭的作用力就不同了。为此，在有控弹箭里多是按面对称气动布局情况建立坐标系（此时已不便于用复数描述弹轴的空间运动了），但它也同时可包容轴对称或旋转对称气动布局的情况，这只需选一纵剖面为纵对称面即可。

下面先建立弹体坐标系和速度坐标系。

弹体坐标系 $Ox_1y_1z_1$ 与弹箭固连，其原点在质心上，Ox_1 轴即为弹轴；Oy_1 轴垂直于 Ox_1 轴并在纵对称面内，向上为正；Oz_1 轴按右手法则确定，从弹尾向弹头看，指向纵对称面右侧为正，如图 2.7.1 所示。引进弹体坐标系的目的是用它决定导弹相对于地面坐标系的姿态，把导弹的转动运动方程式投影到该坐标系三轴上，可使运动方程简单清晰，明确地分为俯仰、偏航、滚转运动。

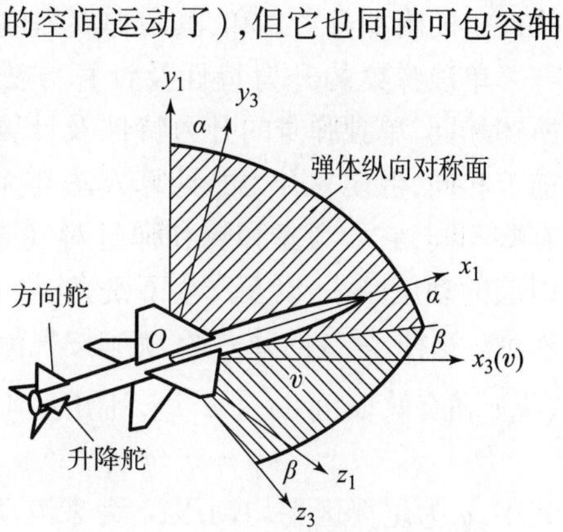

图 2.7.1　有控弹箭的弹体坐标系和速度坐标系

速度坐标系 $Ox_3y_3z_3$ 的原点也在质心 O 上，Ox_3 轴与速度方向一致；Oy_3 垂直于 Ox_3 轴并在纵对称平面内,向上为正;Oz_3 轴垂直于 Ox_3y_3 平面,其方向按右手法则确定,指向纵对称面右侧为正,如图2.7.1所示。因为气流分速以及空气动力就是以沿此坐标系三轴上的分量给出的,故称它为速度坐标系。

定义速度线在纵对称面内的投影线与弹轴的夹角 α 为攻角,并规定弹轴在速度线上方时攻角为正,反之为负。显然,它与无控弹箭攻角的定义不同。又定义速度线与纵对称面之间的夹角 β 为侧滑角,并规定当来流从纵对称面右侧流向左侧或质心速度方向指向纵对称面右侧时,β 为正(这时产生沿负 z_1 轴方向的侧力),反之为负。

弹箭控制的目的是改变弹道轨迹,或者是进行弹道机动,这就需要提供改变质心速度方向的法向力。对于利用空气动力提供法向力的弹箭,就需要装一对或两对面积较大的弹翼,利用弹翼上的升力或侧力形成法向力。故升力常常是比阻力更重要的气动力。尤其是攻击活动目标的空-空、空-地、地-空、舰-舰、反坦克、反导导弹等更是如此。当然,对于为达到一定射程的有控弹箭,例如地-地导弹及远程滑翔炮弹、炸弹等,阻力仍是十分重要的气动力。常见的有控弹箭的弹翼面形状和翼剖面形状,以及单独翼面的气动力特性与本章第2.5节所述一样。至于有控弹箭的弹身,一般也是旋成体,但为了在弹舱内更方便地装载战斗部载荷,现在也有椭圆截面弹身和矩形截面弹身(布撒器)的设计方案。

在气动布局上,根据舵面位置不同,分为正常式(舵面在弹尾部)、鸭式(舵面在弹头部)、无尾式(弹翼和后操纵面连在一起)、旋转弹翼式(整个翼面也作舵面),如图2.1.2(a)~(d)所示。

有的导弹除了后舵面,还有前小翼(又称反安定面),用于调节压力中心位置和静稳定度。飞机形导弹与飞机相似,属于面对称导弹,如图2.1.2(e)所示。

对于轴对称有控弹箭,弹翼与前翼或后翼相对弹体的布置,从弹后向前看有"+~+""×~×""×~+"和"+~×"形等。

2.7.1 作用在有控弹箭上的空气动力

1. 升力、压力中心和焦点

全弹升力仍是弹翼、弹身、尾翼或前翼(或舵面)等各部件产生的升力及各部件间相互干扰产生的附加升力之和,其中弹翼提供的升力最大。

单独弹翼的升力特性及计算方法与上一节所述相同,单独弹身的升力特性及计算方法也与前节相同,但尾翼升力的计算方法与无控尾翼弹有些不同,它要考虑弹翼和弹身对气流的阻滞所引起的动压减小,以及产生下洗角 ε',如图2.7.2所示。这样,尾翼的升力 Y_t 就应按气流速度 $v_t=\sqrt{k_q}v$ 和有效攻角 $(\alpha-\varepsilon')$ 来计算。其中

$$k_q = q_t/q \tag{2.7.1}$$

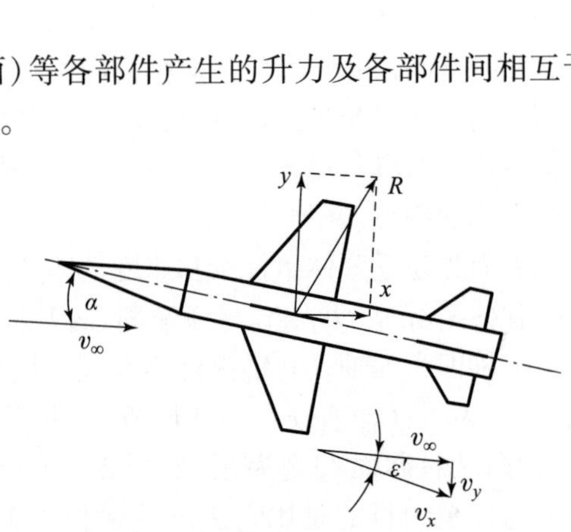

图2.7.2 流经弹体和弹翼气流的下洗

式中,q_t 为尾翼区平均动压;q 为来流动压。速度阻滞系数 k_q 值取决于弹箭外形、飞行马赫数 Ma、雷诺数 Re 以及攻角等因素,一般可取0.85~1.0。至于下洗角 ε',考虑到它是气流对弹体产生升力,弹体对气流反作用形成,故它应与升力成比例。因在攻角不大时,升力与攻角成正比,故下洗角也与攻角近似为线性关系,即

$$\varepsilon' = \varepsilon^{\alpha} \cdot \alpha \tag{2.7.2}$$

至于有控弹箭的总升力，仍然是单独弹翼的升力 Y_{w0}、弹翼对弹体干扰 $(Y_B)_w$ 和弹体对弹翼干扰 $(Y_w)_B$ 等附加升力、单独弹体的升力 Y_B 以及尾翼升力 Y_t 的总和，可表示为

$$Y = Y_{w0} + (Y_w)_B + (Y_B)_w + Y_B + Y_t$$

写成升力系数的形式即为

$$c_y = c_{yw} + c_{yB} \cdot S_B/S + c_{yt}k_q \cdot S_t/S \tag{2.7.3}$$

式中，c_{yw} 为单独弹翼、翼体干扰、体翼干扰的升力系数之和；c_{yt} 为按来流速度、但考虑下洗角 ε 计算出的尾翼升力系数；c_{yB} 弹体升力系数。参考面积 S 在有控弹箭中常选作弹翼面积，对于制导炮弹，也可取弹丸最大横截面积。

以上是由攻角 α 产生的升力，如果后翼或前翼或弹翼是舵面，则当其转动 δ_z 角度时，又将产生一部分升力，在线性范围内（一般 $\alpha + \delta_z < 20°$），这部分升力与舵偏角 δ_z 成比例，可将导弹总升力系数可表示为

$$c_y = c_{y0} + c_y^{\alpha} \cdot \alpha + c_y^{\delta_z} \cdot \delta_z \tag{2.7.4}$$

式中，c_{y0} 为 $\alpha = 0$，$\delta_z = 0$ 时的升力系数，这是由导弹外形相对于 Ox_1z_1 平面不对称引起的，许多情况下是人为的安装角产生的，对于轴对称弹箭，$c_{y0} = 0$。c_y^{α} 即无控弹箭中的 c_y'。总空气动力作用线与弹轴的交点称为压力中心，在小攻角情况下，可近似将总升力在纵轴上的作用点作为全弹的压力中心。仅由攻角 α 产生的那部分升力 $Y^{\alpha} \cdot \alpha$ 在纵轴上的作用点称为导弹的焦点，舵面偏转产生的那部分升力 $Y^{\delta_z} \cdot \delta_z$ 就作用在舵面的压力中心上。因此，焦点一般不与全弹压力中心重合，因为压力中心位置还受到舵面升力的影响，仅在导弹是轴对称（即 $c_{y0} = 0$）且 $\delta_z = 0$ 时，焦点才与压力中心重合。焦点至弹顶的距离一般用 x_F 表示，而压心距弹顶的距离一般用 x_p 表示。

对于有翼式导弹，其压力中心位置在很大程度上取决于弹翼相对于弹身的前后位置，弹翼安装位置离弹顶越远，则 x_p 越大。此外，压心位置还受马赫数 Ma、攻角 α、舵偏角、安定面安装角的影响，它随 Ma 变化的情况与图 2.5.10 及图 2.5.11 类似，在跨声速区，压心位置变化剧烈。

2. 侧向力

空气动力的侧力是由纵向对称面两侧气流不对称引起的，其中主要是由侧滑角引起的。在图 2.7.3 中，表明正的侧滑角 β 产生负的侧向力 Z。

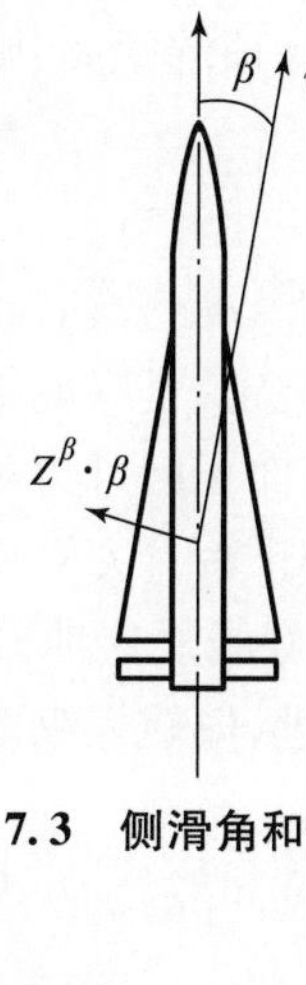

图 2.7.3　侧滑角和侧向力

对于轴对称弹箭，若将弹体绕纵轴右旋转 90°，则 β 就相当于原来的 α 角。因此，导弹侧向力系数的求法与升力系数的求法相同，即有 $|c_z^{\beta}| = |c_y^{\alpha}|$，考虑到正的 β 产生负的侧向力 Z，故有

$$c_z^{\beta} = -c_y^{\alpha} \tag{2.7.5}$$

至于由旋转和攻角产生的马格努斯效应所形成的侧向力，则按上节所述方法另行考虑。

3. 阻力

全弹的阻力仍是弹身、弹翼、尾翼或前翼各部分阻力之和。考

虑到各部分阻力计算的误差,在进行初步设计时,常将各部分阻力之和乘以1.1作为全弹阻力近似值。但用于准确计算射程和速度变化的阻力则必须准确。

4. 升阻比、极曲线

将同一飞行高度(密度ρ相同)、同一马赫数、不同攻角下弹箭升力系数c_y和阻力系数c_x的关系画成一条曲线,这种曲线就称为极曲线,如图2.7.4所示。曲线上每一点c_y与c_x之比就是该状态下的升阻比。极曲线上过原点的那一条切线的斜率(图中φ角的正切)即为对应飞行状态下的最大升阻比。升阻比越大,弹箭的滑翔飞行能力越强。为了分析有控弹箭的滑翔能力,应针对它的不同飞行情况画出一系列极曲线。

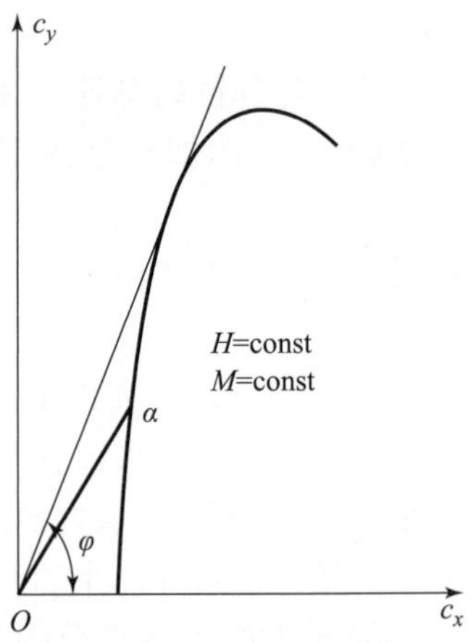

图2.7.4　极曲线示意图

2.7.2　作用在有控弹箭上的空气动力矩

有控弹箭与无控弹箭相比,在气动力矩上多了操纵力矩以及舵面升力对舵机转轴的铰链力矩。此外,由于气动外形和布局不同,有些在无控弹箭上认为可以忽略的力矩在有控弹箭里数值较大,不能忽略。例如,由于弹翼面积大或由于飞机型导弹立尾的作用,由滚转和偏航交叉影响产生的力矩就不能忽略。以下分别叙述这些力矩及相关的概念。

1. 操纵力矩

导弹绕Oz_1轴在纵对称面内的摆动运动称为俯仰运动,绕Oy_1轴在垂直于纵对称面的平面Ox_1z_1内的摆动称为偏航运动,绕纵轴Ox_1方向转动称为滚转运动或倾斜运动。对于"+ ~ +"形正常或鸭式气动布局导弹,在弹尾部(或弹头部)平行于Oz_1轴方向上装有可绕Oz_1转动的升降舵,控制导弹的俯仰;在弹尾部(或弹头部)上装有可绕Oy_1轴方向转动的方向舵,控制导弹的偏航;此外,在弹翼两梢装有副翼,利用副翼差动偏转控制导弹的滚转。对于轴对称导弹,一般不安装副翼,则用一对方向舵或(和)一对升降舵的两个舵面差动,来控制滚转。导弹就是利用控制飞行姿态的方式,改变作用在导弹上的气动力,从而改变质心速度方向和弹道轨迹,达到有控飞行的目的。

升降舵偏转δ_z角后,在舵面上将产生升力$Y^{\delta_z}\delta_z$,设舵面压心距弹顶的距离为$x_{p\delta}$,x_c为导弹质心距弹顶的距离,则舵面升力产生的操纵力矩为

$$M_z^{\delta}\delta_z = Y^{\delta_z}\delta_z(x_c - x_{p\delta}) = m_z^{\delta_z}\delta_z q\cdot Sl, Y^{\delta_z} = 0.5\rho v^2 S c_y^{\delta_z}$$

故有

$$m_z^{\delta_z} = c_y^{\delta_z}(\bar{x}_c - \bar{x}_{p\delta})$$

式中,$M_z^{\delta_z}$、$m_z^{\delta_z}$分别为操纵力矩和操纵力矩系数导数;$\bar{x}_c$、$\bar{x}_{p\delta}$为质心和舵面压心对弹顶的相对距离。按规定,升降舵绕Oz_1方向正向右转时,$\delta_z>0$,这时产生的舵面升力向上,对于正常式布局导弹,舵面正向升力对质心的力矩使弹绕Oz_1轴负向转动,即俯仰力矩为负;对鸭式导弹,$\delta_z>0$时,舵面正转升力对质心的操纵力矩使弹绕Oz_1轴正向转动,即俯仰力矩为正。因而$(x_c - x_{p\delta})$乘δ_z正好服从这种关系。故对于正常式导弹,$m_z^{\delta_z}<0$;而对鸭式导弹,则有$m_z^{\delta_z}>0$。

同理,偏航操纵力矩可写为

$$M_y^{\delta_y}\cdot\delta_y = qSlm_y^{\delta_y}\cdot\delta_y,\ m_y^{\delta_y} = c_z^{\delta_y}(\bar{x}_c - \bar{x}_{p\delta}) \tag{2.7.6}$$

当方向舵绕Oy_1轴方向正向旋转时,$\delta_y>0$,此时舵面侧向力指向负z_1轴方向,对于正常式导弹,它产生负的偏航力矩,故$m_y^{\delta_z}<0$,对于鸭式导弹,它产生正向偏航力矩,故$m_y^{\delta_y}>0$。对于

轴对称弹，有 $|m_y^{\delta_y}| = |m_z^{\delta_z}|$。

当副翼绕 Oz_1 轴方向正转（即右副翼面后缘向下，左副翼面后缘向上，图 2.7.5 所示）时，右翼面升力向上，左翼面升力向下，形成绕弹轴 Ox_1 负向转动的力矩，称为滚转操纵力矩，可写为

$$M_x^{\delta_x} \cdot \delta_x = qSlm_x^{\delta_x}\delta_x \tag{2.7.7}$$

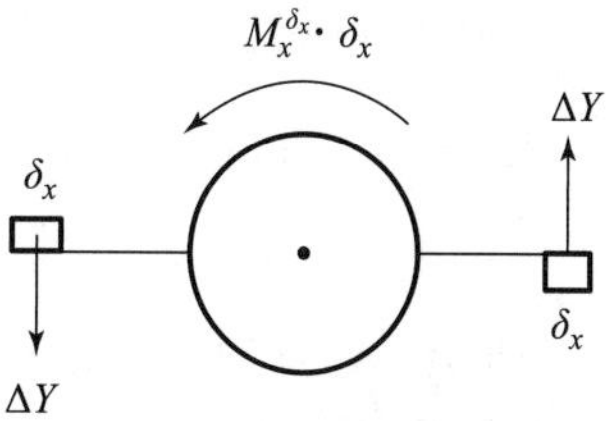

图 2.7.5　副翼操纵力矩

式中，$m_x^{\delta_x}$ 为单位副翼偏转角产生的操纵力矩，称为副翼操纵效率，由定义知，$m_x^{\delta_x} < 0$，即操纵力矩 $m_x^{\delta_x}\delta_x$ 方向与副翼转动方向相反。

2. 铰链力矩

舵面上的升力对舵机转轴的力矩称为铰链力矩。以升降舵为例，如图 2.7.6 所示，导弹以攻角 α 飞行，舵面偏转 δ_z 角，则舵面对气流的总攻角为 $(\alpha + \delta_z)$，气流在舵面上产生升力 Y_t，又设 Y_t 作用点距舵机转轴的距离为 h_j，则 Y_t 对舵机轴的力矩，也即铰链力矩为

$$M_h = -Y_t h_j \cos(\alpha + \delta_z)$$

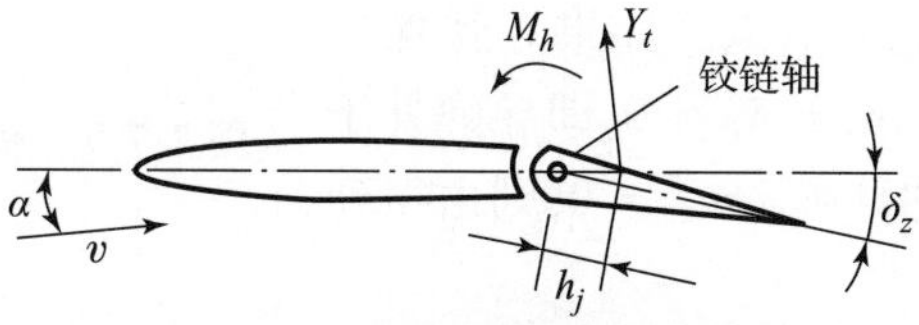

图 2.7.6　铰链力矩示意图

当 $\alpha + \delta_z$ 不大时，$\cos(\alpha + \delta_z) \approx 1$。舵面升力和铰链力矩也可写成下式

$$Y_t = Y_t^{\alpha} \cdot \alpha + Y_t^{\delta_z} \cdot \delta_z,\ M_h = M_h^{\alpha} \cdot \alpha + M_h^{\delta_z} \cdot \delta_z \tag{2.7.8}$$

如用铰链力矩系数表示，则有 $m_h = m_h^{\alpha} \cdot \alpha + m_h^{\delta_z} \cdot \delta_z$。$m_h$ 主要取决于舵面类型、形状、马赫数 Ma、攻角 α（对于方向舵，为侧滑角 β）、舵面偏转角，以及铰链轴的位置。偏导数 m_h^{α}、$m_h^{\delta_z}$ 随攻角 α 变化不大。舵机转轴离舵面压力中心越远，铰链力矩越大。如果舵机转轴就在压力中心上，则铰链力矩为零。但舵面升力对舵机转轴根部横断面的剪切力矩并不会因此而减小。

铰链力矩越大，所需舵机功率和转矩也越大，机动性高的导弹所需操纵力矩较大，铰链力矩和舵机转矩也较大。不同类型和大小导弹的舵机转矩可从几牛·米到几十牛·米变化。为避免飞行中铰链力矩过大，常在舵面上采取诸如移铰链轴、移舵面压心位置等措施减小铰链力矩。

下面再分别讲述沿弹体坐标系三轴上的气动力矩分量。

3. 俯仰力矩和纵向平衡状态

忽略一些太小的力矩成分，俯仰力矩可表示成如下形式（略去下标 1）

$$M_z = M_{z0} + M_z^{\alpha} \cdot \alpha + M_z^{\delta_z} \cdot \delta_z + M_z^{\bar{\omega}_z} \cdot \bar{\omega}_z + M_z^{\dot{\bar{\alpha}}} \cdot \dot{\bar{\alpha}} + M_z^{\dot{\bar{\delta}}_z} \cdot \dot{\bar{\delta}}_z \tag{2.7.9}$$

式中，M_{z0} 为 α、δ_z、ω_z、$\dot{\bar{\alpha}}$、$\dot{\bar{\delta}}$ 均为零时的俯仰力矩，是由于飞行器几何不对称（例如人为的安装角）产生的力矩，也即由 Y_0 产生的力矩；$M_z^{\alpha} \cdot \alpha$ 称为纵向静稳定力矩，这在第 2.5 节里已讲过；$M_z^{\alpha} \cdot \alpha$ 即为操纵力矩；$M_z^{\bar{\omega}_z} \cdot \bar{\omega}_z$ 是由绕 Oz_1 轴摆动产生的俯仰阻尼力矩，也即第 2.6 节讲的赤道阻尼力矩；$M_z^{\dot{\bar{\alpha}}} \cdot \dot{\bar{\alpha}}$ 和 $M_z^{\dot{\bar{\delta}}} \cdot \dot{\bar{\delta}}_z$ 都是下洗延迟力矩，前者由攻角变化引起，在第 2.6 节里已讲过，

后者由前舵面偏转速率引起。上标有“ - ”的量均为量纲为1的参数,即 $\bar{\omega}_z = \omega_z l/v$,$\bar{\dot{\alpha}} = \dot{\alpha}l/v$,$\bar{\dot{\delta}}_z = \dot{\delta}_z l/v$。以力矩系数的形式来写式(2.7.9),即有

$$m_z = m_{z0} + m_z^{\alpha} \cdot \alpha + m_z^{\delta_z} \cdot \delta_z + m_z^{\bar{\omega}_z} \cdot \bar{\omega}_z + m_z^{\bar{\dot{\alpha}}} \cdot \bar{\dot{\alpha}} + m_z^{\bar{\dot{\delta}}_z} \cdot \bar{\dot{\delta}}_z \tag{2.7.10}$$

式中,力矩系数导数 m_z^{α}、$m_z^{\bar{\omega}_z}$、$m_z^{\bar{\dot{\alpha}}}$ 在无控弹箭中分别是用符号 m'_z、m'_{zz}、$m_{\dot{\alpha}}$ 表示的。

在导弹的定态飞行中,速度 v、弹道倾角 θ、攻角 α、侧滑角 β、舵偏角 δ_z 和 δ_y 等均不随时间变化,即 $\omega_z = \dot{\alpha} = \dot{\beta} = \dot{\delta}_z = \dot{\delta}_y = 0$,这称为定态飞行。这时由上式得

$$m_z = m_{z0} + m_z^{\alpha}\alpha + m_z^{\delta_z}\delta_z \tag{2.7.11}$$

对于轴对称导弹,$m_{z0} = 0$。上式表明俯仰力矩系数与 α 和 δ_z 成线性关系。不过实验表明,只有在小攻角、小舵偏角情况下这种线关系才成立。图2.7.7为有翼式导弹 m_z 与 α 和 δ_z 的关系曲线示意图,可见在小攻角时,m_z 与 α 成线性关系,并且 $m'_z < 0$,大攻角时,m_z 与 α 成非线性关系。

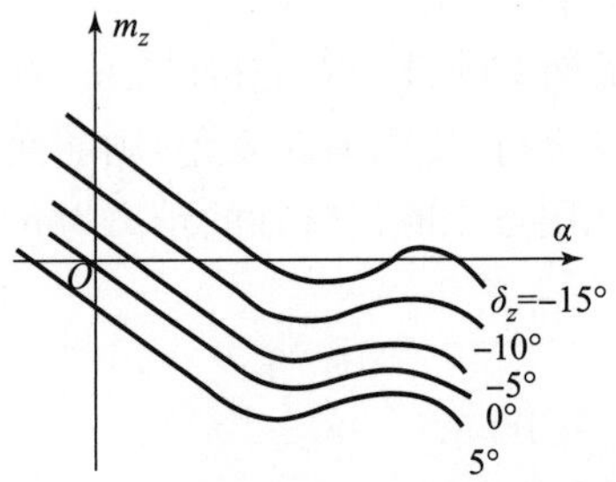

图2.7.7 有翼式导弹 $m_z = f(\alpha)$ 曲线图

$m_z = 0$ 的位置称为力矩平衡点。如果导弹保持在此条件下飞行,必有 $\omega_z = \dot{\alpha} = \dot{\delta}_z = 0$,即导弹处于纵向平衡状态。对于轴对称导弹,$m_{z_0} = 0$,则由得到平衡关系式

$$\delta_{zB} = -\frac{m_z^{\alpha}}{m_z^{\delta_z}} \cdot \alpha_B \quad 或 \quad \alpha_B = -\frac{m_z^{\delta_z}}{m_z^{\alpha}} \cdot \delta_{zB} \tag{2.7.12}$$

式中,δ_{zB} 和 α_B 分别称为升降舵平衡舵偏角和平衡攻角。此式表明,在力矩平衡状态下,平衡舵偏角和平衡攻角有互成比例、一一对应的关系,其比例系数为 $|m_z^{\alpha}/m_z^{\delta_z}|$,此值的绝对值越大,表示操纵效率越高,即用小的舵偏角就能产生大的攻角、提供大的升力。对于正常式导弹,因 $m_z^{\alpha} < 0$,$m_z^{\delta_z} < 0$,故此值为负;对于鸭式导弹,因 $m_z^{\alpha} < 0$,$m_z^{\delta_z} > 0$,故此值为正。此比值除了与飞行马赫数 Ma 有关外,还与导弹气动布局有关,对于正常式布局,一般为1.2左右;鸭式布局约为1.0,对于旋转弹翼式可达6~8。

平衡状态下的全弹升力,即所谓平衡升力,可由下式计算

$$\begin{aligned} c_{yB} &= c_y^{\alpha} \cdot \alpha_B + c_y^{\delta_z} \cdot \delta_{zB} \\ &= [c_y^{\alpha} + c_y^{\delta_z}(-m_z^{\alpha}/m_z^{\delta_z})]\alpha_B \end{aligned} \tag{2.7.13}$$

显然,对于正常式导弹,因 $-m_z^{\alpha}/m_z^{\delta_z} < 0$,故平衡升力为攻角升力与舵面升力之差;对于鸭式导弹,平衡升力则为二者之和,如图2.7.8(a)和(b)所示。故对于那些要求法向力大、机动性好、体积小的导弹,例如空-空导弹,或要求充分利用舵面升力的远程滑翔炮弹,常采用鸭式布局。

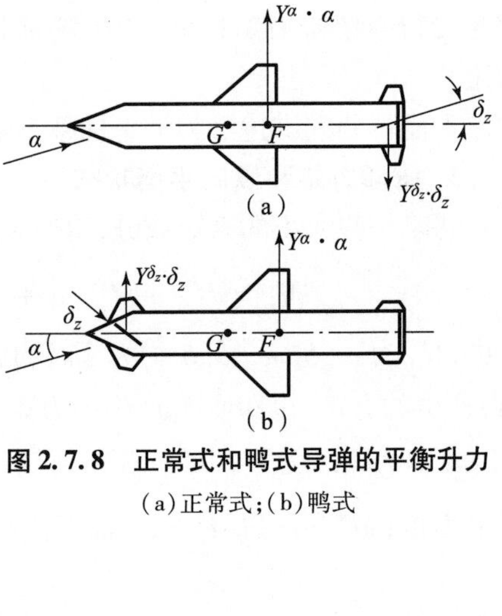

图2.7.8 正常式和鸭式导弹的平衡升力

(a)正常式;(b)鸭式

在平衡状态下,因作用于有控弹箭上的合力矩为零,故可将弹箭作为一个可控质点来考虑。若设有控

弹箭每一时刻都处于平衡状态，则可用 α_B 和 δ_{zB} 计算每一时刻的升力、阻力等，这就称为"瞬时平衡假设"。在导弹进行初步设计时，应用此假设可以大大减少工作量。

有控弹箭的纵向静稳定性定义与无控弹箭是一样的，静力矩系数导数 m_z^α（在无控弹中用 m_z' 表示）的正负号就确定了弹箭的静稳定特性，$m_z^\alpha<0$ 时，静稳定，$m_z^\alpha>0$ 时，静不稳定，$m_z^\alpha=0$ 时，为中立稳定。由于 m_z^α 只表示由攻角产生的力矩，不含舵面偏转的影响，即只考虑 $\delta_z=0$ 时的力矩大小，此时压力中心即为焦点，于是按前述 m_z' 的表达式(2.5.34)，即可写出有控弹箭的静力矩系数以及静稳定度的表达式

$$m_z^\alpha=\frac{x_G-x_F}{l}(c_y^\alpha+c_x)\approx(\bar{x}_G-\bar{x}_F)c_y^\alpha,m_z^{c_y}=m_z^\alpha/c_y^\alpha=-(\bar{x}_F-\bar{x}_G)\qquad(2.7.14)$$

式中，$\bar{x}_G$、$\bar{x}_F$ 分别为质心和焦点至弹顶的相对距离，显然，当焦点位于质心之后时，$m_z^\alpha<0$ 为静稳定；焦点位于质心之前时，$m_z^\alpha>0$，为静不稳定。焦点位于质心之后越远，静稳定度 $(\bar{x}_F-\bar{x}_G)$ 越大。导弹的静稳定度不仅与飞行稳定性有关，而且与操纵性、自振频率有关，过大的静稳定度会导致导弹操纵不灵活，故导弹的静稳定度不能过大，一般仅为2%～5%，有的甚至设计成静不稳定的。选择静稳定度是导弹总体设计最重要的工作之一。为了获得所需要的静稳定度，可采用调节 $\bar{x}_F$ 大小或调节 $\bar{x}_G$ 大小两种途径。前者要设计各气动面（弹翼、前翼、后翼）的面积大小、形状和安装位置，后者要调整导弹各部分质量分布、改变质心位置。

4. 偏航力矩和航向静稳定性

飞行器侧力 Z 对质心的力矩使飞行器绕 O_y 轴左右转动，故称它为偏航力矩，以 m_y 记之。它是由于纵对称面两侧气流流场不对称产生的，对于轴对称导弹，偏航力矩的组成与俯仰力矩相同，但对于面对称飞行器，还需考虑滚转运动的交叉影响。故偏航力矩系数可表示为

$$m_y=m_y^\beta\cdot\beta+m_y^{\bar{\omega}_y}\cdot\bar{\omega}_y+m_y^{\delta_y}\cdot\delta_y+m_y^{\bar{\dot{\beta}}}\cdot\bar{\dot{\beta}}+m_y^{\bar{\dot{\delta}}_y}\cdot\bar{\dot{\delta}}_y+m_y^{\bar{\omega}_x}\cdot\bar{\omega}_x\qquad(2.7.15)$$

因为所有飞行器关于纵对称面都是镜面对称的，故 $m_{y0}=0$。$m_y^{\bar{\omega}_y}\cdot\bar{\omega}_y$ 为 ω_y 产生的偏航阻尼力矩系数；$m_y^{\delta_y}\cdot\delta_y$ 为由方向舵偏转 δ_y 产生的航向操纵力矩系数；$m_y^{\bar{\dot{\beta}}}\cdot\bar{\dot{\beta}}$ 和 $m_y^{\bar{\dot{\delta}}_y}\cdot\bar{\dot{\delta}}_y$ 仍为下洗延迟力矩系数；$m_y^{\bar{\omega}_x}\cdot\bar{\omega}_x$ 即为由滚转角速度 ω_x 产生的偏航交叉力矩系数，在下面将要专门讲述。

$m_y^\beta\cdot\beta$ 是航向静稳定力矩系数。当侧力 $Z^\beta\cdot\beta$ 作用点在质心之后时，就产生航向静稳定特性。因为当侧滑角 $\beta>0$ 时，产生的侧向力 $Z^\beta\cdot\beta$ 指向纵对称面左侧（即 $c_z^\beta\beta<0$），它对质心的力矩指向 Oy_1 轴负向，使弹轴顺时针旋转，向速度线方向靠拢，有减小 β 的趋势，起航向静稳定作用，此时，力矩系数导数 $m_y^\beta<0$；反之，当侧力 $Z^\beta\cdot\beta$ 作用点在质心之前时，$m_y^\beta>0$，即为航向静不稳定。

5. 滚动力矩和横向静稳定性

滚动力矩是作用在飞行器上的气动力矩沿弹轴 Ox_1 的分量，它使飞行器绕 Ox_1 滚转（对飞机或飞航式导弹称为倾斜）。滚动力矩是由于气流不对称地绕流过飞行器产生的。由于侧滑飞行、舵面偏转、飞行器滚转、偏航运动、翼面差动安装以及加工误差等，都会破坏绕流的对称性，故引起滚转的原因是很多的，加之弹箭的轴向转动惯量都较小，所以直尾翼导弹在无控飞行段内也会或多或少地滚转，甚至在不同马赫数和攻角上一会儿正转，一会儿又反转，因而对许多有控弹箭，抑制或消除无规则滚转是一项重要工作。

在线性范围内，滚转力矩用系数表示可写成如下形式

$$m_x = m_{x0} + m_x^{\beta} \cdot \beta + m_x^{\delta_x} \cdot \delta_x + m_x^{\overline{\omega}_x} \cdot \overline{\omega}_x + m_x^{\delta_y} \cdot \delta_y + m_x^{\overline{\omega}_y} \cdot \overline{\omega}_y + m_{x\varepsilon} \tag{2.7.16}$$

式中,m_{x0}是由于生产误差引起的外形不对称产生的;$m_x^{\delta_x} \cdot \delta_x$是副翼或差动舵偏转产生的滚转操纵力矩;$m_x^{\overline{\omega}_x} \cdot \overline{\omega}_x$为滚转阻尼力矩(无控弹中用$m'_{xz}$表示);$m_x^{\delta_y} \cdot \delta_y$、$m_x^{\overline{\omega}_y} \cdot \overline{\omega}_y$分别是由于面对称飞行器方向舵偏转和绕$Oy_1$偏航运动产生的滚转力矩,也是一种交叉力矩,在下面专门讲述;$m_{x\varepsilon}$是鸭式导弹由前翼产生的斜吹力矩;$m_x^{\beta} \cdot \beta$是横滚静力矩。当气流以某个侧滑角β流过导弹时,对称面两侧的流场是不对称的,由图2.7.9可见,对于后掠角为χ的弹翼,当有侧滑角β时,右翼面前缘后掠角减小为$\chi-\beta$,而垂直于右翼面前缘的速度加大,并且右翼面一部分侧缘变成前缘,故升力增大;左翼正好相反,有效后掠角增大为$\chi+\beta$,并且后一部分侧缘变成后缘,使升力减小。故右翼升力大于左翼,结果形成绕Ox轴反转的滚动力矩$m_x^{\beta} \cdot \beta < 0$。

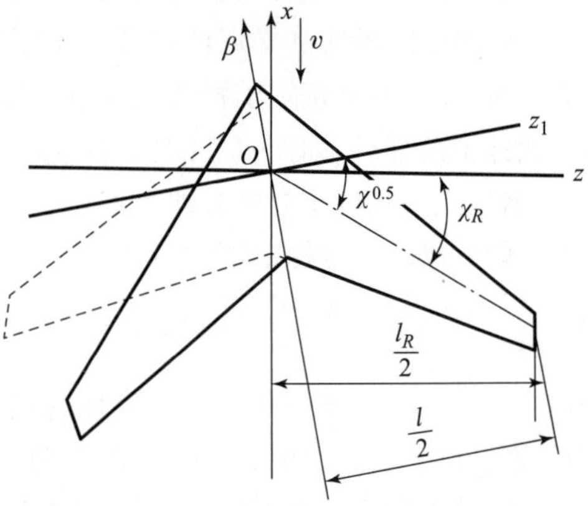

图2.7.9　后掠翼侧滑产生的横滚力矩

对于飞机形导弹,还有垂直立尾产生的滚动力矩,这是因为垂直立尾只安装在机尾上部,由于侧滑,将产生作用在立尾上的侧力Δz,其作用点大致在垂尾面积中心上,从而形成了对Oy_1轴的偏航力矩和对Ox_1轴的滚动力矩,如图2.7.10所示。并且由于$\beta>0$时立尾侧力指向Oz_1轴负向,故形成的偏航力矩$M_y^{\beta} \cdot \beta$和滚转力矩$M_x^{\beta} \cdot \beta$均为负,m_x^{β}和m_y^{β}也均为负。偏导数m_x^{β}的正负号表征了导弹的横向静稳定性,对于面对称导弹,特别是飞机形导弹,它有很重要的意义。如图2.7.11所示,当导弹受干扰绕Ox_1轴滚转(倾斜)$\gamma>0$角后,位于对称面上的升力Y也转过γ角,它在侧方向上的分力$Y\sin\gamma$将引起质心向侧向运动而形成正的侧滑角$\beta>0$。如果导弹的$m_x^{\beta}<0$,则产生的滚转力矩$m_x^{\beta} \cdot \beta<0$,使导弹绕$Ox_1$轴反转回去,减小$\gamma$角,趋于返回原$\gamma=0$位置,这时称导弹具有横向静稳定性;反之,当$m_x^{\beta}>0$时,就是横向静不稳定的。一般面对称导弹都是横向静稳定的,但横向静稳定性也不宜过大,否则,会降低副翼操纵效率,甚至在有目的地操纵副翼,欲使弹倾斜γ角时,会产生过大的横向静稳定力矩$M_x^{\beta} \cdot \beta$,使弹反转,完全达不到操纵的目的,这就是所谓的副翼反逆效应。

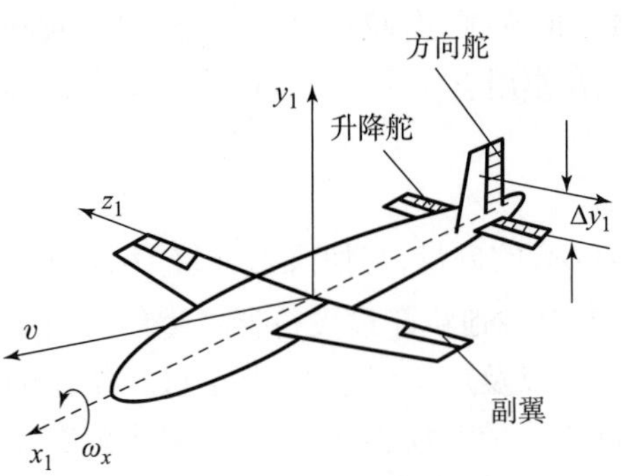

图2.7.10　垂尾产生的横滚力矩

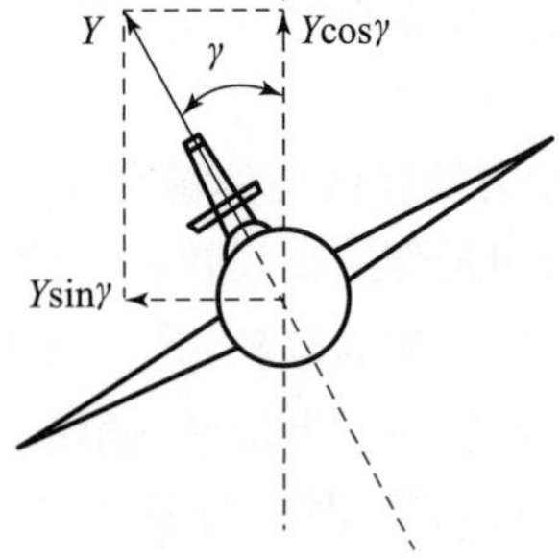

图2.7.11　飞行器倾斜时的升力分解

具有上反角ψ的弹翼在侧滑时,气流在垂直于纵对称面方向上的分速为$v\sin\beta$,如图

2.7.12 所示，它在右翼上的垂直分速为 $v\sin\beta\sin\psi \approx v\beta\psi$，而在左弹翼上的垂直分速为 $-v\beta\psi$，这样右弹翼上产生了正的攻角增量，$\Delta\alpha_{右} = \beta\psi$，左弹翼上产生负的攻角增量，$\Delta\alpha_{左} = -\beta\psi$，于是右翼上升力大于左翼，形成负的横滚力矩，并且 $m_x^{\beta} < 0$。对于后掠很大的超声速弹翼，为防止弹翼产生的横向静稳定性过大，破坏侧向运动特性，往往将弹翼设计成适度的下反翼。

除以上所述外，对于鸭式布局弹箭，当具有攻角和侧滑角或同时存在升降舵和方向舵的偏转时，前舵面上的洗流到达后弹翼时，流动是不对称的，从而产生了绕飞行器纵轴的滚转力矩，称之为斜吹力矩，以 $M_{x\varepsilon}$ 记之，如图 2.7.13 所示。对于这种影响的计算，在很大程度上取决于对旋涡从飞行器拖出状况的了解，情况较为复杂。

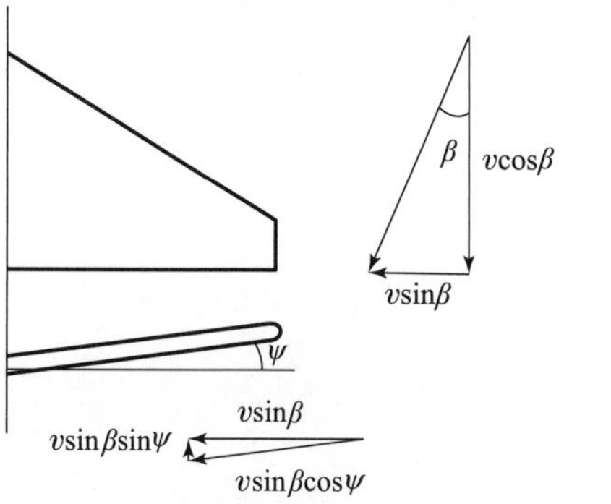

图 2.7.12　侧滑时上反翼形成的实际攻角

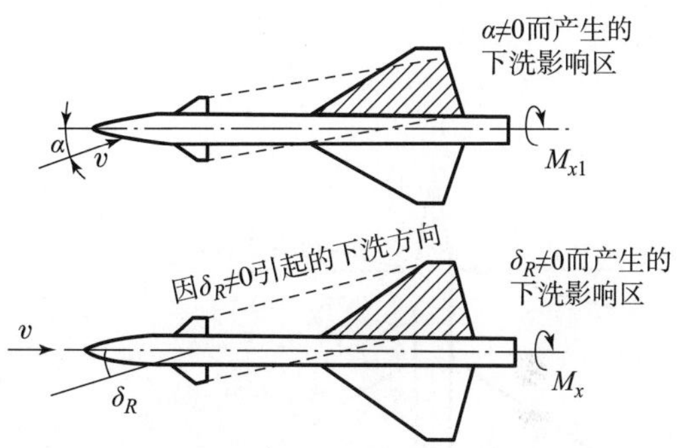

图 2.7.13　鸭式导弹 $\alpha \neq 0$ 和 $\delta_R \neq 0$ 时的斜吹力矩

6. 由偏航和滚转（倾斜）运动产生的交叉力矩

飞行器绕 Oy_1 轴的偏航、绕 Ox_1 轴的滚动（倾斜）都属于侧向运动。由于气动力特性的缘故，这两种运动是耦合的，特别是面对称飞行器，这种耦合更为显著。

由飞行器倾斜（横滚）而产生的偏航力矩以 $M_y^{\omega_x} \cdot \omega_x$ 表示，其产生的原因可用图 2.7.14 说明。当飞行器以 $\omega_x > 0$ 滚转时，左弹翼产生向上的垂直速度 $\omega_x |z_1|$，使左弹翼相对横流速度和有效攻角减小；右弹翼产生向下的附加垂直速度 $\omega_x |z_1|$，使右弹翼相对横流速度和有效攻角增大，于是右弹翼出现向上的升力增量 ΔY 和向后的阻力增量 ΔX，而左弹翼的升力和阻力增量方向正好相反，左右弹翼上升力不同，将产生滚转阻尼力矩 $M_x^{\omega_x} \cdot \omega_x$，而阻力增量方向的不同，就形成绕 Oy_1 轴负向的航向交叉力矩 $M_y^{\omega_x} \cdot \omega_x$，并且可知交叉力矩系数导数 $m_x^{\omega_y} < 0$。对于飞机形导弹，在导弹以 $\omega_x > 0$ 滚转时，在立尾上也会产生指向 Oz_1 轴正向的附加速度 $\omega_x y_1 > 0$ 和指向 Oz_1 轴负向的附加侧力，它除了形成一部分滚转阻尼力矩 $M_x^{\omega_x} \cdot \omega_x$ 外，还产生对 Oy_1 轴的力矩 $M_y^{\omega_x} \cdot \omega_x$，也是指向 Oy_1 轴负向的，它也是交叉力矩 $M_y^{\omega_x} \cdot \omega_x$ 的一部分。

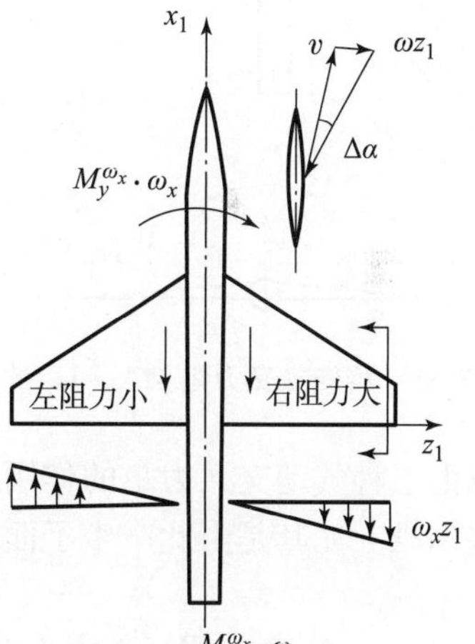

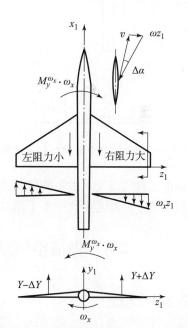

图 2.7.14　旋转交叉力矩 $m_y^{\omega_x} \cdot \omega_x$ 的形成

由航向转动角速度 ω_y 引起的倾斜交叉力矩 $M_x^{\omega_y}\cdot\omega_y$，也主要是弹翼(和立尾)产生的。设 $\omega_y>0$，在水平左右弹翼上产生了方向相反的附加速度 $\omega_y z_1$，如图2.7.15所示。右弹翼相对气流速度增加，升力增加，左弹翼相对速度减小，升力减小，于是形成了负的滚动力矩 $M_x^{\omega_y}\cdot\omega_y$，并且力矩系数导数 $m_x^{\omega_y}<0$。对于飞机形导弹，当它以 $\omega_y>0$ 偏航时，在立尾上会产生垂直于立尾面指向 Oz_1 轴正向的附加速度 $\omega_y\cdot l_t$，(l_t 为弹质心至立尾的距离)和指向 Oz_1 轴负向的附加侧力，结果除形成偏航阻尼力矩 $M_y^{\omega_y}\cdot\omega_y$ (<0)以外，还形成交叉力矩 $M_x^{\omega_y}\cdot\omega_y$ (<0)，它们分别是偏航阻尼力矩和总的交叉力矩的一部分。

此外，由垂直尾翼后的方向舵偏转 δ_y 而在舵面上产生的侧力 $Z^{\delta_y}\cdot\delta_y$，除能形成绕 Oy_1 轴的航向操纵力矩 $M_y^{\delta_y}\cdot\delta_y$ 外，它还会产生一个滚动力矩 $M_x^{\delta_y}\cdot\delta_y$，如图2.7.16所示，由图可知，$m_x^{\delta_y}<0$。

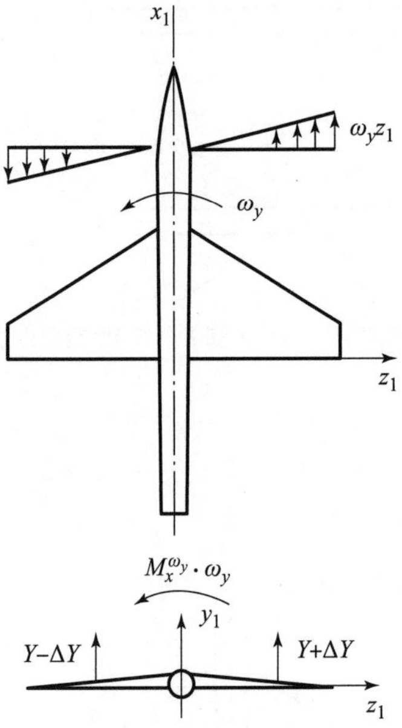

图2.7.15　旋转交叉力矩 $M_x^{\omega_y}\cdot\omega_y$ 的形成

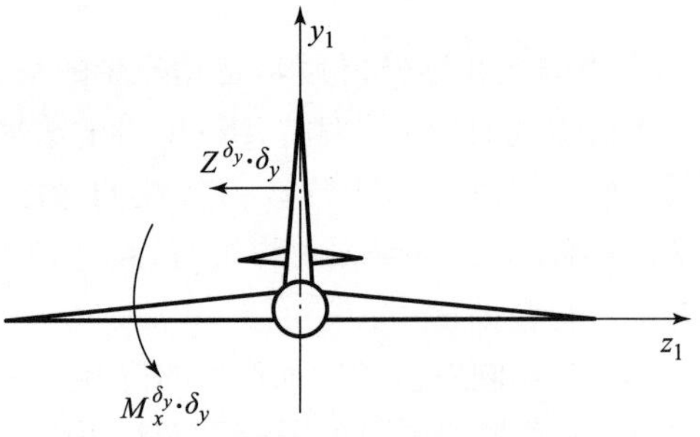

图2.7.16　由方向舵偏转产生的滚转力矩

以上三种气动交叉力矩的作用，导致侧向运动的偏航和滚转交联，给飞行控制系统设计带来一些困难。尤其是由此产生了面对称飞行器协调拐弯飞行的重要课题。

2.8　弹箭空气动力系数的工程算法和数值算法

2.8.1　概述

前已述及，获取弹箭空气动力系数的主要方法包括：理论计算(工程算法和数值算法)、风洞吹风、根据飞行试验数据进行辨识。这三类方法各有其特点，一般对于工程应用(如型号研制)，三类方法均可采用，只是所用的阶段和目的不尽相同。弹箭空气动力系数的工程算法很多，不可能将其一一列出，本节尽可能选取经典的、已为实践所验证的相关算法进行介绍，可计算阻力系数、升力系数、静力矩系数等静态气动力系数以及俯仰阻尼力矩系数导数、滚转阻尼力矩系数导数、马格努斯力矩系数导数等动态气动力系数。此外，弹箭的数值算法比较适用于一些复杂、特殊外形的弹箭（如带非对称翼的末敏弹、带精确制导组件 PGK 的二维弹道修正弹等），对于非空气动力学专业的研究人员，自行编制求解程序难度很大，目前已有一些计算流体力学的商业软件可供使用，具有较好的应用效果。

本章前面几节也零星地给出了一些气动系数估算公式，为保持一定的完整性和系统性，本节讲述更为详细，尽可能采用与前面相同的符号并略去重复的内容（当符号不一致时，另行注明）。

2.8.2　静态气动力系数的工程算法

2.8.2.1　单独弹体零升阻力系数的计算方法

2.8.2.1.1　概述

零升阻力系数由以下几部分组成：弹头部压差阻力系数 c_{xw}、尾部压差阻力系数 c_{xbt}、弹底部阻力系数 c_{xb}、弹体摩擦阻力系数 c_{xf}、弹带引起的阻力系数 c_{xh}、定心舵阻力系数 $c_{x\delta}$（如果弹丸有定心舵的话），即

$$c_{x0} = c_{xw} + c_{xbt} + c_{xb} + c_{xf} + c_{xh} + c_{x\delta} \tag{2.8.1}$$

（1）弹头部压差阻力系数（超声速时又称波阻）

在跨声速时，采用 Wu - Aoyoma 方法对速势方程进行数值求解，将数值解拟合成经验公式；超声速时，如弹丸头部母线界于锥形和尖拱形之间，可采用 McCoy 拟合公式，拟合误差约为 5%；如弹丸头部母线为任意形状（正斜率），可采用二次激波 - 膨胀波方法，计算误差约为 3%。

（2）尾部压差阻力系数

在跨声速时，采用 Wu - Aoyoma 数值解的拟合公式；超声速时，采用 McCoy 拟合公式，拟合误差约为 5%。

（3）弹底部阻力系数

如需计及前体圆柱部的影响，可采用 McCoy 拟合公式；如考虑攻角的影响，可采用 Moore 经验公式。

（4）弹体摩擦阻力系数

采用 Van Driest 迭代方法，机时较长；采用 Blasius（层流）和 Prandtl（湍流）的经验公式，计算过程简单。本节介绍 Van Driest 迭代方法。

（5）钝头体附加阻力系数、弹带引起的阻力系数

采用根据实验数据拟合出的经验公式，实践证明具有较高精度。该部分内容前面章节已给出，参看式（2.2.15）和式（2.2.16）、图 2.2.13 和图 2.2.14。

（6）定心舵阻力系数

可采用北约气动工程估算模型（标准 STANAG 4655）中的拟合公式进行估算。

值得说明的是，美国海军水面武器中心研究人员 F. G. Moore 自 20 世纪 70 年代起主持研发的气动估算软件（AP72 ~ AP09）在计算弹头部波阻时，跨声速用的是 Wu - Aoyoma 方法和一些经验公式，超声速用的是 2 阶 Van Dyke 理论加上牛顿修正理论；尾部波阻计算时，跨声速用的是 Wu - Aoyoma 方法，超声速用的是 2 阶 Van Dyke 理论；摩阻计算时，用的是 Van Driest 迭代方法，底阻计算采用 Moore 经验公式。二次激波 - 膨胀波方法提出者 Clarence A. Syvertson 和 David H. Dennis 的数值计算和实验结果表明，2 阶 Van Dyke 理论和牛顿修正理论的计算精

度略低于二次激波-膨胀波方法。北约气动力工程估算模型(标准 STANAG 4655)中也采用了一些 Moore 经验公式和 McCoy 的拟合公式。

2.8.2.1.2 McCoy 拟合公式

(1)亚声速情况

对于亚声速,总的阻力主要来自摩擦阻力和底部阻力,从理论上讲,绕无黏封闭物体流动,其压差阻力为零。但由于在物体后方压力恢复得不完全,边界层的位移厚度产生了小量的压差,一般把这部分阻力合并到摩阻中去(将亚声速下的摩阻系数乘以一个修正系数)。

(2)跨声速情况

在跨声速流动中,头部波阻变得较大。McCoy 拟合的跨声速波阻系数公式为:

$$c_{xw}=\frac{0.368}{\lambda_N^{1.8}}+\frac{2}{3\lambda_N}\frac{Ma^2-1}{Ma^2} \tag{2.8.2}$$

式中,$\lambda_N=l_N/d$ 为头部长细比,l_N 为弹丸头部长,d 为弹径。

跨声速情况下的船尾波阻近似公式下面将会提到。

(3)超声速情况

1)弹丸前体(头部)的波阻系数

McCoy 计算卵形(即尖拱形)前体波阻系数的经验公式。

$$c_{xw}=\frac{1}{Ma^2-1}\left(C_1-\frac{C_2}{\lambda_N^2}\right)\cdot\left(\frac{\sqrt{Ma^2-1}}{\lambda_N}\right)^{C_3+\frac{C_4}{\lambda_N}} \tag{2.8.3}$$

式中的系数为

$$\begin{cases}C_1=0.7156-0.5313(R_T/R)+0.5950(R_T/R)^2\\C_2=0.0796+0.0779(R_T/R)\\C_3=1.587+0.049(R_T/R)\\C_4=0.1122+0.1658(R_T/R)\end{cases}$$

式中,(R_T/R)为头部形状参数;R_T 为与给定前体长度相同的正切卵形半径;R 为实际的头部圆弧半径,即

$$R_T/R=\begin{cases}0, & \text{圆锥}\\1, & \text{正切卵形}\\0\sim1, & \text{正割卵形}\end{cases}$$

R_T 和 R 的概念如图 2.8.1 所示。

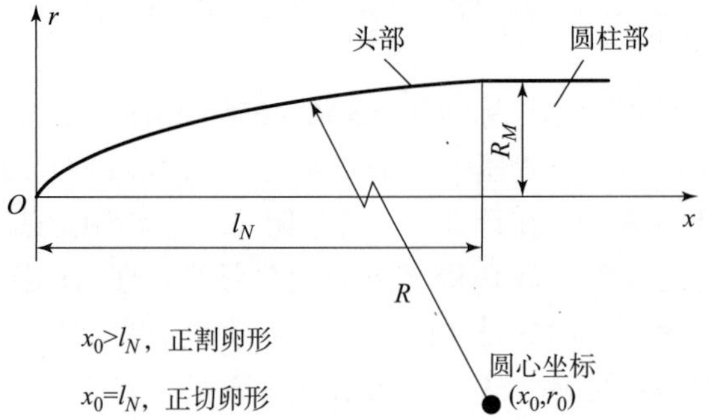

图 2.8.1 卵形前体的几何外形参数

如图 2. 8. 1 所示，一般 R 是给定的，而 R_T 则是当圆心坐标 $x_0 = l_N$ 时对应的 R，其计算方法很容易导出，根据直角三角形的勾股定理，有

$$R_T^2 = l_N^2 + (R_T - R_M)^2$$

将上式展开，可解出 R_T，为

$$R_T = \frac{l_N^2 + R_M^2}{2R_M}$$

式中，R_M 为圆柱部半径。

2）弹丸后体（锥形后体）的波阻系数

采用 McCoy 关于超声速船尾波阻的近似公式，为：

$$c_{xw} = \frac{4 \cdot A \cdot \tan\delta_{BT}}{K}\left\{(1 - e^{-K\cdot\lambda_{BT}}) + 2\tan\delta_{BT}\left[e^{-K\cdot\lambda_{BT}}\left(\lambda_{BT} + \frac{1}{K}\right) - \frac{1}{K}\right]\right\} \tag{2.8.4}$$

式中，δ_{BT} 为船尾角；λ_{BT} 为船尾部长径比；

$$A = A_1 \cdot \exp\left(-\sqrt{\frac{2}{\gamma Ma^2}}\right)\lambda_C + \frac{2 \cdot \tan\delta_{BT}}{\sqrt{Ma^2 - 1}} - \frac{[(\gamma + 1)Ma^4 - 4(Ma^2 - 1)]\tan^2\delta_{BT}}{2(Ma^2 - 1)^2};$$

$$A_1 = \left[1 - \frac{3(R_T/R)}{5Ma}\right]\left\{\frac{5\tau}{6\sqrt{Ma^2 - 1}} + \left(\frac{\tau}{2}\right)^2 - \frac{0.743\,5}{Ma^2}(\tau Ma)^{1.6}\right\}, \tau = 1/\lambda_N; K = \frac{0.85}{\sqrt{M_\infty^2 - 1}};$$

λ_C 为圆柱部长径比；γ 为绝热指数。

跨声速（$Ma = 0.8 \sim 1.2$）条件下，对应的 McCoy 波阻计算公式为：

$$c_{xw} = 4\tan^2\delta_{BT}(1 + 0.5\tan\delta_{BT}) \times \{1 - e^{-2\lambda_{BT}} + 2\tan\delta_{BT}[e^{-2\lambda_{BT}}(\lambda_{BT} + 0.5) - 0.5]\} \tag{2.8.5}$$

2. 8. 2. 1. 3　二次激波 - 膨胀波方法

本节将对二次激波 - 膨胀波理论做简要介绍，其计算原理如图 2. 8. 2 所示。

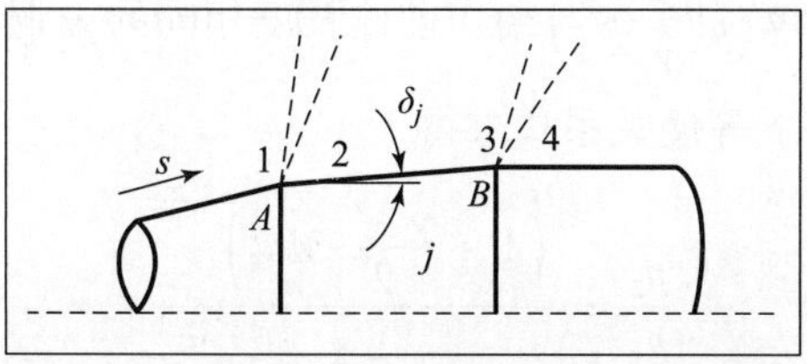

图 2. 8. 2　弹体分划单元和锥台上的膨胀流动

假设弹体表面绕流流场等熵、理想、无旋，由流体基本运动方程和热力学关系式导出弹体表面上压力沿流线的变化式为

$$\frac{\partial p}{\partial s} = \frac{2\gamma p}{\sin 2\mu} \cdot \frac{\partial \delta}{\partial s} + \frac{1}{\cos\mu} \cdot \frac{\partial p}{\partial c_1} \tag{2.8.6}$$

式中，p 为弹体表面压力；s 为流线的切线方向；γ 为空气绝热指数（一般取为 1. 4）；c_1 为 A 点的一条特征线（图 2. 8. 2）；μ 为 A 点的马赫角；δ 为 A 点处流线与 x 轴夹角。

考虑三维流动特性，认为锥台表面上的压力是变化的，且认为 $\frac{\partial p}{\partial s}$ 与 s 的函数可分离变量，即

$$\frac{\partial p}{\partial s}=F(p,s)=(p_0+p)\cdot(S_0+S_1\cdot s+S_2\cdot s^2+\cdots) \tag{2.8.7}$$

式中,p_0、S_j 在各段上均为待定常数。

将上式沿流线 s 积分,可以得到

$$p=-p_0+c\cdot \mathrm{e}^{\left(S_0s+\frac{1}{2}S_1s^2+\frac{1}{3}S_2s^3+\cdots\right)} \tag{2.8.8}$$

c 为积分常数。将弹体分划成许多小段,每一小段近似为一锥台(图 2.8.2),有

$$s=s_2,\ p=p_2$$

$$s\to\infty,\ p=p_c$$

为两个边界条件,p_c 该锥面上的锥形流压力。

对上式只保留到 s 的一次方近似,利用边界条件与微分可得出

$$p=p_c-(p_c-p_2)\mathrm{e}^{S_0(s-s_2)} \tag{2.8.9}$$

式中,$S_0=-\dfrac{\left(\dfrac{\partial p}{\partial s}\right)_2}{p_c-p_2}$。由上式知,只要求出 $\left(\dfrac{\partial p}{\partial s}\right)_2$,则第 j 段弹体表面上的压力分布可求。

对于角点 2 处的压力梯度 $\left(\dfrac{\partial p}{\partial s}\right)_2$,根据推导,有

$$\left(\frac{\partial p}{\partial s}\right)_2=\frac{B_2}{r_A}\left(\frac{\Omega_1}{\Omega_2}\sin\delta_{j-1}-\sin\delta_j\right)+\frac{B_2}{B_1}\cdot\frac{\Omega_1}{\Omega_2}\cdot\left(\frac{\partial p}{\partial s}\right)_1 \tag{2.8.10}$$

式中,$B=\dfrac{\gamma pMa^2}{2(Ma^2-1)}$;$\Omega=\dfrac{1}{Ma}\left[\dfrac{1+\left(\dfrac{\gamma-1}{2}\right)Ma^2}{\dfrac{\gamma+1}{2}}\right]^{\frac{\gamma+1}{2(\gamma-1)}}$。

如果有了 1 点的值,则 Ma_2 可由 Ma_1、δ_j、δ_{j-1} 按普朗特 - 迈耶尔流求出,即

$$\delta_{j-1}-\delta_j=f(Ma_2)-f(Ma_1) \tag{2.8.11}$$

式中,$f(Ma)=\sqrt{\dfrac{\gamma+1}{\gamma-1}}\arctan\sqrt{\left(\dfrac{\gamma-1}{\gamma+1}\right)\cdot(Ma^2-1)}-\arctan\sqrt{Ma^2-1}$。

p_2 由 Ma_1、p_1、Ma_2 按以下等熵关系式求得

$$\frac{p_2}{p_1}=\frac{\left(1+\dfrac{\gamma-1}{2}Ma_2^2\right)^{-\frac{\gamma}{\gamma-1}}}{\left(1+\dfrac{\gamma-1}{2}Ma_1^2\right)^{-\frac{\gamma-1}{\gamma}}} \tag{2.8.12}$$

从而可由式(2.8.10)计算出 $\left(\dfrac{\partial p}{\partial s}\right)_2$,则可求出第 j 单元弹体表面的压力分布,并由式(2.8.9)算出 3 点的 p_3、$\left(\dfrac{\partial p}{\partial s}\right)_3$ 为

$$\begin{cases}p_3=p_c-(p_c-p_2)\mathrm{e}^{S_0(s_3-s_2)}\\[2mm] \left(\dfrac{\partial p}{\partial s}\right)_3=\left(\dfrac{\partial p}{\partial s}\right)_2\cdot\left(\dfrac{p_c-p_3}{p_c-p_2}\right)\end{cases} \tag{2.8.13}$$

类似地,以 3 点值为初值,由此可求出 4 点值,进而可算出第 $j+1$ 单元弹体表面上的压力分布,如此构成一个递推过程,可求出整个弹体表面上的压力分布,最终积分求出气动力参数

（具体积分过程参见文献[24]）。不难看出，二次激波－膨胀波算法是非常容易编程实现的。

2.8.2.1.4　计算摩擦阻力的 Van Driest 方法

摩阻系数 c_{xf} 的计算公式为：

$$c_{xf} = c_{f\infty} \cdot \frac{S_s}{S_{REF}} \tag{2.8.14}$$

式中，$c_{f\infty}$ 为弹体表面的摩擦系数；S_s 为弹丸侧表面积；S_{REF} 为特征面积，一般取为弹体最大横截面积。

采用 Van Driest 方法计算弹体表面摩擦系数 $c_{f\infty}$：

$$\frac{0.242}{A_1\sqrt{c_{f\infty}}\sqrt{(T_w/T_\infty)}}(\arcsin C_1 + \arcsin C_2) = \lg(Re \cdot c_{f\infty}) - \left(\frac{1+2n}{2}\right)\lg(T_w/T_\infty) \tag{2.8.15}$$

式中，$C_1 = \frac{2A_1^2 - B_1}{\sqrt{B_1^2 + 4A_1^2}}$，$C_2 = \frac{B_1}{\sqrt{B_1^2 + 4A_1^2}}$，$A_1 = \sqrt{\frac{(\gamma - 1)Ma^2}{2(T_w/T_\infty)}}$，$B_1 = \frac{1 + (\gamma - 1) \times 0.5Ma^2}{T_w/T_\infty} - 1$；对于空气，$n = 0.76$；雷诺数 $Re = \frac{\rho_\infty v_\infty l}{\mu_\infty}$，$l$ 为弹体特征长度，μ_∞ 为动力黏度系数，μ_∞ 和 ρ_∞ 的值均可通过查标准大气参数表获得；$\frac{T_w}{T_\infty} = 1 + \sqrt[3]{Pr} \cdot \frac{\gamma - 1}{2}Ma^2$，$Pr$ 为普朗特数，Van Driest 方法中将其取为 0.73，则有 $\frac{T_w}{T_\infty} = 1 + 0.9\frac{\gamma - 1}{2}Ma^2$。

采用迭代方法（如二分法）求解非线性方程（2.8.15），可以得到 $c_{f\infty}$，进而求得 c_{xf}。

2.8.2.1.5　底部阻力系数计算方法

1. Moore 公式

根据 Moore 近似公式，底阻系数 c_{xb} 可由下式计算

$$c_{xb} = -c_{P_{BA}}\left(\frac{d_B}{d}\right)^3 \tag{2.8.16}$$

式中，d_B 为底部直径；d 为弹径；$c_{P_{BA}}$ 值可根据图 2.8.3 中的曲线查得。

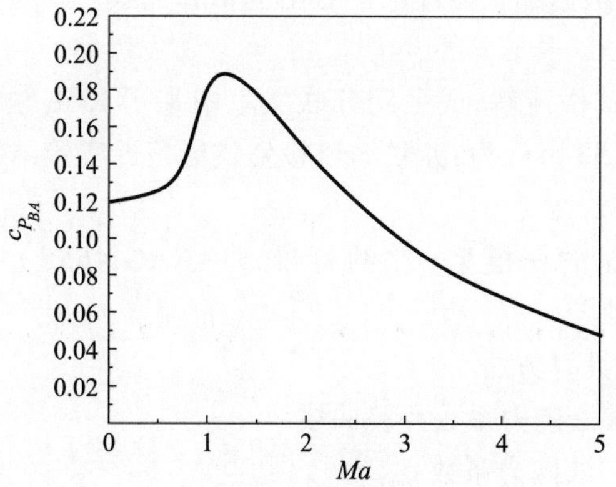

图 2.8.3　$c_{P_{BA}}$ 值随马赫数的变化关系曲线

若考虑攻角对底阻的影响，则有

$$c_{xb} = -\left[c_{P_{BA}} - (0.012 - 0.0036Ma)\cdot\alpha\right]\cdot\left(\frac{d_B}{d}\right)^3 \quad (2.8.17)$$

式中,α 为攻角(单位是(°))。

2. McCoy 拟合公式

McCoy 底阻拟合公式为

$$c_{xb} = \frac{2d_B^2}{\gamma Ma^2}\left(1 - \frac{p_B}{p_\infty}\right) \quad (2.8.18)$$

式中,压力比 p_B/p_∞ 可由下式计算

$$\frac{p_B}{p_\infty} = \left[1 + 0.09Ma^2(1 - e^{-\lambda_C})\right]\left[1 + 0.25Ma^2(1 - d_B)\right] \quad (2.8.19)$$

2.8.2.1.6 定心舵阻力系数计算方法

对于低阻弹丸(如枣核形弹丸),为了解决弹丸在火炮膛内运动时的定心问题,可在前体表面安装定心舵。单片定心舵的阻力系数可采用以下公式计算

$$c_{x\delta} = 0.0025\frac{100\times S_\delta}{(c\cdot\cos\delta)^2} \quad (2.8.20)$$

式中,c 为定心舵片的根弦长;δ 为定心舵片的斜置角;S_δ 为单片定心舵的面积。

2.8.2.2 单独弹体升力系数导数的计算方法

2.8.2.2.1 概述

升力系数导数可通过先求法向力系数、再求出升力系数,进而求得升力系数关于攻角的导数。法向力系数 c_n 分为头部(含圆柱部)法向力系数 c_{nn}、尾部法向力系数 c_{nbt}、黏性法向力系数 c_{nf} 以及定心舵法向力系数 $c_{n\delta}$(如果弹丸有定心舵的话),即

$$c_n \approx c_{nn} + c_{nbt} + c_{nf} + c_{n\delta} \quad (2.8.21)$$

(1)头部(含圆柱部)法向力系数

在超声速时,采用二次激波膨胀波方法计算;亚、跨声速时,采用苏联文献中根据细长体理论所得计算曲线拟合出的经验公式。

(2)尾部法向力系数

也可采用苏联文献中根据细长体理论推导出的估算公式。

(3)黏性法向力系数

可采用 Allen + Perkins 横流解,或采用苏联文献中基于 Kelly 方法的经验公式,我国航空航天领域的文献(如文献[55])认为,苏联的经验公式更接近实验结果。

(4)定心舵法向力系数

可采用北约气动工程估算模型(北约标准 STANAG 4655)中给出的拟合公式进行估算。

下面给出主要的具体计算方法。

2.8.2.2.2 弹丸头部法向力系数经验曲线

在小攻角条件下,头部法向力系数 c_{nn} 为

$$c_{nn} = c'_{nn}\cdot\alpha \quad (2.8.22)$$

式中,α 为攻角,c'_{nn} 为头部法向力系数导数,其可根据 A、B 两个特征量读取图 2.8.4 和图 2.8.5 中的曲线获得。

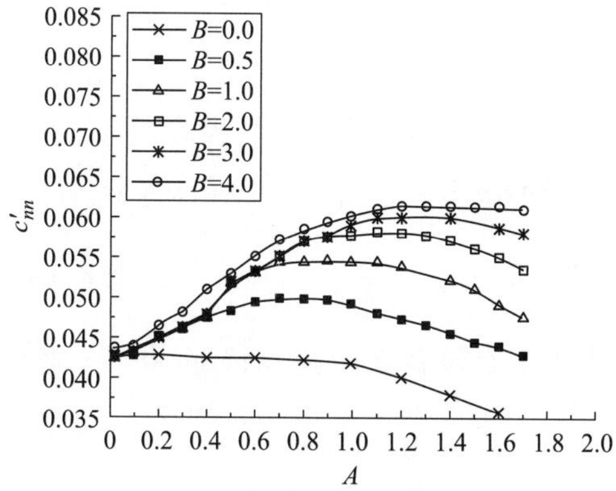

图 2.8.4　头部法向力系数导数经验曲线(超声速)

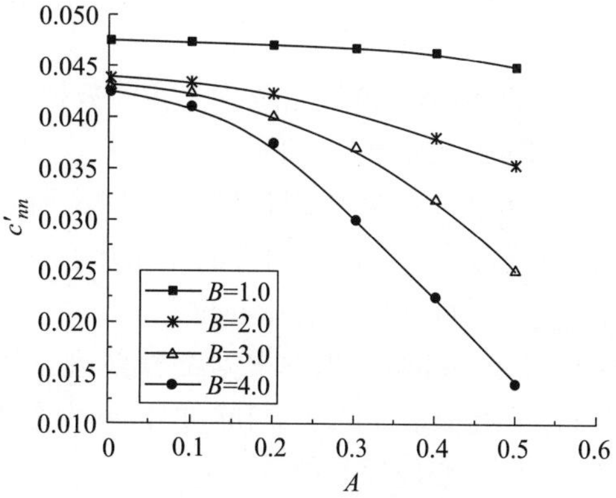

图 2.8.5　头部法向力系数导数经验曲线(亚声速)

图中,对于超声速条件:$A = \sqrt{Ma^2 - 1}/\lambda_N, B = \lambda_C/\lambda_N$,$Ma$ 为马赫数,λ_N、λ_C 分别为头部和圆柱部长径比;对于亚声速条件:$A = \sqrt{1 - Ma^2}/\lambda_N, B = \lambda_N$。

2.8.2.2.3　尾部法向力系数经验公式

在细长体理论中,弹体收缩尾部的法向力系数可表示为:

$$c_{nbt} = -2\sin\alpha\cos\alpha\left[1 - \left(\frac{d_B}{d}\right)^2\right]\cdot f_1 \tag{2.8.23}$$

式中,α 为攻角(单位为弧度);d_B 为弹底直径;d 为弹径;f_1 是考虑附面层及分离影响的修正系数,一般取为 0.15 ~0.20。

2.8.2.2.4　黏性法向力系数经验公式

由黏性引起的附加法向力系数可采用式(2.5.6)计算。

2.8.2.2.5　定心舵法向力系数经验公式

定心舵可以看作展弦比很小的翼,根据细长体理论,一对不斜置舵片产生的法向力系数增量为

$$c_{n\delta} = 2K_f\frac{\bar{b}^2\pi}{S_{REF}}\cdot\alpha \tag{2.8.24}$$

式中,K_f 为弹体对定心舵面的干扰因子,由于定心舵所在位置的弹体直径近似等于弹的口径,故可取 $K_f = 4$;$\bar{b}$ 为等效净翼展长;S_{REF} 为弹丸特征面积。

2.8.2.3　单独弹体俯仰力矩系数导数的计算方法

2.8.2.3.1　概述

俯仰力矩系数导数就是前面说的静力矩系数导数(记为 m'_z 或 m_{z0}),可表示为

$$m'_z = -\left(\frac{x_p - x_c}{l}\right)\cdot c'_n \approx -\left(\frac{x_p - x_c}{l}\right)\cdot c'_y \tag{2.8.25}$$

式中,c'_n 为法向力系数关于攻角的导数;c'_y 为升力系数关于攻角的导数;x_p 为压心位置;x_c 为重心位置;l 为特征长度,一般取为全弹长。

因此,计算俯仰力矩系数导数实际上是计算压心位置 x_p。压心定义为弹丸所受法向力在弹轴上的合力作用点。压心位置(距离弹顶部)分为弹丸头部压心位置 x_{pn}、弹丸尾部压心位置

x_{pbt}、黏性法向力的压心位置 x_{pf} 以及定心舵压心位置(如果有定心舵的话)。

(1)弹丸头部压心位置

可根据细长体理论和相关实验数据加以确定。

(2)弹丸尾部压心位置

采用苏联文献中根据细长体理论所得的估算公式,当尾部长度较小(如小于1倍弹径)时,可近似认为尾部法向力的作用点在尾部长度的中点上。

(3)黏性法向力的压心位置

可采用苏联文献中根据细长体理论所得结果,认为压心位置在距离弹顶部60%全弹长处;也可近似取在圆柱部和弹尾部两部分总长度的中点处。这两种方法的误差均较小。

(4)定心舵压心位置

可近似认为定心舵的压心位置在舵面轴向中点处。

下面给出主要的具体计算方法。

2.8.2.3.2 头部压心位置计算方法

头部压心位置 x_{pn} 的计算公式为

$$x_{pn} = l_N - \frac{V_N}{S_{REF}} + \Delta x_{pN} \tag{2.8.26}$$

式中, l_N 为头部长; V_N 为头部体积; Δx_{pN} 为头部压心的修正量,可通过查图2.8.6和图2.8.7中的曲线获得。

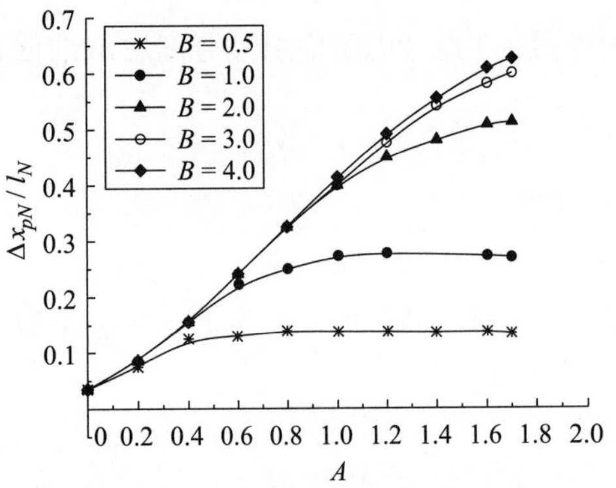

图2.8.6 头部压心修正量曲线(超声速)

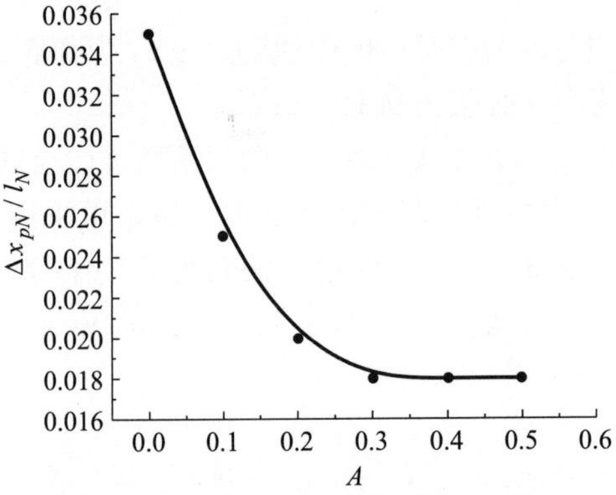

图2.8.7 头部压心修正量曲线(亚声速)

图中,对于超声速条件: $A = \sqrt{Ma^2 - 1}/\lambda_N, B = \lambda_C/\lambda_N$;对于亚声速条件: $A = \sqrt{1 - Ma^2}/\lambda_N$。图中数据点表示 $\Delta x_{pN}/l_N$。

2.8.2.3.3 尾部压心位置计算方法

尾部压心位置 x_{pbt} 的计算方法如下

$$x_{pbt} = l - \frac{1}{2} l_{BT} \tag{2.8.27}$$

式中, l 为全弹长; l_{BT} 为船尾部长度。

2.8.2.3.4 黏性法向力压心位置计算方法

黏性附加法向力压心位置 x_{pf} 的计算方法如下

$$x_{pf} = l_N + \frac{1}{2}(l_C + l_{BT}) \tag{2.8.28}$$

式中，l_C 为圆柱部长。

2.8.2.4　单独尾翼气动力系数的计算公式

单独尾翼的阻力系数主要由摩擦阻力系数 c_{xfw}、波阻系数 c_{xww}、钝前缘附加阻力系数 c_{xlw}、钝后缘附加阻力系数 c_{xtw} 及诱导阻力系数 c_{xiw} 构成。

单独尾翼的摩擦系数 c_{fw} 采用如下公式进行计算

$$c_{fw} = \frac{0.455\,(1 + 0.21Ma^2)^{-0.32}}{(\lg Re)^{2.58}} \tag{2.8.29}$$

摩擦阻力系数为

$$c_{xfw} = 2c_{fw}\frac{S_w}{S_{REF}}N_w \tag{2.8.30}$$

式中，N_w 为尾翼的对数；S_w 为单独尾翼（一对）的面积；S_{REF} 为特征面积，一般取弹体最大横截面积。

单独尾翼波阻系数的计算公式为

$$c_{xww} = \frac{4\bar{c}^2}{\beta}\left(1 - \frac{1}{2\beta\chi_0}\right)\frac{S_w}{S_{REF}}N_w \tag{2.8.31}$$

式中，$\bar{c}$ 为翼相对厚度，其定义见第 2.5.3 节；$\beta = \sqrt{Ma^2 - 1}$；χ_0 为翼前缘后掠角。

单独尾翼的钝前缘附加阻力系数采用如下公式计算

$$c_{xlw} = c_{dw0}Ma^2,\ Ma \leqslant 1.0 \tag{2.8.32}$$

$$c_{xlw} = p_M\cos^2\kappa \cdot \tau_A b_w N_w \cos^{0.75}\chi_0 \cdot \frac{1}{S_{REF}},\ Ma > 1.0 \tag{2.8.33}$$

式中，$c_{dw0} = (\cos^2\kappa)\cdot\tau_A N_w b_w(\cos^{0.75}\chi_0)/S_{REF}$；$\kappa$ 为前缘面法向角；τ_A 为翼前缘钝面的平均厚度；b_w 为翼的展长；N_w 为尾翼对数；χ_0 为翼前缘后掠角；$p_M = \frac{1.43}{Ma^2}\left[0.9(1.2Ma^2)^{3.5}\cdot\left(\frac{2.4}{2.8Ma^2 - 0.4}\right)^{2.5} - 1\right]$。

单独尾翼的钝后缘附加阻力系数采用如下公式计算

$$c_{xtw} = \frac{\cos\chi_1}{S_{REF}}c_{pb1}b_w N_w(r_{tt} + r_{tr}) \tag{2.8.34}$$

式中，χ_1 为翼后缘后掠角；r_{tt}、r_{tr} 分别为翼后缘梢部半径、翼后缘根部半径；c_{pb1} 可根据图 2.8.8 中的曲线查找。

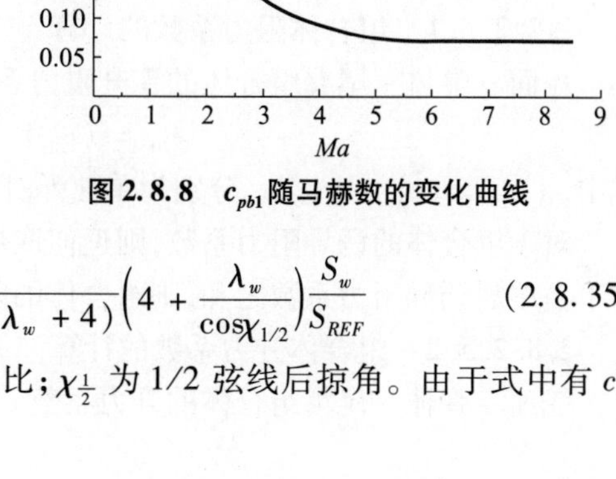

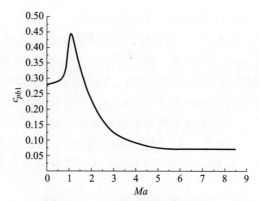

图 2.8.8　c_{pb1} 随马赫数的变化曲线

亚声速时，单独尾翼诱导阻力系数的计算公式为

$$c_{xiw} = \frac{0.38c_{yw}^2}{[\lambda_w - 0.8c_{yw}(\lambda_w - 1)](\lambda_w + 4)}\left(4 + \frac{\lambda_w}{\cos\chi_{1/2}}\right)\frac{S_w}{S_{REF}} \tag{2.8.35}$$

式中，c_{yw} 为单独尾翼的升力系数；λ_w 为尾翼展弦比；$\chi_{\frac{1}{2}}$ 为 1/2 弦线后掠角。由于式中有 c_{yw}^2

项,故尾翼诱导阻力系数与攻角的平方项有关。

超声速时,单独尾翼诱导阻力系数的计算公式为

$$c_{xiw} = c_{yw}\tan\alpha \cdot \frac{S_w}{S_{REF}} \tag{2.8.36}$$

式中,α 为攻角(单位为弧度)。

在亚声速条件下,单独尾翼的升力系数导数计算公式为

$$c'_{yw} = \left[\frac{1.8\pi\cos\chi_{1/4}}{\frac{1.8}{\lambda_w}\cos\chi_{1/4} + \sqrt{1 + \left(\frac{1.8}{\lambda_w}\right)^2\cos^2\chi_{1/4}}}\right]\frac{1}{\sqrt{1 - Ma^2}} \tag{2.8.37}$$

式中,λ_w 为尾翼展弦比;$\chi_{1/4}$ 为1/4弦线后掠角。

对于超声速条件,单独尾翼的升力系数导数计算公式为

$$c'_{yw} = K_{wB}\frac{4}{\sqrt{Ma^2 - 1}}\left(1 - \frac{1}{2\lambda_w\sqrt{Ma^2 - 1}}\right) \tag{2.8.38}$$

式中,$K_{wB} = \left[1 + \frac{d_w}{b_w}\left(1.2 - \frac{0.2}{\eta}\right)\right]^2$,$d_w$ 为尾翼安装处对应的弹体直径,b_w 为展长,η 为尾翼根梢比。

求得升力系数导数 c'_{yw} 后,可近似估算出升力系数,即

$$c_{yw} \approx c'_{yw} \cdot \alpha \tag{2.8.39}$$

式中,α 为攻角(单位为弧度)。

值得说明的是,式(2.8.37)和式(2.8.38)是针对一对尾翼的情形。如果考虑一对以上尾翼,则应乘以一个翼-翼干扰因子,具体公式见式(2.8.70)。

亚声速时,单独尾翼的压心位置(相对于弹顶)计算公式为

$$x_{pw} = l - 0.75b_{av} \tag{2.8.40}$$

超声速时的计算公式为

$$x_{pw} = l - 0.5b_{av} \tag{2.8.41}$$

式中,b_{av} 为尾翼的平均几何弦长。

2.8.2.5 组合体气动力系数的计算公式

前述气动力工程计算都是针对部件(单独弹体、单独翼等)的,当计算组合体的气动力系数时,还要考虑气动部件之间的干扰。从本质上讲,舵和尾翼的气动力计算方法是相同的,只是要考虑到两者在全弹的布局位置有所不同,故引起的干扰也有所不同。特别地,鸭舵偏转产生的下洗流会对尾翼形成较大的干扰。

2.8.2.5.1 组合体阻力系数的计算

舵面-弹体-尾翼组合体的零升阻力系数计算公式如下

$$c_{x0} = (c_{x0})_b + (c_{x0})_c + (c_{x0})_w \tag{2.8.42}$$

式中,$(c_{x0})_b$、$(c_{x0})_c$、$(c_{x0})_w$ 分别为单独弹身、单独舵面、单独尾翼的零攻角阻力系数。

对于组合体的诱导阻力系数,则近似取单独弹体的诱导阻力系数、单独舵面诱导阻力系数和单独尾翼诱导阻力系数之和,则组合体的阻力系数等于零升阻力系数加上诱导阻力系数。

2.8.2.5.2 组合体升力系数的计算

舵面-弹体-尾翼组合体的升力系数 c_y 计算公式如下

$$c_y = c_{yb} + (c_{yc(b)} + c_{yb(c)})\frac{S_c}{S_{REF}} + (c_{yb(w)} + c_{yw(b)} + c_{yw(\text{vortex})} + c_{yb(\text{vortex})})\frac{S_w}{S_{REF}} \quad (2.8.43)$$

式中，c_{yb} 为单独弹体升力系数；$c_{yc(b)}$ 为考虑弹体干扰的舵面升力系数；$c_{yb(c)}$ 为考虑舵面干扰的弹体升力系数；$c_{yb(w)}$ 为考虑尾翼干扰的弹体升力系数；$c_{yw(b)}$ 为考虑弹体干扰的尾翼升力系数；$c_{yw(\text{vortex})}$ 为考虑鸭舵尾涡干扰的尾翼升力系数；$c_{yb(\text{vortex})}$ 为考虑鸭舵尾涡干扰的弹体升力系数；S_c 为单独舵面的面积。

2.8.2.5.3　舵面、弹身、尾翼干扰条件下的升力系数计算

首先，考虑计算 $c_{yc(b)}$、$c_{yb(c)}$、$c_{yb(w)}$ 和 $c_{yw(b)}$ 四个系数。

（1）有弹体存在时的舵面升力系数

$$c_{yc(b)} = kK_{c(b)}c_{yc} \quad (2.8.44)$$

式中，c_{yc} 为单独舵面的升力系数；k 为考虑弹体对舵面效率影响的一个修正系数，可取为 0.90；$K_{c(b)}$ 为干扰因子，按照细长体理论并考虑经验修正得到

$$K_{c(b)} = \frac{1}{5}\left\{\left[\frac{d_c}{d_c + b_c}\left(1.2 - \frac{0.2}{\eta_c}\right) + 2\right]^2 + 1\right\} \quad (2.8.45)$$

式中，b_c 为舵面的展长；η_c 为舵面根梢比；d_c 为舵面处的弹体直径。

（2）有舵面存在时的弹体干扰升力

$$c_{yb(c)} = K_{b(c)}c_{yc} \quad (2.8.46)$$

式中，$K_{b(c)}$ 为干扰因子，其计算方法如下：

对于亚声速和超声速区，当翼面参数 $\beta\lambda_{ca}(1 + \bar{\zeta}_c)\left(\frac{1}{m\beta} + 1\right) < 4$ 时，可用细长体理论计算，其中 λ_{ca}、$\bar{\zeta}_c$ 分别为舵面的展弦比和尖梢比；$\beta = \sqrt{|Ma^2 - 1|}$；$m = 1/\tan\chi_{0c}$，$\chi_{0c}$ 为舵面前缘后掠角。具体公式为

$$K_{b(c)} = \left[1 + \frac{d_c}{d_c + b_c}\left(1.2 - \frac{0.2}{\eta_c}\right)\right]^2 - K_{c(b)} \quad (2.8.47)$$

在超声速区域，当满足 $\beta\lambda_{ca}(1 + \bar{\zeta}_c)[1/(m\beta) + 1] \geqslant 4$ 时，不妨记 $2\beta r_c/(c_r)_c = X$，$\beta m = Z$，$K_{b(c)}\beta c'_{yc}(\bar{\zeta}_c + 1)(s_c/r_c - 1) = Y$，其中，$(c_r)_c$ 表示舵面根弦长；c'_{yc} 为单独舵面升力系数导数；r_c 为舵面处弹体半径；s_c 为舵面与弹体组合时的最大半展长。根据上述条件，可查图 2.8.9 和图 2.8.10 中的曲线。其中，图 2.8.9 为有后体存在时的干扰因子，图 2.8.10 为无后体存在时的干扰因子。

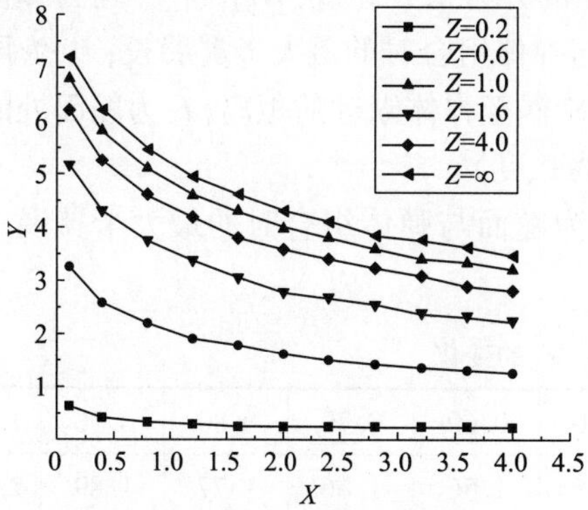

图 2.8.9　有后体存在的干扰因子

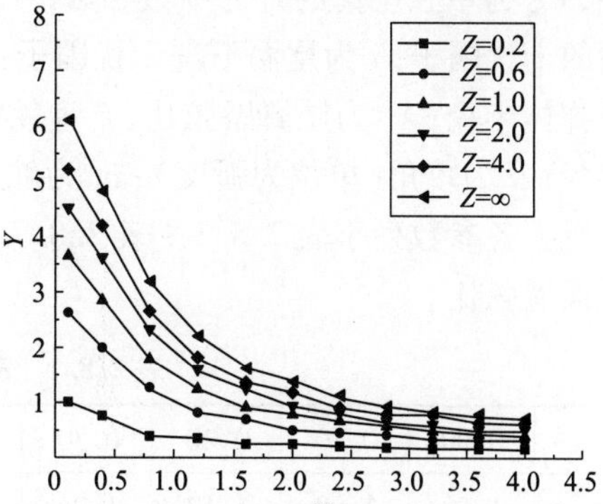

图 2.8.10　无后体存在的干扰因子

(3)有尾翼存在时弹体干扰升力 $c_{yb(w)}$ 和弹体存在时的尾翼干扰升力 $c_{yw(b)}$

完全按照和(1)、(2)相同的方法，只是将舵面的参数换成相应的尾翼参数即可。

2.8.2.5.4　鸭舵下洗尾涡的工程计算

鸭舵后缘产生的下洗流对尾翼形成干扰，产生附加升力，工程上一般采用涡线理论计算。理论模型如图 2.8.11 和图 2.8.12 所示。

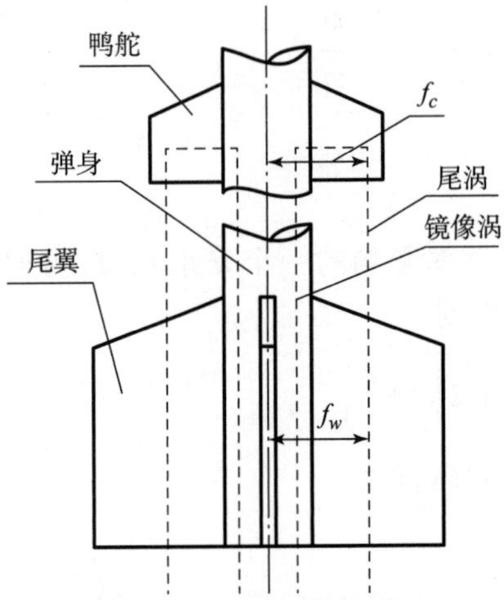

图 2.8.11　涡线理论计算鸭舵下洗影响的理论模型

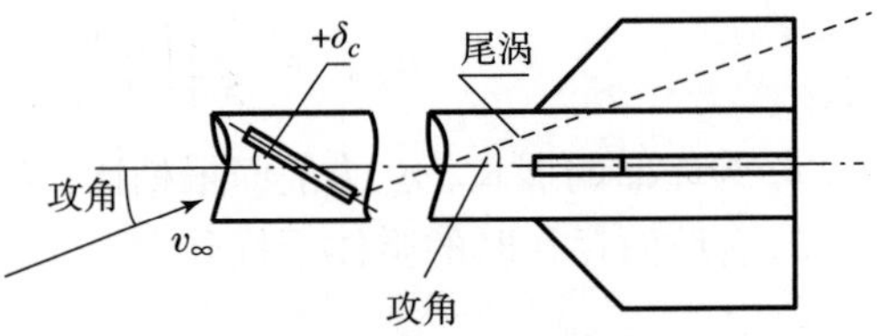

图 2.8.12　涡线理论假设尾涡方向与来流方向一致

在不同来流马赫数和不同攻角下，舵偏角 $\pm\delta_c$ 对尾翼产生的干扰是不同的，主要表现在由此引起的尾翼附加升力的方向和大小有差异，进而使组合体的升力系数有所不同。这从侧面解释了为什么鸭舵不能做滚转控制，简述如下：当一对(两片)鸭舵以相反的偏角做差动偏转时，弹体两侧受干扰，尾翼势必产生不同的附加升力，形成滚转力矩，这个力矩有可能与鸭舵差动产生的滚转力矩同向，则可对弹体进行滚转控制，但也可能与其反向，加之一般尾翼面积大，产生的升力也可能较大，则附加滚转力矩大于鸭舵的控制力矩，造成滚转控制失效。

受鸭舵后缘下洗流旋涡影响的尾翼升力系数 $c_{yw(\mathrm{vortex})}$ 计算公式为

$$c_{yw(\mathrm{vortex})} = \frac{c'_{yw}c'_{yc}[K_{c(b)}\cdot\alpha + k_{c(b)}\cdot\delta_c]\cdot i(s_w - r_w)}{2\pi\lambda_w(f_c - r_c)} \tag{2.8.48}$$

式中，c'_{yw} 为单独尾翼的升力系数导数；c'_{yc} 为单独舵面的升力系数导数；$K_{c(b)}$、$k_{c(b)}$ 均为弹体对舵面的干扰因子；i 为尾涡下洗干扰因子；s_w 为尾翼与弹体组合时的最大半翼展长；r_w 为尾翼处的弹体半径；λ_w 为尾翼展弦比；f_c 为舵面后缘处的旋涡至弹体纵轴的距离；r_c 为舵面处的弹体半径；α 为攻角(单位为弧度)；δ_c 为舵偏角(单位为弧度)。

以上各参数列于表 2.8.1 ~ 表 2.8.7 中，表中 s_c 为舵面与弹体组合时的最大半翼展，λ_{ca} 为舵面展弦比。

表 2.8.1　$K_{c(b)}$、$k_{c(b)}$ 随 r_c/s_c 的变化

r_c/s_c	0.00	0.10	0.20	0.30	0.40	0.50	0.60	0.70	0.80	0.90	1.00
$K_{c(b)}$	1.00	1.08	1.17	1.26	1.35	1.45	1.56	1.66	1.77	1.89	2.00
$k_{c(b)}$	1.00	0.96	0.95	0.94	0.94	0.95	0.96	0.97	0.98	0.99	1.00

表 2.8.2　亚声速、无后缘后掠、尖梢比为 1 时 $(f_c - r_c)/(s_c - r_c)$ 随 $\sqrt{1-Ma^2}\cdot\lambda_{ca}$ 的变化

$\sqrt{1-Ma^2}\cdot\lambda_{ca}$	0.000	1.000	2.000	3.000	4.000	5.000	6.000	7.000	8.000
$(f_c - r_c)/(s_c - r_c)$	0.790	0.792	0.800	0.810	0.820	0.830	0.840	0.850	0.855

表 2.8.3　亚声速、无后缘后掠、尖梢比为 1/2 时 $(f_c - r_c)/(s_c - r_c)$ 随 $\sqrt{1-Ma^2}\cdot\lambda_{ca}$ 的变化

$\sqrt{1-Ma^2}\cdot\lambda_{ca}$	0.000	1.000	2.000	3.000	4.000	5.000	6.000	7.000	8.000
$(f_c - r_c)/(s_c - r_c)$	0.790	0.792	0.795	0.795	0.795	0.795	0.795	0.795	0.795

表 2.8.4　亚声速、无后缘后掠、尖梢比为 0 时 $(f_c - r_c)/(s_c - r_c)$ 随 $\sqrt{1-Ma^2}\cdot\lambda_{ca}$ 的变化

$\sqrt{1-Ma^2}\cdot\lambda_{ca}$	0.000	1.000	2.000	3.000	4.000	5.000	6.000	7.000	8.000
$(f_c - r_c)/(s_c - r_c)$	0.790	0.788	0.775	0.760	0.740	0.720	0.710	0.690	0.680

表 2.8.5　超声速、无后缘后掠、尖梢比为 1 时 $(f_c - r_c)/(s_c - r_c)$ 随 $\sqrt{Ma^2-1}\cdot\lambda_{ca}$ 的变化

$\sqrt{Ma^2-1}\cdot\lambda_{ca}$	0.000	1.000	2.000	3.000	4.000	5.000	6.000	7.000	8.000
$(f_c - r_c)/(s_c - r_c)$	0.790	0.790	0.755	0.840	0.890	0.910	0.930	0.940	0.945

表 2.8.6　超声速、无后缘后掠、尖梢比为 1/2 时 $(f_c - r_c)/(s_c - r_c)$ 随 $\sqrt{Ma^2-1}\cdot\lambda_{ca}$ 的变化

$\sqrt{Ma^2-1}\cdot\lambda_{ca}$	0.000	1.000	2.000	3.000	4.000	5.000	6.000	7.000	8.000
$(f_c - r_c)/(s_c - r_c)$	0.790	0.785	0.800	0.835	0.840	0.835	0.820	0.815	0.815

表 2.8.7　超声速、无后缘后掠、尖梢比为 0 时 $(f_c - r_c)/(s_c - r_c)$ 随 $\sqrt{Ma^2-1}\cdot\lambda_{ca}$ 的变化

$\sqrt{Ma^2-1}\cdot\lambda_{ca}$	0.000	1.000	2.000	3.000	4.000	5.000	6.000	7.000	8.000
$(f_c - r_c)/(s_c - r_c)$	0.790	0.792	0.794	0.796	0.798	0.740	0.700	0.680	0.670

尾涡下洗干扰因子 i 的计算原理如图 2.8.13 所示。

尾涡下洗干扰因子 i 的计算公式为

$$i = \frac{1}{1+\bar{\zeta}}\left[L\left(\bar{\zeta},\frac{r}{s},\frac{f}{s},\frac{h}{s}\right) - L\left(\bar{\zeta},\frac{r}{s},-\frac{f}{s},\frac{h}{s}\right) - L\left(\bar{\zeta},\frac{r}{s},\frac{f_i}{s},\frac{h_i}{s}\right) + L\left(\bar{\zeta},\frac{r}{s},-\frac{f_i}{s},\frac{h_i}{s}\right)\right] \tag{2.8.49}$$

式中，

$$L\left(\bar{\zeta},\frac{r}{s},\frac{f}{s},\frac{h}{s}\right) = \frac{(s-r\bar{\zeta}) - f(1-\bar{\zeta})}{2(s-r)}\ln\frac{h^2+(f-s)^2}{h^2+(f-r)^2} - \frac{1-\bar{\zeta}}{s-r}\left[(s-r) + h\arctan\left(\frac{f-s}{h}\right) - h\arctan\left(\frac{f-r}{h}\right)\right] \tag{2.8.50}$$

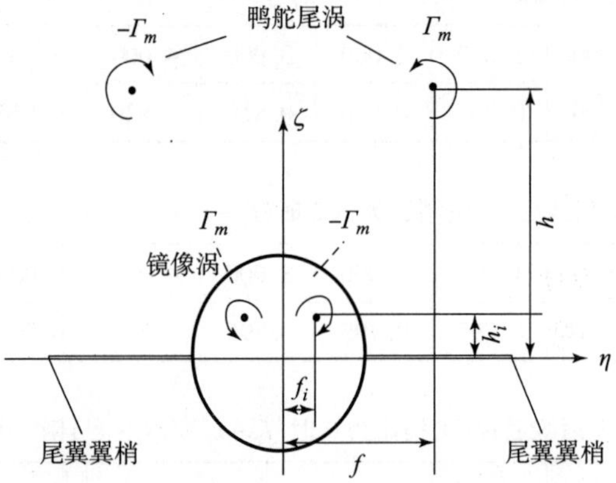

图 2.8.13 尾翼横流平面中的鸭舵尾涡示意图

$$h = -(c_r - x_h)_c \sin\delta_c + [l_w + \bar{x}_w - l_c - (c_r)_c]\sin\alpha \tag{2.8.51}$$

其中，$\bar{\zeta}$ 为尖梢比(即根梢比的倒数)；c_r 为根弦；x_h 为前缘与弹体交点处到铰链轴的距离；下标 $()_c$ 表示舵面参数；l_w 为弹顶到尾翼前缘与弹体交点处的距离；$\bar{x}_w$ 为尾翼前缘与弹体交点到尾翼压心处的距离；l_c 为弹顶到舵面前缘与弹体交点处的距离；此外，

$$f_i = \frac{fr^2}{f^2 + h^2}; h_i = \frac{hr^2}{f^2 + h^2} \tag{2.8.52}$$

至此，受鸭舵后缘下洗流旋涡影响的尾翼升力系数计算公式，即式(2.8.48)中的参数均为已知，则可以计算 $c_{yw(\text{vortex})}$。

而受鸭舵旋涡影响的后体升力系数 $c_{yb(\text{vortex})}$，计算公式为

$$c_{yb(\text{vortex})} = -\frac{c_{yb(w)}}{r_c - b_{cb}}\left(\frac{f_c^2 - r_c^2}{f_c} - f_w + \frac{r_w^2}{\sqrt{f_w^2 + h_w^2}}\right) \tag{2.8.53}$$

式中，$c_{yb(w)}$ 为尾翼存在条件下弹体的升力系数；$b_{cb} = r_c/f_c$；h_w、f_w、r_w 为采用尾翼参数的 h、f、r；由图 2.8.11 知，$f_c = f_w$。

结合前面介绍的单独部件气动力计算公式，式(2.8.43)中的参数都可计算，则组合体升力系数可求。

2.8.2.5.5 压心位置的计算

在计算组合体压心时，可将单独舵面、尾翼的压心近似作为舵－体、翼－体干扰后的压心，但需考虑弹体受到干扰以后的压心变化，这与有无后体有关，对于舵面，有后体，对于尾翼，则可认为无后体，有后体的压心要略微靠后一些。下述压心系数为压心位置与全弹长之比。

(1)弹体压心系数

$$\bar{x}'_{pb} = \frac{l_N(\Lambda + \Delta x_{pN}/l_N)}{l} \tag{2.8.54}$$

式中，对于圆锥形头部，$\Lambda = \dfrac{2}{3}\sec^2\theta_c$，$\theta_c$ 为半锥角；对于二次抛物线头部，$\Lambda = 0.533$；Δx_{pN} 为头部压力中心的相对后移量(查图 2.8.6 和图 2.8.7)；l_N 为弹丸头部长；l 为全弹长。该式与式(2.8.26)本质相同。

(2)有弹体存在时舵的压心系数

$$\bar{x}'_{pc(b)} = \frac{l_2 + x_{pc}}{l} \tag{2.8.55}$$

式中，x_{pc} 为单独舵面的压心；l_2 为弹顶部到舵面前缘根部的距离。

(3)鸭舵影响的弹体干扰升力的压心系数

$$\bar{x}'_{pb(c)} = \frac{l_2 + \bar{x}_{pb(c)}(c_r)_c}{l} \tag{2.8.56}$$

式中，$\bar{x}_{pb(c)}$ 为舵面影响的弹体压心位置；$(c_r)_c$ 为舵面根弦长。

(4)收缩尾部的压心系数

$$\bar{x}'_{pf} = \frac{l' + 0.5(l - l')}{l} \tag{2.8.57}$$

式中，l' 为弹顶部到收缩尾部前端的长度。

(5)有弹体存在时的尾翼压心系数

$$\bar{x}'_{pw(b)} = \frac{l_3 + x_{pw}}{l} \tag{2.8.58}$$

式中，x_{pw} 为单独尾翼的压心位置；l_3 为弹顶部到尾翼前缘根部的距离。

(6)尾翼影响的弹体干扰升力的压心系数

$$\bar{x}'_{pb(w)} = \frac{l_3 + \bar{x}_{pb(w)}(c_r)_w}{l} \tag{2.8.59}$$

式中，$(c_r)_w$ 为尾翼根弦长；$\bar{x}_{pb(w)}$ 为尾翼影响的弹体压心位置。

(7)鸭舵下洗影响的尾翼干扰升力的压心系数

$$\bar{x}'_{pw(\text{vortex})} \approx \bar{x}'_{pw(b)} \tag{2.8.60}$$

(8)鸭舵下洗影响的弹体干扰升力的压心系数

$$\bar{x}'_{pb(\text{vortex})} \approx \bar{x}'_{pb(w)} \tag{2.8.61}$$

因此，在小攻角条件下，鸭舵－弹体－尾翼组合体的压心系数可表示为

$$\begin{aligned}\bar{x}'_{cp} = \Big\{ & c_{yb} \cdot \bar{x}'_{pb} + [c_{yc(b)} \cdot \bar{x}'_{pc(b)} + c_{yb(c)} \cdot \bar{x}'_{pb(c)}] \cdot \frac{S_c}{S_{REF}} + \\ & [c_{yb(w)} \cdot \bar{x}'_{pb(w)} + c_{yw(b)} \cdot \bar{x}'_{pw(b)} + \\ & c_{yw(\text{vortex})} \cdot \bar{x}'_{pw(\text{vortex})} + c_{yb(\text{vortex})} \cdot \bar{x}'_{pb(\text{vortex})}] \cdot \frac{S_w}{S_{REF}} \Big\} \Big/ c_y\end{aligned} \tag{2.8.62}$$

上述一系列表达式中，关键是计算 $\bar{x}_{pb(c)}$ 和 $\bar{x}_{pb(w)}$，可查表 2.8.8 ~ 表 2.8.12。查表时需要用到一些参数，说明如下：$\beta = \sqrt{|Ma^2 - 1|}$ 为来流特征参数；λ 为展弦比；ζ 为尖梢比；c_r 为根弦长；d 为弹径；$m = 1/\tan\chi_0$，χ_0 为前缘后掠角。

①对于亚声速及超声速区域，当翼/舵面参数 $\beta\lambda(1+\zeta)\left(\frac{1}{m\beta}+1\right) \leqslant 4$ 时，查表 2.8.8 ~ 表 2.8.10。

表 2.8.8　压心位置 x_p/c_r(尖梢比为 0)

$r/s = 0.0$	$\beta\lambda$	0.000	1.000	2.000	3.000	4.000	5.000	6.000	7.000	8.000
	x_p/c_r	0.500	0.430	0.375	0.320	0.280	0.270	0.260	0.250	0.250

续表

$r/s=0.2$	$\beta\lambda$	0.000	1.000	2.000	3.000	4.000	5.000	6.000	7.000	8.000
	x_p/c_r	0.500	0.465	0.440	0.420	0.410	0.410	0.410	0.410	0.410
$r/s=0.4$	$\beta\lambda$	0.000	1.000	2.000	3.000	4.000	5.000	6.000	7.000	8.000
	x_p/c_r	0.500	0.490	0.480	0.475	0.470	0.470	0.470	0.470	0.470
$r/s=0.6$	$\beta\lambda$	0.000	1.000	2.000	3.000	4.000	5.000	6.000	7.000	8.000
	x_p/c_r	0.500	0.518	0.520	0.520	0.520	0.520	0.520	0.520	0.520

表 2.8.9 压心位置 x_p/c_r(尖梢比为 0.5)

$r/s=0.0$	$\beta\lambda$	0.000	1.000	2.000	3.000	4.000	5.000	6.000	7.000	8.000
	x_p/c_r	0.250	0.250	0.250	0.250	0.250	0.250	0.250	0.250	0.250
$r/s=0.2$	$\beta\lambda$	0.000	1.000	2.000	3.000	4.000	5.000	6.000	7.000	8.000
	x_p/c_r	0.250	0.290	0.320	0.325	0.330	0.330	0.330	0.330	0.330
$r/s=0.4$	$\beta\lambda$	0.000	1.000	2.000	3.000	4.000	5.000	6.000	7.000	8.000
	x_p/c_r	0.250	0.305	0.340	0.355	0.360	0.360	0.360	0.360	0.360
$r/s=0.6$	$\beta\lambda$	0.000	1.000	2.000	3.000	4.000	5.000	6.000	7.000	8.000
	x_p/c_r	0.250	0.320	0.350	0.370	0.380	0.380	0.380	0.380	0.380

表 2.8.10 压心位置 x_p/c_r(尖梢比为 1.0)

$\beta\lambda$	0.000	1.000	2.000	3.000	4.000	5.000	6.000	7.000	8.000
x_p/c_r	0.000	0.160	0.220	0.235	0.242	0.250	0.250	0.250	0.250

②对于超声速,当翼/舵面参数 $\beta\lambda(1+\zeta)\left(\frac{1}{m\beta}+1\right)>4$ 时,查表 2.8.11 ~ 表 2.8.12。

表 2.8.11 压心位置 x_p/c_r(对于舵面)

$m\beta=0.1$	$d\beta/c_r$	0.000	0.400	0.800	1.200	1.600	2.000	2.400	2.800
	x_p/c_r	0.500	0.700	0.910	1.070	1.230	1.380	1.540	1.670
$m\beta=1.0$	$d\beta/c_r$	0.000	0.400	0.800	1.200	1.600	2.000	2.400	2.800
	x_p/c_r	0.500	0.710	0.920	1.080	1.250	1.400	1.570	1.720
$m\beta=\infty$	$d\beta/c_r$	0.000	0.400	0.800	1.200	1.600	2.000	2.400	2.800
	x_p/c_r	0.500	0.720	0.930	1.100	1.270	1.420	1.580	1.740

表 2.8.12 压心位置 x_p/c_r(对于尾翼)

$m\beta=0.2$	$d\beta/c_r$	0.000	0.400	0.800	1.200	1.600	2.000	2.400	2.800
	x_p/c_r	0.500	0.640	0.670	0.670	0.670	0.670	0.670	0.670
$m\beta=\infty$	$d\beta/c_r$	0.000	0.400	0.800	1.200	1.600	2.000	2.400	2.800
	x_p/c_r	0.500	0.620	0.660	0.670	0.670	0.670	0.670	0.670

得到组合体的压心位置后，则可根据组合体压心、重心以及组合体升力系数计算出组合的俯仰（静）力矩系数。

2.8.3　动态气动力系数的工程算法

2.8.3.1　俯仰阻尼力矩系数的工程算法

2.8.3.1.1　弹体俯仰阻尼力矩系数

对于弹体的俯仰阻尼力矩系数导数 $m'_{zz}+m'_{\dot{\alpha}}$（按第 2.6 节，非定态阻尼力矩和赤道阻尼力矩合并为俯仰阻尼力矩），当来流马赫数 $Ma \leqslant 1$ 时，有

$$m'_{zz}+m'_{\dot{\alpha}} = -4(0.77+0.23Ma^2)\left(\frac{l}{d}\sqrt{0.77+0.23Ma^2}-\frac{x_c}{d}\right)^2 \tag{2.8.63}$$

式中，x_c 为全弹质心位置（距离弹顶部）；d 为弹径；l 为全弹长。

当来流马赫数 $Ma>1$ 时，首先计算一个特征马赫数 Ma^*，即

$$Ma^* = 0.4\times\sqrt{1+4\left(\frac{l_N}{d}\right)^2},\ [Ma^*]_{\max}=1.5 \tag{2.8.64}$$

式中，l_N 为弹丸头部长。

然后判断，如果来流马赫数 $1<Ma<Ma^*$，有

$$m'_{zz}+m'_{\dot{\alpha}} = \frac{Ma^*-Ma}{Ma^*-1}[m'_{zz}+m'_{\dot{\alpha}}]_{Ma=1}+\frac{Ma-1}{Ma^*-1}[m'_{zz}+m'_{\dot{\alpha}}]_{Ma=Ma^*} \tag{2.8.65}$$

如果来流马赫数 $Ma \geqslant Ma^*$，有

$$m'_{zz}+m'_{\dot{\alpha}} = -16\times\int_0^{l_N} C_{P0}\cdot C_\gamma\frac{(x-x_c+R_MR)^2R_MR}{1+R^2}\mathrm{d}x \tag{2.8.66}$$

$$\begin{cases} C_{P0} = \dfrac{\gamma+3}{\gamma+1}\left(1+\dfrac{1.5}{\gamma+3}\cdot\dfrac{1}{Ma^2}\right) \\ C_\gamma = \begin{cases} 1.01+1.31[\ln(10Ma\cdot\sin\bar{\delta})]^{-\frac{7}{3}}, & Ma\cdot\sin\bar{\delta}\geqslant 0.4 \\ 1.625, & Ma\cdot\sin\bar{\delta}<0.4 \end{cases} \end{cases} \tag{2.8.67}$$

式中，R_M 为弹体圆柱部半径；R 为弹体圆弧部半径；γ 为绝热指数；$\bar{\delta}$ 为弹体母线倾角。

2.8.3.1.2　尾翼－弹体组合体的俯仰阻尼力矩系数

对于尾翼弹，计算思路是分别计算弹体和尾翼的俯仰阻尼力矩系数，然后将二者叠加。其中，尾翼的俯仰阻尼力矩算法中考虑了弹－翼干扰和翼－翼干扰。尾翼弹弹体的俯仰阻尼力矩系数算法同旋转弹，下面介绍尾翼的俯仰阻尼力矩系数算法。

$$m'_{zz}+m'_{\dot{\alpha}} = -2\cdot K_{intwb}\cdot K_{intff}c'_{nw}\left(\frac{\Delta x}{d}\right)^2 \tag{2.8.68}$$

式中，K_{intwb}、K_{intff} 分别为弹－翼干扰因子和翼－翼干扰因子；c'_{nw} 为单独尾翼（一对）的法向力系数导数；Δx 为尾翼面气动压心到全弹质心的距离。

弹－翼干扰因子 K_{intwb} 可根据细长体理论进行估算，即

$$K_{intwb} = \left(1+\frac{d}{b_w+d}\right)^2 \tag{2.8.69}$$

式中，b_w 为翼的展长。

翼－翼干扰因子 K_{intff} 由下式计算

$$K_{intff} = 0.2(1 + n_w) \tag{2.8.70}$$

式中，n_w 为尾翼的片数。注意，K_{intff} 的最大值不超过2.0,最小值为1.0。

单独尾翼(一对)的零攻角法向力系数导数 c'_{nw} 可采用以下公式估算

$$c'_{nw} = \frac{2\pi\lambda_w}{2 + \sqrt{4 + \lambda_w^2(\beta^2 + \tan^2\chi_{0.5})}} \times \frac{S_w}{S_{REF}} \tag{2.8.71}$$

式中，λ_w 为尾翼展弦比；$\chi_{0.5}$ 为1/2弦长处的后掠角；S_{REF} 为弹体特征面积；S_w 为单独尾翼面积；$\beta = \sqrt{|1 - Ma^2|}$。注意,在跨声速范围内(如马赫数为0.8~1.2)，c'_{nw} 的最大值取为对应马赫数 $Ma = 1 + 0.1\sqrt{\lambda_w}$ 时的值。

尾翼面气动压心到全弹质心的距离 Δx 可由下式计算

$$\Delta x = x_w + x_{ac} - x_c \tag{2.8.72}$$

式中，x_w 为尾翼前缘同弹身的交点到弹顶的距离；x_c 为重心到弹顶的距离；x_{ac} 为尾翼前缘同弹身的交点到尾翼面气动压心的距离。

在跨声速和超声速条件下

$$x_{ac} = 0.7c_r - 0.2c_t + 0.4x_{TE} - \left(\frac{1}{Ma}\right)^{\lambda_w} \cdot \frac{\bar{b}_{av}}{4} \tag{2.8.73}$$

在亚声速条件下

$$x_{ac} = 0.7c_r - 0.2c_t + 0.4x_{TE} - \frac{\bar{b}_{av}}{4} \tag{2.8.74}$$

式中，c_r、c_t 分别为尾翼的根弦和梢弦长；$\bar{b}_{av}$ 为尾翼的平均气动弦长；x_{TE} 为梢弦与尾翼后缘交点和根弦与尾翼后缘交点在弹体纵轴线上的投影距离。

上述计算出的弹体和弹翼俯仰阻尼力矩系数导数 $m'_{zz} + m'_{\dot{\alpha}}$,对应的特征长度均为弹径 d,并且均是关于 $\dot{\gamma}d/(2v)$ 的导数,其中 $\dot{\gamma}$、v、d 分别为转速、速度和弹径。

2.8.3.2 滚转阻尼力矩系数的工程算法

2.8.3.2.1 弹体滚转阻尼力矩系数

对于旋转稳定弹,滚转阻尼力矩系数计算较为简单。根据北约大量试验的结果,滚转阻尼力矩系数导数 m'_{xz} 的计算公式为

$$m'_{xz} = -\frac{1}{2}c_{xf} \tag{2.8.75}$$

式中，c_{xf} 为弹体摩擦阻力系数,可采用 Van Driest 方法计算,该法前文已详细介绍过。注意,该公式算出的 m'_{xz} 是关于 $\dot{\gamma}d/(2v)$ 的导数,对应特征长度为弹径 d。

2.8.3.2.2 尾翼－弹体组合体滚转阻尼力矩系数和导转力矩系数

对于尾翼弹,计算思路之一是分别计算弹体和尾翼的滚转阻尼力矩系数,然后将二者代数叠加,单独尾翼的滚转阻尼力矩系数可采用以下方法进行估算

$$m'_{xz} = -2N_w K_{intwb} K_{intff} c'_{nw}(0.25b_w/d + 0.5)\frac{\varphi_R}{S_w \cdot l} \tag{2.8.76}$$

式中，b_w 为展长；N_w 为尾翼的对数；d、l 分别为弹径和弹长；K_{intwb}、K_{intff} 分别为弹－翼干扰因子和翼－翼干扰因子,由式(2.8.69)和式(2.8.70)计算；c'_{nw} 为单独尾翼的零攻角法向力系数导数,由式(2.8.71)计算；参数 φ_R 采用如下公式计算

$$\varphi_R = \frac{1}{8}b_w d(c_r + c_t) + \frac{1}{24}(c_r + 2c_t)b_w^2 \qquad (2.8.77)$$

式中，c_r、c_t 分别为根弦长和梢弦长。注意，与式(2.8.75)不同，式(2.8.76)和式(2.8.77)算出的 m'_{xz} 对应特征长度为弹长 l，且是关于 $\dot{\gamma}d/v$ 的导数。

还有一种思路是基于大量试验数据的拟合、分析结果，直接计算尾翼弹组合体的滚转阻尼力矩系数。最具代表性的公式为 Eastman 公式，即

$$m'_{xz} = -2.15\frac{y_{\text{arm}}}{d}\cdot\frac{m_{xw}}{\delta_{\text{eff}}} \qquad (2.8.78)$$

式中，δ_{eff}为尾翼的有效导转角；m_{xw} 为尾翼导转力矩系数；y_{arm}为形成滚转阻尼力矩的力臂，可由下式估算

$$y_{\text{arm}} = r_w + 0.9\times\frac{b_w}{2}\left[0.333 + 0.167\left(\frac{c_t}{c_r}\right)^{0.25}\right] \qquad (2.8.79)$$

式中，r_w 为当地弹体半径。注意，Eastman 公式计算出的 m'_{xz} 是关于 $\dot{\gamma}d/(2v)$ 的导数，对应特征长度为弹径 d。

显然，使用 Eastman 公式时要用到导转力矩系数 m_{xw}。下面给出导转力矩系数的估算公式，为

$$m_{xw} = N_w K_{intwb} K_{intff} c'_{nw}\delta_{\text{eff}}\frac{y_{\text{arm}}}{d} \qquad (2.8.80)$$

该式隐含的物理过程为:先求出每一片翼面的升力(计及翼－翼干扰和弹－翼干扰)，然后计算每一片翼面产生的力矩，最后对所有力矩求和。本质上，Eastman 公式是通过对试验数据的拟合、分析建立起的滚转阻尼力矩系数与导转力矩系数之间的简单数学关系，当已知导转力矩系数时，可方便地求出滚转阻尼力矩系数。特别地，由于导转力矩系数在风洞实验中很容易测定且精度较高，这大大增强了 Eastman 公式的实用性。

2.8.3.3　马格努斯力和力矩系数的工程算法

2.8.3.3.1　弹体马格努斯效应计算

对旋转稳定弹丸的马格努斯效应进行工程计算，主要还是基于对相关试验数据的拟合提出的一些解析形式的半经验、半理论公式。常用的工程计算公式有 Martin 公式、Kelly－Thacker 公式、Sedney－Feibig－Jacobson 公式、Vaughn－Reis 公式、Graff－Moore 公式、STANAG 4655 公式以及其他一些根据风洞实验数据拟合的经验公式等。其中，Frank Moore 等人于 1977 年发表的经验公式(称为 Graff－Moore 公式)，在一定条件下具有较好精度，长期以来被广泛使用，其表达式为

$$c''_z = \frac{l}{5.2}(a + b\times\eta) \qquad (2.8.81)$$

$$m''_y = \frac{l}{5.2}[c + d\times\eta + (3.0 - x_c)(a + b\times\eta)] \qquad (2.8.82)$$

式中，$\eta = \sqrt{\frac{1}{3}}\times\sqrt{1 + \frac{d_B}{d} + \left(\frac{d_B}{d}\right)^2}$，$d_B$ 为弹底部直径；x_c 为弹丸质心位置；其余系数可查表 2.8.13。注意，Graff－Moore 公式算出的 c''_z 和 m''_y 都是关于攻角和量纲为 1 的转速 $\dot{\gamma}d/(2v)$ 的二阶导数，对应特征长度为弹径 d。

表 2.8.13 Graff - Moore 公式系数 a、b、c、d 数值表

Ma	a	b	c	d
0.50	-4.411	4.134	4.475	-4.650
0.80	-4.410	4.001	5.412	-5.644
0.90	-4.268	3.820	5.479	-5.721
超声速峰值	-9.400	9.000	23.980	-24.000
1.00	-6.766	6.409	10.710	-11.108
1.50	-3.125	2.446	4.107	-4.066
2.00	-2.362	1.658	2.650	-2.133
2.50	-1.889	1.228	2.020	-1.526

Graff - Moore 公式是根据风洞实验数据拟合出来的,有其应用局限性,应用条件为:①亚声速和超声速条件下,船尾角 $\delta_{BT} \leqslant 8°$;②马赫数范围 $0.95 < Ma < 1.1$,船尾角 $\delta_{BT} \leqslant 6°$;③量纲为 1 的转速 $\dot{\gamma}d/(2v) \leqslant 0.2$,攻角 $\alpha \leqslant 1°$,无弹带。

2.8.3.3.2 尾翼 - 弹体组合体马格努斯效应计算

对于尾翼弹,计算思路是分别计算弹体和尾翼的马格努斯效应(主要是马格努斯力矩),然后将二者代数叠加。弹翼马格努斯效应的产生机理与旋转弹体马格努斯效应的机理不完全相同。实验表明,弹翼的马格努斯效应是由弹翼斜置、弹翼钝后缘底部压力变化及翼 - 体干扰等引起的。一般认为,弹翼斜置的影响最大,且可仅考虑马氏力矩而忽略马氏力。

北约(STANAG 4655)通过大量的炮射试验,拟合出了弹翼马格努斯力矩系数导数(关于攻角的一阶偏导数)的工程估算公式,为

$$m'_y = -(8/\pi) K_{intwb} K_{intff} c'_{nw} \delta_{\text{eff}} \tag{2.8.83}$$

式中,δ_{eff}为尾翼的有效导转角。

实际上,准确计算尾翼马格努斯力和力矩系数是比较困难的,某一种算法在计算任意外形弹箭的马格努斯效应时,有时会出现相当离谱的结果。因此,F. G. Moore 研制的气动力估算软件(Aeroprediction Code)中,直接将尾翼的马格努斯力矩系数导数赋为零值。

2.8.4 弹箭空气动力数值计算方法简介

2.8.4.1 数值计算方法的特点

前已述及,弹箭空气动力系数的数值方法属于计算流体力学(CFD)的范畴,而计算流体力学是利用计算机和数值方法求解满足定解条件的流体动力学方程,以获得流动规律和解决流动问题的专门学科,其特点主要有:

①扩大了研究范围,可以解决一些原来难以解决的问题,如复杂飞行器外形的气动问题、带化学反应的流动问题、多相流问题等。

②能给出各种来流和边界条件下的定量结果,包括定常流动的空间流场和非定常流动的时、空流场的定量结果,能详细地反映弹箭气动外形微小变化(如弹箭头部、弹带、翼梢、翼根

等）对气动特性的影响，这是工程算法很难做到的。

③CFD 数值计算的周期包括计算几何外形建模、网格划分和流场计算等，与风洞实验相比，CFD 数值方法的耗费少且节省人力。在计算速度上，尽管 CFD 数值计算较工程算法要慢得多，但从当前计算机水平及未来发展趋势看，CFD 数值计算的时间成本必定会不断降低，在缺少合适的工程算法的情况下，采用 CFD 数值计算是合适的选择。

2.8.4.2　数值计算的步骤

一般来说，CFD 数值计算分为三步：

（1）前处理

输入所要研究的物体几何外形，选定包含所要研究物体的流动区域（计算区域）；对计算区域进行网格划分，即将计算区域离散成网格点或网格单元，并给出初始条件和边界条件。

（2）流场计算

在离散的网格上，构造逼近流动控制方程的近似离散方程；通过 CFD 解算器，利用计算机求解这些近似离散方程，获得网格上各物理量的近似解，如压力、密度、速度等。

（3）后处理

对数值计算求出的近似解进行处理，得到所关心的计算结果；画出流动图像（如压力等值线图）；积分出气动力和力矩等流动参数。

由于 CFD 数值计算本质上是要求解 Navier - Stokes 方程组等偏微分方程组，其计算复杂度和计算量都很大，对于非空气动力学专业的工程技术人员，如果自行编制程序代码完成上述步骤，是比较费时、费力的，并且有可能难以保证计算结果的质量。因此，目前往往采用 ANSYS FLUENT、CFX、Open FOAM 等 CFD 软件对弹箭进行空气动力系数数值计算。

以 ANSYS FLUENT 软件为例，应用该软件的基本步骤包括：

①分析问题（物理建模）；②确定几何模型；③划分并生成网格（可采用非结构网格或结构化网格）；④选择求解器类型（压力基、密度基）、湍流模型（如 Spalar - Allmaras 模型、$k-\varepsilon$ 模型、$k-\omega$ 模型、雷诺应力模型等），设定边界条件（如压力远场边界条件）、参考值（如特征长度、力矩作用点等）、求解方法（如 SIMPLE）、离散格式（如一阶迎风格式、二阶迎风格式、QUICK 格式等）、控制参数（如库朗数）等；⑤初始化；⑥设置迭代步数，计算运行（直至收敛）；⑦判断结果是否可信，若不可信，返回③、④、⑤步；⑧进行后处理，输出结果。

利用该软件对某大长径比火箭弹开展 CFD 数值计算，图 2.8.14 为网格划分情况；图 2.8.15 为数值模拟压力云图，图 2.8.16 为数值模拟马赫数流线图。显然，获得压力、速度等参数在绕弹箭外部流场中的分布特性，这是工程算法很难做到的。

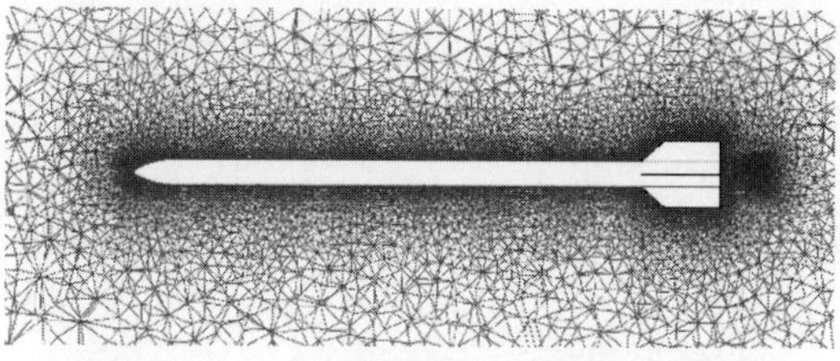

图 2.8.14　火箭弹外流场的网格划分情况

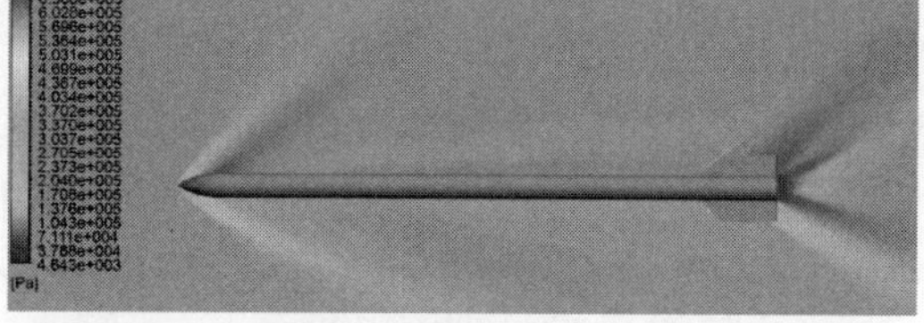

图 2.8.15　数值模拟压力云图（*Ma* = 2，攻角 = 10°）

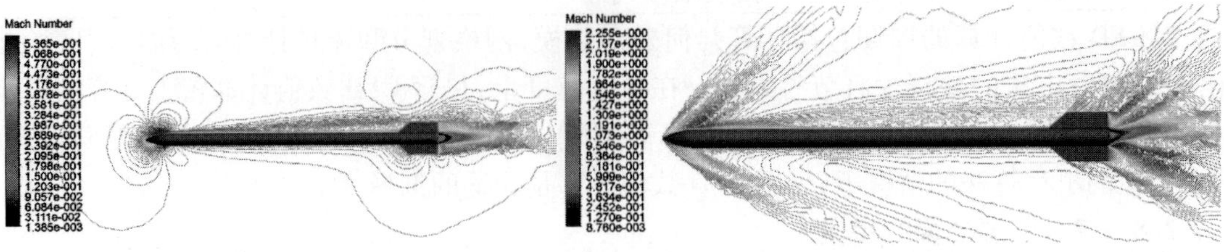

(a)　　　　　　　　(b)

图 2.8.16　数值模拟马赫数流线图(攻角 =10°)

(a) $Ma=0.5$;(b) $Ma=3$

一般情况下,CFD 可数值计算出弹箭在不同马赫数、不同攻角及不同雷诺数下的阻力系数、升力系数及静力矩系数等静态气动力系数;如果采用滑移网格技术,则可进行非定常数值模拟(考虑弹丸自转运动、俯仰运动等),获得弹箭的俯仰阻尼力矩系数、滚转阻尼力矩系数及马格努斯力矩系数等动态气动力系数,但非定常计算的复杂度和计算量较大。

2.8.5　气动力系数使用时应注意的问题

前面讲述过,获取弹箭气动力系数的目的是计算作用在弹箭上的力和力矩,从而计算弹箭的弹道。本章前几节在讲述力和力矩的表达式时,提到了特征长度问题,实际上这一问题经常困扰我们(特别是阅读文献时)。对于不同文献或者在不同学术体系下,气动力和力矩的表达形式不唯一,但力和力矩在客观上却是唯一的,这意味着气动力系数存在着形式上的差别。

例如,本书第 2.5 节中赤道阻尼力矩表达式为 $M_{zz}=0.5\rho v^2 Slm'_{zz}\omega_1 d/v$,而美国弹道学家 R. McCoy(文献[50])使用的俯仰阻尼力矩(即赤道阻尼力矩)表达式为

$$M_{zz}=\frac{1}{2}\rho V^2 Sd\left(\frac{q_t d}{V}\right)(C_{M\dot{\alpha}}+C_{Mq})$$

式中,$(C_{M\dot{\alpha}}+C_{Mq})$ 为 McCoy 定义的俯仰阻尼力矩系数导数;q_t 为俯仰摆动角速度;V 为弹箭速度。

由于力矩是相等的,则有

$$m'_{zz}=\frac{d}{l}(C_{M\dot{\alpha}}+C_{Mq}) \tag{2.8.84}$$

如果式(2.8.84)中 $l=d$,说明赤道阻尼力矩系数导数对应相同的特征长度,则无问题;如果 l、d 分别为全弹长和弹径,对于一些大长径比的尾翼弹,l/d 的值可达十几甚至二十,m'_{zz} 和 $(C_{M\dot{\alpha}}+C_{Mq})$ 的数值就会相差很大。由于赤道阻尼力矩可以起到抑制弹体摆动、衰减攻角的作用,如果在外弹道计算时,使用的赤道阻尼力矩系数导数与特征长度不对应,极可能造成外弹道计算错误或失败(如攻角发散)。

考虑到大量国外文献采用的是 McCoy 书中表达式,为便于读者学习,下面将本书与 McCoy 书中主要的气动力和力矩的表达式进行对比,列于表 2.8.14 中。

表 2.8.14　不同气动力(矩)表达式的对比

气动力(矩)	本书表达式	McCoy 书表达式	说明
阻力	$-\frac{1}{2}\rho v^2 Sc_{x0}(1+k\delta^2)$	$-\frac{1}{2}\rho V^2 S(C_{D0}+C_{D\delta^2}\sin^2\alpha_t)$	C_{D0}、$C_{D\delta^2}$ 分别为零攻角阻力系数、攻角诱导阻力系数；α_t 为总攻角
升力	$\frac{1}{2}\rho v^2 Sc'_y\delta$	$\frac{1}{2}\rho V^2 SC_{L\alpha}\sin\alpha_t$	$C_{L\alpha}$ 为升力系数导数
马格努斯力	$\frac{1}{2}\rho v^2 Sc''_z\delta\left(\frac{\dot{\gamma}d}{v}\right)$	$\frac{1}{2}\rho V^2 S\left(\frac{pd}{V}\right)C_{N_{P\alpha}}\sin\alpha_t$	$C_{N_{P\alpha}}$ 为马格努斯力系数导数，p 为转速
静力矩	$\frac{1}{2}\rho v^2 Slm'_z\delta$	$\frac{1}{2}\rho V^2 SdC_{M\alpha}\sin\alpha_t$	$C_{M\alpha}$ 为静力矩系数导数
赤道阻尼力矩	$\frac{1}{2}\rho v^2 Slm'_{zz}\left(\frac{\omega_1 d}{v}\right)$	$\frac{1}{2}\rho V^2 Sd\left(\frac{q_t d}{V}\right)(C_{M\dot{\alpha}}+C_{Mq})$	$C_{M\dot{\alpha}}+C_{Mq}$ 为俯仰阻尼力矩系数；q_t 为俯仰摆动角速度
极阻尼力矩	$\frac{1}{2}\rho v^2 Slm'_{xz}\left(\frac{\dot{\gamma}d}{v}\right)$	$\frac{1}{2}\rho V^2 Sd\left(\frac{pd}{V}\right)C_{lp}$	C_{lp} 为滚转阻尼力矩系数
尾翼导转力矩	$\frac{1}{2}\rho v^2 Slm'_{xw}\varepsilon$	$\frac{1}{2}\rho V^2 Sd\delta_F C_{l\delta}$	$C_{l\delta}$ 为滚转力矩系数，δ_F 为尾翼导转角
马格努斯力矩	$\frac{1}{2}\rho v^2 Slm''_y\delta\left(\frac{\dot{\gamma}d}{v}\right)$	$\frac{1}{2}\rho V^2 Sd\left(\frac{pd}{V}\right)C_{M_{P\alpha}}\sin\alpha_t$	$C_{M_{P\alpha}}$ 为马格努斯力矩系数导数

如果获得的是 McCoy 定义的气动力系数，而又想采用本书中的外弹道方程进行弹道计算，应根据表 2.8.14 中的公式找到转换关系，将气动力系数转化为适应本书表达式的气动力系数。实际工程中，从事气动力计算和外弹道计算的人可能不同，气动力计算人员在提供具体的弹箭气动力系数时，应明确给出气动力(矩)的数学表达式，以便外弹道计算人员开展正确的计算。

另外，由于历史或研究习惯等原因，其他国内外文献仍有可能采用与表 2.8.14 所不同的气动力(矩)表达式。例如，本书和 McCoy 书中的马格努斯力(矩)系数导数，都是关于 $\dot{\gamma}d/v$(或 pd/V)求导，但第 2.8.3 节中的 Graff - Moore 公式(文献[56])计算出的马格努斯力(矩)系数导数却是关于 $pd/(2V)$ 求导，第 2.8.3 节中 Eastman 公式(文献[72])算出的滚转阻尼力矩系数导数也是关于 $pd/(2V)$ 求导。这是因为，文献[56]、[72]采用的是美国国家航空咨询委员会(NACA)的标准，而 McCoy 采用的是美国弹道研究所(BRL)标准。因此，在阅读、研究相关教科书、文献时，应注意这个问题。

本章知识点

①作用于无控和有控弹箭的主要空气动力的物理意义、产生机理及数学表达。

②阻力定律、弹形系数、弹道系数等外弹道学中的概念。

③工程中常用的弹箭空气动力系数工程算法。

本章习题

1. 某旋转稳定弹的弹径155 mm,全弹长868 mm,头部长度为465 mm(对应的 $R_T/R=0.50$),圆柱部长度294 mm,船尾角为7.5°,不考虑钝头和弹带,弹体侧表面积与最大横截面积之比近似为 $S_s/S_{REF}\approx 18$,空气绝热指数 $\gamma=1.4$,密度和黏性系数等可查阅本书附表4。试采用第2.8节中介绍的零升阻力计算方法,计算该155 mm炮弹在马赫数 $Ma=2.0$ 时的零升阻力系数 c_{x0}。

2. 对上述155 mm弹丸,采用第2.3节中的知识,先估算该炮弹的弹形系数(43年阻力定律),然后查阅本书的附表1,求出马赫数 $Ma=2.0$ 时的零升阻力系数 c_{x0},将结果与第1题中的结果进行对比。

第3章
标准条件下弹箭质心运动方程组及弹道特性

内容提要

本章在标准条件下讨论弹箭质心运动方程组的建立及弹道特性问题，介绍外弹道学基本假设、不同坐标系下建立的质心运动方程组、抛物线弹道和空气弹道的一般特性。

3.1 基本假设

对于设计正确的弹箭，飞行中的攻角都很小，围绕质心的转动对质心运动影响不大，因而在研究弹箭质心运动规律时，可以暂时忽略围绕质心运动对质心运动的影响，即认为攻角 δ 始终等于零。这就使问题得到了本质的简化。

另外，当弹箭外形不对称或者由于质量分布不对称使质心不在弹轴上时，即使攻角 $\delta=0$，也会产生对质心的力矩，导致弹箭绕质心转动。为了使问题简化，首先抓住弹箭运动的主要规律，我们假设：

①在整个弹箭运动期间，攻角 $\delta\equiv0$。

②弹箭的外形和质量分布均关于纵轴对称。

因此，空气动力必然沿弹轴通过质心而不产生气动力矩（对于火箭，还要假设发动机推力沿弹轴无推力偏心），因而弹箭的运动可以看作是全部质量集中于质心的一个质点的运动。

此外，本章为了抓住影响质心运动的主要因素，还假设：

③地表为平面，重力加速度为常数，方向铅直向下。

④科氏加速度为零。

⑤气象条件是标准的、无风雨。

由于科氏加速度为零又无风，就没有使速度方向发生偏转的力。这样，弹箭射出后，由于重力和空气阻力始终在铅直射击面内，弹道轨迹将是一条平面曲线。质心运动只有两个自由度。

以上假设称为质心运动基本假设，在基本假设下建立的质心运动方程可以揭示质心运动的基本规律和特性，可用于计算弹道，但并不严格和精确。为了考虑实际条件与标准条件③～⑤不同对质心运动的影响，需要建立非标准条件下的质心运动方程用于实际弹道计算，这个内容将在第4章里讲述；为了考虑绕心运动对质心运动的影响，需建立包括绕心运动在内的6自由度刚体弹道方程，这将在第6章里讲述。本章前四节主要讲述炮弹质心运动方程，它也适用于火箭被动段。至于火箭主动段的质心运动方程,则放在第9章里讲述。

最后讲一下弹道学中初速的概念。外弹道学中的初速并不是弹丸出炮口时的质心速度 v_g,这是因为弹丸出炮口后,火药气体以高速冲出,比弹丸的速度还快,它继续推动弹丸加速,直到燃气膨胀减速与弹丸脱离接触,弹丸获得最大速度 v_m 进入自由飞行。这个时期叫后效期,这期间燃气与弹丸的作用过程十分复杂,难以计算。由于炮口后效期很短,为了简化问题,我们假设弹丸出炮口时有一虚拟速度 v_0,此后弹丸仅在重力和空气动力作用下运动,并且在后效期结束的距离上与进入自由飞行时的弹丸具有相同的速度 v_m,这个虚拟速度就是我们常说的初速,显然 $v_0 > v_m > v_g$,如图 3.1.1 所示。

对于新炮,由于摩擦较大,因而弹丸的初速较低,随着射弹数 n 的增大,摩擦减小,初速渐增,此后又由于火药烧蚀使药室容积增大,膛压降低,初速 v_0 又逐渐减小,直到火炮寿命终了。火炮寿命与火药性质、膛压高低、弹体材料结构等有关,从大口径高膛压火炮到小口径低膛压火炮,其寿命从几百发到几千发不等,可由寿命试验确定,也可用半经验半理论公式计算。图 3.1.2 即为某炮实际寿命试验结果。由试验还可建立初速减退量与药室容积增大之间的关系。

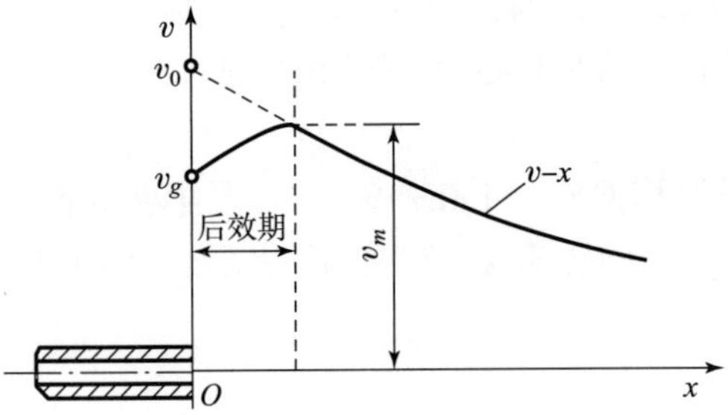

图 3.1.1　火炮初速 v_0 的定义

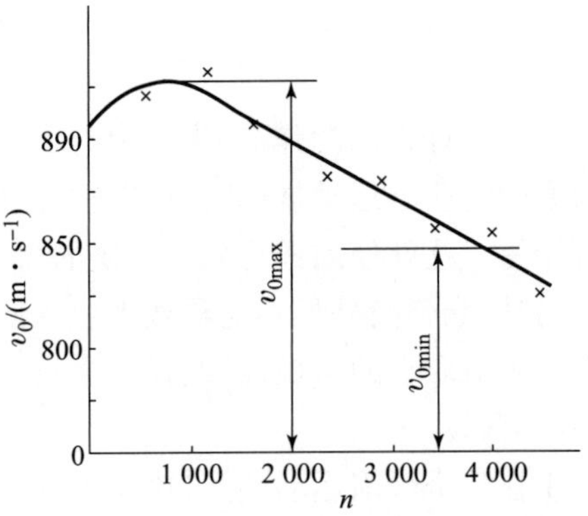

图 3.1.2　火炮初速 v_0 随射击发数 n 的变化

此外,称弹箭射出后重新落回到炮口水平面上的一点为落点,用 C 表示,显然 $y_c = 0$。落点至炮口的水平距离叫全射程 X_c,至落点的飞行时间叫全飞行时间 T_c,弹箭在该处的速度为落速 v_c,v_c 与水平面的夹角叫落角 θ_c。弹道上最高点叫弹道顶点,以 S 表示。显然此处弹箭的铅直速度为零,只有水平速度 v_x,故其弹道切线倾角 $\theta_s = 0$。

3.2　质心运动方程组的建立

在基本假设下作用于弹箭的力仅有重力和空气阻力,故可写出弹箭质心运动矢量方程:

$$\mathrm{d}\boldsymbol{v}/\mathrm{d}t = \boldsymbol{a}_x + \boldsymbol{g} \tag{3.2.1}$$

为了获得标量方程,须找恰当的坐标系投影,坐标系不同,质心运动方程的形式也不同。

3.2.1　直角坐标系里的弹箭质心运动方程组

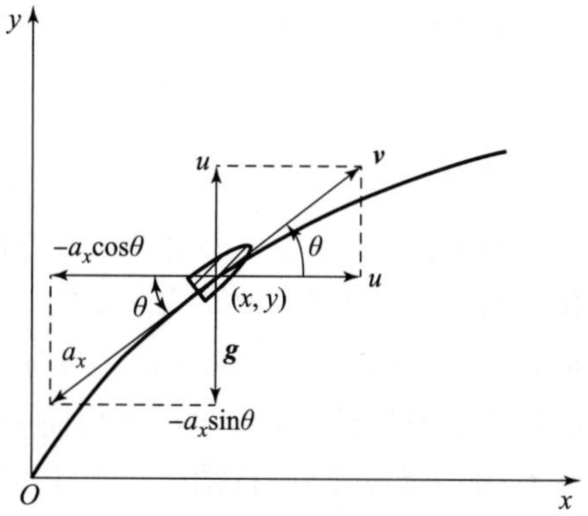

图 3.2.1　直角坐标系

如图 3.2.1 所示，以炮口 O 为原点建立直角坐标系，Ox 为水平轴指向射击前方，Oy 轴铅直向上，Oxy 平面即为射击面。弹箭位于坐标(x,y)处，质心速度矢量 $\boldsymbol{v}$ 与地面 Ox 轴构成 θ 角，称为弹道倾角。水平分速 $v_x = \mathrm{d}x/\mathrm{d}t = v\cos\theta$，铅直分速 $v_y = \mathrm{d}y/\mathrm{d}t = v\sin\theta$，而 $v = \sqrt{v_x^2 + y_y^2}$。重力加速度 $\boldsymbol{g}$ 沿 y 轴负向，阻力加速度 $\boldsymbol{a}_x$ 沿速度反方向。将矢量方程(3.2.1)两边向 Ox 轴和 Oy 轴投影，并加上气压变化方程(1.6.10)，得到直角坐标系下的质心运动方程组如下：

$$\left.\begin{aligned}
\frac{\mathrm{d}v_x}{\mathrm{d}t} &= -cH(y)G(v,c_s)v_x\\
\frac{\mathrm{d}v_y}{\mathrm{d}t} &= -cH(y)G(v,c_s)v_y - g\\
\frac{\mathrm{d}y}{\mathrm{d}t} &= v_y\\
\frac{\mathrm{d}x}{\mathrm{d}t} &= v_x\\
\frac{\mathrm{d}p}{\mathrm{d}t} &= -\rho g v_y
\end{aligned}\right\} \tag{3.2.2}$$

式中，$Ma = v/c_s$，$v = \sqrt{v_x^2 + v_y^2}$，$c_s = 20.047\sqrt{\tau}$；$H(y) = \rho/\rho_{0N}$；$R_1 = 29.27$；$\rho = p/(R_1\tau)$；$G(v, c_s) = 4.737 \times 10^{-4} c_{x0N}(Ma)v$；$c = id^2 \times 10^3 \times m^{-1}$。

积分起始条件为

$$t=0\ \text{时},\ x = y = 0,\ v_{x_0} = v_0\cos\theta_0,\ v_{y_0} = v_0\sin\theta_0,\ p = p_{0N}$$

式中，v_0为初速；θ_0为射角；$\rho_{0N} = 1.206\ \mathrm{kg/m^3}$；$\tau$ 按标准大气条件计算；d 为弹箭直径；m 为弹箭质量。$c_{x0N}(v,c_s)$一般采用 43 年阻力定律，此时弹形系数 i 即为 43 年阻力定律的弹形系数。对于标准气象条件，p 和 $H(y)$ 也可用表达式计算，而取消第 5 个方程。

如果使用弹箭自身的阻力系数 $c_{x_0}(v,c_s)$ 取代标准弹阻力系数 $c_{x0N}(v,c_s)$，则相应的弹形系数 $i=1$，其他不变，只是不能再用 43 年阻力定律编出的函数表。

3.2.2　自然坐标系里的弹箭质心运动方程组

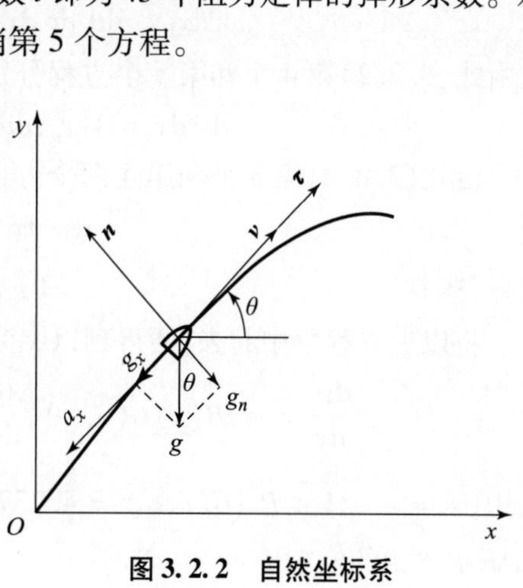

图 3.2.2　自然坐标系

由弹道切线为一个轴、法线为另一个轴组成的坐标系即为自然坐标系，如图 3.2.2 所示。

因为速度矢量 $\boldsymbol{v}$ 即沿弹道切线，如取切线上单

位矢量 $\boldsymbol{\tau}$,则可将 $\boldsymbol{v}$ 表示为

$$\boldsymbol{v} = v\boldsymbol{\tau}$$

而加速度为

$$\frac{d\boldsymbol{v}}{dt} = \frac{dv}{dt}\boldsymbol{\tau} + v\frac{d\boldsymbol{\tau}}{dt} \tag{3.2.3}$$

式(3.2.3)右边第一项大小为 dv/dt,方向沿速度方向,称为切向加速度,它反映了速度大小的变化。右边第二项中 $d\boldsymbol{\tau}/dt$ 表示 $\boldsymbol{\tau}$ 的矢端速度,现在 $\boldsymbol{\tau}$ 大小始终为1,只有方向在随弹道切线转动,转动的角速度大小显然是 $|d\theta/dt|$,故矢端速度的大小为 $1\cdot|d\theta/dt|$,方向垂直于速度,在图3.2.2中是指向下方。将此方向上的单位矢量记为 $\boldsymbol{n}'$,它与所建坐标系法向坐标单位矢量 $\boldsymbol{n}$ 方向相反。此外,按图3.2.2中弹道曲线的状态,切线倾角 θ 不断减小,$d\theta/dt<0$,故有 $|d\theta/dt| = -d\theta/dt$,这样就可将矢端速度 $d\boldsymbol{\tau}/dt$ 表示为

$$\frac{d\boldsymbol{\tau}}{dt} = \left|\frac{d\theta}{dt}\right|\boldsymbol{n}' = \left(-\frac{d\theta}{dt}\right)(-\boldsymbol{n}) = \frac{d\theta}{dt}\boldsymbol{n}$$

按图3.3.2中弹丸的受力状态,将质心运动矢量方程向自然坐标系两轴分解,得到质点弹道方程组如下

$$\frac{dv}{dt} = -cH(y)F(v,c_s) - g\sin\theta,\ \frac{d\theta}{dt} = -\frac{g\cos\theta}{v},$$
$$\frac{dy}{dt} = v\sin\theta,\ \frac{dx}{dt} = v\cos\theta,\ \frac{dp}{dt} = -\rho g v\sin\theta \tag{3.2.4}$$

积分的初条件为

$$t = 0\text{ 时},x = y = 0,v = v_0,\theta = \theta_0,p_0 = p_{0N}。$$

3.2.3 以 x 为自变量的弹箭质心运动方程组

为获得比方程组(3.2.2)和方程组(3.2.4)更简单的方程组,可将自变量改为水平距离 x,这时有

$$\frac{dv_x}{dx} = \frac{dv_x}{dt}\cdot\frac{dt}{dx} = -cH(y)G(v,c_s) \tag{3.2.5}$$

再令 $P = \tan\theta = \sin\theta/\cos\theta$,得到方程

$$\frac{dP}{dx} = \frac{dP}{d\theta}\frac{d\theta}{dt}\frac{dt}{dx} = \frac{1}{\cos^2\theta}\left(-\frac{g\cos\theta}{v}\right)\frac{1}{v_x} = -\frac{g}{v_x^2}$$

又由式(3.2.2)第4个和第5个方程分别得

$$dt/dx = 1/v_x,\ dp/dx = dp/dy\cdot dy/dx = -\rho gP$$

由式(3.2.2)第3个和第4两个方程相除,得

$$dy/dx = v_y/v_x = \tan\theta = P$$

此外,还有

$$v = v_x/\cos\theta = v_x\sqrt{1+P^2}$$

将以上方程集中起来,便得到以 x 为自变量的方程组,为

$$\frac{dv_x}{dx} = -cH(y)G(v,c_s),\ \frac{dP}{dx} = -\frac{g}{v_x^2},\ \frac{dy}{dx} = P,\ \frac{dt}{dx} = \frac{1}{v_x},\ \frac{dp}{dx} = -\rho gP \tag{3.2.6}$$

式中,$v = v_x\sqrt{1+P^2}$;$G(v,c_s) = 4.737\times10^{-4}vc_{x0N}(Ma)$;$Ma = v/c_s$;$c_s = 20.047\sqrt{\tau}$;$H(y) = \rho/\rho_{0N}$;$\rho = p/(R_1\tau)$。

积分起始条件为

$$x = 0 \text{ 时}, t = y = 0, P = \tan\theta_0, v_x = v_0\cos\theta_0, p_0 = p_{0N}$$

这组方程在 $\theta_0 < 60°$ 时计算方便而准确，但当 $\theta_0 > 60°$ 以后，由于 $P = \tan\theta$ 变化过快（$\theta \to \pi/2$ 时，$P \to \infty$）和 v_x 值过小时，$1/v_x$ 尤其是 $-g/v_x^2$ 变化过快，计算难以准确。故这一组方程不适用于 $\theta_0 > 60°$ 的情况，比较适用于求解低伸弹道的近似解，这将在第 5.4 节中叙述。此外，关于求解与空中射击有关的斜角坐标里的质点运动方程，请参考文献[1]。

3.3　抛物线弹道的特点

3.3.1　抛物线弹道诸元公式

在真空中，弹箭只受重力作用，这时弹箭质心运动方程组（3.2.2）即简化为如下形式：

$$\mathrm{d}v_x/\mathrm{d}t = 0, \quad \mathrm{d}v_y/\mathrm{d}t = -g \tag{3.3.1}$$

当起始条件 $t = 0$ 时，$v_x = v_{x0} = v_0\cos\theta_0, v_y = v_{y0} = v_0\sin\theta_0, x = 0, y = 0$。

将方程组（3.3.1）积分一次得

$$v_x = v_{x0} = v_0\cos\theta_0, v_y = v_0\sin\theta_0 - gt \tag{3.3.2}$$

即弹丸的水平分速为常数，这是弹箭在水平运动方向无外力作用的必然结果。

弹箭的铅直分速与飞行时间 t 成线性关系。时间越长，铅直分速越小，至弹道顶点 S，铅直分速为零（$w = 0$）。过顶点后弹丸开始下落，铅直分速度为负值，但绝对值逐渐增大。

由方程 $\mathrm{d}x/\mathrm{d}t = v_x$ 和 $\mathrm{d}y/\mathrm{d}t = v_y$ 再积分一次，得到以时间 t 为参量的坐标方程

$$x = v_0\cos\theta_0 t, y = v_0\sin\theta_0 t - gt^2/2 \tag{3.3.3}$$

此第二个关系也可由图 3.3.1 直接导出，其中 $v_0\sin\theta_0 t$ 表示以铅直初速分量 $v_{y0} = v_0\sin\theta_0$ 在 t 时间上升的高度，$gt^2/2$ 为在 t 时间内由重力产生的自由落体高度，总高度为二者之和。

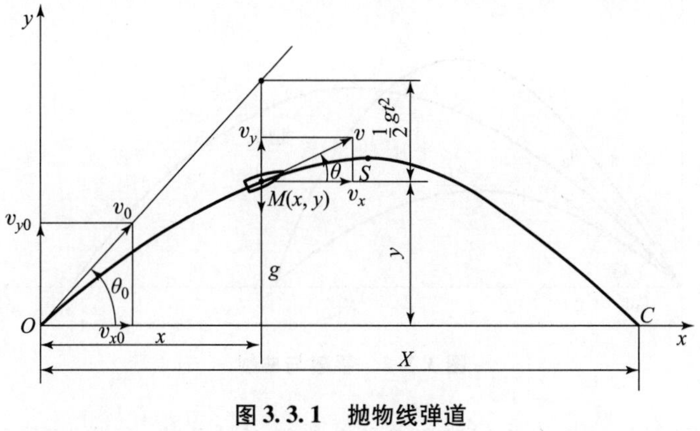

图 3.3.1　抛物线弹道

如消去参量 t，则得到抛物线形式的弹道方程如下：

$$y = x\tan\theta_0 - \frac{gx^2}{2v_0^2\cos^2\theta_0} \quad \text{或} \quad y = x\tan\theta_0 - \frac{gx^2}{2v_0^2}(1 + \tan^2\theta_0) \tag{3.3.4}$$

由 $v = \sqrt{v_x^2 + v_y^2}$ 和 $\tan\theta = v_y/v_x$ 可求得

$$v = \sqrt{v_0^2 - 2v_0\sin\theta_0 gt + g^2t^2} \tag{3.3.5}$$

对于落点,$y_c=0$,先由式(3.3.3)的第二式解出 t,再代入其他诸元的计算式中,即得落点诸元

$$x_c = X = v_0^2\sin2\theta_0/g, t_c = T = 2v_0\sin\theta_0/g, v_c = v_0, |\theta_c| = \theta_0 \tag{3.3.6}$$

在顶点处,弹道切线倾角为零,由 $\theta_s=0$ 得顶点诸元公式如下

$$t_s = \frac{v_0\sin\theta_0}{g} = \frac{T}{2}, x_s = \frac{v_0^2\sin2\theta_0}{2g} = \frac{X}{2}, y_s = Y = \frac{v_0^2\sin^2\theta_0}{2g}, v_s = v_0\cos\theta_0 \tag{3.3.7}$$

3.3.2 真空弹道的特点

由式(3.3.6)和式(3.3.7)可以看出真空弹道是关于铅直线 $x = X/2 = x_s$ 轴对称的,即有

$$v_c = v_0, |\theta_c| = \theta_0, x_s = X/2, t_s = T/2 \tag{3.3.8}$$

而且由式(3.3.4)按 x 的二次方程求解得

$$x_{1,2} = \frac{v_0^2\sin2\theta_0}{2g} \pm \sqrt{\left(\frac{v_0^2\sin2\theta_0}{2g}\right)^2 - \frac{2v_0^2\cos^2\theta_0}{g}y} \quad 或者 \quad x_{1,2} = x_s \pm \sqrt{x_s^2 - \frac{2v_0^2\cos^2\theta_0}{g}y}$$

这表明,$x=x_s$ 轴两边等高 y 处两点距该轴的距离相等,即升弧和降弧是关于 $x=x_s$ 轴对称的。对飞行时间也有类似的性质,即 $t_s=T/2$、等高两点的飞行时间与 t_s 之差的绝对值相等。

根据射程公式(3.3.6)可得抛物线弹道的最大射程和相应的射角(即最大射程角)

$$X_m = v_0^2/g, \theta_{0X_m} = 45° \tag{3.3.9}$$

此结论对于空气弹道也大致适用。

比最大射程 X_m 小的射程 X,均有两个射角与之对应:一个小于最大射程角,另一个大于最大射程角,而其和为90°,即 $\theta_{01} + \theta_{02} = 90°$。这两个射角可由方程(3.3.4)给定 x,并令 $y=0$,再利用正弦函数的性质求出。

一般将以小于最大射程角进行的射击叫平射;用大于最大射程角进行的射击叫曲射,如图3.3.2所示。对于同一射程,曲射所需飞行时间和飞行弧长大于平射。

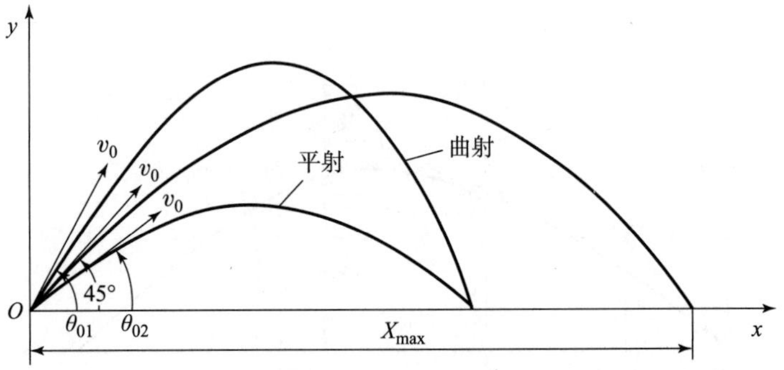

图3.3.2 平射与曲射

另外,根据弹道顶点高 Y、全飞行时间 T 和全射程 X 的公式,可获得下面的重要关系式

$$Y = gT^2/8 = X\tan\theta_0/4 \tag{3.3.10}$$

抛物线理论只是在忽略空气阻力和射程较小的条件下才近似适用,故实际应用范围很小。只有在空气稀薄的高空(20~30 km以上)做近距离射击,以及在空气稠密的地面附近,对弹速很小($v_0=50$~60 m/s)的枪榴弹和迫击炮弹才可近似忽略空气阻力,而用抛物线理论估算。但由抛物线理论导出的某些弹道性质,在空气弹道中也是近似适用的。下面就来讲述这些性质。

1. 等斜射程时高低角与瞄准角的关系，弹道刚性原理

在实际射击中，目标经常不在炮口水平面上。现在就来研究一下，在斜射程 D 一定时，高低角 ε 和瞄准角 α 之间的关系。ε 称为炮目高低角，α 称为瞄准角。在图 3.3.3 中，设 O 为炮口，A 为目标，OB 为射线，射角为 $\theta_0 = \varepsilon + \alpha$。弹道与高低线 OA 的交点（即目标）A 的坐标为

$$x = D\cos\varepsilon, y = D\sin\varepsilon \tag{3.3.11}$$

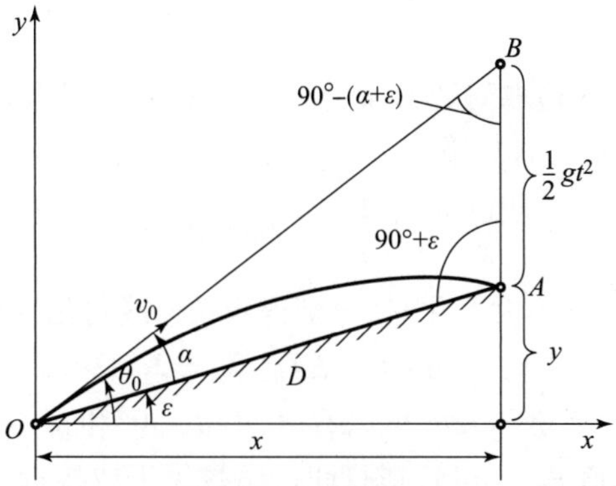

图 3.3.3　对斜面射击

将以上 θ_0、x、y 代入抛物线弹道方程（3.3.4）中，并简化之，可以得到斜射程公式如下

$$D = \frac{2v_0^2}{g}\frac{\cos(\alpha + \varepsilon)\sin\alpha}{\cos^2\varepsilon} \tag{3.3.12}$$

将 $\varepsilon = 0$ 时的瞄准角用 α_0 表示，则与斜射程相等的水平射程 X（式（3.3.6））为

$$X = v_0^2\sin2\alpha_0/g$$

由于 $D = X$，故得

$$2\cos(\alpha + \varepsilon)\sin\alpha = \sin2\alpha_0\cos^2\varepsilon \tag{3.3.13}$$

由三角变换公式，$2\cos(\alpha + \varepsilon)\sin\alpha = \sin(2\alpha + \varepsilon) - \sin\varepsilon$，再将它代入式（3.3.13）中，得

$$\sin(2\alpha + \varepsilon) = \sin2\alpha_0\cos^2\varepsilon + \sin\varepsilon \tag{3.3.14}$$

当知道斜射程（用与水平射程相当的瞄准角 α_0 表示）和高低角后，就可算出瞄准角 α。

当用大初速的枪或炮对低空或对地做短距离的斜射时，其瞄准角 α_0、α 或 $2\alpha_0$ 与 2α 均很小，它们的余弦可视为 1，于是式（3.3.14）将简化成如下的简单形式

$$\sin\alpha = \sin\alpha_0\cos\varepsilon \tag{3.3.15}$$

式（3.3.14）和式（3.3.15）可近似用于枪的瞄准具设计。

实际计算表明，当 $\varepsilon \leqslant 10°$，$\alpha_0 \leqslant 5°$ 时，α 与 α_0 的最大差不超过 1′（即 0.27 mil）。也就是说，当瞄准角和高低角均较小时，式（3.3.15）可进一步简化为

$$\alpha = \alpha_0 \tag{3.3.16}$$

这就是一般所说的弹道刚性原理，即指瞄准角和高低角均较小时的弹道，可以看作一个刚性的弓形，在水平线上、下不大的角度范围内摆动，而不改变其形状。即弹道弧 $\overset{\frown}{OS'C'}$ 和 $\overset{\frown}{OSC}$ 完全可以重合，如图 3.3.4 所示，因而 $\alpha = \alpha_0$。这个原理在

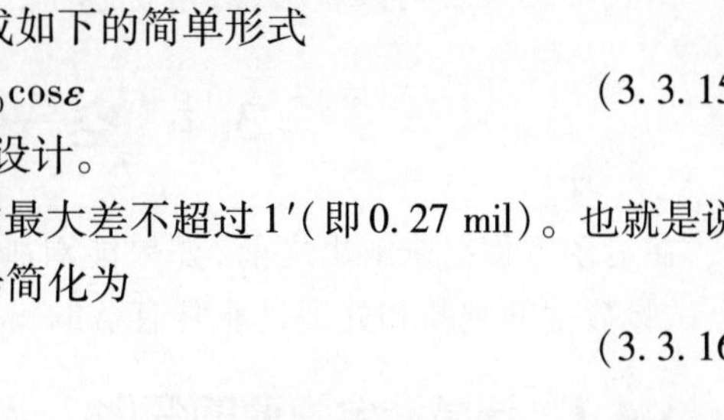

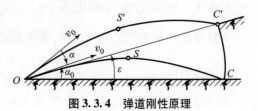

图 3.3.4　弹道刚性原理

空气弹道中也近似适用。如在后面的立靶试验(见第15章)中,确定射角时就应用这个原理,在坦克炮和反坦克炮对地面附近(不一定在炮口水平面上)的目标进行射击时,也应用这个原理。

2. 修正公式

由式(3.3.6)知,射程和全飞行时间均为初速和射角的函数。当初速和射角发生微小变化时,对射程和飞行时间所引起的微量变化关系式,称为修正公式。下面就来求这些公式。

(1)射程修正公式

对公式 $X = v_0^2\sin2\theta_0/g$ 两边取对数并微分之,得 $\mathrm{d}X/X = 2\mathrm{d}v_0/v_0 + 2\cot2\theta_0\mathrm{d}\theta_0$,如果用有限增量代替微分,则得射程修正公式如下

$$\frac{\Delta X}{X} = 2\frac{\Delta v_0}{v_0} + 2\cot2\theta_0\Delta\theta_0 \tag{3.3.17}$$

当仅是初速或仅是射角有不大变化时,分别得到初速或射角变化对射程的修正公式如下:

$$\Delta X_{v_0}/X = 2\Delta v_0/v_0,\ \Delta X_{\theta_0}/X = 2\cot2\theta_0\Delta\theta_0 \tag{3.3.18}$$

由式(3.3.18)中第二式系数 $\cot2\theta_0$ 可以看出,当 $\theta_0\to0°$ 和 $\theta_0\to90°$ 时,此系数趋于无穷大;而在最大射程角(抛物线弹道 $\theta_{0\max}=45°$)附近时,系数等于或接近于零。因此可以预见:在水平射击或接近水平射击、在75°以上大射角射击时,不大的射角变化会引起较大的相对射程变化;但在接近最大射程角时进行射击,射角的微量变化对射程几乎没有影响,一般可忽略不计。这个结论对空气弹道也是近似适用的。有些弹箭对近距离目标不用小射角射击,而是在弹头加上阻力环而改用大射角射击,其作用不仅可以增大落角和避免发生跳弹,还可以避免小射角射击时由于射角微小改变而产生大的射程变化。因此,小射角条件下不宜对地面做距离射试验,一般用立靶射代替(见第15章);此外,除迫击炮外,其他火炮也不宜以过大的射角进行曲射(对于旋转稳定弹,过大的射角会产生很大的动力平衡角,造成稳定性和散布特性不好,见第7.7节)。而在最大射程角做射距离测定试验时,可以不考虑射角微小变化的影响。

(2)全飞行时间修正公式

对飞行时间公式 $T = 2v_0\sin\theta_0/g$,也取对数微分,可以得到飞行时间修正公式

$$\frac{\Delta T}{T} = \frac{\Delta v_0}{v_0} + \cot\theta_0\Delta\theta_0 \tag{3.3.19}$$

由式(3.3.19)可以看出,射角 θ_0 越小,由 $\Delta\theta_0$ 产生的飞行时间差越大。

3.4 空气弹道的一般特性

在运动方程组未解出之前,如果能对弹道的若干特性有所了解,则对于弹道的求解或计算、试验数据的判断和处理是非常有益的。下面根据弹箭质心运动方程组来介绍这些特性。

3.4.1 速度沿全弹道的变化

当只有重力和空气阻力作用时,弹箭质心速度沿全弹道的变化由下式确定

$$\mathrm{d}v/\mathrm{d}t = -cH(y)F(Ma) - g\sin\theta$$

在升弧上,倾角 θ 为正值,因而 $\mathrm{d}v/\mathrm{d}t<0$,因此在弹道升弧上弹箭速度始终减小。

至弹道顶点,$\theta_s = 0$,$g\sin\theta_s = 0$,故 $(\mathrm{d}v/\mathrm{d}t)_s = -cH(y_s)F(Ma) < 0$,速度继续减小。

过顶点后，θ 为负值，$g\sin\theta = -g\sin|\theta|$。在 $cH(y)F(Ma) > g\sin|\theta|$ 以前，$\frac{dv}{dt}$ 仍为负值，故速度继续减小。

过顶点后的降弧上某点出现 $g\sin|\theta| = cH(y)F(Ma)$ 时，$dv/dt = 0$，则速度达到极小值 v_{min}。

过速度极小值点后，$|\theta|$ 继续增大，因而 $g\sin|\theta| > cH(y)F(Ma)$，$dv/dt > 0$，故此后速度又开始增大，但阻力也随之增大，而重力大不过 mg，大弹道有可能又一次出现阻力等于重力，使速度出现极大值。

对于射程达 80～100 km 的远程火炮弹丸或大高度航弹，可能在速度极小值后再出现速度的极大值。而对于一般火炮，弹道落点速度均在图 3.4.1 的阴影线范围内变化。低伸弹道落点紧靠顶点。射程越远，落点速度越向阴影部分的右端移动。

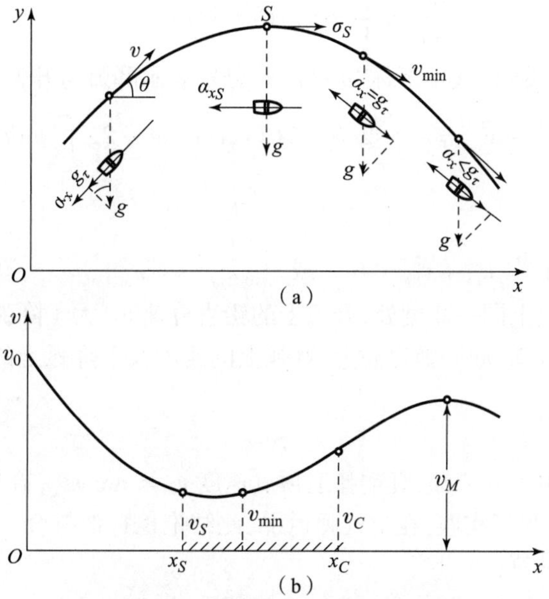

图 3.4.1　弹丸受力与速度变化情况

(a)弹丸沿弹道的受力情况；(b)沿弹道的速度变化情况

对于带降落伞的炸弹、照明弹、侦察弹、末敏弹、带飘带子弹等，它们的阻力系数很大、弹道系数很大，在弹道降弧段的重力作用下，弹道很快铅直下降，即 $|\theta| = 90°$。当出现重力与阻力相平衡时，就将一直保持这种状态不变。由平衡方程 $cH(y)F(v) = -g$ 可知，其极限速度满足下式

$$F(v_L) = g/(cH(y)) \tag{3.4.1}$$

设接近地面处 $H(y) = 1$，则极限速度 v_L 主要由弹道系数 c 来确定。表 3.4.1 列出了弹道系数(43 年阻力定律)c_{43} 与极限速度 v_L 的关系。

表 3.4.1　弹道系数与极限速度的关系

c_{43}	0.1	0.5	1.0	1.5	2.0	4.0	6.0	8.0	10.0	100
$v_L/(\mathrm{m\cdot s^{-1}})$	847	347	314	289	257	181	148	128	114	36.3

下面讨论速度的水平分速和铅直分速沿弹道变化的情况。

根据 $\mathrm{d}v_x/\mathrm{d}t = -cH(y)v_xG(v,c_s)$ 可知,弹道上的水平分速 v_x 沿全弹道始终减小。

如将上式右端用迎面阻力公式(2.2.1)表示,并将 $v_x = v\cos\theta$ 与 $\mathrm{d}s = v\mathrm{d}t$ 代入上式,则得

$$\frac{\mathrm{d}v_x}{\mathrm{d}t} = -\frac{\rho v^2}{2m}Sc_x\cos\theta \quad 及 \quad \frac{\mathrm{d}v_x}{v_x} = -\frac{\rho S}{2m}c_x\mathrm{d}s$$

在距离和高度变化不大时,可将 ρ 和 c_x 作为常数,积分得水平分速的指数衰减公式

$$v/v_x = v_{x0}\mathrm{e}^{-\frac{\rho S}{2m}c_x s}(\rho, c_x \text{ 为常数}) \tag{3.4.2}$$

如空气密度 ρ 和 c_x 值的变化较大,应取平均值计算。

对于短程的低伸弹道,阻力系数用某一平均值代替,可以用来估算水平速度或者速度的递减情况。这是因为 $v_x = v\cos\theta$,当 $\theta \leqslant 2.5°$ 时,$\cos\theta \geqslant 0.999$。即 v_x 和 v 最大相差约为 1/1 000。

至于铅直分速 v_y,在同一高度时,升弧上的比降弧上的大。下面就来证明这个问题。

由于

$$\frac{\mathrm{d}v_y}{\mathrm{d}t} = -cH(y)G(v,c_s)v_y - g$$

两端同乘 $2v_y\mathrm{d}t$ 并积分,得到(式中下标"d"与"a"分别表示降弧与升弧,如图 3.4.2 所示)

$$v_{yd}^2 - v_{ya}^2 = -\int_{t_{ya}}^{t_{yd}} 2cH(y)G(v,c_s)v_y^2\mathrm{d}t - 2g\int_{t_{ya}}^{t_{yd}} v_y\mathrm{d}t$$

而

$$\int_{t_{ya}}^{t_{yd}} v_y\mathrm{d}t = \int_{y_a}^{y_d}\mathrm{d}y = 0$$

故

$$v_{yd}^2 - v_{ya}^2 < 0 \quad 或 \quad |v_{yd}| < |v_{ya}| \tag{3.4.3}$$

由此式可见,在弹道上同一高度处,升弧上的铅直分速 v_{ya} 大于降弧上的铅直分速 v_{yd}。又因水平分速始终减小,故知:同一弹道高上,升弧上的速度大于降弧上的速度,即 $v_a > v_d$,因而初速大于落速

$$v_0 > v_d \tag{3.4.4}$$

至于顶点速度 v_s,由上一节知,真空弹道顶点速度 $v_s = v_0\cos\theta_0$,恰与沿全弹道的平均水平速度 v_x($= X/T$)相等。根据实践,在空气弹道中,此结论也近似符合。因此,空气弹道的顶点速度,可用下述公式来估算:

$$v_s = X/T \tag{3.4.5}$$

3.4.2 空气弹道的不对称性

抛物线弹道是相对于 $x = x_s = X/2$ 的铅直线对称的,而空气弹道由于空气阻力作用不再对称,如图 3.4.2 所示。并且随着弹道系数的增大,其不对称性越来越显著。这些不对称性可归为如下几点,其证明方法都与式(3.4.3)的证明类似。

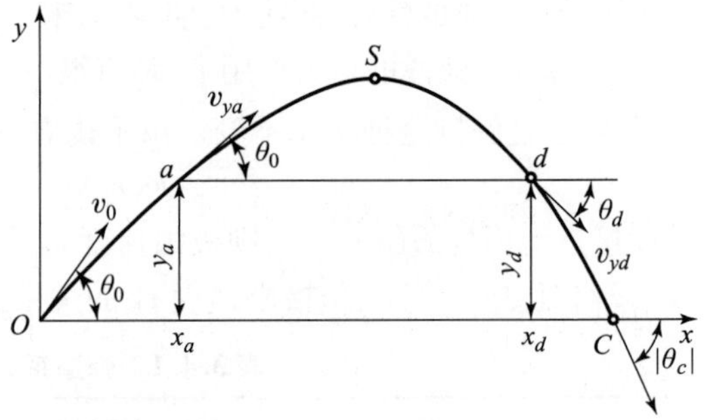

图 3.4.2 同高度的升弧速度大于降弧速度

①降弧比升弧陡,即 $|\theta_d| > \theta_a$,$|\theta_c| > \theta_0$。

②顶点距离大于半射程,即 $x_s > 0.5X$,一般 $x_s = (0.5 \sim 0.7)x$,口径越大的弹,x_s 越接近 0.5X。

③顶点时间小于全飞行时间的一半,即 $t_s < 0.5T$,一般 $t_s = (0.4 \sim 0.5)T$,口径越大,t_s 越接近 $0.5T$。

3.4.3 最大射程角

最大射程角是指某弹箭在一定初速下发射,获得最大射程时的射角。用符号 θ_{0Xm} 表示。

对于抛物线弹道来说,$\theta_{0Xm} = 45°$。对于空气弹道来说,它可能大于或小于 45°。

口径较大或初速较小的弹箭,由于空气阻力对其运动的影响较小,其弹道与抛物线相近似,故其最大射程角也近似为 45°,如枪榴弹、迫击炮弹、小初速榴弹的最大射程角均近似为 45°;反之,口径较小(弹道系数较大)或初速较大的弹箭,空气阻力对弹箭运动的影响特别大,其 θ_{0Xm} 就与 45°相差较大。例如枪弹的 $\theta_{0Xm} = 28° \sim 35°$。$\theta_{0Xm}$ 之所以减小,是因为枪弹的弹道高较小,全飞行过程均在稠密的大气层中。射角较小的弹道,飞行时间短,因而空气阻力的影响也可以减小。

口径稍大的榴弹,最大射程角较枪弹要大很多,但一般仍稍小于 45°,约在 44° ~ 45°范围内变化。对于某些弹道系数小而初速大的远程火炮,其最大射程角往往超过 45°而达 50° ~ 55°。

由此可见,最大射程角与弹道系数及初速有密切关系。下面就来分析它们之间的关系。

首先讨论弹道系数一定时,初速与最大射程角的关系。当初速很小(< 50 m/s)时,弹道与抛物线相似,$\theta_{0Xm} = 45°$。随着初速的增大,阻力加速度增大。减小射角,可以减小弹箭在空气中飞行的时间,从而减小空气阻力对弹道的影响。故最大射程角先随初速增大而减小,如图 3.4.3 所示。

初速很大时,如用较大射角射击,弹箭可以很快穿过稠密大气层而到达空气稀薄的高空中。如此时的弹道倾角接近 45°,在该层中可以飞行最远,如图 3.4.4 所示。这样在地面时的射角必然大于 45°。例如射程 $X = 30 \sim 60$ km 的线膛炮,其最大射程角可达 50° ~ 55°。

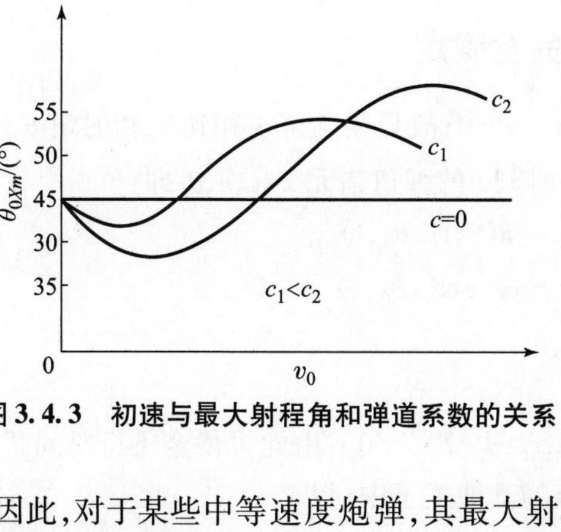

图 3.4.3　初速与最大射程角和弹道系数的关系

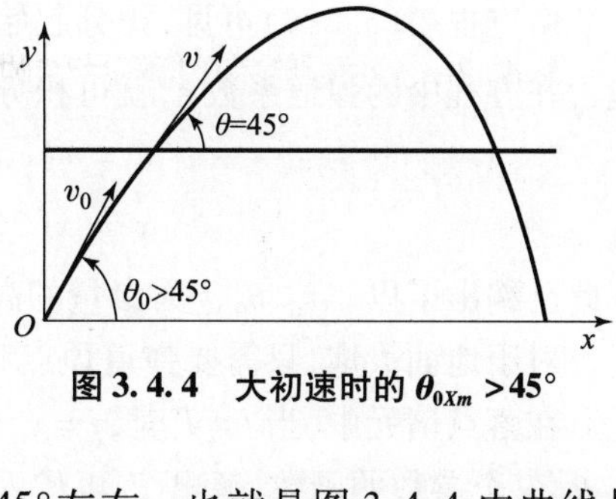

图 3.4.4　大初速时的 $\theta_{0Xm} > 45°$

因此,对于某些中等速度炮弹,其最大射程角将在 45°左右。也就是图 3.4.4 中曲线与 45°横线再次相交,由小于 45°向大于 45°过渡。

对初速特别大的弹箭,最大射程角曲线又由最大值(如 50° ~ 55°)下降。其原因是大弹道必须考虑地球曲面和重力加速度大小及方向随高度变化的影响。在此条件下的真空弹道曲线是椭圆而非抛物线,而椭圆弹道的最大射程角比 45°小。

其次来讨论初速一定时,最大射程角与弹道系数的关系。

当初速一定,弹道系数大时,其阻力影响大。在初速不太大时,弹道全在稠密的大气层中,减小射角可以减小全飞行时间,因而可减小阻力大的不利影响。故在初速不太大时,弹道系数大的弹丸,其 $\theta_{0Xm}-v_0$ 曲线在弹道系数小的下面,如图 3.4.3 所示。当初速很大时,情况恰与速度小时的相反。因为弹道系数越大的弹丸,速度降低快,倾角减小率也越大 ($|\dot{\theta}|=g\cos/v$)。因而当空气稀薄层起点的弹道倾角近似为 45°时,其在地面的射角(即最大射程角),大弹道系数的必然要大于小弹道系数的。

在设计火炮时,是不是一定采用最大射程角来计算。这要看射程的增大量与因射角增大带来的不利影响大小来确定。

图 3.4.5 示出各种口径(单位:mm)枪、炮弹的初速与最大射程角的关系曲线。

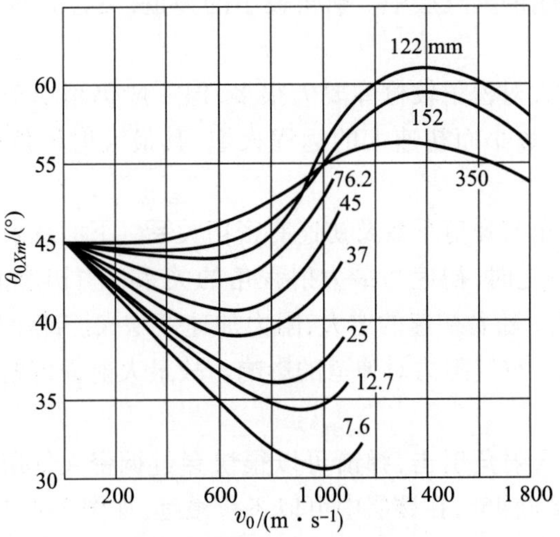

图 3.4.5　各种口径枪炮弹的最大射程角曲线

3.4.4　空气弹道由 c、v_0、θ_0 三个参数完全确定

由方程组(3.2.4)可见,积分起始条件中有 $x=y=0$,故只要给定了初速 v_0 和射角 θ_0,以及包含在方程中的弹道系数 c,就可积分,求得任一时刻 t 的弹道诸元 x、y、v、θ,即

$$\begin{aligned} v &= v(c,v_0,\theta_0,t),\theta = \theta(c,v_0,\theta_0,t) \\ x &= x(c,v_0,\theta_0,t),y = y(c,v_0,\theta_0,t) \end{aligned} \tag{3.4.6}$$

据此已编出了以 c、v_0、θ_0、t 为参量的高炮外弹道表。

对于地面火炮,只需要弹道顶点和落点诸元。

在落点诸元中,当 $t=T$ 时,$y=y_c=0$,即 $y_c(c,v_0,\theta_0,T)=0$。由此可得全飞行时间 T 是 c、v_0、θ_0 三个参数的函数,解出 T,再代入式(3.4.6)的其他式子中,得

$$\begin{aligned} v_c &= v_c(c,v_0,\theta_0),\theta_c = \theta_c(c,v_0,\theta_0) \\ T &= T(c,v_0,\theta_0),X = X(c,v_0,\theta_0) \end{aligned} \tag{3.4.7}$$

至于弹道顶点,利用 $t=t_s$ 时 $\theta_s=0$,由式(3.4.6)中 $\theta_s=\theta_s(c,v_0,\theta_0,t_s)=0$ 解出 $t_s(c,v_0,\theta_0)$,代入式(3.4.6)的其他式子中,即得顶点诸元也是 (c,v_0,θ_0) 三个参数的函数,即

$$v_s = v_s(c,v_0,\theta_0),t_s = t_s(c,v_0,\theta_0)$$
$$y_s = y_s(c,v_0,\theta_0),x_s = x_s(c,v_0,\theta_0)$$

据此已按 43 年阻力定律编出了不同 c、v_0、θ_0 时的地炮弹道表,这在第 5.3 节里讲述。

此外,还根据直射武器的需要编出了小射角($\theta_0 < 5°$)情况下的低伸弹道表。

高炮弹道表的参数范围是

$$c = 0 \sim 6, v_0 = 700 \sim 1\,500, \theta_0 = 3° \sim 90°$$

按 $v_0 = 700$ m/s,750 m/s,800 m/s,…每隔 50 m/s 编成一册。表中对于一定的 c 和 θ_0,列出了弹道上各时刻 t 对应的坐标 x、y 和速度 v 值,一直到弹道顶点过后的第一个点为止。如第 5 章表 5.3.1 示例。

地炮弹道表分上、下两册,上册为弹道诸元表,见第 5 章表 5.3.2,下册为各种弹道函数和修正系数表,见第 5 章表 5.3.3。其参数范围是

$$c = 0 \sim 6, v_0 = 50 \sim 2\,000\ \text{m/s}, \theta_0 = 5° \sim 85°$$

高炮和地炮弹道表均按 43 年阻力定律和炮兵标准气象条件编成,是苏联在卫国战争期间动用庞大的计算力量编成的。我国在 20 世纪 50 年代由总参谋部翻印出版,70 年代又由国防工业出版社再版。由于地炮弹道表的最小射角为 5°,故不适用于小射角的枪弹、舰炮、坦克炮、高炮平射等,故于 20 世纪 70 年代末又由南京理工大学外弹道教研室编成“低伸弹道外弹道表”(见第 5 章表 5.3.4)。该表用 43 年阻力定律和我国炮兵标准气象条件编成,其参数范围是

$$c = 0 \sim 24, v_0 = 50 \sim 2\,000\ \text{m/s}, \theta_0 = 5' \sim 5°$$

现在利用计算机,只要编出弹道计算程序,就可以算出这些表。

本章知识点

①外弹道基本假设的内涵及其对于建立弹箭质心运动方程组的作用。

②在不同坐标系下建立弹箭质心运动方程组的推导过程。

③空气弹道一般特性的分析方法及主要内容。

本章习题

1. 对下表中选取的高低角 ε 和水平射程瞄准角 α_0 组合,分别用式(3.3.14)和式(3.3.15)计算斜射程瞄准角 α,将结果填入表中,并作出是否符合刚性原理的结论。

ε/(°)	α_0/(°)	α/(°)	
		式(3.3.14)	式(3.3.15)
3	1		
	3		
	5		

续表

ε/(°)	α_0/(°)	α/(°)	
		式(3.3.14)	式(3.3.15)
5	1		
	3		
	5		
10	1		
	3		
	5		

2. 根据本章分析“速度沿全弹道的变化”的思路,试分析炮弹加速度沿全弹道的变化情况。

第 4 章

非标准条件下的质心运动方程组、弹道修正、散布和准确度

内容提要

非标准条件是对标准条件来说的,本章首先介绍标准条件和修正理论,然后讲述非标准条件下的弹箭质心运动方程组,以便应用求差法计算修正量或敏感因子;接着讲述对各非标准因素进行修正的微分修正公式,其后介绍弹道层权的计算方法;本章还包含弹道散布、射击密集度、准确度及精度等方面的相关内容,特别是近年来发展的用于提高射击准确度的自主闭环校射系统及数字气象预报法。

4.1　标准条件和修正理论概述

4.1.1　标准条件

影响弹箭运动以及弹道诸元的因素很多,例如气象条件、初速、弹重、地理纬度等,这些因素经常变化,每次试验或作战时均不相同。在编制指导火炮射击的文件——射表时,以及比较两种武器或两种设计方案的弹道性能时,不可能对每种情况编一个表或在任一种条件下对比设计方案,只可能选择在某一标准条件下进行。这些条件可分为三类:标准气象条件、标准射表条件(标准弹道条件)、标准地形与地球条件。目前,我国规定的这些标准条件见表 4.1.1。

表 4.1.1　标准条件

标准气象条件	标准射表条件	标准地形与地球条件
(1)地面气温 $t_{0N}=15$ ℃,空气湿度 $(p_e)_{0N}=8.47$ hPa,虚温 $\tau(y)$ 遵守随高度变化的标准定律; (2)地面气压 $p_{0N}=1\ 000$ hPa,气压随高度的变化遵守标准定律; (3)无风雨	(1)初速等于表定初速; (2)弹重符合图纸规定; (3)装药量符合标准,药温 $t_{0N}=15$ ℃; (4)火炮静止; (5)炮耳轴水平,炮耳轴与炮身轴线垂直	(1)弹着点在炮口水平面上; (2)地表为平面; (3)重力加速度 $g=9.8\ \text{m/s}^2$,方向铅直向下; (4)科氏加速度为零

4.1.2 修正理论概述

1. 修正理论的实际意义

实际射击条件不可能与上述标准条件一致,因此造成实际弹道与标准弹道不同,二者对应的弹道诸元就有了偏差。我们知道,为了作战需要,对每种弹都要编出它的射表。射表不同于弹道表,射表是针对一种具体的弹箭编出的,其初速 v_0、弹形、尺寸、质量 m 都是确定的。射表中最主要的数据是对给定距离射击所需的射角,这称为射表基本诸元,它是在以上标准条件下算出的。为了在实际条件下应用标准条件下编出的射表,就必须进行修正。

为了进行修正,就必须算出实际条件下弹道诸元与标准条件下弹道诸元之差,这个差值称为偏差。例如,对于距离 X_0上的目标,按射表基本诸元查出射角 θ_0,它表示在标准条件下用 θ_0 射击可以命中 X_0处的目标;但在实际条件下用 θ_0 射击时射程为 X,二者的差值 $\Delta X = X - X_0$ 即为射程偏差。为了在实际条件下命中目标,则必须进行修正,如果 $\Delta X > 0$,即表示 $X > X_0$,则应将 X_0减去 ΔX,按 $X_1 = X_0 - \Delta X$ 去查射表,重新赋予对应的射角 θ_1。于是在实际条件下以射角 θ_1 射击时的射程即为 $X = X_1 + \Delta X = X_0$,恰好命中目标。当 $\Delta X < 0$ 时,则应按 $X_1 = X_0 + |\Delta X|$ 距离查表射击。由此可见,修正量与偏差量符号正好相反,但因射表上往往只列出修正量的绝对值,要根据影响因素的性质和正负号决定是加还是减此绝对值,故有时将修正量与偏差量混为一谈,在具体使用时要注意区别。

为了对某种武器或某种设计方案进行评定,需要确定它们在标准条件下的弹道诸元数据,但为此而进行试验时的条件常不是标准的,这也须计算出它们之间的弹道诸元偏差,再将非标准条件下测得的弹道诸元数据转换成标准条件下的弹道诸元数据,这个工作称为射击试验结果标准化。这个工作也需要用修正理论进行。

2. 修正的对象

由于射击条件与标准条件不同,弹道任意点(包括顶点和落点)的弹道诸元均将发生偏差,如果都加以修正,不仅过于繁杂费时,而且实际上也无必要。应根据所需要杀伤目标的不同而要求各异,不宜一样对待。如对于地面静止或缓慢移动的目标,最重要的是对全射程的修正;用榴弹杀伤暴露的有生目标,还需对引信装定时间进行修正;对高速运动目标,为了确定提前量,需对飞行时间修正;对于高射目标,需在确定的时间对弹道坐标(x,y,z)进行修正。

综上所述,在炮兵射击中需要修正的弹道诸元有目标的坐标和飞达目标的飞行时间,其他弹道诸元一般没有准确修正的必要。

3. 修正的方法

计算修正量的方法有两种:求差法和微分法。

所谓求差法,是要建立考虑各种实际条件的非标准条件运动微分方程,分别用实际条件和标准条件去解算弹道诸元,然后求二者相应弹道诸元之差,即为修正量。

所谓微分法,就是将弹道诸元(例如射程 X)看作各种影响因素(例如 $c, v_0, \theta_0, m, w_x, w_z, \cdots, \alpha_1, \alpha_2, \cdots$)的函数,即

$$X = X(c, v_0, \theta_0, m, w_x, w_z, \cdots, \alpha_1, \alpha_2, \cdots) \tag{4.1.1}$$

将弹道诸元的偏差看作是由这些因素的偏差引起的,并且当这些影响因素与标准值偏差不大时,可以认为它们对射程的影响是彼此独立的,影响的大小与影响因素偏差的大小成比例。于是这些因素偏差对射程的总影响为各因素影响之和,即

$$\Delta X = \frac{\partial X}{\partial c}\Delta c + \frac{\partial X}{\partial v_0}\Delta v_0 + \frac{\partial X}{\partial \theta_0}\Delta \theta_0 + \frac{\partial X}{\partial w_x}w_x + \cdots + \frac{\partial X}{\partial \alpha_1}\Delta \alpha_1 + \frac{\partial X}{\partial \alpha_2}\Delta \alpha_2 + \cdots \tag{4.1.2}$$

式中，$\frac{\partial X}{\partial c},\frac{\partial X}{\partial v_0},\frac{\partial X}{\partial \theta_0}\cdots$称为射程对某一因素的敏感因子或称为修正系数。由此可见，微分法与用台劳级数将函数(4.1.1)在标准值附近展开并只保留一阶导数项的结果是一样的。

在修正系数中，将对射程的修正系数$\frac{\partial X}{\partial c},\frac{\partial X}{\partial v_0},\frac{\partial X}{\partial \theta_0}$，以及对飞行时间的修正系数$\frac{\partial T}{\partial c},\frac{\partial T}{\partial v_0},\frac{\partial T}{\partial \theta_0}$称为主要修正系数，其他因素偏差对射程的影响均可用主要修正系数表示。这些修正系数可用求差法获得，也可由弹道表$X(c,v_0,\theta_0)$、$T(c,v_0,\theta_0)$用数值微分法求得。

由于微分法公式简单，而且当各影响因素偏离标准值不大时，修正量计算的准确性一般也可以保证，故在炮兵实践中经常使用。为了使实际条件与标准条件偏差不大，正确、合理地选择标准条件是十分重要的，例如炮兵标准气象条件就是根据这个原则选定的。

4.2　考虑弹道条件和气象条件非标准时的弹箭质心运动方程组

弹道条件（或射表条件）包括初速、弹重和药温。

弹箭质量的变化同时影响到初速和弹道系数，在发射装药相同的情况下，弹重越大，初速越小，但同时弹道系数也越小；药温仅影响到初速，药温越高，初速越大（见第4.4节）。因此，非标准的射表条件可以合并为初速v_0和弹道系数c两个参量非标准的问题。由于这只是两个参量改变，并不影响质心运动方程的组成，故可直接用弹箭运动方程组来解决。

气象条件主要包括气温、气压、密度、纵风和横风。气温、气压和密度包含在以下两式中：

$$H(y) = \frac{\rho}{\rho_{0N}} = \frac{p}{p_{0N}}\frac{\tau_{0N}}{\tau},c_s = \sqrt{kR_d\tau} \tag{4.2.1}$$

故只须将各高度上气温、气压的非标准值代入以上式中，再代入弹箭运动方程组中进行计算，就可求出它们对弹道诸元的影响。

至于风速$\boldsymbol{w}$，它可分解为纵风w_x和横风w_z。纵风是平行于射击面的风，顺射向为正；横风是垂直于射击面的风，顺射向看时，从左向右为正。风速改变了弹箭相对于空气的速度，而空气阻力是与相对速度有关的。由相对速度$\boldsymbol{v}_r = \boldsymbol{v} - \boldsymbol{w}$可得它在地面坐标系上的分量表达式

$$\boldsymbol{v}_r = (v_x - w_x)\boldsymbol{i} + v_y\boldsymbol{j} + (v_z - w_z)\boldsymbol{k} \tag{4.2.2}$$

v_z的出现是由于横风的存在使弹箭质心产生了侧向运动速度。式中，$\boldsymbol{i}$、$\boldsymbol{j}$、$\boldsymbol{k}$是地面坐标系三轴上的单位矢量。这时的空气阻力加速度a_x与相对速度矢量方向相反，即有

$$\boldsymbol{a}_x = -\frac{\rho v_r}{2m}Sc_{x0}(Ma)\cdot \boldsymbol{v}_r,v_r = \sqrt{(v_x - w_x)^2 + v_y^2 + (v_z - w_z)^2} \tag{4.2.3}$$

将它代入质心运动矢量方程(3.2.1)中，再向地面直角坐标系三轴上分解，得到考虑射表条件和气象条件非标准的弹箭质心运动方程如下

$$\begin{aligned}
&\frac{dv_x}{dt} = -cH(y)G(v_r,c_s)(v_x - w_x), \quad \frac{dx}{dt} = v_x\\
&\frac{dv_y}{dt} = -cH(y)G(v_r,c_s)v_y - g, \quad \frac{dy}{dt} = v_y\\
&\frac{dv_z}{dt} = -cH(y)G(v_r,c_s)(v_z - w_z), \quad \frac{dz}{dt} = v_z
\end{aligned} \tag{4.2.4}$$

式中，$G(v_r, c_s) = 4.737 \times 10^{-4} v_r c_{x0N}(Ma)$，$c_s = \sqrt{kR_d\tau}$，$Ma = v_r/c_s$。

积分起始条件为：$t=0$ 时，$v_x = v_0\cos\theta_0$，$v_y = v_0\sin\theta_0$，$v_z = 0$，$x = y = z = 0$。

根据需要可计算单一因素非标准产生的偏差，也可计算多因素非标准时产生的综合偏差。

4.3 考虑地形、地球条件非标准时的弹箭质心运动方程组

地形、地球条件非标准包括地表是曲面、重力加速度垂直于地表曲面(而不是始终垂直于炮口水平面)指向地心并且随高度变化，以及地球自转科氏加速度不为零。

在考虑地形、地球条件的修正时，最好引进一个动坐标系 $O'xyz$，如图4.3.1所示。图中 O' 为弹箭自射出点 O 以初速 v_0、射角 θ_0 射出经 t s后飞达空中的一点。设以 O' 为零点，由地心 O_1 至 O' 的连线为 y 轴，向上为正；$O'x$ 轴与 $O'y$ 轴垂直，沿射击方向，$O'z$ 轴按右手定则确定正向。

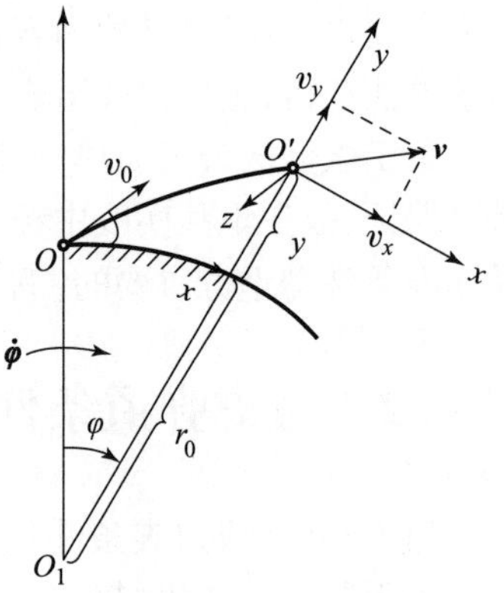

图4.3.1 动坐标系

弹箭飞行，动坐标系随之旋转。设任一时刻 $O'y$ 轴自起始铅直方向的转角为 φ，则动坐标系的转动角速度为 $\dot{\boldsymbol{\varphi}}$，它沿 z 轴的负方向。记 v_x、v_y 为速度 $\boldsymbol{v}$ 在动坐标系 $O'x$、$O'y$ 轴上的投影。

速度矢量 $\boldsymbol{v}$ 沿弹道对时间的导数，即 $\boldsymbol{v}$ 的矢端绝对速度为

$$\frac{\mathrm{d}\boldsymbol{v}}{\mathrm{d}t} = \frac{\partial \boldsymbol{v}}{\partial t} + \dot{\boldsymbol{\varphi}} \times \boldsymbol{v} \tag{4.3.1}$$

式中，$\partial\boldsymbol{v}/\partial t$ 为速度矢量 $\boldsymbol{v}$ 的端点对动坐标系的相对速度；$\dot{\boldsymbol{\varphi}} \times \boldsymbol{v}$ 为由于动坐标系转动产生的矢端牵连速度。

弹箭质心运动方程为

$$\frac{\mathrm{d}\boldsymbol{v}}{\mathrm{d}t} = \boldsymbol{a}_x + \boldsymbol{g} - \boldsymbol{a}_k, \frac{\partial \boldsymbol{v}}{\partial t} = \dot{v}_x\boldsymbol{i} + \dot{v}_y\boldsymbol{j} + \dot{v}_z\boldsymbol{k} \tag{4.3.2}$$

式中，$\boldsymbol{g}$ 为重力加速度，这里考虑它永远指向地心，并且大小与弹箭至地心的距离 $(r_0 + y)$ 的平方成反比，这里 r_0 为地球半径，y 为弹箭至地面的高度，即有 $g = g_0(1 + y/r_0)^{-2}$；$\boldsymbol{a}_k$ 为地球自转产生的科氏加速度，见式(1.2.2)；$\boldsymbol{a}_x$ 是空气阻力加速度，与速度 $\boldsymbol{v}$ 方向相反，即

$$\boldsymbol{a}_x = -E\boldsymbol{v}, E = -cH(y)G(Ma) \tag{4.3.3}$$

考虑到弹箭的侧向运动很小，可以近似认为弹道是平面曲线，故坐标平面 $O'xy$ 的旋转角速度 $\dot{\boldsymbol{\varphi}}$ 垂直于射击面并在 $O'z$ 轴负方向，于是有

$$\dot{\boldsymbol{\varphi}} \times \boldsymbol{v} = -\dot{\varphi}\boldsymbol{k} \times (v_x\boldsymbol{i} + v_y\boldsymbol{j} + v_z\boldsymbol{k}) = v_y\dot{\varphi}\boldsymbol{i} - \dot{\varphi}v_x\boldsymbol{j} \tag{4.3.4}$$

为了消去变量 $\dot{\boldsymbol{\varphi}}$，根据 $O'y$ 轴上任一点均随 $O'y$ 轴以相同角速度 $\dot{\varphi}$ 转动这个条件，可求得 $\dot{\varphi}$ 与水平速度 v_x 以及沿地面坐标 x 变化率 $\dot{x}$ 之间的关系，从而可消去式(4.3.4)中的 $\dot{\varphi}$。

$$\dot{\varphi} = \frac{v_x}{r_0 + y} = \frac{\dot{x}}{r_0}, \dot{x} = v_x(1 + y/r_0)^{-1} \tag{4.3.5}$$

将以上各矢量的分量表达式都代入式(4.3.1)和式(4.3.2)的第一式中，最后得到考虑地球地形条件非标准以及弹道条件、气象条件非标准时的弹箭质心运动方程组如下

$$\frac{dv_x}{dt} = -E(v_x - w_x) - \frac{v_x v_y}{r_0}\left(1 + \frac{y}{r_0}\right)^{-1} - 2\Omega_E(v_z \sin\Lambda + v_y \cos\Lambda \sin\alpha_N)$$

$$\frac{dv_y}{dt} = -Ev_y - g_0\left(1 + \frac{y}{r_0}\right)^{-2} + \frac{v_x^2}{r_0}\left(1 + \frac{y}{r_0}\right)^{-1} + 2\Omega_E(v_x \cos\Lambda \sin\alpha_N + v_z \cos\Lambda \cos\alpha_N)$$

(4.3.6)

$$\frac{dv_z}{dt} = -E(v_z - w_z) - 2\Omega_E(v_y \cos\Lambda \cos\alpha_N - v_x \sin\Lambda)$$

$$\frac{dx}{dt} = v_x\left(1 + \frac{y}{r_0}\right)^{-1}, \frac{dy}{dt} = v_y, \frac{dz}{dt} = v_z$$

式中，$E = cH(y)G(Ma)$，$Ma = v_r/c_s = \sqrt{kR_d\tau}$，$v_r = \sqrt{(v_x - w_x)^2 + v_y^2 + (v_z - w_z)^2}$。

积分起始条件为：$t = 0$ 时，$v_x = v_0\cos\theta_0$，$v_y = v_0\sin\theta_0$，$v_z = 0$，$x = y = z = 0$。

重力加速度大小随纬度和高度的变化用式(1.1.14)和式(1.1.16)考虑。

因为即使射程达 100 km，φ 角也只有约 1°，故在以上方程计算科氏惯性力的项中，忽略了坐标系 $O'xyz$ 与图 1.2.1 中坐标系 $Oxyz$ 之间的差别。

此外，因为侧向速度 v_z 远小于 v_x 和 v_y，故在方程组(4.3.6)的第一和第二个方程中可略去科氏加速度中含有 v_z 的项，而简化为 $-2\Omega_E v_y \cos\Lambda \sin\alpha_N$、$2\Omega_E v_x \cos\Lambda \sin\alpha_N$。

因此，考虑科氏惯性力而产生的射程修正量必与 $\cos\Lambda\sin\alpha_N$ 成比例，纬度越低、射向越接近正东($\alpha_N = 90°$)或正西($\alpha_N = 270°$)，修正量的绝对值越大。故科氏加速度对射程的修正量可写成

$$\Delta X_k = \Lambda(c, v_0, \theta_0)\cos\Lambda\sin\alpha_N \tag{4.3.7}$$

式中，$\Lambda(c, v_0, \theta_0)$ 是在赤道处($\Lambda = 0$)向正东($\alpha_N = 90°$)射击时科氏惯性力对射程的修正量，它是 c、v_0、θ_0 的函数，故可像基本弹道诸元一样计算出来，列在射表中便于修正。

但科氏加速度对方向的修正量较为复杂。在实际射表中是将科氏加速度产生的射程和方向修正量同用一个表列出，称为地球自转修正量表，见表 4.3.1。

表 4.3.1　地球自转修正量表

海拔 3 000 m　　　　152 杀爆弹　　　　全装药 v_0 = 655 m/s

纬度/(°) \ 高角/mil \ 射击方向		方位/mil					距离/m				
		0°	45° 315°	90° 270°	135° 225°	180°	0° 180°	45° 135°	225° 315°	90°	270°
10	100	0	0	0	0	0	0	−30	29	−42	41
	200	0	0	0	0	0	0	−35	35	−50	49
	300	0	0	0	−1	−1	0	−37	37	−52	52
	400	0	0	0	−1	−1	0	−39	39	−55	55
	500	0	0	−1	−1	−1	0	−40	40	−57	57
	600	0	0	−1	−1	−1	0	−41	41	−57	57
	700	0	0	−1	−2	−2	0	−38	38	−54	54
	750	1	0	−1	−2	−2	0	−34	34	−49	49

续表

纬度/(°)	高角/mil	方位/mil 0°	45° 315°	90° 270°	135° 225°	180°	距离/m 0° 180°	45° 135°	225° 315°	90°	270°
20	100	0	0	0	0	0	0	-28	28	-40	39
	200	0	0	-1	-1	-1	0	-34	33	-48	47
	300	0	-1	-1	-1	-1	0	-35	35	-50	50
	…	…	…	…	…	…	…	…	…	…	…
注:1 mil = 圆周/6 000 = 3.6′ = 0.06°。											

由表可见,射角越大,修正量越大;又由于距离修正量与射向 α_N 的正弦值 $\sin\alpha_N$ 有关,故0与180°、45°与135°、225°与315°的修正量相同;至于方向,由方程组(4.3.6)第三个方程可见,科氏惯性力只与射向 α_N 的余弦值 $\cos\alpha_N$ 有关,故45°与315°、90°与270°、135°与225°上的方向修正量值相同。另外,如在南半球射击,则距离修正量一样,而求方向修正量时,应将射向 α_N 加180°查表,再把方向修正量符号反过来。

当仅考虑地球曲面及重力加速度随高度变化的影响时,只须令方程中的 $\Omega_E=0$ 即可。以某130 mm 火炮弹丸为例,计算出不考虑和考虑这两种影响时的射程 X_1、X_2,见表4.3.2。

表4.3.2 地表曲面和重力加速度随高度变化对射程的影响

射程/m	射角/(°) 5	15	30	45
X_1	8 979.9	15 796.0	21 378.4	24 129.0
X_2	9 023.7	15 830.0	21 409.7	24 154.2
ΔX	43.8	34	31.3	25.2

由于弹道高不大时,重力加速度随高度变化很小,故 ΔX 主要由地表曲面所形成。由表可见,并非射程越大修正量就越大。因一方面射程越大,地表曲面影响越大,但另一方面射程大时,落角 $|\theta_c|$ 也增大,反而会使 ΔX 减小。究竟射角多大时 ΔX 最大,要由弹道计算确定。

4.4 初速、弹重、药温非标准时的微分修正

初速、弹重、药温非标准都属于弹道条件非标准。装药温度影响火炮内弹道性能,一般来说,温度越高,初速越大,因而对药温的修正可以转换为对初速的修正。而弹丸质量一方面影响初速,质量越大,则同样装药量条件下初速减小,使射程减小,但同时弹道系数 c 也减小,使射程增加。两种影响的结果究竟使射程增加还是减少,要由计算确定。通常是小射角时以初速改变的影响为主,大射角时以弹道系数改变的影响为主,因而随着射程增大,修正量可能改变符号。

由内弹道学知,药温和弹重变化对初速的影响关系分别为

$$\frac{\Delta v_0}{v_0} = l_{t_z}\Delta t_z, \frac{\Delta v_0}{v_0} = -l_m\frac{\Delta m}{m} \tag{4.4.1}$$

式中，Δt_z 为药温偏差；Δm 为弹重偏差；l_{t_z} 为药温系数；l_m为弹重系数。此外，由弹道系数与弹重的关系为 $c=10^3 id^2/\mathrm{m}$，对此等式两边取对数微分，得

$$\Delta c/c = -\Delta m/m \tag{4.4.2}$$

式(4.4.1)中的药温系数 l_{t_z}、弹重系数 l_m与弹炮种类、装药性能有关，由内弹道试验确定。对于一般火炮弹丸，弹重系数和药温系数大致在如下范围内

$$l_m = 0.32 \sim 0.40,\ l_{t_z} = 0.000\,6 \sim 0.001\,1$$

测定药温系数时用标准弹重，要做高温（+50 ℃）、常温（15 ℃）和低温（-40 ℃）初速测定试验；测定弹重系数时，要保持常温（15 ℃）24～48 h。要用重弹、标准弹和轻弹进行初速测定试验。利用各组弹平均初速之差及平均的弹重偏差按式(4.4.1)计算 l_m和 l_{t_z}。火炮射表中规定弹重比标准弹重每增加(2/3)%，则弹重增加一级，记一个“+”号，质量比标准弹重每减少(2/3)%，则弹重减少一级，记一个“-”号。标准弹记为“±”号。弹丸最多允许增减 4 个弹重级，即最重的弹为“++++”，最轻的弹为“----”。弹重分级的炮弹，其质量的级别都用油漆印在弹的表面上。利用主要修正系数或敏感因子可得初速、弹重和药温变化时的射程修正公式如下

$$\Delta X_v = \frac{\partial X}{\partial v_0}\Delta v_0, \quad \Delta v_0 = v_0 - v_{0N} \tag{4.4.3}$$

$$\Delta X_{t_z} = l_{t_z}\frac{\partial X}{\partial v_0}v_0\Delta t_z, \quad \Delta t_z = t_z - 15\ ℃ \tag{4.4.4}$$

$$\Delta X_m = \left(c\left|\frac{\partial X}{\partial c}\right| - l_m v_0\frac{\partial X}{\partial v_0}\right)\frac{\Delta m}{m}, \quad \Delta m = m - m_N \tag{4.4.5}$$

式中，v_{0N} 和 m_N分别表示初速和弹重的标准值。

4.5　对气温、气压非标准的微分法修正，弹道相似原理

对气温、气压非标准的修正可以通过弹道相似原理解决。所谓弹道相似，就是将气温、气压非标准条件下的弹丸质心运动方程组通过某种变换，变成与标准气象条件下的弹丸质心运动方程相同的形式，这样就可用气温、气压为标准时弹道诸元的解来换算非标准时的弹道诸元。法国弹道学者郎日文首先提出了这一方法，故也称这一原理为郎日文定理。下面就来研究这个定理及其应用，同时，它对于研究弹道相似理论也是一种启发。

4.5.1　弹道相似原理的导出

气温、气压的标准条件为

$$\tau = \tau_{0N} - B_1 y, y < 9\,300\ \mathrm{m}$$

$$p = p_{0N}\exp\left(-\frac{1}{R_1}\int_0^y \frac{\mathrm{d}y}{\tau}\right) \tag{4.5.1}$$

实际气温随高度的变化经常与上述公式不同，但由于大气铅直平衡的假设总是近似成立，故气压的实际变化在函数形式上与上面的公式相似，即

$$p_1 = p_0 \exp\left(-\frac{1}{R_1}\int_0^y \frac{\mathrm{d}y}{\tau_1}\right) \tag{4.5.2}$$

气温沿高度的实际分布与标准气温沿高度分布差别一般较大,各高度上二者的偏差各不相同。但除了高空有锋面(冷暖气团的交会)过境或地面附近逆温(气温随高度增加而升高)等特殊情况外,总的趋势仍然是高度每增加100 m,气温约下降0.65 ℃。因此,可假设实际气温平均值随高度的分布曲线与标准气温分布曲线平行,如图4.5.1所示,即平均各高度上,实际气温比标准气温均相差一个$\Delta\tau_b$。这种假设的气温分布称为气温的标准分布。而$\Delta\tau_b$按如下准则确定,即由此温度的标准分布求出的射程与按温度实际分布求出的射程相等。这个不变的温度偏差$\Delta\tau_b$称为弹道温度偏差,关于它的求法将在本章第4.8节中讲述。

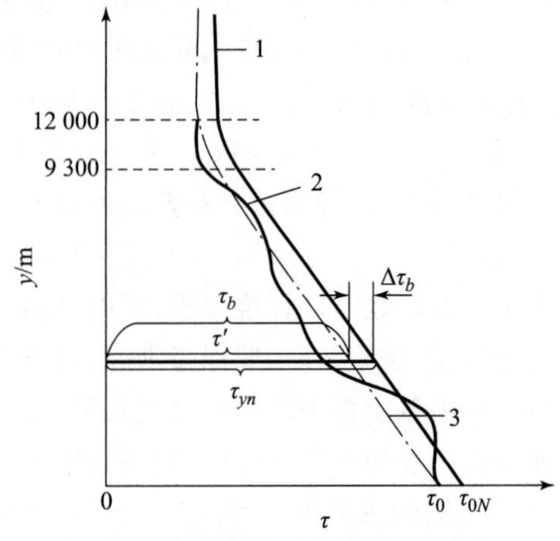

1—温度的标准定律;2—温度的实际分布;3—温度的标准分布。

图4.5.1 气温的实际分布与标准分布

在气温为标准分布以及大气铅直平衡的假设下,就可将气温、气压非标准时的弹箭质心运动方程组在形式上变成与标准气象条件时的弹箭质心运动方程组完全一样。

取以x为自变量的方程组,在对流层内,在标准气象条件下的方程组为

$$\frac{\mathrm{d}v_x}{\mathrm{d}x} = -cH(y)G(Ma) = -c\frac{p}{p_{0N}}\frac{\tau_{0N}}{\tau}\times 4.737\times 10^{-4}c_{x_{0N}}\left(\frac{v}{\sqrt{kR_d\tau}}\right)v$$

$$= -c\mathrm{e}^{-\frac{1}{R_1}\int_0^y\frac{\mathrm{d}y}{\tau_{0N}(1-B_1y/t_{0N})}}\frac{1}{1-B_1y/\tau_{0N}}\times 4.737\times 10^{-4}c_{x_{0N}}\left(\frac{v}{\sqrt{kR_d\tau_{0N}(1-B_1y/\tau_{0N})}}\right)v$$

$$\frac{\mathrm{d}P}{\mathrm{d}x} = -\frac{g}{v_x^2},\frac{\mathrm{d}y}{\mathrm{d}x} = P,\frac{\mathrm{d}t}{\mathrm{d}x} = \frac{1}{v_x} \tag{4.5.3}$$

当气温气压非标准时,可用气温的标准分布代替实际分布,即

$$\tau_1 = \tau_0 - B_1y,\tau_0 = \tau_{0N} + \Delta\tau_b$$

则弹箭质心运动方程组可变成如下形式

$$\frac{\mathrm{d}v_x}{\mathrm{d}x} = -cH_1(y)G(Ma_1) = -c\frac{p_1}{p_{0N}}\frac{\tau_{0N}}{\tau_1}\times 4.737\times 10^{-4}c_{x_{0N}}\left(\frac{v}{\sqrt{kR_d\tau_1}}\right)v$$

$$= -\left(c\frac{p_0}{p_{0N}}\right)\mathrm{e}^{-\frac{1}{R_1}\int_0^y\frac{\tau_{0N}/\tau_0\mathrm{d}y}{\tau_{0N}\left(1-B_1\frac{\tau_{0N}}{\tau_0}\frac{y}{\tau_{0N}}\right)}}\left(\frac{\tau_{0N}}{\tau_0}\right)\frac{1}{1-B_1\frac{\tau_{0N}}{\tau_0}\frac{y}{\tau_{0N}}}\times$$

$$4.737\times 10^{-4}c_{x_{0N}}\left[\frac{\sqrt{\tau_{0N}/\tau_0}v}{\sqrt{kR_d\tau_{0N}\left(1-B_1\frac{\tau_{0N}}{\tau_0}\frac{y}{\tau_{0N}}\right)}}\right]v \tag{4.5.4}$$

令

$$\left.\begin{aligned}&c^* = c\frac{p_0}{p_{0N}}\quad P^* = P, x^* = x\frac{\tau_{0N}}{\tau_0}, y^* = y\frac{\tau_{0N}}{\tau_0}\\&t^* = t\sqrt{\frac{\tau_{0N}}{\tau_0}}, v^* = v\sqrt{\frac{\tau_{0N}}{\tau_0}}, v_x^* = v_x\sqrt{\frac{\tau_{0N}}{\tau_0}}\end{aligned}\right\}\tag{4.5.5}$$

将它们代入方程(4.5.4)以及其他几个方程中,得到带“ * ”号变量的方程组如下

$$\left.\begin{aligned}&\frac{dv_x^*}{dx^*} = -c^* e^{-\frac{1}{R_1}\int_0^{y^*}\frac{dy^*}{\tau_{0N}(1-B_1y^*/\tau_{0N})}}\frac{4.737\times10^{-4}}{1-B_1y^*/\tau_{0N}}c_{x0N}\left(\frac{v^*}{\sqrt{kR_d\tau_{0N}(1-B_1y^*/\tau_{0N})}}\right)v^*\\&\frac{dP^*}{dx^*} = -\frac{g}{v_x^{*2}}, \frac{dy^*}{dx^*} = P^*, \frac{dt^*}{dx^*} = \frac{1}{v_x^*}\end{aligned}\right\}\tag{4.5.6}$$

对比方程组(4.5.3)和方程组(4.5.6)可见,除了一个在所有的变量上加“ * ”,一个不加“ * ”外,在形式上完全一样。这样,方程组(4.5.6)的解在形式上就与方程组(4.5.3)的解相同,只是将所有的变量加上“ * ”号而已。由于用带“ * ”号的参量 c^*、v_0^*、θ_0^* 表示弹道参数,因而无论是由弹道表还是其他解法得到的弹道诸元,都应该是带“ * ”号的,而实际弹道诸元则是

$$\left.\begin{aligned}&x = x^*\frac{\tau_0}{\tau_{0N}}, y = y^*\frac{\tau_0}{\tau_{0N}}, t = t^*\sqrt{\frac{\tau_0}{\tau_{0N}}}\\&v = v^*\sqrt{\frac{\tau_0}{\tau_{0N}}}, v_x = v_x^*\sqrt{\frac{\tau_0}{\tau_{0N}}}, P = P^*(\text{或}\ \theta = \theta^*)\end{aligned}\right\}\tag{4.5.7}$$

由此即求得非标准条件下的弹道任意点诸元(包括顶点、落点诸元)。

以上讲的弹道相似原理是准确的弹道解法,它不仅可以用于气温、气压非标准时对弹道诸元的修正,也可用于高原地区(地面气温、气压不同于海平面标准值,但服从沿高度的标准分布)的射表编制和火箭被动段计算。但要注意,此法只有当最大弹道高 $y_S<9\ 300$(从海平算起)时才是完全正确的,当 $y>9\ 300$ 时只能近似适用。

4.5.2　气温、气压非标准时的射程和飞行时间微分修正公式

应用弹道相似原理还可导出气温、气压非标准时的射程和飞行时间的微分修正公式。

(1)设 $p_0\neq p_{0N}$,而 $\tau_0=\tau_{0N}$,求地面气压值非标准时的微分修正公式

由式(4.5.7)第一式得

$$X = X^*(c^*, v_0, \theta_0), c^* = cp_0/p_{0N}$$

微分上式得

$$\frac{\partial X}{\partial p_0} = \frac{\partial X^*}{\partial c^*}\cdot\frac{\partial c^*}{\partial p_0} = \frac{\partial X^*}{\partial c^*}\cdot\frac{c}{p_{0N}}, \frac{\partial X}{\partial c} = \frac{\partial X^*}{\partial c^*}\cdot\frac{\partial c^*}{\partial c} = \frac{\partial X^*}{\partial c^*}\cdot\frac{p_0}{p_{0N}}$$

解此二式$\left(\text{消去}\ \dfrac{\partial X^*}{\partial c^*}\right)$得修正系数

$$\frac{\partial X}{\partial p_0} = \frac{\partial X}{\partial c}\cdot\frac{c}{p_0}\approx\frac{\partial X}{\partial c}\frac{c}{p_{0N}}\tag{4.5.8}$$

这样即得到地面气压非标准时的射程修正公式

$$\Delta X_{p_0} = c\frac{\partial X}{\partial c}\frac{\Delta p_0}{p_0},\quad \Delta p_0 = p_0 - p_{0N}\tag{4.5.9}$$

同理,对飞行时间 $T=T^*(c^*,v_0,\theta_0)$,类似可得地面气压非标准时的飞行时间微分修正公式

$$\Delta T_{p0}=c\frac{\partial T}{\partial c}\frac{\Delta p_0}{p_0},\quad \Delta p_0=p_0-p_{0N} \tag{4.5.10}$$

其中,主要修正系数 $\partial X/\partial c$、$\partial T/\partial c$ 均为 c、v_0、θ_0 的函数,可在《地面火炮外弹道表(下册)》(文献[41])中查到。

(2)设 $\tau_0\neq\tau_{0N}$,但 $p_0=p_{0N}$,求气温非标准时的微分修正公式

与(1)的过程一样,得

$$X=\frac{\tau_0}{\tau_{0N}}X^*(c,v_0^*,\theta_0),v_0^*=v_0\sqrt{\frac{\tau_{0N}}{\tau_0}}$$

$$\frac{\partial X}{\partial \tau_0}=\frac{X}{\tau_0}-\frac{1}{2\tau_{0N}}\sqrt{\frac{\tau_{0N}}{\tau_0}}v_0\frac{\partial X^*}{\partial v_0^*},\frac{\partial X}{\partial v_0}=\frac{\tau_0}{\tau_{0N}}\frac{\partial X^*}{\partial v_0^*}\cdot\frac{\partial v_0^*}{\partial v_0}=\sqrt{\frac{\tau_0}{\tau_{0N}}}\frac{\partial X^*}{\partial v_0^*} \tag{4.5.11}$$

解上面二式$\left(\text{消去}\dfrac{\partial X^*}{\partial v_0^*}\right)$后,可得到修正系数 $\partial X/\partial\tau_0$,则气温非标准时的射程微分修正公式为

$$\Delta X_\tau=\left(X-\frac{v_0}{2}\frac{\partial X}{\partial v_0}\right)\frac{\Delta\tau_0}{\tau_0},\quad \Delta\tau_0=\tau_0-\tau_{0N} \tag{4.5.12}$$

同理,可得气温非标准时的飞行时间微分修正公式

$$\Delta T_\tau=\frac{1}{2}\left(T-v_0\frac{\partial T}{\partial v_0}\right)\frac{\Delta\tau_0}{\tau_0},\quad \Delta\tau_0=\tau_0-\tau_{0N} \tag{4.5.13}$$

为便于计算,修正系数 $\partial X/\partial\tau_0$、$\partial X/\partial p_0$ 也已编成了 c、v_0、θ_0 的函数表,见文献[41]。

例 4.5.1 设有某火炮弹药系统的数据为 $v_0=800$ m/s;$c=1.0$,在海拔 3 000 m 的高原上用 $\theta_0=45°$进行射击,求其射程和飞行时间,并与在海平面射击时的射程和飞行时间相比较。

解:先算出在海拔 3 000 m 高原上的气温气压

$$\tau_0=288.9-6.328\times10^{-3}\times3\,000=269.92(\text{K}),\sqrt{\tau_{0N}/\tau_0}=1.034\,56$$

$$p_0=p_{0N}(1-2.190\,5\times10^{-5}\times3\,000)^{5.4}=692.7\text{ hPa},p_0/p_{0N}=0.692\,7$$

故得 $c^*=cp_0/p_{0N}=0.692\,7,\theta_0^*=\theta_0=45°,v_0^*=800\times1.034\,56=827.65$

查弹道表得 $X^*=18\,906,T^*=70.82$

于是有 $X=\dfrac{X^*}{1.034\,56^2}=17\,664.2,T=\dfrac{70.82}{1.034\,56}=68.45$

而在海平面射击时,由 $c=1,v_0=800,\theta_0=45°$,查表得

$$X=14\,140,t=62.26$$

二者相差

$$\Delta X=3\,524.2,\quad \Delta T=6.19$$

再用微分公式计算两种射击条件的偏差量。

查《地面火炮外弹道表(下册)》,当 $c=1.0,v_0=800,\theta_0=45°$ 时,有

$$\frac{\partial X}{\partial\tau}=28.9,c\frac{\partial X}{\partial c}=93.10\ (\text{弹道系数变化 1\% 的射程修正量})$$

而 $\Delta\tau=288.9-269.92=18.98,\dfrac{\Delta p}{p_0}=\dfrac{1\,000-692.7}{692.7}=0.443\,6$

于是得 $\Delta X_\tau=28.9\times18.98=548.5$

$$\Delta X_p = 93.1 \times 0.4436 \times 100 = 4\,130$$
$$\Delta X = 4\,130 - 548.5 = 3\,581.5$$

上式中,因气压降低,使空气密度减小,射程增大;气温降低使空气密度增大,射程减小,二者作用相反,故用了减号。结果表明,两种方法计算的射程偏差之间相差 57.3 m。这是因 3 000 m 高原上气压与海平面气压相差较大,用微分法误差较大,只有当偏差小时,微分法才是很准确的。至于飞行时间偏差的计算比较,可用类似的方式进行。

4.6　气温、气压修正和密度声速修正的匹配问题

由式(2.4.2)可见,a_x 直接与空气密度 ρ 及声速 c_s 有关,通过状态方程 $\rho = p/(R_d\tau)$ 和声速表达式 $c_s = \sqrt{kR_d\tau}$,它又间接与气温 τ 及气压 p 有关。故对气温、气压非标准的修正(原华沙条约国采用这种方式),也可以用对空气密度和声速非标准的修正(北大西洋公约组织,NATO)来代替。

我国地炮和航空炸弹采用修正气温和气压的方式,而高炮和海炮(主要是舰炮)则采用修正空气密度和声速(即修正空气张力)的方式。这一方面与各军兵种长期使用的习惯有关,另一方面也与不同武器的弹道特性有关。高炮和海炮主要对付空中机动目标,弹道较直,弹道高和空气密度变化大,而在高炮和海炮的马赫数范围($Ma>2$)内,声速通过马赫数对阻力系数的间接影响十分小,这样,只要把空气密度的影响修正了,也基本上够了,在过去减少一个修正因素可提高高、海炮射击机动目标的反应速度,但现在有计算机就可都修正了。

地炮中对于气温非标准采用弹道气温偏差(见第4.9节)予以考虑,但对于气压非标准,则是假设大气铅直平衡用地面气压偏差值予以考虑。在此假设下,空气密度也只与气温及地面气压有关,而与空中实际气压无关。然而由于大气的多变化性,在很多情况下,气压分布并不准确服从大气铅直平衡假设,实测的高空气压与按压高公式积分计算出的气压并不完全相同。但大气却较准确地服从状态方程,故根据空中实测的气温、气压算出的空气密度 ρ 是准确的,而按地面气压推至高空算出的空气密度是不够准确的。当然,对于平稳大气情况,这种差别是很小的。从原理上讲,修正密度和声速比修正气温和地面气压更准确,但如果略去了声速对阻力的影响,准确性又会降低。此外,由于地炮和航弹的速度范围常常含有跨声速,这时采用修正声速的办法误差会稍大,故地炮和航弹不采用这种修正方法,从下面的分析将会看到这一点。

现在就来分别研究对空气密度和声速非标准进行修正的问题。

4.6.1　对单独空气密度偏差的修正

设实际空气密度为 $\rho_1(y)$,标准空气密度为 $\rho(y)$,密度偏差为 $\Delta\rho = \rho_1 - \rho$,则实际阻力加速度为

$$a_{x1} = \frac{\rho + \Delta\rho}{2m}v^2 Sc_x(Ma) = cH(y)F(v,c_s)\left(2 + \frac{\Delta\rho}{\rho}\right)$$

可见,密度相对变化 $\Delta\Pi = \Delta\rho/\rho$ 的影响,相当于弹道系数改变 Δc_p 的影响。

$$\Delta c_p = c\Delta\rho/\rho = c \cdot \Delta\Pi \tag{4.6.1}$$

而按状态方程

$$\Delta\Pi = \frac{\rho_1 - \rho}{\rho} = \frac{\rho_1}{\rho} - 1 = \frac{p_1}{\tau_1}\frac{\tau}{p} - 1 \tag{4.6.2}$$

式中,标准大气的 τ/p 是高度 y 的已知函数,故只要测得高度 y 处的实际气温 τ_1 和实际气压 p_1,就可直接求得空气密度的相对偏差 $\Delta\Pi$。

同样,为便于进行修正计算,也引出弹道空气密度偏差量 $\Delta\Pi_b$(弹道密偏)的概念,即由一个沿全弹道不变的空气密度偏差所产生的弹道诸元偏差与由沿全弹道实际变化着的空气密度偏差所产生的相应弹道诸元偏差相等,则称此不变的空气密度偏差为弹道空气密度偏差,记为 $\Delta\Pi_b$,其求法将在第 4.8 节中讲述。这样就可以很方便地用微分法计算由空气密度非标准产生的弹道诸元修正量,如 $\Delta x = c\Delta\Pi_b(\partial x/\partial c)$,$\Delta y = c\Delta\Pi_b(\partial y/\partial c)$,$\Delta t = c\Delta\Pi_b(\partial t/\partial c)$。

4.6.2 对声速非标准的修正

设空气密度 $H(y)$ 是标准的,仅仅声速非标准。但声速非标准实际上是由气温偏差 $\Delta\tau$ 引起的。由阻力加速度表达式 $a_x = cH(y)F(v,c_s)$ 知,声速只影响 $F(v,c_s)$,设当气温非标准时阻力函数 F_1 可表示成标准气温下阻力函数 $F(v)$ 与其增量之和,则

$$a_{x_1} = cH(y)(F(v) + \Delta F) = cH(y)F(v)\left(1 + \frac{\Delta F}{F}\right) = \left(c + c\frac{\Delta F}{F}\right)H(y)F(v)$$

即声速非标准的影响相当于弹道系数改变了 $\Delta c = c\Delta F/F$,而由式(2.4.6)下面的说明知,$F(v) = F(v_\tau)\tau/\tau_{0N}$,$v_\tau = v\sqrt{\tau_{0N}/\tau}$,于是

$$\frac{\Delta F}{F} = \frac{\mathrm{d}F/\mathrm{d}\tau}{F}\Delta\tau = \frac{\mathrm{d}(F(v_\tau)\tau/\tau_{0N})}{\mathrm{d}\tau}\frac{\Delta\tau}{F} = \left(1 - \frac{n}{2}\right)\frac{\Delta\tau}{\tau} \tag{4.6.3}$$

式中

$$n(Ma) = \frac{v_\tau F'(v_\tau)}{F(v_\tau)} \tag{4.6.4}$$

可称为阻力指数。因为在较小的马赫数区间,总可以将 $n(v)$ 看成常数,则由式(4.6.4)得

$$\frac{\mathrm{d}F}{F} = \frac{n\mathrm{d}v_\tau}{v_\tau}$$

积分后得

$$F(v_\tau) = B_n(v_\tau)^n \tag{4.6.5}$$

式中,B_n 为积分常数。

也就是说,$F(v_\tau)$ 函数在足够小的区间内总可以看作马赫数的指数函数,而指数 $n(v_\tau)$ 实际沿阻力系数曲线 $F(v_\tau)$ 是变化的,如图 4.6.1 所示。可见在亚声速和超声速范围内,$n(v_\tau)$ 曲线平坦,$F'(v_\tau) \approx 0$,在接近声速的跨声速区内,$n(v_\tau)$ 数值很大,变化也大。

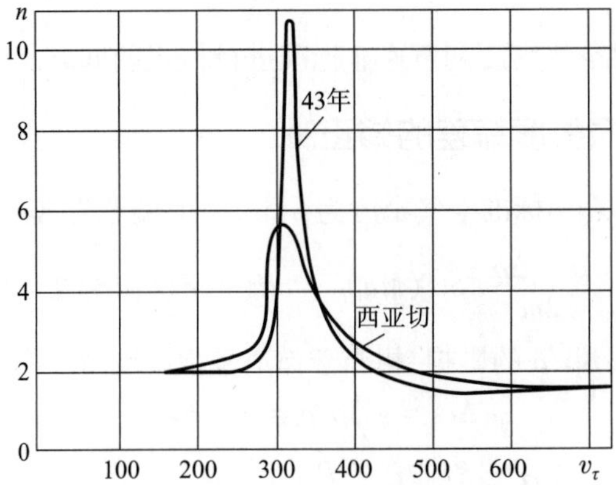

图 4.6.1 43 年阻力定律的阻力指数 $n(v)$

对高炮和海炮，通常全弹道上 $Ma>2$，n 值变化不大，故能较好地考虑声速变化对阻力的影响；但对于地炮和航弹的弹道，常有很长一段弹道处在跨声速区，n 值剧烈变化，难以较好地考虑声速对阻力系数的影响，因此采用修正气温气压的方式会更合适一些。

实际上，目前计算声速非标准影响的修正系数是用求差法获得的。给定气温偏差 $\Delta\tau=10$ ℃，仅考虑声速变化，计算出射高 y、水平距离 x 和飞行时间 t 的敏感因子（或修正系数）$\partial y/\partial\tau$、$\partial x/\partial\tau$、$\partial t/\partial\tau$，即可得到声速非标准时的修正量

$$\Delta y=\frac{\partial y}{\partial\tau}\Delta\tau_b,\Delta x=\frac{\partial x}{\partial\tau}\Delta\tau_b,\Delta t=\frac{\partial t}{\partial\tau}\Delta\tau_b \tag{4.6.6}$$

值得着重指出的是，式中的修正系数 $\partial x/\partial\tau$、$\partial t/\partial\tau$ 等是对应由气温非标准仅引起声速非标准的修正系数，它们与修正空气密度相匹配；而修正气压、气温时的修正系数 $\partial x/\partial\tau$、$\partial t/\partial\tau$ 在数值上与前者完全不同，后者要与修正气压相匹配。此外，在式(4.6.6)中，$\Delta\tau_b$ 也应是仅修正声速非标准所用的弹道气温偏差，其准确的数值也不同于修正气温、气压时的弹道气温偏差值。

4.7　对风的修正

实际风速、风向沿高度是变化的，为便于修正，我们用求弹道平均值的方法求得一个不变的平均风来代替随高度变化的实际风，使其对射程和侧偏产生的效果相同，这个平均风称为弹道风。关于弹道风的求法在下一节里介绍。纵风 w_x 主要影响射程，横风 w_z 主要影响方向。风对弹道的影响，主要由相对速度的变化使阻力大小和方向改变来体现，既可以用弹箭运动方程求解，也可用相对运动方法来求解。

4.7.1　横风产生的侧偏（运动方程求解法）

当只考虑横风 w_z 时，由非标准气象条件下运动方程组(4.2.4)关于 v_z 和 v_x 的方程得

$$\frac{\mathrm{d}v_z}{v_z-w_z}=\frac{\mathrm{d}v_x}{v_x} \tag{4.7.1}$$

积分后得

$$v_z-w_z=Cv_x\quad 或\quad \mathrm{d}z/\mathrm{d}t=w_z+Cv_x \tag{4.7.2}$$

式中，C 为积分常数，由初始条件确定。当 $t=0$，$v_z=0$ 时，得 $C=(-w_z/v_x)_0=-w_z/(v_0\cos\theta_0)$。将 C 代入方程组(4.7.2)的第二式再积分一次得

$$z=w_zt-\frac{w_z}{v_0\cos\theta_0}x=w_z\left(t-\frac{x}{v_0\cos\theta_0}\right)\quad 及落点侧偏\quad z_C=w_z\left(T-\frac{X}{v_0\cos\theta_0}\right) \tag{4.7.3}$$

这就是横风 w_z 所产生侧偏的计算公式。

4.7.2　横风产生的侧偏（相对运动法）

如图 4.7.1 所示，无风时的弹道为实线。有横风 w_z 时，作一动坐标系随同横风一起运动，则在动坐标系里如同无风一样，但在动坐标系里的观察者看来，初速以及整个射击面向左偏了一个角度 ψ_r

$$\psi_r=-w_z/(v_0\cos\theta_0) \tag{4.7.4}$$

那么，任一时刻 t、水平距离为 x 的弹箭在相对运动中的侧偏即为

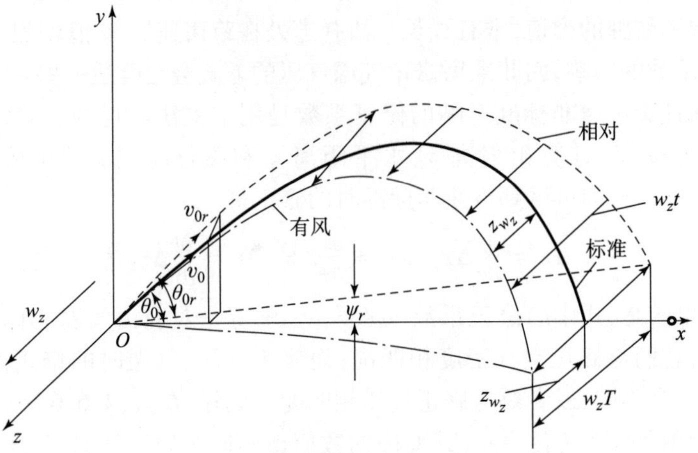

图 4.7.1　横风产生的侧偏

$$z_r = x\psi_r = -w_z x/(v_0\cos\theta_0) \tag{4.7.5}$$

但由于动坐标系向右平移产生了牵连运动,在时刻 t 牵连位移 $z_e = w_z t$。根据运动合成关系得

$$z = z_r + z_e = w_z\left(t - \frac{x}{v_0\cos\theta_0}\right) \tag{4.7.6}$$

对于落点,式(4.7.3)也适用。这个结果与前面由方程积分得出的结果完全相同,因此,相对运动法是准确的求差法,在第11章研究火箭风偏时,我们也将用此法。

这里需指出,在动坐标系里和在静坐标系里的观察者将同时观察到弹丸在同一时刻着地,故在相对坐标系与绝对坐标系里,飞行时间是相同的。

由式(4.7.3)可以看出,如果能使弹丸的实际水平分速度 v_x 始终不变地等于恒定的起始值($v_x = v_0\cos\theta_0$),那么就有 $T = X/(v_0\cos\theta_0)$,则无论横风风速 w_z 多么大,都不会产生侧偏。在实际中,由于空气弹道水平分速不断减小,故平均水平分速 $\bar{v}_x < v_0\cos\theta_0$,因此有

$$T > X/(v_0\cos\theta_0),\ z_C > 0 \tag{4.7.7}$$

则由式(4.7.3)知,火炮弹丸和火箭被动段由横风引起的侧偏总是顺风向的。

为了保持水平速度,减小横风产生的侧偏以及随机横风造成的横向散布,可用底部排气、续航发动机、底凹等方法弥补速度损失,这些方法不仅可增大射程,也有利于减小风偏。

4.7.3　纵风对射程的修正

在有纵风 $\boldsymbol{w}_x$ 时,作一动坐标系随风平移,则在动坐标系里无风,但相对初速矢量为

$$\boldsymbol{v}_{0r} = \boldsymbol{v}_0 - \boldsymbol{w}_x \tag{4.7.8}$$

由图4.7.2可以看出,相对初速 v_{0r} 和相对射角 θ_{0r} 以及速度和射角改变量的大小分别为

$$v_{0r} = \sqrt{v_{0rx}^2 + v_{0ry}^2} = \sqrt{(v_0\cos\theta_0 - w_x)^2 + (v_0\sin\theta_0)^2} = v_0\sqrt{1 - 2\frac{w_x}{v_0}\cos\theta_0 + \left(\frac{w_x}{v_0}\right)^2}$$

$$\Delta v_0 = v_{0r} - v_0 \approx -w_x\cos\theta_0 \tag{4.7.9}$$

$$\theta_{0r} = \arctan\left(\frac{v_0\sin\theta_0}{v_0\cos\theta_0 - w_x}\right) = \arctan\left[\frac{1}{1 - w_x/(v_0\cos\theta_0)}\tan\theta_0\right] \tag{4.7.10}$$

$$\Delta\theta_0 = \theta_{0r} - \theta_0 \approx w_x\sin\theta_0/v_0$$

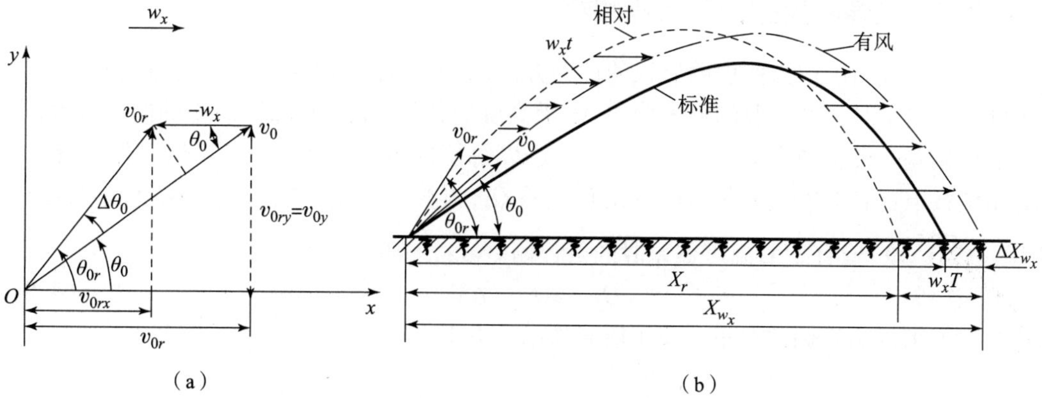

图 4.7.2 对纵风的修正

由 c、v_{0r}和 θ_{0r}，根据弹道表或任一种弹道解法，可求得在动坐标系里的相对射程 X_r 等，再加上由动坐标系平移产生的牵连射程 $w_x T$(两坐标系里，弹箭的飞行时间 T 相同)，即得有纵风时弹箭相对于地球的射程 $X_{w_x} = X_r + w_x T$。再设由 c、v_0、θ_0得无风射程 X，则纵风的射程修正量为

$$\Delta X_{w_x} = (X_r + w_x T) - X = (X_r - X) + w_x T$$

而 X_r 与 X 不同是由于 θ_{0r}、v_{0r}不同于 θ_0、v_0而产生的，故 $X_r - X = \Delta X_r = \dfrac{\partial X}{\partial V_0}\Delta v_{0r} + \dfrac{\partial X}{\partial \theta_0}\Delta\theta_{0r}$，而 $\Delta v_{0r} = v_{0r} - v_0 \approx -w_x\cos\theta_0$，$\Delta\theta_{0r} = \theta_{0r} - \theta_0 \approx \dfrac{w_x \cdot \sin\theta_0}{v_0}$，于是得纵风对射程的修正公式

$$\Delta X_{w_x} = w_x\left(T - \frac{\partial X}{\partial v_0}\cos\theta_0 + \frac{\partial X}{\partial \theta_0}\frac{\sin\theta_0}{v_0}\right) \tag{4.7.11}$$

4.8 弹道准确层权和近似层权

实际气温、气压、风速、风向在同一地点、同一时刻都是沿高度变化的，并且变化的规律也不会与标准气象条件的规定相同，二者在各高度上的差值也各不相同。当用求差法计算弹道诸元偏差时，这个问题不大，只要把各高度上的实际气象条件测出，代入非标准气象条件弹箭质心运动方程计算即可。但在应用微分法修正时，就遇到了困难，用什么样的偏差值去计算修正量呢？为了进行修正，就要用一个沿全弹道固定不变的气象要素偏差值，即弹道气象要素偏差值去计算，本节讲述这种平均值的求法、层权的定义及准确层权和近似层权的计算方法。

4.8.1 弹道平均值和层权

以风为例，为了对风的影响进行微分修正，需要找到一个沿全弹道不变的恒定风来代替沿全弹道变化的风，但允许这种替代的前提必须是，由此恒定不变的风求得的修正量与由随高度变化的风求得的修正量相等。我们称这种不变的恒定风为弹道风。以同样的方式可定义弹道气温偏差和弹道空气密度偏差。由于同样的气象要素偏差在不同弹道层里作用时对弹道诸元的影响不同，故在求弹道平均值时，对各层气象要素偏差所赋的权不同，这种权值就称为层权。

4.8.2 准确层权的计算方法和特点

现以弹道气温层权为例说明层权的计算方法,其他气象要素层权的求法与此相同。设对于某弹道给出了对标准气温的温度偏差 $\Delta\tau$ 沿高度的分布,如图 4.8.1(a)中的曲线所示,需求弹道温度偏差。设将弹道分为 n 层,层厚大小以每层内温度偏差 $\Delta\tau$ 可近似看作相等为宜。先算出全弹道皆有 1 ℃气温偏差时的射程偏差 Q_τ,再算出当第一层无气温偏差,第二层以上(即图中 $\widehat{1s1'}$ 段)皆有 1 ℃温度偏差时的射程偏差 $\Delta X_{11'}$,则

$$Q_1 = Q_\tau - \Delta X_{11'} \tag{4.8.1}$$

即反映出 1 ℃的温度偏差在第一层中所起作用的大小。

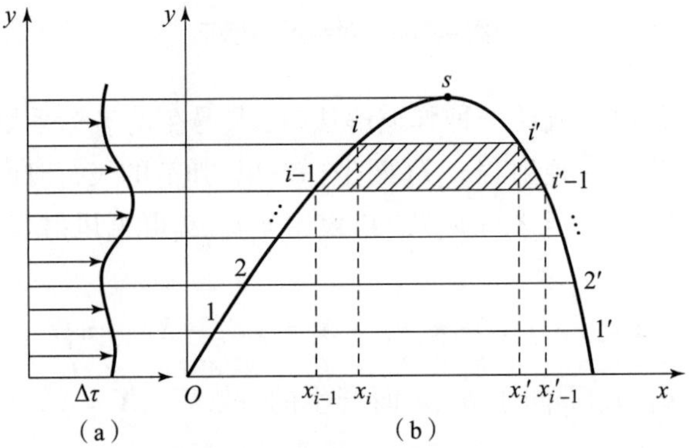

图 4.8.1 弹道层权的计算方法

再算出第一、二层无气温偏差,而第三层以上有 1 ℃气温偏差(即 $\widehat{2s2'}$ 段)时的射程偏差

$$Q_2 = \Delta X_{11'} - \Delta X_{22'} \tag{4.8.2}$$

即反映出 1 ℃温度偏差在第二层中所起作用的大小。1 ℃的温度偏差在其他各层中所起作用大小都可类似地求出,在最后一层所起的作用就是 $Q_n = \Delta X_{(n-1)(n-1)'}$。容易看出

$$\sum_{i=1}^{n} Q_i = Q_\tau \tag{4.8.3}$$

设各层中气温偏差为 $\Delta\tau_1, \Delta\tau_2, \cdots, \Delta\tau_n$,则实际气温偏差分布下所产生的射程偏差为

$$\Delta X_\tau = \Delta\tau_1 Q_1 + \Delta\tau_2 Q_2 + \cdots + \Delta\tau_n Q_n = \sum_{i=1}^{n} \Delta\tau_i Q_i \tag{4.8.4}$$

根据弹道温度偏差 $\Delta\tau_b$ 的定义,由它产生的射程偏差应与上式求出的射程偏差相等,则有

$$\Delta\tau_b Q_\tau = \sum_{i=1}^{n} \Delta\tau_i Q_i = \Delta X_\tau \tag{4.8.5}$$

于是得

$$\Delta\tau_b = \sum_{i=1}^{n} \left(\frac{Q_i}{Q_\tau}\right)\Delta\tau_i = \sum_{i=1}^{n} q_{\tau_i}\Delta\tau_i \tag{4.8.6}$$

式中

$$q_{\tau_i} = Q_i / Q_\tau \tag{4.8.7}$$

是当 1 ℃气温偏差仅作用于第 i 层产生的射程偏差与全弹道有 1 ℃气温偏差时产生的射程偏差之比,反映了 1 ℃气温偏差在该层作用的相对大小,称为第 i 层的层权。由式(4.8.3)可知

$$\sum_{i=1}^{n} q_{\tau_i} = 1 \tag{4.8.8}$$

这是层权的必然属性，也是检查层权计算正确与否的一个判别式。

实际计算时，可适当加大偏差量，以避免因标准弹道诸元差值太小而影响计算精度。

类似地，可求出弹道横风层权 $q_{w_{z_i}}$、纵风层权 $q_{w_{x_i}}$、弹道空气密度偏差层权 q_{ρ_i} 以及仅考虑声速变化的弹道气温层权 $q_{c_{\tau_i}}$。有了层权，则各种弹道气象要素平均值就很容易计算，如

$$w_b = \sum_{i=1}^{n} q_{w_i} w_i, \quad \Delta\tau_b = \sum_{i=1}^{n} q_{\tau_i} \Delta\tau_i, \quad \Delta\Pi_b = \sum_{i=1}^{n} q_{\rho_i} \Delta\Pi_i, \quad \Delta\tau_{cb} = \sum_{i=1}^{n} q_{c_{\tau_i}} \Delta\tau_i \quad (4.8.9)$$

w_b 又分 w_{xb} 和 w_{zb}。准确层权的计算表明，各种层权不仅随 c、v_0、θ_0 变化，而且对射程和对侧偏的层权不同，气温偏差、纵风、横风、空气密度的层权也各不相同，例如表 4.8.1 即为地炮 $c=1.0$、$v_0=600$、$\theta_0=50°$ 时，弹道分为 2 ~ 10 层时的层权。表 4.8.2 为某高炮 $c=2.0$、$v_0=1\ 000$、$\theta_0=80°$、目标高 6 000 m 时，弹道分为 2 ~ 10 层时的层权，其中左表为修正空气密度和声速时的层权，右表为修正气温和气压时的层权。因气压偏差采用地面气压偏差量，再按压高公式计算各高度气压，故无弹道气压偏差。

表 4.8.1　地炮层权

气温层权										
	1	2	3	4	5	6	7	8	9	10
2	0. 265 8	0. 734 2								
3	0. 160 1	0. 532 6	0. 307 3							
4	0. 115 6	0. 150 2	0. 499 3	0. 234 9						
5	0. 087 6	0. 117 8	0. 369 2	0. 220 4	0. 205 1					
6	0. 071 1	0. 089 1	0. 105 7	0. 426 9	0. 123 0	0. 184 3				
7	0. 057 7	0. 066 1	0. 109 2	0. 237 8	0. 265 9	0. 094 4	0. 168 9			
8	0. 051 1	0. 064 5	0. 069 5	0. 080 6	0. 365 9	0. 133 5	0. 077 3	0. 157 6		
9	0. 045 8	0. 054 7	0. 059 6	0. 081 9	0. 190 3	0. 260 4	0. 089 1	0. 069 4	0. 148 8	
10	0. 041 9	0. 045 7	0. 053 7	0. 064 0	0. 060 5	0. 308 8	0. 152 1	0. 068 3	0. 063 0	0. 142 1
纵风层权										
	1	2	3	4	5	6	7	8	9	10
2	0. 263 2	0. 736 8								
3	0. 159 6	0. 441 5	0. 398 9							
4	0. 114 0	0. 149 3	0. 414 3	0. 322 4						
5	0. 089 0	0. 116 6	0. 297 0	0. 213 1	0. 284 3					
6	0. 070 3	0. 089 3	0. 103 6	0. 337 9	0. 141 6	0. 257 3				
7	0. 057 7	0. 073 6	0. 099 9	0. 197 5	0. 217 7	0. 116 6	0. 236 9			
8	0. 051 2	0. 062 8	0. 071 3	0. 078 0	0. 286 1	0. 128 2	0. 100 4	0. 222 0		
9	0. 045 3	0. 054 0	0. 060 3	0. 077 4	0. 153 9	0. 210 2	0. 097 9	0. 090 5	0. 210 5	
10	0. 041 5	0. 047 5	0. 051 5	0. 065 1	0. 057 6	0. 239 4	0. 131 6	0. 081 5	0. 084 4	0. 199 8

续表

	横风层权									
	1	2	3	4	5	6	7	8	9	10
2	0.533 9	0.466 1								
3	0.340 9	0.338 1	0.321 0							
4	0.245 3	0.288 6	0.197 0	0.269 1						
5	0.191 0	0.224 8	0.214 4	0.135 3	0.234 5					
6	0.156 9	0.181 1	0.196 0	0.142 1	0.113 2	0.210 8				
7	0.133 2	0.151 0	0.165 8	0.158 2	0.099 3	0.099 9	0.192 6			
8	0.113 7	0.131 6	0.138 8	0.149 8	0.114 5	0.082 5	0.090 5	0.178 6		
9	0.100 6	0.113 6	0.123 8	0.131 1	0.125 0	0.082 0	0.073 9	0.082 9	0.167 2	
10	0.091 8	0.099 2	0.109 3	0.115 4	0.118 1	0.096 3	0.068 0	0.067 3	0.076 9	0.157 6

表 4.8.2 高炮层权

层数	弹道温度偏差	弹道纵风	弹道横风	弹道空气密度偏差	层数	弹道温度偏差	弹道纵风	弹道横风	弹道空气密度偏差
1	0.118 0	0.121 0	0.119 9	0.189 2	1	0.153 2	0.121 0	0.119 9	
2	0.114 2	0.133 1	0.131 3	0.184 4	2	0.140 2	0.133 1	0.131 3	
3	0.110 4	0.139 4	0.137 5	0.163 1	3	0.120 8	0.139 4	0.137 5	
4	0.106 7	0.148 4	0.146 7	0.149 7	4	0.120 3	0.148 4	0.146 7	
5	0.102 2	0.153 1	0.151 5	0.129 5	5	0.103 9	0.153 1	0.151 5	不修正
6	0.098 1	0.145 9	0.145 2	0.091 4	6	0.109 2	0.145 9	0.145 2	
7	0.093 7	0.084 3	0.091 1	0.049 5	7	0.190 8	0.084 3	0.091 1	
8	0.089 4	0.040 6	0.042 0	0.028 4	8	0.048 5	0.040 6	0.042 0	
9	0.085 9	0.025 1	0.025 6	0.012 7	9	0.011 5	0.025 1	0.025 6	
10	0.081 4	0.009 0	0.009 1	0.002 3	10	0.001 6	0.009 0	0.009 1	
$C=2.000, v_0=1\ 000.0, \theta_0=80.00, HM=6\ 000$。									

4.8.3 近似层权

由于准确层权随各种情况变化过于复杂,在过去计算工具不发达的时代无法应用,故过去实际用的是近似层权。近似层权与各种情况无关,是一组固定的数值。尽管因近似有些误差,但它适应快速确定气象修正量的要求,故目前也还在用。近似层权有地炮、高炮和航弹三种。

1. 地炮近似层权

对于地面火炮弹道,起始段和弹道末段速度大,弹道倾角也大,因而弹丸迅速穿过弹道底层的升弧、降弧段。但在弹道顶点附近，弹箭速度小，弹道倾角也小，弹箭长时间在顶层附近飞行。其他中间各层，穿越飞行时间依次增大。地炮近似层权的思想是认为弹箭在哪个弹道层停留的时间长，则气象要素偏差对弹道诸元偏差的影响就大。因此，各层的层权可用弹丸在该层停留的时间与全飞行时间之比——相对停留时间来表示。但这种相对停留时间也随弹道参数 c、v_0、θ_0 以及对不同气象偏差和不同弹道诸元而不同，使用起来仍然不便。作为一种近似，我们取真空弹道中各层的相对停留时间作为地炮近似层权，这种层权就与射击条件无关了。

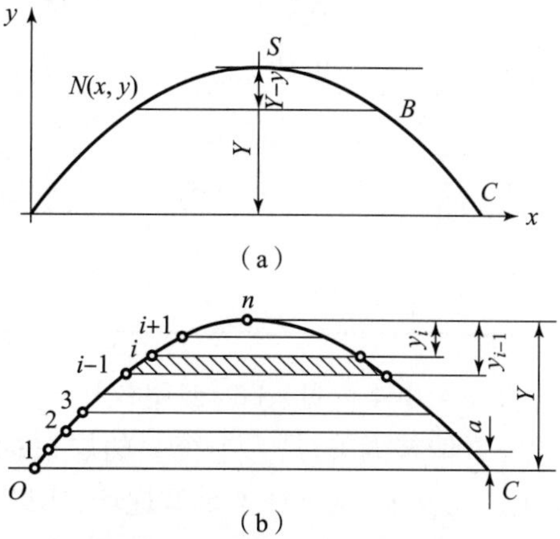

图 4.8.2　弹道分层和近似层权

如果将抛物线弹道按高度等分为 n 个等厚层，层厚为 a(图 4.8.2(b))，设弹丸飞越第($i-1\sim i$)层(图中带阴影线层)的左右弧段所经过的时间为 t_{i-1}^{i}，而由射出点 O 至落点 C 的全飞行时间为 T，则通过该层的时间与全飞行时间的比值 t_{i-1}^{i}/T，称为相对停留时间。由式(3.3.10)知，真空弹道顶点高 Y 与全飞行时间的关系为

$$T = \sqrt{8Y/g} \tag{4.8.10}$$

这个关系式与弹箭的初速 v_0 及射角 θ_0 无关。由于在弹道的任意一层以上的部分均可看作为一条抛物线弹道，故式(4.8.10)也可适用。因此，弹箭通过高度 y 水平线以上弹道弧段的时间是

$$t_y = \sqrt{8(Y-y)/g}$$

故弹箭在 y 高度以下一层停留的相对时间为

$$q = \frac{T-t_y}{T} = \frac{\sqrt{Y}-\sqrt{Y-y}}{\sqrt{Y}} = 1-\sqrt{1-s} \tag{4.8.11}$$

式中，$s=y/Y$ 称为相对高度，此时 q 即为任意高度以下弹道层的层权。

由式(4.8.11)，按照层权相等、厚度不等将弹道分为 10 层时各层界线的相对高度，见表 4.8.3。

表 4.8.3　地炮弹道等权分层近似层权表

层权 q	0	0.1	0.2	0.3	0.4	0.5	0.6	0.7	0.8	0.9	1.0
相对高度 s	0	0.19	0.36	0.51	0.64	0.75	0.84	0.91	0.96	0.99	1.0

而当弹道按等厚度分为 n 层，每层厚 $a=Y/n$ 时，第 i 层上、下边界高度为 $y_i=ia$，$y_{i-1}=(i-1)a$，或相对高度 $s_i=i/n$，$s_{i-1}=(i-1)/n$，故在第 i 层的相对停留时间为

$$q_i = q_{(i)}-q_{(i-1)} = (\sqrt{n-i+1}-\sqrt{n-i})/\sqrt{n} \tag{4.8.12}$$

表 4.8.4 所示为将弹道分为 2 ~ 6 层的弹道中各层的相对停留时间。

表 4.8.4　相对停留时间

i	n				
	2	3	4	5	6
1	0.29	0.18	0.13	0.11	0.09
2	0.71	0.24	0.16	0.12	0.10
3		0.58	0.21	0.14	0.11
4			0.50	0.19	0.13
5				0.44	0.17
6					0.40

由表4.8.4可见:①近似层权与 c、v_0、θ_0 无关,也与是修正哪一个弹道诸元以及是哪一个气象要素偏差无关,是一个统一的层权;②无论分多少层,各层层权之和等于1;③下层层权小,上层层权大,从下往上单调递增;④最上一层层权几乎占了整个层权和的一半,分两层时占2/3。空气弹道也大致具有②、③、④这些性质。

2. 高炮近似层权的计算

高炮弹道比较直,并且只考虑它在升弧上的运动,所以弹丸飞行速度变化小,故不再考虑相对停留时间,而只考虑在气象条件影响后弹丸飞行的相对高度,相对高度越大,引起的偏差越大。图4.8.3(a)表示同样大小的风在弹道上层、弹道下层和全弹道作用于弹丸所引起的炸点偏离情况。例如,弹丸在全弹道受风作用后所产生的炸点偏差(PP_0)最大,在 y_1 高度受风作用后所产生的炸点偏差(PP_1)次之,在 Y_2 高度受风作用后所产生的炸点偏差(PP_2)最小。

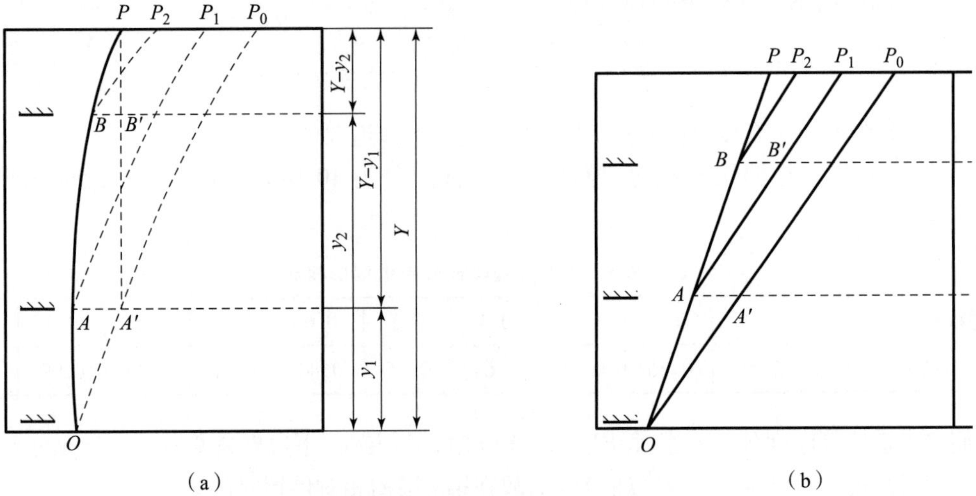

图 4.8.3　高炮近似层权的求法

此外,空气密度是随高度增大而减小的,密度大的气层对弹丸飞行的影响也大,所以高炮弹道的层权是弹道下层大而上层小,准确层权的计算也证实了这一点。

高炮弹道近似层权公式的求法如下。近似把高炮弹道看成直线。由图中相似关系得

$$\frac{PP_2}{PP_1} = \frac{BP}{AP} = \frac{B'P_1}{A'P_0} = \frac{Y - y_2}{Y - y_1} = \frac{1 - s_2}{1 - s_1} \tag{4.8.13}$$

式中，$s_1 = y_1/Y, s_2 = y_2/Y$，为 A、B 点的相对高度，又定义 $q_i = P_iP_0/PP_0$，是 y_i 以下高度的层权，则

$$\frac{PP_2}{PP_1} = \frac{PP_2/PP_0}{PP_1/PP_0} = \frac{\Delta q_2}{\Delta q_1} = \frac{\Delta q_2/\Delta s}{\Delta q_1/\Delta s} \approx \frac{\mathrm{d}q_2/\mathrm{d}s}{\mathrm{d}q_1/\mathrm{d}s} = \frac{q_2'}{q_1'}$$

得

$$\frac{q_2'}{1 - s_2} = \frac{q_1'}{1 - s_1} = \frac{q'}{1 - s} = K \tag{4.8.14}$$

式中，$q' = \mathrm{d}q/\mathrm{d}s$，是弹道层权的变化率。此式表明，同样的气象条件作用在弹道各层时，对弹道层权变化率的影响与弹丸受作用后飞到炸点的气层厚度$(1-s)$成正比。由层权总和等于1，有

$$\int \mathrm{d}q = \int_0^1 K(1 - s)\,\mathrm{d}s = 1 \tag{4.8.15}$$

解得 $K=2$，再从 $s=0$ 到 s 进行积分得

$$q = 1 - (1 - s)^2 \tag{4.8.16}$$

这就是高炮近似层权公式。根据此式可算得一系列相对高度 s 所相应的 q 值，见表 4.8.5 和图 4.8.4 中 OK_2B 曲线，图中还顺便画出了地炮层权曲线（OrB 曲线），二者凸凹方向正好相反，其间的 0，4，…，16 曲线是考虑弹道高越大，下层空气密度大，风的影响大，而对近似层权进行修正后的地炮弹道风层权，曲线 0，4，…，16 分别代表弹道顶点高的千米数，$q = 1 - \sqrt{1 - s}$。

表 4.8.5　高炮层权

相对高 s	0	0.1	0.2	0.3	0.4	0.5	0.6	0.7	0.8	0.9	1.0
高炮层权 q	0	0.19	0.36	0.51	0.64	0.75	0.84	0.91	0.96	0.99	1.0
等厚层号	1	2	3	4	5	6	7	8	9	10	
层权 q_i	0.19	0.18	0.15	0.13	0.11	0.09	0.07	0.05	0.02	0.01	

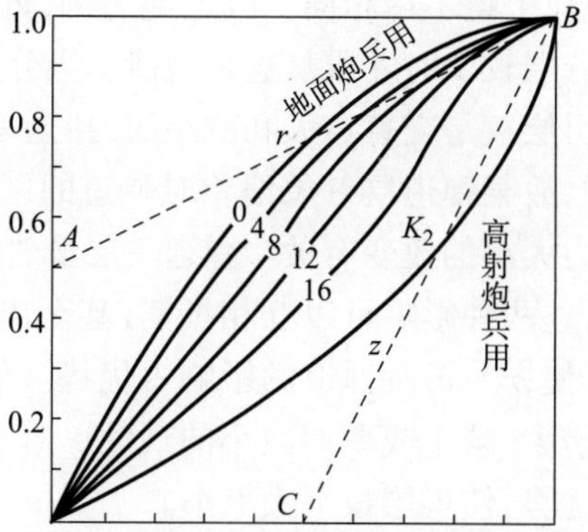

图 4.8.4　高炮和地炮层权 $q-s$ 曲线

3. 航空炸弹的近似层权

航空炸弹是从上往下降落，其弹道大致与地炮的降弧段相似。飞机投弹时，如果速度是水

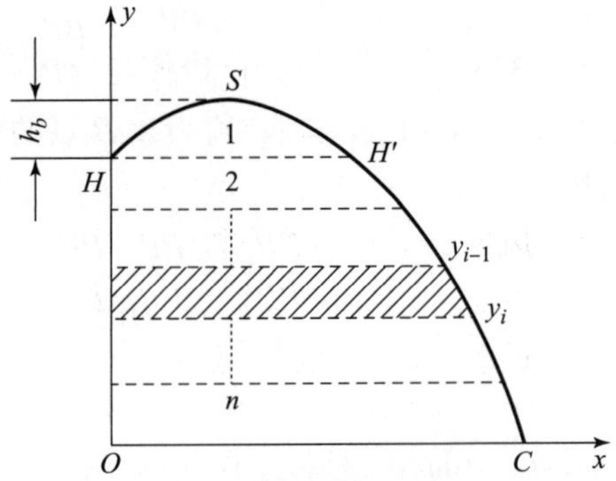

图4.8.5　航空炸弹近似层权求法

平的,则称为水平投降;如果投弹时飞机速度在水平线以上,则称为上仰投弹;反之,则称为俯冲投弹。图4.8.5所示即为上仰投弹。航弹对非标准气象条件的修正也采用弹道平均值和层权的概念,目前也还是用近似层权代替准确层权。近似层权也以真空弹道上相对停留时间表示,只不过它将最上的一层作为第一层,最下的一层作为第末层。

对于水平投弹,弹道分为等厚 n 层时,第 i 层的层权为

$$q_i = (\sqrt{i} - \sqrt{i+1})/\sqrt{n} \tag{4.8.17}$$

对于俯冲投弹,设炸弹在投弹处铅直速度为 $v_{0y} = v_0 \sin|\theta_0|$,以反推的虚拟水平投弹点至实际俯冲投弹点高差的 j 分之一 $\left(h_a = \dfrac{v_{0y}^2}{2g}\Big/ j\right)$ 作厚层,除非俯冲角很大(通常取 $j=1$)。将弹道分为等厚的 n 层,则第 i 层的层权是

$$q_i = (\sqrt{i+j} - \sqrt{i+j-1})/(\sqrt{n+j} - \sqrt{j}) \tag{4.8.18}$$

最后,对于上仰投弹,将炸弹上升至顶点的高度 h_b 作为第一层,并以 h_b 将投弹点以下弹道分成 $(n-1)$ 层,则各层层权是

$$q_1 = 2/(\sqrt{n}+1),\ q_i = (\sqrt{i} - \sqrt{i-1})/\sqrt{n+1} \quad (i = 2,3,\cdots,n) \tag{4.8.19}$$

对于俯冲和上仰弹道,最后一层可能不恰好是 h_a 或 h_b,但因其层权值较小,也就不计较了。

4.8.4　准确层权与近似层权的比较

由表4.8.1、表4.8.2与表4.8.4的比较可见,准确层权与近似层权不仅在数值上有区别,而且在层权沿高度分配的规律上也不尽相同。以地炮为例,近似层权从下层到上层是单调增加的,然而准确层权只有在分层较少时才服从这种规律。当分层较多时,在某些情况下只有上几层层权是递增的,而下几层层权是交替增大和减小的,甚至是单调减小的。这是由于气象偏差是通过阻力而影响弹道的,故某弹道层气象偏差对弹道的影响不仅与弹丸在该层相对停留的时间长短有关,而且与阻力大小的改变有关。弹道下层虽然相对停留时间短,但是速度 v 和空气密度 ρ 大,阻力改变大,这两种影响可以互相抵消,甚至出现后者大于前者的情况。特别是在声速附近,由于 c_x 很大,使 ρ、v、c_x 对弹道的影响占优势。但过了声速区,相对停留时间又占优势,因而出现层权交替增大、减小或单调减小的现象。对于高炮弹道,显然是下层的速度大、空气密度大的影响占了优势,使得层权下大上小。

4.9　气象探测和气象通报

大气的气象要素包括地面和高空的气温、气压、湿度、风速、风向。

地面气象要素用温度表(计)、气压表(计)、湿度表(计)、风速风向仪测量,测量前这些仪

器都要经过校准。一般要在离炮位 50 m 以外开阔地避开阳光直晒测量,风速、风向测量还要距地面 3.5 m 高左右为好,以便接近炮口高度并避开地面乱流的影响。

高空气象一般要放探空气球,携带探空仪升空,探空仪中装有测温、湿、压的仪表并将所测得的气温、气压和湿度转换成电码用无线电发送回,地面接收机接收后再还原成气温、气压和湿度。风速、风向可通过雷达或测风经纬仪测量一系列时刻气球的位置换算出来。

各军兵种均有自己的气象分队、气象台站或中心,随时提供地面和高空气象资料供作战、训练和试验之用。气象探测的结果以气象通报的形式向外发送,供有关部队、部门和领导机关使用。下面介绍气象通报的格式和说明。

4.9.1　编报规则

1. 缺字补“0”

凡通报诸元的数字不足该组的规定字数时,应在数字前添“0”。

例:气象站高程规定以 4 个数字代表,若实际高程为 50 m,则该组应编为“0050”。

2. 不明填“9”

凡某诸元不明时,其字数均以“9”代替。

例:地炮气象通报中,各弹道高的诸元由弹道温偏(2 个字)、风向(2 个字)、风速(2 个字)组成一组(共 6 个字)。测得弹道温偏为 13 ℃,弹道风不明时,该组应编为“139999”。

3. 负值加 5

凡某诸元为负值时,在其左方第一位数上加“5”。

如前例,当弹道温偏为 -13 ℃时,该组应编为“639999”。

使用这一规定应注意以下特殊情况:当遇气温偏差量为 -50 ℃以下时,不再加 5。例如:在前例中如弹道温偏为 -55 ℃,该组应编为“559999”。根据当时天气,决不会理解为 -5 ℃或 +55 ℃;当气象站低于海平面时,高程为负,此时仍应加 5。例如,气象站高程为 -150 m 时,该组应编为“5150”,根据当地情况决不会理解为 5 150 m 高原。上述两种情况都是很少遇到的。

4. 四舍五入

各诸元归整时,一律四舍五入。

例:某弹道高气温偏差量为 -14.6 ℃,弹道风风向为 31 -40(归整到 1 -00),风速为 5.5 m/s,该组应编为“653106”。

5. 组间隔开

各组数字间均用短横线“—”隔开。发报时用适当的“停顿”以示隔开。

如前例弹道高是 200 m 时,应编为“—200—653106”。

又如高射炮兵气象通报中,炸高 800 m,密偏为 -8.4%,温偏为 -6.3 ℃,弹道风不明,此时应编为“—0808—569999”。

4.9.2　地炮气象通报

下面以例子讲述气象通报的编写和识别。地炮弹道气象通报格式如下(说明见表 4.9.1):

1111—1730—0080—50908—02—033105—04—023206—08—013306—12—003407—

16—513407—20—523406—24—533306—30—533205—40—533305—50—533404—058

表4.9.1　地炮弹道气象通报说明

组序	名称	字组示例	编报说明
第一组	报头	1111	四字组成,“1111”表示地面炮兵弹道气象通报
第二组	探测结束时间	1730	四字组成,前两字为时,后两字为分,本例为17时30分
第三组	气象站高程	0080	四字组成,以m为单位,归整到10 m,本例为80 m
第四组	地面气压气温偏差量	50908	五字组成,前三字为地面气压偏差量,以mm为单位,归整到1 mm,本例为 -9 mm;后两字为地面气温偏差量,以℃为单位归整到1 ℃,本例为8 ℃
第五组	规定弹道高	02	两字组成,以hm为单位,本例为200 m,10 000 m以上以km为单位
第六组	规定弹道高的弹道气温偏差量、弹道风风向和风速	033105	六字组成,前两字为弹道气温偏差量,以℃为单位,归整到1 ℃,本例为 +3 ℃,中两字为弹道风风向,以百密位为单位,归整到1 -00,本例为31 -00;后两字为弹道风速,以m/s为单位,归整到1 m/s,本例为5 m/s
以下报文依次			
最后一组	报尾	058	三字组成,代表测风达到的高度,以hm为单位,本例为5 800 m
注:目前部队还以毫米汞柱(mmHg)作为气压单位,故气象通报中的气压是以mmHg为单位,1 mmHg = 4/3 hPa。			

4.9.3　高射炮兵弹道气象通报

高炮弹道气象通报比地炮弹道气象通报增加了弹道空气密度偏差量一项。通报格式的例子如下(说明见表4.9.2):

2222—1430—0080—509—5808—0858—035706—1258—035706—1657—035607—2057—025607—2456—015707—3055—005707—4055—515807—5055—529999—066

表4.9.2　高炮弹道气象通报说明

组序	名称	字组示例	编报说明
第一组	报头	2222	四字组成,“2222”表示高射炮兵气象通报
第二组	探测结束时间	1430	四字组成,前两字为时,后两字为分,本例为14时30分
第三组	气象站高程	0080	四字组成,以m为单位,归整到10 m,本例为80 m
第四组	地面气压偏差量	509	三字组成,以mm为单位,归整到1 mm,本例为 -9 mm
第五组	地面空气密度偏差量和气温偏差量	2808	四字组成,前两字为地面空气密度偏差量,归整到1%,本例为 -8%;后两字为地面气温偏差量,以℃为单位,归整到1 ℃,本例为 +8 ℃
第六组	规定炸高和该炸高弹道空气密度偏差量	0858	四字组成,前两字为规定炸高,从800 m至8 000 m,以hm为单位,10 000 m以上以km为单位,本例为800 m;后两字为弹道空气密度偏差量,归整到1%,本例为 -8%

续表

组序	名称	字组示例	编报说明
第七组	规定炸高的弹道气温偏差量、弹道风风速和风向	035706	六字组成，前两字为弹道气温偏差量，以℃为单位，归整到 1 ℃，本例为 +3 ℃；中两字为弹道风风向，以百密位为单位，归整到 1-00，本例为 57-00；后两字为弹道风风速，以 m/s 为单位，归整到 1 m/s，本例为 6 m/s
以下循环重复第六组、第七组的内容			
最后一组	报尾	066	三字组成，代表测风达到的高度，以 hm 为单位，本例为 6 600 m

4.9.4　地炮计算机气象通报

地炮计算机气象通报主要用于有炮兵射击指挥系统的炮兵部队。在地炮计算机气象通报中，地面和各层气象数据均用真实气象条件给出，内容包括地面绝对虚温、地面气压、地面风以及各规定高度的绝对虚温和真风。各规定分层高度对应的层号见表 4.9.3。

表 4.9.3　各规定分层高度对应的层号

层号	0	1	2	3	4	5	6	7	8	9
高度	地面	200	500	1 000	1 500	2 000	2 500	3 000	4 000	5 000
层号	10	11	12	13	14	15	16	17		
高度	6 000	7 000	8 000	9 000	10 000	12 000	14 000	16 000		

地炮计算机通报的例子如下：

5555—1425—0320—7595—00—534135—2976—01—589112—2973—02—081103—2948—03—070101—2811—04—091102—2772—05—092103—2701—06—108104—2673—07—124104—2585—08—…（以下循环重复）

通报的含义见表 4.9.4。

表 4.9.4　通报的含义

组序	名称	字组示例	编报说明
第一组	报头	5555	四字组成，“5555”表示地炮计算机通报
第二组	探测结束时间	1425	四字组成，前两字为时，后两字为分。本例为 14 时 25 分
第三组	气象站高程	0320	四字组成，以 m 为单位，规整到 10 m，本例为 320 m
第四组	地面气压	7595	四字组成，表示地面气压，单位为 mmHg，前三位为整数，第四位为小数，本例为 759.5 mmHg
第五组	层号	00	两字组成，代表各规定层号。本例为 00 层

续表

组序	名称	字组示例	编报说明
第五组	规定分层高度的风向风速	534135	六字组成,前三位表示风向,规整到 10 mil,后三位为风速,其中前两位为整数,后一位为小数。本例为 0 层风向坐标方位角 53－40 mil,风速为 13.5 m/s
第六组	绝对虚温	2976	前三位为整数,后一位为小数。本例表示 00 层虚温为 297.6 K
第七组	层号	01	
	以下重复第六组、第七组		

此外,还有火箭主动段低空风计算机气象通报(报头为 6666),供火箭射击使用;另外,还有声测通报(报头为 3333),供声测分队测炸点和敌方炮位位置使用。

气象通报通常每隔两小时播发一次;天气急剧变化或战斗需要时,应按上级指示增加播发次数。为了提高射击试验准确性,应尽可能使气象数据适时,故有时需增加气象探测次数。

4.10 火炮运动时的修正

车载或舰载火炮对目标射击时,由于运载器运动改变了弹丸出炮口时相对于地面的初速大小和方向,必须予以修正。

如图 4.10.1 所示,设火炮发射瞬时的位置在 O 点,以速度 v_b 向 Ox'方向前进,而目标在 Ox 方向上。Ox 与 Ox'的夹角为 ψ_b,如火炮沿 Ox 方向以射角 θ_0和初速 v_0射击,则射出炮口时的合成速度矢量为 $\boldsymbol{v}_{0\Sigma}$,射角为 $\theta_{0\Sigma}$,而由于火炮运动对射向的修正为 $\Delta\psi$,则有

$$\Delta\psi = \arctan\frac{v_b\sin\psi_b}{v_0\cos\theta_0 + v_b\cos\psi_b} \tag{4.10.1}$$

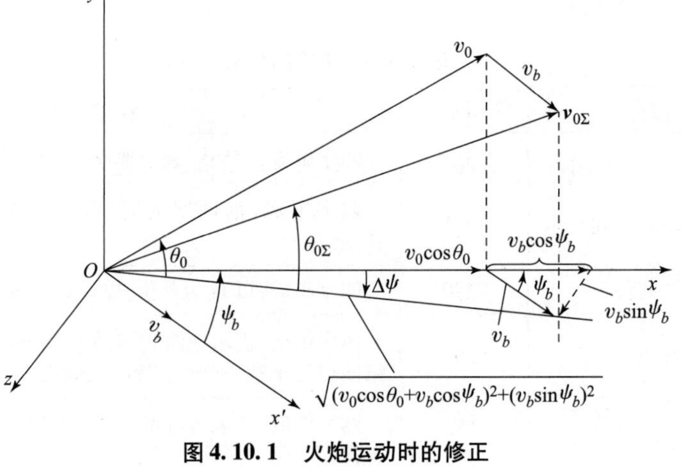

图 4.10.1 火炮运动时的修正

至于对射程的影响,将由初速和射角的改变来确定。由图 4.10.1 知

$$v_{0\Sigma} = \sqrt{(v_0\cos\theta_0 + v_b\cos\psi_b)^2 + (v_0\sin\theta_0)^2 + (v_b\sin\psi_b)^2} = \sqrt{v_0^2 + 2v_0v_b\cos\theta_0\cos\psi_b + v_b^2}$$

从根号中提出 v_0 并利用二项式定理展开，再略去二次以上各项，得合速度 $v_{0\Sigma}$ 及初速增量 Δv_0

$$v_{0\Sigma} = v_0(1 + v_b\cos\theta_0\cos\psi_b/v_0), \quad \Delta v_0 = v_b\cos\theta_0\cos\psi_b \tag{4.10.2}$$

其次求射角改变量。由于

$$\tan\theta_{0\Sigma} = \frac{v_0\sin\theta_0}{\sqrt{(v_0\cos\theta_0 + v_b\cos\psi_b)^2 + (v_b\sin\psi_b)^2}} \approx \tan\theta_0\left(1 - \frac{v_b\cos\psi_b}{v_0\cos\theta_0}\right)$$

利用二项式定理展开，并略去二次和二次以上各项，再由

$$\Delta\tan\theta_0 = (\tan\theta_0)' \cdot \Delta\theta_0 = \Delta\theta_0/\cos^2\theta_0$$

故得

$$\Delta\theta_0 = -v_b\cos\psi_b\sin\theta_0/v_0 \tag{4.10.3}$$

再利用微分修正公式和敏感因子 $\partial x/\partial v_0$、$\partial x/\partial\theta_0$，就可得到由于火炮运动产生的射程修正量公式，在用求差法修正时就只需将火炮运动速度向 Ox、Oy、Oz 三轴分解，再分别加到初速 v_0 的三个分量上去，计算火炮运动时的弹道即可。

4.11 炮耳轴与炮身轴线不垂直及炮耳轴倾斜时的修正

4.11.1 炮耳轴与炮身轴线不垂直时的修正

在图 4.11.1 中设 OO' 轴为炮耳轴，OC 为炮身（身管）轴线，O 为其交点。设 $OB \perp OO'$，炮轴 OC 与 OB 在同一水平面内并有一个小的夹角 i_1（即炮身轴线 OC 与炮耳轴线 OO' 的不垂直度）。通过 C 点作垂直于炮耳轴的平面交炮耳轴于 O' 点。如果炮耳轴转 360°，炮身轴线将在空中画出一个高为 OO' 的锥面，其锥底面是图 4.11.1 中以 $O'C$ 为半径的圆周，身管转过的炮口位置 OC、OC'' 均在此圆周上。当仰角 $\varphi = 0°$ 时，炮口在 C 点，OC 即为射向。

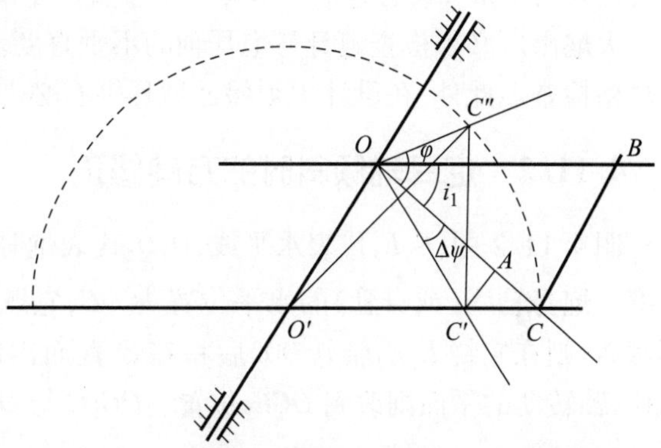

图 4.11.1 炮耳轴与炮身轴线不垂直时的方向修正

当仰角为 φ 时，炮口中心在圆周上转到 C'' 点，故 $O'C'' = O'C = OC\cos i_1$。C'' 在地面投影为 C'，此时实际射向为 OC'，其射向改变了 $\Delta\psi$ 角。从 C' 作 OC 的垂线，交 OC 于 A 点，则 $\Delta\psi$ 可计算如下

$$\begin{aligned}\Delta\psi &= \arctan\frac{AC'}{OA} \approx \frac{C'C \cdot \sin i_1}{OC - AC} = \frac{(O'C - O'C')\sin i_1}{OC - C'C\cos i_1} \\ &= \frac{(OC\cos i_1 - O'C''\cos\varphi)\sin i_1}{OC - (OC\cos i_1 - O'C''\cos\varphi)\cos i_1} = \frac{(OC\cos i_1 - O'C\cos\varphi)\sin i_1}{OC - (OC\cos i_1 - O'C\cos\varphi)\cos i_1} \\ &= \frac{(OC\cos i_1 - OC\cos i_1\cos\varphi)\sin i_1}{OC - (OC\cos i_1 - OC\cos i_1\cos\varphi)\cos i_1} = \frac{(1 - \cos\varphi)\sin i_1\cos i_1}{1 - (1 - \cos\varphi)\cos^2 i_1}\end{aligned} \tag{4.11.1}$$

此时，炮身 OC'' 的实际仰角为

$$\tan\varphi_1 = \frac{C''C'}{OC'} = \frac{O'C''\sin\varphi}{\sqrt{(OO')^2 + (O'C')^2}} = \frac{O'C\sin\varphi}{\sqrt{(OC\cdot\sin i_1)^2 + (O'C''\cos\varphi)^2}}$$

$$= \frac{OC\cos i_1\sin\varphi}{\sqrt{(OC\sin i_1)^2 + (OC\cos i_1\cos\varphi)^2}} = \frac{\cos i_1\sin\varphi}{\sqrt{\sin^2 i_1 + \cos^2 i_1\cos^2\varphi}}$$

$$= \tan\varphi/\sqrt{1 + (\tan i_1/\cos\varphi)^2} \tag{4.11.2}$$

当 i_1 值很小(一般只有几分)时,取 $\cos i_1 \approx 1, \sin i_1 \approx i_1$,则得

$$\Delta\psi = \arctan\left(\frac{1-\cos\varphi}{\cos\varphi}i_1\right), \tan\varphi_1 = \tan\varphi\left[1-\left(\frac{i_1}{2\cos\varphi}\right)^2\right], \Delta\varphi = \varphi_1 - \varphi \tag{4.11.3}$$

设 i_1 =2 mil(或7.2分),根据式(4.11.3)可算出 $\Delta\psi \sim \varphi$ 的关系,见表4.11.1。

表4.11.1 $\Delta\psi \sim \varphi(i_1 = 2\text{mil})$

φ/(°)	0	45	60	80	85	87	90
$\Delta\psi$/mil	0	0.8($=0.4i_1$)	2.0($=i_1$)	9.6($=4.8i_1$)	21($=10.5i_1$)	36.4($=18.2i_1$)	90°

由表可知,当 $\varphi = 45°$ 时,$\Delta\psi = 0.4i_1$;当 $\varphi = 60°$ 时,$\Delta\psi = i_1$;当 $\varphi = 85°$ 时,$\Delta\psi = 10.5i_1$。这对于高炮和榴弹炮大射角射击时的方向影响较大,必须加以修正。

再看射角的变化:由式(4.11.3)第二式可知,仰角 φ 越大,与 $\tan\varphi_1$ 相差越大,但直到 φ = 85°,也只约1 mil,故由炮轴与炮耳轴不垂直产生的射角改变量常可以忽略不计。

火炮出厂必须检查炮身与炮耳轴的不垂直度。尤其对用于大射角射击的高炮和榴弹炮更应严格检查。此外,在设计中须保证炮耳轴有必需的刚度,以免连续射击后变形,从而产生 i_1。

4.11.2 炮耳轴倾斜时的方向修正

图4.11.2中,E_1E_2 代表水平线,O_1O_2 代表炮耳轴,炮耳轴在铅直面内相对于水平线倾斜 i_2 角度。炮身轴线(或身管)的水平位置为 OC,它既与 E_1E_2 垂直,也与 O_1O_2 垂直。如果炮耳轴不倾斜,则在它绕 E_1E_2 轴转90°后将在铅直面内的 OC_1 位置,但当炮耳轴倾斜 i_2 角时,它绕 O_1O_2 轴转动的平面则改到 OCC_2 位置。OC_1C 与 OC_2C 两个平面的夹角为 i_2。

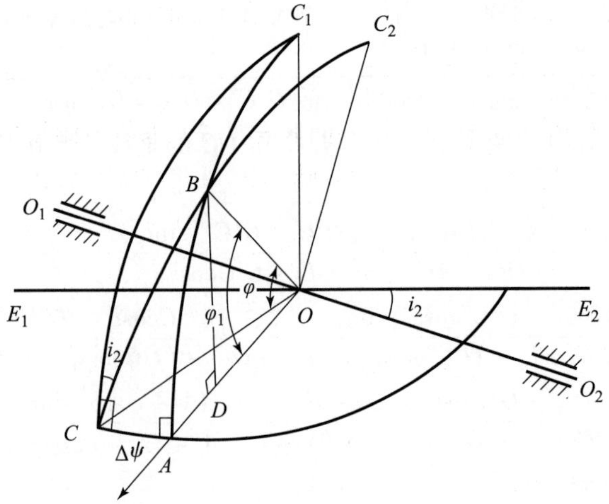

图4.11.2 炮耳轴倾斜产生的方向修正量

设炮身仰角为 φ 时炮身轴线在 OB 位置，过 OB 的铅直面 OC_1BA 交水平面于 A，则球面三角形 ABC 为一球面直角三角形，其中 $\angle A=\pi/2$，$\angle C=\pi/2-i_2$。设球半径（即炮管长）为 1 单位长，则球面上任一大圆弧上的弧长与所对应的圆心角的弧度值相等，故球面三角形 ABC 三对应边 $a=\widehat{BC}=\varphi$，$b=\widehat{AC}=\Delta\psi$。$\Delta\psi$ 即为 $\varphi=0$ 时的射击方向与仰角为 φ 时射击方向的偏差。

在球面直角三角形 ABC 中，$\widehat{BC}$ 所对的圆心角 φ 为斜边，$\widehat{AC}$ 所对的圆心角 $\Delta\psi$ 为直角边，而另一直角边 $\widehat{AB}$ 所对应的圆心角 $\angle BOA$ 为炮轴在铅直面内的有效仰角 φ_1。由球面直角三角形关系得

$$\cos C=\cot\varphi\cdot\tan\Delta\psi$$

$$\cos\varphi_1=\cos\varphi/\cos\Delta\psi \tag{4.11.4}$$

将 $\angle C=\pi/2-i_2$ 代入，得到方向修正量与仰角 φ 及炮耳轴倾斜角 i_2 间的关系式，得

$$\tan\Delta\psi=\tan\varphi\sin i_2 \tag{4.11.5}$$

为了求得射角修正量，需消去式(4.11.4)第二式分母中的 $\cos\Delta\psi$。利用式(4.11.5)得

$$1+\tan^2\Delta\psi=1+\tan^2\varphi\sin^2 i_2$$

由此得

$$1/\cos\Delta\psi=\sqrt{1-\sin^2\varphi\cos^2 i_2}/\cos\varphi$$

将它代入式(4.11.4)第二式中，得

$$\sin\varphi_1=\sin\varphi\cos i_2 \tag{4.11.6}$$

对于地炮或高炮，由于炮耳轴倾斜角 i_2 很小，故近似得方向修正量和射角修正量分别为

$$\Delta\psi=\arctan(\tan\varphi\cdot\sin i_2),\quad \Delta\varphi=\varphi_1-\varphi\approx 0 \tag{4.11.7}$$

对于坦克炮，仰角 φ 很小，但由于地面高低不平，炮耳轴倾斜角可以很大（例如 $i_2=15°$），这时可取 $\tan\varphi\approx\varphi$，$\sin\varphi\approx\varphi$，$\sin\varphi_1\approx\varphi_1$，得到方向修正量和距离修正量依次为

$$\Delta\psi=\arctan(\varphi\cdot\sin i_2),\quad \Delta\varphi=\varphi(\cos i_2-1) \tag{4.11.8}$$

当炮耳轴倾斜时，实际仰角总是减小，而方向则是炮身轴线歪向哪一方，射向就偏向哪一方。

设 $i_2=2$ mil，由式(4.11.7)可计算出 $\Delta\psi\sim\varphi$ 的关系，见表 4.11.2。

表 4.11.2　$\Delta\psi\sim\varphi(i_2=2\ \mathrm{mil})$

$\varphi/(°)$	0	45	60	80	85	87	90
$\Delta\psi$/mil	0	2.0($=i_2$)	3.4($=1.7i_2$)	11.6($=5.8i_2$)	23($=11.5i_2$)	38($=19i_2$)	90°

由表 4.11.2 可知：当仰角 $\varphi=45°$ 时，方向修正量 $\Delta\psi$ 近似与倾斜角 i_2 相等；当 $\varphi=80°$ 时，$\Delta\psi=5.8i_2$；为 $\varphi=85°$ 时，$\Delta\psi=11.5i_2$。因此，陆用火炮进入阵地后，必须检查炮耳轴的水平，务必使 $i_2<10''\sim20''$，以防止在用大仰角射击时产生不允许的误差。

但对车载和舰载火炮，由于车与舰的摇摆而产生的炮耳轴倾斜度可能很大，将会造成很大的射向误差，尤其是大射角时更为严重，故车载和舰载火炮常用平衡装置或随动装置稳定射向。随动装置根据敏感器件测得的车体或舰船的纵摇、横摇和倾斜，应用坐标变换转换成火炮高低机和方向机为保持射角、射向不变所需转动的角度，以消除因其摇摆所产生的射角、射向误差，其中也包括了因炮耳轴的倾斜造成的大射角射击时的方向偏差。

火炮出厂时，必须检查炮尾平台平面与炮耳轴的平行度 i_2。如二者不平行，即使在火炮进入阵地后调正炮尾平台面成水平位置，炮耳轴也不能水平。故对用大射角射击的榴弹炮

和高射炮炮尾平台平面与炮耳轴的平行度,必须严格控制。i_2 和 i_1 可以试用下述方法进行测量。

由于炮耳轴不水平和炮身轴线与炮耳轴不垂直,在各个仰角 φ 射击时,均产生射向偏差,用经纬仪和周视镜测出的射向偏差是二者的综合。如果在测量前将炮尾平台仔细调平,再进行仰角 $\varphi=45°$ 和 $60°$ 时两个方向偏差的测量,分别得 $\Delta\psi_{45°}$ 和 $\Delta\psi_{60°}$,由此,可得到下列两个关系式:

$$0.4i_1 + i_2 = \Delta\psi_{45°}, i_1 + 1.7i_2 = \Delta\psi_{60°}$$

解上述两式,分别得到炮身轴线的不垂直度和炮尾平台平面与炮耳轴的不平行度,为

$$\begin{aligned} i_1 &= (\Delta\psi_{60°} - 1.7\Delta\psi_{45°})/0.32 \approx 3(\Delta\psi_{60°} - 1.7\Delta\psi_{45°}) \\ i_2 &= (\Delta\psi_{45°} - 0.4\Delta\psi_{60°})/0.32 \approx 3(\Delta\psi_{45°} - 0.4\Delta\psi_{60°}) \end{aligned} \quad (4.11.9)$$

4.12 射击准确度的定义、计算方法及提高射击准确度的方法

4.12.1 射击准确度的定义及对毁伤效率的重要性

火炮武器对目标射击时,必然会产生各种射击误差,造成一群弹中各发不可能命中同一点,即造成射弹散布,从而引出了射击密集度、射击准确度、射击精度问题。射击密集度是指一组弹落点相对于平均落点(即散布中心)的分散程度,射击准确度是指一组弹的散布中心偏离瞄准点(或目标)的程度,而射击精度则是射击准确度与射击密集度的综合(示意图如图4.12.1所示)。武器系统射击密集度越高,则对准确度的要求也越高,这是因为射击密集度越高,则弹群散布小,越集中,如果射击准确度不高,就会导致整个弹群偏离目标大,则对目标的毁伤概率反而降低。

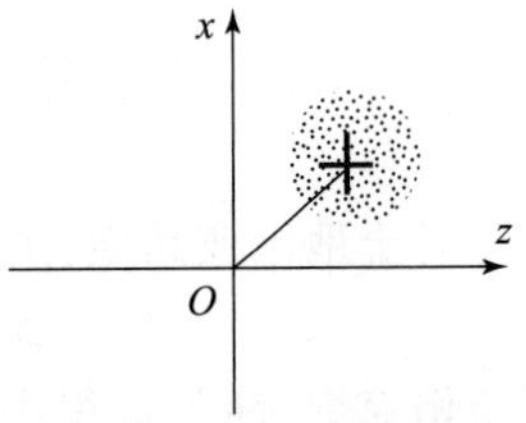

图4.12.1 密集度、准确度、精度示意图

不仅无控弹会产生这个问题,采用精确制导组件(PGK)的二维弹道修正弹也会产生这个问题。因为该二维弹道修正弹不带动力,仅靠PGK的4片小舵提供气动控制力进行弹道调节,其修正能力十分有限,如果射击准确度不高,会使弹群的中心偏离目标过远,造成其中许多弹超出修正能力的范围,起不到预想的修正和毁伤作用。因此,对于修正能力有限的弹道修正弹,要提高射击准确度,把弹群中心调整到目标上是很有必要的。

目前,由于武器设计和加工水平的大幅提高,使弹群散布大幅减小,射击密集度大幅提高,例如,先进的155 mm车载炮榴弹的射程散布中间偏差 E_x 已减小到射程 X 的1/350。在此形势下,提高射击准确度已被迫切提上日程,可以预计,对于无控弹药,射击准确度也将会与射击密集度一样,被作为武器系统考核的性能指标和评判标准。

但是过去在常规武器系统论证、设计计算、研制和试验里,大篇幅讲的是密集度问题,几乎没有专门研究准确度数学定义、计算方法、试验测试方法、准确度设计和分配的文献资料或军标。由于准确度在射击精度、毁伤效率方面的地位越来越重要,故本节专门对准确度做一些探讨,供从事兵器技术研究的技术人员参考。

4.12.2　射击密集度、准确度和精度的试验测量方法与计算公式

4.12.2.1　密集度及其射击试验测量和计算公式

在射击学和兵器界，将一组 n 发弹（通常是 7 发、5 发、10 发）的各弹着点 (x_i, z_i) 对平均弹着中心 $(\bar{x}, \bar{z})$ 的分散程度称为密集度，平均弹着中心 $(\bar{x}, \bar{z})$ 也叫散布中心。密集度用此组弹中各发弹的着点坐标对散布中心的均方差 σ（也称标准差）描述，也可用中间偏差 (E_x, E_z) 表示

$$\bar{x} = \frac{\sum_{i=1}^{n} x_i}{n}; \sigma_x = \sqrt{\frac{\sum_{i=1}^{n} (x_i - \bar{x})^2}{n-1}}; E_x = 0.6745\sigma_x$$
$$\bar{z} = \frac{\sum_{i=1}^{n} z_i}{n}; \sigma_z = \sqrt{\frac{\sum_{i=1}^{n} (z_i - \bar{z})^2}{n-1}}; E_z = 0.6745\sigma_z \tag{4.12.1}$$

当一发弹落入散布中心前后 $-E_x < x - \bar{x} < E_x$ 的概率为 0.5 时，称 E_x 为距离中间偏差（或距离概率误差，或距离或然误差，或距离公算偏差）；当一发弹落入散布中心左右 $-E_z < z - \bar{z} < E_z$ 的概率为 0.5 时，E_z 称为方向中间偏差（或方向概率误差，或方向或然误差，或方向公算偏差）。

标准正态分布如图 4.12.2 所示（设散布中心为图中 O 点，即均值 $\mu = x - \bar{x} = 0$）。

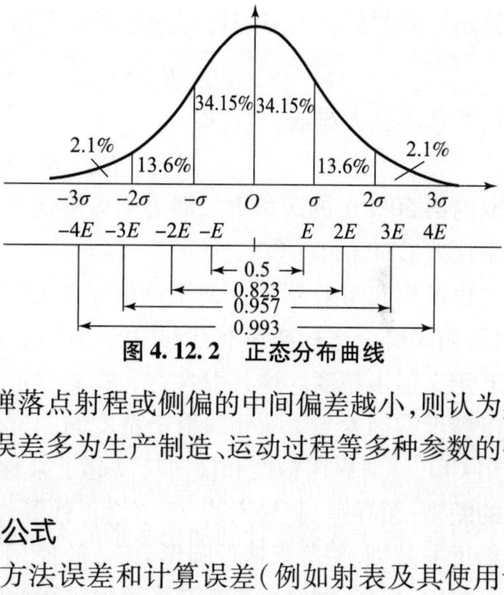

图 4.12.2　正态分布曲线

图中还给出了在均值 μ 左右 $2E$、$3E$、$4E$ 范围，以及在均值 μ 左右 1σ、2σ、3σ 范围内随机变量出现的概率。由图可见，在均值左右 $4E$（共 $8E$）或 3σ（共 6σ）范围内，随机变量出现的概率大于 99%，近似为 1。因此，可认为随机变量可能出现的范围在均值左右共 8 倍中间偏差或 6 倍均方差内。通常认为超出这个范围的随机量为非同一母体的异常值，可以剔除。一组射弹落点射程或侧偏的中间偏差越小，则认为其密集度越高。密集度是随机误差产生的，而随机误差多为生产制造、运动过程等多种参数的微小变化引起的，这种变化各发弹各不相同。

4.12.2.2　准确度及其射击试验测量和计算公式

准确度主要是由测量误差（例如气象测量）、方法误差和计算误差（例如射表及其使用误差）引起的，对一组弹中的各发弹，这种误差是相同的。准确度定义为一组弹的散布中心 $(\bar{x}, \bar{z})$ 对目标坐标 (x_M, z_M) 的偏离程度 $(\bar{x} - x_M, \bar{z} - z_M)$，可描述该组弹群整体偏离目标的情况。但对于不同组射击，这一偏离量也是随机变化的，通常将其变化也看成是正态分布。因此，可用多组弹的散布中心对目标的方差 σ_{xM} 和中间偏差 E_{xM} 来定义准确度。

对于 m 组射击，准确度可用以下公式计算（以射程准确度为例）

$$\sigma_{xM} = \sqrt{\frac{\sum_{j=1}^{m} (\bar{x}_j - x_M)^2}{m}}, E_{xM} = 0.6745\sigma_{xM} \tag{4.12.2}$$

注意,上式是对指定目标距离 x_M 计算均方差无偏估计的方法。这个均方差的均方差(或准确度的精度)为

$$\sigma_{\sigma_{xM}} = \frac{\sigma_{xM}}{\sqrt{2m}} \tag{4.12.3}$$

准确度的精度用中间偏差表示为

$$E_{E_{xM}} = \frac{0.476\,9E_{xM}}{\sqrt{m}} \tag{4.12.4}$$

如果准确度试验共射击 4 组,即 $m=4$,则由式(4.12.4)计算出的准确度本身的精度为

$$E_{E_{xM}} \approx \frac{E_{xM}}{4} \tag{4.12.5}$$

4.12.2.3 精度及其射击试验测量和计算公式

关于射击精度,目前对于导弹、制导火箭、制导炮弹、弹道修正弹等都有严格的定义,即用圆概率误差(Circular Error Probability,CEP)表示射击精度。

CEP 是以目标为圆心的一个圆的半径,经过大量射击试验,一发弹落在此圆内的概率为 0.5,或约有 50% 的射弹落在此圆内。要特别注意的是,圆概率误差的圆心在目标上,而不是在一组弹的散布中心上。这已不是单纯的密集度概念了,它涉及散布中心对目标中心(或瞄准点)的准确度,因而是一个精度指标。用射击试验的结果来计算圆概率误差十分简单,只要计算出每发弹的弹着点到目标的距离绝对值,即

$$R_i = \sqrt{(x_i - x_M)^2 + (z_i - z_M)^2},$$

然后按从小到大排成一行,即

$$(R_{\min}, R_1, R_2, \cdots, R_n, R_{\max}) \tag{4.12.6}$$

截取前第 50% 个的距离 R_{50},即为圆概率误差 CEP $= R_{50}$。射击发数越多,这个 R_{50} 值越接近圆概率误差 CEP 的真值。

也可用几组射弹 CEP 的平均值逼近 CEP 真值。但目前对于普通弹炮药系统,只有密集度指标,尚无哪个军标或标准有专门的射击精度定义、计算方法和试验测试方法,多半还是借用 CEP 定义射击精度。这其中含有一些显然不妥的地方,尤其对于普通火炮弹药,由于影响纵向射击精度的因素与影响侧向射击精度的因素区别很大,故纵向和横向的射击精度相差很大,则使用 CEP 就对纵向精度和横向精度起了某种平均的作用,不利于区分纵向精度和侧向精度之间的差别;而导弹、制导火箭、弹道修正弹等由于控制系统的作用,大幅度消除了纵向精度与侧向精度的差别,使落点接近圆形分布,故使用 CEP 描述射击精度更合适一些。

4.12.2.4 对普通弹炮药系统射击精度定义、计算公式和试验测试方法的建议

对于普通弹炮药系统,采用射击密集度的中间偏差 E_x 与射击准确度的中间偏差 E_{xM} 合成作为射击精度。以纵向射程 X 为例,即射程精度的中间偏差和均方差为

$$\text{中间偏差 } E_{x\Sigma} = \sqrt{E_x^2 + E_{xM}^2} \text{ 或均方差 } \sigma_{x\Sigma} = \sqrt{\sigma_x^2 + \sigma_{xM}^2} \tag{4.12.7}$$

从数学上分析,这就是用 m 组、每组 n 发全体弹着点的射程 $x_{ij}(i=1,\cdots,n;j=1,\cdots,m)$ 对瞄准点距离 X_m 的方差平均值来表示射击精度 $\sigma_{x\Sigma}$,此时

$$\sigma_{x\Sigma}^2 = \frac{1}{mn}\sum_{j=1}^{m}\sum_{i=1}^{n}(x_{ij} - X_m)^2 = \frac{1}{mn}\sum_{j=1}^{m}\sum_{i=1}^{n}[(x_{ij} - \bar{x}_j) + (\bar{x}_j - X_m)]^2 \tag{4.12.8}$$

式中，$\bar{x}_j = \frac{1}{n}\sum_{i=1}^{n} x_{ij}$，为第 j 组 n 发弹的散布中心。

将式(4.12.8)等号的右端展开，得

$$\sigma_{x\Sigma}^2 = \frac{1}{mn}\sum_{j=1}^{m}\left[\sum_{i=1}^{n}(x_{ij}-\bar{x}_j)^2\right] + \frac{1}{mn}\sum_{j=1}^{m}\sum_{i=1}^{n}(\bar{x}_j - X_m)^2 + 2\frac{1}{mn}\sum_{j=1}^{m}\left[\sum_{i=1}^{n}(x_{ij}-\bar{x}_j)(\bar{x}_j - X_m)\right]$$
$$= \frac{n-1}{mn}\sum_{j=1}^{m}\sigma_{xj}^2 + \frac{1}{n}\sum_{i=1}^{n}\sigma_{xM}^2 + 2\frac{1}{mn}\sum_{j=1}^{m}(\bar{x}_j - X_m)\sum_{i=1}^{n}(x_{ij}-\bar{x}_j)$$
$$= \frac{n-1}{mn}\sum_{j=1}^{m}\sigma_{xj}^2 + \sigma_{xM}^2 + 0 \tag{4.12.9}$$

此式与式(4.12.2)基本相同，公式右边第一项为密集度，第二项为准确度。只是它的右端第一项为 m 组密集度的平均值。当 m 较大时，式(4.12.2)与式(4.12.9)二者差别很小。从计算精度和节约经费考虑，采用 $m=3\sim4$ 组(每组5～7发)为宜。

因此，建议采用式(4.12.2)和式(4.12.9)作为常规火炮弹药系统准确度和射击精度的定义式，也作为由射击试验结果计算准确度和射击精度的公式。$\sigma_{x\Sigma}$ 与CEP都可以用来表示射击精度，前者适用于普通火炮弹药系统，而且还要用到准确度 σ_{xM} 和密集度 σ_x 的计算公式，用于武器系统设计分析、检验及考核；CEP较适用于有控武器系统，不去专门研究准确度，仅用于武器系统的作战、使用及考核。

4.12.2.5　用CEP表示精度与用CEP表示密集度的区分

按定义，圆概率误差表示的是射击精度，它包含了射击密集度和准确度，CEP越小，射击精度越高。但需反复指出的是，圆概率的圆心是瞄准点。

如果将该圆的中心定义在一组弹的散布中心(图4.12.3)，即不考虑散布中心与瞄准点的偏离(即不考虑准确度)，则CEP表示的是对散布中心的圆概率误差，实际上这只是表示射击密集度，而不是精度。对瞄准点的CEP要大于对散布中心的CEP，这是必须区分的，不能混为一谈。

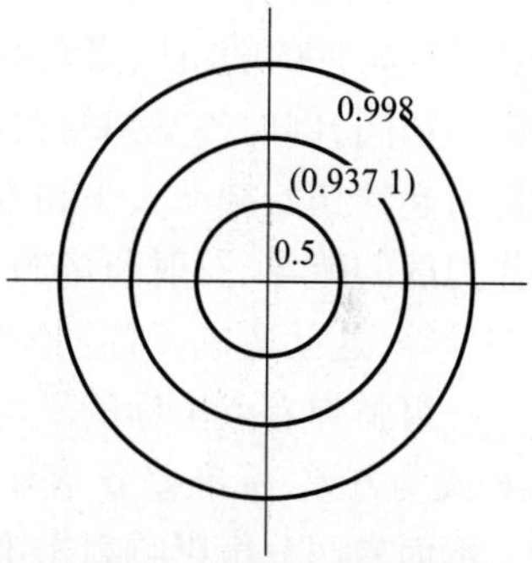

图4.12.3　圆心定义在散布中心的圆概率误差示意图

对于普通火炮或火箭，一般是用距离中间偏差 E_x、方向中间偏差 E_z 表示射击密集度，它与将圆心定义在散布中心的CEP(这时它也只表示密集度)有如下近似转换关系

$$\text{CEP} = R_{50} = 0.831\,6E_x + 0.914\,0E_z \quad (E_x > E_z) \tag{4.12.10}$$

或

$$\text{CEP} = R_{50} = 0.831\,6E_z + 0.914\,0E_x \quad (E_x < E_z) \tag{4.12.11}$$

当 $0.4 < E_z/E_x < 1.0$ 或 $0.4 < E_x/E_z < 1.0$ 时，上述公式与准确公式相比，误差不超过1%。此外，如下公式计算的误差也不超过3%

$$R_{50} = 0.872\,8(E_x + E_z),\quad R_{50} = 1.745\,6\sqrt{E_x \cdot E_z} \tag{4.12.12}$$

而当 $E_x \approx E_z = E$ 时，有

$$E = 0.573\,1\cdot\text{CEP} \text{ 或 } \sigma = 0.85\cdot\text{CEP} \tag{4.12.13}$$

但必须注意，无论是实测落点还是蒙特卡洛计算仿真，用对瞄准点的CEP表示精度时，都

应按定义进行统计计算,而不能用式(4.12.10)~式(4.12.13)换算。

相比之下,按距离、方向分别提散布指标要求,这比按圆概率误差更为严格,因为它只要在一个方向上不合格就不合格了,而圆概率误差将两个方向上的散布起到了某种平均作用。对于那些引起距离和引起方向散布的随机因素很不相同、两个方向上散布量级有很大差别的武器(例如普通火炮和火箭),用距离和方向(或高低和方向)散布较为严格、合理,也容易分清引起散布的原因。这是因为无控弹箭的距离散布除了高低跳角的影响外,还主要与内弹道或发动机因素(如药温、药量、火药燃烧一致性、膛压等)的随机变化密切相关,而方向散布则更多地与火炮方向跳角、横风和偏流的散布有关。普通火炮弹药的距离散布比方向散布大得多,而普通火箭在近距离上距离散布比方向散布大得多,而在最大射程处,其方向散布比距离散布更大。

之所以无控弹箭可以单提密集度指标,是因为无控弹箭的密集度和准确度可以分开试验。准确度涉及气象准备误差、测地误差、射表误差、火控系统误差等,而在进行密集度试验时,可以暂时抛开这些不管,仅关注弹炮药系统对散布中心的密集度。但对于导弹和远程火箭,由于价格高昂,还带有制导或简控系统,它是不可能将密集度和准确度试验分开进行的,只要试验,打的就是全系统(包括制导系统、气象测量、目标位置测量、射角射向解算等)的精度。因而对于普通无控弹箭,采用圆概率误差表示对散布中心的密集度的必要性和优点并不明显,也不严格,即使要用,也应注意它与导弹、远程火箭用对目标中心的圆概率误差表示精度是有区别的。

4.12.3 影响射击准确度的误差源分析

上节已述,射击精度包括了密集度和准确度。对于密集度,我们已很熟悉,它是由武器系统和外界条件的随机因素对弹道影响产生的,对于一组弹射击中的每一发,这些随机因素的取值都不相同,例如各发弹的初速略有不同、弹形略有不同、气动力不完全相同、弹重各不相同、发射引起的初始扰动大小和方位不同、外界大气风速风向的变化、赋予射角射向的误差、炮手操作力度的差异、发射药量的差异、底部排气弹底排工作情况差异、火箭增程弹发动机工作情况差异等,这就造成了各发弹的弹道不一致,于是就形成了射弹散布。

一组弹弹着点坐标的平均值称为散布中心,而此组弹围绕散布中心的分散程度用中间偏差 E 或均方差、标准差 σ 表示,$E=0.6745\sigma$。

下面专门分析影响射击准确度的误差源。射击准确度是由系统误差引起的,在一组射弹中系统误差是不变的,它引起弹群对瞄准点的系统偏离。影响准确度的各种因素如下:

①气象准备误差:决定地面气压偏差量的误差;高空气温、气压、风速、风向探测误差;数据处理误差;决定弹道温度偏差、弹道风的误差;使用气象数据的时空误差。

②侦校雷达误差。

③初速测定误差:含初速雷达和初速预测。

④计算方法误差:含弹道解算模型和解算方法。

⑤弹道准备误差:决定火炮和弹药批号初速偏差量的误差;决定火箭发动机比冲、总冲、药量平均偏差量的误差;药温偏差量测量误差;偏流准备误差。

⑥测地准备误差:决定炮阵地(观察所)坐标的误差;决定炮阵地高程的误差;火炮定向的误差。

⑦目标位置误差:决定目标坐标的误差;决定目标高程的误差。

⑧技术准备误差：操瞄系统误差；倾斜修正误差；未测定或未修正的射击条件误差。

⑨其他一些系统误差。

各种误差大小的参考值如下①：

气象探测误差：气温探测：$E_t = 0.35$ ℃；气压探测：$E_p = 93.3$ Pa(0.7 mmHg)。

测风误差：$E_{w_x} = 0.7$ m/s，$E_{w_z} = 0.7$ m/s。

初速测定：初速雷达：$E_{v_{01}} = 0.1\% v_0$；初速预测：$E_{v_{02}} = 0.1\% v_0$。

侦校雷达：距离 $D_{侦} \leqslant 10$ km，$E = 35$ m；距离 $D_{侦} > 10$ km，$E = 3.5‰ D_{侦}$。

药温测定：药温传感器：$E_t = 0.25$ ℃。

弹道解算模型：弹道理论和射表：$E_{\bar{x}_0} = 0.3\% X$，$E_{\bar{z}_0} = 0.5$ mil。

解算精度：$E_{\bar{x}_1} = 0.04\% X$，$E_{\bar{z}_1} = 0.5$ mil。

定位误差：GPS：坐标概率误差 7 m，高程概率误差 10 m。

定向误差：惯导：1 mil。

测定目标：激光测距：距离 5 m，方向和高低角 0.7 mil。如用 GPS 定位，则误差同上。

技术准备：传感器 $E_{\psi技} = 0.5$ mil，$E_{\alpha技} = 0.5$ mil。

装定诸元：自动调炮 $E_{\psi调} = 0.7$ mil，$E_{\alpha调} = 0.7$ mil。

其他误差：冷炮误差 $E_{v_{0CG}} = 0.25$ m/s。

未测定误差：$E_{\bar{x}未} = 0.2\% X$，$E_{\psi未} = 0.5$ mil。

对于车载炮或舰载炮，还有平台罗经的方向漂移误差。

在下一节里将会看到，对射击准确度影响最大的系统误差包括气象探测精度以及气象数据应用时空改变的影响、射表精度及其使用方法的影响、初速预测精度影响，它们几乎占了准确度中间偏差的 80%，其他的系统误差源对准确度的影响都较小。因此，提高气象探测精度、射表精度以及初速测量精度是提高射击准确度的关键。

4.12.4　准确度的理论计算方法

前述准确度计算公式是由射击试验实测的落点数据计算实测的准确度，本节则是通过理论方法和数据处理方法计算准确度，用于研究不同系统误差对准确度的单独影响和综合影响，为准确度设计和分配打基础。这种理论计算方法都建立在一定的弹道数学模型基础上。本节选取 6 自由度刚体弹道数学模型（见第 6 章），因为它可以较全面地包含多种弹道计算参数及其系统误差。

4.12.4.1　敏感因子法

由 6 自由度刚体弹道方程组解算出的射程 X、侧偏 Z 显然都是方程中所含参数的函数，可一般地写作

$$\begin{cases} X = X(v_0,\theta_a,\omega_0,\psi_{10},\psi_{20},\delta_{10},\delta_{20},v,w_x,w_z,p_0,\tau,c_x,c'_y,m'_z,d,l,\cdots) \\ Z = Z(v_0,\theta_a,\omega_0,\psi_{10},\psi_{20},\delta_{10},\delta_{20},v,w_x,w_z,p_0,\tau,c_x,c'_y,m'_z,d,l,\cdots) \end{cases} \tag{4.12.14}$$

更一般地，还可以写成

$$X = X(\alpha_k),\ Z = Z(\alpha_k) \quad k = 1,2,3,4,\cdots$$

① 见《远程火炮武器系统射击精度分析》一书，郭锡福著。

其中,α_k 代表某一参数(因素)。

用 $\partial X/\partial\alpha_k$ 表示射程对某一参数(因素)的变化率或敏感因子,$\partial Z/\partial\alpha_k$ 表示侧偏对某一参数(因素)的变化率或敏感因子,而 $\Delta x_{\alpha_k}=(\partial X/\partial\alpha_k)\Delta\alpha_k$ 和 $\Delta z_{\alpha_k}=(\partial Z/\partial\alpha_k)\Delta\alpha_k$ 则分别是该参数改变 $\Delta\alpha_k$ 产生的射程改变量和侧偏改变量。

在对目标瞄准射击时,如果 $\Delta\alpha_k$ 是系统误差,则 Δx_{α_k}、Δz_{α_k} 也是对目标的系统误差,即为准确度。

但是对于实际武器系统,这种系统误差也不是固定不变的,在多组试验中,每次也不相同,由它产生的对目标的落点偏差也不相同。系统误差的这种变化也是多种因素造成的,故也可看作正态分布变量,设其中间偏差为 E_{α_k},则由该因素产生的射程 X、侧偏 Z 的系统误差中间偏差,或称准确度中间偏差 $E_{xM\alpha_k}$、$E_{zM\alpha_k}$,即

$$E_{xM\alpha_k}=\frac{\partial X}{\partial\alpha_k}E_{\alpha_k},\quad E_{zM\alpha_k}=\frac{\partial Z}{\partial\alpha_k}E_{\alpha_k} \tag{4.12.15}$$

当考虑所有的系统误差源 $\Delta\alpha_1,\Delta\alpha_2,\Delta\alpha_3,\cdots,\Delta\alpha_p$ 时,认为它们是彼此独立的,即得到由它们共同作用产生的射程 X、侧偏 Z 的系统误差的中间偏差,也即准确度中间偏差

$$E_{xM}^2=\sum_{k=1}^{p}\left(\frac{\partial X}{\partial\alpha_k}E_{\alpha_k}\right)^2,\quad E_{zM}^2=\sum_{k=1}^{p}\left(\frac{\partial Z}{\partial\alpha_k}E_{\alpha_k}\right)^2 \tag{4.12.16}$$

此式即为计算武器系统射击准确度中间偏差的公式。

显然,关键是要确定每个误差源本身的中间偏差 $E_{\alpha_k}(k=1,2,3,\cdots,p)$,以及利用外弹道方程组算出射程和侧偏对各系统误差源的敏感因子 $\partial X/\partial\alpha_k$ 和 $\partial Z/\partial\alpha_k(k=1,2,3,\cdots,p)$。

当然,如果所考虑的误差源 β_k 在同一组弹射击中是随机正态分布的,则利用式(4.12.16)算出的就是射弹散布——密集度中间偏差,即

$$E_x^2=\sum_{k=1}^{p}\left(\frac{\partial X}{\partial\beta_k}E_{\beta_k}\right)^2,\quad E_z^2=\sum_{k=1}^{p}\left(\frac{\partial Z}{\partial\beta_k}E_{\beta_k}\right)^2 \tag{4.12.17}$$

4.12.4.2 蒙特卡洛法

蒙特卡洛法也称为统计试验法,该方法是将影响准确度的因素 α_k,用它的中间偏差 E_{α_k} 或标准差 σ_{α_k} 产生一系列随机数 ξ_i,将这些随机数逐次代入描述弹道过程变化的数学模型中(例如描述武器系统条件和飞行规律的数学模型),解算出一系列随机结果(例如射程 x_i 和侧偏 z_i),将这些结果看作真实物理系统运行的结果(也称为仿真),这样就可按数理统计方法计算它们的均值和对目标(或瞄准点)的均方差(或标准差)。

如果考虑多种影响准确度的因素 $\alpha_k(k=1,2,3,\cdots)$ 共同作用所造成的射击准确度,则需用每个因素各自的中间偏差或标准差形成各自的随机数序列 $\xi_{ki}(k=1,2,3,\cdots;i=1,2,3,\cdots)$,每次仿真射击时,各影响因素都只取一个随机值代入弹道方程组进行数值积分,如此反复循环,就可以产生成百、成千、上万个射程和侧偏仿真结果。

蒙特卡洛法较上面讲的敏感因子法的优点是:一是不需要将弹道方程线性化,故计算精度较高;二是循环仿真打靶的次数灵活无限制,随着打靶次数的增加,所研究的射击准确度中间偏差将逐步收敛到真值。

蒙特卡洛法中随机数序列产生的方法可参见第14章相关内容。

4.12.5 准确度的误差分配和设计

武器系统的准确度是由许多系统误差因素产生的,有的影响很大,有的影响较小,所以在

论证、设计阶段要进行合理分配,否则就会出现有的指标太严很难达到和完成,有的指标较容易实现,就不是最优分配。

4.12.5.1　火炮武器系统准确度大致分布情况的例子

现根据上节所列各种系统误差源中间偏差的大小,考虑某 155 mm 底凹弹。至于底排弹和火箭增程弹,还要增加底排药量、底排药燃烧不均匀、火箭药量、发动机平均推力和推力偏心等具有的系统误差。

气象条件使用间隔 1 h、气象站距炮位 10 km 的探测数据;利用差分 GPS 给炮位定位;用前观激光测距机测目标距离;自动操瞄,射距离 25 km。射击诸元准确度及各因素比重计算见表 4.12.1。

表 4.12.1　某 155 底凹弹准确度的计算结果

编号	误差根源	开始射击诸元误差		误差比重	
	名称	距离/m	方向/mil	距离	方向
1	决定炮位坐标误差	7	0.27	0.003	0.015
2	决定炮位高程误差	8.0	—	0.004	—
3	决定赋予射向误差	—	1	—	0.203
4	决定目标坐标误差	8.38	0.32	0.005	0.021
5	决定目标高程误差	9.2	—	0.006	—
6	决定药温误差	7.3	—	0.004	—
7	决定初速误差	47.6	—	0.156	—
8	决定气温误差	20.7	—	0.030	—
9	决定气压误差	20.3	—	0.028	—
10	决定弹道风误差	52.8	1.5	0.192	0.458
11	技术准备误差	11	0.5	0.008	0.051
12	装定诸元误差	14.84	0.7	0.015	0.1
13	射表误差	73	0.5	0.368	0.051
14	诸元解算误差	10	0.5	0.007	0.051
15	未测定误差	50	0.5	0.173	0.051
综合误差(按平方和开方计算)		120.4	2.2	—	—

由表 4.12.1 可见,在各项平方误差与总平方误差比中,射表误差占 37%,气温气压风的测量误差占 25%,初速误差占 16%,未测定误差占 17%。

未测定误差包含了许多难以测量、实际存在的误差,例如气象测量点只有 1 ~ 2 个、气象应用的时间、空间与气象测量的时间、空间不同而引起的误差,如果将这一部分归为气象条件误差,则因气象误差引起的准确度误差可以上升到 40% 以上,成为与射表误差一样重要的误差源。

射表误差往往与气象误差一样,是影响射击准确度最重要的系统误差源之一,其次是诸元解算误差,还有平均初速的误差。因此,提高武器系统准确度的措施,最重要的是提高气象测量和气象数据使用的精度;提高射表编制方法和射表使用的精度;研究高精度的射击诸元解算方法;减小平均初速误差的影响。

当然,对组成武器系统的各分系统硬件、软件,也要求尽可能减小系统误差。

增大气象测量空间、减小气象探测与应用的时间差,不仅是提高射击精度的重要课题,还将是炮兵提高快速反应能力和机动性的有效措施。在这方面,美军和北约做了许多改进,值得借鉴。

值得指出的是,表 4.12.1 是不采用侦校雷达探测目标位置的结果,如果采用侦校雷达测量目标坐标,则会给目标坐标带来 $E_{X侦}=0.35\%D_{侦}$ 的误差,其中 $D_{侦}$ 为侦校雷达探测敌方炮位或目标的距离,对于 $D_{侦}=30$ km 射程,大约为 $E_{X侦}=100$ m,这个误差比激光测距大得多。这个误差加到射击准确度计算中,会使准确度的中间偏差增大。

4.12.5.2 火炮武器系统准确度分配方法

准确度分配首先要从准确度战术技术指标要求开始,逐级多次反复进行,在这个过程中要多次根据研制情况、系统和零部件设计调整进行准确度仿真、实际零部件试验和综合射击试验,以改进设计方案和检验是否能达到战术技术指标要求。

准确度是由组成武器系统的各分系统的系统误差以及观瞄测量准备误差决定的,例如火力系统、火控系统、气象测量系统及气象数据应用方法、初速预测系统、观瞄测量系统等;每个分系统是由许多部件构成,这些部件的系统误差决定了分系统的系统误差;每个部件由许多零件组成,它们的系统误差又决定了部件的系统误差。例如,火控系统误差又包含了射表误差、射击诸元解算误差、电路电子器件的数字信号处理和传输误差等;射表误差和射击诸元解算误差又涉及弹道数学模型、气动力获取、射表编制理论和试验方法、气象和弹道测量器材等的系统误差;气象误差又包含了气象探测方法和仪器的系统误差、气象数据处理误差、气象数据应用和探测时空不同带来的系统误差等;观瞄测量误差又包含了炮位和目标定位误差、赋予射角、射向误差等;最后是落实到零部件、射表和数据处理的系统误差。

在进行准确度分配时,只能先从大环节开始,先求得对大环节的系统误差限制,然后再根据这个限制分解到对部件的要求,最后分配到对零件、器材、弹道模型、数据处理的系统误差要求,一开始是不可能一步到位——从战术技术指标要求直接求得对各部件、零件的系统误差要求的。

现以某 155 mm 火炮武器系统为例进行准确度分配。

设经过战术技术论证,要求该武器系统在 30 km 射程上,准确度中间偏差为 $E_{x\Sigma}=130$ m,考虑的主要影响因素是气象、火控弹道模型(含射表)和初速预测。

第一步是对这几个分系统进行准确度分配。假设根据多次仿真和试验结果(设这一步在之前就已做了大量工作),开始取气象、火控、初速准确度的平方与战术技术指标 E_{xM} 平方的百分比分别为 60%、25%、15%,得到 3 个分系统的准确度平方指标为

$$\begin{cases} E_{X气}^2=60\%\times130^2=10\ 140(\mathrm{m}^2) \\ E_{X火}^2=25\%\times130^2=4\ 225(\mathrm{m}^2) \\ E_{Xv_0}^2=15\%\times130^2=2\ 535(\mathrm{m}^2) \end{cases}$$

火控系统准确度(主要是射表诸元精度,为射程 X 的 0.3% ~0.5%)用其与射程 X 的比值表示。先由弹道方程或射表求得射程对初速的敏感因子 $\partial X/\partial v_0=13$,则得到对火控系统误差

（这里主要是对射表精度）、初速预测系统误差的要求，为

$$E_{火} = \frac{\sqrt{4\ 225}}{3\ 0000} = \frac{65}{30\ 000} = \frac{2.17}{1\ 000}, E_{v_0} = \frac{\sqrt{2\ 535}}{13} = \frac{50.35}{13} = 3.87$$

再进一步分解求气象分系统中的气温、气压、纵风测量部件的系统误差指标。此时，要先求出射程 X 对气温 τ、气压 p、纵风 w_x 的敏感因子，即

$$\partial X/\partial\tau = 90, \partial X/\partial p = 50, \partial X/\partial w_x = 120$$

同样，根据仿真、试验、历史数据统计分析，气象条件中对准确度的影响以纵风最大，其次是气温，然后是气压。如分别取它们的系统误差平方与总气象系统误差平方百分比为 50%、30%、20%，则得三个因素准确度平方分别为 5 070 m^2、3 042 m^2、2 028 m^2。

然后用求对气温、气压、纵风测量部件系统误差的要求，分别为

$$E_{w_x} = \frac{\sqrt{5\ 070}}{120} = 0.593(\text{m/s}), E_\tau = \frac{\sqrt{3\ 042}}{90} = 0.61(℃), E_p = \frac{\sqrt{2\ 028}}{50} = 0.90(\text{hPa})$$

最后，从技术上分析这些误差限制是否实际可行，究竟是太严格还是太宽松。例如，射表精度限制为 2.17/1 000，要求较高；全弹道纵风误差限为 0.593 m/s，也较高；气温误差限值 0.61 ℃，较紧；气压误差限 0.9 hPa，基本可以达到；初速误差限为 3.87 m/s，则太宽松。经过调整，可取 $E_{火} = 2.5/1\ 000$，$E_{w_x} = 1.5$ m/s，$E_\tau = 1.6$ ℃，$E_p = 1.3$ hPa，$E_{v_0} = 1.2$ m/s。

按调整后数据重新计算准确度，看是否满足战术技术要求的 130 m，若满足，则可进行下一层次的准确度分配。

4.12.5.3　射击准确度战术技术指标的确定

火炮武器系统作战，首先要满足战斗要求对目标的首群覆盖率或首发命中率。首群覆盖率是对面目标打击的要求，首发命中率是对点目标打击的要求，虽然无控弹要实现首发命中是十分困难的，但炮兵的点目标实际也是一块小面积，现代炮兵规定，50 m × 50 m 以下的小面积目标即可称为点目标。

对于远程地面火炮武器系统，应根据火炮射击情况，合理确定目标和射击条件，提出满足战斗要求的首群覆盖率或首发命中率，来取得准确度的战术技术指标，同时还要考虑火力对抗和反应时间，最终确定合理的准确度指标。

下面以单炮对单个目标射击为例，讨论准确度指标确定的思路。如火炮对矩形目标（面积在 50 m × 50 m 以下即为点目标）瞄准点在目标中心，l_x 和 l_z 分别为目标的纵深和正面，则对此目标射击的命中概率 P 为

$$P = \Phi\left(\frac{l_x}{E_{x\Sigma}}\right)\Phi\left(\frac{l_z}{E_{z\Sigma}}\right) \tag{4.12.18}$$

式中，$\Phi(x) = \dfrac{2}{\sqrt{2\pi}}\displaystyle\int_0^x e^{-\frac{1}{2}z^2}dz$ 为正态分布的积分函数；$E_{x\Sigma}^2 = E_{xM}^2 + E_x^2$，$E_{z\Sigma}^2 = E_{zM}^2 + E_z^2$；$E_{x\Sigma}$ 和 $E_{z\Sigma}$ 为综合概率误差；E_{xM} 和 E_{zM} 为准确度概率误差；E_x 和 E_z 为密集度概率误差。

当 l_x、l_z、E_x、E_z 给定时，根据战术技术要求，给定命中概率 P 即可求出满足战术技术要求的准确度概率误差 E_{xM}、E_{zM}，此方法称为综合概率误差法。按此法可求得上一节例子中准确度 130 m 的指标要求。

4.12.6　提高射击准确度的方法

由上一节分析知，武器系统射击准确度对于提高射击精度和毁伤效率至关重要，而且在武

器系统密集度不断提高的情况下,对准确度的要求也越来越高。只要准确度得到保证,弹群中心就会离目标较近,弹群毁伤目标的效率就会有一定的保证。因此,如何提高火炮武器系统的射击准确度成为当前急需解决的问题。

4.12.6.1 提高火炮武器系统射击准确度的两个途径

提高火炮武器系统射击准确度的途径主要有两个,分别为

①减小武器系统设计、加工的系统误差。

②武器系统作战校射法。

第一个途径是显然的,因为武器系统的准确度是由组成系统的硬件、软件系统误差造成的,减小了武器系统设计、加工的各种系统误差,自然会提高武器系统的射击准确度。这项工作是复杂、巨大的,需要许多专业的技术人员、工厂、靶场通力配合,艰苦奋斗才能达到预期的指标。

第二个途径是应用技术手段改进炮兵作战模式和火炮武器使用方法,更有效地修正或减小已有射击准确度造成的影响,达到在射击过程中提高对目标射击准确度和作战效能的目的。下面将讲述校射法以及用于提高射击准确度的自主闭环校射系统。

4.12.6.2 校射法是提高射击准确度的重要方法

由以上分析知,火炮射击准确度是由武器系统本身软、硬件(例如炮位和目标的定位、定向、射表、弹道模型、弹药批次)以及作战环境(例如气象)、测量仪器(例如初速测量、药温测量)等众多的系统误差所形成的。要提高射击准确度,需要一个一个找出这些系统误差源,并针对每一个系统误差源研究克服或减小它们的办法,这往往需要通过增加设备,提高测量仪器的精度、改进射表编制方法和应用各种弹道测量仪器来提高射表精度等。但即便这么实施了,也还存在问题,那就是对于每一次实际作战,这些系统误差也是随机改变的,因此不能完全解决实际作战中的射击准确度问题。

1. 火炮射击的主要战法——校射的目的和优点

炮兵射击理论围绕一个核心,就是如何确定正确的射击诸元(射角、射向),本质上讲,就是如何减小射击准确度误差。对此,实际作战中常采用校射法,其目的是用少量弹药,通过试射来减小射击诸元误差,提高射击准确度。

校射分为两种形式:一是对目标点试射几发炮弹,观测弹着点中心对目标的偏差,然后求出对目标继续射击的射击诸元修正量,据此调整射角和射向,用下一发或下一批弹药对目标实施更准确的效力射;二是通过对试射点射击几发炮弹,确定出射击成果诸元,从而对下一发或下一批弹药开展成果法射击。

实践表明,校射法是提高射击准确度的重要方法。

2. 当前校射法存在的主要问题

从有炮兵开始直到现在,各国炮兵为提升火炮射击准确度,均采用校射法。但是校射法首先要解决的是对炮弹落点的准确测量问题,这并不是一件很简单的事。

目前,炮兵普遍使用的落点观测方法有两种:一是火炮射击前派出前方观察所,抵近目标用观瞄器材观测弹丸炸点的烟雾,确定落点坐标;二是采用雷达测量弹丸飞行弹道数据,推算出落点坐标。但派遣前方观察所需要在射击前派出携带通信和测量设备的人员到目标点附近观测炸点,人员前出敌占区耗时长,易受地形、天气等原因影响,难以抵达目标附近。而采用雷达校射则面临功率大、易暴露、测量误差随距离增加而增大、设备操作维护复杂等不足。当前

这两种火炮校射方法严重制约了炮兵作战快速反应能力和机动性，也不符合现代信息化、数字化战场的要求。为适应炮兵作战快速反应和高机动性的要求，十分有必要从技术途径上创新、改变现有的校射技术和作战模式。下节将简要介绍一个用于提高火炮射击准确度的高精度自主闭环校射系统。

4.12.7　提高射击准确度的自主闭环校射系统

4.12.7.1　系统原理与组成

针对当前火炮校射方法及应用过程中存在的不足，编著者所在科研团队研发了用于提高火炮射击准确度的高精度自主闭环校射技术，通过综合应用卫星定位技术、远距离无线数据传输技术及高精度弹道解算技术等，研制出了校射弹、弹道解算终端等产品，在不依赖前方观察的条件下，使每一门火炮实现了试射炸点快速准确预报、火炮射角和射向修正量实时准确解算，形成了较为完备的自主闭环校射系统，提高了对目标校射的快速反应能力以及射击准确度。系统基本组成如图 4.12.4 所示。

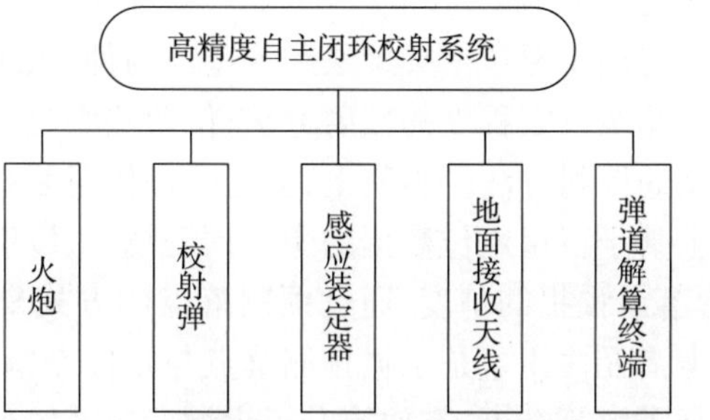

图 4.12.4　高精度自主闭环校射系统的基本组成

如图 4.12.4 所示，校射系统主要由火炮、校射弹、感应装定器、地面接收天线以及弹道解算终端组成，基本功能简述如下：

①火炮：为原火炮武器系统的制式装备。

②校射弹：是以普通制式炮弹为基础，将原引信替换为外形、尺寸、质量等完全相同的弹道信息处理组件（以下简称“校射头”），不仅保留原制式引信的功能，还增加了卫星定位数据接收、数据无线传输、信息存储等功能。校射头硬件系统包括卫星接收机及天线、弹载计算机、数传电台及天线、电池等部件。

③感应装定器：为缩短卫星接收机出炮口后搜星定位时间，在校射弹发射前进行卫星星历及相关弹道参数的装定。

④地面接收天线：用于接收校射头在炮弹飞行过程中以无线方式传回的卫星定位数据等弹道信息。

⑤弹道解算终端：用于回传弹道信息的数据处理、炮弹落点预测、射角和射向修正量解算，解算结果送入火控系统。

4.12.7.2　系统工作流程、特点及优势

上述闭环校射系统的工作流程如图 4.12.5 所示。

如图 4.12.5 所示，该校射系统的应用过程描述如下：根据炮兵作战策略，选择发射 2～3 发校射弹，射前测定目标点坐标；每一发校射弹通过感应装定器装定 GPS 或北斗卫星的星历

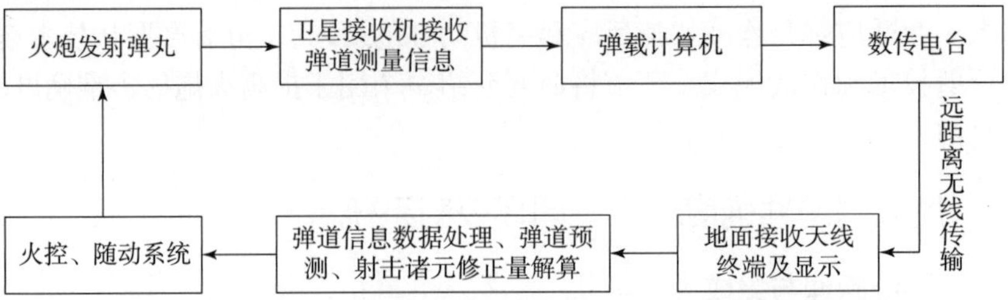

图4.12.5　自主闭环校射系统的工作流程示意图

及相关弹道参数;校射弹出炮口后正常飞行,校射头的卫星接收机不断接收GPS或北斗卫星定位数据(炮弹的位置、速度等),经过一段时间的数据积累后,校射头的数传电台将卫星定位数据等弹道信息以无线方式发送至地面;地面接收天线接收到弹道信息数据后送入弹道解算终端,经一系列的坐标转换、数据处理等,快速预测出该发校射弹的实际落点,通过比较预测落点与目标点之间的偏差,快速解算出射角和方向的修正量,并送入火控系统;由火控、随动系统自动调炮,火炮武器系统转为效力射。

根据炮兵射击理论,校射法主要包括夹叉法和偏差法两种,夹叉法是一种用不同诸元的炸点来夹叉目标,逐次缩小夹叉至一定程度的校射方法;偏差法则是一种通过测定并修正炸点对目标方向、距离及高低偏差的校射方法。本质上,上述闭环校射系统采用的是偏差法。与传统方式相比,炸点测量采用了基于卫星定位数据的弹道预测技术,以卫星定位测量的精度和弹道预测的精度来保证校射弹落点预报的精度,通过预测落点的方式来保证校射的快速性和对前观测量的无依赖性;而射击诸元修正量是根据预测落点与目标点偏差、实测气象等战场实时参数快速解算得到,大幅提高了解算精度,有效提升了火炮武器系统的快速反应性及生存能力。

在上述自主闭环校射系统所涉及的各环节中,除一些核心硬件外,弹道预测及射击诸元修正量解算是该系统不可或缺的核心技术,而其中又以弹道预测技术最为关键。弹道预测是一项通用的外弹道技术,近年来研究较多,其应用范围也非常广泛,并不局限于校射系统。弹道预测是以弹道滤波为基础,关于弹道滤波与弹道预测的原理、方法及应用等,将在第19章中予以详细介绍。

4.12.7.3　采用自主闭环校射系统后的准确度评估

前面对基于卫星定位测量技术的高精度自主闭环校射系统进行了介绍,描述了其基本组成、原理、工作流程及特色、优势等。至此,需回答采用自主闭环校射系统后的射击准确度问题。由于公开资料中尚无这方面的研究,本节对此做初步讨论,供读者参考。

1. 偏差试射的误差源和精度指标

上述闭环校射采用的是偏差试射法,根据炮兵射击学,无论在何种条件下试射,偏差试射的误差根源包括以下几项:

①测定(或预报)炸点与目标点偏差量的误差。

②射弹散布的误差。

③计算炸点修正量的误差。

④目标附近地形倾斜的误差。

⑤其他误差,主要包括基础诸元误差、射击条件修正量变化引起的误差、归整误差、冷炮误差等。

受到射弹发数的限制和修正次数、测量器材的精度以及作业方法等因素的影响，校射后火炮射弹的散布中心与目标点也不可能重合，仍存在一定的偏差，即准确度。

由于校射的目的是更好地实施效力射，故校射后的准确度必须满足炮兵执行战斗任务的战术要求和效力射要求。炮兵射击中规定，以能使效力射首群炸点覆盖目标的概率或覆盖目标幅员百分数的数学期望达到50%，来确定校射后的准确度指标。

一般地，对目标校射的精度指标确定为

$$E'_{X准} \leqslant 1.8B_X, E'_{Z准} \leqslant 3.0B_Z \tag{4.12.19}$$

对试射点试射的精度指标确定为

$$E'_{X准} \leqslant 0.75B_X, E'_{Z准} \leqslant 2.0B_Z \tag{4.12.20}$$

式中，B_X 和 B_Z 分别为无控弹的射程散布和侧偏散布，均为概率误差；$E'_{X准}$ 和 $E'_{Z准}$ 分别为校射后的射程准确度和侧偏准确度，也均为概率误差。

由于对试射点试射时不必考虑炮兵连的反应及自身生存问题，故精度指标要求要高一些。关于对式(4.12.19)和式(4.12.20)使用时的具体说明，可参考文献[61]。

2. 闭环校射系统应用过程中的误差源

参考上述误差源分析，对于基于卫星定位技术的自主闭环校射系统，其基本原理是通过对弹道上的卫星测量数据进行弹道滤波，实现快速、准确的落点预测和修正量计算，即确定出下一发或下一批弹药的射击诸元，故其应用过程存在的误差源如下：

①经弹道滤波、落点预测得到的校射弹落点与实测落点存在偏差，即校射弹落点预测（利用卫星定位数据）的准确度，记为 E_{X1} 和 E_{Z1}。显然，E_{X1} 和 E_{Z1} 是上述校射系统的重要性能指标。

②利用有限发（如2～3发）校射弹落点平均中心代替弹丸实际落点中心所引起的误差，记为 E_{X2} 和 E_{Z2}，实质上表征了以有限样本均值代替总体均值的估计误差。

③修正量解算误差，记为 E_{X3} 和 E_{Z3}，反映了修正量计算方法误差、弹道数学模型误差等。

④有限次试验中（如考核时）密集度对准确度的影响误差 E_{X4} 和 E_{Z4}。

⑤其他类型误差，包括目标附近地形倾斜引起的误差、射击条件修正量变化引起的误差、归整误差、冷炮误差、基础诸元误差等，统一记为 E_{X5} 和 E_{Z5}。

3. 准确度计算公式

根据上述误差源等，校射后准确度 $E'_{X准}$ 和 $E'_{Z准}$ 可表示为：

$$E'_{X准} = \sqrt{E_{X1}^2 + E_{X2}^2 + E_{X3}^2 + E_{X4}^2 + E_{X5}^2} \tag{4.12.21}$$

$$E'_{Z准} = \sqrt{E_{Z1}^2 + E_{Z2}^2 + E_{Z3}^2 + E_{Z4}^2 + E_{Z5}^2} \tag{4.12.22}$$

式(4.12.21)和式(4.12.22)中各个概率误差的计算方法如下：

(1)E_{X1} 和 E_{Z1}

$$E_{X1} = 0.6745\sqrt{\frac{\sum_{i=1}^{N}(X_{i预测} - X_{i实测})^2}{N_1}} \tag{4.12.23}$$

$$E_{Z1} = 0.6745\sqrt{\frac{\sum_{i=1}^{N}(Z_{i预测} - Z_{i实测})^2}{N_1}} \tag{4.12.24}$$

式中，N_1 为参与统计的射击发数；$X_{i预测}$ 和 $Z_{i预测}$ 分别为经弹道滤波、弹道预测得到的射程和侧偏(即预测落点)；$X_{i实测}$ 和 $Z_{i实测}$ 分别为实测的射程和侧偏(即实测落点)。

(2)E_{X2} 和 E_{Z2}

$$E_{X2}=\frac{B_X}{\sqrt{N}},E_{Z2}=\frac{B_Z}{\sqrt{N}} \tag{4.12.25}$$

式中，B_X、B_Z 分别为以概率误差表示的射程散布和侧偏散布；N 为校射弹的发数。

值得注意的是，式(4.12.25)是根据下式而来

$$\sigma_{X2}=\frac{\sigma_X}{\sqrt{N}},\sigma_{Z2}=\frac{\sigma_Z}{\sqrt{N}} \tag{4.12.26}$$

式中，σ_X 和 σ_Z 是以标准差表示的射程散布和侧偏散布；σ_{X2} 和 σ_{Z2} 表示样本均值($\bar{X},\bar{Z}$)(有限次试验所得射程和侧偏的平均值)的标准误。

根据数理统计知识，样本均值的标准误测度了用样本均值估计总体均值的精度。显然，当 $N\to\infty$ 时，σ_{X2} 和 σ_{Z2} 的值趋向于零，即当射击弹数足够多时，用样本均值(试验值)估计总体均值(反映火炮系统的总体性能)具有足够的精度。

(3)E_{X3} 和 E_{Z3}

由于在求火炮射击诸元修正量时，该校射系统并不是根据射表所列"每1 mil射角改变量对应的距离改变量"来反算射角和方向修正量的，也不是通过火控计算机的现有弹道计算软件(采用确定的符合系数)反算的，而是采用校射弹的实时数据(如初速、弹道坐标、飞行速度及预测落点等)进行解算，故可类比计算机直接求射击诸元过程所引入的误差，即

$$E_{X3}=0.04\%X,E_{Z3}=0.5X/955 \tag{4.12.27}$$

实际上，计算机直接求射击诸元的误差包括气动力系数不准确引起的误差、插值方法误差、逼近方法误差、数据处理误差、积分步长误差等。由于该校射系统利用了大量的实测数据，理论上讲，该部分误差应比由上述公式计算出的误差值要小。

(4)E_{X4} 和 E_{Z4}

$$E_{X4}=\frac{B_X}{\sqrt{MN}},E_{Z4}=\frac{B_Z}{\sqrt{MN}} \tag{4.12.28}$$

式中，M、N 分别为准确度试验时所用的组数、每组发数。

(5)E_{X5} 和 E_{Z5}

对于由目标附近地形倾斜引起的误差、由射击条件修正量变化引起的误差、归整误差、冷炮误差、基础诸元误差等，仿真时可采用估算值。

4. 算例

以某大口径远程榴弹为例(射程40 km)，计算使用上述闭环校射系统后的准确度。

①利用前期在某靶场的试验结果数据，可根据式(4.12.23)和式(4.12.24)计算出 E_{X1} 和 E_{Z1} 值，分别为 $E_{X1}=18.3$ m 和 $E_{Z1}=14.3$ m。

②对于射程 $X=40$ km，假设有不同的无控密集度值(B_X,B_Z)，根据式(4.12.25)，E_{X2} 和 E_{Z2} 的计算结果见表4.12.2和表4.12.3。

表 4.12.2　不同密集度条件下 E_{X2} 的计算结果

射程密集度 B_X/X		1/200	1/250	1/300	1/350
E_{X2}/m	1 发	200.0	160.0	133.3	114.3
	2 发	141.4	113.1	94.3	80.8
	3 发	115.5	92.4	77.0	66.0

表 4.12.3　不同密集度条件下 E_{Z2} 的计算结果

侧偏密集度 B_Z/X/mil		1.0	1.2	1.4	1.6
E_{Z2}/m	1 发	40.0	48.0	56.0	64.0
	2 发	28.3	33.9	39.6	45.3
	3 发	23.1	27.7	32.3	36.9

以 3 发校射弹，无控弹的密集度 $B_X/X = 1/300$、$B_Z/X = 1.2$ mil 为例，查表 4.12.2 和表 4.12.3 可得，$E_{X2} = 77.0$ m，$E_{Z2} = 27.7$ m。

③取射程 $X = 40$ km，按式(4.12.27)，可得

$$E_{X3} = 0.04\% \times 40\,000 = 16(\mathrm{m}),E_{Z3} = 0.5 \times 40\,000/955 = 20.9(\mathrm{m})$$

④如果以 3 组、每组 7 发进行准确度评定试验，射程 40 km、无控弹射程密集度 1/300、侧向密集度 1.2 mil，根据式(4.12.28)，可得

$$E_{X4} = \frac{40\,000/300}{\sqrt{3 \times 7}} = 29.1(\mathrm{m}),E_{Z4} = \frac{48}{\sqrt{3 \times 7}} = 10.5(\mathrm{m})$$

⑤其他几种误差，参考文献[61]中的一些数据，取为 $E_{X5} = 10$ m 和 $E_{Z5} = 5$ m。

综上，某大口径远程榴弹在射程 40 km 条件下，以 3 发校射弹、3 组正式弹(每组 7 发)考核，无控射程密集度 1/300、侧向密集度 1.2 mil 为例，校射后的准确度估算结果为

$$E'_{X准} = \sqrt{18.3^2 + 77.0^2 + 16.0^2 + 29.1^2 + 10.0^2} = 86.4(\mathrm{m})$$

$$E'_{Z准} = \sqrt{14.3^2 + 27.7^2 + 20.9^2 + 10.5^2 + 5.0^2} = 39.3(\mathrm{m})$$

根据以上结果可知，E_{X2} 和 E_{Z2} 对总准确度的贡献最大，而 E_{X2} 和 E_{Z2} 又受到无控弹本身密集度的影响，由此可知，要想提高准确度，有必要提高其密集度。根据前述校射精度指标(试射点试射情形)，本例指标为 $0.75B_X = 0.75 \times 40\,000/300 = 100$ (m)、$2B_Z = 2 \times 48 = 96$ (m)，故校射后准确度 $E'_{X准} = 86.4 < 100$ (m)、$E'_{Z准} = 39.3 < 96$ (m)，满足精度指标。

4.12.8　提高射击准确度的数字气象预报

4.12.8.1　概述

由于弹箭飞行的弹道及稳定特性与作用在弹箭上的空气动力和力矩有关，而空气动力和力矩又直接与飞行中的弹丸周围的空气密度有关，进一步地，空气密度又与弹箭所处空气的气温、气压、湿度、风速、风向有关，因此，要想准确获得弹箭的弹道(包括射程、侧偏、最大弹道高、飞行时间、速度和加速度等)和飞行稳定性情况，必须要获得弹箭飞行空间的气象条件。

地面炮兵的作战行动范围、射弹的飞行高度和距离，都是在大气中。大气的状态直接影响炮兵作战效果及射弹的运动规律。地面炮兵在射击进行准备时，如果没有准确的气象数据，就

无法精确计算出射击诸元。在现代炮兵作战中,由于各种高新技术的应用,气象诸元的精度对火炮武器系统射击精度的影响变得更加突出。当采用精密法准备射击开始诸元时,在射击开始诸元总误差中,气象误差占有很大比重(可达50%以上),直接影响炮兵射击的首发命中率和首群覆盖率。

炮兵作战的传统气象保障主要是在气象站释放探空气球,携带气温、气压、湿度等气象测量装置升空,每隔一定高度发送一组气象数据给地面接收站,风速风向则是由探空气球的坐标变化求得的。地面接收站将数据整理成解算射击诸元所需要的气象数据格式,传给指控系统或火控系统。这种传统气象获取方法的缺点在于:

①由于探空气球上升速度很慢(约每分钟200~300 m),因此,如果最大弹道高是20 km,探空气球上升到弹道顶点约需80 min,加上气象分队展开、操作、数据处理、射击诸元解算,射击前的气象准备就要1.5 h,严重影响作战时效。

②随着现代火炮射程的增加(可达100 km以上),利用首末区探测的气象要素来解算射击诸元,由于首末区之间的空间差异以及释放探空气球所需的时间差异,在大气层不稳定或有冷空气活动的情况下,气象要素在时间和空间上会产生很大差异,故施放气球获取的气象要素必然给射击诸元解算带来不可避免的误差,影响射击精度。研究表明,气象诸元的实时性受到多方面误差因素的影响,它已成为射击精度的主要误差源。

③现在多采用气象雷达跟踪探空气球,这就需要使用大型装备和相应的操作技术人员,不利于地面炮兵的机动作战。

④探空气球升空并用无线电发回气象数据,容易被敌方探测到,暴露作战时机。

为了加快气象测量速度,缩短气象测量时间,提高气象探测高度,人们也研究过探空火箭法,即用火箭将气象测量设备发射升空,然后释放,带降落伞下落,依次下降高度测量气象数据。由于火箭上升速度、降落伞下降速度比探空气球上升速度快得多,故部分解决了气象测量速度和探测高度的问题。但是这种方法的缺点是探空火箭的价格较高,技术复杂。

为了解决现代炮兵作战所面临的精确、完整、实时的气象保障问题,本节将讲述一种先进的气象保障方法——数字气象预报。数字气象预报是一种以实时气象资料为基础,以数值天气预报模式为手段,通过气象资料同化确定初值和边界条件,进而数值求解描述天气演变过程的流体力学和热力学方程组、预测未来一定时段大气运动状态和天气现象的技术。根据实际作战需求,可对预报结果进行数据处理(如气象要素订正、气象通报生成等),为炮兵作战提供精准实时的气象诸元。

4.12.8.2 国内外发展状况

20世纪60年代以来,随着探测手段、计算机技术和天气预报技术的进步,欧、美、日等国的天气预报水平取得了大幅提高,天气预报逐渐由短期向中长期、临近和短时预报方向发展,逐步开展了高时空分辨率的精细化数值天气预报。炮兵气象保障也由标准大气和实时施放探空气球获取大气廓线及其气象参数,逐步走向利用区域中尺度数值天气预报技术制作生成炮兵气象通报,极大地提高了炮兵武器的命中精度。

美国陆军研制的“综合气象保障系统”是集气象要素探测系统、卫星资料接收系统、数据分析处理系统、数值预报系统、战术决策辅助系统、保障产品分发系统和战场环境显示系统于一体的综合化系统,其中数值预报系统采用的中尺度预报模式的水平分辨率为10 km,主要制作和发布战区短期(12~72 h)、短时(0~12 h)和临近(0~3 h)天气预报。该系统是美军当前最重要、最具代表性的战区和战术作战气象保障系统之一。美军将其列为陆军“作战指挥系统”中的“情报电子战分系统”的核心组件，成为“数字化战场”建设的重要组成部分。

20 世纪 90 年代，美军斥巨资着手研制一种先进的气象保障系统，即气象测量廓线系统（Meteorological Measuring Set - Profiler，MMS - P）。MMS - P 系统最大的特点是利用中尺度预报系统融合各种气象数据，为战场区域提供立体范围的高分辨率气象信息。伴随着先进气象保障技术的发展，美军炮兵的气象保障模式也悄然发生着变化。

据资料显示，2000 年以前，美军炮兵气象分队由 6 人组成，有 3 辆悍马车，分别由队长、通信人员和工程修理人员驾驶，还有 3 辆牵引车，由士兵驾驶拉雷达、探空设备和充气设备，在射程 10 ~ 20 km 距离上，一次战斗作业放 12 个探空气球，气象测量时间约为 1 h 30 min；自 2005 年起，美军已开始使用 MMS - P 系统（AN/TMQ - 52 型），炮兵气象分队仍由 6 人组成，有 3 辆悍马车，分别由队长、通信人员和工程修理人员驾驶，但减少了 1 辆牵引车，只有 2 辆牵引车由士兵驾驶拉雷达、探空设备和充气设备，射程扩大到 60 km，一次战斗作业只需放 4 个探空气球，气象测量时间为 60 min。此时，美军炮兵的气象保障时间已减少了 1/3；自 2012 年起，美陆军在 AN/TMQ - 52 型 MMS - P 系统基础上，开始研制下一代 AN/GMK - 2 型的 CMD - P 系统（Computer Meteorological Data - Profiler，野战炮兵计算机气象数据保障系统）；到 2015 年，美军炮兵气象分队只由 2 人组成，只用 1 辆悍马车和 1 辆牵引车，气象预报距离扩大到 500 km，完全不放探空气球了，气象测量时间缩短到 30 min；据悉，未来美军炮兵的气象保障将朝着无专门人员编制和车辆的方向发展，而将数字气象预报系统完全嵌入指挥控制系统中，气象准备时间缩短为 10 min。不难看出，美军气象保障水平的提高与其数字气象预报技术的发展是密不可分的。

美军研发的数字气象预报系统，能够收集、同化各种有用数据，使预报结果达到最佳，输出结果经过统一的后处理系统，可自动产生战场区域内 500 km × 500 km × 30 km 的大气廓线气象数据，这些数据格点最小分辨率为 4 km（每 30 min 更新 1 次），数据紧接着会被发送到战区的各个火力支持系统中，极大地提升了火力保障能力。

我国自 20 世纪 80 年代中期起，国家气象局就建立了以数值天气预报为基础，综合应用各种气象信息和预报技术的现代天气预报业务流程，针对天气预报面临的精细化、无缝隙、面向多领域以及多轨道业务服务需求，开展了数值天气预报、灾害天气预警、精细化天气预报和专业气象服务。2001 年，国家气象局开始自主研发新一代全球/区域通用数值天气预报系统 GRAPES，并在区域模式上取得成功；2006 年，GRAPES 区域中尺度数值预报业务系统（GRAPES - Meso）正式投入业务运行，水平分辨率为 30 km；2007 年，GRAPES - Meso 的水平分辨率升级到 15 km，同年，GRAPES 的研发全面进入全球模式系统发展阶段；2014 年，我国将高分辨率资料同化与数值天气模式确定为国家气象科技创新工程三大攻关任务之一；到 2016 年，GRAPES 全球预报系统正式投入业务运行并面向全国下发产品；2018 年，GRAPES 全球四维变分同化系统实现业务化，标志着我国已迈入资料同化技术世界先进行列；2018 年年底，GRAPES 全球集合预报系统完成了业务化评审，至此，我国建立起一套完整的 GRAPES 数值预报体系。

除 GRAPES 外，我国还自主研发了 T639 全球中期数值预报系统、若干军用中期数值天气预报系统和区域短期数值天气预报系统等。尽管在数值天气预报方面我国已取得长足进步，但同欧美发达国家相比仍存在一定的差距，主要是预报模式性能方面有差距，体现在：①与欧美先进机构(如欧洲中期天气预报中心、美国国家环境预报中心等)数值天气预报模式相比,我国数值预报模式的预报误差更大;②预报时效较短,如我国中短期天气预报一般预报未来 1 ~ 10 天,而欧美国家可以做到 1 ~ 16 天;③延伸期预报(10 ~ 60 天预报)的预报误差比欧美先进机构的更大。

目前,数值天气预报系统产品在国内外炮兵作战中的具体应用研究,可查的公开资料较少,下一节首先讲述炮兵作战用数字气象预报的总体技术原理,供读者参考。

4.12.8.3 炮兵作战用数字气象预报的技术原理

炮兵作战用数字气象预报主要由“实时气象信息提取与处理”“作战区域数值天气预报”“弹道气象要素预报”这三个步骤组成,如图 4.12.6 所示。

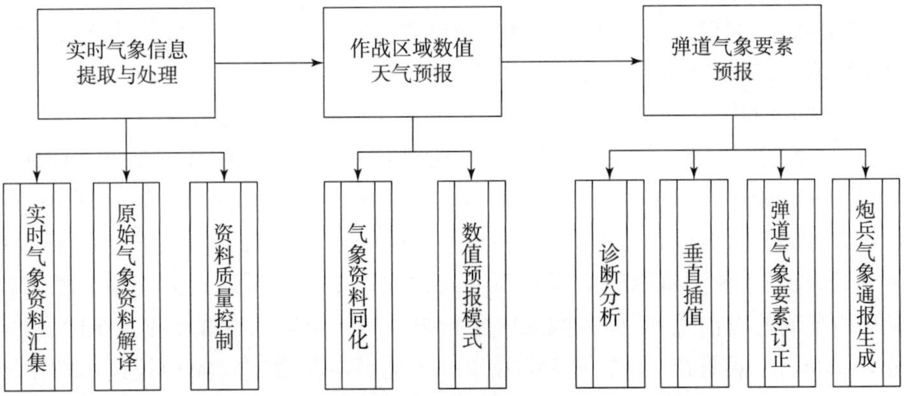

图 4.12.6 炮兵作战用数字气象预报的总体技术原理

1. 实时气象信息的提取与处理

如图 4.12.6 所示,对于“实时气象信息的提取与处理”,又细分为“实时气象资料汇集”“原始气象资料解译”以及“资料质量控制”三个环节。

要想数值预报准确,仅仅通过数值求解大气动力学方程组、热力学方程组是远远不够的,必须依赖于实测的气象资料。在我国,实时气象资料的汇集可以依托卫星气象水文数据广播接收处理系统(CCTV -2)自动收集实时气象数据,内容包括陆地海洋气象观测报告、高空气象探测报告等常规气象报文、与实际作战相关的非常规气象报文、国内外客观分析和数值预报产品等格点报资料。实时气象资料汇集工作要依赖专门的软硬件系统(或模块),按照一定的调度规则(如按时间间隔或定时调度),实时对设定的各种气象水文信息收集路径进行检测,将最新的、尚未处理的气象水文信息汇集并进行同类文件合并后存入信息处理终端,同时对汇集来的信息进行分类、备份,以待后续处理。

下一步即开展原始气象资料的解译工作,该工作同样要依托专门的软硬件模块,读取实时气象资料汇集的各种气象信息,根据文件信息类别分别进行处理。如果是格点报资料等二进制文件,则根据文件不同格式,直接译码写入实时数据库;如果是字符编码型的气象观探测报文,则对报文进行格式检测、译码之后,写入实时数据库。通常这一工作包括常规报文资料解译和军用中期数值预报产品解译。

如前所述,常规报文资料包括陆海气象观测资料和高空探测资料,其主要是以字符编码型的气象观探测报文为主,解译流程分为报文分拣、格式检测及报文译码,其中以译码的预处理工作——格式检测最为复杂。由于输入、通信等各种原因,报文存在各种各样的格式错误且错情非常复杂,就其涉及范围讲,报文中的每一个电码都有可能发生错误,因而要想全面地估计出错情十分困难,格式检测的目的就是对报文进行格式检测并做相应的纠错处理,以期获得格式标准、排列规则、可被正确译码的报文资料。格式检测用到的检测规则及原理,本书不再赘述,感兴趣的读者可查阅相关资料。

对军用中期数值预报产品的解译,主要是将原始的二进制格式信息转化为文本信息,其内容包括物理量(如温度、气压、水平风场的风速分量、相对湿度、累计降水量等)、纬度、经度、格点信息、垂直分层、预报时效等。

第三步为对资料质量的控制。气象资料的质量是决定预报准确率的重要因素之一。由于气象资料在传输过程中存在漏码、错码等问题,在使用数值预报模式和观探测资料之前,必须对已获取的资料进行质量控制,并对错、漏的数据进行补齐。质量控制的主要方法有极值检查、线性内插检查(垂直一致性检查)、温度垂直检查、静力学检查和风切变检查等,每一种方法均有对应的特征值计算公式及检查判据。

2. 作战区域的数值天气预报

在实时气象信息的提取与处理所得结果基础上,可客观、定量制作炮兵作战区域的天气和要素预报,为远程火炮武器系统提供高分辨率时空分布的大气分析和数值预报产品。如图 4.12.6 所示,这一环节分为气象资料同化和数值预报模式。

气象资料同化技术是提高数值天气预报质量的关键技术之一,它是一种综合利用气象观探测资料、背景场及误差统计等先验知识求解预报初始场的有效方法,主要方法有观测资料插值法、逐步订正法、观测值加权最优插值法、改进最优插值法以及最具发展潜力的变分同化方法。变分同化是近十多年来迅速发展起来的一种数值天气预报初始场形成方法,其较传统方法有许多优点。与纯粹的统计插值方法相比,变分法的优势十分明显,更能体现复杂的非线性约束关系,通过采用数值模式的预报值(如 6 h 预报)作为背景场,可使初始场能够包含同化分析时刻以前的有效观测信息,变分分析的结果将更具连续性。典型三维变分同化过程主要包括背景场处理、观测算子、背景场误差计算、三维变分以及边界条件更新等。三维变分技术的基本算法可以参考数值气象方面的教科书或论文,这里不再赘述。

同化观测资料除了常规陆地探空气象资料、地面观测报告外,还可包括近海海洋站地面观测报告,海洋固定站特性层风观测报告,海洋站标准层温、压、湿和风的观测报告,船舶探空、浮标站和云迹风等资料。特别要注重对作战区域非常规观测资料(报告)的同化应用和分析研究,把这些有限资料同化并应用到数值模式预报中,改进模式预报初始分析场的质量,进而提高模式预报能力。

完成了气象资料同化后,可采用数值预报模式,数值求解描述天气演变过程的流体力学和热力学方程组,预测未来一定时段大气运动状态和天气现象,进而给出炮兵作战所需的气象诸元信息。国内外的数值预报模式有很多,如前面介绍过的我国自主研发的 GRAPES、欧洲中期天气预报中心(ECMWF)数值预报模式、英国的联合模式(UM)、美国空军的全球空地天气模式(GALWEM)、美国国家大气研究中心(NCAR)开发的区域气候模式(RegCM)、天气研究与预报模式(WRF)等。各种模式均有其特点及适用场合,可根据实际应用的条件、需求等进行选取。

目前我国应用研究较多的是 WRF 模式。WRF 模式是一个完全可压缩的非静力模式,采用 Fortran 90 语言编写,该模式重点考虑从云尺度到天气尺度等重要天气的预报,控制方程组写为通量形式,水平方向采用 Arakawa C 型网格点,垂直方向采用地形跟随质量坐标,时间积分方面采用二阶或三阶龙格-库塔算法。WRF 模式不仅可以用于真实天气的个案模拟,也可用其包含的模块组作为基本物理过程探讨的理论依据,因而有助于开展针对我国的高分辨率数值模拟试验,提高我国区域天气预报的分辨率和准确性。

WRF 模式的基本方程组、时间分裂积分方案、物理过程及其试验方案、预报结果后处理等详细内容,本书不再赘述,互联网上有大量资料可供参考。

3. 弹道气象要素的预报

在数值预报产品和气象观探资料的基础上,可采用诊断分析、垂直插值等技术实现弹道气象要素的客观定量预报。数值预报产品输出的内容非常丰富,如 WRF 模式运行结束后,可以输出海平面气压、地面累积降水量、地面 2 m 高度气温及湿度、10 m 高度的风向风速,模式面气温、位势高度、湿度和风,以及标准等压面上的气温、位势高度、湿度和风场。而炮兵作战除了需要弹道上的温度、压力、湿度、风、虚温、大气密度等要素外,还需要地面气压偏差量、地面气温偏差量、规定弹道高度的气温偏差量、弹道风风向和风速、地面空气密度偏差量、规定炸高和该炸高弹道空气密度偏差量、规定高度的真风风向和风速、地面气温、地表面温度和相对湿度等要素。其中,地面和空中等高面上的温度、压力、湿度和风可以通过数值预报产品直接获取,而大气密度和虚温则需通过诊断分析得到。以某数值天气预报系统提供的预报产品为例:

(1)虚温的诊断分析

计算某一高度 H 上的虚温,采用以数值预报产品为基础的诊断分析技术,虚温计算公式为

$$\tau = t + \frac{1}{p}\left[3.78f(t+273) \times 10^{8.4051-\frac{2353}{t+273}}\right] \tag{4.12.29}$$

式中,t 为高度 H 上的气温(℃);p 为高度 H 上的气压(hPa);f 为高度 H 上的相对湿度(如湿度为 50% 时,$f=0.5$);τ 为高度 H 上的虚温(℃);H 表示几何高度。

(2)大气密度诊断分析

根据理想气体状态方程 $p=\rho RT$,可直接换算密度 ρ,即

$$\rho = \frac{p}{R_d\tau} \tag{4.12.30}$$

式中,p 为模式预报某时次、某点处的气压;R_d 为干空气气体常数,$R_d=287.05\ \mathrm{J\cdot(kg\cdot K)^{-1}}$。通过该式可得到每一层的大气密度。

由于数值模式预报的结果是一个包含所有预报时次在若干层模式面上的气象要素文件,要给炮兵作战提供气象诸元,必须将该文件的数据处理到标准等压面上,这主要是依靠(在垂直方向上)插值来解决,可采用的具体算法包括线性插值、二次插值等。

如图 4.12.6 所示,完成“诊断分析”和“垂直插值”后,要开展弹道气象要素的订正工作。这是由于,尽管数值预报能够提供精细化的等高面上的风场、气温、气压和相对湿度等要素预报产品,但由于数值预报在资料同化、物理过程参数化等方面具有一定的误差和不确定性,从而造成各种气象要素预报的误差,所以必须对数值模式产品进行进一步的订正。目前经常采用的订正方法有直接订正法、气象要素变化率订正法、基于回归技术的订正法、基于人工神经

网络的订正法等。

在弹道气象要素订正的基础上，按照炮兵气象通报的标准格式（见本章第 4.9 节），可以生成对应的气象通报，供炮兵使用。

4.12.8.4　炮兵作战用数字气象预报的关键技术

根据上述数字气象预报的技术原理，可初步归纳出以下关键技术。

1. 背景误差协方差的统计估计技术

在气象资料的三维同化分析中，背景误差协方差矩阵是一个关键要素，它控制着信息从观测位置向四周传播的方式，决定了模式变量之间在动力上是否协调一致。在三维变分同化中，背景误差协方差的结构决定了变量的空间结构和多变量的结构关系。实际上，背景误差是无法确切计算的，因为我们不知道大气的真实状态。在资料同化方案中，由于无一例外地采用数值模式的先验预报结果作为背景场，因此，背景误差协方差设计必须要能反映数值预报模式短期预报误差协方差的结构。

2. 数值天气预报模式物理过程的优化技术

目前，在中尺度数值预报模式中，云降水方案存在较大差异，这不仅表现在云降水预报量的不同，还主要表现在微物理过程的物理描述和处理方法的不同。采用不同的云降水方案，将得到不同的云物理量场，从而有不同的潜热释放和下降物的拖曳，将影响到模拟的动力场和温度场。因此，对模式的开发和应用研究，特别是模式包含的云和降水、边界层等重要中尺度物理过程方案的优化是一项关键技术。

3. 多源气象资料的同化技术

许多研究证明，在中尺度数值天气预报中，初值问题非常重要，初值场质量的高低，直接影响数值预报的成败。因此，在数值模式初值场的形成中，多使用三维变分同化处理技术，提高模式初始场的质量，以改善作战区域（特别是高原等特殊区域）资料匮乏的分析质量，形成比较合理的中尺度模式预报初始场。

4. 场区高空风释用技术

虽然数值预报能够提供精细的风场预报产品，但由于数值预报在资料同化、物理过程参数化等方面的不确定性，都会造成风场预报的误差，所以有必要对数值预报的风场结果进行进一步的释用和订正，增强释用模型对数值预报模式的适应能力，降低风场预报产品的误差，提高高空风预报的质量。

4.12.8.5　炮兵作战的应用方式

前面介绍的数字气象预报技术原理及其关键技术，绝大部分内容属于气象专业的研究范畴，与炮兵作战应用直接相关的只有弹道气象要素订正和炮兵气象通报生成。目前，从公开资料看，对炮兵作战用气象数值预报产品的释用尚止于炮兵气象通报的生成。有些学者提出了“战场气象信息数据组网与共享”概念（详见文献[63]），即根据一定的原则对多个气象站、点测得的气象信息数据进行科学组网、共享使用，其最终目标也仅是生成单点或多点的炮兵气象通报。因此，目前对于气象数据和信息的获取，尽管已经广泛采用了各种先进手段，但对于气象数据、信息与火炮武器系统火控的连接，仍以成熟的炮兵气象通报为载体。

以美国为首的北约，无论是采用传统的气象获取方法，还是先进的数值预报方法，至今都没有放弃使用一维计算机气象通报（类似于我国地炮计算机气象通报 5555），只是不断地进行格式版本的更新：1969 年，北约发布了第一版炮兵计算机气象通报标准（STANAG 4082 edition

1),2000 年更新至第二版(STANAG 4082 edition 2),2012 年又更新至第三版(STANAG 4082 edition 3)。据文献[70]、[71]报道,美军目前在实际作战中仍使用 STANAG 4082 定义的炮兵计算机气象通报。

其实这是不难理解的,炮兵气象通报具有成熟的格式和内容,并且经过了长期的实践和应用改进,已有广泛的应用基础,不可能轻易做出重大改变。当前,将数字气象预报技术引入炮兵作战应用,主要还是考虑改变生成气象通报的数据来源,而保持原有武器系统的运行和使用方式。过去制作炮兵气象通报是利用探空气球提供的信息,现在则是采用数值气象预报产品。因此,现阶段数字气象预报的应用,提高了气象诸元本身的精度(当然,这也有利于提高射击精度),但并未改变火炮武器系统使用气象信息的方式,从炮兵作战应用方式角度,数字气象预报技术仍有巨大的应用潜能可挖。

实际上,对于数值气象预报产品而言,其输出结果本身就是三维空间的网格化气象(如果增加一维时间,则构成四维网格气象),将三维网格气象信息按 STANAG 4082 或其他标准转换为一维气象通报(包括我国的炮兵气象通报)供炮兵使用,除引入转换误差外,火炮武器系统将无法与数字气象预报技术实现深度融合,其应用效果实际上大打折扣。正是基于这一点,北约在 2005 年发布了第一版网格气象通报标准(STANAG 6022,edition 1),到 2010 年又升级为第二版(STANAG 6022,edition 2),各种数值模式的预报产品输出结果均可按 STANAG 6022 的定义编排,生成网格气象通报(METGM),气象数据为多维数组形式,即

$$\text{data}(iz,ix,iy,it) \tag{4.12.31}$$

式中,iz、ix、iy 分别为垂直方向网格点下标、经度方向(由西向东)网格点下标、纬度方向(由南向北)网格点下标;it 为时间域下标。

表 4.12.4 给出了 METGM 的一个例子。

表 4.12.4 北约网格气象通报(METGM)的格式

代号	报文内容	报文解释
1	METGM, 1999, 03, 30,00,00	网格气象信息,年,月,日,时,分
2	4	物理参数的个数
3	0,1,3,3,1,1 000, 1 000,7 200,7.33,49.57, 9,0,1	地形高程信息:参数标识符,垂直格点数,经向格点数,纬向格点数,时间步长数,经向格距,纬向格距,时间步长(s),经向中心格点,纬向中心格点,基准子午线经度,垂直坐标系的基准标识符,垂直坐标系的类型标识符
4	0	距海平面以上高度值(未使用)
5	100, 70, 50, 120, 100,70,150,150,100	地形高程格点坐标值(本例中为 3×3 个格点)
3	2,1,3,3,1,1 000, 1 000,7 200,7.33,49.57, 9,1,1	纬向风分量信息:参数标识符,垂直格点数,经向格点数,纬向格点数,时间步长数,经向格距,纬向格距,时间步长(s),经向中心格点,纬向中心格点,基准子午线经度,垂直坐标系的基准标识符,垂直坐标系的类型标识符
4	10	距地面高度值

续表

代号	报文内容	报文解释
5	10,10,11,10,10,11,12,12,10	纬向风分量的格点坐标值(本例中为 3×3 个格点)
3	3,1,3,3,1,1 000,1 000,7 200,7.33,49.57,9,1,0	经向风分量信息:参数标识符,垂直格点数,经向格点数,纬向格点数,时间步长数,经向格距,纬向格距,时间步长(s),经向中心格点,纬向中心格点,基准子午线经度,垂直坐标系的基准标识符,垂直坐标系的类型标识符
5	−2,−2,−3,−6,−8,−8,−9,−15,−10	经向风分量的格点坐标值(本例中为 3×3 个格点)
3	5,4,1,1,2,3 000,3 000,3 600,7.33,49.57,9,2,1	温度信息:参数标识符,垂直格点数,经向格点数,纬向格点数,时间步长数,经向格距,纬向格距,时间步长(s),经向中心格点,纬向中心格点,基准子午线经度,垂直坐标系的基准标识符,垂直坐标系的类型标识符
4	1 000,850,700,600	距海平面以上高度值
5	18,5,−7,−22,22,7,−6,−21	温度的格点坐标值(本例中为 4×2 个格点)

我国目前尚未建立炮兵网格气象通报的标准。尽管北约在 2005 年就已建立了炮兵网格气象通报标准,但据文献[71]报道,截至 2020 年,美军尚未将网格气象通报应用于实际作战(若干北约国家已使用),仅通过计算机仿真验证了使用网格气象通报的可行性和有效性。已有研究表明,网格气象通报可以很好地描述气象的空间变化,如果可进行多次预报,则也可反映气象的时间变化。对于炮兵作战距离小于 15 km 的近程情形,采用网格气象通报决定火炮射击诸元与采用传统一维气象通报决定射击诸元相比,差别不大;但对于超过 70 km 的远程情形,这两种气象通报的使用结果具有较大差异,特别是在涉及山地区域的情况下。

本节讲述的数字气象预报技术,可大幅缩短战斗准备时间,提高射击精度(首发命中率和首群覆盖率),增强武器系统作战机动性,减少作战人员编制,对提高武器系统作战效能具有重要的意义,从一定程度上改变了传统的炮兵作战模式。为了增强使用效果,有必要将网格气象通报直接应用于火控系统,这也引出在网格气象条件下的开始射击诸元解算方法及弹道修正方法研究等全新课题,目前国内已有单位正开展相关研究。

4.13　火箭弹道修正和低空弹道风计算①

对于火箭弹道,除了有第 4.1 节表中所列的标准条件外,还应增加标准火箭药量、标准火箭药比冲或总冲和标准推力 - 时间曲线。当实际条件与所有这些标准条件不符时,也需要进行修正。

火箭因有发动机,故其弹道特性及影响因素与普通炮弹多有不同,例如,对于尾翼式火箭,主动段迎风偏而被动段顺风偏;对于涡轮式火箭,横风不仅产生方向偏差,还产生射程偏差,纵

① 本节应在学了第 9 ~ 11 章后再阅读。

风不仅产生射程偏差,还产生方向偏差。火箭药比冲、药温、药量的改变直接影响发动机工作过程及主动段末速度大小,进而影响全弹道射程。下面就来讲述对这些偏差因素的修正。

4.13.1 低空风修正和低空弹道风计算

这又分对主动段很短的野战火箭和对主动段很长的增程火箭的弹道修正两种。

1. 对主动段很短的野战火箭的弹道修正

由于主动段很短,气温、气压、空气密度偏差作用的时间很短,在主动段内产生的质心坐标修正量很小,可以忽略不计。但垂直风 $w_\perp = -w_x\sin\theta_0 + \mathrm{i}w_z$ 在主动段末产生的偏差 $\psi_w = \psi_{1w} + \mathrm{i}\psi_{2w}$ 改变了被动段起点的射角和射向,它经很长的被动段产生了落点的射程偏差 Δx 和方向偏差 Δz,用微分法计算,即有

$$\Delta x = \psi_{1w}(\partial x/\partial\theta_0),\Delta z = x\cdot\psi_{2w} \tag{4.13.1}$$

式中,x 为全射程;$\partial x/\partial\theta_0$ 是射程对射角的敏感因子或修正系数。至于被动段偏差因素产生的修正量,仍按普通炮弹的方法计算,然后二者相加。

以上是对主动段内有恒定不变的垂直风 $w_\perp$ 的修正,而主动段内风(常称低空风)也是随高度变化的,而且同样大小的垂直风在不同的高度层产生的主动段末偏角不相同,那么要用哪个风速值进行修正呢?这仍然是要用到弹道平均值和层权的概念。

将主动段分为 n 层(图 4.13.1),分层点高度为 y_i,对应弹道弧长为 s_i。设在 s_{i-1} 以上有 1 m/s 的垂直风,则由风偏公式(10.3.6)或式(11.4.9)得它在主动段末 k 点产生的偏角为 $\psi^*_{w_{i-1}}(z_{i-1},z_k)$。同理,如在 s_i 以上有 1 m/s 垂直风,则在 k 点产生偏角 $\psi^*_{w_i}(z_i,z_k)$。于是在高度 $y_i \sim y_{i-1}$ 范围内有 1 m/s 垂直风时,在主动段末产生的偏角为 $\Delta\psi^*_i = \psi^*_{w_{i-1}} - \psi^*_{w_i}$。最后一层有 1 m/s 垂直风在 k 点产生的偏角为 $\psi^*_{w_n} = \psi_{w_n}(z_{n-1},z_k)$。又设在整个主动段有 1 m/s 垂直风,在 k 点产生的偏角为 $\psi^*_w = (z_0,z_k)$,则按定义由第 i 层垂直风产生主动段末偏角的层权是

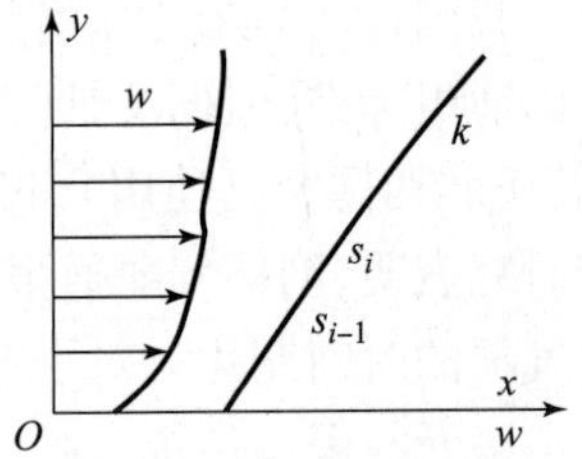

图 4.13.1 低空风分层

$$q_w = \Delta\psi^*_{w_i}/\psi^*_w(z_0,z_k) = [\psi^*_{w_{i-1}}(z_{i-1},z_k) - \psi^*_{w_i}(z_i - z_k)]/\psi^*_w(z_0,z_k) \tag{4.13.2}$$

显然有

$$\sum_{i=1}^{n} q_{w_i} = \psi^*_w(z_0,z_k)/\psi^*_w(z_0,z_k) = 1 \tag{4.13.3}$$

于是当任一层有垂直风 $w_{\perp i}$ 时,低空弹道风即为

$$w_{\perp B} = \sum_{i=1}^{n} w_{\perp i}q_{w_i} \tag{4.13.4}$$

以上式中,特征函数 $\psi^*_{w_i}(z_i,z_k)$ 可查表求得,也可按它的积分定义式计算求得。在使用射表时,需按式(4.13.4)算出了低空弹道风才能进行低空风修正,也可由气象分队直接计算出低空弹道风后发气象通报。低空风层权可按式(4.13.2)算出后列在射表上。

垂直风可以是横风 w_z,也可以是纵风 w_x 的垂直分量($-w_x\sin\theta_0$),它们的低空弹道风计算公式和层权是一样的。对于尾翼式火箭,哪个方向上的弹道风产生的主动段末偏角就在哪个弹道风的反方向上,而对于涡轮式火箭,一个方向上的垂直风要产生两个方向上的偏角分量,故在涡轮式火箭射表上,无论是横风还是纵风,都要列两个方向上的修正量。

2. 对主动段很长的增程火箭的弹道修正

这时因主动段很长,对于火箭增程段,还只有中间一段弹道上有火箭发动机工作,两头都是被动段。这时气温、气压、空气密度和风不仅对主动段偏角有影响,而且对主动段末质心坐标有影响。因此,不便于像主动段很短的情况对主动段气象偏差单独进行修正,最好是全弹道一并考虑,采用求差法,用计算机分别求出有恒定气象偏差在主、被动段共同作用产生的射程和侧偏修正量。但因实际上气象偏差量和风也是随高度变化的,故也要求出它们的弹道平均值和弹道各层层权。这只要在全弹道上应用弹道平均值和层权的定义,即可计算求得,计算时遇到主动段就计算主动段,遇到被动段就计算被动段。

其实对于主动段很短的情况,也可用这个方法求气象偏差和风的全弹道平均值及层权,只是注意要把主动段高度内的分层高度取小些才能多分几层。另外,对于横风,尾翼式火箭在主动段和被动段偏转的方向相反,因而横风层权可以出现负值,甚至有些层的层权绝对值大于1,但各层层权之和仍等于1,它保证了弹道横风与随高度变化的横风所产生的落点侧偏相等。

下面即为某迫击炮火箭增程弹的横风层权一例。条件是初速 270 m/s,发动机在炮射后 5 s 开始工作,工作 16 s 后再转入被动段飞行。当对 12 km 目标射击时,最大弹道高为 2 600 m。将弹道每 400 m 分一层,查射表上列出的横风层权表,得各层层权如下:

$$q_i = -0.335,\ -0.355,1.131,0.680,0.327,0.131,\ -0.576$$

可见上、下几层层权为负,中间高度发动机工作一段的层权为正,并且还有一层的层权大于1,但各层层权之和等于1。这是对层权概念的一个扩展。

4.13.2　对比冲的修正

由推力公式 $F_p = |\dot{m}|u_{\text{eff}} = |\dot{m}|I_1 g$ 知,推力 F_p 与比冲 I_1 成正比,故比冲改变百分之几,推力也改变百分之几。设标准比冲为 I_{0N},实际火箭比冲为 I_1,则比冲的相对改变量即为 $(I_1 - I_{0N})/I_{0N}$,于是推力改变为

$$F_p = F_{p0N}(1 + \Delta I/I_{0N}),\Delta I = I_1 - I_{0N} \tag{4.13.5}$$

式中,F_{P0N}表示标准推力。在用求差法计算比冲修正量时,就应该用这个推力 F_p 计算非标准弹道,用 F_{p0N}计算标准弹道,再求二者弹道诸元之差。又从质量变化方程 $\mathrm{d}m/\mathrm{d}t = -F_p/(I_1 g)$ 看,右边分母也与比冲成比例,因而质量变化方程应不受比冲变化的影响,也即这里的比冲改变只是由于火箭加工批次不同,内含能量稍有变化所引起,对燃速没有影响。为了在计算中不出错,也应将质量变化方程写成如下形式

$$\frac{\mathrm{d}m}{\mathrm{d}t} = \frac{F_p}{I_{0N}(1 + \Delta I/I_{0N})g} \tag{4.13.6}$$

4.13.3　对药量的修正

当只有火箭药质量改变,比冲和燃速都不变时,药量增(或减)就使火药燃烧时间及总冲也增(或减)。但由于在进行弹道计算时仍使用标准推力 - 时间曲线,改变此曲线时间甚为麻烦,为此,可认为发动机工作时火药燃烧时间与标准燃烧时间一样长,但推力增大(或减小),这样也达到了随着火药量增减,总冲和推力也按比例增减的效果,但比冲不变。设火箭药相对改变量为 $\Delta m_p/m_{p0N}$,全弹质量改为 $m = m_0 + \Delta m_p$,则弹道计算中的推力按下式计算

$$F_p = F_{p0N}(1 + \Delta m_p/m_{p0N}) \tag{4.13.7}$$

式中，m_{p0N}为标准火箭药量。质量变化方程中的比冲仍用标准比冲 I_{0N}。

4.13.4 对火箭药温的修正

火箭药温增高(或降低)，则燃速增高(或降低)，推力增大(或减小)，但燃烧时间减短(或增长)，其推力-时间曲线有所变化，总冲和比冲也有所变化，但由于在弹道计算中不可能针对每一个药温给一条推力曲线，一般只有高(+50 ℃)、低(-40 ℃)、常(+15 ℃)三个药温的推力曲线，那么只好分别算出相邻两个药温下弹道诸元，再对该中间药温插值，求取弹道诸元。

也可先用相邻两个药温下的燃烧时间插值求得中间某温度下的燃烧时间 t_k，再将相邻两个药温下的推力曲线在保持各自总冲不变的条件下进行处理，即将高温(或常温)推力曲线表的时间间隔按比例拉长至 t_k，但推力均按比例降低，常温(或低温)推力曲线时间表时间间隔按比例压缩至 t_k，但推力均按比例抬高，用这种方法形成两条虚拟推力曲线，工作时间均为 t_k。然后在计算中对同一时间 t，由这两个推力曲线查出两个推力，再按药温进行线性插值，即得此药温下的推力，用于弹道计算。或者按此法先制造一条推力曲线表存好，计算时只查此表。此方法可避免前一方法要计算两次弹道的操作，但不如前一方法直观、可靠，二者可互相校核。

在实际中，每个批次的火箭药都由厂家做过地面推力试验和药量称重，并标注在产品说明书里，而药温可在射击前用药温传感器测定，根据这些参数进行弹道解算修正或查射表修正。

不过与发动机静止试验不同，火箭在主动段飞行中常有掉药现象或比静止试验掉药多，这与火药加工情况以及主动段加速形成的惯性力容易使火箭药破碎有关，这使以上理论计算的比冲、药温、药量修正量与实际情况不能完全相符，特别是高温掉药更多，有时导致高温射程比常温还近。对于这种情况，只能以实测射程为准进行修正。

本章知识点

①非标准条件下的弹箭质心运动方程组。

②各非标准因素(包括地形、初速、弹重、气象要素、火炮状态及火箭参数等)的物理意义及修正方法。

③弹道层权的概念、计算方法及应用。

④射击密集度、准确度及精度的定义、计算方法及相关影响因素。

本章习题

1. 第4.5.1节中考虑了高度9 300 m以下气温随高度的变化，从而导出了公式(4.5.6)。试分析：①当高度超过9 300 m时，为何不能导出类似于公式(4.5.6)的公式；②当高度超过9 300 m时，采用弹道相似原理引起的误差有多大。

2. 试给出地面气压、气温非标准时飞行时间微分修正公式(4.5.10)和式(4.5.13)的推导过程。

3. 请思考，为什么说“射击密集度是射击准确度的基础”？密集度如何影响准确度的估值？

第5章

弹道解法

内容提要

本章讲述弹箭质心运动的弹道解法，主要包括数值解法、弹道表解法及级数解法，并介绍直射距离、有效射程及危险距离等概念。

5.1 概　　述

弹道方程组一般是一阶变系数联立方程组，一般来说，只能用数值方法求得数值解，仅在一些特定条件下经过适当的简化才能求得近似解析解。

弹道解法是有外弹道以来人们最关注的问题，也是外弹道学最基本的问题，几百年来，外弹道工作者一直在不断地探索。在计算工具不发达的过去，曾研究出许多近似解法及适合人工计算的数值解法，例如欧拉法、西亚切解法、格黑姆法等。数值解在过去是不轻易使用的，只有在编制通用的弹道表或某些弹道函数用表、射表时才舍得投入人力去计算。

正是由于弹道计算的迫切需要，促进了电子计算机的发明和发展。1945 年，美国阿伯丁靶场弹道研究所委托宾夕法尼亚大学研制世界上第一台电子计算机(1946 年 2 月研制成功)。70 多年来，电子计算机技术迅速发展，形成了包括硬件和软件技术的宏大学科。现在计算机已不仅用于科学计算，还用于管理、通信、翻译、排版、办公、图文声信处理、网络、游戏动漫、人工智能、仿真等，但可能绝大多数人不知道，电子计算机最初是为了解决弹道计算和弹道试验数据处理而设计的。

现在用计算机数值求解弹道方程已不是难事，这使得过去弹道学中的一些近似解法逐渐失去作用。如过去常用的西亚切解法由于它还要依赖于大篇幅的函数表，从而显得无用。但随着现代火控系统从利用射表数据转向直接利用弹道数学模型适时计算确定射击诸元方向发展，要求弹道数学模型简洁而准确，使得某些近似解法在特定情况下又有了新的用途。本章将各种解法都简单介绍一下。

5.2 弹道方程的数值解法

解常微分方程的数值方法有多种，本节只讲最常用的龙格 - 库塔法和阿当姆斯方法。

5.2.1 龙格-库塔(Runge-Kutta)法

龙格-库塔法实质上是以函数 $y(x)$ 的台劳级数为基础的一种改进方法。最常用的是4阶龙格-库塔法,其计算公式叙述如下,对于微分方程组和初值

$$\frac{\mathrm{d}y_i}{\mathrm{d}t} = f_i(t, y_1, y_2, \cdots, y_m), y_i(t_0) = y_{i_0} \quad (i = 1, 2, \cdots, m) \tag{5.2.1}$$

若已知在点 n 处的值 $(t_n, y_{1n}, y_{2n}, \cdots, y_{mn})$,则求点 $n+1$ 处的函数值的龙格-库塔公式为

$$y_{i,n+1} = y_{i,n} + \frac{1}{6}(k_{i1} + 2k_{i2} + 2k_{i3} + k_{i4}) \tag{5.2.2}$$

式中

$$\left.\begin{aligned}
k_{i1} &= hf_i(t_n, y_{1n}, y_{2n}, \cdots, y_{mn}) \\
k_{i2} &= hf_i\left(t_n + \frac{h}{2}, y_{1n} + \frac{k_{11}}{2}, y_{2n} + \frac{k_{21}}{2}, \cdots, y_{mn} + \frac{k_{m1}}{2}\right) \\
k_{i3} &= hf_i\left(t_n + \frac{h}{2}, y_{1n} + \frac{k_{12}}{2}, y_{2n} + \frac{k_{22}}{2}, \cdots, y_{mn} + \frac{k_{m2}}{2}\right) \\
k_{i4} &= hf_i(t_n + h, y_{1n} + k_{13}, y_{2n} + k_{23}, \cdots, y_{mn} + k_{m3})
\end{aligned}\right\}$$

对于大多数实际问题,4阶龙格-库塔法已可满足精度要求,它的截断误差正比于步长 h 的五次方(即 h^5)。故步长 h 越小,精度越高。但积分步长过小,不仅会增加计算时间,而且会增大累积误差。

实际上,对于专业技术人员,常根据计算经验选取步长,例如用质点弹道方程计算弹道时,可取时间步长 $h_t = 0.1 \sim 0.3$ s;而对于第6章所讲的刚体弹道方程,则时间步长 h_t 必须小于0.005 s,否则计算发散;对于第7章所讲的简化刚体弹道方程,则可取 $h_t = 0.05$ s 左右。

龙格-库塔法不仅精度高,而且程序简单,改变步长方便。其缺点是每积分一步,都要计算4次右端函数,因而重复计算量很大,不过这正是电子计算机的拿手好戏,故也算不了什么。

5.2.2 阿当姆斯预报-校正法

阿当姆斯法属于多步法,用这种方法求解 y_{n+1} 时,需要知道 y 及 $f(x,y)$ 在 t_n、t_{n-1}、t_{n-2}、t_{n-3} 各时刻的值,其计算公式如下:

预报公式

$$y_{n+1} = y_n + \frac{h}{24}(55f_n - 59f_{n-1} + 37f_{n-2} - 9f_{n-3}) \tag{5.2.3}$$

校正公式

$$y_{n+1} = y_n + \frac{h}{24}(9f_{n+1} + 19f_n - 5f_{n-1} + f_{n-2}) \tag{5.2.4}$$

利用阿当姆斯预报-校正法进行数值积分时,一般先用龙格-库塔法启动,算出前三步的积分结果,然后再转入阿当姆斯预报-校正法进行迭代计算,这样既发挥了龙格-库塔法自启动的优势,又发挥了阿当姆斯法每步只计算一次右端函数、计算量小的优势,效果比较理想。

但阿当姆斯方法改变步长较麻烦,需又一次转入龙格-库塔法,这就使程序结构复杂。

5.3　弹道表解法

在实际工作中,常希望能简便、迅速地获得弹道诸元。如果事先将计算出的各种弹道诸元编成表册,那么在需要时只需由表册查取,这将会给工作带来不少方便。尤其是在过去计算工具不发达的时代,对这种表格的需求更为明显,因而出现了好几种弹道表,如高炮弹道表、地炮弹道表和低伸弹道表,表 5.3.1 ~ 表 5.3.4 是这些表的例子。

表 5.3.1　高射炮外弹道表示例

高角 87°(v_0 = 900 m/s)

c	t/s									
	1	2	3	4	5	6	7	8	9	…
0.00	894	1 778	2 652	3 517	4 371	5 216	6 051	6 876	7 692	…
0.10	889	1 758	2 609	3 443	4 261	5 062	5 849	6 622	7 381	…
0.12	888	1 754	2 601	3 429	4 239	5 033	5 811	6 573	7 321	…
0.14	887	1 750	2 592	3 415	4 218	5 003	5 772	6 525	7 262	…
…	…	…	…	…	…	…	…	…	…	…

表 5.3.2　地面火炮外弹道表(上册)示例

射程 X(m)(θ_0 = 45°)

c	$v_0/(\text{m}\cdot\text{s}^{-1})$							
	460	480	500	520	540	560	580	…
0.00	21 570	23 487	25 485	27 565	29 725	31 968	34 292	…
0.10	17 497	19 233	20 569	21 957	23 403	24 908	26 477	…
0.12	17 452	18 655	19 895	21 180	22 515	23 904	25 349	…
0.14	16 999	18 128	19 286	20 480	21 716	22 999	24 333	…
…	…	…	…	…	…	…	…	…

表 5.3.3　地面火炮外弹道表(下册)示例

初速变化 1 m/s 时的射程改变量 Q_{v_0} (m)

$v_0/(\text{m}\cdot\text{s}^{-1})$	c							
	0.1	0.2	0.3	0.4	0.5	0.6	0.7	…
50	9.6	9.6	9.6	9.5	9.5	9.4	9.4	…
100	19.0	18.8	18.6	18.5	18.3	18.1	17.9	…
150	28.1	27.5	26.9	26.3	25.8	25.2	24.7	…
…	…	…	…	…	…	…	…	…

表 5.3.4 低伸弹道表示例

射程 X(m)(θ_0) = 1°30′

c	v_0/(m·s^{-1})							
	600	650	700	750	800	850	900	…
0	1 923	2 256	2 617	3 004	3 418	3 858	4 326	…
0.10	1 884	2 206	2 551	2 920	3 313	3 728	4 166	…
0.15	1 866	2 181	2 520	2 880	3 263	3 667	4 091	…
0.20	1 847	2 157	2 489	2 841	3 215	3 607	4 019	…
0.25	1 830	2 134	2 459	2 804	3 168	3 550	3 950	…
…	…	…	…	…	…	…	…	…

利用高炮弹道表可查得不同 c、v_0、θ_0 下弹道升弧上任一时刻的弹道诸元,如果 c、v_0、θ_0、t 不在弹道表的参数节点上,则需采用多元直线插值的方法获取各弹道诸元。

利用地炮弹道表的上册表,可求各种地炮弹道的落点诸元 X、T、v_C、θ_C 和最大弹道高 Y。利用其下册表还可查取由各种因素,如初速 v_0、射角 θ_0、弹道系数 c、气温、气压、纵风、横风等,变化一个单位时对应射程、侧偏和飞行时间的改变量,即为修正系数或敏感因子。

在计算工具不发达的时代,这些弹道表在弹箭设计和射表编制中发挥了巨大的作用,而现在一个程序就能代替它们,因而它们已基本上完成了历史使命。但在许多文献资料中都涉及这些表,故必须加以介绍。对于一些非弹道专业和机关工作人员了解外弹道数据,其更是必要的工具。

5.4 级数解法

5.4.1 引言

弹道级数解法的数学基础是台劳级数。设有某函数 $y=f(x)$,其围绕自变量零点($x=0$)展开的台劳级数形式为

$$y=f(0)+f'(0)x+f''(0)\frac{x^2}{2!}+f'''(0)\frac{x^3}{3!}+\cdots+f^{(n)}(0)\frac{x^n}{n!} \tag{5.4.1}$$

对于在基本假设下的弹丸质心运动的弹道诸元(如 y、P、u、t 等),均可以表示成上述台劳级数形式,只要知道了其各阶导数(如 $f'(0)$,$f''(0)$,…),代入如下诸式中,就可求得各弹道诸元的近似解析公式。以自变量为 x 的方程组(3.2.6)为例,有

$$\left.\begin{aligned}
y&=y_0+y'_0x+y''_0\frac{x^2}{2!}+y'''_0\frac{x^3}{3!}+\cdots+y_0^{(n)}\frac{x^n}{n!} \quad (1)\\
P&=P_0+P'_0x+P'_0\frac{x^2}{2!}+P'''_0\frac{x^3}{3!}+\cdots+P_0^{(n)}\frac{x^n}{n!} \quad (2)\\
v_x&=v_{x0}+v'_{x0}x+v''_{x0}\frac{u^2}{2!}+v'''_{x0}\frac{u^3}{3!}+\cdots v_{x0}^{(n)}\frac{x^n}{n!} \quad (3)\\
t&=t_0+t'_0x+t''_0\frac{u^2}{2!}+t'''_0\frac{u^3}{3!}+\cdots+t_0^{(n)}\frac{x^n}{n!} \quad (4)
\end{aligned}\right\} \tag{5.4.2}$$

以上各式余项的形式为 $y^{(n+1)}(\xi)\dfrac{x^{n+1}}{(n+1)!}$,其中 $0<\xi<x$。对于不过大的 x 值,只要 n 取

得适当大,其余项总是可以小到可以忽略。当 x 较小时,n 也可以取得较小;当 x 较大时,n 也须取得较大。但 n 也不宜过大,过大将使公式太繁,不便于应用。故可预见,级数解法适用于小射程或弹道的一个弧段,对较大射程,只能分弧采用此法。下面用以 x 为自变量的方程组(3.2.6)来导出级数解。

5.4.2 任意点弹道诸元公式

1. 弹道高

由方程组(3.2.6)可以求得 y_0、y'_0、y''_0、y'''_0 如下

$$y_0 = 0, y'_0 = \left(\frac{\mathrm{d}y}{\mathrm{d}x}\right)_0 = \tan\theta_0, y''_0 = \left(\frac{\mathrm{d}}{\mathrm{d}x}\tan\theta\right)_0 = -\frac{g}{v_{x0}^2} = -\frac{g}{v_0^2\cos^2\theta_0}$$

$$y'''_0 = \left[\frac{\mathrm{d}}{\mathrm{d}x}\left(-\frac{g}{v_x^2}\right)\right]_0 = -\frac{2g}{v_{x0}^3}cH(y_0)G(v_0) = -\frac{2gcG(v_0)}{v_0^3\cos^3\theta_0}H(y_0)$$

将它们代入式(5.4.2)的第一式中,并略去三阶导数及以上各项,整理后得到任意点弹道高公式

$$y = x\tan\theta_0 - \frac{gx^2}{2v_0^2\cos^2\theta_0}F_1(x), F_1(x) = 1 + \frac{2}{3}\frac{cG(v_0)}{v_0\cos\theta_0}H(y_0)x \tag{5.4.3}$$

2. 弹道倾角

将 P_0 及各阶导数

$$P_0 = \tan\theta_0, P'_0 = \left(\frac{\mathrm{d}P}{\mathrm{d}x}\right)_0 = -\frac{g}{v_{x0}^2} = -\frac{g}{v_0^2\cos^2\theta_0}$$

$$P''_0 = \left[\frac{\mathrm{d}}{\mathrm{d}x}\left(-\frac{g}{v_x^2}\right)\right]_0 = -\frac{2gc}{v_{x0}^3}G(v_0)H(y_0) = -\frac{2gcG(v_0)}{v_0^3\cos^3\theta_0}H(y_0)$$

代入式(5.4.2)中的第二式,略去二阶导数及以上各项,整理后得到弹道任意点的倾角公式

$$\tan\theta = \tan\theta_0 - \frac{gx}{v_0^2\cos^2\theta_0}F_2(x), F_2(x) = 1 + \frac{cG(v_0)}{v_0\cos\theta_0}H(y_0)x \tag{5.4.4}$$

3. 水平分速及速度

将 v_{x0} 及其各阶导数求出如下

$$v_{x0} = v_0\cos\theta_0, v'_{x0} = -cH(y_0)G(v_0), v''_{x0} = \left[-c\frac{\mathrm{d}[H(y)]}{\mathrm{d}x}G(v) - cH(y)\frac{\mathrm{d}[G(v)]}{\mathrm{d}x}\right]_0$$

而
$$\frac{\mathrm{d}[H(y)]}{\mathrm{d}x} = \frac{\mathrm{d}[H(y)]}{\mathrm{d}y}\frac{\mathrm{d}y}{\mathrm{d}x} = P\frac{\mathrm{d}H(y)}{\mathrm{d}y}$$

取
$$H(y) = (1 - 2.190\,5\times10^{-5}y)^{4.4}$$

则
$$\frac{\mathrm{d}[H(y)]}{\mathrm{d}x} = \frac{-9.638\,2\times10^{-5}}{1-2.190\,5\times10^{-5}y}H(y)\tan\theta \tag{5.4.5}$$

$$\frac{\mathrm{d}[G(v)]}{\mathrm{d}x} = \frac{\mathrm{d}[G(v)]}{\mathrm{d}v}\cdot\frac{\mathrm{d}v}{\mathrm{d}t}\frac{\mathrm{d}t}{\mathrm{d}x} = G'(v)[-cH(y)F(v) - g\sin\theta]\frac{1}{v\cos\theta} \tag{5.4.6}$$

将式(5.4.5)和式(5.4.6)代入 v''_{x0} 表达式中,得

$$v''_{x0} = \left[c^2H^2(y)G(v)G'(v)\frac{1}{\cos\theta} + cH(y)G'(v)\frac{g}{v}\tan\theta + cH(y)G(v)\frac{9.638\,2\times10^{-5}}{1-2.190\,5\times10^{-5}y}\tan\theta\right]_0 \tag{5.4.7}$$

将 v_{x_0}、v'_{x_0}、v''_{x_0} 代入式(5.4.2)的第三式中得

$$v_x = v_{x_0}F_3(x) \tag{5.4.8}$$

$$F_3(x) = 1 - \frac{cH(y_0)G(v_0)x}{v_0\cos\theta_0} \cdot \left\{1 - \left[cH(y_0)G'(v_0)\frac{1}{\cos\theta_0} + \frac{G'(v_0)}{G(v_0)}\frac{g}{v_0}\tan\theta_0 + \tan\theta_0\frac{9.638\,2\times10^{-5}}{1-2.190\,5\times10^{-5}y_0}\right]\frac{x}{2}\right\} \tag{5.4.9}$$

而速度

$$v = v_x\sqrt{1+\tan^2\theta} = \frac{v_x}{\cos\theta} \tag{5.4.10}$$

式(5.4.9)中的 $G'(v)$ 已根据 $G(v)$ 表数值微分求得,列于表5.4.1中。

表5.4.1　$G'(v)$

$v/(\mathrm{m\cdot s^{-1}})$	$G'(v)/(\times10^{-4})$	$v/(\mathrm{m\cdot s^{-1}})$	$G'(v)/(\times10^{-4})$
<250	0.74	400~450	1.552
250~300	1.236	450~500	1.162
300~310	2.95	450~550	0.966
310~320	7.69	550~600	0.852
320~330	9.14	600~650	0.824
330~340	7.44	650~900	0.82
350~360	5.87	900~1 100	0.915
360~370	4.44	1 100~1 300	1.09
370~380	2.81	1 300~1 500	1.22
380~390	2.34	1 500~1 900	1.24
390~400	1.98	>1 900	1.23

4. 飞行时间

由于 $t_0=0, t'_0=\dfrac{1}{v_{x_0}}, t''_0=\left[\dfrac{\mathrm{d}}{\mathrm{d}x}\left(\dfrac{1}{u}\right)\right]_0=\dfrac{cH(y_0)G(v_0)}{u_0^2}=\dfrac{cH(y_0)G(v_0)}{v_0^2\cos^2\theta_0}$,将它们代入式(5.4.2)的第四式中,整理后得到任意点的飞行时间公式如下

$$t = \frac{x}{v_0\cos\theta_0}F_4(x), F_4(x) = 1 + \frac{cH(y_0)G(v_0)}{2v_0\cos\theta_0}x \tag{5.4.11}$$

由以上各公式的形式可知,任意点弹道诸元公式以真空弹道为基础,各引进一个与空气阻力影响有关的修正函数 $F_1(x)$、$F_2(x)$、$F_3(x)$ 和 $F_4(x)$。由于修正函数只取到 x 的1~2次方,因此计算 x 的距离大小受到限制。如果将阻力函数 $G(v_0)$ 中的 v_0 以全弹道平均速度 v_{cp} 代替,其计算精度将有所提高,而 $v_{cp}\approx(v_0+v)/2$,可先用 v_0 算出 v 以后获得。即要迭代一次才能使计算结果准确些。但对于不长的弧段,只算一次就够了。

表5.4.2列出了级数解法与数值解法的结果,在小射角条件下,当 $x=1\ 000$ m 时,级数解

法有足够的准确性，而在大射角时，如果减小 x 值，也能获得足够的精度。

表 5.4.2　级数解法与数值解法的比较

例题	诸元				
	解法	y/m	θ	$v/(\mathrm{m\cdot s^{-1}})$	t/s
$c=1.0, v_0=1\,000$ m/s	数值解	94	5°24′	883	1
$\theta_0=6°, x=935$ m	级数法	93.6	5°25′	882.8	0.995
$c=1.0, v_0=1\,000$ m/s	数值法	811	59°42′	880	1
$\theta_0=60°, x=472$ m	级数法	811	59°42′	876	0.996

根据经验，级数解法对于射程 $X\leqslant 1\,500$ m 时的低伸弹道具有一定的准确性，可用在航炮射击、小口径舰炮防空反导的弹道计算中。此外，对于已知弹道上某一点诸元，求与其相距不远的左、右邻点处的弹道诸元也特别适用。如火箭全弹道计算的等效炮弹法就是应用级数解法的成功例子。设已知火箭在主动段末（$x=x_k, y=y_k$）处的速度 v_k 和弹道倾角 θ_k，火箭被动段的弹道系数为 c_k。我们要寻找一个等效炮弹，其弹道系数为 c_k，它在地面发射，而到达主动段末位置时速度正好为 v_k，弹道倾角为 θ_k，那么这个炮弹以后的弹道就与火箭被动段完全一样了，于是就可利用这个等效炮弹来计算火箭的全弹道射程。现在需求的是这个等效炮弹在 $y=0$ 的发射位置 x_0^* 以及初速 v_0^* 和射角 θ_0^*。为此，以主动段末为零点采用级数解法公式，向反方向求 $y=-y_k$ 处的弹道诸元，即可获得等效炮弹的 v_0^*、θ_0^* 和 X_0^*。由此查弹道表即可求得等效炮弹的全射程为 $\tilde{X}=\tilde{X}(c_k, v_0^*, \theta_0^*)$，而火箭的全射程则应为 $\tilde{X}=\tilde{X}(c_k, v_0^*, \theta_0^*)-|x_0^*|+x_k$。

5.5　直射距离和有效射程

武器的直射距离（或直射射程）定义为当最大弹道高 y_s 等于目标高 y_m 时的落点射程 x_z，如图 5.5.1 所示。对于反坦克武器而言，目标高即坦克高，一般取为 2 m 或 2.2 m；对步兵武器，目标高一般取为 0.65 m。直射距离是衡量小射角射击时弹道平直程度的指标，直射距离越大，弹道越平直。弹道平直有三个好处：①目标进入直射距离以内后，必要时可以连续射击目标而不用改变射角；②弹道越平直，落点 $|\theta_c|$ 越小，则由炮目距离测量误差 Δx 造成的目标处高低误差 $\Delta y=\Delta x\cdot\tan|\theta_c|$ 越小，故可减小射击误差，如图 5.5.2 所示；③弹道越平直，由初速和弹道系数散布引起的目标处（或立靶处）高低散布越小。这是很容易理解的，假设弹道是一条直线，则初速和弹道系数的散布只会影响弹箭沿此直线弹道飞行的速度和时间大小，而不会引起目标的（或立靶上的）高低散布。

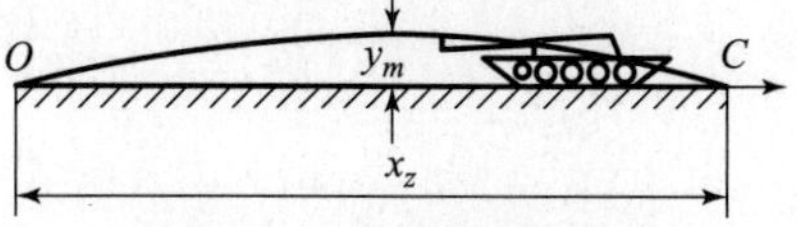

图 5.5.1　直射距离的定义

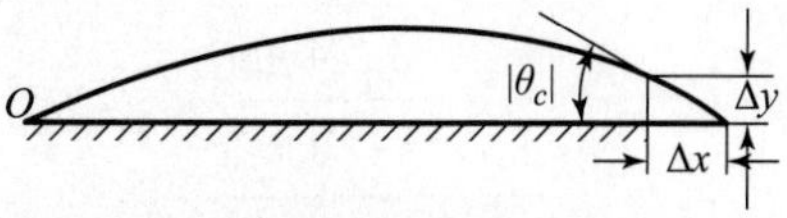

图 5.5.2　炮目距离测量误差 $|\Delta x|$ 与其造成的高低误差 Δy 间的关系

所谓有效射程,是指达到规定射击效力的射程,因此它与直射射程是两个概念。直射性能好时,可以降低测距误差对射击误差的影响,对提高有效射程有一定的作用,但它不能决定有效射程大小。因为直射距离只取决于初速和弹道系数,而影响有效射程的因素则是多方面的,它包括武器的散布大小和直射性能好坏、射表与瞄准装置的误差大小、测距与测风误差的大小以及射手的操作水平等。

在轻武器射表中,从落点反向至弹道高等于目标高处的水平距离(可借用图5.5.2中的 Δx 示意)称为危险距离。为了减小危险距离,应尽可能降低目标高度,例如采用弯腰、匍匐前进等方式。

本章知识点

①了解数值求解弹道方程的龙格-库塔法和阿当姆斯方法,掌握具体算法及特点。

②了解弹道表解法和级数解法的具体方法及应用条件。

③掌握直射距离和有效射程的概念。

本章习题

1. 简述采用典型弹道表求解弹道诸元的思路。

2. 第5.4.2节中简述了一个用于计算火箭全弹道的等效炮弹法,试根据简述的内容,制作等效炮弹法的求解流程。

第 6 章

弹箭刚体弹道方程的建立

内容提要

理想弹道不考虑攻角，实际上弹箭在运动中受到各种扰动，弹轴并不能始终与质心速度方向一致，于是形成攻角，对于高速旋转弹，又称为章动角。由于攻角的存在，又产生了与之相应的空气动力和力矩，例如升力、马格努斯力、静力矩、马格努斯力矩等，它们引起弹箭相对于质心的转动，并又反过来影响质心运动，例如形成气动跳角、螺线弹道和偏流等。

在弹箭运动过程中，攻角 δ 不断地变化，产生复杂的角运动。如果攻角 δ 始终较小，弹箭将能平稳地飞行；如果攻角很大，甚至不断增大，则弹箭运动很不平稳，甚至翻跟斗坠落，这就出现了运动不稳。此外，对于各种随机因素（例如起始扰动和阵风）产生的角运动情况，各发弹都不同，对质心运动影响的程度也不同，这将形成弹箭质心弹道的散布和落点散布。

为了研究弹箭角运动的规律及它对质心运动的影响，需要进行弹道计算、稳定性分析和散布分析，本章将介绍弹箭作为空间自由运动刚体的运动方程或刚体弹道方程。由于无控弹箭绝大多数是轴对称的，故本章按无控轴对称弹箭的特点选取坐标系建立方程，并采用复数来描述其角运动。关于有控面对称弹的坐标系选取和运动方程建立，则放在第 18 章里讲述。

6.1　坐标系及坐标变换

弹箭的运动规律不以坐标系的选取而改变，但坐标系选得恰当与否却影响着建立和求解运动方程的难易和方程的简明易读性。本节介绍外弹道学常用坐标系及它们之间的转换关系。

6.1.1　坐标系

1. 地面坐标系 $O_1xyz(E)$

此坐标系记为(E)，其原点在炮口断面中心，O_1x 轴沿水平线指向射击方向，O_1y 轴铅直向上，O_1xy 铅直面称为射击面，O_1z 轴按右手法则确定为垂直于射击面指向右方。此坐标系用于确定弹箭质心的空间坐标，如图 6.1.1 所示。

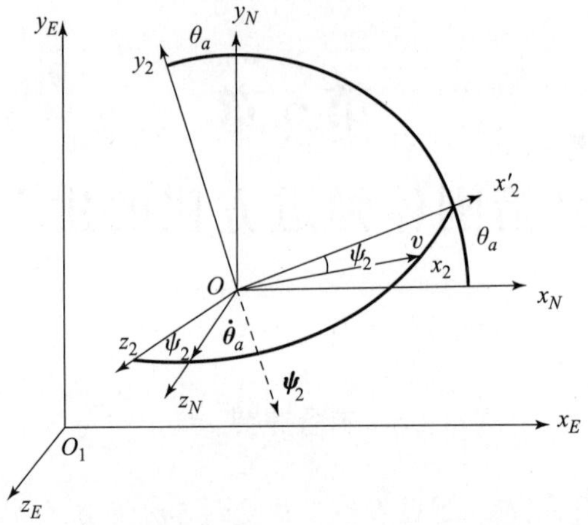

图6.1.1 地面坐标系(E)、基准坐标系(N)和弹道坐标系(V)

2. 基准坐标系 $Ox_Ny_Nz_N$(N)

此坐标系记为(N),它是由地面坐标系原点平移至弹箭质心 O 而成,随质心一起平动。此坐标系用于确定弹轴和速度的空间方位,如图6.1.1所示。

3. 速度坐标系 $Ox_2y_2z_2$(V)

此坐标系记为(V),其 Ox_2 轴沿质心速度矢量 $\boldsymbol{v}$ 的方向,Oy_2 轴垂直于速度矢量向上,Oz_2 按右手法则确定为垂直于 Ox_2y_2 平面向右为正。

速度坐标系可由基准坐标系经两次旋转而成。第一次是(N)系绕 Oz_N 轴正向右旋 θ_a 角到达 $Ox'_2y_2z_N$ 位置,第二次是 $Ox'_2y_2z_N$ 系绕 Oy_2 轴负向右旋 ψ_2 角达到 $Ox_2y_2z_2$ 位置。称 θ_a 为速度高低角,ψ_2 角为速度方向角,如图6.1.1所示。速度坐标系(V)随速度矢量 $\boldsymbol{v}$ 的变化而转动,是个转动坐标系,因它相对于(N)系的方位由 θ_a 角和 ψ_2 角确定,故其角速度矢量 $\boldsymbol{\Omega}$ 应为

$$\boldsymbol{\Omega} = \dot{\boldsymbol{\theta}}_a + \dot{\boldsymbol{\psi}}_2 \tag{6.1.1}$$

式中,$\dot{\boldsymbol{\theta}}_a$ 矢量沿 Oz_N 方向;$\dot{\boldsymbol{\psi}}_2$ 矢量沿 Oy_2 轴负向。

4. 弹轴坐标系 $O\xi\eta\zeta$(A)

此坐标系也称第一弹轴坐标系,记为(A)。其 $O\xi$ 轴为弹轴,$O\eta$ 轴垂直于 $O\xi$ 轴指向上方,$O\zeta$ 轴按右手法则垂直于 $O\xi\eta$ 平面指向右方,如图6.1.2所示。

弹轴坐标系可以看作是由基准坐标系(N)经两次转动而成的。第一次是(N)系绕 Oz_N 轴正向右旋 φ_a 角到达 $O\xi'\eta z_N$ 位置,第二次是 $O\xi'\eta z_N$ 系绕 $O\eta$ 轴负向右旋 φ_2 角而到达 $O\xi\eta\zeta$ 位置。称 φ_a 为弹轴高低角,φ_2 为弹轴方位角,此二角决定了弹轴的空间方位。

弹轴系是一个随弹轴方位变化而转动的动坐标系,其转动角速度 $\boldsymbol{\omega}_1$ 是 $\dot{\boldsymbol{\varphi}}_a$ 和 $\dot{\boldsymbol{\varphi}}_2$ 之和,即

$$\boldsymbol{\omega}_1 = \dot{\boldsymbol{\varphi}}_a + \dot{\boldsymbol{\varphi}}_2 \tag{6.1.2}$$

式中,$\dot{\boldsymbol{\varphi}}_a$ 矢量沿 Oz_N 方向;$\dot{\boldsymbol{\varphi}}_2$ 矢量沿 $O\eta$ 轴负向。

5. 弹体坐标系 $Ox_1y_1z_1$(B)

此坐标系记为(B),其 Ox_1 轴仍为弹轴,但 Oy_1 和 Oz_1 轴固连在弹体上并与弹体一同绕纵轴 Ox_1 旋转。设从弹轴坐标系转过的角度为 γ,则此坐标系的角速度 $\boldsymbol{\omega}$ 要比弹轴坐标系的角速度矢量 $\boldsymbol{\omega}_1$ 多一个自转角速度矢量 $\dot{\boldsymbol{\gamma}}$,即

$$\boldsymbol{\omega} = \boldsymbol{\omega}_1 + \dot{\boldsymbol{\gamma}} \tag{6.1.3}$$

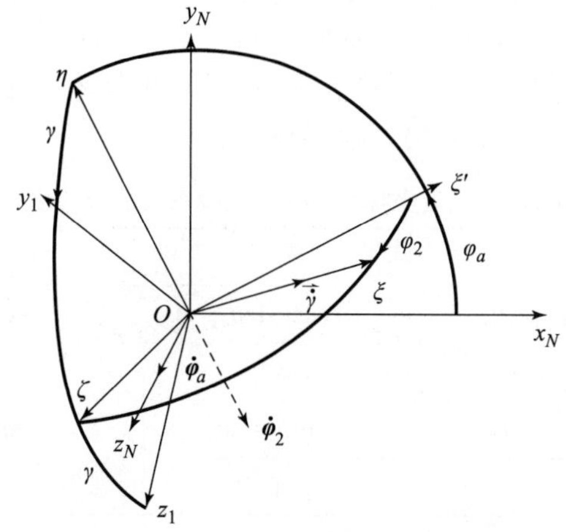

图 6.1.2　弹轴坐标系(A)、弹体坐标系(B)和基准坐标系(N)

对于右旋弹，$\dot{\boldsymbol{\gamma}}$ 指向弹轴前方。由于 Ox_1 轴和 $O\xi$ 轴都是弹轴，因此，坐标面 Oy_1z_1 与坐标面 $O\eta\zeta$ 重合，两坐标系只相差一个转角 γ，如图 6.1.2 所示。

6. 第二弹轴坐标系 $O\xi\eta_2\zeta_2(A_2)$

此坐标系记为 A_2，其 $O\xi$ 轴仍为弹轴，但 $O\eta_2$ 和 $O\zeta_2$ 轴不是自基准坐标系(N)旋转而来的，而是自速度坐标系 $Ox_2y_2z_2(V)$ 旋转而来的：第一次是 $Ox_2y_2z_2$ 绕 Oz_2 轴旋转 δ_1 角到达 $O\xi''\eta_2z_2$ 位置，第二次由 $O\xi''\eta_2z_2$ 绕 $O\eta_2$ 轴负向转 δ_2 角到达 $O\xi\eta_2\zeta_2$ 位置，如图 6.1.3 所示。称 δ_1 为高低攻角，δ_2 为方向攻角。此坐标系用于确定弹轴相对于速度的方位和计算空气动力。

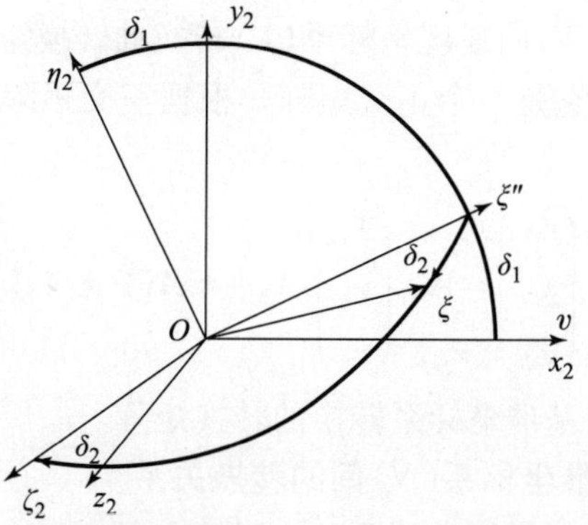

图 6.1.3　第二弹轴坐标系(A_2)与速度坐标系(V)的关系

6.1.2　各坐标系间的转换关系

在建立弹箭运动方程时，常要将在某一坐标系中确定的作用力或力矩转换到另一坐标系中去，故必须建立各坐标系间的转换关系，这些关系可利用投影法或矩阵运算求得。

1. 速度坐标系(V)与基准坐标系(N)间的关系

由图 6.1.1 可见，沿速度坐标系 Ox_2 轴的速度 $\boldsymbol{v}$ 在地面系 O_1xyz 三轴上的投影分别为

$$v_x = v\cos\psi_2\cos\theta_a, v_y = v\cos\psi_2\sin\theta_a, v_z = v\sin\psi_2 \tag{6.1.4}$$

显然，Ox_2 轴上的单位矢量 $\boldsymbol{i}_2$ 在地面坐标系(E)或基准坐标系(N)上的分量为

$$\boldsymbol{i}_2 = (\cos\psi_2\cos\theta_a, \cos\psi_2\sin\theta_a, \sin\psi_2) \tag{6.1.5}$$

同理可得 Oy_2 和 Oz_2 轴上的单位矢量 $\boldsymbol{j}_2$, $\boldsymbol{k}_2$ 在基准坐标系三轴上的投影，于是可得如表6.1.1所示的投影表，也称方向余弦表或坐标转换表。

表6.1.1 速度坐标系与基准坐标系间的方向余弦表

坐标系	Ox_N	Oy_N	Oz_N	$\sum b^2$
Ox_2	$\cos\psi_2\cos\theta_a$	$\cos\psi_2\sin\theta_a$	$\sin\psi_2$	1
Oy_2	$-\sin\theta_a$	$\cos\theta_a$	0	1
Oz_2	$-\sin\psi_2\cos\theta_a$	$-\sin\psi_2\sin\theta_a$	$\cos\psi_2$	1
$\sum a^2$	1	1	1	

由表可见，表中每一横行各元素的平方和等于1，每一直列各元素的平方和也等于1，这是由于这种变换是正交变换所致，这也是检查投影表是否正确的一种方法。

有了此表就很容易将地面坐标系中的矢量投影到速度坐标系中去，或者相反。例如重力 $\boldsymbol{G} = m\boldsymbol{g}$ 沿 OY_N 轴负向铅直向下，则它在速度坐标系(V)上的投影由表6.1.1可查得依次为

$$G_{x_2} = -mg\sin\theta_a\cos\psi_2, G_{y_2} = -mg\cos\theta_a, G_{z_2} = mg\sin\theta_a\sin\psi_2 \tag{6.1.6}$$

表6.1.1中的转换关系也可写成矩阵形式，即

$$\begin{pmatrix} x_2 \\ y_2 \\ z_2 \end{pmatrix} = \boldsymbol{A}_{VN}\begin{pmatrix} x_N \\ y_N \\ z_N \end{pmatrix}, \boldsymbol{A}_{VN} = \begin{pmatrix} \cos\psi_2\cos\theta_a & \cos\psi_2\sin\theta_a & \sin\psi_2 \\ -\sin\theta_a & \cos\theta_a & 0 \\ -\sin\psi_2\cos\theta_a & -\sin\psi_2\sin\theta_a & \cos\psi_2 \end{pmatrix} \tag{6.1.7}$$

矩阵 $\boldsymbol{A}_{VN}$ 称为由基准坐标系(N)向速度坐标系(V)转换的转换矩阵或方向余弦矩阵，由于此矩阵来自正交变换表6.1.1，故它是一个正交矩阵。根据正交矩阵的性质，其逆矩阵等于转置矩阵，由此可得如下逆变换

$$\begin{pmatrix} x_N \\ y_N \\ z_N \end{pmatrix} = \boldsymbol{A}_{NV}\begin{pmatrix} x_2 \\ y_2 \\ z_2 \end{pmatrix}, \boldsymbol{A}_{NV} = \boldsymbol{A}_{VN}^{-1} = \boldsymbol{A}_{VN}^{\mathrm{T}} \tag{6.1.8}$$

式中，$\boldsymbol{A}_{NV}$ 是从速度坐标系向基准坐标系转换的转换矩阵。

2. 弹轴坐标系(A)与基准坐标系(N)间的转换关系

根据与上面相同的步骤，将弹轴坐标系(A)三轴上的单位矢量分别向基准坐标系(N)三轴上投影，立即得到表6.1.2所示的方向余弦表。

表6.1.2 弹轴坐标系(A)与基准坐标系(N)间的方向余弦表

坐标系	Ox_N	Oy_N	Oz_N
$O\xi$	$\cos\varphi_2\cos\varphi_a$	$\cos\varphi_2\sin\varphi_a$	$\sin\varphi_2$
$O\eta$	$-\sin\varphi_a$	$\cos\varphi_a$	0
$O\zeta$	$-\sin\varphi_2\cos\varphi_a$	$-\sin\varphi_2\sin\varphi_a$	$\cos\varphi_2$

实际上，只要将表6.1.1中的 θ_a 改为 φ_a，ψ_2 改为 φ_2 即可得到此表。如以 $\boldsymbol{A}_{AN}$ 记以上方向

余弦表所相应的方向余弦矩阵，以 $\boldsymbol{A}_{NA}$ 记从弹轴系向基准系转换的方向余弦矩阵，则有

$$\begin{pmatrix}\xi\\ \eta\\ \zeta\end{pmatrix}=\boldsymbol{A}_{AN}\begin{pmatrix}x_N\\ y_N\\ z_N\end{pmatrix},\begin{pmatrix}x_N\\ y_N\\ z_N\end{pmatrix}=\boldsymbol{A}_{NA}\begin{pmatrix}\xi\\ \eta\\ \zeta\end{pmatrix},\boldsymbol{A}_{NA}=\boldsymbol{A}_{AN}^{-1}=\boldsymbol{A}_{AN}^{\mathrm{T}} \tag{6.1.9}$$

3. 弹体坐标系（*B*）与弹轴坐标系（*A*）间的关系

弹体坐标系 $Ox_1y_1z_1$ 的轴与弹轴坐标系 $O\xi\eta\zeta$ 的轴仅仅是坐标平面 Oy_1z_1 相对于坐标平面 $O\eta\zeta$ 转过一个自转角 γ，如图 6.1.2 所示，故得到表 6.1.3 所示的方向余弦表。

表 6.1.3　弹体坐标系（*B*）与弹轴坐标（*A*）间的方向余弦表

坐标系	Ox_1	Oy_1	Oz_1
$O\xi$	1	0	0
$O\eta$	0	$\cos\gamma$	$-\sin\gamma$
$O\zeta$	0	$\sin\gamma$	$\cos\gamma$

4. 第二弹轴坐标系（A_2）与速度坐标系（*V*）之间的关系

由图 6.1.3 可见，从速度坐标系（*V*）经两次转动 δ_1、δ_2 到达第二弹轴坐标系（A_2）的转动关系，只需将表 6.1.2 中的 φ_a 改为 δ_1、φ_2 改为 δ_2 即可，于是得表 6.1.4。

表 6.1.4　第二弹轴坐标系（A_2）与速度坐标系（*V*）间的方向余弦表

坐标系	Ox_2	Oy_2	Oz_2
$O\xi$	$\cos\delta_2\cos\delta_1$	$\cos\delta_2\sin\delta_1$	$\sin\delta_2$
$O\eta_2$	$-\sin\delta_1$	$\cos\delta_1$	0
$O\zeta_2$	$-\sin\delta_2\cos\delta_1$	$-\sin\delta_2\sin\delta_1$	$\cos\delta_2$

记以上方向余弦表相应的转换矩阵为 $\boldsymbol{A}_{A_2V}$，则有 $\boldsymbol{A}_{VA_2}=\boldsymbol{A}_{A_2V}^{-1}=\boldsymbol{A}_{A_2V}^{\mathrm{T}}$。

5. 第二弹轴坐标系（A_2）与第一弹轴坐标系（*A*）之间的关系

第一弹轴坐标系（*A*）与第二弹轴坐标系（A_2）的 $O\xi$ 轴都是弹箭的纵轴，故坐标平面 $O\eta\zeta$ 与坐标平面 $O\eta_2\zeta_2$ 都与弹轴垂直，二者只相差一个转角 β，如图 6.1.4 所示。

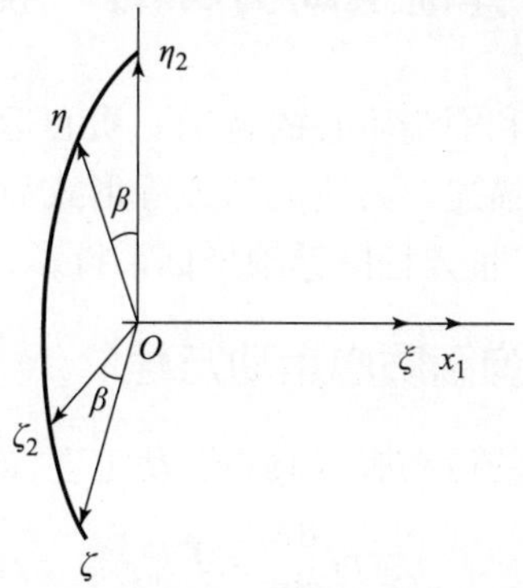

图 6.1.4　第二弹轴坐标系（A_2）与第一弹轴坐标系（*A*）间的关系

设由 $O\xi\eta_2\zeta_2$ 绕弹箭纵轴右旋至 $O\xi\eta\zeta$ 系时 β 为正,则得此二坐标系间的方向余弦表,见表6.1.5。

表6.1.5 第二弹轴坐标系(A_2)与第一弹轴坐标系(A)间的方向余弦表

坐标系	$O\xi$	$O\eta_2$	$O\zeta_2$
$O\xi$	1	0	0
$O\eta$	0	$\cos\beta$	$\sin\beta$
$O\zeta$	0	$-\sin\beta$	$\cos\beta$

记此表相应的方向余弦矩阵为 $\boldsymbol{A}_{AA_2}$,则有 $\boldsymbol{A}_{A_2A} = \boldsymbol{A}_{AA_2}^{-1} = \boldsymbol{A}_{AA_2}^{\mathrm{T}}$。

6. 各方位角之间的关系

容易看出,在 θ_a、ψ_2、φ_a、φ_2、δ_1、δ_2、γ、β 这8个角度中,除了 γ 外,余下的7个角度不都是独立的。例如,当由 θ_a、ψ_2 和 φ_a、φ_2 分别确定了速度坐标系和弹轴坐标系相对于基准坐标系的位置后,则这两个坐标系的相互位置也就确定了,于是 β 以及 δ_1、δ_2 就不是可以任意变动的了,而是由 θ_a、ψ_2、φ_a、φ_2 来确定。当然,也可以由 δ_1、δ_2 与 φ_a、φ_2 确定 θ_a 和 ψ_2,即应有三个几何关系式作为这些角度之间的约束。

用如下方式可求得这三个几何关系式,即通过两个途径将弹轴坐标系中的量转换到速度坐标系中去。第一个途径是经由第二弹轴坐标系转换到速度坐标系中去,第二个途径是经由基准坐标系转换到速度坐标系中去,这两种转换的结果应相等,即应有 $\boldsymbol{A}_{VA_2}\boldsymbol{A}_{A_2A} = \boldsymbol{A}_{VN}\boldsymbol{A}_{NA}$,在此等式两边的 3×3 矩阵中选三个对应元素相等,选的原则是易算、易判断角度的正负号,可得

$$\sin\delta_2 = \cos\psi_2\sin\varphi_2 - \sin\psi_2\cos\varphi_2\cos(\varphi_a - \theta_a) \tag{6.1.10}$$

$$\sin\delta_1 = \cos\varphi_2\sin(\varphi_a - \theta_a)/\cos\delta_2 \tag{6.1.11}$$

$$\sin\beta = \sin\psi_2\sin(\varphi_a - \theta_a)/\cos\delta_2 \tag{6.1.12}$$

在弹道计算时直接用此三式。对于正常飞行的弹箭,弹轴与速度之间的夹角很小,弹道偏离射击面也很小,这时 δ_1、δ_2、φ_2、ψ_2、$\varphi_a - \theta_a$ 均为小量,并略去二阶小量,于是有

$$\beta \approx 0,\delta_1 \approx \varphi_a - \theta_a,\delta_2 \approx \varphi_2 - \psi_2 \tag{6.1.13}$$

在进行角运动和稳定性分析时,将采用式(6.1.13)。

6.2 弹箭运动方程的一般形式

弹箭的运动可分为质心运动和围绕质心的转动。质心运动规律由质心运动定理确定,围绕质心的转动则由动量矩定理来描述。为使运动方程形式简单,将质心运动矢量方程向速度坐标系分解,将围绕质心运动的矢量方程向弹轴坐标系投影,以得到标量形式的方程组。

6.2.1 速度坐标系上的弹箭质心运动方程

弹箭质心相对于惯性坐标系的运动服从质心运动定理,即

$$m\frac{\mathrm{d}\boldsymbol{v}}{\mathrm{d}t} = \boldsymbol{F} \tag{6.2.1}$$

这里设地面坐标系为惯性坐标系,至于地球旋转的影响,可以通过在方程的右边加上科氏惯性

力来考虑。现将此方程向速度坐标系 $Ox_2y_2z_2$ 上分解，这时必须注意到速度坐标系是一动坐标系，其转动角速度 $\boldsymbol{\Omega}$ 为式(6.1.1)，由图 6.1.1 知，它在 $Ox_2y_2z_2$ 三轴上的分量为

$$(\Omega_{x_2},\Omega_{y_2},\Omega_{z_2}) = (\dot{\theta}_a\sin\psi_2, -\dot{\psi}_2, \dot{\theta}_a\cos\psi_2) \tag{6.2.2}$$

如果用 $\dfrac{\partial \boldsymbol{v}}{\partial t}$ 表示速度 $\boldsymbol{v}$ 相对于动坐标系 $Ox_2y_2z_2$ 的矢端速度(或相对导数)，而 $\boldsymbol{\Omega}\times\boldsymbol{v}$ 是由于动坐标系以 $\boldsymbol{\Omega}$ 转动产生的牵连矢端速度，则绝对矢端速度为二者之和，即

$$\frac{\mathrm{d}\boldsymbol{v}}{\mathrm{d}t} = \frac{\partial \boldsymbol{v}}{\partial t} + \boldsymbol{\Omega}\times\boldsymbol{v} \tag{6.2.3}$$

以 $\boldsymbol{i}_2$、$\boldsymbol{j}_2$、$\boldsymbol{k}_2$ 表示速度坐标系三轴上的单位矢量，故 $\boldsymbol{v} = v\boldsymbol{i}_2$，又设外力矢量 $\boldsymbol{F}$ 在速度坐标系三轴上的分量依次为 F_{x_2}、F_{y_2}、F_{z_2}，则由方程(6.2.1)得到质心运动方程的标量方程如下

$$m\frac{\mathrm{d}v}{\mathrm{d}t} = F_{x_2}, mv\cos\psi_2\frac{\mathrm{d}\theta_a}{\mathrm{d}t} = F_{y_2}, mv\frac{\mathrm{d}\psi_2}{\mathrm{d}t} = F_{z_2} \tag{6.2.4}$$

此方程组描述了弹箭质心速度大小和方向变化与外作用力之间的关系，故称为质心运动动力学方程组。其中第一个方程描述速度大小的变化，当切向力 $F_{x_2} > 0$ 时，弹箭加速，当 $F_{x_2} < 0$ 时，弹箭减速；第二个方程描述速度方向在铅直面内的变化，当 $F_{y_2} > 0$ 时，弹道向上弯曲，θ_a 角增大，当 $F_{y_2} < 0$ 时，弹道向下弯曲，θ_a 减小；第三个方程描述速度偏离射击面的情况，当侧力 $F_{z_2} > 0$ 时，弹道向右偏转，ψ_2 角增大，当 $F_{z_2} < 0$ 时，弹道向左偏转，ψ_2 角减小。

速度矢量 $\boldsymbol{v}$ 沿地面坐标系三轴上的分量为式(6.1.4)，由此即得质心位置坐标变化方程

$$\frac{\mathrm{d}x}{\mathrm{d}t} = v\cos\theta_a\cos\psi_2, \frac{\mathrm{d}y}{\mathrm{d}t} = v\sin\theta_a\cos\psi_2, \frac{\mathrm{d}z}{\mathrm{d}t} = v\sin\psi_2 \tag{6.2.5}$$

这一组方程称为弹箭质心运动的运动学方程。

6.2.2　弹轴坐标系上弹箭绕质心转动的动量矩方程

弹箭绕质心的转动用动量矩定理描述

$$\frac{\mathrm{d}\boldsymbol{G}}{\mathrm{d}t} = \boldsymbol{M} \tag{6.2.6}$$

式中，$\boldsymbol{G}$ 为弹箭对质心的动量矩；$\boldsymbol{M}$ 是作用于弹箭的外力对质心的力矩。

现将此方程两端的矢量向弹轴坐标系分解，以得到在弹轴坐标系上的标量方程。由于弹轴坐标系 $O\xi\eta\zeta$ 也随弹一起转动，因而也是一个动坐标系，其转动角速度为式(6.1.2)，由图 6.1.2 可求出 $\boldsymbol{\omega}_1$ 在弹轴坐标系三轴上的分量

$$(\omega_{1\xi},\omega_{1\eta},\omega_{1\zeta}) = (\dot{\varphi}_a\sin\varphi_2, -\dot{\varphi}_2, \dot{\varphi}_a\cos\varphi_2) \tag{6.2.7}$$

与式(6.2.3)相仿，将动量矩方程(6.2.7)向动坐标系 $O\xi\eta\zeta$ 分解时应写成如下形式，即

$$\frac{\mathrm{d}\boldsymbol{G}}{\mathrm{d}t} = \frac{\partial \boldsymbol{G}}{\partial t} + \boldsymbol{\omega}_1\times\boldsymbol{G} = \boldsymbol{M} \tag{6.2.8}$$

设弹轴坐标系上的单位向量为 $\boldsymbol{i}$、$\boldsymbol{j}$、$\boldsymbol{k}$，而动量矩 $\boldsymbol{G}$ 和外力矩 $\boldsymbol{M}$ 可用弹轴系上的分量表示为

$$\boldsymbol{M} = M_\xi\boldsymbol{i} + M_\eta\boldsymbol{j} + M_\zeta\boldsymbol{k}, \boldsymbol{G} = G_\xi\boldsymbol{i} + G_\eta\boldsymbol{j} + G_\zeta\boldsymbol{k} \tag{6.2.9}$$

将 $\boldsymbol{M}$ 和 $\boldsymbol{G}$ 分量表达式代入式(6.2.8)中，得到以弹轴坐标系三轴上分量表示的转动方程

$$\frac{\mathrm{d}G_\xi}{\mathrm{d}t} + \omega_{1\eta}G_\zeta - \omega_{1\zeta}G_\eta = M_\xi, \frac{\mathrm{d}G_\eta}{\mathrm{d}t} + \omega_{1\zeta}G_\xi - \omega_{1\xi}G_\zeta = M_\eta, \frac{\mathrm{d}G_\zeta}{\mathrm{d}t} + \omega_{1\xi}G_\eta - \omega_{1\eta}G_\xi = M_\zeta \tag{6.2.10}$$

以下的任务是求出动量矩各分量 G_ξ、G_η、G_ζ 的具体形式。

6.2.3 弹箭绕质心运动的动量矩计算

根据定义,对质心的总动量矩是弹箭上各质点相对质心运动的动量对质心之矩的总和。设任一小质点的质量为 m_i,到质心的径矢为 $\boldsymbol{r}_i$,速度为 $\boldsymbol{v}_i$,则动量矩即为

$$\boldsymbol{G} = \sum_i \boldsymbol{r}_i \times (m_i \boldsymbol{v}_i) \tag{6.2.11}$$

将上式等号两端中的矢量都向弹轴坐标系分解,其中 $\boldsymbol{G}$、$\boldsymbol{r}_i$ 用弹轴坐标系里的分量表示,即为

$$\boldsymbol{G} = G_\xi \boldsymbol{i} + G_\eta \boldsymbol{j} + G_\zeta \boldsymbol{k}, \boldsymbol{r}_i = \xi \boldsymbol{i} + \eta \boldsymbol{j} + \zeta \boldsymbol{k} \tag{6.2.12}$$

上式中省去了 ξ、η、ζ 的下标 i。$\boldsymbol{v}_i$ 是质点 m_i 对于质心的速度,它是由弹箭绕质心转动形成的,故

$$\boldsymbol{v}_i = \boldsymbol{\omega} \times \boldsymbol{r}_i \tag{6.2.13}$$

这里 $\boldsymbol{\omega}$ 是弹箭绕质心转动的总角速度,它比弹轴坐标系的转动角速度 $\boldsymbol{\omega}_1$ 多一个自转角速度 $\dot{\boldsymbol{\gamma}}$,其三个分量为

$$(\omega_\xi, \omega_\eta, \omega_\zeta) = (\dot{\gamma} + \dot{\varphi}_a \sin\varphi_2, -\dot{\varphi}_2, \dot{\varphi}_a \cos\varphi_2)$$

而

$$(\omega_{1\xi}, \omega_{1\eta}, \omega_{1\zeta}) = (\omega_\zeta \tan\varphi_2, \omega_\eta, \omega_\zeta) \tag{6.2.14}$$

将式(6.2.12)、式(6.2.13)和式(6.2.14)的矢量形式代入动量矩矢的表达式(6.2.11)中,得

$$\begin{aligned} G &= \sum_i m_i \boldsymbol{r}_i \times (\boldsymbol{\omega} \times \boldsymbol{r}_i) = \sum_i m_i (r_i^2 \boldsymbol{\omega} - (\boldsymbol{r}_i \cdot \omega) \boldsymbol{r}_i) \\ &= \sum_i m_i [(\xi^2 + \eta^2 + \zeta^2) \boldsymbol{\omega} - (\xi \omega_\xi + \eta \omega_\eta + \zeta \omega_\zeta) \boldsymbol{r}_i] \end{aligned}$$

由此式得

$$\begin{aligned} G_\xi &= \omega_\xi \sum_i m_i (\xi^2 + \eta^2 + \zeta^2) - \sum_i m_i (\xi^2 \omega_\xi + \xi \eta \omega_\eta + \xi \zeta \omega_\zeta) \\ &= J_\xi \omega_\xi - J_{\xi\eta} \omega_\eta - J_{\xi\zeta} \omega_\zeta \end{aligned} \tag{6.2.15}$$

同理得

$$G_\eta = J_\eta \omega_\eta - J_{\eta\xi} \omega_\xi - J_{\eta\zeta} \omega_\zeta, G_\zeta = J_\zeta \omega_\zeta - J_{\zeta\xi} \omega_\xi - J_{\zeta\eta} \omega_\eta \tag{6.2.16}$$

式中

$$J_\xi = \sum_i m_i (\eta^2 + \zeta^2), J_\eta = \sum_i m_i (\xi^2 + \zeta^2), J_\zeta = \sum_i m_i (\xi^2 + \eta^2) \tag{6.2.17}$$

分别称为对 ξ、η、ζ 轴的转动惯量,而

$$J_{\xi\eta} = J_{\eta\xi} = \sum_i m_i \xi \eta, J_{\xi\zeta} = J_{\zeta\xi} = \sum_i m_i \zeta \xi, J_{\eta\zeta} = J_{\zeta\eta} = \sum_i m_i \zeta \eta \tag{6.2.18}$$

分别称为对 $\xi\eta$ 轴、$\xi\zeta$ 轴、$\eta\zeta$ 轴的惯性积。式(6.2.17)也可用转动惯量矩阵或惯性张量表示,即

$$\boldsymbol{G} = \boldsymbol{J}_A \boldsymbol{\omega} \tag{6.2.19}$$

而

$$\boldsymbol{G} = \begin{pmatrix} G_\xi \\ G_\eta \\ G_\zeta \end{pmatrix}, \boldsymbol{J}_A = \begin{pmatrix} J_\xi & -J_{\xi\eta} & -J_{\xi\zeta} \\ -J_{\eta\xi} & J_\eta & -J_{\eta\zeta} \\ -J_{\zeta\xi} & -J_{\zeta\eta} & J_\zeta \end{pmatrix}, \boldsymbol{\omega} = \begin{pmatrix} \omega_\xi \\ \omega_\eta \\ \omega_\zeta \end{pmatrix} \tag{6.2.20}$$

式中,$\boldsymbol{G}$、$\boldsymbol{\omega}$ 和 $\boldsymbol{J}_A$ 分别是对弹体坐标系的动量矩矩阵、角速度矩阵和转动惯量矩阵。

由上述推导可见,式(6.2.19)是普遍表达式,对任一坐标系都是这个形式,即刚体对质心的动量矩矩阵等于刚体对某坐标系的转动惯量矩阵与对于该坐标系的总角速度矩阵之积。

对于轴对称弹箭,其质量也是轴对称分布的,故弹箭纵轴以及过质心垂直于纵轴的平面(也称为赤道面)上任一过质心的直径都是惯性主轴,故弹轴或弹体坐标系的三根轴永远是惯性主轴,而与弹箭自转的方位角 γ 无关,即永远有 $J_{\xi\eta} = J_{\eta\zeta} = J_{\zeta\xi} = 0$,再记

$$J_\xi = C, J_\eta = J_\zeta = A$$

并分别称为弹箭的极转动惯量和赤道转动惯量,得

$$\boldsymbol{J}_A = \begin{pmatrix} C & 0 & 0 \\ 0 & A & 0 \\ 0 & 0 & A \end{pmatrix} \tag{6.2.21}$$

实际上,由于制造、运输等各种原因,弹箭并不总是严格对称的,经常存在某种程度的轻微不对称。弹箭的不对称包括质量分布不对称和几何外形不对称,前者将使质心偏离几何中心、使惯性主轴偏离几何对称轴,后者使空气动力对称轴偏离几何轴,它们对弹箭的运动产生干扰,增大了弹道散布,使射击密集度变坏。下面先来建立有动不平衡的弹箭运动方程。

6.2.4　有动不平衡时的惯性张量和动量矩

当有动不平衡时,弹轴将不再是惯性主轴,设二者有一夹角 β_D,这个角度一般很小,但它对高速旋转弹运动的影响却不可忽视。

与以前的处理方法一样,将弹体坐标系经两次旋转可以达到惯量主轴坐标系:第一次是弹体坐标系 $Ox_1y_1z_1$ 绕 Oz_1 轴正向右旋 β_{D_1} 角到达 $O\xi'\eta_1z_1$ 位置,然后 $O\xi'\eta_1z_1$ 绕 $O\eta_1$ 负向右旋 β_{D_2} 角到达惯量主轴坐标系 $O\xi_1\eta_1\zeta_1$,如图 6.2.1 所示。由图易求得由惯量主轴坐标系向弹体坐标系转换的转换矩阵 $\boldsymbol{A}_{B\beta_D}$。实际上,只需将表 6.1.1 中的 θ_a 换成 β_{D_1}、ψ_2 换成 β_{D_2} 后再转置就可得这种转换关系。

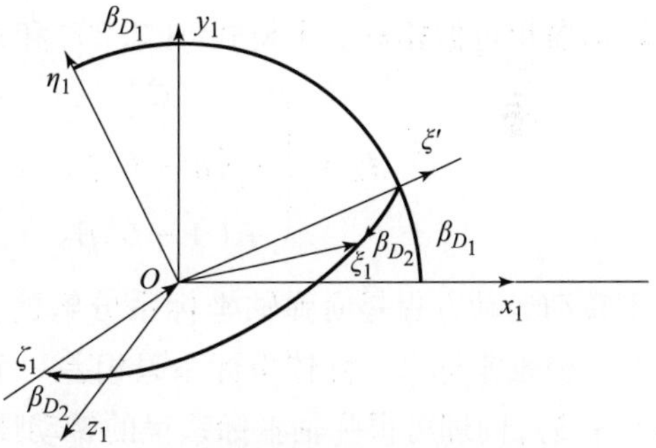

图 6.2.1　惯量主轴坐标系和弹体坐标系

$$\begin{pmatrix} x_1 \\ y_1 \\ z_1 \end{pmatrix} = \boldsymbol{A}_{B\beta_D} \begin{pmatrix} \xi_1 \\ \eta_1 \\ \zeta_1 \end{pmatrix}, \boldsymbol{A}_{B\beta_D} = \begin{pmatrix} \cos\beta_{D_2}\cos\beta_{D_1} & -\sin\beta_{D_1} & -\sin\beta_{D_2}\cos\beta_{D_1} \\ \cos\beta_{D_2}\sin\beta_{D_1} & \cos\beta_{D_1} & -\sin\beta_{D_2}\sin\beta_{D_1} \\ \sin\beta_{D_2} & 0 & \cos\beta_{D_2} \end{pmatrix} \tag{6.2.22}$$

因 β_D 一般很小,β_{D_1} 和 β_{D_2} 更小,故近似有

$$\boldsymbol{A}_{B\beta_D} = \begin{pmatrix} 1 & -\beta_{D_1} & -\beta_{D_2} \\ \beta_{D_1} & 1 & 0 \\ \beta_{D_2} & 0 & 1 \end{pmatrix} \tag{6.2.23}$$

设弹箭总角速度在弹体坐标系和惯量主轴坐标系里投影矩阵分别为 $\boldsymbol{\omega}_B$ 和 $\boldsymbol{\omega}'$,弹箭对这两个坐标系的转动惯量矩阵分别为 $\boldsymbol{J}_B$ 和 $\boldsymbol{J}'$,弹箭对质心的总动量矩在这两个坐标系里的投影矩阵为 $\boldsymbol{G}_B$ 和 $\boldsymbol{G}'$,按前面对式(6.2.19)的说明,它是一个普遍的关系式,故有

$$\boldsymbol{G}_B = \boldsymbol{J}_B\boldsymbol{\omega}_B, \boldsymbol{G}' = \boldsymbol{J}'\boldsymbol{\omega}' \tag{6.2.24}$$

利用两坐标系之间的转换矩阵 $\boldsymbol{A}_{B\beta_D}$,得同样的总动量矩、总角速度在两个坐标系的分量关系

$$\boldsymbol{G}' = \boldsymbol{A}_{B\beta_D}^{-1}\boldsymbol{G}_B,\boldsymbol{\omega}' = \boldsymbol{A}_{B\beta_D}^{-1}\boldsymbol{\omega}_B \tag{6.2.25}$$

将式(6.2.25)代入式(6.2.24)第二式中得

$$\boldsymbol{A}_{B\beta_D}^{-1}\boldsymbol{G}_B = \boldsymbol{J}'\boldsymbol{A}_{B\beta_D}^{-1}\boldsymbol{\omega}_B$$

将上式两端左乘以 $\boldsymbol{A}_{B\beta_D}$,并注意到 $\boldsymbol{A}_{B\beta_D}\cdot\boldsymbol{A}_{B\beta_D}^{-1} = \boldsymbol{I}$,其中 $\boldsymbol{I}$ 表示单位矩阵,得

$$\boldsymbol{G}_B = \boldsymbol{A}_{B\beta_D}\boldsymbol{J}'\boldsymbol{A}_{B\beta_D}^{-1}\boldsymbol{\omega}_B \tag{6.2.26}$$

将此式与式(6.2.24)的第一式相比较,并注意到 $\boldsymbol{A}_{B\beta_D}$ 为正交矩阵,故其逆矩阵等于其转置矩阵,得

$$\boldsymbol{J}_B = \boldsymbol{A}_{B\beta_D}\boldsymbol{J}'\boldsymbol{A}_{B\beta_D}^{\mathrm{T}} \tag{6.2.27}$$

此式就是两坐标上转动惯量矩阵之间的关系。因对惯量主轴坐标系来说,各惯量积为零,故有

$$\boldsymbol{J}' = \begin{pmatrix} J_{\xi_1} & 0 & 0 \\ 0 & J_{\eta_1} & 0 \\ 0 & 0 & J_{\zeta_1} \end{pmatrix} \approx \begin{pmatrix} C & 0 & 0 \\ 0 & A & 0 \\ 0 & 0 & A \end{pmatrix} \tag{6.2.28}$$

式中,$C = J_{\xi_1}$ 为轴向转动惯量;$A = J_{\eta_1} = J_{\zeta_1}$ 为横向转动惯量,分别与弹箭的极转动惯量和赤道转动惯量近似相等。再将式(6.2.23)和式(6.2.28)代入式(6.2.27)中得

$$\boldsymbol{J}_B \approx \begin{pmatrix} C & -(A-C)\beta_{D_1} & -(A-C)\beta_{D_2} \\ -(A-C)\beta_{D_1} & A & 0 \\ -(A-C)\beta_{D_2} & 0 & A \end{pmatrix} \tag{6.2.29}$$

由于转动运动方程是向弹轴坐标系分解的,故有必要将惯量矩阵 $\boldsymbol{J}_B$ 再转换到弹轴坐标系中去。因弹轴坐标系与弹体坐标系只相差一个自转角,利用这两个坐标系间的转换矩阵 $\boldsymbol{A}_{AB}$(见表6.1.3),同理可得弹轴坐标系里的转动惯量矩阵 $\boldsymbol{J}_A$,即

$$\boldsymbol{J}_A = \boldsymbol{A}_{AB}\cdot\boldsymbol{J}_B\cdot\boldsymbol{A}_{AB}^{\mathrm{T}} = \begin{pmatrix} C & -(A-C)\beta_{D_\eta} & -(A-C)\beta_{D_\zeta} \\ -(A-C)\beta_{D_\eta} & A & 0 \\ -(A-C)\beta_{D_\zeta} & 0 & A \end{pmatrix} \tag{6.2.30}$$

式中

$$\beta_{D_\eta} = \beta_{D_1}\cos\gamma - \beta_{D_2}\sin\gamma,\beta_{D_\zeta} = \beta_{D_1}\sin\gamma + \beta_{D_2}\cos\gamma \tag{6.2.31}$$

显然,对弹轴坐标系而言,转动惯量矩阵随弹箭旋转方位角 γ 变化,故也随时间变化,并且

$$\dot{\beta}_{D_\eta} = (-\beta_{D_1}\sin\gamma - \beta_{D_2}\cos\gamma)\dot{\gamma} \approx -\beta_{D_\zeta}\omega_\xi \tag{6.2.32}$$

$$\dot{\beta}_{D_\zeta} = (\beta_{D_1}\cos\gamma - \beta_{D_2}\sin\gamma)\dot{\gamma} \approx \beta_{D_\eta}\omega_\xi \tag{6.2.33}$$

将式(6.2.30)代入式(6.2.19)中,得动量矩在弹轴坐标系里分量的矩阵形式

$$\begin{pmatrix} G_\xi \\ G_\eta \\ G_\zeta \end{pmatrix} = \begin{pmatrix} C\omega_\xi - (A-C)(\beta_{D_\eta}\omega_\eta + \beta_{D_\zeta}\omega_\zeta) \\ -(A-C)\beta_{D_\eta}\omega_\xi + A\omega_\eta \\ -(A-C)\beta_{D_\zeta}\omega_\xi + A\omega_\zeta \end{pmatrix} \tag{6.2.34}$$

6.2.5 弹箭绕心运动方程组

将上式代入方程(6.2.10)中运算,略去 $\omega_{1\xi}$、ω_η、ω_ζ、$\tan\varphi_2$、β_{D_η}、β_{D_ζ} 等小量的乘积项,并利用 β_{D_η}、β_{D_ζ}、$\dot{\beta}_{D_\eta}$、$\dot{\beta}_{D_\zeta}$ 关系式以及 $\omega_\xi \approx \dot{\gamma}$、$\dot{\omega}_\xi \approx \ddot{\gamma}$,即得弹箭绕质心转动的动力学方程组

$$\left.\begin{aligned}
\frac{\mathrm{d}\omega_\xi}{\mathrm{d}t} &= \frac{1}{C}M_\xi \\
\frac{\mathrm{d}\omega_\eta}{\mathrm{d}t} &= \frac{1}{A}M_\eta - \frac{C}{A}\omega_\xi\omega_\zeta + \omega_\zeta^2\tan\varphi_2 + \frac{A-C}{A}(\beta_{D_\eta}\ddot{\gamma} - \beta_{D_\zeta}\dot{\gamma}^2) \\
\frac{\mathrm{d}\omega_\zeta}{\mathrm{d}t} &= \frac{1}{A}M_\zeta + \frac{C}{A}\omega_\xi\omega_\eta - \omega_\eta\omega_\zeta\tan\varphi_2 + \frac{A-C}{A}(\beta_{D_\zeta}\ddot{\gamma} + \beta_{D_\eta}\dot{\gamma}^2)
\end{aligned}\right\} \tag{6.2.35}$$

再由式(6.2.14)可得到弹箭绕心运动的运动学方程组

$$\frac{\mathrm{d}\gamma}{\mathrm{d}t} = \omega_\xi - \omega_\zeta\tan\varphi_2, \frac{\mathrm{d}\varphi_2}{\mathrm{d}t} = -\omega_\eta, \frac{\mathrm{d}\varphi_a}{\mathrm{d}t} = \frac{\omega_\zeta}{\cos\varphi_2} \tag{6.2.36}$$

6.2.6　弹箭刚体运动方程组的一般形式

方程组(6.2.4)、(6.2.5)、(6.2.35)、(6.2.36)共12个方程,它们组成了弹箭刚体运动方程组,但这12个方程中有15个变量:v、θ_a、ψ_2、φ_a、φ_2、δ_1、δ_2、ω_ξ、ω_η、ω_ζ、γ、x、y、z、β,因而方程组不封闭,必须再补充3个方程,它们就是几何关系式(6.1.10)~(6.1.12)。这些方程联立起来,就是弹箭刚体运动方程组的一般形式。

在给出了方程中力和力矩的具体表达式后,刚体运动方程组才有具体的形式。下面就来做这个工作。首先解决有风情况下作用在弹箭上的气动力和力矩的表达式问题。

6.3　有风情况下的气动力和力矩分量的表达式

如果射击方向与正北方(N)的夹角为 α_N,风的来向(也即风向)与正北方的夹角为 α_W,如图6.3.1所示,通常不考虑铅直风,即 $w_y = 0$,则按定义,水平风速 w 分解为纵风和横风的计算式如下

$$w_x = -w\cos(\alpha_W - \alpha_N) \tag{6.3.1}$$

$$w_z = -w\sin(\alpha_W - \alpha_N) \tag{6.3.2}$$

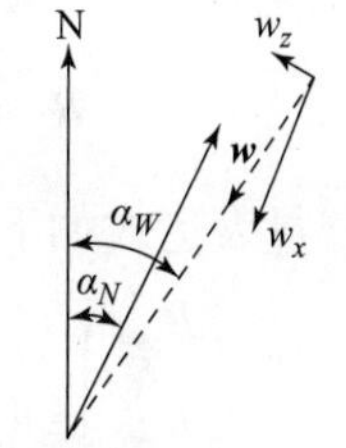

图6.3.1　水平风分解为纵风和横风

6.3.1　相对气流速度和相对攻角

弹箭在风场中运动所受空气动力与力矩的大小和方向,取决于弹箭相对于空气的速度 $\boldsymbol{v}_r$ 的大小和方向,仍以 $\boldsymbol{v}$ 表示弹箭相对于地面的速度,则它相对于空气的速度为

$$\boldsymbol{v}_r = \boldsymbol{v} - \boldsymbol{w} \tag{6.3.3}$$

因为弹箭质心运动方程是向速度坐标系分解的,故也将 $\boldsymbol{v}_r$ 向速度坐标系分解。设风速 $\boldsymbol{w}$ 在速度坐标系 $Ox_2y_2z_2$ 三轴上的分量依次为 w_{x_2}、w_{y_2}、w_{z_2},则相对速度 $\boldsymbol{v}_r$ 在速度坐标系中的分量以分量形式表示即为

$$(v_{rx_2}, v_{ry_2}, v_{rz_2}) = (v - w_{x_2}, -w_{y_2}, -w_{z_2}) \tag{6.3.4}$$

而

$$v_r = \sqrt{(v - w_{x_2})^2 + w_{y_2}^2 + w_{z_2}^2} \tag{6.3.5}$$

利用基准坐标系与速度坐标系间的转换矩阵 $\boldsymbol{A}_{VN}$(式(6.1.7)),得风速在速度坐标系上的分量

$$w_{x_2} = w_x\cos\psi_2\cos\theta_a + w_z\sin\psi_2, w_{y_2} = -w_x\sin\theta_a, w_{z_2} = -w_x\sin\psi_2\cos\theta_a + w_z\cos\psi_2$$

相对速度 $\boldsymbol{v}_r$ 与弹轴组成的平面称为相对攻角平面,$\boldsymbol{v}_r$ 与弹轴的夹角称为相对攻角,以 δ_r 记之。设弹轴方向上单位向量为 $\boldsymbol{\xi}$,则相对攻角 δ_r 的大小可用下式求得

$$\delta_r = \arccos(\boldsymbol{v}_r \cdot \boldsymbol{\xi}/v_r) = \arccos(v_{r\xi}/v_r) \tag{6.3.6}$$

因

$$\boldsymbol{\xi} = \cos\delta_2\cos\delta_1\boldsymbol{i}_2 + \cos\delta_2\sin\delta_1\boldsymbol{j}_2 + \sin\delta_2\boldsymbol{k}_2$$

故

$$v_{r\xi} = v_{rx_2}\cos\delta_2\cos\delta_1 + v_{ry_2}\cos\delta_2\sin\delta_1 + v_{rz_2}\sin\delta_2 \tag{6.3.7}$$

有风时,气动力和力矩表达式中要用相对速度 $\boldsymbol{v}_r$、相对攻角 δ_r,而且确定气动力和力矩矢量的方向时,要用相对攻角平面,它是由弹轴和相对速度 $\boldsymbol{v}_r$ 组成的平面。

6.3.2 有风时的空气动力

根据建立质心运动方程的要求,下面将各气动力向速度坐标系分解。

1. 阻力 $\boldsymbol{R}_x$

阻力应沿相对速度矢量 $\boldsymbol{v}_r$ 的反方向,其大小需用 v_r 的值计算,即

$$\boldsymbol{R}_x = \rho v_r S c_x(-\boldsymbol{v}_r)/2, c_x = c_{x_0}(1 + k\delta_r^2) \tag{6.3.8}$$

写成分量形式,则有

$$R_{xx_2} = -\frac{\rho v_r}{2}Sc_x v_{rx_2}, R_{xy_2} = -\frac{\rho v_r}{2}Sc_x v_{ry_2}, R_{xz_2} = -\frac{\rho v_r}{2}Sc_x v_{rz_2} \tag{6.3.9}$$

2. 升力 $\boldsymbol{R}_y$

升力在相对攻角平面内并垂直于相对速度 $\boldsymbol{v}_r$,与弹轴在 $\boldsymbol{v}_r$ 的同一侧,如图 6.3.2 所示。升力的大小和方向可用下式表示

$$\boldsymbol{R}_y = \frac{\rho S}{2}c_y\frac{1}{\sin\delta_r}\boldsymbol{v}_r \times (\boldsymbol{\xi} \times \boldsymbol{v}_r) \tag{6.3.10}$$

其分量表达式如下

$$\begin{pmatrix} R_{yx_2} \\ R_{yy_2} \\ R_{yz_2} \end{pmatrix} = \frac{\rho S}{2}c_y\frac{1}{\sin\delta_r}\begin{pmatrix} v_r^2\cos\delta_2\cos\delta_1 - v_{r\xi}v_{rx_2} \\ v_r^2\cos\delta_2\sin\delta_1 - v_{r\xi}v_{ry_2} \\ v_r^2\sin\delta_2 - v_{r\xi}v_{rz_2} \end{pmatrix} \tag{6.3.11}$$

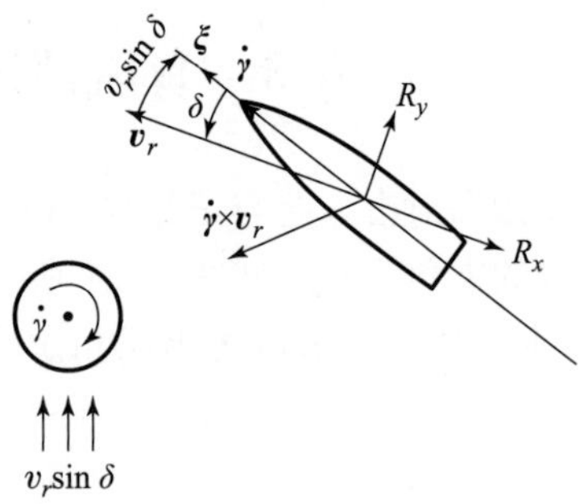

图 6.3.2 升力和马格努斯力的方向

3. 马格努斯力 $\boldsymbol{R}_z$

在第 2 章第 2.6 节里已讲过,旋转弹的马格努斯力指向 $\dot{\boldsymbol{\gamma}} \times \boldsymbol{v}_r$ 方向,故其矢量表达式为

$$\boldsymbol{R}_z = \frac{\rho v_r}{2}Sc_z\frac{1}{\sin\delta_r}(\boldsymbol{\xi} \times \boldsymbol{v}_r) \tag{6.3.12}$$

其方向还与马氏力系数 c_z 的正负有关。由矢量叉乘积分量的矩阵运算表示法,可直接得马氏力的三个分量为

$$\begin{pmatrix} R_{zx_2} \\ R_{zy_2} \\ R_{zz_2} \end{pmatrix} = \frac{\rho v_r}{2}Sc_z\frac{1}{\sin\delta_r}\begin{pmatrix} 0 & -\xi_{z_2} & \xi_{y_2} \\ \xi_{z_2} & 0 & -\xi_{x_2} \\ -\xi_{y_2} & \xi_{x_2} & 0 \end{pmatrix}\begin{pmatrix} v_{rx_2} \\ v_{ry_2} \\ v_{rz_2} \end{pmatrix}$$

$$= \frac{\rho v_r}{2} S c_z \frac{1}{\sin\delta_r} \begin{pmatrix} -v_{ry_2}\sin\delta_2 + v_{rz_2}\cos\delta_2\sin\delta_1 \\ v_{rx_2}\sin\delta_2 - v_{rz_2}\cos\delta_2\cos\delta_1 \\ -v_{rx_2}\cos\delta_2\sin\delta_1 + v_{ry_2}\cos\delta_2\cos\delta_1 \end{pmatrix} \tag{6.3.13}$$

6.3.3　有风时的空气动力矩

根据建立转动方程的要求，下面求有风时各气动力矩在弹轴坐标系三轴上的分量表达式。

1. 静力矩 M_z

有风时，静力矩向量形式如下

$$\boldsymbol{M}_z = \frac{\rho v_r}{2} Slm_z \frac{1}{\sin\delta_r}(\boldsymbol{v}_r \times \boldsymbol{\xi}) \tag{6.3.14}$$

小攻角时，$m_z = m_z' \cdot \delta_r$。$m_z' > 0$ 时，为翻转力矩；$m_z' < 0$ 时，为稳定力矩。静力矩在弹轴坐标系里的分量表达式如下

$$M_{z\xi} = 0, M_{z\eta} = \frac{\rho v_r}{2} Slm_z \frac{1}{\sin\delta_r} v_{r\zeta}, M_{z\zeta} = -\frac{\rho v_r}{2} Slm_z \frac{v_{r\eta}}{\sin\delta_r} \tag{6.3.15}$$

式中，$v_{r\eta}$ 和 $v_{r\zeta}$ 分别是相对速度在弹轴坐标系上的分量，又记 $v_{r\eta_2}$ 和 $v_{r\zeta_2}$ 为相对速度在第二弹轴坐标系上的分量，它们之间的关系为

$$v_{r\eta} = v_{r\eta_2}\cos\beta + v_{r\zeta_2}\sin\beta, v_{r\zeta} = -v_{r\eta_2}\sin\beta + v_{r\zeta_2}\cos\beta \tag{6.3.16}$$

2. 赤道阻尼力矩 M_{zz}

它是阻尼弹箭摆动的力矩，故与弹箭摆动角速度 $\boldsymbol{\omega}_1$ 方向相反，即

$$\boldsymbol{M}_{zz} = -\rho v_r Sldm_{zz}' \boldsymbol{\omega}_1 / 2 \tag{6.3.17}$$

由式(6.2.7)知，$\boldsymbol{\omega}_1$ 的分量为 $(\omega_{1\xi}, \omega_{1\eta}, \omega_{1\zeta})$，得赤道阻尼力矩以弹轴坐标系上分量表达的形式

$$M_{zz\xi} = -\frac{\rho v_r}{2} Sldm_{zz}' \omega_{1\xi} \approx 0, M_{zz\eta} = -\frac{\rho v_r}{2} Sldm_{zz}' \omega_{1\eta}, M_{zz\zeta} = -\frac{\rho v_r}{2} Sldm_{zz}' \omega_{1\zeta} \tag{6.3.18}$$

3. 极阻尼力矩 M_{xz}

它由弹箭绕纵轴旋转的角速度 $\omega_\xi \approx \dot{\gamma}$ 所引起，阻止弹箭的旋转，故其矢量方向与 $\boldsymbol{\omega}_\xi$ 方向相反，对于右旋弹即在弹轴的反方向。故它在弹轴坐标系里的分量为

$$M_{xz\xi} = -\frac{\rho v_r}{2} Sldm_{xz}' \omega_\xi, M_{xz\eta} = 0, M_{xz\zeta} = 0 \tag{6.3.19}$$

4. 尾翼导转力矩 M_{xw}

它是由斜置或斜切尾翼产生的，驱使弹箭自转，故其矢量沿弹轴方向，它在弹轴坐标系里的分量形式表示如下

$$M_{xw\xi} = \rho v_r^2 Slm_{xw}' \delta_f / 2, M_{xw\eta} = 0, M_{xw\zeta} = 0 \tag{6.3.20}$$

5. 马格努斯力矩 M_y

它是由垂直于相对攻角平面的马格努斯力产生的，故其矢量位于相对攻角面内，即有风时马氏力矩在 $\boldsymbol{\xi} \times (\boldsymbol{\xi} \times \boldsymbol{v}_r)$ 方向上，故马氏力矩的大小和方向可表示为

$$\boldsymbol{M}_y = \frac{\rho}{2} Sld\omega_\xi m_y' \frac{1}{\sin\delta_r} \boldsymbol{\xi} \times (\boldsymbol{\xi} \times \boldsymbol{v}_r) \tag{6.3.21}$$

于是得马格努斯力矩以弹轴坐标系中分量表示形式的如下

$$M_{y\xi} = 0, M_{y\eta} = -\frac{\rho}{2} Sld\omega_\xi m_y' \frac{v_{r\eta}}{\sin\delta_r}, M_{y\zeta} = -\frac{\rho}{2} Sld\omega_\xi m_y' \frac{v_{r\zeta}}{\sin\delta_r} \tag{6.3.22}$$

6. 非定态阻尼力矩 $M_{\dot{\alpha}}$

非定态阻尼力矩是由于攻角 δ 变化所引起的,其表达式为式(2.6.14)和式(2.6.15),$\boldsymbol{M}_{\dot{\alpha}}$ 的方向应与 $\dot{\boldsymbol{\delta}}_r$ 的方向相反,即它的矢量表达式为

$$\boldsymbol{M}_{\dot{\alpha}} = -\rho v_r Sldm'_{\dot{\alpha}}\dot{\boldsymbol{\delta}}_r/2 \tag{6.3.23}$$

如前所述,对于普通弹箭,弹轴摆动十分迅速而速度方向变化十分缓慢,因此攻角的变化 $\dot{\boldsymbol{\delta}}_r$ 可近似看作由弹轴摆动角速度 $\boldsymbol{\omega}_1$ 所引起,这样即有

$$\boldsymbol{M}_{\dot{\alpha}} \approx -\rho v_r Sldm'_{\dot{\alpha}}\boldsymbol{\omega}_1/2 \tag{6.3.24}$$

将此式与式(6.3.17)比较可见,除 m'_{zz} 与 $m'_{\dot{\alpha}}$ 不同外,其他因子均相同,故可将两种阻尼力矩合并为

$$\boldsymbol{M}_{zz} + \boldsymbol{M}_{\dot{\alpha}} = -\rho v_r Sld(\boldsymbol{m}'_{zz} + \boldsymbol{m}'_{\dot{\alpha}})\boldsymbol{\omega}_1/2 \tag{6.3.25}$$

但对于有控弹箭,攻角变化率 $\dot{\delta}$ 并不一定是弹轴摆动引起的,也可以是机动飞行时速度方向改变引起的,这时二者便不能合并而要分开考虑了。

7. 气动偏心产生的附加力矩和附加升力

弹箭有气动外形不对称时,即使攻角 $\delta = 0$,仍有静力矩和升力,只有当 $\delta = \delta_M$ 时,静力矩才为零,$\delta = \delta_N$ 时,升力才为零,故可将静力矩和升力写成如下形式

$$M_z = \rho v^2 Slm'_z(\delta - \delta_M)/2, R_y = \rho v^2 Sc'_y(\delta - \delta_N)/2$$

故外形不对称的作用等效于增加了一个附加静力矩和附加升力,即

$$\Delta M_z = -\rho v^2 Slm'_z\delta_M/2, \Delta R_y = -\rho v^2 Sc'_y\delta_N/2 \tag{6.3.26}$$

式中,δ_M 和 δ_N 分别为附加力矩的气动偏心角和附加力的气动偏心角。一般来说,二者并不相等,但当气动不对称主要由尾翼不对称引起时,$\delta_N \approx \delta_M$,这可解释如下:

设攻角恰好为 $\delta = \delta_M$,则 $M_z = 0, R_y = \dfrac{\rho v^2}{2}Sc'_y(\delta_M - \delta_N)$;此时总空气动力 R 必沿弹轴反方向通过质心,如图6.3.3所示,此时阻力 R_x 的方向仍与速度方向相反,升力则为

$$R_y = -R_x\tan\delta_M \approx -\rho v^2 Sc_x \cdot \delta_M/2$$

令以上两个 R_y 表达式相等,并注意到 $c'_y \gg c_x$,即可解出

$$\delta_N = (1 + c_x/c'_y)\delta_M \approx \delta_M$$

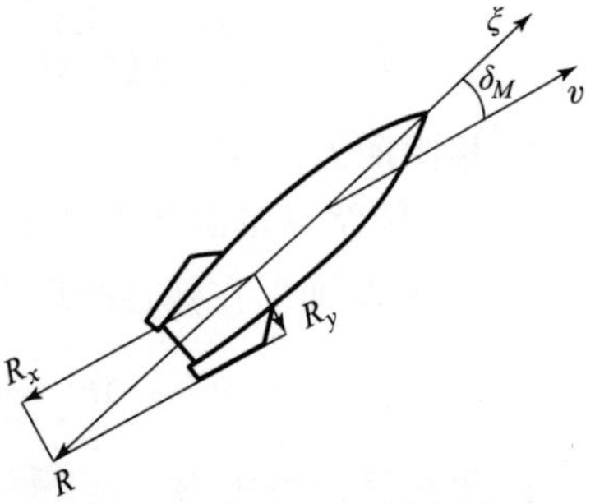

图6.3.3 δ_M 与 δ_N 关系说明图

当弹箭旋转时,附加力矩和附加气动力也将随之旋转,改变作用方向。与以前一样,现在的问题是要求出附加力矩在弹轴坐标系里的投影、附加升力在速度坐标系里的投影。

设沿弹轴从弹尾向弹头看,有一垂直于弹轴的横截面,气动偏心角 δ_N 所在的平面 OE 相对于弹轴坐标系的 $O\eta$ 轴转过 γ_1 角,如图6.3.4所示。在只研究附加升力和力矩时,可认为 $\delta = 0$,并取 $\beta = 0$,则速度坐标系与弹轴坐标系重合,则附加升力 ΔR_y 沿 OE 反方向,三个分量为

$$[\Delta R_{yx_2}, \Delta R_{yy_2}, \Delta R_{yz_2}] = -\frac{\rho v^2}{2}Sc'_y\delta_N[0, \cos\gamma_1, \sin\gamma_1] \tag{6.3.27}$$

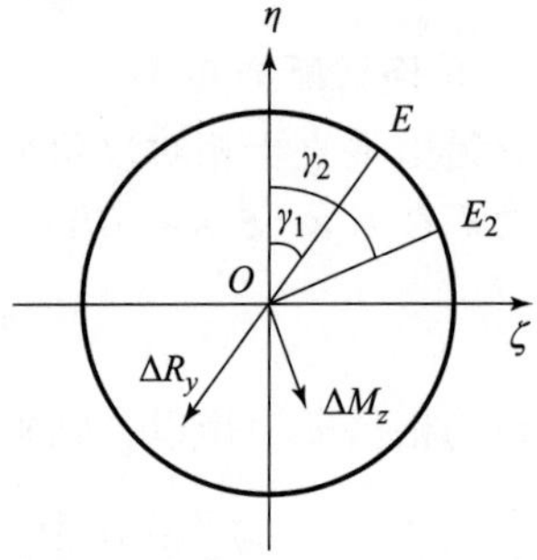

图6.3.4 附加升力和附加力矩的方向

式中，$\gamma_1 = \gamma_{01} + \gamma$，而 γ_{01} 表示气动偏心角 δ_N 的起始方位，或相对于弹体的方位，是个常数，故 $\dot{\gamma}_1 = \dot{\gamma}$。

同理，设附加力矩的偏心角为 δ_M，所在平面为 OE_2 方向，与 $O\eta$ 轴夹 γ_2 角，附加力矩 ΔM_z 的方向与 OE_2 垂直，由图 6.3.3 可见，它的分量可写成如下形式

$$\Delta M_{z\xi} = 0, \Delta M_{z\eta} = -\frac{\rho v^2}{2} Slm'_z \delta_M \sin\gamma_2, \Delta M_{z\zeta} = \frac{\rho v^2}{2} Slm'_z \delta_M \cos\gamma_2 \tag{6.3.28}$$

式中，$\gamma_2 = \gamma_{02} + \gamma$，而 γ_{02} 表示气动偏心角 δ_M 的起始方位角，也是个常数，故也有 $\dot{\gamma}_2 = \dot{\gamma}$。

6.4　弹箭的 6 自由度刚体弹道方程

将作用在弹箭上的所有力和力矩的表达式代入第 6.2 节建立的弹箭刚体运动一般方程中，就可以得到弹箭 6 自由度刚体运动方程的具体形式，这种方程常称为 6D 方程。

利用表 6.1.1 还可将式(1.2.1)的地球自转角速度分量转到速度坐标系中，再由科氏惯性力定义 $\boldsymbol{F}_k = -2m\boldsymbol{\Omega}_E \times \boldsymbol{v}$，即得科氏惯性力在速度坐标系里分量的矩阵表达式

$$\begin{pmatrix} F_{kx_2} \\ F_{ky_2} \\ F_{kz_2} \end{pmatrix} = 2\Omega_E mv \begin{pmatrix} 0 \\ \sin\psi_2\cos\theta_a\cos\Lambda\cos\alpha_N + \sin\theta_a\sin\psi_2\sin\Lambda + \cos\psi_2\cos\Lambda\sin\alpha_N \\ -\sin\theta_a\cos\Lambda\cos\alpha_N + \cos\theta_a\sin\Lambda \end{pmatrix} \tag{6.4.1}$$

再略去动不平衡 $\beta_{D\eta}$、$\beta_{D\zeta}$ 与横向角速度 ω_η、ω_ζ 相乘积的项，即得到弹箭 6 自由度刚体运动方程组，为

$$\begin{cases} \dfrac{dv}{dt} = \dfrac{1}{m}F_{x_2}, \dfrac{d\theta_a}{dt} = \dfrac{1}{mv\cos\psi_2}F_{y_2}, \dfrac{d\psi_2}{dt} = \dfrac{F_{z_2}}{mv} \\ \dfrac{d\omega_\xi}{dt} = \dfrac{1}{C}M_\xi \\ \dfrac{d\omega_\eta}{dt} = \dfrac{1}{A}M_\eta - \dfrac{C}{A}\omega_\xi\omega_\zeta + \omega_\zeta^2\tan\varphi_2 + \dfrac{A-C}{A}(\beta_{D\eta}\ddot{\gamma} - \beta_{D\zeta}\dot{\gamma}^2) \\ \dfrac{d\omega_\zeta}{dt} = \dfrac{1}{A}M_\zeta + \dfrac{C}{A}\omega_\xi\omega_\eta - \omega_\eta\omega_\zeta\tan\varphi_2 + \dfrac{A-C}{A}(\beta_{D\zeta}\ddot{\gamma} + \beta_{D\eta}\dot{\gamma}^2) \\ \dfrac{d\varphi_a}{dt} = \dfrac{\omega_\zeta}{\cos\varphi_2}, \dfrac{d\varphi_2}{dt} = -\omega_\eta, \dfrac{d\gamma}{dt} = \omega_\xi - \omega_\zeta\tan\varphi_2 \\ \dfrac{dx}{dt} = v\cos\psi_2\cos\theta_a, \dfrac{dy}{dt} = v\cos\psi_2\sin\theta_a, \dfrac{dz}{dt} = v\sin\psi_2 \end{cases} \tag{6.4.2}$$

$$\sin\delta_2 = \cos\psi_2\sin\varphi_2 - \sin\psi_2\cos\varphi_2\cos(\varphi_a - \theta_a) \tag{6.4.3}$$

$$\sin\delta_1 = \cos\varphi_2\sin(\varphi_a - \theta_a)/\cos\delta_2 \tag{6.4.4}$$

$$\sin\beta = \sin\psi_2\sin(\varphi_a - \theta_a)/\cos\delta_2 \tag{6.4.5}$$

$$\begin{aligned} F_{x_2} = &-\frac{\rho v_r}{2}Sc_x(v - w_{x_2}) + \frac{\rho S}{2}c_y\frac{1}{\sin\delta_r}[v_r^2\cos\delta_2\cos\delta_1 - v_{r\xi}(v - w_{x_2})] + \\ &\frac{\rho v_r}{2}Sc_z\frac{1}{\sin\delta_r}(-w_{z_2}\cos\delta_2\sin\delta_1 + w_{y_2}\sin\delta_2) - mg\sin\theta_a\cos\psi_2 \end{aligned} \tag{6.4.6}$$

$$F_{y_2}=\frac{\rho v_r}{2}Sc_x w_{y_2}+\frac{\rho S}{2}c_y\frac{1}{\sin\delta_r}(v_r^2\cos\delta_2\sin\delta_1+v_{r\xi}w_{y_2})-\frac{\rho v_r^2}{2}Sc'_y\delta_N\cos\gamma_1+$$

$$\frac{\rho v_r}{2}Sc_z\frac{1}{\sin\delta_r}[(v-w_{x_2})\sin\delta_2+w_{z_2}\cos\delta_2\cos\delta_1]-\tag{6.4.7}$$

$$mg\cos\theta_a+2\Omega_E mv(\sin\psi_2\cos\theta_a\cos\Lambda\cos\alpha_N+\sin\theta_a\sin\psi_2\sin\Lambda+\cos\psi_2\cos\Lambda\sin\alpha_N)$$

$$F_{z_2}=\frac{\rho v_r}{2}Sc_x w_{z_2}+\frac{\rho S}{2}c_y\frac{1}{\sin\delta_r}(v_r^2\sin\delta_2+v_{r\xi}w_{z_2})-\frac{\rho v^2}{2}Sc'_y\delta_N\sin\gamma_1+$$

$$\frac{\rho v_r}{2}Sc_z\frac{1}{\sin\delta_r}[-w_{y_2}\cos\delta_2\cos\delta_1-(v-w_{x_2})\cos\delta_2\sin\delta_1]+$$

$$mg\sin\theta_a\sin\psi_2+2\Omega_E mv(\sin\Lambda\cos\theta_a-\cos\Lambda\sin\theta_a\cos\alpha_N)\tag{6.4.8}$$

$$M_\xi=-\frac{\rho Sld}{2}m'_{xz}v_r\omega_\xi+\frac{\rho v_r^2}{2}Slm'_{xw}\delta_f\tag{6.4.9}$$

$$M_\eta=\frac{\rho Sl}{2}v_r m_z\frac{1}{\sin\delta_r}v_{r\zeta}-\frac{\rho Sld}{2}v_r m'_{zz}\omega_\eta-\frac{\rho Sld}{2}m'_y\frac{1}{\sin\delta_r}\omega_\xi v_{r\eta}-\frac{\rho v^2}{2}Slm'_z\delta_M\sin\gamma_2\tag{6.4.10}$$

$$M_\zeta=-\frac{\rho Sl}{2}v_r m_z\frac{1}{\sin\delta_r}v_{r\eta}-\frac{\rho Sld}{2}v_r m'_{zz}\omega_\zeta-\frac{\rho Sld}{2}m'_y\frac{1}{\sin\delta_r}\omega_\xi v_{r\zeta}+\frac{\rho v^2}{2}Slm'_z\delta_M\cos\gamma_2\tag{6.4.11}$$

$$v_r=\sqrt{(v-w_{x_2})^2+w_{y_2}^2+w_{z_2}^2},\delta_r=\arccos(v_{r\xi}/v_r)\tag{6.4.12}$$

$$v_{r\xi}=(v-w_{x_2})\cos\delta_2\cos\delta_1-w_{y_2}\cos\delta_2\sin\delta_1-w_{z_2}\sin\delta_2\tag{6.4.13}$$

$$v_{r\eta}=v_{r\eta_2}\cos\beta+v_{r\zeta_2}\sin\beta,v_{r\zeta}=-v_{r\eta_2}\sin\beta+v_{r\zeta_2}\cos\beta\tag{6.4.14}$$

而

$$v_{r\eta_2}=-(v-w_{x_2})\sin\delta_1-w_{y_2}\cos\delta_1\tag{6.4.15}$$

$$v_{r\zeta_2}=-(v-w_{x_2})\sin\delta_2\cos\delta_1+w_{y_2}\sin\delta_2\sin\delta_1-w_{z_2}\cos\delta_2\tag{6.4.16}$$

$$w_{x_2}=w_x\cos\psi_2\cos\theta_a+w_z\sin\psi_2,w_{y_2}=-w_x\sin\theta_a\tag{6.4.17}$$

$$w_{z_2}=-w_x\sin\psi_2\cos\theta_a+w_z\cos\psi_2\tag{6.4.18}$$

$$w_x=-w\cos(\alpha_W-\alpha_N),w_z=-w\sin(\alpha_W-\alpha_N)\tag{6.4.19}$$

这就是弹箭准确的 6 自由度刚体弹道方程,共有 15 个变量:v、θ_a、ψ_2、φ_a、φ_2、δ_2、δ_1、ω_ξ、ω_η、ω_ζ、γ、x、y、z、β,也有 15 个方程,当已知弹箭结构参数、气动力参数、射击条件、气象条件、起始条件时,就可积分求得弹箭的运动规律和任一时刻的弹道诸元。其计算的准确度取决于各个参数的准确程度,根据所研究问题的不同,由此方程出发,经过不同的简化,可得到其他形式的弹箭运动方程。无风时,只须令 $w=0$;当只仿真计算散布时,可去掉其中地球旋转的科氏惯性力。只要积分步长取得足够小,例如取 0.000 5 s,此方程组可算到 89°以上射角。

6.5 弹箭的角运动方程及角运动的几何描述

本章所建立的方程组(6.4.2)是精确的弹箭运动方程,不可能求得解析解,只能用电子计算机求数值解,得不出运动特性与弹箭结构参数、气动参数间的明显关系,不便于进行理论分析。因此,必须将此方程组做适当的简化,才能得到便于求解析解的方程。

因为对于设计良好的弹箭,其实际弹道与理想弹道相差不多,因此其角运动也是在理想弹道附近进行的,这样,就可以理想弹道为基础来简化方程组(6.4.2)。

在简化方程之前,首先讲一下弹箭角运动的几何描述,以形成比较直观的空间概念。

6.5.1　角运动的几何描述,球坐标和复数平面

以弹箭质心 O' 为圆心,以单位长度为半径作一球面,设弹轴与单位球面的交点为 B,速度矢量与单位球面的交点为 T,则只要确定了 B 点和 T 点在球面上的位置,也就确定了弹轴和速度矢量在空间的方位。当弹轴运动以及速度矢量的方向改变时,通过 B 点和 T 点在单位球面上画出的轨迹就可形象地反映弹轴和速度方向改变的过程。

为了定量地确定 B 点和 T 点在单位球面上的位置,可像地球仪一样在单位球面上画出许多经线和纬线,用经度和纬度确定球面上点的位置。为此先作出理想弹道坐标系 $O'x_iy_iz_i$,它是由基准坐标系绕 $O'z_N$ 轴右旋 θ_i 角而成,θ_i 即为理想弹道的弹道倾角,如图 6.5.1(a)所示。$O'x_i$ 轴就是理想弹道的切线方向,也即理想弹道的速度矢量方向,记它与单位球面的交点为 O。

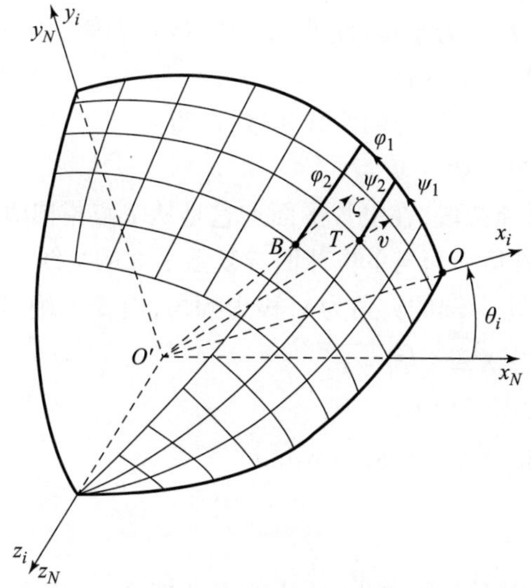

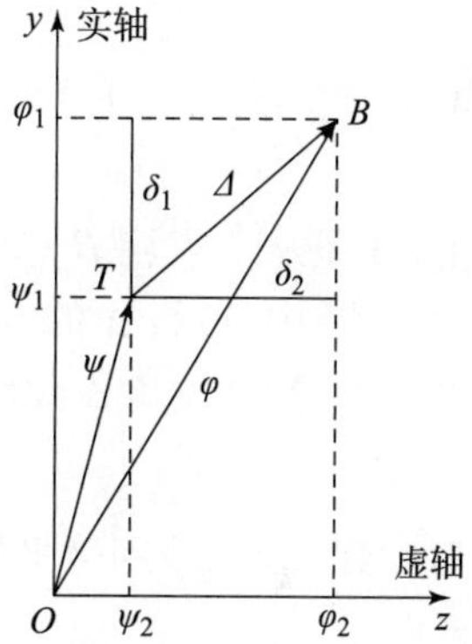

图 6.5.1　单位球面和复数平面

(a)单位球面;(b)复数平面

单位球面位于理想弹道坐标系 $O'x_iy_iz_i$ 第一卦限的图形如图 6.5.1(a)所示。以 $O'z_i$ 为极轴,作一系列通过此极轴的平面,它们与单位球面的交线即为经线。取 $x_iO'z_i$ 为零经度子午面,则各经线的经度以从 $x_iO'z_i$ 面转至该经线所转过的角度来标记;又取 $x_iO'y_i$ 为零纬度面,也即赤道面,作一系列平行于它的平面,这些平面与单位球面的交线即为纬线,纬线上任一点至球心 O' 的连线与赤道面之间的夹角即为该纬线的纬度。因为球半径为 1,故球面上大圆弧的弧长与其圆心角的值相等,故可用赤道面 $x_iO'y_i$ 上大圆弧的弧长表示经度值,用子午面 $x_iO'z_i$ 上的弧长表示纬度值。记 x_i 轴与球面交点为 O,则弹轴与单位球面的交点 B 的位置就可用从 O 算起的经度 φ_1 和纬度 φ_2 来表示,速度轴与单位球面交点 T 的位置就可用经度 ψ_1 和纬度 ψ_2 来表示,如图 6.5.1(a)所示。显然,如果弹轴方位改变,则 φ_1、φ_2 相应改变;同理,如速度方向

在空间变化,则 ψ_1 和 ψ_2 也相应改变。

实际上,受到扰动以后的弹道尽管出现了复杂的角运动,但它偏离理想弹道并不大,因而 φ_1、φ_2、ψ_1、ψ_2 都是比较小的角度,故 B 点和 T 点在 O 点附近变化的范围并不大,因此,在研究弹轴和速度矢量的运动时,不必涉及整个球面,只须在 O 点附近取一小块球面即可。为了方便,可将这一小块球面展开成平面,并将赤道面 x_iOy_i 的圆弧线展成纵坐标轴 Oy,将零经度面圆弧线展成横坐标轴 Oz。这样,在球坐标系里的经度 φ_1、ψ_1 和纬度 φ_2、ψ_2 就可用直角坐标系 Oyz 坐标轴 Oy 和 Oz 上的线段来表示,如图 6.5.1(b)所示。

将此平面取作复数平面,取纵轴 Oy 为实轴,向上为正;取 Oz 轴为虚轴,向右为正(与数学中定义的横轴为实轴不同),并定义以下复数

$$\boldsymbol{\Phi} = \varphi_1 + \mathrm{i}\varphi_2,\boldsymbol{\Psi} = \psi_1 + \mathrm{i}\psi_2 \tag{6.5.1}$$

式中,$\boldsymbol{\Phi}$ 可以确定弹轴的空间方位,称为复摆动角;$\boldsymbol{\Psi}$ 可确定速度线的方位,即为复偏角。

从第 6.1 节里弹轴坐标系和速度坐标系的定义,以及它们自基准坐标系两次旋转而成的方式可知,此处纬圈上的 φ_1 角与 φ_a 角的关系以及 ψ_1 角与 θ_a 的关系为

$$\varphi_1 = \varphi_a - \theta_i,\psi_1 = \theta_a - \theta_i,\varphi_1 - \psi_1 = \varphi_a - \theta_a \tag{6.5.2}$$

因为 φ_1、ψ_1 均为小量,故 $\varphi_1 - \psi_1$ 或 $\varphi_a - \theta_a$ 也为小量,此外,φ_2、ψ_2 也是小量。定义复攻角

$$\Delta = \delta_1 + \mathrm{i}\delta_2 \tag{6.5.3}$$

利用小角度下近似关系式(6.1.13),则由式(6.5.1)的两式相减,即得

$$\boldsymbol{\Delta} = \boldsymbol{\Phi} - \boldsymbol{\Psi} \tag{6.5.4}$$

在单位球面上,Δ 是从 T 点到 B 点的大圆弧弧段,在复数平面上它是从 T 点指向 B 点的线段,如图 6.5.1(a)、(b)中所示,Δ 的方位在攻角平面与单位球面或复数平面的交线上。

在复数平面上,设复攻角 Δ 线段与纵坐标轴的夹角为 ν,称为幅角,而 Δ 的绝对值为

$$|\Delta| = \delta = \sqrt{\delta_1^2 + \delta_2^2} \tag{6.5.5}$$

则可将复攻角 Δ 以及 δ_1、δ_2 用极坐标形式表示如下

$$\Delta = \delta\mathrm{e}^{\mathrm{i}\nu},\delta_1 = \delta\cos\nu,\delta_2 = \delta\sin\nu \tag{6.5.6}$$

6.5.2 等效力的概念

在复数平面上,T 点的运动描述了速度方向的变化,而从动力学理论知,速度方向的变化是由作用在质心上的法向力所产生的,法向力作用在哪个方向上,质心速度就向哪个方向偏转,于是复平面上的 T 点就向法向力所指的方向移动。由于法向力垂直于速度,故法向力的大小和方向可用复数平面上的复数(或矢量)表示。

同理,在复数平面上,B 点的运动描述了弹轴方位的变化,也即描述了弹轴的横向摆动。而从动力学理论知,弹箭的摆动是由作用在弹箭上的横向力矩产生的。当只考虑力所产生的力矩对弹箭转动运动的影响而不计及它对质心运动的影响时,作用在弹箭上的力矩 $\boldsymbol{M}$ 可以用一个作用在弹轴前方、距质心单位长度上的一个力 $\boldsymbol{f}$ 与之等效,如图 6.5.2 所示。按复平面上 B 点的定义,它正好是等效力的作用点。这个力在大小

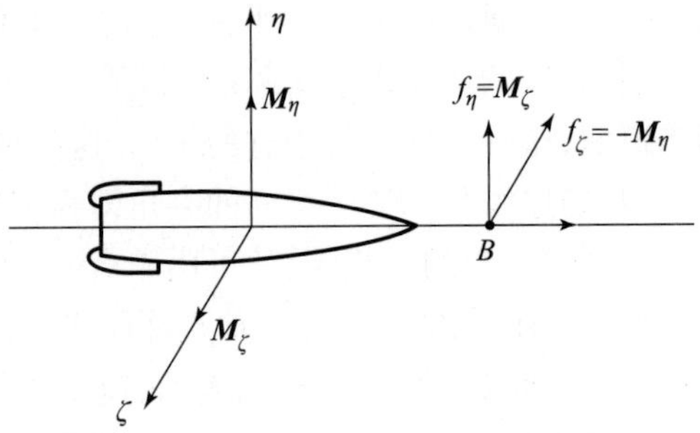

图 6.5.2 等效力 $\boldsymbol{f}$ 与力矩 $\boldsymbol{M}$ 的关系

上应等于力矩矢量 $\boldsymbol{M}$ 的大小，而方向则由它对质心的力矩矢量应正好与 $\boldsymbol{M}$ 方向一致来确定。例如，在弹轴坐标系中，力矩分量 M_η 在 η 轴方向上，则在 B 点沿与 ζ 轴负方向作用一个力 $f_\zeta = -M_\eta$，它对质心的力矩就恰为 M_η；同理，力矩分量 M_ζ 沿 ζ 轴正向，则在 B 点沿 η 正向作用一个力 $f_\eta = M_\zeta$，它对质心的力矩恰为 M_ζ。因此，等效力分量与力矩分量的关系是

$$\boldsymbol{f} = f_\eta + \mathrm{i}f_\zeta = M_\zeta - \mathrm{i}M_\eta = -\mathrm{i}(M_\eta + \mathrm{i}M_\zeta) = -\mathrm{i}\boldsymbol{M} \tag{6.5.7}$$

复数 $\boldsymbol{f}$ 为复数力矩 $\boldsymbol{M} = M_\eta + \mathrm{i}M_\zeta$ 的等效力。由上式可见，复数力矩 $\boldsymbol{M}$ 的等效力 $\boldsymbol{f}$ 作用在复平面的 B 点上，大小与力矩大小相等，方向比复力矩方向滞后 90°（因为 $-\mathrm{i} = \mathrm{e}^{-\mathrm{i}90^\circ}$）。

等效力的引入，使我们可以将弹箭的摆动直观地看作是复数平面上一个等效质点 B 的运动，这个质点的等效质量是弹箭的横向转动惯量 A，作用在这个质点上的力就是与力矩等效的等效力 $\boldsymbol{f}$，质点 B 在复平面上的速度和加速度就代表了弹箭的摆动角速度和角加速度。等效力的引入为分析作用在弹箭上的力矩及弹箭角运动的图像和规律带来了很多方便。

6.5.3　弹箭角运动方程的建立

在基本假设下，弹箭运动满足如下理想弹道方程组，式中以下标“i”表示理想弹道参数。

$$\frac{\mathrm{d}v_i}{\mathrm{d}t} = -\frac{\rho v_i^2}{2m}Sc_x - g\sin\theta_i,\ \frac{\mathrm{d}\theta_i}{\mathrm{d}t} = -\frac{g\cos\theta_i}{v_i},\ \frac{\mathrm{d}y_i}{\mathrm{d}t} = v_i\sin\theta_i,\ \frac{\mathrm{d}x_i}{\mathrm{d}t} = v_i\cos\theta_i \tag{6.5.8}$$

本章所建立的方程不受基本假设的限制，考虑了各种因素、各种力和力矩的影响，特别是考虑了攻角和绕心运动，它较符合弹箭飞行的实际情况，但这样计算出的弹道必然偏离理想弹道。我们将那些在理想弹道中未考虑的因素称作扰动，考虑了扰动作用的弹道称为扰动弹道，扰动弹道的各运动参数与理想弹道都有了偏差，但由于扰动弹道又很接近理想弹道，故它们之间的偏差是较小的，故可令 $\theta_a = \theta_i + \psi_1$，$\varphi_a = \theta_i + \varphi_1$。这样，在建立角运动方程时可认为 φ_1、φ_2、ψ_1、ψ_2、δ_1、δ_2 都是小量。此外，与迅速变化的角运动相比，在一段弹道上又可略去其他量的缓慢变化，取近似关系 $v_i = v_r = v - w_{x_2} \approx v$，$c_y = c_y'\delta_r$，$m_z = m_z'\delta_r$，$c_z' = c_z''\delta_r$，并且 $\delta_r/\sin\delta_r = 1$，这就使方程组(6.4.2)大为简化。为书写方便，记 θ_i 为 θ 并引入以下符号

$$\left.\begin{aligned} &b_x = \frac{\rho S}{2m}c_x,\ b_y = \frac{\rho S}{2m}c_y',\ b_z = \frac{\rho Sd}{2m}c_z'',\ k_z = \frac{\rho Sl}{2A}m_z' \\ &k_{zz} = \frac{\rho Sl^2}{2A}m_{zz}',\ k_{xz} = \frac{\rho Sld}{2C}m_{xz}',\ k_{xw} = \frac{\rho Sl}{2C}m_{xw}',\ k_y = \frac{\rho Sld}{2A}m_y'' \end{aligned}\right\} \tag{6.5.9}$$

因研究弹箭角运动时不考虑由扰动产生的质心速度微小偏差，故质心速度方程不变，即为

$$\mathrm{d}v/\mathrm{d}t = -b_x v^2 - g\sin\theta \tag{6.5.10}$$

根据上述简化条件，不计科氏惯性力，方程组(6.4.2)的第 2 个和第 3 个方程可分别简化为

$$\begin{aligned} &\frac{\mathrm{d}\theta}{\mathrm{d}t} + \frac{\mathrm{d}\psi_1}{\mathrm{d}t} = b_y v\left(\delta_1 + \frac{w_{y_2}}{v}\right) + b_z\dot{\gamma}\left(\delta_2 + \frac{w_{z_2}}{v}\right) - \frac{g}{v}\cos\theta_a + b_x w_{y_2} - b_y v\delta_N\cos\gamma_1 \\ &\frac{\mathrm{d}\psi_2}{\mathrm{d}t} = b_y v\left(\delta_2 + \frac{w_{z_2}}{v}\right) - b_z\dot{\gamma}\left(\delta_1 + \frac{w_{y_2}}{v}\right) + \frac{g}{v}\sin\theta_a\psi_2 + b_x w_{z_2} - b_y v\delta_N\sin\gamma_1 \end{aligned} \tag{6.5.11}$$

利用方程组(6.5.8)中的第 2 个方程消去方程组(6.5.11)第 1 个方程中的理想弹道项，并略去其中含 $\psi_1\psi_2$ 的高阶小量项，然后将方程组(6.5.11)的第二式乘以 i 与方程组(6.5.11)

的第一式相加得

$$\frac{\mathrm{d}\boldsymbol{\Psi}}{\mathrm{d}t} = b_y v\boldsymbol{\Delta} - \mathrm{i}b_z\dot{\gamma}\boldsymbol{\Delta} + \frac{g\sin\theta}{v}\boldsymbol{\Psi} + \left(b_x + b_y - \mathrm{i}b_z\frac{\dot{\gamma}}{v}\right)\boldsymbol{w}_\perp - b_y v\boldsymbol{\Delta}_{N_0}\mathrm{e}^{\mathrm{i}\gamma} \tag{6.5.12}$$

方程(6.5.12)称为复偏角方程。式中,$\boldsymbol{w}_\perp$ 称为垂直于速度的复垂直风,有

$$\boldsymbol{w}_\perp = w_{y_2} + \mathrm{i}w_{z_2} \tag{6.5.13}$$

记 δ_{N_0} 为气动升力偏心角的模值,γ_{10} 为起始方位角,则 $\boldsymbol{\Delta}_{N_0} = \delta_N\mathrm{e}^{\mathrm{i}\gamma_{10}}$。

对于方程组(6.4.2)中的第 9 个方程,因为弹箭自转角速度 $\dot{\gamma}$ 一般远大于横向摆动角 ω_ζ,并且 $\tan\varphi_2$ 又是小量,故可将 $\omega_\zeta\tan\varphi_2$ 项略去,于是得 $\omega_\xi \approx \dot{\gamma}$,第 4 个方程就简化为

$$\mathrm{d}\dot{\gamma}/\mathrm{d}t = -k_{xz}v\dot{\gamma} + k_{xw}v^2\delta_f \tag{6.5.14}$$

将第 7 个方程的 $\omega_\zeta \approx \dot{\varphi}_a = \dot{\varphi}_1 + \dot{\theta}$ 和第 8 个方程的 $\omega_\eta = -\dot{\varphi}_2$ 代入第 5 个和第 6 个方程中,取 $\beta = 0$,并略去一些高阶小量,则第 5、第 6 方程变为

$$\begin{aligned}-\ddot{\varphi}_2 + \frac{C}{A}\dot{\gamma}(\dot{\varphi}_1 + \dot{\theta}) = & -k_z v^2\left(\delta_2 + \frac{w_{z_2}}{v}\right) + k_{zz}v\dot{\varphi}_2 + k_y v\dot{\gamma}\left(\delta_1 + \frac{w_{y_2}}{v}\right) + \\ & \frac{A-C}{A}(\beta_{D\eta}\ddot{\gamma} - \beta_{D\zeta}\dot{\gamma}^2) - k_z v^2\delta_M\sin\gamma_2\end{aligned} \tag{6.5.15}$$

$$\begin{aligned}\ddot{\varphi}_1 + \ddot{\theta} + \frac{C}{A}\dot{\gamma}\dot{\varphi}_2 = & k_z v^2\left(\delta_1 + \frac{w_{y_2}}{v}\right) - k_{zz}v(\dot{\varphi}_1 + \dot{\theta}) + k_y v\dot{\gamma}\left(\delta_2 + \frac{w_{z_2}}{v}\right) + \\ & \frac{A-C}{A}(\beta_{D\zeta}\ddot{\gamma} + \beta_{D\eta}\dot{\gamma}^2) + k_z v^2\delta_M\cos\gamma_2\end{aligned} \tag{6.5.16}$$

将方程(6.5.15)乘以(-i)与方程(6.5.16)相加,可得

$$\begin{aligned}&\ddot{\boldsymbol{\Phi}} + \left(k_{zz}v - \mathrm{i}\frac{C}{A}\dot{\gamma}\right)\dot{\boldsymbol{\Phi}} - (k_z v^2 - \mathrm{i}k_y v\dot{\gamma})\left(\boldsymbol{\Delta} + \frac{\boldsymbol{w}_\perp}{v}\right) \\ &= \mathrm{i}\frac{C\dot{\gamma}}{A}\dot{\theta} - \ddot{\theta} - k_{zz}v\dot{\theta} + \frac{A-C}{A}(\dot{\gamma}^2 - \mathrm{i}\ddot{\gamma})\boldsymbol{\beta}_D\mathrm{e}^{\mathrm{i}\gamma} + k_z v^2\boldsymbol{\Delta}_{M_0}\mathrm{e}^{\mathrm{i}\gamma}\end{aligned} \tag{6.5.17}$$

此方程称为弹箭的复摆动角方程。设 γ_{20} 为气动偏心角的起始方位,则其中 $\boldsymbol{\beta}_D$、$\boldsymbol{\Delta}_{M_0}$ 定义如下

$$\boldsymbol{\beta}_D = \beta_{D_1} + \mathrm{i}\beta_{D_2}, \boldsymbol{\Delta}_{M_0} = \delta_M\mathrm{e}^{\mathrm{i}\gamma_{20}} \tag{6.5.18}$$

在方程(6.5.17)中,$C\dot{\gamma}\dot{\boldsymbol{\Phi}}$ 是以 $\dot{\gamma}$ 旋转的弹箭当弹轴以 $\dot{\boldsymbol{\Phi}}$ 角速度摆动时产生的惯性力矩,称为陀螺力矩。$C\dot{\gamma}$ 就是弹丸的轴向动量矩,$\mathrm{i}C\dot{\gamma}\dot{\boldsymbol{\Phi}}$ 表示此陀螺力矩的矢量方向垂直于弹丸摆动角速度矢量的方向,这是因为 $\mathrm{i} = \cos 90° + \mathrm{i}\sin 90° = \mathrm{e}^{\mathrm{i}90°}$,复数乘以 i 就相当于复数方向转过 90°。在方程(6.5.17)中,如果仅考虑陀螺力矩的作用,即得

$$\ddot{\boldsymbol{\Phi}} = \mathrm{i}C\dot{\gamma}\dot{\boldsymbol{\Phi}}/A \tag{6.5.19}$$

故 $\mathrm{i}C\dot{\gamma}\dot{\boldsymbol{\Phi}}/A$ 为由陀螺力矩产生的摆动角加速度,它与摆动角速度 $\dot{\boldsymbol{\Phi}}$ 垂直,它表明当复数平面上的 B 点以 $\dot{\boldsymbol{\Phi}}$ 运动时立即产生与 $\dot{\boldsymbol{\Phi}}$ 相垂直的法向加速度 $\ddot{\boldsymbol{\Phi}}$,它使弹轴摆动方向改变,如图 6.5.3 所示。B 点拐弯运动,$\dot{\boldsymbol{\Phi}}$ 方向改变后又会形成新的 $\ddot{\boldsymbol{\Phi}}$ 继续使 $\dot{\boldsymbol{\Phi}}$ 改变方向,如此循环下去,弹轴就不断改变摆动方向。如果弹箭转速 $\dot{\gamma}$ 很高,此惯性力矩很大,弹轴就只能绕速度线绕圈子,而不会立即翻倒,这也就是陀螺稳定的基本原理。

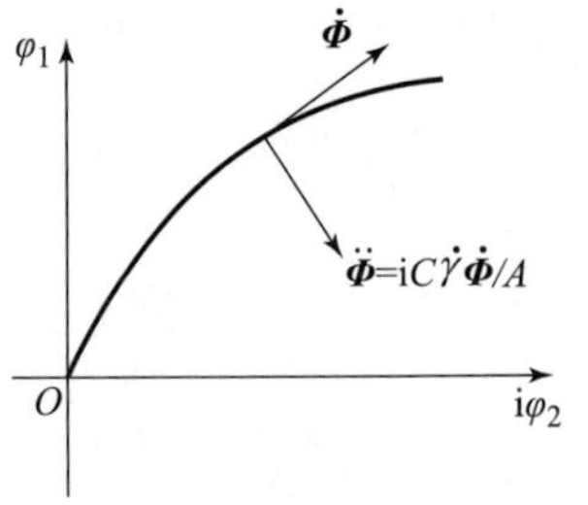

图 6.5.3 陀螺力矩的作用

如把弹丸自转 $\dot{\gamma}$ 看作是相对于弹轴坐标系的相对运动,弹轴

坐标系的运动 $\dot{\boldsymbol{\Phi}}$ 作为牵连运动，则可见当弹丸仅有相对运动而弹轴不动($\dot{\boldsymbol{\Phi}}=0$)或仅有摆动而无自转($\dot{\gamma}=0$)时，都不会产生陀螺力矩。故只有在相对运动和牵连运动都存在时，才会产生陀螺力矩。换句话说，只有当陀螺上的质点产生科氏惯性力时，才会产生陀螺力矩。事实上，可以证明，陀螺力矩 $\mathrm{i}C\dot{\gamma}\dot{\boldsymbol{\Phi}}$ 就是弹丸各质点的科氏惯性力对定点(这里是质心)之矩的总和。

当弹道切线以 $\dot{\theta}$、$\ddot{\theta}$ 角速度向下转动时，则弹轴相对于随弹道切线转动的理想弹道坐标而言，则是以 $-\dot{\theta}$、$-\ddot{\theta}$ 向上转动，由此就产生了方程右边的重力陀螺力矩项($-C\dot{\gamma}\dot{\theta}$)、重力阻尼力矩项 $k_{zz}v\dot{\theta}$。同理，还产生了重力摆动阻尼力矩项($-A\ddot{\theta}$)。

方程(6.5.12)、方程(6.5.14)、方程(6.5.17)即组成了弹箭的角运动方程组。解此方程组就能获得弹箭姿态角 φ_1、φ_2，以及速度方位角 ψ_1、ψ_2 的变化规律。再由 $\delta_1=\varphi_1-\psi_1$，$\delta_2=\varphi_2-\psi_2$ 也就获得了攻角的变化规律。解此方程时所用到的质心速度 v 的大小和飞行高度 y 则由理想弹道求得。

6.5.4　弹箭攻角方程的建立

从研究弹箭的运动稳定性和散布而言，最关心的是弹轴相对于速度的攻角变化规律，因此，直接建立攻角方程更有必要，下面就来进行这个工作。

由关系式 $\boldsymbol{\Phi}=\boldsymbol{\Psi}+\Delta$ 得 $\dot{\boldsymbol{\Phi}}=\dot{\boldsymbol{\Psi}}+\dot{\Delta}$，$\ddot{\boldsymbol{\Phi}}=\ddot{\boldsymbol{\Psi}}+\ddot{\Delta}$。先从方程(6.5.12)算出 $\dot{\boldsymbol{\Psi}}$，再将 $\dot{\boldsymbol{\Psi}}$、$\ddot{\boldsymbol{\Psi}}$ 代入关于 $\boldsymbol{\Phi}$ 的方程(6.5.17)中，消去 $\boldsymbol{\Phi}$ 和 $\boldsymbol{\Psi}$ 便可得到仅含复攻角 Δ 的方程。

在复偏角方程(6.5.12)中，$g\sin\theta\boldsymbol{\Psi}$ 是重力在理想弹道速度线上的分力($-mg\sin\theta$)再向扰动弹道垂直于速度的方向分解而产生的，称为重力侧分力，其数值很小，只有在沿全弹道积分时才显示出有影响，由风 $\boldsymbol{w}_\perp$ 所产生的附加马氏力更小，在研究弹丸角运动时也可将它们忽略。于是式(6.5.12)就可简化成

$$\dot{\boldsymbol{\Psi}}=b_yv\boldsymbol{\Delta}-\mathrm{i}b_z\dot{\gamma}\boldsymbol{\Delta}+(b_x+b_y)\boldsymbol{w}_\perp-b_yv\boldsymbol{\Delta}_{N_0}\mathrm{e}^{\mathrm{i}\gamma}\tag{6.5.20}$$

由此得

$$\ddot{\boldsymbol{\Psi}}=b_y\dot{v}\boldsymbol{\Delta}+b_yv\dot{\boldsymbol{\Delta}}-\mathrm{i}b_z\ddot{\gamma}\boldsymbol{\Delta}-\mathrm{i}b_z\dot{\gamma}\dot{\boldsymbol{\Delta}}-b_y\dot{v}\boldsymbol{\Delta}_{N_0}\mathrm{e}^{\mathrm{i}\gamma}-\mathrm{i}b_yv\boldsymbol{\Delta}_{N_0}\dot{\gamma}\mathrm{e}^{\mathrm{i}\gamma}$$

将 $\ddot{\boldsymbol{\Phi}}=\ddot{\boldsymbol{\Psi}}+\ddot{\Delta}$ 和 $\dot{\boldsymbol{\Phi}}=\dot{\boldsymbol{\Psi}}+\dot{\Delta}$ 代入式(6.5.17)中得

$$\begin{aligned}&\ddot{\boldsymbol{\Delta}}+b_yv\dot{\boldsymbol{\Delta}}+b_y\dot{v}\boldsymbol{\Delta}-\mathrm{i}b_z\ddot{\gamma}\boldsymbol{\Delta}-\mathrm{i}b_z\dot{\gamma}\dot{\boldsymbol{\Delta}}-b_yv^2\boldsymbol{\Delta}_{N_0}\mathrm{e}^{\mathrm{i}\gamma}\left(\frac{\dot{v}}{v^2}+\mathrm{i}\frac{\dot{\gamma}}{v}\right)+\left(k_{zz}v-\mathrm{i}\frac{C}{A}\dot{\gamma}\right)\\&[\dot{\boldsymbol{\Delta}}+b_yv\boldsymbol{\Delta}-\mathrm{i}b_z\dot{\gamma}\boldsymbol{\Delta}+(b_x+b_y)\boldsymbol{w}_\perp-b_yv\boldsymbol{\Delta}_{N_0}\mathrm{e}^{\mathrm{i}\gamma}]-k_zv^2\boldsymbol{\Delta}+\mathrm{i}k_yv\dot{\gamma}\boldsymbol{\Delta}-k_zv\boldsymbol{w}_\perp+\mathrm{i}k_y\dot{\gamma}\boldsymbol{w}_\perp\\&=-\mathrm{i}\frac{C}{A}\dot{\gamma}\dot{\theta}-\ddot{\theta}-k_{zz}v\dot{\theta}+\left(1-\frac{C}{A}\right)(\dot{\gamma}^2-\mathrm{i}\ddot{\gamma})\boldsymbol{\beta}_D\mathrm{e}^{\mathrm{i}\gamma}+k_zv^2\boldsymbol{\Delta}_{M_0}\mathrm{e}^{\mathrm{i}\gamma}\end{aligned}$$

将 $\dot{v}=-b_xv^2-g\sin\theta$ 代入上式，并注意到与气动力有关的系数只有 k_z 约为 10^{-2} 量级，b_x、b_y、k_{zz} 都只有 $10^{-3}\sim10^{-4}$ 量级，而 b_z 只有 10^{-5} 量级，$g\sin\theta/v^2$ 也只有 $10^{-3}\sim10^{-4}$ 量级，故这些系数相互的乘积项更小，可以忽略。此外，在绕心转动攻角变化时，还可略去马格努斯力的影响，对于炮弹，在一段弹道上 $\ddot{\gamma}\approx0$，于是将上式加以简化，最后得攻角方程如下

$$\begin{aligned}&\ddot{\boldsymbol{\Delta}}+\left(k_{zz}+b_y-\mathrm{i}\frac{C\dot{\gamma}}{Av}\right)v\dot{\boldsymbol{\Delta}}-\left[k_z+\mathrm{i}\frac{C\dot{\gamma}}{Av}\left(b_y-\frac{A}{C}k_y\right)\right]v^2\boldsymbol{\Delta}\\&=-\ddot{\theta}-k_{zz}v\dot{\theta}+\mathrm{i}\frac{C\dot{\gamma}}{Av}v\dot{\theta}+\left(1-\frac{C}{A}\right)(\dot{\gamma}^2-\mathrm{i}\ddot{\gamma})\boldsymbol{\beta}_D\mathrm{e}^{\mathrm{i}\gamma}+\\&\quad k_zv^2\boldsymbol{\Delta}_{M_0}\mathrm{e}^{\mathrm{i}\gamma}+\left[k_z+\mathrm{i}\left(b_x+b_y-\frac{A}{C}k_y\right)\frac{C\dot{\gamma}}{Av}\right]v\boldsymbol{w}_\perp+\end{aligned}$$

$$b_y v^2 \Delta_{N_0} e^{i\gamma}\left[\left(k_{zz} - i\frac{C}{A}\frac{\dot{\gamma}}{v}\right) + i\frac{\dot{\gamma}}{v}\right] \tag{6.5.21}$$

为了消去Δ和$\dot{\Delta}$前的因子v^2和v,将自变量从时间改为弧长,并利用导数关系$v' = \dot{v}/v$,得

$$\frac{d\Delta}{dt} = \frac{d\Delta}{ds}\frac{ds}{dt} = v\Delta', \frac{d^2\Delta}{dt^2} = \frac{d(v\Delta')}{ds}\cdot\frac{ds}{dt} = \Delta''v^2 - \Delta'\left(b_x + \frac{g\sin\theta}{v^2}\right)v^2 \tag{6.5.22}$$

将$\dot{\Delta}$、$\ddot{\Delta}$的式子代入方程(6.5.21)中,因该式右边最后一个括号中的第一项的模只有第二项的百分之几,可略去。再取气动偏心角$\delta_N = \delta_M$,则得到以弧长为自变量的攻角方程如下

$$\begin{aligned}&\Delta'' + (H - iP)\Delta' - (M + iPT)\Delta \\ &= -\frac{\ddot{\theta}}{v^2} - (k_{zz} - iP)\frac{\dot{\theta}}{v} + \left(1 - \frac{C}{A}\right)(\dot{\gamma}^2 - i\ddot{\gamma})\frac{\boldsymbol{\beta}_D}{v^2}e^{i\gamma} + \left(k_z + ib_y\frac{\dot{\gamma}}{v}\right)\Delta_{M_0}e^{i\gamma} + \\ &\left[k_z + i\left(b_x + b_y - \frac{A}{C}k_y\right)P\right]\frac{\boldsymbol{w}_{\perp}}{v}\end{aligned} \tag{6.5.23}$$

式中

$$H = k_{zz} + b_y - b_x - \frac{g\sin\theta}{v^2}, P = 2\alpha = \frac{C\dot{\gamma}}{Av}, M = k_z, T = b_y - \frac{A}{C}k_y \tag{6.5.24}$$

H项代表角运动的阻尼,它主要取决于赤道阻尼力矩和非定态阻尼力矩的大小,同时升力也有助于增大阻尼,这是因为升力总是使质心速度方向转向弹轴,减小了攻角,起到了阻尼的作用。但阻力却使飞行速度降低,使阻尼力矩减小,故阻力起负阻尼作用。

M主要与静力矩有关,角运动的频率主要取决于此项,并与飞行稳定性有关。

T主要与升力和马格努斯力矩有关,故常称为升力和马格努斯力矩耦合项,它影响动态稳定性。

这是一个关于复攻角Δ的线性变系数非齐次方程,由此方程可求解弹箭在各种因素影响下的运动规律和稳定性。在求得了攻角后,再将攻角代入偏角方程(6.5.12)中积分,即可求得偏角的变化规律,从而分析各种因素对弹箭质心速度和坐标的影响。

本章知识点

①外弹道学常用坐标系及它们之间的转换关系,理解坐标系与弹箭运动规律、所建运动方程之间的本质关系。

②考虑全力和力矩组条件下,弹箭6自由度刚体弹道方程组的建立过程。

③弹箭角运动方程的概念、作用及描述方法。

本章习题

1. 本章介绍了在速度坐标系上建立弹箭的质心运动方程组、在弹轴坐标系上建立弹箭围绕质心运动的方程组,请阐述坐标系的选择对于建立运动方程组的意义和作用,试举例说明。(如在速度坐标系上建立围绕质心运动方程组,结果会如何?)

2. 试描述图6.5.1(b)所示的物理意义。

3. 请根据第6.5.4节内容,完成弹箭攻角方程的详细推导。

第 7 章
旋转稳定弹的角运动及对质心运动的影响

内容提要

在第 6 章建立的弹箭角运动方程基础上，本章以旋转稳定弹为研究对象，介绍弹箭速度和转速的变化特性、攻角方程的齐次解和非齐次解，据此讲述起始扰动等因素对角运动、初速方向及质心运动轨迹的影响，介绍动力平衡角和偏流等概念，并给出工程上适用的简化刚体弹道方程和修正质点弹道方程。

7.1 引　　言

本章利用弹箭角运动方程求解，以获得弹箭角运动规律与弹箭结构参数、气动参数以及射击初始条件之间的明显关系，为飞行稳定性和散布分析等打下基础。

弹箭的攻角方程(6.5.23)是一个二阶变系数非齐次常微分方程，目前对于变系数方程还没有统一形式的求解方法，难以求解。为便于求解，考虑到弹箭气动参数、结构参数、质心运动弹道参数比弹箭角运动参数 δ_1、δ_2、φ_1、φ_2、ψ_1、ψ_2 的变化缓慢得多，可采用“系数冻结法”，即在弹道上某点附近一段不太长的弧段上，近似认为这些参数不变，这样，角运动方程即变为常系数方程。

系数冻结法并无严格的数学依据，然而对于大多数实际问题，只要所讨论的区间较小，不会造成本质上的错误，大量工程实践也证实，采用此法是可行的。

由常系数线性微分方程理论知，方程(6.5.23)的解由齐次解和非齐次解叠加而成，齐次解表示由初始条件引起的运动，而非齐次解表示由各种强迫因素造成的运动。初始条件或初始扰动是一种瞬时扰动，而强迫因素是一种长期的扰动。初始条件并不一定指炮口处的扰动，任一要研究弧段的起点都可看作是初始扰动点。由于系数冻结法只在所研究弹道点附近不太长的一段弹道有效，故方程的解也只在冻结系数的点的附近是正确的。为了了解全弹道上弹箭的角运动特性，需在弹道上取若干个点进行考察，一般将这些点选在一些特殊点上，例如炮口、弹道顶点、弹道落点、跨声速区、火箭主动段末等，也就是将弹道分成若干段来考察。

方程(6.5.23)的右端各项分别代表重力、动不平衡、气动偏心和风的强迫干扰作用，根据常微分方程解的叠加性原理，以下将分别研究它们所产生的角运动及对质心运动的影响。

为了突出弹箭角运动的主要特征，我们采取由简到繁的步骤，首先忽略一些次要的力和力矩，研究仅考虑静力矩作用时弹箭的运动，然后再考虑有全部力和力矩作用的情况。

7.2 弹箭速度和转速的变化

严格地讲,在一段弹道上质心速度和转速也是变化的,对角运动也会产生影响,故本节先研究一下在一个弧段上质心速度和转速的变化规律。

7.2.1 弹箭质心速度的变化规律

弹箭质心速度大小变化方程为方程(6.5.8)第一式,将自变量改为弧长,而 $ds/dt=v$,得

$$\frac{dv}{ds}=-\left(b_x+\frac{g\sin\theta}{v^2}\right)v \tag{7.2.1}$$

沿弹道数值积分可得速度变化规律。但在一段不长弧段上,将 b_x、θ、v 取平均值,积分后可得

$$v=v_0e^{-(b_x+g\sin\theta/v^2)(s-s_0)} \tag{7.2.2}$$

式中,v_0 为 $s=s_0$ 处的速度值。对于炮口附近的水平射击,$\theta\approx 0$,则有

$$v=v_0e^{-b_xs} \tag{7.2.3}$$

以上两式表明,弹箭速度大致随弧长 s 成指数衰减。当有攻角时,诱导阻力可使速度衰减加快。

7.2.2 旋转稳定炮弹的自转和转速的衰减

1. 旋转稳定弹炮口转速的形成和膛线缠度

旋转稳定炮弹都是用线膛火炮发射的,火炮身管内有若干条膛线,每条膛线都呈螺旋状从药室向炮口延伸,如图 7.2.1 和图 7.2.2 所示。膛线的凸起部为阳线,凹槽部分为阴线。弹丸在圆柱部靠近船尾部处装有由紫铜或软钢做成的弹带,弹带高仅 2 mm 左右,宽 5 ~ 10 mm,随弹丸口径不同而异。发射时弹带在火药气体的压力下被迫挤进膛线凹槽内,使弹丸在沿身管轴线前进的过程中也沿膛线旋转,形成炮口转速 $\dot{\gamma}_0$。

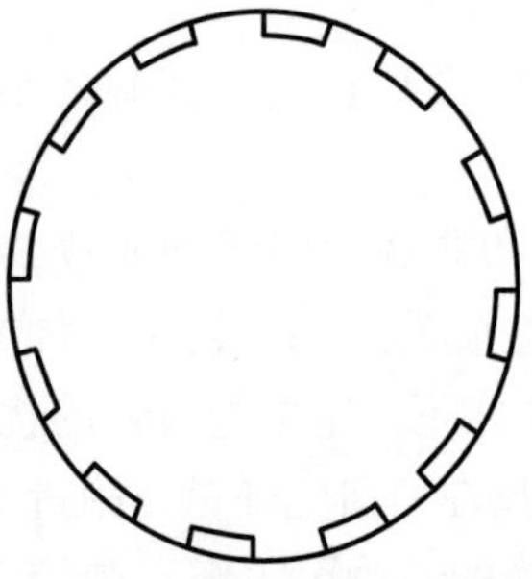

图 7.2.1 身管横截面和膛线

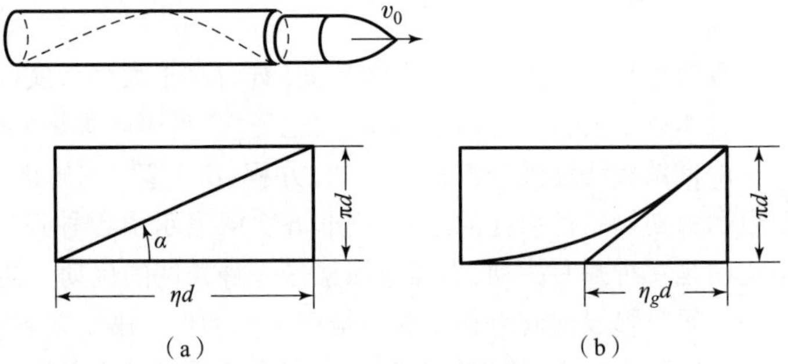

图 7.2.2 膛线导程、缠度与缠角

(a)等齐膛线;(b)渐速膛线

膛线与螺纹相似,它沿膛壁旋转一周(即 2π 弧度)前进的距离(与螺纹的螺距类似)称为膛线导程 h,将导程用身管口径 d 的倍数 η 表示,则有 $h=\eta d$,而 η 就是一般所说的膛线缠度,而对膛线的缠角 α,则有

$$\tan\alpha=\pi d/h=\pi/\eta \tag{7.2.4}$$

膛线缠度有等齐和渐速之分，如将身管纵向剖开展成平面，等齐缠度的膛线是一条直线，如图 7.2.2(a)所示，渐速膛线是一条缠角越来越大或缠度 η 越来越小的曲线，如图 7.2.2(b)所示。渐速膛线有利于减小身管最大膛压点附近的缠角，减小炮膛磨损，延长火炮使用寿命。

设弹丸的炮口速度为 v_g，在 dt 时间内弹丸前进的距离为 $v_g \cdot dt$，在此距离内弹丸将转过 dr = $(v_g dt)/h$（圈），或 dr = $2\pi(v_g dt)/h$（弧度），故炮口转速 $\dot{\gamma}_0$（rad/s）或 n_0（r/min）分别为

$$\dot{\gamma}_0 = \left(\frac{d\gamma}{dt}\right)_0 = \frac{2\pi v_g}{\eta d} \approx \frac{2\pi v_0}{\eta d} = \frac{2v_0}{d}\tan\alpha \ (s^{-1}) \tag{7.2.5}$$

$$n_0 = (\dot{\gamma}_0 \times 60)/(2\pi) = \frac{60 v_0}{\eta d} \ (r/min) \tag{7.2.6}$$

由以上两式可以看出，炮口转速与初速 v_0 成正比而与缠度和口径成反比。在初速相同的情况下，同一口径火炮，缠度越小，则炮口转速越高。缠度相同的枪或炮，口径越小，炮口转速越高。各种枪炮的缠度约为 20 ~ 50，口径越小，转速越高。见表 7.2.1 中所列举的例子。

表 7.2.1 几种弹丸的膛线缠度

口径/mm	缠度	初速/(m · s^{-1})	转速/(rad · s^{-1})	转速/(r · min^{-1})
7.62	31.5	800	20 941	199 975
37	30	1 000	5 660	54 054
152	25	655	1 083	10 342

炮弹的高转速将使引信内部零件产生很大的离心惯性力，例如，对于 37 mm 弹丸，当引信零件偏离中心 1 mm 时，将产生 25 000 m/s^2 的离心加速度，相当于 2 500g（g = 9.8 m/s^2），因而当此零件为 1 g 时，将产生 25 N 的离心力。一方面可利用这种力作为引信保险机构的解脱力，但另一方面也会造成引信零件承受很大的横向过载，在设计引信时必须引起注意。

2. 旋转稳定弹转速的衰减

弹丸出炮口后，在空气极阻尼力矩的作用下转速不断减小，对于旋转稳定弹，令转速变化方程为方程(6.5.14)，式中 $k_{xw} = 0$，得 $d\dot{\gamma}/dt = -k_{xz} v \dot{\gamma}$，再将自变量改为弧长 s，得

$$\frac{d\dot{\gamma}}{ds} = -k_{xz}\dot{\gamma}, k_{xz} = \frac{\rho S l d}{2C} m'_{xz} \tag{7.2.7}$$

对于旋转稳定弹，式中的 m'_{xz} 约为 0.003。在一段弹道上，将 m'_{xz} 作为常值，并将上式积分，得

$$\dot{\gamma} = \dot{\gamma}_0 e^{-k_{xz}s} \tag{7.2.8}$$

式中，$\dot{\gamma}_0$ 为所选定弧段上 $s = 0$ 处的转速，并不一定是指炮口转速。

此式表明，转速随飞行弧长或飞行时间（因 $s = vt$）大致成指数规律减小，又由式(7.2.2)知飞行速度 v 随飞行弧长 s 也大致成指数规律减小。故弹道上 $\dot{\gamma}/v$ 的值变化很缓慢。不过因升弧段上速度衰减比转速更快，因而 $\dot{\gamma}/v$ 的值在炮口处最小，弹道顶点处较大，此后在弹道降弧段上由于速度 v 增大，$\dot{\gamma}/v$ 又开始减小。转速 $\dot{\gamma}$ 的准确变化须沿弹道积分式(7.2.7)。

7.3 攻角方程齐次解的一般形式——二圆运动

7.3.1 攻角方程解的一般形式

攻角方程(6.5.23)的齐次方程为

$$\Delta'' + (H - iP)\Delta' - (M + iPT)\Delta = 0 \tag{7.3.1}$$

式中,符号 H、P、M、T 的定义见式(6.5.24)。对于旋转稳定弹,静力矩为翻转力矩,故方程(7.3.1)中的静力矩项系数 $M = k_z > 0$。但本节所讲的内容对静稳定弹($k_z < 0$)也是适用的。根据微分方程理论,齐次方程的解描述起始条件产生的运动。方程(7.3.1)的特征方程为

$$l^2 + (H - iP)l - (M + iPT) = 0 \tag{7.3.2}$$

解得两根为

$$l_{1,2} = \frac{1}{2}[-H + iP \pm \sqrt{4M + H^2 - P^2 + 2iP(2T - H)}] \tag{7.3.3}$$

设

$$l_1 = \lambda_1 + i\phi_1', l_2 = \lambda_2 + i\phi_2' \tag{7.3.4}$$

于是得攻角方程之解为

$$\Delta = C_1 e^{(\lambda_1 + i\phi_1')s} + C_2 e^{(\lambda_2 + i\phi_2')s} \tag{7.3.5}$$

式中,C_1、C_2 为待定系数,也是复数,由起始条件确定,一般地,可写成

$$C_1 = K_{10}e^{i\phi_{10}}, C_2 = K_{20}e^{i\phi_{20}}, K_{10} > 0, K_{20} > 0 \tag{7.3.6}$$

则复攻角 Δ 又可写成如下形式

$$\Delta = K_1 e^{i\phi_1} + K_2 e^{i\phi_2} \tag{7.3.7}$$

$$K_j = K_{j0}e^{\lambda_j s}, \phi_j = \phi_{j0} + \phi_j' s (j = 1,2) \tag{7.3.8}$$

式中,$K_{j0}e^{i\phi_{j0}} = C_j (j = 1,2)$。由于通常给定的起始条件为

$$t = 0 \text{ 时}, \Delta_0 = (\delta e^{i\nu})_0 = \delta_0 e^{i\nu_0}, \Delta_0' = \frac{\dot{\delta}_0}{v_0}e^{i\nu_0} + i\delta_0 \frac{\dot{\nu}_0}{v_0}e^{i\nu_0} \tag{7.3.9}$$

所以须求出 Δ_0、Δ_0' 与 K_{j0}、ϕ_{j0} 之间的关系。将 $s=0$ 时 $\Delta = \Delta_0$ 代入复攻角表达式(7.3.5)中,又将式(7.3.5)对 s 求导一次再代入 $s=0$ 时 $\Delta' = \Delta_0'$,得到如下代数方程

$$C_1 + C_2 = \Delta_0, C_1(\lambda_1 + i\phi_1') + C_2(\lambda_2 + i\phi_2') = \Delta_0'$$

由此联立方程解出待定常数,为

$$C_1 = K_{10}e^{i\phi_{10}} = \frac{\Delta_0' - (\lambda_2 + i\phi_2')\Delta_0}{(\lambda_1 - \lambda_2) + i(\phi_1' - \phi_2')}, C_2 = K_{20}e^{i\phi_{20}} = \frac{\Delta_0' - (\lambda_1 + i\phi_1')\Delta_0}{(\lambda_2 - \lambda_1) + i(\phi_2' - \phi_1')} \tag{7.3.10}$$

根据复数的矢量表示法,$e^{i\phi_j}$ 表示模为1,幅角为 ϕ_j 的一个向量,当幅角 ϕ_j 以角频率 ϕ_j' 改变时,此单位模复数的矢端将在复数平面上画出一个圆。当 $\lambda_1 = \lambda_2 = 0$ 时,K_1 和 K_2 大小不变。式(7.3.7)右边两项分别表示半径为 K_1、K_2,角频率为 ϕ_1'、ϕ_2' 的圆运动,而复攻角 Δ 即为两个圆运动的合成,故称这种运动为二圆运动,其矢量合成如图7.3.1所示。其合成的复攻角向量矢端曲线将是熟知的圆外摆线或圆内摆线(由弹丸是静不稳定的还是静稳定的来区分)。

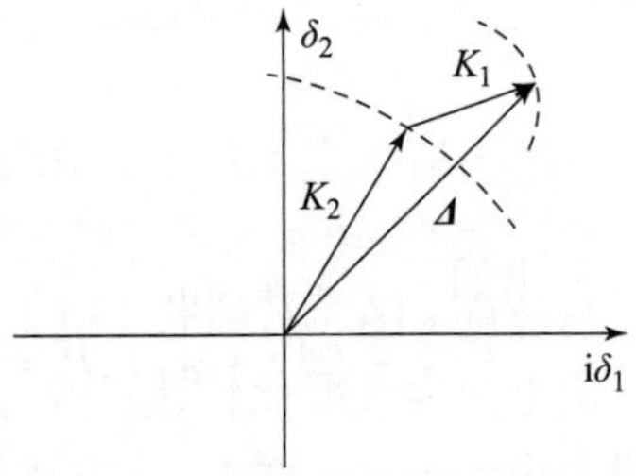

图7.3.1 模态矢量和二圆运动合成

如果 $\lambda_1 < 0, \lambda_2 < 0$,则由于此二圆运动的半径 K_1、K_2 不断缩小,每个圆运动都成为收缩的螺线,攻角模 $|\Delta|$ 也将不断缩小,Δ 的矢端将画出不断缩小的外摆线或内摆线,这时运动是渐近稳定的。相反,只要 λ_1、λ_2 中有一个大于零,则相应的一个或两个圆运动就变成发散的螺线,复攻角的模 $|\Delta| = \delta$ 将随时间无限增大,便发生运动不稳。

称式(7.3.7)右端两个复数为模态矢量，K_1、K_2 称为模态振幅，λ_1、λ_2 称为阻尼指数，而将

$$\omega_1 = \phi_1',\omega_2 = \phi_2' \tag{7.3.11}$$

称为对弧长 s 的模态频率。每个模态矢量都单独是攻角方程的解，但此二模态矢量之比不为常数，故二者线性无关。因此，线化角运动齐次方程之解是两个线性无关解的线性组合。这都是线化角运动的基本特点。第 13 章中将看到，非线性角运动方程的解可用椭圆函数表示。

7.3.2　攻角模 δ、进动角 ν 与二圆运动间的一些关系

由式(7.3.7)并利用欧拉公式 $e^{ix} = \cos x + i\sin x$，得

$$\Delta = \delta e^{i\nu} = (K_1\cos\phi_1 + K_2\cos\phi_2) + i(K_1\sin\phi_1 + K_2\sin\phi_2) \tag{7.3.12}$$

所以

$$\delta^2 = |\Delta|^2 = K_1^2 + K_2^2 + 2K_1K_2\cos\Delta\phi \tag{7.3.13}$$

$$\nu = \arctan\left(\frac{K_1\sin\phi_1 + K_2\sin\phi_2}{K_1\cos\phi_1 + K_2\cos\phi_2}\right) \tag{7.3.14}$$

$$\Delta\phi = \phi_1 - \phi_2 = (\phi_1' - \phi_2')s + (\phi_{10} - \phi_{20}) \tag{7.3.15}$$

由式(7.3.13)知，攻角的最大值 δ_m 出现在 $\Delta\phi = 0°$时，最小值 δ_n 出现在 $\Delta\phi = 180°$时，故有

$$\delta_m^2 = (K_1 + K_2)^2,\delta_n^2 = (K_1 - K_2)^2 \tag{7.3.16}$$

$$\delta_m^2 - \delta_n^2 = 4K_1K_2,\delta_m^2\delta_n^2 = (K_1^2 - K_2^2)^2 \tag{7.3.17}$$

如果用 δ_m 和 δ_n 表示 δ，则有

$$\begin{aligned}\delta^2 &= K_1^2 + 2K_1K_2 + K_2^2 + 2K_1K_2[\cos(\Delta\phi) - 1] \\ &= \delta_m^2 - (\delta_m^2 - \delta_n^2)\sin^2(\Delta\phi/2) = \delta_n^2 + (\delta_m^2 - \delta_n^2)\sin^2(\Delta\phi/2 + \pi/2)\end{aligned} \tag{7.3.18}$$

7.3.3　气动参数与角运动参数间的关系

当已知弹箭的空气动力系数时，很容易由式(7.3.3)和式(7.3.4)计算角运动的频率 $\phi_j'(j = 1,2)$和阻尼指数 $\lambda_j(j = 1,2)$。但在从射击试验反求气动力的工作中，角运动的频率和阻尼指数是测得的，而气动力系数是未知的，为此，必须解出气动力系数与角运动参数间的关系。由韦达定理知，方程(7.3.1)的特征根与方程的系数有如下关系

$$l_1 + l_2 = \lambda_1 + \lambda_2 + i(\phi_1' + \phi_2') = -(H - iP)$$

$$l_1 \cdot l_2 = (\lambda_1\lambda_2 - \phi_1'\phi_2') + i(\lambda_1\phi_2' + \lambda_2\phi_1') = -(M + iPT)$$

由此解出如下 4 个重要的关系式

$$H = -(\lambda_1 + \lambda_2),P = \phi_1' + \phi_2',M = \phi_1'\phi_2' - \lambda_1\lambda_2,PT = -(\phi_2'\lambda_1 + \phi_1'\lambda_2) \tag{7.3.19}$$

7.3.4　一圆运动和二圆运动产生的原因

为了分析二圆运动的成因，先看一下旋转稳定弹当无外力矩作用时的情况，也即在真空中运动的情况。这时 $M = H = T = 0$，弹丸的角运动方程即为

$$\Delta'' - iP\Delta' = 0 \tag{7.3.20}$$

此方程的特征根为 $l_1 = 0,l_2 = iP$，其解为

$$\Delta = C_1 + C_2 e^{iPs} \tag{7.3.21}$$

代入起始条件,$s=0$ 时,$\Delta = \Delta_0, \Delta' = \Delta'_0 = \dot{\Delta}_0/v$,得

$$\Delta = \Delta_0 + i\Delta'_0(1 - e^{iPs})/P \tag{7.3.22}$$

由此式可见,当仅有起始攻角 Δ_0 而 $\Delta'_0 = 0$ 时,$\Delta \equiv \Delta_0$,即弹轴相对于速度的方向始终不变;当仅有起始攻角速度 Δ'_0,而 $\Delta_0 = 0$ 时,弹轴绕速度线转动,攻角变化为

$$\Delta = i\frac{\dot{\Delta}_0}{Pv_0}(1 - e^{iPs}) = i\frac{A\dot{\Delta}_0}{C\dot{\gamma}_0}(1 - e^{iPs}) \tag{7.3.23}$$

复攻角 Δ 的矢端曲线如图 7.3.2(d)所示。

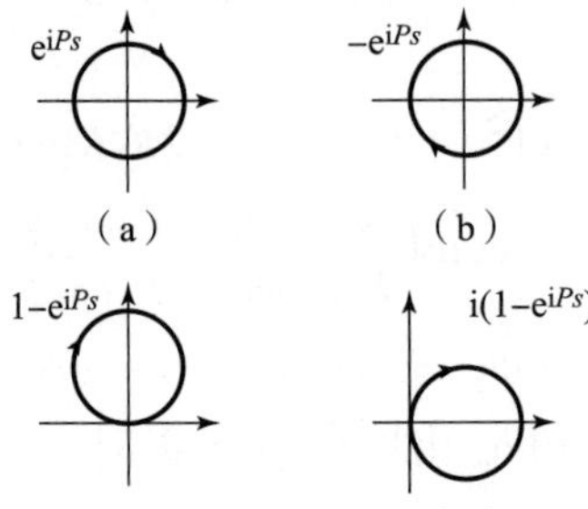

图 7.3.2 仅考虑陀螺力矩时的攻角曲线

由式(7.3.23)知,弹丸转速 $\dot{\gamma}$ 越高,极转动惯量 C 越大,则攻角幅值越小,也就是说,弹丸轴向动量矩越大,弹轴相对速度运动的范围就越小,弹丸的空间定向性越好。这也就是众所周知的陀螺转速越高,陀螺轴的定向性越好。这时弹丸的运动为一圆运动。下面做些解释。

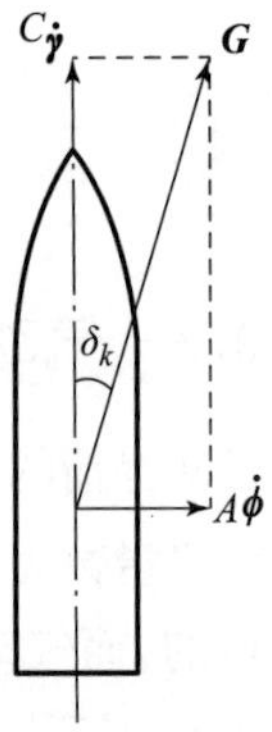

图 7.3.3 一圆运动的物理解释

根据动量矩定理 $d\boldsymbol{G}/dt = \boldsymbol{M}$,当无外力矩时,弹丸的总动量矩矢 $\boldsymbol{G}$ 应保持不变(包括大小不变和方向不变)。弹丸的总动量矩 $\boldsymbol{G}$ 包括轴向自转动量矩 $C\dot{\boldsymbol{\gamma}}$ 和横向摆动角速度 $\dot{\boldsymbol{\phi}}$ 产生的动量矩 $A\dot{\boldsymbol{\phi}}$,$C\dot{\boldsymbol{\gamma}}$ 与 $A\dot{\boldsymbol{\phi}}$ 互相垂直,这二者之和就是总动量矩 $\boldsymbol{G} = C\dot{\boldsymbol{\gamma}} + A\dot{\boldsymbol{\phi}}$,如图 7.3.3 所示。因现在 $\dot{\boldsymbol{\gamma}}$ 和 $G = \sqrt{(C\dot{\boldsymbol{\gamma}})^2 + (A\dot{\boldsymbol{\phi}})^2}$ 均为常数,因而 $\dot{\phi}$ 的大小只可能为常数。这样,弹轴与总动量矩 $\boldsymbol{G}$ 的夹角 $\delta_k = \arctan[A\dot{\phi}/(C\dot{\gamma})]$ 也只能为常数,所以弹轴只能绕动量矩矢 $\boldsymbol{G}$ 以不变的夹角 δ_k 匀速旋转,于是弹轴在复数平面上画出一个圆——这就是一圆运动。这个圆运动的频率(P)很高,故称为快圆运动。由于旋转弹的轴向动量矩 $C\dot{\boldsymbol{\gamma}}$ 远大于横向动量矩 $A\dot{\boldsymbol{\phi}}$,故 δ_k 很小,表现为弹轴在空间的方向几乎不变,这就是陀螺力矩的作用。

同样,由动量矩定理 $d\boldsymbol{G}/dt = \boldsymbol{M}$ 知,当考虑翻转力矩 $\boldsymbol{M}_z$ 时,动量矩矢 $\boldsymbol{G}$ 的矢端速度 $d\boldsymbol{G}/dt$ 应与 $\boldsymbol{M}_z$ 大小相等、方向相同。因由陀螺效应产生的一圆运动是弹轴绕圆心 O' 的高速转动,故圆心 O' 可以看作是弹轴的平均位置。在此平均位置上弹丸所受的翻转力矩矢 $\boldsymbol{M}_z$ 将垂直于复平面上从原点 T 到 O' 的连线,如图 7.3.4 所示,这是因为 TO' 即为攻角平面与单位球面的交线。在 $\boldsymbol{M}_z$ 的作用下,动量矩矢端将沿 $\boldsymbol{M}_z$ 所指方向移动,但因翻转力矩矢 $\boldsymbol{M}_z$ 永远垂直于攻角平面或 TO' 连线,也永远垂直于平均动量矩矢,这就使平均动量矩矢端绕原点转动,也即一圆

运动的中心开始绕复平面原点转动——这就是第二个圆运动。因为平均动量矩矢的位置也就是平均弹轴的位置，因而弹轴在做一圆运动的同时，其平均位置又在做第二个圆运动，可见第二个圆运动是由于翻转力矩造成的，其角频率要比第一个角运动频率低得多，故称为慢圆运动。

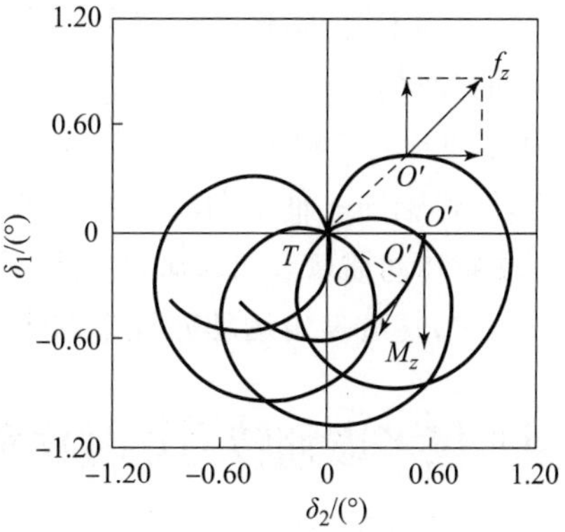

图 7.3.4　二圆运动的物理解释

在以上的分析中略去了其他比静力矩小得多的力矩的影响。

7.3.5　高速自转物体陀螺效应的物理解释

为什么绕轴高速自转的弹丸弹轴方向具有稳定性呢？这可定性地解释如下。

在图 7.3.5 中，设某时刻陀螺轴（或弹轴）$O\xi$ 向上，先设弹丸不旋转，这时如果弹丸受到扰动作用而产生一个向左转的角速度 $\dot{\varphi}$（其矢量 $\dot{\boldsymbol{\varphi}}$ 在垂直于纸面向上的 η 方向上），整个弹丸将顺着角速度 $\dot{\varphi}$ 转动的方向在 $\dot{\varphi}$ 所在的平面内向左倾倒，根本无法稳定。但如果弹丸正在高速旋转，情况就大不相同了，这时弹丸将不是顺着 $\dot{\varphi}$ 方向向左倾倒，而是垂直于纸面向上运动，也即沿角速度向量 $\dot{\boldsymbol{\varphi}}$ 指的方向转动。

为了解释这种现象，过质心作一垂直于弹轴的截面，在此截面上，沿中心位于弹轴、半径为 r 的圆周上取四个对称分布的质点 A、B、C、D，设它们的质量均为 m，如图 7.3.5 所示。实际上截面不过质心，A、B、C、D 质量不等及距转轴半径不同都不影响分析的结论。

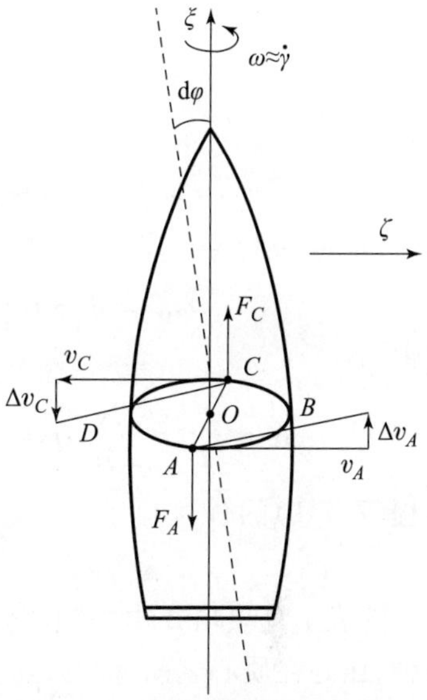

图 7.3.5　陀螺稳定性的定性解释

当弹丸自转时，这四个质点都有沿圆周的切向速度 v_A、v_B、v_C、v_D。如弹丸受扰动瞬时产生一个向左方的转动角速度 $\dot{\varphi}$，则经过微分时间 $\mathrm{d}t$ 后弹轴向左有一微分倾角 $\mathrm{d}\varphi$ 而位于图中虚线所示位置。由于弹丸是刚体，故平面 $ABCD$ 也将向左倾斜一个小角度 $\mathrm{d}\varphi$，此时质点 B、D 的速度方向未变，但质点 A 的速度向上倾斜，质点 C 的速度向下倾斜，也即它们分别产生了向上和向下的速度增量 Δv_A、Δv_C，或产生了向上和向下的加速度。由理论力学知，物体具有惯性，总是力图保持原有的速度大小方向不变，这就引起弹头离开纸面向上转动，因为只有这种绕 ζ 轴向纸面上的转动才能使 A 点向下运动、C 点向上运动，产生与 Δv_A、Δv_C 相反的速度，起到抵消 Δv_A 和 Δv_C，保持原速度方向不变的作用。继而陀螺轴的向上转动又会使 B 点的速度向上倾、D 点的速度向下倾，根据同样的理由，为了保持质点 B、D 的速度方向不变，紧接着下一时刻弹轴又会向右转动。如此反复，就形成了弹轴绕原来的方位小幅度旋转，而不是倾倒。转速越高，偏转幅度越小。这种效应即称为陀螺效应。

从物理上讲，陀螺效应是物体惯性形成的，因有 $\dot{\varphi}$ 时，A 点、C 点速度方向有向上和向下改变的趋势，于是产生向下和向上的惯性力，正是它们对中心 O 的力矩使弹轴离开纸面向上摆动。

从力学上讲,陀螺效应是科氏惯性力形成的,例如,当弹轴坐标系 $O\xi\eta\zeta$ 以角速度 $\dot{\boldsymbol{\varphi}}$ 绕 η 轴摆动,而弹绕 ξ 轴自转又使 A 点有相对速度 $\boldsymbol{v}_r = \dot{\boldsymbol{\gamma}} \times \boldsymbol{r}_A$ 时,就会产生科氏惯性力 $\boldsymbol{F}_{kA} = -2m\dot{\boldsymbol{\varphi}} \times \boldsymbol{v}_A$,其方向指向 ξ 轴负向。结果形成对中心 O 的科氏惯性力矩 $\boldsymbol{M}_{kA} = \boldsymbol{r}_A \times \boldsymbol{F}_{kA}$,此力矩沿 ζ 轴方向,是使弹轴向 η 轴方向转动的力矩。此力矩的大小为 $M_{kA} = 2(mr_A^2)\dot{\gamma}\cdot\dot{\varphi}$,其中,$mr_A^2$ 为质点 A 对 ζ 轴的转动惯量。可以证明,全弹的科氏惯性力为 $\boldsymbol{M} = C\dot{\boldsymbol{\gamma}} \times \dot{\boldsymbol{\varphi}}$,将它称为陀螺力矩。当用复数表示时,它就是角运动方程中的陀螺力矩项 $\mathrm{i}C\dot{\gamma}\dot{\boldsymbol{\Phi}}$。

7.4 仅考虑翻转力矩时攻角方程的齐次解——起始扰动产生的角运动

在所有的空气力矩中,静力矩占主导地位,只考虑静力矩时的角运动齐次方程为

$$\Delta'' - \mathrm{i}P\Delta' - M\Delta = 0 \tag{7.4.1}$$

其特征根为

$$l_j = \lambda_j + \mathrm{i}\phi_j' = \frac{\mathrm{i}}{2}(P \pm \sqrt{P^2 - 4M}) \quad (j = 1,2) \tag{7.4.2}$$

即有
$$\lambda_1 = \lambda_2 = 0$$

$$\phi_1' = \omega_1 = (P + \sqrt{P^2 - 4M})/2, \phi_2' = \omega_2 = (P - \sqrt{P^2 - 4M})/2 \tag{7.4.3}$$

式中,$\phi_j' = \omega_j (j = 1,2)$ 是对飞行弧长的角频率,又记 ω_{1t} 和 ω_{2t} 为对时间 t 的角频率,则有

$$\omega_{1t} = \phi_1' \cdot v = \alpha v(1 + \sqrt{\sigma}), \omega_{2t} = \phi_2' \cdot v = \alpha v(1 - \sqrt{\sigma}) \tag{7.4.4}$$

式中

$$\alpha = \frac{P}{2} = \frac{C\dot{\gamma}}{2Av}, \sigma = 1 - \frac{4M}{P^2} = 1 - \frac{k_z}{\alpha^2}, \phi_1' - \phi_2' = \sqrt{P^2 - 4M} = 2\alpha\sqrt{\sigma} \tag{7.4.5}$$

方程(7.4.1)的解为

$$\Delta = C_1 \mathrm{e}^{\mathrm{i}\phi_1' s} + C_2 \mathrm{e}^{\mathrm{i}\phi_2' s} \tag{7.4.6}$$

这表示复攻角 Δ 由角频率分别为 $\omega_1 = \phi_1'$、$\omega_2 = \phi_2'$ 的两个圆运动合成。因为对于旋转稳定弹,压心在质心之前,静力矩是翻转力矩,故 $M = k_z > 0$,而由式(7.4.3)可见,如果弹丸不旋转或转速不够高,使 $P^2 - 4M < 0$,则根号下为负数,其平方根可写为 $\sqrt{P^2 - 4M} = \mathrm{i}\sqrt{4M - P^2}$,这样,第二个特征根所描述的圆运动为

$$C_2 \mathrm{e}^{\mathrm{i}\omega_2 s} = C_2 \mathrm{e}^{\mathrm{i}Ps/2} \cdot \mathrm{e}^{\sqrt{4M - P^2}s/2} \to \infty (s \to \infty)$$

随着飞行时间增大或弹道弧长增大,攻角 Δ 幅值将无限增大,产生运动不稳。因此,对于静不稳定弹($M = k_z > 0$),必须使其高速旋转,一直到

$$P^2 - 4M > 0 \tag{7.4.7}$$

才能保证特征根不为正实数,形成周期运动,而不致迅速翻倒。我们称这种稳定为陀螺稳定,称式(7.4.7)为陀螺稳定条件。在现在 $M = k_z > 0$ 的条件下,这个不等式还可写成如下形式

$$S_g > 1 \quad 或 \quad 1/S_g < 1 \tag{7.4.8}$$

式中

$$S_g = \frac{P^2}{4M}, P = \frac{C\dot{\gamma}}{Av} = 2\alpha, M = k_z \tag{7.4.9}$$

S_g 称为陀螺稳定因子。由式(7.4.9)可见,S_g 的分子为 $P^2 = [C\dot{\gamma}/(Av)]^2$,称为陀螺转速项,

它表示陀螺效应的强度，S_g 的分母 $M = k_z$ 表示翻转力矩的作用。前者有使弹丸稳定的作用，后者有使弹丸翻倒的作用，S_g 即为两种作用之比。$S_g > 1$ 即表示陀螺效应大于翻转力矩的作用，弹丸做周期性运动而不会翻倒，运动稳定；$S_g < 1$ 则表示陀螺效应不足以抵抗翻转力矩的作用，于是发生运动不稳，攻角无限增大。

在满足 $P^2 - 4M > 0$ 的条件下，由式（7.4.3）知

$$\omega_1 > 0, \omega_2 > 0 \quad 并且 \quad \omega_1 > \omega_2$$

即两个圆运动的转向相同，并且第一个圆运动的角频率大于第二个圆运动的角频率，故称第一个圆运动为快圆运动，第二个圆运动为慢圆运动。

利用 S_g 的定义式，可将角频率表达式（7.4.3）改写成如下形式

$$\omega_1 = \frac{P}{2}\left(1 + \sqrt{1 - \frac{1}{S_g}}\right), \omega_2 = \frac{P}{2}\left(1 - \sqrt{1 - \frac{1}{S_g}}\right) \tag{7.4.10}$$

对于高速旋转稳定弹，弹道上 S_g 一般较大，可达 5 ~ 50，因而 $1/S_g$ 较小，利用二项式展开将上两式中的根式展成级数，并只取 $1/S_g$ 的一次项得

$$\omega_1 \approx \frac{P}{2}\left(1 + 1 - \frac{1}{2S_g}\right) \approx P, \omega_2 \approx \frac{P}{2}\left(1 - 1 + \frac{1}{2S_g}\right) = \frac{M}{P} \tag{7.4.11}$$

由此两式可见，快圆运动的角频率 ω_1 基本上是由弹丸自转产生的，并且与 P 成正比，而慢圆运动的角频率 ω_2 则是由静力矩项 M 产生的，并且与 M 成正比，$M = 0$ 时，$\omega_2 = 0$。这就进一步证明了慢圆运动是由静力矩产生的这一结论。此外，转速越高（P 越大），则角频率 ω_2 越小。

式（7.4.6）中的待定常数 C_1 和 C_2 由起始条件 Δ_0、Δ'_0 确定。根据线性常微分方程的特性，其解可认为是单独有 Δ_0 和单独有 Δ'_0 时两种解的叠加。对于一般线膛火炮，起始攻角 δ_0 只有几分而起始攻角速度 $\dot{\delta}_0$ 可达十几弧度/秒，故可只考虑由 $\dot{\Delta}_0$ 产生的角运动；但对于从飞机、军舰上向侧方射击，以及转管炮射击、大风条件下的射击、弹道顶点附近有大横风情况下，起始攻角 δ_0 的数值也较大，必须予以考虑。下面分别就这两种情况研究弹轴运动的规律。

7.4.1　由起始攻角速度 $\dot{\delta}_0$ 产生的角运动

这时在 $s = 0$ 处，有

$$\Delta_0 = 0, \Delta'_0 = \dot{\Delta}_0 / v_0 = \dot{\delta}_0 e^{i\nu_0} / v_0$$

将 Δ_0、Δ'_0 以及 $\lambda_1 = \lambda_2 = 0$，$\phi'_1 - \phi'_2 = \sqrt{P^2 - 4M}$ 代入式（7.3.10）中，得

$$C_1 = -C_2 = \Delta'_0 / (i\sqrt{P^2 - 4M}) \tag{7.4.12}$$

于是按式（7.3.5）得复攻角

$$\Delta = \frac{\dot{\delta}_0 e^{i\nu_0}}{iv_0\sqrt{P^2 - 4M}}\left[e^{\frac{i}{2}(P + \sqrt{P^2 - 4M})s} - e^{\frac{i}{2}(P - \sqrt{P^2 - 4M})s}\right] \tag{7.4.13}$$

或

$$\Delta = \frac{\dot{\delta}_0}{2\alpha v_0\sqrt{\sigma}}\left[e^{i(\omega_{1t}t + \nu_0 + \frac{3}{2}\pi)} + e^{i(\omega_{2t}t + \nu_0 + \frac{\pi}{2})}\right] \tag{7.4.14}$$

由式（7.4.14）可见，复攻角 Δ 曲线由半径相等（$K_1 = K_2 = \dot{\delta}_0 / (2\alpha v\sqrt{\sigma})$）的快、慢圆运动叠加而成，弹轴与复平面的交点 B 沿中心在 O'、半径为 K_1 的圆周做快速圆运动（$\omega_{1t} = \alpha v(1 + \sqrt{\sigma}) > 0$）的同时，此圆心 O' 又绕中心在坐标原点 O、半径为 K_2 的圆周做慢速圆运动（$\omega_{2t} = \alpha v(1 - \sqrt{\sigma}) > 0$），它们的初相位分别为 $\phi_{10} = \nu_0 + 3\pi/2$ 和 $\phi_{20} = \nu_0 + \pi/2$，即初相位相差 $\Delta\phi_0 =$

$\phi_{10} - \phi_{20} = \pi$。攻角最大幅值 $\delta_m = K_1 + K_2 = 2K = \dot{\delta}_0/(\alpha v_0 \sqrt{\sigma})$,最小幅值为 $\delta_n = K_1 - K_2 = 0$,即攻角曲线要通过坐标原点,这样,弹轴就在复平面上画出了通过原点而最大幅值为 $\dot{\delta}_0/(\alpha v_0 \sqrt{\sigma})$ 的圆外摆线,如图7.4.1(a)所示。图7.4.2所示为快、慢圆运动的起始状态。

此外,由式(7.4.13),利用欧拉公式还可得

$$\Delta = \frac{2\dot{\delta}_0}{v\sqrt{P^2 - 4M}} e^{i\left(\frac{P}{2}s + \nu_0\right)} \sin\frac{\sqrt{P^2 - 4M}}{2}s = \frac{\dot{\delta}_0}{\alpha v\sqrt{\sigma}} e^{i(\alpha vt + \nu_0)} \sin(\alpha v\sqrt{\sigma}t) \qquad (7.4.15)$$

此式表明,攻角平面以角频率 $Pv/2 = \alpha v$ 绕速度线匀速转动,而弹轴在攻角面内按正弦规律摆动,并通过零点(或通过速度线)。以弧长为变量的振荡角频率 ω_d 和振幅 δ_m 分别为

$$\omega_d = \sqrt{P^2 - 4M}/2 = \alpha\sqrt{\sigma} \qquad (7.4.16)$$

$$\delta_m = 2\dot{\delta}_0/(\sqrt{P^2 - 4M}v_0) = \dot{\delta}_0/(\alpha v_0 \sqrt{\sigma}) \qquad (7.4.17)$$

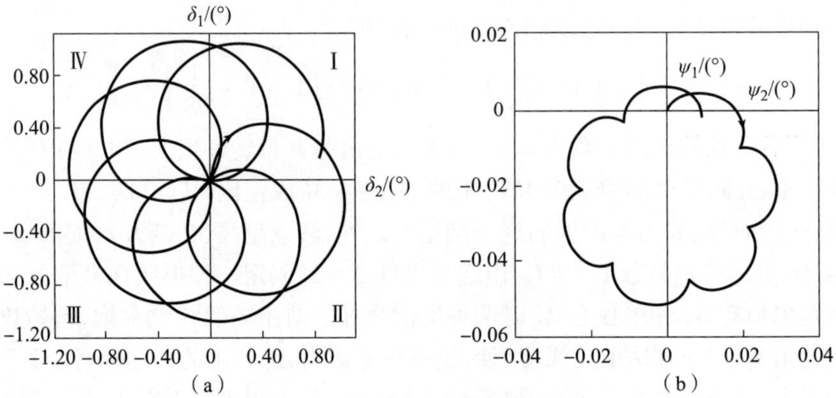

图7.4.1 由 $\dot{\Delta}_0$ 产生的攻角和偏角

(a)攻角曲线;(b)偏角曲线

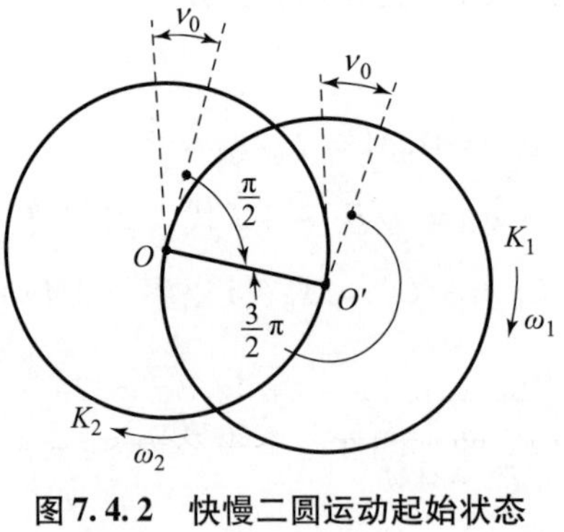

图7.4.2 快慢二圆运动起始状态

这种运动的复攻角曲线仍是图7.4.1(a)中所示的曲线。对于高速旋转弹,习惯上又将攻角 δ 大小的变化称为章动,攻角面的方位角 ν 的变化称为进动,δ 和 ν 的变化如图7.4.3(a)所示,图7.4.3(b)为章动角取绝对值时进动角 ν 的变化情况。攻角变化的时间周期为

$$T = 2\pi/(\alpha v\sqrt{\sigma}) \qquad (7.4.18)$$

在一周期内弹丸飞过的距离称为波长 λ_m,则有

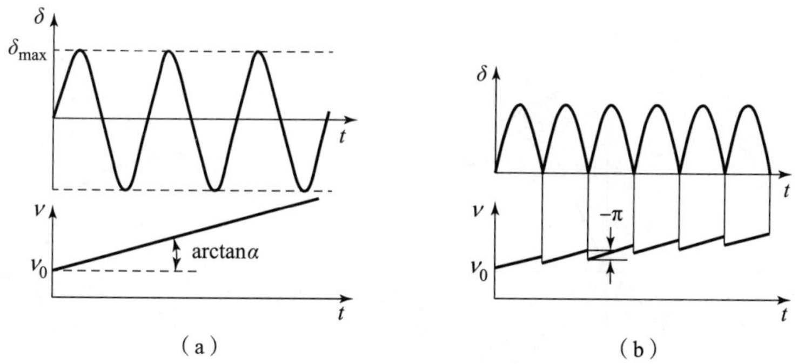

图 7.4.3　章动角 δ 和进动角 ν 随时间的变化

$$\lambda_m = Tv = 2\pi/(\alpha\sqrt{\sigma}) \tag{7.4.19}$$

可见旋转弹攻角变化的波长既与静力矩有关,又与转速有关。如果已知弹丸结构参数及炮口转速,再由攻角纸靶试验或其他攻角试验测得波长 λ_m 和攻角最大值 δ_m,则由式(7.4.19)和式(7.4.17)即可求得翻转力矩系数 m_z' 和起始扰动 $\dot{\delta}_0$。即有

$$k_z = 0.5\rho Slm_z'/A = \alpha^2 - (2\pi/\lambda_m)^2, \dot{\delta}_0 = \delta_m \alpha v_0 \sqrt{\sigma}$$

7.4.2　由起始攻角 δ_0 产生的角运动

这时在 $s=0$ 处 $\Delta_0 = \delta_0 e^{i\nu_0}, \Delta_0' = 0$,利用式(7.3.10)可求得待定常数

$$C_1 = \frac{-\Delta_0\omega_2}{\sqrt{P^2-4M}} = \frac{\delta_0}{2\sqrt{\sigma}}(1-\sqrt{\sigma})e^{i\nu_0}, C_2 = \frac{\Delta_0\omega_1}{\sqrt{P^2-4M}} = \frac{\delta_0}{2\sqrt{\sigma}}(1+\sqrt{\sigma})e^{i\nu_0}$$

于是得攻角为

$$\Delta = [K_1 e^{i(\omega_1 s+\pi)} + K_2 e^{i\omega_2 s}]e^{i\nu_0}$$

式中

$$K_{1,2} = \frac{1\mp\sqrt{\sigma}}{2\sqrt{\sigma}}\delta_0, \phi_{1,2}' = \omega_{1,2} = \alpha(1\pm\sqrt{\sigma}) \tag{7.4.20}$$

这时弹轴的运动仍由两个圆运动组成,并且两个圆运动方向相同(因 $\omega_1 > 0, \omega_2 > 0$),两个圆运动的相位差为 π。因此,弹轴在复数平面上画出的曲线仍为圆外摆线,如图 7.4.4(a)所示。攻角的最大幅值和最小幅值分别为

$$\delta_m = \sqrt{(K_1+K_2)^2} = \delta_0/\sqrt{\sigma}, \delta_n = \sqrt{(K_1-K_2)^2} = \delta_0 \tag{7.4.21}$$

攻角幅值的最大变化为

$$\Delta\delta = \delta_0(1-\sqrt{\sigma})/\sqrt{\sigma} = 2K_1$$

故攻角曲线相当于一个半径为 K_1 的小圆在一个半径为 $\delta_n = \delta_0$ 的大圆外边滚动时,小圆上一点画出的轨迹。并且由于

$$K_1\omega_1 = K_2\omega_2 \tag{7.4.22}$$

两个圆运动半径的矢端速度相等,因而小圆在半径为 δ_0 的大圆上将只滚动而无滑动,所形成的是带尖点的圆外摆线(或正外摆线),如图 7.4.4(a)所示。因为两个圆运动半径之比为

$$K_1/K_2 = (1-\sqrt{\sigma})/(1+\sqrt{\sigma})$$

当 σ 越接近于 1 时,比值越小。例如,当 $\sigma = 0.49$ 时, $K_1/K_2 = 3/8$;当 $\sigma = 0.64$ 时, $K_1/K_2 = 1/9$。故 σ 越大时,高频圆运动幅值越小,弹轴的摆动就越接近于只有慢圆运动。

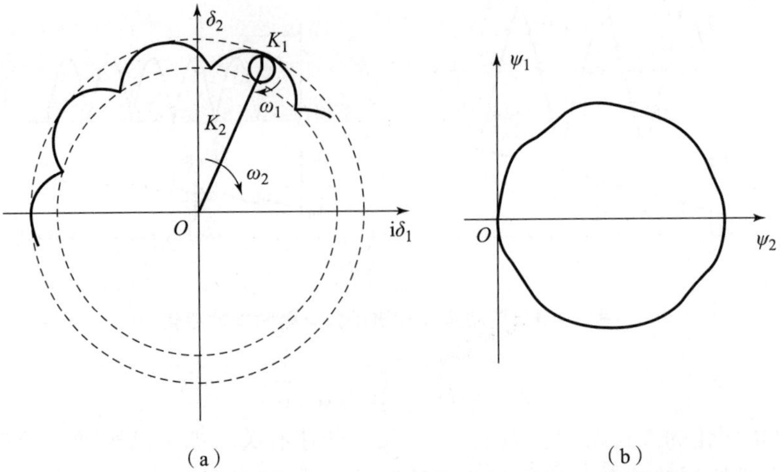

图7.4.4 由起始扰动 $\boldsymbol{\Delta}_0=\boldsymbol{\delta}_0 e^{i\nu_0}$ 产生的攻角曲线和偏角曲线

(a)攻角曲线;(b)偏角曲线

7.5 起始扰动对初速方向的影响——气动跳角

上节用二圆运动和章动、进动描述了弹轴相对于速度线的运动,得到了由起始扰动产生的攻角变化。有了攻角,就会产生升力和马格努斯力,升力在攻角面内而马格努斯力垂直于攻角面。由于攻角面不断地绕速度线旋转,这两个力的方向也就不断地改变,于是速度方向也在侧方旋转改变。描述速度方向变化的是方程(6.5.12),如只考虑影响最大的升力项,则得

$$\dot{\boldsymbol{\Psi}} = b_y v \Delta \quad 或 \quad \boldsymbol{\Psi}' = b_y \Delta \tag{7.5.1}$$

这个方程表明,在复数平面上,偏角曲线的切线方向(即 $\dot{\boldsymbol{\Psi}}$ 的方向)与攻角曲线的割线方向(即 Δ 的方向)一致。这是易于理解的,因为攻角曲线的割线就是攻角平面与复平面的交线,此交线垂直于速度线,而升力也恰在攻角面内垂直于速度线,故升力方向与复攻角 Δ 方向一致,在此升力作用下,质心速度矢量必沿此方向改变,而复平面上偏角曲线 $\boldsymbol{\Psi}$ 就是速度矢量方向改变在复平面上画出的曲线,故 $\boldsymbol{\Psi}$ 曲线的切线方向($\dot{\boldsymbol{\Psi}}$ 的方向)必平行于攻角 Δ 的方向,这种关系如图7.5.1(a)和(b)所示。图7.4.1(a)、(b)和图7.4.4(a)、(b)也有这种关系。

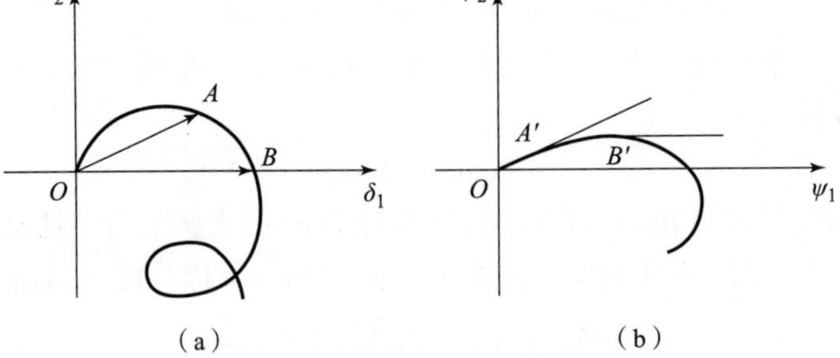

图7.5.1 偏角曲线的切线与攻角曲线的割线间的关系

(a)攻角曲线;(b)偏角曲线

只要把不同的攻角表达式代入方程(7.5.1)中积分,即可得到相应的偏角变化规律。

7.5.1　由起始扰动 $\dot{\Delta}_0$ 产生的平均偏角(或气动跳角)

将仅由起始扰动 $\dot{\Delta}_0$ 产生的攻角 Δ 的表达式(7.4.14)代入偏角方程(7.5.1)中得

$$\dot{\Psi} = b_y v \frac{\delta_m}{2} e^{i\nu_0} [e^{i(\omega_{1t} t + \frac{3}{2}\pi)} + e^{i(\omega_{2t} t + \frac{\pi}{2})}]$$

式中　$\delta_m = \dot{\delta}_0 / (\alpha v_0 \sqrt{\sigma})$, $\omega_{1t,2t} = \alpha v_0 (1 \pm \sqrt{\sigma})$, $\sigma = \sqrt{1 - 1/S_g}$

从 0 到 t 积分上式得

$$\Psi_{\dot{\delta}_0} = \frac{b_y v \delta_m}{2} e^{i\nu_0} \left[\frac{e^{i(\omega_{1t} t + \pi)}}{\omega_{1t}} + \frac{e^{i(\omega_{2t} t)}}{\omega_{2t}} - \frac{\omega_{1t} - \omega_{2t}}{\omega_{1t}\omega_{2t}} \right] \tag{7.5.2}$$

由此式可见,偏角曲线前两项也由两个圆运动合成,两圆的半径比也为 $(1 - \sqrt{\sigma})/(1 + \sqrt{\sigma})$,并且 $K_1 \omega_{1t} = K_2 \omega_{2t}$,故也形成带尖点的外摆线,如图 7.4.1(b)偏角曲线所示。

式(7.5.2)括号内的第三项为一负实数(因 $\omega_{1t} > \omega_{2t}$),记为

$$\bar{\psi}_{\dot{\delta}_0} = -\frac{b_y v \delta_m}{2} \frac{\omega_{1t} - \omega_{2t}}{\omega_{1t}\omega_{2t}} = -\frac{b_y}{k_z} \frac{\dot{\delta}_0}{v_0} \tag{7.5.3}$$

故当 $\nu_0 = 0$ 时,上述二圆运动合成曲线将向负实轴方向平移一个距离 $|\bar{\psi}_{\dot{\delta}_0}|$,由于偏角围绕这一个值变化,故称它为平均偏角。如果 $\nu_0 \neq 0$,则上述图 7.4.1(b)整个图形将旋转一个 ν_0 角。此时平均偏角位置也转过 ν_0 角,总之是与起始章动角速度 $\dot{\Delta}_0 = \dot{\delta}_0 e^{i\nu_0}$ 的方向相反。为什么速度的平均方向不是与弹轴起始扰动角速度 $\dot{\delta}_0$ 的方向相同而是相反呢?这可解释如下:

例如, $\nu_0 = 0$,则当有 $\dot{\delta}_0$ 时,弹轴开始有向上运动的趋势,但由于高速旋转的陀螺效应,弹轴立即向右方偏转,当出现攻角后,又产生垂直于攻角平面向右下方的翻转力矩向量,使弹轴向右下方旋转。由于静力矩矢量永远垂直于攻角平面,导致弹轴很快转到实轴的下方,使得在 $s = 0$ 附近弹轴平均位置位于实轴的下方。由于攻角所产生的升力总是使速度方向沿攻角方向变化,因而速度方向也平均向实轴下方变化。尽管经过几个周期攻角又回到实轴上方,偏角也跟着向上转动,但平均位置始终回不到实轴上方,结果就形成了向下的平均偏角 $|\bar{\psi}_{\dot{\delta}_0}|$。

平均偏角是跳角的一个重要成分,也常称为气动跳角。气动跳角 $|\bar{\psi}_{\dot{\delta}_0}|$ 是由起始扰动 $\dot{\delta}_0$ 引起的弹轴运动产生的,如将 b_y 和 k_z 的表达式代入并记 $R_A = \sqrt{A/m}$ 为赤道回转半径,则式(7.5.3)可改写为

$$|\bar{\psi}_{\dot{\delta}_0}| = R_A^2 \dot{\delta}_0 / (hv) \tag{7.5.4}$$

由此式可见,气动跳角与起始扰动 $\dot{\delta}_0$ 成正比,与压心到质心的距离 h 成反比,因此,减小 $\dot{\delta}_0$ 和增大 h 可以减小气动跳角,从而减小由跳角产生的弹着点散布。要减小 $\dot{\delta}_0$ 是易于理解的,但乍眼看来,增大 h 会增大翻转力矩,怎么会减小气动跳角呢?实际上,增大 h,使翻转力矩 M_z 增大,有使攻角增大的趋势只是问题的一个方面,另一方面它又使慢圆运动加快(见 ω_2 的表达式(7.4.11)),在初始,它还未等攻角增大多少,就使攻角面迅速改换了方向,而后它也使弹轴更快地绕速度线转动,于是由攻角产生的升力也更迅速地改变方向,结果使平均偏角反而减小。

由式(7.5.4)知,由于起始扰动 $\dot{\delta}_0$ 的大小和方向是随机的,故气动跳角 $|\bar{\psi}_{\dot{\delta}_0}|$ 也是随机的,设 $\dot{\delta}_0$ 的概率误差为 $E_{\dot{\delta}_0}$,则气动跳角的概率误差为

$$E_{\bar{\psi}\dot{\delta}_0} = E_{\dot{\delta}_0} R_A^2/(hv) \tag{7.5.5}$$

在高低上,气动跳角的散布引起射角的散布,将造成落点距离散布

$$E_x = |\partial x/\partial\theta| E_{\bar{\psi}\dot{\delta}_0} \tag{7.5.6}$$

为了计算方向散布,需要求出方向上跳角 $\bar{\psi}_{\dot{\delta}_0}$ 在地面上的投影。在图 7.5.2 中,设射角为 θ_0,以 OA 表示初速 v_0,以 OB 表示有了方向跳角 $\bar{\psi}_{\dot{\delta}_0}$ 以后实际的初速方向,$OB = OA = v_0$。又设 A、B 在地面的投影为 A'、B',则 $\bar{\psi}_{\dot{\delta}_0}$ 在地面的投影为

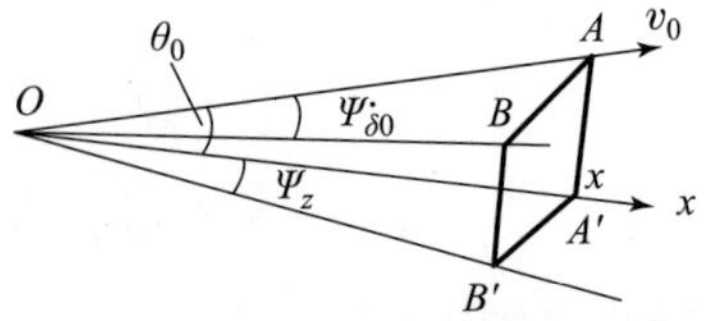

图 7.5.2　地面偏角与方向跳角的关系

$$\psi_z = \frac{A'B'}{OA'} = \frac{OA\bar{\psi}_{\dot{\delta}_0}}{OA\cos\theta_0} = \frac{\bar{\psi}_{\dot{\delta}_0}}{\cos\theta_0} \tag{7.5.7}$$

由方向跳角散布 $E\bar{\psi}_{\dot{\delta}_0}$ 产生的落点方向散布则为

$$E_z = E_{\bar{\psi}\dot{\delta}_0} X/\cos\theta_0 \tag{7.5.8}$$

例 7.5.1　设某 152 mm 加榴炮弹丸,$d = 152$ mm,$m = 43.56$ kg,$h = 0.2$ m,$A = 1.228\,0$ kg·m^2,$v_0 = 655$ m/s,$\theta_0 = 45°$,$\dot{\delta}_0 = 2$ rad/s,射程 $X = 10\,000$ m,求气动跳角 $|\bar{\psi}_{\dot{\delta}_0}|$、地面的侧向偏角 ψ_z 以及落点方向偏差。

解:由式(7.5.4)得气动跳角

$$|\bar{\psi}_{\dot{\delta}_0}| = \frac{R_A^2}{h}\frac{\dot{\delta}_0}{v_0} = \frac{1.288\,0}{43.56} \times \frac{1}{0.2} \times \frac{2}{655} = 4.3 \times 10^{-4}(\text{rad}) = 0.41(\text{mil})$$

地面射向偏角为

$$\psi_z = |\bar{\psi}_{\dot{\delta}_0}| / \cos\theta_0 = 0.41/0.707 \approx 0.61(\text{mil})$$

得落点方向偏差为

$$z = \psi_z \cdot X = X \cdot 0.61/955 = 6.4(\text{m})$$

由式(7.5.5)可见,短弹的方向散布较小,因为短弹的赤道回转半径 R_A 较小;另外,增大压心至质心的距离 h 可使方向散布减小。因此,将弹丸头部壁厚减薄,甚至加装风帽,有利于减小散布,因为这显著地增大了 h,但却保持了赤道回转半径 R_A 和极回转半径基本不变。将弹尾做成船尾形,不仅改善了迎面气流平滑流动的条件、减小了底部面积,从而减小了底部阻力和总阻力系数 c_x,而且它还可减小了 c_y' 和增大了 m_z',使跳角散布减小。当然,还应注意保证飞行稳定性。

至于比值 $\dot{\delta}_0/v$,当然是越小越好,这个值与弹丸在膛内的运动,以及弹丸出炮口后在火药后效期内的运动有关,涉及火炮振动、身管弯曲、弹炮间隙、弹丸质量分布不对称、炮口燃气压力场的分布、后效期长度等许多因素,随机性较大。一般来说,减小弹丸质量偏心、适当减小弹炮间隙、减小炮口压力都有利于减小 $\dot{\delta}_0$ 的数值,但通过增大炮口速度 v 是不能减小 $\dot{\delta}_0/v$ 的,因为炮口速度增大时,$\dot{\delta}_0$ 也会增大。

7.5.2　由起始扰动 Δ_0 产生的气动跳角

将由 Δ_0 产生的攻角表达式(7.4.20)代入偏角方程(7.5.1)中积分即可,得偏角表达式

$$\boldsymbol{\Psi}_{\delta_0} = b_y v_0 e^{i\left(\nu_0 + \frac{3\pi}{2}\right)}\left[\frac{K_1}{\omega_{1t}} e^{i(\omega_{1t}t + \pi)} + \frac{K_2}{\omega_{2t}} e^{i\omega_{2t}t} + \frac{K_1\omega_{2t} - K_2\omega_{1t}}{\omega_{1t}\omega_{2t}}\right] \tag{7.5.9}$$

此式表明，由起始扰动 δ_0 产生的复偏角也是由两个圆运动组成的外摆线，其快、慢圆运动的角频率仍为 ω_{1t}、ω_{2t}，半径分别为 $b_y v_0 K_1/\omega_{1t}$、$b_y v_0 K_2/\omega_{2t}$，相位相差为 π，此外，还有一个不变的平均值

$$\bar{\psi}_{\delta_0} = b_y v_0 \mathrm{e}^{\mathrm{i}\left(\nu_0+\frac{3}{2}\pi\right)} \frac{K_1\omega_{2t} - K_2\omega_{1t}}{\omega_{1t}\omega_{2t}} \tag{7.5.10}$$

将 ω_{1t}、ω_{2t}、K_1、K_2 的表达式代入后，得

$$\bar{\psi}_{\delta_0} = \frac{2\alpha}{k_z} b_y \delta_0 \mathrm{e}^{\mathrm{i}\left(\nu_0+\frac{\pi}{2}\right)} \tag{7.5.11}$$

此偏角就是由 Δ_0 产生的平均偏角或气动跳角，其相位超前起始攻角平面 π/2，而大小为

$$|\bar{\psi}_{\delta_0}| = \delta_0 R_C^2 \dot{\gamma}_0/(hv_0) \tag{7.5.12}$$

式中，$R_C = \sqrt{C/m}$ 是极回转半径。由式(7.5.12)可见，增大 h 也可减小由 δ_0 产生的气动跳角，因此将弹尾做成船尾形、弹头壁厚减薄，同样有利于减小由 δ_0 产生的方向散布。

为什么由 δ_0 产生的气动跳角垂直于 δ_0 的方向向右（超前 90°），而不同于由 $\dot{\delta}_0$ 产生的气动跳角与 $\dot{\delta}_0$ 方向相反（超前 180°）呢？这是因为从 $t=0$ 开始，尽管弹轴仍是在陀螺力矩和翻转力矩的共同作用下向右上方和右下方转动（设 $\nu_0 = 0$），但因为 δ_0 存在，弹轴要经过一段时间运动才能达到 $\delta = 0$，再转到横轴的下方。因此，运动初期弹轴和攻角主要处在纵轴右方，由此形成的升力平均偏向右方，于是速度方向也向右偏转。虽然以后弹轴又转到纵轴的左方，相应的攻角和升力也指向左方，速度逐渐向左偏转，但最终不能越过纵轴，结果形成平均向右的气动跳角。当 $\nu_0 \neq 0$ 时，此偏角方向也改变 ν_0 角，故此偏角也是既能影响弹道侧偏，也能影响射程。

例 7.5.2　设某 7 管转管炮，口径 $d=0.03$ m，膛线缠度 $\eta=30$，弹丸出炮口速度 $v_0=1\,000$ m/s，弹芯极回转半径为 $R_C=0.010\,8$ m，压心至质心的距离 $h=0.025$ m。射速为每分钟 6 000 发，7 根身管旋转中心轴线至身管中心轴线的距离为 0.05 m，每根身管转至正下方时射击。略去弹在膛内运动时间，设弹丸出炮口时身管仍在正下方。计算由炮管旋转产生的方向和高低偏角。

解：由射速每分钟 6 000 发知，每秒为 100 发，即每发射一发弹间隔 0.01 s，7 根身管旋转一周射出 7 发需用 0.07 s，故炮管转速为 $\dot{\gamma}_1 = 2\pi/0.07 = 89.7$（rad/s）。由此产生弹丸出炮口时的牵连切线速度为 $v_1 = 89.7 \times 0.05 = 4.98$（m/s）。当身管右旋时，在击发位置此牵连速度指向左，于是产生向左的偏角 $\psi_0 = v_1/v_0 = 4.98$ mrad。在 1 000 m 的距离上可产生 5 m 的侧向偏差。另外，因为弹丸出炮口时弹轴沿身管轴，但因初速方向偏左 ψ_0，则形成向右的起始攻角 $\delta_0 = |\psi_0| = 4.98$ mrad，根据式(7.5.12)，它将产生向下的气动跳角 $\bar{\psi}_{\delta_0}$，其大小为

$$|\bar{\psi}_{\delta_0}| = \frac{R_C^2\dot{\gamma}_0}{hv_0}\delta_0 = \frac{0.010\,8^2}{0.025 \times 1\,000} \times \frac{2\pi \times 1\,000}{30 \times 0.03} \times 4.98 = 0.162\,(\mathrm{mrad})$$

故在 1 000 m 距离上，它使弹道偏下 16 cm。

如考虑弹丸在膛内运动的时间（略大于 0.001 s），从击发到弹丸出炮口，身管约转过 6°，则以上两个方向上的偏角也相应转过此角度。

7.6　起始扰动对质心运动轨迹的影响——螺线弹道

由于弹轴绕速度线周期性运动使攻角面方位绕速度线旋转，相应的升力使速度方向也不

断改变,从而导致质心运动轨迹也将周期性改变。

速度线的方位用复偏角 $\boldsymbol{\Psi}$ 描述,如图 7.6.1 所示。由图可见,速度在铅直面和侧向平面内的分量将由复平面(垂直于速度)上复偏角的实部和虚部分别确定,为

$$\mathrm{d}y/\mathrm{d}t = v_y = v\psi_1, \mathrm{d}z/\mathrm{d}t = v_z = v\psi_2$$

故得

$$\dot{y} + \mathrm{i}\dot{z} = v(\psi_1 + \mathrm{i}\psi_2) = v\boldsymbol{\Psi} \tag{7.6.1}$$

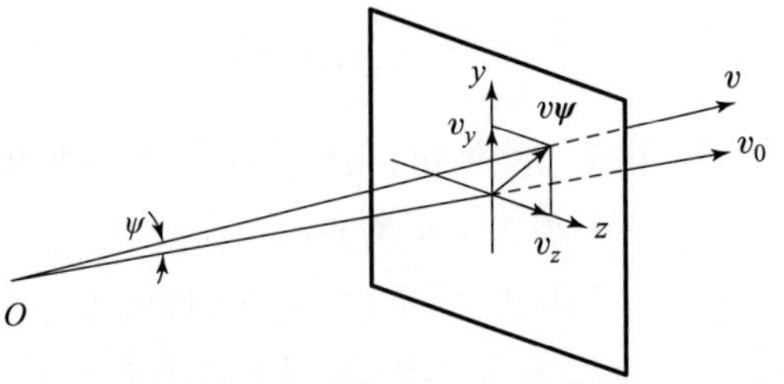

图 7.6.1　复偏角 $\boldsymbol{\Psi}$ 与铅直分速 v_y 及方向分速 v_z 的关系

将 $\boldsymbol{\Psi}$ 的表达式代入上式中,并对时间从 0 到 t 积分,即得到质心坐标的变化规律。对于由起始扰动 $\dot{\delta}_0$ 产生的偏角,将式(7.5.2)代入上式中积分得

$$y + \mathrm{i}z = \frac{b_y v^2 \delta_m}{2}\mathrm{e}^{\mathrm{i}\nu_0}\left[\frac{\mathrm{e}^{\mathrm{i}(\omega_{1t}t+\pi)}}{\mathrm{i}\omega_{1t}^2} + \frac{\mathrm{e}^{\mathrm{i}\omega_{2t}t}}{\mathrm{i}\omega_{2t}^2} + \mathrm{i}\frac{\omega_{1t}^2 - \omega_{2t}^2}{\omega_{1t}^2\omega_{2t}^2} - \frac{\omega_{1t} - \omega_{2t}}{\omega_{1t}\omega_{2t}}t\right]$$

$$= \frac{b_y v^2 \delta_m}{2}\mathrm{e}^{\mathrm{i}\left(\nu_0+\frac{\pi}{2}\right)}\left(\frac{\mathrm{e}^{\mathrm{i}\omega_{1t}t}}{\omega_{1t}^2} - \frac{\mathrm{e}^{\mathrm{i}\omega_{2t}t}}{\omega_{2t}^2}\right) + \mathrm{i}\frac{b_y v^2 \delta_m}{2}\mathrm{e}^{\mathrm{i}\nu_0}\frac{\omega_{1t}^2 - \omega_{2t}^2}{\omega_{1t}^2\omega_{2t}^2} - \frac{b_y v^2 \delta_m}{2}\mathrm{e}^{\mathrm{i}\nu_0}\frac{\omega_{1t} - \omega_{2t}}{\omega_{1t}\omega_{2t}}t$$

由上式可见,质心运动在复平面上投影的轨迹也是一个二圆运动。所形成外摆线的快、慢圆运动的角频率 ω_{1t}、ω_{2t} 仍为式(7.4.4),而半径比为

$$\frac{K_1}{K_2} = \frac{\omega_{2t}^2}{\omega_{1t}^2} = \frac{(1 - \sqrt{\sigma})^2}{(1 + \sqrt{\sigma})^2} \tag{7.6.2}$$

设 $\sigma = 0.6$,则 $K_1/K_2 = 1/16$。因此,快圆运动的幅值比慢圆运动小得多,可以忽略不计,即这个外摆线可近似看作一个半径等于慢速圆运动半径

$$K = K_2 = b_y v^2 \delta_m/(2\omega_{2t}^2) \tag{7.6.3}$$

的圆。当 $\nu_0 = 0$ 时,其圆心在复平面上为如下复数

$$y_t^* + \mathrm{i}z_t^* = \left(-\frac{b_y v^2 \delta_m}{2}\cdot\frac{\omega_{1t} - \omega_{2t}}{\omega_{1t}\omega_{2t}}t\right) + \mathrm{i}\left(\frac{b_y v^2 \delta_m}{2}\right)\mathrm{e}^{\mathrm{i}\nu_0}\frac{\omega_{1t}^2 - \omega_{2t}^2}{\omega_{1t}^2\omega_{2t}^2} \tag{7.6.4}$$

的矢端处。由此式可见,圆心的纵坐标 y_t^* 将沿 y 轴负向不断下降,但横坐标 z_t^* 不变。这样质心轨迹将在复平面上呈现如图 7.6.2 所示的曲线。

比较式(7.6.4)与式(7.5.3)可见,圆心坐标的实部是由平均偏角 $|\bar{\psi}_{\dot{\delta}_0}| = \dfrac{-b_y v\delta_m}{2}\left(\dfrac{\omega_{1t} - \omega_{2t}}{\omega_{1t}\omega_{2t}}\right)$ 产生的横向分速引起的,由于平均偏角与 $\dot{\delta}_0$ 方向相反,当 $\nu_0 = 0$

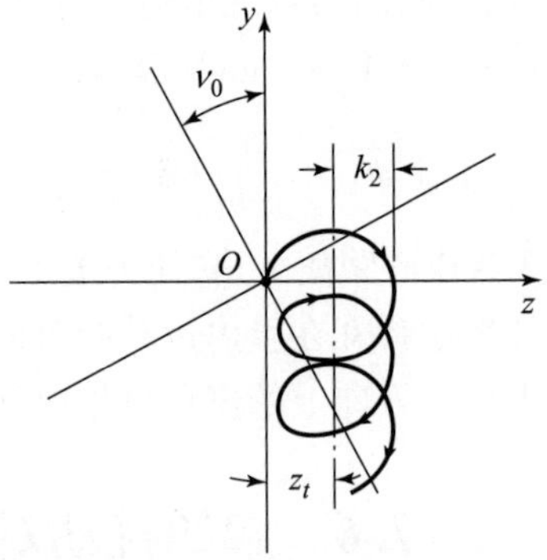

图 7.6.2　$\nu_0 = 0$ 时,质心运动轨迹在垂直于初速的复平面上的投影曲线

时偏向下，使得质心圆运动的中心沿 y 轴负方向不断下移。如果沿着平均偏角所指的方向看过去，则在与平均偏角方向垂直的平面上，质心运动轨迹的投影正好是一个圆，如图 7.6.3(b) 所示。

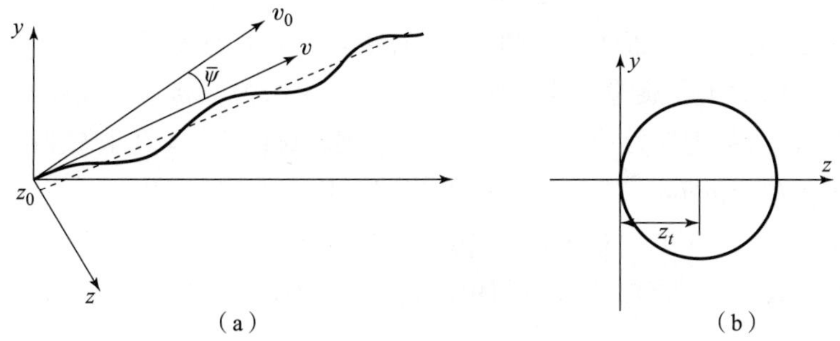

图 7.6.3　螺线弹道

(a)空间轨迹；(b)在与平均偏角方向线垂直的平面上的投影

因此，弹丸质心运动轨迹近似为一条螺线，螺线的轴平行于平均偏角方向线，而向侧方偏出一个微小的距离 z_t^*，这个小距离可忽略不计。当 $\nu_0 \neq 0$ 时，以上图形都向右转过 ν_0 角。

螺线圆运动的直径和周期分别为

$$2K_2 = \frac{v^2 b_y \delta_m}{\omega_{2t}^2} = \frac{b_y \delta_m}{\alpha^2 (1 - \sqrt{\sigma})^2}, T = \frac{2\pi}{\omega_{2t}} = \frac{2\pi}{\alpha v (1 - \sqrt{\sigma})} \tag{7.6.5}$$

如果由靶道试验或攻角纸靶试验已测得攻角幅值 δ_m、质心圆运动直径 $2K_2$ 和周期 T，则当已知结构参数 A、C、d 及炮口速度 v_0、膛线缠度 η、空气密度 ρ 时，就可由式(7.6.5)的第二式获得 $\sigma = 1 - P^2/(4M)$ 中的静力矩系数导数 m_z'，再由式(7.6.5)的第一式获得升力系数导数 c_y'。

7.7　攻角方程的非齐次解——重力产生的动力平衡角

由方程(6.5.23)得包含重力非齐次项的角运动方程为

$$\Delta'' + (H - \mathrm{i}P)\Delta' - (M + \mathrm{i}PT)\Delta = -\ddot{\theta}/v^2 - \dot{\theta}(k_{zz} - \mathrm{i}P)/v \tag{7.7.1}$$

式中，$\dot{\theta}$ 和 $\ddot{\theta}$ 由理想弹道方程求出：$\dot{\theta} = -g\cos\theta/v$，$\ddot{\theta} = \dot{v}\theta(b_x + 2g\sin\theta/v^2)$，显然，$\dot{\theta}$、$\ddot{\theta}$ 是由重力产生的。方程(7.7.1)的解是齐次方程通解和非齐次方程特解的叠加，即

$$\Delta = C_1 \mathrm{e}^{l_1 s} + C_2 \mathrm{e}^{l_2 s} + \Delta_p \tag{7.7.2}$$

式中，$l_{1,2} = \lambda_{1,2} + \mathrm{i}\phi_{1,2}'$ 仍为齐次方程的特征根，因此，由重力非齐次项产生的角运动仍由两个圆运动组成，但此二圆运动围绕特解攻角 Δ_p 进行。故特解 Δ_p 可作为弹轴的平均位置。在零起始条件 $s=0$ 时，在 $\Delta_0 = 0$、$\Delta_0' = 0$ 下可求出待定常数 C_1 和 C_2，它们显然不同于前面在起始条件 $\Delta_0 \neq 0$、$\Delta_0' \neq 0$ 下求得的 C_1 和 C_2，现在的 C_1 和 C_2 是由重力非齐次项产生的。但当弹丸动态稳定时，因 $\lambda_1 < 0$、$\lambda_2 < 0$（见第 12 章），这两个圆运动会逐渐衰减而消失，剩下的只有待解 Δ_p。

7.7.1　动力平衡角的数学推导

方程(7.7.1)的特解可用常数变易法、算子法、级数法等求解，本书采用常数变易法。

首先略去较小的 $\ddot{\theta}$,则 $\dot{\theta}$ 近似为常数,再略去小项 T 和 H,得到只考虑静力矩 M 的方程

$$\Delta'' - \mathrm{i}P\Delta' - M\Delta = -\dot{\theta}(-\mathrm{i}P)/v \tag{7.7.3}$$

利用系数冻结法,在一段弹道上令 v、P、M、$\dot{\theta}$ 为常数,令 $\Delta' = 0$、$\Delta'' = 0$,则易得出特解为

$$\Delta_p = \mathrm{i}P|\dot{\theta}|/(Mv) \tag{7.7.4}$$

此特解为一纯虚数,对于右旋静不稳定弹,$\dot{\gamma} > 0, M = k_z > 0$,则 Δ_p 位于虚轴正向,也即弹轴偏向速度线右侧;显然,对于左旋静不稳定弹,$\dot{\gamma} < 0, M_z > 0$,弹轴将偏向速度左侧;但对于有一定转速的尾翼弹,因为静力矩是稳定力矩,$M_z < 0$,则右旋时,$\dot{\gamma} > 0$,弹轴偏左,左旋时偏右。实际上,如将 $M = k_z = \rho Slm'_z/(2A)$ 和 $P = C\dot{\gamma}/(Av)$ 代入上式,可得

$$0.5\rho v^2 Slm'_z\Delta_p - \mathrm{i}C\dot{\gamma}|\dot{\theta}| = 0 \tag{7.7.5}$$

此式表明,由攻角 Δ_p 产生的翻转力矩与由 $|\dot{\theta}|$ 产生的陀螺力矩相平衡,故称 Δ_p 为动力平衡角。

当进一步考虑 $\ddot{\theta}$ 时,可用常数变易法求非齐次方程(7.7.1)的特解,因齐次方程的通解为

$$\Delta = C_1\mathrm{e}^{l_1 s} + C_2\mathrm{e}^{l_2 s} \tag{7.7.6}$$

式中,C_1、C_2 为待定常数;l_1 和 l_2 为齐次方程的两个特征根,所以 l_1、l_2 必满足如下几个关系式

$$l_{1,2}^2 + (H - \mathrm{i}P)l_{1,2} - (M + \mathrm{i}PT) = 0 \tag{7.7.7}$$

$$l_1 + l_2 = -(H - \mathrm{i}P), l_1 \cdot l_2 = -(M + \mathrm{i}PT) \tag{7.7.8}$$

设非齐次方程的特解仍有式(7.7.6)的形式,只不过 C_1 和 C_2 是弧长 s 的函数,则 Δ 的一阶导数为

$$\Delta' = C_1'(s)\mathrm{e}^{l_1 s} + C_2'(s)\mathrm{e}^{l_2 s} + C_1 l_1\mathrm{e}^{l_1 s} + C_2 l_2\mathrm{e}^{l_2 s} \tag{7.7.9}$$

因为现在有两个未知函数 $C_1(s)$、$C_2(s)$ 待定,故需两个定解条件,一个条件是已知的,即解应满足非齐次方程(7.7.1),另一个条件可任意给定,通常为方便计,给定另一条件为

$$C_1'\mathrm{e}^{l_1 s} + C_2'\mathrm{e}^{l_2 s} = 0 \tag{7.7.10}$$

这样,式(7.7.9)也得到简化,将它再求导一次得

$$\Delta'' = C_1'(s)l_1\mathrm{e}^{l_1 s} + C_2'(s)l_2\mathrm{e}^{l_2 s} + C_1 l_1^2\mathrm{e}^{l_1 s} + C_2 l_2^2\mathrm{e}^{l_2 s} \tag{7.7.11}$$

将 Δ'、Δ'' 代入方程(7.7.1)中并利用式(7.7.7)和式(7.7.8),得到如下方程

$$C_1' l_1\mathrm{e}^{l_1 s} + C_2' l_2\mathrm{e}^{l_2 s} = \frac{-\ddot{\theta}}{v^2} - \frac{\dot{\theta}}{v}(k_{zz} - \mathrm{i}P) \tag{7.7.12}$$

将方程(7.7.12)与方程(7.7.10)联立,解出

$$C_{1,2}'(s) = \pm\frac{1}{l_1 - l_2}\left[-\frac{\ddot{\theta}}{v^2} - \frac{\dot{\theta}}{v}(k_{zz} - \mathrm{i}P)\right]\mathrm{e}^{-l_{1,2}s} \tag{7.7.13}$$

为了积分上式得到 C_1 和 C_2,先用分部积分法计算如下两个积分

$$\int\ddot{\theta}\mathrm{e}^{-l_{1,2}s}\mathrm{d}s = \frac{1}{-l_{1,2}}\left(\ddot{\theta}\mathrm{e}^{-l_{1,2}s} - \int\mathrm{e}^{-l_{1,2}s}\frac{\dddot{\theta}}{v}\mathrm{d}s\right) \tag{7.7.14}$$

式中,$\dot{\theta}$ 和 $\ddot{\theta}$ 按本节前面列出的式子计算,由于 $\ddot{\theta}$ 已很小,$\dddot{\theta}$ 更小,可以忽略不计,于是得

$$\int\ddot{\theta}\mathrm{e}^{-l_{1,2}s}\mathrm{d}s = -\frac{\ddot{\theta}}{l_{1,2}}\mathrm{e}^{-l_{1,2}s} \tag{7.7.15}$$

同样可得

$$\int \dot{\theta} e^{-l_{1,2}s} ds = -\frac{1}{l_{1,2}} \left(\dot{\theta} e^{-l_{1,2}s} + \frac{\ddot{\theta}}{v l_{1,2}} e^{-l_{1,2}s} \right) \tag{7.7.16}$$

在积分式(7.7.13)时，只将 $\dot{\theta}$、$\ddot{\theta}$ 作变量，再利用式(7.7.15)、式(7.7.16)得

$$C_{1,2}(s) = \pm \frac{1}{l_1 - l_2} \left[\frac{\ddot{\theta}}{v^2 l_{1,2}} + \frac{k_{zz} - \mathrm{i}P}{v^2} \frac{\ddot{\theta}}{l_{1,2}^2} + \frac{\dot{\theta}}{l_{1,2} v} (k_{zz} - \mathrm{i}P) \right] e^{-l_{1,2}s} \tag{7.7.17}$$

将 C_1、C_2 代入式(7.7.6)中得非齐次方程的特解为

$$\Delta_p = -\frac{\ddot{\theta}}{v^2} \frac{1}{l_1 \cdot l_2} - (k_{zz} - \mathrm{i}P) \frac{\ddot{\theta}}{v^2} \left(\frac{l_1 + l_2}{l_1^2 l_2^2} \right) - \frac{\dot{\theta}}{v} (k_{zz} - \mathrm{i}P) \frac{1}{l_1 \cdot l_2} \tag{7.7.18}$$

再利用式(7.7.8)得

$$\Delta_p = \frac{1}{M + \mathrm{i}PT} \left[\frac{\ddot{\theta}}{v^2} + \frac{\dot{\theta}}{v} (k_{zz} - \mathrm{i}P) \right] + \frac{k_{zz} - \mathrm{i}P}{v^2} \cdot \frac{H - \mathrm{i}P}{(M + \mathrm{i}PT)^2} \ddot{\theta} \tag{7.7.19}$$

对于旋转稳定弹，阻尼力矩项远小于重力陀螺项的影响，即 $H \ll P$，故可略去 H，得

$$\Delta_p = \frac{1}{M + \mathrm{i}PT} \left(\frac{\ddot{\theta}}{v^2} - \mathrm{i} \frac{\dot{\theta}}{v} P \right) - \frac{P^2}{v^2} \frac{\ddot{\theta}}{(M + \mathrm{i}PT)^2} \tag{7.7.20}$$

将上式的分母实数化，并注意到 $M^2 \gg P^2 T^2$，得

$$\Delta_p = \frac{1}{M^2} \left(\frac{\ddot{\theta}}{v^2} - \mathrm{i} \frac{P\dot{\theta}}{v} \right) (M - \mathrm{i}PT) - \frac{P^2}{v^2} \cdot \frac{\ddot{\theta}}{M^4} (M - \mathrm{i}PT)^2 \tag{7.7.21}$$

或

$$\Delta_p = -\left(\frac{P^2}{M^2 v^2} - \frac{P^4 T^2}{M^4 v^2} - \frac{1}{M v^2} \right) \ddot{\theta} - \frac{P^2 T}{M^2 v} \dot{\theta} + \mathrm{i} \left(-\frac{PM}{M^2 v} \dot{\theta} - \frac{PT}{M^2 v^2} \ddot{\theta} + \frac{2P^3 T}{M^3 v^2} \ddot{\theta} \right) \tag{7.7.22}$$

如果略去马格努斯力矩项 T，并注意到 $P = 2\alpha$，$M = k_z$，将上式实部和虚部分开后，得到仅考虑静力矩时的动力平衡角的侧向分量 δ_{2p} 和高低分量 δ_{1p}，即

$$\delta_{2p} = -\frac{P}{Mv} \dot{\theta} = -\frac{2\alpha}{k_z} \cdot \frac{\dot{\theta}}{v}, \delta_{1p} = \frac{1}{Mv^2} \ddot{\theta} - \left(\frac{P}{Mv} \right)^2 \ddot{\theta} \approx \frac{P}{Mv} \dot{\delta}_{2p} \tag{7.7.23}$$

7.7.2 动力平衡角沿全弹道的变化

由 δ_{1p} 的表达式(7.7.23)可见，δ_{1p} 的正负号只与 $\ddot{\theta}$ 有关，而与弹箭是右旋 ($P > 0$)还是左旋 ($P < 0$)、是静不稳定 ($M > 0$)还是静稳定 ($M < 0$)无关。将 $\ddot{\theta}$ 的表达式代入式(7.7.23)中得

$$\delta_{1p} = -\left(\frac{P}{Mv} \right)^2 v\dot{\theta} (b_x + 2g\sin\theta / v^2) \quad 或 \quad \delta_{1p} = \delta_{2p} \frac{P}{M} (b_x + 2g\sin\theta / v^2) \tag{7.7.24}$$

因为 P 为0.1~1.0，M 为 $10^{-2} \sim 10^{-3}$，$(b_x + 2g\sin\theta / v^2)$为 $10^{-3} \sim 10^{-4}$ 量级，因此 $|\delta_{1p}| << \delta_{2p}$，故总的动力平衡角 $\delta_p \approx \delta_{2p}$。

在弹道升弧段上，因 $\theta > 0$，$\dot{\theta} < 0$，故 $\delta_{1p} > 0$，即弹轴在速度线上方；在弹道顶点，$\theta = 0$，仍有 $\delta_{1p} > 0$；此后，$\theta < 0$，但在 $b_x + 2g\sin\theta / v^2 > 0$ 以前，仍有 $\delta_{1p} > 0$，直至 $b_x + 2g\sin\theta / v^2 < 0$ 以后，$\delta_{1p} < 0$，这时弹轴转到速度的下方。

对于右旋($P > 0$)静不稳定($M > 0$)弹，$\delta_{2p} > 0$，动力平衡角永远偏右侧。将 $M = \rho Slm_z' / (2A)$，$P = C\dot{\gamma} / (Av)$，$\dot{\theta} = -g\cos\theta / v$ 代入式(7.7.24)中，得

$$\delta_{2p} = \frac{2C\dot{\gamma}}{\rho Slm'_z} \cdot \frac{g\cos\theta}{v^3} \tag{7.7.25}$$

由式可见,动力平衡角随空气密度、飞行速度、弹道倾角的减小而迅速增大,在弹道顶点附近,ρ、v、θ 都达到最小,因此,δ_{2p} 达到极大值;而在弹道起点和落点附近,ρ、v、θ 较大,δ_{2p} 较小。小射角时,复攻角 $\Delta_p = \delta_{1p} + i\delta_{2p}$ 沿全弹道的变化如图 7.7.1 中虚线所示(图中 S 为弹道顶点)。

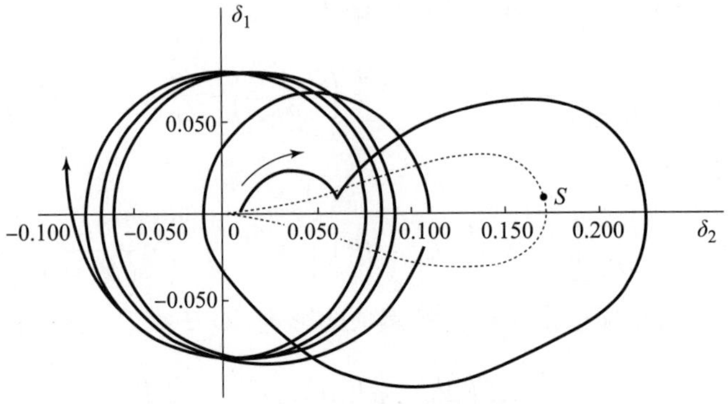

图 7.7.1 复动力平衡角沿全弹道的变化

事实上,因动力平衡角是由弹道弯曲引起的,故弹道越弯曲的地方,动力平衡角越大,而同一弹道上顶点处弹道最弯曲,不同弹在最大射角的弹道顶点处弹道最弯曲,动力平衡角最大(可达9°~12°)。动力平衡角过大将使阻力增大,偏流(见第7.8节)及偏流散布加大,密集度变坏,严重时甚至造成弹底着地。因此,旋转稳定弹的射角不能过大,一般要小于65°(对于只用升弧段的高炮,其射角可以超过此限)。图7.7.1中的实线为特大射角情况下的动力平衡角沿全弹道的变化,可见弹道降弧段上实际的动力平衡角很大,有时使弹道计算发散。

旋转弹的动力平衡角还与转速 $\dot{\gamma}$ 成比例,为了使动力平衡角不致过大,必须对转速加以限制,由此就导出了火炮膛线缠度下限 $\eta_{下}$ 和涡轮式火箭弹喷管倾斜角的上限 $\varepsilon_{上}$,详见第14章。

动力平衡角 δ_{2p} 形成的升力将使弹道扭曲,形成偏流,例如右旋静不稳定弹的落点偏流偏右。对中大口径旋转稳定弹,在十几千米射程上偏流可达数百米。由 δ_{2p} 产生的向上或向下的马格努斯力还可以影响射程。

式(7.7.22)中马格努斯力矩和升力的组合项 $T = b_y - k_y$ 的影响是较小的,如将其也考虑在内,则图7.7.1中的复攻角曲线将向上或向下偏移,这是由于式(7.7.22)的实部中有

$$\frac{P^4T^2}{M^4v^2}\ddot{\theta} - \frac{P^2T}{M^2v}\dot{\theta} \tag{7.7.26}$$

两项,第一项较小,可仅考虑第二项。因 $-\dot{\theta} > 0$,$T = b_y - k_yA/C$,可见升力 b_y 将向上增大高低方向动力平衡角,而当马格努斯力矩项 $k_y < 0$ 时,也向上增大高低方向动力平衡角,这时复动力平衡角就变成图7.7.2中的虚线,而图中实线为用刚体运动方程计算得到的结果。

如果马格努斯力矩很大,则不能忽视式(7.7.22)虚部中含马格努斯力矩的两项,它们也随弹道升高(ρ、v、θ 减小)而增大,并且因分母中含 ρ、v 的幂次更高,可能导致在弹道顶点处这两项很大,使右旋静不稳定弹的动力平衡角偏左,这种极为特殊的情况在试验中也是出现过的。

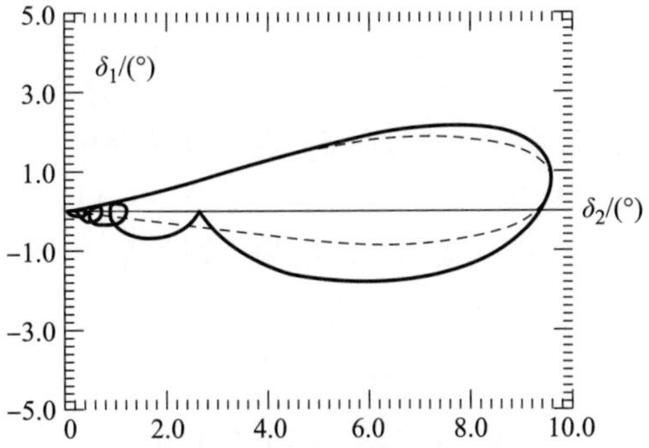

图 7.7.2　考虑全部力矩时的复动力平衡角曲线

7.7.3　动力平衡角的物理解释和简易推导方法

由攻角方程非齐次项产生的这个特解 Δ_p（称为动力平衡角），它的本质是由重力的法向分量 $mg\cos\theta$ 使质心速度方向以 $|\dot{\theta}|$ 角速度向下转动，弹道逐渐弯曲而形成的。因为旋转稳定弹的弹轴当不受外力矩作用时在空间具有定向性，因此，当质心速度方向向下以 $\dot{\theta}$ 转弯后，如果弹轴不能追随弹道切线一同转动，势必造成攻角不断增大并导致弹底着地，如图 7.7.3 所示。但设计良好的弹丸并没有发生这种情况，表明弹轴能追随切线下降。根据动量矩定理，必定有力矩作用于其上，并且力矩向量应垂直于动量矩矢量或弹轴指向下方，方能使弹轴向下转动。而作用在弹上的力矩是空气动力矩，其中主要是静力矩，在这里即是翻转力矩 M_z。为了形成矢量方向指向下的翻转力矩，力矩平面必须在横侧方向，这样，弹轴必须离开速度矢量而偏向两侧，从而形成位于侧方向的动力平衡角 δ_{2p}。对于右旋静不稳定弹，δ_{2p} 就偏向速度线的右侧。

由上面的物理解释可得到一个动力平衡角的简易推导方法。根据动量矩定理 $\mathrm{d}\boldsymbol{G}/\mathrm{d}t = \boldsymbol{M}$，动量矩矢端的速度应等于外力矩向量。对于高速旋转弹，其轴向动量矩 $C\dot{\boldsymbol{\gamma}}$ 基本上等于总动量矩 $\boldsymbol{G}$，而 $C\dot{\boldsymbol{\gamma}}$ 又是弹轴方向，当 $\dot{\boldsymbol{\gamma}}$ 为右旋时，$\dot{\boldsymbol{\gamma}}$ 指向弹头，故动量矩矢量转动时，弹轴也一起转动。现在因弹道切线以 $|\dot{\theta}|$ 向下转动，如果弹轴要追随弹道切线，则必须也以 $|\dot{\theta}|$ 向下转动，从而使动量矩矢端 $C\dot{\boldsymbol{\gamma}}$ 有速度 $u = C\dot{\gamma}|\dot{\theta}|$，如图 7.7.4 所示，为此，翻转力矩矢量 $\boldsymbol{M}_z$ 应指向动量矩矢端速度 $\boldsymbol{u}$ 的方向，并且大小应等于 $C\dot{\gamma}|\dot{\theta}|$，这时右旋静不稳定弹的弹轴就必须偏向右，产生向右的攻角 δ_{2p} ——动力平衡角才能产生这种力矩，于是，由 $M_z = u$，得

$$M_z = Ak_z v^2 \delta_{2p} = C\dot{\gamma}|\dot{\theta}| \tag{7.7.27}$$

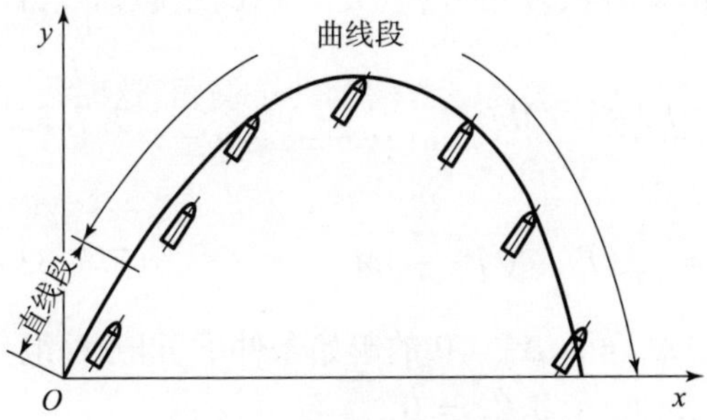

图 7.7.3　追随不稳定的弹丸

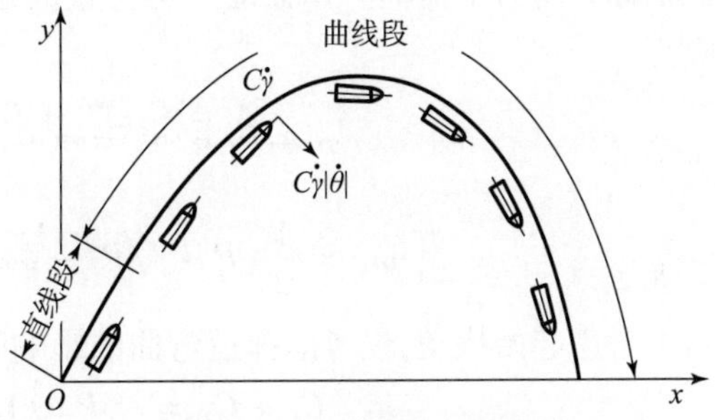

图 7.7.4　追随稳定的弹丸

由此即可解出 δ_{2p} 为

$$\delta_{2p} = \frac{C\dot{\gamma}}{A} \cdot \frac{1}{k_z v^2} |\dot{\theta}| = \frac{P}{Mv} |\dot{\theta}| \tag{7.7.28}$$

同理,沿弹道 δ_{2p} 是变化的,故存在 $\dot{\delta}_{2p}$,而 $\dot{\delta}_{2p}$ 表示弹轴在横侧方向摆动,它使动量矩矢端 $C\dot{\gamma}$ 有了横侧方向的速度,此速度也应是翻转力矩产生的,不过只有当弹轴位于上下方向、具有铅直平面内的攻角 δ_{1p} 时,才可能产生横侧方向的静力矩矢量。由动量矩定理又得到如下等式

$$M_z = Ak_z v^2 \delta_{1p} = C\dot{\gamma}\dot{\delta}_{2p} \tag{7.7.29}$$

由此解出

$$\delta_{1p} = \frac{P}{Mv}\dot{\delta}_{2p} \approx \left(\frac{P}{Mv}\right)^2 \ddot{\theta} \tag{7.7.30}$$

如果再考虑 δ_{1p} 可以变化,则由 $\dot{\delta}_{1p}$ 又可导出侧方向动力平衡角的增量 $\Delta\delta_{2p}$,直至导出式(7.7.21),但它涉及 $\dddot{\theta}$ 以上的小量,可以忽略不计。

由此可见,从物理概念出发推导动力平衡角更加简单易记。

显然,当有顺风时,$w_{/\!/} > 0$,弹箭相对于空气的速度减小,同样的攻角 δ 下,翻转力矩减小为 $M_z = 0.5\rho(v - w_{/\!/})^2 Slm_z'\delta$。为了产生足够的翻转力矩,使弹轴追随弹道切线下降,则必须产生更大的动力平衡角 δ_{2p} 才行。于是有风时的动力平衡角即为

$$\delta_{2p} = \frac{C\dot{\gamma}}{A} \frac{1}{k_z (v - w_{/\!/})^2} |\dot{\theta}| = \frac{2C\dot{\gamma}}{\rho Slm_z'(v - w_{/\!/})^2} \cdot \frac{g\cos\theta}{v} \tag{7.7.31}$$

必须指出,动力平衡角表达式(7.7.23)和式(7.7.24)仅是重力所产生的攻角的平均值,在射角不特别大($\theta_0 \leqslant 65°$)时,才能近似符合,当射角较大时,实际攻角与此平均值相差较大,尤其是在降弧末段,由它们算出的动力平衡角接近于零(因 $\dot{\theta} \approx 0$),然而实际攻角却很大,如图 7.7.1 中的实线所示。

7.7.4 马也夫斯基方程与刚体运动方程简化

由以上分析知,动力平衡角 δ_{2p} 的表达式(7.7.28)是在假设弹丸动量矩矢沿弹轴并以 $\dot{\theta}$ 随同弹轴一起下降的条件下导出的,它与式(7.7.5)是等价的,即它们是假设由 $\dot{\theta}$ 产生的陀螺惯性力矩与翻转力矩相平衡的条件下攻角方程的解。从方程(7.7.3)看,也就是假设 $\Delta'' = 0$、$\Delta' = 0$ 条件下的解。在这种假设下,在随弹道切线以 $\dot{\theta}$ 转动的坐标系里看弹轴在一固定位置不动。但实际上弹轴在动坐标系里也不是固定不动的,由动力平衡角 δ_{2p} 确定的位置只是弹轴的平均位置,弹轴还要绕此位置转动,故称此位置为平均弹轴位置,或称虚拟弹轴位置,此虚拟弹轴称为动力平衡轴。弹轴绕平均位置的运动应由非齐次攻角方程(7.7.4)的全解描述,即应为

$$\Delta = C_1 e^{i\omega_1 s} + C_2 e^{i\omega_2 s} + iP|\dot{\theta}|/(Mv) \tag{7.7.32}$$

式中

$$\omega_1 = \frac{1}{2}(P + \sqrt{P^2 - 4M}), \omega_2 = \frac{1}{2}(P - \sqrt{P^2 - 4M}) \tag{7.7.33}$$

当不考虑起始扰动,仅考虑弹道弯曲的影响时,可在 $\Delta_0 = 0$、$\Delta_0' = 0$ 的起始条件下,得方程组

$$C_1 + C_2 = -iP|\dot{\theta}|/(Mv), \omega_1 C_1 + \omega_2 C_2 = 0$$

由此解出

$$C_1 = \frac{\omega_2}{\omega_1 - \omega_2}\left(\mathrm{i}\frac{P}{Mv}|\dot{\theta}|\right), C_2 = \frac{-\omega_1}{\omega_1 - \omega_2}\left(\mathrm{i}\frac{P}{Mv}|\dot{\theta}|\right) \tag{7.7.34}$$

于是得

$$\Delta = \frac{\mathrm{i}P}{Mv}|\dot{\theta}|\left(1 + \frac{\omega_2}{\omega_1 - \omega_2}\mathrm{e}^{\mathrm{i}\omega_1 s} - \frac{\omega_1}{\omega_1 - \omega_2}\mathrm{e}^{\mathrm{i}\omega_2 s}\right) \tag{7.7.35}$$

由此可见,实际上弹轴也是围绕动力平衡轴位置做二圆运动,不过此二圆运动是由重力引起的,而不是由起始条件引起的,其快、慢圆运动的角频率比和幅值比分别为

$$\frac{\omega_{1t}}{\omega_{2t}} = \frac{\omega_1}{\omega_2} = \frac{P + \sqrt{P^2 - M}}{P - \sqrt{P^2 - 4M}} = \frac{1 + \sqrt{1 - 1/S_g}}{1 - \sqrt{1 - 1/S_g}}, \left|\frac{C_1}{C_2}\right| = \frac{\omega_2}{\omega_1} \tag{7.7.36}$$

由以上两式可见,当 $S_g = 1$ 时,$\omega_1/\omega_2 = C_2/C_1 = 1$;当 $S_g \to \infty$时,$\omega_1 = P, \omega_2 \to 0$, $C_1/C_2 \to 0$。故 S_g 越大,快圆运动频率越高,但幅值越小。如 $S_g = 5.26$ 时,$1/S_g = 0.19$,则 $\omega_1/\omega_2 = 19$, $|C_1/C_2| = 1/19$。因此,快圆运动对攻角大小的影响很小,并且由于转速很高,其前后作用更快地互相抵消,故可将其忽略掉。这样,由弹道弯曲所产生的攻角就只有一个慢圆运动,即

$$\begin{aligned}\Delta &= C_2\mathrm{e}^{\mathrm{i}\omega_2 s} + \mathrm{i}\frac{P}{Mv}|\dot{\theta}| = \mathrm{i}\frac{P}{Mv}|\dot{\theta}|\left(1 - \frac{\omega_1}{\omega_1 - \omega_2}\mathrm{e}^{\mathrm{i}\omega_2 s}\right)\\ &\approx \mathrm{i}\frac{P}{Mv}|\dot{\theta}|\left[1 - \left(1 + \frac{1}{4S_g}\right)\mathrm{e}^{\mathrm{i}\omega_2 s}\right]\end{aligned} \tag{7.7.37}$$

相应地,在攻角方程(7.7.3)的解中就应简化成只有一个特征根,而只有一阶微分方程才只有一个特征根,故方程(7.7.3)就应简化成一阶微分方程,即应令 $\Delta'' = 0$,于是得到如下的简化方程

$$-\mathrm{i}P\Delta' - M\Delta = \mathrm{i}\frac{P}{v}\dot{\theta} \quad 或 \quad \Delta' - \mathrm{i}\frac{M}{P}\Delta = \frac{-\dot{\theta}}{v} \tag{7.7.38}$$

对比方程(7.7.38)与方程(7.7.3)、方程(7.7.4)可见,方程(7.7.38)介于方程(7.7.3)、方程(7.7.4)之间,既不是全部保留 Δ''、Δ',也不是全部略去 Δ''、Δ',而是只保留了其中 Δ' 项。俄罗斯弹道学者马也夫斯基首先研究了这种形式的攻角方程,故称此方程为马也夫斯基方程。

动力平衡角(7.7.4)是由弹道切线以 $|\dot{\theta}|$ 下降产生的陀螺惯性力矩与翻转力矩相平衡得到的结果,而方程(7.7.38)则显然是除此二力矩外,再加上弹轴相对弹道切线速度方向以 Δ' 运动产生的陀螺力矩三者互相平衡的结果。

那么,$\Delta'' = 0$ 时方程(7.7.38)的解是否与 $\Delta'' \neq 0$ 时的简化解(7.7.37)确实相近呢?为此,下面求出方程(7.7.38)的解,这个解也由齐次方程的通解与非齐次方程的特解组成,即

$$\Delta = C\mathrm{e}^{\mathrm{i}\omega s} - \mathrm{i}P\dot{\theta}/(Mv)$$

其中

$$\omega = M/P \tag{7.7.39}$$

在起始条件 $\Delta_0 = 0$ 下,可求得待定常数 $C = \mathrm{i}P\dot{\theta}/(Mv)$,于是得

$$\Delta = \frac{\mathrm{i}P}{Mv}|\dot{\theta}|(1 - \mathrm{e}^{\mathrm{i}\omega s}) \tag{7.7.40}$$

将式(7.7.40)与式(7.7.37)相比可见,二者括号中圆运动的模,一个为 1,另一个为 $1 + 1/(4S_g)$,当 S_g 较大时,$1/(4S_g)$ 与 1 相比可略去,则二者模近似相等。此外,一个圆运动频率为 $\omega = M/P$,另一个的圆运动频率为 $\omega_2 = \frac{P}{2}\left(1 - \sqrt{1 - \frac{1}{S_g}}\right)$,当 S_g 较大时,$\sqrt{1 - \frac{1}{S_g}} \approx 1 - \frac{1}{2S_g}$,则

有 $\omega_2 \approx \dfrac{M}{P} = \omega$,这与式(7.4.11)相同。因此,忽略二圆运动的高频圆运动与忽略角运动方程中的 Δ'' 是相当的。这个结论虽是在 $\dot{\theta}$ 不变的条件下导出的,当考虑 $\dot{\theta}$ 可变时也是适用的。

据此可将高速旋转弹的6自由度方程进行简化,见下一节。

7.8 简化刚体运动方程

方程组(6.4.2)~方程组(6.4.19)是精确的弹道数学模型,主要用于精确计算弹道。但由于它详细地包含了刚体的角运动,而对于高速旋转弹,弹轴的章动和进动十分迅速,周期很短,因而计算时必须取很小的时间步长(一般在0.004 s以下),这就使计算时间很长。在计算机速度还不太快的年代,为了解决这个问题,曾研究过一种简化的弹道方程,在计算精度几乎不下降的情况下,却能大幅度增大积分步长、减少运算时间,在射表编制和火控弹道模型中起了很大的作用。

方程组(6.4.2)因为存在 $\ddot{\varphi}_2$ 和 $\ddot{\varphi}_a$ 这两项,这使方程的解中存在变化周期很短的成分,故计算步长也须十分小,否则就会发散溢出。但这种高频运动的幅度很小,实际上对质心运动的影响并不大,根据上一节的分析,忽略高频圆运动就是忽略 Δ'',因 $\Delta'' = \Phi'' - \Psi''$,而弹道偏角 ψ 是变化较慢的,故 $\Delta'' \approx \Phi''$,这样在对方程(6.4.2)进行简化时,就可令 $\ddot{\varphi}_2$ 和 $\ddot{\varphi}_a$ 近似为零。

由方程组(6.4.2)的第7、8个方程得 $\omega_\eta = -\dot{\varphi}_2, \omega_\zeta = \dot{\varphi}_a\cos\varphi_2$,将它们代入第5个和第6个方程,取 $\ddot{\varphi}_2=0$、$\ddot{\varphi}_a=0$,并忽略高阶小量(如 $\dot{\varphi}_2^2 = 0, \dot{\varphi}_a\dot{\varphi}_2 = 0$ 等),于是得到如下的简化运动方程组(俗称5D方程)

$$
\begin{gathered}
\frac{\mathrm{d}v}{\mathrm{d}t} = \frac{1}{m}F_{x_2}, \frac{\mathrm{d}\theta_a}{\mathrm{d}t} = \frac{1}{mv\cos\psi_2}F_{y_2}, \frac{\mathrm{d}\psi_2}{\mathrm{d}t} = \frac{F_{z_2}}{mv} \\
\frac{\mathrm{d}\omega_\xi}{\mathrm{d}t} = \frac{1}{C}M_\xi, \frac{\mathrm{d}\varphi_a}{\mathrm{d}t} = \frac{M_\eta}{C\dot{\gamma}\cos\varphi_2}, \frac{\mathrm{d}\varphi_2}{\mathrm{d}t} = \frac{M_\zeta}{C\dot{\gamma}} \\
\frac{\mathrm{d}\gamma}{\mathrm{d}t} = \omega_\xi - \dot{\varphi}_a\sin\varphi_2, \ \omega_\eta = -\dot{\varphi}_2, \ \omega_\zeta = \dot{\varphi}_a\cos\varphi_2 \\
\frac{\mathrm{d}x}{\mathrm{d}t} = v\cos\psi_2\cos\theta_a, \frac{\mathrm{d}y}{\mathrm{d}t} = v\cos\psi_2\sin\theta_a, \frac{\mathrm{d}z}{\mathrm{d}t} = v\sin\psi_2
\end{gathered} \tag{7.8.1}
$$

解方程时所用到的其他关系式与式(6.4.3)~式(6.4.19)相同。此方程只适用于高速旋转稳定炮弹或涡轮式火箭的被动段,不适用于低旋尾翼稳定弹箭,因为它们的陀螺效应太弱。

以某高速旋转弹为例,当射角为45°时,用方程组(6.4.2)和简化方程(7.8.1)各算得射程为16 002 m和16 005 m,偏流各为319.7 m和319.5 m。可见二者相差很小,但简化方程计算中因步长可取到0.04 s以上,故计算时间几乎只有6D方程的1/10。

7.9 动力平衡角对弹道轨迹的影响——偏流

自线膛火炮出现后,人们就发现射出的弹丸的落点偏离射击面,而且右旋弹偏右、左旋弹偏左,但很长一段时间解释不了这一现象。

自从发现了动力平衡角以后,偏流现象得到了合理的解释,并且许多弹道学者试图导出它的计算公式。但由于偏流是在弹丸全飞行过程中逐渐累积产生的,在这个过程中不仅速度和转速在变化,而且各个气动系数也在缓慢变化,而这种变化又不能用简单的函数式表达,因而也就不可能通过方程积分求得偏流的解析表达式。

但在计算机十分发达的现在,利用弹道方程,在计算射程的同时也获得偏流已不是什么难事了,因此偏流的近似解已失去了其重要性。然而数值解的缺点是不能明显看出各种因素对偏流影响的定性关系,不便于进行偏流问题的理论分析,因此本节仍导出一个计算偏流的近似公式,但其目的并不是用它计算偏流的准确值,而是从它获得有关偏流的定性结论。

当弹轴运动形成攻角时,立即产生升力和马格努斯力。升力和马格努斯力都垂直于速度,前者在攻角平面内,后者与攻角面垂直。在弹道弯曲时,右旋弹产生了向右的动力平衡角 δ_{2p} 和向上(或向下)的动力平衡角 δ_{1p}。由 δ_{2p} 产生向右的升力和向上的马格努斯力,由 δ_{1p} 产生向上($\delta_{1p}>0$ 时)或向下($\delta_{1p}<0$ 时)的升力和指向左($\delta_{1p}>0$ 时)或向右($\delta_{1p}<0$ 时)的马格努斯力。它们将使质心速度方向改变,进一步就使弹道发生扭曲,产生侧偏并影响射程。由于向右的动力平衡角 $\delta_{2p}\gg\delta_{1p}$,故相应地,升力主要指向右方,从而使弹道右偏形成偏流。

描述速度方向变化规律的方程仍为式(6.5.12),当考虑重力非齐次项产生的动力平衡角对炮弹质心速度和弹道轨迹的影响时,应将动力平衡角 $\Delta_p=\delta_{1p}+\mathrm{i}\delta_{2p}$ 代入其中积分。因现在考虑的是重力的影响,故不再忽略方程(6.5.12)右边的重力项,于是得偏角方程为

$$\boldsymbol{\Psi}'-\frac{g\sin\theta}{v^2}\boldsymbol{\Psi}=\left(b_y-\mathrm{i}b_z\frac{\dot{\gamma}}{v}\right)\Delta_p \tag{7.9.1}$$

根据一阶线性非齐次方程的解法可得

$$\boldsymbol{\Psi}=\mathrm{e}^{\int_0^s(g\sin\theta/v^2)\mathrm{d}s}\int\left(b_y-\mathrm{i}b_z\frac{\dot{\gamma}}{v}\right)\Delta_p\mathrm{e}^{-\int_0^s(g\sin\theta/v^2)\mathrm{d}s}\mathrm{d}s+\boldsymbol{\Psi}_0 \tag{7.9.2}$$

式中

$$\int_0^s\frac{g\sin\theta}{v^2}\mathrm{d}s=\int_{\theta_0}^{\theta}\frac{g\sin\theta}{v^2}\frac{\mathrm{d}s}{\mathrm{d}t}\cdot\frac{\mathrm{d}t}{\mathrm{d}\theta}\cdot\mathrm{d}\theta=\ln\frac{\cos\theta}{\cos\theta_0}$$

设 $\boldsymbol{\Psi}_0=0$,得

$$\boldsymbol{\Psi}=\cos\theta\int_0^s\frac{(b_y-\mathrm{i}b_z\dot{\gamma}/v)}{\cos\theta}\boldsymbol{\Delta}_p\mathrm{d}s \tag{7.9.3}$$

因为在垂直于理想弹道切线的复平面内有如下关系式(见式(7.6.1))

$$\dot{y}+\mathrm{i}\dot{z}=v_y+\mathrm{i}v_z=v\boldsymbol{\Psi}$$

将上式积分并代入关系式 $v\mathrm{d}t=\mathrm{d}s,\cos\theta\mathrm{d}s=\mathrm{d}x$,得

$$y+\mathrm{i}z=\int_0^t v\boldsymbol{\Psi}\mathrm{d}t=\int_0^x\left[\int_0^s\frac{b_y-\mathrm{i}b_z\dot{\gamma}/v}{\cos\theta}(\delta_{1p}+\mathrm{i}\delta_{2p})\mathrm{d}s\right]\mathrm{d}x \tag{7.9.4}$$

为了简化问题,我们分别研究被积函数各项的积分。考虑到升力 b_y 比马格努斯力 b_z 大得多(b_z 可忽略),向右的动力平衡角 $\delta_{2p}\gg\delta_{1p}$,首先考虑侧向动力平衡角 δ_{2p} 和升力 b_y 对质心运动的影响,则式(7.9.4)的积分结果只有虚部,即简化为

$$z=\int_0^x\left(\int_0^s\frac{b_y}{\cos\theta}\delta_{2p}\mathrm{d}s\right)\mathrm{d}x$$

将 $\delta_{2p}=\dfrac{C\dot{\gamma}}{Ak_z}\dfrac{|\dot{\theta}|}{v^2}$ 代入上式,可得

$$z=\int_0^x\left(\int_0^s\frac{b_y}{\cos\theta}\frac{C\dot{\gamma}}{Ak_z}\frac{|\dot{\theta}|}{v^2}\mathrm{d}s\right)\mathrm{d}x$$

将关系式 $ds = vdt = v\cdot(dt/d\theta)d\theta$、$\dot{\theta} = -g\cos\theta/v$、$|\dot{\theta}|/\dot{\theta} = -1$、$v_x = v\cos\theta$ 代入上式,可得

$$z = \int_0^x \left(\int_{\theta_0}^{\theta} \frac{-b_y}{Ak_z}\cdot\frac{C\dot{\gamma}}{v_x}d\theta\right)dx$$

于是对于弹道落点,有

$$Z_C = \int_0^{X_C}\left[\int_{\theta_0}^{\theta_C}\left(\frac{-b_y}{Ak_z}\frac{C\dot{\gamma}}{v_x}\right)d\theta\right]dx$$

将上式中被积函数取一个全弹道的平均值,并取 $v_x = X_C/T$,X_C 为全射程,T 为全飞行时间,得

$$Z_C = \overline{\left(\frac{b_y}{Ak_z}\cdot C\dot{\gamma}\right)}(\theta_0 + |\theta_C|)T$$

式中,$\dot{\gamma} = \dot{\gamma}_0 e^{-k_{xz}s}$。由 b_y 和 k_z 的定义,以及 $m_z'\approx c_y'h^*/l$,$C = mR_C^2$,得

$$Z_C = \frac{R_C^2}{h^*/l}\dot{\gamma}_0(\overline{e^{-k_{xz}s}})(\theta_0 + |\theta_C|)T \tag{7.9.5}$$

此式表明,弹丸压心到质心的距离 h^* 越小,极回转半径 R_C 越大,炮口转速 $\dot{\gamma}_0$ 越高,射角 θ_0 和落角 θ_C 越大,飞行时间 T 越长,极阻尼力矩参数 k_{xz} 越小,则偏流越大;反之,则偏流越小。

这是因为 h^* 越小,则翻转力矩越小,为了使弹轴追随弹道切线下降所需的动力平衡角越大,侧向升力增大,使偏流增大;炮口转速 $\dot{\gamma}_0$ 和极回转半径 R_C 增大,则使弹丸轴向动量矩加大,弹轴的定向性增强,为使弹轴追随弹道切线下降的动力平衡角增大,从而使侧向升力和偏流增大。当极阻尼力矩参数 k_{xz} 较小时,$\dot{\gamma}$ 衰减慢,动力平衡角处于较大值的时间长,偏流自然大。此外,$\theta_0 + |\theta_C|$ 较大时,显然弹道弯曲得厉害,动力平衡角和偏流会显著增大。最后,飞行时间 T 长,则偏流累积时间长,偏流值增大。同样的射程 X,用曲射弹道射击时,因飞行时间长、$\theta_0 + |\theta_C|$ 大,偏流显著增大。因此,在偏流近似式(7.9.5)中没有 X 因子,即偏流并不是直接与射程相关,而是与射角和飞行时间密切相关,尽管射程小,但如果射角大,飞行时间长,偏流也会很大。

历史上曾有过更为简单的偏流近似式。假设由动力平衡角产生的侧向升力形成了向右的平均加速度 $æ_1$,则在全弹道上形成的侧偏就是

$$z = \frac{1}{2}æ_1 T^2 \tag{7.9.6}$$

或利用真空弹道中全飞行时间 T^2 与射程 X 的关系 $T^2 = 2X\tan\theta_0/g$,得

$$z = æ_2 X\tan\theta_0 \tag{7.9.7}$$

式(7.9.6)表明,飞行时间越长,偏流迅速增大;式(7.9.7)表明,射程越大,射角越大,偏流也迅速增大,这都与偏流的定性特点相符合。至于近似公式中的系数 $æ_1$ 和 $æ_2$,可由偏流试验确定。

表7.9.1列出了一些地面线膛火炮最大射程处的偏流值。

表7.9.1 一些地面线膛火炮最大射程处的偏流值

火炮种类	85加	100加	122加	122榴	130加	152加	152加榴
$\theta_0/(°)$	35	45	45	45	45	45	45
$v_0/(m\cdot s^{-1})$	793	900	885	515	930	770	655
Z/mil	17	33	22	21	23	27	22

同理，在式(7.9.4)的被积式中还有实部 $b_z\dot{\gamma}\delta_{2p}/v$、$b_y\delta_{1p}$、$-\mathrm{i}b_z\dot{\gamma}\delta_{1p}/v$ 项，其中第三项为 b_z 和 δ_{1p} 两小量之积，可以忽略。再取 $v_x = \mathrm{d}x/\mathrm{d}t$，于是得任意时刻弹丸质心偏离理想弹道的高度

$$y = \int_0^t \int_0^\theta \left[b_z \frac{C\dot{\gamma}^2}{AMv} + b_y \frac{C^2\dot{\gamma}^2}{A^2M^2v}\left(b_x + \frac{2g\sin\theta}{v^2} \right) \right] \mathrm{d}\theta \mathrm{d}t \tag{7.9.8}$$

由此可见，马格努斯力(b_z)将使弹道升高、射程增大，这是动力平衡角始终向右(对应静不稳定弹)，它所产生的马格努斯力始终向上的缘故。因此，尽管马格努斯力不大，但在弹道上的累积作用效果将使弹道抬高、射程增大，对远程火炮弹丸的射程有一定的影响。

至于 b_y 对弹道高的影响，要视 δ_{1p} 正负号不同而不同，升弧段上 $\delta_{1p}>0$，升力使弹道抬高；降弧段上大部分弧段 $\delta_{1p}<0$，升力使弹道下降一些。

7.10　修正质点弹道方程

在第 3 章里曾讲过各种形式的质点弹道方程，这些方程最主要的假设是设攻角 $\delta = 0$，即弹轴始终与速度方向线一致。但是实际情况并不是这么理想，弹轴受到各种扰动(起始扰动、弹道弯曲、不对称因素等)都会产生绕质心的转动而形成攻角，由攻角产生的诱导阻力、升力和马格努斯力将使实际弹道偏离理想弹道，因而用质点弹道方程计算得到的结果必然有较大的误差。为了减小弹道计算误差，应该考虑弹丸受扰以后的攻角，这当然可以用完整的 6 自由度或简化刚体弹道方程去求解，但这比较复杂，计算工作量大。一个较简单而又适当准确的办法是在质点弹道方程中加入由攻角产生的阻力、升力和马格努斯力，而攻角本身用角运动方程的解析解直接算出。经过这样改进后的质点弹道方程就称为修正质点弹道方程。

由于起始扰动和不对称因素产生的攻角具有随机性，由此产生的气动力将引起各发弹的弹道散布。当弹丸飞行稳定时，这种攻角将逐渐衰减，对平均弹道影响不大，故在计算平均弹道时可不考虑，而重力产生的动力平衡角是确定的、非周期的，由它形成的气动力使实际平均弹道偏离理想弹道，故在修正质点弹道方程中可仅考虑动力平衡角 δ_{2p} 和 δ_{1p} 的影响。

由攻角 δ_{2p} 和 δ_{1p} 产生的升力和马格努斯力都与速度方向垂直，升力在攻角面内，马格努斯力垂直于攻角面，在旋转方向上落后升力 90°。此外，由总动平衡角 $\delta_p = \sqrt{\delta_{1p}^2 + \delta_{2p}^2}$ 还产生诱导阻力。所以，这时的阻力系数应改为 $c_x = c_{x0}(1 + k\delta_p^2)$，升力、马格努斯力表达式中的攻角分量应该用 δ_{1p} 和 δ_{2p} 代替。

7.10.1　自然坐标系里的修正质点弹道方程

将刚体运动 6 自由度方程组中绕质心横向摆动的方程去掉，只留下质心运动方程，弹轴以其动力平衡轴位置代替，只保留由 δ_{2p}、δ_{1p} 产生的气动力分量，即得到修正质点弹道方程。考虑到动力平衡角 δ_{2p}、δ_{1p} 除了与速度大小 v 有关外，还与转速 $\dot{\gamma}$ 有关，而 $\dot{\gamma}$ 沿弹道是衰减的，为了准确计算 δ_{2p} 和 δ_{1p}，则应保留描述转速 $\dot{\gamma}$ 变化的方程。这样，在修正质点弹道方程中除了描述质心坐标 3 自由度的方程外，还有一个转速方程，故也称修正质点弹道方程为 4 自由度方程。顺便指出，它也适用于低旋尾翼弹，只是注意此时 $k_z < 0$。略去较小的马氏力，其形式如下

$$\frac{\mathrm{d}v}{\mathrm{d}t} = \frac{F_{x_2}}{m}, \frac{\mathrm{d}\theta_a}{\mathrm{d}t} = \frac{F_{y_2}}{mv\cos\psi_2}, \frac{\mathrm{d}\psi_2}{\mathrm{d}t} = \frac{F_{z_2}}{mv}, \frac{\mathrm{d}\dot{\gamma}}{\mathrm{d}t} = \frac{1}{C}M_\xi$$

$$\frac{\mathrm{d}x}{\mathrm{d}t}=v\cos\psi_2\cos\theta_a,\frac{\mathrm{d}y}{\mathrm{d}t}=v\cos\psi_2\sin\theta_a,\frac{\mathrm{d}z}{\mathrm{d}t}=v\sin\psi_2 \tag{7.10.1}$$

$$\frac{\mathrm{d}p}{\mathrm{d}t}=-\rho g v_y=-\frac{p}{R_1\tau}v\cos\psi_2\sin\theta_a$$

式中

$$F_{x_2}=-\frac{\rho v_r S}{2}c_{x_0}(1+k\delta_p^2)(v-w_{x_2})+\frac{\rho S}{2}c_y\frac{1}{\sin\delta_r}[v_r^2\cos\delta_{2p}\cos\delta_{1p}-v_{r\xi}(v-w_{x_2})]-$$
$$mg\sin\theta_a\cos\psi_2$$

$$F_{y_2}=\frac{\rho v_r}{2}Sc_{x_0}(1+k\delta_p^2)w_{y_2}+\frac{\rho S}{2}c_y'\left(\frac{\delta_r}{\sin\delta_r}\right)(v_r^2\cos\delta_{2p}\sin\delta_{1p})-mg\cos\theta_a+$$
$$2\Omega_E mv(\sin\psi_2\cos\theta_a\cos\Lambda\cos\alpha_N+\sin\theta_a\sin\psi_2\sin\Lambda+\cos\psi_2\cos\Lambda\sin\alpha_N)$$

$$F_{z_2}=\frac{\rho v_r}{2}Sc_{x_0}(1+k\delta_p^2)w_{z_2}+\frac{\rho S}{2}c_y'\left(\frac{\delta_r}{\sin\delta_r}\right)(v_r^2\sin\delta_{2p})+$$
$$mg\sin\theta_a\sin\psi_2+2\Omega_E mv(\sin\Lambda\cos\theta_a-\cos\Lambda\sin\theta_a\cos\alpha_N)$$

$$M_\xi=-\frac{\rho Sld}{2}m_{xz}'v_r\dot{\gamma}+\frac{\rho v_r^2}{2}Slm_{xw}'\cdot\delta_f,v_r=\sqrt{(v-w_{x_2})^2+w_{y_2}^2+w_{z_2}^2}$$

其中 $\delta_{2p}=-\frac{P}{Mv}\dot{\theta}-\left(\frac{PT}{M^2v^2}-\frac{2P^3T}{M^3v^2}\right)\ddot{\theta}$

$$\delta_{1p}=-\frac{P^2T}{M^2v}\dot{\theta}-\left(\frac{P^2}{M^2v^2}-\frac{P^4T^2}{M^4v^2}-\frac{1}{Mv^2}\right)\ddot{\theta},\delta_p=\sqrt{\delta_{2p}^2+\delta_{1p}^2}$$

$$\ddot{\theta}=v\dot{\theta}(b_x+2g\sin\theta/v^2)$$

$$P=\frac{C\dot{\gamma}}{Av},M=k_z=\frac{\rho Sl}{2A}m_z',T=b_y-\frac{A}{C}k_y$$

$$b_x=\frac{\rho S}{2m}c_x,b_y=\frac{\rho S}{2m}c_y',k_y=\frac{\rho Sld}{2A}m_y'',\delta_r=\arccos\left(\frac{v_{r\xi}}{v_r}\right)$$

$$v_{r\xi}=(v-w_{x_2})\cos\delta_{2p}\cos\delta_{1p}-w_{y_2}\cos\delta_{2p}\sin\delta_{1p}-w_{z_2}\sin\delta_{2p}$$

$$w_{x_2}=w_x\cos\psi_2\cos\theta_a+w_z\sin\psi_2,w_{y_2}=-w_x\sin\theta_a,w_{z_2}=-w_x\sin\psi_2\cos\theta_a+w_z\cos\psi_2$$

$$w_x=-w\cos(\alpha_w-\alpha_N),w_z=-w\sin(\alpha_w-\alpha_N)$$

当计算机程序设计语言可处理复数运算时,可直接用动力平衡角表达式(7.7.19)或式(7.7.20)计算 δ_{2p} 和 δ_{1p}。积分这组方程时的步长比积分 6 自由度方程的步长可以大得多,例如前者可取 0.1 ~0.3 s,后者只能取 0.001 ~0.005 s,故计算时间大为减少。

在中、小射角情况下,由于弹道弯曲不大,动力平衡角较小,动力平衡轴可以较好地代表弹轴的平均位置,这时用修正质点弹道方程算出的结果与用 6 自由度方程计算的结果差别很小,故可用修正质点弹道方程代替 6 自由度方程,使计算工作量大为减少。但当射角很大时,弹道在顶点附近弯曲得厉害,动力平衡角很大,此时实际弹轴位置与动力平衡轴位置相差较大,修正质点弹道计算结果就与 6 自由度方程弹道计算结果差别较大。故修正质点弹道方程一般用于计算射角 $\theta_0<55°$的全弹道,或用于计算高炮、海炮的对空射击升弧段弹道。

7.10.2 直角坐标系里的修正质点弹道方程

另一个最直观和简单的修正质点弹道模型,是在原质点弹道模型(4.2.4)的基础上,加上

由高低动力平衡角 δ_{1p} 产生的指向 y_2 轴的法向力 R_{N1} 和由侧向动力平衡角 δ_{2p} 产生的指向 z_2 的侧向力 R_{N2}，并向地面坐标系投影（见图 6.1.1），得方程组

$$
\begin{aligned}
&\frac{\mathrm{d}v_x}{\mathrm{d}t} = -\frac{1}{2m}\rho S(c_{x_0} + c_{x_2}\delta_p^2)v(v_x - w_x) - \frac{R_{N1}}{m}\sin\theta - \frac{R_{N2}}{m}\sin\psi\cos\theta, \frac{\mathrm{d}x}{\mathrm{d}t} = v_x \\
&\frac{\mathrm{d}v_y}{\mathrm{d}t} = -\frac{1}{2m}\rho S(c_{x_0} + c_{x_2}\delta_p^2)vv_y - g + \frac{R_{N1}}{m}\cos\theta - \frac{R_{N2}}{m}\sin\psi\sin\theta, \frac{\mathrm{d}y}{\mathrm{d}t} = v_y \\
&\frac{\mathrm{d}v_z}{\mathrm{d}t} = -\frac{1}{2m}\rho S(c_{x_0} + c_{x_2}\delta_p^2)v(v_z - w_z) + \frac{R_{N2}}{m}\cos\psi, \frac{\mathrm{d}z}{\mathrm{d}t} = v_z \\
&\frac{\mathrm{d}\dot{\gamma}}{\mathrm{d}t} = \frac{\rho v_r^2}{2C}Slm'_{xw}\delta_f - \frac{\rho Sld}{2C}m'_{xz}v_r\omega_\xi
\end{aligned}
\tag{7.10.2}
$$

$$\delta_p = \sqrt{\delta_{1p}^2 + \delta_{2p}^2}, v_r = \sqrt{(v_x - w_x)^2 + v_y^2 + (v_z - w_z)^2}, \psi = \arcsin(v_z/v)$$

式中，$R_{N1} = 0.5\rho Sc'_y v_r^2\delta_{1p}, R_{N2} = 0.5\rho Sc'_y v_r^2\delta_{2p}, \theta = \arcsin[v_y/(v\cos\psi)], \delta_{1p} = \left[\frac{1}{Mv^2} - \left(\frac{P}{Mv}\right)^2\right]\ddot{\theta}$，$\delta_{2p} = -\frac{P}{Mv}\dot{\theta}, M = k_z, \dot{\theta} = -\frac{g\cos\theta}{v}, \ddot{\theta} = v\dot{\theta}(b_x + 2g\sin\theta/v^2)$。

7.10.3　北约（NATO）国家修正质点弹道方程

北约（NATO）国家在编制射表时，采用他们惯用的修正质点弹道模型（4D 模型），下面简单介绍这种弹道模型。

在研究 4D 模型时，假定作用在弹丸上的力矩处于平衡状态，此时的弹轴即为动力平衡轴，攻角即为动力平衡角。设弹轴上的单位矢量为 $\boldsymbol{\xi}$，有风时沿相对速度向量 $\boldsymbol{v}_r = \boldsymbol{v} - \boldsymbol{w}$ 方向的单位矢量为 $\boldsymbol{I}$，相对角度为 δ_r。定义平衡攻角矢量

$$\boldsymbol{\alpha}_e = \boldsymbol{I} \times (\boldsymbol{\xi} \times \boldsymbol{I}), \boldsymbol{I} = \boldsymbol{v}_r/v_r \tag{7.10.3}$$

其大小为 $\boldsymbol{\alpha}_e = |\boldsymbol{\xi} \times \boldsymbol{I}| = \sin\delta_r$，方向在相对攻角面内垂直于速度矢量指向弹轴（图 7.10.1），显然

$$\boldsymbol{\alpha}_e = (\boldsymbol{I} \cdot \boldsymbol{I})\boldsymbol{\xi} - (\boldsymbol{I} \cdot \boldsymbol{\xi})\boldsymbol{I} = \boldsymbol{\xi} - \cos\delta_r\boldsymbol{I} \tag{7.10.4}$$

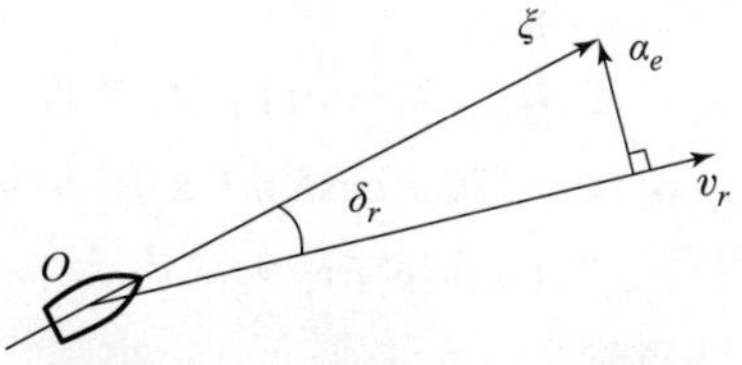

图 7.10.1　平衡攻角 $\boldsymbol{\alpha}_e$ 的定义

式中，$\delta_r = \alpha_e B, B = \frac{\delta_r}{\sin\delta_r}$。

当相对攻角 δ_r 较小时，$B \approx 1, \alpha_e \approx \delta_r$。

弹丸所受阻力方向与相对速度方向相反；利用平衡攻角矢量 $\boldsymbol{\alpha}_e$，就知道升力的方向沿 $\boldsymbol{\alpha}_e$ 方向、马格努斯力的方向垂直于 $\boldsymbol{\alpha}_e$。这样就可得弹箭质心运动矢量方程为

$$\dot{\boldsymbol{v}} = -\frac{\rho S}{2m}v_r(c_{x_0} + c_{x_2}\alpha_e^2)\boldsymbol{v}_r + \frac{\rho S}{2m}v_r^2 c'_y B\boldsymbol{\alpha}_e + \frac{\rho Sd}{2m}\omega_\xi c''_z B(\boldsymbol{\alpha}_e \times \boldsymbol{v}_r) + \boldsymbol{g} - \boldsymbol{\alpha}_k \tag{7.10.5}$$

将上式向地面坐标系三轴分解，即得三个方向的标量方程，而 $\boldsymbol{\alpha}_e = (\alpha_{ex}, \alpha_{ey}, \alpha_{ez})$。

修正质点弹道方程的关键就是要确定平衡攻角矢量$_e$。下面进行推导。

首先建立弹丸的转动运动方程，全弹的动量矩 $\boldsymbol{G}$ 为轴向动量矩和横向动力矩之和，即

$$\boldsymbol{G} = C\omega_\xi\boldsymbol{\xi} + A(\boldsymbol{\xi} \times \dot{\boldsymbol{\xi}}) \tag{7.10.6}$$

式中，$\dot{\boldsymbol{\xi}}$ 为弹轴摆动角速度矢量，大小为摆动角速度 $\dot{\varphi}$，方向与 $\boldsymbol{\xi}$ 垂直，于是

$$\dot{\boldsymbol{G}} = C\dot{\omega}_\xi\boldsymbol{\xi} + C\omega_\xi\dot{\boldsymbol{\xi}} + A(\boldsymbol{\xi} \times \ddot{\boldsymbol{\xi}}) \tag{7.10.7}$$

作用在弹上的力矩有静力矩为 $0.5\rho Slm_z'Bv_r(\boldsymbol{v}_r\times\boldsymbol{\xi})$；摆动阻尼力矩为 $-0.5\rho Sl^2(m_{zz}'+m_{z\dot{\alpha}}')v_r(\boldsymbol{\xi}\times\dot{\boldsymbol{\xi}})$；马格努斯力矩为 $0.5\rho Sldm_y''B\omega_\xi\boldsymbol{\xi}\times(\boldsymbol{\xi}\times\boldsymbol{v}_r)$；尾翼导转力矩为 $0.5\rho Slv_r^2m_{xw}\boldsymbol{\xi}$；滚转阻尼力矩为 $-0.5\rho Sldm_{xz}'\omega_\xi v_r\boldsymbol{\xi}$。

故轴向和横向转动运动方程为

$$C\dot{\omega}_\xi=0.5\rho Slv_r^2m_{xw}-0.5\rho Sldm_{xz}'\omega_\xi v_r \tag{7.10.8}$$

$$C\omega\dot{\boldsymbol{\xi}}+A(\boldsymbol{\xi}\times\ddot{\boldsymbol{\xi}})=0.5\rho Slm_z'Bv_r(\boldsymbol{v}_r\times\boldsymbol{\xi})-0.5\rho Sl^2(m_{xz}'+m_{z\dot{\alpha}}')v_r(\boldsymbol{\xi}\times\dot{\boldsymbol{\xi}})+0.5\rho Sldm_y''B\omega_\xi\boldsymbol{\xi}\times(\boldsymbol{\xi}\times\boldsymbol{v}_r) \tag{7.10.9}$$

假定平衡攻角变化 $\dot{\boldsymbol{\alpha}}_e$ 很小，$\dot{\delta}_r$ 也很小，由式(7.10.4)可得 $\dot{\boldsymbol{\xi}}=\cos\delta_r\dot{\boldsymbol{I}}$，$\ddot{\boldsymbol{\xi}}=\cos\delta_r\ddot{\boldsymbol{I}}$，将此两关系式以及式(7.10.3)、式(7.10.4)代入式(7.10.9)中，记 $q=0.5\rho S$，并计算出 $\boldsymbol{\xi}\times(\boldsymbol{\xi}\times\boldsymbol{v}_r)=(\boldsymbol{\xi}\cdot\boldsymbol{v}_r)\boldsymbol{\xi}-(\boldsymbol{\xi}\cdot\boldsymbol{\xi})\boldsymbol{v}_r=[v_r(\boldsymbol{\alpha}_e+\cos\delta_r\boldsymbol{I})\cdot\boldsymbol{I}]\boldsymbol{\xi}-v_r\boldsymbol{I}=v_r(\cos\delta_r\boldsymbol{\xi}-\boldsymbol{I})$，得

$$\begin{aligned}&C\omega_\xi\cos\delta_r\dot{\boldsymbol{I}}+A\cos\delta_r(\boldsymbol{\alpha}_e\times\ddot{\boldsymbol{I}})+A\cos\delta_r^2(\boldsymbol{I}\times\ddot{\boldsymbol{I}})=qlm_z'Bv_r^2(\boldsymbol{I}\times\boldsymbol{\alpha}_e)\\&-ql^2(m_{zz}'+m_{z\dot{\alpha}}')v_r\cos\delta_r(\boldsymbol{\alpha}_e+\cos\delta_r\boldsymbol{I})\times\dot{\boldsymbol{I}}+qldm_y''B\omega_\xi v_r[\cos\delta_r(\boldsymbol{\alpha}_e+\cos\delta_r\boldsymbol{I})-\boldsymbol{I}]\end{aligned} \tag{7.10.10}$$

将式(7.10.9)左叉乘 $\boldsymbol{I}$，并注意到 $\boldsymbol{I}\perp\boldsymbol{\alpha}_e$，$\dot{\boldsymbol{I}}\perp\boldsymbol{I}$，$\boldsymbol{I}\cdot\boldsymbol{\alpha}_e=0$，$\boldsymbol{I}\cdot\dot{\boldsymbol{I}}=0$，以及下列诸式

$$\boldsymbol{I}\times(\boldsymbol{\alpha}_e\times\ddot{\boldsymbol{I}})=(\boldsymbol{I}\cdot\ddot{\boldsymbol{I}})\boldsymbol{\alpha}_e,\ \boldsymbol{I}\times(\boldsymbol{I}\times\boldsymbol{\alpha}_e)=-\boldsymbol{\alpha}_e,\ \boldsymbol{I}\times[(\boldsymbol{\alpha}_e+\cos\delta_r\boldsymbol{I})\times\dot{\boldsymbol{I}}]=-\cos\delta_r\dot{\boldsymbol{I}}$$

在一般情况下，以上各式中的 $\ddot{\boldsymbol{I}}$ 可以忽略，则得

$$C\omega_\xi\cos\delta_r\boldsymbol{I}\times\dot{\boldsymbol{I}}=-qlm_z'Bv_r^2\boldsymbol{\alpha}_e+ql^2(m_{zz}'+m_{z\dot{\alpha}}')v_r\cos^2\delta_r\dot{\boldsymbol{I}}+qldm_y''B\omega_\xi v_r\cos\delta_r(\boldsymbol{I}\times\boldsymbol{\alpha}_e) \tag{7.10.11}$$

又将式(7.10.5)中的科式加速度 a_k 略去，把 $\boldsymbol{g}$ 移到等号左边，并以 $\boldsymbol{I}$ 左叉乘之，得

$$\boldsymbol{I}\times(\dot{\boldsymbol{v}}-\boldsymbol{g})=\frac{\rho S}{2m}v_r^2c_y'B(\boldsymbol{I}\times\boldsymbol{\alpha}_e)+\frac{\rho Sd}{2m}\omega_\xi v_rc_z''B\boldsymbol{\alpha}_e \tag{7.10.12}$$

运算中用到关系式 $\boldsymbol{I}\times(\boldsymbol{\alpha}_e\times\boldsymbol{v}_r)=(\boldsymbol{I}\cdot\boldsymbol{v}_r)\boldsymbol{\alpha}_e-(\boldsymbol{I}\cdot\boldsymbol{\alpha}_e)\boldsymbol{v}_r=v_r\boldsymbol{\alpha}_e-0\cdot\boldsymbol{v}_r$。由此式可得

$$\boldsymbol{I}\times\boldsymbol{\alpha}_e=\frac{m}{qv_r^2c_y'B}\left[\boldsymbol{I}\times(\dot{\boldsymbol{v}}-\boldsymbol{g})-\frac{qd}{m}\omega_\xi v_rc_z''B\alpha_e\right] \tag{7.10.13}$$

将此式代入式(7.10.11)中，整理后得 α_e 的表达式为

$$\begin{aligned}\boldsymbol{\alpha}_e=&\ m_y''ld\omega_\xi\cos\delta_rm\boldsymbol{I}\times(\dot{\boldsymbol{v}}-\boldsymbol{g})-c_y'v_r[C\omega_\xi\cos\delta_r(\boldsymbol{I}\times\dot{\boldsymbol{I}})-ql^2(m_{zz}'+m_{z\dot{\alpha}})v_r\cos^2\delta_r\dot{\boldsymbol{I}}]/\\&(qlm_z'c_y'Bv_r^3+qld^2\omega_\xi^2c_z''m_y''Bv_r\cos\delta_r)\end{aligned} \tag{7.10.14}$$

再注意到

$$\dot{\boldsymbol{I}}=\frac{\mathrm{d}}{\mathrm{d}t}(\boldsymbol{v}_r/v_r)=(\dot{\boldsymbol{v}}_r-\dot{v}_rI)/v_r=(\dot{\boldsymbol{v}}-\dot{v}_rI)/v_r$$

于是，式(7.10.14)简化为下式

$$\boldsymbol{\alpha}_e\approx\frac{m_y''ld\omega_\xi m\cos\delta_r\boldsymbol{v}_r\times(\dot{\boldsymbol{v}}-\boldsymbol{g})-Cc_y'\omega_\xi\cos\delta_r(\boldsymbol{v}_r\times\dot{\boldsymbol{v}})+ql^2(m_{zz}'+m_{z\dot{\alpha}}')c_y'v_r^3\dot{I}}{qlm_z'c_y'Bv_r^4+qld^2c_z''m_y''B\omega_\xi^2v_r^2\cos\delta_r} \tag{7.10.15}$$

或在小攻角 δ_r 情况下，$\cos\delta_r\approx1$，$B\approx\delta_r/\sin\delta_r\approx1$，得

$$\boldsymbol{\alpha}_e=\left(\frac{\omega_\xi l}{qv_r^2}\right)\frac{\left(m\dfrac{d}{l}m_y''-\dfrac{C}{l^2}c_y'\right)(\boldsymbol{v}_r\times\dot{\boldsymbol{v}})-m\dfrac{d}{l}m_y''\boldsymbol{v}_r\times\boldsymbol{g}+\dfrac{q}{\omega_\xi}(m_{zz}'+m_{z\dot{\alpha}}')c_y'v_r^3\dot{\boldsymbol{I}}}{c_y'm_z'v_r^2+(d\omega_\xi)^2m_y''c_z''} \tag{7.10.16}$$

或

$$\boldsymbol{\alpha}_e = (a_b - a_a)(\boldsymbol{v}_r \times \dot{\boldsymbol{v}}) - a_b(\boldsymbol{v}_r \times \boldsymbol{g}) + \frac{q}{\omega_\xi}(m'_{zz} + m'_{z\dot{\alpha}})c'_y v_r^3 \dot{\boldsymbol{I}} \tag{7.10.17}$$

式中，$a_a = \frac{C}{l^2}\frac{c_3}{c_2}c'_y, a_b = m\frac{c_3}{c_2}m''_y, c_2 = c'_y m'_z v_r^2 + (d\omega_\xi)^2 m''_y c''_z, c_3 = \frac{l\omega_\xi}{0.5\rho S v_r^2}$。

由式(7.10.16)、式(7.10.17)可见，为了计算 $\boldsymbol{\alpha}_e$，须知道等式右边的 $\dot{\boldsymbol{v}}$，而由式(7.10.5)可见，计算 $\dot{\boldsymbol{v}}$ 又需要知道 $\boldsymbol{\alpha}_e$，特别是如果考虑气动力的非线性，气动系数 c_x、c'_y、m'_z、c''_z、m''_y 也是攻角的二次函数，这就使式(7.10.17)成为 $\boldsymbol{\alpha}_e$ 的隐函数计算式，需要进行迭代计算，因此产生了许多迭代计算方法。见参考文献[47]、[48]。

这里只介绍其中一种计算方法。由式(7.10.5)略去阻尼项可得

$$\boldsymbol{v}_r \times \dot{\boldsymbol{v}} = \frac{\rho S}{2m}v_r^2 c'_y B(\boldsymbol{v}_r \times \boldsymbol{\alpha}_e) + \frac{\rho S d}{2m}\omega_\xi c''_z v_r^2 \boldsymbol{\alpha}_e + \boldsymbol{v}_r \times \boldsymbol{g} \tag{7.10.18}$$

将式(7.10.18)和 $\boldsymbol{\alpha}_e = (\alpha_{ex}, \alpha_{ey}, \alpha_{ez})$，$\boldsymbol{v}_r = (v_x - w_x, v_y, v_z - w_z)$，$\boldsymbol{g} = (0, g, 0)$ 代入式(7.10.17)，分解，即得到关于动力平衡角 α_e 三个分量 α_{ex}、α_{ey}、α_{ez} 的三个代数方程，利用克莱姆法则即可求得 α_{ex}、α_{ey}、α_{ez} 的显式表达式

$$\begin{gathered}\alpha_{ex} = x_1 a_a g(x_2 v_{rx} v_{ry} - x_1 v_{rz})/(x_1^3 + x_2^2 x_1 v_r^2), \quad x_1 = 1 - (a_b - a_a) b_z \omega_\xi v_r^2 \\ \alpha_{ey} = -x_1 x_2 a_a g(v_{rx}^2 + v_{rz}^2)/(x_1^3 + x_2^2 x_1 v_r^2), \quad x_2 = (a_b - a_a) b_y v_r^2 \\ \alpha_{ez} = x_1 a_a g(x_1 v_{rz} + x_2 v_{ry} v_{rz})/(x_1^3 + x_2^2 x_1 v_r^2), \quad b_y = 0.5\rho S c'_y/m, b_z = 0.5\rho S d c''_z/m\end{gathered} \tag{7.10.19}$$

可用于方程(7.10.5)计算弹道。

如果忽略马格努斯力矩和赤道阻尼力矩的影响，$m''_y = 0$，$(m'_{zz} + m'_{z\dot{\alpha}}) = 0$，取 $\omega_\xi = \dot{\gamma}$，则 α_e 的公式变得十分简单

$$\alpha_e = -\frac{C\dot{\gamma}(\boldsymbol{I} \times \dot{\boldsymbol{v}}/v_r)}{0.5\rho v_r^2 S l m'_z} \tag{7.10.20}$$

假设仅仅考虑弹轴和速度在铅直面内转动，转动角速度为 $\dot{\theta} = -g\cos\theta/v$，则 $\dot{\boldsymbol{v}}$ 向量位于铅直面内与速度矢量 $\boldsymbol{v}$ 垂直指向下，大小为 $|\dot{\boldsymbol{v}}| = v|\dot{\theta}|$，矢量 $-\boldsymbol{I} \times \dot{\boldsymbol{v}}$ 指向铅直面右侧，即 α_e 为向右的动力平衡角，它所产生的翻转力矩 $0.5\rho S l m'_z v_r^2 \alpha_e$ 与动量矩矢端速度 $C\dot{\gamma}\dot{\theta}$ 相等。对于尾翼弹，因 $m'_z < 0$，侧向动力平衡角即向左。

修正质点弹道方程都是以力矩平衡态的动力平衡角代替实际快速变化的攻角，而动力平衡角的求解方法多种多样，因此，当前修正质点弹道的模型也有多种，与公认的 6 自由度准确弹道模型的求解结果相比较，都有一定的误差，特别是在有横风、纵风、大射角情况下误差显著增大，这是因为风所引起的气动力攻角增量甚至可能大于无风动力平衡角本身。在射击试验点，这种模型误差只能采用符合的方法消除。因此，在现代计算机速度大幅度提高的情况下，其计算速度快的优点就不那么显著了。

7.11　考虑全部外力和力矩时起始扰动产生的角运动

前面讲了仅考虑静力矩时弹丸在起始扰动作用下的运动，它基本上确定了弹丸的主要运

动规律。本节再进一步考虑在全部外力和力矩作用下弹丸的运动。分析它与仅考虑静力矩时的运动有什么差别。当考虑全部外力和外力矩时,弹箭的齐次攻角方程为

$$\Delta'' + (H - \mathrm{i}P)\Delta' - (M + \mathrm{i}PT)\Delta = 0 \tag{7.11.1}$$

式中,H、P、M、T 的表达式为式(6.5.24)。此方程的特征根为

$$l_{1,2} = \lambda_{1,2} + \mathrm{i}\omega_{1,2} = -\frac{H}{2} + \mathrm{i}\frac{P}{2} \pm \frac{P}{2}\sqrt{\left(\frac{H^2}{P^2} - 1 + \frac{1}{S_g}\right) + \mathrm{i}\frac{2H}{P}S_d} \tag{7.11.2}$$

式中,$S_g = P^2/(4M)$ 为陀螺稳定因子;S_d 为动态稳定因子,其定义式如下

$$S_d = 2T/H - 1 \tag{7.11.3}$$

动态稳定因子本质上是马格努斯力矩项 T 与阻尼项 H 之比。

要将特征根的实部和虚部分开,就要用到复数开方的公式而使式子变得十分冗长,这个工作留在第 12 章里进行,本节则是通过数值比较求得 $\lambda_{1,2}$、$\omega_{1,2}$ 的近似值,这对于只是计算攻角来说是允许的。首先由运动参数与气动参数关系的表达式(7.3.19)看,因为角频率 ω_1 和 ω_2 之积远远大于阻尼指数 λ_1、λ_2 之积,即 $\omega_1\omega_2 >> \lambda_1\lambda_2$,故可略去 $\lambda_1\lambda_2$,即可取

$$M = \omega_1\omega_2, P = \omega_1 + \omega_2$$

由此解出

$$\omega_{1,2} = \frac{1}{2}(P \pm \sqrt{P^2 - 4M}) = \frac{P}{2}(1 \pm \sqrt{\sigma}), \sigma = 1 - 1/S_g \tag{7.11.4}$$

实际上它是略去了阻尼项 H 和马格努斯力矩项 T 以后的结果,因此它与本章第 7.7 节中仅考虑静力矩时的结果式(7.4.3)完全相同。这表明,在考虑全部外力和力矩时,弹轴角运动频率表达式(7.4.3)仍是一个很准确的关系式,由此得

$$\omega_1 - \omega_2 = 2\omega_1 - P = -2\omega_2 + P = \sqrt{P^2 - 4M} = P\sqrt{\sigma} \tag{7.11.5}$$

另外,又从式(7.3.19)的 PT 和 H 式解出

$$\lambda_1 = \frac{-(\omega_1 H - PT)}{\omega_1 - \omega_2} = \frac{-(\omega_1 H - PT)}{2\omega_1 - P}$$

$$\lambda_2 = \frac{-(\omega_2 H - PT)}{\omega_2 - \omega_1} = \frac{-(\omega_2 H - PT)}{2\omega_2 - P}$$

或

$$\lambda_1 = -\frac{1}{2}\left[H - \frac{P(2T - H)}{2\omega_1 - P}\right] = -\frac{H}{2}\left(1 - \frac{S_d}{\sqrt{1 - 1/S_g}}\right) \tag{7.11.6}$$

$$\lambda_2 = -\frac{1}{2}\left[H + \frac{P(2T - H)}{2\omega_2 - P}\right] = -\frac{H}{2}\left(1 + \frac{S_d}{\sqrt{1 - 1/S_g}}\right) \tag{7.11.7}$$

由此还得

$$\lambda_1 - \lambda_2 = \frac{HS_d}{\sqrt{1 - 1/S_g}} = \frac{P(2T - H)}{\sqrt{P^2 - 4M}} \tag{7.11.8}$$

有了阻尼指数 λ_1、λ_2 和角频率 ω_1、ω_2 的近似值,就可以计算攻角随弧长或随时间的变化

$$\Delta = \delta_1 + \mathrm{i}\delta_2 = \delta e^{\mathrm{i}\nu} = C_1 e^{\lambda_1 s} e^{\mathrm{i}\omega_1 s} + C_2 e^{\lambda_2 s} e^{\mathrm{i}\omega_2 s} \tag{7.11.9}$$

此解与式(7.3.5)的形式完全一样,只是这里的阻尼指数 λ_1、λ_2 有了具体的表达式,可见对于

飞行稳定的弹箭($\lambda_1 < 0, \lambda_2 < 0$),在考虑全部外力和外力矩时,两个圆运动半径将不断减小,由 $\dot{\Delta}_0$ 产生的角运动的合成复攻角曲线如图 7.11.1 所示,图中是 $\dot{\Delta}_0 = 1$ 时的情况。可见其攻角的极大值 δ_m 在不断减小而攻角的极小值 δ_n 在不断增大,逐渐地趋近于一个圆运动。这从式(7.3.16)和式(7.3.17)也可得到解释,因为

$$\delta_m^2 = (K_1 + K_2)^2, \delta_n = (K_1 - K_2)^2, \delta_m^2 - \delta_n^2 = 4K_1K_2$$

而

$$K_1 = K_{10}e^{\lambda_1 s}, K_2 = K_{20}e^{\lambda_2 s}$$

因此,随弹道弧长 s 增大,δ_m^2 将不断减小;但因 $\lambda_1 \neq \lambda_2$,K_1 与 K_2 的差值越来越大,δ_n^2 就不断增大;最大值 δ_m^2 与最小值 δ_n^2 之差显然随 $4K_1K_2$ 不断减小而趋于零。

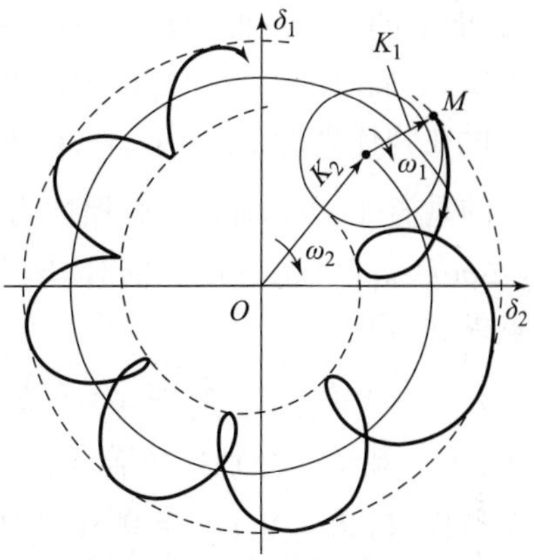

图 7.11.1　考虑全部外力和外力矩时产生的复攻角

7.12　非对称因素产生的角运动及对质心运动的影响

由于结构上和制造上的原因,弹丸常有轻微的不对称,其中又分质量分布不对称和气动外形不对称。质量分布不对称既可引起质心偏离几何纵轴,又可引起弹丸的惯性主纵轴偏离几何轴(用动不平衡角 β_D 表示),气动外形不对称则产生气动偏心角(用 δ_M 表示),它们将对弹道有一定的影响,本节就来分析这些影响。

考虑质量分布不均和气动偏心时炮弹(对炮弹取 $\ddot{\gamma} \approx 0$)的攻角方程如下

$$\Delta'' + (H - iP)\Delta' - (M + iPT)\Delta = \left(1 - \frac{C}{A}\right)\boldsymbol{\beta}_D\left(\frac{\dot{\gamma}}{v}\right)^2 e^{i\gamma} - k_z\Delta_{M_0}e^{i\gamma} \qquad (7.12.1)$$

根据线性微分方程解的叠加性,可分别研究动不平衡和气动偏心的影响。

7.12.1　动不平衡产生的角运动及对质心运动的影响

1. 动不平衡的物理意义

弹箭的动不平衡是由对所选的坐标系某个轴而言质量分布不均产生的,当弹箭绕该轴旋转时,各质点离心惯性力和切向惯性力对某一轴的力矩总和不为零(即不能互相抵消),所形成的合力矩使弹箭摇晃。动不平衡与静不平衡的不同之处在于,它只有在旋转运动的条件下才能表现出来,动不平衡的弹可以是静平衡的。

弹箭的动不平衡常用惯性主纵轴对几何轴的夹角 $\boldsymbol{\beta}_D$ 表示。如图 7.12.1 所示,按照建立运动方程时所讲的惯性主轴坐标系 $O\xi_1\eta_1\zeta_1$ 与弹体固连坐标系 $Ox_1y_1z_1$ 间的关系,$\boldsymbol{\beta}_D$ 在 x_1y_1 面上的分量为 β_{D1},在

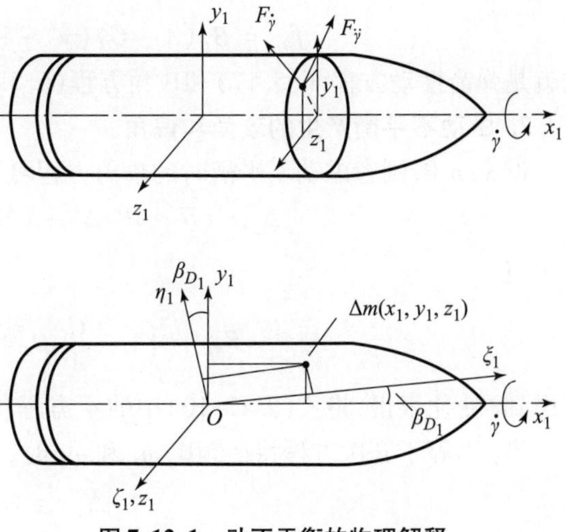

图 7.12.1　动不平衡的物理解释

Ox_1z_1 面上的分量近似为 β_{D2}。写成复数即为 $\boldsymbol{\beta}_D=\beta_{D1}+\mathrm{i}\beta_{D2}$,为了更深刻地理解动不平衡的物理本质,下面对动不平衡力矩做简单的推导。

设在弹体坐标系的 (x_1,y_1,z_1) 处有质点 Δm,当弹丸角速度 $\dot{\gamma}$ 绕几何纵轴 Ox_1 旋转时,Δm 产生的垂直于 Ox_1 轴的离心惯性力为 $F_{\dot{\gamma}}=\sqrt{y_1^2+z_1^2}\dot{\gamma}^2\Delta m$,它在 y_1 和 z_1 轴上的分量分别为 $y_1\dot{\gamma}^2\Delta m$ 和 $z_1\dot{\gamma}^2\Delta m$,它们分别对 Oz_1 轴和 Oy_1 轴的力矩为 $x_1y_1\dot{\gamma}^2\Delta m$ 和 $-x_1z_1\dot{\gamma}^2\Delta m$。对全弹各质点求和,得

$$M_{y_1\dot{\gamma}}=\sum -x_1z_1\dot{\gamma}^2\Delta m=-J_{x_1z_1}\dot{\gamma}^2,M_{z_1\dot{\gamma}}=\sum x_1y_1\dot{\gamma}^2\Delta m=J_{x_1y_1}\dot{\gamma}^2 \tag{7.12.2}$$

式中,$J_{x_1y_1}$ 和 $J_{x_1z_1}$ 分别是弹箭对 Ox_1、Oy_1 轴和对 Ox_1、Oz_1 轴的惯性积,当弹丸质量关于 Ox_1 轴分布对称时,$J_{x_1y_1}=J_{x_1z_1}=0$,这时 Ox_1 轴即为惯性主轴;否则,$J_{x_1y_1}\neq 0$,$J_{x_1z_1}\neq 0$。按照等效力的定义,它们在弹体坐标系里的等效力为

$$f_{\dot{\gamma}}=-\mathrm{i}M_{\dot{\gamma}}=-\mathrm{i}(M_{y_1\dot{\gamma}}+\mathrm{i}M_{z_1\dot{\gamma}})=(J_{x_1y_1}+\mathrm{i}J_{x_1z_1})\dot{\gamma}^2 \tag{7.12.3}$$

同理,当弹丸以角加速度 $\ddot{\gamma}$ 绕几何轴旋转时,质点 Δm 产生切向惯性力 $F_{\ddot{\gamma}}=\sqrt{y_1^2+z_1^2}\cdot\ddot{\gamma}\Delta m$,其方向在切向加速度反方向上与 $F_{\dot{\gamma}}$ 垂直,滞后90°(图7.12.1),用复数表示即在 $-\mathrm{i}F_{\dot{\gamma}}$ 方向上。于是由动不平衡产生的总惯性力矩在弹体坐标系里的等效力为

$$f_{\beta_D}=(J_{x_1y_1}+\mathrm{i}J_{x_1z_1})(\dot{\gamma}^2-\mathrm{i}\ddot{\gamma}) \tag{7.12.4}$$

下面来求 $J_{x_1y_1}$、$J_{x_1z_1}$ 的表达式。为简单起见,先设 $\beta_{D_1}\neq 0$,$\beta_{D_2}=0$,则只是坐标平面 Ox_1y_1 与 $O\xi_1\eta_1$ 相差一个 β_{D_1} 角,而 $\zeta_1=0$,故有

$$x_1=\xi_1\cos\beta_{D_1}-\eta_1\sin\beta_{D_1},y_1=\xi_1\sin\beta_{D_1}+\eta_1\cos\beta_{D_1} \tag{7.12.5}$$

将上两式相乘,再乘以 Δm 并对所有质点求和,同时注意到 $O\xi_1$、$O\eta_1$、$O\zeta_1$ 为惯量主轴,故 $J_{\xi_1\eta_1}=0$,而 $\sum(\xi_1^2+\zeta_1^2)\Delta m\approx A$,$\sum(\zeta_1^2+\eta_1^2)\Delta m\approx C$,于是得

$$J_{x_1y_1}=(A-C)\beta_{D_1} \tag{7.12.6}$$

同理可得

$$J_{x_1z_1}=(A-C)\beta_{D_2} \tag{7.12.7}$$

将此两式代入式(7.12.4)中,再考虑到弹体的旋转,则惯性力矩在弹轴坐标系 $O\xi\eta\zeta$ 内的等效力为

$$\boldsymbol{f}_{\beta_D}=\boldsymbol{\beta}_D(A-C)(\dot{\gamma}^2-\mathrm{i}\ddot{\gamma})\mathrm{e}^{\mathrm{i}\gamma},\boldsymbol{\beta}_D=\beta_{D_1}+\mathrm{i}\beta_{D_2} \tag{7.12.8}$$

这就是弹箭摆动方程(6.5.17)和攻角方程(6.5.23)右端动不平衡项的物理意义。

2. 由动不平衡产生的攻角和偏角

设 $\ddot{\gamma}=0$,则考虑动不平衡时的攻角方程可写成如下形式

$$\Delta''+(H-\mathrm{i}P)\Delta'-(M+\mathrm{i}PT)\Delta=B_{\beta_D}\mathrm{e}^{\mathrm{i}æs} \tag{7.12.9}$$

式中

$$B_{\beta_D}=\left(1-\frac{C}{A}\right)\boldsymbol{\beta}_Dæ^2,æ=\frac{\dot{\gamma}}{v}=\frac{\mathrm{d}\gamma}{\mathrm{d}s} \tag{7.12.10}$$

考虑到æ变化很慢,将式(7.12.10)中的 $\dot{\gamma}$ 方程积分,即得 $\gamma=æs$。

当æ不等于齐次方程特征频率 ω_1 和 ω_2 时,方程(7.12.9)的非齐次特解可写成如下形式

$$\Delta_{\beta_D}=K_{3\beta_D}\mathrm{e}^{\mathrm{i}æs} \tag{7.12.11}$$

将它代入方程(7.12.9)中可解出

$$K_{3\beta_D} = \frac{B_{\beta_D}}{-\text{æ}^2 + (H - \mathrm{i}P)\mathrm{i}\,\text{æ} - (M + \mathrm{i}PT)} \tag{7.12.12}$$

于是方程(7.12.9)的全解为

$$\Delta = C_1 \mathrm{e}^{l_1 s} + C_2 \mathrm{e}^{l_2 s} + K_{3\beta_D} \mathrm{e}^{\mathrm{i}\text{æ} s} \tag{7.12.13}$$

式中, C_1 和 C_2 为待定常数,而 $l_{1,2} = \lambda_{1,2} + \mathrm{i}\omega_{1,2}$ 是方程(7.12.9)齐次方程的特征根,其表达式仍为式(7.11.4)和式(7.11.6)、式(7.11.7),并且满足关系式(7.7.8)。

由起始条件 $s = 0$ 时 $\Delta_0 = 0, \Delta_0' = 0$,得方程组

$$C_1 + C_2 + K_{3\beta_D} = 0, C_1 l_1 + C_2 l_2 + \mathrm{i}\text{æ} K_{3\beta_D} = 0 \tag{7.12.14}$$

联立解得

$$C_1 = K_{3\beta_D} \frac{l_2 - \mathrm{i}\text{æ}}{l_1 - l_2}, C_2 = K_{3\beta_D} \frac{l_1 - \mathrm{i}\text{æ}}{l_2 - l_1} \tag{7.12.15}$$

将它们代入式(7.12.13)中,得到由动不平衡产生的攻角

$$\Delta = K_{3\beta_D} \left\{ \frac{1}{l_1 - l_2} \left[(l_2 - \mathrm{i}\text{æ}) \mathrm{e}^{l_1 s} - (l_1 - \mathrm{i}\text{æ}) \mathrm{e}^{l_2 s} \right] + \mathrm{e}^{\mathrm{i}\text{æ} s} \right\} \tag{7.12.16}$$

由此式可见,由动不平衡 $\boldsymbol{\beta}_D$ 产生的周期性强迫干扰使弹轴的运动由三个圆运动合成,这三个圆运动的角频率依次为 ω_1、ω_2、æ,其中 ω_1 和 ω_2 为齐次方程所对应的自由运动角频率,æ为由弹丸自转产生的强迫运动角频率。我们将这种运动称为三圆运动。

由攻角产生的升力将影响质心速度方向,将式(7.12.16)代入偏角方程(7.5.1)中积分,得

$$\boldsymbol{\Psi}_{\beta_D} = b_y K_{3\beta_D} \left[\frac{1}{l_1 - l_2} \left(\frac{l_2 - \mathrm{i}\text{æ}}{l_1} \mathrm{e}^{l_1 s} - \frac{l_1 - \mathrm{i}\text{æ}}{l_2} \mathrm{e}^{l_2 s} + \frac{1}{\mathrm{i}\text{æ}} \mathrm{e}^{\mathrm{i}\text{æ} s} \right) \right]_0^s \tag{7.12.17}$$

将积分上、下限代入后知, $\boldsymbol{\Psi}$ 中除了含有周期性变化部分外,还有一个不变的平均值

$$\begin{aligned} \boldsymbol{\Psi}_{\beta_D} &= -b_y K_{3\beta_D} \left\{ \frac{1}{l_1 - l_2} \left[\frac{(l_2^2 - l_1^2) - \mathrm{i}\text{æ}(l_2 - l_1)}{l_1 \cdot l_2} \right] + \frac{1}{\mathrm{i}\text{æ}} \right\} \\ &= -b_y K_{3\beta_D} \frac{-\text{æ}^2 + \mathrm{i}\text{æ}(H - \mathrm{i}P) - (M + \mathrm{i}PT)}{-(M + \mathrm{i}PT)\mathrm{i}\text{æ}} \end{aligned} \tag{7.12.18}$$

将 $K_{3\beta_D}$ 的表达式(7.12.12)代入上式中,再略去数值较小的马格努斯力矩项 PT 和阻尼项 H,得到由动不平衡产生的平均偏角表达式如下

$$\bar{\boldsymbol{\Psi}}_{\beta_D} = -\mathrm{i} \frac{b_y B_{\beta_D}}{k_z \text{æ}} = -\mathrm{i} \left(1 - \frac{C}{A}\right) \boldsymbol{\beta}_D \dot{\gamma}_0 \frac{b_y}{k_z v_0} \tag{7.12.19}$$

将此式与由起始扰动 $\dot{\delta}_0$ 产生的气动跳角 $\bar{\psi}_{\dot{\delta}_0}$ 的表达式(7.5.3)相比可见,上式中的因子

$$\dot{\Delta}_{\beta_D} = \mathrm{i}\left(1 - \frac{C}{A}\right) \boldsymbol{\beta}_D \dot{\gamma}_0 \tag{7.12.20}$$

与式(7.5.3)中的 $\dot{\delta}_0$ 相当,故将它称为动不平衡 $\boldsymbol{\beta}_D$ 的等效起始扰动,即动不平衡 $\boldsymbol{\beta}_D$ 的影响与一个起始扰动的影响相当。再考虑到旋转弹的 $C/A \ll 1$,这样式(7.12.19)就可写成如下形式

$$\bar{\boldsymbol{\Psi}}_{\beta_D} = -\dot{\Delta}_{\beta_D} \frac{b_y}{k_z v_0}, \dot{\Delta}_{\beta_D} = \mathrm{i} \boldsymbol{\beta}_D \dot{\gamma}_0 \tag{7.12.21}$$

此式表明,等效起始扰动就是惯量主纵轴绕几何主纵轴以 $\dot{\gamma}_0$ 旋转时产生的惯量主纵轴的摆动角速度(与 $\boldsymbol{\beta}_D$ 垂直),其方向比 $\boldsymbol{\beta}_D$ 超前 90°。

在攻角的三圆运动表达式(7.12.16)中,三个圆运动的角频率和幅值可比较如下。略去

数值较小的阻尼因子 λ_1、λ_2,则 $l_1 \approx \mathrm{i}\omega_{1s}$,$l_2 \approx \mathrm{i}\omega_{2s}$,而

$$\omega_j = \frac{P}{2}(1 \pm \sqrt{1 - 1/S_g}) \quad (j = 1,2), P = \frac{C}{A}\frac{\dot{\gamma}}{v} = \frac{C}{A}\text{æ} \tag{7.12.22}$$

对于高速旋转静不稳定弹,有 $S_g > 1$,$C/A \approx 0.1$,故 $0 < \omega_1 \ll$ æ,$0 < \omega_2 \ll$ æ,因此,不可能出现 æ $= \omega_1$ 或 æ $= \omega_2$ 的共振情况,以上的求解方法是合理的。又由于圆运动的模为

$$\left|\frac{l_j - \mathrm{i}\text{æ}}{l_1 - l_2}\right| = \left|\frac{\mathrm{i}\left[\frac{P}{2}(1 \pm \sqrt{1 - 1/S_g}) - \text{æ}\right]}{\mathrm{i}P\sqrt{1 - 1/S_g}}\right| \approx \left|\frac{\text{æ}}{P}\right| = \frac{A}{C} \gg 1 (j = 1,2)$$

故由式(7.12.18)表示的三圆运动的前两个圆运动的模值远比强迫运动幅值大,因而攻角曲线的形状主要由前两个圆运动决定,后一个圆运动的频率高、幅值小,它只能使攻角曲线产生一些小的卷曲波动,如图7.12.2所示。

但须指出,以上分析只适合炮口附近的情况。在长时间飞行中,不能忽略 l_1 和 l_2 中的阻尼因子 λ_1、λ_2 的作用,它们将使前两个自由运动的半径逐渐衰减,以至逐渐消失,最后剩下的只有一圆强迫运动,其角频率为æ。

偏角曲线也是三个圆运动合成,但与上面攻角表达式相比,三个圆运动的幅值各缩小为原来的 $1/\omega_1$、$1/\omega_2$、1/æ,而因 æ $\gg \omega_1$,æ $\gg \omega_2$,故在炮口附近,相比之下,第三个圆运动的幅值更小,几乎看不出影响,因而偏角曲线的形状与由起始扰动 $\dot{\delta}_0$ 产生的偏角曲线形状相似,如图7.12.3所示。但由表达式(7.12.21)可见,等效起始扰动 $\dot{\Delta}_{\beta_D}$ 的方向比 $\boldsymbol{\beta}_D$ 超前90°,因而当 $\boldsymbol{\beta}_D$ 为实数,即 $\boldsymbol{\beta}_D$ 方位起始在上时,攻角和偏角曲线比起始扰动 $\dot{\Delta}_0 = 1$ 的攻角和偏角曲线多转过90°。

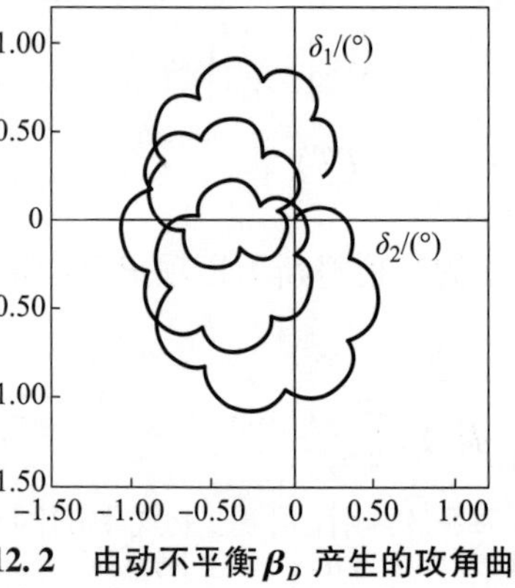

图7.12.2 由动不平衡 $\boldsymbol{\beta}_D$ 产生的攻角曲线

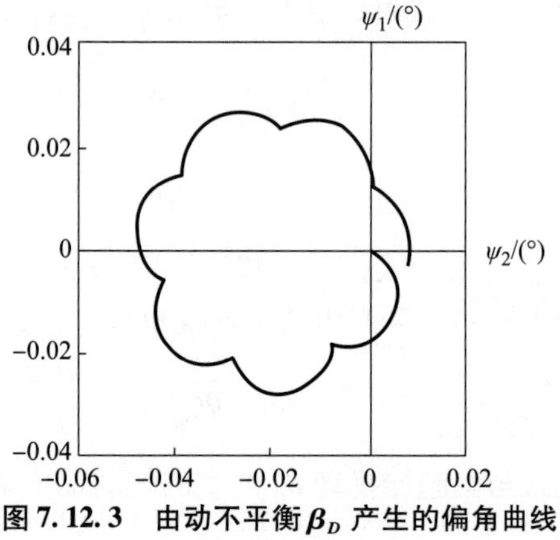

图7.12.3 由动不平衡 $\boldsymbol{\beta}_D$ 产生的偏角曲线

由于动不平衡 $\boldsymbol{\beta}_D$ 的大小和方向是随机的,它必将引起弹道散布,并且由式(7.12.21)可知,转速 $\dot{\gamma}_0$ 越高,所造成的散布越大。

7.12.2 气动外形不对称产生的角运动及对质心运动的影响

考虑气动外形不对称时的攻角方程为

$$\Delta'' + (H - \mathrm{i}P)\Delta' - (M + \mathrm{i}PT)\Delta = B_{\Delta_M}\mathrm{e}^{\mathrm{i}\text{æ}s} \tag{7.12.23}$$

式中

$$B_{\Delta_M} = -k_z\Delta_{M_0} \tag{7.12.24}$$

由此可见,它与方程(7.12.9)没有本质区别,只须将方程(7.12.9)解出的攻角和偏角的 B_{β_D} 换成 B_{Δ_M},就可类似地得到由气动偏心产生的攻角和偏角。

$$\Delta = K_{3\Delta_M}\left\{\frac{1}{l_1 - l_2}\left[l_2 - \mathrm{i}\text{æ}) \mathrm{e}^{l_1 s} - (l_1 - \mathrm{i}\text{æ}) \mathrm{e}^{l_2 s} \right] + \mathrm{e}^{\mathrm{i}\text{æ} s}\right\} \tag{7.12.25}$$

而

$$K_{3\Delta_M} = \frac{B_{\Delta_M}}{-\text{æ}^2 + (H - \mathrm{i}P)\mathrm{i}\text{æ} - (M + \mathrm{i}PT)} \tag{7.12.26}$$

由此可见,由气动非对称引起的角运动也是一个三圆运动。由攻角产生的升力也将改变质心速度方向。将式(7.12.25)代入方程(6.5.12)中,积分后得到与式(7.12.21)相似的平均偏角

$$\bar{\Psi}_{\Delta_M} = -\mathrm{i}\frac{b_y}{k_z}\cdot\frac{B_{\Delta_M}}{\text{æ}}, \bar{\Psi}_{\Delta_{M_0}} = \mathrm{i}\frac{b_y v_0}{\dot{\gamma}_0}\Delta_{M_0} \tag{7.12.27}$$

由此可见,由气动偏心产生的平均偏角的方位比气动偏心角初始值 Δ_{M_0} 超前 90°,因此,当 Δ_{M_0} 在上下方向时,$\bar{\Psi}_{\Delta_{M_0}}$ 在左右方向,从而产生横偏。但 $\bar{\Psi}_{\Delta_{M_0}}$ 的大小与自转转速 $\dot{\gamma}_0$ 成反比。由于高速旋转弹的转速 $\dot{\gamma}_0$ 很大,因而由气动偏心产生的平均偏角是微不足道的,完全可以忽略不计。

至于质心偏离几何纵轴的影响,可相当于一气动不对称角的影响,因质心偏离几何轴一般不到 1 mm,故它对质心速度方向及质心轨迹的影响也是很小的,一般可忽略不计。

7.13　风引起的角运动及对质心运动的影响

在第 4 章 4.7 节中已讲述过风对质点弹道的影响,即横风产生侧偏,并且是弹道向顺风速方向偏转(用式(4.7.3)计算);纵风产生射程偏差,并且是顺风增大射程,逆风减小射程(用式(4.7.11)计算)。风对质点弹道影响的机理是它改变了弹箭相对空气速度的大小和方向,因而改变了空气阻力的大小和方向,结果使质心速度大小改变、方向偏转,从而改变了弹道。

当考虑刚体弹道时,由于风改变了弹轴相对于空气速度的方向,将形成弹轴与气流速度间的攻角,在形成的各种气动力矩作用下,弹箭作为刚体将产生围绕质心的角运动,而角运动中由攻角产生的升力又将改变质心速度的方向,进一步又影响到质心的弹道。这一部分由风产生的攻角和升力产生的影响是在质点弹道理论中未考虑过的,本节就来研究这种影响。

只考虑风的影响时弹箭的攻角和偏角方程为

$$\Delta'' + (H - \mathrm{i}P)\Delta' - (M + \mathrm{i}PT)\Delta = k_z(\boldsymbol{w}_\perp / v) \tag{7.13.1}$$

$$\boldsymbol{\Psi}' = b_y\Delta + (b_x + b_y)(\boldsymbol{w}_\perp / v) \tag{7.13.2}$$

与式(6.5.23)相比,在方程(7.13.1)的右端略去了数值较小的虚部。在上两式中,有

$$\boldsymbol{w}_\perp = -w_x\sin\theta + \mathrm{i}w_z \tag{7.13.3}$$

由于方程(7.13.1)右端的变化比攻角 Δ 的变化慢得多,可视为常数,于是由 $\Delta' = 0$、$\Delta'' = 0$,并略去马格努斯力矩项 T 的影响,得方程(7.13.1)的非齐次特解为

$$\Delta_W = -\boldsymbol{w}_\perp / v \tag{7.13.4}$$

而方程(7.13.1)的全解为

$$\Delta = C_1\mathrm{e}^{l_1 s} + C_2\mathrm{e}^{l_2 s} + \Delta_W \tag{7.13.5}$$

式中,l_1、l_2 为齐次方程的特征根;C_1、C_2 为待定常数。由起始条件 $\Delta_0 = 0$、$\Delta'_0 = 0$,得方程组

$$C_1 + C_2 + \Delta_W = 0, C_1 l_1 + C_2 l_2 = 0$$

联解得

$$C_1 = \frac{l_2}{l_1 - l_2}\Delta_W, C_2 = \frac{-l_1}{l_1 - l_2}\Delta_W \tag{7.13.6}$$

将 C_1 和 C_2 代入式(7.13.5)中,得到由垂直风产生的攻角

$$\Delta = \frac{\Delta_W}{l_1 - l_2}(l_2 e^{l_1 s} - l_1 e^{l_2 s}) + \Delta_W \tag{7.13.7}$$

上式表明,当有垂直风时,弹轴的运动仍是一个二圆运动,但此二圆运动的中心不是 $\Delta = 0$ 的位置,而是 $\Delta_W = -(\boldsymbol{w}_\perp / v)$ 位置,而 Δ_W 正是有垂直风时相对气流与弹丸质心绝对速度之间的夹角,这表示弹轴是围绕相对气流速度方向运动的。当弹轴与相对气流速度方向一致时,静力矩为零,故称 Δ_W 为平衡攻角。式(7.13.4)表明,平衡攻角的大小为 $|\boldsymbol{w}_\perp / v|$,方向与 $\boldsymbol{w}_\perp$ 的方向相反。

将攻角表达式(7.13.7)代入偏角方程(7.13.2)中,并略去比 b_y 小得多的 b_x,得

$$\boldsymbol{\Psi}' = b_y\left(-\frac{\boldsymbol{w}_\perp}{v}\right)\cdot\frac{1}{l_1 - l_2}(l_2 e^{l_1 s} - l_1 e^{l_2 s}) \tag{7.13.8}$$

积分后得

$$\boldsymbol{\Psi} = b_y\left(-\frac{\boldsymbol{w}_\perp}{v}\right)\frac{1}{l_1 - l_2}\left[\frac{l_2}{l_1}e^{l_1 s} - \frac{l_1}{l_2}e^{l_2 s}\right]_0^s \tag{7.13.9}$$

将积分上、下限代入式中后可以看出,$\boldsymbol{\Psi}$ 除了做周期变化以外,还有一个固定不变的平均值

$$\bar{\boldsymbol{\Psi}}_W = b_y\left(-\frac{\boldsymbol{w}_\perp}{v_0}\right)\frac{-1}{l_1 - l_2}\left[\frac{l_2}{l_1} - \frac{l_1}{l_2}\right] = b_y\left(-\frac{\boldsymbol{w}_\perp}{v_0}\right)\frac{H - iP}{M + iPT} \tag{7.13.10}$$

或

$$\bar{\boldsymbol{\Psi}}_W \approx i b_y \frac{P}{M}\left(\frac{\boldsymbol{w}_\perp}{v_0}\right) \approx i\frac{b_y}{k_z}P\left(\frac{\boldsymbol{w}_\perp}{v_0}\right) \tag{7.13.11}$$

将它与 Δ_0 形成的平均偏角公式(7.5.11)相比可见,垂直风的作用相当于产生了一起始攻角

$$\Delta_{0W} = \boldsymbol{w}_\perp / v_0 \tag{7.13.12}$$

我们将它称为垂直风的等效起始攻角,它与平衡攻角正好相反。由式(7.13.11)可见,垂直风的等效起始攻角与风向一致,但它形成的平均偏角垂直于风向并超前 90°。因此,对于从左向右吹的横风($w_z > 0$),所形成的平均偏角将从横风方向转过 90°向下,它减小了射角,故在最大射程角以下射击时,正的横风将减小射程;反之,负的横风则增大射程。最大射程角以上射击时情况相反。同理,顺风 $w_x > 0$ 的垂直分量 $w_{x\perp} = -w_x\sin\theta$ 向下,因而形成的平均偏角从向下的风转过 90°向左,产生向左的侧偏;反之,$w_x < 0$ 时将产生向右的侧偏。

风的这种交叉影响是由弹丸旋转的陀螺效应产生的。小射角时,横风对射角的影响不容忽视,它将产生近距离立靶高低偏差和散布,并产生射程偏差和散布,但此时纵风对侧偏的影响较小(因 $\sin\theta_0$ 较小)。大射角时,纵风对侧偏的影响也加大,对于中等射角,二者均有一定的影响。例如,某榴弹炮初速 460 m/s,炮口初速 $\dot{\gamma}_0 = 1\,376$ rad/s, $h^* = 0.21$ m, $R_C^2 = 0.001\,6$ m^2,当射角 $\theta_0 = 60°$时,射程为 9 370 m,如果有纵风 10 m/s,则产生向左 8.06 m 的侧偏;如果有横风 10 m/s,则 1 000 m 立靶上引起弹着点偏下 0.5 m。

风通过质心运动阻力和角运动时的升力对弹道的影响,应是二者之和。

由于 w_x 和 w_z 的随机性,也将产生弹道散布。

本章知识点

①了解旋转稳定弹攻角运动方程解的一般形式，理解齐次解和非齐次解在外弹道学中表示的物理意义。

②简化刚体运动方程、修正质点弹道方程与 6 自由度刚体弹道方程之间的关系。

③旋转稳定弹动力平衡角的概念、产生机理及计算方法。

④起始扰动、动不平衡、气动外形不对称、风等因素对角运动及对质心运动的影响。

本章习题

1. 某 130 mm 榴弹，弹长 $l = 0.85$ m，极转动惯量 $C = 0.08\ \mathrm{kg \cdot m^2}$，弹丸飞至弹道顶点处，速度 $v = 340$ m/s，大气密度 $\rho = 0.258\ \mathrm{kg/m^3}$，静力矩系数导数 $m_z' = 0.891\,2$，转速 $\dot{\gamma} = 1\,400$ rad/s，重力加速度 $g = 9.80\ \mathrm{m/s^2}$，试根据前述公式计算无风条件下的动力平衡角 δ_{2p}。

2. 仍采用第 1 题中的条件，假设动力平衡角最大不能超过 20°，则在有风条件下，最大风速 $w_{/\!/}$ 不能超过多少？

3. 试总结：弹箭攻角分别在什么情况会产生一圆运动、二圆运动、三圆运动？这三种运动对弹箭飞行有何影响？

第 8 章

尾翼稳定弹的角运动及对质心运动的影响

内容提要

在第 6 章建立的弹箭角运动方程基础上，本章以尾翼稳定弹为研究对象(包括非旋转尾翼弹和低旋尾翼弹)，讲述起始扰动、非对称以及风等因素对尾翼弹角运动及质心运动的影响，并介绍低旋尾翼弹的导转和平衡转速、尾翼弹动力平衡角及偏流等。

8.1 概　　述

本章所说的尾翼稳定弹泛指具有静稳定力矩的一类弹，这时压力中心在质心之后。

尾翼弹低速旋转的目的是使不对称因素的作用不断改变方向，其前后影响互相抵消，从而减小射弹散布。由于转速较低，因而其陀螺效应很弱，甚至可以忽略不计。

尾翼弹的角运动从数学上讲与旋转弹的角运动服从同样的运动微分方程，故上一章对于旋转稳定弹的许多公式和结果对尾翼弹也是适用的，只要注意公式中的静力矩系数现在应是 $k_z < 0$，并且转速 $\dot{\gamma}$ 较小，而弹丸的长细比较大、C/A 只有 0.01 量级等特点即可。但也正是由于这些特点，使尾翼弹的角运动表现与旋转稳定弹不大相同，必须专门研究。

由于尾翼弹的赤道阻尼力矩和下洗延迟力矩较大，故在本章的分析中，一般要保留赤道阻尼力矩项 H。另外，低旋尾翼弹运动的一个重要现象是当其自转角频率 $\gamma' = \text{æ}$ 接近或等于其摆动频率 ω_1、$|\omega_2|$ 时会发生共振，振幅变得很大，产生共振不稳定，这将在第 12 章第 12.5 节里讲述。本章所述内容均以不发生共振并且满足动态稳定为前提。

8.2 非旋转尾翼弹由起始扰动产生的角运动及对质心运动的影响

对于非旋转尾翼弹 $P=0$, $k_z < 0$，弹箭角运动方程(6.5.23)的齐次方程简化成下式

$$\Delta'' + H\Delta' - M\Delta = 0 \tag{8.2.1}$$

齐次方程的解描述由起始扰动产生的角运动。以下分空间运动形式和平面运动形式讲述。

8.2.1 非旋转尾翼弹的空间运动形式

方程(8.2.1)的特征根为

$$l_{1,2} = (-H \pm \sqrt{H^2 + 4M})/2 \tag{8.2.2}$$

攻角方程的齐次解为

$$\Delta = C_1 e^{l_1 s} + C_2 e^{l_2 s} \tag{8.2.3}$$

由于弹箭是静稳定($k_z = M < 0$)的,故将特征根写成如下形式

$$l_{1,2} = \lambda_{1,2} + i\omega_{1,2} = -\frac{H}{2} \pm i\frac{1}{2}\sqrt{4(-k_z) - H^2} \tag{8.2.4}$$

因为一般弹箭均为正阻尼,即 $H > 0$,并且它远小于静力矩,$H^2 << |-k_z|$,故虚部为

$$\varphi'_{1,2} = \omega_{1,2} = \pm\frac{1}{2}\sqrt{4(-k_z) - H^2} \approx \pm\sqrt{-k_z} = \pm\omega_c \tag{8.2.5}$$

而实部

$$\lambda_{1,2} = -H/2 < 0 \tag{8.2.6}$$

在上述情况下,因 $\lambda_{1,2} < 0$,故弹箭的运动是稳定的。

式(8.2.5)中,$\omega_c = \omega_1 = -\omega_2$,称为尾翼弹箭的特征频率;式(8.2.6)中的 $\lambda_{1,2}$ 称为两个圆运动的阻尼指数。这时非旋转尾翼弹的角运动由两个圆运动合成,这两个圆运动的阻尼指数相同,角频率大小相等、方向相反,复攻角为

$$\Delta = e^{\lambda s}\left[K_{10}e^{i(\omega_1 s + \varphi_{10})} + K_{20}e^{i(\omega_2 s + \varphi_{20})}\right] \tag{8.2.7}$$

这里 $K_{10}e^{i\varphi_0} = C_1$ 和 $K_{20}e^{i\varphi_{20}} = C_2$ 为待定积分常数,由起始条件确定。由起始条件 $s=0$ 时 $\Delta = \Delta_0, \Delta' = \Delta'_0$,仍得到与式(7.3.10)和式(7.3.11)一样的关系式。

下面先讨论无阻尼运动情况,即 $\lambda_1 = \lambda_2 = H = 0$ 的情况,这时二圆运动的半径不衰减。

$$\delta_1 = K_{10}\cos(\omega_1 s + \varphi_{10}) + K_{20}\cos(\omega_2 s + \varphi_{20})$$

$$\delta_2 = K_{10}\sin(\omega_1 s + \varphi_{10}) + K_{20}\sin(\omega_2 s + \varphi_{20})$$

注意到 $\omega_2 = -\omega_1$,则 δ_1、δ_2 均可看作是同方向、同频率的两正弦量(一般不说余弦量)叠加。因此,可以采用叠加公式:$A_1\cos(\omega t + \varphi_1) + A_2\cos(\omega t + \varphi_2) = C\cos(\omega t + \Delta\varphi)$,其中,$C = \sqrt{A_1^2 + A_2^2 + 2A_1A_2\cos(\varphi_1 - \varphi_2)}$,$\tan\Delta\varphi = (A_1\cos\varphi_1 + A_2\cos\varphi_2)/(A_1\sin\varphi_1 + A_2\sin\varphi_2)$。对上述 δ_1、δ_2 表达式应用叠加公式,由三角函数关系 $\sin\alpha = \cos(\alpha - \pi/2)$、$\cos\alpha = \sin(\alpha + \pi/2)$,得

$$\delta_1 = \sqrt{K_{10}^2 + K_{20}^2 + 2K_{10}K_{20}\cos(\varphi_{10} + \varphi_{20})}\cos(\omega_1 s + \Delta\varphi_1) \tag{8.2.8}$$

$$\delta_2 = \sqrt{K_{10}^2 + K_{20}^2 - 2K_{10}K_{20}\cos(\varphi_{10} + \varphi_{20})}\cos(\omega_1 s + \Delta\varphi_2) \tag{8.2.9}$$

其中 $\Delta\varphi_1$、$\Delta\varphi_2$ 可用初始条件 K_{j0}、φ_{j0} 表示,为

$$\tan\Delta\varphi_1 = \frac{K_{10}\cos\varphi_{10} + K_{20}\cos\varphi_{20}}{K_{10}\sin\varphi_{10} - K_{20}\sin\varphi_{20}}$$

$$\tan\Delta\varphi_2 = \frac{K_{10}\sin\varphi_{10} + K_{20}\sin\varphi_{20}}{-K_{10}\cos\varphi_{10} + K_{20}\cos\varphi_{20}}$$

上两式表明,非旋转弹的角运动也可表示成两个互相垂直方向上同频率振动的合成。由物理学中两个同频率垂直方向振动合成的理论知,在一般情况下,由 δ_1 和 δ_2 合成的复攻角 Δ 的矢端,将在复平面上画出椭圆曲线,在特殊情况下可变成直线和圆。运动曲线的形状取决于相位差 $\Delta\varphi_1 - \Delta\varphi_2$ 以及振幅比,也即取决于起始条件。图 8.2.1 所示即为无阻尼非旋转弹可能出现的攻角曲线。

无阻尼非旋转弹存在两种特殊运动——圆运动和平面运动。

1. 圆运动情况一

$$K_{10} = 0, K_{20} \neq 0, \Delta = K_{20}e^{i(\omega_2 s + \varphi_{20})}$$

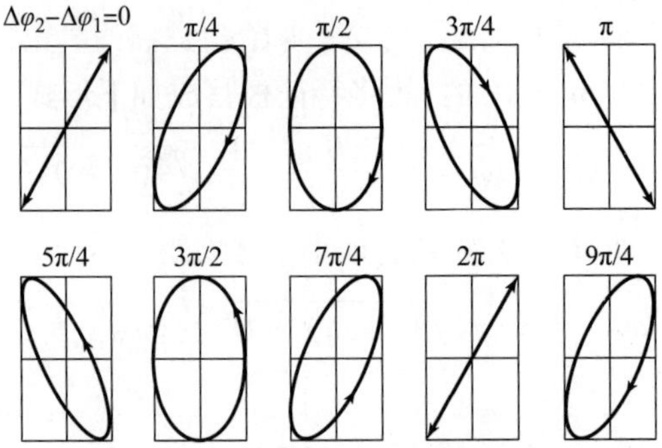

图 8.2.1　无阻尼非旋转弹的复攻角曲线

这是半径为 K_{20}、角频率为 $\omega_2=-\omega_c$ 的圆运动,从弹尾向弹头看过去,弹轴绕速度线逆时针转动。由式(7.3.10)可得,当 $K_{10}=0$ 时,必有 $\Delta_0'=\mathrm{i}\omega_2\Delta_0=-\mathrm{i}\omega_c\Delta_0$。可见此时,起始扰动 Δ_0' 与 Δ_0 垂直,比 Δ_0 滞后 90°,扰动量幅值比为 ω_c。

2. 圆运动情况二

$$K_{10}\neq 0,K_{20}=0,\Delta=K_{10}\mathrm{e}^{\mathrm{i}(\omega_1 s+\varphi_{10})}$$

此圆顺时针转动,由式(7.3.10)知仍有 Δ_0' 与 Δ_0 垂直,并比 Δ_0 超前 90°,振幅比仍为 ω_c。

3. 平面运动情况一

$$K_{10}=K_{20}=K_0,\varphi_{10}=\varphi_{20}=\varphi_0$$

$$\Delta=K_0\mathrm{e}^{\mathrm{i}\varphi_0}(\mathrm{e}^{\mathrm{i}\omega_1 s}+\mathrm{e}^{-\mathrm{i}\omega_1 s})=2K_0\mathrm{e}^{\mathrm{i}\varphi_0}\cos\omega_c s$$

这是在方位角 $\nu=\varphi_0$ 平面内的谐振动,振幅为 $2K_0$,角频率为 ω_c。相应的起始扰动为

$$\Delta_0=2K_0\mathrm{e}^{\mathrm{i}\varphi_0},\Delta_0'=0\quad 或\quad \delta_0=2K_0,\nu_0=\varphi_0$$

这是只有起始攻角 Δ_0 而无起始攻角速度的情况。弹轴就在起始攻角面内摆动。

4. 平面运动情况二

$$K_{10}=K_{20}=K_0,\varphi_{20}=\varphi_{10}+\pi$$

$$\Delta=K_0\mathrm{e}^{\mathrm{i}\varphi_{10}}(\mathrm{e}^{\mathrm{i}\omega_1 s}-\mathrm{e}^{-\mathrm{i}\omega_1 s})=2K_0\mathrm{e}^{\mathrm{i}\left(\varphi_{10}+\frac{\pi}{2}\right)}\sin\omega_c s$$

这也是平面摆动,但摆动平面在 $\varphi_{10}+\pi/2$ 方向上,这种平面运动的起始条件为

$$\Delta_0=0,\Delta_0'=2K_0\sqrt{-k_z}\mathrm{e}^{\mathrm{i}\left(\varphi_{10}+\frac{\pi}{2}\right)}$$

故属于仅有起始扰动 Δ_0' 的情况,弹轴摆动的平面也就是 Δ_0' 所在的平面。

5. 平面运动情况三

$$\Delta_0=\delta_0\mathrm{e}^{\mathrm{i}\nu_0},\Delta_0'=\delta_0'\mathrm{e}^{\mathrm{i}\nu_0}$$

这是起始扰动 Δ_0 和 Δ_0' 位于同一平面内的情况,这时由式(7.3.10)中两式联立解出

$$K_{j0}\mathrm{e}^{\mathrm{i}\varphi_{j0}}=\frac{\delta_0'\pm\mathrm{i}\omega_c\delta_0}{\pm 2\mathrm{i}\omega_c}\mathrm{e}^{\mathrm{i}\nu_0}\quad(j=1,2)$$

将它们代入攻角表达式中得

$$\Delta=\sqrt{(\delta_0'/\omega_c)^2+\delta_0^2}\sin(\omega_c s+\varphi)\mathrm{e}^{\mathrm{i}\nu_0},\varphi=\arctan(\delta_0\omega_c/\delta_0')$$

故弹轴在 Δ_0 和 Δ_0' 共同所在的平面内摆动,角频率仍为 ω_c。

从上述情况可见,实现平面运动的条件是 $\omega_1=-\omega_2$,并且起始扰动只在一个平面内;实现

圆运动的条件是 Δ_0 与 Δ_0' 互相垂直,并且 $|\Delta_0'/\Delta_0| = \omega_c$。其他情况一律都是椭圆运动。

以上都是由起始扰动形成的保守运动,如果考虑阻尼,运动能量不断损耗,这些运动的幅值将衰减一直到攻角为零。图 8.2.2 所示即为一般情况下的复攻角曲线。

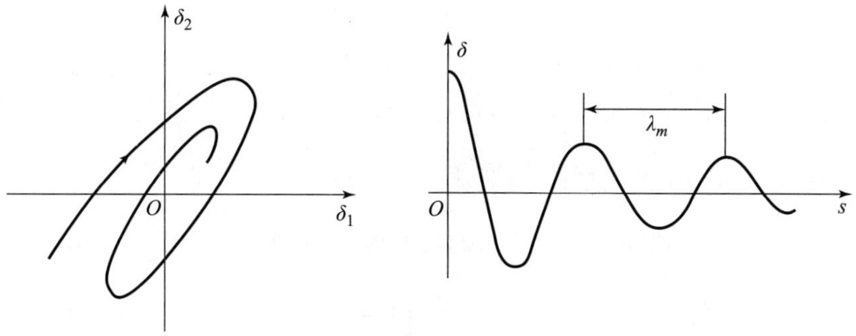

图 8.2.2　非旋转尾翼弹的一般复攻角及其模曲线

8.2.2　非旋转尾翼弹的平面运动形式

对于非旋转弹,方程(8.2.1)实际上可将实部和虚部分开成两个形式完全相同的方程

$$\delta_j'' + H\delta_j' - M\delta_j = 0 \quad (j = 1,2) \tag{8.2.10}$$

这两个方程的数学本质是相同的,它可代表非旋转尾翼弹在任意一个平面上的摆动方程。如果弹轴做空间摆动,也可看成是两个垂直平面内摆动的合成,每个平面内的摆动都服从方程(8.2.10),故可只研究弹轴在一个平面内的摆动。这时弹轴的运动可只用一个攻角 δ 来表示,方程(8.2.10)可统一表示成如下形式

$$\delta'' + H\delta' - M\delta = 0 \tag{8.2.11}$$

此方程的特征根仍为式(8.2.4),攻角 δ 可写成如下形式

$$\delta = e^{-bs}(C_1 e^{i\omega_1 s} + C_2 e^{i\omega_2 s}) \tag{8.2.12}$$

式中,$b = -\lambda = H/2 = (k_{zz} + b_y - b_x - g\sin\theta/v^2)/2$;$\omega_1 = -\omega_2 = \sqrt{-k_z} = \omega_c$。

对于一般起始条件,$s = 0$ 时,$\delta_0 = 0, \delta_0' = \dot{\delta}_0/v_0$,可求得待定常数 $C_1 = -C_2 = \delta_0'/(2i\omega_c)$,将 C_1、C_2 代入式(8.2.12)中,注意到 $\omega_1 = -\omega_2$,再利用欧拉公式展开指数项,得

$$\delta = \delta_{m0} e^{-bs} \sin\omega_c s, \delta_{m0} = \dot{\delta}_0/(v_0\omega_c) \tag{8.2.13}$$

式中,δ_{m0} 为起始攻角幅值。对于特殊起始条件,$s = 0$ 时,$\delta = \delta_0, \delta_0' = 0$,类似地,求得 $C_{1,2} = \delta_0(b \pm i\omega_c)/(2i\omega_c)$。将 C_1、C_2 代入式(8.2.12)中,得

$$\delta = \delta_0 e^{-bs}(\cos\omega_c s + b\sin\omega_c s/\omega_c) \quad 或 \quad \delta = \delta_m e^{-bs}\sin(\omega_c s + \varphi) \tag{8.2.14}$$

式中

$$\delta_m = \delta_0\sqrt{1 + (b/\omega_c)^2}, \varphi = \arctan(\omega_c/b) \tag{8.2.15}$$

以上攻角表达式都是简谐摆动,攻角模值 δ 变化的角频率都是 ω_c,而且只要阻尼项 $H > 0$,攻角就按指数规律减小。将攻角变化一周内弹丸飞过的弧长称为弹道波长,并记为 λ_c,而攻角变化一周相应的时间周期记为 T,则

$$\lambda_c = 2\pi/\omega_c, T = \lambda_c/v = 2\pi/(v\omega_c) \tag{8.2.16}$$

从 λ_c 和 T 的表达式可见,尽管随飞行速度 v 的减小,时间周期 T 在缓慢增大,然而波长 λ_c 则几

乎是不变的,它只与弹箭的气动参数和结构参数有关(即与 k_z 有关),而与飞行速度的关系(通过马赫数 $Ma=v/c_s$ 改变气动系数)很弱。因此,波长 λ_c 比周期 T 更能代表系统的特性。如果用实验方法测得了尾翼弹的攻角变化波长 λ_c,就可以反过来确定出弹丸的稳定力矩系数

$$m_z' = -\left(\frac{2\pi}{\lambda_c}\right)^2 \frac{2A}{\rho Sl} \tag{8.2.17}$$

式中,ρ 为实验时的空气密度;S 为特征面积;l 为特征长度;A 为赤道转动惯量。

由旋转稳定弹的波长表达式(7.4.19)可见,旋转稳定弹的波长还与自转转速 $\dot{\gamma}$ 有关。

8.2.3 起始扰动对速度方向的影响——气动跳角

将 $\dot{\delta}_0$ 产生的攻角表达式(8.2.13)代入偏角方程(6.5.20)中,并只考虑升力的作用,得

$$\psi_{\dot{\delta}_0} = b_y\delta_{m0}\int_0^s \mathrm{e}^{-bs}\sin\omega_c s\mathrm{d}s = \frac{b_y\dot{\delta}_0}{\omega_c^2 v_0}\left[1-\mathrm{e}^{-bs}\left(\cos\omega_c s+\frac{b}{\omega_c}\sin\omega_c s\right)\right] \tag{8.2.18}$$

上式中除了周期性变化部分外,还有一个不变的平均值,即

$$\bar{\psi}_{\dot{\delta}_0} = \dot{\delta}_0 b_y/(\omega_c^2 v_0) = \dot{\delta}_0 R_A^2/(h^* v_0) \tag{8.2.19}$$

这与旋转稳定弹由 $\dot{\delta}_0$ 产生的平均偏角表达式(7.5.4)是一样的,只是在这里因 $k_z<0$,故平均偏角与起始扰动 $\dot{\delta}_0$ 的方向相同而不是相反。这就是非旋转弹与旋转弹一个不同之处。

对于特殊起始条件,$\delta_0\neq 0,\delta_0'=0$,只须将相应的攻角表达式(8.2.14)代入偏角方程(6.5.20)中,并只计升力的作用,再利用 $\mathrm{e}^{ax}\sin bx$、$\mathrm{e}^{ax}\cos bx$ 的不定积分公式,得偏角

$$\begin{aligned}\psi_{\delta_0} &= b_y\delta_0\int_0^s \mathrm{e}^{-bs}\left(\cos\omega_c s+\frac{b}{\omega_c}\sin\omega_c s\right)\mathrm{d}s\\ &= \frac{b_y\delta_0}{(-b)^2+\omega_c^2}\left[\mathrm{e}^{-bs}(-b\cos\omega_c s+\omega_c\sin\omega_c s)+\frac{b\mathrm{e}^{-bs}}{\omega_c}(-b\sin\omega_c s-\omega_c\cos\omega_c s)\right]_0^s\end{aligned}$$

代入上、下限,并略去比1小得多的 $(b/\omega_c)^2$ 项,得式中不变的部分即为平均偏角或气动跳角

$$\bar{\psi}_{\delta_0} = \frac{2bb_y\delta_0}{-k_z} = 2b\frac{c_y'}{-m_z'}\cdot\frac{R_A^2}{l}\delta_0 \approx 2b\frac{R_A^2}{h^*}\delta_0 \tag{8.2.20}$$

这与旋转弹的气动跳角式(7.5.11)完全不同,前者与阻尼力矩有关,而后者与转速 $\dot{\gamma}_0$ 有关。

由于 $\dot{\delta}_0$ 和 δ_0 的大小和方向的随机性,因而由此产生的气动跳角会引起射弹散布。增大 h^* 可减小气动跳角,但又会增大尾翼弹对炮口压力场的敏感性,导致 $\dot{\delta}_0$ 增大,不能起到预期的效果。因此,在某些尾翼弹(例如迫击炮弹)的发射中,常在弹体上加闭气环,不仅可以提高初速,减小初速散布,而且可以改善炮口压力场的对称性,缩短炮口流场对尾翼的作用时间,使 $\dot{\delta}_0$ 减小,效果明显。

8.3 低旋尾翼弹的导转和平衡转速

尾翼弹的低速旋转一般通过斜置尾翼或尾翼端面斜切来实现,低旋尾翼弹的转速变化方程为方程(6.4.2)的第4式,将式(6.4.9)代入、简化并改自变量为弧长 s,得

$$\mathrm{d}\dot{\gamma}/\mathrm{d}t = -k_{xz}v\dot{\gamma}+k_{xw}v^2\delta_f \quad 或 \quad \mathrm{d}\dot{\gamma}/\mathrm{d}s = -k_{xz}\dot{\gamma}+k_{xw}v\delta_f \tag{8.3.1}$$

当极阻尼力矩与导转力矩相平衡时,方程右边为零,$\mathrm{d}\dot{\gamma}=0$,转速达到平衡,平衡转速为

$$\dot{\gamma}_L = (k_{xw}/k_{xz})v\delta_f \tag{8.3.2}$$

上式表明,平衡转速与飞行速度 v 成正比,而与初始转速 $\dot{\gamma}_0$ 无关。欲知转速从 $\dot{\gamma}_0$ 变到 $\dot{\gamma}_L$ 的过渡过程,需求方程(8.3.1)的解。它的非齐次特解就是 $\dot{\gamma} = \dot{\gamma}_L$,又齐次方程的特征根为 $-k_{xz}$,于是全解为 $\dot{\gamma} = Ce^{-k_{xz}s} + \dot{\gamma}_L$。由 $s = s_0$ 时,$\dot{\gamma} = \dot{\gamma}_0$,得积分常数 $C = \dot{\gamma}_0 - \dot{\gamma}_L$,故最后得

$$\dot{\gamma} = \dot{\gamma}_L + (\dot{\gamma}_0 - \dot{\gamma}_L)e^{-k_{xz}(s-s_0)} \tag{8.3.3}$$

上式表明,当 $s\to\infty$ 时,$\dot{\gamma}\to\dot{\gamma}_L$,其变化如图 8.3.1 所示。当 $\dot{\gamma}_0 > \dot{\gamma}_L$ 时,转速从 $\dot{\gamma}_0$ 减至 $\dot{\gamma}_L$;当 $\dot{\gamma}_0 < \dot{\gamma}_L$ 时,转速从 $\dot{\gamma}_0$ 增至 $\dot{\gamma}_L$,这个过程的快慢主要取决于极阻尼力矩 k_{xz} 的大小。

由于尾翼弹的极阻尼力矩很大(特别是大翼展、张开式尾翼),所以实际上尾翼弹的转速从 $\dot{\gamma}_0$ 变至平衡转速 $\dot{\gamma}_L$ 所需时间都不很长,故当平衡转速 $\dot{\gamma}_L$ 随飞行速度变化时,瞬时转速 $\dot{\gamma}$ 也几乎与 $\dot{\gamma}_L$ 同步变化。图 8.3.2 所示即为平衡转速 $\dot{\gamma}_L$、瞬时转速 $\dot{\gamma}$、飞行速度 v 随 s 变化的情况。图线表明,当平衡转速下降时,瞬时转速 $\dot{\gamma}$ 略高于平衡转速,当平衡转速上升时,瞬时转速 $\dot{\gamma}$ 略低于平衡转速。总之,$\dot{\gamma}$ 的变化略滞后 $\dot{\gamma}_L$ 的变化一点。

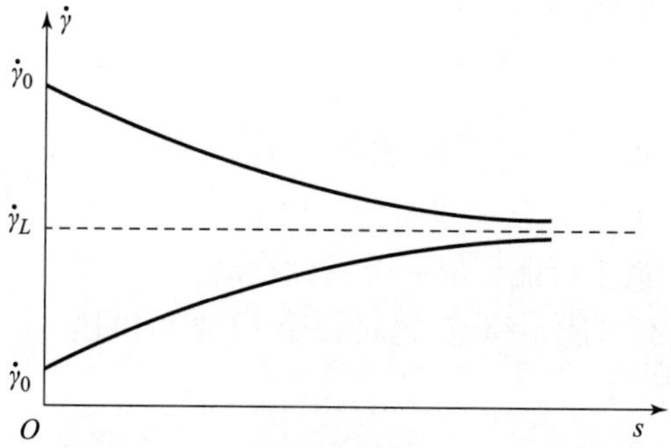

图 8.3.1　低旋尾翼弹的 $\dot{\gamma}-s$ 曲线

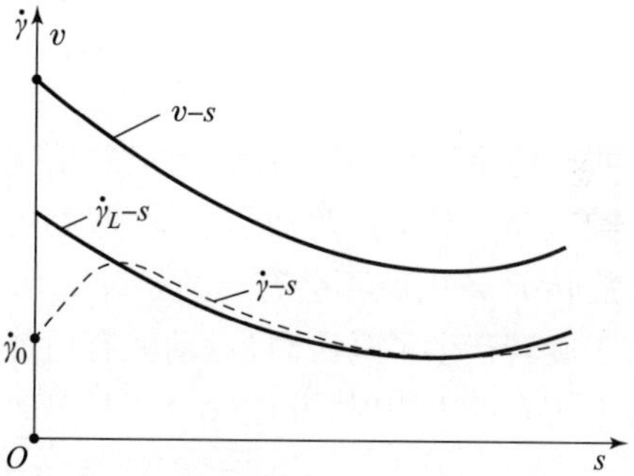

图 8.3.2　低旋尾翼弹的 $\dot{\gamma}_L-s$、$v-s$ 和 $\dot{\gamma}-s$ 曲线

图线还表明,除在炮口附近 $\dot{\gamma}_0$ 与 $\dot{\gamma}_L$ 相差较大外,在随后的弹道上,瞬时转速与平衡转速基本相同。因此,可以认为 $\dot{\gamma} \approx \dot{\gamma}_L$,于是有下面的关系式

$$æ = \dot{\gamma}/v \approx \dot{\gamma}_L/v = (k_{xw}/k_{xz})\delta_f \tag{8.3.4}$$

这个比值仅随 k_{xw}/k_{xz} 变化而缓慢地变化,故在较长的一段弹道上都可视 æ 为常数。

8.4　低旋尾翼弹由起始扰动引起的角运动及对质心运动的影响

低旋尾翼弹的角运动方程与旋转稳定弹的角运动方程从数学形式讲是一样的,即仍为方程(6.5.23),其解的形式也一样,仍为式(7.3.5)或式(7.3.7),只需注意其中静力矩项为稳定力矩项,即 $M = k_z < 0$,另外,不忽略阻尼 H,弹轴仍做二圆运动。陀螺稳定条件仍为

$$P^2 - 4M > 0 \quad 或 \quad 1/S_g < 1 \quad 但 \quad S_g = P^2/4M < 0 \tag{8.4.1}$$

因 $M < 0$,故尾翼弹必定是陀螺稳定的,但陀螺稳定因子是负值。

在满足陀螺稳定的条件下,由式(7.4.3)知 $\omega_1 = (P + \sqrt{P^2 - 4M})/2 > 0$,$\omega_2 = (P - \sqrt{P^2 - 4M})/2 < 0$,并且 $\omega_1 > |\omega_2|$,ω_1 为顺时针转动,ω_2 为逆时针转动,这与旋转稳定弹的二圆运动同向转动不同。转速较低时,复攻角曲线仍接近于非旋转弹的复攻角椭圆曲线,但因 $P \neq 0$、$\omega_1 \neq |\omega_2|$,此椭圆曲线开始逆时针缓慢进动,如图 8.4.1(a)所示。转速再增高,快圆

运动加快,攻角曲线呈现多叶多瓣形状,如图8.4.1(b)所示。如果转速再增大,复攻角曲线将成为内摆线形状,即相当于一个小圆在一个大圆内侧滚动时小圆上一点画出的轨迹,如图8.4.1(c)所示。

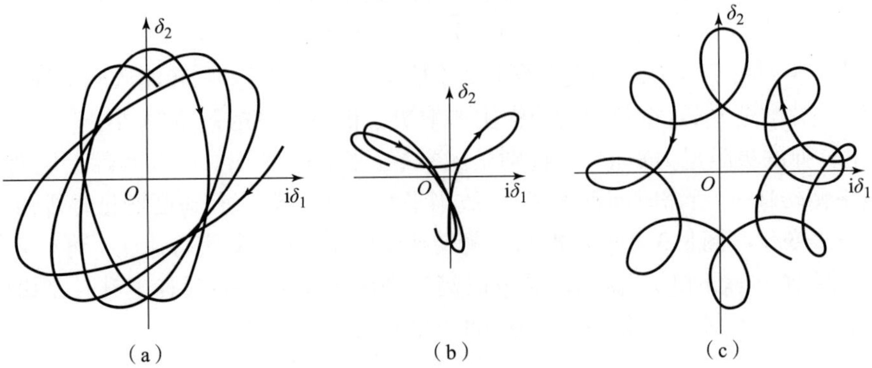

图8.4.1　静稳定旋转弹的角运动曲线

(a) $\omega_1 \approx |\omega_2|$;(b) $\omega_1 \approx 3|\omega_2|$;(c) $\omega_1 >> |\omega_2|$

与非旋转尾翼弹一样,在无阻尼的情况下,如果 $C_1 = 0$,则存在慢圆运动;如果 $C_2 = 0$,则存在快圆运动。对于这两种圆运动,起始扰动 Δ_0 和 Δ'_0 也是互相垂直的。但值得注意的是,只要弹箭旋转 $P \neq 0$,就不会有 $\omega_1 = -\omega_2$,两个圆运动就不可能合成一个平面摆动。

由于旋转产生了马氏力,运动就有可能稳定,也有可能不稳定,这将在第12章里讲述。

考虑所有的力矩时,方程(6.5.23)齐次方程的解为

$$\Delta = C_1 e^{l_1 s} + C_2 e^{l_2 s} \tag{8.4.2}$$

将上式求导一次并在起始条件 $\Delta'_0 \neq 0$、$\Delta_0 = 0$ 下定出 C_1、C_2,得到由 Δ'_0 所产生的攻角

$$\Delta = \Delta'_0 (e^{l_1 s} - e^{l_2 s})/(l_1 - l_2) \tag{8.4.3}$$

将它代入偏角方程 $\Psi' = b_y \Delta$ 中积分得

$$\Psi = \frac{b_y \Delta'_0}{l_1 - l_2}\left[\frac{e^{l_1 s}}{l_1} - \frac{e^{l_2 s}}{l_2}\right]_0^s \tag{8.4.4}$$

代入上、下限后可知,Ψ 中也有一不变的平均值,将它也称为平均偏角或气动跳角

$$\Psi_{\delta_0} = \frac{b_y \Delta'_0}{l_1 \cdot l_2} = \frac{-b_y \Delta'_0}{M + \mathrm{i}PT} \approx \frac{-b_y}{k_z} \cdot \frac{\Delta'_0}{v_0} \tag{8.4.5}$$

它与式(8.2.9)相同,对其说明也相同,即气动跳角与起始扰动 Δ'_0 方向相同,而不是相反。

对于特殊起始条件,$s=0$ 时,$\Delta = \Delta_0$,$\Delta'_0 = 0$,依同样步骤可解得复攻角

$$\Delta = \Delta_0(-l_2 e^{l_1 s} + l_1 e^{l_2 s})/(l_1 - l_2) \tag{8.4.6}$$

将式(8.4.6)代入偏角方程 $\Psi' = b_y \Delta$ 中积分,即得偏角 Ψ_{δ_0},其中不变的部分即为气动跳角

$$\bar{\Psi}_{\delta_0} = \frac{b_y \Delta_0}{l_1 - l_2}\left(\frac{l_2}{l_1} - \frac{l_1}{l_2}\right) = \frac{-b_y \Delta_0}{M + \mathrm{i}PT}(H - \mathrm{i}P) \approx \frac{b_y(H - \mathrm{i}P)}{(-k_z)}\Delta_0 \tag{8.4.7}$$

当 $P=0$ 时,此式与非旋尾翼弹的平均偏角公式(8.2.20)相同,当略去阻尼($H = 2b = 0$)时,它又与旋转弹的平均偏角公式(7.5.11)相同。对于低旋尾翼弹,P 的值不是很大,H 值也不是很小,二者均考虑时,平均偏角 $\bar{\psi}_{\delta_0}$ 的方位与起始扰动 Δ_0 的方位就不是简单的相同或垂直的关系了,而是与 H、P 的比例大小有关。

8.5　尾翼弹的动力平衡角及偏流

尾翼弹的动力平衡角仍是由弹道弯曲产生，考虑重力影响的角运动方程仍为式（7.7.1）。

$$\Delta'' + (H - \mathrm{i}P)\Delta' - (M + \mathrm{i}PT)\Delta = -\ddot{\theta}/v^2 - \dot{\theta}(k_{zz} - \mathrm{i}P)/v \qquad (8.5.1)$$

只不过现在的特点是 P 很小或 $P=0$，$M = k_z < 0$，阻尼 k_{zz} 较大，不能忽略。此方程的解仍为式（7.7.19）。下面分非旋转尾翼弹和低速旋转尾翼弹两种情况讲述。

8.5.1　非旋转尾翼弹的动力平衡角及滑翔效应

由式（7.7.19），令 $P=0$，并忽略其中的马格努斯力矩项，得

$$\Delta_p = \frac{1}{M}\left(\frac{\ddot{\theta}}{v^2} + \frac{\dot{\theta}}{v}k_{zz}\right) + \frac{k_{zz}}{v^2}\frac{H}{M^2}\ddot{\theta}$$

由此可见，Δ_p 只有实部而无虚部。即只有在射击面内高低方向上的动力平衡角。上式中最后一项数值很小，可以略去，再利用 $\dot{\theta} = -g\cos\theta/v$ 和 $\ddot{\theta} = v\dot{\theta}(b_x + 2g\sin\theta/v^2)$，得

$$\delta_{1p} = \frac{-g\cos\theta}{k_z v^2}\left(k_{zz} + b_x + \frac{2g\sin\theta}{v^2}\right) \qquad (8.5.2)$$

实际上，在方程（8.5.1）中，令 $\Delta' = \Delta'' = 0$，也可直接得到特解式（8.5.2）。由式（8.5.2）可见，尾翼弹的动力平衡角随速度减小而增大，随弹道倾角减小而增大，故在弹道顶点附近动力平衡角最大。但尾翼弹的最大动力平衡角比旋转弹的动力平衡角小得多，一般只有 1°～3°。

在弹道上，由于重力的作用，弹道切线以角速度 $\dot{\theta}$ 逐渐向下弯曲，其角加速度为 $\ddot{\theta}$，而弹轴由于惯性，力图保持在原位置，于是形成了铅直面内的攻角，与此同时，尾翼弹又产生了稳定力矩，迫使弹轴追随切线一起下降。

在弹轴向下转动的过程中，还受到赤道阻尼力矩的作用，反对其转动。在理想情况下，弹轴也以 $\dot{\theta}$ 角速度转动，紧紧追随弹道切线下降，但弹轴与速度线间的夹角并不为零，而是必须有一个攻角 δ_p，由它产生的稳定力矩 $Ak_z v^2\delta_p$ 在克服了由于弹轴以 $\dot{\varphi} = \dot{\theta}$ 旋转产生的赤道阻尼力矩 $Ak_{zz}v\dot{\varphi}$ 以后，恰好使弹轴产生角加速度 $\ddot{\varphi} = \ddot{\theta}$，故弹轴的运动方程为

$$A\ddot{\theta} = Ak_z v^2\delta_p - Ak_{zz}v\dot{\theta} \qquad (8.5.3)$$

由此式同样可以得到式（8.5.2）。

如果建立一动坐标系随速度方向以角速度 $\dot{\theta}$ 和角加速度 $\ddot{\theta}$ 旋转，则在此动坐标系内看弹箭将以 $\dot{\theta}$ 和 $\ddot{\theta}$ 方向向相反方向转动，其产生的惯性阻尼力矩为 $-Ak_{zz}\dot{\theta}$，加速旋转的惯性力矩为 $-A\ddot{\theta}$，而由弹轴与速度方向间的攻角 δ_p 产生的稳定力矩为 $Ak_z v^2\delta_p$，当这三个力矩互相平衡时，δ_p 正好满足式（8.5.2），故称 δ_p 为动力平衡角，所以式（8.5.2）也可理解为在动坐标系内，当弹轴相对于速度线具有攻角 δ_p 时，弹轴处于相对静止平衡状态，于是弹轴与动坐标具有相同的角速度 $\dot{\theta}$ 和角加速度 $\ddot{\theta}$，弹轴与速度方向线同步旋转，紧紧追随弹道切线下降。

非旋转尾翼弹的动力平衡角 δ_p 因 $k_z < 0$ 而始终为正，即弹轴总是高于速度线一个角度，由此攻角而产生的升力将使速度方向抬高，弹道上升，射程增大。我们称这种效应为滑翔效应，它使得实际射程比用质点弹道计算的射程要大。利用这种效应可在尾翼弹的设计中恰当地增大动力平衡角，以增大射程。

与旋转弹一样，上述动力平衡角也只是弹轴的平均位置，实际上弹轴还绕此位置摆动，以

Δ' 和 Δ'' 表示。在这种摆动中,除了产生稳定力矩 $Ak_zv^2\Delta$ 外,还形成赤道阻尼力矩 $Ak_{zz}v\Delta'$,弹轴的相对角加速度 Δ'' 即由此二力矩产生,此时弹轴的全运动方程即为式(8.5.1)。求解此方程就可得到弹轴绕动力平衡轴摆动的情况。

此方程的特征根和全解为

$$l_{1,2} = -H/2 \pm \mathrm{i}\sqrt{-4M - H^2}/2 = \lambda_{1,2} + \mathrm{i}\omega_{1,2} \tag{8.5.4}$$

$$\Delta = C_1 \mathrm{e}^{l_1 s} + C_2 \mathrm{e}^{l_2 s} + \Delta_p \tag{8.5.5}$$

由起始条件 $s = 0$ 时, $\Delta_0 = 0, \Delta_0' = 0$,可求出待定常数 C_1、C_2 以及攻角 Δ 的具体形式

$$C_1 = \Delta_p l_2/(l_1 - l_2), \quad C_2 = -\Delta_p l_1/(l_1 - l_2)$$

$$\Delta = \Delta_p(l_2 \mathrm{e}^{l_1 s} - l_1 \mathrm{e}^{l_2 s})/(l_1 - l_2) + \Delta_p \tag{8.5.6}$$

利用关系式 $l_1 - l_2 = \mathrm{i}\sqrt{-4M - H^2}$,并略去根号内的 H^2 项,再引用符号 b 和 ω_c,得

$$\Delta = \Delta_p - \Delta_p \mathrm{e}^{-bs}(\cos\omega_c s + b\sin\omega_c s/\omega_c) \approx \Delta_p[1 - \mathrm{e}^{-bs}(\cos\omega_c s)] \tag{8.5.7}$$

由上式可见,由重力引起的攻角实际上是围绕动力平衡角 Δ_p 在周期变化,当 $s=0$ 时, $\Delta = 0$,当 $s\to\infty$时,阻尼 b 使 $\Delta \to \Delta_p$。

8.5.2 低旋尾翼弹的动力平衡角及偏流

低旋尾翼弹由重力产生的动力平衡角仍为式(7.7.19),只是式中的 $M<0$,并且 H 较大,不能忽略。略去其马格努斯力矩项 PT,并代入 $\ddot{\theta}$ 的表达式,可得

$$\delta_{1p} = \frac{\dot{\theta}}{Mv}\left(k_{zz} + b_x + \frac{2g\sin\theta}{v^2}\right) - \left(\frac{P}{Mv}\right)^2 \ddot{\theta} + \frac{k_{zz}H}{M^2v^2}\ddot{\theta} \tag{8.5.8}$$

$$\delta_{2p} = -\frac{P\dot{\theta}}{Mv}\left[1 + \frac{H + k_{zz}}{M}\left(b_x + \frac{2g\sin\theta}{v^2}\right)\right] \tag{8.5.9}$$

对于低旋尾翼弹,其转速 $\dot{\gamma}$ 约小于旋转稳定弹的 10%,而因长细比较大,故赤道转动惯量远比极转动惯量大,$C/A\approx0.01$(旋转稳定弹的 $C/A\approx0.1$),故 P 的量级约为 0.01, b_x 量级为 10^{-4}, $M = k_z$ 的量级约为 10^{-3}, k_{zz} 或 H 的量级约为 10^{-3}。因此,式(8.5.8)中的第二、三项均可以忽略,故知低旋尾翼弹在铅直面内的动力平衡角与非旋转尾翼弹的动力平衡角(式(8.5.2))基本相同,旋转的影响可忽略不计,即

$$\delta_{1p} = \frac{\dot{\theta}}{Mv}\left(k_{zz} + b_x + \frac{2g\sin\theta}{v^2}\right) \tag{8.5.10}$$

同理,式(8.5.9)中括号内的第二项比第一项小得多,故可忽略,于是低旋尾翼弹侧向动力平衡角表达式就与旋转稳定弹的侧向动力平衡角(式(7.7.23))完全一致,即

$$\delta_{2p} = -\frac{P}{Mv}\dot{\theta} = \frac{C\dot{\gamma}}{Ak_zv^2}|\dot{\theta}| \tag{8.5.11}$$

只是现在因尾翼弹是静稳定的, $M = k_z < 0$,故侧向动力平衡角是向左的($\delta_{2p} < 0$)。因为转速 P 很低,这个动力平衡角远比旋转稳定弹的动力平衡角要小。然而,对于大射程低旋尾翼弹或低旋尾翼火箭的被动段,由于这一向左动力平衡角的长期影响,也将形成向左的偏流。

由于转速较低,由重力引起的快慢圆运动的角频率大小相近,幅值也相近,故不能像旋转稳定弹那样采用忽略其中高频圆运动的方法去简化低旋尾翼弹的运动方程。

8.6　尾翼弹由非对称性产生的角运动及对质心运动的影响

与旋转稳定弹一样,由于结构、制造甚至运输过程中的原因,尾翼弹常带有轻微的质量分布不均和气动外形不对称。由于尾翼弹转速较低或不旋转,故动不平衡和质心偏离几何轴的影响较小,但尾翼弹的气动偏心却比旋转稳定弹的大。下面分不旋转和旋转两种情况讨论。

8.6.1　不旋转情况

在角运动方程(6.5.23)中,令 $P=0$,并只考虑气动偏心的影响,得尾翼弹角运动方程

$$\Delta'' + H\Delta' - M\Delta = -k_z\Delta_{M_0} \tag{8.6.1}$$

方程右边可视为常数,故其特解可令 $\Delta' = 0, \Delta'' = 0$,求得

$$\Delta_M = -k_z\Delta_{M_0}/(-M) = \Delta_{M_0} \tag{8.6.2}$$

于是方程的全解为

$$\Delta = C_1 e^{l_1 s} + C_2 e^{l_2 s} + \Delta_{M_0} \tag{8.6.3}$$

式中,l_1 和 l_2 仍为方程(8.6.1)齐次方程的特征根

$$l_{1,2} = -b \pm \frac{i}{2}\sqrt{-4M + H^2} \approx -b \pm i\omega_c \tag{8.6.4}$$

对比将式(8.6.3)与式(8.5.5)可见,二者除了 Δ_p 与 Δ_{M_0} 符号不同外,数学本质相同,因此,可由式(8.5.6)或式(8.5.7)直接写出由气动偏心产生的攻角表达式,为

$$\Delta = \Delta_{M_0}(l_2 e^{l_1 s} - l_1 e^{l_2 s})/(l_1 - l_2) + \Delta_{M_0} \approx \Delta_{M_0}[1 - e^{-bs}\cos(\omega_c s)] \tag{8.6.5}$$

此式表明,由气动偏心角 Δ_{M_0} 产生的角运动是弹轴围绕气动力平衡轴位置做衰减的简谐振荡,当 $s\to\infty$ 时,$\Delta \to \Delta_{M_0}$,弹轴与气流保持这一固定攻角飞行。由攻角产生的升力将改变速度方向,将式(8.6.5)代入偏角方程得

$$\Psi = b_y\Delta_{M_0}\left[s + \frac{1}{l_1 - l_2}\left(\frac{l_2}{l_1}e^{l_1 s} - \frac{l_1}{l_2}e^{l_2 s}\right)\right]_0^s \tag{8.6.6}$$

上式中除了周期变化部分外,还有一个非周期部分,即

$$\bar{\Psi}_{\Delta_M} = b_y\Delta_{M_0}\left(s - \frac{l_2 + l_1}{l_1 \cdot l_2}\right) \approx b_y\Delta_{M_0}\left(s + \frac{2b}{\omega_c^2}\right) \approx b_y\Delta_{M_0}s \tag{8.6.7}$$

由此可见,气动非对称形成的偏角随弹道弧长 s 增大而成比例地增大,故如果 Δ_{M_0} 在侧方,将产生很大的侧偏。将 ψ_{Δ_M} 再代入坐标变化方程 $\dot{z} = v\psi$ 中积分得

$$z = \int_0^{s_c} b_y\delta_{M_0}s\,ds = \frac{b_y\delta_{M_0}}{2}s_c^2 \tag{8.6.8}$$

式中,$\delta_{M_0} = |\Delta_{M_0}|$;$s_c$ 为全弹道弧长。可见,侧偏随弹道弧长增大而迅速增大,如当 $|\Delta_{M_0}| = 1$ mil,$s_c = 8\,000$ m,$b_y = 10^{-3}$ 时,$z = 32$ m。因 Δ_{M_0} 的大小和方向是随机的,它将造成较大的落点散布。为了减小这种散布,须让尾翼弹旋转,以便不断地改变气动偏心的方位,使前后影响作用相反,互相抵消,达到减小散布的目的。

8.6.2　旋转情况

当尾翼弹旋转时,其角运动方程与旋转稳定弹的角运动方程在数学形式上没有任何区别,

即与式(7.12.23)相同。此时弹轴也形成三圆运动,相应的升力使速度方向变化,偏角变化中的平均值,形式上仍为式(7.12.27),即

$$\bar{\Psi}_{\Delta_{M_0}} = \mathrm{i}b_y v_0 \Delta_{M_0} / \dot{\gamma}_0 \tag{8.6.9}$$

式(8.6.9)表明,由气动偏心产生的平均偏角也是与转速 $\dot{\gamma}_0$ 成反比,因此,转速越高,此偏角越小,由 ψ_{Δ_M} 形成的侧向偏差为

$$z = \int_0^{s_c} b_y \delta_{M_0} \frac{v_0}{\dot{\gamma}_0} \mathrm{d}s = b_y \delta_{M_0} \frac{v_0}{\dot{\gamma}_0} s_c \tag{8.6.10}$$

与式(8.6.8)对比可见,这里侧偏不仅与 s_c 成正比,还与转速 $\dot{\gamma}_0$ 成反比。因此,不大的转速就可使由气动偏心产生的侧偏大幅度降低,这就是要让尾翼弹旋转但又只须低速旋转的原因。在实际中,即使是设计为不旋转的尾翼弹,由于轻微的气动不对称,弹箭也会缓缓地旋转,因此,实际中由气动非对称产生的侧偏不会像式(8.6.8)计算的那么大。

8.7 风引起的角运动及对质心运动的影响

与质点弹道学中只考虑风对阻力的影响不同,当考虑绕心运动时,就要考虑横风 w_z 和纵风 w_x 垂直于飞行速度的分量 $-w_x\sin\theta$ 所形成的垂直风 $w_\perp = -w_x\sin\theta + \mathrm{i}w_z$,它使弹轴与相对气流方向间产生了攻角,从而产生稳定力矩形成摆动,并产生升力影响质心的横向运动。其运动方程仍为式(7.13.1)和式(7.13.2)。以下仍分非旋转和旋转两种情况讨论。

8.7.1 非旋转情况

这时 $P=0$,方程(7.13.1)和方程(7.13.2)简化为

$$\delta'' + H\delta' - M\delta = k_z(w_\perp / v) \tag{8.7.1}$$

$$\psi' = b_y\delta + (b_x + b_y)(w_\perp / v) \approx b_y(\delta + w_\perp / v) \tag{8.7.2}$$

方程(8.7.1)与上一节的方程(8.6.1)形式相同,只是这里用 $(-w_\perp / v)$ 代替了那里的 Δ_{M_0},因此,只要把上一节中公式中的 Δ_{M_0} 换成 $(-w_\perp / v)$,就得到风所产生的攻角。由式(8.6.2)得到垂直风产生的平衡攻角及方程(8.7.1)的非齐次特解和全解

$$\delta_W = -w_\perp / v, \delta = C_1 \mathrm{e}^{l_1 s} + C_2 \mathrm{e}^{l_2 s} + \delta_W \tag{8.7.3}$$

式中,l_1、l_2 为齐次方程的特征根。在零起始条件下,求出 C_1 和 C_2,得到与式(8.5.7)相似的解

$$\delta = \delta_W[1 - \mathrm{e}^{-bs}(\cos\omega_c s + b\sin\omega_c s)/\omega_c] \tag{8.7.4}$$

此式表明,有风时弹轴将围绕平衡攻角位置,也即绕相对气流方向做简谐振动。

同样,由攻角产生的升力将改变质心速度方向,将攻角表达式(8.7.4)代入偏角方程(8.7.2)中,消去 $w_\perp / v$ 项,得

$$\psi' = b_y(C_1 \mathrm{e}^{l_1 s} + C_2 \mathrm{e}^{l_2 s}) = -b_y \delta_W \mathrm{e}^{-bs}(\cos\omega_c s + b\sin\omega_c s)/\omega_c$$

采用相同的积分过程,得到 ψ 中不随 s 变化的平均部分

$$\bar{\psi}_W = 2b \frac{b_y}{(-k_z)} \left(\frac{w_\perp}{v}\right) \tag{8.7.5}$$

对于尾翼弹,因 $k_z < 0$,故上式表明平均偏角与垂直风 $w_\perp$ 的风向相同,速度方向顺风偏转,即向右吹的横风形成向右的偏角,产生向右的侧偏;向左吹的横风形成向左的偏角和向左的侧偏,这与横风对质点弹道的影响是一致的,两种影响同方向叠加;顺风形成向下的偏角减小弹

道倾角，逆风形成向上的偏角增大了弹道倾角，但它们与纵风对质点弹道的影响方向不一定相同，当射角小于最大射程角时，也可以产生相互抵消的效果。

将式(8.7.5)与非旋转弹由起始扰动 Δ_0 产生的平均偏角公式(8.2.20)相比可见，这里的 $(w_\perp/v_0)$ 就相当于那里的 δ_0，故将

$$\delta_{W_0} = w_\perp / v_0 \tag{8.7.6}$$

称为风的等效起始扰动，它与平衡攻角 δ_W 正好相反（相差一个负号）。这是因为弹丸刚出炮口瞬间，弹轴是沿身管向前的，它与相对气流速度方向间的夹角就是起始攻角。

8.7.2　旋转情况

低旋尾翼弹的攻角方程及其解在形式上与旋转稳定弹相同，故风产生的平衡攻角仍为

$$\boldsymbol{\Delta}_W = -\boldsymbol{w}_\perp / v \tag{8.7.7}$$

弹轴将围绕此平衡攻角做二圆运动，只不过由于尾翼弹是静稳定的，故两个圆运动方向相反，形成内摆线形式的攻角曲线。由攻角产生的升力也改变了质心速度方向，偏角变化的平均值仍为式(7.13.10)，即有

$$\bar{\psi}_W = b_y\left(\frac{\boldsymbol{w}_\perp}{v}\right)\frac{H - \mathrm{i}P}{(-k_z)} \tag{8.7.8}$$

显然，如果弹丸不旋转，$P=0$，则得到与式(8.7.5)相同的结果。如果认为阻尼项 H 比转速项 P 小得多而略去，则得到与式(7.13.11)形式相同的平均偏角公式，注意到 $k_z < 0$，则

$$\bar{\psi}_W = -\mathrm{i}\frac{b_y}{-k_z}\left(\frac{\boldsymbol{w}_\perp}{v_0}\right)\frac{C\dot{\gamma}}{Av_0} \tag{8.7.9}$$

将式(8.7.8)与低旋尾翼弹由起始攻角 Δ_0 产生的气动跳角公式(8.4.7)相比可见，这里的 $w_\perp/v_0$ 相当于那里的 Δ_0，故仍称

$$\boldsymbol{\Delta}_{W_0} = \boldsymbol{w}_\perp / v_0 \tag{8.7.10}$$

为风产生的等效起始攻角。其解释与上面一段所述相同。

式(8.7.9)表明，垂直风产生的平均偏角与垂直风的大小成比例，但方向在风速方向逆转 90°的方向上。这样对于从左向吹的横风，平均偏角向上抬高了射角，对于从右向左吹的横风，则产生向下的平均偏角，使射角减小；同理，顺风产生向右的偏角，逆风产生向左的偏角。这种交叉影响仍然是陀螺力矩造成的，但其响应恰与旋转稳定弹相反，其原因是稳定力矩与翻转力矩矢量方向相反，从而使慢圆运动方向相反。

本章知识点

①尾翼稳定弹攻角运动方程与旋转稳定弹攻角运动方程的联系和区别。

②低旋尾翼弹平衡转速的概念、产生机理及计算方法。

③尾翼弹动力平衡角及偏流的概念及其与旋转稳定弹动力平衡角、偏流的区别。

④起始扰动、非对称、风等因素对尾翼弹角运动及对质心运动的影响。

本章习题

1. 某 105 mm 低旋尾翼弹，弹长 $l = 1.281$ m，极转动惯量 $C = 0.012\ 31$ kg·m²，在某弹道

点上,速度 $v=408$ m/s,大气密度 $\rho=0.99$ kg/m^3,极阻尼力矩系数导数 $m'_{xz}=0.281$,尾翼导转力矩系数 $m'_{xw}=0.177$,欲使平衡转速为 3 rad/s,则尾翼导转角 δ_f 应设计为多少?

2. 某 82 mm 迫弹(非旋转),初速 $v_0=100$ m/s,$b_x=0.02\times10^{-2}$,$k_{zz}=1.47\times10^{-2}$,$k_z=2.51\times10^{-2}$,$b_y=0.2\times10^{-2}$,射角 $\theta_0=85°$,炮口起始扰动 $\dot{\delta}_0=4$ rad/s,迫弹发射瞬间的垂直风速 $w_\perp=15$ m/s。

①计算由垂直风引起的等效起始扰动 δ_{W_0};

②计算等效起始扰动 δ_{W_0} 引起的平均方向偏角;

③计算炮口起始扰动 $\dot{\delta}_0$ 引起的平均方向偏角。

3. 试比较旋转弹和尾翼弹的气动跳角计算公式,分析影响两类弹产生气动跳角的弹道因素有何不同。

第9章 火箭运动方程组的建立

内容提要

本章介绍推力、比冲、喷管导转力矩、推力偏心等与火箭相关的概念，讲述火箭作为变质量物体建立刚体运动方程组的一般方法和推导过程，据此介绍火箭弹的角运动方程组和攻角方程，为后续讲述尾翼式火箭和旋转稳定火箭的角运动及散布特性提供必要的基础。

9.1 概　　述

火箭具有火箭发动机，发动机通过含能物质的燃烧和喷出产生强大的推力，使火箭加速前进。火箭发动机又分固体燃料和液体燃料两种，本书的对象为具有固体燃料发动机的火箭。

火箭用定向器（或滑轨）发射，发动机工作期间的弹道称为火箭主动段，即图 9.1.1 中的 O_1K 段；发动机熄火（关车）后的弹道称为被动段，即图中的 KC_1 段。火箭在定向器上运动直至后定心部离开炮口的这一段弹道称为滑轨段（图中 O_1O 段）。被动段内的火箭实际上与普通炮弹是一样的，可以用前述炮弹外弹道理论分析其弹道特性，故火箭外弹道主要讲述火箭在主动段的运动规律，重点是要获得主动段末火箭的弹道参数——坐标、速度、偏角、摆动角速度、转速等以及寻找影响主动段末角散布的因素和减小散布的途径。

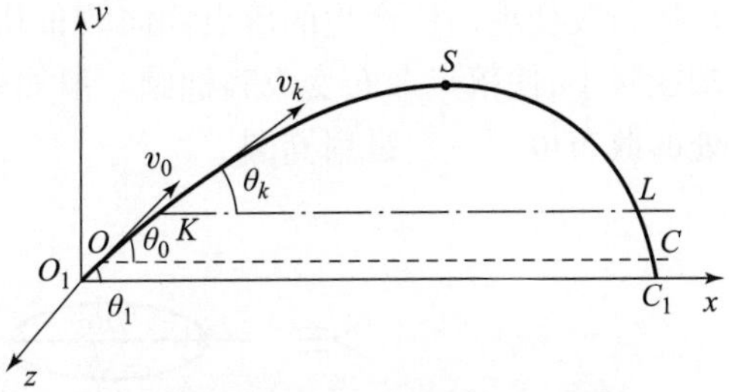

O_1O—滑轨段；O_1K—主动段；KC—被动段。

图 9.1.1　火箭全弹道示意图

火箭发动机的推力并不严格沿弹轴通过质心，于是形成对质心的力矩使弹轴转动。此外，火箭离开发射架时的起始扰动以及外界风都可造成弹轴的转动，这又使大致沿弹轴的推力方向随之改变，形成垂直于速度方向的法向分量，它比气动升力更强烈地改变质心速度的方向，这使火箭的运动规律与炮弹有较大的不同。

炮弹发射时初速大、动量大，因而抗干扰能力强，而野战火箭发射时初速小、动量小，抗干扰能力弱，而初始攻角大；但随着速度的迅速增加，抗干扰能力不断增强，攻角不断减小。因此，火箭主动段的炮口附近一段弹道对火箭弹道特性的影响是至关重要的。

在各种干扰作用下，在主动段末火箭质心速度 v_k 偏离了理想弹道切线速度 v_{kn} 方向一个角

度 ψ_k,如图9.1.2所示。其中,ψ_k 在铅直方向上的分量为 ψ_{1k},在侧方向上的分量为 ψ_{2k},它们将产生落点射程偏差 $\Delta x = \psi_{1k}\partial x/\partial\theta_0$ 和方向偏差 $\Delta z = x\cdot\psi_{2k}/\cos\theta_k$。一般将某一干扰因素 G_i $(i=1,2,\cdots)$ 单位数值($G_i=1$)在主动段末产生的偏角记为 $\boldsymbol{\Psi}_{G_i}^*$,并称它为该因素的偏角特征函数,设其铅直分量为 $\psi_{1G_i}^*$,侧向分量为 $\psi_{2G_i}^*$,则在主动段末有 $\psi_{1kG_i} = G_i\psi_{1G_i}^*$,$\psi_{2kG_i} = G_i\psi_{2G_i}^*$。

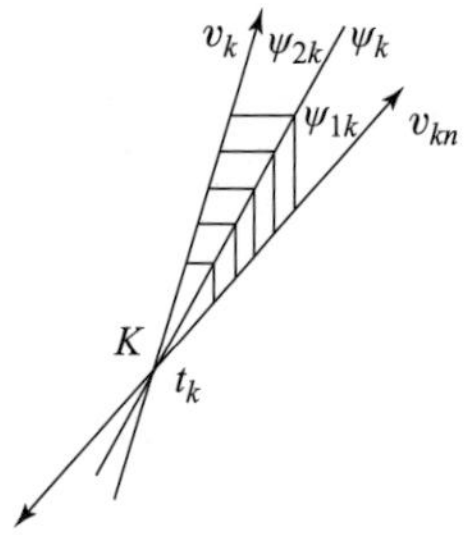

图9.1.2　由干扰因素产生的主动段末偏角

又由于对各发弹而言,某种干扰因素 G_i 的大小和方位都不相同,一般认为 G_i 是正态随机变量,其中间偏差为 E_{G_i},则由它产生的主动段末偏角也是正态随机变量,使火箭的落点射程和侧偏也成为正态随机变量,其中间偏差分别为

$$E_{x_i} = E_{G_i}\cdot\psi_{1G_i}^*\cdot\partial x/\partial\theta_0,\quad E_{z_i} = E_{G_i}\cdot\psi_{2G_i}^* x/\cos\theta_k \tag{9.1.1}$$

如果火箭对立靶射击,干扰因素所产生的主动段末随机偏角也会造成立靶弹着点高低散布和方向散布。火箭的总散布则是各个正态随机因素造成散布的叠加,其中间偏差按各因素产生的中间偏差的平方和开方计算。

就野战火箭的全弹道而言,尽管主动段比被动段短得多,主动段末的速度偏角散布却是造成落点散布的主要原因,而被动段内产生的散布则是次要的。一般来说,火箭的落点散布比火炮弹丸大得多,如一般炮弹在最大射程上的距离散布是射程的1/200～1/300,方向散布只有几千分之一,而火箭的方向散布约是射程的1/120,射程散布也比炮弹的大。图9.1.3所示为火箭落点散布随射程的变化示意图。由图可见,小射程时,因主动段末铅直方向速度偏角散布对射程影响大,落点散布呈长椭圆形,中等射程时散布变成圆,而在最大射程处,主动段末侧向偏角散布改变射向所产生的落点侧向散布几乎与射程成比例增大,而铅直方向速度偏角的影响却在减小,使落点散布变成扁椭圆。但如果射程较远,被动段弹道系数散布较大,则最大射程处的散布也不一定是扁椭圆。

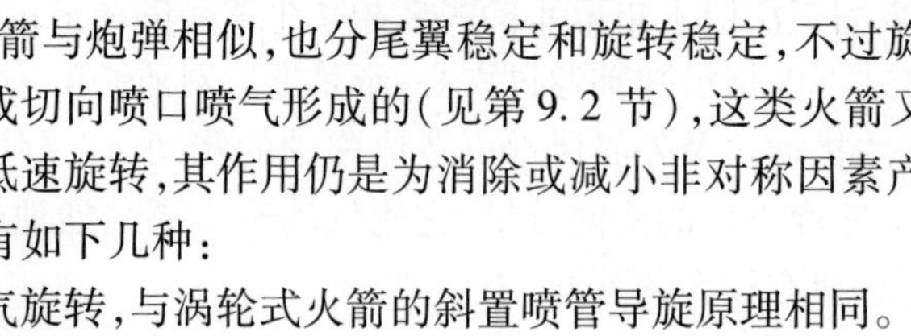

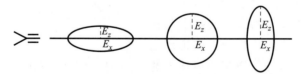

图9.1.3　火箭弹落点散布与射程的关系示意图

初速较大的火箭增程弹在最大射程附近则是方向散布小、距离散布大。

在稳定方式上,火箭与炮弹相似,也分尾翼稳定和旋转稳定,不过旋转稳定火箭的转速是利用弹尾处斜置喷管或切向喷口喷气形成的(见第9.2节),这类火箭又称为涡轮式火箭。至于低旋尾翼式火箭的低速旋转,其作用仍是为消除或减小非对称因素产生的散布。使尾翼式火箭低速旋转的方法有如下几种:

第一种是利用喷气旋转,与涡轮式火箭的斜置喷管导旋原理相同。此外,还有利用切向孔和燃气舵旋转的。如图9.1.4(a)、(b)所示。

第二种是用螺旋定向器的机械作用导旋,其作用原理与火炮膛线的相似,但不是利用膛线切割弹带来带动弹体旋转,而是用弹上定向钮在定向器螺旋滑槽内的运动带动火箭旋转。

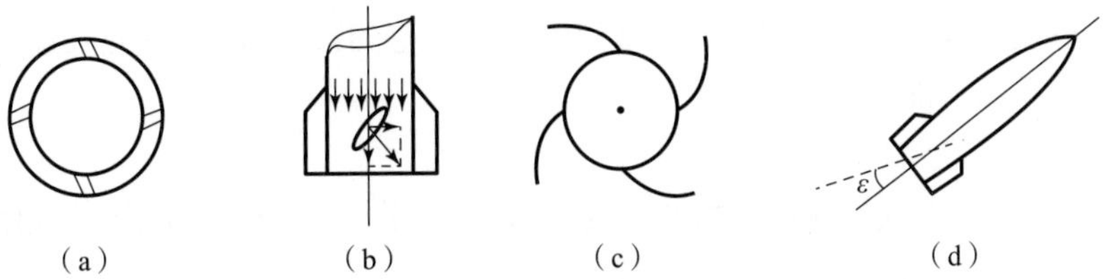

图 9.1.4　尾翼式火箭导旋方式

(a)切向孔;(b)燃气舵;(c)弧形尾翼;(d)斜置尾翼

第三种是利用空气动力旋转。如图 9.1.4 中的弧形尾翼(c)和斜置尾翼(d)或直尾翼面前沿斜切等。

火箭外弹道的理论证明,主动段的加速过程有利于火箭的飞行稳定,因此,只要保证了火箭被动段的飞行稳定性,主动段的飞行稳定性也能得到保证。

火箭发动机不仅可以单独用于火箭弹,还可以作为增速或增程的动力源,特别是将用火炮发射出去的炮弹,在弹道上的某个恰当位置用火箭发动机再次增速,这类弹箭称为火箭增程弹。增程弹在火箭发动机点火时已具有较高的飞行速度,这与野战火箭炮口速度低的情形已大不相同,因而其弹道特性有许多独特的地方。对于大口径地面火炮弹丸,发动机主要用于提高最大射程;对于近程反坦克武器或攻坚弹,则主要用于提高直射距离和末速。对于前者,弹道计算和弹道优化设计是其主要问题;对于后者,增大直射距离和提高立靶密集度是更重要的问题。火箭增程弹一般用尾翼稳定,在本书中将其也放在尾翼式火箭一章里叙述,但是最近也有旋转稳定的火箭增程弹,其特点是发动机推力曲线受旋转影响出现尖锋,要引起充分注意。目前,野战火箭武器的最大缺点仍是落点散布大,因而火箭武器不适合打击点目标,只适合打击面目标,一般采用多管火箭齐射打击敌方一个区域,但随着现代战争对远程精确打击的要求越来越高,如何大幅度提高火箭武器的射击密集度就成了更迫切需要解决的问题。一般来说,引起火箭散布的主要因素是起始扰动、推力偏心和阵风,其他因素如火箭弹外形不对称、质量分布不均匀等引起的散布是次要的。因此,减小火箭散布的措施首先是减小起始扰动和推力偏心,其次还要进一步减小外形、质量分布不对称,后两者主要是要提高火箭弹体及发动机的工艺加工水平、燃气流的均匀性,而前者还进一步涉及火箭的发射过程。至于风,由于它不能由人们主观改变或控制,因而只有在火箭设计上下功夫,使所设计的火箭对风的影响不敏感,如反坦克增程弹的零风偏设计就可以近似做到无论横风大或小,风引起的侧偏基本为零。至于不对称因素对火箭散布的影响,则主要用恰当的旋转来消除。

因此,除了弹道计算外,火箭外弹道的主要任务就是围绕提高火箭弹射击密集度问题,研究各种扰动因素造成主动段末角散布的机理,火箭结构参数、气动参数和弹道参数对散布影响的规律,寻求减小散布的措施及各种参数选择和匹配的方法。

但仅用上述被动措施还不能满足我们对提高火箭密集度的期望,尤其是减小起始扰动的理论和实验验证十分困难,效果不明显,低空风的变化客观存在,无法改变,于是近十几年来又出现了提高火箭密集度的主动方法,如火箭主动段简易控制、弹道修正等,它不去片面苛刻地要求引起扰动的因素如何减小以及繁复地研究它们的影响机理,而是利用现代光电测控技术主动地修正它们的影响,利用这种技术目前已可将野战火箭的地面密集度提高到可以与火炮弹丸密集度相媲美的程度。但必须指出,火箭简易制导或弹道修正并不是要将火箭都改成导弹,它仍是以普通火箭炮为发射平台,作为压制火力大量使用于战场的、价格低廉的火箭,并且在其主动段简易控制或弹道修正中,仍需用到火箭外弹道的许多理论,并使火箭外弹道理论得到扩充和发展。本书只能略做介绍。

9.2 推力、比冲、喷管导转力矩、推力偏心力矩和推力侧分力

9.2.1 推力、比冲及其测量

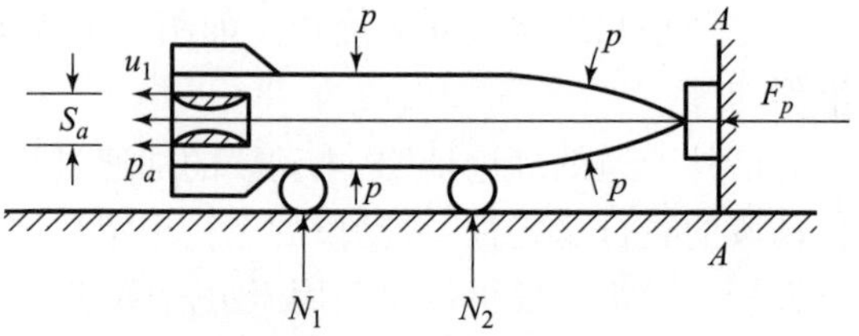

图 9.2.1 推力的试验测量

发动机推力可在地面用推力试验台测定,先讨论直喷管情况。设喷管轴与火箭弹体纵轴一致并通过质心。如图 9.2.1 所示,将火箭水平安装在推力试验台上,火箭头部顶在铅直固壁 A—A 上的测力装置上。当发动机不工作时,火箭处于静止状态,也即火箭向下的重力 mg 被支撑面向上的反力 $N_1 + N_2$ 所平衡,而垂直作用于火箭壳体所有表面的大气静压力 p 也互相平衡。

现在再让发动机点火工作,燃气随之大量生成并从喷管喷出产生推力,但因 A—A 是固壁,故火箭仍然静止,这说明由发动机产生的推力被固壁 A—A 的反力所平衡,因此,测力装置上测出的力就是发动机的推力 F_p。下面我们应用动量定理来求此推力的大小。

火箭由于燃气喷出而是一个变质量物体,故不能直接应用常质点系的动量定理,但我们总可以在任一时刻 t 将火箭壳体、壳体内未燃烧的固体火药及已燃火药生成的燃气作为研究对象,并取其作为常质点系,于是就可应用常质点系的动量定理了。

设 t 时刻此系统的动量为 $\boldsymbol{Q}_0$,它实际上也就只是运动燃气的动量。又设经 Δt 时间后有燃气质量 $|\Delta m|$ 相对于壳体以速度 $\boldsymbol{u}_1$ 从喷管喷出,其动量为 $|\Delta m|\boldsymbol{u}_1$,而系统的总动量为 $\boldsymbol{Q}_1 = \boldsymbol{Q}_0 + |\Delta m|\boldsymbol{u}_1$,这是因为尽管有 $|\Delta m|$ 质量的燃气喷出,但由于燃气不断生成,又补充了喷管出口断面以内的燃气,减少的只是静止不动的固体火药,故喷管出口断面以内燃气动量仍为 $\boldsymbol{Q}_0$。

这时系统沿水平方向所受的外力有三个:一是测力装置对火箭向左的反作用力;二是燃气质量 $|\Delta m|$ 左端受到的、向右的燃气压强 p_a 的合力 $p_a\sigma_a$,其中 σ_a 是燃气质量 $|\Delta m|$ 左边的面积;三是作用在喷管出口断面积以外其他火箭壳体表面上的大气静压力的合力。按上面所述,当火箭所有表面上的压强均为 p 时,合力为零,而现在喷管出口处压力已升至燃气压强 p_a,这样火箭全表面的总压力就不再为零,而是多出一个向右的合力 $(p_a - p)\sigma_a$。根据动量定理,Δt 时间内系统动量的增加等于作用在系统上外力的冲量,取水平方向向右为正,则喷出燃气的动量为 $-|\Delta m|u_1$,得水平方向上的动量方程如下

$$Q_1 - Q_0 = -|\Delta m|u_1 = [-F_p + (p_a - p)\sigma_a]\Delta t \tag{9.2.1}$$

将上式两端同除 Δt,并令 $\Delta t \to 0$,此时也有 $|\Delta m| \to 0$,于是得推力

$$F_p = \left|\frac{\mathrm{d}m}{\mathrm{d}t}\right| u_1 + (p_a - p)S_a \tag{9.2.2}$$

因 $|\Delta m| \to 0$,故 $|\Delta m|$ 左侧的面积 σ_a 也趋于喷管出口面积 S_a,p_a 也成为喷管出口处压强。

上式右边第一项是由于燃气质点以相对速度 u_1 喷出产生的反作用力或称动推力，第二项是由于喷气造成喷管出口断面燃气压强高于其他外壳表面上大气压强而产生的，称为静推力，一般静推力只占总推力的 10% ~15%。在发动机试验中，想单独测出反作用力是不可能的，它总是与静推力同时被测出。dm 是喷出燃气的质量，也即火箭质量的改变量，而 dm/dt 即为火箭质量的变化率，由于燃气不断喷出，火箭质量不断减小，故 dm/dt 永为负值，记

$$\mathrm{d}m/\mathrm{d}t = \dot{m} \tag{9.2.3}$$

则推力可写为

$$F_p = |\dot{m}| u_{\mathrm{eff}}, u_{\mathrm{eff}} = u_1 + (p_a - p) S_a / |\dot{m}| \tag{9.2.4}$$

法国弹道学家郎日文将 u_{eff} 称为有效排气速度。也就是将总推力看作完全是由动推力形成时，燃气质点应具有的相对排气速度。u_{eff} 主要取决于 u_1，而 u_1 又取决于火药性质和发动机结构，其数值大约为 2 200 m/s，对于同一种火箭发动机，u_1 为常数，故 u_{eff} 也近似为常数。

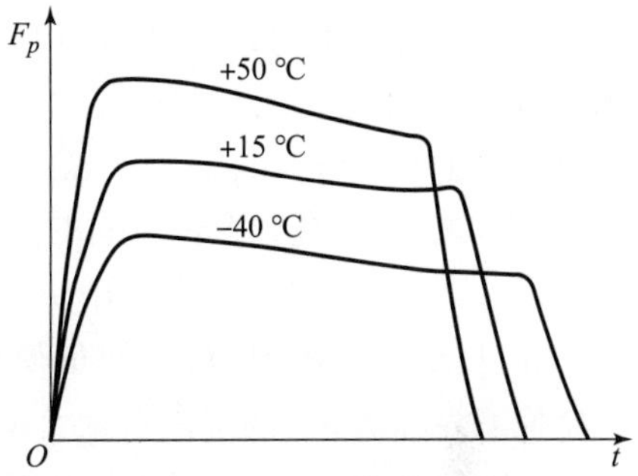

图 9.2.2 推力曲线示意图

图 9.2.2 所示为推力试验台测得的推力曲线示意图。可见发动机工作初期推力迅速上升，此后大致保持为常数，在火药燃尽后推力迅速下降。图中温度指固体火药的初温，可见对相同的火箭装药，药温越高，推力上升、下落越快，推力平均值也越高，而发动机工作时间越短；反之亦然。这显然是由于火药初温越高、燃速越快、喷气量越大所致，对于同样的装药量，燃烧时间缩短。

实际上，飞行中的火箭发动机推力曲线与此是有些不同的，尤其是在发动机工作后期，火药减薄，由火箭加速产生的惯性力使火药破碎，可能出现两种情况：一种是破碎的火药从喷管排出，结果使实际药量减少，推力减小；另一种情况是燃烧面突然增大，导致推力曲线突然上升。此外，在低温情况下火药易碎，也有可能导致推力曲线突升的现象发生。

由式(9.2.2)可见，推力的大小与周围介质的静压强有关，即静推力部分随周围介质的压强而变化。如果将地面标准大气压 p_{0N} 下测得的推力记为

$$F_{p_{0N}} = |\dot{m}| u_1 + (p_a - p_{0N}) S_a \tag{9.2.5}$$

则在火箭飞行高度上，实际气压为 p(对于标准大气，p 即为该高度上的标准气压)时，推力为

$$F_p = |\dot{m}| u_1 + (p_a - p) S_a = F_{p_{0N}} + (p_{0N} - p) S_a \tag{9.2.6}$$

显然，做推力测定时，当时的地面气压 p_0 不一定是标准值 p_{0N}，这时应将其换算为标准大气压下的推力值 $F_{p_{0N}}$，以便以后应用，这个工作叫推力曲线标准化。由式(9.2.6)得换算公式为

$$F_{p_{0N}} = F_p - (p_{0N} - p_0) S_a \tag{9.2.7}$$

将推力曲线下的面积积分，即得到整个燃烧过程中火药气体的总冲 I_p，为

$$I_p = \int_0^{t_k} F_p \mathrm{d}t = \int_0^{t_k} -\frac{\mathrm{d}m}{\mathrm{d}t} u_{\mathrm{eff}} \cdot \mathrm{d}t = u_{\mathrm{eff}} (m_0 - m_k) = u_{\mathrm{eff}} \cdot m_p \tag{9.2.8}$$

上式右端括号中的值正是发动机中火箭药装药的质量，并记为 $m_p = m_0 - m_k$。再用 I_1 表示单位质量(1 kg)火药产生的冲量，称为比冲，则

$$I_p = I_1 m_p \tag{9.2.9}$$

由上面两式比较可见，$I_1 = u_{\mathrm{eff}}$，即比冲等于有效排气速度，其大小约为 2 200 N · s/kg 或

2 200 m/s。过去也曾将比冲 I_1 定义为单位重力(1 N)火药产生的冲量,这时 $I_1 = u_{eff}/g$,I_1 的单位为(s)。因此,只要测出了火箭药的比冲 I_1,也就知道了有效排气速度。火箭药的比冲取决于火药的性质和发动机结构,现在一般固体火箭药的比冲大致为 220 s,故 u_{eff} 大约为 2 200 m/s,但最近有的火箭比冲已达到 260 s,甚至更高。显然,由于 $I_1 = u_{eff}/g$,而 u_{eff} 是随周围介质的压强 p 而略有变化的,故随着火箭飞行高度不同,比冲 I_1 也是变化的,高空中比冲比地面大,在宇宙空间中比地面大 10% ~15%。

9.2.2 涡轮式火箭的推力和喷管导转力矩

涡轮式火箭的旋转是由在弹尾部沿弹壁圆周安装、相对于弹轴斜置的多个小喷管形成的喷管导转力矩所产生的,如图 9.2.3 所示。设有 n 个(n 为偶数)小喷管沿弹尾外壁沿直径为 d^* 的圆周均匀布置,并且喷管轴位于它所在圆周的切平面内,与弹轴倾斜成 ε 角,则每个小喷管的动推力也与弹轴倾斜 ε 角,但静推力仍垂直于喷管出口断面平行于弹轴向前。故沿弹轴方向的推力 F'_p 和垂直于弹轴方向的推力分力 F'_{p1} 分别为

$$F'_p = |\dot{m}_1|u_1\cos\varepsilon + (p_a - p)S_{a1},\quad F'_{p1} = |\dot{m}_1|u_1\sin\varepsilon \tag{9.2.10}$$

式中,$|\dot{m}_1|$ 为每个小喷管燃气质量喷出的速率;S_{a1} 为每个小喷管出口断面的面积。因为 n 个小喷管沿直径为 d^* 的圆周对称布置,故各小喷管轴向分力 F'_p 对质心以及对火箭任一赤道轴的合力矩均为零,而最后形成一个沿弹轴的总推力

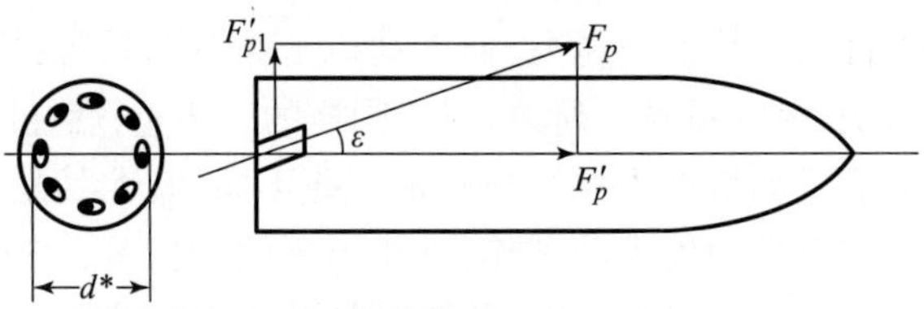

图 9.2.3 斜置喷管的推力和导转力矩

$$F_p = nF'_p = |\dot{m}|u_1\cos\varepsilon + (p_a - p)S_a \tag{9.2.11}$$

式中,$|\dot{m}| = n|\dot{m}_1|$,为火箭总质量变化率;$S_a = n\sigma_1$,为 n 个小喷管出口断面的总面积。如记

$$u'_{eff} = u_1 + \frac{S_a(p_a - p)}{|\dot{m}|\cos\varepsilon} \tag{9.2.12}$$

则推力为

$$F_p = |\dot{m}|u'_{eff}\cos\varepsilon \tag{9.2.13}$$

同理,各小喷管产生的垂直于弹轴的分力 F'_{p1} 互相抵消,但每个分力对弹轴均产生一个关于纵轴的力矩 $M_{xp1} = F'_{p1}\cdot d^*/2$,$n$ 个小喷管产生的关于纵轴的合力矩则为

$$M_{xp} = nM_{xp1} = |\dot{m}|u_1\frac{d^*}{2}\cdot\sin\varepsilon = F_p\cdot\frac{d^*}{2}\frac{u_1}{u'_{eff}}\tan\varepsilon \tag{9.2.14}$$

M_{xp} 即为使涡轮式火箭高速旋转的力矩,称为喷管导转力矩;式中的 u_1/u'_{eff} 可按式(9.2.13)计算。因 ε 一般不超过 20°,故 u_1/u'_{eff} 大致为 0.9。

最后顺便指出,对于高速旋转火箭,以上的喷管导转力矩公式还不能算是准确的,这是因为火箭高速旋转时,燃气喷出的绝对速度应是燃气相对弹体的切向分速 $u_1\sin\varepsilon$ 与弹体旋转的切向速度 $d^*\dot{\gamma}/2$ 的合成,即绝对速度应为 $u_1\sin\varepsilon - d^*\dot{\gamma}/2$,这里 $\dot{\gamma}$ 为弹体转速。应用关于弹轴

的动量矩定理,可用类似于推导推力表达式的方式,导出喷管导转力矩的准确表达式为

$$M_{xp} = |\dot{m}| \frac{d^*}{2}\left\{u_1 \sin\varepsilon - \frac{d^*}{2} \cdot \dot{\gamma}\left[1 - \frac{R_p^2}{(d^*/2)^2}\right]\right\} \tag{9.2.15}$$

式中,R_p 为火箭药柱的轴向回转半径。对于低旋火箭弹,因转速 $\dot{\gamma}$ 低,上式右边中括号内的第二项可以忽略,而对高速旋转稳定的涡轮火箭弹,最好能予以考虑。但实际中因燃烧过程中的 R_p 是变化的,难以准确计算,并且该项主要对转速变化有影响,对射程、侧偏只是间接影响,由于涡轮式火箭的射程一般不大(十几千米),因此也常常不计这一项的影响。

9.2.3　推力偏心力矩和推力侧分力

以上讲的均是发动机轴向推力与弹轴平行且通过质心的情况,实际上,由于制造公差,燃烧室与弹体不同轴、喷管歪斜以及燃气流不均匀等,均可导致发动机推力既不与弹轴平行,也不通过火箭质心的情况发生。如图 9.2.4 所示,设推力线与过质心的赤道面的交点为 D,则称 D 至质心 O 的距离 L_p 为推力线偏心或线推力偏心,而将推力线与弹轴的夹角 β_p 称为角推力偏心或推力偏心角。一般认为单喷管火箭的推力线通过喷喉中心,于是有

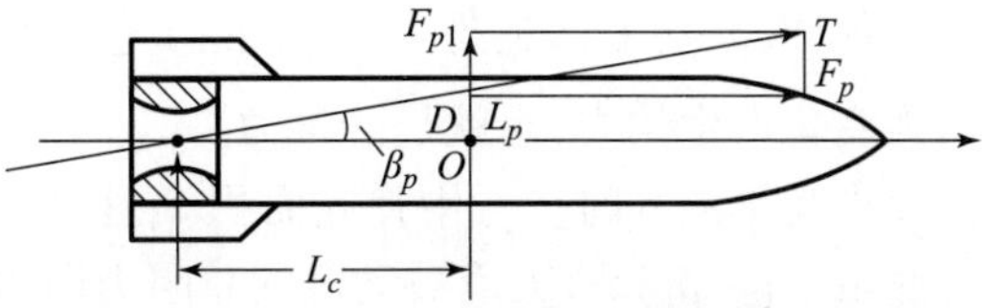

图 9.2.4　推力偏心力矩和推力侧分力

$$L_p = L_c \cdot \tan\beta_p \tag{9.2.16}$$

式中,L_c 为质心至喷喉中心的距离。但对于多喷管火箭,由于各喷管难以严格做到加工一致和布置均匀以及各喷管燃气流一致,其合推力线就不一定与弹轴相交。故一般而言,线推力偏心 L_p 和角推力偏心 β_p 并不一定线性相关,也可分别考虑。

将总推力 T 向质心平移,并沿弹轴和垂直于弹轴分解,除得到轴向推力 $F_p \approx T$ 外,还得到一个垂直于弹轴的推力侧分力 F_{p1} 以及一个对质心的力矩 M_p,称为推力偏心力矩或推力矩

$$F_{p1} = F_p \tan\beta_p, \quad M_p = F_p \cdot L_p \tag{9.2.17}$$

实际中,推力、推力侧分力和推力偏心力矩都可以在 6 分力发动机试验台上测得,然后用式(9.2.17)、式(9.2.16)反算获得角推力偏心 β_p,β_p 一般只有 1 mrad 左右,即 $\beta_p \approx 0.001$ rad,它取决于发动机加工工艺水平和燃气均匀度。通常推力侧分力 F_{p1} 很小,对火箭运动的影响也很小,可不予考虑,只有对主动段极短的反坦克火箭需要考虑此力。

9.3　火箭作为变质量物体的质心运动方程和转动运动方程

9.3.1　火箭质心运动方程

仍将任一时刻 t 由火箭壳体及喷管出口端面所围成体积以内的所有物质的质量 m 作为一个常质量体系统,设系统质心向前运动的速度为 v,则其动量为 $Q_1 = mv$,如图 9.3.1(a)所示。

设经过时间 Δt 有燃气质量 $|\Delta m|$ 从喷管相对于壳体以速度 u_1 向相反的方向喷出,而火箭质心速度变为 $v + \Delta v$。则对于所说的常质量系,其动量变为

$$Q_2 = (m - |\Delta m|)(v + \Delta v) + |\Delta m|(v + \Delta v - u_1)$$

对此常质量系统,采用动量矩定理 $\Delta Q = \sum F\Delta t$,并略去二阶小量,可得

$$\Delta Q = Q_2 - Q_1 = m\Delta v - |\Delta m|u_1 = \sum F\Delta t$$

式中，$\sum F$ 为作用在火箭上的外力。将上式等号两端除以 Δt,并令 $\Delta t \to 0$,即得火箭质心运动方程

$$m\frac{\mathrm{d}v}{\mathrm{d}t} = \left|\frac{\mathrm{d}m}{\mathrm{d}t}\right|u_1 + \sum F \tag{9.3.1}$$

方程右边第一项即为火箭发动机喷气产生的动推力。此式表明,只要将火箭发动机的动推力作为外力,则在任一时刻 t,作为变质量体的火箭质心运动方程就与常质量物体的运动方程在形式上相同。但须注意上式左边的 m 是 t 时刻的质量,由于燃气喷出,各时刻的 m 是不同的。因此,方程(9.3.1)实际上是 t 时刻将火箭刚化后的运动方程。

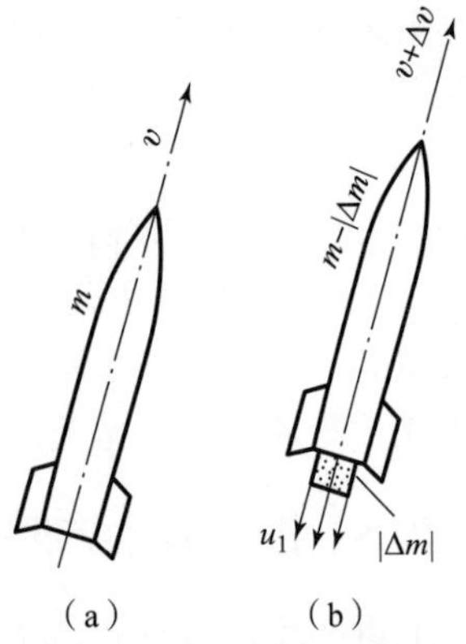

图 9.3.1　火箭飞行中动量的变化

方程(9.3.1)右边的外力 $\sum F$ 除了包括重力和空气动力,还有由于喷气引起喷管出口端面压强变化产生的力,也就是静推力。

设火箭不喷气时飞行中弹底面积 S_b 上的压强是 p_b,它比周围大气压强 p 低,形成指向弹尾的底阻 $(p - p_b)S_b$,火箭被动段的总阻力即为前体阻力加底阻。火箭喷气时,喷管出口端面上的压强变为 p_a,它与周围大气压力之差 $(p_a - p)S_a$ 则成为发动机的静推力而不是阻力了,这使发动机的总推力变为式(9.2.2)。这时只在底面积$(S_b - S_a)$上还剩有底阻,对于单直喷管,$S_a \approx S_b$,则底阻完全消失,因而在主动段空气阻力中就不应包括底阻而只有前体阻力。但对于某些发动机推力小而工作时间很长的火箭,如某迫击炮火箭增程弹,其续航发动机的喷管出口面积只有弹底面积的0.1,这时也应把底阻 $(S_b - S_a)(p - p_b)$加到总阻力中去。

利用推力表达式(9.2.2),最后得火箭质心运动方程

$$m\frac{\mathrm{d}v}{\mathrm{d}t} = F_p + \sum F \tag{9.3.2}$$

它表明只要把推力 F_p 当作外力,火箭质心运动方程就与炮弹运动方程形式相同,但要注意上述关于空气阻力和底阻的说明,对于一般火箭,$S_a \approx S_b$,F 中没有空气动力的底阻。

以上推导略去了燃气加速喷出产生的惯性力、由燃气喷出产生的火箭弹质心移动以及火箭摆动、燃气相对弹体流动产生的科氏惯性力等,对于固体燃料火箭,因它们的数值比推力小得多,这样处理是可以的,严格的推导可参考密歇尔斯基的变质量力学或文献[5]。

考虑到实际飞行中的发动机工作情况与地面推力试验台上工作情况不同,故最好是通过飞行试验实测发动机的推力。这可用测速雷达跟踪火箭主动段弹道,测出主动段的速度 - 时间曲线,再求出加速度曲线,并用火箭质心运动方程,采取参数辨识方法反求出推力。在数据处理中,主动段空气阻力可只取火箭的前体阻力,目的是获得与之配套的主动段实际推力。

最后,作为一个简单的例子,计算一下火箭在真空无重力情况下的最大飞行速度。此时方程(9.3.2)写为如下形式

$$m \cdot \frac{\mathrm{d}v}{\mathrm{d}t} = |\dot{m}|u_1 + S_a p_a = -\frac{\mathrm{d}m}{\mathrm{d}t}u_{\text{eff}} \tag{9.3.3}$$

将上式从 $t = 0$ 时 $v = 0, m = m_0$ 积分到 $t = t_k$ 时 $v = v_k, m = m_k$,得

$$v_k = u_{\text{eff}}\ln\frac{m_0}{m_k} = u_{\text{eff}}\ln\frac{m_0}{m_0 - m_p}$$

式中，m_0 和 m_k 分别为火箭总质量和被动段质量；m_p 为火药质量。这就是著名的宇宙飞行齐奥尔科夫公式。显然，为了提高火箭的最大飞行速度 v_k，应努力减小火箭壳体质量 $m_k = m_0 - m_p$。因此，采用多级火箭，逐级扔掉空发动机壳体，使下一级火箭的 m_k 减小是十分有效的。

9.3.2　火箭绕质心转动运动方程

严格的变质量力学理论推导表明，在略去燃气惯性力、火箭转动惯量变化率等的影响后，将发动机推力作为外力，推力对质心的力矩作为外力矩，将火箭瞬时刚化后，作为变质量火箭的绕质心转动方程与炮弹绕质心运动的转动方程在形式上是一样的，即

$$\frac{\mathrm{d}\boldsymbol{K}}{\mathrm{d}t} = \boldsymbol{M}_p + \sum \boldsymbol{M} \tag{9.3.4}$$

式中，$\boldsymbol{M}_p$ 是推力矩；$\sum \boldsymbol{M}$ 是所有外力矩之和；$\boldsymbol{K}$ 为全弹动量矩，其中所含的转动惯量 A、C 要用瞬时刚化值。

9.4　火箭刚体运动方程组

9.4.1　自由飞行段刚体运动方程组

在第 6 章中已建立了火炮弹丸的刚体运动方程组(6.4.2)，它也适用于火箭的被动段。对于火箭主动段，根据上一节所述，如果将推力及其力矩看作外力和外力矩，并略去燃气惯性力及其力矩，以及不考虑因火药燃烧造成的质心移动加速度和转动惯量变化率的影响，则作为变质量火箭的质心运动方程和转动运动方程，与火炮弹丸的运动方程在形式上是一样的，不同的只是在方程右边的力和力矩中，要增加由于发动机工作产生的推力和推力偏心力矩、推力侧分力和喷管导转力矩，以及必须随时将火箭刚化，质量和转动惯量取刚化时的瞬时值。

以下就依据第 6 章中建立炮弹标量运动方程组的步骤，将推力和推力侧分力向速度坐标系分解，将推力矩和喷管导转力矩向弹轴坐标系分解。

首先，将沿弹轴向前的推力 $\boldsymbol{F}_p$ 分解成沿速度坐标系 $Ox_2y_2z_2$ 三轴上的分量

$$\begin{aligned} F_{px_2} &= F_p\cos\delta_2\cos\delta_1 \approx F_p \\ F_{py_2} &= F_p\cos\delta_2\sin\delta_1 \approx F_p\delta_1 \\ F_{pz_2} &= F_p\sin\delta_2 \approx F_p\delta_2 \end{aligned} \tag{9.4.1}$$

其次，将喷管导转力矩 $\boldsymbol{M}_{xp}$ 沿弹轴坐标系 $O\xi\eta\zeta$ 三轴分解，得

$$M_{xp\xi} = M_{xp}, M_{xp\eta} = 0, M_{xp\zeta} = 0 \tag{9.4.2}$$

再看一下推力偏心力矩和推力侧分力。设线推力偏心 L_p 在弹体坐标系赤道面上的分量分别为 L_{py_1} 和 L_{pz_1}，$L_p = \sqrt{L_{py_1}^2 + L_{pz_1}^2}$，如图 9.4.1 所示。总推力 $\boldsymbol{T}$ 与赤道面交于 D 点，其平行于弹轴的分量为 F_p，于是对质心的力矩矢 $\boldsymbol{M}_p$ 将在赤道面内垂直于线推力偏心矢量 $\boldsymbol{OD} = \boldsymbol{L}_p$，并且比 $\boldsymbol{L}_p$ 滞后 90°，故它在弹体坐标系三轴上的分量可表示为

$$M_{px_1} = 0, M_{py_1} = F_pL_{pz_1}, M_{pz_1} = -F_pL_{py_1} \tag{9.4.3}$$

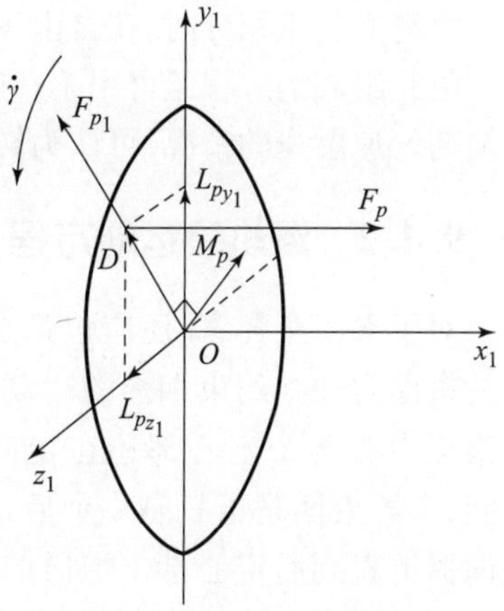

图 9.4.1　推力偏心力矩 $\boldsymbol{M}_p$ 和推力侧分力 $\boldsymbol{F}_{p_1}$ 沿弹体坐标系的分解

再将其转换到弹轴坐标系上去,得

$$\left.\begin{aligned}M_{p\xi}&=0\\M_{p\eta}&=F_p(L_{pz_1}\cos\gamma+L_{py_1}\sin\gamma)\\M_{p\zeta}&=F_p(L_{pz_1}\sin\gamma-L_{py_1}\cos\gamma)\end{aligned}\right\}\tag{9.4.4}$$

再看推力侧分力 $F_{p_1}=F_p\beta_p$。设角推力偏心 $\beta_p=\beta_{py}+\mathrm{i}\beta_{pz}$,在弹体坐标系的 Oy_1z_1 坐标平面上的分量为 β_{py_1} 和 β_{pz_1},则推力侧分力在 Oy_1、Oz_1 上的分量为

$$F_{p_1x_1}=0,F_{p_1y_1}=F_p\beta_{py_1},F_{p_1z_1}=F_p\beta_{pz_1}\tag{9.4.5}$$

再利用方向余弦表6.1.3将其转换到弹轴坐标系上,得

$$F_{p_1\xi}=0,F_{p_1\eta}=F_p(\beta_{py_1}\cos\gamma-\beta_{pz_1}\sin\gamma),F_{p_1\zeta}=F_p(\beta_{py_1}\sin\gamma+\beta_{pz_1}\cos\gamma)$$

如果忽略第一弹轴坐标系与第二弹轴坐标系间的夹角 β,并利用方向余弦表6.1.4,就可将其转换到速度坐标系中,取 $\sin\delta_1\sin\delta_2\approx0,\cos\delta_1\approx1,\cos\delta_2\approx1$,得

$$F_{p_1x_2}=0,F_{p_1y_2}\approx F_{p_1\eta},F_{p_1z_2}\approx F_{p_1\zeta}\tag{9.4.6}$$

至于火箭质量变化方程,可由方程(9.2.4)通过实测的推力 F_p 反求出,即 $\dot{m}=-F_p/u_{\mathrm{eff}}$。对大型火箭,还要考虑因喷管烧蚀冲刷、火药包覆层等消极质量产生的质量变化,进行必要的修正。

将这些表达式加到第6章第6.5节炮弹的运动方程组(6.4.2)中去,即得到火箭的运动方程组。为避免重复,这里只列出炮弹方程组中力和力矩表达式改变后的形式

$$\left.\begin{aligned}F_{Hx_2}&=F_{x_2}+F_p\cos\delta_2\cos\delta_1+F_p(\beta_{py_1}\cos\gamma-\beta_{pz_1}\sin\gamma)\\F_{Hy_2}&=F_{y_2}+F_p\cos\delta_2\sin\delta_1+F_p(\beta_{py_1}\sin\gamma+\beta_{pz_1}\cos\gamma)\\F_{Hz_2}&=F_{z_2}+F_p\sin\delta_2\end{aligned}\right\}\tag{9.4.7}$$

$$\left.\begin{aligned}M_{H\xi}&=M_{xp}+M_\xi\\M_{H\eta}&=F_p(L_{pz_1}\cos\gamma+L_{py_1}\sin\gamma)+M_\eta\\M_{H\zeta}&=F_p(L_{pz_1}\sin\gamma-L_{py_1}\cos\gamma)+M_\zeta\end{aligned}\right\}\tag{9.4.8}$$

式(9.4.7)和式(9.4.8)中加下标"H"的量 F_{Hx_2}、F_{Hy_2}、F_{Hz_2}、$M_{H\xi}$、$M_{H\eta}$、$M_{H\zeta}$ 为火箭运动方程中的量,没有下标 H 的量是原炮弹运动方程中的表达式。令 $F_p=0$,即可计算火箭被动段弹道。火箭方程组积分时,在自由飞行段的起始条件是火箭在炮口半约束期结束处的状态参数。

由此组成的方程组可用于一般火箭外弹道计算和射表计算,也可用于外弹道仿真。其中,对箭药匀速燃烧的情况,可认为转动惯量从 A_0 到 A_k、从 C_0 到 C_k 以及质心位置是线性变化的。

9.4.2 滑轨段运动方程

对于火箭全弹道,还应包括在定向器上约束期内和半约束期内的运动,约束期是指至少有两个定心部还在定向器上的时间,半约束期是指只剩一个后定心部在定向器上直到后定心部出炮口的时间,如图9.4.2所示。下面来建立这两个时期内火箭的运动方程。

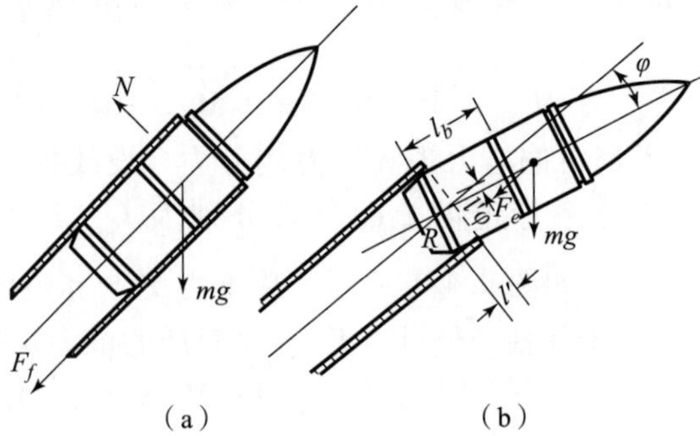

图9.4.2 约束期和半约束期内火箭的运动

(a)约束期;(b)半约束期

在约束期内,火箭受到定向器的严格

限制，只能沿定向器的方向运动，故其运动方程为

$$\frac{\mathrm{d}m}{\mathrm{d}t}=\frac{-F_p}{I_1 g},\frac{\mathrm{d}v}{\mathrm{d}t}=\frac{F_p}{m}-\frac{F_f}{m}-g\sin\theta_1=F_\tau,\frac{\mathrm{d}s}{\mathrm{d}t}=v \tag{9.4.9}$$

设定向器的闭锁力为 F_b，当沿定向器的合力 $F_\tau < F_b$ 时，火箭不能前进，$\mathrm{d}v/\mathrm{d}t=0$。

式(9.4.9)中，θ_1 为定向器高角；F_f 为火箭与定向器的摩擦力，如果摩擦系数为 f_m，则 $F_f=f_m\cdot mg\cos\theta_1$，$mg\cos\theta_1$ 为重力产生的对定向器的正压力，通常推力远大于摩擦力，故常可略去 F_f。积分起始条件为 $t=0$ 时，$m=m_0$，$v=0$，$s=0$。积分终止条件为火箭上倒数第二个定心部出炮口瞬时，此时 s 应满足 $s=s_{00}-l_b$，这里 s_{00} 为待发射状态下后定心部至炮口的距离，l_b 为后定心部与次后定心部间的距离。积分进行到次后定心部出炮口时刻 t_f 为止。

在半约束期内，火箭已可绕后定心部中心转动，由于此时速度不高，故可忽略气动力的影响，由于炮口转速不高，还可略去陀螺力矩和动不平衡的影响。由于火箭绕后定心部中心 R 转动，故可对于 R 点建立转动方程，这样还可因推力和定向器的约束反力通过 R 点，从而不产生对 R 点的约束反力矩。但由于 R 不是质心，故在建方程时要考虑由于火箭质心沿定向器加速运动，在质心上形成的惯性力 $F_e=-m\dot{v}$ 对 R 产生的惯性力矩，大小为 $m\dot{v}\cdot l_R\sin\varphi\approx ma_p l_R\varphi$，这里 l_R 为从质心到后定心部中心的距离，φ 为弹轴与定向器间的夹角，$\varphi=\theta_1-\varphi_a$，弹轴在下为正，$\varphi_a$ 为弹轴与水平面间的夹角。此外，重力对 R 也有力矩 $mg\cdot l_R\cos\varphi_a$，这两力都在铅直面内，引起火箭在铅直面内向下摆动，于是得转动方程，为

$$A_R\ddot{\varphi}_a=-m\dot{v}l_R\sin(\theta_1-\varphi_a)-mgl_R\cos\varphi_a \tag{9.4.10}$$

式中，A_R 为火箭对后定心部中心的横向转动惯量，按转动惯量的平移轴定理可得

$$A_R=A+ml_R^2,R_R^2=R_A^2+l_R^2 \tag{9.4.11}$$

式中，A 仍为火箭对质心的赤道转动惯量；R_A 为火箭对质心的赤道回转半径；R_R 为火箭对后定心部中心的赤道回转半径。

于是可得火箭在半约束期内的运动方程组

$$\left.\begin{aligned}&\frac{\mathrm{d}m}{\mathrm{d}t}=\frac{-F_p}{I_1 g},\frac{\mathrm{d}v}{\mathrm{d}t}=\frac{F_p\cos(\theta_1-\varphi_a)}{m}-g\sin\theta_1,\frac{\mathrm{d}s}{\mathrm{d}t}=v\\&\frac{\mathrm{d}\varphi_a}{\mathrm{d}t}=\dot{\varphi}_a,\frac{\mathrm{d}\dot{\varphi}_a}{\mathrm{d}t}=-\frac{m\dot{v}l_R}{A_R}\sin(\theta_1-\varphi_a)-\frac{mgl_R\cos\varphi_a}{A_R},\theta=\theta_1+l_R\dot{\varphi}_a/v\end{aligned}\right\} \tag{9.4.12}$$

式中，$F_p\cos(\theta_1-\varphi_a)$为推力沿定向器方向的分量。积分初始条件为 $t=t_f$ 时，$m=m_f$，$s=s_f=s_{00}-l_b$，$v=v_f$，$\varphi_a=\theta_1$，$\dot{\varphi}_a=0$，终止条件为 $s=s_{00}$，s_{00} 为实际定向器长。在后定心部出炮口瞬时速度方向已向下倾斜一个角度 $l_R|\dot{\varphi}_{a0}/v_0|$（称为炮口下沉角），故实际的外弹道射角为

$$\theta_0=\theta_1-\frac{l_R|\dot{\varphi}_{a0}|}{v_0} \tag{9.4.13}$$

如果是螺旋滑轨，火箭出炮口时的转速 $\dot{\gamma}_0$ 可由下式算得

$$\dot{\gamma}_0=\frac{2\pi v_0}{\eta D}=\frac{2v_0}{D}\tan\mu \tag{9.4.14}$$

式中，v_0 为火箭的炮口速度；μ 为导轨缠角；η 为缠度；D 为定向器内径。于是，只要在炮弹运动方程组(6.4.2)中考虑方程(9.4.7)～方程(9.4.14)，就组成了火箭的全弹道方程组。

9.4.3　半约束期重力矩引起的角运动解析解

顺便指出，当只考虑重力矩的作用时，火箭在半约束期内的角运动实际上有很简单的解析

解。令 $\varphi = \theta_1 - \varphi_a$,它是弹轴与定向器之间的夹角,并且 $\ddot{\varphi} = -\ddot{\varphi}_a$。因 φ 角很小,$\sin\varphi \approx \varphi$,$\varphi_a \approx \theta_1$,并取 $\dot{v} = a_p$,且 $A_R = m \cdot R_R^2$,则由式(9.4.10)得方程

$$\ddot{\varphi} - \frac{a_p l_R}{R_R^2}\varphi = \frac{g l_R \cos\theta_1}{R_R^2} \tag{9.4.15}$$

它是一个二阶线性常系数非齐次方程,其非齐次特解为

$$\varphi = \frac{-mgl_R\cos\theta_1}{A_R}\Big/\left(\frac{F_P l_R}{A_R}\right) = -\frac{g}{a_p}\cos\theta_1$$

再加上齐次方程的通解,即得方程的全解 φ 及 $\dot{\varphi}$ 为

$$\varphi = c_1 e^{\Omega_1 t} + c_2 e^{-\Omega_1 t} - \frac{g}{a_p}\cos\theta_1, \dot{\varphi} = c_1\Omega_1 e^{\Omega_1 t} - c_2\Omega_1 e^{-\Omega_1 t}$$

式中

$$\Omega_1 = \sqrt{F_p l_R / A_R} = \sqrt{a_p l_R / (R_A^2 + l_R^2)} \tag{9.4.16}$$

在零起始条件下($t = t_f$ 时,$\varphi_0 = \dot{\varphi}_0 = 0$),解出常数 $c_1 = c_2 = g\cos\theta_1/(2a_p)$,得方程的解为

$$\varphi = \frac{g\cos\theta_1}{a_{p0}}[\mathrm{ch}\Omega_1(t - t_f) - 1], \dot{\varphi} = \frac{g\cos\theta_1}{a_{p0}}\Omega_1 \mathrm{sh}\Omega_1(t - t_f) \tag{9.4.17}$$

式中,a_{p0} 为炮口附近推力加速度;"ch"和"sh"分别为双曲余弦函数和双曲正弦函数的简化表示。由此产生的初速偏角为

$$\psi_0 = \frac{\dot{\varphi}_0 \cdot l_R}{v_0} = l_R\frac{g\cos\theta_1}{v_0 a_{p0}}\Omega_1 \mathrm{sh}\Omega_1 t_0\left(1 - \frac{t_f}{t_0}\right), \frac{t_f}{t_0} = \sqrt{1 - l_b/s_{00}} \tag{9.4.18}$$

式中,t_0 为后定心部出炮口的时刻,注意以上 φ_0、$\dot{\varphi}_0$、ψ_0 均是向下为正,当作为自由飞行段起始条件时,φ_0、$\dot{\varphi}_0$、ψ_0 又应取负值。

9.4.4 炮口碰撞问题

对于某些炮口速度低,而且后两个定心部间距离较大的火箭,在半约束期,由重力产生的摆动角 φ 已较大,而弹壁与定向器内壁的距离仅相差一个定心部的高度(几十丝),有可能发生炮口碰撞问题,即弹体外壁与炮口碰撞,这是不允许的。为了避免此种情况发生,应合理设计定心部高度 h_B。如图9.4.3所示,设半约束期内火箭后定心部到炮口的距离为 l',弹轴摆动角为 φ,则不发生炮口碰撞的条件是

$$l'\varphi < h_B \tag{9.4.19}$$

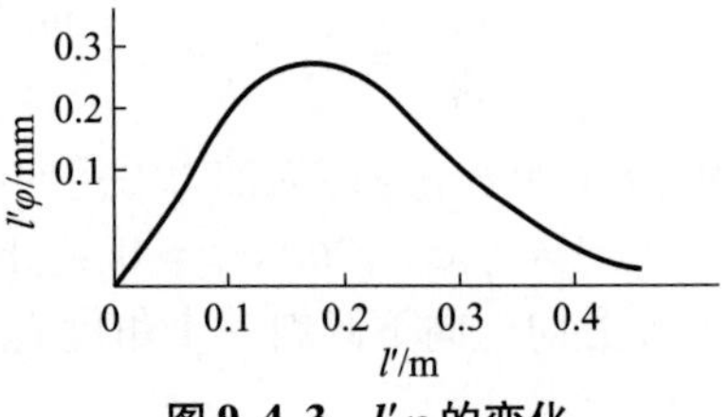

图9.4.3　$l'\varphi$ 的变化

式中

$$l' = l_b - \bar{a}_0(t^2 - t_f^2)/2 \tag{9.4.20}$$

l_b 为后两个定心部间的距离;$\bar{a}_0$ 为滑轨段平均加速度;φ 按式(9.4.17)计算。图9.4.3即为某型火箭的 $l'\varphi - l'$ 变化曲线,此弹 $l_b \approx 0.5$ m,找出 $l'\varphi$ 的最大值,则所设计的定心部高度至少要大于此值。由图可见,最易发生炮口碰撞的位置在前、后定心部中间稍靠近后定心部的地方。

9.5　火箭的角运动方程组和攻角方程

9.5.1　火箭的角运动方程

在已有炮弹角运动方程的基础上，增加与推力有关的项即可得火箭的角运动方程。

对于速度变化方程(6.5.10)，须增加推力产生的推力加速度 a_p，得

$$\mathrm{d}v/\mathrm{d}t = a_p - b_x v^2 - g\sin\theta,\quad a_p = F_p/m \tag{9.5.1}$$

对于火箭的自转方程，应在炮弹自转方程(6.5.14)中增加喷管导转力矩 M_{xp} 的作用，得

$$\frac{\mathrm{d}\dot{\gamma}}{\mathrm{d}t} = \frac{a_p d^*}{2R_c^2}\tan\varepsilon\,\frac{u_1}{u'_{\mathrm{eff}}} - k_{xz}v\dot{\gamma} + k_{xw}v^2\delta_f \tag{9.5.2}$$

式中，R_c 为火箭的极回转半径。

在偏角方程(6.5.12)中，应加上有攻角时推力在垂直于速度法线上的分力和推力偏心角 β_p 产生的推力侧分力。由式(9.4.1)得推力法向分量的复数形式

$$F_{py_2} + \mathrm{i}F_{pz_2} = F_p\delta_1 + \mathrm{i}F_p\delta_2 = F_p\Delta \tag{9.5.3}$$

由式(9.4.6)得推力侧分力的复数形式

$$F_{p1y_2} + \mathrm{i}F_{p1z_2} = F_p[(\beta_{py_1}\cos\gamma - \beta_{pz_1}\sin\gamma) + \mathrm{i}(\beta_{py_1}\sin\gamma + \beta_{pz_1}\cos\gamma)] = F_p\cdot\boldsymbol{\beta}_p\mathrm{e}^{\mathrm{i}\gamma} \tag{9.5.4}$$

式中

$$\boldsymbol{\beta}_p = \beta_{py_2} + \mathrm{i}\beta_{pz_2} \tag{9.5.5}$$

将它们除以 mv 再代入偏角方程(6.5.12)中，得

$$\frac{\mathrm{d}\boldsymbol{\Psi}}{\mathrm{d}t} = \frac{a_p\boldsymbol{\Delta}}{v} + \frac{a_p\boldsymbol{\beta}_p}{v}\mathrm{e}^{\mathrm{i}\gamma} + b_y v\boldsymbol{\Delta} - b_y v\boldsymbol{\Delta}_{N_0}\mathrm{e}^{\mathrm{i}\gamma} - \mathrm{i}b_z\dot{\gamma}\Delta + \frac{g\sin\theta}{v}\boldsymbol{\Psi} + \left(b_x + b_y - \mathrm{i}b_z\frac{\dot{\gamma}}{v}\right)\boldsymbol{w}_\perp \tag{9.5.6}$$

最后，在摆动方程(6.5.17)中应加上推力偏心力矩的等效力。由式(9.4.4)得推偏心力矩

$$\begin{aligned}\boldsymbol{M}_p &= M_{p\eta} + \mathrm{i}M_{p\zeta}\\ &= F_p[(L_{pz_1}\cos\gamma + L_{py_1}\sin\gamma) + \mathrm{i}(L_{pz_1}\sin\gamma - L_{py_1}\cos\gamma)] = -\mathrm{i}F_p\boldsymbol{L}_p\mathrm{e}^{\mathrm{i}\gamma}\end{aligned} \tag{9.5.7}$$

其等效力为

$$\boldsymbol{f}_{M_p} = -\mathrm{i}\boldsymbol{M}_p = -F_p\boldsymbol{L}_p\mathrm{e}^{\mathrm{i}\gamma},\ \boldsymbol{L}_p = L_{py_1} + \mathrm{i}L_{pz_1} \tag{9.5.8}$$

式中，$\boldsymbol{L}_p$ 为复数形式的线推力偏心。于是火箭的摆动方程为如下形式

$$\begin{aligned}&\ddot{\boldsymbol{\Phi}} + \left(k_{zz}v - \mathrm{i}\frac{C}{A}\dot{\gamma}\right)\dot{\boldsymbol{\Phi}} - (k_z v^2 - \mathrm{i}k_y v\dot{\gamma})\left(\Delta + \frac{\boldsymbol{w}_\perp}{v}\right)\\ &= -\frac{a_p L_p}{R_A^2}\mathrm{e}^{\mathrm{i}\gamma} + \frac{A-C}{A}(\dot{\gamma}^2 - \mathrm{i}\ddot{\gamma})\beta_D\mathrm{e}^{\mathrm{i}\gamma} + k_z v^2\boldsymbol{\Delta}_{M_0}\mathrm{e}^{\mathrm{i}\gamma} + \mathrm{i}\frac{C\dot{\gamma}}{A}\dot{\theta} - \ddot{\theta} - k_{zz}v\dot{\theta}\end{aligned} \tag{9.5.9}$$

由于火箭发动机的推力远大于重力和阻力，故质心速度的变化基本由推力决定，在分析角运动时，可将阻力和重力合并到推力中，并以平均加速度表示，即

$$\dot{v} \approx \bar{a} \tag{9.5.10}$$

这样速度方程就可单独积分得

$$v = v_0 + \bar{a}t, v^2 = v_0^2 + 2\bar{a}s \tag{9.5.11}$$

式中，v_0 为炮口速度；t 和 s 分别为从炮口算起的时间和弧长。已知速度 v 以后，转速方程(9.5.2)即可单独积分求得转速 $\dot{\gamma}$ 的变化规律。这样须联立求解的只有复偏角方程(9.5.6)和复摆动角方程(9.5.9)。但由于这两个方程中有3个变量，即 $\boldsymbol{\Psi}$、$\boldsymbol{\Phi}$ 和 $\boldsymbol{\Delta}$，故必须补充一个方程，它就是几何关系式 $\boldsymbol{\Phi}=\boldsymbol{\Psi}+\boldsymbol{\Delta}$。最后得火箭的角运动方程组如下：

$$\begin{aligned}
&\frac{\mathrm{d}\boldsymbol{\Psi}}{\mathrm{d}t} = \left(\frac{a_p}{v} + b_y v - \mathrm{i}b_z\dot{\gamma}\right)\boldsymbol{\Delta} + \frac{g\sin\theta}{v}\boldsymbol{\Psi} + \boldsymbol{E}_1 \\
&\frac{\mathrm{d}\dot{\boldsymbol{\Phi}}}{\mathrm{d}t} + \left(k_{zz}v - \mathrm{i}\frac{C}{A}\dot{\gamma}\right)\dot{\boldsymbol{\Phi}} - (k_z v^2 - \mathrm{i}k_y v\dot{\gamma})\boldsymbol{\Delta} = \boldsymbol{E}_2 \\
&\boldsymbol{\Phi} = \boldsymbol{\Psi} + \boldsymbol{\Delta} \\
&\boldsymbol{E}_1 = \frac{a_p\boldsymbol{\beta}_p}{v}\mathrm{e}^{\mathrm{i}\gamma} - b_y v\Delta_{N_0}\mathrm{e}^{\mathrm{i}\gamma} + \left(b_x + b_y - \mathrm{i}b_z\frac{\dot{\gamma}}{v}\right)\boldsymbol{w}_\perp \\
&\boldsymbol{E}_2 = -\frac{a_pL_p}{R_A^2}\mathrm{e}^{\mathrm{i}\gamma} + \frac{A-C}{A}(\dot{\gamma}^2 - \mathrm{i}\ddot{\gamma})\boldsymbol{\beta}_D\mathrm{e}^{\mathrm{i}\gamma} + k_z v^2\boldsymbol{\Delta}_{M_0}\mathrm{e}^{\mathrm{i}\gamma} + \\
&\qquad \mathrm{i}\frac{C\dot{\gamma}}{A}\dot{\theta} - \ddot{\theta} - k_{zz}v\dot{\theta} + (k_z v^2 - \mathrm{i}k_y v\dot{\gamma})\frac{\boldsymbol{w}_\perp}{v}
\end{aligned} \tag{9.5.12}$$

式中，$\boldsymbol{E}_1$、$\boldsymbol{E}_2$ 表示与角运动变量 $\boldsymbol{\Phi}$、$\boldsymbol{\Psi}$、$\boldsymbol{\Delta}$ 无关的项，位于方程右边，称为扰动函数。

9.5.2 火箭的攻角方程

利用方程(9.5.12)中的第三式消去第二式中的 $\boldsymbol{\Phi}$，再将第一式代入消去 $\boldsymbol{\Psi}$，就得到只含攻角 $\boldsymbol{\Delta}$ 的方程。为使方程简化，仍将自变量改为弧长 s，并以"$'$"表示对 s 的导数，得

$$\begin{cases}\dot{\boldsymbol{\Psi}} = v\boldsymbol{\Psi}', \dot{\boldsymbol{\Phi}} = v\boldsymbol{\Phi}', \ddot{\boldsymbol{\Phi}} = v^2\boldsymbol{\Phi}'' + \dot{v}\boldsymbol{\Phi}' \\ \dot{v} = vv' = a_p - b_x v^2 - g\sin\theta\end{cases} \tag{9.5.13}$$

将以上关系式代入方程组(9.5.12)中，得

$$\boldsymbol{\Psi}' = (a_p/v^2 + b_y)\boldsymbol{\Delta} + (\boldsymbol{E}_1/v) \tag{9.5.14}$$

$$\boldsymbol{\Phi}'' + \left(\frac{v'}{v} + k_{zz} - \mathrm{i}\frac{C}{A}\cdot\frac{\dot{\gamma}}{v}\right)\boldsymbol{\Phi}' - \left(k_z - \mathrm{i}k_y\frac{\dot{\gamma}}{v}\right)\boldsymbol{\Delta} = \left(\frac{\boldsymbol{E}_2}{v^2}\right) \tag{9.5.15}$$

在方程(9.5.13)和方程(9.5.14)中已略去了数值上很小、对角运动影响很小的马格努斯力项 $\mathrm{i}b_z\dot{\gamma}$ 和由 $\boldsymbol{\Psi}$ 产生的重力侧分力项 $g\sin\theta\boldsymbol{\Psi}/v$。

如果仍按第6章中炮弹攻角方程建立的步骤运算一遍，会发现在攻角方程左端变量的系数中出现了 a_p/v^2 项。由于火箭加速快，v 变化大，使攻角方程成为变系数方程，不便求解，故要另寻途径建立攻角方程。

利用 $\boldsymbol{\Phi}' = \boldsymbol{\Psi}' + \boldsymbol{\Delta}'$ 关系式，得

$$\begin{aligned}\boldsymbol{\Phi}' &= \boldsymbol{\Delta}' + \left(\frac{a_p}{v^2} + b_y\right)\boldsymbol{\Delta} + \frac{\boldsymbol{E}_1}{v} = \left[\frac{(v\boldsymbol{\Delta})'}{v} - \frac{v'}{v}\boldsymbol{\Delta}\right] + \left(\frac{a_p}{v^2} + b_y\right)\boldsymbol{\Delta} + \frac{\boldsymbol{E}_1}{v} \\ &= \frac{(v\boldsymbol{\Delta})'}{v} + b^*\boldsymbol{\Delta} + \frac{\boldsymbol{E}_1}{v}\end{aligned} \tag{9.5.16}$$

式中

$$b^* = b_x + b_y + g\sin\theta/v^2 \tag{9.5.17}$$

值得注意的是，这种运算恰好把推力加速度 a_p 项消掉了。将 $\boldsymbol{\Phi}'$ 再对 s 求导一次，可得

$$\begin{aligned}\boldsymbol{\Phi}'' &= \frac{(v\boldsymbol{\Delta})''}{v} - \frac{v'}{v^2}(v\boldsymbol{\Delta})' + b^*\left[\frac{(v\boldsymbol{\Delta})'}{v} - \frac{v'}{v}\boldsymbol{\Delta}\right] + \left(\frac{\boldsymbol{E}_1}{v}\right)' \\ &= \frac{(v\boldsymbol{\Delta})''}{v} + \left(b^* - \frac{v'}{v}\right)\frac{(v\boldsymbol{\Delta})'}{v} - b^*\frac{v'}{v}\frac{v\boldsymbol{\Delta}}{v} + \left(\frac{\boldsymbol{E}_1}{v}\right)'\end{aligned}$$

再将 $\boldsymbol{\Phi}''$ 和 $\boldsymbol{\Phi}'$ 代入方程(9.5.15)中，并令

$$\boldsymbol{W} = v\boldsymbol{\Delta} \tag{9.5.18}$$

得到关于 $\boldsymbol{W}$ 的方程

$$\boldsymbol{W}'' + \left(b^* - \frac{v'}{v}\right)\boldsymbol{W}' - b^*\frac{v'}{v}\boldsymbol{W} + v\left(\frac{\boldsymbol{E}_1}{v}\right)' +$$

$$\left(\frac{v'}{v} + k_{zz} - \mathrm{i}\frac{C}{A}\frac{\dot{\gamma}}{v}\right)(\boldsymbol{W}' + b^*\boldsymbol{W} + E_1) - \left(k_z - \mathrm{i}k_y\frac{\dot{\gamma}}{v}\right)\boldsymbol{W} = \frac{\boldsymbol{E}_2}{v}$$

这一步恰好将含有 v' 与 $\boldsymbol{W}$ 或 $\boldsymbol{W}'$ 相乘的项互相抵消，这就消去了推力加速度 a_p 的影响，使方程的系数近似为常系数，并对于炮弹也适用。经整理后得

$$\boldsymbol{W}'' + \left(2b - \mathrm{i}\frac{C}{A}\frac{\dot{\gamma}}{v}\right)\boldsymbol{W}' - \left[\left(k_z - \mathrm{i}k_y\frac{\dot{\gamma}}{v}\right) - b^*\left(k_{zz} - \mathrm{i}\frac{C}{A}\frac{\dot{\gamma}}{v}\right)\right]\boldsymbol{W} =$$

$$\frac{\boldsymbol{E}_2}{v} - \left(\frac{\boldsymbol{E}_1'}{v}\right)v - \boldsymbol{E}_1\left(\frac{v'}{v} + k_{zz} - \mathrm{i}\frac{C}{A}\frac{\dot{\gamma}}{v}\right) = \frac{\boldsymbol{E}_2}{v} - \boldsymbol{E}_1' - \boldsymbol{E}_1\left(k_{zz} - \mathrm{i}\frac{C}{A}\frac{\dot{\gamma}}{v}\right) = \boldsymbol{E} \tag{9.5.19}$$

$$b = (k_{zz} + b^*)/2 = (k_{zz} + b_x + b_y + g\sin\theta/v^2)/2 \tag{9.5.20}$$

式中，$\boldsymbol{W} = v\boldsymbol{\Delta}$ 的物理意义是垂直于弹轴的横向气流，在横流不发散的情况下，飞行速度增大可使攻角减小，更有利于攻角稳定。

方程(9.5.19)即为以 $\boldsymbol{W} = v\boldsymbol{\Delta}$ 为变量的攻角方程。将方程组(9.5.12)中的 $\boldsymbol{E}_1$ 和 $\boldsymbol{E}_2$ 代入此方程的右端，并设垂直风 $\boldsymbol{w}_\perp$ 沿主动段弹道为常数，得

$$\begin{aligned}\boldsymbol{E} = &-\frac{a_pL_p}{R_A^2 v}\mathrm{e}^{\mathrm{i}\gamma} + \frac{A-C}{A}(\dot{\gamma}^2 - \mathrm{i}\ddot{\gamma})\frac{\boldsymbol{\beta}_D}{v}\mathrm{e}^{\mathrm{i}\gamma} + k_z v\Delta_{M_0}\mathrm{e}^{\mathrm{i}\gamma} + \frac{a_p\boldsymbol{\beta}_p}{v^2}\left(\mathrm{i}\dot{\gamma} - \frac{\dot{v}}{v}\right)\mathrm{e}^{\mathrm{i}\gamma} + \\ &\left(\mathrm{i}\frac{C\dot{\gamma}}{Av}\dot{\theta} - \frac{\ddot{\theta}}{v} - k_{zz}\dot{\theta}\right) - b_y\Delta_{N_0}\left(\frac{\dot{v}}{v} + \mathrm{i}\dot{\gamma}\right)\mathrm{e}^{\mathrm{i}\gamma} - \left(k_{zz} - \mathrm{i}\frac{C}{A}\frac{\dot{\gamma}}{v}\right)\left(b_y v\Delta_{N_0} + \frac{a_p\boldsymbol{\beta}_p}{v}\right)\mathrm{e}^{\mathrm{i}\gamma} + \\ &\left[\left(k_z - \mathrm{i}k_y\frac{\dot{\gamma}}{v}\right) - \left(k_{zz} - \mathrm{i}\frac{C}{A}\frac{\dot{\gamma}}{v}\right)(b_x + b_y)\right]\boldsymbol{w}_\perp\end{aligned} \tag{9.5.21}$$

表达式 $\boldsymbol{E}$ 位于攻角方程(9.5.19)的右边，是对弹箭运动产生干扰的强迫项，依次为推力偏心项、动不平衡项、气动偏心力矩项、推力侧分力项、弹道重力弯曲项、气动偏心升力项，对于所研究的问题，可以具体地简化。如对于不旋转弹，可令 $\dot{\gamma} = 0$；对于静不稳定旋转弹，可令 $k_z > 0$；对静稳定尾翼弹，可令 $k_z < 0$，并且 $(C/A) < 0.01$，故可略去陀螺力矩项等。

对于火箭的攻角方程(9.5.19)，也可仿照炮弹攻角方程(6.5.23)写成如下形式：

$$\boldsymbol{W}'' + (H' - \mathrm{i}P')\boldsymbol{W}' - (M' + \mathrm{i}P'T')\boldsymbol{W} = \boldsymbol{E} \tag{9.5.22}$$

式中

$$H' = H + 2(b_x + g\sin\theta/v^2) = 2b, H = k_{zz} + b_y - b_x - g\sin\theta/v^2 \tag{9.5.23}$$

$$T' = T + b_x + g\sin\theta/v^2, T = b_y - Ak_y/C \tag{9.5.24}$$

$$P' = P = C\dot{\gamma}/(Av), M' = M = k_z \tag{9.5.25}$$

可见火箭的攻角方程与炮弹的攻角方程在形式上相同,仅在系数 H' 与 H、T' 与 T 上略有差异。如果略去由 b_x、$g\sin\theta/v^2$ 造成的小差异,二者就一样了。方程(9.5.22)同样适用于炮弹,但炮弹直接用方程(6.5.23)更方便些。

本章知识点

①火箭6自由度刚体运动方程组的建立方法和过程。

②火箭弹滑轨段运动的特点及其对后续自由飞行段的影响。

③火箭角运动方程的建立过程。

本章习题

1. 什么是推力曲线标准化?其意义和作用是什么?

2. 试应用关于弹轴的动量矩定理,详细推导出第9.2.2节中的式(9.2.15)。

3. 本书第6章中建立炮弹角运动方程和本章建立火箭主动段角运动方程,处理方法上有何不同?为何会产生这些差异?

第 10 章

尾翼式火箭的角运动和散布分析

内容提要

尾翼式火箭具有静稳定性($k_z<0$),通常低速旋转,但陀螺效应很弱。本章将依次讲述起始扰动、推力偏心、风、动不平衡等对火箭绕心运动的影响,以及散布计算方法和相关问题。至于一些次要因素,如推力侧分力、气动偏心和质量偏心等,由于现代加工水平下,它们的数值较小,对散布的影响很小,本书就不赘述了。

10.1 角运动方程的齐次解——起始扰动产生的角运动和散布

10.1.1 起始扰动产生的攻角和偏角

攻角方程(9.5.22)对应的齐次方程为

$$\boldsymbol{W}''+(H'-\mathrm{i}P)\boldsymbol{W}'-(M+\mathrm{i}PT')\boldsymbol{W}=0 \tag{10.1.1}$$

式中,H'、P、M、PT' 的定义见式(9.5.23)~式(9.5.25)。此外,由式(9.5.16)中最后一个等式去掉暂不讨论的非齐次项 E_1/v,并略去含有小量 b^* 的项 $b^*\boldsymbol{\Delta}$,可得

$$\boldsymbol{W}'=[v(\boldsymbol{\Phi}-\boldsymbol{\Psi})]'=v\boldsymbol{\Phi}'=\dot{\boldsymbol{\Phi}}$$

这样,方程(10.1.1)的起始条件即为

$$s=0\text{ 时},\ \boldsymbol{W}_0=v_0\boldsymbol{\Delta}_0=v_0(\boldsymbol{\Phi}_0-\boldsymbol{\Psi}_0),\boldsymbol{W}_0'=\dot{\boldsymbol{\Phi}}_0$$

根据线性微分方程的特性,方程(10.1.1)的解是如下三种起始条件下的解之和

$$①\dot{\boldsymbol{\Phi}}_0\neq0,\boldsymbol{\Phi}_0=\boldsymbol{\Psi}_0=0;②\boldsymbol{\Phi}_0\neq0,\dot{\boldsymbol{\Phi}}_0=\boldsymbol{\Psi}_0=0;③\boldsymbol{\Psi}_0\neq0,\dot{\boldsymbol{\Phi}}_0=\boldsymbol{\Phi}_0=0$$

与之相对应的是方程(10.1.1)的起始条件为

$$①\boldsymbol{W}_0'=\dot{\boldsymbol{\Phi}}_0,\boldsymbol{W}_0=0;②\boldsymbol{W}_0'=0,\boldsymbol{W}_0=v_0\boldsymbol{\Phi}_0;③\boldsymbol{W}_0'=0,\boldsymbol{W}_0=-v_0\boldsymbol{\Psi}_0$$

设火箭的转速与速度之比 $æ=\dot{\gamma}/v$ 为常数(称为转速比),则 $P=æ/n$ 也是常数,式中,$n=A/C$ 为转动惯量比,对于涡轮式火箭,$n\approx10$,对于尾翼火箭,$n\approx100$。再由系数冻结法,在一段弹道上认为气动参数和结构参数不变,则方程(10.1.1)即为常系数线性齐次微分方程,其特征根为

$$r_{1,2}=\frac{1}{2}\left[-(H'-\mathrm{i}P)\pm\sqrt{(H'-\mathrm{i}P)^2+4(M+\mathrm{i}PT')}\right] \tag{10.1.2}$$

略去根号中比陀螺转速项 P 和静力矩项 M 小得多的阻尼力矩项 H' 和马格努斯力矩项 T',

并记

$$\omega_{1,2} = (P \pm \sqrt{P^2 - 4M})/2 = P(1 \pm \sqrt{1 - 1/S_g})/2 \tag{10.1.3}$$

则得

$$r_{1,2} = -b' \pm \mathrm{i}\omega_{1,2}, b' = H'/2 \tag{10.1.4}$$

式中，$S_g = P^2/(4M)$是陀螺稳定因子(见式(7.4.9))。由于尾翼火箭 $m_z' < 0$，故 $M = k_z < 0$。$S_g < 0$，并且有 $\omega_1 > 0, \omega_2 < 0, \omega_1 + \omega_2 = P, \omega_1 - \omega_2 = \sqrt{P^2 - 4M}, \omega_1 \cdot \omega_2 = M$，而 $|\omega_1| > |\omega_2|$，方程齐次解的形式为

$$\boldsymbol{W} = \mathrm{e}^{-b'(s-s_0)}[C_1 \mathrm{e}^{\mathrm{i}\omega_1(s-s_0)} + C_2 \mathrm{e}^{\mathrm{i}\omega_2(s-s_0)}] \tag{10.1.5}$$

关于弧长 s 求导一次，得

$$\boldsymbol{W}' = \boldsymbol{C}_1(-b' + \mathrm{i}\omega_1)\mathrm{e}^{-b'(s-s_0)}\mathrm{e}^{\mathrm{i}\omega_1(s-s_0)} + \boldsymbol{C}_2(-b' + \mathrm{i}\omega_2)\mathrm{e}^{-b'(s-s_0)}\mathrm{e}^{\mathrm{i}\omega_2(s-s_0)} \tag{10.1.5$'$}$$

对于第一种起始条件 $\dot{\boldsymbol{\Phi}}_0 \neq 0, \boldsymbol{\Phi}_0 = \boldsymbol{\Psi}_0 = 0$，得

$$\boldsymbol{C}_1 = -\boldsymbol{C}_2 = -\mathrm{i}\dot{\boldsymbol{\Phi}}_0/(\omega_1 - \omega_2) = -\mathrm{i}\dot{\boldsymbol{\Phi}}_0/\sqrt{P^2 - 4M}$$

于是得到第一种起始条件下的攻角方程的解

$$\boldsymbol{\Delta} = \dot{\boldsymbol{\Phi}}_0 \boldsymbol{\Delta}^*_{\dot{\Phi}_0}(s_0, s), \boldsymbol{\Delta}^*_{\dot{\Phi}_0} = \frac{-\mathrm{i}}{v\sqrt{P^2 - 4M}}\mathrm{e}^{-b'(s-s_0)}[\mathrm{e}^{\mathrm{i}\omega_1(s-s_0)} - \mathrm{e}^{\mathrm{i}\omega_2(s-s_0)}] \tag{10.1.6}$$

式中，$\Delta^*_{\dot{\Phi}_0}(s_0, s)$为 $\dot{\boldsymbol{\Phi}}_0 = 1$ 时的攻角解，称为起始扰动 $\dot{\boldsymbol{\Phi}}_0$ 对应的攻角特征函数。

同理，将第二种起始条件 $\boldsymbol{\Phi}_0 = 0$ 代入式(10.1.5)和式(10.1.5′)中，略去含 b' 的小阻尼项，得

$$\boldsymbol{C}_1 = -\frac{\omega_2}{\omega_1 - \omega_2}v_0\boldsymbol{\Phi}_0 = \frac{-\omega_2}{\sqrt{P^2 - 4M}}v_0\boldsymbol{\Phi}_0, \boldsymbol{C}_2 = \frac{\omega_1}{\sqrt{P^2 - 4M}}v_0\boldsymbol{\Phi}_0$$

代入方程(10.1.5)中得

$$\Delta = \boldsymbol{\Phi}_0\Delta^*_{\Phi_0}(s_0, s), \Delta^*_{\Phi_0} = \frac{-v_0}{v\sqrt{P^2 - 4M}}\mathrm{e}^{-b'(s-s_0)}[\omega_2\mathrm{e}^{\mathrm{i}\omega_1(s-s_0)} - \omega_1\mathrm{e}^{\mathrm{i}\omega_2(s-s_0)}] \tag{10.1.7}$$

$\Delta^*_{\Phi_0}(s_0, s)$为 $\boldsymbol{\Phi}_0 = 1$ 时的攻角解，称为起始扰动 $\boldsymbol{\Phi}_0$ 对应的攻角特征函数。与此类似，对于第三种起始条件 $\boldsymbol{\Psi}_0 \neq 0$，得

$$\Delta = \boldsymbol{\Psi}_0\Delta^*_{\Psi_0}(s_0, s), \Delta^*_{\Psi_0} = -\Delta^*_{\Phi_0}(s_0, s) \tag{10.1.8}$$

而齐次方程的通解为

$$\Delta = \dot{\boldsymbol{\Phi}}_0\Delta^*_{\dot{\Phi}_0} + \boldsymbol{\Phi}_0\Delta^*_{\Phi_0} + \boldsymbol{\Psi}_0\Delta^*_{\Psi_0} \tag{10.1.9}$$

将攻角特征函数式(10.1.6)、式(10.1.7)、式(10.1.8)分别代入偏角方程组(9.5.12)第一式齐次方程中，并略去马氏力和重力小项，再积分，即得到由各起始扰动对应产生的偏角特征函数。

对于第一种起始条件，得

$$\begin{aligned}\boldsymbol{\Psi}^*_{\dot{\Phi}_0} &= \int_{s_0}^{s}\left(\frac{a_p}{v^2} + b_y\right)\Delta^*_{\dot{\Phi}_0}(s_0, s)\,\mathrm{d}s \\ &= -\frac{\mathrm{i}}{\sqrt{P^2 - 4M}}\int_{s_0}^{s}\left(\frac{a_p}{v^2} + b_y\right)\frac{1}{v}\mathrm{e}^{-b'(s-s_0)}[\mathrm{e}^{\mathrm{i}\omega_1(s-s_0)} - \mathrm{e}^{\mathrm{i}\omega_2(s-s_0)}]\mathrm{d}s\end{aligned} \tag{10.1.10}$$

在积分上式时，速度 v 可采用式(9.5.11)。其中，v_0 为炮口速度，s 为从炮口算起的弧长。该式仅表示速度平方与 s 成线性关系，用起来不够方便，而 v^2 与 s 成比例关系用起来就方便。对此，下面引入有效定向器长的概念，即

$$v^2 = 2\bar{a}s \tag{10.1.11}$$

上式中的 s 是从“有效定向器”的起点开始计算的弧长，而不是从炮口开始计算的弧长。将此关系代入式(10.1.10)中，得到

$$\Psi^*_{\dot{\Phi}_0} = -\frac{\mathrm{i}}{\sqrt{P^2-4M}\sqrt{2\bar{a}}}\int_{s_0}^{s}\left(\frac{a_p}{\bar{a}}+2b_y s\right)\mathrm{e}^{-b'(s-s_0)}\frac{1}{2s\sqrt{s}}\left[\mathrm{e}^{\mathrm{i}\omega_1(s-s_0)}-\mathrm{e}^{\mathrm{i}\omega_2(s-s_0)}\right]\mathrm{d}s \tag{10.1.12}$$

上式积分号内的因子 $\left(\frac{a_p}{\bar{a}}+2b_y s\right)\mathrm{e}^{-b'(s-s_0)}$ 比其余几项的变化缓慢得多，这是因为，一方面，$2b_y s$ 表示升力影响随弧长增大而增大，另一方面，b' 中的赤道阻尼力矩 k_{zz} 和阻力 b_x 等可使攻角幅值下降，故此因子变化很慢，可用炮口处的值代替，即可令 $s = s_0$，则有

$$\left(\frac{a_p}{\bar{a}}+2b_y s\right)\mathrm{e}^{-b'(s-s_0)} \approx \left(\frac{a_p}{\bar{a}}+2b_y s_0\right) = c_N \tag{10.1.13}$$

这种替代的物理意义就是认为升力只在炮口附近起作用。将它代入式(10.1.12)中，并将该式的分子、分母同乘以 $\sqrt{s_0}$，得

$$\Psi^*_{\dot{\Phi}_0} = \frac{-\mathrm{i}c_N}{v_0\sqrt{P^2-4M}}\int_{s_0}^{s}\frac{1}{2s}\sqrt{\frac{s_0}{s}}\left[\mathrm{e}^{\mathrm{i}\omega_1(s-s_0)}-\mathrm{e}^{\mathrm{i}\omega_2(s-s_0)}\right]\mathrm{d}s \tag{10.1.14}$$

定义如下复函数

$$B(y_0,y) = \int_{y_0}^{y}\frac{1}{2y}\sqrt{\frac{y_0}{y}}\mathrm{e}^{\mathrm{i}(y-y_0)}\mathrm{d}y \tag{10.1.15}$$

其实部和虚部分别为

$$B_R(y_0,y) = \int_{y_0}^{y}\frac{1}{2y}\sqrt{\frac{y_0}{y}}\cos(y-y_0)\mathrm{d}y \tag{10.1.16}$$

$$B_I(y_0,y) = \int_{y_0}^{y}\frac{1}{2y}\sqrt{\frac{y_0}{y}}\sin(y-y_0)\mathrm{d}y \tag{10.1.17}$$

B_R 和 B_I 可按上两式用定积分计算方法算出，也可将其变为一阶微分方程，用龙格－库塔方法算出，附表 8 列出了这两个函数随 y_0 和 y 变化的例子。

利用函数 B_R 和 B_I，将式(10.1.14)中的两个被积函数用欧拉公式展开，可将积分结果写成下式

$$\int_{s_0}^{s}\frac{1}{2s}\sqrt{\frac{s_0}{s}}\mathrm{e}^{\mathrm{i}\omega_1(s-s_0)}\mathrm{d}s = B_R(\omega_1 s_0,\omega_1 s)+\mathrm{i}B_I(\omega_1 s_0,\omega_1 s) = B(\omega_1 s_0,\omega_1 s)$$

$$\begin{aligned}\int_{s_0}^{s}\frac{1}{2s}\sqrt{\frac{s_0}{s}}\mathrm{e}^{\mathrm{i}\omega_2(s-s_0)}\mathrm{d}s &= \int_{s_0}^{s}\frac{1}{2s}\sqrt{\frac{s_0}{s}}\mathrm{e}^{-\mathrm{i}|\omega_2|(s-s_0)}\mathrm{d}s\\ &= B_R(|\omega_2|s_0,|\omega_2|s)-\mathrm{i}B_I(|\omega_2|s_0,|\omega_2|s)\\ &= \bar{B}(|\omega_2|s_0,|\omega_2|s)\end{aligned}$$

上式中，$\bar{B}$ 是 B 的共轭复数，有

$$\bar{B}(y_0,y_1) = \int_{y_0}^{y}\frac{1}{2y}\sqrt{\frac{y_0}{y}}\mathrm{e}^{-\mathrm{i}(y-y_0)}\mathrm{d}y \tag{10.1.18}$$

于是对应起始扰动 $\dot{\boldsymbol{\Phi}}_0$ 的特征函数为

$$\Psi_{\dot{\Phi}_0}^*(s_0,s) = -\frac{\mathrm{i}c_N}{v_0\sqrt{P^2-4M}}[B(\omega_1 s_0,\omega_1 s) - \bar{B}(|\omega_2|s_0,|\omega_2|s)] \tag{10.1.19}$$

对于第二种起始条件 $\boldsymbol{\Phi}_0 \neq 0$,将特征函数 $\Delta_{\Phi_0}^*$ 代入偏角方程,即得到 $\boldsymbol{\Phi}_0$ 产生的偏角特征函数

$$\Psi_{\Phi_0}^* = \int_{s_0}^{s}\left(\frac{a_p}{v^2}+b_y\right)\left(-\frac{v_0}{v}\right)\frac{\mathrm{e}^{-b'(s-s_0)}}{\sqrt{P^2-4M}}[\omega_2\mathrm{e}^{\mathrm{i}\omega_1(s-s_0)} - \omega_1\mathrm{e}^{\mathrm{i}\omega_2(s-s_0)}]\mathrm{d}s \tag{10.1.20}$$

可通过与前面相同的处理步骤去求 $\Psi_{\Phi_0}^*$,但是,借用已求得的 $\Psi_{\dot{\Phi}_0}^*$ 来求 $\Psi_{\Phi_0}^*$ 可能方便些。

在式(10.1.20)被积函数的中括号内同时减、加 $\omega_1\mathrm{e}^{\mathrm{i}\omega_1(s-s_0)}$ 项,使之一部分构成与(10.1.6)的 $\Delta_{\dot{\Phi}_0}^*$ 相同的形式,再积分即得

$$\begin{aligned}\Psi_{\Phi_0}^* &= -\mathrm{i}\omega_1 v_0\Psi_{\dot{\Phi}_0}^*(s_0,s) + \frac{c_N(\omega_1-\omega_2)}{\sqrt{P^2-4M}}\int_{s_0}^{s}\frac{1}{2s}\sqrt{\frac{s_0}{s}}\mathrm{e}^{\mathrm{i}\omega_1(s-s_0)}\mathrm{d}s \\ &= -\mathrm{i}\omega_1 v_0\Psi_{\dot{\Phi}_0}^*(s_0,s) + c_N B(\omega_1 s_0,\omega_1 s)\end{aligned} \tag{10.1.21}$$

最后,在第三种起始条件 $\Psi_0 \neq 0$ 情况下,由式(10.1.8)得

$$\Delta_{\Psi_0} = -\boldsymbol{\Psi}_0\Delta_{\Phi_0}^* \tag{10.1.22}$$

将其代入偏角方程积分,并注意到积分的初始条件为 $\boldsymbol{\Psi} = \boldsymbol{\Psi}_0, \dot{\boldsymbol{\Phi}}_0 = \boldsymbol{\Phi}_0 = 0$,得

$$\boldsymbol{\Psi}_{\Psi_0} = \boldsymbol{\Psi}_0 - \boldsymbol{\Psi}_0\Psi_{\Phi_0}^* = \boldsymbol{\Psi}_0(1-\Psi_{\Phi_0}^*) = \boldsymbol{\Psi}_0\cdot\Psi_{\Psi_0}^* \tag{10.1.23}$$

所以其特征函数为

$$\Psi_{\Psi_0}^* = 1 - \Psi_{\Phi_0}^* \tag{10.1.24}$$

10.1.2 有效定向器长的概念

火箭出炮口后,在主动段上速度的变化实际上只与炮口速度 v_0 以及主动段上的平均加速度 $\bar{a}$ 有关(见式(9.5.11)),而与定向器实际长度以及火箭在定向器上的加速过程无关。因此,可以假设一定向器,火箭在其上运动的加速度与出炮口后主动段上的平均加速度 $\bar{a}$ 相同,而当火箭后定心部离开炮口时,火箭具有的速度恰好等于 v_0,这种假想定向器的长度就称为"有效定向器长",以 s_0 记之,故有

$$s_0 = v_0^2/(2\bar{a}), v^2 = 2\bar{a}s \tag{10.1.25}$$

式中,s 为从有效定向器起点开始计算起的弧长。有效定向器长的引入,不仅方便了外弹道公式的数学推导,而且指出了一些减少火箭偏角散布的措施,下面将继续介绍。

10.1.3 起始扰动产生的攻角和偏角的性质

在分析角运动特点时,先从不旋转尾翼式火箭开始,然后再考虑旋转的影响。

1. 非旋转尾翼式火箭由起始扰动产生的攻角和偏角

对于不旋转的尾翼式火箭,$\dot{\gamma} = 0, k_z < 0$,相应的陀螺力矩项以及马格努斯力和力矩项消失,这时角运动方程(9.5.12)的第一式和第二式变为如下形式

$$\frac{\mathrm{d}(\psi_1+\mathrm{i}\psi_2)}{\mathrm{d}t} - \left(\frac{a_p}{v}+b_y v\right)(\delta_1+\mathrm{i}\delta_2) - \frac{g\sin\theta}{v}(\psi_1+\mathrm{i}\psi_2) = E_1$$

$$\frac{\mathrm{d}(\dot{\varphi}_1+\mathrm{i}\dot{\varphi}_2)}{\mathrm{d}t} + k_{zz}v(\dot{\varphi}_1+\mathrm{i}\dot{\varphi}_2) - k_z v^2(\delta_1+\mathrm{i}\delta_2) = E_2$$

可见如将以上方程左边的实部和虚部分开,则所得的实部齐次方程和虚部齐次方程在形

式上完全相同,并且彼此独立。这表示火箭不自转时,实部方向上和虚部方向上的角运动互不交连,并且具有相同的运动规律。实际上,不旋转火箭在过速度线任一平面内的摆动规律和摆动方程都是相同的。起始扰动或干扰在哪个平面上,弹轴就在哪个平面上摆动,而两个不同方向上的起始扰动或干扰产生的角运动可以合成为空间摆动。

至于以上方程右边 $\boldsymbol{E}_1$ 和 $\boldsymbol{E}_2$ 中的各种扰动因素,它们位于哪个平面上本来就是随机的(与重力有关的、含 $\dot{\theta}$ 和 $\ddot{\theta}$ 的项除外),因此,在研究其作用时,可以将它们看作在任一方向上。这样,不旋转火箭在过速度线的任一平面内的摆动方程不仅齐次方程形式相同,非齐次项也相同。不必重新求此种情况下角运动方程的解,只要利用前面所得到的攻角、偏角、摆动角公式,令其中 $\dot{\gamma}=0$,这时有 $\omega_1=-\omega_2=\omega_c$,分别记特征频率 ω_c 和波长 λ_c 为下式

$$\omega_1=-\omega_2=\omega_c=\sqrt{-M}=\sqrt{-k_z},\quad \lambda_c=2\pi/\omega_c \tag{10.1.26}$$

再记

$$z=\omega_c s=2\pi s/\lambda_c \tag{10.1.27}$$

称为无因次弧长或以波长 λ_c 为单位的相对弧长。再将公式展开、合并,就可求得不旋转火箭的攻角、偏角、摆动角公式和特征函数。由式(10.1.6)和式(10.1.19)并利用欧拉公式得

$$\delta^{*}_{\dot{\varphi}_0}=\frac{-\mathrm{i}\mathrm{e}^{-b'(s-s_0)}}{2v\omega_c}\left[\mathrm{e}^{\mathrm{i}\omega_1(s-s_0)}-\mathrm{e}^{\mathrm{i}\omega_2(s-s_0)}\right]=\frac{\mathrm{e}^{-b'(s-s_0)}}{v\omega_c}\sin(z-z_0) \tag{10.1.28}$$

$$\psi^{*}_{\dot{\varphi}_0}=\frac{-\mathrm{i}c_N}{2\omega_c v_0}\int_{s_0}^{s}\frac{1}{2s}\sqrt{\frac{s_0}{s}}\left[\mathrm{e}^{\mathrm{i}\omega_1(s-s_0)}-\mathrm{e}^{\mathrm{i}\omega_2(s-s_0)}\right]\mathrm{d}s=\frac{c_N}{\omega_c v_0}B_1(z_0,z) \tag{10.1.29}$$

由式(10.1.7)和式(10.1.21)得

$$\delta^{*}_{\varphi_0}=\frac{v_0\mathrm{e}^{-b'(s-s_0)}}{v}\cos(z-z_0) \tag{10.1.30}$$

$$\psi^{*}_{\varphi_0}=-\mathrm{i}\omega_1 v_0\frac{-\mathrm{i}c_N}{2v_0\omega_c}\left[B(z_0,z)-\bar{B}(z_0,z)\right]+c_N B(z_0,z)=c_N B_R(z_0,z) \tag{10.1.31}$$

由上式消去 c_N 即得 $B_R(z_0,z)$ 的表达式。又由式(10.1.8)和式(10.1.24)得

$$\delta^{*}_{\psi_0}=-\delta^{*}_{\varphi_0},\psi^{*}_{\psi_0}=1-\psi^{*}_{\varphi_0} \tag{10.1.32}$$

$\delta^{*}_{\dot{\varphi}_0}$ 和 $\psi^{*}_{\dot{\varphi}_0}$、$\delta^{*}_{\varphi_0}$ 和 $\psi^{*}_{\varphi_0}$、$\delta^{*}_{\psi_0}$ 和 $\psi^{*}_{\psi_0}$ 随 $z-z_0$ 变化的曲线如图 10.1.1 ~ 图 10.1.3 所示。

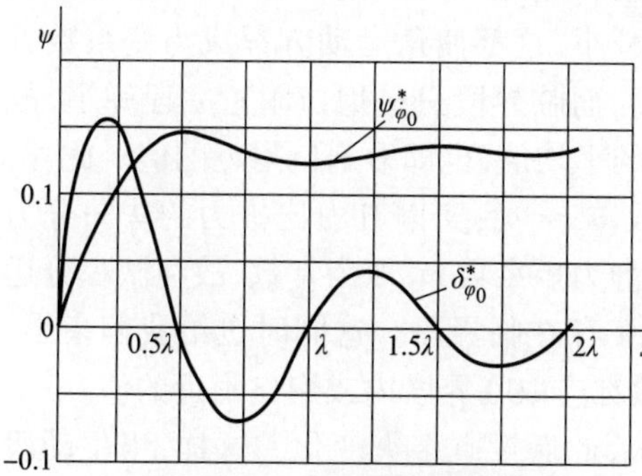

图 10.1.1　非旋转尾翼式火箭特征函数 $\delta^{*}_{\dot{\varphi}_0}$ 和 $\psi^{*}_{\dot{\varphi}_0}$ 的变化曲线

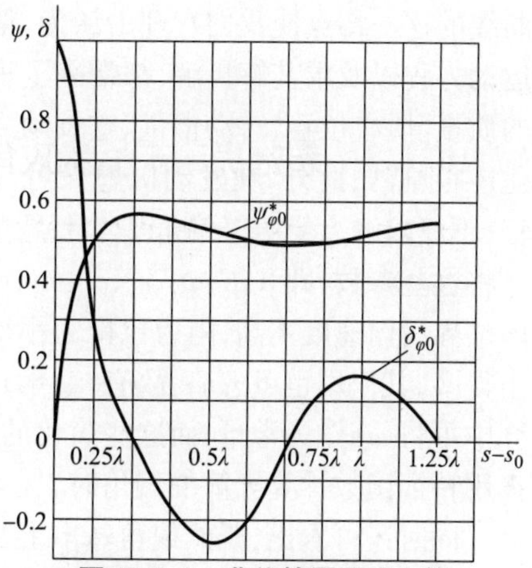

图 10.1.2　非旋转尾翼式火箭特征函数 $\delta^{*}_{\varphi_0}$ 和 $\psi^{*}_{\varphi_0}$ 的变化曲线

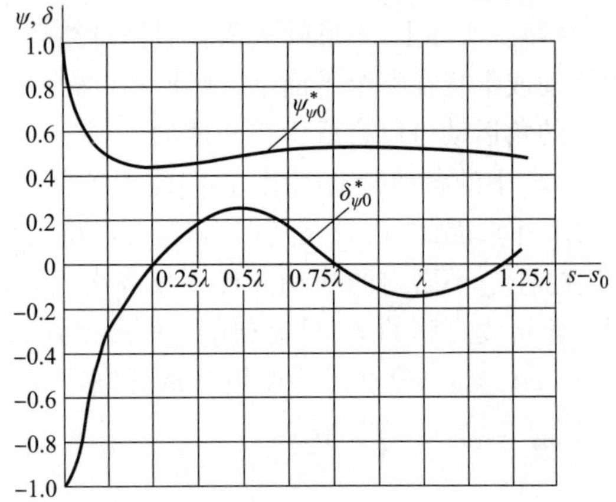

图 10.1.3　非旋转尾翼式火箭特征函数 $\delta_{\psi_0}^*$ 和 $\psi_{\psi_0}^*$ 的变化曲线

由此三图可见,它们的共同特点是攻角曲线均做衰减的简谐振荡,幅值越来越小,其角频率均为 ω_c,摆动波长均为 $\lambda_c = 2\pi/\omega_c$。偏角曲线随攻角曲线正负交变而变化,当 $\delta > 0$ 时,ψ 增大;当 $\delta < 0$ 时,ψ 减小。这是由于推力的法向分量 $F_p\delta$ 和升力 $Y^\alpha \cdot \delta$ 都在攻角 δ 的同一侧(Y^α 为升力对攻角的导数),使速度线向该侧偏转。偏角曲线在开始时迅速增大(或减小),但在弹轴第一次回摆到攻角为零以后,其幅值就基本不变了。这是由于火箭刚出炮口时速度低、稳定力矩小,故受干扰后攻角较大,由攻角产生的升力和推力的法向分力较大,而此时火箭的动量较小,抗干扰能力弱,故在法向力作用下,速度方向容易偏转形成大的偏角。此后随着火箭速度越来越高,稳定力矩增大,攻角减小,升力和推力的法向分力减小,而火箭的动量不断增大,抗干扰能力增强,速度方向不易偏转;加之攻角正负交变,法向力方向也正负交变,其前后作用互相抵消,偏角就变化不大了。显然,火箭攻角的衰减是由于速度增大而使稳定力矩增大造成的,这不同于炮弹攻角的衰减主要是赤道阻尼力矩作用的结果。

偏角曲线单调、迅速变化的一段弹道称为临界段,由图 10.1.1 ~ 图 10.1.3 可见,$\psi_{\varphi_0}^*$ 的临界段是 1/2 波长,$\psi_{\varphi_0}^*$ 和 $\psi_{\psi_0}^*$ 的临界段是 1/4 波长。临界段以后,偏角的变化迅速减缓。偏角曲线的这一特点使我们有理由认为,偏角基本上是在临界段内形成的,这一点对于简化火箭角运动方程以及求其解析解,都带来了很大的方便。因为在从炮口到主动段末的主动段上,火箭的质量、质心位置、转动惯量、空气动力系数都是变化的,特别是在跨声速段,空气动力系数变化还很剧烈;此外,在发动机熄火后,推力加速度迅速减小,这都使角运动方程成为变系数方程,不便求解。但由于偏角基本上是在临界段内形成的,而临界段只是炮口附近一段弹道,故可将这些参数,即 A、C、a_p、c_x、c_y'、m_z'、m_{zz}' 等取临界段内的平均值,也即取炮口附近的值。此外,因临界段内速度不高,阻力比推力小得多,可以忽略,故 $\bar{a}_p \approx a_p$;又因升力比推力的法向分力小得多,其作用也可忽略,故有 $c_N \approx 1$。特别是因为将静力矩系数 m_z' 取为常数,故在微积分运算中可将 ω_c 作为常量,而这些简化的合理依据就是由于存在临界段。这同时也给我们指出,在用特征函数计算火箭的偏角时,气动参数和结构参数都应取临界段内或炮口附近的值。

同时还可看出,既然偏角基本上在临界段内已形成,此后没有多大变化。这样,当主动段末的 z_k 值不太小时,就可在计算偏角的积分式(10.1.14)和式(10.1.21)中,将积分上限改为 $+\infty$,即用无穷远处偏角的渐近值代替随主动段末 z_k 变化而变化的偏角值,于是得

$$\psi_{\dot{\varphi}_0} = \dot{\varphi}_0 \frac{c_N}{\sqrt{2\bar{a}\omega_c}} \frac{B_{I\infty}(z_0)}{\sqrt{z_0}}, B_{I\infty}(z_0) = \int_{z_0}^{\infty} \frac{1}{2z}\sqrt{\frac{z_0}{z}}\sin(z - z_0)\,\mathrm{d}z \qquad (10.1.33)$$

$$\psi_{\varphi_0} = \varphi_0 c_N B_{R\infty}(z_0), B_{R\infty}(z_0) = \int_{z_0}^{\infty} \frac{1}{2z}\sqrt{\frac{z_0}{z}}\cos(z - z_0)\,\mathrm{d}z \qquad (10.1.34)$$

$$\psi_{\psi_0} = \psi_0[1 - c_N B_{R\infty}(z_0)] \qquad (10.1.35)$$

函数 $B_{I\infty}(z_0)$ 和 $B_{R\infty}(z_0)$ 的例子已列在附表 9 中。利用它们计算偏角更方便,平均效果更好。

影响主动段末偏角大小的因素分析如下。

对于一般野战火箭,在这三种起始扰动中,$\dot{\varphi}_0$ 的影响最大,故下面主要对 $\psi_{\dot{\varphi}_0}$ 进行分析。但对于增程弹、航空火箭等特殊情况,起始扰动 ψ_0 和 φ_0 的影响也不可随便忽略。

从 $\psi_{\dot{\varphi}_0}(z_0, z)$ 的表达式(10.1.29)可见,其中有参数 v_0、c_N、z_0,而 $v_0 = \sqrt{2\bar{a}s_0}$,$c_N = a_p/\bar{a} + 2b_y s_0$,$z_0 = k_z s_0$,$k_z = 0.5\rho Slm'_z/A$,故影响偏角的因素归结为 s_0、m'_z、c'_y、$\bar{a}$。下面逐一进行分析。

①有效定向器长 s_0 增大,$\psi^*_{\dot{\phi}_0 K}$ 将减小。这是因为 $v_0 = \sqrt{2\bar{a}s_0} = \sqrt{2\bar{a}/\omega_c}\sqrt{z_0}$,又 $\psi^*_{\dot{\phi}_0}$ 中含有因子 $B_I(z_0, z)/\sqrt{z_0}$,而计算表明,这个因子随 z_0 的增大而减小,如图 10.1.4 和图 10.1.5 所示。故 s_0 增大,z_0 也增大时,$\psi^*_{\dot{\phi}_0 K}$ 减小。

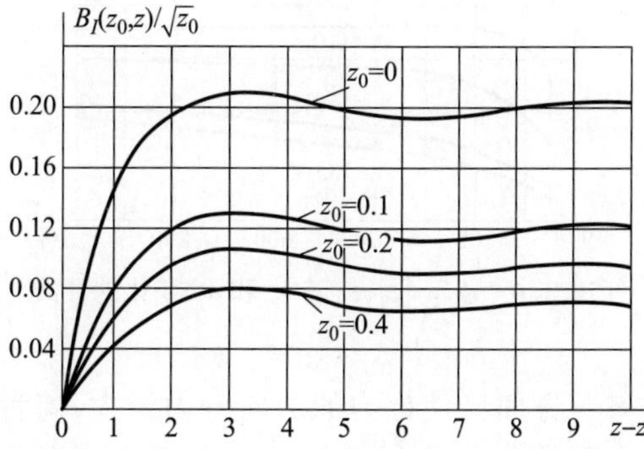

图 10.1.4　$B_I(z_0, z)/\sqrt{z_0}$ 与 $z - z_0$ 的关系曲线

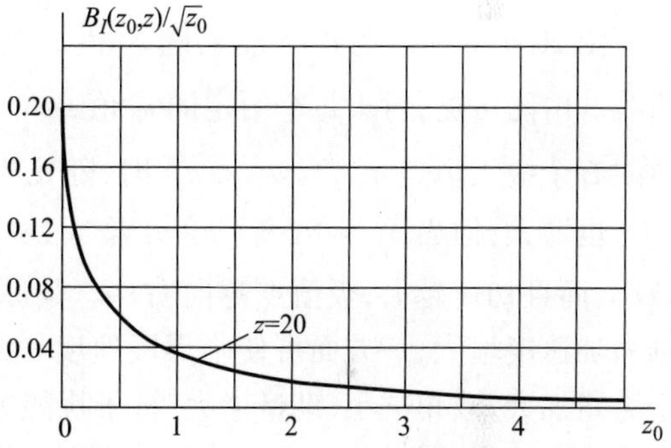

图 10.1.5　$B_I(z_0, z)/\sqrt{z_0}$ 与 z_0 的关系曲线

在自由飞行段平均加速度 $\bar{a}$ 一定的条件下,s_0 增大意味着初速 v_0 增大,这不仅增大了稳定力矩、减小了攻角和法向力,而且增大了火箭的初始动量和抗干扰能力,故必然使偏角减小。

增大有效定向器长 s_0 的方法有两种:一是增大实际定向器长,在发动机推力曲线不变的情况下,这将使初速 v_0 提高,也就增大了有效滑轨长,但这种办法具有可能造成火箭炮笨重以及使起始扰动 $\dot{\varphi}_0$ 增大的缺点,需全面考虑;另一种办法就是在不增大自由飞行平均加速度 $\bar{a}$ 的条件下,用其他方法增大火箭离轨时的初速 v_0,如采用助推发动机或高低压发动机迅速提高火箭炮口速度,或采用火炮发射火箭(即增程弹)方案,这可显著增大有效定向器长,使之远远大于实际定向器长。航空火箭在发射时已具有飞机的速度,因而其离轨时的初速很大,使有效定向器长 s_0 很大,因而由 $\dot{\varphi}_0$ 产生的偏角退居次要地位,而由 ψ_0 产生的偏角上升为主要地位。

②静力矩系数导数 $|m'_z|$ 增大,则稳定力矩增大,使 $z_0 = \omega_c s_0$ 增大,故 $\psi^*_{\dot{\varphi}_0}$ 减小。这是因为 $|m'_z|$ 增大意味着尾翼功效增大,一方面可使攻角幅值及法向力减小,另一方面又使波长 $\lambda_c = 2\pi/\omega_c$ 以及临界段长度减小,这都有利于 $\psi^*_{\dot{\varphi}_0}$ 减小。

③升力系数导数 c_y' 增大,使 b_y 和 c_N 增大,故 $\psi_{\dot{\varphi}_0}^*$ 增大。不过,对于野战火箭,由于在临界段内升力比推力的法向分力小得多,它对偏角的影响还不足角偏差总量的 1%,故常可以忽略;但对于初速已较高(有效滑轨长 s_0 很大),续航发动机推力加速度较低的增程弹或航空火箭,升力导数 c_y' 的影响就需考虑了。

④推力加速度 $\bar{a}_p$ 的影响。在式(10. 1. 29)中,分母 $v_0 = \sqrt{2\bar{a}s_0}$ 中含有 $\bar{a}$,而 $\bar{a}$ 主要取决于 a_p,故推力加速度 a_p 增大,偏角 ψ_K 减小。不过,由 $\delta_{\dot{\varphi}_0}^*$ 的表达式(10. 1. 28)可见,因分母上有因子 $v = \sqrt{2\bar{a}s}$,故当 a_p 增大时,稳定力矩加大,攻角将减小;然而由偏角方程 $mv\mathrm{d}\psi/\mathrm{d}t = F_p\delta + mb_yv^2\delta$ 可见,由于 $F_p = ma_p$,故尽管 a_p 增大使 δ 减小,法向力 $F_p\delta$ 却变化不大。故此时偏角的减小主要是由动量 mv 增大所致。

如果初速 v_0 不变,则 $\psi_{\dot{\varphi}_0}^*$ 随 a_p 的变化就比较复杂,一方面,当 a_p 减小时,可使有效定向器长 $s_0 = v_0^2/(2\bar{a})$ 增大,z_0 随之增大,可以使因子 $B_I(z_0)/\sqrt{z_0}$ 减小,$\psi_{\dot{\varphi}_0}^*$ 相应减小;另一方面,$\psi_{\dot{\varphi}_0}^*$ 中还有因子 $c_N/\sqrt{2\bar{a}\omega_c}$,它又随 a_p 的减小而增大,这使 $\psi_{\dot{\varphi}_0}^*$ 随 a_p 的变化与 v_0 和 a_p 都有关。

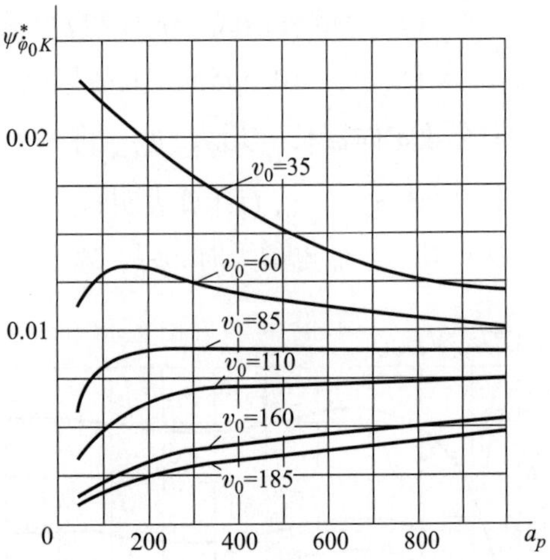

图 10. 1. 6 $\psi_{\dot{\varphi}_0}^*(z_0,z)$ 随 v_0 和 a_p 变化的曲线

图 10. 1. 6 所示为 $\psi_{\dot{\varphi}_0}^*(z_0,z)$ 随 v_0 和 a_p 变化的曲线。由图可见,对于每个给定的 v_0 值,$\psi_{\dot{\varphi}_0K}^* - a_p$ 曲线有个极大值点 a_p^*,当 $a_p < a_p^*$ 时,随 a_p 增大,$\psi_{\dot{\varphi}_0K}^*$ 也增大;但当 $a_p > a_p^*$ 后,随 a_p 增大,$\psi_{\dot{\varphi}_0K}^*$ 却减小,而且初速越大,极值点越向右移。其原因是推力加速度增大,一方面可使临界段速度增高,稳定力矩加大、攻角减小、动量增大、抗干扰能力增强,另一方面又使推力的法向分力增大,前者有使偏角减小的作用,后者有使偏角增大的作用,究竟是使偏角增大还是减小,就要看二者共同作用的结果。当 a_p 较小时,a_p 引起的速度变化不明显,而增大 a_p 可使推力的法向分力显著增大,后者起主要作用,故偏角随 a_p 增大而增大;当 a_p 较大时,速度和动量增大明显,前者起主要作用,因而随 a_p 增大,$\psi_{\dot{\varphi}_0K}^*$ 减小。初速越小,a_p 增大所产生的速度相对变化明显,较小的 a_p 就能使速度增大的作用体现出来,故曲线的极值点前移;反之,初速较大,曲线的极值点后移。

因此,当 v_0 一定,在设计发动机的推力加速度时,从减小偏角来说,要么使推力加速度很大,要么使推力加速度很小,但这种选择都要以图 10. 1. 6 中的极大值点 a_p^* 为分水岭,故首先就是要找到 a_p^*,这可根据 $\psi_{\dot{\varphi}_0}^*$ 的表达式(10. 1. 29)对 a_p 求导并令导数为零求出。由文献[5]得

$$a_p^* \approx \frac{v_0^2}{0.11\lambda_c} - 3b_yv_0^2 \tag{10.1.36}$$

式中,$\lambda_c = 2\pi/\omega_c$ 为火箭摆动的波长。由式可见,$\psi_{\dot{\varphi}_0}^*$ 随 a_p 变化的极大值点 a_p^* 不仅与初速有关,还与波长、升力系数有关。随着 v_0 增大,λ_c 减小,a_p^* 将向右增大。设计 a_p 时,要综合考虑。

下面再分析一下影响 φ_0 产生的攻角 $\delta_{\varphi_0}^*$ 和偏角 $\psi_{\varphi_0}^*$ 的因素。由附表 8 和附表 9 可见,

$B_R(z_0,z)$或$B_{R\infty}(z_0)$都随z_0的增大而减小,故$\psi^*_{\varphi0}(z_0,z)$随z_0增大而减小,也即随$|m_z'|$和s_0的增大而减小。由于这时攻角的幅值$\delta_0=\varphi_0$是由起始条件φ_0决定的,与$|m_z'|$和v_0、a_p均无关,因此,$|m_z'|$增大使$\psi^*_{\varphi0}$减小是通过减小波长λ_c起作用的。但v_0与波长也没有关系,故v_0增大使s_0增大进而减小$\psi^*_{\varphi0}$则是通过增加弹道抗干扰能力来起作用的。增大a_p虽也能增大v_0,但同时又增大了推力的法向分力,所以a_p对$\psi^*_{\varphi0}$没有影响。在a_p一定的条件下,增大s_0可增大v_0,使$\psi^*_{\varphi0}$减小。对于增程弹,v_0与a_p无关,增大a_p只会减小s_0,而使$\psi^*_{\varphi0}$增大,其原因是a_p增大只会增大推力的法向分量,而不能提高初速v_0及发动机点火时的弹道抗干扰能力。

2. 低旋尾翼式火箭由起始扰动产生的攻角和偏角

下面转到低旋尾翼式火箭的情况,这时由起始扰动产生的攻角和偏角为式(10.1.6)、式(10.1.19)、式(10.1.7)、式(10.1.20)、式(10.1.8)、式(10.1.24)。下面主要讲述特征函数$\Delta^*_{\dot\varphi_0}$和$\Psi^*_{\dot\varphi_0}$的特点。

在图 10.1.7 中,$\Delta^*_{\dot\varphi_0}$为起始扰动$\dot\varphi_0=1$产生的角运动攻角曲线。当$t=0$时,弹轴以$\dot\varphi=1$沿实轴向上摆,由于火箭自转,攻角曲线很快就离开实轴向右偏转,这个偏转方向与火箭低速旋转的方向(设都为右旋)是一致的,当Δ回到原点后弹轴向下摆,然后仍往右转,Δ又回到原点,如此反复进行。但从弹轴向右转动所产生的波瓣中心点看,却恰好是在与自转相反的方向上旋转。在攻角变化的过程中,攻角曲线的波瓣越来越小,即攻角幅值越来越小。

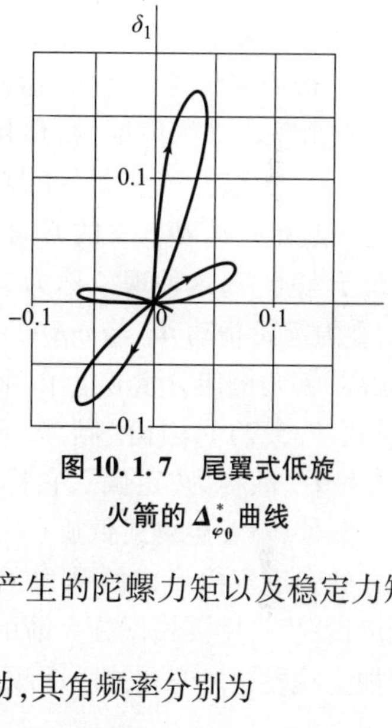

图 10.1.7　尾翼式低旋火箭的$\Delta^*_{\dot\varphi_0}$曲线

前面已讲述,非旋转尾翼式火箭在起始扰动作用下的运动是在起始扰动所在平面内的摆动,但现在尾翼式低旋火箭的弹轴已可以离开起始扰动所在平面,形成空间摆动运动,使复平面上的B点画出如图 10.1.7 所示的攻角曲线。如同低旋尾翼炮弹,使弹轴摆动平面不断转动仍然是由自转和摆动所产生的陀螺力矩以及稳定力矩引起的。

由式(10.1.5′)可见,由$\dot\varphi_0$引起的角运动仍是一个二圆运动,其角频率分别为

$$\omega_1=\frac{1}{2}(P+\sqrt{P^2-4M}),\quad \omega_2=\frac{1}{2}(P-\sqrt{P^2-4M})\tag{10.1.37}$$

因为尾翼式火箭是静稳定的,$M=k_z<0$,所以$\omega_1>0$、$\omega_2<0$,并且$\omega_1>|\omega_2|$,故快圆运动为正转,慢圆运动为反转,使复攻角曲线形成多叶多瓣形状,这与尾翼炮弹的情况一样。用欧拉公式将式(10.1.6)中的复指数展开,再合并得

$$\Delta^*_{\dot\varphi_0}=\frac{2e^{-b'(s-s_0)}}{v\sqrt{P^2-4M}}e^{iPs/2}\sin\frac{\sqrt{P^2-4M}}{2}(s-s_0)\tag{10.1.38}$$

可见,它与炮弹的攻角特征函数式(7.4.15)相同(略去小阻尼指数项$e^{-b'(s-s_0)}$的差别),也表示弹轴在攻角平面内正弦摆动而攻角平面以角速率$P/2$转动。攻角变化一周的波长为

$$\lambda_c=\frac{2\pi}{\sqrt{P^2-4M}/2}=\frac{2\pi}{\omega_c}\cdot\frac{1}{\sqrt{1-S_g}}\tag{10.1.39}$$

式中,$S_g=P^2/(4M)$仍为陀螺稳定因子。当火箭不旋转时,$P=0$,$S_g=0$,即退化到不旋转尾翼

式火箭的情况。可见尾翼式低旋火箭的波长是不旋转尾翼式火箭波长的 $1/\sqrt{1-S_g}$ 倍，由式(10.1.38)还可见，低旋尾翼火箭的攻角幅值也是不旋转尾翼火箭幅值的 $1/\sqrt{1-S_g}$ 倍。低旋尾翼火箭与低旋尾翼炮弹的复攻角表达式尽管相同，但攻角幅值衰减的原因则有本质的不同，炮弹攻角的衰减主要由赤道阻尼力矩(包含在系数 b 中)的作用造成，火箭主要是由于速度迅速增高，稳定力矩增大所造成的，故炮弹的攻角小但衰减慢，火箭攻角大但衰减快。

至于偏角 $\Psi^*_{\dot{\varphi}0}$，它与攻角 $\Delta^*_{\dot{\varphi}0}$ 的关系，与炮弹情况一样，仍然是复平面上偏角曲线的切线平行于相同自变量处攻角曲线的割线，其原因除了由于升力是沿攻角曲线的割线方向以外，火箭推力的法向分量也沿此方向，这样质心速度方向必然沿此方向偏转。这也可由简化的复偏角方程 $\dot{\Psi}=(a_p/v+b_y v)\Delta$ 看出，偏角曲线的切线 $\dot{\Psi}$ 与攻角曲线的割线 Δ 平行。

低旋尾翼火箭的偏角曲线也离开了起始扰动所在平面，但随着攻角幅值的迅速衰减，偏角曲线的变化范围也越来越小，最后趋于一极限位置，这个极限位置偏离起始扰动所在平面角度的大小与转速有关，转速越高，偏过的角度越大，这是由于偏角的大小随攻角幅值增大而增大，故与不旋转火箭的偏角相比，由于旋转，也使偏角幅值减小 $1/\sqrt{1-S_g}$ 倍(因 $S_g<0$)。

3. 低旋尾翼式火箭的“倾离”效应和“定偏”

在滑轨段半约束期内，作用在质心上的重力使火箭绕后定心部中心摆动，产生向下的起始扰动 $\dot{\Phi}_0$，这与图 10.1.8 中规定的起始扰动 $\dot{\Phi}_0=1$ 的方向相反，故由重力产生的 $\dot{\Phi}_0$ 使偏角位于左下方，这种现象称为“倾离”效应。由式(9.4.17)可见，重力起始扰动 $\dot{\Phi}_0$ 与 $\cos\theta_1\approx\cos\theta_0$ 成正比，而由它产生的“倾离”偏角侧向分量 $\psi_{2\dot{\Phi}_0}$ 在地面上的投影 ψ_2 与 $\cos\theta_0$ 成反比(见式(7.5.7))，因而“倾离”偏角在地面上的投影大小不随射角变化，故称为“定偏”，它将引起弹道左偏。

此外，对于尾翼式低旋(右旋)火箭，由主、被动段上重力引起的弹道弯曲形成的动力平衡角及偏流也向左。因此，在无风情况下，尾翼式低旋火箭的落点偏左。但有横风时，还要增加主动段迎风偏和被段动顺风偏的影响，这在第 10.3 节里讲述。

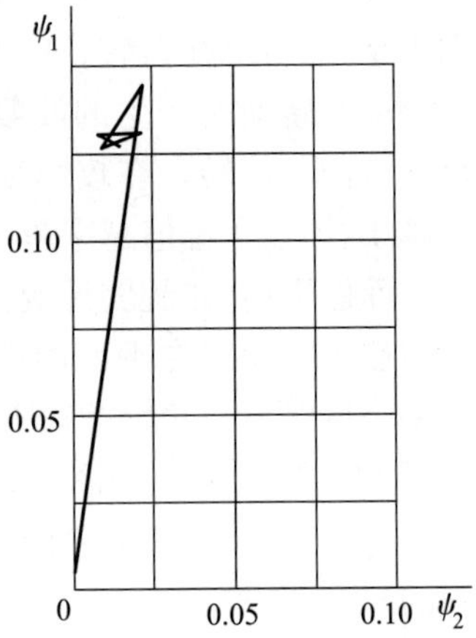

图 10.1.8　尾翼式低旋火箭的 $\Psi^*_{\dot{\Phi}_0}$ 曲线

10.1.4　由起始扰动产生的散布计算

以起始扰动 $\dot{\Phi}_0$ 为例，它在主动段末产生的高低偏角 $\psi_{1k\dot{\Phi}}$ 和方向偏角 $\psi_{2k\dot{\Phi}}$ 可计算如下

$$\boldsymbol{\Psi}_{\dot{\Phi}_0}=(\dot{\varphi}_{10}+\mathrm{i}\dot{\varphi}_{20})(\psi^*_{1\dot{\Phi}_0}+\mathrm{i}\psi^*_{2\dot{\Phi}_0})=(\dot{\varphi}_{10}\psi^*_{1\dot{\Phi}_0}-\dot{\varphi}_{20}\psi^*_{2\dot{\Phi}_0})+\mathrm{i}(\dot{\varphi}_{10}\psi^*_{2\dot{\Phi}_0}+\dot{\varphi}_{20}\psi^*_{1\dot{\Phi}_0})$$

因为 $\dot{\varphi}_{10}$ 和 $\dot{\varphi}_{20}$ 可看作是两个互相独立的随机变量并服从正态分布，设其中间误差分别为 $E(\dot{\varphi}_{10})$ 和 $E(\dot{\varphi}_{20})$，则得主动段末高低和方向上的角散布中间误差为

$$\begin{aligned}E(\psi_{1\dot{\Phi}_0})&=\sqrt{(E(\dot{\varphi}_{10})\psi^*_{1\dot{\Phi}_0})^2+(E(\dot{\varphi}_{20})\psi^*_{2\dot{\Phi}_0})^2}\\E(\psi^*_{2\dot{\Phi}_0})&=\sqrt{(E(\dot{\varphi}_{10})\psi^*_{2\dot{\Phi}_0})^2+(E(\dot{\varphi}_{20})\psi^*_{1\dot{\Phi}_0})^2}\end{aligned}\tag{10.1.40}$$

在很多情况下可近似取 $E(\dot{\varphi}_{10})=E(\dot{\varphi}_{20})=E(\dot{\varphi}_0)$，则可得任一方向上的偏角中间误差为

$$E(\psi_{\dot{\Phi}_0})=E(\dot{\varphi}_0)\,|\,\Psi^*_{\dot{\Phi}_0}\,|\tag{10.1.41}$$

现有野战火箭的 $E(\dot{\varphi}_0) \approx 0.01 \sim 0.10$ rad/s。炮口转速 $\dot{\gamma}_0$ 增大时，$E(\dot{\varphi}_0)$ 可能加大。算出了 $E(\psi_{1\dot{\varphi}_0})$ 和 $E(\psi_{2\dot{\varphi}_0})$ 后，就可用式(9.1.1)计算由 $\dot{\varphi}_0$ 产生的射程散布和方向散布。由 φ_0 和 ψ_0 产生的散布计算方法与上类似。总散布的中间误差则用各分量中间误差的平方和开方获得。

例 10.1.1　已知某火箭 $d=0.18$ m，$l=2.7$ m，$v_0 = 50$ m/s，$v_k = 600$ m/s，$a_p = 500$ m/s^2，$m_0 = 135$ kg，$A = 68.6$ kg·m^2，$C = 0.686$ kg·m^2，$\theta_0 = 30°$，$E_{\dot{\varphi}_0} = 0.05$ rad/s，$c_y' = 10$，$m_z' = -2.0$，$c_x = 0.2$，$\rho = 1.206$ kg/m^3，并由 c、v_k、$\theta_k \approx \theta_0$，查《地面火炮外弹道表(下册)》得 $\partial X/\partial\theta_0 = 15\ 127$ m/rad，求由 $\dot{\varphi}_0$ 产生的射程散布和方向散布。

解：$S = \pi d^2/4 = 0.254$ m^2，$b_x = \rho s c_x/(2m_0) = 0.23 \times 10^{-4}$ m^{-1}，$b_y = \rho s c_y'/(2m_0) = 0.001\ 15$ m^{-1}，$k_z = \rho s l m_z'/(2A) = -0.001\ 231$ m^{-1}，$\omega_c = \sqrt{-k_z} = 0.035$ m^{-1}，$\bar{a} = a - b_x v_0^2 - g\sin\theta_0 = 500$ m/s^2，$s_0 = v_0^2/(2\bar{a}) = 25$ m，$s_k = v_k^2/(2\bar{a}) = 360$ m，$z_0 = \omega_c s_0 = 0.088$，$z_k = \omega_{ck} s_k = 12.6$，$c_N = a_p/\bar{a} + 2b_y s_0 = 1.005\ 8 \approx 1$。

查表得 $B_{R\infty} = 0.652$，$B_{I\infty} = 0.227$，于是由式(10.1.32)算得，$\psi^*_{\dot{\varphi}_0} = B_{I\infty} c_N/(\omega_c v_0) = 0.13$。

故由起始扰动 $\dot{\varphi}_0$ 产生的落点方向散布和射程散布为

$$E_z/x = E_\psi/\cos\theta_0 = 1/133, E_x = E_\psi(\partial x/\partial\theta_0) = 98 \text{ m}$$

10.2　推力偏心产生的角运动和散布

早期的尾翼火箭是不旋转的，落点散布很大。研究表明，推力偏心是造成散布大的主要原因，为此，人们让火箭低速旋转，使推力偏心方向不断改变，其影响相互抵消，使密集度显著提高。推力偏心产生推力偏心力矩和推力侧分力都包含在方程组(9.5.12)中，可分别求解。

在数学上求线性常系数微分方程非齐次解的方法有多种，例如常数变易法、算子法、拉氏变换法、级数法等，本节将介绍另一种方法——格林函数法。由于此方法的物理意义明确，可利用已有的齐次方程解的函数表达式和函数表格，故在工程上和外弹道学中经常使用。以下先讲不旋转尾翼式火箭，再讲低旋尾翼火箭。

10.2.1　非旋转尾翼式火箭由推力偏心产生的攻角和偏角

1. 格林函数法

上节已导出了不旋转火箭由起始扰动 $\dot{\varphi}_0$ 产生的攻角和偏角特征函数 $\delta^*_{\dot{\varphi}_0}(z_0,z)$、$\psi^*_{\dot{\varphi}_0}(z_0,z)$，括号中的 z_0 为起始扰动 $\dot{\varphi}_0$ 作用处的相对弧长。实际上，z_0 的位置不一定要在炮口，而可以是主动段上任一点，只要该点有扰动，它在 z 点处产生的攻角和偏角就可用这两个函数计算。

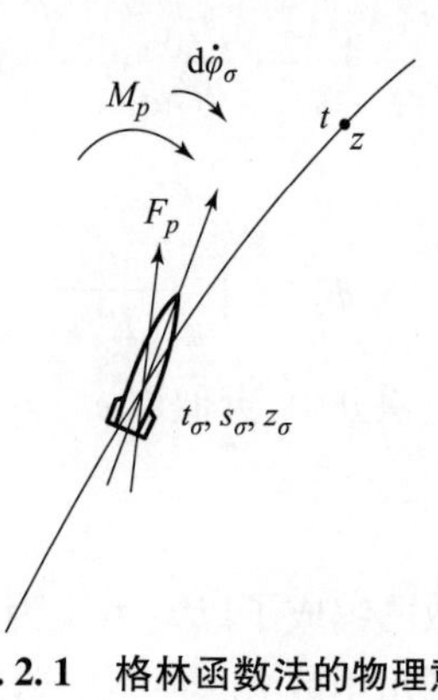

图 10.2.1　格林函数法的物理意义

推力偏心力矩 $M_p = m a_p L_p$ 的直接作用是使火箭按动量矩方程产生一个摆动角加速度，

$$A\mathrm{d}\dot{\varphi}/\mathrm{d}t = -m a_p L_p \tag{10.2.1}$$

式中，等号右边的负号表示摆动角加速度 $\ddot{\varphi}$ 总是与推力线偏心 L_p 方向相反。于是在弧长为 s_σ 处(或相对弧长 z_σ 处)的 $\mathrm{d}t_\sigma$ 时间内给火箭一个扰动角速度增量 $\mathrm{d}\dot{\varphi}_\sigma$（图 10.2.1），

则有

$$d\dot{\varphi}_\sigma = (-a_p L_p/R_A^2)_\sigma dt_\sigma \tag{10.2.2}$$

将此摆动角速度看作是在相对弧长 z_σ 点处的起始扰动，那么，在相对弧长 z 处形成的攻角和偏角即为

$$d\delta = d\dot{\varphi}_\sigma \delta^*_{\dot{\varphi}0}(z_\sigma, z), d\psi = d\dot{\varphi}_\sigma \psi^*_{\dot{\varphi}0}(z_\sigma, z) \tag{10.2.3}$$

因为推力偏心从 z_0 到 z 一直起作用，故可将整个弹道分成许多小弧段，将这每个小弧段上产生的扰动 $d\dot{\varphi}_\sigma$ 在 z 处形成的攻角和偏角全部相加，这样就得到推力偏心力矩在 z 处形成的攻角和偏角，即

$$\delta_L = \int_{t_0}^{t}\left(\frac{-a_p L_p}{R_A^2}\right)_\sigma \delta^*_{\dot{\varphi}0}(z_\sigma, z) dt_\sigma, \psi_L = \int_{t_0}^{t}\left(\frac{-a_p L_p}{R_A^2}\right)_\sigma \psi^*_{\dot{\varphi}0}(z_\sigma, z) dt_\sigma \tag{10.2.4}$$

上式被积函数中的 $-a_p L_p/R_A^2$ 正是火箭运动方程组(9.5.12)中第二式右边由线推力偏心产生的非齐次项($\dot{\gamma}=0$ 时)。因此，在数学上可以这样来叙述格林函数法的操作方法，即将所考虑的非齐次项(这里为 $-a_p L_p/R_A^2$)所在方程(这里为方程组(9.5.12)的第二个方程)的最高导函数(系数必须化为1，这里为 $\ddot{\Phi}$)的低一阶导数(这里为 $\dot{\Phi}$)所对应的特征函数(这里为 $\delta^*_{\dot{\varphi}0}(z_0, z)$，$\psi^*_{\dot{\varphi}0}(z_0, z)$)乘以此非齐次项，然后在自变量变化范围(这里为 t_0、t)内积分，即得到由此非齐次项产生的特解(这里即为 δ 和 φ)。但须注意的是，积分时要将特征函数中的变量起始值(这里为 z_0)、非齐次项中的变量值都改为与积分变量(这里为 t_σ)相应一致的值(都取 $t=t_\sigma$ 处的值，例如下面将变量 γ 改为 $\gamma_\sigma=\dot{\gamma}t_\sigma$)。

这是一个普遍的关系。例如，用此法很容易写出由推力侧分力产生的攻角和偏角的积分表达式。因为推力侧分力 $a_p\boldsymbol{\beta}_p e^{i\gamma}/v$ 位于方程组(9.5.12)中的第一个方程中，该方程的最高导函数为 $\dot{\psi}$，低其一阶的函数为 ψ，故立即可写出由此非齐次项产生的攻角和偏角为

$$\Delta_{\beta_p} = \int_{t_0}^{t}\Delta^*_{\psi0}(z_\sigma, z)\frac{a_p\boldsymbol{\beta}_p}{v_\sigma}e^{i\gamma_\sigma}dt_\sigma, \boldsymbol{\Psi}_{\beta_p} = \int_{t_0}^{t}\boldsymbol{\Psi}^*_{\psi0}(z_\sigma, z)\frac{a_p\boldsymbol{\beta}_p}{v_\sigma}e^{i\gamma_\sigma}dt_\sigma \tag{10.2.5}$$

格林函数法从本质上讲仍是常数变易法，在本书附录1中做了严格的理论推导。附录1中以两个变量为例，推导中先将高阶方程组化为一阶方程组。

2. 线推力偏心产生的攻角和偏角

下面再转到式(10.2.4)，将式(10.1.28)和式(10.1.29)的 $\delta^*_{\dot{\varphi}0}$ 和 $\psi^*_{\dot{\varphi}0}$ 分别代入其中，并做变量变换：$dt_\sigma = ds_\sigma/v_\sigma = dz_\sigma/(v_\sigma\omega_c)$，得

$$\delta_L = \int_{z_0}^{z}\frac{-a_p L_p e^{-b'(s-s_0)}}{R_A^2\omega_c v}\sin(z-z_\sigma)\frac{1}{v_\sigma}\frac{dz_\sigma}{\omega_c} = \frac{-L_p}{R_A^2}\left(\frac{a_p}{\bar{a}}\right)\left(\frac{1}{\omega_c}\right)\int_{z_0}^{z}e^{-b'(s-s_\sigma)}\frac{\sin(z-z_\sigma)}{2\sqrt{z\cdot z_\sigma}}dz_\sigma \tag{10.2.6}$$

$$\psi_L = \int_{z_0}^{z}\frac{-a_p L_p}{R_A^2}\cdot\frac{c_N}{\omega_c\sqrt{2\bar{a}s_\sigma}}\frac{B_I(z_\sigma, z)}{v_\sigma\omega_c}dz_\sigma = -\left(\frac{a_p}{\bar{a}}\right)\frac{L_p}{R_A^2}\frac{c_N}{\omega_c}\int_{z_0}^{z}\frac{B_I(z_\sigma, z)}{2z_\sigma}dz_\sigma \tag{10.2.7}$$

在以上积分中，近似取 $c_N = a_p/\bar{a} + 2b_y s_\sigma$ 为常数。再记

$$R_L(z_0, z) = \int_{z_0}^{z}\frac{B_I(z_\sigma, z)}{2z_\sigma}dz_\sigma \tag{10.2.8}$$

此函数已编成了以 z_0 和 z 为自变量的表，见附表10的示例。

利用函数 R_L 即可从式(10.2.7)得到由推力线偏心产生的偏角

$$\psi_L = L_p \psi_L^*(z_0, z), \psi_L^*(z_0, z) = \frac{-c_N}{R_A^2 \omega_c}\left(\frac{a_p}{\bar{a}}\right) R_L(z_0, z) \tag{10.2.9}$$

式中，$\psi_L^*(z_0,z)$即为由线推力偏心产生的偏角特征函数。当需要攻角时，还可令 $b' \approx 0$，并将正弦函数按和差化积公式展开，再积分成以贝塞尔函数和正弦、余弦积分函数表示的形式。

3. 攻角和偏角曲线的特点

图 10.2.2 所示为 $L_p = 1$ 时攻角和偏角特征函数 δ_L^* 和 ψ_L^* 的图形。由图可见，攻角仍做周期性变化，幅值不断衰减。但其图线关于$(z - z_0)$轴已不对称，而是围绕一个平衡攻角变化，此平衡攻角就是推力偏心力矩与恢复力矩相平衡时的攻角，由 $M_p = M_z$，得

$$\bar{\delta}_L = \frac{m a_p L_p}{0.5\rho v^2 Sl\,|m_z'|} = \frac{L_p}{2R_A^2\omega_c}\left(\frac{a_p}{\bar{a}}\right)\frac{1}{z} \tag{10.2.10}$$

此平衡攻角在炮口处最大，此后随着火箭速度不断增大，此平衡攻角迅速减小。

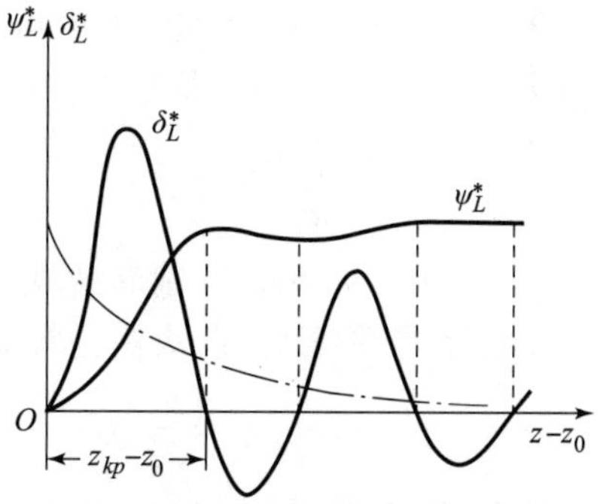

图 10.2.2　非旋转尾翼式火箭的 δ_L^* 和 ψ_L^* 图形

当$\delta_L^* > 0$时，ψ_L^* 增大；当$\delta_L^* < 0$时，ψ_L^* 减小。但ψ_L^* 只在炮口附近增大得快，这是因为炮口附近火箭速度低、攻角大、动量小，在推力偏心力矩作用下，偏角迅速增大；此后火箭速度增大、攻角减小、动量变大，速度方向就不易偏转了。我们把 ψ_L^* 迅速增大的一段弹道仍称为临界段，不过这里由于攻角曲线关于$(z - z_0)$轴不对称，则临界段大于半个波长但小于 1 个波长，约为

$$s_{kp} - s_0 = (0.7 \sim 0.8)\lambda_c \tag{10.2.11}$$

临界段的这个长度变化很小，因此，临界段末的 z_{kp} 直接取决于炮口的 z_0 大小。又因偏角主要在临界段内形成，故 $\psi_{L_k}^*$ 主要依赖于 s_0，或者说 $R_L(z_0,z)$主要取决于 z_0，当$0.06 < z_0 \leqslant 1.0$ 时，$R_L(z_0,z)$大致为一倒数函数，通过拟合可近似表示成如下形式

$$R_L = 0.195/(z_0 + 0.322), 0.06 < z_0 \leqslant 1.0 \tag{10.2.12}$$

一般野战火箭的 z_0 都在此范围，故可将上式代入式(10.2.9)中计算 $\psi_L^*(z_0,z)$。

4. 影响推力偏心产生偏角的因素分析

由于平衡攻角 δ_L 越小，推力的法向分力以及升力的平均值也越小，产生的偏角也将减小，据此可通过各因素对 δ_L 的影响来分析对偏角 ψ_L 的影响，特别是分析对临界段的影响。

首先，稳定力矩系数 $|m_z'|$ 增大可以有效地减小平衡攻角 $\bar{\delta}_L$，从而使偏角减小。在加速度 a_p 给定的情况下，增大有效定向器 s_0 的长度可使 v_0 增大、$\bar{\delta}_L$ 减小，并且提高了火箭抗干扰能力，有利于偏角减小；反之，在给定初速 v_0 的条件下，$\bar{\delta}_L$ 和 ψ_L^* 将随 $\bar{a} \approx a_p$ 的增大而增大，这是由于此时平衡攻角增大，推力法向分力和升力相应增大，而炮口动量没有变化。显然，如果初速 v_0 也是由推力加速度 a_p 产生的，则 $a_p/\bar{a} \approx 1$，$\bar{\delta}_L$ 和 ψ_L^* 与推力加速度无关。

再看一下弹长的影响。在式(10.2.10)中，$\bar{\delta}_L$ 与 ml_p/l 成比例，而 m 又大致与 l 成比例，故在炮口附近 $\bar{\delta}_L \propto l/v_0^2$，如果 v_0 是火炮赋予的，与火箭无关，则 l 增大将导致 $\bar{\delta}_L$ 增大，进而使偏角增大；如果 v_0 是在定向器上由发动机产生的，则 $v_0^2 = 2a_{p0}s_{00}$，这里 a_{p0} 表示在滑轨段上发动机产生的平均推力加速度，s_{00}为实际滑轨长，则 $\bar{\delta}_L \propto l/s_{00}$，故当滑轨长与弹长成比例增减时，偏

角 ψ_L^* 将与弹长 l 无关。这也是尾翼式火箭可以做成较为细长的原因之一。

10.2.2 低旋尾翼式火箭由推力偏心产生的攻角和偏角

1. 攻角和偏角公式的推导、等效起始扰动的概念

火箭旋转时,线推力偏心将不断改变方向,此时推力偏心的等效力为 $-ma_p\boldsymbol{L}_p e^{i\gamma}$,方程(9.5.12)第二个方程右边的非齐项 $=-a_p\cdot\boldsymbol{L}_p e^{i\gamma}/R_A^2$。由格林函数法,推力偏心产生的攻角和偏角为

$$\Delta_L=\int_{t_0}^{t}\frac{-a_p\cdot\boldsymbol{L}_p}{R_A^2}e^{i\gamma_\sigma}\Delta_{\dot{\Phi}_0}^*(s_\sigma,s)\,dt_\sigma,\ \boldsymbol{\Psi}_L=\int_{t_0}^{t}\frac{-a_p\cdot\boldsymbol{L}_p}{R_A^2}e^{i\gamma_\sigma}\boldsymbol{\Psi}_{\dot{\Phi}_0}^*(s_\sigma,s)\,dt_\sigma \tag{10.2.13}$$

在以上两式中,γ_σ 将随火箭转速规律的不同而具有不同的表达式。对斜置喷管或切向喷口,以及斜置尾翼、斜置弹翼,火箭为等加速旋转,取炮口处 $\gamma=0$,则

$$\gamma=\frac{1}{2}\ddot{\gamma}(t^2-t_0^2)=\frac{1}{2}\varkappa a(t^2-t_0^2)=\varkappa(s-s_0) \tag{10.2.14}$$

先求攻角,取 $\boldsymbol{L}_p=1$ 并将式(10.1.6)的 $\Delta_{\dot{\Phi}_0}^*(s_0,s)$ 代入式(10.2.14)中,得

$$\Delta_L^*=\int_{t_0}^{t}\frac{-a_p}{R_A^2}\left\{\frac{-ie^{-b'(s-s_\sigma)}}{v\sqrt{P^2-4M}}\left[e^{i\omega_1(s-s_\sigma)}-e^{i\omega_2(s-s_\sigma)}\right]\right\}e^{i\varkappa}(s_\sigma-s_0)\,dt_\sigma \tag{10.2.15}$$

式中,$dt_\sigma=ds_\sigma/v_\sigma$。在被积函数中,自由振动频率 ω_1、ω_2 和强迫振动频率 $\varkappa$ 都是较高的频率,它们所在的复数项都是迅速变化的圆运动。相比之下,函数 $1/v_\sigma$ 变化很缓慢,根据临界段的概念,可用其炮口值 $1/v_0$ 取代之,再求积分后得

$$\Delta_L^*=\frac{-a_p}{R_A^2v_0}\left(\frac{-i}{v\sqrt{P^2-4M}}\right)e^{-b's}e^{-i\varkappa s_0}\left[e^{i\omega_1 s}\frac{e^{[b'+i(\varkappa-\omega_1)]s_\sigma}}{b'+i(\varkappa-\omega_1)}-e^{i\omega_2 s}\frac{e^{[b'+i(\varkappa-\omega_2)]s_\sigma}}{b'+i(\varkappa-\omega_2)}\right]_{s_0}^{s}$$

略去上式分母中的小量 b',代入上、下限,经整理后得

$$\Delta_L^*=\frac{-a_p}{R_A^2v_0}\left(\frac{1}{v\sqrt{P^2-4M}}\right)\left\{\left[e^{-b'(s-s_0)}\left(\frac{e^{i\omega_1(s-s_0)}}{\varkappa-\omega_1}-\frac{e^{i\omega_2(s-s_0)}}{\varkappa-\omega_2}\right)\right]-e^{i\varkappa(s-s_0)}\frac{\omega_1-\omega_2}{(\varkappa-\omega_1)(\varkappa-\omega_2)}\right\} \tag{10.2.16}$$

上式含有3个复指数项,代表3个圆运动。因此,推力偏心产生的攻角是3个圆运动的合成,前两个圆运动的圆频率 ω_1、ω_2 是自由运动圆频率,第三个运动频率 $\varkappa$ 是强迫运动的圆频率。显然,如果 $\varkappa=\omega_1$ 或 $\varkappa=\omega_2$,则攻角幅值会变成无穷大,此时即发生共振。为了防止共振,火箭弹的自转角速度要比固有摆动角速度高3倍以上,即 $\varkappa\gg\omega_1$,$\varkappa\gg\omega_2$。这样,强迫运动的幅值就比自由振动幅值小得多,可以忽略(对增程弹,强迫运动不可忽略),再考虑到

$$\frac{1}{\varkappa-\omega_2}=\frac{1}{\varkappa-\omega_1}+\left(\frac{1}{\varkappa-\omega_2}-\frac{1}{\varkappa-\omega_1}\right)=\frac{1}{\varkappa-\omega_1}-\frac{\omega_1-\omega_2}{(\varkappa-\omega_1)(\varkappa-\omega_2)}$$

而第二个等号右边的第二项比第一项小得多,也可忽略,也即认为 $1/(\varkappa-\omega_1)$ 与 $1/(\varkappa-\omega_2)$ 近似相等。这样式(10.2.16)就可简化,再引用 $\Delta_{\dot{\Phi}_0}^*$ 的表达式即得

$$\Delta_L^*=-i\frac{a_p}{R_A^2\dot{\gamma}_0(1-\omega_1/\varkappa)}\Delta_{\dot{\Phi}_0}^*(s_0,s) \tag{10.2.17}$$

于是推力偏心产生的攻角就可写成如下形式

$$\Delta_L=\dot{\boldsymbol{\Phi}}_L\Delta_{\dot{\Phi}_0}^*,\ \dot{\boldsymbol{\Phi}}_L=-i\frac{a_p\boldsymbol{L}_p}{R_A^2\dot{\gamma}_0(1-\omega_1/\varkappa)}\approx-i\frac{a_p\boldsymbol{L}_p}{R_A^2\dot{\gamma}_0} \tag{10.2.18}$$

由式(10.2.18)可见,线推力偏心产生的攻角可用起始扰动 $\dot{\boldsymbol{\Phi}}_L$ 产生的攻角来描述,而 $\dot{\boldsymbol{\Phi}}_L$ 即相当于一个等效起始扰动,它是由线推力偏心 $\boldsymbol{L}_p$ 产生的,其方向落后于 $\boldsymbol{L}_p$ 向量 90°。其大小与推力加速度成正比,与赤道回转半径的平方 R_A^2 成反比,最重要的是,与火箭的炮口转速大致成反比,转速越高,等效起始扰动 $\dot{\boldsymbol{\Phi}}_L$ 幅值越小。因此,采用旋转方法可以大幅度减小推力偏心的影响。

由格林函数法的物理意义,它是将推力偏心的作用以它在连续的各微分弧段上产生的"起始扰动"来考虑,但因炮口速度低,这种起始扰动的影响大,以后速度迅速提高,这种"起始扰动"的影响就小了。故可用炮口处的某个"等效起始扰动"代替推力偏心沿全主动段的作用。

至于由线推力偏心产生的偏角,也可用格林函数法计算,但在已求得攻角的情况下,利用偏角方程直接积分更方便一些。将式(10.2.18)代入式(9.5.14)中,并引用式(10.1.10)的积分结果式(10.1.19),即得到由推力偏心产生的偏角,

$$\boldsymbol{\Psi}_L = \dot{\boldsymbol{\Phi}}_L \cdot \boldsymbol{\Psi}^*_{\dot{\Phi}_0}(s_0,s) = \boldsymbol{L}_p \boldsymbol{\Psi}_L^* \tag{10.2.19}$$

$\boldsymbol{\Delta}_L^*(s_0,s)$ 和 $\boldsymbol{\Psi}_L^*(s_0,s)$ 的图形如图 10.2.3(a)和(b)所示。

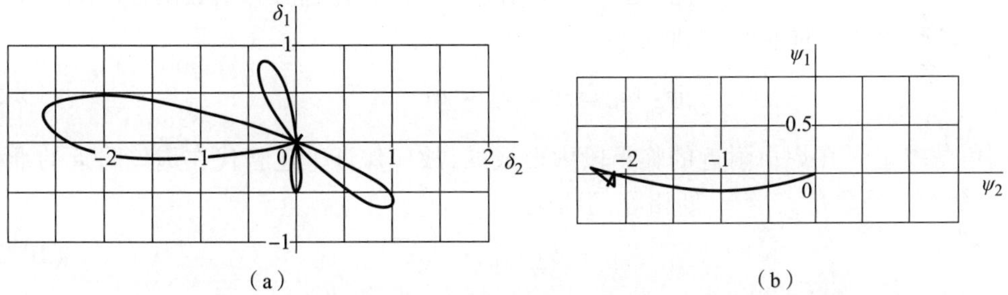

图 10.2.3　低旋尾翼式火箭由推力偏心引起的 $\boldsymbol{\Delta}_L^*$ 和 $\boldsymbol{\Psi}_L^*$ 的图形

(a)Δ_L^* 图形;(b)Ψ_L^* 图形

将这两个图与 $\boldsymbol{\Delta}^*_{\dot{\Phi}_0}$ 和 $\boldsymbol{\Psi}^*_{\dot{\Phi}_0}$ 的图形(图 10.1.7 和图 10.1.8)相比较可见,它们大致与那两个图逆时针旋转 90°后的形状相似,只是幅度不同,说明等效起始扰动的方向与线推力偏心 $\boldsymbol{L}_p$ 的向量方向垂直,并在复平面上比 $\boldsymbol{L}_p$ 滞后 90°。

这种现象的力学原因是什么呢?这可解释如下:因设线推力偏心 $\boldsymbol{L}_p=1$ 时,表示在炮口处 $\boldsymbol{L}_p$ 位于实轴的上方,则推力 $\boldsymbol{F}_p$ 对质心的力矩使弹轴向下摆动,但由于此时弹轴摆动角速度还不大,而自转角速度 $\dot{\gamma}_0$ 已较大,故弹轴还未形成多大的向下摆动角,线推力偏心已迅速顺时针转到虚轴负方向,它所产生的推力偏心力矩使弹轴又向虚轴负方向摆动,形成沿虚轴负方向的一个摆动角速度,即等效起始扰动。尽管此后火箭的自转还在越来越快地改变推力偏心的方向,但由于速度和动量增大,而攻角和法向力减小,推力偏心的作用就远不如炮口那么大了。

从等效起始扰动的表达式可以看出它的物理意义。将式(10.2.18)右边的模改成如下形式

$$\dot{\varphi}_L = \frac{ma_pL_p}{mR_A^2} \cdot \frac{1}{\dot{\gamma}_0} = \frac{M_p}{A} \cdot \frac{1}{\dot{\gamma}_0} = \frac{\ddot{\varphi}}{\dot{\gamma}_0} \tag{10.2.20}$$

此式称为反比公式。可见,等效起始扰动 $\dot{\varphi}_L$ 就是推力矩 $\boldsymbol{M}_p$ 在炮口处 $1/\dot{\gamma}_0$ 时间内产生的角速

度(角加速度为 $\boldsymbol{M}_p/A$)。由上面分析可知,$\dot{\gamma}_0$ 越大,这种等效关系越正确;$\dot{\gamma}_0$ 较小时,这种等效关系越差,尤其当 $\dot{\gamma}_0 \to 0$ 时,$\dot{\varphi}_L \to \infty$,使得 Δ_L^* 和 Ψ_L^* 也变成无穷大,这显然是不对的。这是由于在推导公式时,已用了自转频率要远大于固有摆动频率这个条件,故低转速时必然误差大。

2. 适用于低转速情况下的偏角公式

为了导出低转速下的偏角计算公式,并且在 $\dot{\gamma}_0 = 0$ 时所得结果又回到不旋转尾翼火箭推力偏心产生的偏角数值,可采取如下处理方法导出另外一个适合低转速情况的公式。在低转速情况下,$\psi_{\dot{\varphi}0}^*$ 可用不旋转尾翼式火箭的 $\psi_{\dot{\varphi}0}^*(z_0,z)$ 代替,应用格林函数法,由式(10.2.13)可得

$$\boldsymbol{\Psi}_L = \int_{s_0}^{s} \frac{-a_p \boldsymbol{L}_p}{R_A^2} e^{i\text{æ}(s_\sigma - s_0)} \psi_{\dot{\varphi}0}^*(z_\sigma, z) \frac{ds_\sigma}{\sqrt{2\bar{a}s_\sigma}}$$
$$= -\frac{a_p \boldsymbol{L}_p}{R_A^2} \cdot \frac{1}{\sqrt{2\bar{a}}} \int_{z_0}^{z} \frac{\psi_{\dot{\varphi}0}^*(z_\sigma, z_0)}{\sqrt{z_\sigma}\sqrt{\omega_c}} e^{in_\lambda(z_\sigma - z_0)} dz_\sigma, n_\lambda = \frac{\text{æ}}{\omega_c} = \frac{\gamma/(2\pi)}{s/\lambda} \tag{10.2.21}$$

式中,n_λ 为每波长内火箭转过的圈数。在上式中,$\psi_{\dot{\varphi}0}^*(z_\sigma,z)$ 是 z_σ 的减函数,见式(10.1.29)和图10.1.5,因而 $\psi_{\dot{\varphi}0}^*(z_\sigma,z)/\sqrt{z_\sigma}$ 更是 z_σ 的减函数。它的变化趋势与指数函数曲线相似,故可用一指数函数代替以便于积分,即可令

$$\psi_{\dot{\varphi}0}^*(z_\sigma, z)/\sqrt{z_\sigma} = \alpha e^{-\beta(z_\sigma - z_0)} \tag{10.2.22}$$

由于偏角基本上是在炮口附近的临界段内形成的,故应保证上述替代在炮口附近的准确性。为此,应令此二函数在 $z_\sigma = z_0$ 处相等,于是得

$$\alpha = \psi_{\dot{\varphi}0}^*(z_0, z)/\sqrt{z_0} \tag{10.2.23}$$

将其代入式(10.2.21)中得

$$\boldsymbol{\Psi}_L = -\frac{a_p \boldsymbol{L}_p}{R_A^2} \frac{1}{\sqrt{2\bar{a}}} \frac{\psi_{\dot{\varphi}0}^*(z_0, z)}{\sqrt{\omega_c}\sqrt{z_0}} \int_{z_0}^{z} e^{-(\beta - in_\lambda)(z_\sigma - z_0)} dz_\sigma \tag{10.2.24}$$

因当 z_σ 足够大时,上式中的被积函数已很小,$\boldsymbol{\Psi}_L$ 变化也很小,故可将积分上限改为∞并取模,得

$$\psi_L = \frac{a_p |\boldsymbol{L}_p|}{R_A^2} \frac{1}{\sqrt{2\bar{a}\omega_c z_0}} \frac{\psi_{\dot{\varphi}0}^*(z_0, z)}{|\beta - in_\lambda|} \tag{10.2.25}$$

现在上式中只剩下 β 尚未确定,这可由在 $\dot{\gamma}_0 = 0$ 的情况下,用上式算出的 ψ_L 与不旋转情况下算得的 ψ_L 相等来确定。在上式中,令 $n_\lambda = 0$,同时将 $\psi_{\dot{\varphi}0}^*(z_0,z)$ 的表达式(10.1.29)代入并与由式(10.2.9)算得的 ψ_L 相等,得

$$\frac{a_p |\boldsymbol{L}_p|}{R_A^2} \frac{c_N}{\sqrt{2\bar{a}\omega_c z_0}} \frac{B_{I\infty}}{\sqrt{2\bar{a}\omega_c z_0}} \cdot \frac{1}{\beta} = \frac{c_N |\boldsymbol{L}_p|}{R_A^2} \left(\frac{a_p}{\bar{a}}\right) \frac{1}{\omega_c} R_L(z_0, z)$$

解出

$$\beta = \frac{1}{2z_0} \frac{B_I(\infty)}{R_L(z_0, \infty)} \tag{10.2.26}$$

将 β 和 $\Psi_{\dot{\varphi}0}^*$ 的表达式代入式(10.2.25)中,得

$$\psi_L = \frac{|\boldsymbol{L}_p|c_N}{R_A^2}\left(\frac{a_p}{\overline{a}}\right)\frac{1}{\omega_c}K_{\ddot{\gamma}}R_L(z_0,z) \approx \frac{|\boldsymbol{L}_p|c_N}{R_A^2}\cdot\frac{R_L}{\omega_c}K_{\ddot{\gamma}} = |\boldsymbol{L}_p|\boldsymbol{\Psi}_L^* K_{\ddot{\gamma}} \quad (10.2.27)$$

$$K_{\ddot{\gamma}} = \frac{1}{|1-\mathrm{i}n_\lambda/\beta|} = \frac{1}{\sqrt{1+(2z_0n_\lambda R_L/B_{I\infty})^2}} \quad (10.2.28)$$

将式(10.2.27)与式(10.2.19)相比较可见,这里只多了一个与旋转有关的因子 $K_{\ddot{\gamma}}$,下标 $\ddot{\gamma}$ 表示等加速旋转情况。当转速为零时,$n_\lambda=0$,$K_{\ddot{\gamma}}=1$,ψ_L 就退化到不旋转尾翼火箭的情况。显然,$K_{\ddot{\gamma}}$ 表示了由于旋转使偏角减小的程度。

此外,也可以从等效起始扰动的角度出发,将式(10.2.25)写成如下形式

$$\psi_L = |\dot{\boldsymbol{\Phi}}_L\cdot\boldsymbol{\Psi}_{\dot{\varphi}0}^*| \quad (10.2.29)$$

其中

$$|\dot{\boldsymbol{\Phi}}_L| = \frac{a_p|\boldsymbol{L}_p|}{R_A^2}\frac{1}{\sqrt{2\overline{a}\omega_c z_0}}\frac{1}{n_\lambda}\frac{1}{\sqrt{1+(\beta/n_\lambda)^2}} = \frac{a_p|\boldsymbol{L}_p|}{R_A^2\dot{\gamma}_0}\Bigg/\sqrt{1+\left(\frac{\overline{a}B_I}{R_Lv_0\dot{\gamma}_0}\right)^2}$$

(10.2.30)

式中,$|\dot{\boldsymbol{\Phi}}_L|$ 即为旋转情况下推力偏心的等效起始扰动。与式(10.2.19)相比可见,这里推力偏心产生的偏角公式与式(10.2.19)形式一样,但这里的 $|\dot{\boldsymbol{\Phi}}_L|$ 有多个与转速 $\dot{\gamma}_0$ 相关的因子,当炮口转速 $\dot{\gamma}_0$ 很大时,$\overline{a}B_I/(R_Lv_0\dot{\gamma}_0)\to 0$,这时就变为高转速情况下的反比公式。

3. 等速旋转情况下的偏角公式

这时 $\gamma_\sigma=\dot{\gamma}_0t_\sigma=\dot{\gamma}_0\sqrt{2s_\sigma/\overline{a}}=\dot{\gamma}_0\sqrt{2/(\omega_c\overline{a})}\cdot\sqrt{z_c}$,将它代入式(10.2.21)中取代原来的 $\gamma_\sigma=n_\lambda(z_\sigma-z_0)$,即得到等速旋转情况下的偏角计算式

$$\boldsymbol{\Psi}_L = -\frac{a_p\boldsymbol{L}_p}{R_A^2}\frac{1}{\sqrt{2\overline{a}}}\int_{z_0}^{z}\frac{\psi_{\dot{\varphi}0}^*(z_0,z)}{\sqrt{z_\sigma}\sqrt{\omega_c}}\mathrm{e}^{\mathrm{i}\dot{\gamma}_0\sqrt{2/(\omega_c\overline{a})}\sqrt{z_\sigma}}\mathrm{d}z_\sigma \quad (10.2.31)$$

以下就与等加速情况下的处理方法一样,找一个与被积函数变化趋势相近的,并且便于积分的函数代替被积函数进行积分求得 ψ_L。替代函数中的未知参数由炮口处两个函数的值相等以及 $\boldsymbol{\psi}_L$ 在 $\dot{\gamma}\to 0$ 时退化到不旋转尾翼火箭的情况来确定。

为便于积分,应将变量改为 $\sqrt{z_\sigma}$,故替代函数可写成如下算式

$$\psi_{\dot{\varphi}0}^*(z_\sigma,z) = \alpha\mathrm{e}^{-\beta\sqrt{z_\sigma}} \quad (10.2.32)$$

经类似推导,可得

$$\psi_L = |\boldsymbol{\Psi}_L| = |\boldsymbol{L}_p|K_{\dot{\gamma}}\psi_L^*(z_0,z) = |\dot{\boldsymbol{\Phi}}_L|\psi_{\dot{\varphi}0}^*(z_0,z) \quad (10.2.33)$$

式中

$$K_{\dot{\gamma}} = \left[1+\frac{2z_0}{\overline{a}\omega_c}\left(\frac{R_L}{B_I}\dot{\gamma}_0\right)^2\right]^{-\frac{1}{2}} = \left[1+\left(\frac{v_0}{\overline{a}}\frac{R_L}{B_{I\infty}}\dot{\gamma}_0\right)^2\right]^{-\frac{1}{2}} = K_{\ddot{\gamma}} \quad (10.2.34)$$

$$|\dot{\boldsymbol{\Phi}}_L| = \frac{a_p|\boldsymbol{L}_p|}{R_A^2}\Bigg/\sqrt{\left(\frac{\beta}{\dot{\gamma}_0}\sqrt{\frac{\omega_c\overline{a}}{2}}\right)^2+1} = \frac{a_p|\boldsymbol{L}_p|}{R_A^2\dot{\gamma}_0}\Bigg/\sqrt{1+\left(\frac{\overline{a}B_I}{v_0\dot{\gamma}R_L}\right)^2} \quad (10.2.35)$$

同理,$K_{\dot{\gamma}}$ 是与旋转有关的一个因子,下标 $\dot{\gamma}$ 表示等速旋转情况,当 $\dot{\gamma}=0$ 时,$K_{\dot{\gamma}}=1$,就退化到不旋转情况。但很巧的是,$K_{\dot{\gamma}}=K_{\ddot{\gamma}}$,并且这里的 $\dot{\boldsymbol{\Phi}}_L$ 也与式(10.2.30)相同。也就是说,尽管转速规律不同,主动段上火箭转速大小也不同,我们所选取的近似函数也不同,但在同样的处理思路下,$K_{\dot{\gamma}}$ 和 $K_{\ddot{\gamma}}$ 二者相同,等效起始扰动表达式 $|\dot{\boldsymbol{\Phi}}_L|$ 也相同。也就是说,当 v_0 和 $\overline{a}$ 不

变时,无论是等加速旋转还是等速旋转,只要炮口转速 $\dot{\gamma}_0$ 相等,它们降低推力偏心影响的效果是相同的。这是什么原因呢?其原因就在于,偏角主要是在炮口附近的临界段内形成的,与临界段以后的转速大小关系不大,故两种转速规律只要在炮口附近有相同的转速 $\dot{\gamma}_0$,则临界段末的偏角也大致相同(当然,这是在相同的炮口速度 v_0 和推力加速 a_p 条件下)。即使用数值积分方法准确计算偏角,也会发现,在 $\dot{\gamma}_0$ 相同的条件下,两种转速规律下主动段末偏角的相对误差 $|\psi_{k等速}-\psi_{k等加速}|/|\psi_{k等速}|$ 不超过1%,并且此相对误差随着炮口转速的增大而减小,逐渐进入可用反比公式计算推力偏心所产生偏角的范围。

正因为如此,加速旋转只能产生比较大的主动段末转速,对减小推力偏心产生的偏角不起什么作用,而过大的转速对于尾翼强度不利,还会增大马格努斯力矩,造成动态不稳(见第12章),以及使动不平衡产生的散布加大,所以,在能用螺旋滑轨获得大炮口转速的条件下,最好不用斜置喷管加大旋转。

顺便指出,理论分析计算表明,利用正反转的旋转方式可以减小主动段末的偏角。例如令火箭开始反转 $\dot{\gamma}<0$,但角加速度 $\ddot{\gamma}>0$ 为正,那么火箭经一段时间反转后又开始正转,在 $\ddot{\gamma}_0$ 与 $\dot{\gamma}_0>0$ 匹配得当时,可大幅度减小主动段末偏角,但如果匹配得不恰当,也可能效果相反。

10.2.3 由推力偏心产生的散布计算

例 10.2.1 仍采用第10.1节例10.1.1中的数据,设 $\dot{\gamma}_0=50\ \mathrm{rad/s}$,质心至喷喉中心距离 $l_c=1.0\ \mathrm{m}$,角推力偏心中间误差 $E_{\beta_p}=1\times10^{-3}\ \mathrm{rad}$(一般约为 $(0.6\sim1.0)\times10^{-3}\ \mathrm{rad}$),线推力偏心中间误差为 $E_{L_p}=E_{\beta_p}\times l_c=10^{-3}\ \mathrm{m}$,又由 z_0、z_k 查附表10,得 $R_L=0.4665$,于是可先由公式(10.2.35)算得 $E_{\dot{\Phi}_L}=0.0194$,再由式(10.2.33)算得 $E_{\psi_L}=0.00252$。落点方向散布 $E_z/x=E_{\psi_L}/\cos\theta_0=1/345$,距离散布 $E_x=E_{\psi_L}(\partial x/\partial\theta_0)=38.5\ \mathrm{m}$。

10.3 风对火箭角运动的影响和散布计算

风通过改变火箭相对空气速度的大小和方向来改变作用在火箭上的空气动力,从而影响火箭的运动。紧随着由于弹轴的运动使推力方向不断变化,使风的影响增强。如图10.3.1所示,设有垂直于射击面从左向右吹来的横风 w_z,则在火箭出炮口后,其相对于空气的速度方向 v_r 立即偏向左方,但此刻弹轴仍指向前方,于是形成相对于 v_r 的攻角 $\delta_a=w_z/v$,从而产生了与此攻角相应的稳定力矩,使弹轴逐渐向相对速度 v_r 方向转动。弹轴的平衡位置也正是此相对速度方向。在这个位置上,弹轴与相对速度方向一致,静力矩为零,阻力 R_x 与相对速度方向相反,而推力 F_p 与相对速度方向一致,如图10.3.1所示。推力在垂直于初速 v_0 方向上的分力为 $F_p\delta_a$,阻力的垂直分力为 $R_x\delta_a$,由于推力比阻力大得多,

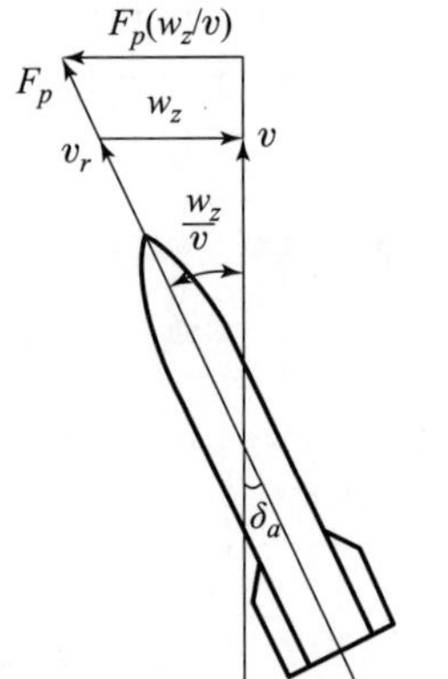

图10.3.1 由横风产生的相对攻角和平衡位置处的推力和空气阻力

于是形成指向左边的合力 $(F_p-R_x)\delta_a$,使质心速度和质心轨迹向左偏转,这就形成了尾翼火

箭的迎风偏。在火箭的被动段，$F_p = 0$，于是在侧向只有指向右侧的空气阻力垂直分量，火箭将与炮弹一样向顺风偏。

显然，如果在主动段上推力较小，并恰好抵消阻力，就没有了垂直于质心速度的侧向力，则火箭速度和质心轨迹就不偏转，这就是尾翼火箭的零风偏原理。不过一般的野战火箭初速太低，阻力太小，难以实现阻力等于推力，只有火箭增程弹，发动机点火时已有火炮赋予的大初速，这才有可能使阻力等于推力。

纵风可以分解为平行于质心速度的平行分量 $w_{/\!/}$ 和垂直于速度的分量 $w_{x\perp}$，其中 $w_{/\!/}$ 是通过改变相对速度大小来影响空气动力矩的，因而对火箭的角运动影响很小，而 $w_{x\perp}$ 则与横风 w_z 类似，对主动段角运动有重要影响。因此，风不仅对火箭主动段质心坐标有影响，而且由它产生的主动段末偏角对被动段飞行的射角、射向有影响，从而影响火箭的射程和侧偏，并且这种影响往往大于风在被动段的影响。下面就来研究风的这些影响。

10.3.1　垂直风产生的攻角和偏角

当只考虑垂直风的影响时，攻角方程(9.5.22)在略去小量后，可简化成如下形式

$$\boldsymbol{W}'' + (H' - \mathrm{i}P)\boldsymbol{W}' - (M + \mathrm{i}PT')\boldsymbol{W} = k_z \boldsymbol{w}_\perp \tag{10.3.1}$$

式中，$\boldsymbol{W} = v\boldsymbol{\Delta}$。由于方程右边的垂直风为常值，故可以改为如下形式

$$\left[v\left(\boldsymbol{\Delta} + \frac{\boldsymbol{w}_\perp}{v}\right)\right]'' + (H' - \mathrm{i}P)\left[v\left(\boldsymbol{\Delta} + \frac{\boldsymbol{w}_\perp}{v}\right)\right]' - M\left[v\left(\boldsymbol{\Delta} + \frac{\boldsymbol{w}_\perp}{v}\right)\right] = 0 \tag{10.3.2}$$

上式中已略去了马氏力矩项 T'，这是因为它对散布影响不大。记

$$\boldsymbol{\Delta}_r = \boldsymbol{\Delta} + \boldsymbol{w}_\perp / v \tag{10.3.3}$$

称为相对攻角，即弹轴相对于速度 v_r 方向的攻角。显然，方程(10.3.2)是以 $\bar{\boldsymbol{W}} = v\boldsymbol{\Delta}_r$ 为变量的齐次方程，它与关于 $\boldsymbol{W} = v\boldsymbol{\Delta}$ 的方程(9.5.22)的齐次方程的系数是完全一样的，故可借用方程(9.5.22)的齐次解特征函数来求有风情况下的攻角，但关键是要把现在的起始条件搞清楚。

因为现在只研究风的影响，故有 $s = s_0$ 时，$\boldsymbol{\Delta} = \boldsymbol{\Delta}' = 0$，因此有

$$\bar{\boldsymbol{W}}_0 = [v(\boldsymbol{\Delta} + \boldsymbol{w}_\perp / v)]_0 = \boldsymbol{w}_\perp = v_0(\boldsymbol{w}_\perp / v_0)$$

$$\bar{\boldsymbol{W}}'_0 = [v(\boldsymbol{\Delta} + \boldsymbol{w}_\perp / v)]' = (v\boldsymbol{\Delta})'_0 = (v'\boldsymbol{\Delta} + v\boldsymbol{\Delta}')_0 = 0$$

这与方程(10.1.1)的第二种起始条件类同(这里的 $\boldsymbol{w}_\perp / v \neq 0$ 相当于那里的 $\boldsymbol{\Phi}_0 \neq 0$)，于是借用方程(10.1.1)的解 $\boldsymbol{\Delta}^*_{\Phi_0}$，得到变量 $\bar{\boldsymbol{W}}$ 的解为

$$\bar{\boldsymbol{W}} = (v\boldsymbol{\Delta}_r) = (v\boldsymbol{\Delta}_{\Phi}) = v(\boldsymbol{w}_\perp / v_0) \cdot \boldsymbol{\Delta}^*_{\Phi_0} \quad 或 \quad \boldsymbol{\Delta} + \boldsymbol{w}_\perp / v = \boldsymbol{w}_\perp / v_0 \boldsymbol{\Delta}^*_{\Phi_0}$$

于是得出有风时的攻角为

$$\boldsymbol{\Delta}_w = \boldsymbol{w}_\perp \left(\frac{\boldsymbol{\Delta}^*_{\Phi_0}}{v_0} - \frac{1}{v}\right) \tag{10.3.4}$$

将 $\boldsymbol{\Delta}_w$ 代入偏角方程(9.5.12)的第一式中进行积分(注意 $\boldsymbol{E}_1$ 中还有含 $\boldsymbol{w}_\perp$ 的项)，可得

$$\begin{aligned}\boldsymbol{\Psi}_w &= \boldsymbol{w}_\perp \int_{s_0}^{s}\left[\left(\frac{a_p}{v^2} + b_y\right)\left(\frac{\boldsymbol{\Delta}^*_{\Phi_0}}{v_0} - \frac{1}{v}\right) + \left(\frac{b_x + b_y}{v}\right)\right]\mathrm{d}s \\ &= \frac{\boldsymbol{w}_\perp}{v_0}\int_{s_0}^{s}\left(\frac{a_p}{v^2} + b_y\right)\boldsymbol{\Delta}^*_{\Phi_0}\mathrm{d}s - \int_{s_0}^{s}\frac{\boldsymbol{w}_\perp}{v}\frac{a_p}{v^2}\mathrm{d}s + \int_{s_0}^{s} b_x\left(\frac{\boldsymbol{w}_\perp}{v}\right)\mathrm{d}s\end{aligned} \tag{10.3.5}$$

做变量变换 $\mathrm{d}s = v\mathrm{d}t$，并且在研究风的影响时不考虑重力，则由风所产生的偏角如下

$$\boldsymbol{\Psi}_w = \frac{\boldsymbol{w}_\perp}{v_0}\boldsymbol{\Psi}^*_{\Phi_0} - \boldsymbol{w}_\perp \int_{t_0}^{t}\left(\frac{a_p}{v^2} - b_x\right)\mathrm{d}t$$

$$= \frac{\boldsymbol{w}_\perp}{v_0}\boldsymbol{\Psi}^*_{\Phi_0} - \boldsymbol{w}_\perp \int \frac{\mathrm{d}v/\mathrm{d}t}{v^2}\mathrm{d}t = \frac{\boldsymbol{w}_\perp}{v_0}\boldsymbol{\Psi}^*_{\Phi_0} - \boldsymbol{w}_\perp \int_{v_0}^{v}\frac{\mathrm{d}v}{v^2}$$

$$= \frac{\boldsymbol{w}_\perp}{v_0}\boldsymbol{\Psi}^*_{\Phi_0} - \boldsymbol{w}_\perp\left(\frac{1}{v_0} - \frac{1}{v}\right) = \boldsymbol{w}_\perp \cdot \boldsymbol{\Psi}^*_w \tag{10.3.6}$$

式中

$$\boldsymbol{\Psi}^*_w = \frac{1}{v_0}\boldsymbol{\Psi}^*_{\Phi_0} - \left(\frac{1}{v_0} - \frac{1}{v}\right) \tag{10.3.7}$$

10.3.2 非旋转尾翼式火箭由风产生的角运动和风偏

对于不旋转尾翼式火箭，$\dot{\gamma}=0$，则特征函数 $\boldsymbol{\Delta}^*_{\Phi}$ 变为 $\delta^*_{\varphi_0}$，$\boldsymbol{\Psi}^*_{\Phi_0}$ 变为 $\psi^*_{\varphi_0}$（见式(10.1.30)、式(10.1.31)），于是式(10.3.4)、式(10.3.6)变为

$$\delta_w = w_\perp \cdot \delta^*_w, \delta^*_w = \delta^*_{\varphi_0}/v_0 - 1/v \tag{10.3.8}$$

$$\psi_w = w_\perp \cdot \psi^*_w, \psi^*_w = \frac{\psi^*_{\varphi_0}}{v_0} - \left(\frac{1}{v_0} - \frac{1}{v}\right) = \frac{-\psi^*_{\psi_0}}{v_0} + \frac{1}{v} \tag{10.3.9}$$

δ^*_w 和 ψ^*_w 的图形如图 10.3.2 所示。由图可见，这时攻角曲线关于横轴是不对称的，即弹轴不是以质心速度方向为平衡位置摆动，而是以相对速度方向为平衡位置摆动，其平衡攻角为

$$\bar{\delta}_w = -w_\perp/v \tag{10.3.10}$$

因为弹轴只有在这个攻角位置上，气流才会正好沿弹轴反方向流动，不产生稳定力矩，否则便会产生稳定力矩，迫使弹轴回到此位置上。

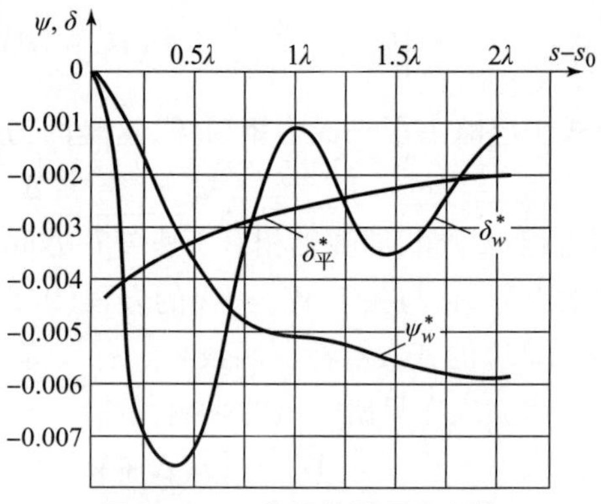

图 10.3.2　非旋转尾翼式火箭由垂直风产生的攻角和偏角

由式(10.3.8)可见，攻角由两部分组成：一是平衡攻角 $\bar{\delta}_w = (-w_\perp/v)$；二是绕平衡攻角变化的部分，称为相对攻角 δ_a。将式(10.1.30)代入得

$$\delta_a = \frac{w_\perp}{v_0}\delta^*_{\varphi_0} = \frac{w_\perp}{v}\mathrm{e}^{-b'(s-s_0)}\cos\omega_c(s-s_0) \tag{10.3.11}$$

由于 $s = s_0$ 时，$\delta_a = w_\perp/v_0$，此后由于速度 v 增大以及阻尼 b' 的作用，攻角幅值不断衰减，故弹轴只会在迎风的一侧摆动，不会达到另一侧，推力的法向分力永远指向迎风的一侧，致使偏角一直迎风增大，而不存在临界段。这些特点也可由式(10.3.8)和图 10.3.2 看出。

偏角表达式(10.3.9)也有明确的物理意义。假设有垂直风时，弹轴时刻与相对气流方向重合，如图 10.3.1 所示，则推力 F_p 和阻力 R_x 在垂直于速度方向的分力分别为 $F_p(-w_\perp/v)$ 和 $R_x(w_\perp/v)$，于是质心速度方向在此二力的作用下偏转，不考虑重力的影响，运动方程即为

$$mv\frac{\mathrm{d}\psi}{\mathrm{d}t} = ma_p\left(\frac{-w_\perp}{v}\right) + mb_xv^2\left(\frac{w_\perp}{v}\right)$$

积分后得偏角为

$$\psi = -w_{\perp}\int_{t_0}^{t}\frac{a_p}{v^2}\mathrm{d}t + w_{\perp}\int b_x\mathrm{d}t$$

可见,这正是式(10.3.6)第一个等号右边后两个积分项,也即由推力和阻力的法向分力产生的偏角。由于它们是在弹轴始终与相对速度方向重合的条件下得到的,故称为风偏的平均项。

实际上,火箭是围绕相对速度方向摆动的,它的瞬时攻角为式(10.3.8),而平衡攻角为$(-w_{\perp}/v)$,二者之差即为弹轴相对于平衡位置的攻角,即相对攻角,$\delta_a=(w_{\perp}/v_0)\delta_{\varphi0}^*$。由此,相对攻角不仅使推力的法向分量改变,产生了附加法向力,而且还出现了附加升力。

$$F_p\delta_a = F_p\left(\frac{w_{\perp}}{v_0}\delta_{\varphi0}^*\right), R_y = mb_yv^2\delta_a = mb_yv^2\left(\frac{w_{\perp}}{v_0}\delta_{\varphi0}^*\right) \tag{10.3.12}$$

在平衡攻角 $\bar{\delta}_w$ 不大的情况下, R_y 近似与质心速度方向垂直。这两力总是在相对气流方向的同一侧,由它们产生的附加偏角即为

$$\Delta\psi = \int_{t_0}^{t}\left(\frac{w_{\perp}}{v_0}\delta_{\varphi0}^*\right)\left(\frac{a_p}{v}+b_yv\right)\mathrm{d}t = \int_{t_0}^{t}\left(\frac{w_{\perp}}{v_0}\right)\left(\frac{a_p}{v}+b_yv\right)\delta_{\varphi0}^*\mathrm{d}t = \frac{w_{\perp}}{v_0}\psi_{\varphi0}^* \tag{10.3.13}$$

这正好是式(10.3.5)中的第一个积分,其积分结果便是风偏公式(10.3.6)中的第一项,它是由于弹轴摆动而产生的修正部分,称为摆动项。

对于火箭增程弹,因其初速高,平衡攻角$(w_{\perp}/v_0)$小,并且有效滑轨长 s_0 很大,致使 $z_0=\omega_cs_0$ 很大,则 $\psi_{\varphi0}^*$ 很小,这时可以略去摆动项的影响,于是得增程弹的风偏公式如下

$$\psi_w = -w_{\perp}\left(\frac{1}{v_0}-\frac{1}{v}\right) \tag{10.3.14}$$

主动段末的偏角将影响被动段起点的高低角和方向角,最后将产生落点的距离偏差和侧向偏差,或立靶的高低偏差和方向偏差。但即使在主动段,由于偏角的存在,火箭质心速度和质心运动轨迹也要偏转,在主动段末形成坐标侧偏。下面来求由横风 w_z 产生的火箭质心坐标侧偏。

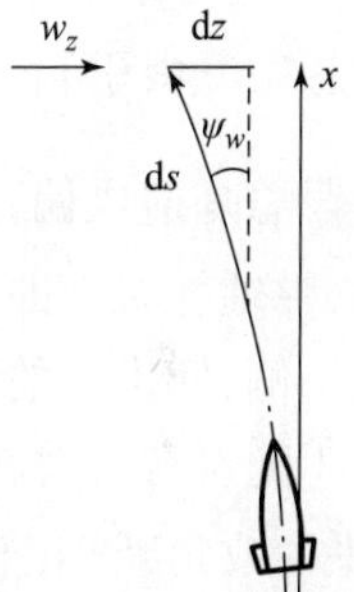

图 10.3.3　尾翼式火箭由横风产生的侧偏计算

因为在一微分弧段 ds 上,由横风引起的侧偏(图 10.3.3)为

$$\mathrm{d}z = \psi_w\mathrm{d}s$$

将 ψ_w 的表达式(10.3.9)代入,并在主动段内积分,得

$$z = w_z\int_0^s\left(\frac{1}{v}-\frac{1-\psi_{\varphi0}^*}{v_0}\right)\mathrm{d}s = w_z\left(t-\int_0^x\frac{1-\psi_{\varphi0}^*}{v_0\cos\theta}\mathrm{d}x\right) \tag{10.3.15}$$

由于未考虑重力的影响,主动段上 $\cos\theta\approx\cos\theta_0$。又因摆动项 $\psi_{\varphi0}^*$ 较小,故可取其沿主动段平均值 $\bar{\psi}_{\varphi0}^*$ 作为常数提出积分号外,得

$$z = w_z\left[t-\frac{x}{v_0\cos\theta_0}(1-\bar{\psi}_{\varphi0}^*)\right] = w_z\left(t-\frac{x}{v_0\cos\theta_0}\bar{\psi}_{\psi0}^*\right) \tag{10.3.16}$$

这就是计算火箭主动段质心位置风偏的公式。

对于那些初速大、推力小、火箭续航段较长的尾翼式反坦克增程弹,射角 $\theta_0\approx0$,在起始段上初速衰减不多,点火时速度 $v_H\approx v_0$,$\theta_H\approx\theta_0=0$,由横风 w_z 在起始段 OH 上产生的侧偏按式(4.7.3)计算为 $z_{OH}=w_z(t_H-x_H/v_0)$;在主动段上风偏按式(10.3.16)计算为 $z_{HK}=w_z[t_K-t_H-\bar{\psi}_{\psi0}^*(x_K-x_H)/v_H]$;横风在主动段末产生的偏角按式(10.3.9)计算,由于它改变射向,而在被动

段弹着点产生的侧偏为 $z_{kc\psi} = w_z\left(-\frac{\psi^*_{\psi 0}}{v_H}+\frac{1}{v_K}\right)(x-x_K)$;横风在被动段产生的质心运动侧偏又按式(4.7.4)计算为 $z_{kc} = w_z[(T-t_K)-(x-x_K)/(v_K\cos\theta_K)]$,将这四部分侧偏相加,即得火箭增程弹的总侧偏

$$z = w_z\left(T-\frac{x_H}{v_0}+\frac{\psi^*_{\psi 0}}{v_H}x_H-\frac{\psi^*_{\psi 0}}{v_H}x\right)\approx w_z\left(T-\frac{x}{v_0\cos\theta_0}\right) \tag{10.3.17}$$

上式推导过程中用到了数量上的近似关系,如 $v_0 \approx v_H/\psi^*_{\psi 0}$,$\theta_K \approx \theta_H \approx \theta_0 \approx 0$。

它与炮弹作为质点时的质心坐标风偏公式(4.7.4)是一致的。对于尾翼式反坦克炮弹,因初速大、无推力,摆动项的影响更可忽略,故式(10.3.17)可以作为炮弹和火箭增程弹统一(包括其起始段、主动段、被动段)的风偏计算公式,用于计算弹道上任一点的质心侧向风偏。

对于射程不大的火箭,落点偏在迎风一侧,对于大射角、大射程火箭,落点也可能偏在顺风一侧。随机风是造成火箭弹散布大的重要原因。下面分析各种因素对主动段风偏的影响。

10.3.3 影响尾翼式火箭风偏的因素分析

由式(10.3.7)可见,影响主动段末风偏大小的因素有 $\psi^*_{\varphi 0}$ 中的 $z_0 = \omega_c s_0$、初速 v_0 和末速 v_K。由以上分析知,尾翼式火箭的风偏由平均项和摆动项合成,而平均项占主要成分,并且随着初速增加,推力加速度减小,平均项对摆动项的比更大。如当 v_0=60 m/s, a_p 从100 m/s^{2}到1 000 m/s^{2}变化时,平均项为摆动项的1.3~3.1倍;当 v_0=200 m/s, a_p=1 000~100 m/s^{2}时,这个比值增大到2.5~40倍。因此,对于初速较小的野战火箭,不能忽略摆动项,但对初速较大的增程弹,就可忽略。由于 $v_0 < v$,使 $-\left(\frac{1}{v_0}-\frac{1}{v}\right)$ 为负,而 $\frac{\psi^*_{\varphi 0}}{v_0}$ 数值比 $\left|\frac{1}{v_0}-\frac{1}{v}\right|$ 小得多,故尾翼火箭在主动段总是迎风偏,而摆动项 $\psi^*_{\varphi 0}$ 的作用只是略微减少了一点迎风偏。这是因为火箭刚出炮口时,弹轴并未立即摆动到平衡位置,而是逐渐摆动过去的,这期间,其平均位置在平衡位置的顺风一侧,使推力的法向分力不如弹轴在平衡位置时那么大,起到了减少偏角的作用。

①随着有效滑轨长 s_0 增大,$|\psi^*_w|$ 减小。这同样是因为此时炮口速度增大,稳定力矩增大,平衡攻角减小,推力法向分力和升力都减小,而火箭动量增大,速度不易偏转。故无论野战火箭或增程弹,增大有效滑轨长都是减小风偏最有效的措施。

②稳定力矩系数 m_z' 增大时,$z_0 = \omega_c s_0$ 增大,$\psi^*_{\varphi 0}$ 减小,这样使 ψ^*_w 增大。这是因为 m_z' 增大,表示尾翼功效增大,在有风形成相对攻角时,形成较大的稳定力矩,使弹轴迅速向平衡攻角位置摆动过去,并越过平衡攻角位置达到最大攻角,于是产生较大的推力法向分力,致使偏角增大。相反,如果 m_z' 小,弹轴摆动慢,等弹轴达到平衡攻角处时,火箭速度已增大,速度不易偏转,故风偏小。因此,从希望火箭对风不敏感而言,尾翼和稳定力矩不宜过大。但由于摆动项本身对风偏的影响是次要的,故对于初速很大的增程弹,因 s_0 和 z_0 很大,$\psi^*_{\varphi 0}$ 小得可以忽略,这时火箭就与炮弹差不多, m_z' 对风偏没什么影响。

③弹长 l 增大,则弹箭转动惯量增大,弹体摆动减慢,这与 m_z' 减小的效果相同,这也可从 $k_z \propto l\cdot m_z'/A \propto m_z'/l$ 看出,l 增大与 m_z' 减小对 z_0 的影响是相同的,对减小风偏有利。同理,因为增程弹的有效定向器长很大,$\psi^*_{\varphi 0}$ 很小,故弹长 l 对增程弹风偏没有什么影响。

④推力加速度 a_p 增大,$|\psi^*_w|$ 减小。这是因为 a_p 增大不仅可使炮口速度增大、动量增大,

平衡攻角减小,推力的法向力减小,速度方向不易偏转,同时使以后的速度增加快,也有利于减小风偏。

10.3.4　低旋尾翼式火箭由风产生的角运动和风偏

对于尾翼式低旋火箭,垂直风 $w_\perp$ 产生的攻角和偏角的特征函数 Δ^* 和 Ψ^* 分别为式(10.3.4)和式(10.3.7),图 10.3.4(a)、(b)所示即为它们的图形。

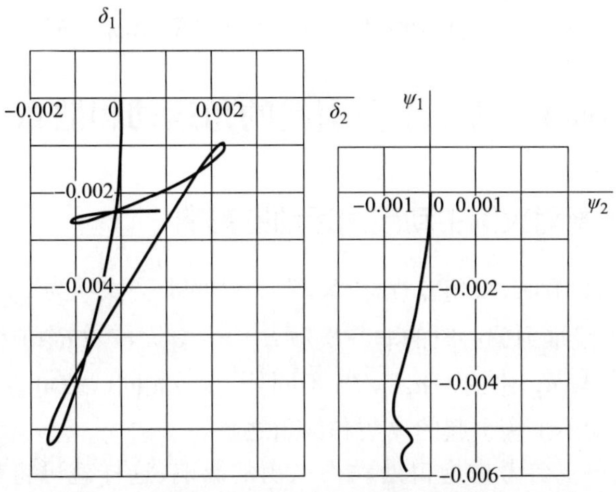

图 10.3.4　低旋尾翼弹由垂直风产生的攻角和偏角特征函数图形

(a) Δ_w^* 曲线;(b) Ψ_w^* 曲线

由图可见,由旋转产生的陀螺效应使弹轴已不限于垂直风所在平面内了。由于弹轴摆出了垂直风所在平面,则推力和升力在垂直于风的方向上也有了分量,使速度方向也偏离了风向。也就是说,纵风不仅影响高低偏角及射程,也引起侧偏;横风不仅产生侧向偏角和侧偏,也影响高低偏角和射程。转速越高,偏转得越厉害,但它们还都在大致与风向相反的半个平面内变化,并逐渐趋于一平衡位置,故总的来说,弹轴仍处在逆风一侧,仍表现为火箭迎风偏。

值得注意的是,由风所产生的攻角和偏角,在复数平面上不存在偏角曲线的切线平行于攻角曲线的割线这种关系,因为仅有垂直风时的偏角方程(9.5.14)为

$$\boldsymbol{\Psi}' = \left(\frac{a_p}{v^2} + b_y\right)\Delta + (b_x + b_y)\frac{\boldsymbol{w}_\perp}{v}$$

显然,由于上式右边第二项的存在,复数 $\boldsymbol{\Psi}'$ 与复攻角 Δ 并不平行。不过因阻力 b_x 和升力 b_y 的影响比推力小得多,故上式右边第二项可近似为零。这样,有风时偏角曲线的切线就近似平行于攻角曲线的割线了。与野战火箭相比,火箭增程弹因发动机点火时升力、阻力均较大而推力加速度较小,这种平行关系就要差一些。

由于低旋尾翼式火箭的风偏大致与非旋转尾翼式火箭风偏一致,故关于非旋转尾翼式火箭风偏的一些公式和结论、影响因素分析在这里都是适用的。

10.3.5 低空随机风产生的散布

例10.3.1 已知横风和纵风的中间误差均为 $E_w = 1.0$ m/s(有资料认为 $E_w = 0.1\bar{w}$,$\bar{w}$ 是平均风),其他条件均与例10.1.1相同,求低空风引起的散布。

解:由 z_0、z_k 查附表9得 $B_{R\infty} = 0.652$,由式(10.1.31)得 $\psi_{\varphi 0}^* = c_N B_{R\infty} = 0.652$,再由式(10.3.9)得 $\psi_w^* = -0.0052$,则主动段末由风产生的偏角为 $E_{\psi_w} = E_w|\psi_w^*| = 0.0052$,于是横风产生的落点侧偏和纵风产生的落点射程的中间误差分别为

$$E_z/x = E_{\psi_w}/\cos\theta_0 = 1/166, E_x = (\partial x/\partial\theta_0)E_w\sin\theta_0|\psi_w^*| = 56 \text{ m}$$

10.4 动不平衡引起的角运动和散布

10.4.1 动不平衡对火箭主动段角运动的影响

当考虑动不平衡的影响时,攻角方程(9.5.22)右边的非齐次项为 $E_{\beta_D} = (1 - C/A)(\dot{\gamma}^2 - i\ddot{\gamma})\boldsymbol{\beta}_D e^{i\gamma}/v$,将它与考虑线推力偏心时的非齐次项 $E_{L_p} = -a_p L_p e^{i\gamma}/(R_A^2 v)$ 相比可见,除了 E_{β_D} 中的 $(1 - C/A)(\dot{\gamma}^2 - i\ddot{\gamma})$ 与 E_{L_p} 中的 $-a_p L_p/R_A^2$ 不同外,其余相同。故可借用线推力偏心引起的攻角和偏角之解,来求动不平衡引起的攻角和偏角之解。

因炮口速度低,故可主要考虑炮口处动不平衡的影响,这样就可将非齐次项中的 $(\dot{\gamma}^2 - i\ddot{\gamma})$ 取为炮口处的值。于是以 $\boldsymbol{\beta}_D(1 - C/A)(\dot{\gamma}_0 - i\ddot{\gamma}_0)$ 代替式(10.2.29)中的 $-a_p L_p/R_A^2$,再略去较小的 C/A 和 $\ddot{\gamma}_0$,立即得到由动不平衡产生的等效起始扰动 $\dot{\boldsymbol{\Phi}}_{\beta_D}$ 及相应的攻角和偏角。

$$\dot{\boldsymbol{\Phi}}_{\beta_D} = i\boldsymbol{\beta}_D\left(1 - \frac{C}{A}\right)(\dot{\gamma}_0^2 - i\ddot{\gamma}_0)/\dot{\gamma}_0 \approx i\boldsymbol{\beta}_D\dot{\gamma}_0 \tag{10.4.1}$$

$$\Delta_{\beta_D} = \boldsymbol{\beta}_D \cdot \Delta_{\beta_D}^*, \Delta_{\beta_D}^* = i\dot{\gamma}_0\Delta_{\dot{\Phi}_0}^* \tag{10.4.2}$$

$$\boldsymbol{\Psi}_{\beta_D} = \boldsymbol{\beta}_D \cdot \Psi_{\beta_D}^*, \Psi_{\beta_D}^* = i\dot{\gamma}_0\Psi_{\dot{\Phi}_0}^* \tag{10.4.3}$$

由此可见,动不平衡产生的等效起始扰动与 $\dot{\gamma}_0$ 成正比,但方位比复动不平衡角 $\boldsymbol{\beta}_D$ 的方位超前90°,据此可将起始扰动 $\dot{\boldsymbol{\Phi}}_0$ 产生的攻角和偏角曲线顺时针旋转90°,再乘以 $|\dot{\boldsymbol{\Phi}}_{\beta_D}|/|\boldsymbol{\beta}_D|$ 倍,就得到 $\Delta_{\beta_D}^*$ 和 $\Psi_{\beta_D}^*$ 曲线,如图10.4.1和图10.4.2所示(此两图是计算机仿真结果)。

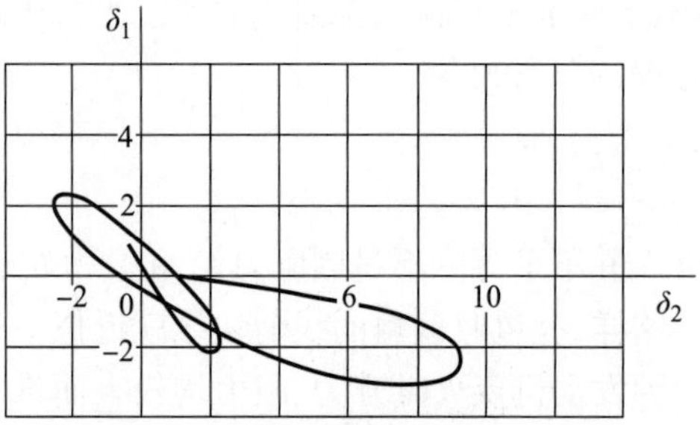

图10.4.1 低旋尾翼式火箭的 $\Delta_{\beta_D}^*$ 曲线

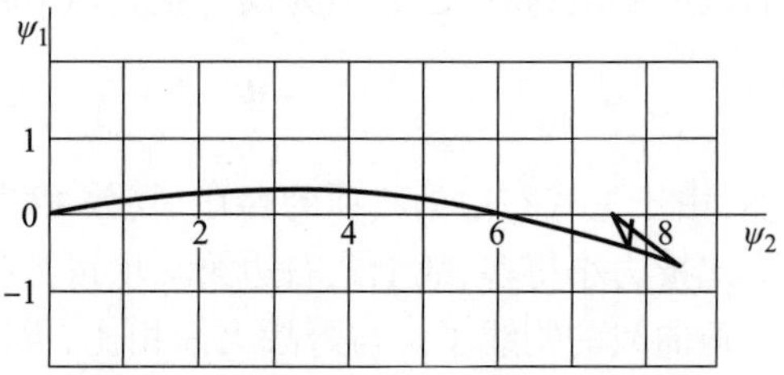

图10.4.2 低旋尾翼式火箭的 $\Psi_{\beta_D}^*$ 曲线

10.4.2 影响因素分析

从偏角公式(10.4.3)可以看出,除了 $\dot{\gamma}_0$ 与偏角 $\Psi_{\beta_D}^*$ 成正比外,其他因素对偏角 $\Psi_{\beta_D}^*$ 的影

响是通过对偏角 $\Psi^*_{\dot{\Phi}_0}$ 的影响来表现的。下面来分析 s_0、k_z、æ、a_p 和 l 对偏角 $\Psi^*_{\beta_D}$ 的影响。

① s_0 增大，一方面使 $\dot{\gamma}_0$ 增大，从而使等效起始扰动增大；另一方面又使 v_0 增大，使特征函数 $\Psi^*_{\dot{\Phi}_0}$ 减小。二者综合，在 s_0 较小时，随 s_0 增大，$\dot{\boldsymbol{\Phi}}_{\beta_D}$ 增大明显，使 $\Psi^*_{\beta_D}$ 增大；s_0 较大时，随 s_0 增大，稳定力矩（与 v_0^2 成正比）和动量 mv_0 增大明显，$\Psi^*_{\beta_D}$ 减小，故在其间某一位置 $\Psi^*_{\beta_D}$ 取极大值。

② k_z 增大，则稳定力矩加大，使 $\Psi^*_{\dot{\Phi}_0}$ 减小，但 $\dot{\boldsymbol{\Phi}}_{\beta_D}$ 与 k_z 无关，故偏角 $\Psi^*_{\beta_D}$ 减小。

③æ增大，在 s_0 相同的情况下，它将使炮口转速 $\dot{\gamma}_0$ 增大，从而使 $\dot{\boldsymbol{\Phi}}_{\beta_D}$ 和 $\Psi^*_{\beta_D}$ 都增大。

④ a_p 增大，在 s_0 和æ一定的条件下，会使 v_0、$\dot{\gamma}_0$ 增大，而 $\dot{\gamma}_0$ 增大，则使等效起始扰动增大；但 v_0 增大，又使 $\Psi^*_{\dot{\varphi}_0}$ 减小，故 a_p 对偏角没什么影响。

⑤l 增大，因 $k_z \propto 1/l$，则 k_z 减小，$u_0 = k_z s_0$ 减少，$\Psi^*_{\beta_D}$ 增大。

10.4.3　散布计算分析

动不平衡在主动段上产生的主动段末偏角散布，可用下式计算

$$E_{\Psi_K} = E_{\beta_D} \cdot \dot{\gamma}_0 \mid \Psi^*_{\dot{\Phi}_0 k} \mid \tag{10.4.4}$$

需要指出的是，在滑轨段半约束期内，动不平衡在炮口处还要引起一个真实的起始扰动 $\dot{\boldsymbol{\Phi}}_0$，它也形成主动段末偏角散布。以上两种角散布显然是不独立的，故不能用平方和开方的方法求总散布。一个较简单的处理方法是不以几何轴作弹轴，而以惯性主纵轴作弹轴，这样火箭就不存在动不平衡了，但火箭出炮口的起始条件则应以惯性主纵轴出炮口瞬时的 $\boldsymbol{\Phi}_0$、$\dot{\boldsymbol{\Phi}}_0$ 作为起始条件，用它们来计算主动段末的偏角及散布。当然，对惯性主纵轴而言，这里还出现了推力偏心、气动偏心、攻角定义改变等问题，但由于动不平衡角 $\boldsymbol{\beta}_D$ 实际上很小，这些影响可以忽略。

本章知识点

①起始扰动、推力偏心、风、动不平衡等对尾翼式火箭围绕质心运动影响的理论解释。

②起始扰动、推力偏心、风、动不平衡等因素所引起散布的计算方法。

本章习题

1. 试解释特征函数（攻角、偏角）的物理意义、作用以及推导方法。

2. 根据本章三个例子（即例 10.1.1、例 10.2.1、例 10.3.1）的计算过程，试归纳、总结火箭弹散布的计算方法和步骤。

第 11 章

旋转稳定火箭的角运动分析

内容提要

本章以静不稳定($k_z>0$)的旋转稳定火箭为研究对象,依次讲述起始扰动、推力偏心、风、动不平衡等对火箭绕心运动的影响、散布相关问题。对涡轮式火箭出现的"倾离"效应、定偏等现象,从角运动特性的角度进行了分析和介绍。

11.1 概　　述

旋转稳定火箭除增加了火箭发动机外,与旋转稳定炮弹在动力学方程上没有本质的差别,只不过旋转稳定火箭的转速不是依靠膛线或螺旋滑轨形成的,这是因为火箭的炮口速度太低,不可能由此形成足够高的转速,它的转速是由斜置喷管产生的绕纵轴的导转力矩形成的,在主动段末转速可达每分钟万转以上。斜置喷管喷出的火焰如同风火轮,故这种火箭也称为涡轮式火箭。

涡轮式火箭的优点是射击密集度比尾翼式火箭弹的高,由于没有尾翼,运输、储存、发射较方便,损坏的概率也小些。其缺点是受稳定性限制,弹不能太长,一般为 8 倍口径以下。又由于高速旋转消耗能量较多,故整个弹的体积、重量不能很大,火箭装药量有限,射程一般只有十几千米。引起旋转稳定火箭散布的主要原因仍是起始扰动、推力偏心、风和动不平衡。由于转速高,外形不对称、质心偏移以及推力侧分力的影响被抵消得更彻底,故可不考虑,但因涡轮式火箭的密集度较高,推力偏心在总散布中所占比例并不是很小,故仍须考虑。旋转稳定火箭的炮口速度低,以后迅速提高,这与旋转炮弹情况相反,这就导致二者的角运动图像有较大的区别。

11.2 起始扰动引起的角运动

11.2.1 旋转稳定火箭的角运动方程及齐次方程的解

旋转稳定火箭的角运动方程组仍为方程组(9.5.12),攻角方程仍为方程(9.5.22),即

$$\boldsymbol{W}''+(H'-\mathrm{i}P)\boldsymbol{W}'-(M+\mathrm{i}PT')\boldsymbol{W}=\boldsymbol{E} \tag{11.2.1}$$

在略去马氏力和重力等次要力的情况下,偏角方程简化为

$$\boldsymbol{\Psi}' = (a_p/v^2 + b_y)\boldsymbol{\Delta} \tag{11.2.2}$$

涡轮式火箭的转速由斜置喷管产生，喷管导转力矩 M_{xp} 的表达式为式(9.2.14)，在忽略重力、阻力和滚转阻尼力矩的情况下，主动段的速度和转速变化方程分别为

$$\frac{\mathrm{d}v}{\mathrm{d}t} = a_p,\ \frac{\mathrm{d}\omega_\xi}{\mathrm{d}t} = \frac{M_{xp}}{C} = \frac{d^* u_1}{2Cu'_{\mathrm{eff}}}\tan\varepsilon \cdot F_p = æ a_p \tag{11.2.3}$$

方程(11.2.1)的齐次方程和起始条件与尾翼低旋火箭的齐次方程(10.1.1)及起始条件形式相同，故它们的齐次解在形式上也相同，都是二圆运动合成，其运动频率为

$$\omega_{1,2} = \frac{1}{2}(P \pm \sqrt{P^2 - 4M}) = \alpha(1 \pm \sqrt{\sigma}) \tag{11.2.4}$$

式中

$$\alpha = P/2 = C\dot{\gamma}/(2Av),\ \sigma = 1 - 1/S_g \tag{11.2.5}$$

但现在 $M>0$，故 P^2-4M 可正可负。在 $P^2-4M>0$ 或 $S_g>1$ 的条件下，$\omega_1>0$，$\omega_2>0$（$S_g\leqslant 1$ 时，运动不稳定，在第 12 章讨论）。这表示慢圆运动方向与快圆运动方向相同，而低旋尾翼火箭的慢圆运动与快圆运动方向相反，这就是造成二者角运动图像不同的主要原因；而另一个原因则是，旋转稳定火箭的陀螺效应比低旋尾翼式火箭的陀螺效应要高几十至上百倍。

除此之外，旋转稳定火箭与尾翼稳定火箭的攻角和偏角表达式在形式上就没什么差别了。由此根据式(10.1.6)～式(10.1.8)，得旋转稳定火箭的攻角表达式如下：

$$\boldsymbol{\Delta} = \dot{\boldsymbol{\Phi}}_0 \Delta^*_{\dot{\boldsymbol{\Phi}}}(s_0,s) + \boldsymbol{\Phi}_0 \Delta^*_{\boldsymbol{\Phi}_0}(s_0,s) + \boldsymbol{\Psi}_0 \Delta^*_{\boldsymbol{\Psi}_0}(s_0,s) \tag{11.2.6}$$

$$\Delta^*_{\dot{\boldsymbol{\Phi}}_0} = \frac{-\mathrm{i}}{v\sqrt{P^2-4M}} \mathrm{e}^{-b'(s_0-s)}\left[\mathrm{e}^{\mathrm{i}\omega_1(s-s_0)} - \mathrm{e}^{\mathrm{i}\omega_2(s-s_0)}\right] \tag{11.2.7}$$

$$\boldsymbol{\Delta}^*_{\boldsymbol{\Phi}_0} = -\frac{v_0}{v\sqrt{P^2-4M}} \mathrm{e}^{-b'(s_0-s)}\left[\omega_2 \mathrm{e}^{\mathrm{i}\omega_1(s-s_0)} - \omega_1 \mathrm{e}^{\mathrm{i}\omega_2(s-s_0)}\right] \tag{11.2.8}$$

$$\boldsymbol{\Delta}^*_{\boldsymbol{\Psi}_0} = -\boldsymbol{\Delta}^*_{\boldsymbol{\Phi}_0}(s_0,s) \tag{11.2.9}$$

同理，将它们分别代入偏角方程(11.2.2)，积分后可得偏角表达式，为

$$\boldsymbol{\Psi} = \dot{\boldsymbol{\Phi}}_0 \boldsymbol{\Psi}^*_{\dot{\boldsymbol{\Phi}}}(s_0,s) + \boldsymbol{\Phi}_0 \boldsymbol{\Psi}^*_{\boldsymbol{\Phi}_0}(s_0,s) + \boldsymbol{\Psi}_0 \boldsymbol{\Psi}^*_{\boldsymbol{\Psi}_0}(s_0,s) \tag{11.2.10}$$

$$\boldsymbol{\Psi}^*_{\dot{\boldsymbol{\Phi}}_0} = -\frac{\mathrm{i}c_N}{v_0\sqrt{P^2-4M}}\left[B(\omega_1 s_0, \omega_1 s) - B(\omega_2 s_0, \omega_2 s)\right] \tag{11.2.11}$$

$$\boldsymbol{\Psi}^*_{\boldsymbol{\Phi}_0} = -\mathrm{i}\omega_1 v_0 \boldsymbol{\Psi}^*_{\dot{\boldsymbol{\Phi}}_0}(s_0,s) + c_N B(\omega_1 s_0, \omega_1 s) \tag{11.2.12}$$

$$\boldsymbol{\Psi}^*_{\boldsymbol{\Psi}_0} = 1 - \boldsymbol{\Psi}^*_{\boldsymbol{\Phi}_0}(s_0,s) \tag{11.2.13}$$

以上式子中，只有式(11.2.11)与低旋尾翼弹的式(10.1.19)右边最后一项在形式上不同。因为对尾翼弹，$\omega_2<0$，则 $B(\omega_2 s_0,\omega_2 s) = B(-|\omega_2|s_0, -|\omega_2|s) = \bar{B}(|\omega_2|s_0, |\omega_2|s)$。

下面主要针对由 $\dot{\boldsymbol{\Phi}}_0$ 引起的攻角和偏角进行分析。将攻角表达式(11.2.7)与旋转稳定炮弹的攻角表达式(7.4.13)相比较可见，对于单位起始扰动，即 $\dot{\delta}\mathrm{e}^{\mathrm{i}\nu_0}=1$，再取 $s_0=0$，$b'\approx 0$，二者在形式上就完全相同了，本质的不同在于火箭推力使质心速度按 $v=\sqrt{2\bar{a}s}$、转速按 $\dot{\gamma}=æv$ 很

快增大,而炮弹出炮口后速度和转速衰减很慢。这就使火箭攻角衰减快,炮弹攻角衰减慢。

除此之外,旋转稳定火箭的运动特征就与旋转稳定炮弹的运动特征一样,可借用第7章第7.3节和第7.4节的分析方法和结论。例如,利用欧拉公式,旋转稳定火箭的攻角式(11.2.7)也可写成与式(7.4.15)类似的章动、进动形式,引用 $\alpha\sqrt{\sigma}=\sqrt{P^2-4M}/2$,得

$$\Delta^*_{\dot{\Phi}_0}=\frac{\mathrm{e}^{-b'(s-s_0)}}{\alpha v\sqrt{\sigma}}\mathrm{e}^{\mathrm{i}\alpha(s-s_0)}\sin\alpha\sqrt{\sigma}(s-s_0) \tag{11.2.14}$$

即当以飞行弧长 s 为自变量时,攻角平面以 $\alpha=P/2$ 的速率旋转,弹轴在攻角面内做衰减的正弦摆动,摆动的圆频率为 $\omega_d=\alpha\sqrt{\sigma}$,而攻角每变化一周的波长也为 $\lambda_m=2\pi/(\alpha\sqrt{\sigma})$。

显然,如果将弧长 s 以波长 λ_m 为单位,则因 $\sin(\alpha\sqrt{\sigma}s)=\sin(2\pi s/\lambda_m)$,则当 $s=0$、$0.5\lambda_m$、λ_m、$1.5\lambda_m$、$2\lambda_m$、…时,攻角 $\Delta^*_{\dot{\Phi}_0}=0$,曲线经过原点。如果令 $y=s/\lambda_m$,则由式(11.2.4)得

$$\omega_{1,2}(s-s_0)=\alpha\sqrt{\sigma}\left(\frac{1}{\sqrt{\sigma}}\pm1\right)(s-s_0)=2\pi(y-y_0)\left(\frac{1}{\sqrt{1-1/S_g}}\pm1\right) \tag{11.2.15}$$

而偏角式(11.2.11) $\Psi^*_{\dot{\Phi}_0}$ 前的系数为

$$\frac{-\mathrm{i}c_N}{v_0\sqrt{P^2-4M}}=\frac{-\mathrm{i}c_N}{2\alpha\sqrt{2\bar{a}s_0}\sqrt{1-1/S_g}}=\frac{-\mathrm{i}c_N}{4\pi}\sqrt{\frac{\lambda_m}{2\bar{a}}}\sqrt{\frac{1}{y_0}} \tag{11.2.16}$$

对于一般野战火箭弹,$c_N\approx1$,由式(11.2.11)可见,$\Psi^*_{\dot{\Phi}_0}$ 除了与 λ_m、$\bar{a}$ 有关外,就只是 y_0、y、S_g 的函数。利用这种关系可进行下面的分析。

11.2.2 攻角和偏角的分析

以下分析可与第7.3节、第7.4节旋转稳定弹由起始扰动 $\dot{\boldsymbol{\Phi}}_0$ 产生的攻角和偏角进行对比。

由式(11.2.7)或式(11.2.14)可作出攻角曲线,如图11.2.1所示。图线上的数值为 $y=s/\lambda_m$ 值。由图可见,在一个波长内曲线两次通过原点($s=0.5\lambda_m$、$s=\lambda_m$),攻角两次为零。由 $\Delta^*_{\dot{\Phi}_0}$ 的表达式(11.2.7)可见,旋转稳定火箭的攻角曲线仍由两个方向相同的圆运动形成。快圆运动(ω_1)仍由陀螺效应产生,慢圆运动(ω_2)仍由翻转力矩产生,其分析同式(7.4.13)。但由于火箭出炮口后迅速加速,转速 $\dot{\gamma}$ 迅速增大,陀螺效应增强,由陀螺效应产生的法向加速度 $\ddot{\boldsymbol{\Phi}}=\mathrm{i}C\dot{\gamma}\dot{\boldsymbol{\Phi}}/A$ 增大,使复数平面上代表弹轴位置的 B 点的运动方向更快地转弯,曲率半径减小,攻角也就越来越小。这就是火箭攻角曲线图11.2.1不同于炮弹攻角曲线图7.4.1(a)的原因。这种效应也可从式(11.2.7)的分母 $v\sqrt{P^2-4M}=vP\sqrt{1-1/S_g}$ 看出,因为 $\sqrt{1-1/S_g}$ 是变化不大的量,而 $vP=C\dot{\gamma}/A$,故当 $\dot{\gamma}$ 增大时,攻角幅值将减小,因炮口处 $\dot{\gamma}_0$ 最小,故此处攻角最大。提高 $\dot{\gamma}_0$ 可减小攻角,但又可能造成起始扰动 $\dot{\boldsymbol{\Phi}}_0$ 加大。当只考虑陀螺力矩而不考虑翻转力矩(真空情况)时(这时 $S_g=\infty$),就只有快圆运动而无慢圆运动($\omega_2=0$),攻角曲线如图11.2.3所示,攻角曲线仅限于一、二象限,这与图7.3.2(d)类似,只是

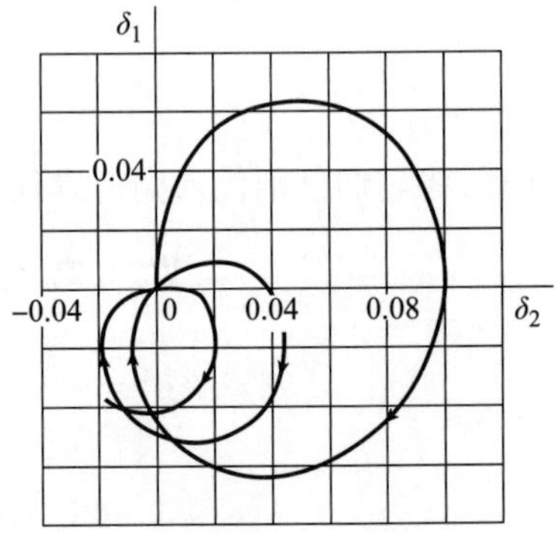

图11.2.1 $\Delta^*_{\dot{\Phi}_0}$ 曲线

圆半径不断缩小，使快圆运动中心沿虚轴向原点移动。由式(11.2.7)还可看出，翻转力矩 M 增大，攻角幅值将有所增大。

由起始扰动 $\dot{\boldsymbol{\Phi}}_0$ 产生的偏角曲线如图 11.2.2 所示。它与由起始扰动 $\dot{\delta}_0$ 产生的炮弹偏角曲线(图 7.4.1(b))似乎很不同，但仔细分析可知，本质是一样的，区别是由火箭加速造成的。

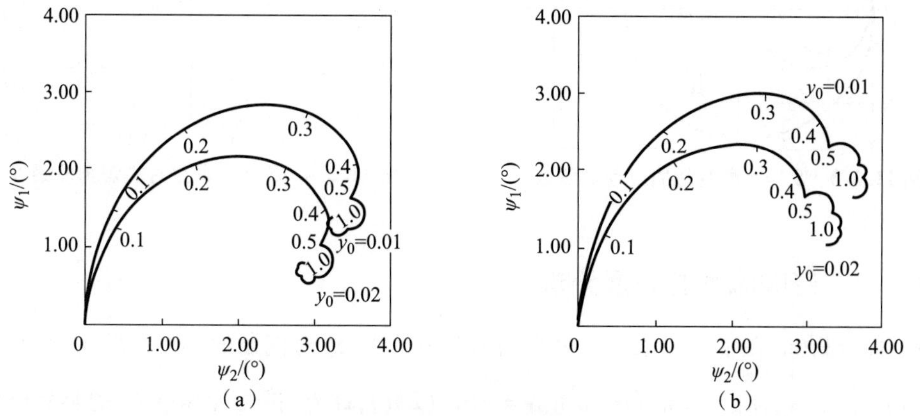

图 11.2.2　$\Psi^*_{\dot{\Phi}_0}$ 曲线

(a) $S_g=2$；(b) $S_g=4$

首先，由偏角方程(11.2.2)知，偏角曲线的切线平行于攻角曲线的割线，只是沿此割线方向，火箭多了一个推力法向分力 $ma_p\boldsymbol{\Delta}$。故当攻角曲线在第一象限时，偏角曲线向右上方延伸，当攻角曲线位于第二象限时，偏角曲线向右下方延伸。当攻角曲线经过原点时，曲线从一个象限突然进入另一个象限，其割线方位角突变 180°，因而偏角曲线的切线方向也突然改变 180°，形成一个尖点。这些突变点(尖点)就是 $y-y_0=0.5$、1.0、1.5、2.0、…的地方或每相隔半个波长的位置。对于炮弹，根据 $\dot{\boldsymbol{\Phi}}_0$ 产生的攻角曲线(图 7.4.1(a))，就形成如图 7.4.1(b)所示的偏角曲线图；对于火箭，由于在炮口处转速 $\dot{\gamma}_0$ 低、攻角大，推力的法向分力和升力都大，但初速低、动量小、抗干扰能力弱，致使在开始半个波长内，偏角增长很快，与尾翼式火箭类似，这也是临界段。此后，由于火箭速度和转速提高，攻角和法向力减小，动量和抗干扰能力加大，偏角曲线虽仍按上述规律变化(逐渐卷曲改变方向)，但变化范围越来越小，结果形成了与图 7.4.1(b)相差很大的偏角曲线图，如图 11.2.2 所示。

在图 11.2.2(a)、(b)中分别绘出了 $y_0=0.01$ 和 $y_0=0.02$ 这两条偏角曲线。可见 y_0 越大，曲线开始就弯曲得厉害些，使最大偏角值要小一些。这是因为 $y_0=s_0/\lambda_m$，y_0 大就意味着 s_0 大或 λ_m 小，而 s_0 大则炮口转速和初速都大，则攻角幅值小，抗干扰能力强，使 $|\boldsymbol{\Psi}^*_{\dot{\Phi}_0}|$ 减小；波长 λ_m 小，则意味着 $\alpha\sqrt{\sigma}$ 大，陀螺效应强，从式(11.2.7)和式(11.2.11)可见，攻角和偏角都减小。

此外，由式(11.2.4)知，S_g 增大相当于翻转力矩减弱，于是慢圆运动 ω_2 减慢，因而攻角和偏角曲线的卷曲变缓，使最大偏角有所增大，图 11.2.2(a)、(b)即为 $S_g=2$ 和 $S_g=4$ 时的偏角曲线。显然，随着 S_g 增大，偏角略有增大。当完全不考虑翻转力矩的作用时($S_g=\infty$)，其攻角曲线如图 11.2.3 所示，因攻角只在一、二象限变化，故偏角曲线只能向右上和右下变化，最后形成只在水平方向向右延伸的偏角曲线，如图 11.2.4 所示。

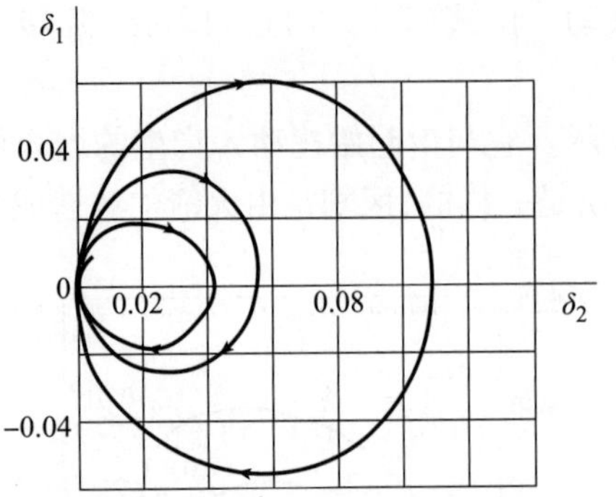

图 11.2.3　$S_g=\infty$真空时的攻角曲线 $\Delta^*_{\dot{\Phi}_0}$

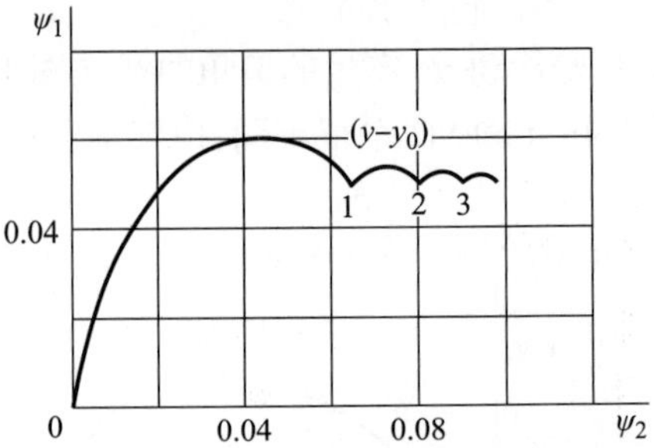

图 11.2.4　$S_g=\infty$真空时的偏角曲线 $\Psi^*_{\dot{\Phi}_0}$

11.2.3　影响偏角的因素分析

由上面分析知,在主动段末 y 不太小的情况下,y 和 S_g 对偏角的影响都较小,只有 y_0 的影响大,而 $y_0=s_0/\lambda_m$,$\lambda_m=2\pi/(\alpha\sqrt{\sigma})$,$\alpha=C\dot{\gamma}/(2Av)$;此外,推力加速度 a_p 的影响也须考虑,故需分析 s_0、$\text{æ}=\dot{\gamma}/v$、$n=A/C$ 和 a_p 对 $\Psi^*_{\dot{\Phi}_0}$ 的影响。

1. 有效定向器长 s_0 的影响

在 n、æ、a_p 一定的条件下,有效定向器长 s_0 增大,使 y_0 增大,有利于减小 $|\Psi^*_{\dot{\Phi}_0}|$,这同样是 $\dot{\gamma}_0$ 大、v_0 大,则陀螺效应以及抗干扰能力增强的缘故。但过大的炮口转速会使起始扰动 $\dot{\Phi}_0$ 也增大,可能反而使偏角 Ψ 增大。在定向器长度相同时,涡轮式火箭的 $\dot{\gamma}_0$ 比低旋尾翼弹的 $\dot{\gamma}_0$ 要高得多,为不使 $\dot{\gamma}_0$ 过大,涡轮式火箭的定向器要比尾翼式火箭的定向器短得多。

2. 转速与速度之比 $\text{æ}=\dot{\gamma}/v$ 的影响

转速与速度比增大,可使 α 增大、λ_m 减小、y_0 增大,偏角特征函数 $\Psi^*_{\dot{\Phi}_0}$ 减小。其物理原因在于,æ增大而导致陀螺效应增强。但过高的转速同样会使起始扰动 $|\dot{\Phi}_0|$ 增大,这又对减小偏角不利,故又不宜选取过大的æ,其间必有一个最佳的æ值。

3. 转动惯量比 $n=A/C$ 的影响

n 增大,会使 A 减小、λ_m 增大、y_0 减小,导致攻角和偏角增大。原因是 n 的增大减弱了陀螺效应。为避免 n 过大,涡轮火箭不能太长,但过短又会使装药量和射程减小,故涡轮式火箭的弹长一般在 8 倍口径以下。因被动段的发动机质量减小,其有效转动惯量比与 5.5~6 倍口径弹长的炮弹相当,这时 $n\approx 10\sim 30$。

4. 推力加速度 a_p 的影响

a_p 增大,可使特征函数 $|\Psi^*_{\dot{\Phi}_0}|$ 减小,这是因为在 n、æ、s_0 一定的条件下,a_p 增大可使炮口转速 $\dot{\gamma}_0$ 和速度 v_0 增大,陀螺效应和抗干扰能力增强,但它也会引起起始扰动 $\dot{\Phi}_0$ 增大,因此,增大 a_p 对偏角的影响不明显。

上述几个因素中,只有 n 的影响是明确的,æ、s_0、a_p 的影响都与起始扰动 $\dot{\Phi}_0$ 有关,为了合理地选择它们的值,还必须搞清它们对起始扰动影响的规律。一般而言,涡轮式火箭起始扰动 $\dot{\Phi}_0$ 的中间误差 $E_{\dot{\Phi}_0}$ 在 0.1 rad/s 以下,这可作为密集度估算、精度分配、优化设计的参考。

11.2.4　涡轮式火箭的"倾离"效应和定偏

在半约束期内，位于涡轮式火箭质心处的重力对后定心部中心的力矩仍产生向下的起始扰动 $\dot{\boldsymbol{\Phi}}_0$（与 $\cos\theta_0$ 成正比）。结合偏角曲线图 11.2.2，它会产生向左下的"倾离偏角"；此外，由于主动段上重力使弹道弯曲，还形成偏右上的动力平衡角和向右上的偏角，它大致与 $\dot{\theta} \approx g\cos\theta_0/v_0$ 成比例。在方程（11.2.1）右边 $\boldsymbol{E}$ 中只保留重力陀螺项（$\mathrm{i}C\dot{\gamma}\dot{\theta}/(Av)$）求解时，须注意，火箭的速度（$v=\sqrt{2a_p s}$）增加很快，即可得主动段由重力产生的攻角 $\boldsymbol{\Delta}_g$，再代入偏角方程积分就可得重力产生的偏角 $\boldsymbol{\Psi}_g$，如图 11.2.5 和图 11.2.6 所示（推导从略）。这两部分偏角之和在地面上的投影（即除以 $\cos\theta_0$）与射角 θ_0 无关，故也称为"定偏"。由于倾离偏角的虚部数值大，而主动段重力偏角的虚部数值小，故主动段的定偏和偏流向左。但应注意，对于涡轮式火箭，被动段上由重力使弹道弯曲产生的动力平衡角和偏流却是向右的，这与旋转稳定炮弹相同，而与尾翼低旋火箭被动段偏流向左相反。因此，涡轮式火箭落点偏向哪一方，由主、被动段的偏流效应综合确定，一般是小射角时偏左，大射角时偏右，中间必有一无偏射角。

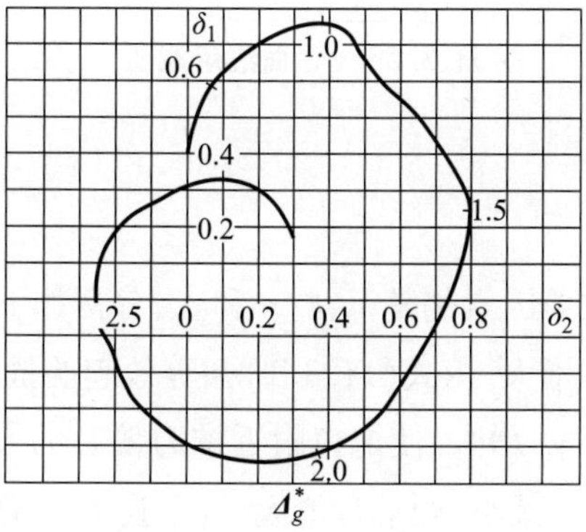

图 11.2.5　$\boldsymbol{\Delta}_g^*(y_0, y)$ 曲线

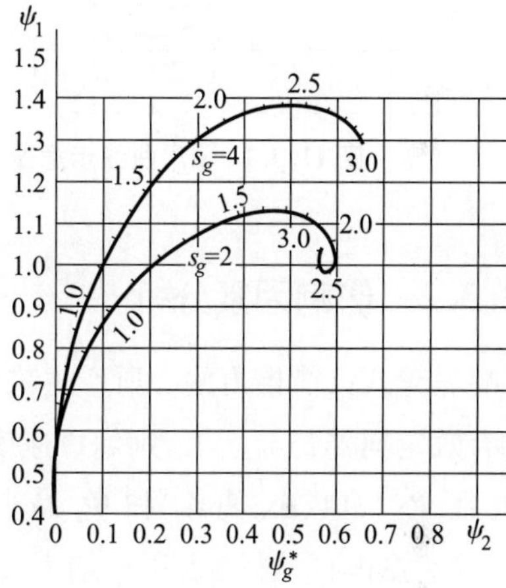

图 11.2.6　$\boldsymbol{\psi}_g^*(y_0, y)$ 曲线

11.3　推力偏心引起的角运动

11.3.1　推力偏心产生的攻角和偏角

因推力侧分力的影响很小，本节只考虑推力线偏心的影响。涡轮式火箭的角运动方程及其解在形式上与低旋尾翼火箭相同，只是 $M>0$，$\omega_2>0$。应用格林函数法仍得式（10.2.13）。

涡轮式火箭的转速属于等加速旋转情况，$\dot{\gamma}=æv$，$\gamma=æ(s-s_0)$，并且自转角速度æ远大于自由摆动角速度 ω_1 和 ω_2。故在积分（10.2.13）的两式时，更可采用低旋尾翼弹中曾采用过的近似简化。省略完全相同的推导，最后得到与式（10.2.18）和式（10.2.19）形式相同的解

$$\boldsymbol{\Delta}_L=\dot{\boldsymbol{\Phi}}_L\Delta_{\dot{\boldsymbol{\Phi}}_0}^*=\boldsymbol{L}_p\Delta_L^*,\ \boldsymbol{\Psi}_L=\dot{\boldsymbol{\Phi}}_L\Psi_{\dot{\boldsymbol{\Phi}}_0}^*=\boldsymbol{L}_p\Psi_L^*,\ \dot{\boldsymbol{\Phi}}_L=-\mathrm{i}\frac{a_p\boldsymbol{L}_p}{R_A^2\dot{\gamma}_0} \tag{11.3.1}$$

式中，$\dot{\boldsymbol{\Phi}}_L$ 仍称为推力偏心 $\boldsymbol{L}_p$ 的等效起始扰动，其形式与低旋尾翼火箭的等效起始扰动式

(10.2.20)相同,它与炮口转速成反比,方向比 $\boldsymbol{L}_p$ 滞后 90°,因现在 $\dot{\gamma}_0$ 很大,故反而比式(11.3.1)更加准确。式中的 $\Delta^*_{\dot{\Phi}_0}$ 和 $\Psi^*_{\dot{\Phi}_0}$ 分别为式(11.2.7)和式(11.2.11)。因此,只要将图11.2.1和图11.2.2中的 $\Delta^*_{\dot{\Phi}_0}$ 和 $\Psi^*_{\dot{\Phi}_0}$ 曲线逆时针旋转 90°,再乘以 $a_p/(R_A^2\dot{\gamma}_0)$,就可得到由推力偏心产生的攻角和偏角曲线 Δ_L^*、Ψ_L^*。图11.3.1和图11.3.2所示曲线是计算机仿真结果。

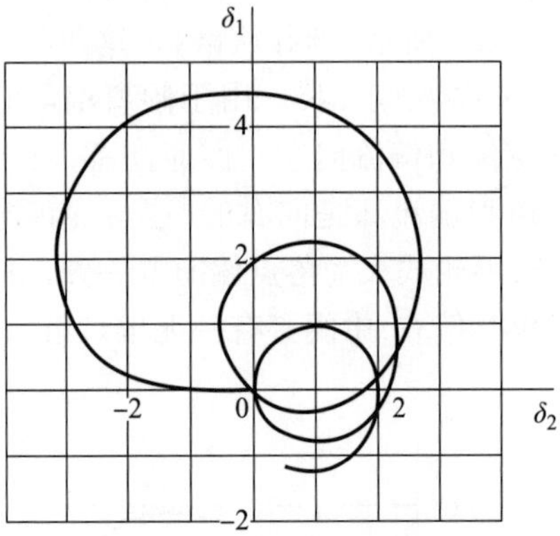

图 11.3.1 Δ_L^* 曲线示意图

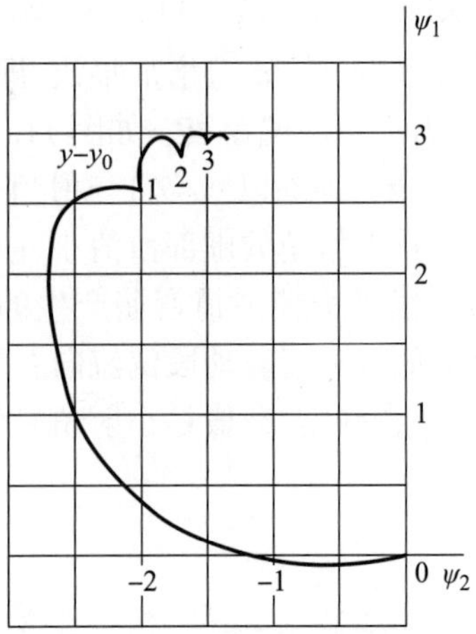

图 11.3.2 Ψ_L^* 曲线示意图

11.3.2 影响因素分析

影响涡轮式火箭推力偏心所产生攻角和偏角的主要因素仍是 s_0、$æ$、n 和 a_p,分析如下:

①有效定向器长 s_0 增大,则炮口速度 v_0 和转速 $\dot{\gamma}_0$ 增大,由式(11.3.1)知等效起始扰动 $\dot{\boldsymbol{\Phi}}_L$ 减小,并且 $\Psi^*_{\dot{\Phi}_0}$ 也减小,使 $\boldsymbol{\Delta}_L$ 和 $\boldsymbol{\Psi}_L$ 减小。其原因是,$\dot{\gamma}_0$ 增大,使炮口附近推力偏心的方向改变更快,前后影响抵消得更好;v_0 增大,使攻角和法向力减小,则动量增大、抗干扰能力增强。

②转速与速度之比 $æ=\dot{\gamma}/v$ 增大,则陀螺效应增强,$|\Psi^*_{\dot{\Phi}_0}|$ 减小。在 s_0、n、a_p 相同的情况下,炮口转速 $\dot{\gamma}_0$ 增大,使等效起始扰动 $\dot{\boldsymbol{\Phi}}_L$ 减小。故随着$æ$增大,$\boldsymbol{\Psi}_L$ 迅速减小。这是减少散布的主要途径,所以涡轮式火箭的密集度比尾翼式火箭要高。

③赤道转动惯量与极转动惯量之比 $n=A/C$ 增大,必使弹体更为细长,陀螺效应减弱,使得 $\Psi^*_{\dot{\Phi}_0}$ 增大,但因等效起始扰动 $\dot{\boldsymbol{\Phi}}_L$ 中的因子 $L_pR_A^2 \propto 1/l$,故弹长加大会使 $\dot{\boldsymbol{\Phi}}_L$ 减小,原因是弹长越大,则赤道转动惯量大,在相同推力偏心力矩作用下,弹体不易摆动。综合结果常使 $\boldsymbol{\Psi}_L$ 有所增大。

④推力加速度 a_p 增大,在 s_0、$æ$、n 不变的条件下,$\dot{\boldsymbol{\Phi}}_L$的表达式(11.3.1)分母中的炮口转速 $\dot{\gamma}_0=æv_0=æ\sqrt{2\bar{a}s_0}$增大,并且还使 $\Psi^*_{\dot{\Phi}_0}$ 表达式(11.2.11)分母上的 $v_0=\sqrt{2\bar{a}s_0}$增大,因 $\bar{a}\approx a_p$,这样,$\boldsymbol{\Psi}_L$ 分子和分母上的 a_p 可约去,结果使偏角 $\boldsymbol{\Psi}_L$ 与 a_p 无关。其物理原因在于,a_p 的增大一方面增大了转速和陀螺力矩,另一方面又增大了推力偏心力矩 $ma_p\boldsymbol{L}_p$,其作用互相抵消。

此外,翻转力矩系数 m_z' 增大主要影响 $\Psi^*_{\dot{\Phi}_0}$,因这时 $S_g=P^2/(4M)$减小,由上一节知,慢圆运动加快,偏角曲线卷曲更快,使 $\Psi^*_{\dot{\Phi}_0}$ 略有减小。

11.4　风引起的角运动

当有风时,火箭相对于空气的速度方向 $\boldsymbol{v}_r$ 与火箭质心速度方向 $\boldsymbol{v}$ 不同,如果只研究垂直风 $\boldsymbol{w}_\perp$ 的影响,二者之间的夹角为 $w_\perp/v$。由风产生的附加空气动力矩使弹轴绕相对速度方向线摆动,由此产生的法向力将使速度方向偏转,形成偏角和散布。涡轮式火箭风偏与旋转尾翼火箭风偏的共同特点是,纵风不仅影响射程,而且影响侧偏,横风不仅影响侧偏,而且影响射程;不同点在于,主动段上尾翼式火箭大致是“逆风偏”,而涡轮式火箭可能是“顺风偏”,也可能是“逆风偏”,并且在复数平面上明显地偏在风向的右侧,因而从左向右吹的横风将使实际射程减小。

在分析低旋尾翼式火箭的风偏时,我们曾采用了变量变换法求解,本节将换一种方法,即相对运动法来求解,它比变量变换法和格林函数法还要简单。

11.4.1　垂直风产生的攻角和偏角

设建立一坐标系随垂直风 $\boldsymbol{w}_\perp$ 等速平移,则在动坐标系里就感觉不到有风,但相应运动的起始条件发生变化。由于动坐标系是等速平移,故是一惯性坐标系,所以,在前面定坐标系里导出的攻角、偏角等各种关系式在动坐标系里也适用。这样,如果已知动坐标系里攻角和偏角与定坐标系里攻角和偏角的关系,又求得在动坐标系里攻角和偏角的表达式,就可求出在定坐标系里的攻角和偏角的表达式,下面即按此思路推导出垂直风产生的攻角和偏角。

1. 两坐标系里攻角和偏角间的关系

设火箭质心速度为 $\boldsymbol{v}$,当有垂直风 $\boldsymbol{w}_\perp$ 时,火箭相对于动坐标系的速度为 $\boldsymbol{v}_r$,利用绝对速度等于相对速度加牵连速度的关系得

$$\boldsymbol{v} = \boldsymbol{v}_r + \boldsymbol{w}_\perp \tag{11.4.1}$$

将该式分别向垂直于理想弹道和平行于理想弹道速度 $\boldsymbol{v}_i$ 的方向投影,得各分量间关系

$$\boldsymbol{v}_\perp = \boldsymbol{v}_{r\perp} + \boldsymbol{w}_\perp,\ \boldsymbol{v}_{/\!/} = \boldsymbol{v}_{r/\!/} \approx \boldsymbol{v} \tag{11.4.2}$$

两式相除,并注意到 $\boldsymbol{\Psi} = \boldsymbol{v}_\perp/v$,$\boldsymbol{\Psi}_r = \boldsymbol{v}_{r\perp}/v$,于是得两坐标系里偏角的关系

$$\boldsymbol{\Psi}_r = \boldsymbol{\Psi} - \boldsymbol{w}_\perp/v \tag{11.4.3}$$

又因为动坐标系与定坐标系平行,故在两坐标系里观测到的弹轴方位角是一样的,故有

$$\boldsymbol{\Phi}_r = \boldsymbol{\Phi},\ \dot{\boldsymbol{\Phi}}_r = \dot{\boldsymbol{\Phi}} \tag{11.4.4}$$

由此可得两坐标系里攻角间的关系

$$\boldsymbol{\Delta}_r = \boldsymbol{\Phi}_r - \boldsymbol{\Psi}_r = \boldsymbol{\Phi} - (\boldsymbol{\Psi} - \boldsymbol{w}_\perp/v) = \boldsymbol{\Delta} + (\boldsymbol{w}_\perp/v) \tag{11.4.5}$$

2. 动坐标系里的攻角和偏角

因为在定坐标系里只考虑风时,运动起始条件为 $\dot{\boldsymbol{\Phi}}_0 = 0$,$\boldsymbol{\Phi}_0 = 0$,$\boldsymbol{\Psi}_0 = 0$,故在动坐标系里起始条件为

$$\dot{\boldsymbol{\Phi}}_{r0} = 0,\boldsymbol{\Phi}_{r0} = 0,\boldsymbol{\Psi}_{r0} = -\boldsymbol{w}_\perp/v_0 \tag{11.4.6}$$

又因为在动坐标系里无风,故在动坐标系里攻角和偏角的求解与定坐标系内的求解方法和结果完全相同,于是得到动坐标系内的攻角与偏角为

$$\boldsymbol{\Delta}_r = \boldsymbol{\Psi}_{r0}\Delta^*_{\Psi_0}(s_0,s) = -\frac{\boldsymbol{w}_\perp}{v_0}\Delta^*_{\Psi_0}(s_0,s),\boldsymbol{\Psi}_r = \boldsymbol{\Psi}_{r0}\Psi^*_{\Psi_0}(s_0,s) = -\frac{\boldsymbol{w}_\perp}{\boldsymbol{v}_0}\Psi^*_{\Psi_0}(s_0,s) \tag{11.4.7}$$

3. 求定坐标系内的攻角和偏角

由式(11.4.3)和式(11.4.5),可得定坐标系内的攻角和偏角,即

$$\boldsymbol{\Delta}=\boldsymbol{\Delta}_r-\frac{\boldsymbol{w}_\perp}{v}=\boldsymbol{w}_\perp\Delta_w^*(s_0,s),\Delta_w^*=\frac{\Delta_{\Phi_0}^*}{v_0}-\frac{1}{v} \tag{11.4.8}$$

$$\boldsymbol{\Psi}_w=\boldsymbol{\Psi}_r+\frac{\boldsymbol{w}_\perp}{v}=\boldsymbol{w}_\perp\Psi_w^*(s_0,s),\Psi_w^*=\frac{\Psi_{\Phi_0}^*}{v_0}-\left(\frac{1}{v_0}-\frac{1}{v}\right) \tag{11.4.9}$$

它们与低旋尾翼火箭由垂直风产生的攻角和偏角式(10.3.4)、式(10.3.7)在形式上完全相同。须注意,在特征函数$\Delta_{\Phi_0}^*$和$\Psi_{\Phi_0}^*$中,对于尾翼式火箭,有$\omega_2<0$,对于涡轮式火箭,有$\omega_2>0$。

11.4.2 垂直风引起的攻角和偏角曲线变化特点

图11.4.1和图11.4.2(a)、(b)是根据式(11.4.8)和式(11.4.9)作出的涡轮式火箭攻角特征函数Δ_W^*曲线和偏角特征函数Ψ_w^*曲线。这相当于有垂直风$\boldsymbol{w}_\perp=1$向上吹的情况,即逆风射击情况。

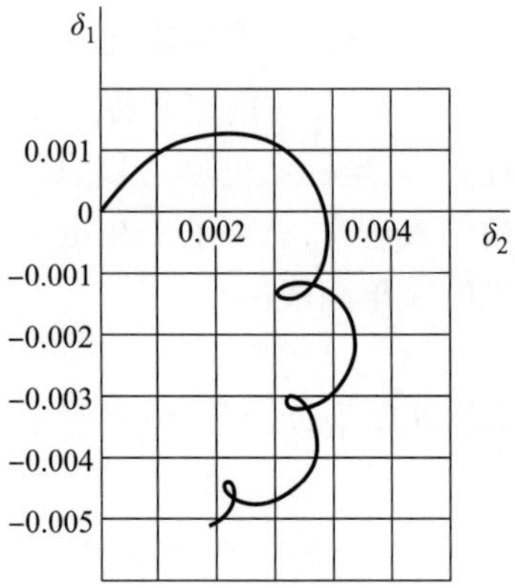

图11.4.1 垂直风产生的攻角曲线Δ_w^*

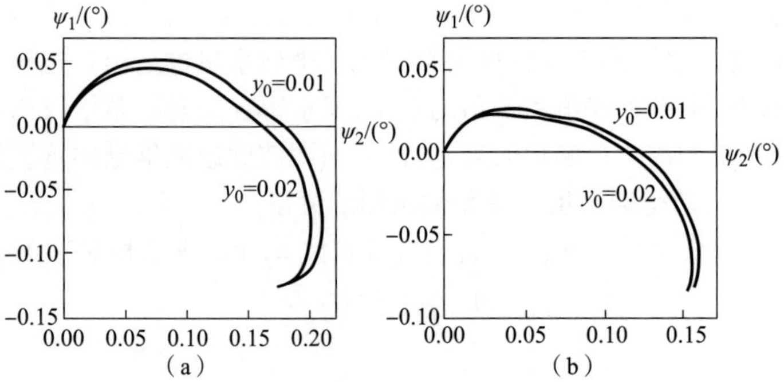

图11.4.2 垂直风产生的偏角曲线Ψ_w^*

(a)$S_g=2$;(b)$S_g=4$

这时起始相对速度指向实轴下方,或有一位于上方的相对攻角$\boldsymbol{\Delta}_{r_0}=\boldsymbol{w}_\perp/v_0$(见式(11.4.5)),于是翻转力矩使火箭头部向上翻转,但同时由陀螺效应产生了垂直于摆动角速度$\dot{\boldsymbol{\Phi}}$方向的陀螺力矩$\mathrm{i}C\dot{\gamma}\dot{\boldsymbol{\Phi}}$和角加速度$\ddot{\boldsymbol{\Phi}}=\mathrm{i}C\dot{\gamma}\dot{\boldsymbol{\Phi}}/A$,使弹轴向右运动,离开铅直面。随后,改变了角运动方向的弹轴运动角速度$\dot{\boldsymbol{\Phi}}$,又继续产生相应的垂直于摆动方向的陀螺力矩,陀螺力矩与翻转力矩共同使弹轴运动,在复平面上就形成了如图11.4.1所示的攻角曲线。

由图11.4.1可见,弹轴大致还是围绕相对速度方向线做二圆运动,平均攻角为$(-\boldsymbol{w}_\perp/v)$,因此攻角曲线关于原点不对称,也不像尾翼式火箭那样只在迎风的一侧摆动,而是与旋转稳定炮弹由风产生的攻角表达式(7.13.7)性质相似。不同的是,对于火箭,随着飞行速度v的增大,平均攻角$|-\boldsymbol{w}_\perp/v|$越来越小,而且绕平均攻角$(-\boldsymbol{w}_\perp/v)$运动的幅值也越来越小。

由相对速度方向与弹轴构成的平面称为相对攻角($\boldsymbol{\Delta}_r$)平面,现在升力和阻力都在此平面内,升力垂直于相对速度,阻力与相对速度$\boldsymbol{v}_r$方向相反,如图11.4.3所示。将升力$R_y=mb_yv_r^2\boldsymbol{\Delta}_r$、阻力$R_x=mb_xv_r^2$、推力$F_p$都在垂直于速度方向上投影,分别得$mb_yv_r^2(\boldsymbol{\Delta}+\boldsymbol{w}_\perp/v)$,$m_xb_xv_r^2(\boldsymbol{w}_\perp/v)$和$F_p\boldsymbol{\Delta}$。取$v_r\approx v$,它们就是质心运动方程(9.5.6)中的几项,由此获得方程组

(9.5.12)第一式的偏角方程

$$\frac{\mathrm{d}\boldsymbol{\Psi}}{\mathrm{d}s}=\left(\frac{a_p}{v^2}+b_y\right)\boldsymbol{\Delta}+\frac{b_x+b_y}{v}\boldsymbol{w}_\perp \tag{11.4.10}$$

此式表明,偏角曲线的切线 $\mathrm{d}\boldsymbol{\Psi}/\mathrm{d}s$ 不与攻角 $\boldsymbol{\Delta}$ 曲线的割线平行,但由于推力 ma_p 远大于其他的气动力,故仍大致平行。这样,当攻角曲线在第一象限时,偏角曲线向上偏转;攻角曲线在第二象限时,偏角曲线向下方偏转。由于炮口附近攻角大、法向力大、速度低、动量小,使偏角向右上方偏转很大,随着火箭速度增大,偏角变化减缓并向右下方延伸,但没有明确的临界段。

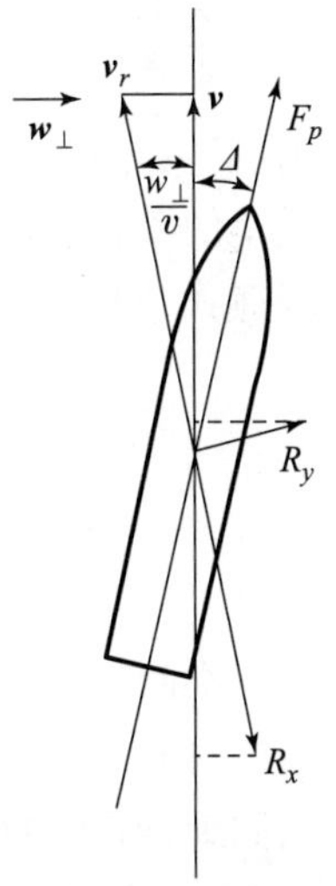

图 11.4.3　有风时法向力的组成

由偏角曲线图 11.4.2 知,当有向上吹的风 $\boldsymbol{w}_\perp=1$ 时,形成的偏角可能在上面,也可能在下面,故有可能"顺风偏",也有可能"逆风偏",它取决于主动段的长短;主动段短时为顺风偏,主动段长时为"逆风偏"。在方向上,无论主动段长或短,在复数平面上,$\boldsymbol{\Psi}_{2w}$ 永远比垂直风 $\boldsymbol{w}_\perp$ 超前 90°。如果火箭参数设计得合适,可使主动段长度恰好让偏角曲线终止在横轴(虚轴)上,这就可实现纵风只修正方向、横风只修正高低,给射击修正带来方便。

由图 11.4.2 还可见,$y_0=s_0/\lambda_m$ 越大,$|\boldsymbol{\Psi}_w|$ 越小,这是因为 y_0 大,则 s_0 大或 λ_m 小,即转速高、初速大、陀螺效应强及抗干扰能力强,这都可使 $\boldsymbol{\Psi}_w^*$ 减小。由图还可知,S_g 大则 $\boldsymbol{\Psi}_w^*$ 小,这是因为 S_g 增大,翻转力矩 m_z' 作用减小,稳定性增强,攻角幅值减小,故使 $\boldsymbol{\Psi}_w^*$ 减小。

11.4.3　影响风偏的因素分析

影响涡轮式火箭风偏的因素仍然是隐含在 $\Delta_{\dot{\Phi}_0}^*$ 和 v_0 中的 s_0、æ、k_z、a_p、n 等。

1. 有效定向器长 s_0

在其他几个参数不变的情况下,有效定向器长 s_0 增大,则炮口速度和转速都增大,弹轴的定向性和抗干扰能力增强,有利于减小偏角。但速度大时,风所产生的干扰力矩 $\rho v^2 l m_z'(\boldsymbol{w}_\perp/v)/2$ 也增大,故风偏 $|\boldsymbol{\Psi}_w^*|$ 虽然随 s_0 增大而减小,但并不明显。

2. 转速比 $\text{æ}=\dot{\gamma}/v$

转速比增大,可使炮口转速 $\dot{\gamma}_0$ 提高,弹轴定向性加强,受风的影响减小,使 $|\boldsymbol{\Psi}_w^*|$ 减小。

3. 推力加速度 a_p

a_p 增加,也可增大炮口初速 v_0 和转速 $\dot{\gamma}_0$,使 $|\boldsymbol{\Psi}_w^*|$ 减小。

4. 翻转力矩系数 m_z'

m_z' 增大,可使翻转力矩增大,使 M 增大,则陀螺稳定因子减小,风的干扰作用加大,$|\boldsymbol{\Psi}_w^*|$ 增大。

5. 转动惯量比 $n=A/C$

n 增大,使弹体变得细长,则稳定性变差,故 $|\boldsymbol{\Psi}_w^*|$ 会有所增大,但变化不大。

可见,无论是尾翼式火箭还是涡轮式火箭,静力矩系数增大都会造成风偏加大,但都可减小起始扰动和推力偏心的影响。

11.5 动不平衡的影响

在第 10.4 节里已讲过低旋尾翼火箭弹由动不平衡产生的角运动和角散布。现在对于旋转稳定火箭,由于其运动方程与低旋尾翼火箭的运动方程在形式上完全相同,只是其中静力矩项为翻转力矩($k_z>0$),因此,其求解方法和过程也与低旋尾翼火箭的情况相同。引入等效起始扰动的概念,可得到与式(10.4.1)、式(10.4.2)、式(10.4.3)在形式上完全相同的攻角和偏角表达式,即

$$\dot{\boldsymbol{\Phi}}_{\beta_D}=\mathrm{i}\boldsymbol{\beta}_D\left(1-\frac{C}{A}\right)(\dot{\gamma}_0^2-\mathrm{i}\ddot{\gamma}_0)/\dot{\gamma}_0\approx\mathrm{i}\boldsymbol{\beta}_D\dot{\gamma}_0 \tag{11.5.1}$$

$$\boldsymbol{\Delta}_{\beta_D}=\boldsymbol{\beta}_D\cdot\Delta_{\beta_D}^*,\Delta_{\beta_D}^*=i\dot{\gamma}_0\Delta_{\dot{\Phi}_0}^* \tag{11.5.2}$$

$$\boldsymbol{\Psi}_{\beta_D}=\boldsymbol{\beta}_D\cdot\Psi_{\beta_D}^*,\Psi_{\beta_D}^*=\mathrm{i}\dot{\gamma}_0\Psi_{\dot{\Phi}_0}^* \tag{11.5.3}$$

所不同的是,这里的 $\Delta_{\dot{\Phi}_0}^*$、$\Psi_{\dot{\Phi}_0}^*$ 要用涡轮式火箭的攻角和偏角表达式(11.2.7)、式(11.2.11)。

同理,由式(11.5.2)和式(11.5.3)可见,只要将起始扰动 $\dot{\boldsymbol{\Phi}}_0$ 产生的攻角和偏角特征函数 $\Delta_{\dot{\Phi}_0}^*$、$\Psi_{\dot{\Phi}_0}^*$ 曲线,即图 11.2.1 和图 11.2.2,顺时针旋转 90°(即乘以 i),再乘以 $\dot{\gamma}_0$,就得到由动不平衡产生的攻角和偏角特征函数,如图 11.5.1 和图 11.5.2 所示。下面分析各因素的影响。

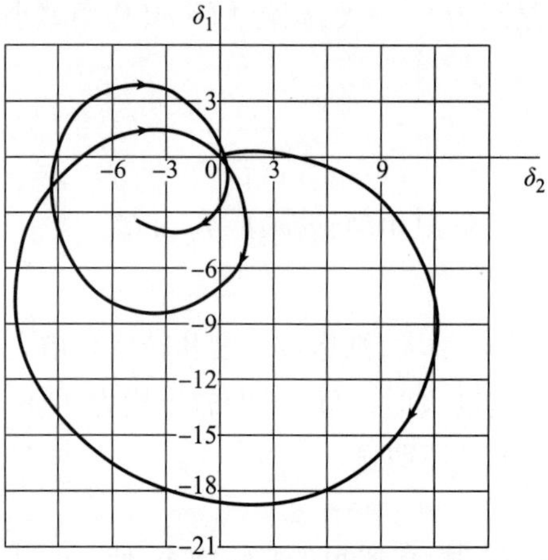

图 11.5.1 $\Delta_{\beta_D}^*$ 曲线

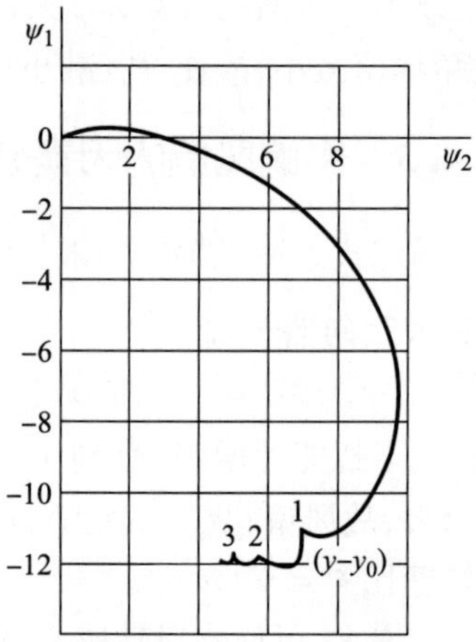

图 11.5.2 $\Psi_{\beta_D}^*$ 曲线

s_0、æ、a_p 和 l 对 $\Psi_{\beta_D}^*$ 的影响与低旋尾翼火箭的情况相同,可参阅第 10.4 节的分析。但静力矩系数项 k_z 对两种弹攻角和偏角的影响机理是不同的。对于低旋尾翼式火箭,稳定力矩加大,会使攻角减小,相应的法向力也减小,从而使偏角 $\Psi_{\dot{\Phi}_0}^*$ 减小;对于旋转稳定火箭,翻转力矩增大,使攻角曲线的慢圆运动(ω_2)加快,因而偏角曲线更加卷曲,偏角幅值也随之减小;但由于翻转力矩对前半个波长内(即临界段内)的偏角影响并不大,只影响以后偏角曲线的卷曲程度,故 k_z 对偏角幅值的影响实际上很小。

至于由动不平衡造成的主动段末偏角散布,也是由动不平衡在半约束期造成的起始扰动 $\dot{\boldsymbol{\Phi}}_0$ 和在主动段上的等效起始扰动 $\dot{\boldsymbol{\Phi}}_{\beta_D}$ 两部分影响所形成的,但由于这两部分随机变量不互相

独立,不便于合成,所以也可采用定义惯性主纵轴为弹轴的方式去解决,这部分内容可参见第 10.4 节。

本章知识点

①起始扰动、推力偏心、风、动不平衡等对旋转稳定火箭绕质心运动影响的理论解释。

②起始扰动、推力偏心、风、动不平衡等因素所对应的攻角和偏角特征函数。

本章习题

1. 根据本章知识内容,试解释为何旋转稳定火箭的密集度要好于尾翼式火箭。

2. 结合第 10 章讲述的内容,试全面对比旋转稳定火箭与尾翼式火箭(含不旋转、低速旋转)的角运动特性,找出其中的异同点,并对相异之处做出物理解释。

第 12 章

弹箭的飞行稳定性

内容提要

本章从弹箭飞行稳定性的基本概念和类型出发，讲述炮弹、火箭弹的动态稳定性和追随稳定性问题，分析了低速旋转尾翼弹的共振不稳定现象，介绍了由诱导滚转力矩和诱导侧向力矩引起的转速闭锁、灾变性偏航、转速－攻角闭锁等弹道现象。

12.1 弹箭飞行稳定性的基本概念

弹箭在空中运动时，如果 δ 很小，即意味着弹轴与飞行速度方向基本一致，弹头指向飞行前方，弹箭就能正确、平稳地飞行，达到预期的飞行目的。如果 δ 很大，甚至越来越大，则弹箭将围绕质心大幅度摆动，就会导致飞行极不平稳，甚至翻跟斗使弹尾向前，造成飞行中途坠落或弹底着地，这就称为弹箭飞行不稳定。

弹箭的运动由其运动微分方程确定，故其运动稳定性在数学上就是其运动微分方程的稳定性。数学上关于稳定性有多种定义，而最常用的是李雅普诺夫稳定性定义，叙述如下：

设动力系统为

$$dy_i/dt = Y_i(t; y_1, \cdots, y_n) \quad (i = 1, 2, \cdots, n) \tag{12.1.1}$$

式中，$y_1, \cdots, y_n$ 是表示系统状态的变量，对于本书即是表征飞行器运动的变量。

某个完全确定而需研究其稳定性的运动称为未扰动运动。设与它相应的，满足起始条件

$$y_1 = y_{10} = \xi_1(t_0), \cdots, y_n = y_{n0} = \xi_n(t_0) \quad (t = t_0) \tag{12.1.2}$$

的方程(12.1.1)的特解为 $y_1 = \xi_1(t), \cdots, y_n = \xi_n(t)$。

在同样的力的作用下，系统可能的、将要与未扰动运动进行比较的其他运动 $y_i = y_i(t)$ $(i = 1, 2, \cdots, n)$，称为受扰运动。其相应的起始条件改为 $t = t_0$ 时，使

$$y_1 = \xi_1(t_0) + \varepsilon_1, \cdots, y_n = \xi_n(t_0) + \varepsilon_n \tag{12.1.3}$$

量 $\varepsilon_1, \cdots, \varepsilon_n$ 称为扰动，受扰运动与未扰动运动同一变量的差值为

$$x_i = y_i(t) - \xi_i(t) \quad (i = 1, \cdots, n) \tag{12.1.4}$$

变量 x_i 称为量 y_i 的偏差或变分。当 $t = t_0$ 时，起始偏差 x_{i0} 即是系统的起始扰动

$$x_i = x_{i0} = \varepsilon_i \quad (i = 1, \cdots, n) \tag{12.1.5}$$

如果对于给定的、任意小的正数 ε，都可以找到这样一个正数 β，对于满足条件

$$x_{10}^2 + x_{20}^2 + \cdots + x_{n0}^2 = \sum_{i=1}^{n} x_{i0}^2 < \beta \tag{12.1.6}$$

的任何扰动 x_{i0}，在 $t \geqslant t_0$ 时都满足不等式

$$x_1^2 + x_2^2 + \cdots + x_n^2 = \sum_{i=1}^{n} x_i^2 < \varepsilon \tag{12.1.7}$$

则称由解 $\xi_i(t)$ 描述的运动具有李雅普诺夫意义下的稳定性；反之，则称运动是不稳定的。

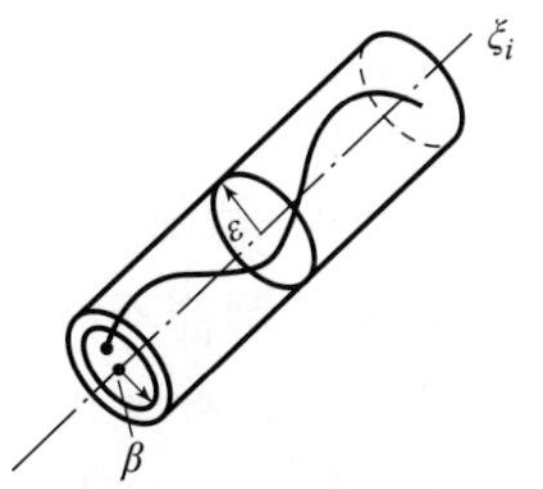

图 12.1.1　李雅普诺夫稳定性的图形说明

李雅普诺夫稳定性的图形说明如图 12.1.1 所示。该图表示 $t=t_0$ 时从由量 β 确定的、未扰运动的邻域内出发的扰动解 $y_i(t)$ 在 $t \to \infty$ 时不超出由量 ε 确定的、未扰动解 $\xi_i(t)$ 的邻域。即只要起始扰动足够小，扰动运动与未扰动运动之差就足够小，则称未扰动运动是稳定的。

如果未扰动运动是稳定的，并且满足下式，则称未扰动运动 ξ_i 是渐近稳定的。

$$\lim_{t\to\infty} \sum_{i=1}^{n} x_i^2(t) = 0 \tag{12.1.8}$$

以上是关于初始扰动作用下系统稳定性的定义，初始扰动是在 $t=t_0$ 瞬时对系统的扰动（t_0 不一定就是炮口），$t>t_0$ 以后就消失。然而实际的动力系统运行时，往往还受到经常性或连续性的干扰（例如重力、弹箭外形不对称、质量分布不均、常值风的干扰等），这就需要给出在经常扰动作用下的系统稳定性定义，它是李雅普诺夫稳定性定义的推广。

李雅普诺夫稳定性是一个局部性概念，它只考虑了某一特解附近的稳定性特性，并且未扰动运动与扰动运动服从同一数学模型，在同一时刻进行比较，此外，研究的是时间无限长情况下的稳定性。有许多动力系统不符合李雅普诺夫稳定性的定义，但在实际上是稳定的，因而许多学者根据需要又提出了其他的稳定性定义，例如上述存在经常干扰情况下的稳定性定义、有限时间内的稳定性定义等（本书从略）。

外弹道学中所讲的弹箭未扰动运动，都是指不考虑弹箭围绕质心运动、假设攻角 $\delta=0$ 时的质心运动。由质点弹道方程求解出的弹道称为理想弹道，弹箭沿此弹道上的运动称为基准运动（也即未扰动运动）。我们所研究的弹丸飞行稳定性就是指这个运动在受到起始扰动和经常干扰作用下的稳定性。我们定义，只要此攻角 δ 满足一定的限制 $\delta<\delta_L$（δ_L 为限制值）或 $\delta\to 0$，弹箭的运动就是稳定的。

在第 7 ~ 11 章所述的弹箭角运动均是以弹箭飞行稳定为前提的，而研究弹箭在各种干扰条件下的飞行稳定性则是本章的任务。

此外，在上几章中建立和分析的弹箭角运动方程是线性的，故本章只研究线性运动稳定性。至于弹箭在大攻角非线性气动力作用下的运动稳定性，将在第 13 章里讲述。

12.2　静稳定、陀螺稳定和动态稳定

弹箭受到扰动，弹轴离开速度线，在扰动撤销后，弹轴有向速度线靠拢的趋势，则称弹箭是静稳定；反之，如果弹轴有离开速度线的趋势，则称弹箭是静不稳定的。

对于尾翼弹，尾翼气动力大，使压心位于质心之后，弹箭具有静稳定性，$M=k_z<0$；对于无尾翼弹，头部气动力大，使压心位于质心之前，弹箭具有静不稳定性，$M=k_z>0$。

所谓陀螺稳定性，是指弹箭受到扰动后弹轴可以形成绕速度线周期性摆动的特性。

对于静稳定尾翼弹,当受扰动弹轴离开速度线形成攻角 δ 后,由于静稳定力矩的作用,使弹轴向速度线方向摆去,在越过速度线后,攻角 δ 方向和静力矩方向反过来,使弹轴往回摆,结果形成绕速度线的周期摆动,这与一个悬挂着的单摆绕铅直线摆动是相似的(图12.2.1)。

对于无尾翼弹箭,当受扰动产生攻角后,由于静不稳定力矩的作用,使弹轴有离开速度线的趋势,如果弹箭不自转,就无法克服这种趋势,弹轴进一步离开速度线直至翻倒,但如果自转,在足够高的转速下形成足够高的陀螺效应,克服了这种趋势,使弹轴绕速度线做周期性摆动不至于翻倒,这时弹箭就具有了陀螺稳定性,如图12.2.2所示。由第7.4节知,陀螺稳定性条件为

$$P^2-4M>0 \quad 或 \quad 1/S_g<1, S_g=P^2/(4M), P=C\dot{\gamma}/(Av) \tag{12.2.1}$$

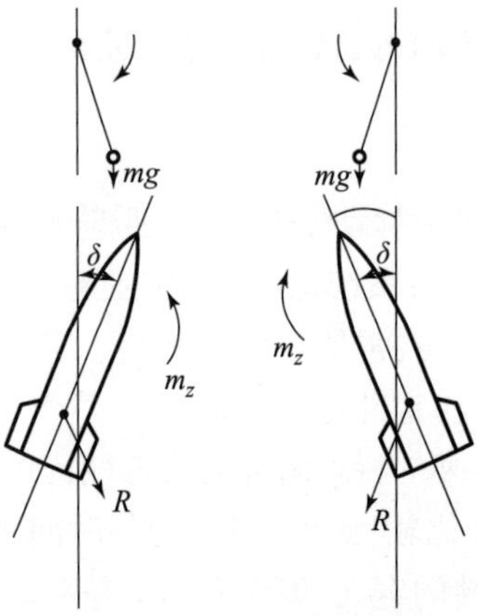

(a) (b)

图12.2.1 静稳定尾翼弹和单摆的周期摆动

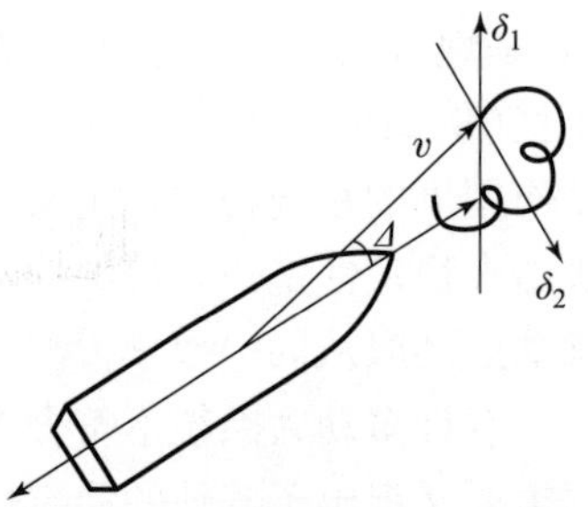

图12.2.2 陀螺稳定弹的周期性章动和进动

转速 P 满足此式才能使静不稳定弹箭具有陀螺稳定性。但对于静稳定尾翼弹($M<0$),无论是否自转,它都能满足上式而做周期性摆动,故我们常广义地称它有陀螺稳定性。

S_g 称为陀螺稳定因子,在弹箭设计中,一般要求旋转稳定弹的 S_g 至少大于1.3;对于尾翼稳定弹,则仅满足压力中心在质心之后还不够,经验表明,压力中心至质心的距离 h 为全弹长 l 的10%~18%时,尾翼弹的飞行性能才较好。常将比值 h/l 称为稳定储备量或静稳定度。

需要指出的是,陀螺稳定性条件(12.2.1)只用了不等号而没有包括等号,这是因为当式(12.2.1)取等号时,弹箭的运动是不稳定的。事实上,当式(12.2.1)取等号时,有 $\omega_1=\omega_2=P/2$(见式(7.4.2)),又因不计其他气动力时,$\lambda_1=\lambda_2=0$,于是角运动齐次方程的特征根为一对重根 $l_1=l_2=\mathrm{i}\omega$,根据线性常微分方程理论,攻角方程的两个线性无关基础解为 $\mathrm{e}^{\mathrm{i}\omega s}$ 和 $s\mathrm{e}^{\mathrm{i}\omega s}$,复攻角为 $\boldsymbol{\Delta}=c_1\mathrm{e}^{\mathrm{i}\omega s}+c_2 s\mathrm{e}^{\mathrm{i}\omega s}$,故随着飞行弧长 $s\to\infty$,攻角也逐渐发散,即运动是不稳定的。

对于旋转稳定弹,在弹道升弧段,由于飞行速度 v 下降快而转速 $\dot{\gamma}$ 下降慢,使陀螺稳定因子 S_g 不断增大,炮口处 S_g 最小,为保证飞行稳定性,一般要求炮口处 $S_{g0}>1.3$。为了计算陀螺稳定因子随弧长增加的速率,可取陀螺稳定因子的对数 $\ln S_g$ 进行研究,则有

$$\ln S_g=\ln\frac{P^2}{4M}=2\ln P-\ln(4M)=2\ln\frac{C\dot{\gamma}_0\mathrm{e}^{-k_{xz}s}}{Av_0\mathrm{e}^{-b_x s}}-\ln(4M)=2\ln\frac{C\dot{\gamma}_0}{Av_0}\mathrm{e}^{(-k_{xz}+b_x)s}-\ln(4M) \tag{12.2.2}$$

将上式等号两边关于弧长求导(各气动参数作为常数),可得

$$
\begin{aligned}
(\ln S_g)' &= 2\frac{Av_0}{C\dot{\gamma}_0}\mathrm{e}^{-(-k_{xz}+b_x)s}\frac{C\dot{\gamma}_0}{Av_0}(-k_{xz}+b_x)\mathrm{e}^{(-k_{xz}+b_x)s} \\
&= 2(-k_{xz}+b_x) = 2\left(-\frac{\rho Sld}{2C}m'_{xz}+\frac{\rho S}{2m}c_x\right) \\
&= 2\frac{\rho S}{2m}\left(c_x-\frac{ld}{R_C^2}m'_{xz}\right)
\end{aligned}
\tag{12.2.3}
$$

式中,S 为特征面积;l 为特征长度;d 为弹径;“$'$”为对弧长求导;$R_C=\sqrt{C/m}$为极回转半径。但在降弧段,因飞行速度 v 不断增大,而转速 $\dot{\gamma}$ 持续减少,S_g 就不断减小,不过一般还是大于炮口值 S_{g0}。

最后需明确,陀螺稳定性仅保证了弹箭的角运动是周期性的,但却不能保证周期性运动的幅值不断减小。如果在运动过程中弹箭攻角的幅值不超过一定限度或不断减小,则称它是动态稳定的;反之,如果攻角幅值不断增大,则称它为动态不稳定的。图12.2.3(a)所示即为动态稳定的几种情况,图12.2.3(b)为动态不稳定的几种情况。

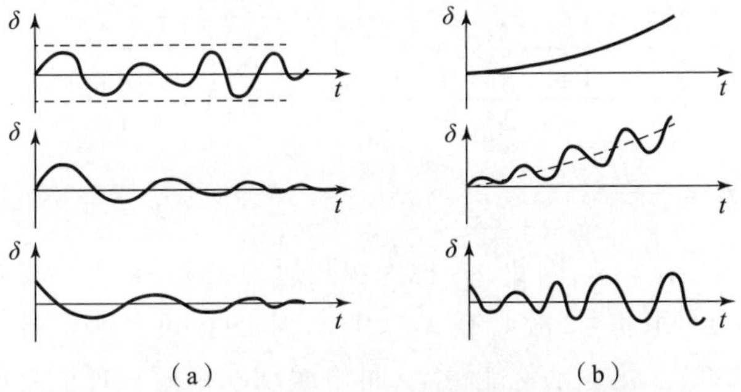

图12.2.3　动态稳定(a)和动不稳定(b)的情况

弹箭的陀螺稳定性主要与自转角速度、飞行速度以及静力矩有关,但它的动态稳定性却还与其他一些气动力有关,尤其是马氏力矩对飞行稳定性有重大影响,这将在下一节里分析。

12.3　动态稳定性判据

由上节的分析知,陀螺稳定性只是保证攻角做周期性变化,但不能保证攻角幅值衰减。为使弹箭动态稳定,则要求攻角阻尼指数 $\lambda_1<0$,$\lambda_2<0$,以保证攻角不断减小。

12.3.1　炮弹动态稳定性判据的推导

在计及全部气动力和力矩时,角运动齐次方程的特征根有如下形式(见式(7.11.2))

$$
\lambda_{1,2}+\mathrm{i}\omega_{1,2} = -\frac{H}{2}+\mathrm{i}\frac{P}{2}\pm\mathrm{i}\frac{P}{2}\sqrt{\left(1-\frac{1}{S_g}-\frac{H^2}{P^2}\right)+\mathrm{i}\left(-\frac{2H}{P}S_d\right)}
\tag{12.3.1}
$$

式中,$S_g=P^2/(4M)$,为陀螺稳定因子;$S_d=(2T-H)/H$,为动态稳定因子,其中

$$
T=b_y-k_yA/C,\ H=k_{zz}+b_y-b_x-g\sin\theta/v^2
\tag{12.3.2}
$$

动态稳定因子 S_d 本质上取决于马格努斯力矩 T 与赤道阻尼力矩 H 之比。

式(12.3.1)右边根号下为复数,它的开方结果依虚部的正负号而异。复数开方公式推导如下:设复数 $a+ib$ 的方根为

$$\sqrt{a+\mathrm{i}b}=c+\mathrm{i}d \tag{12.3.3}$$

将上式平方后得方程组

$$c^2-d^2=a,2cd=b \tag{12.3.4}$$

可见,$b>0$ 时,c、d 必同号;$b<0$ 时,c、d 必异号。将上两式各自再平方后相加,再开方,得

$$c^2+d^2=\sqrt{a^2+b^2}>0 \tag{12.3.5}$$

由式(12.3.5)与式(12.3.4)联立解出 $c^2=(a+\sqrt{a^2+b^2})/2$,$d^2=(-a+\sqrt{a^2+b^2})/2$。

再将上两式开方,并利用上面 b 的正负号与 c、d 正负号的关系得

$$\sqrt{a+\mathrm{i}b}=\pm\left(\sqrt{\frac{a+\sqrt{a^2+b^2}}{2}}\pm\mathrm{i}\sqrt{\frac{-a+\sqrt{a^2+b^2}}{2}}\right)\quad 括号内\begin{matrix}b>0,取+号\\ b<0,取-号\end{matrix} \tag{12.3.6}$$

利用此式,并在括号外只取正号根①,将式(12.3.1)右边根式开方,再将实部和虚部分开,得

$$\lambda_1=-\frac{H}{2}\mp\frac{P}{2}\sqrt{\frac{-A+\sqrt{A^2+B^2}}{2}},\quad \lambda_2=-\frac{H}{2}\pm\frac{P}{2}\sqrt{\frac{-A+\sqrt{A^2+B^2}}{2}} \tag{12.3.7}$$

$$\omega_1=\frac{P}{2}\left(1+\sqrt{\frac{A+\sqrt{A^2+B^2}}{2}}\right),\quad \omega_2=\frac{P}{2}\left(1-\sqrt{\frac{A+\sqrt{A^2+B^2}}{2}}\right) \tag{12.3.8}$$

式中,$A=1-\frac{1}{S_g}-\frac{H^2}{P^2}$,$B=-\frac{2H}{P}S_d$。

由式(12.3.8)可见,$\omega_1>\omega_2$,因此,ω_1 称为快圆运动频率,ω_2 称为慢圆运动频率。当 $S_d>0$ 时,$B<0$,λ_2 中的正负号取负号,故必有 $\lambda_2<0$;λ_1 中的正负号取正号,故只有 λ_1 有可能为正,因而只要快圆运动稳定,角运动就能稳定,而角运动不稳定只可能是由快圆运动不稳造成的,故称 $S_d>0$ 时的不稳定为快圆运动不稳定。在运动稳定的前提下,因 $|\lambda_1|<|\lambda_2|$,故慢圆运动衰减快,快圆运动衰减慢;反之,$S_d<0$ 时的不稳定即称为慢圆运动不稳定,在稳定的前提下,快圆运动衰减快,慢圆运动衰减慢。总之,在这两种情况下,如果同时要求 $\lambda_1<0$,$\lambda_2<0$,则必须满足如下条件

$$\frac{P}{2}\sqrt{\frac{1}{2}\left[-\left(1-\frac{1}{S_g}-\frac{H^2}{P^2}\right)+\sqrt{\left(1-\frac{1}{S_g}-\frac{H^2}{P^2}\right)^2+\frac{4H^2}{P^2}S_d^2}\right]}<\frac{H}{2} \tag{12.3.9}$$

在

$$H>0 \tag{12.3.10}$$

的条件下,将式(12.3.9)平方一次得

$$\sqrt{\left(1-\frac{1}{S_g}-\frac{H^2}{P^2}\right)^2+\frac{4H^2}{P^2}S_d^2}<1-\frac{1}{S_g}+\frac{H^2}{P^2} \tag{12.3.11}$$

在弹箭满足陀螺稳定的条件下

$$1-1/S_g>0 \tag{12.3.12}$$

---

① 如果在式(12.3.6)右边根式开方时取负号,则可以看出只不过 λ_1 与 λ_2 对调,ω_1 与 ω_2 对调,ω_1 成为慢圆运动频率,ω_2 成为快圆运动频率,而与按以下方式推导所得结论是一样的。

上式右边是一个正数,于是可以再平方一次得

$$1/S_g < 1 - S_d^2 \tag{12.3.13}$$

式(12.3.10)、式(12.3.12)、式(12.3.13)即为角运动稳定的充分必要条件。因一般弹箭阻尼为正,故总有 $H>0$,而式(12.3.12)就是陀螺稳定性条件,式(12.3.13)则为动态稳定性判据。

因为 $S_d>0$ 时慢圆运动必然稳定,故上式为快圆运动稳定条件;$S_d<0$ 时快圆运动必然稳定,故上式为慢圆运动稳定条件。因此式(12.3.13)也可写成如下两个条件:

快圆运动稳定条件

$$0 < S_d < \sqrt{1 - 1/S_g} \tag{12.3.14}$$

慢圆运动稳定条件

$$-\sqrt{1 - 1/S_g} < S_d < 0 \tag{12.3.15}$$

实际上,如果从考虑全部外力和力矩时的角运动阻尼足够精确的近似表达式(7.11.6)、式(7.11.7)出发,并令 $\lambda_1<0$,$\lambda_2<0$,可立即得到以上两式及动态稳定性判据式(12.3.13)。

12.3.2　动态稳定域的划分

动态稳定性条件式(12.3.13)取决于两个变量:$1/S_g$ 和 S_d,如果以 S_d 为横坐标,$1/S_g$ 为纵坐标,并将式(12.3.13)取等号,则得到下面的方程

$$1/S_g = 1 - S_d^2 \tag{12.3.16}$$

这是坐标平面上以纵轴为对称轴的抛物线,此抛物线与横轴相交于 $S_d=\pm1$ 两点,如图12.3.1 所示。此抛物线将整个坐标平面分成内外两部分,在抛线内部的点都满足式(12.3.13),故称此区域为动态稳定域,抛物线外部的区域称为动态不稳定域。

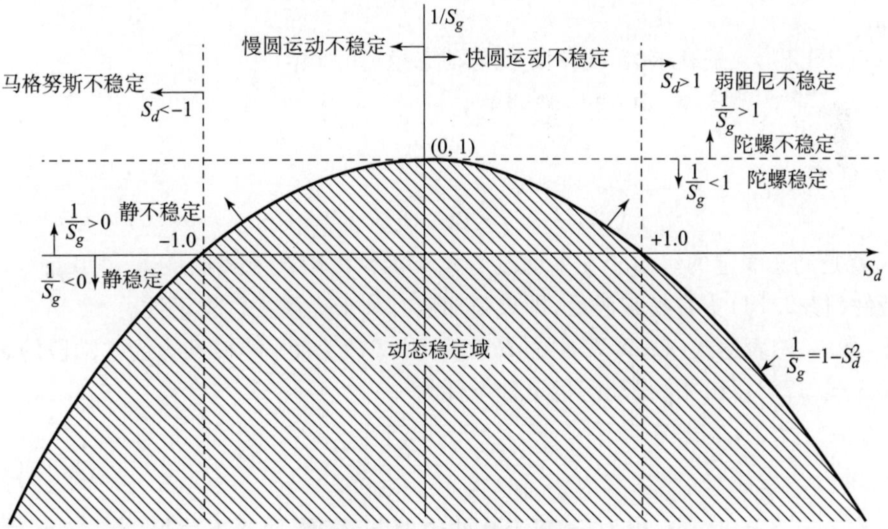

图 12.3.1　动态稳定边界图

此抛物线的顶点在纵轴上(0,1)点处。在 $1/S_g=1$ 横线以下的点都满足陀螺稳定条件 $1/S_g<1$,故称为陀螺稳定域;反之,在 $1/S_g=1$ 横线以上的域称为陀螺不稳定域。坐标平面横轴以下的点 $S_g<0$,必有 $M<0$,故为静稳定域,横轴以上称为静不稳定域。由图可见,静稳定域内的点必满足陀螺稳定,但静不稳定域中的点只有一部分满足陀螺稳定;动态稳定域内的点

必然陀螺稳定,但陀螺稳定域内的点只有一部分满足动态稳定。

从前面的分析知,$S_d<0$ 的半个平面内的点,快圆运动必然稳定,而在此半个平面上同时又处于抛物线内部的点,慢圆运动也稳定,在抛物线外部的点,则慢圆运动不稳定,故称 $S_d<0$ 的半个平面为慢圆运动不稳定域;类似地,称 $S_d>0$ 的半个平面为快圆运动不稳定域。

由 S_d 的定义式(7.11.3)可知,当 $S_d<-1$ 时,必有 $T<0$ 或 $k_y>b_y$,这表示马格努斯力矩的影响过大,因此,在 $S_d<-1$ 范围内的不稳定必定是马格努斯力矩过大造成的,故称$S_d<-1$ 的区域为马格努斯不稳定域;相反,$S_d>1$ 时,$2T/H>2$,则 $H<T$,这表示阻尼项 H 较小,故 $S_d>1$ 的不稳定性是由于阻尼不足产生的,故称 $S_d>1$ 的区域为弱阻尼不稳定域。

12.3.3 火箭主动段动态稳定性条件

由方程(9.5.22)得火箭主动段复合变量的齐次方程为

$$\boldsymbol{W}''+(H'-\mathrm{i}P')\boldsymbol{W}'-(M'+\mathrm{i}P'T')\boldsymbol{W}=0 \tag{12.3.17}$$

做与前相同的数学推导,得到关于变量 $\boldsymbol{W}=v\boldsymbol{\Delta}$ 的动态稳定性判据

$$1/S_g<1-S_d'^2 \qquad S_d'=2T'/H'-1 \tag{12.3.18}$$

而 H' 和 T' 则分别为式(9.5.23)和式(9.5.24)。

按定义 $\boldsymbol{W}=v\boldsymbol{\Delta}$,由于在主动段上火箭速度 v 不断增大,因而,如果 $\boldsymbol{W}$ 有限或不断减少,则攻角 $\boldsymbol{\Delta}$ 只可能是更快地减小,这表明火箭增速有利于提高飞行稳定性,故只要火箭满足了被动段动态稳定性条件,主动段也必然动态稳定。因此,就攻角 $\boldsymbol{\Delta}$ 的稳定性而言,动稳定条件(12.3.18)是充分条件,但不是必要条件。下面来推导攻角 $\boldsymbol{\Delta}$ 的动态稳定性必要条件。

因 $\boldsymbol{W}$ 可表示成二圆运动的合成,故攻角 $\boldsymbol{\Delta}$ 可表示成如下形式

$$\boldsymbol{\Delta}=\frac{\boldsymbol{W}}{v}=K_{10}\frac{\mathrm{e}^{\lambda_1(s-s_0)}}{v}\mathrm{e}^{\mathrm{i}\omega_1(s-s_0)}+K_{20}\frac{\mathrm{e}^{\lambda_2(s-s_0)}}{v}\mathrm{e}^{\mathrm{i}\omega_2(s-s_0)} \tag{12.3.19}$$

因此,只要 $\mathrm{e}^{\lambda_{1,2}(s-s_0)}/v$ 是衰减的,攻角 $\boldsymbol{\Delta}$ 就是动态稳定的,由

$$\frac{\mathrm{d}(\mathrm{e}^{\lambda_{1,2}(s-s_0)}/v)}{\mathrm{d}s}=\left(\lambda_{1,2}-\frac{\dot{v}}{v^2}\right)\frac{\mathrm{e}^{\lambda_{1,2}(s-s_0)}}{v} \tag{12.3.20}$$

知,只要满足

$$(\lambda_{1,2}-\dot{v}/v^2)<0 \quad 或 \quad \lambda_{1,2}<\dot{v}/v^2 \tag{12.3.21}$$

则攻角 $\boldsymbol{\Delta}$ 就是动态稳定的。由于在主动段上 $\dot{v}\approx a_p>0$,因此上式比从 $\lambda_{1,2}<0$ 推导出的动态稳定性条件(12.3.18)更容易被满足,即火箭加速有利于提高飞行稳定性。

将 λ_1 和 λ_2 的表达式(12.3.7)中的 H 改为 H',T 改为 T',即得到火箭主动段的 λ_1 和 λ_2,再将其代入式(12.3.21)中,得动态稳定性条件为

$$\frac{P}{2}\sqrt{\frac{-A+\sqrt{A^2+B^2}}{2}}<\frac{H'}{2}+\frac{\dot{v}}{v^2} \tag{12.3.22}$$

因 $H'>0$,$\dot{v}\approx a_p>0$,上式右边为正,将上式两边平方、移项,再平方后得

$$\frac{1}{S_g}<1-\left(\frac{H'}{H'+2\dot{v}/v^2}S_d'\right)^2+\frac{4}{P^2}\frac{\dot{v}}{v^2}\left(H'+\frac{\dot{v}}{v^2}\right) \tag{12.3.23}$$

令

$$S_{d1}=\frac{H'}{H'+2\dot{v}/v^2}S_d'\approx\frac{2T'-H'}{H'+2a_p/v^2} \tag{12.3.24}$$

并将 $4/P^2 = 1/(S_g M)$ 代入式(12.3.24)中得

$$\left[1 - \left(\frac{H' + a_p/v^2}{M'}\right)\frac{a_p}{v^2}\right]\frac{1}{S_g} < 1 - S_{d1}^2 \tag{12.3.25}$$

这就是火箭主动段的动态稳定性判据。由式(12.3.24)右端可见,在主动段上,因 $\dot{v} \approx a_p > 0$,使 $S_{d1} < S_d'$,有利于满足动态稳定;又由上式左端可见,无论是对于尾翼式火箭($M<0, S_g<0$)还是对于涡轮式火箭($M>0, S_g>0$),$\dot{v} \approx a_p > 0$ 也都利于动态稳定。不过上式左端括号内第二项数据较小,只有在主动段和炮口速度较低的情况下需要考虑。这样,可近似取

$$\frac{1}{S_g} < 1 - S_{d1}^2 \tag{12.3.26}$$

作为火箭全弹道上的动态稳定性判据(在被动段上,可令 $\dot{v} \approx 0$)。

12.3.4　关于动态稳定性判据的讨论

根据系数冻结法,只能在系数冻结点附近用动态稳定性判据检查该点附近一段弹道上的动态稳定性。一般选取弹道上的一些特殊点,例如炮口、弹道顶点、落点、跨声速区等位置检查动态稳定性,用于评价弹箭沿全弹道的飞行特性。

一般来说,希望弹箭在弹道上的每个检查点甚至全弹道每一点都满足动态稳定性条件,但这种要求有时也显得过于生硬,例如某弹在跨声速区发生动态不稳,但经过不长时间它又穿过跨声速区,恢复了动态稳定性,只要不稳定弹道区不长,也就不必强求非要全弹道动态稳定不可,这就要根据具体情况由设计者决定。

以下讨论各种因素对动态稳定性的影响。

1. 陀螺稳定性与动态稳定性间的关系

陀螺稳定性条件为 $1/S_g < 1$,而动态稳定性条件为 $1/S_g < 1 - S_d^2$,因为 $S_d^2 > 0$,显然动态稳定性条件比陀螺稳定条件更严格,即要求 $1/S_g$ 比 1 更小。这表明动态稳定的弹必定陀螺稳定,但陀螺稳定的弹不一定动态稳定。从图 12.3.1 也可看出,动态稳定域在纵坐标 $1/S_g = 1$ 以下的抛物线内,它只是陀螺稳定域的一部分,所以陀螺稳定只是动态稳定的前提。

2. 风对飞行稳定性的影响

弹箭飞行的陀螺稳定因子从本质上讲是陀螺转速的平方与静力矩之比,即

$$S_g = \frac{P^2}{4M} = \left(\frac{C\dot{\gamma}}{Av}\right)^2 \Big/ (4k_z) = \frac{(C\dot{\gamma})^2}{4AM_z'} \tag{12.3.27}$$

式中

$$M_z' = Ak_z v^2 = \rho v^2 Slm_z'/2$$

其是静力矩组合系数对攻角的导数,其中 v 是用于计算静力矩的气流速度,在无风时,它就是弹箭的飞行速度,但在有风时,它应改为弹箭相对于空气的速度,其大小近似为 $v_r = v - w_{/\!/}$,此时静力矩组合系数导数应为

$$M_{zr}' = \rho v_r^2 Slm_z'/2 = M_z'(1 - w_{/\!/}/v)^2 \tag{12.3.28}$$

而此时的陀螺稳定因子应为

$$S_{gr} = \frac{(C\dot{\gamma})^2}{4AM_{zr}'} = S_g\left(1 - \frac{w_{/\!/}}{v}\right)^{-2} \tag{12.3.29}$$

显然,顺风时,因 $w_{/\!/} > 0$,陀螺稳定因子数值变大;逆风时,因 $w_{/\!/} < 0$,陀螺稳定因子数值减小,有可能发生陀螺不稳。故在进行稳定性设计时,应将陀螺稳定条件改为 $1/S_{gr} < 1$,即

$$\frac{1}{S_g} < \frac{1}{(1 - w_{/\!/}/v)^2} \quad \text{或对于旋转稳定弹} \quad S_g > \left(1 - \frac{w_{/\!/}}{v}\right)^2 \tag{12.3.30}$$

动态稳定性条件改为

$$\frac{1}{S_g} < \frac{1 - S_d^2}{(1 - w_{/\!/}/v)^2} \tag{12.3.31}$$

在弹道起点和落点附近,因为弹箭质心速度大,并且风向(多为水平方向)与质心速度方向不平行,$w_{/\!/}/v$ 较小,故风的影响小。但在弹道顶点,风可与质心速度方向平行,并且高空风速大而弹箭飞行速度达最小,故 $w_{/\!/}/v$ 很大。须注意检查逆风时能否稳定。

3. 马格努斯力矩对动态稳定性的影响

由动态稳定因子的定义知

$$S_d = \frac{2(b_y - k_y A/C)}{k_{zz} + b_y - b_x - g\sin\theta/v^2} - 1 \tag{12.3.32}$$

如果没有马格努斯力矩,即 $k_y = 0$,由于 $b_y > 0, k_{zz} > 0$,并且 $k_{zz} > b_x + g\sin\theta/v^2$,故上式右边第一项为正,但小于2,因此,必有 $-1 < S_d < 1$。由图12.3.1可见,当 S_d 在此范围内时,静稳定弹必然动态稳定,静不稳定弹总可以用高速旋转的方法使 $1/S_g$ 减小而进入稳定域。但实际上,马格努斯力矩总是存在的,因此,当 $k_y A/C > b_y$ 时,就会出现 $S_d < -1$;当 $k_y < 0$ 并且 $|k_y A/C| > k_{zz} - b_x - g\sin\theta/v^2$ 时,就可以出现 $S_d > 1$,这时静不稳定弹就不可能用高速旋转的方法稳定,而静稳定弹则必须使转速、静稳定度等参数满足一定条件才能动态稳定。

由此可见,马格努斯力矩为一不稳定因素,特别是 $S_d < -1$ 范围内的不稳定,肯定是由于马格努斯力矩过大($k_y A/C > b_y$)所产生的。

为什么马格努斯力矩必定是一不稳定因素呢?这可以从快、慢圆运动稳定条件式(12.3.14)和式(12.3.15)看出。将 S_d 的表达式代入此两式中,略去数值较小的阻力和重力项得

快圆运动稳定条件

$$\frac{b_y - 2k_y A/C - k_{zz}}{H} < \sqrt{1 - \frac{1}{S_g}} \tag{12.3.33}$$

慢圆运动稳定条件

$$-\sqrt{1 - \frac{1}{S_g}} < \frac{b_y - 2k_y A/C - k_{zz}}{H} \tag{12.3.34}$$

式中,$H > 0$;$b_y > 0$;$k_y = \dfrac{\rho Sld}{2A} m_y''$;$k_{zz} = \dfrac{\rho Sl^2}{2A} m_{zz}'$。

由此两式可见,如果 $m_y'' > 0$,m_y'' 越大,对快圆运动稳定有利而对慢圆运动不利;如果 $m_y'' < 0$,则 $|m_y''|$ 越大,对慢圆运动稳定有利而对快圆运动不利。即对任何 m_y'' 值,总是对其中一个圆运动的稳定不利。故马氏力矩为一不稳定因素,马氏力矩越大,越易运动不稳。

马格努斯力矩是一个不稳定的因素,也可从力学意义上解释,因为马格努斯力和力矩是由攻角面两侧气流不对称引起的,故马格努斯力垂直于攻角平面,马格努斯力矩矢量 $\boldsymbol{M}_y$ 则位于攻角平面内垂直于弹轴,它不断地引起弹轴摆出攻角平面。当 $m_y'' > 0$ 时,它有使弹轴向左摆出攻角平面或使攻角平面逆时针旋转的作用;当 $m_y'' < 0$ 时,它有使攻角平面顺时针旋转的作用。显然马氏力矩的等效力 $f = -\mathrm{i}M_y$ 在复平面上并垂直于攻角曲线的割线。当弹轴绕速度

线做圆运动时，马格努斯力矩要么加快攻角面的转动，要么减慢攻角面的转动。

在图 12.3.2 上画出了快圆运动一周弹轴在复平面上描出的曲线，设在此曲线上半圆和下半圆上各取一点 A 和 B，并设 $m_y'' > 0$，则 A、B 点处马氏力矩的等效力 f_A、f_B 垂直于攻角面 OA、OB 向左。将 f_A、f_B 分解成沿圆周切线的力 $f_{A\tau}$ 和 $f_{B\tau}$，沿圆周法线的力 f_{An} 和 f_{Bn}。显然，$f_{A\tau}$、$f_{B\tau}$ 都与圆运动切线方向相反，将减缓圆运动切向速度，在其他等效力沿圆周法向分量不变的条件下，则圆运动曲率增大、半径减小，即对快圆运动有利。

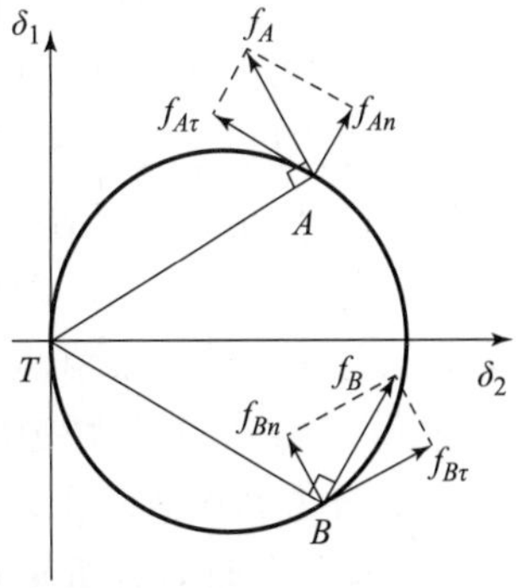

图 12.3.2　$m_y'' > 0$ 时马氏力矩对角运动的影响

再看马氏力矩的法向等效力 f_{An} 和 f_{Bn}，f_{An} 指向圆外，使圆运动半径增大，f_{Bn} 指向圆内，使圆运动半径减小，结果使圆运动曲线上下不再对称，曲率中心向右移动，也即是慢圆运动中心向外移动，这对慢圆运动稳定不利。

如果近似认为快圆运动中心即是平均弹轴以及动量矩矢 $\boldsymbol{K}$ 的位置，而当 $m_y'' > 0$ 时，马氏力矩矢量 $\boldsymbol{M}_y$ 在攻角面内从速度线指向弹轴，在复平面上即从 T 点指向 A 点，如图 12.3.3(a) 所示，则按照动量矩定理 $\mathrm{d}\boldsymbol{K}/\mathrm{d}t = \boldsymbol{M}_y$，弹轴平均中心将向外移动，因而对慢圆运动不利。

反之，当 $m_y'' < 0$ 时，马氏力矩等效力的切向分量将加快圆运动切向速度，使运动曲率减小、曲率半径增大，对快圆运动稳定性不利，但法向分量使慢圆运动中心向里移动，对慢圆运动稳定性有利，如图 12.3.3(b) 所示。总之，马氏力矩总是对其中一个圆运动的稳定性不利，故马氏力矩是一破坏稳定性的因素。

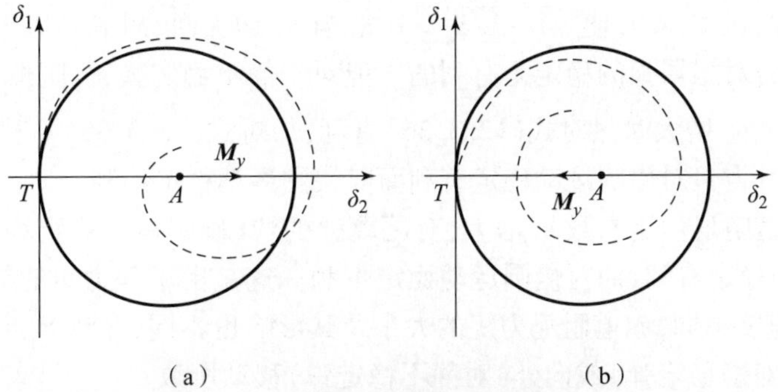

(a)　　　　(b)

图 12.3.3　马氏力矩对慢圆运动的影响

(a) $m_y'' > 0$；(b) $m_y'' < 0$

4. 转速对动态稳定性的影响

无论是旋转稳定弹还是低旋尾翼弹，转速越高，$|S_g|$ 越大，$|1/S_g|$ 越小，在动态稳定边界图 12.3.1 上相应的点就离横轴越近。显然，对于静不稳定旋转弹，当 $-1 < S_d < 1$ 时，总是可以利用高速旋转的方法将其稳定，但当 S_d 在 $(-1,1)$ 区间之外时，无论多么高的转速，也不能使其稳定。这并不是说陀螺定向性理论无效了，而是由于在 $S_d < -1$ 或 $S_d > 1$ 时，随着转速的增大，马氏力矩也增大，它对稳定性的破坏作用也加大，使弹丸无法保持稳定。

对于静稳定尾翼弹，理论上讲，当 $-1 < S_d < 1$ 时，它必然是稳定的，无论转速多大，都没有关系。但实际上，几乎所有的低旋尾翼弹的 S_d 都在 $(-1,1)$ 区间之外，只有一些特殊弹形的尾

翼弹(如裙式尾翼弹),其马格努斯力矩较小,在一定的速度范围内才出现$|S_d|<1$的情况。因此,对于通常的尾翼弹,其转速界限总是存在的。

从图12.3.1可见,静稳定尾翼弹转速越高,$|1/S_g|$越小,则与稳定域相应的S_d的范围越窄。因此,对于一定的S_d,转速过高就可能使相应的相点越过稳定边界而进入不稳定域。这就是说,静稳定弹的转速是有上限的,企图利用高速旋转的陀螺效应来增强尾翼弹的稳定性是会适得其反的。其原因仍然是由于转速过高时,马格努斯力矩过大。但如果利用滚动轴承使尾翼相对弹体可以滚动,则在弹体转速较高时,尾翼转速仍比较低,马格努斯力矩较小,就可克服尾翼弹转速高时不稳定的影响。

5. 升力和赤道阻尼力矩对稳定性的影响

如果只从直观分析来看,升力对稳定性总是有利的,因为位于攻角面内的升力总是垂直于速度,使速度矢量向弹轴靠拢,起到阻尼攻角增大的作用,对稳定性有利。但事实上,这种直观的感觉并不完全正确。

在动态稳定性判据式(12.3.14)和式(12.3.15)中,H和T都含有升力系数导数$b_y=\rho Sc_y'/(2m)$,将该式整理、合并,略去小阻力项和重力项$b_x+g\sin\theta/v^2$,可得到如下不等式:

快圆运动稳定条件

$$b_y(1-\sqrt{1-1/S_g})<2k_y\frac{C}{A}+k_{zz}(1+\sqrt{1-1/S_g}) \tag{12.3.35}$$

慢圆运动稳定条件

$$b_y(1+\sqrt{1-1/S_g})>2k_y\frac{C}{A}+k_{zz}(1-\sqrt{1-1/S_g}) \tag{12.3.36}$$

对于静稳定弹,因$S_g<0$,使$\sqrt{1-1/S_g}>1$,故当b_y增大时,对满足以上两个不等式都有利,也就是增大升力对尾翼弹的稳定是有利的。但对于静不稳定弹,当陀螺稳定时,因$S_g>0$,使$\sqrt{1-1/S_g}<1$,故b_y增大时只对式(12.3.36)有利,却对式(12.3.35)不利。也就是说,对于旋转稳定弹,增大升力只对慢圆运动稳定有利而对快圆运动稳定不利。

同理可知,赤道阻尼力矩参数k_{zz}增大,对尾翼弹的快、慢圆运动稳定均有利,但只对静不稳定弹的快圆运动稳定有利,而对慢圆运动稳定不利。这是由于静力矩的等效力使沿圆周上各处B点的运动速度不同,赤道阻尼力矩的大小及其影响也不同,导致B点运动轨迹不对称,使曲率中心向内(对静稳定弹)或向外(对静不稳定弹)移动所致。

12.4 弹箭在曲线弹道上的追随稳定性

在弹道上,由于重力的作用使质心速度方向向下以$\dot{\theta}=-g\cos\theta/v$转动,但重力不能使弹轴转动,于是就产生了铅直面内的攻角。如果没有恰当的力矩追使弹轴跟随弹道切线下降,则攻角必然越来越大,导致飞行不稳、中途坠落或弹底着地,如图7.7.3所示。这种情况就称为追随不稳定,追随稳定的情况则如图7.7.4所示。

12.4.1 尾翼弹的追随稳定性

对于尾翼弹,当出现铅直面内的攻角时,就产生了相应的稳定力矩,使弹轴转动,紧随弹道切线一起下降,二者间的攻角保持较小。因此,尾翼弹一般都具有追随稳定性。

但由于只有存在攻角时才会出现稳定力矩，迫使弹轴转动，从而去追随速度方向的下降，故具有追随稳定性的尾翼弹在飞行中，弹轴必定在铅直面内高于速度线一个角度，这个角度就是尾翼弹的动力平衡角 δ_{1p}（见式(8.5.2)），它是由稳定力矩与弹轴以角速度 $\dot{\theta}$ 转动产生的与赤道阻尼力矩相平衡形成的攻角，这个攻角的升力将产生滑翔效应。由于弹道顶点附近稳定力矩小而 $\dot{\theta}$ 很大，故动力平衡角最大。过大的动力平衡角将使弹箭的飞行特性变坏，散布增大。为保证追随稳定性，必须限制动力平衡角的大小。这样，尾翼弹的追随稳定条件可写为

$$(\delta_{1ps})_{\theta_{0\max}} < \delta_{1pm} \tag{12.4.1}$$

式中，$(\delta_{1ps})_{\theta_{0\max}}$ 为最大射角弹道顶点处的动力平衡角；δ_{1pm} 为动力平衡角的最大允许值，对于尾翼弹，一般为 3°左右，一般的尾翼弹都能满足追随稳定性要求。

12.4.2 旋转稳定弹的追随稳定性

对于静不稳定的旋转稳定弹，当弹道切线以角速度 $\dot{\theta}$ 下降时，也产生动力平衡角 δ_{1p} 和 δ_{2p}，只考虑翻转力矩时，其表达式为式(7.7.23)。计算表明，δ_{2p} 远大于 δ_{1p}，故旋转稳定弹的动力平衡角主要偏在射击面的右侧（对右旋弹），一方面，它产生指向下的翻转力矩矢，迫使弹轴追随弹道切线下降，另一方面，它产生向右的升力，形成向右的偏流。对于低速右旋静稳定尾翼弹，形成向左的动力平衡角和向左的偏流，但数值要小得多。

同理，动力平衡角过大将使飞行特性变坏，散布加大，甚至射程大减。为使弹箭具有良好的追随稳定性，必须限制动力平衡角的大小。因动力平衡角的最大值出现在弹道顶点附近，故只须限制最大射角 $\theta_{0\max}$ 弹道顶点处的动力平衡角 $(\delta_{2ps})_{\theta_{0\max}}$ 小于限制值 δ_{pm} 即可，即要求

$$(\delta_{2ps})_{\theta_{0\max}} < \delta_{pm} \tag{12.4.2}$$

上式即为旋转稳定弹的追随稳定性条件，对于一般火炮，δ_{pm} 可取 12°~15°。

显然，如果是在高原上进行射击，由于空气密度大幅度降低，可能使弹道上动力平衡角大幅度增大，甚至不到弹道顶点就发生追随不稳定。

12.5 低速旋转尾翼弹的共振不稳定

尾翼弹低速旋转的目的就是让非对称因素不停地改变方位，从而减小散布。

但由于旋转，非对称因素方位的改变形成了对弹箭角运动的周期干扰，如果这个干扰的频率与弹体自由摆动的频率相同，就会发生共振，共振的出现使攻角突增或发散，造成飞行不稳，我们称这种不稳定为共振不稳定。本节就要讨论这种共振不稳定的特性。

在第 8.6 节中已列出过考虑非对称因素的弹箭角运动方程，它们可写成如下形式

$$\Delta'' + (H - \mathrm{i}P)\Delta' - (M + \mathrm{i}PT)\Delta = B\mathrm{e}^{\mathrm{i}\gamma} \tag{12.5.1}$$

对于用斜置尾翼或斜切尾翼导转的尾翼弹，因 $æ = \dot{\gamma}/v$ 近似为常数，则 $\gamma = æs$。

方程右边的 B 对于不同的非对称因素有不同的表达式，例如对气动非对称，有 $B = -k_z\Delta_{M_0}$，对推力偏心，$B = -a_pL_p/R_A^2$。下面就根据方程(12.5.1)讨论共振不稳定条件。

在第 7.12 节中已讲过，方程(12.5.1)的解为三圆运动，即式(7.12.16)。在弹箭动态稳定的前提下，由齐次方程特征根确定的两个圆运动将逐渐衰减，最后只剩下第三个圆运动，这个圆运动的角频率与非齐次强迫项的角频率 $æ$ 相同，而幅值为式(7.12.26)，即

$$K_3=\frac{B}{(\mathrm{i}\text{æ})^2+(H-\mathrm{i}P)\mathrm{i}\text{æ}-(M+\mathrm{i}PT)} \tag{12.5.2}$$

由韦达定理知,方程(12.5.1)齐次方程根 l_1、l_2 与系数的关系为 $H-\mathrm{i}P=-(l_1+l_2)$, $-(M+\mathrm{i}PT)=l_1\cdot l_2$,将它们代入上式分母并进行因式分解,得

$$K_3=\frac{B}{(\mathrm{i}\text{æ}-l_1)(\mathrm{i}\text{æ}-l_2)} \tag{12.5.3}$$

再将特征根 $l_1=\lambda_1+\mathrm{i}\omega_1$, $l_2=\lambda_2+\mathrm{i}\omega_2$ 代入上式分母,即得强迫运动的幅值为

$$|K_3|=\frac{B}{\sqrt{[(\text{æ}-\omega_1)^2+\lambda_1^2][(\text{æ}-\omega_2)^2+\lambda_2^2]}} \tag{12.5.4}$$

如不计小阻尼因子项 λ_1^2 和 λ_2^2,则可见当自转角频率 æ 等于弹箭角运动频率 ω_1 或 ω_2 时, $|K_3|$将变为无穷大,也即发生了共振。当然,因阻尼并不为零,使共振点略有偏移。

由于在所有气动力矩中,静力矩最大,故 ω_1 和 ω_2 可用式(7.4.3)表示

$$\omega_{1,2}=\frac{1}{2}(P\pm\sqrt{P^2-4M})=\left[\frac{C}{2A}\left(1\pm\sqrt{1-\frac{1}{S_g}}\right)\right]\text{æ} \tag{12.5.5}$$

对于尾翼弹,$C/A\approx 0.01$。此外,由于尾翼弹的 $S_g<0$, $1-1/S_g>1$,故当转速较低,S_g 绝对值较小时,上式右边根号开方的数值可以很大,这就有可能使式(12.5.5)右边方括号内取正号时数值为 1,出现 $\omega_1=\text{æ}$的情况。但由于 $1-\sqrt{1-1/S_g}<0$,故不可能出现 $\omega_2=\text{æ}$的情况。因此,尾翼弹只有快圆运动角频率有可能与自转角频率相同而发生共振。

同时,也可指出,对于静不稳定旋转弹,因 $M=k_z>0$, $S_g>1$,故 $0<1/S_g<1$,这样就有 $\omega_{1,2}<(C/A)\text{æ}$,而 $C/A\approx 0.1$,故不可能出现 $\omega_1=\text{æ}$或 $\omega_2=\text{æ}$的情况。实际上,因静不稳定弹需高速旋转稳定,也必然有 $\text{æ}\gg\omega_{1,2}$。故静不稳定的旋转稳定弹不会发生共振。

实际上,对于低旋尾翼弹,因静力矩很大而转速很低,故在式(12.5.5)中可略去 P,得到

$$\omega_1=-\omega_2=\sqrt{-M}=\sqrt{-k_z}=\omega_c \tag{12.5.6}$$

故共振条件为

$$\text{æ}=\omega_1=\omega_c=\sqrt{-k_z} \tag{12.5.7}$$

由第 10 章中式(10.2.32)知,弹箭飞过一个波长转过的圈数为 $n_\lambda=\text{æ}/\omega_c$,则由共振条件式(12.5.7)可知,在 $n_\lambda=1$ 时,也即每个波长内转一圈时发生共振,故共振条件也可写成

$$n_\lambda=1 \tag{12.5.8}$$

在共振问题中,放大系数是一个重要的概念,当弹箭不旋转时,æ $=0$,由式(12.5.2)得

$$K_{30}=B/(-M) \tag{12.5.9}$$

它是常值干扰力矩作用下产生的定常攻角,是非周期强迫项的特解,可称为“静攻角”。

放大系数 μ 定义为,在周期干扰力矩作用下,稳态强迫振动之振幅与静攻角幅值之比

$$\mu=\frac{K_3}{K_{30}}=\frac{|k_z|}{\sqrt{[(\text{æ}-\omega_1)^2+\lambda_1^2][(\text{æ}-\omega_2)^2+\lambda_2^2]}} \tag{12.5.10}$$

对低旋尾翼弹,可近似取 $\omega_1=-\omega_2=\omega_c$, $\lambda_1=\lambda_2=-H/2=\lambda$,则上式改为如下形式

$$\mu=\frac{1}{\sqrt{\left[(n_\lambda-1)^2+\frac{\lambda^2}{|k_z|}\right]\left[(n_\lambda+1)^2+\frac{\lambda^2}{|k_z|}\right]}} \tag{12.5.11}$$

μ 随 n_λ 变化的情况如图 12.5.1 所示，由图可见，当 $n_\lambda=0$ 时，$\mu\approx1$；当 $n_\lambda=1$ 时，μ 近似取极大值，即共振时放大倍数最大；当 $n_\lambda<1$ 或$\ae<\omega_c$ 时，μ 随$\ae$的增大而增大；当 $n_\lambda>1$ 或$\ae>\omega_c$ 时，μ 随$\ae$的增大而减小，$\ae\to\infty$ 时，$\mu\to0$。

当$\ae/\omega_c=\sqrt{2}$时，也有 $\mu\approx1$，这时稳态强迫振动的幅值与静攻角幅值相等。为了减小稳态攻角幅值，至少应该使$\ae>\sqrt{2}\omega_c$，通常要求$\ae>3\omega_c$，但需检查是否动态稳定。

在图 12.5.1 中还可看出，阻尼指数 λ 增大，放大系数 μ 将减小，整个曲线随之下降。

下面从物理概念分析一下共振旋转的特性。此时，弹箭纵轴绕速度线以角速度 ω 旋转，如图 12.5.2 所示。设弹轴与速度线有夹角为 $\alpha=K_3$，弹体坐标系 $Ox_1y_1z_0$ 的 Ox_1 轴为弹轴，作用在弹体上的稳定力矩 $\rho v^2Slm_z^\alpha\alpha/2$ 力图使弹体向速度线靠拢，但由于弹体绕速度线以角速度 ω 旋转，又产生离心惯性力，它对质心的力矩又力图使弹轴离开速度线，因此，它降低了稳定力矩的作用，起到破坏稳定性的作用。而两个力矩相平衡的状态是临界状态，下面计算此时的离心惯性力矩和临界转速。

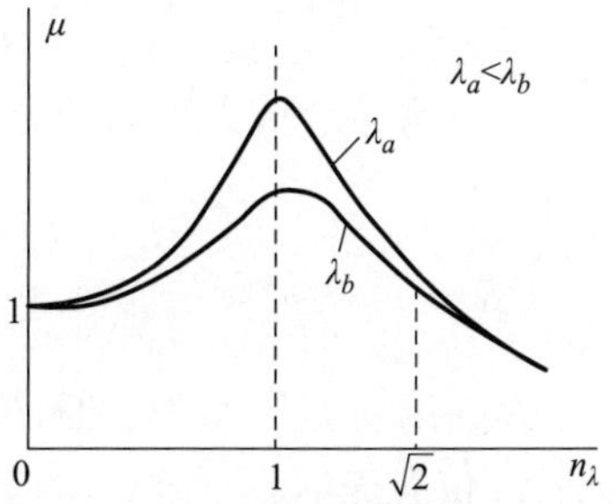

图 12.5.1　强迫运动放大系数 $\mu-n_\lambda$ 曲线

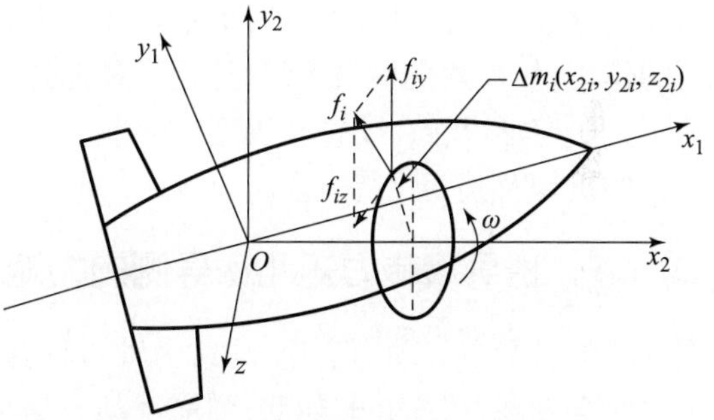

图 12.5.2　弹轴绕速度线旋转的状态

取速度线为 Ox_2 轴，建立直角坐标系 $Ox_2y_2z_2$，Oy_2 轴在攻角平面内垂直于 Ox_2 轴，Oz_2 轴按右手法则确定。设弹体上任一质量为 Δm_i 的质点在此坐标系内的坐标为(x_{2i},y_{2i},z_{2i})，则离心惯性力为 $f_i=\sqrt{y_{2i}^2+z_{2i}^2}\omega^2\Delta m_i$，其方向垂直于 Ox_2 轴指向外，f_i 在 Oy_2 轴上的分量为 $f_{yi}=y_{2i}\omega^2\Delta m_i$，它对 z_2 轴的力矩为 $m_{zi}=f_{yi}x_{2i}=x_{2i}y_{2i}\omega^2\Delta m_i$；$f_i$ 在 Oz_2 轴上的分量为 $f_{zi}=z_{2i}\omega^2\Delta m_i$，对 y_2 轴的力矩为 $m_{yi}=-x_{2i}z_{2i}\omega^2\Delta m_i$。为将此二力矩转换到弹体坐标系中，利用坐标转换关系，$x_2=x_1\cos\alpha-y_1\sin\alpha$，$y_2=x_1\sin\alpha+y_1\cos\alpha$，而 $z_2=z_1$，求得

$$x_{2i}y_{2i}=x_1^2\sin\alpha\cos\alpha+x_1y_1\cos^2\alpha-y_1^2\sin\alpha\cos\alpha-x_1y_1\sin^2\alpha$$

将力矩分量对弹丸全体质量求和，设攻角较小并考虑弹轴 Ox_1、Oy_1、Oz_1 为惯量主轴，转动惯量分别是 J_x、J_y、J_z（可令 $J=J_y=J_z$），则得

$$\begin{aligned}M_z&=\sum m_{zi}=\sum(x_{1i}^2+z_{1i}^2-y_{1i}^2-z_{1i}^2)\omega^2\sin\alpha\cos\alpha+\sum x_{1i}y_{1i}\omega^2(\cos^2\alpha-\sin^2\alpha)\\&\approx(J-J_x)\omega^2\alpha\end{aligned}$$

由此离心惯性力矩与稳定力矩相平衡，就可得到以时间为单位的平衡转速

$$\omega_{kp}=\frac{\omega_c}{\sqrt{1-J_x/J}}$$

式中
$$\omega_c = \sqrt{\frac{qSl|m_z^\alpha|}{J}}$$

或
$$æ = \omega_{kp}/v = \omega_c/(v\sqrt{1 - J_x/J})$$

上式中的 ω_c 即为弹体摆动角速度,对于一般尾翼弹,$J_x/J \leqslant 1$,故 $\omega_{kp} \approx \omega_c$,即平衡转速或称临界转速接近于弹丸摆动的特征频率。

12.6　转速闭锁及灾变性偏航

共振的危害已为设计者所知,故在转速设计时,总是将自转角速度设计得远远高于俯仰运动频率,按理讲本不应该发生共振,即使由于转速逐渐上升过程中必定要通过共振区,但因在共振区内停留的时间很短,所以也不会形成不稳定运动。然而某些按通常理论转速和动态稳定性设计合理的弹箭,仍偶然发生飞行不稳或出现不衰减的大攻角圆锥摆动,产生近弹和掉弹,这种现象出现的原因之一很可能就是发生了所谓的“转速闭锁”和“灾变性偏航”,也即弹箭转速在变化过程中通过共振区时被锁定在共振转速附近,形成共振不稳,或者再加上诱导侧向力矩的作用,使攻角变得很大,导致近弹和掉弹。

为了弄明白形成转速闭锁和灾变性偏航的原因,必须首先搞清诱导滚转力矩和诱导侧向力矩形成的机理及其变化特点。

12.6.1　诱导滚转力矩和诱导侧向力矩

在一般的弹箭空气动力学里,均认为轴对称弹的气动力与弹的滚转方位无关。但仔细观察和测试时会发现,情况并非如此,弹箭气动力是与弹箭的滚转方位有关的。

当弹箭以攻角 δ 飞行时,将产生垂直于弹轴的横流 $v\sin\delta$,如图 12.6.1(a)所示。横流绕弹体流动,在小攻角时,附面层不分离,气流紧贴弹表面流动;大攻角时,弹体背风面将产生两道旋涡,如图 12.6.1(b)所示,旋涡从弹头向弹尾逐渐加强,攻角越大,旋涡强度也越强。当弹体后部装上尾翼时,尾翼上也产生旋涡。

现以十字尾翼为例(6 片或 8 片尾翼情况与 4 片情况类似),选其中一片翼面(图中 AA 翼面)为标准,此翼面与攻角面的夹角记为翼面方位角 γ_1。当此翼面正好处于攻角面内弹体背风一侧时,$\gamma_1 = 0°$,如图 12.6.1(b)所示,此时弹箭关于攻角平面是镜面对称的,因此,攻角面两侧的气流和旋涡分布以及压力分布也是镜面对称的,尽管对一片侧向尾翼来说,翼面上下压力不同会形成作用于翼面的法向力、对纵轴的滚转力矩以及对质心的俯仰力矩,但由于左右翼面上所产生的力矩是方向相反、大小相同的,结果不形成诱导滚转力矩和诱导侧向力矩。当 $\gamma_1 = 45°$时,攻角面两侧气流和压力分布也关于攻角面呈镜面对称,如图 12.6.1(c)所示,故也不形成诱导滚转力矩和诱导侧向力矩,但升力和静力矩大小会有所变化。

对于 4 尾翼弹,γ_1 每变化 90°,弹箭相对于攻角平面的状态实际上是相同的。对 n 片尾翼的弹箭,γ_1 每变化 $2\pi/n$,弹箭相对于攻角面的状态实际上是相同的。所以,对 4 尾翼弹,$\gamma_1 =$ 90°、180°、270°、360°时的情况与 $\gamma_1 = 0$ 时的情况一样,而 $\gamma_1 = 135°$、225°、315°时的情况与$\gamma_1 =$ 45°时的情况一样,都不产生诱导滚转力矩和诱导侧向力矩。

图 12.6.1(d)所示为 $\gamma_1 = 22.5°$时气流和旋涡的分布情况,这时,流经弹体和尾翼的横流

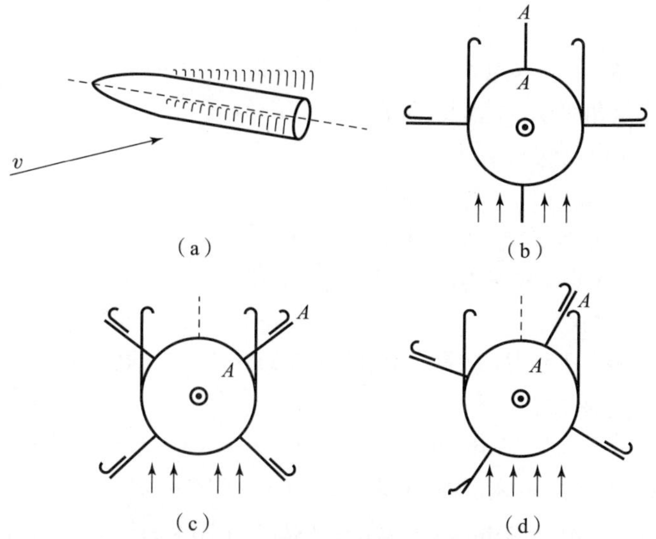

图 12.6.1　尾翼在不同滚转角的状况

(a)两道对称的旋涡;(b) $\gamma_1=0°$时;(c) $\gamma_1=45°$时;(d) $\gamma_1=22.5°$时

以及压力分布关于攻角面不再镜面对称了,于是形成了垂直于攻角面的合力 $\boldsymbol{N}_s$、诱导滚转力矩 $\boldsymbol{M}_{xs}$ 以及使弹轴垂直于攻角面摆动的诱导侧向力矩 $\boldsymbol{M}_{ys}$。定义指向攻角平面左侧的 $\boldsymbol{N}_s$ 为正,$\boldsymbol{N}_s$ 的作用显然与马格努斯力相当;定义使弹轴向左摆出攻角面的 $\boldsymbol{M}_{ys}$ 为正,即 $\boldsymbol{M}_{ys}$ 的向量方向在攻角面内从速度矢端垂直指向弹轴的方向为正,$\boldsymbol{M}_{ys}$ 的作用显然与马格努斯力矩的作用相当,因此诱导侧向力矩必然也是破坏弹箭动态稳定性的不利因素。

显然,攻角面两侧气流越不对称,诱导侧向力 N_s、诱导滚转力矩 M_{xs} 和诱导侧向力矩 M_{ys} 越大。由于 $\gamma_1=0°$和 $\gamma_1=45°$都是攻角面两侧气流对称的位置,所以 $\gamma_1=22.5°$是攻角面两侧气流不对称性最大的位置。当 γ_1 从 0°增大到 22.5°时,N_s、M_{xs}、M_{ys} 从零逐渐增大到极大值,γ_1 从 22.5°到 45°时又逐渐减少到零,如图 12.6.1(c)所示。

由于 4 片相同的弹翼是绕弹体轴对称均匀分布的,故当基准翼面位于 45°~90°之间时,与基准翼面反转一个角度位于 -45°~0°之间时的姿态相同。这时攻角面两侧气流分布的不对称性恰与 $\gamma_1=0°\sim45°$的情况相反,因此 $\boldsymbol{N}_s$、$\boldsymbol{M}_{xs}$、$\boldsymbol{M}_{ys}$ 的方向都反过来。因 $\gamma_1=45°$和 $\gamma_1=90°$时,N_s、M_{xs}、M_{ys} 也等于零,故 $\gamma_1=67.5°$时气流的不对称性最大,其 N_s、M_{xs} 和 M_{ys} 的大小与 $\gamma_1=22.5°$时的大小相等,但方向相反。γ_1 从 45°→67.5°→90°时,N_s、M_{xs}、M_{ys} 也是由零变到最大(但符号相反)再变到零。因此,γ_1 从 0°→45°→90°时,N_s、M_{xs} 和 M_{ys} 恰好变化一周。由此可见,N_s、M_{xs} 和 M_{ys} 是 γ_1 的周期函数,周期为 $\pi/2$,并可见它们是 γ_1 的奇函数,即

$$N_s(\gamma_1)=-N_s(-\gamma_1),\ M_{xs}(\gamma_1)=-M_{xs}(-\gamma_1),\ M_{ys}(\gamma_1)=-M_{ys}(-\gamma_1)$$

因此,可将它们展成只含奇次项的富氏级数,即它们可一般地写成如下形式

$$N_s(\gamma_1,\delta)=\frac{\rho v^2 S}{2}\sum_{m=2k+1}^{\infty}c_{N_{sm}}(\delta)\sin^m(4\gamma_1) \tag{12.6.1}$$

$$M_{x\ s}(\gamma_1,\delta)=\frac{\rho v^2 Sl}{2}\sum_{m=2k+1}^{\infty}m_{xsm}(\delta)\sin^m(4\gamma_1) \tag{12.6.2}$$

$$M_{ys}(\gamma_1,\delta)=\frac{\rho v^2 Sl}{2}\sum_{m=2k+1}^{\infty}m_{ysm}(\delta)\sin^m(4\gamma_1)\quad k=0,1,2,\cdots \tag{12.6.3}$$

上式中已将富氏系数表示为 δ 的函数,这是因为 N_s、M_{xs} 和 M_{ys} 显然随攻角增大而增大(即随横流 $v\sin\delta$ 增大而增大),故它们是攻角的函数,图 12.6.2 即为 M_{xs} 随攻角变化的示意图。一般来说,系数 c_{Ns}、m_{xs} 和 m_{ys} 也是 δ 的非线性函数。此外,由上述表达式还可见,对于基波 $m=1$ 来说,γ_1 每变化 $\pi/2$,则 $4\gamma_1$ 变化 2π,N_s、M_{xs}、M_{ys} 正好变化一周。

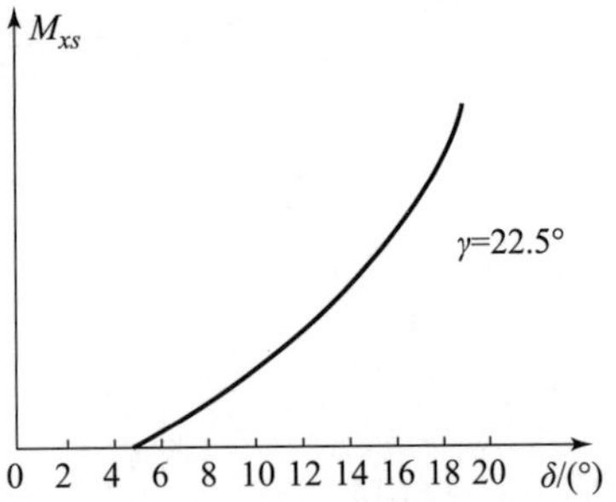

图 12.6.2 诱导滚转力矩 M_{xs} 与攻角 δ 的关系

为了简化问题,我们只考虑 N_s、M_{xs}、M_{ys} 的基波,并设它们均是攻角的线性函数,则有

$$N_s=mb_s v^2\delta\sin(4\gamma_1),b_s=\rho Sc'_{Ns}/(2m),c'_{Ns}=\partial c_{Ns}/\partial\delta \tag{12.6.4}$$

$$M_{xs}=Ck_{xs}v^2\delta\sin(4\gamma_1),k_{xs}=\rho Slm'_{xs}/(2C),m'_{xs}=\partial m_{xs}/\partial\delta \tag{12.6.5}$$

$$M_{ys}=Ak_{ys}v^2\delta\sin(4\gamma_1),k_{ys}=\rho Slm'_{ys}/(2A),m'_{ys}=\partial m_{ys}/\partial\delta \tag{12.6.6}$$

它们都按正弦规律变化,图 12.6.3 即为 $m_{xs}>0$ 时 M_{xs} 随 γ_1 变化的图形。

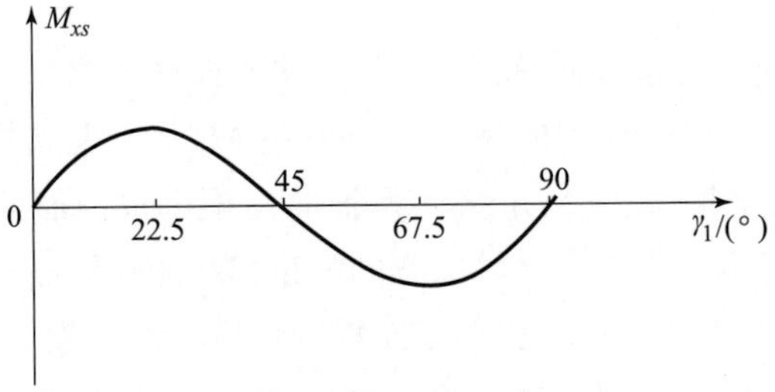

图 12.6.3 诱导滚转力矩与相对滚转角 γ_1 的关系

轴对称弹箭的诱导滚转力矩和诱导侧向力矩主要与尾翼和弹翼面的形状及布置有关,上面讲的是直尾翼形状,如果是卷弧翼,则情况与上述有些不同。例如,即使一对卷弧翼在攻角面内(对于4片尾翼,此时 $\gamma_1=0°$ 或 $90°$ 或 $180°$ 或 $270°$),气流关于攻角平面左右仍不对称,仍会产生诱导滚转力矩和诱导侧向力矩,如图 12.6.4(a)所示。

另外,即使攻角为零,各翼面上压力分布情况相同,但由于翼面向同一方向卷曲,也会产生诱导滚转力矩和诱导侧向力矩,如图 12.6.4(b)所示。图 12.6.4(c)为没有一对翼面处于攻

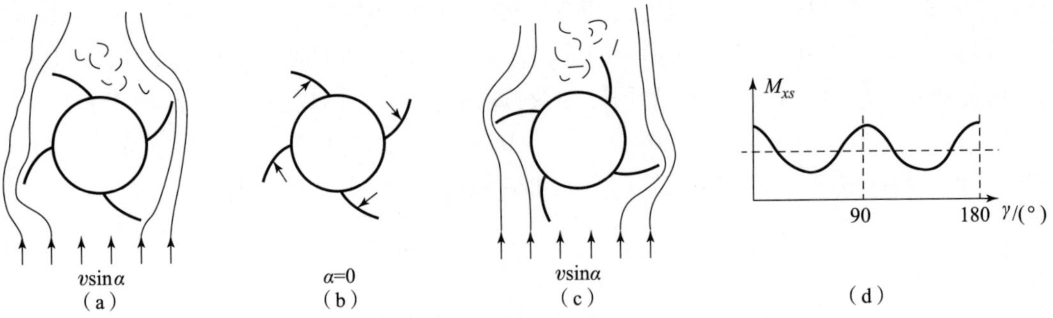

图 12.6.4 卷弧翼的诱导滚转力矩和诱导侧向力矩定性分析图

角面内的情况,气流左右不对称程度加大。因此,卷弧翼的诱导滚转力矩和诱导侧向力矩比平直翼大,平均值不为零,图 12.6.4(d)为其大小的定性变化示意图。

不仅如此,试验和计算还表明,这种翼在超声速条件下和亚声速条件下的诱导滚转力矩方向还可能反过来,致使弹箭飞行在从亚声速到超声速再回亚声速的过程中,有可能滚转方向来回改变。总之,与直尾翼相比,卷弧翼的诱导滚转力矩大,变化也更为复杂。

12.6.2　转速闭锁问题

我们知道,在常转速下,轻微不对称弹箭的角运动是三圆运动。对于动态稳定的弹丸,由齐次方程特征根决定的二圆运动将逐渐被衰减掉。最后只剩下由不对称性引起的强迫运动,$\Delta_3 = K_3 e^{i\gamma}$,其中 $\gamma = \dot{\gamma} t + \gamma_0$,它是一个圆频率为 $\dot{\gamma}$ 的圆运动。由于弹箭也以 $\dot{\gamma}$ 自转,于是弹箭将总是以相同的一面对着速度方向线,如图 12.6.5 所示,这与月球绕地球旋转的情况类似,由于月球的自转角速度与它绕地球公转的角速度相等,故月球总是以固定不变的一面面对地球,因此我们称弹箭的这种运动为似月运动。如果这种转速又接近弹丸俯仰、偏航的固有频率,则圆运动的半径 K_3 将会很大,即产生了共振。

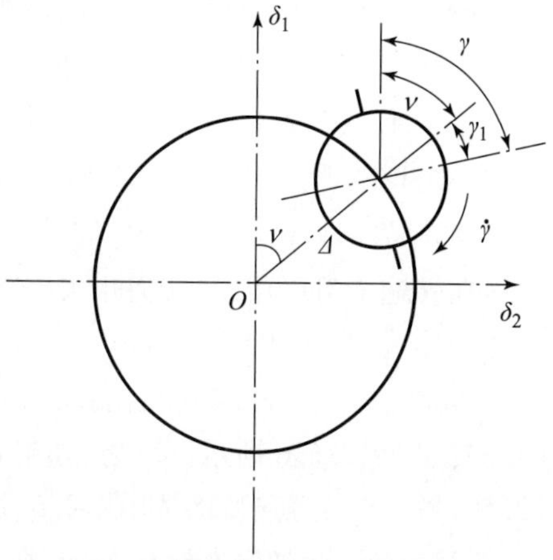

图 12.6.5　转速闭锁和似月运动示意图

但这只是转速不变且时间很长以后才会出现的稳态运动情况,如果转速一直是变化的,例如转速逐渐上升或逐渐下降的阶段,弹箭的自转频率与俯仰、偏航运动频率只可能在短暂的时间相同,也就不可能发生共振。

但当转速连续变化接近共振时,即弹丸自转频率接近俯仰、偏航的固有频率时,强迫运动的攻角 Δ_3 还是较大的,而且在自由运动攻角已衰减掉的情况下,弹箭的角运动仍接近于一圆运动。这时因攻角很大,诱导滚转力矩和诱导侧向力矩就很大,它们有可能使转速锁定在某个固定值上形成所谓转速闭锁。如果转速被锁定在俯仰频率附近,就会对弹箭的角运动造成很大的影响。下面分析转速闭锁形成的机理。

在图 12.6.5 中,设攻角面与固定平面之夹角为 ν,基准尾翼面与攻角面之夹角为 γ_1,基准尾翼面相对于固定平面之夹角为 γ,则三个角度之间的关系为

$$\gamma_1 = \gamma - \nu, \dot{\gamma}_1 = \dot{\gamma} - \dot{\nu} \tag{12.6.7}$$

在 Δt 时间内,γ_1 的改变量为

$$\Delta\gamma_1 = \int_0^{\Delta t} (\dot{\gamma} - \dot{\nu}) \mathrm{d}t \tag{12.6.8}$$

因为对周期性非对称干扰因素的响应运动或即强迫运动来说,其圆运动频率 $\dot{\nu}$ 的变化总是要滞后于自转频率 $\dot{\gamma}$ 的变化的,故当 $\dot{\gamma}$ 增大或减小时,$\Delta\gamma_1$ 也随之为正或为负。

在考虑了诱导滚转力矩 M_{xs} 后,弹箭的转速方程如下

$$\mathrm{d}\dot{\gamma}/\mathrm{d}t = k_{xw} v^2 \varepsilon - k_{xz} v \dot{\gamma} + k_{xs} v^2 \delta \sin(4\gamma_1) \tag{12.6.9}$$

如果在 γ_1 变化中有某一个 γ_1 角使上式右边为零,即

$$k_{xw} v^2 \varepsilon - k_{xz} v \dot{\gamma} + k_{xs} v^2 \delta \sin(4\gamma_1) = 0 \tag{12.6.10}$$

则此时 $\ddot{\gamma}=0$,转速 $\dot{\gamma}$ 暂时不变,这种 γ_1 角称为转速变化的平衡点,记为 γ_{1s}。解上式得

$$4\gamma_{1s}=\arcsin\left(\frac{k_{xw}v^2\varepsilon-k_{xz}v\dot{\gamma}}{-k_{xs}v^2\delta}\right) \tag{12.6.11}$$

显然,当

$$\left|\frac{k_{xw}v^2\varepsilon-k_{xz}v\dot{\gamma}}{-k_{xs}v^2\delta}\right|>1 \tag{12.6.12}$$

时,则不可能解出 γ_{1s},也即当诱导滚转力矩的最大值 $k_{xs}v^2\delta$ 小于导转力矩与极阻尼力矩之差时,就不可能存在使 $\ddot{\gamma}=0$ 的平衡点。

增大攻角可以增大诱导滚转力矩,因此,由式(12.6.11)右边括号内表达式的绝对值小于 1 的条件,得到有平衡点 γ_{1s}存在的最小攻角 δ^*

$$\delta^*=|(k_{xw}v^2\varepsilon-k_{xz}v\dot{\gamma})/(k_{xs}v^2)| \tag{12.6.13}$$

当 $\delta=\delta^*$ 时,式(12.6.11)右边方括号内式子的值恰好为 ±1,此时解出的 γ_{1s}就是最大诱导滚转力矩出现的地方,即 $\gamma_{1s}=22.5°$、$67.5°$、$112.5°$、$157.5°$、…。

当 $\delta>\delta^*$ 时,γ_1 无须在 M_{xs}的峰值处(即 22.5°、67.5°、112.5°、…处),也能使 $\ddot{\gamma}=0$。

在转速上升阶段,导转力矩大于阻尼力矩,即 $k_{xw}v^2\varepsilon-k_{xz}v\dot{\gamma}>0$,故只有当诱导阻尼力矩为负才能使式(12.6.9)右边为零。如果 $k_{xs}>0$,则诱导滚转力矩在后半个周期为负,故 γ_{1s}应在 45°~90°之间。当 $\delta>\delta^*$ 时,由式(12.6.11)可解出两个平衡点,一个大于 67.5°,另一个小于 67.5°,如图 12.6.6 所示。反之,如果 $k_{xs}<0$,则 γ_{1s}应在 0°~45°之间,当 $\delta>\delta^*$ 时,一个 γ_{1s}小于 22.5°,另一个大于 22.5°,如图 12.6.7 所示。在转速下降阶段,情况正好相反,如果 $k_{xs}>0$,则 γ_{1s}在 22.5°两边,如果 $k_{xs}<0$,则 γ_{1s}在 67.5°两边。

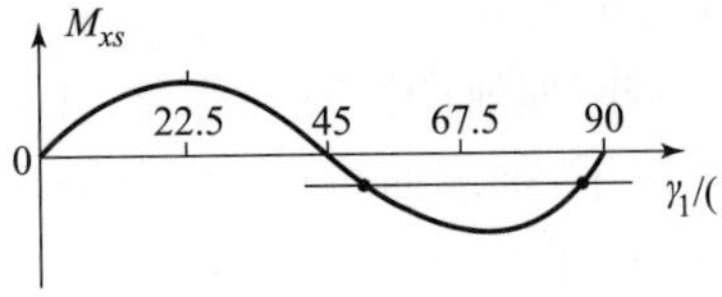

图 12.6.6　$k_{xs}>0$ 和 $\delta>\delta^*$ 时 γ_{1s}所在位置

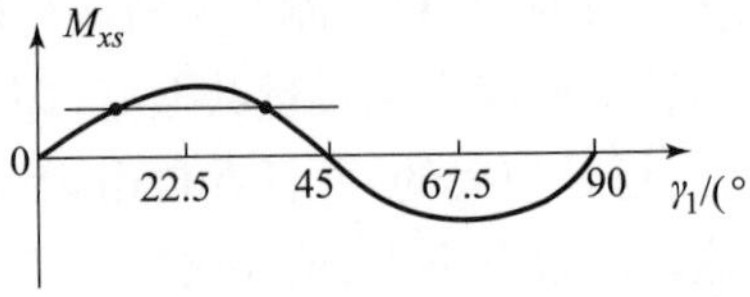

图 12.6.7　$k_{xs}<0$ 和 $\delta>\delta^*$ 时 γ_{1s}所在位置

剩下的问题是,在 $\delta>\delta^*$ 存在平衡点的情况下,是否有稳定平衡点的问题。所谓稳定平衡点,是指当 γ_1 离开 γ_{1s}(即 $\gamma_1\neq\gamma_{1s}$)而造成 $\ddot{\gamma}\neq 0$ 和 $\dot{\gamma}$ 略有变化时,诱导滚转力矩能使 γ_1 重新回到 γ_{1s} 上,重新建立起 $\ddot{\gamma}=0$、$\dot{\gamma}$ 不变的状态,这样的 γ_{1s} 即为稳定平衡点,这时 $\dot{\gamma}$ 将能保持不变,形成转速闭锁;反之,如果 γ_1 离开 γ_{1s} 一点后,诱导滚转力矩使 γ_1 更进一步远离 γ_{1s},$\dot{\gamma}$ 也越来越远离平衡点转速 $\dot{\gamma}_s$,这就是不稳定平衡点,这时就不能形成转速闭锁。

以转速上升阶段 $k_{xs}>0$ 的情况为例,当 $\delta>\delta^*$ 时,有两个平衡点,分别位于 67.5°两侧,如图 12.6.6 所示,可以证明,小于 67.5°的一个平衡点是稳定平衡点。因为当 $\dot{\gamma}$ 增大时,$\dot{\gamma}-\dot{\nu}>0$,$\Delta\gamma_1>0$,于是 γ_1 将从 $(\gamma_{1s})_1$ 开始增大。但当 γ_1 稍大于 $(\gamma_{1s})_1$ 后,由图 12.6.6 可见,诱导滚转力矩为负,但绝对值增大,这就使式(12.6.9)右边成为负值,于是 $\ddot{\gamma}<0$,转速 $\dot{\gamma}$ 开始减小,γ_1 也向 $(\gamma_{1s})_1$ 方向减小,最后又回到 $\ddot{\gamma}=0$ 的状态,$\dot{\gamma}$ 和 γ_1 又回到平衡点处的数值 $\dot{\gamma}_s$ 和 γ_{1s} 上;反之,当 $\dot{\gamma}$ 减小时,诱导滚转力矩仍为负值,但绝对值减小,从而出现了 $\ddot{\gamma}>0$,这又使 $\dot{\gamma}$ 和 γ_1 向 $\dot{\gamma}_s$ 和 γ_{1s} 方向增大,最后也回到 $\ddot{\gamma}=0$,$\gamma_1=\gamma_{1s}$,$\dot{\gamma}=\dot{\gamma}_s$ 的状态。

同样的分析可知,大于 67.5°的另一个平衡点 $(\gamma_{1s})_2$ 是不稳定的平衡点。当 $k_{xs}<0$ 时,则可证明平衡点在 22.5°两侧,并且小于 22.5°的一个平衡点是稳定平衡点。在转速下降阶段,$k_{xs}>0$ 时,稳定平衡点在 22.5° ~45°;$k_{xs}<0$ 时,稳定平衡点在 67.5° ~90°。

当转速锁定后,γ_1 也被锁定在 γ_{1s} 上,则 $\dot{\gamma}_1=0$,$\ddot{\gamma}_1=0$,于是由式(12.6.7)和式(12.6.9)得

$$\dot{\gamma}_s=\dot{\nu}=\frac{k_{xw}v^2\varepsilon+k_{xs}v^2\delta\sin\gamma_{1s}}{-k_{xz}v} \tag{12.6.14}$$

这时,由于弹轴自转角速度 $\dot{\gamma}$ 与公转角速度 $\dot{\nu}$ 相等,于是形成稳定的"似月运动"或圆锥摆动。美国弹道学家墨菲和尼可莱兹将它称为"转速闭锁"。俄罗斯弹道学家雷申科将其称为"稳定的共振旋转",见参考文献[6]和[7]。

弹道式导弹在再入大气层时,如发生转速闭锁,会使弹表一侧始终迎向气流,加之导弹速度很高(马赫数可达十几到二十),气动加热就会使弹表一侧温度极高,甚至烧焦。美国陆军弹道研究所曾为解决此问题做了大量的研究。因此设计中必须避免转速闭锁情况发生。

转速闭锁现象一般易发生在弹箭转速接近或者说穿过共振转速的时候,一方面是因为此时弹箭已近似做月球运动,并且攻角很大,可能出现 $\delta>\delta^*$ 的情况,使诱导滚转力矩数值很大,起到明显作用;另一方面,由于接近共振时,弹箭自转角速度已与弹轴俯仰运动频率接近,这样,尾翼面相对于攻角面的方位角 γ_1 变化已较小,故容易被锁住。

由于发生转速闭锁的必要条件是 $\delta>\delta^*$,而对于轻微不对称弹箭,其攻角主要为强迫运动攻角,不对称性大的弹箭强迫运动攻角也越大,容易出现 $\delta>\delta^*$ 的情况。由于这些不对称的大小是随机的,因此,即使是同一种弹,转速闭锁现象可能有的发生,有的不发生。此外,随机风使相对气流的大小方向改变,也可能造成 $\delta>\delta^*$。所以,转速闭锁既可能是一种经常发生的现象(当 δ^* 较小时),也可能是一种偶然发生的现象(当 δ^* 较大时),但它一旦发生,将使转速长期停留在共振点附近,使攻角放大倍数很大,而且不变,这使空气阻力增大,引起射程减小。同时,由于这时诱导侧向力矩数值也会较大,破坏弹箭的动态稳定性,使攻角进一步加大,使飞行特性变坏。

此外,由于诱导滚转力矩的大小和方向随滚转方位的不同而不断变化,因此,对某具体的尾翼弹,当诱导滚转力矩较大时,它与导转力矩、极阻尼力矩之和可以出现有时为正有时为负的情况。由方程(12.6.9)可见,这将导致转速有时增大有时减小,严重的时候,甚至可以出现一会儿正转一会儿又反转的现象。这种情况在试验中都观测到过,尤其是在转速还不太快的弹道初始段上更容易发生。

避免转速闭锁的方法是改变气动外形和转速变化规律,减小诱导滚转力矩和提高 δ^* 的数值,例如试验表明,对于发生转速闭锁的弧形尾翼弹,改成直尾翼后,锥摆运动就显著减小或消失。至于诱导滚转力矩和诱导侧向力矩的数值,可通过气动力计算或风洞吹风方法获取。

根据需要,也可人为地形成"转速闭锁"和稳定的"似月运动",例如,为了形成无伞末敏子弹的稳态扫描,可将其设计成气动力和质量分布非对称,以大攻角下落形成稳定圆锥的扫描运动,如图 12.6.8 所示。

12.6.3　转速闭锁情况下的角运动稳定性

由于诱导侧向力矩的作用与马氏力矩相同,故可在建立方程时,在马氏力矩项中再加上诱

导侧向力矩。至于诱导侧向力,因数值小而可忽略。因为马氏力矩的表达式为

$$M_y = Ak_y v\dot{\gamma}\delta, k_y = \rho Sldm''_y/(2A)$$

仿此式可将诱导侧向力矩写成如下形式

$$M_{ys} = Ak'_{ys}\sin(4\gamma_1)(v\dot{\gamma}\delta), k'_{ys} = \rho Slm'_{ys}/(2æA) \tag{12.6.15}$$

这样,对于非对称尾翼弹的强迫运动方程即为

$$\boldsymbol{\Delta}'' + (H - \mathrm{i}P)\Delta' - \{M + \mathrm{i}[PT + k'_{ys}\sin(4\gamma_1)]\}\boldsymbol{\Delta} = \boldsymbol{B}\mathrm{e}^{\mathrm{i}\gamma} \tag{12.6.16}$$

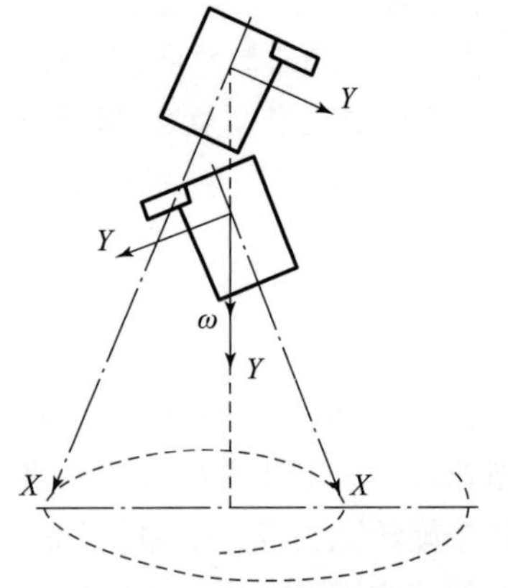

图 12.6.8　无伞末敏子弹的稳态扫描

式中,$\boldsymbol{B}$ 为强迫干扰的幅值。就齐次方程的稳定性讲,由于增加了一个类似马格努斯力矩的诱导侧向力矩,破坏动态稳定性的因素增加。尤其是在转速闭锁时,γ_1 为常数,$\dot{\gamma} = \dot{\gamma}_s$,由方程(12.6.16),令非齐次解为 $\boldsymbol{\Delta}_3 = K_3\mathrm{e}^{\mathrm{i}\gamma}$,代入其中,得强迫项产生的攻角幅值为

$$|K_3| = \frac{|B|}{|æ^2 - Pæ + M + \mathrm{i}[PT + k'_{ys}\sin(4\gamma_1) - Hæ]|} \approx \frac{|B|}{|PT - Hæ + k'_{ys}\sin(4\gamma_1)|}$$

因转速闭锁一般发生在共振转速附近,所以 $æ \approx \omega_1$,故上式右边分母实部 $æ^2 - Pæ + M \approx 0$。如果碰到一个很不幸的值 $k'_{ys}\sin(4\gamma_1)$,使上式右边分母中的虚部也为零,则强迫运动的振幅 K_3 将变得非常大,发生飞行不稳,美国弹道学家墨菲和尼可莱兹将其称为"灾变性偏航"。

12.7　转速-攻角闭锁

12.7.1　概述

上一节介绍了弹箭转速被锁定在某个固定值上的转速闭锁问题,在此基础上,美国弹道学家墨菲等人还研究了一种称为"转速-攻角闭锁"的运动,即在弹箭飞行过程中,转速及总攻角幅值均被锁定为常数且总攻角平面与弹体-尾翼固定平面间夹角保持不变的运动。墨菲等认为,在已往研究中,转速-攻角闭锁现象的发生总是和弹箭的非对称特性联系在一起,但对于旋转对称弹箭,若存在随滚转角(定义为总攻角平面与弹体-尾翼固定平面之间的夹角)变化的侧向力矩,转速-攻角闭锁现象也是有可能发生的。本节将介绍一个描述转速-攻角闭锁的动力学模型,并给出一些数值仿真曲线,使读者对该弹道现象取得理性和感性认识。本节内容的详细推导及扩展可参见文献[58-60]。

12.7.2　描述转速-攻角闭锁的动力学模型

1. 旋转对称弹箭的弹体坐标系

为便于叙述,本节采用了新的坐标系和符号来描述动力学模型。首先给出旋转对称弹箭的弹体坐标系 $Oxyz$,如图 12.7.1 所示。

转速-攻角闭锁动力学模型的建立以弹体坐标系 $Oxyz$ 为基准,该坐标系与弹体固连,坐标原点在弹箭质心上,x 轴沿弹体对称轴方向,指向弹头为正;y 轴在弹翼对称平面内与 x 轴垂

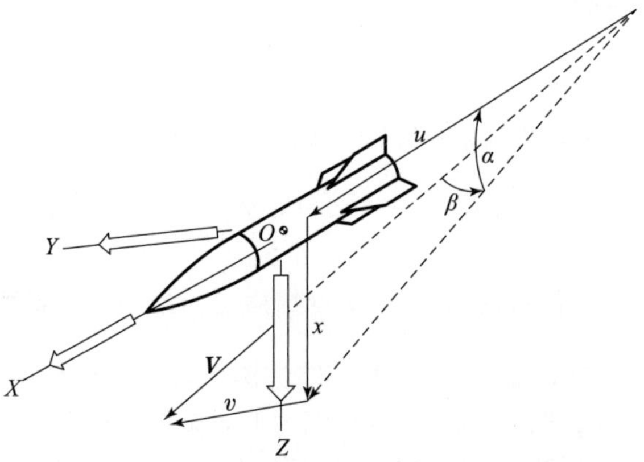

图 12.7.1　旋转对称弹箭的弹体坐标系示意图

直,从弹尾看去指向右为正;z 轴方向按右手定则确定。弹箭飞行所受力和力矩按照在该坐标系下的投影进行描述。

2. 转速 - 攻角闭锁动力学模型

弹箭质心速度矢量 $\boldsymbol{v}$、角速度矢量 $\boldsymbol{\Omega}$ 和角动量矢量 $\boldsymbol{H}$ 在弹体系 $Oxyz$ 上的分量分别定义为

$$\boldsymbol{v} = (v_x \quad v_y \quad v_z) \tag{12.7.1}$$

$$\boldsymbol{\Omega} = (p \quad q \quad r) \tag{12.7.2}$$

$$\boldsymbol{H} = (I_x p \quad I_y q \quad I_z r) \tag{12.7.3}$$

式中,v_x、v_y、v_z 和 p、q、r 分别为弹箭在 x、y、z 方向上的速度和角速度分量;I_x、I_y、I_z 分别为弹体关于 x 轴、y 轴和 z 轴的转动惯量。

定义复攻角 ξ 和横向角速度 μ 分别为

$$\xi = \frac{v_y + \mathrm{i}v_z}{v} = \delta \mathrm{e}^{\mathrm{i}\theta} = \sin\beta + \mathrm{i}\cos\beta\sin\alpha \tag{12.7.4}$$

$$\mu = \frac{(q + \mathrm{i}r)d}{v} \tag{12.7.5}$$

式中,复攻角 ξ 描述了速度矢量 $\boldsymbol{v}$ 与弹轴间夹角的大小与方位;δ 为复攻角 ξ 的幅值(总攻角);θ 为复攻角平面与弹体 Oxy 平面的夹角,称为总攻角方向角,从弹头向后看,逆时针方向正;在普通飞行力学中,一般称 α 为攻角,β 为侧滑角;d 为弹径;v 为弹箭质心速度的大小;$\mathrm{i} = \sqrt{-1}$,为单位虚数。

采用如下假设建立复攻角运动模型:

①认为弹体速度、质量和气动力系数在一小段弹道上保持不变。

②小攻角假设,即 $\sin\beta + \mathrm{i}\cos\beta\sin\alpha \approx \beta + \mathrm{i}\alpha$,$v_x \approx v$。

③弹体具有对称的质量分布,则各坐标轴为惯量主轴,并且 y 轴和 z 轴的转动惯量相等,不妨记 $I_y = I_z = I_t$。

④只考虑诱导滚转力矩、诱导侧向力矩和俯仰力矩的非线性,其他力和力矩均为线性。

用量纲为 1 的弧长 s 替代自变量时间 t,有

$$s = d^{-1}\int_0^t v\mathrm{d}t \tag{12.7.6}$$

根据外弹道理论,阻力方程为

$$v'/v = -AC_D \tag{12.7.7}$$

转速方程为

$$\hat{p}' - \hat{p}AC_D + K_p(\hat{p} - \hat{p}_{ss}) + K_n(\delta,\theta) = 0 \tag{12.7.8}$$

式中,$A = \dfrac{\rho Sd}{2m}$;$K_p = -Ak_x^{-2}C_{lp}$;$K_n = -Ak_x^{-2}\delta C_{\text{ln}}(\delta,\theta)$;$\hat{p} = \dfrac{pd}{v}$,$\hat{p}_{ss} = p_{ss}\dfrac{d}{v} = -\dfrac{C_{l0}}{C_{lp}}$;$k_x = \sqrt{\dfrac{I_x}{md^2}}$;$\rho$ 为空气密度;S 为弹箭特征面积;m 为弹箭质量;C_D 为阻力系数;C_{lp} 为极阻尼力矩系数导数;C_{l0} 为导转力矩系数;$C_{\text{ln}}(\delta,\theta)$ 表示非线性诱导滚转力矩系数,是 δ 和 θ 的函数;p_{ss} 为有差动弹翼时产生的平衡转速;v' 表示 v 对量纲为 1 的弧长 s 的微分。

将弹箭质心运动方程和绕心运动方程在 Oy、Oz 方向上的分量合并(这里略去具体过程),将变量 t 替换为变量 s,化简并略去高阶小量后得复攻角运动方程

$$\xi'' + [H - \mathrm{i}\hat{p}(\sigma - 2)]\xi' + [\hat{p}^2(\sigma - 1) - M + \mathrm{i}(\hat{p}' + \hat{p}H - M_{SM})]\xi = 0 \tag{12.7.9}$$

式中,$H = A[C_{N,\alpha} - 2C_D - k_t^{-2}(C_{M,q} + C_{M,\dot{\alpha}})]$;$M = Ak_t^{-2}C_{M,\alpha}(\delta,\theta)$;$M_{SM} = Ak_t^{-2}C_{SM}(\delta,\theta)$,$k_t = \sqrt{\dfrac{I_t}{md^2}}$;$\sigma = I_x/I_t$;$C_{M,\alpha}$ 为俯仰力矩系数导数,为 δ 和 θ 的函数;$C_{M,q}+C_{M,\dot{\alpha}}$ 表示俯仰阻尼力矩系数导数;$C_{N,\alpha}$ 为法向力系数导数;C_{SM} 为诱导侧向力矩系数导数,也是 δ 和 θ 的函数;ξ'、ξ'' 分别为复攻角 ξ 关于弹道弧长的一阶和二阶导数。

12.7.3 转速-攻角闭锁的数值仿真

12.7.3.1 仿真条件

本小节将利用上述动力学模型进行仿真。首先,给出如下形式的非线性力矩函数

$$C_{\text{ln}} = -a_1(C_{lp} - k_x^2 C_D)\sin k\theta \tag{12.7.10}$$

$$C_{SM} = a_2 c_0 \sin k\theta \tag{12.7.11}$$

$$C_{M,\alpha} = c_0(1 - c_1\delta^2 + a_3\cos k\theta) \tag{12.7.12}$$

式中,k 为弹箭的尾翼片数;a_1、a_2、a_3 为与 θ 相关的系数,其不等于 0 时,表示各力矩和 θ 有关;c_0、c_1 为与 δ 相关的系数。

本算例为美国的某大长径比导弹(4 片对称尾翼),其主要结构参数和气动参数为:

$k=4$,$p_{ss}=0$,$d=0.107$ m,$v=1\ 828.8$ m/s,$m=51.06$ kg,$C_{lp}=-18$,$C_D=0.4$,$C_{N,\alpha}=6.0$,$C_{M,q}+C_{M,\dot{\alpha}}=-1\ 180$,$c_0=6.0$,$c_1=25$,$a_1=0.006\ 9$,$a_2=0.474\ 7$,$a_3=0$。

假设各弹道参数和气动参数在短时间内近似为常数,可利用四阶龙格-库塔法对转速方程(12.7.8)和复攻角方程(12.7.9)进行数值积分。由于算例中的导弹具有 4 片对称尾翼且各非线性力矩是 θ 的周期函数,故初始总攻角的方向角可在 0°~90°之间变化,一般 ξ' 的初值也可设为 0。

12.7.3.2 不同初始条件下的仿真

根据前述模型和仿真条件,选取 11 种初始条件进行数值仿真,结果见表 12.7.1。表中 δ_0、p_0、θ_0 分别为仿真初始总攻角、初始转速和初始总攻角方向角,$\delta(2)$、$p(2)$、$\theta(2)$ 分别为 $\delta(t)$、$p(t)$、$\theta(t)$ 在仿真 $t=2$ s 时的各稳态参数值。由于 $k=4$,根据力矩函数式(12.7.10)~式(12.7.12),稳态总攻角方向角 θ 是以 90°为周期的函数,则表 12.7.1 中 2 s 时刻末的总攻

角方向角可表示为

$$\theta(2)=\bar{\theta}+90j \qquad (12.7.13)$$

式中，$\theta(2)$为 $t=2$ s 时弹箭总攻角平面相对于弹体 Oxy 平面的角位置；$\bar{\theta}$ 为 $t=2$ s 时总攻角平面与弹翼平面之间最小的夹角，$\bar{\theta}\in[-45°,45°]$；$j$ 为整数，和夹角最小的弹翼位置有关。

表 12.7.1　不同初始条件下的仿真结果

序号	$\delta_0/(°)$	$p_0/(\mathrm{r\cdot s^{-1}})$	$\theta_0/(°)$	$\delta(2)/(°)$	$p(2)/(\mathrm{r\cdot s^{-1}})$	$\bar{\theta}/(°)$	j
1	17	3	33	16.96	3.936	11.16	2
2	17	-3	33	17.07	-3.983	-11.25	-1
3	17	2	33	16.90	-3.904	-11.22	2
4	17	-2	33	16.96	-3.935	-11.24	-1
5	17	3	75	17.02	-3.938	-11.18	3
6	46	3	33	17.07	-3.965	-11.23	10
7	22	6	33	16.67	-3.789	-11.23	5
8	17	6	33	17.30	4.062	11.37	0
9	10	6	33	16.96	3.921	11.14	1
10	25	8	33	17.36	4.104	11.42	0
11	25	8	36	17.02	3.953	11.25	6
12	17	-4.2	33	16.78	3.851	11.14	-2

从表中结果可知，在本算例仿真参数条件下，稳态总攻角约为 17°，稳态转速约为 ±4 r/s（近似认为初始条件 1 对应的 $p(2)=3.936$ r/s 和条件 2 对应的 $p(2)=-3.983$ r/s 具有相同幅值）。当稳态转速为 4 r/s 时，稳态总攻角方向角约为$(11.2+90j)°$；当稳态转速为 -4 r/s 时，稳态总攻角方向角约为$(-11.2+90j)°$，说明闭锁状态时复攻角平面与弹翼平面的夹角相同，但由于稳态转速的方向（正、负）不同，使 $\bar{\theta}$ 不同，故复攻角平面分居弹翼平面的两侧。j 值和初始条件有关，在收敛过程中，复攻角平面相对初始位置转过的角度为$(\bar{\theta}-\theta_0+90j)°$，故 $j/4$ 可近似表示复攻角平面相对弹翼平面转过的转数。由表 12.7.1 可见，在相同参数条件下，转速－攻角闭锁的稳态值由初始条件决定。表中初始条件 1 对应的闭锁过程如图 12.7.2 所示。

从 $p-t$ 图可以看出，在收敛过程中转速的方向改变了 4 次，最终稳定在和初始转速相同的方向；从 $\theta-t$ 图可以看出，总攻角方向角会由初始值向着稳态值单调增大，最终收敛在稳态值附近；由 $\alpha-\beta$ 图和 $\delta-t$ 图，弹箭角运动从第一象限开始沿逆时针变化直至第三象限，总攻角收敛到稳态值（约 17°）。

从表 12.7.1 还可知，当初始转速为正时，稳态转速可能为正，也可能为负（如第 1、4 种情况）；同样，当初始转速为负时，稳态转速也可能为正或为负（如第 2、12 种情况）。为了研究正负稳态转速出现的概率，引入蒙特卡洛法进行数值仿真试验：δ_0 服从均匀分布 $U(0,20)$（单位为(°)），θ_0 服从均匀分布 $U(0,90)$（单位为(°)），当 p_0 服从均匀分布 $U(0,6)$（单位为 r/s）时，进行 1 000 次打靶，结果显示稳态转速同样为正的概率约为 70%，远大于稳态转速为负的概率；当 p_0 服从均匀分布 $U(-6,0)$（单位为 r/s）时，进行 1 000 次打靶试验，稳态转速为负的概率也约为 70%，远大于稳态转速为正的概率。

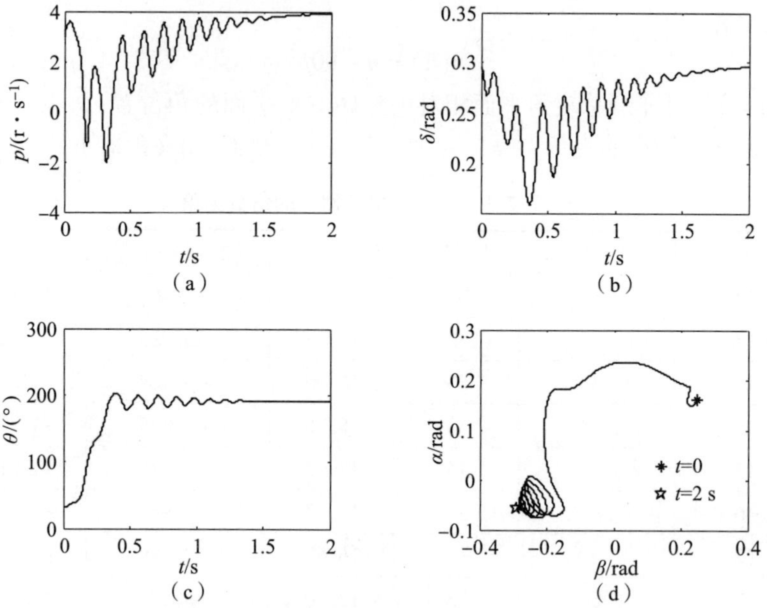

图 12.7.2　转速-攻角闭锁数值仿真(对应表 12.7.1 中初始条件 1)

(a)$p-t$;(b)$\delta-t$;(c)$\theta-t$;(d)$\alpha-\beta$

12.7.3.3　不同参数条件下的仿真

平衡转速 p_{ss} 可由差动弹翼产生,由力矩函数表达式(12.7.12)知,系数 a_3 反映了滚转角对俯仰力矩系数的影响。以 $p_0=3$ r/s,$\delta_0=17°$,$\theta_0=33°$为初始条件,在不同平衡转速 p_{ss} 和系数 a_3 条件下进行仿真,结果见表 12.7.2。

表 12.7.2　不同参数条件下的仿真结果

序号	p_{ss}/(r·s^{-1})	a_3	$\delta(2)$/(°)	$p(2)$/(r·s^{-1})	$\theta(2)$/(°)
1	0	1	17.25	2.098	95.40
2	0	2	19.82	0.021	90.04
3	0.5	0	18.96	-4.748	-14.27
4	1	0	20.51	-5.331	-17.42
5	1.37	0	21.43	-5.679	-21.83
6	1.38	0	None	None	None
7	2	0	None	None	None
8	-1.25	0	21.14	5.569	739.61
9	-1.26	0	None	None	None
10	1	1	20.80	-4.780	-14.34
11	1.38	1	0.378	-5.412	71.96
12	1.39	1	None	None	None
13	1	1.3	21.05	-4.539	76.72
14	1	1.47	None	None	None
注:表中“None”表示无稳态值,即不发生转速-攻角闭锁。					

由表中结果可知，当 $p_{ss}=0$ 时，若 a_3 大于某临界值，尽管发生转速－攻角闭锁，但稳态转速接近 0，稳态总攻角及其方向角为非零值；当 $p_{ss}\neq0$ 时，若 a_3 大于某临界值，将不发生转速－攻角闭锁；在 a_3 不变的情况下，p_{ss} 达到或超过一定临界值时，也不发生转速－攻角闭锁。此外，若初始总攻角为 0，则不论初始转速和初始总攻角的方向角为何值，最终各稳态值均为 0。

本章知识点

①弹箭飞行稳定性与李雅普诺夫稳定性定义的关系。

②动态稳定性判据的推导和应用。

③追随稳定性的物理意义。

④共振不稳定、转速闭锁、灾变性偏航、转速－攻角闭锁等现象的弹道学本质。

本章习题

1. 根据图 12.3.1（动态稳定边界图）的绘制原理与第 12.3.3 节介绍的火箭主动段动态稳定性条件，试绘制火箭的动态稳定边界图。

2. 根据第 12.7 节给出的动力学模型和算例数据，试编制计算机程序，对弹箭转速－攻角闭锁的现象进行仿真，并将结果与第 12.7.3 节中的结果进行对比。

第 13 章
弹箭的非线性运动及稳定性

内容提要

弹箭的实际运动都是非线性的，主要表现为气动力非线性和/或几何非线性，只是在某些条件下（如小攻角）非线性较弱，可简化为线性运动加以研究。在前述弹箭线性运动的基础上，本章从弹箭非线性运动的特点、分析方法以及近似解法入手，依次讲述非旋转弹箭和旋转弹箭的非线性运动。前者包括尾翼弹平面非线性运动的极限环、强非线性静力矩作用下以椭圆函数表示的精确解、尾翼弹的极限平面运动、非旋转弹箭的极限圆运动；后者包括非线性马格努斯力矩作用下旋转弹箭的运动及稳定性、旋转弹箭的极限圆运动。

13.1 弹箭非线性运动概述

13.1.1 弹箭非线性运动的特点

前面章节里所讲的炮弹与火箭的运动及稳定性都是指线性运动情况，其运动方程中只含有 $\boldsymbol{\Delta}$、$\boldsymbol{\Delta}'$、$\boldsymbol{\Delta}''$的一次项。当考虑空气动力非线性以及大攻角时，不能再用 $\sin\delta\approx\delta$，$\cos\delta\approx1$ 进行线性化而形成几何非线性，此时，弹箭的运动方程为非线性方程。弹箭的非线性运动及其稳定性与线性运动及其稳定性相比有许多特点，例如：

①非线性运动不具有叠加性，即不同起始条件或不同强迫干扰所造成的运动不等于各起始扰动或各强迫干扰单独作用造成的运动之和。

②弹箭线性运动的稳定性只与弹箭的结构参数及气动参数有关，而与运动的起始条件无关，但非线性运动的稳定性却与运动的起始条件密切相关。

③线性运动中弹箭固有频率与起始条件、振幅大小无关，是系统本身的特性，而在非线性运动中，运动频率与起始条件、振幅大小有关。

④弹箭线性运动只有唯一的极限运动，即攻角为零的极限运动，但在非线性运动中却可以出现非零的极限运动，例如极限圆运动、极限平面运动、极限外摆线运动等。

⑤在线性运动中，弹箭在周期性强迫干扰的作用下，最后剩下的强迫运动频率与外界的干扰频率相同（对于不对称因素产生的干扰，这个频率就是弹箭的自转角速度）；在阻尼不为零时，强迫运动振幅随干扰频率变化而单值连续地变化。但在非线性运动中，除了有与干扰频率相同的强迫运动（谐波响应）外，还有与干扰频率成倍数的次谐波和超谐波响应，次谐波的出

现将剧烈地破坏弹箭的飞行稳定性。此外，强迫运动的振幅随频率的变化还出现多值和跳跃现象。

在实际弹箭飞行中，有些现象用线性理论难以解释。例如，某些在跨声速飞行的尾翼炮弹或航弹，在大多数情况下飞行稳定，但偶尔会出现飞行不稳定或中途掉弹现象，而在结构和强度上又找不出什么毛病，这很可能就是因为它们的运动在相平面上存在不稳定的极限环，而又突然受到大的起始扰动或飞行干扰，使相点跃出了极限环而导致不稳定运动；有的弹箭飞行中出现攻角大小不衰减的圆锥摆动，使阻力增大、射程减小，很可能是产生了稳定的非线性自激振动极限圆运动。又如，发现某种尾翼式低旋火箭弹在行进的军舰上右侧发射时飞行稳定，而左侧发射时飞行不稳，这种明显的飞行不稳定与发射初始条件有关的特性，只可能是非线性运动造成的。随着各种新型弹箭的出现以及作战任务的扩大，许多弹箭都处于大攻角、非线性气动力飞行的状态。例如，大起始扰动、运动载体侧向射击、某些弹道修正弹在较大横向脉冲瞬间作用后的大攻角飞行、非对称末敏子弹的大攻角扫描、强随机风干扰、滑翔增程弹的大攻角滑翔等。运用弹箭非线性运动理论，一方面可以根据弹箭结构参数和气动力非线性大小预测弹箭可能的飞行状态，提高设计水平，扩大稳定域的范围；另一方面也可对一些被证实是非线性造成飞行不稳的弹箭，重新设计发射方式和发射时机。这就是研究弹箭非线性运动及其稳定性的实际意义。

需要说明的是，弹箭非线性运动研究的内容很多，限于篇幅，本章只简要介绍一部分，更多内容可参见文献[9]和文献[57]。

13.1.2　微分方程的定性分析法

因为非线性微分方程除少数外，一般得不到解析解。故通常采用定性分析方法获得解的若干性质，最常用的是相空间法和相平面法。

设有二阶系统

$$\ddot{x} = f(x,\dot{x}) \tag{13.1.1}$$

令 $y = \dot{x}$，将其变为两个一阶方程

$$\mathrm{d}x/\mathrm{d}t = y,\quad \mathrm{d}y/\mathrm{d}t = f(x,y) \tag{13.1.2}$$

相除得

$$\mathrm{d}y/\mathrm{d}x = f(x,y)/y \tag{13.1.3}$$

这是一个以 x 为自变量、y 为因变量的一阶微分方程，如能积分出该方程，得到 y 与 x 的函数关系，则可由式(13.1.2)把 x 与 t 的关系计算出来。因此，对方程(13.1.1)的研究就可用对方程(13.1.3)的研究来代替。由于 x 和 $\dot{x} = y$ 是系统(13.1.1)的状态，故这种不直接用时间变量而用状态变量表示系统变化(运动)的方法称为状态空间法或相空间法。在二维状态空间中，由直角坐标 x 和 y 组成的平面称为相平面；系统的某一状态对应于平面上的一个点，称为相点；状态随时间转移的情况对应于相点的移动，相点随时间变化描绘出来的曲线称为相轨线。有了相轨线，就可以知道系统状态的变化，也即可知方程(13.1.1)解的性质。

例如，范德波尔(Van de Pol)方程为

$$\ddot{x} - \varepsilon(1 - x^2)\dot{x} + x = 0 \tag{13.1.4}$$

令 $y = \dot{x}$，得相轨线方程

$$\mathrm{d}x/\mathrm{d}t = y,\quad \mathrm{d}y/\mathrm{d}t = \varepsilon(1 - x^2)y - x \tag{13.1.5}$$

用作图法或计算机数值计算,得相轨线,如图13.1.1所示。在相平面的上半平面,因 $y = \dot{x} > 0$,故 x 随时间增大而增大,下半平面 $y = \dot{x} < 0$,x 随时间增大而减小,因此可定出相轨线的走向。在图13.1.1(c)中,出现了一种孤立的闭轨线,但随着时间 t 值的增大,都趋向于这条闭轨线,这种闭轨线称为稳定的极限环。

13.1.3 奇点理论

对于微分方程组

$$\mathrm{d}x/\mathrm{d}t = f(x,y), \quad \mathrm{d}y/\mathrm{d}t = g(x,y) \tag{13.1.6}$$

使 $f(x,y)=0$ 且 $g(x,y)=0$ 的点称为奇点或平衡点,这时相速度 $v=\sqrt{\dot{x}^2+\dot{y}^2}=0$。当 $t\to\infty$ 时,如果相轨线不断逼近奇点,或环绕奇点在有限范围内变化,则该奇点是稳定的;反之,是不稳定的。而研究方程组(13.1.6)的解的稳定性,就转化为讨论它所对应的所有奇点的稳定性。为此,下面介绍奇点的分类和稳定性判别准则。

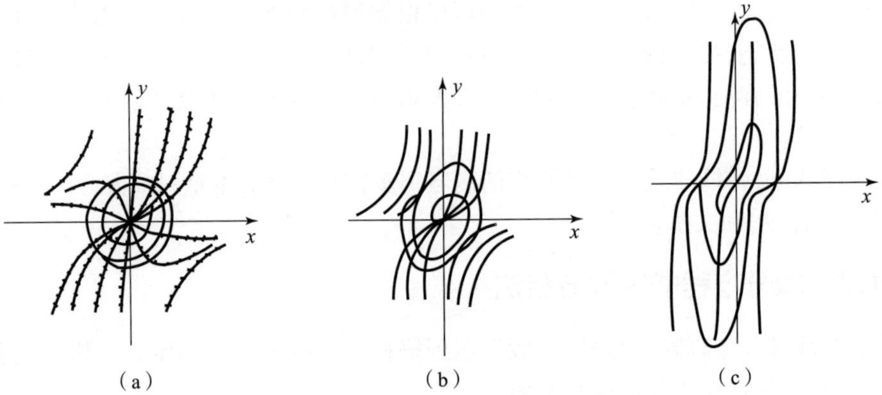

图13.1.1 范德波尔方程的相轨线

(a) $\varepsilon=0.2$;(b) $\varepsilon=1$;(c) $\varepsilon=5$

1. 一次线性奇点

研究线性方程组

$$\mathrm{d}x/\mathrm{d}t = ax+by, \quad \mathrm{d}y/\mathrm{d}t = cx+dy \tag{13.1.7}$$

该方程组原点所对应的奇点称为一次线性奇点。一次线性奇点有4种类型,即鞍点、结点、焦点和中心。奇点周围的相轨线的典型分布如图13.1.2所示。

为了判别一次线性奇点的类型和稳定性,作方程组(13.1.7)的特征方程

$$D(\lambda) = \begin{vmatrix} a-\lambda & b \\ c & d-\lambda \end{vmatrix} = \lambda^2 + p\lambda + q = 0 \tag{13.1.8}$$

式中,$p=-(a+d)$;$q=ad-bc$。由此解得下面的特征根以及两个重要定理。

定理1

$$\lambda_{1,2} = -p/2 \pm \sqrt{p^2-4q}/2 \tag{13.1.9}$$

①若 $q<0$,则奇点是鞍点,鞍点是不稳定的(因 $\lambda_1>0$)。其相轨线如图13.1.2(d)所示。

②若 $q>0$,$p^2-4q>0$,则奇点为结点。当 $p>0$ 时,为稳定的结点($\lambda_{1,2}$ 为负实数);当 $p<0$ 时,为不稳定的结点($\lambda_{1,2}$ 为正实数)。其相轨线如图13.1.2(a)、(b)、(c)所示。

③若 $q>0$,$p^2-4q<0$,则奇点是焦点。当 $p>0$ 时,为稳定的焦点($\lambda_{1,2}$ 为复数,有负实

部）；当 $p<0$ 时，为不稳定的焦点（$\lambda_{1,2}$ 有正实部）。如图 13.1.2(f)所示。

④若 $q>0, p=0$，则奇点为中心，$\lambda_{1,2}=\pm i\sqrt{q}$。如图 13.1.2(e)所示。

⑤若 $q>0, p^2-4q=0$，则奇点为临界结点（$b^2+c^2=0$）或是退化结点（$b^2+c^2\neq0$），且当 $p>0$ 时为稳定的，当 $p<0$ 时为不稳定的。

⑥若 $q=0$，则

a. 当 $a=b=c=d=0, \lambda_{1,2}=0$ 时，则平面上每个点都是奇点。

b. 当 $a=b=0$（或 $c=d=0$），但 $c^2+d^2\neq0$（或 $a^2+b^2\neq0$）时，可分为两种情况。

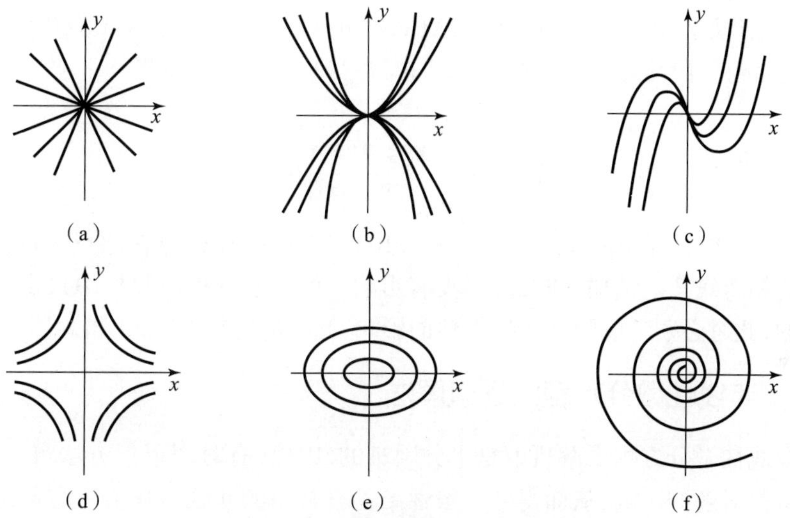

图 13.1.2　一次线性奇点典型的相轨线

(a)～(c)结点；(d)鞍点；(e)中心；(f)焦点

当 $d=0$ 时，方程组(13.1.7)化为 $\mathrm{d}x/\mathrm{d}t=0, \mathrm{d}y/\mathrm{d}t=cx$，此时 y 轴上的点都是奇点，其他积分曲线均为直线 $x=$ 常数。又当 $c>0$ 时，则在 $x>0$ 半平面，$t\to+\infty$，y 单调增加到 $+\infty$；而在 $x<0$ 半平面，$t\to+\infty$，y 单调减小到 $-\infty$。

当 $d\neq0$ 时，方程组(13.1.7)化为 $\mathrm{d}x/\mathrm{d}t=0, \mathrm{d}y/\mathrm{d}t=cx+dy$，此时 $y=-(c/d)x$ 直线上的点都是奇点，其他积分曲线均为直线 $x=$ 常数。又当 $t\to+\infty$，则直线 $y=-(c/d)x$ 的两侧积分曲线或同时趋于直线上的奇点，或同时远离到无限，这由 $d<0$ 或 $d>0$ 而定。

对 $c=d=0$，可同样进行讨论。

c. $a^2+b^2\neq0, c^2+d^2\neq0$，这时两直线 $ax+by=0, cx+dy=0$ 重合，因此，这两直线上的点都是奇点，积分曲线簇是

$ay=cx+c_1$（当 $a^2+c^2\neq0$）；$by=dx+c_2$（当 $b^2+d^2\neq0$）

当 t 变化时，x 和 y 均为单调变化。

方程组(13.1.7)的奇点判别定理 1 的①～④种情况可归结在图 13.1.3 中。

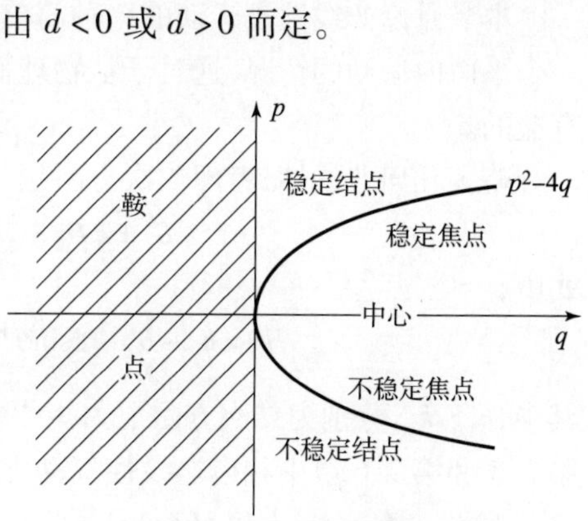

图 13.1.3　奇点的判别

2. 附加非线性项的情形

若在原点附近,函数$f(x,y)$和$g(x,y)$可展成x、y的级数。用$X(x,y)$和$Y(x,y)$分别表示$f(x,y)$和$g(x,y)$展开式中高于一次项的总和,方程组(13.1.6)可写成下面的形式

$$\mathrm{d}x/\mathrm{d}t = ax + by + X(x,y),\quad \mathrm{d}y/\mathrm{d}t = cx + dy + Y(x,y) \tag{13.1.10}$$

其中,$X(x,y)$和$Y(x,y)$称为附加非线性项。

如果能用线性方程(13.1.7)代替非线性方程(13.1.10),那么,研究在原点附近的定性特性就简单多了。那么在什么情况下这种代替是可以的,在什么情况下这种代替是不允许的呢?为此,引出定理2。

定理2 对于方程组(13.1.10),如果$X(x,y)$和$Y(x,y)$满足条件①$X(0,0)=Y(0,0)=0$;②在原点附近有一阶偏导数X'_x、X'_y、Y'_x、Y'_y;③存在一个整数δ,使当$x^2+y^2\to 0$时,一致地,有

$$\lim_{x^2+y^2\to 0}\frac{X'_x+X'_y+Y'_x+Y'_y}{\delta\sqrt{x^2+y^2}}=0$$

则在定理1的①、②、③、⑤情况下,方程(13.1.10)与方程(13.1.7)在原点附近有相同的定性特性和相同的相轨线几何结构,非线性项没有影响。但对于方程(13.1.10),定理1中的④和⑥是不成立的,此时必须考虑附加非线性项的影响,此种情况较复杂,不再叙述。

13.1.4 非线性微分方程的近似解法

一般对非线性微分方程求解析解是十分困难的,因此,有时用近似方法求它的解析解,以便于分析各参数对解的影响,从而得到一般性结论。常用的非线性微分方程的近似解法有平均法、摄动法和渐近法。在本章中,用得较多的是平均法和克雷诺夫-波哥留波夫方法,这将在下一节中讲述。摄动法见参考文献[9]。

13.2 尾翼弹平面非线性运动的极限环

13.2.1 运动方程

本节讨论非线性角运动的一种简单情况,即具有小阻尼和弱非线性静力矩的非旋转弹在一个平面内运动的情况,这对于从物理概念上理解弹箭非线性运动稳定性和极限运动是十分有益的。

略去几何非线性,考虑二次方阻尼、三次方静力矩时,非旋转弹的平面摆动方程为

$$\delta'' + (H_0 + H_2\delta^2)\delta' - (M_0 + M_2\delta^2)\delta = 0 \tag{13.2.1}$$

式中,

$$H_0 = b_y - b_x - g\sin\theta/v^2 + k_{zz0},\ H_2 = k_{zz2},\ M_0 = k_{z0},\ M_2 = k_{z2} \tag{13.2.2}$$

其中,k_{zz0}、k_{zz2}分别为二次方阻尼力矩中的常数项和二次项的系数,其余的符号可参见第2章第2.5和第2.6节中相应非线性气动力和力矩的表达式。

若$H_2=M_2=0$,方程(13.2.1)即为非旋转弹平面线性摆动方程。当$H_0>0$,$M_0<0$时,运动稳定,并且在$|4M_0|>H_0^2$时做衰减振荡运动,频率为

$$\omega_c = \sqrt{-M_0} = \sqrt{-k_{z0}} \tag{13.2.3}$$

初始振幅由起始条件确定，$s \to \infty$ 时，攻角 $\delta \to 0$。

对于 $H_2 \neq 0, M_2 \neq 0$，只讨论小阻尼（$H_0^2 < |4M_0|$）和弱非线性静力矩（$|M_2| \cdot \delta^2 \ll |M_0|$）情况下静稳定弹（$M_0 < 0$）的非线性运动，这是实际中经常会遇到的情况。此时方程（13.2.1）可写成

$$\delta'' + \omega_c^2 \delta = -(H_0 + H_2\delta^2)\delta' + M_2\delta^3 \tag{13.2.4}$$

将自变量改为 $z = \omega_c s$，并在本节范围内以"·"表示对 z 的导数，则此方程变成如下形式

$$\ddot{\delta} + \delta = f(\delta, \dot{\delta}), f(\delta, \dot{\delta}) = -(H_0 + H_2\delta^2)\dot{\delta}/\omega_c + M_2\delta^3/\omega_c^2 \tag{13.2.5}$$

如果略去方程右边的弱阻尼项和弱非线性静力矩项，则得到线性振子

$$\ddot{\delta} + \delta = 0 \tag{13.2.6}$$

其解为

$$\delta = R\sin(z + \varphi); \dot{\delta} = R\cos(z + \varphi) \tag{13.2.7}$$

式中

$$R = \sqrt{\delta_0^2 + (\delta_0'/\omega_c)^2}, \varphi = \arctan(\delta_0\omega_c/\delta_0') \tag{13.2.8}$$

R、φ 是由起始条件 δ_0、δ_0' 决定的常数。将方程（13.2.6）乘以 $2\dot{\delta}$ 后可变成全微分式，积分并代入起始条件后得

$$\dot{\delta}^2 + \delta^2 = R \tag{13.2.9}$$

如令 $x = \delta, y = \dot{\delta}$，则得到相轨迹方程

$$x^2 + y^2 = R \tag{13.2.10}$$

可见相轨迹是以原点为圆心的一簇同心圆，如图 13.2.1 所示。圆的半径 R 由起始条件确定，取不同的起始条件可得到不同半径的相轨线，它们连续地布满整个相平面。

由于 $\dot{\delta}^2$ 正比于弹箭的动能 $T = A\dot{\delta}^2/2$，δ^2 正比于弹箭的位能 $V = (-M_0)A\delta^2/2$，故式（13.2.9）表示机械能守恒。因此，在线性振子式（13.2.6）的同一条相轨线上有机械能守恒。

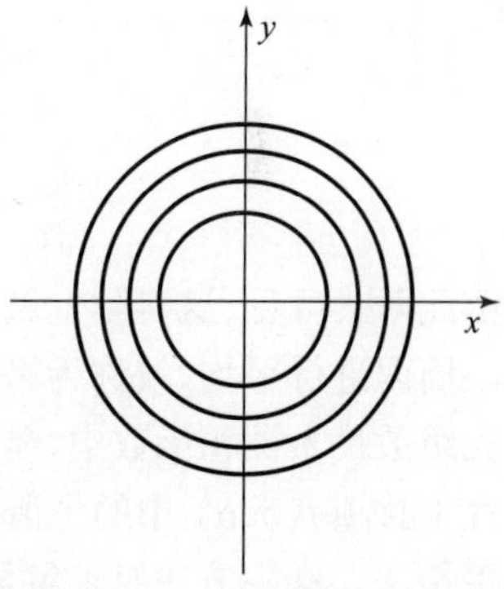

图 13.2.1　线性振动的相轨线

13.2.2　非线性角运动方程的第一次近似解

当考虑非线性干扰项 $f(\delta, \dot{\delta})$ 时，方程（13.2.5）的解中将出现泛音，即频率为 $n\omega_c$ 的振动分量。在第一次近似中，假定方程（13.2.5）的解仍具有式（13.2.7）的形式，不过其中的 R 和 φ 不是常数，而是 $z = \omega_c s$ 的函数。将式（13.2.7）第一式对 z 求导一次，得

$$\dot{\delta} = \frac{dR}{dz}\sin(z + \varphi) + R\cos(z + \varphi)\left(1 + \frac{d\varphi}{dz}\right) \tag{13.2.11}$$

由于改用两个函数 $R(z)$、$\varphi(z)$ 来表示一个函数 $\delta(z)$，为了使 $R(z)$、$\varphi(z)$ 具有确定的形式，必须有两个定解条件，其中一个就是要满足方程（13.2.5），另一个条件可以给定，通常给定的原则是使 $\dot{\delta}$ 仍具有线性情况下的表达式，即式（13.2.7）的第二式，因而必须有

$$\frac{\mathrm{d}R}{\mathrm{d}z}\sin(z+\varphi)+R\frac{\mathrm{d}\varphi}{\mathrm{d}z}\cos(z+\varphi)=0 \tag{13.2.12}$$

于是 $\dot{\delta}$ 就简化成线性情况下的形式,再求导一次得

$$\ddot{\delta}=\frac{\mathrm{d}R}{\mathrm{d}z}\cos(z+\varphi)-R\left(1+\frac{\mathrm{d}\varphi}{\mathrm{d}z}\right)\sin(z+\varphi)$$

将 $\dot{\delta}$、$\ddot{\delta}$、δ 代入方程(13.2.5)第一式中得

$$\frac{\mathrm{d}R}{\mathrm{d}z}\cos(z+\varphi)-R\frac{\mathrm{d}\varphi}{\mathrm{d}z}\sin(z+\varphi)=f\left[R\sin(z+\varphi),R\cos(z+\varphi)\right] \tag{13.2.13}$$

联立式(13.2.13)和式(13.2.12)可解出 $\dot{R}(z)$、$\dot{\varphi}(z)$,为

$$\frac{\mathrm{d}R}{\mathrm{d}z}=f\left[R\sin(z+\varphi),R\cos(z+\varphi)\right]\cos(z+\varphi) \tag{13.2.14}$$

$$\frac{\mathrm{d}\varphi}{\mathrm{d}z}=-\frac{1}{R}f\left[R\sin(z+\varphi),R\cos(z+\varphi)\right]\sin(z+\varphi) \tag{13.2.15}$$

虽然上两式右边的三角函数随 $\zeta=z+\varphi$ 迅速变化,但由于 $f(\delta,\dot{\delta})$ 是小阻尼和弱非线性干扰项,其数值较小,故 R 和 φ 的变化率并不大,因此,在第一次近似中可将方程(13.2.14)和方程(13.2.15)右边所含的 R 和 φ 在运动的一个周期内视为常数。于是,此两方程的右边将是 $\zeta=z+\varphi$ 的周期函数,周期为 2π,因此可展成傅氏级数,得

$$\frac{\mathrm{d}R}{\mathrm{d}z}=\frac{a_0}{2}+\sum_{n=1}^{\infty}a_n(R)\cos(n\zeta)+\sum_{n=1}^{\infty}b_n(R)\sin(n\zeta) \tag{13.2.16}$$

$$\frac{\mathrm{d}\varphi}{\mathrm{d}z}=\frac{c_0}{2}+\sum_{n=1}^{\infty}c_n(R)\cos(n\zeta)+\sum_{n=1}^{\infty}d_n(R)\sin(n\zeta) \tag{13.2.17}$$

式中,a_n、b_n、c_n、d_n 为相应的傅氏系数。由于 $f(\delta,\dot{\delta})$ 是对线性振子的弱干扰,作为第一次近似,还可进一步略去上两式中各振动项的交变影响,而只保留常数项,得

$$\frac{\mathrm{d}R}{\mathrm{d}z}=\frac{a_0}{2}=\frac{1}{2\pi}\int_0^{2\pi}f\left[R\sin\zeta,R\cos\zeta\right]\cos\zeta\mathrm{d}\zeta \tag{13.2.18}$$

$$\frac{\mathrm{d}\varphi}{\mathrm{d}z}=\frac{c_0}{2}=\frac{1}{2\pi}\int_0^{2\pi}-\frac{1}{R}f\left[R\sin\zeta,R\cos\zeta\right]\sin\zeta\mathrm{d}\zeta \tag{13.2.19}$$

由此两式可见,这实际上就是将方程(13.2.14)和方程(13.2.15)的右边在快转动相位 ζ 变化一周内进行平均,故称为平均法或克雷诺夫-波哥留波夫第一次近似法。如将 $f(\delta,\dot{\delta})$ 展成傅氏级数代入被积函数中,显然只有其中的一次谐波在上两式中有积分值,故此法只考虑了非线性干扰项 $f(\delta,\dot{\delta})$ 中的主谐波对线性振子振幅和频率的影响,实际上也是非线性力学中的谐波平衡法。这一方法对求解弱非线性问题十分有效,但也有误差,当精度要求较高时,必须采用高次近似。

将 $f(\delta,\dot{\delta})$ 代入式(13.2.18)和式(13.2.19)中,积分后得

$$\frac{\mathrm{d}R}{\mathrm{d}z}=-\frac{R}{4\sqrt{-M_0}}(4H_0+H_2R^2)=F(R),\frac{\mathrm{d}\varphi}{\mathrm{d}z}=\frac{3M_2}{8M_0}R^2=\Phi(R) \tag{13.2.20}$$

13.2.3 相平面分析

在相平面 xOy 中,相点位置由 $x=\delta,y=\dot{\delta}$ 确定,如图13.2.2所示。但从式(13.2.7)可见,相点 B 的位置也可用相径 $R(z)$ 和幅角 $z+\varphi(z)$ 确定。按范德波尔方法作一动相平面 $\bar{x}O\bar{y}$

以顺时针旋转，则在动相平面上，B 点的位置由 $R(z)$、$\varphi(z)$ 确定，于是方程(13.2.20)描述了动相平面上相点的运动规律。

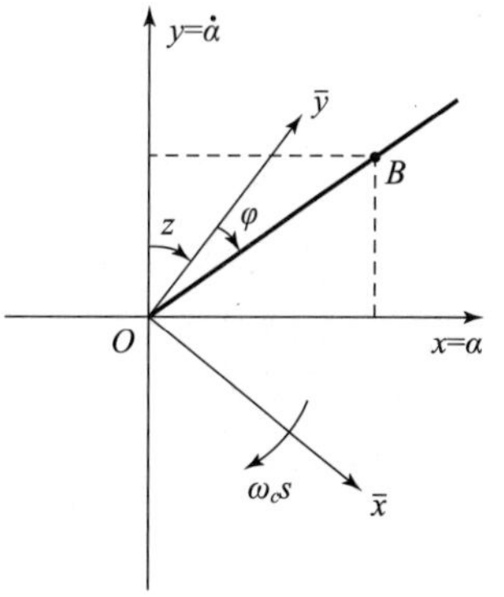

图 13.2.2　动相平面和定相平面

先讨论 $M_2=0$ 的情况，即线性静力矩情况。$\Phi(R)\equiv 0$，$\varphi=\varphi_0=$ 常数，故动相平面上的奇点只可能在幅角为 φ_0 的射线上，而奇点的位置由 $F(R)=0$ 的根决定。

当 $H_0>0$、$H_2>0$ 时，动相平面上只有一个奇点，即 $R=0$。此时由方程(13.2.20)知，对任何 R，恒有 $\dot{R}<0$。当 z 增大时，相点 B 沿 φ_0 射线无限逼近于原点，故动相平面上的原点为稳定结点，而相点 B 在定相平面上将画出一圈圈半径不断缩小的螺线(图 13.2.3(a))，定相平面上的原点显示为稳定的焦点；相应的弹轴摆动曲线如图 13.2.3(b)所示，运动是渐近稳定的。

反之，当 $H_0<0$、$H_2<0$ 时，动相平面上的原点为不稳定结点，定相平面上的原点为不稳定的焦点，相应的相轨线和弹轴摆动曲线如图 13.2.3(c)、(d)所示，弹箭的运动是不稳定的。

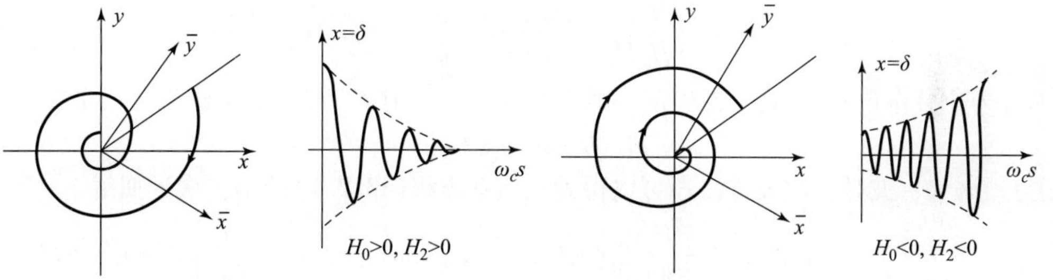

(a)　(b)　(c)　(d)

图 13.2.3　$H_0H_2>0$ 时的相轨线和振动曲线

当 H_0 和 H_2 异号时，动相平面上又增加了一个奇点($R=2\sqrt{-H_0/H_2}=R_p$，$\varphi=\varphi_0$)。

如果 $H_0<0$、$H_2>0$，则由式(13.2.20)可知，当 $0<R<R_p$ 时，$\dot{R}>0$，相径将不断增大；当 $R>R_p$ 时，$\dot{R}<0$，相径又不断缩小；只有在 $R=R_p$ 处，$\dot{R}=0$，相径保持不变。故此奇点为动相平面上稳定的结点，而原点为不稳定的结点。相应地，在定相平面上，此奇点将画出一个半径为 R_p 的封闭圆，当相点在动平面上沿 φ_0 射线向此奇点逼近时，它将在定相平面上画出一圈圈向此圆不断逼近的螺线，如图 13.2.4(a)所示，故此圆是定相平面上稳定的极限环。这时原点是定相平面上不稳定的焦点。

图 13.2.4(a)中极限环闭轨线与图 13.2.1 中线性振子闭轨线不同之处在于，极限环邻域内不存在其他的闭轨线，故极限环是一种孤立的闭轨线，相应的弹轴摆动曲线如图 13.2.4(c)所示。只要起始条件不为零，则摆动都会是逼近振幅 R_p 的等幅振动。但因 $\dot{\varphi}=0$，故振动的频率和周期与线性振子(13.2.6)相同，这种第一次近似下的等时性称为准等时性。这时弹箭不具有李雅普诺夫意义下的稳定性，但其相轨线具有轨道稳定性，对于弹箭来说，表现为无论受到何种扰动，弹箭都会逼近于相同振幅的简谐振动。由于弹箭总会或多或少地受到扰动，因此，在 $H_0<0$、$H_2>0$ 的条件下，它将总是受到激发而趋于定常振动，这种振动称为自激振动。此时，仍然认为弹箭的运动是稳定的。不过，由于自激振动会消耗弹箭的动能和增大阻力，使射程减小，并且还会使散布加大，故在气动设计上，应尽量减小自激振动的振幅，或减小稳定极

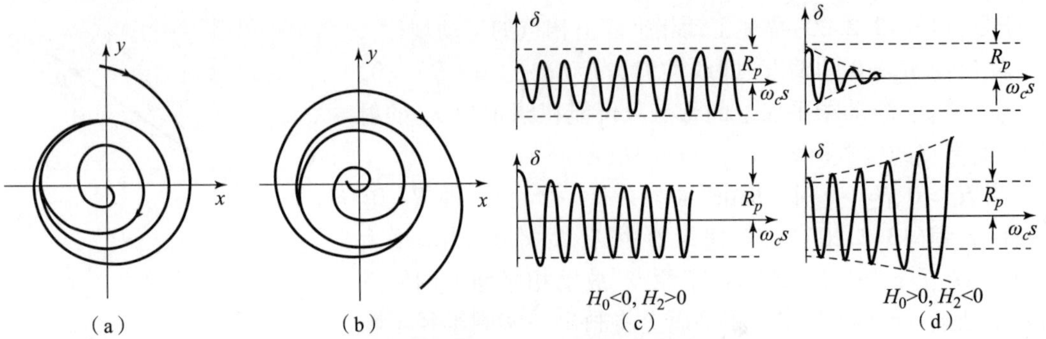

图13.2.4 尾翼弹平面非线性运动的极限环($H_0H_2<0$)

限环的半径。

至于自激振动的形成以及振幅的大小,也可直接由方程(13.2.20)积分得到。由该式积分得

$$R^2=4\left(\frac{H_0}{H_2}\right)\frac{A_0\exp(-H_0 s)}{1-A_0\exp(-H_0 s)}\quad(H_0<0)$$

式中,A_0为积分常数,由起始条件确定。显然,$s\to\infty$时,总有$R^2\to R_p^2$,运动逼近于简谐振动

$$\delta=R_p\sin(\omega_c s+\varphi_0)$$

应用克雷诺夫-波哥留波夫方法还可以得到角运动方程(13.2.1)的第二次近似解

$$\delta=R_p\sin(\omega_c s+\varphi_0)-\frac{H_0}{8\omega_c}R_p\cos3(\omega_1 s+\varphi_0),\omega_1=\omega_c\left[1-\left(\frac{H_0}{4\omega_c}\right)^2\right]\approx\omega_c\quad(13.2.21)$$

由此可见,这时除基频振动外,还出现了$3\omega_c$的泛音。

从数学上讲,当$M_2=0$,$H_0<0$,$H_2>0$时,方程(13.2.1)恰好为范德波尔方程。数学上早已证明范德波尔方程有一个稳定的极限环,不过此极限环的准确图形不是圆,而是如图13.2.5中L_p'闭曲线的形状。尽管如此,由图13.2.5和第二次近似解(13.2.21)可见,L_p曲线在横轴上的变化范围大致还是$\pm2\sqrt{-H_0/H_2}=\pm R_p$。因此,第一次近似方法所得到的极限运动振幅还是足够准确的。

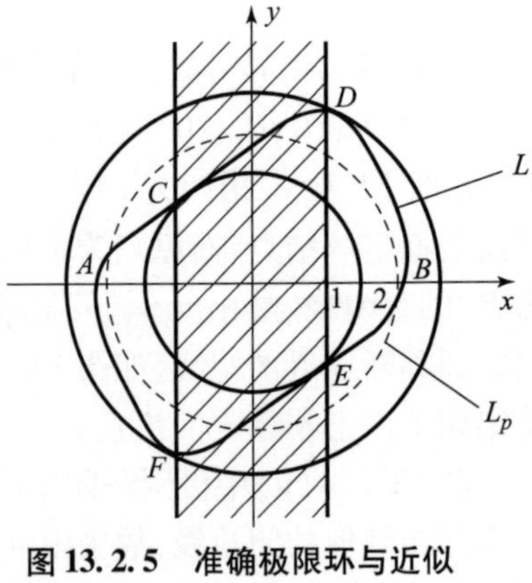

图13.2.5 准确极限环与近似极限环(坐标单位为$\sqrt{-H_0/H_2}$)

在第13.4节里还要证明,即使非旋转尾翼弹的起始扰动δ_0、$\dot{\delta}_0$不在同一平面内,具有非线性阻尼特性且$H_0<0$、$H_2>0$的弹箭也会在经过短暂的空间摆动后迅速地逼近于同一平面内的等幅振动,振幅仍为R_p。尽管一般的尾翼弹并不具备$H_0<0$的负阻尼特性,但某些特殊外形的尾翼弹在特殊飞行条件下是可能出现的。例如,某些尾翼飞行器在跨声速飞行中,由于头部分离流的作用,使质心运动动能变成角运动动能而形成负阻尼特性,这已被实验观测所证实,因此本节所讨论的平面极限运动是有实际意义的。

同理,当$H_0>0$、$H_2<0$时,定相平面上的圆$R=R_p$为不稳定的极限环,而原点为稳定结

点。当起始条件 $0<R<R_p$ 时，相点被阻尼至原点，弹箭运动渐近稳定；当 $R>R_p$ 时，相点将远离极限环，弹箭运动不稳。图 13.2.4(b)、(d)所示为相应的不稳定点极限环、相轨线和振动曲线。

在跨声速区，弹箭气动力非线性较强，尽管小攻角时弹箭具有正阻尼($H_0>0$)，但攻角较大时就可能出现 $H_2<0$，这时便会产生不稳定的极限环。因而虽在大多数情况下弹箭运动与线性运动情况并无差异(攻角逐渐衰减)，但当起始扰动过大，或飞行中遇到较大干扰(例如大的阵风)，或转速穿过共振区时，因攻角较大而使相点跳出极限环，于是相点将进一步离开不稳定极限环，攻角不断增大，产生动态不稳而坠落。这是造成某些在跨声速区飞行的迫击炮弹、航空炸弹在飞行中途掉弹的原因之一。由于过大的干扰是随机出现的，故掉弹现象也表现为偶然。为了避免非线性运动掉弹的发生，应在弹箭气动外形设计上减小非线性负阻尼 H_2 的数值。

再讨论 $M_2\neq 0$ 时的情况。这时 $\dot{\varphi}\neq 0$，故在动相平面上，相点也要绕原点转动，并且 $M_2<0$ 时，$\dot{\varphi}>0$ 为顺时针向转动，$M_2>0$ 时为逆时针方向转动，但相径的变化规律仍按方程(13.2.20)进行。因此，它只是把定相平面上的相轨线顺时针方向拉长($M_2<0$)或逆时针方向缩短($M_2>0$)，极限运动的振幅仍为 $R_p=2\sqrt{-H_0/H_2}$，稳定特性不变，但频率变为 $\omega=\omega_c+3M_2R_p^2/(8M_0)$，导致频率与振幅有关。

13.2.4　极限运动的能量解释

将方程(13.2.1)的保守项留在左边，非保守项移到右边，同乘以 δ'，整理后得

$$\frac{\mathrm{d}(T+E)}{\mathrm{d}s}=-(H_0+H_2\delta^2)(\delta')^2 \tag{13.2.22}$$

式中，$T=(\delta')^2$ 正比于角运动动能；$E=-[M_0\delta^2+(M_2/2)\delta^4]/2$ 正比于角运动位能；$T+E$ 正比于弹箭角运动总能量。

由式(13.2.22)可见，当 $H_0<0$、$H_2>0$ 时，运动过程中只要 $\delta^2<-H_0/H_2$，弹箭角运动总能量将增加；当 $\delta^2>-H_0/H_2$ 时，总能量又会减少。如果在弹箭摆动一周内吸入的能量正好补充了耗散的能量，那么弹箭就能维持定常振动。相点沿极限环运动所代表的极限定常振动就具有这种性质。

在图 13.2.5 中，$M_2=0$ 的准确极限环 L_p 上，注意到相径的平方为

$$R^2=\delta^2+\dot{\delta}^2=\delta^2+(\delta')^2/(-M_0) \tag{13.2.23}$$

它恰好可代表 $M_2=0$ 时弹箭的总能量，故在区间 $|\delta|<\sqrt{-H_0/H_2}$(图 13.2.5 中阴影区)内的极限环上，相点的相径逐渐增大，在此区间之外，相径逐渐减小，而在 $\delta=\pm\sqrt{-H_0/H_2}$ 处(图 13.2.5 中 C、D、E、F 点)，总能量和相径同时取得极值。由于在 DE 和 FC 段上损失的能量恰好在 EF 段和 CD 段得到补充，所以弹箭能维持定常振动。角运动能量的损耗由质心运动得以补充。

由此可知，极限环闭轨线所代表的定常振动不同于图 13.2.1 中保守系统闭轨线代表的定常振动。因为前者在振动中能量是周期地吸入和耗损，而后者在振动中能量守恒。前者振幅与起始条件无关，而后者振幅由起始条件决定。极限环代表的自激振动也不同于线性系统在周期干扰下的强迫振动。因为后者的振幅和频率取决于干扰的振幅和频率。

最后自然注意到，在近似极限环 $R=R_p$ 的圆上，当 $M_2=0$ 时，相点在圆上运动时，能量也

是不变的,即 $R^2=\delta^2+(\delta')^2/(-M_0)=-4H_0/H_2$,因而显示不出弹箭自振中能量吸入和耗损的情况。这种情况是由第一次近似的平均方法造成的,其效果相当于变化的能量看作平均不变。

顺便指出,$M_2\neq0$ 时,R^2 不能代表总能量,当 M_2 较大时,也不能用本章的方法求解。强非线性静力矩作用下弹箭角运动方程的解涉及椭圆函数的一些问题,将在下一节里讲述。

另外,本节的方法只适用于分析单自由度运动,对于二自由度运动,这一方法将变得十分复杂。故对于旋转弹或非旋转弹做空间运动的情况,将采用改进的克雷诺夫-波哥留波夫平均方法来求解,这将在下面章节里叙述。

13.3 强非线性静力矩作用下的椭圆函数精确解

对于具有强非线性的弹箭,当仅考虑非线性静力矩作用时,可以得到以椭圆函数表示的精确解析解。为此,下面简单介绍一下椭圆积分和椭圆函数的概念。

13.3.1 椭圆积分和椭圆函数

如下形式的积分称为第一类椭圆积分

$$u=\int\frac{\mathrm{d}x}{\sqrt{(1-x^2)(1-k^2x^2)}}$$

称其反函数 $t=\mathrm{sn}(u,k)$ 为雅可比椭圆正弦函数。采用变换 $x=\sin\varphi=\mathrm{sn}u$($\varphi$ 由零变至 $\pi/2$),上式变为

$$u=\int_0^x\frac{\mathrm{d}x}{\sqrt{(1-x^2)(1-k^2x^2)}}\xlongequal{x=\sin\varphi}\int_0^\varphi\frac{\mathrm{d}\varphi}{\sqrt{1-k^2\sin^2\varphi}}$$

并有

$$\sin\varphi=\mathrm{sn}u=t$$

定义函数 $\mathrm{cn}u$ 为 $\mathrm{cn}u=\sqrt{1-\mathrm{sn}^2u}$,称为雅可比椭圆余弦函数,由上式可得 $\mathrm{sn}^2u+\mathrm{cn}^2u=1$。

对于下面形式的第一类椭圆积分

$$K=\int_0^1\frac{\mathrm{d}x}{\sqrt{(1-x^2)(1-k^2x^2)}}=\int_0^{\frac{\pi}{2}}\frac{\mathrm{d}\varphi}{\sqrt{1-k^2\sin^2\varphi}}$$

称为第一类完全椭圆积分,式中的 k 称为模数,$0<k^2<1$。由上面的完全椭圆积分可以得到

$$\mathrm{sn}K=1,\quad \mathrm{cn}K=0$$

雅可比椭圆正弦函数和雅可比椭圆余弦函数均为周期函数,其实周期均为 $4K$。其变化曲线分别与三角正弦函数与三角余弦函数相似,如图13.3.1所示。

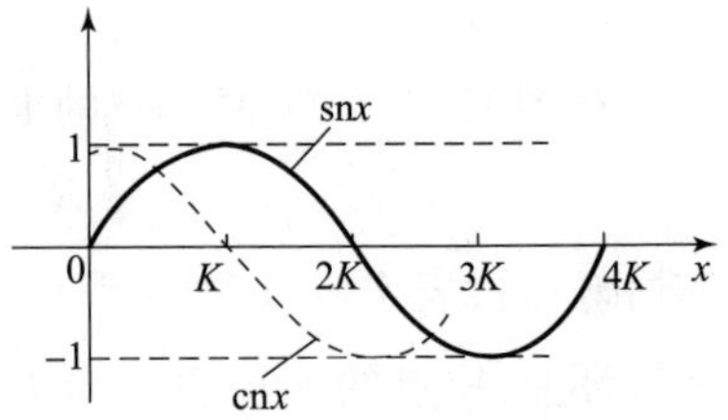

图13.3.1 snx 和 cnx 图形

13.3.2 在三次方静力矩作用下的精确解

前面已讲过,如果诸扰动因素作用不在同一平面内,弹箭将做空间运动。

仅在非线性静力矩作用下,非旋转弹箭的空间角运动方程为

$$\Delta''-(M_0+M_2\delta^2)\Delta=0 \tag{13.3.1}$$

其中,$\Delta=\delta_1+\mathrm{i}\delta_2$ 称为复攻角;$\delta^2=|\Delta|^2=\Delta\bar{\Delta}$,而 $\bar{\Delta}=\delta_1-\mathrm{i}\delta_2$ 为 Δ 的共轭复数。

为了积分方程(13.3.1),不仅要求出能量积分,而且还要求出动量矩积分。为此,写出方

程(13.3.1)的共轭方程为

$$\bar{\Delta}'' - (M_0 + M_2\delta^2)\bar{\Delta} = 0 \tag{13.3.2}$$

将方程(13.3.1)的两边乘以 $\bar{\Delta}'$,方程(13.3.2)的两边乘以 Δ',然后相加得

$$\Delta''\bar{\Delta}' + \bar{\Delta}''\Delta' - (M_0 + M_2\delta^2)(\Delta\bar{\Delta}' + \Delta'\bar{\Delta}) = 0 \tag{13.3.3}$$

将上式左边写成全微分形式,于是得到方程(13.3.1)的第一个首次积分

$$\Delta'\bar{\Delta}' - \left(M_0 + \frac{1}{2}M_2\delta^2\right)\Delta\bar{\Delta} = C_1 \tag{13.3.4}$$

将方程(13.3.1)的两边乘以 $\bar{\Delta}$,方程(13.3.2)的两边乘以 Δ,然后相减得

$$\Delta''\bar{\Delta} - \bar{\Delta}''\Delta = 0 \tag{13.3.5}$$

于是得到方程(13.3.1)的第二个首次积分

$$\mathrm{i}(\bar{\Delta}'\Delta - \Delta'\bar{\Delta}) = C_2 \tag{13.3.6}$$

式(13.3.4)左边的第一项 $\Delta'\bar{\Delta}' = (\delta_1')^2 + (\delta_2')^2$ 正比于 2 倍的角运动动能,第二项 $-(M_0 + M_2\delta^2/2)\Delta\bar{\Delta}$ 正比于 2 倍的角运动位能。故 C_1 表示弹箭两倍总能量,称式(13.3.4)为能量积分。

积分常数 C_2 表示弹箭动量矩矢量在速度方向上分量的两倍,其物理意义解释如下。

把攻角 Δ 写成极坐标的形式

$$\Delta = \delta \mathrm{e}^{\mathrm{i}\nu} \tag{13.3.7}$$

式中,ν 为进动角。将它代入式(13.3.6),得

$$C_2 = 2\delta^2\nu' \tag{13.3.8}$$

用图 13.3.2 可以解释 C_2。图中,弹轴 OB 绕速度线 OT 在空间转动的角速度向量可分解为在攻角平面内的相对摆动角速度 δ',以及随攻角平面以 ν' 进动的角速度 $\delta\nu'$。动量矩矢量 $A\delta'$ 垂直于攻角平面,故在速度方向上的分量为零。动量矩矢量 $A\delta\nu'$ 在攻角平面内垂直于弹轴,故在速度方向上的分量为

$$(A\delta\nu')\sin\delta \approx A\delta^2\nu' \tag{13.3.9}$$

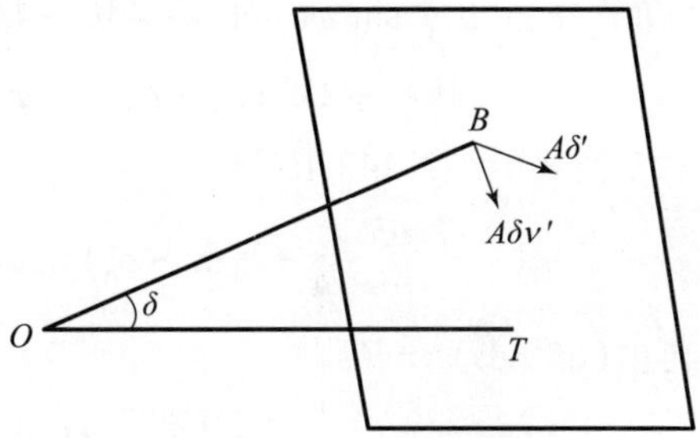

图 13.3.2　C_2 的物理意义

由此可见,C_2 表示总动量矩在速度方向上分量的两倍。又因为静力矩向量始终垂直于攻角平面,故它在速度方向上的投影始终为零。因此,沿速度方向的动量矩分量应保持不变,故 C_2 等于常数。所以第二个首次积分式(13.3.6)也称为动量矩积分。

求出了能量积分(方程(13.3.4))和动量矩积分(方程(13.3.6))后,就可以求得攻角的幅值方程。将两个积分方程写成极坐标形式

$$C_1 = (\delta')^2 + (\delta\nu')^2 - \left(M_0\delta^2 + \frac{1}{2}M_2\delta^4\right), C_2 = 2\delta^2\nu' \tag{13.3.10}$$

可见,C_1 和 C_2 取决于初始条件 δ_0、δ_0' 和 ν_0'。从 C_2 式解出 ν',代入 C_1 式,得

$$\frac{\mathrm{d}\delta^2}{\mathrm{d}s} = \pm\sqrt{-C_2^2 + 4C_1\delta^2 + 4M_0\delta^4 + 2M_2\delta^6} \tag{13.3.11}$$

记

$$R = -C_2^2 + 4C_1\delta^2 + 4M_0\delta^4 + 2M_2\delta^6 \tag{13.3.12}$$

显然,只要能够解出 $\delta^2(s)$,整个问题就解决了。但是,将总能量和角动量分量作为参数是不方便的,当弹轴做周期性摆动时,攻角有最大值 δ_m 和最小值 δ_n,用这两个量作为参数,可使方

程的物理意义更加明确。由极值原理知

$$\left.\frac{\mathrm{d}\delta^2}{\mathrm{d}s}\right|_{\delta^2=\delta_m^2}=0;\quad \left.\frac{\mathrm{d}\delta^2}{\mathrm{d}s}\right|_{\delta^2=\delta_n^2}=0$$

则式(13.3.11)根号下面的多项式 $R(C_1,C_2^2)$ 在 $\delta^2=\delta_m^2$ 和 $\delta^2=\delta_n^2$ 时应等于零,故得方程组

$$-C_2^2+4C_1\delta_n^2+4M_0\delta_n^4+2M_2\delta_n^6=0,\ -C_2^2+4C_1\delta_m^2+4M_0\delta_m^4+2M_2\delta_m^6=0$$

由该方程组解出 C_1 和 C_2^2 为

$$C_1=-M_0(\delta_m^2+\delta_n^2)-\frac{M_2}{2}(\delta_m^4+\delta_m^2\delta_n^2+\delta_n^4),C_2^2=-4M_0\delta_m^2\delta_n^2-2M_2\delta_m^2\delta_n^2(\delta_m^2+\delta_n^2)$$

这样,多项式 $R(C_1,C_2^2)$ 为

$$\begin{aligned}R=&4M_0\delta_m^2\delta_n^2+2M_2\delta_m^2\delta_n^2(\delta_m^2+\delta_n^2)-4M_0(\delta_m^2+\delta_n^2)\delta^2-\\&2M_2(\delta_m^4+\delta_m^2\delta_n^2+\delta_n^4)\delta^2+4M_0\delta^4+2M_2\delta^6\end{aligned}\tag{13.3.13}$$

下面对四种类型的静力矩(图13.3.3)分别进行讨论,并导出存在周期运动的条件。

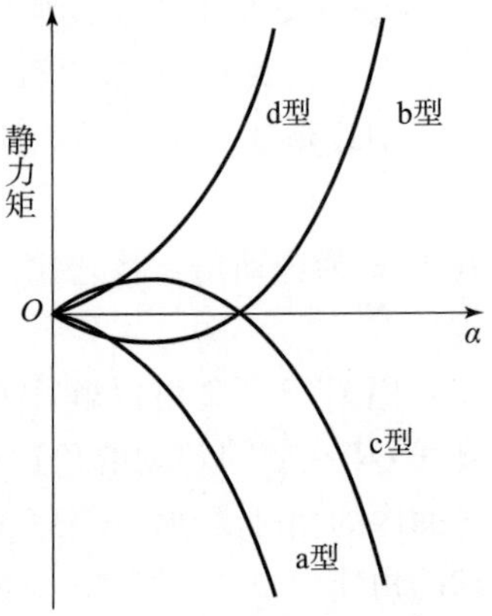

图13.3.3 四种类型的静力矩

(1)a型静力矩($M_0<0,M_2<0$)

即小攻角稳定、大攻角更稳定的情况。

作变换

$$\delta^2=\delta_m^2-(\delta_m^2-\delta_n^2)\sin^2\varphi\tag{13.3.14}$$

并代入式(13.3.13)得

$$\begin{aligned}R=&(\delta_m^2-\delta_n^2)^2\sin^2\varphi\cos^2\varphi[-4M_0-4M_2\delta_m^2-\\&2M_2\delta_n^2+2M_2(\delta_m^2-\delta_n^2)\sin^2\varphi]\end{aligned}\tag{13.3.15}$$

对变换式(13.3.14)求导得

$$\frac{\mathrm{d}\delta^2}{\mathrm{d}s}=-2(\delta_m^2-\delta_n^2)\sin\varphi\cos\varphi\frac{\mathrm{d}\varphi}{\mathrm{d}s}$$

再由 $(\mathrm{d}\delta^2/\mathrm{d}s)^2=R$ 得

$$\frac{\mathrm{d}\varphi}{\mathrm{d}s}=\pm\sqrt{\left[-M_0+\frac{M_2}{2}(2\delta_m^2+\delta_n^2)\right]\left[1-\frac{M_2(\delta_m^2-\delta_n^2)}{2M_0+2M_2\delta_m^2+M_2\delta_n^2}\sin^2\varphi\right]}\tag{13.3.16}$$

令

$$\omega^2=-M_0-\frac{M_2}{2}(2\delta_m^2+\delta_n^2),k^2=\frac{M_2(\delta_m^2-\delta_n^2)}{2M_0+2M_2\delta_m^2+M_2\delta_n^2}\tag{13.3.17}$$

则积分式(13.3.16)得

$$\int_{\varphi_0}^{\varphi}\frac{\mathrm{d}\varphi}{\sqrt{1-k^2\sin^2\varphi}}=\sqrt{\omega^2}\int_{s_0}^{s}\mathrm{d}s\tag{13.3.18}$$

因为 $M_0<0,M_2<0$,所以由式(13.3.17)知

$$\omega^2>0,0<k^2<1\tag{13.3.19}$$

故式(13.3.18)为第一类椭圆积分。此种情况下,弹箭存在周期运动,且无任何限制条件。

若取 $s_0=0$ 时,$\varphi_0=0$,则式(13.3.18)的反函数为雅可比椭圆正弦函数

$$\sin\varphi=\pm\mathrm{sn}(\omega s,k)\tag{13.3.20}$$

将上式代入变换式(13.3.14),得攻角 δ^2 的表达式为

$$\delta^2=\delta_m^2-(\delta_m^2-\delta_n^2)\mathrm{sn}^2(\omega s,k)\tag{13.3.21}$$

(2) b 型静力矩($M_0<0, M_2>0$)

即小攻角稳定、大攻角不稳定的情况。

作变换

$$\delta^2=\delta_n^2+(\delta_m^2-\delta_n^2)\sin^2\varphi \tag{13.3.22}$$

并代入式(13.3.13)求得 R,并将 R 代入式(13.3.11),得

$$\frac{\mathrm{d}\varphi}{\mathrm{d}s}=\pm\sqrt{-\left[M_0+\frac{M_2}{2}(2\delta_n^2+\delta_m^2)\right]\left[1-\frac{M_2(\delta_m^2-\delta_n^2)}{-(2M_0+2M_2\delta_n^2+M_2\delta_m^2)}\sin^2\varphi\right]} \tag{13.3.23}$$

令

$$\tilde{\omega}^2=-M_0-\frac{M_2}{2}(2\delta_n^2+\delta_m^2),\ \tilde{k}^2=\frac{M_2(\delta_m^2-\delta_n^2)}{-(2M_0+2M_2\delta_n^2+M_2\delta_m^2)} \tag{13.3.24}$$

对式(13.3.23)从 s_0 到 s 积分得

$$\int_{\varphi_0}^{\varphi}\frac{\mathrm{d}\varphi}{\sqrt{1-\tilde{k}^2\sin^2\varphi}}=\pm\sqrt{\tilde{\omega}^2}\int_{s_0}^{s}\mathrm{d}s \tag{13.3.25}$$

要使上式成为第一类椭圆积分,必须要求

$\tilde{\omega}^2>0$,即

$$M_0+\frac{M_2}{2}(2\delta_n^2+\delta_m^2)<0 \tag{13.3.26}$$

$0<\tilde{k}^2<1$,即

$$0<\frac{M_2(\delta_m^2-\delta_n^2)}{-(2M_0+2M_2\delta_n^2+M_2\delta_m^2)}<1 \tag{13.3.27}$$

因上式分母可写成 $-(2M_0+M_2\delta_n^2+2M_2\delta_m^2)+M_2(\delta_m^2-\delta_n^2)$,故只要

$$2M_0+M_2\delta_n^2+2M_2\delta_m^2<0 \tag{13.3.28}$$

就可保证式(13.3.27)和式(13.3.26)同时成立,同时也保证 $C_2^2>0$。故式(13.3.28)是使式(13.3.25)成为第一类椭圆积分的充分条件。只要式(13.3.28)成立,弹箭就存在周期运动。

若取 $s_0=0$ 时,$\varphi_0=0$,式(13.3.25)的反函数可写成雅可比椭圆正弦函数

$$\sin\varphi=\pm\,\mathrm{sn}(\tilde{\omega}s,\tilde{k}) \tag{13.3.29}$$

将它代入式(13.3.22),得攻角 δ^2 的表达式为

$$\delta^2=\delta_n^2+(\delta_m^2-\delta_n^2)\,\mathrm{sn}^2(\tilde{\omega}s,\tilde{k}) \tag{13.3.30}$$

(3) c 型静力矩($M_0>0, M_2<0$)

作与 a 型静力矩相同的变量变换和运算,得到与式(13.3.17)、式(13.3.18)和式(13.3.21)形式相同的解。但要使上面积分成为第一类椭圆积分,必须要求 $\omega^2>0, 0<k^2<1$,并保证 C_2^2 为正数,由推导可知,这只需

$$2M_0+2M_2\delta_n^2+M_2\delta_m^2<0 \tag{13.3.31}$$

即可。故在这种情况下,式(13.3.31)是弹箭存在周期运动的充分条件。类似地,攻角 δ^2 的表达式

$$\delta^2=\delta_m^2-(\delta_m^2-\delta_n^2)\,\mathrm{sn}^2(\omega s,k) \tag{13.3.32}$$

(4) d 型静力矩($M_0>0, M_2>0$)

仍作与 a 型静力矩相同的变量变换和运算,仍得到与式(13.3.17)、式(13.3.18)和式(13.3.21)形式相同的解。但因 $M_0>0, M_2>0$,不能满足 $\omega^2>0$ 的要求,故在此情况下弹箭不

存在周期运动。

综合上述四种情况,得到了下面的弹箭运动稳定性结论:

①在 $M_0<0, M_2<0$ 的情况下,弹箭的运动是稳定的,可做任何幅值的周期运动。

②在 $M_0<0, M_2>0$ 的情况下,弹箭运动稳定的充分条件为

$$2M_0+M_2\delta_n^2+2M_2\delta_m^2<0$$

③ 在 $M_0>0, M_2<0$ 的情况下,弹箭运动稳定的充分条件为

$$2M_0+2M_2\delta_n^2+M_2\delta_m^2<0$$

④在 $M_0>0, M_2>0$ 的情况下,弹箭的运动是不稳定的。

当无非线性时,$M_2=0, k=0$,椭圆函数退化为三角函数(属圆函数类)$\mathrm{sn}(\omega s, k)=\sin(\omega s)$,则式(13.3.21)、式(13.3.32)就退化为线性攻角表达式(7.3.18)。

13.4 振幅平面法——尾翼弹的极限平面运动

在大攻角情况下,不仅静力矩出现了非线性,赤道阻尼力矩一般也是非线性的,因此本节将要讨论非旋转弹箭在非线性静力矩和非线性赤道阻尼力矩作用下的一般运动和稳定性。

13.4.1 运动方程的近似求解

当静力矩和赤道阻尼力矩都是攻角的非线性函数时,弹箭角运动方程具有如下形式

$$\Delta''+(H_0+H_2\delta^2)\Delta'-(M_0+M_2\delta^2)\Delta=0 \tag{13.4.1}$$

式中,$H_0=k_{zz0}+b_y-b_x-\dfrac{g\sin\theta}{v^2}$;$H_2=k_{zz2}$;$M_0=k_{z0}$;$M_2=k_{z2}$。

下面运用平均法求方程(13.4.1)的近似解析解,从而可以获得关于解的若干性质。

为了处理方便,把方程(13.4.1)改写成下面的形式

$$\Delta''-M_0\Delta=-(H_0+H_2\delta^2)\Delta'+M_2\delta^2\Delta \tag{13.4.2}$$

若方程右端为零,则得线性方程

$$\Delta''-M_0\Delta=0$$

此方程的解为

$$\Delta=K_1\mathrm{e}^{\mathrm{i}\varphi_1}+K_2\mathrm{e}^{\mathrm{i}\varphi_2}$$

式中,K_j 为常数;$\varphi_j=\varphi_j's+\varphi_{j0}(j=1,2)$,$\varphi_1'=-\varphi_2'=\sqrt{-M_0}=\omega_c$。

现在考虑方程(13.4.2)的右边不为零的情况,设该方程的近似解仍具有线性解的形式

$$\Delta=K_1\mathrm{e}^{\mathrm{i}(\varphi_1+\psi_1)}+K_2\mathrm{e}^{\mathrm{i}(\varphi_2+\psi_2)} \tag{13.4.3}$$

但此时 K_j 和 ψ_j 都是弧长 s 的函数,且缓慢变化,这就是拟线性解,此方法也称为拟线性法。注意,这里的 φ_j 和 ψ_j 是圆运动的相位,而不是以前在弹箭运动方程中定义的摆动角和偏角。

将式(13.4.3)对 s 求导,得

$$\begin{aligned}\Delta' &= \mathrm{i}K_1\varphi_1'\mathrm{e}^{\mathrm{i}(\varphi_1+\psi_1)}+\mathrm{i}K_2\varphi_2'\mathrm{e}^{\mathrm{i}(\varphi_2+\psi_2)}+(K_1'+\mathrm{i}K_1\psi_1')\mathrm{e}^{\mathrm{i}(\varphi_1+\psi_1)}+\\&\quad(K_2'+\mathrm{i}K_2\psi_2')\mathrm{e}^{\mathrm{i}(\varphi_2+\psi_2)}\end{aligned} \tag{13.4.4}$$

令

$$(K_1'+\mathrm{i}K_1\psi_1')\mathrm{e}^{\mathrm{i}(\varphi_1+\psi_1)}+(K_2'+\mathrm{i}K_2\psi_2')\mathrm{e}^{\mathrm{i}(\varphi_2+\psi_2)}=0 \tag{13.4.5}$$

则式(13.4.4)变为

$$\Delta' = \mathrm{i}K_1\varphi_1'\mathrm{e}^{\mathrm{i}(\varphi_1+\psi_1)} + \mathrm{i}K_2\varphi_2'\mathrm{e}^{\mathrm{i}(\varphi_2+\psi_2)}$$

再将上式对 s 求导得

$$\Delta'' = -(\varphi_1')^2K_1\mathrm{e}^{\mathrm{i}(\varphi_1+\psi_1)} - (\varphi_2')^2K_2\mathrm{e}^{\mathrm{i}(\varphi_2+\psi_2)} + \mathrm{i}\varphi_1'(K_1' + \mathrm{i}K_1\psi_1')\mathrm{e}^{\mathrm{i}(\varphi_1+\psi_1)} + \mathrm{i}\varphi_2'(K_2' + \mathrm{i}K_2\psi_2')\mathrm{e}^{\mathrm{i}(\varphi_2+\psi_2)} \tag{13.4.6}$$

因为 $\varphi_1' = -\varphi_2' = \sqrt{-M_0}$,所以有

$$-(\varphi_1')^2K_1\mathrm{e}^{\mathrm{i}(\varphi_1+\psi_1)} - (\varphi_2')^2K_2\mathrm{e}^{\mathrm{i}(\varphi_2+\psi_2)} = M_0\Delta$$

这样式(13.4.6)变为

$$\Delta'' = M_0\Delta + \mathrm{i}\varphi_1'(K_1' + \mathrm{i}K_1\psi_1')\mathrm{e}^{\mathrm{i}(\varphi_1+\psi_1)} + \mathrm{i}\varphi_2'(K_2' + \mathrm{i}K_2\psi_2')\mathrm{e}^{\mathrm{i}(\varphi_2+\psi_2)} \tag{13.4.7}$$

将式(13.4.3)、式(13.4.4)、式(13.4.7)代入方程(13.4.2)得

$$\mathrm{i}\varphi_1'(K_1' + \mathrm{i}K_1\psi_1')\mathrm{e}^{\mathrm{i}(\varphi_1+\psi_1)} + \mathrm{i}\varphi_2'(K_2' + \mathrm{i}K_2\psi_2')\mathrm{e}^{\mathrm{i}(\varphi_2+\psi_2)} = -(H_0 + H_2\delta^2)[\mathrm{i}\varphi_1'K_1\mathrm{e}^{\mathrm{i}(\varphi_1+\psi_1)} + \mathrm{i}\varphi_2'K_2\mathrm{e}^{\mathrm{i}(\varphi_2+\psi_2)}] + M_2\delta^2[K_1\mathrm{e}^{\mathrm{i}(\varphi_1+\psi_1)} + K_2\mathrm{e}^{\mathrm{i}(\varphi_2+\psi_2)}] \tag{13.4.8}$$

由式(13.4.5)得

$$(K_2' + \mathrm{i}K_2\psi_2') = -(K_1' + \mathrm{i}K_1\psi_1')\mathrm{e}^{\mathrm{i}\hat{\varphi}} \tag{13.4.9}$$

式中

$$\hat{\varphi} = (\varphi_1 + \psi_1) - (\varphi_2 + \psi_2) \tag{13.4.10}$$

把式(13.4.9)代入式(13.4.8)得

$$\mathrm{i}\varphi_1'(K_1' + \mathrm{i}K_1\psi_1') - \mathrm{i}\varphi_2'(K_1' + \mathrm{i}K_1\psi_1') = -(H_0 + H_2\delta^2)(\mathrm{i}\varphi_1'K_1 + \mathrm{i}\varphi_2'K_2\mathrm{e}^{-\mathrm{i}\hat{\varphi}}) + M_2\delta^2(K_1 + K_2\mathrm{e}^{-\mathrm{i}\hat{\varphi}}) \tag{13.4.11}$$

因为
$$\mathrm{i}\varphi_1'(K_1' + \mathrm{i}K_1\psi_1') - \mathrm{i}\varphi_2'(K_1' + \mathrm{i}K_1\psi_1') = \mathrm{i}K_1(\varphi_1' - \varphi_2')\left(\frac{K_1'}{K_1} + \mathrm{i}\psi_1'\right)$$

将上式代入式(13.4.11)得

$$\frac{K_1'}{K_1} + \mathrm{i}\psi_1' = \frac{-1}{\varphi_1' - \varphi_2'}\left[(H_0 + H_2\delta^2)\left(\varphi_1' + \varphi_2'\frac{K_2}{K_1}\mathrm{e}^{-\mathrm{i}\hat{\varphi}}\right) + \mathrm{i}M_2\delta^2\left(1 + \frac{K_2}{K_1}\mathrm{e}^{-\mathrm{i}\hat{\varphi}}\right)\right] \tag{13.4.12}$$

对上式在 $\hat{\varphi}$ 的一个周期上平均,并把实部和虚部分开得

$$\frac{K_1'}{K_1} = \frac{-1}{2\pi(\varphi_1' - \varphi_2')}\int_0^{2\pi}\left[(H_0 + H_2\delta^2)\left(\varphi_1' + \varphi_2'\frac{K_2}{K_1}\cos\hat{\varphi}\right) + M_2\delta^2\frac{K_2}{K_1}\sin\hat{\varphi}\right]\mathrm{d}\hat{\varphi} \tag{13.4.13}$$

$$\psi_1' = \frac{-1}{2\pi(\varphi_1' - \varphi_2')}\int_0^{2\pi}\left[-(H_0 + H_2\delta^2)\varphi_2'\frac{K_2}{K_1}\sin\hat{\varphi} + M_2\delta^2\left(1 + \frac{K_2}{K_1}\cos\hat{\varphi}\right)\right]\mathrm{d}\hat{\varphi} \tag{13.4.14}$$

因为

$$\delta^2 = |\Delta|^2 = \Delta\bar{\Delta} = K_1^2 + K_2^2 + 2K_1K_2\cos\hat{\varphi} \tag{13.4.15}$$

而阻尼因子 $\lambda_1 = K_1'/K_1$,频率 $\omega_1 = \varphi_1' + \psi_1'$,故积分式(13.4.13)和式(13.4.14)后,得

$$\lambda_1 = -\frac{1}{2}(H_0 + H_2K_1^2),\ \psi_1' = -\frac{M_2(K_1^2 + 2K_2^2)}{2\sqrt{-M_0}},\ \omega_1 = \sqrt{-M_0} - \frac{M_2(K_1^2 + 2K_2^2)}{2\sqrt{-M_0}} \tag{13.4.16}$$

应用类似的方法,可得

$$\lambda_2 = -\frac{1}{2}(H_0 + H_2K_2^2), \psi_2' = \frac{M_2(2K_1^2 + K_2^2)}{2\sqrt{-M_0}}, \omega_2 = -\sqrt{-M_0} + \frac{M_2(2K_1^2 + K_2^2)}{2\sqrt{-M_0}} \quad (13.4.17)$$

下面从非线性运动的近似解析解出发,比较非旋转弹箭非线性运动与线性运动的区别。

在线性静力矩和线性赤道阻尼力矩作用下,非旋转弹箭运动方程的精确解为

$$\Delta = K_{10}e^{(\lambda_1^* + i\omega_1^*)(s-s_0)} + K_{20}e^{(\lambda_2^* + i\omega_2^*)(s-s_0)} \quad (13.4.18)$$

其中阻尼因子和频率为

$$\lambda_1^* = \lambda_2^* = -H_0/2, \omega_1^* = -\omega_2^* = \sqrt{-M_0} = \omega_c = \varphi_1' = -\varphi_2' \quad (13.4.19)$$

从式(13.4.19)与式(13.4.16)及式(13.4.17)对比可知,非线性运动阻尼因子 λ_1 和 λ_2 比线性运动阻尼因子 λ_1^* 和 λ_2^* 分别多了一项 $-H_2K_1^2/2$ 和 $-H_2K_2^2/2$;如果非线性赤道阻尼力矩系数 $m_{zz2}>0$ 且 $|H_2K_2^2|<|H_0|$,则有

$$0>\lambda_1^*>\lambda_1, 0>\lambda_2^*>\lambda_2$$

因此,在这种情况下,非线性运动的振幅比线性运动的振幅衰减快;若 $m_{zz2}<0$,则情形相反。

从式(13.4.19)与式(13.4.16)及式(13.4.17)相比看出,非线性运动的频率 ω_1 和 ω_2 比线性运动的频率 ω_1^* 和 ω_2^* 分别增加了一项 $-M_2(K_1^2+2K_2^2)/(2\sqrt{-M_0})$ 和 $M_2(2K_1^2+K_2^2)/(2\sqrt{-M_0})$,如果非线性静力矩系数 $m_{z2}<0$,则有

$$0<\omega_1^*<\omega_1, \quad 0>\omega_2^*>\omega_2$$

因此,在这种情况下,非线性运动的快圆运动频率与线性运动相比变大,其周期变小;慢圆运动频率与线性运动相比(绝对值)变大,其周期变小。如果 $m_{z2}>0$,则情形相反。

13.4.2 振幅平面法

从上面求解过程中看出,将弹箭角运动方程的虚、实部分开,可知它是一个实数四阶系统。对于一般的实数四阶非线性系统,无论是渐近分析方法还是相空间方法,都是很复杂和困难的,而对于实数二阶系统,就容易处理得多。考虑到对于弹箭的运动,最关心的是其运动的稳定性,只要拟线性解中二圆运动的模 K_1 和 K_2 不发散,运动就是稳定的,而二圆运动的相位角 φ_1 和 φ_2 对稳定性没有什么本质的影响。因此,从研究稳定性出发,可以只研究模 K_1 和 K_2 的变化情况,这就将一个四阶系统问题变成二阶系统问题,使之可以利用关于非线性二阶系统比较成熟的分析方法——相平面法来分析弹箭运动。

对于攻角方程的线性解或非线性方程的拟线性解,阻尼因子可写成

$$\lambda_j = K_j'/K_j, (j=1,2) \quad (13.4.20)$$

乘以 $2K_j$,得

$$\frac{dK_1^2}{ds} = 2K_1^2\lambda_1, \quad \frac{dK_2^2}{ds} = 2K_2^2\lambda_2 \quad (13.4.21)$$

以 K_1^2 和 K_2^2 为坐标轴构成的平面为振幅平面,方程组(13.4.21)称为振幅平面方程。只要知道振幅平面上相点 (K_1^2, K_2^2) 变化的轨迹,就知道弹箭的稳定特性,这就称为振幅平面法。下面利用此法分析在非线性静力矩和赤道阻尼力矩作用下的非旋转弹箭运动稳定性。

根据近似解析式(13.4.16)、式(13.4.17),由式(13.4.21)得相应的振幅平面方程为

$$\frac{dK_1^2}{ds} = -K_1^2(H_0 + H_2K_1^2), \frac{dK_2^2}{ds} = -K_2^2(H_0 + H_2K_2^2) \quad (13.4.22)$$

由振幅平面方程，最多可求出四个奇点：

① $K_1^2=0, K_2^2=0$，即(0,0)。

② $K_1^2=0, K_2^2=-H_0/H_2$，即$(0, -H_0/H_2)$，也即零阻尼曲线 $\lambda_2=0$ 与 K_2^2 轴的交点。

③ $K_1^2=-H_0/H_2, K_2^2=0$，即$(-H_0/H_2, 0)$，也即零阻尼曲线 $\lambda_1=0$ 与 K_1^2 轴的交点。

④ $K_1^2=-H_0/H_2, K_2^2=-H_0/H_2$，即$(-H_0/H_2, -H_0/H_2)$，也即两条零阻尼曲线的交点。

在振幅平面上，这四个奇点的位置如图 13.4.1 所示。为了分析非旋转弹箭的动态稳定性条件，下面分别讨论这四个奇点的稳定性。

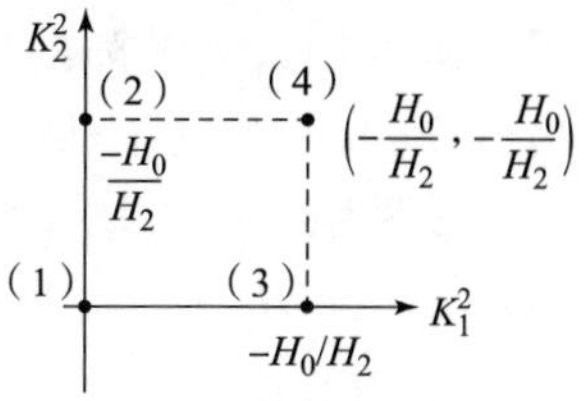

图 13.4.1　奇点的位置

1. 奇点(0,0)

如果只研究奇点(0,0)的局部性质，由第 13.1 节奇点稳定性的判别准则可知，此时二阶以上的小量可以略去，这样就有

$$a=-H_0, b=0, c=0, d=-H_0$$

$$p=-(a+d)=2H_0, q=ad-bc=H_0^2>0$$

$$p^2-4q=0$$

因此，奇点(0,0)只可能是临界结点。若 $p>0$，即 $H_0>0$，则奇点为稳定的临界结点；若 $p<0$，即 $H_0<0$，则奇点(0,0)为不稳定的临界结点。由此看出，考虑静力矩和赤道阻尼力矩的非线性与不考虑这两个力矩的非线性，奇点(0,0)的局部性质是相同的。如果要考虑奇点(0,0)的非局部性质，就必须考虑力矩的非线性项影响。下面对奇点(0,0)分几种情况进行讨论。

(1) $H_0>0, H_2>0$ 的情况

此时只有一个奇点(0,0)，第 2、3、4 个奇点不存在。由式(13.4.22)知，对应的振幅平面方程为

$$\mathrm{d}K_1^2/\mathrm{d}s<0,\quad \mathrm{d}K_2^2/\mathrm{d}s<0$$

因此，振幅 K_1 和 K_2 是衰减的，所以攻角 Δ 的幅值随弧长的增加而不断减小。此时不管初始攻角幅值 K_{10} 和 K_{20} 多大，或者弹箭在飞行过程中突然受到干扰，使攻角变大，攻角都能随着弧长的不断增加而减小，其相轨线如图 13.4.2 所示。

(2) $H_0<0, H_2<0$ 的情况

此时也只有一个奇点(0,0)，与上相反，这时无论受到什么样的扰动，攻角都将发散，其相轨线如图 13.4.3 所示。

(3) $H_0>0, H_2<0$ 的情况

在这种情况下，4 个奇点同时存在。$\lambda_1=0$（即 $K_1^2=-H_0/H_2$）和 $\lambda_2=0$（即 $K_2^2=-H_0/H_2$）两条相轨线都通过奇点，但不与其他相轨线相交，如图 13.4.4 所示，这样可作如下讨论：

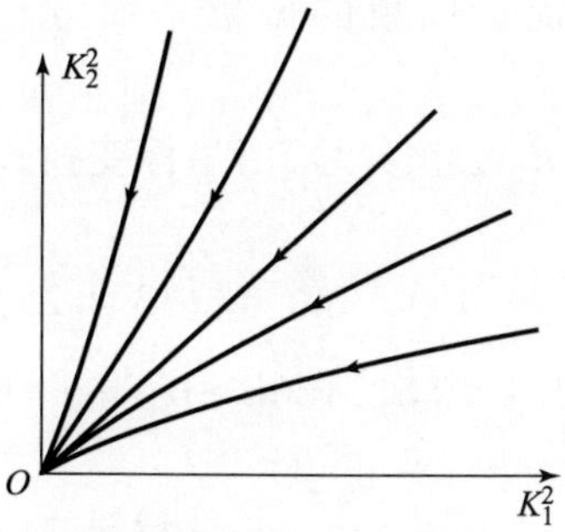

图 13.4.2　$H_0>0, H_2>0$

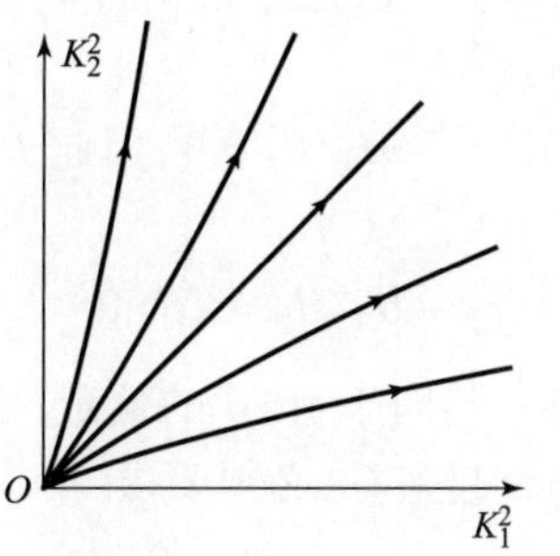

图 13.4.3　$H_0<0, H_2<0$

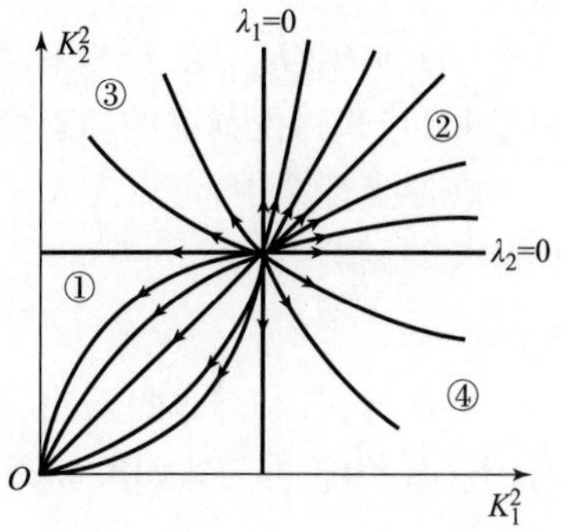

图 13.4.4　$H_0>0, H_2<0$

①若 $K_1^2 < -H_0/H_2, K_2^2 < -H_0/H_2$,则对应的振幅平面方程为

$$dK_1^2/ds < 0 \quad , dK_2^2/ds < 0$$

因此,在这种情况下,只要弹箭的初始攻角幅值或飞行过程中受干扰后的攻角幅值满足 $K_j^2 < -H_0/H_2 (j = 1,2)$,也即位于由两条零阻尼曲线与坐标轴构成的矩形之内(①区,如图 13.4.5 中阴影部分所示)时,则弹箭的攻角幅值是不断衰减的,弹箭相对于平衡位置(0,0)是动态稳定的。

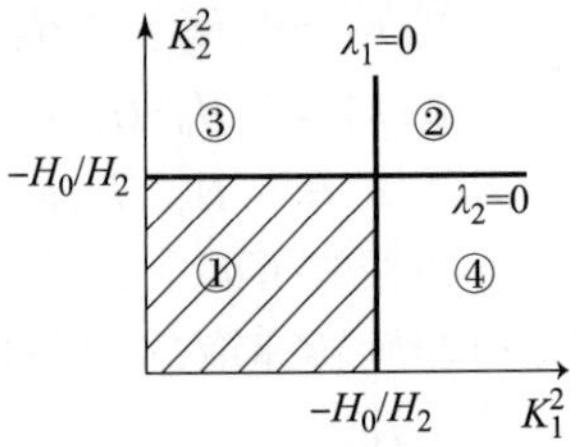

图 13.4.5　零阻尼曲线与坐标轴构成的矩形

②采用同样的分析方法可知,当相点在图 13.4.5 的②区内,满足 $K_1^2 > -H_0/H_2$,由此得 $dK_1^2/ds > 0$,同时满足 $K_2^2 > -H_0/H_2$,由此得 $dK_2^2/ds < 0$;在③区内,相点满足 $K_1^2 < -H_0/H_2$,得 $dK_1^2/ds < 0$,同时满足 $K_2^2 > -H_0/H_2$,由此得 $dK_2^2/ds > 0$;在④区内,相点满足 $K_1^2 > -H_0/H_2$,得 $dK_1^2/ds > 0$,同时满足 $K_2^2 < -H_0/H_2$,由此得 $dK_2^2/ds < 0$。因此,弹箭相对于平衡点(0,0)不能满足快圆运动和慢圆运动同时稳定,其相轨线分布如图 13.4.4 所示,可见此时奇点$(-H_0/H_2, -H_0/H_2)$为不稳定结点。

对比线性($H_2 = 0$)情况,只要 $H_0 > 0$,则运动全局稳定;但由上述分析,在非线性情况下,当 $H_2 < 0$ 时,②、③、④区内是不稳定的,这充分说明了线性与非线性运动的不同以及非线性项的影响。

(4)$H_0 < 0, H_2 > 0$ 的情况

采用同样的分析方法,在相平面分①、②、③、④区讨论可知,平衡点(0,0)为不稳定结点。各区的相轨线都向奇点$(-H_0/H_2, -H_0/H_2)$逼近,如图 13.4.6 所示,该奇点为稳定结点,它所对应的运动为自激振动,运动形式为平面运动,下面将会讲到。

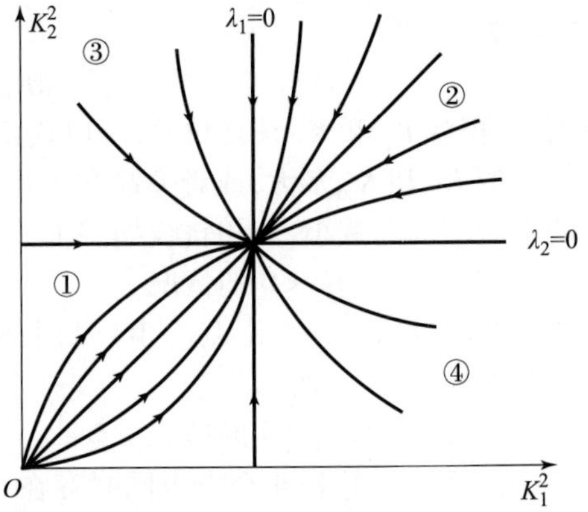

图 13.4.6　$H_0 < 0, H_2 > 0$

2. 奇点$(0, -H_0/H_2)$

为了讨论的方便,作变换

$$x = K_1^2, y = K_2^2 + H_0/H_2 \tag{13.4.23}$$

在该变换下,振幅平面方程为

$$\begin{aligned} dx/ds &= -x(H_0 + H_2 x) \\ dy/ds &= -H_2 y(y - H_0/H_2) \end{aligned} \tag{13.4.24}$$

奇点$(0, -H_0/H_2)$在新坐标系 xOy 下变为原点(0,0)。下面就以新的振幅平面方程(13.4.24)来讨论弹箭的动态稳定性。

在原坐标系中,奇点为 $K_1^2 = 0, K_2^2 = -H_0/H_2 > 0$,因此 H_0 和 H_2 必须异号,由坐标变换式(13.4.23)得

$$y - H_0/H_2 = K_2^2 > 0 \tag{13.4.25}$$

再从方程(13.4.24)看出,要使 y 趋向于 $y = 0$ 的位置,必须当 $y < 0$ 时,$dy/ds > 0$,当 $y > 0$ 时,$dy/ds < 0$。再与式(13.4.25)结合起来看,必须要求

$$H_0 < 0, H_2 > 0 \tag{13.4.26}$$

从方程式(13.4.24)看出,要保证 x 是衰减的($x=K_1^2>0$),必须要求

$$H_0+H_2x>0 \quad 或 \quad x>-H_0/H_2 \tag{13.4.27}$$

但因为在此奇点附近,$x=K_1^2\approx 0$,故在奇点附近足够小的邻域内,必有 $x<-H_0/H_2$,这样由式(13.4.24)知,必有 $\mathrm{d}x/\mathrm{d}s>0$,$x$ 将随着弹道弧长的增加而增大,故相轨线将离开此奇点。所以弹箭不能稳定到该平衡位置上。

因为此奇点对应的运动状态有 $K_1=0$ 的特点,故奇点处对应运动的攻角可简化为

$$\Delta=K_2\mathrm{e}^{\mathrm{i}\varphi_2} \tag{13.4.28}$$

此式所描述的运动是圆运动。而上述分析表明,在这种情况下的运动不可能逐渐趋于平衡位置对应的圆运动,也即不存在极限圆运动。

3. 奇点($-H_0/H_2,0$)

这个奇点类似于奇点($0,-H_0/H_2$)的情况,弹箭不能稳定在这个平衡位置上,即弹箭不存在极限圆运动。

4. 奇点($-H_0/H_2,-H_0/H_2$)

为了讨论的方便,作变换

$$x=K_1^2+H_0/H_2,\ y=K_2^2+H_0/H_2 \tag{13.4.29}$$

在此坐标变换下,振幅平面方程为

$$\mathrm{d}x/\mathrm{d}s=-H_2x(x-H_0/H_2),\ \mathrm{d}y/\mathrm{d}s=-H_2y(y-H_0/H_2) \tag{13.4.30}$$

下面以新的振幅平面方程来讨论弹箭的动态稳定性。由坐标变换式(13.4.29)得

$$x-H_0/H_2>0,\ y-H_0/H_2>0$$

在新的坐标系下,原来的奇点($-H_0/H_2,-H_0/H_2$)变为原点(0,0),从振幅平面方程(13.4.30)看出,当弹道弧长增加时,要保证 x 和 y 都趋向于零,必须要求

$$H_2>0 \tag{13.4.31}$$

再由该奇点存在知,H_0 与 H_2 异号,因此

$$H_0<0 \tag{13.4.32}$$

这样,只要满足式(13.4.31)和式(13.4.32),弹箭的运动就能逐渐趋于并稳定在平衡位置($-H_0/H_2,-H_0/H_2$)上。由于在这个平衡位置上,快圆运动的幅值与慢圆运动的幅值相等,故弹箭的攻角为

$$\Delta=K\mathrm{e}^{\mathrm{i}\varphi_1}+K\mathrm{e}^{\mathrm{i}\varphi_2} \tag{13.4.33}$$

式中,$K=K_1=K_2=\sqrt{-H_0/H_2}$;$\varphi_1=\omega_1(s-s_0)$;$\varphi_2=\omega_2(s-s_0)$。

再由式(13.4.16)和式(13.4.17)知,$\omega_1=-\omega_2$(注意,此时 $K_1^2=K_2^2$),故 $\varphi_1=-\varphi_2$,这样式(13.4.33)变为

$$\Delta=2\sqrt{-H_0/H_2}\cos\varphi_1 \tag{13.4.34}$$

此式表明,在平衡位置上弹箭做平面摆动,故由上述分析,在 $H_0<0,H_2>0$ 的条件下,弹箭存在极限平面运动。

根据以上分析,在考虑了静力矩和赤道阻尼力矩的非线性后,弹箭动态稳定与否不仅取决于弹体参数和气动力与力矩系数,还取决于初始条件 K_{10} 和 K_{20} 的大小。对于弹箭的非线性运

动,不仅存在攻角幅值为零的极限运动,而且还存在攻角幅值为 $2\sqrt{-H_0/H_2}$ 的极限平面运动;而线性运动下只有攻角幅值为零的极限运动。

振幅平面上的相轨线可以根据振幅平面方程用作图法或数值计算求得,但对于上面的振幅平面方程,还可以直接积分求得相轨线的方程,为

$$\left(\frac{H_0/H_2+K_1^2}{K_1^2}\right)^{\frac{1}{H_0}}=C\left(\frac{H_0/H_2+K_2^2}{K_2^2}\right)^{\frac{1}{H_0}} \quad (13.4.35)$$

式中,C 为任意常数。这样由相轨线方程(13.4.35)作出相轨线的分布,如图 13.4.2 ~ 图 13.4.6 所示。图 13.4.7 所示为极限平面运动的示意图。

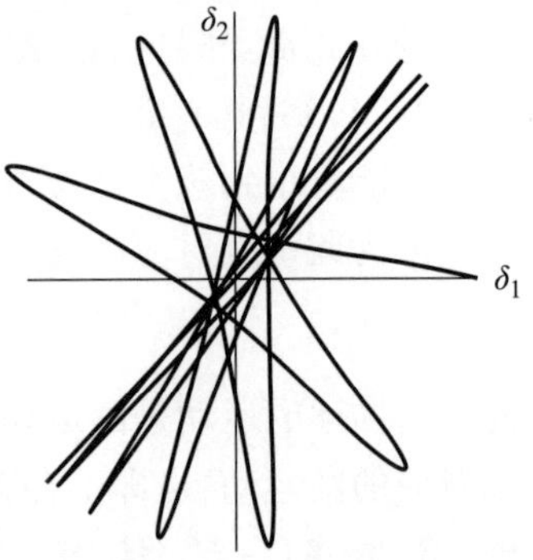

图 13.4.7　极限平面运动示意图

13.5　非旋转弹箭的极限圆运动

13.5.1　角运动方程

如上节所述,在非线性静力矩项 $M_2\delta^2$ 和非线性阻尼力矩项 $H_2\delta^2$ 作用下,非旋转弹箭只存在极限平面运动,而不存在极限圆运动。然而在靶道试验和靶场试验中却观测到,许多非旋转尾翼弹产生了极限圆运动(即弹轴绕速度线做圆锥摆动),这种长期存在的攻角也会导致阻力增大、射程减小。这种运动只能是由上一节中未考虑的气动力矩作用的结果。

在攻角方程(13.4.1)中含有$(H_0+H_2\delta^2)\Delta'$一项,它代表由于弹轴摆动产生的阻尼,其中主要是赤道阻尼力矩$(k_{zz0}+k_{zz2}\delta^2)\Delta'$。因为 $\Delta=\delta e^{i\nu}$,故 $\Delta'=(\delta'+i\delta\nu')e^{i\nu}$,而 $\delta' e^{i\nu}$ 表示弹轴在攻角面内的摆动,$i\delta\nu' e^{i\nu}$ 表示垂直于攻角面的摆动。这样有

$$(k_{zz0}+k_{zz2}\delta^2)\Delta'=[k_{zz0}(\delta'+i\delta\nu')+k_{zz2}\delta^2(\delta'+i\delta\nu')]e^{i\nu}$$

表示将两个方向上的摆动所产生的阻尼一视同仁,即只要 δ' 和 $i\delta\nu'$ 在数值上相同,它们产生的阻尼力矩大小便相同。

但实际上这种假设是不合理的,因为横向气流是沿攻角面流动的,在有攻角的情况下,弹体背风面气流分离,这使得弹箭在攻角面内摆动的阻尼特性与垂直于攻角面摆动的阻尼特性是不同的,如果说小攻角时可以忽略这种差别,那么大攻角时则不应忽略。考虑到这一点,可将上述阻尼项改成如下形式,即

$$(k_{zz0}+k_{zz2}\delta^2)\Delta'=\{k_{zz0}(\delta'+i\delta\nu')+k_{zz2}\delta^2[(1+a)\delta'+i\delta\nu']\}e^{i\nu} \quad (13.5.1)$$

使得 δ' 和 $i\delta\nu'$ 即使大小相等,产生的阻尼力矩也不相同。进一步地,将此式写成如下形式

$$(k_{zz0}+k_{zz2}\delta^2)\Delta'+(k_{zz2}a\delta^2)\delta' e^{i\nu}=(k_{zz0}+k_{zz2}\delta^2)\Delta'+\frac{k_{zz2}}{2}a(\delta^2)'\Delta \quad (13.5.2)$$

上式右端第二项,当 a 为常数时,是$(\delta^2)'$的线性函数,但 a 本身也可以是$(\delta^2)'$的函数,这时它就是$(\delta^2)'$的一般函数。考虑此项并忽略重力非齐次项,此时非旋转弹箭的角运动方程可以归纳为如下形式

$$\Delta''+H\Delta'-M\Delta=0 \quad (13.5.3)$$

式中，$H=\frac{\rho S}{2A}l^2 m'_{zz}(\delta^2)+b_y-b_x-\frac{g\sin\theta}{v^2}$；$M=M_0+M_2\delta^2+M^*[(\delta^2)']$，$M_0=\frac{\rho Sl}{2A}m_{z0}$，$M_2=\frac{\rho Sl}{2A}m_{z2}$，$M^*[(\delta^2)']=\frac{\rho Sl}{2A}m^*[(\delta^2)']$，$M^*[(\delta^2)']\big|_{(\delta^2)'=0}=0$。

以上式中，记 $m'_{zz}=m_{zz0}+m_{zz2}\delta^2$，$m^*=lm_{zz2}a(\delta^2)'/2$。

在前面对弹箭角运动方程的近似求解过程中，应用了拟线性代入法，没有考虑频率变化对阻尼因子的影响，这对于弱非线性静力矩近似程度是比较高的，但对于较强的非线性静力矩，近似程度就差一些。为此，本节在对角运动方程的近似求解过程中，应用了改进的拟线性代入法，考虑了频率的变化对阻尼因子的影响。

13.5.2　运动方程的近似求解

设方程(13.5.3)的形式解为

$$\Delta=K_1\mathrm{e}^{\mathrm{i}\varphi_1}+K_2\mathrm{e}^{\mathrm{i}\varphi_2} \tag{13.5.4}$$

阻尼因子 λ_j 为

$$\lambda_j=K_j'/K_j\quad(j=1,2) \tag{13.5.5}$$

对式(13.5.4)分别求导一次、二次，可得

$$\Delta'=(\lambda_1+\mathrm{i}\varphi_1')K_1\mathrm{e}^{\mathrm{i}\varphi_1}+(\lambda_2+\mathrm{i}\varphi_2')\mathrm{e}^{\mathrm{i}\varphi_2}K_2 \tag{13.5.6}$$

$$\begin{aligned}\Delta''=&(\lambda_1'+\mathrm{i}\varphi_1'')K_1\mathrm{e}^{\mathrm{i}\varphi_1}+(\lambda_2'+\mathrm{i}\varphi_2'')K_2\mathrm{e}^{\mathrm{i}\varphi_2}+\\&(\lambda_1+\mathrm{i}\varphi_1')^2K_1\mathrm{e}^{\mathrm{i}\varphi_1}+(\lambda_2+\mathrm{i}\varphi_2')^2K_2\mathrm{e}^{\mathrm{i}\varphi_2}\end{aligned} \tag{13.5.7}$$

所谓的改进拟线性代入法，就是在求 Δ' 时，没有应用附加条件

$$K_1'\mathrm{e}^{\mathrm{i}\varphi_1}+K_2'\mathrm{e}^{\mathrm{i}\varphi_2}=0 \tag{13.5.8}$$

将式(13.5.4)、式(13.5.6)和式(13.5.7)代入方程(13.5.3)，得

$$\begin{aligned}&(\lambda_1'+\mathrm{i}\varphi_1'')K_1\mathrm{e}^{\mathrm{i}\varphi_1}+(\lambda_2'+\mathrm{i}\varphi_2'')K_2\mathrm{e}^{\mathrm{i}\varphi_2}+(\lambda_1+\mathrm{i}\varphi_1')^2K_1\mathrm{e}^{\mathrm{i}\varphi_1}+\\&\quad(\lambda_2+\mathrm{i}\varphi_2')^2K_2\mathrm{e}^{\mathrm{i}\varphi_2}+H[(\lambda_1+\mathrm{i}\varphi_1')K_1\mathrm{e}^{\mathrm{i}\varphi_1}+(\lambda_2+\mathrm{i}\varphi_2')K_2\mathrm{e}^{\mathrm{i}\varphi_2}]-\\&\quad M(K_1\mathrm{e}^{\mathrm{i}\varphi_1}+K_2\mathrm{e}^{\mathrm{i}\varphi_2})=0\end{aligned} \tag{13.5.9}$$

在以上方程两边除以 $K_1\mathrm{e}^{\mathrm{i}\varphi_1}$，并令 $\hat{\varphi}=\varphi_1-\varphi_2$，则得

$$\begin{aligned}&(\varphi_1')^2-\lambda_1(\lambda_1+H)+M-\lambda_1'+\mathrm{i}(2\varphi_1'\lambda_1+H\varphi_1'+\varphi_1'')+\\&\{[(\varphi_2')^2-\lambda_2(\lambda_2+H)+M-\lambda_2']-\mathrm{i}(2\varphi_2'\lambda_2+H\varphi_2'+\varphi_2'')\}\frac{K_2}{K_1}\mathrm{e}^{-\mathrm{i}\hat{\varphi}}=0\end{aligned} \tag{13.5.10}$$

在上式中略去阻尼因子 λ_j 与气动力和力矩系数的乘积项以及 λ_j'的项，则得

$$(\varphi_1')^2+M-\mathrm{i}(2\varphi_1'\lambda_1+H\varphi_1'+\varphi_1'')+[(\varphi_2')^2+M-\mathrm{i}(2\varphi_2'\lambda_2+H\varphi_2'+\varphi_2'')]\frac{K_2}{K_1}\mathrm{e}^{-\mathrm{i}\hat{\varphi}}=0 \tag{13.5.11}$$

对方程(13.5.11)在 $\hat{\varphi}$ 的一个周期上进行平均，可得

$$(\varphi_1')^2-\mathrm{i}(2\varphi_1'\lambda_1+\varphi_1'')=-\frac{1}{2\pi}\int_0^{2\pi}(M-\mathrm{i}H\varphi_1')\mathrm{d}\hat{\varphi}-\frac{1}{2\pi}\int_0^{2\pi}(M-\mathrm{i}H\varphi_2')\frac{K_2}{K_1}\mathrm{e}^{-\mathrm{i}\hat{\varphi}}\mathrm{d}\hat{\varphi} \tag{13.5.12}$$

由式(13.5.4)得

$$\delta^2 = |\Delta|^2 = \Delta\bar{\Delta} = K_1^2 + K_2^2 + 2K_1K_2\cos\hat{\varphi} \tag{13.5.13}$$

$$(\delta^2)' = -2K_1K_2(\varphi_1' - \varphi_2')\sin\hat{\varphi} \tag{13.5.14}$$

由此可知,式(13.5.12)中的$M[\delta^2,(\delta^2)']$和$H(\delta^2)$均为实数,故不会把所在项的实部变为虚部或把虚部变为实部。

把式(13.5.12)的实部和虚部分开,可得

$$(\varphi_1')^2 = -\frac{1}{2\pi}\int_0^{2\pi}\left[M + (M\cos\hat{\varphi} - H\varphi_2'\sin\hat{\varphi})\frac{K_2}{K_1}\right]\mathrm{d}\hat{\varphi} \tag{13.5.15}$$

$$2\varphi_1'\lambda_1 + \varphi_1'' = -\frac{1}{2\pi}\int_0^{2\pi}\left[H\varphi_1' + (M\sin\hat{\varphi} + H\varphi_2'\cos\hat{\varphi})\frac{K_2}{K_1}\right]\mathrm{d}\hat{\varphi} \tag{13.5.16}$$

将$M = M_0 + M_2\delta^2 + M^*[(\delta^2)']$代入上述两式,可得

$$(\varphi_1')^2 + M_0 + M_2(K_1^2 + 2K_2^2) = -\frac{1}{2\pi}\int_0^{2\pi}\left[M^* + (M^*\cos\hat{\varphi} - H\varphi_2'\sin\hat{\varphi})\frac{K_2}{K_1}\right]\mathrm{d}\hat{\varphi} \tag{13.5.17}$$

$$2\varphi_1'\lambda_1 + \varphi_1'' = -\frac{1}{2\pi}\int_0^{2\pi}\left[H\varphi_1' + (M^*\sin\hat{\varphi} + H\varphi_2'\cos\hat{\varphi})\frac{K_2}{K_1}\right]\mathrm{d}\hat{\varphi} \tag{13.5.18}$$

应用类似的方法可得

$$(\varphi_2')^2 + M_0 + M_2(K_2^2 + 2K_1^2) = -\frac{1}{2\pi}\int_0^{2\pi}\left[M^* + (M^*\cos\hat{\varphi} + H\varphi_1'\sin\hat{\varphi})\frac{K_1}{K_2}\right]\mathrm{d}\hat{\varphi} \tag{13.5.19}$$

$$2\varphi_2'\lambda_2 + \varphi_2'' = -\frac{1}{2\pi}\int_0^{2\pi}\left[H\varphi_2' + (H\varphi_1'\cos\hat{\varphi} - M^*\sin\hat{\varphi})\frac{K_1}{K_2}\right]\mathrm{d}\hat{\varphi} \tag{13.5.20}$$

下面在讨论极限圆运动时,将H和M^*的具体表达式代入式(13.5.17)~式(13.5.20),就可以得阻尼因子λ_j和φ_j'的表达式。

13.5.3 极限圆运动

当非旋转弹箭的角运动近似圆运动时,攻角Δ的两个分运动的幅值K_1和K_2有如下关系:

$$K_2 \ll K_1 \quad 或者 \quad K_1 \ll K_2$$

不妨假设$K_2 \ll K_1$,如果近似圆运动变得越来越圆,则弹箭将趋于极限圆运动,而对于圆运动,必有$K_1 = 0$或$K_2 = 0$及$(\delta^2)' = 0$。

设圆运动的攻角幅值为δ_c,把H和M^*关于圆运动展开,略去高次项,这样H和M^*可写成

$$H = H_c + \left[\frac{\mathrm{d}H}{\mathrm{d}\delta^2}\right]_c(\delta^2 - \delta_c^2) \tag{13.5.21}$$

$$M^* = \left[\frac{\mathrm{d}M^*}{\mathrm{d}(\delta^2)'}\right]_0(\delta^2)' \tag{13.5.22}$$

$$H_c = H(\delta_c^2),\ \left[\frac{\mathrm{d}H}{\mathrm{d}\delta^2}\right]_c = \left[\frac{\mathrm{d}H}{\mathrm{d}\delta^2}\right]\Bigg|_{\delta^2=\delta_c^2},\ \left[\frac{\mathrm{d}M^*}{\mathrm{d}(\delta^2)'}\right]_0 = \left[\frac{\mathrm{d}M^*}{\mathrm{d}(\delta^2)'}\right]\Bigg|_{(\delta^2)'=0}$$

将式(13.5.21)和式(13.5.22)代入式(13.5.17)~式(13.5.20),并略去含有K_2^2的项,得

$$(\varphi_1')^2 + M_0 + M_2K_1^2 = 0 \tag{13.5.23}$$

$$\lambda_1 = \lambda_1^* - \frac{\varphi_1''}{2\varphi_1'} \tag{13.5.24}$$

$$(\varphi_2')^2 + M_0 + 2M_2K_2^2 = 0 \tag{13.5.25}$$

$$\lambda_2=\lambda_2^*-\frac{\varphi_2''}{2\varphi_2'} \tag{13.5.26}$$

其中

$$\lambda_1^*=-\frac{1}{2}\left\{H_c+\left[\frac{\mathrm{d}H}{\mathrm{d}\delta^2}\right]_c(K_1^2-\delta_c^2)\right\} \tag{13.5.27}$$

$$\lambda_2^*=\lambda_1^*-\frac{1}{2}\left\{\left[\frac{\mathrm{d}H}{\mathrm{d}\delta^2}\right]_c\frac{\varphi_1'}{\varphi_2'}K_1^2+\left(\frac{\mathrm{d}M^*}{\mathrm{d}(\delta^2)'}\right)_0\left(\frac{\varphi_1'}{\varphi_2'}-1\right)K_1^2\right\} \tag{13.5.28}$$

分别对式(13.5.23)和式(13.5.25)求导,可得 φ_1''和 φ_2'',为

$$\varphi_1''=\frac{-M_2K_1^2}{\varphi_1'}\lambda_1 \tag{13.5.29}$$

$$\varphi_2''=\frac{-2M_2K_2^2}{\varphi_2'}\lambda_2 \tag{13.5.30}$$

再由式(13.5.23)和式(13.5.25),可求出频率为

$$\varphi_1'=\sqrt{-M_0(1+m_c)} \tag{13.5.31}$$

$$\varphi_2'=-\sqrt{-M_0(1+2m_c)} \tag{13.5.32}$$

其中,$m_c=\dfrac{M_2}{M_0}K_1^2$。

对于实际运动,φ_1'和 φ_2'必为实数,故式(13.5.31)和式(13.5.32)的根号内应为正数,因此,无论是 $M_0>0$ 还是 $M_0<0$,m_c 都不能在[-1, -1/2]范围内,否则不可能有稳定的运动。

将式(13.5.29) ~ 式(13.5.32)代入式(13.5.24)和式(13.5.26),可得到阻尼因子 λ_j 为

$$\lambda_1=-\left(\frac{1+m_c}{2+3m_c}\right)\left[H_c+\left(\frac{\mathrm{d}H}{\mathrm{d}\delta^2}\right)_c(K_1^2-\delta_c^2)\right] \tag{13.5.33}$$

$$\lambda_2=\frac{-2m_c(1+m_c)}{(2+3m_c)(1+2m_c)}\lambda_1^*+\lambda_2^* \tag{13.5.34}$$

用 m_c 表示式(13.5.28)的 λ_2^*,则有

$$\lambda_2^*=\lambda_1^*+\frac{1}{2}\left\{\left(\frac{\mathrm{d}H}{\mathrm{d}\delta^2}\right)_c\sqrt{\frac{1+m_c}{1+2m_c}}+\left[\frac{\mathrm{d}M^*}{\mathrm{d}(\delta^2)'}\right]_0\left(1+\sqrt{\frac{1+m_c}{1+2m_c}}\right)\right\}K_1^2 \tag{13.5.35}$$

求出了阻尼因子 λ_j 的表达式后,可写出振幅平面方程,为

$$\frac{\mathrm{d}K_1^2}{\mathrm{d}s}=-2\left(\frac{1+m_c}{2+3m_c}\right)\left\{H_c+\left[\frac{\mathrm{d}H}{\mathrm{d}\delta^2}\right]_c(K_1^2-\delta_c^2)\right\}K_1^2 \tag{13.5.36}$$

$$\frac{\mathrm{d}K_2^2}{\mathrm{d}s}=\frac{-4m_c(1+m_c)}{(2+3m_c)(1+2m_c)}\lambda_1^*K_2^2+2\lambda_2^*K_2^2 \tag{13.5.37}$$

因为幅值为 δ_c 的圆运动是极限圆运动的奇点位置,故奇点的坐标为

$$K_1^2=\delta_c^2,K_2^2=0$$

根据奇点的定义,奇点坐标值应使振幅平面方程式(13.5.36)和式(13.5.37)的右边为零,这样由式(13.5.36)可得

$$\frac{1+m_c}{2+3m_c}\left\{H_c+\left[\frac{\mathrm{d}H}{\mathrm{d}\delta^2}\right]_c(K_1^2-\delta_c^2)\right\}K_1^2\bigg|_{K_1^2=\delta_c^2}=0 \tag{13.5.38}$$

因为 $m_c\notin[-1,-1/2]$,故$(1+m_c)/(2+3m_c)\neq 0$。因此,欲使式(13.5.38)成立,必

须要求 $H_c=0$。实际上,$H_c=0$ 可做如下解释:把 $H(\delta^2)$ 在该奇点处展开成式(13.5.21),而该奇点表示幅值为 δ_c 的圆运动,即表示在该奇点上,弹箭攻角幅值既不增大也不减小,这样就要求

$$H_c=H(\delta_c^2)=0$$

由式(13.5.27)知,在奇点邻近 $\lambda_1^*\approx 0$,这样振幅平面方程式(13.5.36)和式(13.5.37)变为

$$\frac{\mathrm{d}K_1^2}{\mathrm{d}s}=-2\left(\frac{1+m_c}{2+3m_c}\right)\left[\frac{\mathrm{d}H}{\mathrm{d}\delta^2}\right]_c(K_1^2-\delta_c^2)K_1^2 \tag{13.5.39}$$

$$\frac{\mathrm{d}K_2^2}{\mathrm{d}s}=\left\{\left[\frac{\mathrm{d}H}{\mathrm{d}\delta^2}\right]_c\sqrt{\frac{1+m_c}{1+2m_c}}+\left[\frac{\mathrm{d}M^*}{\mathrm{d}(\delta^2)'}\right]_0\left(1+\sqrt{\frac{1+m_c}{1+2m_c}}\right)\right\}K_1^2K_2^2 \tag{13.5.40}$$

对于稳定的极限圆运动,$K_1=\delta_c$,$K_2=0$,则当 $K_1^2<\delta_c^2$ 时,K_1^2 增加;当 $K_1^2>\delta_c^2$ 时,K_1^2 衰减。而 K_2 对应的圆运动,幅值 K_2^2 衰减。又当 $m_c\notin[-1,-1/2]$ 时,$(1+m_c)/(1+2m_c)>0$,这样从式(13.5.39)和式(13.5.40)看出,要使极限圆运动稳定,必须满足

$$\left[\frac{\mathrm{d}H}{\mathrm{d}\delta^2}\right]_c>0 \tag{13.5.41}$$

$$\left[\frac{\mathrm{d}H}{\mathrm{d}\delta^2}\right]_c\sqrt{\frac{1+m_c}{1+2m_c}}+\left[\frac{\mathrm{d}M^*}{\mathrm{d}(\delta^2)'}\right]_0\left(1+\sqrt{\frac{1+m_c}{1+2m_c}}\right)<0 \tag{13.5.42}$$

综上分析,在非线性静力矩和非线性阻尼力矩作用下,非旋转弹箭存在极限圆运动的充分条件为

$$\begin{cases}H_c=0,\ m_c\notin\left[-1,-\dfrac{1}{2}\right],\ \left[\dfrac{\mathrm{d}H}{\mathrm{d}\delta^2}\right]_c>0\\ \dfrac{\left[\dfrac{\mathrm{d}M^*}{\mathrm{d}(\delta^2)'}\right]_0}{\left[\dfrac{\mathrm{d}H}{\mathrm{d}\delta^2}\right]_c}<\dfrac{-1}{1+\sqrt{\dfrac{1+2m_c}{1+m_c}}}\end{cases} \tag{13.5.43}$$

从上式可知,如果 M^* 等于常数,则 $[\mathrm{d}M^*/\mathrm{d}(\delta^2)']_0=0$。这样,不等式(13.5.43)就不可能成立了。故欲使非旋转弹箭存在极限圆运动,必须要求非线性赤道阻尼力矩 M_{zz} 含有 $(\mathrm{i}/2)\rho v^2Slm^*[(\delta^2)']\Delta$ 项,否则,非旋转弹箭不存在极限圆运动。根据非旋转弹箭存在极限圆运动的充分条件式(13.5.43),可绘制出其极限圆运动的稳定区域,如图13.5.1所示。

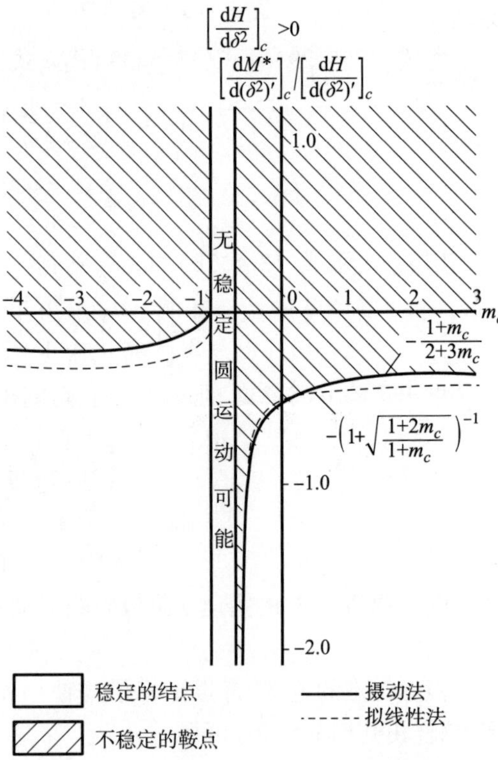

图13.5.1 非旋转弹极限圆运动的稳定域

13.6　非线性马格努斯力矩作用下旋转弹箭的运动及稳定性

在弹箭线性运动理论中，已讲过马格努斯力矩对旋转弹箭的运动有很大影响，是弹箭飞行的不稳定因素。关于它的不稳定作用在试验中已多次观察到，有的尾翼式旋转弹箭由于转速过高，导致马格努斯力矩太大，就出现过飞行不稳定现象；人们还发现过这样一种奇怪的现象，在行进的舰船上侧向发射火箭弹时，左侧发射飞行稳定，右侧发射飞行不稳定。这种现象用线性运动理论是解释不了的。实际上，这是由马格努斯力矩的非线性造成的。本节将用拟线性法来分析非线性马格努斯力矩对弹箭运动的影响，并解释这种奇怪现象。

13.6.1　运动方程的近似求解

在非线性马格努斯力矩作用下，旋转弹箭的攻角运动方程可以归结为下面的形式

$$\Delta'' + (H - \mathrm{i}P)\Delta' - (M + \mathrm{i}PT)\Delta = 0 \tag{13.6.1}$$

式中，$H = k_{zz} + b_y - b_x - g\sin\theta/v^2$，$M = M_0$，$P$ 的表达式与前相同。T 的定义如下

$$T = T_0 + T_2\delta^2,\ T_0 = b_y - k_{y0},\ T_2 = -k_{y2}$$

在方程(13.6.1)中，系数 T 含有攻角 δ^2，故此方程为非线性微分方程。在一段弹道上采用系数冻结法后，方程为常系数微分方程。

仍设方程(13.6.1)的形式解为

$$\Delta = K_1 \mathrm{e}^{\mathrm{i}\varphi_1} + K_2 \mathrm{e}^{\mathrm{i}\varphi_2} \tag{13.6.2}$$

令阻尼因子 λ_j 为

$$\lambda_j = K_j'/K_j \quad (j = 1,2)$$

将式(13.6.2)求导两次后得 Δ'、Δ''，并代入方程(13.6.1)中，再在方程两边除以 $K_1\mathrm{e}^{\mathrm{i}\varphi_1}$，令 $\hat{\varphi} = \varphi_1 - \varphi_2$，整理后得

$$\begin{aligned}&(\varphi_1')^2 - P\varphi_1' + M - \lambda_1(\lambda_1 + H) - \lambda_1' - \mathrm{i}[(2\varphi_1' - P)\lambda_1 + \varphi_1'' + H\varphi_1' - PT_0]\\&= -\mathrm{i}PT_2\delta^2\left(1 + \frac{K_2}{K_1}\mathrm{e}^{-\mathrm{i}\hat{\varphi}}\right) - \{[(\varphi_2')^2 - P\varphi_2' + M - \lambda_2(\lambda_2 + H) - \lambda_2'] -\\&\quad \mathrm{i}[(2\varphi_2' - P)\lambda_2 + H\varphi_2' - PT_0 + \varphi_2'']\}\frac{K_2}{K_1}\mathrm{e}^{-\mathrm{i}\hat{\varphi}}\end{aligned} \tag{13.6.3}$$

对上式在 $\hat{\varphi}$ 的一个周期上平均得

$$\begin{aligned}&(\varphi_1')^2 - P\varphi_1' + M - \lambda_1(\lambda_1 + H) - \lambda_1' - \mathrm{i}(2\varphi_1' - P)\lambda_1 + \varphi_1'' + H\varphi_1' - PT_0\\&= -\mathrm{i}\frac{1}{2\pi}\int_0^{2\pi} PT_2\delta^2\left(1 + \frac{K_2}{K_1}\mathrm{e}^{-\mathrm{i}\hat{\varphi}}\right)\mathrm{d}\hat{\varphi}\end{aligned} \tag{13.6.4}$$

在方程(13.6.4)中，由于阻尼因子 λ_1 缓慢变化，略去其导数 λ_1'，并略去二阶以上的小量，把 $\delta^2 = K_1^2 + K_2^2 + 2K_1K_2\cos\hat{\varphi}$ 代入式(13.6.4)，积分后把实部和虚部分开得

$$(\varphi_1')^2 - P\varphi_1' + M = 0 \tag{13.6.5}$$

$$(2\varphi_1' - P)\lambda_1 + \varphi_1'' + H\varphi_1' - PT_0 - PT_2(K_1^2 + 2K_2^2) = 0 \tag{13.6.6}$$

由式(13.6.5)解出频率 φ_1' 为

$$\varphi_1' = \frac{P}{2} + \frac{1}{2}\sqrt{P^2 - 4M}$$

由此式看出,φ_1'等于常数,故 $\varphi_1''=0$,所以由式(13.6.6)解出阻尼因子 λ_1 为

$$\lambda_1=\frac{PT_0-H\varphi_1'}{2\varphi_1'-P}+\frac{PT_2(K_1^2+2K_2^2)}{2\varphi_1'-P} \tag{13.6.7}$$

由上式可知,右边的第一项为弹箭线性运动的阻尼因子,第二项表示了马格努斯力矩非线性项对阻尼因子的影响,分别记为

$$\lambda_{10}=\frac{PT_0-H\varphi_1'}{2\varphi_1'-P},\lambda_1^*=\frac{PT_2}{2\varphi_1'-P} \tag{13.6.8}$$

同理可得频率 φ_2' 和阻尼因子 λ_2 的表达式为

$$\varphi_2'=\frac{P}{2}-\frac{1}{2}\sqrt{P^2-4M},\lambda_2=\frac{PT_0-H\varphi_2'}{2\varphi_2'-P}+\frac{PT_2(2K_1^2+K_2^2)}{2\varphi_2'-P} \tag{13.6.9}$$

令

$$\lambda_{20}=\frac{PT_0-H\varphi_2'}{2\varphi_2'-P},\lambda_2^*=\frac{PT_2}{2\varphi_2'-P} \tag{13.6.10}$$

由式(13.6.8)和式(13.6.10)看出,$\lambda_1^*=-\lambda_2^*$。令 $\lambda^*=\lambda_1^*$,则阻尼因子 λ_1 和 λ_2 可写成

$$\lambda_1=\lambda_{10}+\lambda^*(K_1^2+2K_2^2),\lambda_2=\lambda_{20}-\lambda^*(2K_1^2+K_2^2) \tag{13.6.11}$$

13.6.2 动态稳定性分析

求出了阻尼因子 λ_1 和 λ_2 的表达式后,即可写出振幅平面方程,为

$$\frac{\mathrm{d}K_1^2}{\mathrm{d}s}=2K_1^2[\lambda_{10}+\lambda^*(K_1^2+2K_2^2)],\frac{\mathrm{d}K_2^2}{\mathrm{d}s}=2K_2^2[\lambda_{20}-\lambda^*(2K_1^2+K_2^2)] \tag{13.6.12}$$

研究弹箭的动态稳定性,就转化为研究上述方程组解的稳定性。该方程组解的稳定性取决于它的积分曲线的全局结构,包括极限环的分布、奇点的性质和过奇点的分界线。可以证明,对于上面的振幅平面方程组,不存在极限环。因此,只研究奇点的性质和过奇点的分界线。

由振幅平面方程(13.6.12)求出四个奇点为

$$P_1(0,0),P_2\left(0,\frac{\lambda_{20}}{\lambda^*}\right),P_3\left(\frac{-\lambda_{10}}{\lambda^*},0\right),P_4\left(\frac{\lambda_{10}+2\lambda_{20}}{3\lambda^*},-\frac{2\lambda_{10}+\lambda_{20}}{3\lambda^*}\right) \tag{13.6.13}$$

为了导出旋转弹箭在非线性马格努斯力矩作用下的动态稳定性条件,下面分别研究这四个奇点的稳定性。

1. 奇点 $P_1(0,0)$

根据奇点稳定性的判别准则,在这种情况下,有

$$a=2\lambda_{10},b=0,c=0,d=2\lambda_{20}$$

$$q=ad-bc=4\lambda_{10}\lambda_{20},p=-(a+d)=-2(\lambda_{10}+\lambda_{20})$$

$$p^2-4q=(a-d)^2+4bc=4(\lambda_{10}-\lambda_{20})^2\geqslant 0$$

因 $p^2-4q\geqslant 0$,该奇点为结点型,若要使奇点 P_1成为稳定的结点,必须要求 $p>0,q>0$,即

$$\lambda_{10}\lambda_{20}>0,\lambda_{10}+\lambda_{20}<0 \tag{13.6.14}$$

从上式看出,λ_{10}和 λ_{20}同号且都小于零,因此,奇点 P_1 为稳定结点的条件为

$$\lambda_{10}<0,\lambda_{20}<0 \tag{13.6.15}$$

在这种情况下,根据振幅平面方程(13.6.12),可在振幅平面上绘制出相轨线的分布。当 $\lambda^*>0$,即 $T_2>0$ 时,由式(13.6.15)知,此时实际只存在两个奇点 P_1 和 P_3。相轨线分布如图 13.6.1 所示。由此图看出,过奇点 P_3 的分界线把振幅平面的第一象限分为两部分。当旋转

弹箭的线性运动动态稳定,即线性阻尼因子满足式(13.6.15),而非线性马格努斯力矩系数 $T_2>0$ 时,如果弹箭的初始攻角幅值(K_{10}^2,K_{20}^2)落在过 P_3 的分界线左边,则弹箭相对于理想弹道是动态稳定的,否则是动态不稳定的。当 $T_2<0$ 时,实际上只存在两个奇点 P_1 和 P_2,相轨线的分布如图 13.6.2 所示。由此图看出,当线性阻尼因子满足式(13.6.15),而非线性马格努斯力矩系数 $T_2<0$ 时,如果弹箭的攻角幅值(K_{10}^2,K_{20}^2)落在分界线的下边,则弹箭相对于理想弹道是动态稳定的,否则是动态不稳定的。

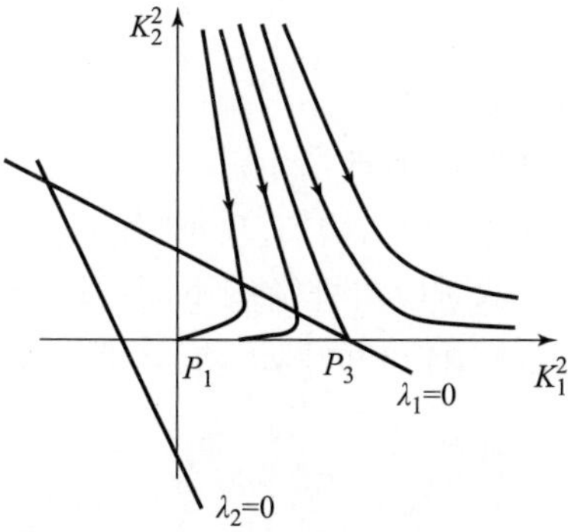

图 13.6.1　$T_2>0$ 时的相轨线分布

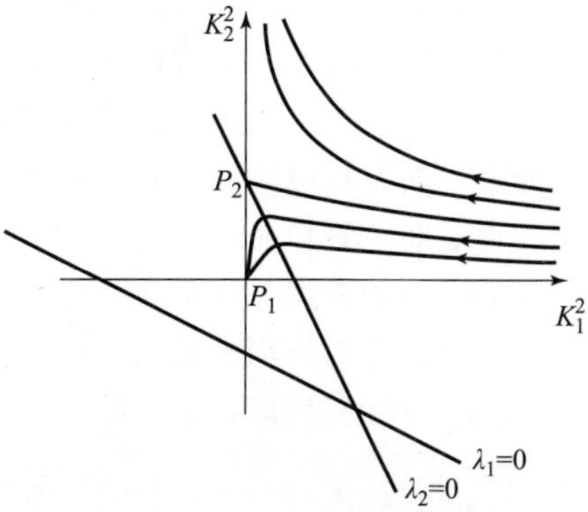

图 13.6.2　$T_2<0$ 时的相轨线分布

从这里的分析可以看出非线性马格努斯力矩对弹箭运动的影响。当不考虑马格努斯力矩的非线性时,只要满足线性运动稳定性判据式(13.6.15),不管在什么样的初始条件(K_{10}^2,K_{20}^2)下,弹箭的攻角都逐渐衰减而趋于零,即弹箭相对于理想弹道是动态稳定的。但是,当考虑马格努斯力矩的非线性时,弹箭相对于理想弹道的动态稳定性,则不仅要满足式(13.6.15),而且对于不同的 T_2 符号,还必须要求初始条件(K_{10}^2,K_{20}^2)位于一定的范围内,在此范围外,弹箭相对于理想弹道的运动是动态不稳定的。

2. 奇点 $P_2(0,\lambda_{20}/\lambda^*)$

为了处理的方便,经过坐标变换,把奇点 $P_2(0,\lambda_{20}/\lambda^*)$ 移动到原点,为此作变换

$$x=K_1^2,y=K_2^2-\lambda_{20}/\lambda^* \tag{13.6.16}$$

在上面的坐标变换之下,振幅平面方程(13.6.12)变为

$$\frac{\mathrm{d}x}{\mathrm{d}s}=2x[(\lambda_{10}+2\lambda_{20})+\lambda^*(x+2y)],\frac{\mathrm{d}y}{\mathrm{d}s}=-2\lambda^*(y+\lambda_{20}/\lambda^*)(2x+y) \tag{13.6.17}$$

在新的坐标系下,奇点 $P_2(0,\lambda_{20}/\lambda^*)$ 变为 $P_2(0,0)$,在这种情况下,有

$$a=2(\lambda_{10}+2\lambda_{20}),b=0,c=-4\lambda_{20},d=-2\lambda_{20}$$

$$q=ad-bc=-4\lambda_{20}(\lambda_{10}+2\lambda_{20}),p=-(a+d)=-2(\lambda_{10}+\lambda_{20})$$

$$p^2-4q=(a-d)^2+4bc=4(\lambda_{10}+3\lambda_{20})^2\geqslant 0$$

要使奇点成为稳定的结点,必须要求 $q>0,p>0$,即

$$\lambda_{20}(\lambda_{10}+2\lambda_{20})<0,\lambda_{10}+\lambda_{20}<0 \tag{13.6.18}$$

再由奇点的坐标值为正,可得

$$\lambda_{20}/\lambda^*>0 \tag{13.6.19}$$

奇点 $P_2(0,\lambda_{20}/\lambda^*)$ 在 K_2^2 轴的正方向上,那么此时另一个奇点 $P_3(-\lambda_{10}/\lambda^*,0)$ 是在 K_1^2

轴的正方向上还是在 K_1^2 轴的负方向呢？下面用反证法证明奇点 P_3 只能在 K_1^2 轴的正方向上。

如果奇点 P_3 在 K_1^2 轴的负方向上，则有 $\lambda_{10}/\lambda^* > 0$，这样由式(13.6.18)和式(13.6.19)可得 $(\lambda_{10}+\lambda_{20})/\lambda^* > 0$，再结合式(13.6.18)得 $\lambda^* < 0$，从而有 $\lambda_{10} < 0, \lambda_{20} < 0$。但这与式(13.6.18)矛盾，故奇点 P_3 只能在 K_1^2 轴的正方向上。因此就有

$$\lambda_{10}/\lambda^* < 0 \tag{13.6.20}$$

下面再证明 $\lambda^* > 0$，也用反证法。如果 $\lambda^* < 0$，则有 $\lambda_{20} < 0, \lambda_{10} > 0$。由式(13.6.18)得 $\lambda_{10} > -2\lambda_{20}$，与式(13.6.18)中 $\lambda_{10}+\lambda_{20} < 0$ 矛盾，故只能有 $\lambda^* > 0$。

综上分析，可得到奇点 P_2 为稳定结点的充分条件为

$$\lambda^* > 0(\text{即 } T_2 > 0), \lambda_{20} > 0, \lambda_{10} < -2\lambda_{20} \tag{13.6.21}$$

根据振幅平面方程(13.6.12)，绘制出相轨线分布，如图 13.6.3 所示。

稳定的奇点对应着弹箭运动的稳定平衡位置，随着弹道弧长的增加，攻角将趋向于这个平衡位置。不同类型的奇点对应着弹箭的不同平衡状态，也就对应着弹箭的不同运动类型。此时，K_2^2 轴上的奇点 P_2 为稳定的结点，则对应着弹箭的稳定平衡位置为圆运动，该圆运动的攻角幅值 δ_c 由该奇点 P_2 的坐标值确定，即

$$\delta_c = \sqrt{\lambda_{20}/\lambda^*}$$

只要满足条件式(13.6.21)，弹箭相对于该圆运动的局部运动是动态稳定的，即随着弹道弧长的增加，弹箭的运动将趋向于这个圆运动，此时称弹箭存在极限圆运动。但是对于弹箭的非局部运动，从图 13.6.3 看出，弹箭是否存在极限圆运动，不仅要满足条件式(13.6.21)，而且对弹箭的初始攻角幅值(K_{10}^2, K_{20}^2)有一定的要求。在图中，过奇点 P_3 的分界线把振幅平面第一象限分为两部分，当弹箭的初始攻角幅值(K_{10}^2, K_{20}^2)落在分界线的左边时，弹箭的运动就能趋向于稳定的平衡位置——攻角幅值为 δ_c 的圆运动。当(K_{10}^2, K_{20}^2)落在分界线的右边时，弹箭的运动是不稳定的。

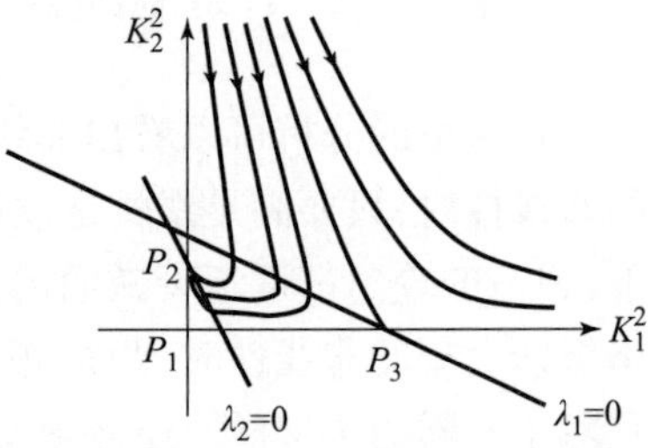

图 13.6.3　奇点 P_2 为稳定结点时的相轨线

另外，从条件式(13.6.21)看出，如果弹箭在非线性马格努斯力矩作用下存在极限圆运动，则线性运动一定是不稳定的，即线性不稳定是弹箭存在极限圆运动的必要条件。

3. 奇点 $P_3(-\lambda_{10}/\lambda^*, 0)$

类似奇点 P_2 的情况，作变换

$$x = K_1^2 + \lambda_{10}/\lambda^*, y = K_2^2$$

后，可得奇点 P_3 为稳定的结点的充分条件为

$$\lambda^* < 0, \text{即 } T_2 < 0, \lambda_{10} > 0, \lambda_{20} < -2\lambda_{10}$$

奇点 P_3 对应的极限圆运动攻角幅值为

$$\delta_c = \sqrt{-\lambda_{10}/\lambda^*}$$

相轨线的全局分布和分界线位置如图 13.6.4 所示。

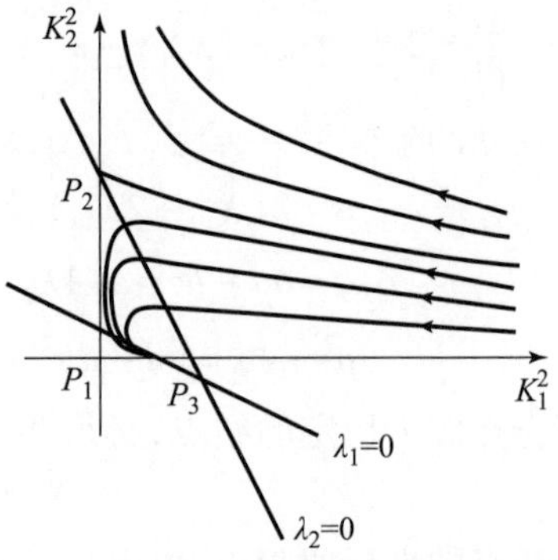

图 13.6.4　P_3 为稳定结点时的相轨线

4. 奇点 $P_4\left(\dfrac{\lambda_{10}+2\lambda_{20}}{3\lambda^*}, -\dfrac{2\lambda_{10}+\lambda_{20}}{3\lambda^*}\right)$

为了讨论的方便，作变换

$$x = K_1^2 - \frac{\lambda_{10} + 2\lambda_{20}}{3\lambda^*}, y = K_2^2 + \frac{2\lambda_{10} + \lambda_{20}}{3\lambda^*}$$

后,得到新的振幅平面方程(读者可自行推导)。根据奇点稳定性判定准则,$p^2 - 4q = 4(11\lambda_{10}^2 + 11\lambda_{20}^2 + 26\lambda_{10}\lambda_{20})/3$ 可以为正、为零、为负,因而该奇点可以为结点、焦点、鞍点和中心型。由于鞍点总是不稳定的以及中心要求 $\lambda_{10} + \lambda_{20} = 0$,在实际中很难满足,故一般不研究这些情况。图 13.6.5、图 13.6.6、图 13.6.7 分别给出了 $\lambda^* < 0$ 时奇点 P_4 为分别为稳定结点、稳定焦点和中心时,相轨线的分布情况。而 $\lambda^* > 0$ 时的相轨线只需将前者图中的坐标轴 K_1^2, K_2^2 互换即得。

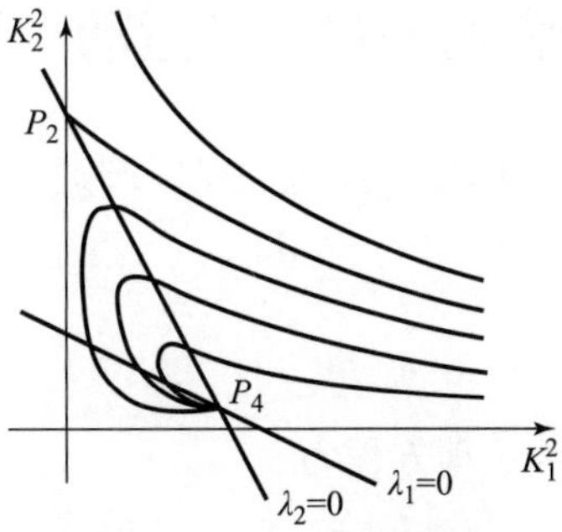

图 13.6.5　P_4 为稳定结点

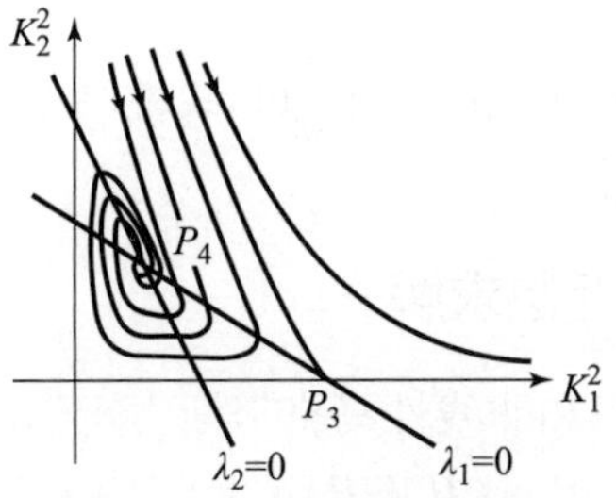

图 13.6.6　P_4 为稳定焦点

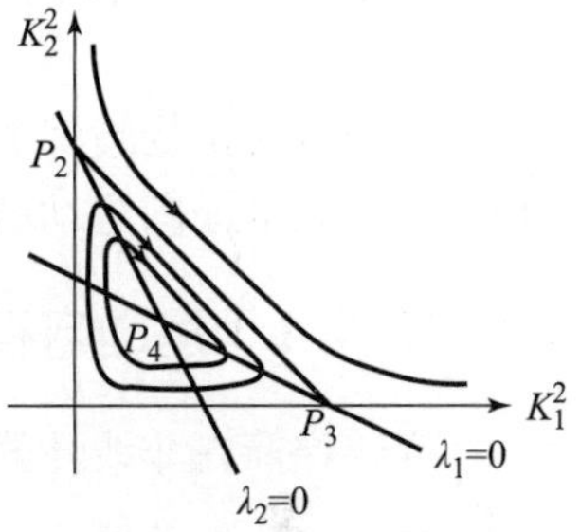

图 13.6.7　P_4 为中心

由以上分析看出,在考虑了马格努斯力矩的非线性影响后,弹箭的非线性角运动与线性角运动有两点明显的区别:

①线性角运动的稳定与否与初始条件无关,而非线性角运动的稳定与否与初始条件密切相关。

②线性角运动只存在攻角幅值为零的极限运动;非线性角运动不但存在攻角幅值为零的极限运动(即奇点 P_1 的情况),而且存在攻角幅值不为零的极限运动,这就是奇点 P_2、P_3、P_4 的情况(即极限圆运动和极限外摆线运动)。

对于弹箭的初始条件,一般给出的是初始攻角 Δ_0 和初始攻角速度 Δ_0'。而在稳定性分析中,判断起始点是否在稳定域用的是两个分运动的初始幅值 K_{10}^2 和 K_{20}^2。那么如何把 Δ_0 和 Δ_0' 转化成 K_{10}^2 和 K_{20}^2 呢? 可对式(7.3.10)取模,并考虑到非线性情况下阻尼因子与振幅有关的关系式,采用逐次迭代计算求得。对于首次近似,可使用线性阻尼因子和线性频率

$$\lambda_{j0} = \frac{PT - \varphi_j' H}{2\varphi_j' - P}, \varphi_{j0}' = \frac{1}{2}(P \pm \sqrt{P^2 - 4M}) \quad (j = 1, 2)$$

因为在非线性马格努斯力矩作用下,阻尼因子 λ_j 是 K_j^2 的函数,即

$$\lambda_1 = \lambda_{10} + \lambda^*(K_1^2 + 2K_2^2), \lambda_2 = \lambda_{20} - \lambda^*(2K_1^2 + K_2^2)$$

所以,要把首次近似得到的 K_{10}^2 和 K_{20}^2 的值代入上面的 λ_j 中,再用式(7.3.10)进行迭代计算。这样一般经过几次迭代,就可求得与初始条件 Δ_0 和 Δ_0' 对应的 K_{10}^2 和 K_{20}^2。

下面从实例说明马格努斯力矩的非线性对弹箭运动稳定性的影响。

由于舰船前进,当左侧发射时,相当于有从右向左吹过来的横风,火箭弹在出炮口时,由于重力倾离作用,弹轴偏在速度线的下方,加上尾翼弹的弹轴有迎向横风转动的特性,结果形成

火箭弹出炮口时有绕速度线逆时针方向转动的趋势,弹轴这种逆时针方向转动的起始条件的主要成分是慢圆运动(火箭右旋),故起始条件中 $K_{20} \gg K_{10}$;反之,当向右侧发射时,起始条件中 $K_{10} \gg K_{20}$。该火箭的马氏力矩非线性项 $T_2>0$,其振幅平面的相轨线分布如图 13.6.1 所示。由此火箭弹的参数可算得,K_1^2 轴上奇点位于 $\delta_c=5°$ 处,而发射时初始扰动的数值为 $\delta_0=10°$。在这种情况下,当左侧发射时,因起始条件 $K_{20} \approx 10°$、$K_{10} \approx 0$,这样由 (K_{10}^2, K_{20}^2) 确定的相点位于分界线左侧,故火箭弹运动稳定。当右侧发射时,初始条件 $K_{10} \approx 10°$、$K_{20} \approx 0$,相应的相点位于分界线右侧,故火箭弹运动不稳定。这就是所谓左侧发射稳定而右侧发射不稳定问题的弹道学解释。

13.7 非线性静力矩和马氏力矩作用下旋转弹箭的极限圆运动

这一节讨论旋转弹箭在非线性静力矩和非线性马格努斯力矩作用下产生的极限圆运动,并导出产生极限圆运动的条件。

13.7.1 运动方程的近似求解

旋转弹箭在非线性静力矩和非线性马格努斯力矩作用下的角运动方程为

$$\Delta'' + (H - \mathrm{i}P)\Delta' - (M + \mathrm{i}PT)\Delta = 0 \tag{13.7.1}$$

式中,$H = k_{zz} + b_y - b_x - \dfrac{g\sin\theta}{v^2}$;$M = M_0 + M_2\delta^2$;$T = T_0 + T_2\delta^2$,$\delta^2 = \Delta\bar{\Delta}$,$\bar{\Delta}$ 为 Δ 的共轭。

采用改进的拟线性方法对上述角运动方程进行解析求解,下面给出详细的过程。

首先设形式解为

$$\Delta = K_1 \mathrm{e}^{\mathrm{i}\phi_1} + K_2 \mathrm{e}^{\mathrm{i}\phi_2} \tag{13.7.2}$$

令阻尼因子 λ_j 为 $\qquad \lambda_j = K_j'/K_j \quad (j = 1, 2)$

对式(13.7.2)关于弹道弧长 s 分别求一阶和二阶导数,得到 Δ'、Δ'',并代入方程(13.7.1),再在方程两边除以 $K_1\mathrm{e}^{\mathrm{i}\phi_1}$,令 $\hat{\phi} = \phi_1 - \phi_2$,整理后得

$$\phi_1'^2 - \lambda_1(\lambda_1 + H) + M_0 - \lambda_1' - P\phi_1' - \mathrm{i}[\phi_1'' + (2\phi_1' - P)\lambda_1 + H\phi_1' - PT_0]$$
$$= (-M_2 - \mathrm{i}PT_2)\delta^2\left(1 + \frac{K_2}{K_1}\mathrm{e}^{-\mathrm{i}\hat{\phi}}\right) -$$
$$\{\phi_2'^2 - P\phi_2' - \lambda_2(\lambda_2 + H) + M_0 - \lambda_2' - \mathrm{i}[\phi_2'' + (2\phi_2' - P)\lambda_2 + H\phi_2' - PT_0]\}\frac{K_2}{K_1}\mathrm{e}^{-\mathrm{i}\hat{\phi}}$$

对上式在 $\hat{\phi}$ 的一个周期上平均得

$$\phi_1'^2 - \lambda_1(\lambda_1 + H) + M_0 - \lambda_1' - P\phi_1' - \mathrm{i}[\phi_1'' + (2\phi_1' - P)\lambda_1 + H\phi_1' - PT_0]$$
$$= \frac{1}{2\pi}\int_0^{2\pi}(-M_2 - \mathrm{i}PT_2)\delta^2\left(1 + \frac{K_2}{K_1}\mathrm{e}^{-\mathrm{i}\hat{\phi}}\right)\mathrm{d}\hat{\phi} -$$
$$\frac{1}{2\pi}\int_0^{2\pi}\{\phi_2'^2 - P\phi_2' - \lambda_2(\lambda_2 + H) + M_0 - \lambda_2' - \mathrm{i}[\phi_2'' + (2\phi_2' - P)\lambda_2 + H\phi_2' - PT_0]\}\frac{K_2}{K_1}\mathrm{e}^{-\mathrm{i}\hat{\phi}}\mathrm{d}\hat{\phi}$$

由于 $\mathrm{e}^{-\mathrm{i}\hat{\phi}}$ 周期变化,其平均值为0,则等号右端的第二个积分式为0,有

$$\phi_1'^2-\lambda_1(\lambda_1+H)+M_0-\lambda_1'-P\phi_1'-\mathrm{i}[\phi_1''+(2\phi_1'-P)\lambda_1+H\phi_1'-PT_0]$$
$$=\frac{1}{2\pi}\int_0^{2\pi}(-M_2-\mathrm{i}PT_2)\delta^2\mathrm{d}\hat{\phi}$$

由于阻尼因子 λ_1 变化缓慢，故可认为 $\lambda_1'\approx 0$，并略去二阶以上的小量，再将 $\delta^2=\Delta\bar{\Delta}=K_1^2+K_2^2+2K_1K_2\cos\hat{\phi}$ 代入上式，可得

$$\phi_1'^2-P\phi_1'+M_0-\mathrm{i}[(2\phi_1'-P)\lambda_1+\phi_1''+H\phi_1'-PT_0]$$
$$=-\frac{1}{2\pi}\int_0^{2\pi}(M_2+\mathrm{i}PT_2)(K_1^2+K_2^2+2K_1K_2\cos\hat{\phi})\mathrm{d}\hat{\phi}$$

积分结果为

$$\phi_1'^2-P\phi_1'+M_0-\mathrm{i}[(2\phi_1'-P)\lambda_1+\phi_1''+H\phi_1'-PT_0]=-(M_2+\mathrm{i}PT_2)(K_1^2+2K_2^2)$$

将上式实部和虚部分开，得

$$\begin{cases}\phi_1'^2-P\phi_1'+M_0+M_2(K_1^2+2K_2^2)=0\\(2\phi_1'-P)\lambda_1+\phi_1''+H\phi_1'-PT_0-PT_2(K_1^2+2K_2^2)=0\end{cases}\tag{13.7.3}$$

显然，上式中第一个方程可看作关于 ϕ_1' 的一元二次方程，根据物理意义略去一个根，得

$$\phi_1'=P/2+\sqrt{-\hat{M}_0[1+m_2(K_1^2+2K_2^2)]}\tag{13.7.4}$$

式中，$\hat{M}_0=M_0-P^2/4$，$m_2=M_2/\hat{M}_0$。

类似地，将方程两边同时除以 $K_2\mathrm{e}^{\mathrm{i}\phi_2}$，并按照相同思路进行推导，可得到与式(13.7.3)对等的方程组

$$\begin{cases}\phi_2'^2-P\phi_2'+M_0+M_2(2K_1^2+K_2^2)=0\\(2\phi_2'-P)\lambda_2+\phi_2''+H\phi_2'-PT_0-PT_2(2K_1^2+K_2^2)=0\end{cases}\tag{13.7.5}$$

同样，有

$$\phi_2'=P/2-\sqrt{-\hat{M}_0[1+m_2(2K_1^2+K_2^2)]}\tag{13.7.6}$$

而式(13.7.3)和式(13.7.5)的第二个方程可看作关于阻尼因子 λ_1 和 λ_2 的线性方程，则有

$$\lambda_1=-\frac{\phi_1''+H\phi_1'-PT_0-PT_2(K_1^2+2K_2^2)}{2\phi_1'-P},\lambda_2=-\frac{\phi_2''+H\phi_2'-PT_0-PT_2(2K_1^2+K_2^2)}{2\phi_2'-P}$$

由于 ϕ_1' 和 ϕ_2' 已经求出来了，要求 λ_1、λ_2 的表达式，只要求出 ϕ_1'' 和 ϕ_2'' 即可，过程如下所示

$$\phi_1''=\frac{\mathrm{d}\phi_1'}{\mathrm{d}s}=-\frac{1}{2}[-\hat{M}_0-M_2(K_1^2+2K_2^2)]^{-\frac{1}{2}}M_2\left(\frac{\mathrm{d}K_1^2}{\mathrm{d}s}+2\frac{\mathrm{d}K_2^2}{\mathrm{d}s}\right)$$

又 $\frac{\mathrm{d}K_j^2}{\mathrm{d}s}=2K_jK_j'(j=1,2)$，$\lambda_j=\frac{K_j'}{K_j}$，则有 $\frac{\mathrm{d}K_j^2}{\mathrm{d}s}=2\lambda_jK_j^2$，代入上式可得

$$\phi_1''=-[-\hat{M}_0-M_2(K_1^2+2K_2^2)]^{-\frac{1}{2}}M_2(\lambda_1K_1^2+2\lambda_2K_2^2)$$

类似地，可得

$$\phi_2''=[-\hat{M}_0-M_2(2K_1^2+K_2^2)]^{-\frac{1}{2}}M_2(2\lambda_1K_1^2+\lambda_2K_2^2)$$

将 ϕ_1'、ϕ_2'、ϕ_1'' 和 ϕ_2'' 的表达式代入式(13.7.3)和式(13.7.5)中的第二个式子，可得关于 λ_1、λ_2 的线性方程组

$$\begin{cases}a_{11}\lambda_1+a_{12}\lambda_2=b_1\\a_{21}\lambda_1+a_{22}\lambda_2=b_2\end{cases}\tag{13.7.7}$$

式中

$$a_{11}=2\sqrt{-\hat{M}_0[1+m_2(K_1^2+2K_2^2)]}-[-\hat{M}_0-M_2(K_1^2+2K_2^2)]^{-\frac{1}{2}}M_2K_1^2,$$

$$a_{12}=-2[-\hat{M}_0-M_2(K_1^2+2K_2^2)]^{-\frac{1}{2}}M_2K_2^2,$$

$$a_{21}=2[-\hat{M}_0-M_2(2K_1^2+K_2^2)]^{-\frac{1}{2}}M_2K_1^2,$$

$$a_{22}=-2\sqrt{-\hat{M}_0[1+m_2(2K_1^2+K_2^2)]}+[-\hat{M}_0-M_2(2K_1^2+K_2^2)]^{-\frac{1}{2}}M_2K_2^2,$$

$$b_1=-H\left\{\frac{P}{2}+\sqrt{-\hat{M}_0[1+m_2(K_1^2+2K_2^2)]}\right\}+PT_0+PT_2(K_1^2+2K_2^2),$$

$$b_2=-H\left\{\frac{P}{2}-\sqrt{-\hat{M}_0[1+m_2(2K_1^2+K_2^2)]}\right\}+PT_0+PT_2(2K_1^2+K_2^2)$$

利用线性代数知识,可求解线性方程组(13.7.7),得

$$\lambda_1=\frac{a_{22}b_1-a_{12}b_2}{a_{11}a_{22}-a_{12}a_{21}},\ \lambda_2=\frac{a_{21}b_1-a_{11}b_2}{a_{12}a_{21}-a_{11}a_{22}}\tag{13.7.8}$$

当弹箭的角运动接近于圆运动或准圆运动时,攻角 Δ 的两个分运动幅值 K_1、K_2 有如下关系:$K_2\ll K_1$ 或 $K_1\ll K_2$。为不失一般性,设 $K_2\ll K_1$,并令 $m=m_2K_1^2$,则线性方程组(13.7.7)的系数可简化为

$$a_{11}\approx2\sqrt{-\hat{M}_0(1+m)}-[-\hat{M}_0(1+m)]^{-\frac{1}{2}}M_2K_1^2\ ;\ a_{12}\approx0;$$

$$a_{21}\approx2[-\hat{M}_0(1+2m)]^{-\frac{1}{2}}M_2K_1^2\ ;\ a_{22}\approx-2\sqrt{-\hat{M}_0(1+2m)};$$

$$b_1\approx PT_0+PT_2K_1^2-H\left[\frac{P}{2}+\sqrt{-\hat{M}_0(1+m)}\right];$$

$$b_2\approx PT_0+2PT_2K_1^2-H\left[\frac{P}{2}-\sqrt{-\hat{M}_0(1+2m)}\right]$$

因此,有

$$\lambda_1=\frac{\sqrt{-\hat{M}_0(1+m)}}{-\hat{M}_0(2+3m)}\left\{PT_0+PT_2K_1^2-H\left[\frac{P}{2}+\sqrt{-\hat{M}_0(1+m)}\right]\right\}\tag{13.7.9}$$

此时,若 $\hat{M}_0>0$,则 $1+m\leqslant0$;若 $\hat{M}_0<0$,则 $1+m\geqslant0$。一般情况下,对于旋转稳定弹,$M_0>0$ 且为了满足陀螺稳定性,$S_g=P^2/4M_0>1$,故 $\hat{M}_0<0$;对于尾翼弹(不旋转或低速旋转),$M_0<0$,则也有 $\hat{M}_0<0$。因此,在外弹道学中,通常仅考虑 $\hat{M}_0<0$ 的情形。

令 $\hat{P}=P\,|\hat{M}_0|^{-\frac{1}{2}}$,且本节只考虑线性阻尼系数 $H=H_0$,则 λ_1 的表达式(13.7.9)可进一步写为

$$\lambda_1=\frac{2+2m}{2+3m}\lambda_1^*,\lambda_1^*=-\frac{1}{4}[2H_0-(1+m)^{-\frac{1}{2}}\hat{P}(2T_0-H_0+2T_2K_1^2)]\tag{13.7.10}$$

类似地,可推导出阻尼因子 λ_2 的表达式

$$\lambda_2=\frac{-2m(1+m)}{(2+3m)(1+2m)}\lambda_1^*+\lambda_2^*,\lambda_2^*=-\frac{1}{4}[2H_0+(1+2m)^{-\frac{1}{2}}\hat{P}(2T_0-H_0+4T_2K_1^2)]\tag{13.7.11}$$

阻尼因子 λ_2 的推导过程作为本章习题留给读者完成。

根据阻尼因子的表达式，当考虑常见情形 $\hat{M}_0<0$ 时，要使 $\sqrt{-\hat{M}_0(1+m)}$ 和 $\sqrt{-\hat{M}_0(1+2m)}$ 两项有意义，须满足 $m>-1/2$，本质上是对静力矩系数导数(含正负号和大小)和圆运动幅值(包括初始值)的限制。

在 $K_2 \ll K_1$ 的情况下，弹箭角运动频率也可表示为

$$\phi_1'=\frac{P}{2}+\sqrt{-\hat{M}_0(1+m)},\phi_2'=\frac{P}{2}-\sqrt{-\hat{M}_0(1+2m)} \tag{13.7.12}$$

13.7.2　极限圆运动的稳定性

下面根据振幅平面方程，由奇点理论分析旋转弹箭从准圆运动实现极限圆运动的条件。振幅平面方程为

$$\frac{\mathrm{d}K_1^2}{\mathrm{d}s}=2K_1^2\lambda_1,\frac{\mathrm{d}K_2^2}{\mathrm{d}s}=2K_2^2\lambda_2 \tag{13.7.13}$$

在 $K_2 \ll K_1$ 的情况下，能形成极限圆运动的条件首先是在 K_1^2 轴上有一个奇点，此奇点应是零阻尼曲线 $\lambda_1=0$ 与 K_1^2 轴的交点。因为当 $m>-1/2$ 时，有 $(1+m)/(2+3m)\neq 0$，故由式(13.7.10)得，K_1^2 轴上存在奇点的条件是 $\lambda_1^*=0$，写出 K_1^2 的表达式即得圆运动的幅值 K_c^2。

$$K_c^2=\frac{2H_0-(1+m)^{-\frac{1}{2}}\hat{P}(2T_0-H_0)}{2\hat{P}T_2(1+m)^{-\frac{1}{2}}} \tag{13.7.14}$$

因此，奇点的位置为 $(K_c^2,0)$。

在奇点附近，$\lambda_1^*\approx 0$，因此，由式(13.7.11)得阻尼因子 $\lambda_2=\lambda_2^*$。为讨论的方便，作变换

$$x=K_1^2-K_c^2,y=K_2^2$$

把奇点移到原点。将 $K_1^2=x+K_c^2$、$K_2^2=y$ 代入阻尼因子 λ_1、λ_2 的表达式(13.7.10)与式(13.7.11)，再代入原振幅平面方程(13.7.13)，得到新坐标系下的振幅平面方程，为

$$\frac{\mathrm{d}x}{\mathrm{d}s}=2(1+m)^{-\frac{1}{2}}\hat{P}T_2\frac{1+m}{2+3m}x\left[x+\frac{2H_0-(1+m)^{-\frac{1}{2}}\hat{P}(2T_0-H_0)}{2T_2\hat{P}(1+m)^{-\frac{1}{2}}}\right] \tag{13.7.15}$$

$$\frac{\mathrm{d}y}{\mathrm{d}s}=-\frac{1}{2}y\left\{2H_0+(1+2m)^{-\frac{1}{2}}\hat{P}\left\{2T_0-H_0+\frac{2[2H_0-(1+m)^{-\frac{1}{2}}\hat{P}(2T_0-H_0)]}{\hat{P}(1+m)^{-\frac{1}{2}}}\right\}+4\hat{P}T_2(1+2m)^{-\frac{1}{2}}x\right\} \tag{13.7.16}$$

可以证明，由振幅平面方程(13.7.15)、方程(13.7.16)决定的奇点只可能是结点或鞍点。

根据第 13.1.3 节中介绍的奇点类型判别准则，振幅平面方程(13.7.15)、(13.7.16)的特征方程中的系数为

$$a=\frac{1+m}{2+3m}[2H_0-(1+m)^{-\frac{1}{2}}\hat{P}(2T_0-H_0)],b=0,c=0$$

$$d=-\frac{1}{2}\left\{2H_0+(1+2m)^{-\frac{1}{2}}\hat{P}(2T_0-H_0)+2[2H_0-(1+m)^{-\frac{1}{2}}(2T_0-H_0)]\frac{(1+2m)^{-\frac{1}{2}}}{(1+m)^{-\frac{1}{2}}}\right\}$$

进而有 $p^2-4q=(a-d)^2+4bc=(a-d)^2>0$。因此，奇点只可能是结点或鞍点。由于鞍点总

是不稳定的,下面仅导出该奇点为稳定结点时所应满足的条件。

稳定的结点对应着弹箭角运动的稳定状态,在这里指弹箭存在稳定的极限圆运动。因此,对于 $K_1^2<K_c^2$ 的小圆运动,为趋向奇点对应的极限圆运动,幅值 K_1^2 必须增大,对应 $\lambda_1>0$;而对于 $K_1^2>K_c^2$ 的大圆运动,为趋向奇点对应的极限圆运动,幅值 K_1^2 必须减小,对应 $\lambda_1<0$。对于新坐标系,$x<0$ 对应着小圆运动,$x>0$ 对应着大圆运动。在式(13.7.15)中,由坐标变换知

$$K_1^2 = x + K_c^2 = x + \frac{2H_0 - (1+m)^{-\frac{1}{2}}\hat{P}(2T_0 - H_0)}{2T_0\hat{P}(1+m)^{-\frac{1}{2}}} > 0$$

则由式(13.7.10)知,在奇点附近

$$\lambda_1 \approx \frac{1+m}{2+3m}\hat{P}T_0(1+m)^{-\frac{1}{2}}x$$

而当 $m>-1/2$ 时,$(1+m)/(2+3m)>0$,因此,要使小圆运动幅值增大,大圆运动幅值减小,必须要求

$$\hat{P}T_2 < 0 \tag{13.7.17}$$

再由奇点的坐标值 $K_c^2>0$,可得

$$2H_0 - (1+m)^{-\frac{1}{2}}\hat{P}(2T_0 - H_0) < 0 \tag{13.7.18}$$

由此解出

$$\hat{P}(2T_0 - H_0) > 2H_0(1+m)^{\frac{1}{2}} \tag{13.7.19}$$

在奇点处,有 $K_2^2=0$,所以对应于 K_2^2 必然有衰减的圆运动,因此由式(13.7.16)知,若要保证在奇点附近 $\lambda_2<0$,则有

$$2H_0 + (1+2m)^{\frac{1}{2}}\hat{P}\left\{2T_0 - H_0 + \frac{2[2H_0 - (1+m)^{-\frac{1}{2}}\hat{P}(2T_0 - H_0)]}{\hat{P}(1+m)^{-\frac{1}{2}}}\right\} > 0 \tag{13.7.20}$$

由此解出

$$\hat{P}(2T_0 - H_0) < 2H_0\left[(1+2m)^{\frac{1}{2}} + 2(1+m)^{\frac{1}{2}}\right] \tag{13.7.21}$$

这样由式(13.7.20)和式(13.7.21)得到

$$2H_0(1+m)^{\frac{1}{2}} < \hat{P}(2T_0 - H_0) < 2H_0\left[(1+2m)^{\frac{1}{2}} + 2(1+m)^{\frac{1}{2}}\right] \tag{13.7.22}$$

显然,若 $H_0<0$,上述不等式不成立。因此,为使奇点(K_c^2,0)为稳定结点,必须有 $H_0>0$,则上式可化为

$$(1+m)^{\frac{1}{2}} < \frac{\hat{P}(2T_0 - H_0)}{2H_0} < (1+2m)^{\frac{1}{2}} + 2(1+m)^{\frac{1}{2}} \tag{13.7.23}$$

综上分析,旋转弹箭在非线性静力矩和非线性马格努斯力矩作用下,存在极限圆运动的条件为

$$\begin{cases} H_0 > 0, \hat{P}T_2 < 0, m > -\frac{1}{2} \\ (1+m)^{\frac{1}{2}} < \dfrac{\hat{P}(2T_0 - H_0)}{2H_0} < (1+2m)^{\frac{1}{2}} + 2(1+m)^{\frac{1}{2}} \end{cases}$$

特别要注意,对于旋转弹,具有正阻尼 $H_0>0$ 是产生极限圆运动的必要条件,这与非旋转弹存在极限圆运动的必要条件(小攻角、具有负阻尼 $H_0<0$)正好相反。根据这组不等式,可绘

制出旋转弹箭存在极限圆运动的稳定区域,如图 13.7.1 所示。

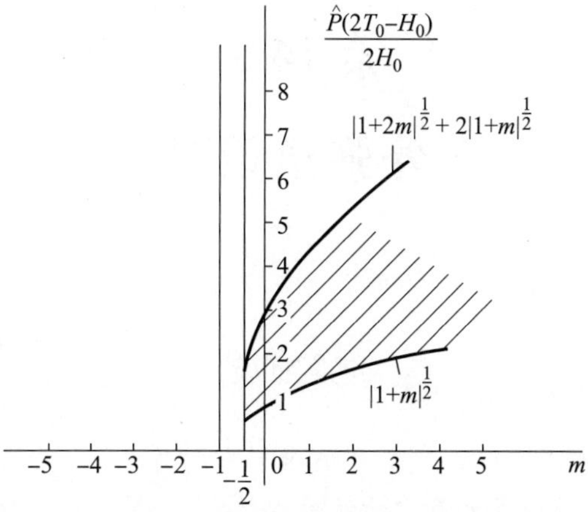

图 13.7.1　旋转弹箭的极限圆运动稳定域

本章知识点

①弹箭非线性运动的物理意义及相关分析方法。

②非旋转弹箭非线性运动的特点、角运动方程求解及稳定性。

③旋转弹箭非线性运动的特点、角运动方程求解及稳定性。

本章习题

1. 试从形成条件、影响因素等方面,比较非旋转弹箭和旋转弹箭的极限圆运动。

2. 试推导 13.6.2 节中奇点 P_4 的新的振幅平面方程(将奇点 P_4 移到原点)。

3. 根据 13.7.2 节中的相关公式,试完成阻尼因子 λ_2 表达式的详细推导。

4. 除本章介绍的内容外,非线性微分方程(组)的解析求解方法还有哪些? 试选取某种方法,求解弹箭的非线性角运动方程(如方程(13.4.1))。

第 14 章
外弹道设计

内容提要

本章从外弹道设计内涵及其在武器系统研制中的作用出发，依次讲述旋转稳定炮弹的火炮膛线缠度设计方法、涡轮式火箭喷管倾角设计方法、尾翼式炮弹和火箭弹静稳定度和转速的设计方法等，探讨了火箭推力加速度与初速匹配、地炮初速级的确定等问题，最后简要介绍了外弹道优化设计与仿真的概念及基本方法。

14.1 概　　述

武器系统最重要的战技指标是射程、精度、威力和机动性，一个武器系统的研制常是从这些战技指标出发，首先进行外弹道设计：选择稳定方式，估计气动力，初步确定弹重、初速、发动机推力和装药量、战斗部重量等，然后进行火炮内弹道或火箭发动机设计，再进行火炮或发射装置、弹体的结构、强度设计、材料和加工工艺安排。对于有控弹箭或灵巧弹药，还要进行敏感系统、导引系统、控制系统和执行机构总体设计和元部件设计。在此基础上，再进行弹、炮、药、控制各分系统之间参数对接、调整、反复进行仿真、对比和综合优化设计，确定一较优方案进行加工、试验、发现问题，再做改进，直到最后符合战技指标要求。当然，这里讲的各个阶段并不是截然分开的，也有交错并行的，但外弹道、飞行力学的设计计算通常是最先的。

在设计中，为满足各个战技指标要求，往往会出现矛盾，必须权衡利弊，全面考虑，综合优化决策。例如，对于火炮弹丸，为了提高射程，可以加大火药的装药量，但这又会造成炮口动能（$E_0=0.5mv_0^2$）增大，使得整个火炮由于强度要求的提高而导致重量增大，不利于机动性。如用高能火药，也会增高最大膛压，这就要增加火炮身管壁厚，使火炮重量增加，对机动性不利，并且高膛压、高初速会使火炮振动和炮口扰动增大，对射击精度不利。对于火箭，如果增加火箭药量、提高主动段末速度，在全弹重不变的限制下，必然要减少战斗部装药量，这又使有效载荷减少，威力下降。如果采用滑翔增程，虽可较大幅度增大射程，但又必须增加自动控制装置，使弹箭价格提高，并且由于控制系统占了一定的体积和重量，使有效战斗载荷的比例减小，也不利于提高威力。相比之下，用底排增程倒是一个物美价廉的好方法，对弹箭的各个参数改动不大而射程明显增加，但由于影响底排燃烧和减阻率的随机因素较多，底排弹密集度还不能与无底排的弹箭相媲美。

又如，为了提高飞行稳定性和射击精度，对于旋转稳定弹，总是在保证追随稳定性的条件下使转速高一些,但在同样的发射装药条件下,这就会减小弹丸前进的动能,导致初速和射程减小,并对膛线的磨损加剧而影响火炮寿命。同时,为了保证飞行稳定性,旋转弹弹长不能太长,导致弹丸圆柱部长度受限,战斗部装药减少,威力下降,或者反之,为了提高威力,加长弹丸圆柱部长,这又可能导致稳定性下降而影响射击密集度。

如果为了保证火炮机动性,火炮重量和炮口动能 $E_0 = mv_0^2/2$ 给定,要提高初速 v_0,就必须减小弹丸质量 m,增大初速有利于提高射程,但减小质量又会增大空气阻力加速度 a_x 或弹道系数 c,这又不利于提高射程,所以,究竟 v_0、m 选多大,就有个最佳匹配问题,或称最优组合问题。又如,尾翼式火箭的静稳定度选多大为好？选小了对减小起始扰动和推力偏心产生的散布不利,选大了又会造成对风过于敏感,使随机风产生的散布加大,这也有个最佳静稳定度的选取问题。对于火箭弹,还有初速 v_0 与加速度 a 的匹配问题,火箭增程弹的炮射速度与火箭增速的速度比问题。再进一步,一个弹箭除了初速 v_0、转速 $\dot{\gamma}_0$、弹丸质量 m、弹长 l、重心位置、静稳定度外,弹丸头部长、母线形状、圆柱部长、船尾部长、船尾角大小、尾翼弹的翼片数、翼面形状尺寸对气动力都有影响,它们也影响到弹箭的射程、侧偏及飞行稳定性。为了使射程最大,但同时又保证飞行稳定性,并且使弹长不超过一定限制,炸药装药不小于一定数量,以达到威力指标要求,希望选定这些设计参数的最优组合,这在数学上就是一个有约束、多参数最优化问题。至于有控滑翔增程弹和远程火箭,在满足各种限制条件下的最大射程设计就不只是选取设计参数的问题,还涉及最优控制方案的设计问题,这是一个过程优化问题,要用到动态优化的知识。

因此,一个武器系统或弹箭的外弹道设计通常是考虑了各方面限制条件和要求的多目标、多参数的参数优化设计或过程优化设计。本章将讲述一般弹箭外弹道设计中最基本的内容。

14.2　旋转稳定炮弹的火炮膛线缠度设计

要保证弹丸的飞行稳定性,就必须既保证动态稳定性,又保证追随稳定性,而为了保证动态稳定性,又必须首先保证具有足够的陀螺稳定性。由陀螺稳定因子 S_g 的表达式(7.4.9)和动力平衡角 δ_{2p} 的表达式(7.7.28)可见,它们都与转速和速度之比 $\dot{\gamma}/v$ 有关,但 $\dot{\gamma}/v$ 对这两种稳定性的影响却是相反的;转速越高,S_g 越大,越容易满足陀螺稳定条件和动态稳定条件,弹轴在空间的定向性强,这就导致弹丸在弹道曲线段上不能很好地追随弹道切线下降,或者为了使弹轴能追随切线下降,必须提供很大的动力平衡角形成足够大的翻转力矩,这就会导致飞行性能变坏,射程减小,密集度变坏,甚至弹底着地、引信不发火。因此,要合理选择 $\dot{\gamma}$ 才能满足两种稳定性的要求。由于旋转稳定弹的转速是由火炮膛线提供的,故合理选择转速 $\dot{\gamma}_0$ 的问题就成为合理选择膛线缠度的问题,这个工作就称为膛线缠度设计。

14.2.1　陀螺稳定性和膛线缠度上限

对于旋转稳定弹,为保证陀螺稳定性,要求陀螺稳定因子至少大于 1,即

$$S_g = \frac{P^2}{4M} = \frac{1}{4k_z}\left(\frac{C}{A}\right)^2\left(\frac{\dot{\gamma}}{v}\right)^2 > 1 \tag{14.2.1}$$

从动态稳定边界图上可见,S_g 越大,则 $1/S_g$ 越小,相应地,动态稳定域就越大,动态稳定性越好。故从动态稳定性讲,总是希望 S_g 大一些。

陀螺稳定因子沿全弹道是变化的。在炮口处因初速 v_0 很大,翻转力矩很大,故 S_{g0} 小一些;在弹道升弧段上,尽管速度和转速都在衰减,但速度降得更快些,使比值 $\dot{\gamma}/v$ 不断增大,陀螺稳定因子也就不断增大。如某弹在炮口处,$S_g = 1.3 \sim 1.5$;而在弹道顶点处,S_g 可达 4 ~5。在弹道降弧段,弹丸速度又开始增大,但转速却一直在减小,使陀螺稳定因子又逐渐减小,特别是在落点附近,S_g 更小。不过,除了射程特别大的远程火炮外,大多数火炮弹丸在落点处的 S_g 仍大于炮口,故只要保证炮口处满足了陀螺稳定条件,也就能在全弹道上满足陀螺稳定条件。

将式(7.2.5)代入式(14.2.1)中,即得到为保证陀螺稳定性,膛线缠度 η 须满足的不等式

$$\eta < \frac{\pi}{D} \cdot \frac{C}{A} \Big/ \sqrt{k_z} \tag{14.2.2}$$

再将 $k_z = \rho Slm_z'/(2A) = \pi d^2 \rho h(c_x + c_y')/(8A)$ 代入上式,经整理后得

$$\eta < \left(\frac{d}{D}\right)\eta_{上}, \quad \eta_{上} = \sqrt{\left(\frac{C}{A}\right)\frac{8\pi C}{\rho d^4 lm_z'}} \tag{14.2.3}$$

显然,当弹与炮的口径相同时,$d = D$,则式(14.2.3)变为 $\eta < \eta_{上}$。但对于次口径弹,弹在膛内被卡瓣(弹托)包围并沿膛线旋转前进,出炮口后弹托分离,弹丸飞行部分(弹芯)直径 d 不同于火炮口径 D,则 η 必须满足式(14.2.3)。

此外,对于航炮,炮口转速 $\dot{\gamma}_0$ 与缠度 η 的关系仍为式(7.2.5),但弹丸出炮口后相对于空气的速度却为$(v_0 + v_1)$,这里 v_1 是飞机的速度,于是弹丸所受到的翻转力矩 M_z 应与相对速度的平方$(v_0 + v_1)^2$ 成比例,故陀螺稳定性条件式(14.2.1)中的速度 v 应以$(v_0 + v_1)$代替,即陀螺稳定条件和膛线缠度应满足如下不等式

$$S_{g1} = \frac{1}{4k_z}\left(\frac{C}{A}\right)^2 \left(\frac{\dot{\gamma}_0}{v_0 + v_1}\right)^2 > 1, \quad \eta < \frac{1}{(1 + v_1/v_0)}\eta_{上} \tag{14.2.4}$$

由式(14.2.3)可见,空气密度 ρ 对膛线缠度上限 $\eta_{上}$ 有明显的影响,空气密度越大,翻转力矩也越大,则膛线缠度上限越小。因此,火炮在海平面处射击与在高原地区射击,在冬季严寒条件下射击与在夏季炎热条件下射击,其膛线缠度上限是不同的。一般取海平面处标准气象条件下的空气密度来计算膛线缠度上限 $\eta_{上}$,那么,其他空气密度下的膛线缠度上限 $\eta'_{上}$ 为

$$\eta'_{上} = \sqrt{\frac{\rho_{0N}}{\rho}}\eta_{上}, \quad \eta_{上} = \sqrt{\left(\frac{C}{A}\right)\frac{8\pi C}{\rho_{0N} d^4 lm_z'}} \tag{14.2.5}$$

如在我国东北严寒的冬季,气温可低至 −50 ℃,气压可达 1 040 hPa,则 $\sqrt{\rho_{0N}/\rho}$ 可低至 0.884,这时必须注意检查 $\eta'_{上}$ 能否保证陀螺稳定性要求。

此外,考虑有逆风 w_x 时会增大弹丸相对于空气的速度及翻转力矩,其作用类似于航炮射击中飞机速度的作用,这时应将式(14.2.4)中的 v_1 以平行于初速 v_0 的逆风分量 $w_{/\!/}$ 代替。

最后还应注意到,陀螺稳定只是动态稳定的前提,动态稳定性条件要求 $1/S_g$ 比 1 更小,即满足 $1/S_g < 1 - S_d^2$。这样,保证动态稳定性的膛线缠度则应满足如下不等式

$$\eta < \eta_{上}\sqrt{1 - S_d^2} \tag{14.2.6}$$

由陀螺稳定性条件(14.2.1)可见,弹丸长细比越大,C/A 越小,越难满足陀螺稳定。或者为了满足陀螺稳定,必须有更高的转速,以提高 $\dot{\gamma}/v$,但这又会造成膛线过急,加大了膛线的磨损,造成起始扰动大、追随稳定性不好等缺点。故旋转稳定弹的长细比一般不超过 5.5 倍口径,某些大口径远程弹为减小阻力提高射程,弹丸设计得稍细长,但一般长细比也只在 6 左右。

14.2.2　追随稳定性和膛线缠度下限

为了使弹丸在弹道曲线段上具有良好的追随稳定性，使飞行平稳，必须对动力平衡角的大小加以限制，即必须满足追随稳定性条件式(12.4.2)。

动力平衡角的表达式为式(7.7.28)，考虑到在弹道顶点处弹道倾角 $\theta_s=0$，$\cos\theta_s=1$；此外，再考虑到有顺风时相对速度为 v_s-w_x，翻转力矩减小，则追随稳定条件的具体形式可写为

$$\frac{2C\dot{\gamma}_s g}{\rho_s S l m'_{zs} v_s (v_s-w_x)^2} < \delta_{pm} \tag{14.2.7}$$

式中，$\dot{\gamma}_s$ 是弹道顶点处的转速，它是炮口转速 $\dot{\gamma}_0$ 经衰减后存留的，按转速表达式(7.2.8)和炮口转速公式(7.2.5)，得 $\dot{\gamma}_s=2\pi v_0 \mathrm{e}^{-\bar{k}_{xz}s_s}/(\eta D)$，式中的 s_s 为炮口至弹道顶点的升弧段弧长，$\bar{k}_{xz}$ 为升弧段上滚转阻尼力矩组合系数的平均值。将它代入式(14.2.7)中，解得 η 应满足的不等式

$$\eta > \left(\frac{d}{D}\right)\eta_{下},\eta_{下} = \left[\frac{16gC}{\delta_{pm}d^3 l}\cdot\frac{v_0}{\rho_s m'_{zs} v_s (v_s-w_x)^2}\mathrm{e}^{-k_{xz}\bar{v}t_s}\right]_{\theta_{0\max}} \tag{14.2.8}$$

这表明，为保证追随稳定性，火炮膛线缠度至少要大于某一下限 $\eta_{下}$，或者说炮口转速不得超过某一上限值。

同理，对于同口径弹和炮，$d/D=1$，上式即变为 $\eta>\eta_{下}$；对于次口径弹，由于 $d/D<1$，并且次口径弹一般只用弹道直线段攻击目标，动力平衡角很小，故可将以上条件适当放宽。

由式(14.2.8)可见，弹道顶点处速度 v_s 和空气密度 ρ_s 越小，则 $\eta_{下}$ 越大，即要求火炮膛线缠度越大，或要求炮口转速越低，这显然与陀螺稳定性和动态稳定性的要求相矛盾。因此，线膛火炮除高炮外，一般不用70°以上的大射角射击，以免弹道转弯过急以及 v_s 和 ρ_s 过小。

另外，由于在高原地区射击时，弹道顶点处的 ρ_s 更小，有可能使翻转力矩减小而不足以迫使弹轴转弯，丧失追随稳定性。故对高原作战火炮，必须按高原情况检查是否满足式(14.2.8)。

14.2.3　单装药号火炮的膛线缠度设计

将式(14.2.3)和式(14.2.8)合并考虑，即得到既能满足陀螺稳定性要求，又能满足追随稳定性要求的膛线缠度设计范围为

$$(d/D)\eta_{下}<\eta<(d/D)\eta_{上} \tag{14.2.9}$$

在 $\eta_{上}$ 的表达式(14.2.3)中，稳定力矩系数导数 m'_z 是初速 v_0 的函数；在 $\eta_{下}$ 的表达式中，不仅已显含 v_0，而且弹道顶点处 v_s 也是随 v_0 而变的。因此，$\eta_{上}$ 和 $\eta_{下}$ 都是初速 v_0 的函数。为了设计的方便，可计算出它们随 v_0 变化的曲线，如图14.2.1所示。在图中，[$\eta_{上}$，$\eta_{下}$]之间的区域即为膛线缠度可选择的区域。$\eta_{上}$ 曲线以上为动态不稳定域，$\eta_{下}$ 曲线以下为追随不稳定域。

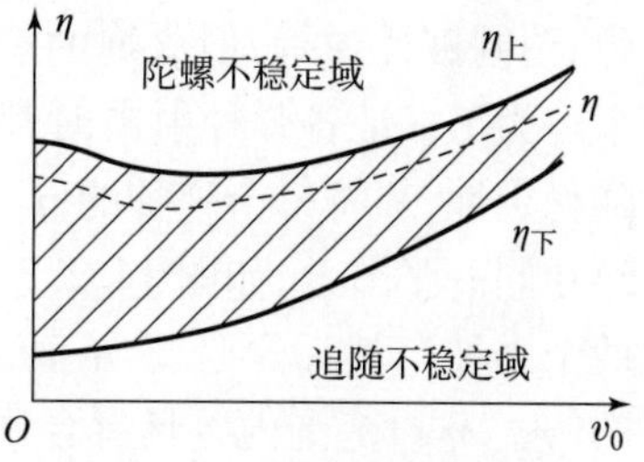

图 14.2.1　膛线缠度上、下限随初速变化的关系

经验指出，η 过分接近 $\eta_{上}$ 或过分接近 $\eta_{下}$，射击密集度均变坏，这其中有个最佳值。为便于膛线缠度设计，通常以

标准气象条件下的膛线缠度上限为基础,将 $\eta_上$ 乘一个安全系数 a 作为待设计火炮的膛线缠度,即令

$$\eta = a\eta_上 \tag{14.2.10}$$

式中,$a\approx 0.7\sim 0.85$,它综合考虑了冬季严寒地区空气密度增大、高原地区空气密度减小以及风和动态稳定因子的影响,同时,也包含了对减小火炮磨损和射弹散布方面的考虑,如图 14.2.1 所示。不过,为保险起见,仍应对所选的 η 值进行检查,看能否保证冬季严寒地区及有逆风情况下的动态稳定性,以及保证在平原和高原地区大射角射击时弹道顶点处的追随稳定性,如果不够理想,还可调整 a 值。

对于单装药号火炮(例如发射定装式弹药的高炮、舰炮、坦克炮),根据所需的初速 v_0,即可从 η 曲线上求得相应的膛线缠度 η。

显然,我们希望$[\eta_上,\eta_下]$之间的范围大些,这会给设计带来方便,但由 $\eta_上$ 和 $\eta_下$ 的表达式可知,对于一定口径的火炮和弹丸,只有弹长 l、转动惯量 A 和 C 以及稳定力矩系数导数 m_z'可适当调节,但增大或减小 l、A/C 或 m_z'对 $\eta_上$ 和 $\eta_下$ 的影响是相同的,$\eta_上$ 和 $\eta_下$ 两条曲线将同时升降,对扩大$[\eta_上,\eta_下]$范围的作用很小。只有弹道顶点速度 v_s 对 $\eta_下$ 的影响十分明显,故各种增速方法不仅能增大射程,还能增大 v_s,使 $\eta_下$ 曲线下降,提高追随稳定性,扩大$[\eta_上,\eta_下]$的范围。

14.2.4 多装药号火炮膛线缠度的设计

为降低火炮膛线磨损,提高火炮寿命,对大口径火炮的中、小射程一般采用减装药射击,这时因为初速降低,须将射角相应增大,落角也增大,故还可以避免用大初速、小射角射击产生跳弹。

根据射程范围不同,又将减装药分级,尽管同一火炮不同装药级时初速不同,但火炮膛线缠度 η 只能有一个,因此,这个膛线缠度必须在所有初速级下都满足 $\eta_下 < \eta < \eta_上$。这时,应在膛线缠度上、下限曲线之间合理地选择,如图 14.2.2 中的虚线所示。

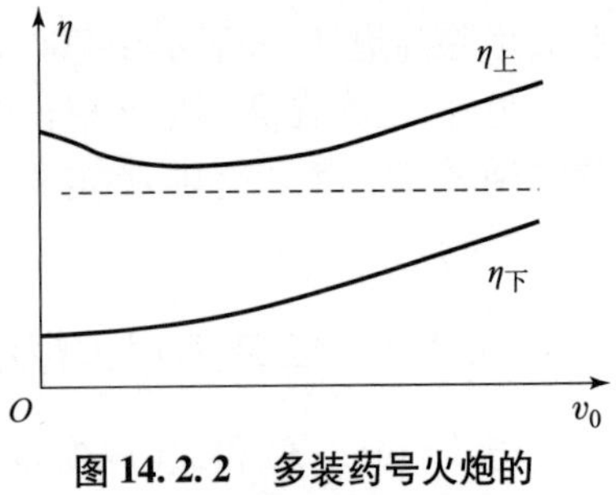

图 14.2.2 多装药号火炮的膛线缠度设计

14.2.5 多弹种火炮膛线缠度的设计

有的火炮执行不同战斗任务时所用弹种不同,例如一门炮可射击榴弹、照明弹、宣传弹或脱壳穿甲弹、预制破片弹等,但火炮的膛线缠度 η 只可能有一个。为了保证各弹种射击时都具有动态稳定性和追随稳定性,须将每个弹种的 $\eta_上$ 和 $\eta_下$ 曲线都作出,并绘在同一张图上,如图 14.2.3 所示(图中Ⅰ、Ⅱ代表两个弹种),然后再选择 η 值,务必使其处在各弹种的$[\eta_上,\eta_下]$范围内并具有合理的数值。但也有许多情况是一种火炮已根据主用弹设计好了膛线缠度 η,那么新增弹种就须按此膛线缠度设计弹丸结构和气动力,以保证各种情况下的飞行稳定性。

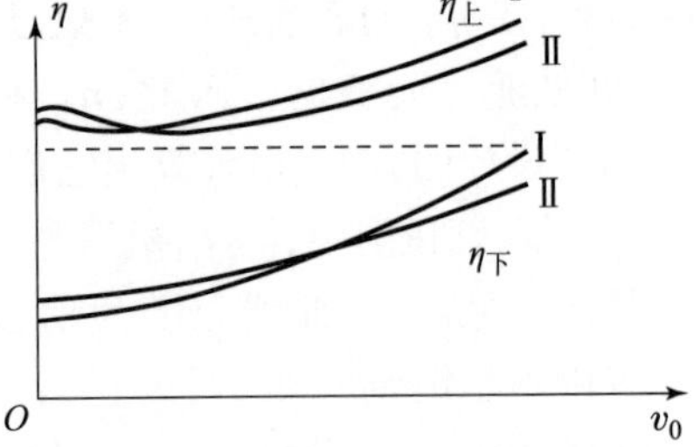

图 14.2.3 多弹种火炮的膛线缠度设计

14.3　涡轮式火箭喷管倾角设计

涡轮式火箭与旋转稳定炮弹一样，依靠高速旋转来保证飞行稳定性，但其转速是由燃气从斜置喷管中喷出而形成的，因此，喷管倾角设计是其飞行性能设计的关键。

14.3.1　喷管最小倾角的确定

最小喷管倾角 $\varepsilon_{\min}$应保证火箭具有足够高的转速，以满足动态稳定性条件(12.3.26)。考虑到逆风($w_{/\!/}<0$)的影响，引用式(12.3.29)，可将动态稳定性条件改写成如下形式

$$S_{gr} > \frac{1}{1-S_{d_1}^2}, S_{gr} = \frac{S_g}{(1-w_{/\!/}/v)^2}, S_g = \frac{P^2}{4k_z}, S_{d_1} = \frac{2T'-H'}{H'+2a_p/v^2} \tag{14.3.1}$$

在主动段上，随着速度 v 和马赫数不断增大，$|w_{/\!/}|/v$ 的减小比 k_z的增大要快，因此 S_{gr}沿主动段是增加的，故只要在炮口处满足了式(14.3.1)，整个主动段也就满足了动态稳定性。

将关系式 $P=C\dot{\gamma}/(Av)$，$\dot{\gamma}=\text{æ}v$ 代入式(14.3.1)中，并由式(11.2.3)得出æ的表达式æ $=\frac{d^*m}{2C}\left(\frac{u_1}{u'_{\text{eff}}}\right)\tan\varepsilon$。经整理，得主动段上满足动态稳定所需喷管倾角为

$$\tan\varepsilon_0 = \frac{4R_A^2}{d^*\sqrt{1-S_{d_1}^2}}\sqrt{k_z}\left(\frac{u'_{\text{eff}}}{u_1}\right)\left(1+\frac{|w_{/\!/}|}{v_0}\right) \tag{14.3.2}$$

速度 v 沿被动段升弧段一直减小，并且比转速 $\dot{\gamma}$ 衰减得快，使 $\dot{\gamma}/v$ 增大，S_g 也增大，这是有利的一面；但 v 的减小又使$|w_{/\!/}|/v$ 增大，而且弹道顶点处高空风也大，使$|w_{/\!/}|/v$ 进一步加大，这又使 S_{gr}减小。因此，在弹道顶点处有可能出现动态不稳定。此外，在弹道落点处，因转速 $\dot{\gamma}$ 衰减较多，而落速反而较大，使 $\dot{\gamma}/v$ 减小，也可能导致陀螺稳定不足和动态不稳。

因此，弹道顶点 S 和落点 C 也是特别需要检查动态稳定性的地方。喷管倾角的大小至少应使这些地方的动态稳定性得到满足。将 $\dot{\gamma}=\dot{\gamma}_k\exp(-\bar{k}_{xz}s)$ 和 $\dot{\gamma}_k=\text{æ}v_k$ 代入式(14.3.1)中，得到在顶点、落点处满足动态稳定所需的喷管倾角表达式为

$$(\tan\varepsilon)_{S,C} = \left\{\frac{4R_A^2}{d^*\sqrt{1-S_{d_1}^2}}\sqrt{k_z}\left(\frac{u'_{\text{eff}}}{u_1}\right)\left(1+\frac{|w_{/\!/}|}{v}\right)\exp[-\bar{k}_{xz}(s-s_k)]\right\}_{S,C} \tag{14.3.3}$$

在上式中，对于弹道顶点，可取$|w_{/\!/}|=20\sim30$ m/s；对于炮口和落点，可取 $w_{/\!/}=w\cos\theta$，其中风速 $w=20\sim30$ m/s。在分别求得了炮口、顶点、落点处动态稳定所需的喷管倾角后，取其中最大的一个作为全弹道动态稳定所需的喷管最小倾角 $\varepsilon_{\min}$。

14.3.2　喷管最大倾角的确定

喷管倾角过大会使转速过高，动力平衡角过大，造成追随不稳定。

追随稳定条件仍为式(14.2.7)，将考虑纵风影响的动力平衡角表达式(7.7.31)代入，即得

$$(\delta_{2ps})_{\theta_0\max} = \left[\frac{2C\dot{\gamma}}{\rho Slm'_z(v-w_x)^2}\cdot\frac{g}{v}\right]_{s,\theta_0\max} < \delta_{pm} \tag{14.3.4}$$

$$\dot{\gamma} = \dot{\gamma}_k e^{-\bar{k}_{xz}(s-s_k)} = \text{æ}v_k e^{-\bar{k}_{xz}(s-s_k)} \tag{14.3.5}$$

将前面æ的表达式代入其中,再将式(14.3.5)代入式(14.3.4)中,解出

$$\tan\varepsilon < \left[\frac{\rho Slm_z'v\ (v-w_x)^2}{d^* mgv_k}\left(\frac{u_{\mathrm{eff}}'}{u_1}\right)e^{\bar{k}_{xz}(s-s_k)}\right]_{s,\theta_0\max}(\delta_{pm}) = \tan\varepsilon_{\max} \tag{14.3.6}$$

由上式即可算出喷管最大倾角 $\varepsilon_{\max}$ 的值。在上式中,ρ、v、m_z'均应取最大射角弹道顶点处的值;$\bar{k}_{xz}$ 为从主动段末到弹道顶点处 k_{xz} 的平均值;$(s-s_k)$ 为主动段末至弹道顶点的弧长,它们都可用质点弹道计算。高空纵风 w_x 可取 20~30 m/s,动力平衡角限制值 δ_{pm} 可取2°~4°。

14.3.3 喷管倾角的选取

为了既满足动态稳定性,又满足追随稳定性,火箭的喷管倾斜角 ε 应满足如下关系式

$$\varepsilon_{\min} < \varepsilon < \varepsilon_{\max} \tag{14.3.7}$$

至于在此上下限之间 ε 究竟取何值,则应从涡轮式火箭的散布出发,选择使总散布最小的喷管倾角值。这就要综合分析计算转速对起始扰动、推力偏心、风和动不平衡产生的散布的综合影响,最后确定一个合适的数值。

14.4 尾翼炮弹和火箭静稳定度与转速的选择

对尾翼弹飞行特性影响最大的莫过于静稳定度,此外,还有转速,它们不仅影响飞行稳定性、振动频率,还影响散布大小。本节研究它们的设计方法。

14.4.1 尾翼炮弹的静稳定度选择

尾翼弹的压心在质心之后,根据经验,一般要求压心到质心的距离 h 与全弹长之比

$$h/l = m_z'/c_y'$$

也即静稳定度为 12%~20%。在静稳定度确定后,尾翼弹的摆动频率 ω_c 和波长 λ_c 分别为

$$\omega_c = \sqrt{-k_z},\lambda_c = 2\pi/\sqrt{-k_z},\ |k_z| = 0.5\rho Slm_z'/A \tag{14.4.1}$$

但静稳定度也不宜过大,过大的静稳定度将使摆动频率过高,并且使尾翼弹对风的干扰过于敏感,不利于密集度的提高。在实际工作中,选择尾翼面积、形状、翼片数、安排尾翼相对质心的位置就是在选择静稳定度。

14.4.2 尾翼炮弹的转速设计

低旋尾翼弹的动态稳定性判据仍为式(12.3.13),即 $1/S_g < 1 - S_d^2$。由于尾翼弹的 $M = k_z < 0$,故 $S_g = P^2/(4M) < 0$,这样,如果动态稳定因子 $|S_d| < 1$,则式(12.3.13)必定成立,即对转速无限制,但遗憾的是,常见的尾翼弹基本上都是 $|S_d| > 1$,这时对转速就有限制。这时式(12.3.13)可改成如下形式

$$|S_g| < 1/(S_d^2 - 1) \tag{14.4.2}$$

注意到 $|S_g| = \left(\dfrac{C}{A}\right)^2\dfrac{æ^2}{4k_z}$,而 $n_\lambda = æ/\sqrt{-k_z}$为每一波长内弹丸转过的圈数,即得转速上限

$$n_\lambda < 2A/(C/\sqrt{S_d^2 - 1}) \tag{14.4.3}$$

另外,为了防止共振,又要求尾翼弹的自转转速远离其自由摆动频率 ω_c,一般要求æ至少

大于$\sqrt{2}\omega_c$，或 $n_\lambda = \text{æ}/\omega_c > \sqrt{2}$（通常使 $n_\lambda > 3$），这样即得到尾翼弹的转速范围为

$$\sqrt{2} < n_\lambda < 2A/(C/\sqrt{S_d^2 - 1}) \tag{14.4.4}$$

14.4.3　尾翼弹低速旋转的范围

尾翼弹低速旋转的目的是减小不对称因素的影响，提高射击密集度，但过高的转速有可能产生过大的马格努斯力矩，反而造成动态不稳。因此，尾翼弹的转速不宜过高，也不必要太高。所谓低速旋转，也就是除了减小不对称因素的影响外，用不旋转情况下的弹箭动态特性代替低旋情况下弹箭的动态特性，所产生的误差可以忽略不计。尾翼弹的转速高不高，不能仅以自转角速度 $\dot{\gamma}$ 的大小来衡量，而应以每一波长内转过的圈数来衡量。考虑到陀螺稳定因子的大小为

$$|S_g| = \frac{P^2}{4|M|} = \left(\frac{C}{2A}\right)^2\left(\frac{\text{æ}}{\sqrt{-k_z}}\right)^2 = \left(\frac{C}{2A}\right)^2 n_\lambda^2 \tag{14.4.5}$$

而各种尾翼弹的惯量比均为 $C/(2A) \approx 1/200$，故转速高低也可用陀螺稳定因子 S_g 来衡量。

对于旋转稳定弹，陀螺稳定性条件是 $S_g > 1$，若转速不能产生陀螺效应，则 S_g 应远小于 1；对于尾翼弹，则应是$|S_g|$远小于 1。实践表明，从消除非对称因素的影响来讲，尾翼炮弹只需每一波长内转几圈就够了（即 $n_\lambda < 10$），这时$|S_g| < 0.01$，显然陀螺效应可以忽略。

对于尾翼式火箭主动段，当火箭不旋转时，受扰后将在扰动量所在的平面内摆动，偏角也在扰动量所在的平面内，但如果火箭低速旋转，则其摆动是空间的，偏角也偏离了扰动量所在平面。例如，偏角 $\Psi_{\dot{\Phi}_0}^*$ 和偏角 Ψ_w^* 就不仅有实部，还有虚部（图 10.1.8 和图 10.3.4）。

但是，计算表明，对于野战火箭，旋转和不旋转情况下，主动段末的 $|\Psi_{\dot{\Phi}_0 k}^*|$ 与 $\psi_{\dot{\Phi}_0 k}^*$ 之比，以及 $|\Psi_{w_k}^*|$ 与 $|\psi_{w_k}^*|$ 之比相同，其比值 K_S随陀螺稳定因子 S_g 变化很慢。$\Psi_{w_k}^*$ 的虚部 $|\Psi_{2k}^*|$ 与实部 $|\Psi_{1k}^*|$ 之比 $K_{I/R}$ 随 S_g 变化稍快，见表 14.4.1。由表可见，尾翼式火箭在每一波长内转几圈到十几二十圈范围内，$|S_g|$还小于 0.01，其陀螺效应十分微弱，可以忽略；并且此时的主动段末偏角特征函数值 $\Psi_{\dot{\Phi}_0 k}^*$、$\Psi_{w_k}^*$ 与不旋转情况下的 $|\psi_{\dot{\Phi}_0 k}^*|$、$|\psi_{w_k}^*|$ 的值相差很小，误差不超过 2.4%；Ψ_w^* 的虚部 $|\Psi_{2w_k}^*|$ 也不超过实部 $|\Psi_{1w_k}^*|$ 的 10%。故用 $\psi_{\dot{\Phi}_0 k}^*$ 代替 $\Psi_{\dot{\Phi}_0 k}^*$ 和用 $|\psi_{w_k}^*|$ 代替 $|\Psi_{w_k}^*|$ 不会造成多大误差。

表 14.4.1　$K_{I/R}$ 随 S_g 变化关系

S_g	K_S	$K_{I/R}$	n_λ（取 $C/(2A) = 1/200$）
0	1.0		0
0.001	0.999 8	0.015 8	6
0.005	0.998 8	0.035 3	14
0.010	0.998 0	0.035 3	20
0.015	0.988 0	0.049 9	30
0.100	0.976 0	0.154	63

因此，尾翼式火箭在每一波长内从转几圈到转二十几圈都可叫低速旋转。

14.4.4 尾翼式火箭炮口转速的选择

尾翼式火箭转速对角散布的影响集中体现在炮口转速 $\dot{\gamma}_0$ 的影响上。由第10章知,炮口转速 $\dot{\gamma}_0$ 对起始扰动和风产生的偏角散布没什么影响。在转速不太低的情况下,由式(10.2.30)和式(10.4.3)可得由推力偏心和动力不平衡产生的角散布分别为

$$E_{\Psi_{L_p}} = E_{L_p} a_p \Psi^*_{\dot{\Phi}_0} / (R_A^2 \dot{\gamma}_0), E_{\Psi_{\beta_D}} = E_{\beta_D} \dot{\gamma}_0 \Psi^*_{\dot{\Phi}_0} \tag{14.4.6}$$

由式可见,$\dot{\gamma}_0$ 与 $E_{\Psi_{L_p}}$ 成反比而与 $E_{\Psi_{\beta_D}}$ 成正比,因此,两个因素是互相独立的,故所产生的总角散布为

$$E_{\Psi} = \sqrt{\left[E_{L_p}\left(\frac{a_p}{R_A^2\dot{\gamma}_0}\right)\Psi^*_{\dot{\Phi}_0}\right]^2 + (E_{\beta_D}\dot{\gamma}_0\Psi^*_{\dot{\Phi}_0})^2} \tag{14.4.7}$$

为求得最佳炮口转速 $\dot{\gamma}_0$,应将上式关于 $\dot{\gamma}_0$ 求导,并令导数为零,再解出 $\dot{\gamma}_0$,由此得最佳炮口转速为

$$\dot{\gamma}_0 = \sqrt{a_p E_{L_p} / E_{\beta_D}} / R_A \tag{14.4.8}$$

由以上可见,计算最佳炮口转速需要知道推力偏心、动不平衡的中间偏差。目前 E_{L_p} 可借助推力偏心试验台测出,动不平衡可用动不平衡机测试再进行统计。但对于大型火箭,这种设备庞大,试验也很费钱,故在进行初步设计时,常用试验统计值,其中角推力偏心 E_{β_p} 采用(1 ~ 1.5) $\times 10^{-3}$ rad,而线推力偏心角通过 $E_{L_p} = l_c \cdot E_{\beta_p}$ 计算,l_c 为质心至喷管喉部的距离,E_{β_D} 采用 0.3×10^{-3} rad。在这些数据下,如果某火箭赤道回转半径 $R_A = 0.8$ m,$l_c = 1$ m,$a_p = 500$ m/s^2,则可得最佳炮口转速为 $\dot{\gamma}_0 = 51 \sim 62.5$ rad/s $\approx 8 \sim 10$ r/s。

14.4.5 尾翼式火箭静稳定度的选择

尾翼式火箭静稳定度的选择,除了要考虑到主、被动段的飞行稳定性外,还要考虑它对主动段角散布的影响。由起始扰动、推力偏心、风和动不平衡产生的主动段末总散布为

$$E_{\Psi k} = \sqrt{(E_{\dot{\Phi}_0}\Psi^*_{\dot{\Phi}_0 k})^2 + (E_{L_p}\Psi^*_{L_p k})^2 + (E_w \Psi^*_{wk})^2 + (E_{\beta_D}\Psi^*_{\beta_D})^2} \tag{14.4.9}$$

将上式中推力偏心和动不平衡项以等效起始扰动的形式表示,并记

$$E_B = \sqrt{E^2_{\dot{\Phi}_0} + [a_p E_{L_p} / (R_A^2 \dot{\gamma}_0)]^2 + (E_{\beta_D} \cdot \dot{\gamma}_0)^2} \tag{14.4.10}$$

则得

$$E_{\Psi k} = \sqrt{(E_B \Psi^*_{\dot{\Phi}_0 k})^2 + (E_w |\Psi^*_{wk}|)^2} \tag{14.4.11}$$

上式根号中第一项 $\Psi^*_{\dot{\Phi}_0}$ 随 m_z' 的增大而减小,第二项 $|\Psi^*_w|$ 随 m_z' 增大而增大。因此,m_z' 对以上两项的影响相反,其间必有一个最佳数值。分别作出 $E_B\Psi^*_{\dot{\Phi}_0}$ 和 $E_w|\Psi^*_w|$ 随 m_z'(或 k_z)变化的曲线,再按式(14.4.10)求出总的角散布随 m_z'(或 k_z)变化的曲线,如图14.4.1所示,曲线最低点处的 m_z'(或 k_z)值即为角散布最小意义上的最佳静稳定度。

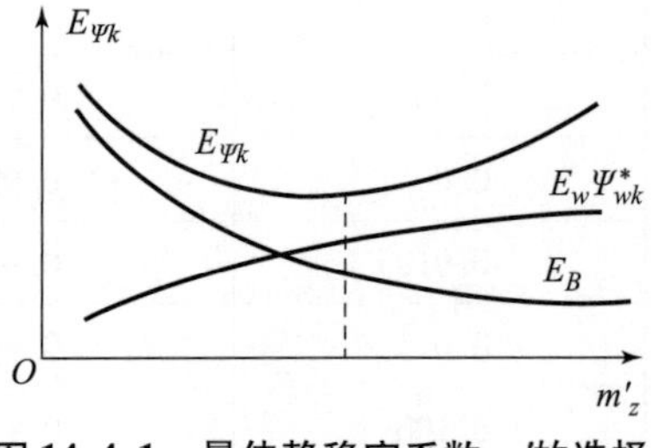

图14.4.1 最佳静稳定系数 m_z' 的选择

同样,这样求出的 m_z' 值也需进行动稳定性和共振稳

定性校核,并根据需要适当调整。

对于远程火箭,因飞行高度很高,高空空气密度低,稳定力矩小,有可能导致稳定裕度不足,此时可采取一些简单的控制办法来增加静稳定度。例如,可将尾翼做成沿弹轴移动的形式,在确定的飞行时间信号或高度信息或动压头传感器信息的作用下,在高空简单地使尾翼后移一次,低空时前移复位。当然,如有自动控制系统,用舵面操纵力矩调节就更好了。

14.5　火箭推力加速度与初速匹配的问题

尾翼式火箭的优点是射程可以很大,而缺点是密集度比火炮弹丸的差,特别是方向散布大,而造成散布大的主要原因是炮口速度低、动量小,受扰动后攻角大,推力法向分力和侧向升力大,而抗干扰能力弱。因此,提高火箭初速是提高射击密集度最重要的手段,常见是采用助推发动机、高低压发动机以及用火炮发射火箭等方法。

由于受最大射程或直射距离指标的约束,火箭主动段末的速度 v_k 调节余地不大,而火箭的 v_k 由炮口速度 v_0 及以后的增速 v_{0k} 相加而成,即 $v_k = v_0 + v_{0k}$。对于炮射火箭,v_0 即为火箭点火时的速度。因而 v_0 大,则 v_{0k} 必然小;v_0 小,则 v_{0k} 必然大。火箭的角散布与 v_0、v_{0k} 的分配有关,可以这样粗略而直观地描述:初速越大,增速越小,火箭的弹道特性越接近火炮弹丸的弹道特性,射击密集度较好;初速越小,增速越大,弹道越接近火箭的弹道特性,射击密集度也较差。

在相同的 v_0、v_{0k} 分配下,推力加速度 a_p 的大小将影响推力偏心力矩的大小和主动段速度增长的快慢,以及主动段飞行弧长,从而影响主动段角散布。因此,选择与 v_0、v_{0k} 相匹配的推力加速度 a_p 是火箭弹道设计中的一项重要内容。

应用电子计算机,按式(14.4.10)计算由各种扰动因素产生的主动段末总的角散布,并作出不同初速下总的角散布随推力加速度 a_p 变化的曲线,可以最简单地分析不同初速下加速度大小对总的角散布的影响。图 14.5.1 即为某低旋尾翼弹总角散布随 v_0、a_p 变化的曲线。由图可见,当初速较小(如 v_0 = 35 m/s)时,随着推力加速度 a_p 增大,总角散布减小,a_p 值较大时,减小趋势变缓;初速较大时(如 v_0 = 185 m/s),随着 a_p 增大,总的角散布也缓缓增大。

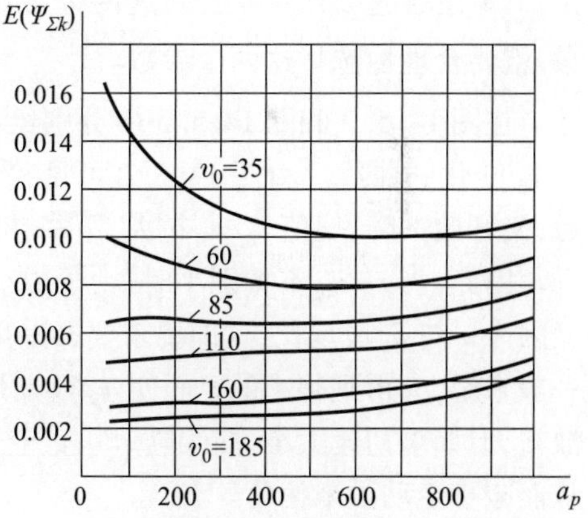

图 14.5.1　总偏角 $\Psi_{\Sigma k}$ 随 v_0 和 a_p 变化的曲线

因此,在低初速时,加速度 a_p 宜选择大些,而在高初速时,加速度 a_p 宜选择小些,这就是所谓的“高初速、低加速”设计概念。但是,多大的初速才叫高初速呢?下面就从减小散布的角度来分析这个问题。

因为火箭的角散布主要由起始扰动、推力偏心、动不平衡和风产生,故须分别分析各因素产生的散布随初速 v_0、增速 v_{0k} 和推力加速度 a_p 的变化,再进行综合,得出有用的结论。其中起始扰动 $\dot{\varphi}_0$、动不平衡 β_D 和推力偏心 L_p 产生的主动段末偏角大小分别为

$$|\Psi_{\dot{\Phi}_{0k}}| = |\psi^*_{\dot{\varphi}_{0k}}|, \; |\Psi_{\beta_D}| = \dot{\gamma}_0\beta_D|\psi^*_{\dot{\varphi}_{0k}}|, \; |\Psi_{L_p}| = \frac{a_p L_p}{R_A^2\dot{\gamma}_0}|\psi^*_{\dot{\varphi}_{0k}}| \tag{14.5.1}$$

可见,它们都含有特征函数$\psi_{\dot{\varphi}_0}^*$,其中$\boldsymbol{\Psi}_{\dot{\Phi}_{0k}}$和$\boldsymbol{\Psi}_{\beta_{Dk}}$随$v_0$、$v_{0k}$、$a_p$的变化与$\psi_{\dot{\varphi}_{0k}}^*$随$v_0$、$v_{0k}$、$a_p$的变化规律相同,但推力偏心产生的偏角$\boldsymbol{\Psi}_{L_p}$除与$\psi_{\dot{\varphi}_{0k}}^*$有关外,还与$a_p$成正比,一般来说,$\psi_{\dot{\varphi}_{0k}}^*$随$a_p$的变化对$\psi_{L_p}$的影响远不及因子$a_p$的直接影响强烈。因此,推力偏心$L_p$产生的偏角几乎随$a_p$增大而成比例地增大。故减小推力加速度对减小推力偏心产生的偏角是有利的。所以下面主要分析$\boldsymbol{\Psi}_{\dot{\Phi}_{0k}}$和$\boldsymbol{\Psi}_{\beta_D}$中$\psi_{\dot{\varphi}_{0k}}^*$随$v_0$、$v_{0k}$、$a_p$的变化规律。

将起始扰动$\dot{\varphi}_0$产生的偏角特征函数式(10.1.29)的分子、分母同乘以$\sqrt{2\pi z_k}$,得

$$\psi_{\dot{\varphi}_0}^* = \frac{c_n\sqrt{2\pi}}{\omega_c v_k}\left[\sqrt{\frac{z_k}{2\pi z_0}}B_I(z_0,z_k)\right] \tag{14.5.2}$$

引入参数

$$s' = v_{0k}^2/(2\bar{a}) \tag{14.5.3}$$

式中,$\bar{a}$为主动段平均加速度,$\bar{a} = a_p - b_x v^2 - g\sin\theta \approx a_p$;$s'$是在以速度$v_0$平动的坐标系内观察到的火箭增速段长度,如果$v_0=0$,它就是增速段实际长度。而$s_0$、$s_k$即为

$$s_0 = v_0^2/(2\bar{a}) = (v_0/v_{0k})^2\cdot s',\quad s_k = v_k^2/(2\bar{a}) = (1+v_0/v_{0k})^2\cdot s' \tag{14.5.4}$$

则

$$z_0 = \omega_c s_0 = (v_0/v_{0k})^2\cdot z',\quad z_k = \omega_c s_k = (1+v_0/v_{0k})^2\cdot z' \tag{14.5.5}$$

式中

$$z' = \omega_c s' = 2\pi s'/\lambda_c = \omega_c v_{0k}^2/(2\bar{a}) \tag{14.5.6}$$

由式(14.5.5)可见,z_0、z_k也是z'和v_0/v_{0k}这两个参量的函数,于是式(14.5.2)右边括号中的$\sqrt{z_k/(2\pi z_0)}B_I(z_0,z_k)$也只是$z'$和$v_0/v_{0k}$这两个参量的函数,我们将$v_0/v_{0k}$称为炮、箭速度比,而$z'$是增速段相对弧长。这两个参量便决定了特征函数$\psi_{\dot{\varphi}_0}^*$的特性,为了减小火箭的散布,就要合理地选择这两个参数。

在图14.5.2和图14.5.3中分别绘制了函数$\sqrt{z_k/(2\pi z_0)}B_I(z_0,z_k)$随$z'$变化的曲线和随$v_0/v_{0k}$变化的曲线。由图14.5.2可见,当$z'$很小时,所有的曲线都迅速上升,在$z'$达到一定值后,又开始下降,比值$v_0/v_{0k}$越大,下降越快。当$v_0/v_{0k}$很小(例如小于1/8)时,曲线将会一直上升。因此,当v_0/v_{0k}不特别小时,为了减小散布,要么选取很小的z'($\ll 1$),要么采用很大的z'。又因为z'与$\bar{a}$成反比,这即要求要么采用很大的推力加速度,要么采用很小的推力加速度a_p。一般来说,为得到很小的z'而使a_p很大是较困难的,通常是采用较小的a_p而使z'较大,以减小散布,但如果初速太小,曲线随z'一直上升,这时也就只能采用大推力加速度,以尽量减小z',从而减小主动段末偏角。

这一结果与第10.1节里所分析的推力加速度a_p和初速v_0对起始扰动$\dot{\varphi}_0$产生的偏角特征函数$\psi_{\dot{\varphi}_0}^*$的影响结论是一致的。从第10.1节的图10.1.6中清楚地看出,低初速时$\psi_{\dot{\varphi}_0}^*$随a增大而迅速减小,故应采用高加速度;高初速时$\psi_{\dot{\varphi}_0}^*$随a增加而逐渐增大,故应采用低加速度。

再从图14.5.3可以看出,随着v_0/v_{0k}增大,$\sqrt{z_k/(2\pi z_0)}B_I(z_0,z_k)$曲线单调下降,说明增大初速对减小起始扰动产生的偏角总是有利的。s'/λ_c(与z'成正比)越大,曲线下降越快,并且各曲线在$v_0/v_{0k}=0.2$附近相交。因此,当炮箭速度比v_0/v_{0k}较小(0.2以下)时,应采用小z'即大a_p方案,当炮箭速度比较大($\gg 0.2$)时,应采用大z'即小加速度方案。

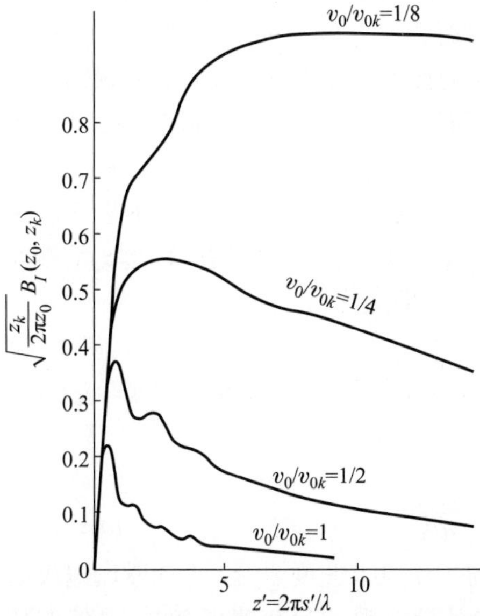

图 14.5.2　$\sqrt{z_k/(2\pi z_0)}B_I(z_0,z_k)-z'$ **曲线**

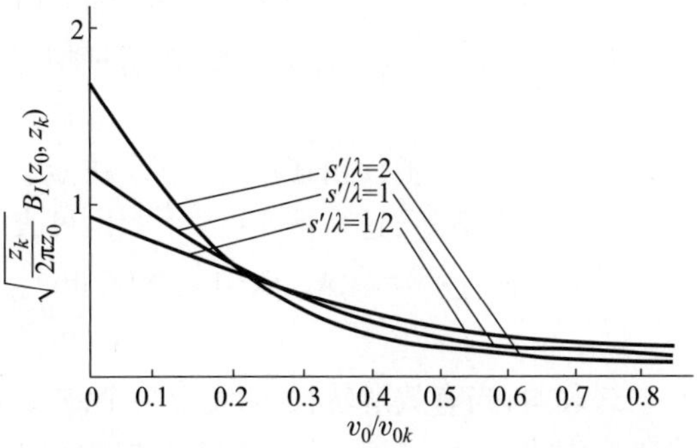

图 14.5.3　$\sqrt{z_k/(2\pi z_0)}B_I(z_0,z_k)-v_0/v_{0k}$ **曲线**

动不平衡 β_D 产生的偏角 ψ_{β_D} 随 v_0/v_{0k}、z' 以及 a_p 变化的规律与 $\psi^*_{\dot{\varphi}_0}$ 随此三参数的变化规律相同。

最后看一下风所产生的偏角随炮箭速度比 v_0/v_{0k} 和推力加速度 a_p 变化的情况。垂直风在主动段末产生的偏角为式(10.3.9)，它可改写成如下形式

$$\psi_w^* = \tilde{\psi}_w/v_k,\tilde{\psi}_w = 1-(1+v_{0k}/v_0)[1-c_N B_R(z_0,z_k)] \tag{14.5.7}$$

式中，v_k 是由射程决定的，调节余地不大，可调节的是函数 $\tilde{\psi}_w$，它显然只是 v_0/v_{0k}、z' 的函数。图 14.5.4 和图 14.5.5 分别是 $(-\tilde{\psi}_w)-z'$ 曲线和 $(-\tilde{\psi}_w)-v_0/v_{0k}$ 曲线。

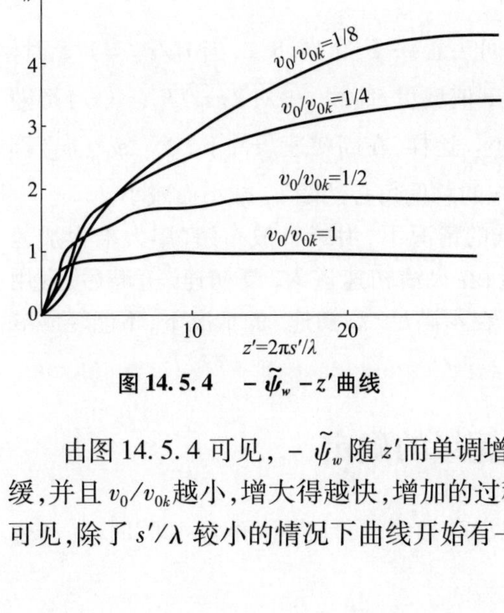

图 14.5.4　$-\tilde{\psi}_w-z'$ **曲线**

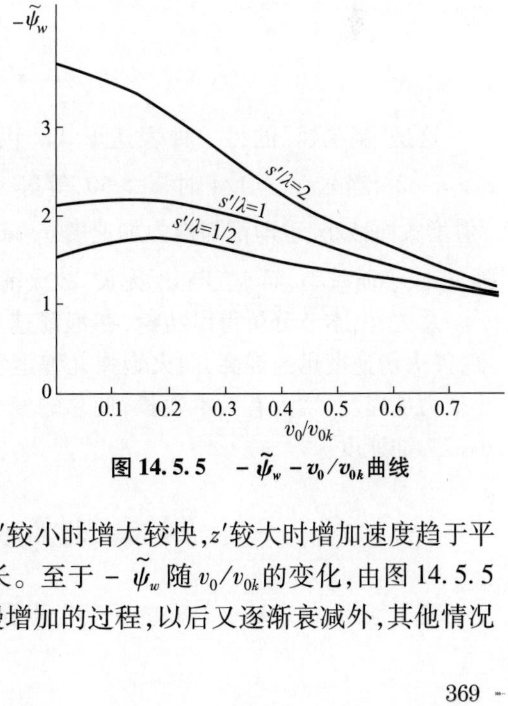

图 14.5.5　$-\tilde{\psi}_w-v_0/v_{0k}$ **曲线**

由图 14.5.4 可见，$-\tilde{\psi}_w$ 随 z' 而单调增大，但 z' 较小时增大较快，z' 较大时增加速度趋于平缓，并且 v_0/v_{0k} 越小，增大得越快，增加的过程也越长。至于 $-\tilde{\psi}_w$ 随 v_0/v_{0k} 的变化，由图 14.5.5 可见，除了 s'/λ 较小的情况下曲线开始有一个缓慢增加的过程，以后又逐渐衰减外，其他情况

下都是单调衰减的。因此,在比值 v_0/v_{0k} 不大(如小于1/4)时,采用小 z' 即大推力加速度 a_p 有利于减小风偏;在炮箭速度比 v_0/v_{0k} 较大(如 $v_0/v_{0k}>1/2$)时,$-\tilde{\psi}_w$ 随 z' 的上升过程很短,很快趋于平缓,这时要减小 $-\tilde{\psi}_w$,只有采用很小的 z' 值即很大的推力加速度 a_p 才能达到目的,如图14.5.4所示,但在这种情况下,还不如采用小推力加速度即大 z' 值,因为它不会使 $-\tilde{\psi}_w$ 增大多少,但却方便了发动机的设计。

由图14.5.4可见,当 z' 大到一定值后,$-\tilde{\psi}_w$ 就基本上不随 z' 变化了,而 $-\tilde{\psi}_w$ 的表达从式(14.5.7)看,其中只是函数 $B_R(z',z_k)$ 随 z' 而变。但从函数表 $B_R(z_0,z_k)$ 可以看出,当 z_0 足够大时,例如 $z_0>\pi$ 时,$B_R(z_0,z_k)\approx 0$,在这种情况下,式(14.5.7)即变为

$$\tilde{\psi}_w=-v_{0k}/v_0 \tag{14.5.8}$$

也即 $-\tilde{\psi}_w$ 的极限值仅由速度比 v_0/v_{0k} 决定,例如,当 $v_0/v_{0k}=1/2$ 时,$-\tilde{\psi}_w=2$;当 $v_0/v_{0k}=1/4$ 时,$-\tilde{\psi}_w=4$,等等,这从图14.5.4上也可直观地看出。

因 $z_0=\omega_c s_0=2\pi s_0/\lambda_c$,故由 $z_0>\pi$,得

$$s_0>\lambda_c/2 \quad 或 \quad v_0>\sqrt{\bar{a}\lambda_c} \tag{14.5.9}$$

这表明,当有效滑轨长 s_0 大于半个波长时,在给定的主动段末速度 v_k 下,主动段风偏仅取决于速度比 v_0/v_{0k}。实际上,此结论与式(10.3.14)中的结论一致。当初速很高时,风偏的特征函数变为

$$\psi_w^*=-\left(\frac{1}{v_0}-\frac{1}{v_k}\right)=\frac{-1}{v_k}\left(\frac{v_{0k}}{v_0}\right) \tag{14.5.10}$$

显然,它取决于初速和增速之比。在这种情况下,风偏与火箭其他参数无关,更与加速度无关,这时减小风偏的唯一途径是提高炮箭速度比,对此,我们称火箭满足了“高初速”条件。

不过,由于 $B_R(z_0,z_k)$ 究竟在哪个 z_0 值以后可以看作为零,则是各人观点不同。有人认为 $z_0>\pi/2$ 后即可看作零,这时“高初速”条件变为 $s_0>\lambda_c/4$,即有效滑轨长大于1/4波长即为“高初速”。

将表达式(14.5.3)代入式(14.5.9)中,得 $(v_0/v_{0k})^2 s'>\lambda_c/2$,再将不等式两边乘以 ω_c,解得

$$z'>\pi\left(\frac{v_{0k}}{v_0}\right)^2 \tag{14.5.11}$$

这是“高初速”的另一种表达形式。由此式再回头看一下图14.5.2,当 $v_0/v_{0k}=1/2$ 时,$z'>\pi\cdot 2^2$,当 $v_0/v_{0k}=1/4$ 时,$z'>50$,等等。在这些 z' 值域里,曲线 $\sqrt{z_k/(2\pi z_0)}B_I(z_0,z_k)$ 都随 z' 值增大而减小,也即都随推力加速度 a_p 减小而减小。这样,在高初速条件下,$\psi_{\dot{\varphi}_0}^*$、$\psi_{\beta_D}^*$、$\psi_{L_p}^*$ 都随 a_p 减小而减小,而 ψ_w^* 与 a_p 无关,故火箭主动段末的总偏角必然随 a_p 减小而减小。

总之,由本节分析得出结论,在炮箭速度比很低的情况下,为减小散布,宜用大推力加速度,使火箭速度迅速提高,向火炮弹丸弹道特性靠近;在火箭初速进入“高初速”范畴后,宜用小推力加速度,增大有效滑轨长,使总的偏角减小。在不满足“高初速”的情况下,不能轻易减小推力加速度。

14.6 地面火炮初速级的确定

对于地炮,如果对小射程也用全装药射击,不仅没有必要,而且当射角 $\theta_0<20°$ 时,易产生

跳弹而降低射击效果；另外，由于全装药膛压高、烧蚀严重，还影响火炮寿命，故对小射程宜改用小初速大射角射击。由此产生了在最大射程和最小射程之间究竟应该选几个初速较为合理的问题。下面就讲述初速分级的一般方法：

①用全装药初速 v_{0m}，射角 $\theta_0=20°$ 和炮弹的气动力系数、结构参数计算出射程 $X_{m20°}$，再加上一个重叠量 ΔX_1（一般 $\Delta X_1 \geqslant 4\% X_{m20°}$）作为一号装药（$v_{0\text{I}}$）在 $\theta_0=45°$ 时的射程 $X_{\text{I}45°}$（$=X_{m20°}+\Delta X_1$），由此反求出一号装药时的初速 $v_{0\text{I}}$。

②用一号装药初速 $v_{0\text{I}}$，射角 $\theta_0=20°$ 算出 20° 时的射程 $X_{\text{I}20°}$ 再加上一个重叠量 $\Delta X_2>4\% X_{\text{I}20°}$，作为二号装药（$v_{0\text{II}}$）在 $\theta_0=45°$ 时的射程 $X_{\text{II}45°}$（$=X_{\text{I}20°}+\Delta X_2$），由此反求出二号装药的初速 $v_{0\text{II}}$。

③重复以上步骤可求出三号装药、四号装药等的初速 $v_{0\text{III}}$、$v_{0\text{IV}}$ 等，直到某装药 $\theta_0=20°$ 时的射程小于最小射程 $X_{\min}$ 为止。最后一个装药号即为最大装药号（最小初速）。

各号装药射程之间的重叠量，是为了保证相邻装药号间在任何情况下均能衔接而不会出现空白，这种空白可由射表误差、非标准条件测量和修正不准等原因产生。重叠量可大于 4%，但不允许小于 4%（现军标低射界取 8%~10%，高射界取 4%~8%），根据情况选取确定，这样使得装药设计有更大的自由（如用统一药量的几个药包增加装药号）。最小射程角加农炮取 20°，加榴炮取最大射角。

药筒内基本药包放在最下面，其余小药包放在上面，战斗使用时，从药筒内取出一个小药包后即称为一号装药，取出两个药包称为二号装药等，这与北约国家规定相反。以某 152 mm 加农炮为例，最大射程为 $X_m=17\ 500$ m，最小射程为 4 500 m，按以上步骤可得表 14.6.1。

表 14.6.1　某 152 mm 加农炮射程

项目		全装药	一号装药	二号装药	三号装药	四号装药
$\theta_0/(°)$	45	17 500	13 336	9 858	7 107	5 111
	20	12 823	9 479	6 834	4 914	3 476（<4 500）
ΔX/m		513	379	273	204	
$v_0/(\text{m}\cdot\text{s}^{-1})$		655	502	375	292	241

对于榴弹炮，射角大于 45° 时最小射程的重叠问题可不考虑。

迫击炮的射角使用范围为 45°~85°，不会产生落角过小、跳弹等问题。它的初速分级原则与榴弹炮、加农炮的不同。迫击炮的初速分级原则是：①要能满足最小距离时对隐蔽目标的射击；②要能消除各个距离的目标死角。如某迫击炮弹，在 $\theta_0=\theta_{0\max}=85°$ 时，弹道系数 $c_{43}=2.0$，射程为 50~1 000 m 时的初速见表 14.6.2。

表 14.6.2　某迫击炮射程

X/m	50	100	150	200	300	400	500	600	800	1 000
$v_0/(\text{m}\cdot\text{s}^{-1})$	52	80	97	115	135	173	200	226	280	354

目前，迫击炮的初速分级和药包数大致与表 14.6.2 中的相近。迫击炮的主药包是基本药管，放在尾杆中，其他为小药包，使用时加一个小药包即为一号装药，再加一个小药包即为二号装药等。目前，大口径迫击炮火箭增程弹的射程可达 13 km 以上。

14.7 外弹道优化设计与仿真

外弹道优化设计和仿真都建立在利用电子计算机大量进行弹道计算的基础上。本节前一部分介绍优化设计,后一部分介绍外弹道仿真。

14.7.1 外弹道优化设计

1. 概述

在进行弹箭设计或弹炮系统设计时,都会遇到如何选取外形结构参数、弹道参数、气动参数以及控制参数,以实现在各种限制条件下达到战技指标的要求且主要性能最优的问题,解决这一问题的过程就叫优化设计。

武器系统或弹炮系统设计都与外弹道设计密切相关。下面举一个外弹道优化设计的简单例子:对于口径 d 和外形均已确定了的地面火炮弹丸,设计其质量 m 和初速 v_0,使其在达到给定最大射程 X_m 的条件下,炮口动能 $E_0 = mv_0^2/2$ 最小(这可使火炮质量减小,机动性提高)。

解:如取质点弹道模型为弹丸的外弹道模型,射程 X 就只是 c、v_0、θ_0 的函数,其全微分为

$$\mathrm{d}X = \frac{\partial X}{\partial c}\mathrm{d}c + \frac{\partial X}{\partial v_0}\mathrm{d}v_0 + \frac{\partial X}{\partial \theta_0}\mathrm{d}\theta_0$$

因在最大射程处必满足 $\mathrm{d}X=0$、$\partial X/\partial\theta_0=0$,故有

$$\mathrm{d}v_0 = -\left(\frac{\partial X}{\partial c}\bigg/\frac{\partial X}{\partial v_0}\right)\mathrm{d}c$$

又从弹道系数表达式 $c=id^2 10^3/m$ 得 $\mathrm{d}c = -id^2 10^3/m^2 \cdot \mathrm{d}m$,而由炮口动能 $E_0 = mv_0^2/2$ 微分得 $\mathrm{d}E_0 = mv_0\mathrm{d}v_0 + 0.5v_0^2\mathrm{d}m$,根据炮口动能最小的要求,应有 $\mathrm{d}E_0=0$,再将 $\mathrm{d}v_0$、$\mathrm{d}m$ 代入 $\mathrm{d}E_0$ 中得

$$m = -2\left(\frac{\partial X}{\partial c}\bigg/\frac{\partial X}{\partial v_0}\right)\cdot\frac{id^2}{v_0}\times 10^3 \tag{14.7.1}$$

式中,$\partial X/\partial c<0$,$\partial X/\partial v_0>0$,故 $m>0$。这就是弹重与初速的最佳组合。

从这个简单例子可见,外弹道优化设计与一般优化设计问题一样,有如下几个要素:一是目标函数,这里是炮口动能 E_0;二是优化设计变量(参量),这里是 m 和 v_0;三是对变量的限制条件,这里是 $v_0>0$,$m>0$。而将目标函数与优化变量联系起来的是弹丸的运动方程,其中不需设计的量 i 和 d 在数学模型中作为常数处理。优化设计的目的是寻求一组参数组合,既满足约束条件的限制,又使目标函数取极小。举这个简单例子只是为了说明优化设计的一般概念,但由于它只考虑了炮口动能最小,也只考虑了 v_0 和 m 的影响,加之修正系数 $\partial X/\partial c$、$\partial X/\partial v_0$ 比较复杂,使按式(14.7.1)确定的弹重与初速组合不是很合适,常与实际情况有较大差别。

优化方法与优化设计在数学上是一个专门的分支,有着深入的理论分析和计算方法研究,读者可参考有关书籍,在本节我们只讲述在外弹道优化设计中遇到的概念和方法。

2. 优化设计的提法及分类

所谓优化设计,就是对确定的目标函数、优化设计变量和对变量的约束条件,采用适当的优化方法寻求设计变量的组合或某个函数过程,不仅满足各个约束条件的限制,而且使目标函数取得极小(或极大)。

若有 n 个设计变量,则可用 n 维欧氏空间 $\boldsymbol{E}_n$ 内的 n 维向量表示 $\boldsymbol{X}=(x_1,x_2,\cdots,x_n)^{\mathrm{T}}$。

变量 $\boldsymbol{X}$ 取值范围的限制称为约束，约束分为边界约束和性能约束、等式约束和不等式约束，如

$$g_1(\boldsymbol{X})=(x-a)(x-b)\leqslant 0,\ g_2(\boldsymbol{X})=x-b\geqslant 0,\ h_1(\boldsymbol{X})=x_1+x_2-1=0$$

等。一般地，可写成 $g_i(\boldsymbol{X})\geqslant 0$ 或 $-g_i(\boldsymbol{X})\leqslant 0$ 的形式。满足所有约束的变量 $\boldsymbol{X}$ 称为可行解，而可行解的集合称为可行解域。等式约束的可行解域在曲线或曲面上，不等式约束的可行解域为它们围成的空间。可行解域内必有最优解。

目标函数是"最优化"标准或评价方法的数学关系式，它是设计变量的标量函数，记为

$$f(\boldsymbol{X})\quad 或\quad f(x_1,x_2,\cdots,x_n)$$

优化设计的主要内容之一，就是将工程技术问题抽象为优化数学模型。优化问题分为：

①无约束和有约束优化问题。如果设计变量 $\boldsymbol{X}$ 的 n 个分量可在整个欧氏空间(即 $\boldsymbol{X}\in\boldsymbol{E}_n$)内寻求，则称为无约束优化问题；如果它们只能在部分欧氏空间 $\boldsymbol{R}_n\in\boldsymbol{E}_n$ 内寻求，则称为有约束最优化问题。

②线性与非线性最优化问题。若目标函数与约束函数均为变量的线性函数，则称为线性最优化或线性规划，否则就称为非线性规划。

③静态规划与动态规划。若最优问题的解是不随时间改变的，则称为静态规划或参数优化；若最优化问题的解是时间的函数，那么称为动态规划，也即最优控制问题。动态规划是要寻找一个极值函数，将在第 19 章的滑翔增程弹射程最优控制问题中介绍。本节主要讲参数优化问题。

3. 优化设计中的解析法和直接法

当目标函数可表示成优化设计变量的函数并具有一般的连续可微特性时，可采用解析法进行优化，例如无约束优化问题的最速下降法、牛顿法、共轭梯度法、变尺度法等；有约束优化问题中的拉格朗日乘子法等。

在工程上和外弹道学的优化问题中，通常是找不到目标函数与设计变量间的简单函数关系的，多是通过反映事物运动规律的方程组(例如弹道方程组)来联系。这样就只能采用直接法，即用数值解经过一系列迭代，产生点的序列 $\{X_k\}$，使之逐步接近最优解。例如，求解无约束优化问题的直接法有一维搜索法、坐标轮换法、步长加速法、方向加速法等；求解有约束优化问题的直接法有罚函数法等。此外，如果在实际问题中希望有两个以上的指标都达到最优，这就属于多目标优化问题，常用线性加权法将它们转化成单目标优化问题。

以上这些问题和方法在优化方法书籍中都有详细论述。

4. 外弹道优化设计的实例

外弹道优化设计的目的是通过一定的优化方法确定弹箭的结构参数、外形和气动参数、弹道参数等，使其不仅满足给定的限制，而且主要的外弹道性能指标达到最优。

弹箭外弹道性能受结构参数、外形和气动参数、弹道参数的共同影响是错综复杂的，如概述中所说，有许多是互相矛盾、互相制约的。为了协调这些矛盾，使弹箭外弹道性能提高，仅凭简单的原则和经验去反复设计、加工、试验是十分费力、费时、费钱的，而应用优化设计方法和电子计算机，却可以较快地确定最优的设计参数组合，达到节约经费、缩短研制周期的目的。

优化设计中，目标函数就是我们最关心的战技指标，例如地炮的射程、火箭的射程和主动段末角散布、穿甲弹的飞行时间和穿甲动能等。一般来说，优化的目标不要超过两个。优化设计参量可以是弹重、炮口速度和转速、发动机推力大小和工作时间、弹箭的长度以及决定气动

力的弹头部长、圆柱部长、弹尾部长、船尾角、尾翼片数、翼面至压心的距离、尾翼斜置角大小等。设计参量应是对目标函数影响较大且互相矛盾的量,才容易求得极值。约束条件根据具体问题而定,例如对弹重和弹长的限制、飞行稳定性要求、对有控弹飞行攻角 α 的限制、对脉冲修正弹脉冲冲量大小的限制等。如果不将密集度和爆炸威力作为目标函数,也可改为必须满足一定密集度要求和内装炸药多少的限制等,总之,要具体问题具体分析。

在模型中,应将设计变量、目标函数和约束条件的量纲化为1(常以各自估计的最大值来简约),这有利于寻优且使程序具有较好的通用性,以免某些变量和目标函数值过大而掩盖了其他因素的作用。

以旋转稳定脱壳穿甲弹的弹道优化设计为例,因它射击的是活动装甲目标,要求飞达目标时间 t_{sd} 短,命中目标时的断面比动能 $E_{sd}=0.5mv_{sd}^2/S$ 大,故选此两项为目标函数。另外,旋转稳定脱壳穿甲弹出炮口后弹托分离,向前飞行的是次口径实心弹芯,其主要参数是弹重 m、初速 v_0、直径 d、弹头部长 L_n、圆柱部长 L_c、弹尾部长 L_b、弹尾锥角 β、弹头部母线形状参数等,它们可作为优化设计变量,在它们确定后,弹芯气动力系数可用气动力计算程序算出。

至于约束,应包括一些必须满足的外弹道性能或对参数范围的限制,例如:

①必须满足陀螺稳定性和动态稳定性的限制,即 $S_g\geqslant a, 1-S_d^2\geqslant 1/S_g$。

②炮口动能不超过给定值,即 $0.5mv_0^2<E_0(m=m_0+m_1)$。

③对弹长、弹径的限制,即 $L\geqslant L_{\min}, D>d\geqslant d_{\min}$,$D$ 为火炮口径,$L_{\min}$ 和 $d_{\min}$ 为穿透某一厚度均质装甲所需要的最小弹芯长度和直径,由终点弹道理论和试验确定。

目标函数为在一定距离上达到断面比动能 $\bar{f}_1=0.5mv_{sd}^2/S$ 最大和 $\bar{f}_2=t_{sd}$ 飞行时间最短,即要求

$$\max\bar{f}_1=\max\frac{m}{2}v_{sd}^2/S,\quad \min\bar{f}_2=\min t_{sd},\quad \boldsymbol{Z}\in\boldsymbol{R}$$

式中,$\boldsymbol{Z}$ 为优化变量向量;$\boldsymbol{R}$ 为约束域。由于有两个目标函数,故属于多目标优化,这里采用线性加权法将其变为单目标问题求解。于是脱壳穿甲弹外弹道优化设计的数学模型为

$$\min(f)=(1-k)f_2-kf_1\quad 或\quad \max(f)=kf_1-(1-k)f_2 \tag{14.7.2}$$

式中,f_1、f_2 分别代表 $\bar{f}_1$、$\bar{f}_2$ 量纲化1后的两个子目标;k 和 $1-k$ 为两个权因子。如果对飞行时间短的要求高,可令 k 小一些;如果对断面比动能要求高,则可让 k 大一些。式中,$\boldsymbol{R}$ 的约束域为

$$\boldsymbol{R}: g_1(z)=S_g-a\geqslant 0,\ g_2(z)=1-S_d^2-1/S_g\geqslant 0$$

$$g_3(z)=E_0-\frac{1}{2}mv_0^2\geqslant 0,\ g_4(z)=L-L_{\min}\geqslant 0$$

$$g_5(z)=d-d_{\min}\geqslant 0,\ g_6(z)=1-d/D\geqslant 0$$

目标函数、约束条件和优化设计变量之间用弹道方程组联系起来。如采用质点弹道模型

$$\frac{\mathrm{d}v}{\mathrm{d}s}=-\frac{\rho v}{2m}Sc_x-\frac{g\sin\theta}{v},\ \frac{\mathrm{d}\theta}{\mathrm{d}s}=-\frac{g\cos\theta}{v^2},\ \frac{\mathrm{d}y}{\mathrm{d}s}=\sin\theta,\ \frac{\mathrm{d}x}{\mathrm{d}s}=\cos\theta,\ \frac{\mathrm{d}t}{\mathrm{d}s}=\frac{1}{v}$$

式中,阻力系数 c_x 可根据前述的弹箭外形优化变量采用气动力计算方法算出,这样就通过气动力计算、弹道计算将目标优化与弹箭外形设计、初速弹重的选取联系起来。

因罚函数法思路明确,故常采用此法将以上约束优化问题变为无约束优化问题,再用无约

束优化方法迭代计算，其中以步长加速法（powell 法）效果较好。迭代计算中每修改一次参数，就要进行一次气动力计算和弹道计算，故计算量很大，因而弹道方程和气动计算方法不能太复杂，气动力数值计算方法往往难以适应，通常采用的是气动力工程算法（可参考第 2 章第 2.8 节相关内容）。迭代计算各参数和罚因子的起始值对迭代的收敛性、收敛速度、收敛值有较大影响。对于初值的选取，除参考有关优化理论书籍外，多半是通过多次试算摸索出经验和技巧，如初始罚因子可在 20 ~ 100 范围中选取。

14.7.2　外弹道仿真

要了解弹箭在空中的飞行情况、运动稳定性、弹道轨迹、弹道散布情况对目标的命中概率和毁伤大小，以及检验各种设计方案、设计参数改变对弹道和命中概率的影响，最直接的方法是进行实弹射击，并用各种仪器测量。但是这种试验往往规模大、费用高、时间长，而且在武器的论证、设计阶段尚无实物的情况下，也无法进行，由此就推动了对外弹道、飞行力学仿真的研究。

对无控弹箭的飞行仿真都是利用计算机进行的，而对有控弹箭的外弹道仿真，还可以利用转台代替弹箭的角运动并接入舵机、惯导、负载模拟装置、导航计算机、卫星定位模拟器以及目标模拟器等进行半实物仿真，本节主要讲无控弹箭的外弹道数字仿真。

对无控弹箭的外弹道数字仿真，要根据仿真目的采用不同的外弹道模型。例如，为了了解火箭或炮弹的角运动规律及飞行稳定性，须采用 6 自由度刚体弹道方程；如果只需了解质心运动轨迹，就可只用 3 自由度或 4 自由度弹道模型；对于底排弹，还要加上底排燃烧过程方程；对于脉冲修正或阻力修正弹，还须加上它们的作用力和力矩，并在要求的时刻工作等。

通过数字模拟再加上图像显示，可以最快、最直观地了解弹箭在空中运动的姿态、质心轨迹；通过参数的改变，了解它们对飞行的影响，进行参数优选，当然，这可与前面的外弹道优化相结合。

外弹道仿真的另一个内容是进行射击仿真，描述在各种基本弹道参数和随机因素（包括火炮的、弹箭的、内弹道的、火控系统的、有控弹及控制系统的等）作用下的弹道散布、对目标的命中概率、毁伤概率以及进行精度分配。此方法称为统计试验法，也常称蒙特卡洛法。这时首先要确定需考虑哪些随机因素，它们属于哪种类型的随机变量，其特性参数（如正态随机变量的均值和方差）多大；还要给出目标区域的大小、形状、各部位的易损性以及目标运动情况。对每个随机因素，如初速、跳角等用一个相应类型的伪随机数如 R_1、R_2、R_3 等表示，将它们代入描述弹箭运动的数学模型中去进行计算。由于每发弹的这些伪随机数不同，于是形成弹道散布。据此可统计一组射弹对目标的弹着点散布、单发弹的命中概率（发射弹数与命中数之比）和毁伤概率（发射数与毁伤目标弹数之比），通过成百上千次的仿真计算，最后这些散布、命中概率和毁伤概率将稳定在一定的数值上，在此基础上即可对系统的作战性能和各个设计参数、随机因素的影响做出合理的分析。

对地面火炮、火箭射击地面固定目标的仿真是较简单的，对于高炮、防空火箭或转管炮射击空中飞机、海上舰艇、拦截导弹的外弹道仿真就复杂一些，还须加上目标的特性和运动规律，对末敏弹、弹道修正弹、滑翔增程弹的仿真就更复杂一些，还涉及敏感器或控制系统的工作过程及随机影响。

各种随机因素类型的分析及其变化范围、相应伪随机数的计算是射击仿真中的重要环节。

大多数随机因素因其形成原因也很复杂,一般可看作正态分布,如初速、起始扰动等,但有些简单的随机变量也可看成是均匀分布,如在公差范围内的弹重。对这两种最基本类型的随机变量,其伪随机数的产生和检验研究已十分成熟,可利用工程计算程序集上的程序进行。下面列出其中一种算法:

①均匀分布随机数的产生。利用统计性质较好的乘同余法产生均匀分布伪随机数的递推公式为

$$X_{n+1}=CX_n(\mathrm{mod}M),\quad n=0,1,2,\cdots \tag{14.7.3}$$

式中,$(\mathrm{mod}M)$表示取模,即表示除以 M 后取其余数,也即 $X_{n+1}=CX_n-\mathrm{int}(CX_n)$,int 为取整运算符,即 CX_n只取最大整数部分,故 $X_{n+1}<M$。再取

$$r_{n+1}=X_{n+1}/M \tag{14.7.4}$$

作为随机数,有 $0<r_{n+1}<1$。数列 r_i完全取决于 M 和 C,选取它们的原则是使随机数序列周期最大并且相关性最小。通常最大取 $M=d^K$,$C=d^{p-K}-q$,这里 d 是计算机的基数,对二进制计算机,$d=2$,p 为计算机尾数长度,$K=(2p+1)/3$,一般取 $q=3$ 较合适。

例如,取 $d=2$,$p=34$,于是 $K=23$,$M=2^{23}=8\ 388\ 608$,$C=2^{34-23}-q=2\ 045$。再取初值 X_0 为小于 M 的奇整数,例如 $X_0=8\ 388\ 601$,将递推公式(14.7.3)和式(14.7.4)迭代2 000 次,就可产生(0,1)区间上的2 000 个均匀分布随机数。

式(14.7.3)也可改写成如下形式

$$r_{n+1}=Cr_n-\mathrm{int}(Cr_n)\quad (\text{建议取 } C=1\ 025,r_0 \text{ 取大于 } 0.5) \tag{14.7.5}$$

开始计算时,先赋予一个种子随机数 $0<r_0<1$,即可循环产生随机数序列。经试算,并将(0,1)分成10 个等间隔小区间,以统计每个小区间的随机数个数,得知 r_0大于0.5,数列的均匀性较好,但非常重要的是,r_0不得等于0.5,即 $r_0\neq 0.5$。故 X_0必须为小于 M 的整奇数。

又通过试算,C 必须取整奇数,而 $C=1\ 025$ 时,随机数序列的均匀性较好。

所产生的随机数序列还需进行均匀性检验,以确定它服从均匀分布,这也有通用程序可利用。

如随机变量在(a,b)中均匀分布,则可用下列公式进行变换

$$R_i=a+(b-a)r_i\quad (0<r_i<1)$$

②正态分布随机数的产生。取两个独立的均匀分布随机数 r_1、r_2作变换

$$\eta_1=\sqrt{-2\ln r_1}\cos 2\pi r_2,\ \eta_2=\sqrt{-2\ln r_1}\sin 2\pi r_2 \tag{14.7.6}$$

则 η_1、η_2 是两个独立的标准正态分布随机变量 $N(0,1)$,再由线性变换 $\omega_1=a+\sigma\eta_1$,$\omega_2=a+\sigma\eta_2$,即可得到均值为 a、均方差为 σ 的两个正态分布随机数 ω_1、ω_2。

η_1、η_2 为两个独立的标准正态分布,可证明如下:事实上,r_1、r_2的联合密度函数为

$$f(r_1,r_2)=\begin{cases}1, & r_1\in(0,1),r_2\in(0,1)\\ 0, & \text{其他}\end{cases} \tag{14.7.7}$$

由式(14.7.6)可解出

$$r_1=\exp[-(\eta_1^2+\eta_2^2)/2],\ r_2=a\tan(\eta_2/\eta_1)/(2\pi) \tag{14.7.8}$$

这种变换的雅可比行列式为

$$\frac{\partial(r_1,r_2)}{\partial(\eta_1,\eta_2)}=\begin{vmatrix}\dfrac{\partial r_1}{\partial\eta_1} & \dfrac{\partial r_1}{\partial\eta_2}\\ \dfrac{\partial r_2}{\partial\eta_1} & \dfrac{\partial r_2}{\partial\eta_2}\end{vmatrix}=\begin{vmatrix}-\eta_1 e^{-(\eta_1^2+\eta_2^2)/2} & -\eta_2 e^{-(\eta_1^2+\eta_2^2)/2}\\ -\dfrac{1}{2\pi}\cdot\dfrac{\eta_2/\eta_1^2}{1+(\eta_2/\eta_1)^2} & \dfrac{1}{2\pi}\cdot\dfrac{1/\eta_1}{1+(\eta_2/\eta_1)^2}\end{vmatrix}$$

$$=-\left(\frac{1}{\sqrt{2\pi}}e^{-\eta_1^2/2}\right)\cdot\left(\frac{1}{\sqrt{2\pi}}e^{-\eta_2^2/2}\right) \tag{14.7.9}$$

根据二维随机变量函数的二维分布密度函数计算公式，并由 r_1、r_2 在 $N(0,1)$ 上相互独立的均匀分布的联合密度函数式(14.7.7)，得随机变量 η_1 和 η_2 的联合密度分布函数为

$$g(\eta_1,\eta_2)=\left(\frac{1}{\sqrt{2\pi}}e^{-\eta_1^2/2}\right)\left(\frac{1}{\sqrt{2\pi}}e^{-\eta_2^2/2}\right) \tag{14.7.10}$$

由上式右边两个因子可见，η_1 和 η_2 是两个独立的标准正态分布 $N(0,1)$ 随机变量。

本章知识点

①火炮膛线缠度对旋转稳定炮弹弹道特性的影响，膛线缠度上、下限的设计原则。

②尾翼炮弹和火箭弹静稳定度、转速对其弹道特性的影响，稳定度和转速的设计原则。

③火箭推力加速度和初速匹配的原则。

④外弹道优化设计的一般方法和思路。

本章习题

1. 某 130 mm 火炮发射的旋转稳定弹，弹径 $d=0.13$ m，弹长 $l=0.85$ m，转动惯量比 $A/C=12.5$，极转动惯量为 0.08 kg·m^2，炮口处的翻转力矩系数导数 $m_z'=0.63$，大气密度取为 $\rho=1.225$ kg/m^3。① 试计算膛线缠度的上限 $\eta_{上}$；② 如果气温为 −40 ℃、气压为 1 020 hPa，地面标准气象条件空气密度为 $\rho_{0N}=1.206$ kg/m^3，计算此时的膛线缠度上限 $\eta'_{上}$。

2. 对于小口径高射炮榴弹（旋转稳定）的外形设计，最关心的是飞达某斜距离的飞行时间（最短）。根据第 14.7 节中的内容，试阐述如何针对小口径高炮榴弹开展外弹道优化设计，即如何选取设计变量、约束函数、目标函数、数学模型等。

第 15 章

外弹道试验与射表编制

内容提要

试验是外弹道学研究及应用必不可少的环节。本章围绕外弹道试验,依次讲述外弹道试验常用测试仪器及测试原理、卫星定位与弹道测量、外弹道试验项目、中间偏差估计和反常结果剔除、从飞行试验数据中辨识气动力系数的思路与方法等;针对射表编制,依次讲述了弹道数学模型的选取、射表试验方案设计、试验数据处理和异常值剔除、符合计算和射程标准化、高原射表问题等,最后介绍了平均弹道一致性和共用射表问题。

15.1 概　　述

弹箭作为一个产品,从论证、设计、研制、定型、生产、验收到射表编制、作战使用和储存,都要做一系列的试验,保证其有效、安全,其中外弹道试验是最重要的试验之一。

外弹道试验按被试品分,有实弹试验和模型弹试验;按场所分,又有实验室试验和靶场试验。实验室试验包括弹道靶道内的发射和飞行试验,以及灵巧弹药和有控弹箭的半实物仿真。

通过试验可以获得弹箭的许多飞行特性和重要弹道参数,作为产品研制、考核、射表编制和实际应用的重要数据与依据。

15.2　外弹道试验常用测试仪器和测试原理

15.2.1　弹箭飞行时间测量方法及测时仪

弹箭在一段弹道上的飞行时间一般用区截装置和测时仪测定。所谓区截装置,是指当弹箭飞行通过它时,能瞬间给出脉冲信号的装置,因为在测弹箭飞行速度时也常用这种装置先测时,再计算速度,故也常称这种装置为测速靶。测速靶又分接触型和非接触型,接触型是利用靶弹穿过靶时与靶产生的机械作用使电路断开或闭合而产生脉冲信号,故也称通断靶。图 15.2.1 所示的铝箔靶是一种通靶,由两张铝箔中间夹一层绝缘材料(例如绝缘纸)制成,当弹丸穿过它时,通过弹体金属表面把两张铝箔间的电路接通,从而产生电信号。断靶的例子有铜丝网靶、炮口线或枪口箍靶等,如图 15.2.2 所示的铜丝网靶,由铜丝(例如漆包线)来回绕制而成,当炮弹或枪弹穿过它时,将铜丝线撞断,使电路断开,形成电信号。

非接触靶是指弹箭穿过它时没有机械作用,而是通过区截装置的光、电、磁场或压力场状态的改变产生电信号。目前常用的有天幕靶和光幕靶,在一些场合,也采用利用磁场效应的线圈靶,如图 15.2.3 所示。

天幕靶是野外靶场试验中应用最多的一种区截装置,它的光学系统由一组透镜等光学元件组成,并用一个狭缝限制靶面以外的光线射入,如图 15.2.4 所示。由于狭缝的限制,狭缝后光电管的视场为一尖劈形的、厚度很薄(0.04° ~0.2°)的幕面,即只有该薄幕面以内的光线才能被光电管接收。由于它是利用天空自然光工作的,故称为天幕靶。当弹丸穿过天幕靶的幕面时,将天幕上的光线阻挡了一部分,使通过狭缝的光通量发生变化,于是产生了光电脉冲信号。

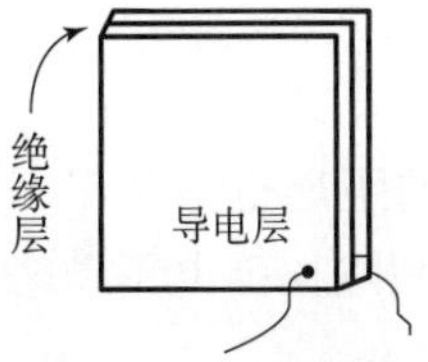

图 15.2.1　铝箔靶

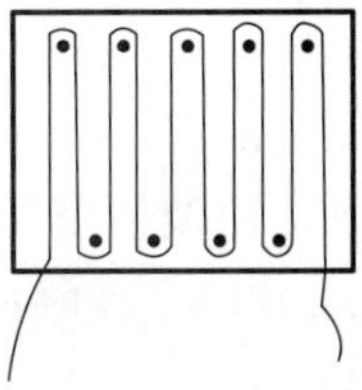

图 15.2.2　铜丝网靶

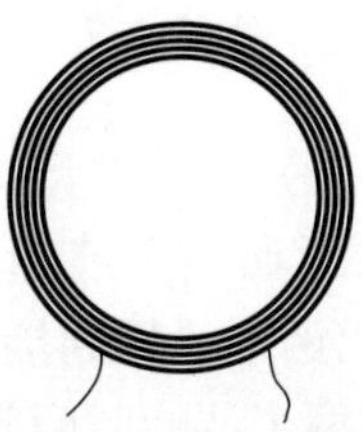

图 15.2.3　线圈靶

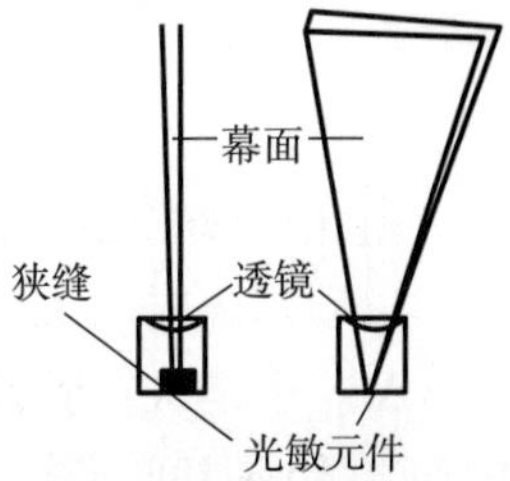

图 15.2.4　天幕靶

光幕靶是利用光电原理设计出的区截装置,它常用于室内靶道的测时、测速试验中,其原理是由光源(光发射管)发出的光,经过一定的光路后被光电管接收,如果这些光由多条光路组成一个光幕,则当弹丸穿过光幕时,就改变了光通量,光电管即输出电信号,如图 15.2.5 所示。

电子测时仪是用来测量时间间隔的一种计时装置,其工作原理如图 15.2.6 所示。

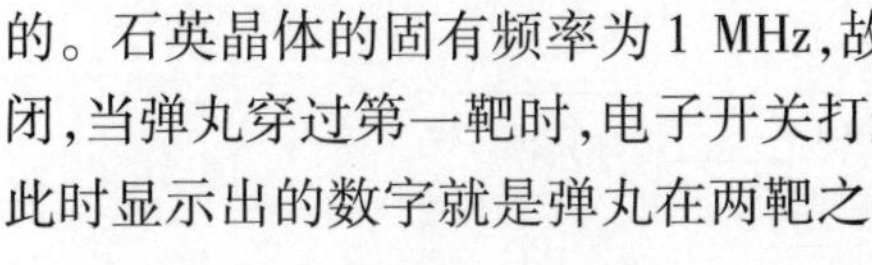

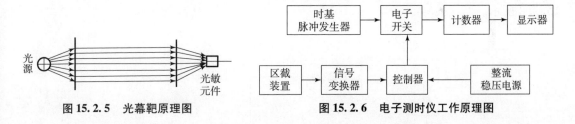

图 15.2.5　光幕靶原理图

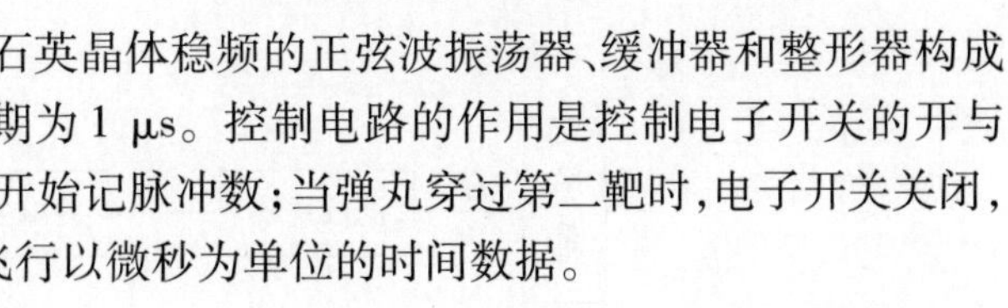

图 15.2.6　电子测时仪工作原理图

图 15.2.6 中的时基脉冲发生器是由石英晶体稳频的正弦波振荡器、缓冲器和整形器构成的。石英晶体的固有频率为 1 MHz,故周期为 1 μs。控制电路的作用是控制电子开关的开与闭,当弹丸穿过第一靶时,电子开关打开,开始记脉冲数;当弹丸穿过第二靶时,电子开关关闭,此时显示出的数字就是弹丸在两靶之间飞行以微秒为单位的时间数据。

15.2.2　多普勒雷达测速原理

多普勒现象在日常生活中是常见的,例如,当我们乘坐的火车与另一辆火车迎面相遇时,听到火车发出的声音越来越尖厉;当两车背离而去时,声音迅速低沉下去,这便是多普勒效应。

在图 15.2.7 中,雷达 A 发出的电磁波频率为 f_0,电波以光速 c 传播,波长为 $\lambda_0 = c/f_0$,周期为 $T_0 = 1/f_0$。设在某时刻 t 第 n 个波峰到达弹丸 B 所在位置 D,如果弹丸此时静止,则第 $n+1$

个波峰要经过 $T_0=1/f_0$ 时间、行程 λ_0 后再到达 D 点与弹丸 B 相遇。另外，经弹丸反射的波又向雷达接收天线返回。这样，每隔 T_0 时间，雷达天线便接收到一个波峰，即接收的频率与发送的频率相同。如果弹丸以速度 v_r 沿 AB 方向飞行，则当第 $n+1$ 个波峰到达 D 点时，弹丸 B 已离开 D 点一个距离到了 E 点。故波峰还要经过 Δt 时间才能追上弹丸，由此可得方程

$$c(T_0+\Delta t)=\lambda_0+v_r(T_0+\Delta t) \tag{15.2.1}$$

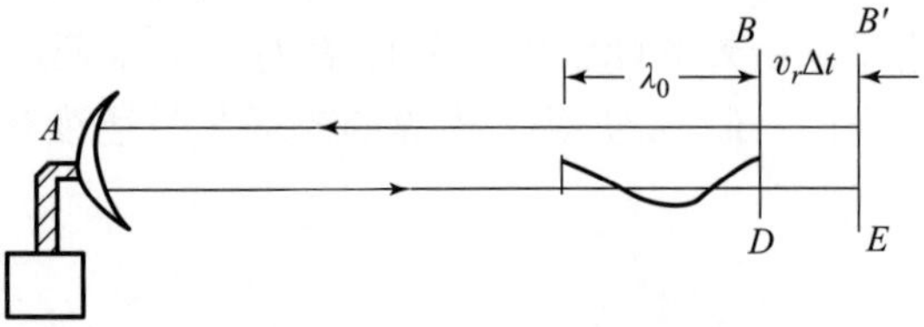

图 15.2.7　多普勒雷达测速原理

由此式解出 $\Delta t=\lambda_0/(c-v_r)-T_0$，并记 $T_1=T_0+\Delta t=\lambda_0/(c-v_r)$。

以后每隔时间 T_1，弹丸便返回一个波峰。另外，弹丸回波波峰到雷达的距离也增加了一个 $v_r\Delta t$。于是从发射天线发出两个波峰到接收天线接收到两个波峰的时间间隔比弹丸不动时增加了 $2\Delta t$ 时间，即接收波的两个波峰时间间隔变成了

$$T_2=T_1+\Delta t=T_0+2\Delta t=\frac{2\lambda_0}{c-v_r}-T_0=\frac{c_0+v_r}{c-v_r}T_0 \tag{15.2.2}$$

因接收波的频率为 $f_2=1/T_2$，则由上式得

$$f_D=f_0-f_2=f_0\left(1-\frac{c-v_r}{c+v_r}\right)\approx\frac{2v_r}{c}f_0 \tag{15.2.3}$$

式中，f_D 为发出波频率与接收波频率之差，称为多普勒频率。因此，只要测得了 f_0 和 f_D，就可由上式求得弹丸沿 AB 方向的运动速度，这就是多普勒雷达测速的原理，其工作原理如图 15.2.8 所示。

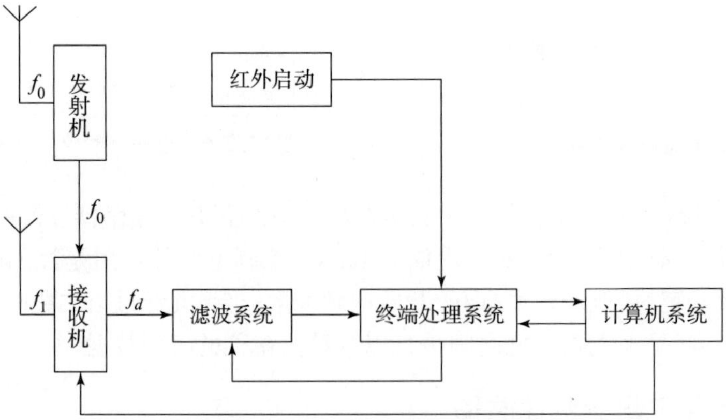

图 15.2.8　多普勒雷达工作图

15.2.3　外弹道坐标测量的仪器和方法

弹箭坐标测量包括跳角靶、立靶坐标测量、落点坐标测量和空间坐标测量。

1. 跳角靶和立靶弹着点测量

为了测定弹箭的平射密集度或跳角,需对距炮口一定距离的立靶进行射击,通常近距离跳角靶采用纸靶,稍远距离上的立靶用木板靶或塑料网靶。靶面画有十字中心,对靶射击后,在靶上留下弹孔,近似认为弹孔中心即是弹箭质心位置,它在靶面十字中心坐标系中的坐标可现场测量,也可将纸靶或网靶取下铺平仔细测量。测量仪器就是直尺或钢卷尺。为了不影响射击及保证安全,也可用大口径光学测量经纬仪避开弹道线对立靶上的弹孔进行瞄准测量。立靶穿孔试验一般采用实弹摘火引信进行,以利于反映实弹的弹道性能。

无接触立靶坐标测量装置有声靶和阵列式光电靶。声靶是利用激波传播规律设计的。图 15.2.9 所示为杆式声坐标靶。水平金属杆和铅直金属杆两端的压电传感器分别为 z 坐标和 y 坐标传感器。弹丸穿过靶时,其弹头波首先到达 y 金属杆 A 点和 z 金属杆 B 点,分别测出 y 杆 A 点和 z 杆 B 点振动波到达金属杆两端传感器的时间差 Δt_x 和 Δt_z,由下式即可算出弹着点坐标

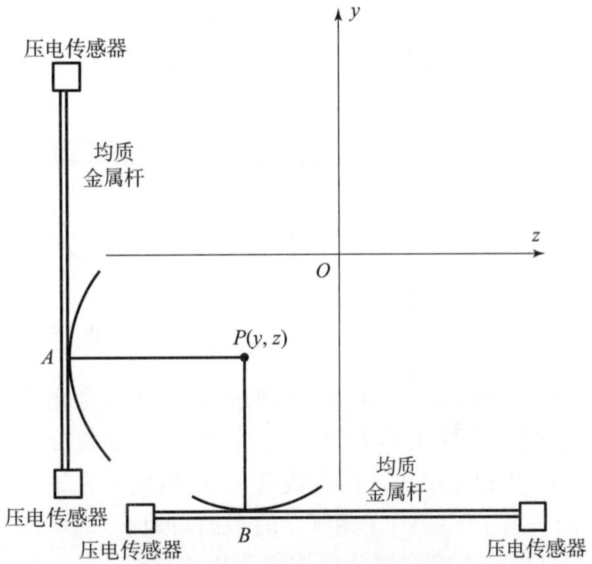

图 15.2.9　杆式声坐标靶原理图

$$y = c_g \Delta t_y/2, z = c_g \Delta t_z/2 \tag{15.2.4}$$

式中,c_g 为声音在金属杆中的传播速度,为一个已知物理量。

此外,还有点阵式声靶,如图 15.2.10(a)所示,它在铅直靶面上呈 L 形布置两组微声传感器。设铅直组和水平组传感器至靶面中心坐标系铅直轴和水平轴的距离分别为 y_0 和 z_0,第 i 个传感器的坐标分别为(y_i, z_i)。弹着点坐标为(y, z)。设已测得弹头波撞击靶面后传至第 i 个传感器的时间 t_i,则在无风以及弹速垂直于靶面的条件下可导出弹着点的定位方程

$$\sqrt{(y-y_i)^2+(z-z_i)^2} = v_b(t_i - t_0) \quad (i=1,2,\cdots,n) \tag{15.2.5}$$

式中,n 为传感器个数;t_0为未知时间常量;v_b为弹头波沿靶面传播的视速度。按照马赫波锥角 β 与声速 c_s的关系 $\sin\beta = c_s/v$,如图 15.2.10(b)所示,沿靶面传播的视速度为

$$v_b = v \cdot \tan\beta = v\sin\beta/\sqrt{1-\sin^2\beta} = c_s/\sqrt{1-(c_s/v)^2} \tag{15.2.6}$$

c_s 可由测试地点的虚温算出 $c_s = 20.05\sqrt{\tau}$;v 可以是已知的,也可由在垂直于靶面的 x 方向上,距靶 Δx 处装一个微声传感器 D,测得激波经过 Δx 的时间差 Δt,于是得 $v = \Delta x/\Delta t$。

利用最小二乘法,即可由此 n 个$(n>3)$传感器时间记录 t_i,求得三个未知数 y、z、t_0。

阵列式光坐标靶与阵列式声坐标靶类似,当弹丸穿过靶面时,将阻断 y 位置和 z 位置光线,使光敏器接收的光通量减小,从而给出一个脉冲信号。对普通弹箭,两光敏器件间约相距 10 cm。

线阵 CCD 坐标靶是高速线阵 CCD 出现以后新发展的一种立靶弹着点坐标测量兼测时装置,该装置通过两台线阵 CCD 相机在光轴空间交汇形成的无形光幕立靶,实现对空间点目标

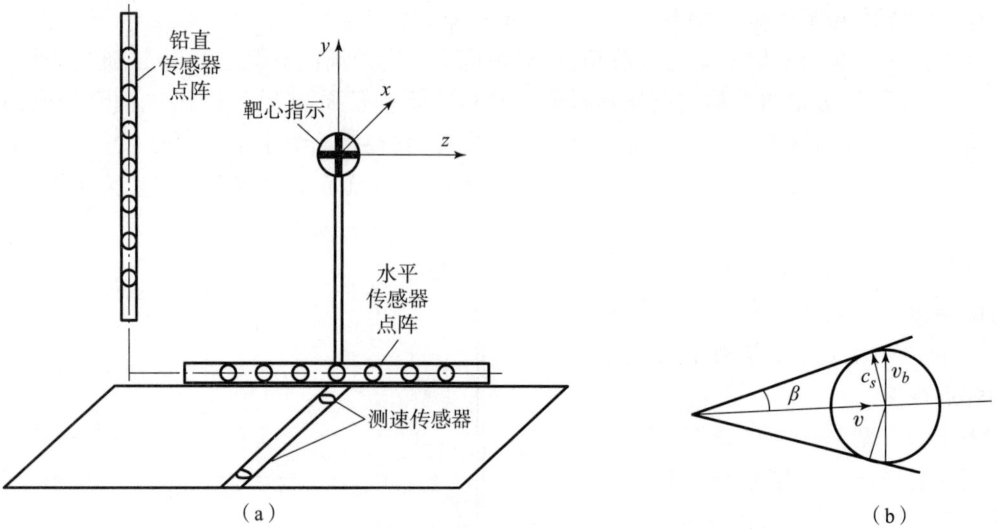

图 15.2.10　点阵式声坐标靶

坐标的测量,如图 15.2.11 所示,每个光幕由半导体激光器及其相应的光学系统和高速、高精度线阵 CCD 相交组成。两台线阵 CCD 相机的光轴在空中交汇于一点,光轴所在的平面与地面垂直,两相机视场的重叠部分即构成可用光幕(即靶面)。当弹丸从靶面的某点穿过时,阻挡了部分由激光器发出的激光,于是在接收激光的线阵 CCD 的感光面上产生一个暗斑,在两个 CCD 上各有一个这样的像点与之对应,于是靶面上弹丸穿过的任意一点的坐标,可通过它在这两个 CCD 上的成像位置计算出来。但此坐标靶价格高昂,一般只在靶道里使用。目前还研制成功了全站仪,它可架设在立靶的正前方,通过测量全站仪到靶面的垂直距离和弹孔位置的高低角与方向角,由几何关系换算出立靶上的弹着点的坐标。

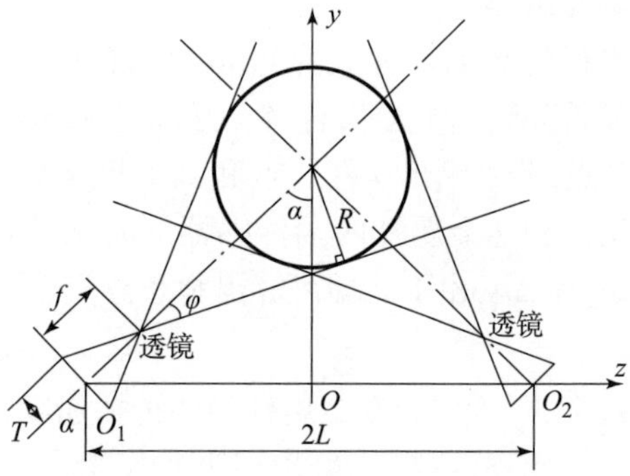

图 15.2.11　双线阵 CCD 立靶示意图

2. 落点坐标测量

地炮和航弹落点坐标测量一般借助靶场的基线(X_E)进行。沿基线有许多大地测量的基准点(或观测塔),其坐标均以国家大地坐标和黄海海平面高度给出。在已知坐标的两测点 $A(x_A,z_A)$ 和 $B(x_B,z_B)$ 架设两套方向盘或两台光学经纬仪,射击后对准落点烟尘测出各自瞄准线相对于两站连线 AB 的角度 α_A、α_B,如图 15.2.12 所示,则落点 C 的坐标为

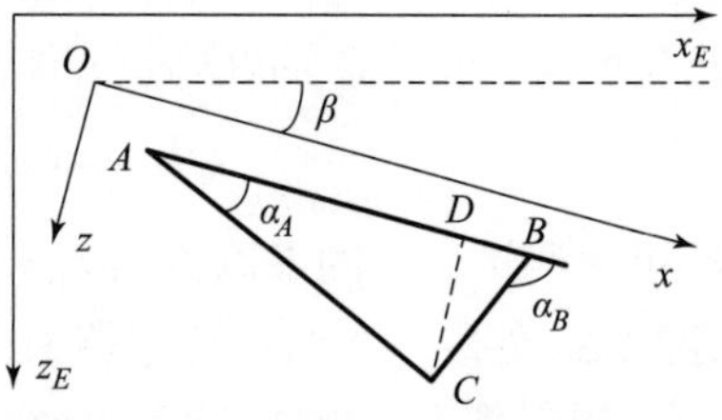

图 15.2.12　两站交会法测落点坐标

$$\begin{aligned} x_{CE} &= x_A + E[x_B - x_A - \tan\alpha_A(z_B - z_A)] \\ z_{CE} &= z_A + E[z_B - z_A + \tan\alpha_A(x_B - x_A)] \\ E &= \sin\alpha_B\cos\alpha_A/\sin(\alpha_B - \alpha_A) \end{aligned} \tag{15.2.7}$$

如果射向 x 与基线还有一个夹角 β，则还要经坐标旋转变换，才能变为射程 x_C 和侧偏 z_C。

$$\begin{aligned} x_C &= (x_{CE} - x_{OE})\cos\beta + (z_{CE} - z_{OE})\sin\beta \\ z_C &= (z_{CE} - z_{OE})\cos\beta - (x_{CE} - x_{OE})\sin\beta \end{aligned} \tag{15.2.8}$$

式中，(x_{OE}, z_{OE}) 为炮口在基线坐标系中的坐标。为了测量准确，也可在射击完后在落点插上小旗，再仔细交会测量。还可采用三站测量互相核对。如果测量点与落点高差较大，还应测出落点高程及对射程侧偏的影响。为便于观测烟尘，一般采用实弹或砂弹真引信射击。

单站平面极坐标测量常采用脉冲激光测距经纬仪或红外测距经纬仪进行。如图 15.2.13 所示，由测距仪发出激光或红外光，在测得测站 A 到落点 C 的距离 R 及对基线 x_E 的方位角 α_A 后，得

$$x_{CE} = x_{AE} + R\cos\alpha_A, z_{CE} = z_{AE} + R\sin\alpha_A \tag{15.2.9}$$

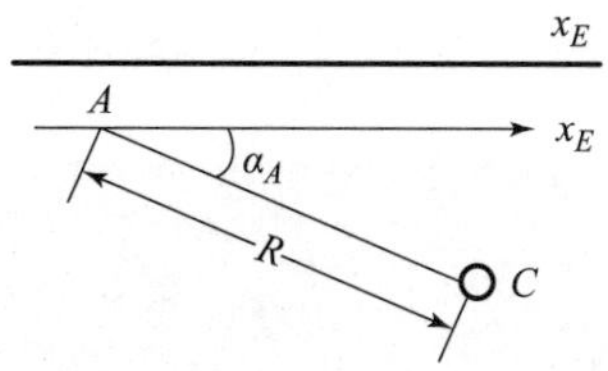

图 15.2.13　激光、红外单站测量法

脉冲激光测距机是测量激光从发出到返回的时间 Δt，用 $R = 0.5c\Delta t$ 算出 R，这里 c 为光速；对于红外测距机，则用相位法测距，其原理是通过测量一系列发射光波和接收调制光波间的相位差与距离 R 的关系来测距，一般在目标处要配置反射镜与之配合，但人要背对激光，以防伤眼。

3. 弹箭空间坐标的测试

弹箭空间坐标测量一般采用地面直角坐标系 $Oxyz$ 作为参考系，测量方法有空间角度交会法、空间极坐标法、GPS 法和坐标雷达法。

(1)空间角度交会法

设在测量基线 A、B 两点 (x_A, y_A)、(x_B, y_B) 放置光学测量仪器，对目标（飞行弹箭、炸点、子母弹的母弹开舱点等）的高低角 θ_A、θ_B 和方位角 α_A、α_B 进行测量，如图 15.2.14 所示，则目标坐标 (x_C, z_C) 仍为式(15.2.7)，而高度坐标为

$$y_C = y_A + E \cdot l \cdot \tan\theta_A / \cos\alpha_A$$

$$l = \sqrt{(x_B - x_A)^2 + (z_B - z_A)^2}$$

角度交会法采用的仪器主要是弹道照相机和电影经纬仪。

图 15.2.15 所示为两台相机光轴方向与弹道轨迹大致平行的正直摄影法，通过底片上光斑的位置测弹丸空间坐标。

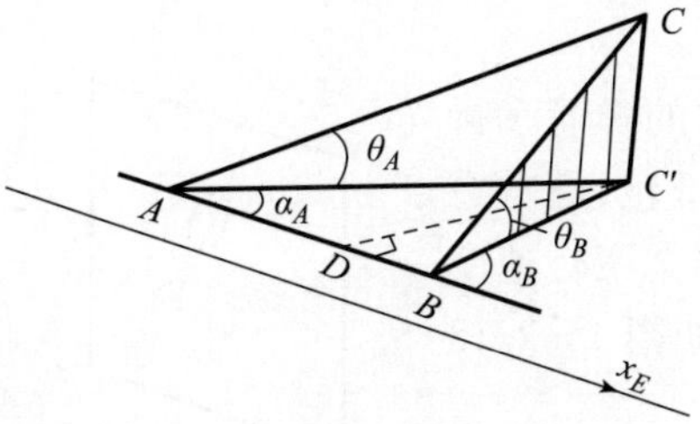

图 15.2.14　空间坐标交会摄影法

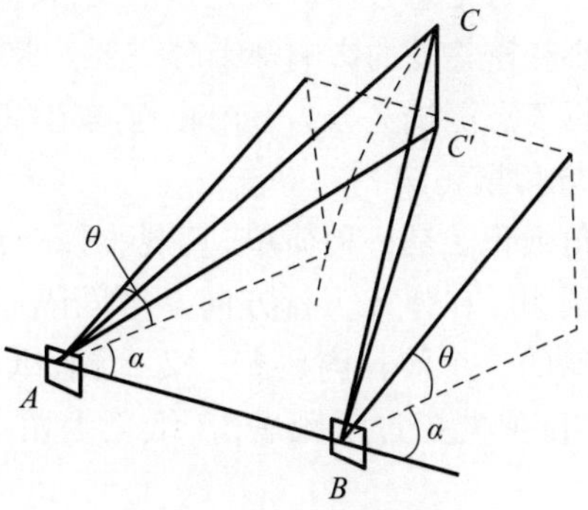

图 15.2.15　正直摄影法

弹道照相机是一种固定宽视场、等待式光学测量设备，它可以测量在视场以内飞行的自发光目标的空间坐标或轨迹，如火箭弹、曳光弹等，一般在夜间试验。现代电影经纬仪配备了雷

达跟踪或红外跟踪或程序跟踪、激光测距等手段,自动化程度和精确度大为提高。

靶场一般将这种经过光电测量技术改造后的电影经纬仪称作光电经纬仪,如图 15.2.16 所示。

(2)空间极坐标法

此法采用单站定位测量方式,测量仪器有激光雷达、无线电坐标雷达等。如图 15.2.17 所示,其原理是通过测量观测点(x_A,y_A,z_A)到目标(x_P,y_P,z_P)的斜距 R 和观测点至目标的高低角 ϑ、方位角 ψ,由下面的式子即可计算出目标的空间坐标

$$x_P=x_A+R\cos\vartheta\cos\psi,\ y_P=y_A+R\sin\vartheta,\ z_P=z_A+R\cos\vartheta\sin\psi$$

图 15.2.16 光电经纬仪

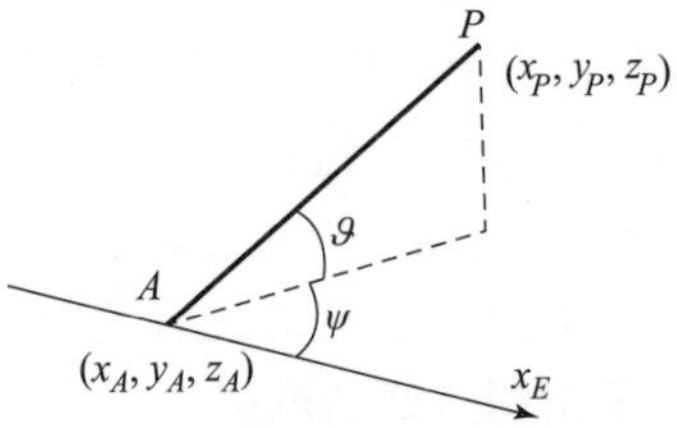

图 15.2.17 空间极坐标法

空间坐标测量雷达通常指脉冲测量雷达和连续波雷达,前者包括反射和回收信号系统、时统装置、高低和方位角伺服系统以及测速系统,其工作原理是利用脉冲雷达电磁波激光很强的方向性来确定方位角 ψ 和高低角 ϑ,利用电磁波(光速 c)来回的时间测定斜距 $R=ct/2$。常用于测量空中炸点和子母弹开舱点坐标。

连续波测量雷达通常朝弹丸的飞行方向发射连续电磁波,这种雷达具有两个以上的接收机,通过测量两个不同位置的接收机所测信号的相位,测出弹丸到天线的斜距离以及高低角和方向角。空间坐标雷达常用来测量弹丸坐标和飞行轨迹。

15.2.4 弹箭运动姿态的测定

弹箭飞行姿态数据对研究弹箭飞行稳定性、速度损失、着靶姿态和威力以及研究对射程、侧偏大小和密集度的影响都十分重要。此外,还可从飞行姿态数据中提取许多空气动力系数。弹箭飞行姿态测试又分为室内靶道测定和室外实弹射击测定,本节只讲室外测定原理和方法。

1. 攻角纸靶法

攻角纸靶法是一种简单、直观、可靠、经济有效的弹箭飞行姿态测试法。在弹丸飞行方向上等间隔布置一些纸靶,通常在弹箭摆动的一个波长内放 8 ~ 12 个靶,纸靶面与弹丸飞行速度方向垂直,弹丸穿过纸靶后,在纸靶上留下弹孔,如图 15.2.18 所示。

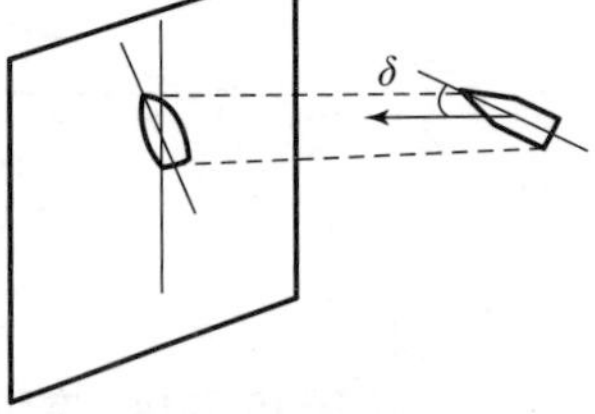

图 15.2.18 攻角纸靶姿态测试原理

如果弹轴与飞行速度方向一致,与纸靶面垂直,即攻角 $\delta=0$,则弹孔必是一个直径与弹径相等的圆;如果弹轴与飞行速度方向不一致,则弹孔为卵形,孔的长轴 l 与攻角 δ 相对应,攻角越

大，l 越长，其关系用下式表示

$$l = f(\delta) \tag{15.2.10}$$

而由弹孔长轴与铅直线的夹角 ν 可知攻角平面的方位。因此，如已测得纸靶上弹孔长轴的长度 l，也就知道弹丸在穿过纸靶时的攻角 δ。对于尾翼弹，l 可以是翼片对纸靶切孔的长度。至于 l 与 δ 间的函数关系（式(15.2.10)），可用作图法或计算法获得。如图 15.2.19 所示，将弹丸纵剖面形状的模板顶部中心用图钉固定于坐标纸所选的坐标原点上，以 Ox 轴负向为弹丸飞行方向。绕坐标原点转动模板 δ 角，以平行于 Ox 轴的平行线上下移动，找到模板上下最边缘在 Oy 轴上投影的最大距离，这就是攻角 δ 对应的 l 值。改变 δ 获得一系列 δ 与 l 的对应值，将它们制作成 $l = f(\delta)$ 曲线，如图 15.2.20 所示。

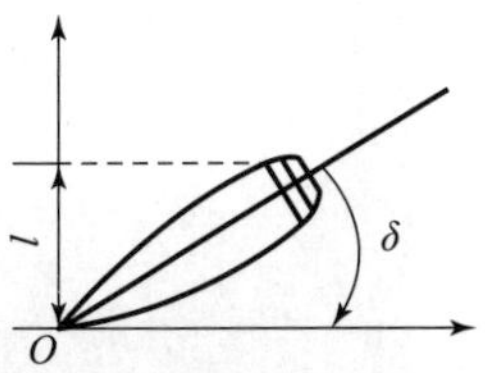

图 15.2.19　$l = f(\delta)$ 关系

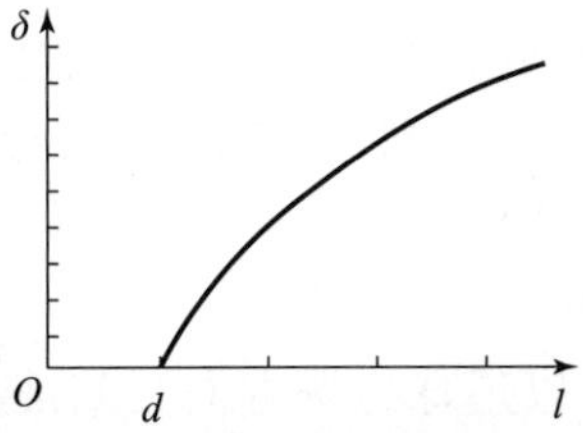

图 15.2.20　$l = f(\delta)$ 曲线测试原理的测量

计算法是先建立模板坐标系，O 仍为弹顶中心，Ox 轴为弹丸纵轴，指向弹尾为正，Oy 轴垂直于弹轴。再根据弹丸设计图纸绘出（或实测出）弹丸沿上表面和下表面一系列点的坐标（x_i，y_i）和（x_i，$-y_i$）。又设坐标系 Ox_sy_s 的 Ox_s 轴为速度线的反方向线，Oy_s 轴与速度线垂直，代表纸靶面。当弹轴与纸靶面不垂直时，也即有攻角 δ 时，两个坐标系关系如图 15.2.21 所示。由如下坐标变换

$$y_{si} = x_i \sin\delta + y_i \cos\delta,\ x_{si} = x_i \cos\delta - y_i \sin\delta \quad (i = 1, 2, \cdots, n) \tag{15.2.11}$$

可得上弹表面和下弹表面各点在 Oy_s 轴上的投影 y_{si}，再找出 y_{si} 的最大值 $y_{s\max}$ 和 y_{si} 的最小值 $y_{s\min}$，即得到攻角 δ_j 所对应的纸靶弹孔长轴 l，改变 δ 就可得到 l 与 δ 的关系曲线

$$l_j = y_{s\max} - y_{s\min} = f(\delta_j) \tag{15.2.12}$$

2. 狭缝摄影机（或弹道同步摄影机）

狭缝摄影机是一种等待式弹道同步摄影机，如图 15.2.22 所示，摄影胶片紧贴鼓轮外面，鼓轮以高速旋转，片速可达 100 m/s。摄影机只有一条狭缝可透过光线，相机的透镜组将飞行弹箭正对狭缝的部分影像聚集到底片上，通过光路，设法使弹丸的图像与胶片同步运动，就可得到弹丸清晰的照片，用于测量一个弹道点上的弹丸姿态。

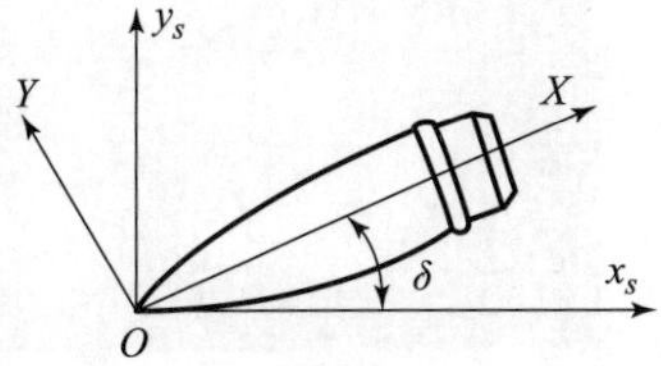

图 15.2.21　计算法求 $l = f(\delta)$ 关系

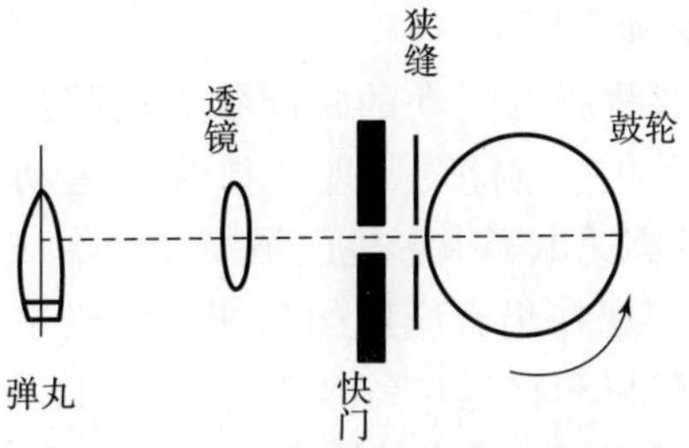

图 15.2.22　狭缝摄影原理图

3. 二次闪光法测攻角

如果利用在短时间内连续两次闪光,在同一胶片上得到弹丸的两个影像,连接影像中与弹丸质心相对应的两点,则连线方向即为质心速度方向,如图 15.2.23 所示,测出弹轴与速度方向的夹角即为攻角。为了得到两个清晰的图像,闪光照相的背景应是黑的,除弹丸飞过时反光外,无其他反光物质。两次闪光时间的控制以两个影像相距一个弹长为宜。

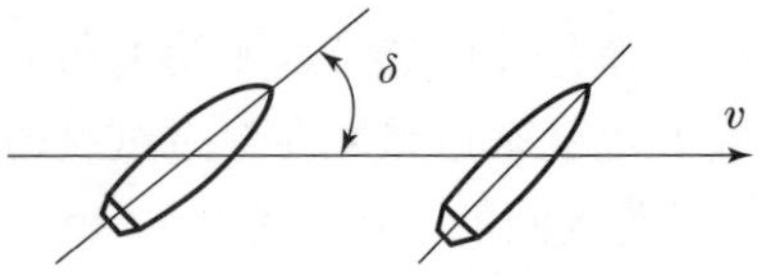

图 15.2.23 二次闪光测攻角原理

利用超高速 CCD 相机,采用多次曝光方法,也可以实现弹丸飞行攻角测量。图 15.2.24 所示为国外市售的一种超高速 CCD 弹道相机,这种相机可实现单次或多次曝光(最多 16 次)。利用这种相机可在相同的视场内获得多幅弹丸图像。

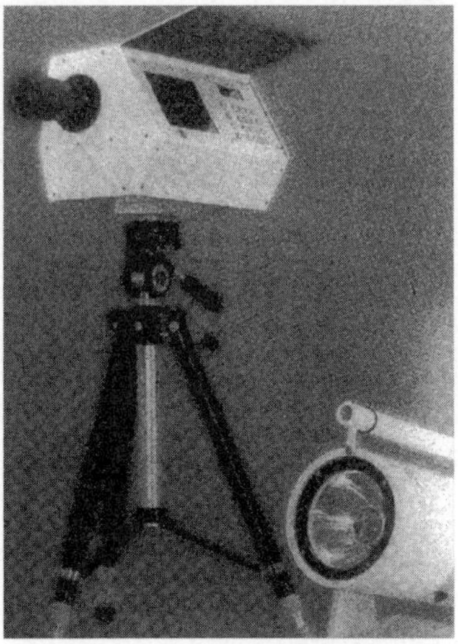
图 15.2.24 超高速 CCD 相机

4. 地磁传感器

地磁传感器是以地球磁场方向为基准的一种姿态探测器,它主要由一个或多个正交布置的感应线圈组成。由电磁感应原理知,当感应线圈随弹轴运动而切割地磁场磁力线时,线圈两端就会产生感应电动势。弹箭姿态不同,线圈方位也不同,切割磁力线的情况不同,感应电动势也不同。由感应电动势的大小、变化周期与弹丸飞行姿态及转速间的关系(事先进行标定),就可换算出弹箭运动姿态。其在末敏弹扫描姿态角和转速测定中已得到应用(用黑匣子记录测试数据),在火箭、导弹、尾翼弹姿态测定和转速测定中也得到应用。地磁传感器具有体积小、质量小、抗高过载能力强的优点,但由于其信号弱,易受电磁干扰。

5. 差分 GPS 技术

此外,利用差分 GPS 技术测定弹箭运动姿态的工作也在研究之中。

6. 实况记录高速摄影法

在外弹道试验中,可用高速摄影或高速录像的方法将弹箭飞行姿态、飞行速度以及伴随的物理现象记录下来。现分述如下。

(1)高速摄影法

此法是将弹箭运动的瞬间状态用胶片连续记录下来,经过冲洗、判读、处理获得弹箭运动姿态。目前,传统的高速电影摄影机已被高速录像或高速弹道相机取代。现在仍有应用的高速摄影机主要是转鼓式高速摄影机和转镜式高速摄影机,一般采用棱镜补偿和反射原理提高感光的清晰度。图 15.2.25 所示即为其中一种,其摄影率可达 10^7 幅/s。图 15.2.26 所示

图 15.2.25 转镜式高速摄影机

为一种棱镜补偿式高速摄影机，图 15.2.27 所示为一种旋转反射镜式高速摄影机。图中的 v_f 表示胶片的运动速度，ω 表示旋转镜的角速度。

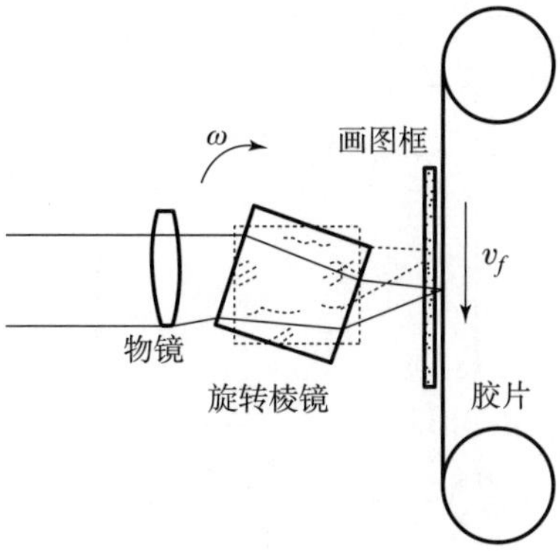

图 15.2.26　棱镜补偿式高速摄影

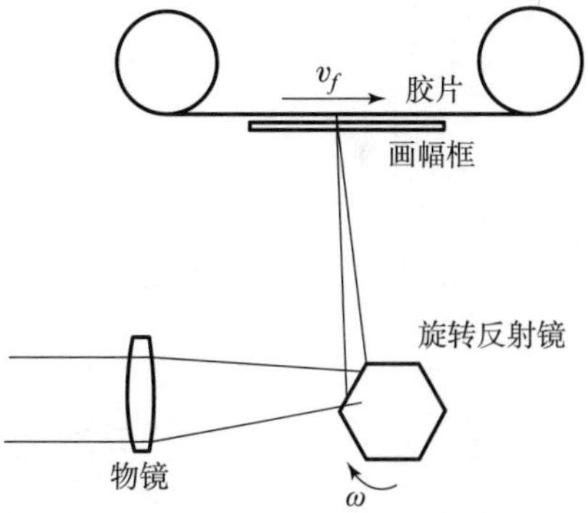

图 15.2.27　旋转反射镜式高速摄影

(2)高速摄像

此法采用高速 CCD 摄像头或高速 CMOS 摄像管作为探测器件，通过电子扫描或自扫描时钟作用，把运动弹箭的平面图像信号转换为视频信号，以数码形式存在磁带、磁盘或光盘上，以便随时调入计算机显示或做进一步处理。它避免了高速摄影要冲洗胶片、晾干、判读的麻烦。现代高速摄像机(如柯达录像分析仪)的拍摄频率可达每秒 1 万幅。

7. 遥测法

此法多用于大型弹箭和有控弹箭上，一般将遥测装置安装在弹上原来装战斗部的空间里，并进行配重、调平。遥测法就是通过弹上的传感器感应弹箭的质心运动和角运动，并变成电信号发送到地面接收装置(或存储在弹上存储器中)。目前常用的传感器有加速度传感器、角位置陀螺感应器和角速度陀螺感应器、地磁传感器和惯性导航感应器等。

角位置陀螺是 3 自由度陀螺，利用其空间定向性可确定弹轴相对于它的姿态；角速度陀螺是 2 自由度陀螺，利用陀螺轴被弹体带动做强迫进动而产生的陀螺力矩大小，可以确定弹轴的摆动角速度，将它们与质心加速度计组合，可形成惯性导航系统(INS)，用于确定运动中弹箭的姿态角和角速度、质心位置和速度等。

惯导一般分为平台惯导和捷联惯导(SINS)，前者以实体陀螺平台作为空间方位不变的测量基准，它体积大、精度高、价格高；后者与运动体固连，随运动体运动，但经过一系列坐标变换和算法，利用计算机快速解算，也可确定运动体相对于某一基准(如地面坐标系)的姿态角、角速度、质心位置和速度等，相当于有一基准平台，常称为“数学平台”，而将这种惯导称为“捷联惯导”，它体积小、可靠性高、价格低廉、精度稍低(但目前还在不断提高)。其适合用于中小型弹箭进行姿态测定(一般为可回收性试验)和导航，现已在导弹、简易制导火箭和炸弹、滑翔增程炮弹上得到应用。图 15.2.28 所示为捷联惯导系统的原理图。捷联惯导工作时，如同平台惯导一样，要进行初始对准，作为“数学平台”初值，如果要求发射前即开锁，则对于高发射过载武器(例如远程炮弹)来说，是一个几乎不可克服的困难。因此，需想其他办法回避，例如寻求空中定标方法。

此外，现在也用微机电测量系统(MEMS)、地磁传感器等测量并记录弹箭姿态随时间的变化信息，用电传发送回地面或试验后，从回收的黑匣子中读出，处理还原成姿态角变化数据。

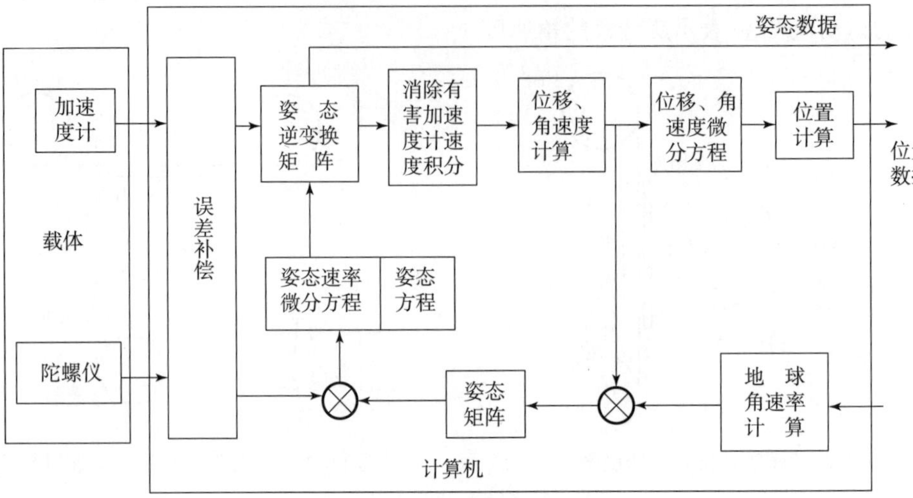

图 15.2.28 捷联惯导系统原理

15.2.5 转速测定试验

对于低速旋转的尾翼弹,在一片弹翼上涂慢干漆(或装小销钉)对纸靶(或白布靶)射击,并测定穿过各纸靶的时间。纸靶上带漆尾翼切孔方位旋转角除以两靶时间,即为平均转速。对于高速旋转弹,只要靶距合适,也可用此法测得转速,这种方法称为擦印法。还可在弹体上涂一圈螺旋形彩色标记,再采用高速摄影法或高速摄像法测出两幅画间弹丸转过的角度及时间间隔,即可求出转速。另外,还可在弹尾刻槽,在用雷达测速时,由于刻槽反射电波波形的周期变化特性被包含在回波信号中,经数据处理即可获得转速信息。此外,还可利用磁化弹丸穿过线圈靶框时,弹丸磁场旋转被线圈靶框切割产生感应电动势,来测定转速。地磁传感器也可用于测转速。

15.2.6 气象诸元测量

气象诸元包括地面和高空的气温、气压、湿度、风速、风向。

① 地面气温、气压可用普通的温度表、温度计、气压表、气压计测量。直接测得的摄氏温度 t,用公式 $T=273.15+t$ 就转换成绝对温度;气压数值应以百帕(hPa)为单位,如果一些气压表以毫米汞柱为单位,则应以 1 mmHg = 4/3 hPa 将其转换为百帕数。

湿度可用干湿球温度表测量。这种表有一对完全相同的温度表,其中一支底部用浸湿蒸馏水的脱脂纱布包裹,当空中水汽未饱和时,湿球水分蒸发消耗热量,同时也从周围气流吸热,二者达到平衡时,湿球温度不变。空气湿度越小,湿球蒸发越多,温度降低也越多。由干、湿球温度表温度之差即可查表得到当时的相对湿度 φ,以及水汽压 $e=\varphi E$,E 为当时气温对应的饱和水汽压,于是可算出虚温 $\tau=T/[1-3e/(8p)]$。现在也有直接读数的湿度表,十分方便。地面气温、气压、温度以及下面的地面风测量,都应在离炮位 50 m 以外开阔地进行,并避免阳光直晒。

地面风速、风向可用手持式测风仪测定。风向标由尾翼、水平杆、箭头和垂直旋转杆组成,如图 15.2.29 所示。风向杆在尾翼气动力作用下可绕转轴自由旋转,直到箭头指向风的来向。

风向盘上有指北针，先使盘上的零刻度对准指北针，再读出风向指针的角度数或密位数（1 圆周 = 6 000 mil）。规定风向是以真北（指向地球极轴）开始顺时针转到风的来向的度数，但从风向盘上读出的只是相对于磁针北的度数 α_{wc}。因此，需知磁针北相对于真北的夹角 $\Delta\alpha_c$（称为磁偏角）。全球各地的磁偏角不同，需实测。相对于真北的风向如图 15.2.30 所示，即

$$\alpha_w = \alpha_{wc} + \Delta\alpha_c \tag{15.2.13}$$

①高空气象诸元一般采用释放测风气球和探空仪的方式进行，如图 15.2.31 和图 15.2.32 所示。根据所需测量的高度和气球升速，选用不同型号的气球，球内充以氢气，氢气可以现场制作，也可采用成品氢气罐。气球升速为 200～300 m/min 的，高度可达几千米到二十几千米，再高即自行爆炸。

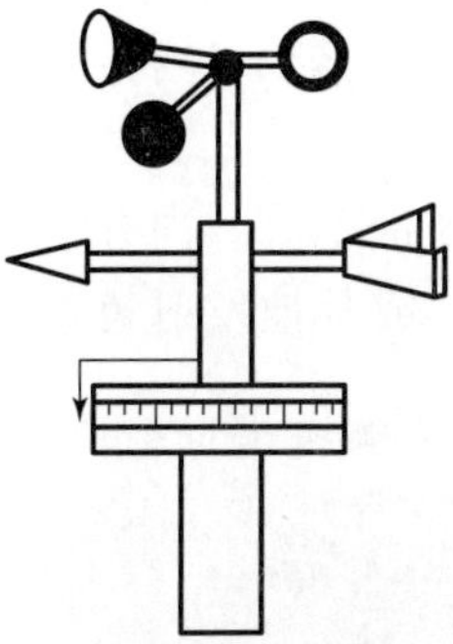

图 15.2.29　手持式野战气象仪

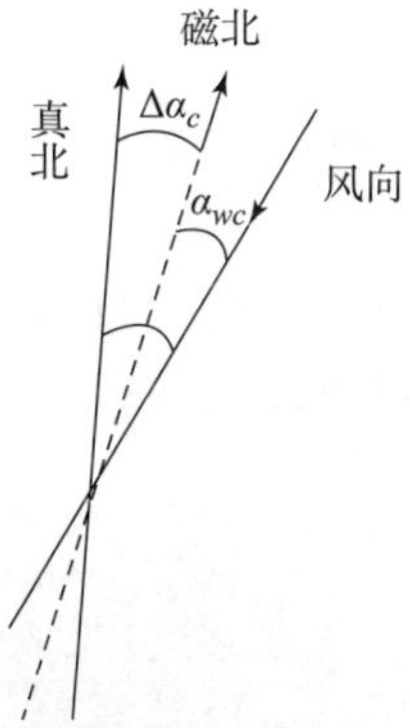

图 15.2.30　风向的规定

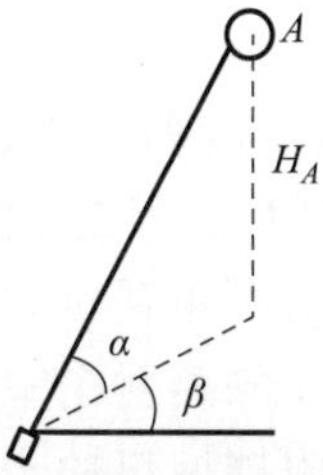

图 15.2.31　单站法测风气球坐标确定

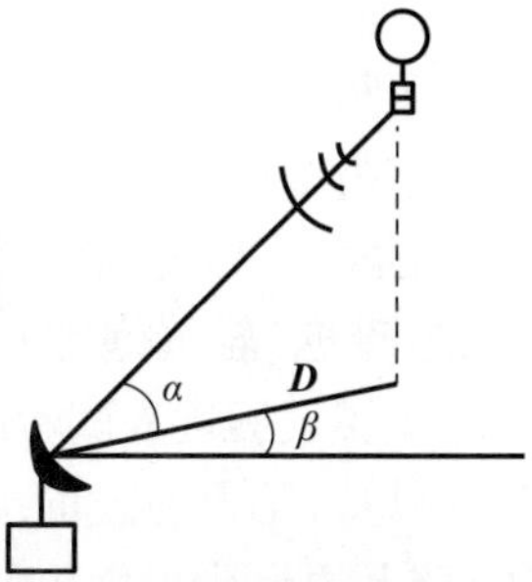

图 15.2.32　气象雷达和探空仪

风速测定原理是按一定时间间隔测出气球的空间位置，由一个时间间隔两点水平坐标的改变量 Δx、Δz 即可得到此间隔内的平均风速风向。测定测风气球坐标的方法有单站法、基线法和雷达测风法。单站法是利用光学经纬仪对准气球，读出方位角 β 和高低角 α，气球高度由其升速 v_A 乘以上升时间 t_A 计算出，即 $H_A = v_A \cdot t_A$，于是得气球相对于气象站的坐标

$$y = H_A,\ x = H_A\cot\alpha\cos\beta,\ z = H_A\cot\alpha\sin\beta$$

基线法是在基线上布置两台经纬仪跟踪气球，其测定原理与前面所述曳光弹空间坐标交会测量法相同。这两种测风法都受能见度的影响。雷达测风是在测风气球下悬挂一个雷达应答器，它在收到雷达发出的无线电脉冲信号激励后产生回答信号，雷达通过测量从发出波到接收信号的时间差 Δt，解算出气球至雷达的斜距 $R = c\Delta t$，再由雷达天线的高低角 α、方位角 β 解算出气球相对于雷达的高度和水平距离矢量 $\boldsymbol{D}$。在一个测风时间间隔 ΔT 上可得到两个距离矢量 $\boldsymbol{D}_1$、$\boldsymbol{D}_2$，则 $\boldsymbol{D}_2 - \boldsymbol{D}_1$ 即为平均风方向，平均风速为 $\boldsymbol{W} = (\boldsymbol{D}_2 - \boldsymbol{D}_1)/\Delta T$。南京大桥机器厂专门生产气象雷达。现已研制出利用多普勒效应测量空气团流动速度的风廓线雷达，可以实时测得各高度上瞬时风的大小，使用起来特别方便。但目前测量的高度还较小。

至于高空气温、气压和湿度，则使用探空仪内装的气温、气压、湿度传感器直接测量，并以电码信号或数字信号发送给地面接收装置或雷达（上海、成都产）。对于远程火炮、火箭大弹道高（超过 30 km）的气象探测，探空气球上升的高度不够，时间太长，不利于气象数据的实时性，最好采用探空火箭（江西南昌产）。探空火箭可升到 50 km 以上高空，然后释放气象测量仪，带降落伞下落，下落速度比气球上升速度快得多，以加快气象测量速度，保证气象数据的实时性。

15.2.7 弹、炮静参数测量

与外弹道有关的弹箭静参数包括重量、重心位置、弹径和弹长、其他各部外形尺寸、火箭喷管出口面积、火箭定心部位置及高度、极转动惯量、赤道转动惯量以及质心偏离纵轴的距离等。这些参数可在弹药工房内用高度尺、千分尺、天平等工具测量,但转动惯量和质量偏心要用专门的转动惯量测试台测量。这种装置根据弹箭口径大小有不同的规格(南京理工大学产)。

与外弹道有关的火炮静参数包括口径、膛线缠度、膛内阳线和阴线的直径、炮口角、身管轴与炮尾平台的不平行度、炮耳轴与身管的不平行度、火箭定向器长度、定向导槽的缠角等,这些均在火炮工房内测定或由厂家提供数据。

15.2.8 外弹道室内试验

目前外弹道室内测试设备有两大系统:一是室内靶道测试系统;二是有控弹箭和灵巧弹箭的半实物仿真系统。

室内靶道是一个封闭的试验长廊,一般长200~300 m,截面积约6 m×8 m不等。内有中央控制室、发射室、燃气膨胀室、试验段和收弹装置。将弹箭或其模型用火炮或其他发射装置(如电磁炮、轻气炮等)在发射室射出,经过燃气膨胀室隔离燃气后进入试验段。射击室可布置压力传感器阵,测炮口压力场分布;膨胀室用于隔离射击室和仪器段,壁上的弹孔让弹丸通过,但能阻挡炮口冲击波和弹托等物进入仪器段,并可安装脉冲X光摄像机记录后效期内的弹丸飞行姿态及弹托分离过程。测试段内有几十个测试站和基准系统,每站有两组互相垂直布置的测试装置,可用闪光照相、高速摄像等设备在弹箭飞过的瞬时记录下它们的影像,通过计算机数据判读和处理,可获得弹箭飞行姿态、质心坐标及速度等。再利用参数辨识技术从中提取出弹箭的气动力系数,或分析弹箭的飞行过程以及伴随的物理现象。图15.2.33所示为某靶道内部结构。目前全世界美、英、法、德、瑞典、加拿大和我国共有靶道30多条,并已形成一个学科——靶道技术。

图15.2.33 靶道内部结构图

有控弹箭和灵巧弹药的半实物仿真系统包括三轴或五轴转台,配有舵机加载系统、操控系统、计算装置、控制系统元部件检测设备、小型脉冲发动机工作特性和冲量测定装置、过载冲击试验装置等。随着常规兵器向远程精确打击的方向发展,这种半实物仿真实验室将不断丰富和完善。

15.3 卫星定位与弹道测量

15.3.1 概述

对于弹箭落点或空中飞行点位置、速度的测量,除了第15.2节所述的方法,现在还广泛应用卫星定位技术。目前全世界有多个卫星导航、定位系统,例如美国的GPS、俄罗斯的

GLONASS、我国的北斗、我国与欧盟合作的伽利略，日本也准备开发准天顶卫星系统 QZSS，印度计划建造区域性卫星系统 IRNSS 等，我国的北斗卫星的频点和坐标系与 GPS 的略有不同。当前应用得较多的是 GPS 导航定位系统，下面根据弹箭外弹道测量和导航的需要，讲一下与 GPS 有关的知识。

GPS 也称全球定位系统，是美国于 20 世纪 70 年代开始研制的，一个用于测时、测速、测距，具有海陆空全方位实时定位与导航功能的系统，现已广泛用于军事和民事生产生活中。GPS 系统现由 24 颗卫星组成，均布在 6 个倾斜 55°的轨道面上，每个轨道有 4 颗，如图 15.3.1 所示，此外，还有 4 颗有源备份卫星在轨道运行。在每个卫星上都有一台日稳定度为 10^{-13} 的铯原子钟，其振荡频率为 $f_0 = 10.23$ MHz。定位原理是，已知卫星自身的位置（用广播卫星运动的星历参数（EPH）和历书参数（ALM）确定），又测得卫星与用户之间的相对位置（伪距 PR 或伪距变化率 PRR），再用导航算法（最小二乘法或卡尔曼滤波）解算出用户最可信赖的位置。

如图 15.3.2 所示，图中用户 GPS 接收机可随时接收来自 4 颗（或更多）卫星的电波信号，测出信号发送时刻 t_r 到接收时刻 t_s 的时间差 τ，乘以光速 c 即为用户到卫星的距离 PR，即 $\mathrm{PR} = c\tau = c(t_r - t_s)$。由于 GPS 卫星时钟与接收机的时钟不同步，设其时钟差为 Δt_r，则测得的时间差包含时钟差的影响，即

$$\tau' = (t_r + \Delta t_r) - t_s = \tau + \Delta t_r \tag{15.3.1}$$

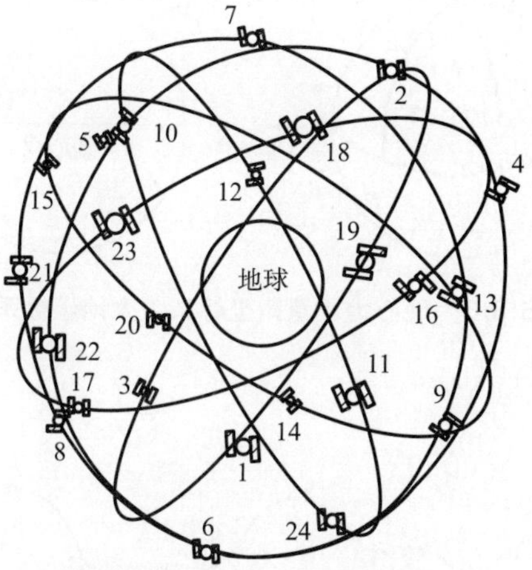

图 15.3.1　GPS 系统卫星分布

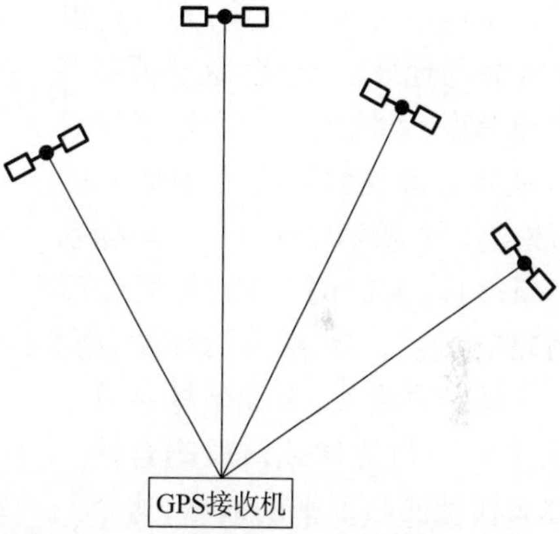

图 15.3.2　GPS 空间定位测量原理示意图

故 GPS 接收机测得的距离与真实距离不同，将其称为伪距，以 PR′记之，有

$$\mathrm{PR}' = c\tau' = \mathrm{PR} + c\Delta t_r \tag{15.3.2}$$

GPS 卫星时钟 t_r 由其地面监控系统测定，并以导航电文的形式发送给用户，实际上为一已知量。设由卫星广播星历已算出第 k 个卫星在地球协议（如 WGS－84 坐标系）中的直角坐标 (x_k, y_k, z_k)，(x, y, z) 为用户接收机在该坐标系中的位置（未知），又由 GPS 接收机测得至 k 个卫星的距离，就可用导航算法计算出 (x, y, z)。现设收到 4 颗卫星的信号，可得到如下 4 个方程

$$\mathrm{PR}_i = \sqrt{(x - x_k)^2 + (y - y_k)^2 + (z - z_k)^2} + c\Delta t_r (k = 1,2,3,4) \tag{15.3.3}$$

式（15.3.3）表示 4 个方程，可求解出 4 个未知数，即用户 GPS 接收机所在位置 (x, y, z) 和时间差 Δt_r，然后在用户时钟中扣除这个时钟差，就可使用户时钟得到与卫星铯原子钟相同量级的

精密时间。这便是所有用户 GPS 接收机虽然采用廉价的石英钟,却依然能保持高精度时间的原因。体积小、价格低也是它的优点。

GPS 系统测定水平面坐标的精度为 7 m 左右(民用码),但高度坐标测量误差较大,可达 10 ~ 12 m。为了提高精度,可建立地面站,利用差分技术,可使 GPS 定位误差小于 1 m,用于弹道坐标测量时,其精度完全足够。应用位置求导或用户相对于卫星移动产生的多普勒效应,GPS 系统还可同时测定安装在飞机、轮船、导弹、火箭等上的用户 GPS 接收机的移动速度。

15.3.2　WGS - 84 坐标系

任何物体位置、速度的测量都要在一定的坐标系里进行,GPS 导航定位系统是在 WGS - 84 坐标系里进行的。WGS - 84 坐标系是一个坐标原点在地球中心并与地球固连的直角坐标系,该坐标系的 z 轴是地球自转轴,自转轴与地球表面的两个交点称为南极和北极,故自转轴也称为极轴,定义 z 轴指向北极为正;通过地心并与自转轴垂直的平面称为赤道面,赤道面与地球表面相交的大圆叫赤道。包含地球自转轴的任何一个平面都叫子午面,子午面与地球表面相交的大圆叫子午圈。WGS - 84 坐标系的 x 轴指向通过英国伦敦格林尼治天文台的子午面与地球赤道的一个交点,而 y 轴与 x、z 轴一起构成右手直角坐标系,如图 15.3.3 所示,坐标分量记为 (x,y,z)。

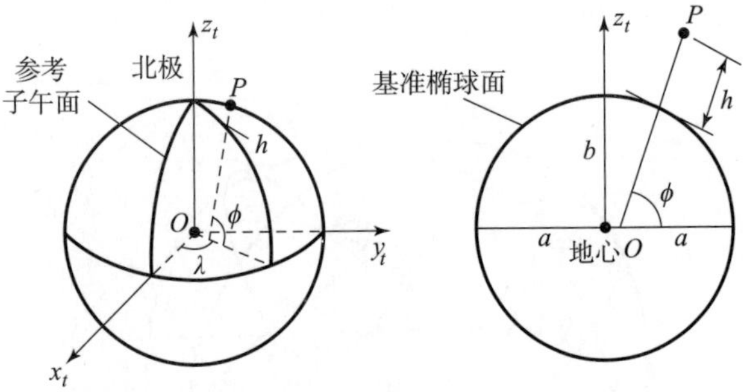

图 15.3.3　地心地固直角坐标系与大地坐标系

又定义地心大地坐标系,其原点也通过地心并与地球固连,它通过给出一点的大地纬度、大地经度和大地高度而更加直观地告诉我们该点在地球中的位置,故它又称为纬经高(LLA)坐标系(图 15.3.3)。为简便起见,我们今后经常省略“大地”二字,简称为纬度、经度、高度或高程。

为了给出高度值,大地坐标系首先定义了一个与地球几何最吻合的椭球体来代替凹凸不平的地球,这个椭球体被称为基准椭球体,如图 15.3.4 所示。基准椭球体是长半径为 a,短半径为 b,并为以短轴为中心轴的旋转对称体。这里所谓最吻合,是指基准椭球体的表面与大地水准面之间的高度差的平方和最小。大地水准面是假想的无潮汐、无温差、无风、无盐的海平面,习惯上用平均海拔(MSL)平面代替。

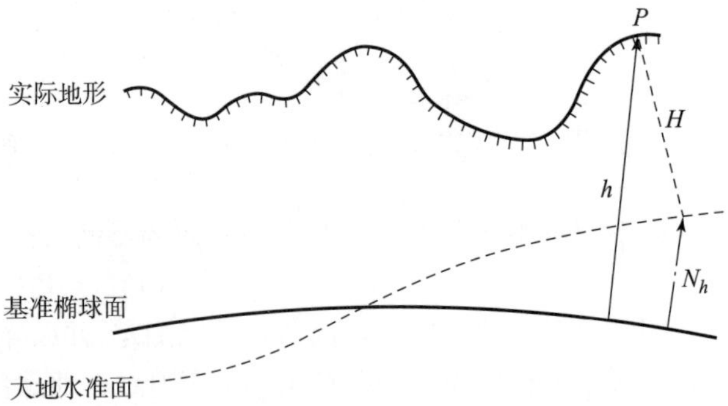

图 15.3.4　基准椭球面与大地水准面

假设点 P 在大地坐标系中的坐标分量记为 (ϕ,λ,h),那么,有:

①大地纬度 ϕ 是通过 P 点的基准椭球面法线与赤道面(即地心地固直角坐标系的 xy 平面)之间的夹角。纬度 ϕ 在 $-90°\sim+90°$之间,在赤道面以北为正,以南为负。

②大地经度 λ 是过 P 点的子午面与格林尼治参考子午面之间的夹角,经度在 $-180°\sim$

180°之间(或说 0°~360°之间),在格林尼治子午面以东为正,以西为负,例如λ= -90°,西经90°和东经 270°都表示同一位置。

③大地高度 h 是从 P 点到基准椭球面的法向距离,基准椭球面以外为正、以内为负。

点 P 的海拔高度 H 是该点到大地水准面的法线距离,如图 15.3.4 所示,它一般不等于点 P 的大地高度 h,它们之间的近似关系为 $h=H+H_h$,式中,H_h是大地水准面高度,即大地水准面高出基准椭球面的法线距离,它在全球各地区的值可由相关资料查得,但由于基准椭球面是最接近水准面的椭球面,故 N_h值很小,一般可认为,由 GPS 定位得到的大地高度可近似地视为海拔高度,即 $h=H$。

在 GPS 定位计算中,地心地固直角坐标系与大地坐标系经常需要互相换算。从大地坐标系 $O\phi\lambda h$ 到地心直角坐标系 $Oxyz$ 的变换公式为

$$x=(N+h)\cos\phi\cos\lambda, y=(N+h)\cos\phi\sin\lambda, z=[N(1-e^2)+h]\sin\phi \tag{15.3.4}$$

式中,e 为椭球偏心率,而

$$e^2=1-b^2/a^2, N=a/\sqrt{1-e^2\sin^2\phi} \tag{15.3.5}$$

反过来,从地心地固直角坐标系 $Oxyz$ 到大地坐标系 $O\phi\lambda h$ 的变换公式为

$$\lambda=\arctan\frac{y}{x}, h=\frac{\sqrt{x^2+y^2}}{\cos\phi}-N, \phi=\arctan\left[\frac{z}{p}\left(1-e^2\frac{N}{N+h}\right)^{-1}\right] \tag{15.3.6}$$

式中,$p=\sqrt{x^2+y^2}$。因为计算式(15.3.6)中的 h 需要 ϕ,而计算 ϕ 又需要 h,所以一般只能借助迭代法来逐次逼近:先假设 $\phi=0$,由式(15.3.5)和式(15.3.6)计算出 N、h、ϕ,然后将刚得到的 ϕ 代入式(15.3.5)和式(15.3.6)中再一次更新 N、h、ϕ,如此循环,直到 h 和 ϕ 的数值基本不变。一般只需 3~4 次迭代即可。

对于 WGS-84 坐标系,基本大地参数如下:

基准椭球体长轴 $a=6\ 378\ 137$ m,基准椭球体短轴 $b=6\ 356\ 752.314\ 2$ m

基准椭球体极扁率 $f=1-a/b=1/298.257\ 223\ 563$

真空中光速 $c=2.997\ 924\ 58\times10^8$ m/s

地球自转角速度 $\Omega_e=7.292\ 115\ 146\ 7\times10^{-5}$ rad/s

现在我国已采用自己的 2000 坐标系,它与国际协议的 WGS-84 坐标系差别很小。

15.3.3　WGS-84 坐标系向东北天坐标系及弹道坐标系转换

设已知炮位在大地坐标系里的坐标为(ϕ_0,λ_0,h_0)及在 WGS-84 直角坐标系里的坐标为(x_0,y_0,z_0)(也可由(ϕ_0,λ_0,h_0)算得),弹箭在 WGS-84 坐标系中的坐标为(x_d,y_d,z_d),则弹箭相对于炮位 WGS-84 坐标的差为

$$\Delta x=x_d-x_0,\quad \Delta y=y_d-y_0,\quad \Delta z=z_d-z_0$$

过炮位建立东北天坐标系 $Ox_Ey_Ez_E$,如图 15.3.5 所示,其中,x_E 轴在当地水平面内指向东方,Oy_E 轴指向正北方,Oz_E 轴指向当地地球法线方向。先让地心地固直角坐标系绕 Oz 轴右旋 $\lambda+90°$,则 x

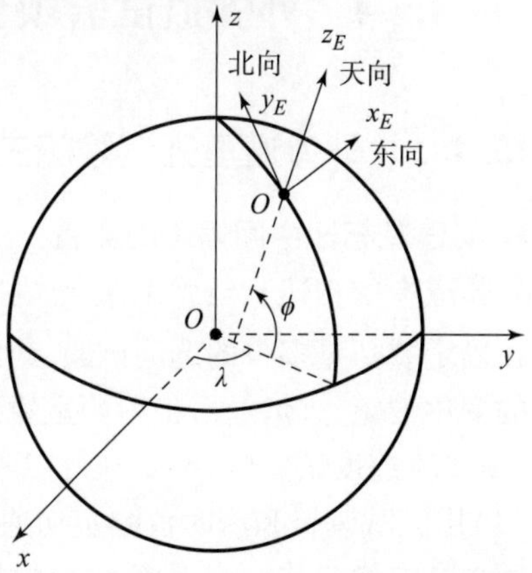

图 15.3.5　东北天坐标系与大地坐标系的关系

轴即转到 Ox_E 轴位置指向东方,然后再将刚才的坐标系绕 Ox_E 轴右旋 $90°-\phi$,则 Oz 轴转到地球法线方向轴 Oz_E 指天,而另一轴 Oy_E 即与当地经线相切指向正北方。由此可得到东北天坐标系与地心地固直角坐标系的方向余弦矩阵

$$\boldsymbol{S}=\begin{bmatrix} -\sin\lambda_0 & \cos\lambda_0 & 0 \\ -\sin\phi_0\cos\lambda_0 & -\sin\phi_0\sin\lambda_0 & \cos\phi_0 \\ \cos\phi_0\cos\lambda_0 & \cos\phi_0\sin\lambda_0 & \sin\phi_0 \end{bmatrix} \tag{15.3.7}$$

利用转换矩阵就可将弹箭相对于炮位的 WGS-84 坐标差转换到东北天坐标系里,得到弹箭相对于炮位的东北天坐标

$$[x_E \quad y_E \quad z_E]^{\mathrm{T}}=\boldsymbol{S}[\Delta x \quad \Delta y \quad \Delta z]^{\mathrm{T}} \tag{15.3.8}$$

又设射击方向是从正北方向右转过 α_N(见图1.2.1),据此建立弹道坐标系 $Oxyz$,其中 xOz 是当地水平面,xOy 是当地铅直面,Ox 轴为两面的交线,指向射击前方为正,Oy 轴指向天,与 Oz_E轴一致,Oz 轴指向射击面右侧为正。只需将东北天坐标系绕当地地球法线轴(Oz_E)左旋 α_N 角,并改变坐标轴名字,即得到弹道坐标系,其转换关系为

$$\begin{bmatrix} x \\ y \\ z \end{bmatrix}=\boldsymbol{Q}\begin{bmatrix} x_E \\ y_E \\ z_E \end{bmatrix},\boldsymbol{Q}=\begin{bmatrix} \sin\alpha_N & \cos\alpha_N & 0 \\ 0 & 0 & 1 \\ \cos\alpha_N & -\sin\alpha_N & 0 \end{bmatrix} \tag{15.3.9}$$

于是,当已知炮位在 WGS-84 坐标系里的坐标(x_0,y_0,z_0),以及测得弹箭在 WGS-84 坐标系里的坐标(x_d,y_d,z_d)和速度(v_{xd},v_{yd},v_{zd})的情况下,弹箭在弹道坐标系里的坐标(x,y,z)和速度(v_x,v_y,v_z)即为

$$[x \quad y \quad z]^{\mathrm{T}}=\boldsymbol{B}[x_d-x_0 \quad y_d-y_0 \quad z_d-z_0]^{\mathrm{T}} \tag{15.3.10}$$

$$[v_x \quad v_y \quad v_z]^{\mathrm{T}}=\boldsymbol{B}[v_{xd} \quad v_{yd} \quad v_{zd}]^{\mathrm{T}} \tag{15.3.11}$$

式中

$$\begin{aligned}\boldsymbol{B}&=\boldsymbol{QS}\\ &=\begin{bmatrix} -\sin\alpha_N\sin\lambda_0-\cos\alpha_N\sin\phi_0\cos\lambda_0 & \sin\alpha_N\cos\lambda_0-\cos\alpha_N\sin\phi_0\sin\lambda_0 & \cos\alpha_N\cos\phi_0 \\ \cos\phi_0\cos\lambda_0 & \cos\phi_0\sin\lambda_0 & \sin\phi_0 \\ -\cos\alpha_N\sin\lambda_0+\sin\alpha_N\sin\phi_0\cos\lambda_0 & \cos\alpha_N\lambda_0+\sin\alpha_N\sin\phi_0\sin\lambda_0 & -\sin\alpha_N\cos\phi_0 \end{bmatrix}\end{aligned}$$

15.4 外弹道试验项目、中间偏差估计和反常结果剔除

15.4.1 外弹道室外试验的主要项目

1. 初速及初速中间偏差的测量

外弹道中的初速 v_0与弹丸离开炮口的速度 v_g 是有区别的,初速的定义见第2章第2.1节。在确定装药量多少的选药试验、药温系数和弹重系数的测定、射表编制、弹药长期储存后初速的变化测定、火炮经射击后药室烧蚀及炮膛磨损产生的初速减退情况测定、枪炮的寿命试验、火箭离轨速度试验中,都要进行初速测定。初速测定方法如下。

(1)用区截装置和测时仪测定初速

原理是在炮口前一定距离上放置两个测速靶。第一靶距炮口的距离 l_1要能避开炮口冲击

波的影响，靶间距 Δl 要满足测速精度要求，不能过大或过小。试验时一般采用接近水平射击，目前最常用的区截装置是天幕靶。测得弹箭通过两靶的时间间隔后，即可求得两靶中点 $l_1+\Delta l/2$ 处的平均速度 $v_{cp}=\Delta l/\Delta t$。

为了求得初速 v_0，还应根据当时的地面气象条件向炮口换算，换算方法可采用弹丸质点运动方程组，代入实际气象条件、实测弹重、阻力系数 $c_x(Ma)$ 或弹形系数 i_{43}，用迭代法求得满足 $l_1+\Delta l/2$ 处速度为 v_{cp} 的初速 v_0。Ma 中的速度 v 可用测得的 v_{cp} 代替。

（2）用初速雷达测初速

目前最常用的是初速雷达，也属于多普勒雷达。在图 15.4.1 中，天线方向与射击方向大致平行（误差 1°以内），另有红外启动器对准炮口，当弹箭出炮口时，炮口火焰立即触发红外启动器，使雷达终端启动计时。弹箭从炮口射击出的射线 OD 也就是弹丸速度方向。但因雷达位于身管一旁或后面，天线头至弹丸的直线 RD 方向与 OD 方向有夹角 ε，设已测出天线头沿炮轴方向至炮口的距离为 a，垂直于炮轴的距离为 b，则

$$\varepsilon=\arctan[b/(x+a)] \tag{15.4.1}$$

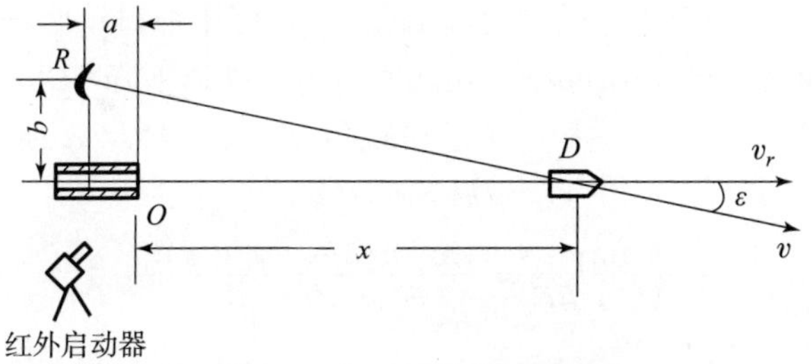

图 15.4.1 初速雷达测速原理图

式中，x 为弹丸沿射向至炮口的距离，$x=\bar{v}t$，$\bar{v}$ 为 t 时间内弹丸的平均速度。因雷达只能测得弹丸沿 RD 方向的速度，称为径向速度，其大小为

$$v_r=0.5cf_D/f_0 \tag{15.4.2}$$

式中，c 为光速；f_D 为多普勒频率；f_0 为发射波频率。由图可见，弹丸的实际速度为

$$v=v_r/\cos\varepsilon=v_r\sqrt{1+\tan^2\varepsilon}=v_r\sqrt{1+[b/(x+a)]^2} \tag{15.4.3}$$

式中的 x 可用递推法近似算出，第 1 点 $x_1=t_{延}v_{r1}$，$t_{延}$ 是弹丸离开炮口到第一次测速的时间，求得 v_1 后，用 v_1 代替 v_{r1} 再算一次 x_1，求得更准确的 v_1；第二点 $x_2=x_1+t_{间}(v_1+v_2)/2$，$t_{间}$ 是两测点间时间间隔，迭代办法同上，第一次取 $v_2=v_{r2}$，v_{r2} 为第二点的速度。以下步骤类同。

在已测得若干个点的速度 v 以后，可作出 $v-t$ 曲线，并向炮口平滑延伸到 $t=0$ 处即得到初速 v_0。也可用如下二次曲线（或三次曲线），采用最小二乘法拟合测试结果

$$v_i=a_0+a_1t_i+a_2t_i^2\quad(i=1,2,3,\cdots) \tag{15.4.4}$$

使残差（$v_{计算}-v_{实测}$）的平方和最小，得到 a_0、a_1、a_2，而由 $t=0$ 时 $v_0=a_0$ 即得初速。

（3）初速中间偏差测定

当测得一组弹 n 发的初速 $v_{01},v_{02},v_{03},\cdots$后，即可求得初速平均值 $\bar{v}_0$ 和初速中间偏差

$$\bar{v}_0=\sum_{i=1}^{n}v_{0i}/n,E_{v_0}=0.6745\sqrt{\sum_{i=1}^{n}(v_{0i}-\bar{v}_0)^2/(n-1)} \tag{15.4.5}$$

（4）飞行速度测量

目前国内常用的丹麦 582 雷达和 WEIBEL 雷达在弹道升弧段上的测试效果较好，在降弧

段因弹丸反射面小、信号弱,故效果稍差。前者测量距离为10万倍弹径,体积较大,采用预置天线程序跟踪弹丸,即先要大致计算一条弹道;后者测量距离为15万倍弹径,体积较小,采用天线自动跟踪弹丸,较先进。

随着高远程弹箭研制的需要,目前已有大型相控阵雷达,用于测飞行中弹箭的坐标、速度,测量距离可达上百千米。

2. 射程和地面密集度的测量

这是最基本的外弹道试验。在同一射角下对地面射击,测得每一发弹的落点坐标(x_{Ei},z_{Ei})并转换成沿射击方向的射程和侧偏 x_i、z_i,同时可算出平均射程 x_c、平均侧偏 z_c 以及地面密集度 E_x、E_z。如果落点与炮口有高差,还须根据估算的落角 θ_c 向炮口水平面转换。

3. 跳角及跳角的中间偏差测量

射击后,初速方向与射击前身管轴线方向的夹角即为跳角,跳角在铅直方向的分量称为定起角。跳角测定方法如下:在火炮正前方一定水平距离 x 处(通常为初速的10%)立一靶,靶面用纸板或厚白纸,其上画有铅直坐标线(试验中用铅垂吊线)和水平坐标线,原点画"+"字中心。设火炮身管对靶面十字中心的炮目高低角为 φ(可用炮口镜瞄准),又设射击时跳角为 γ。弹丸飞至靶的时间为 $t = x/(v_0\cos\varphi)$,在此间重力使弹道下降 $BC = gt^2/2$,结果一组弹在纸靶上的平均弹孔坐标为 $AC = \bar{y}$,这样即可求得跳角 γ。在图15.4.2所示的 ΔOAB 中,有

$$OA = x/\cos\varphi$$

$$\frac{\sin\gamma}{AC + BC} = \frac{\sin[\pi/2 - (\gamma + \varphi)]}{OA}$$

得跳角为

$$\gamma \approx \sin\gamma = \left(\frac{gx}{2v_0^2\cos\varphi} + \frac{\bar{y}\cos\varphi}{x}\right)\cos(\gamma + \varphi) \tag{15.4.6}$$

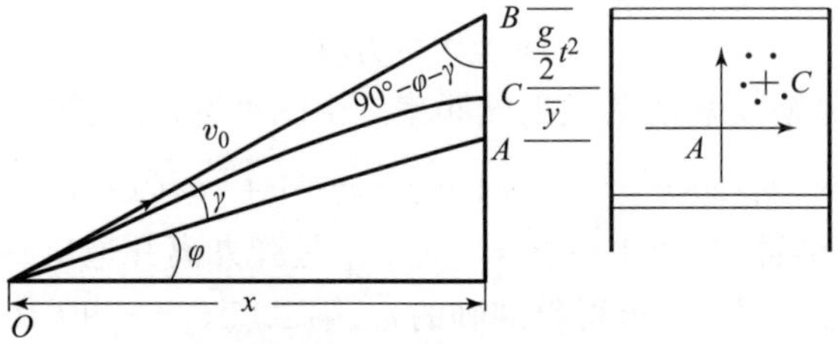

图15.4.2 跳角的测量

式(15.4.6)中因右边也有 γ,故需采用迭代法计算。迭代开始时,可令 $\gamma=0$,用上式求得 γ_1,再用 γ_1 代入右边求得 γ_2,一般只须迭代2~3次即可。

至于方向跳角 ω,则用弹孔的横坐标 $\bar{z}$ 求得

$$\omega = \bar{z}/x \tag{15.4.7}$$

实际试验时,是打一组弹 n 发(5~7发),设各发弹的弹孔相对十字中心的坐标为(y_i,z_i),上两式中 $\bar{y}$ 和 $\bar{z}$ 为这一组弹的弹孔平均坐标,由此还可得到跳角的中间偏差。

$$E_\gamma = \frac{0.6745}{x/\cos\varphi}\sqrt{\frac{\sum(\bar{y} - y_i)^2}{n-1}},\quad E_\omega = \frac{0.6745}{x}\sqrt{\frac{\sum(\bar{z} - z_i)^2}{n-1}} \tag{15.4.8}$$

大多数情况下,跳角试验采用平射,即 $\varphi\approx 0$,因 γ 也较小,则式(15.4.6)可简化为

$$\gamma = \frac{gx}{2v_0^2} + \frac{\bar{y}}{x} \tag{15.4.9}$$

4. 立靶密集度和飞行时间的测量

对离炮口一定距离上的一铅直立靶射击，考虑到重力作用，火炮仰角要比靶面十字中心炮目高低角提高一个适当的角度。射击一组弹后，测出各发弹的弹孔对立靶十字中心的铅直坐标 y_i 和水平坐标 z_i，就可得到平均坐标 $\bar{y}$ 和 $\bar{x}$ 及其中间偏差 E_y 和 E_z。如果在立靶前再加一个（或一对）区截装置（常用天幕靶），就可测得弹丸飞至立靶的时间和在立靶处的存速。

这种测试与跳角试验十分类似，但不同之处在于立靶试验的靶距离炮口较远，一般为 1 000 m、1 500 m、2 000 m 等，靶面一般为木板靶、塑料网靶或声靶，靶面中心画有十字中心和铅垂线，靶面面积与估计的弹箭在该靶上的高低、方向散布大小 E_y 和 E_z 有关，一般至少要大于 $8E_y \times 8E_z$ 才能防止射弹脱靶。故在 2 000 m 处立靶，靶面积常在 8 m×8 m 以上。千米立靶密集度常是武器系统的考核指标，这时的靶面也常在 6 m×6 m 以上。

5. 阻力系数测定试验

为了用射击试验法测定弹箭的阻力系数，需进行对空射击，雷达跟踪，测出沿弹道一定间隔时间点 t_i 上的速度 v_i，再用参数辨识方法提取弹箭的零升阻力系数。

为使雷达尽可能远地跟踪弹箭，这种试验的射角常在 15°~25°范围内，视落弹区情况而定。试验时必须测地面和高空气象。夜间进行这种试验也无妨。

6. 火箭主动段速度、坐标和主动段末最大速度测量

测速方法同上，由主动段速度上升和被动段速度下降曲线的交接点，可确定主动段末时间 t_k 和最大速度 v_k。t_k 应与地面测得的燃烧时间相近。为了测得主动段末坐标和弹道倾角，须采用弹道照相机或坐标雷达测量。射击时需测地面和高空气象，尤其是地面风，应每发都测。

7. 高炮弹丸空间坐标的测量

高炮弹丸空间坐标测量可用弹道照相机或弹道摄像机进行。一般还同时用雷达跟踪测速，射击时也要测地面、高空气象。这种试验通常在夜间进行。如果弹丸不曳光，那就需测炸点的位置，因要在一条弹道上测多个炸点，需进行多次射击并用时间引信控制炸点位置。最后经过处理测得不同时刻 t_i 处的坐标 (x_i, y_i, z_i) 和速度 v_i。如果采用坐标雷达测量，那么就方便多了。

8. 章动试验

章动试验一般采用纸靶法，这种试验大多是在需要考察弹炮系统起始扰动大小、弹箭飞行稳定性，或测量摆动波长、静力矩系数的时候才进行，其原理在上一节已讲述。

9. 转速测量

目前常用的有高速摄影法、高速录像法、纸靶擦痕法、弹底刻槽雷达跟踪测信号变化法以及利用地磁感应、弹载黑匣子记录法等。

15.4.2　一组试验中间偏差的现场估计法——极差法（狄克松方法）

对于一组试验结果，可以算得中间偏差 E，但在试验现场，怎样一眼就能估计出中间偏差值呢？这里介绍狄克松法。设一组 n 发试验结果中最大值为 $x_{\max}$，最小值为 $x_{\min}$，则中间偏差为

$$E = (x_{\max} - x_{\min}) / a_n$$

式中，a_n 按射击发数查表 15.4.1 可得。

表 15.4.1　狄克松法系数 a_n 表

n	2	3	4	5	6	7	8	9	10	11	12
a_n	1.672 9	2.509 4	3.052 3	3.448 3	3.757 5	4.009 5	4.221 2	4.403 3	4.562 6	4.704 1	4.831 0

特别是当一组为7发时,中间偏差约为极差的1/4;5发时约为1/3.5;10发时约为1/4.5。

例:设一组7发射击射程为16 811、16 842、16 874、16 897、16 908、16 921、16 927 (m),则

$$E_x=(16\,927-16\,811)/4=29(\mathrm{m})$$

而用式(4.12.1)算出的也是 $E_x=29$,可见用狄克松法估计中间偏差 E 还是比较准的。

15.4.3　反常结果的剔除

当一组数据中有一个(或两个)数据偏较大时,这个数据要与不要,对试验结果的均值和中间偏差会产生很大的影响。例如,某炮进行距离射发射5发弹,得射程为

$$8\,220\quad 8\,245\quad 8\,260\quad 8\,290\quad 8\,450\quad (\mathrm{m})$$

射程8 450 m这个数据偏离较大。如果保留这个数据,得平均射程 $\bar{X}=8\,293$ m,中间偏差为 $E_X=90.6$ m;如果不要这个数值,则 $\bar{X}=8\,253.7$ m,$E_X=20$ m。那么要不要保留这个数据呢?

如果已查明这个值是由于操作失误(例如射角装定有误、落点测量有误、记录有误等)或试验条件突变(如突然刮一阵大风、该发弹合膛特别紧或特别松等)造成的,则可认为这个数值是反常值,应予剔除。如果找不出什么特殊的原因,就属于随机误差的影响,这就要用数理统计方法来判断它是正常值还是反常值,只有当其为反常值时,才能剔除。

数理统计法判断反常值的基本思路是看这个可疑值 X_k 是否与其他 X 值同属一个母体,如果同属一个母体,应予保留;反之,则应剔除。在研究这个问题时,都认为母体 X 为正态分布变量。因为正态分布变量 X 出现在均值左右 3σ 或 $4E$ 范围内的概率为99.7%,在其余区间里出现的概率只有0.3%,如图15.4.3所示,即 $\alpha=P(|X-\bar{X}|>3\sigma_X)\approx0.3\%$。如果认为0.3%这个概率是很小的,因而变量 X 出现在 $\pm3\sigma$ 以外区间里几乎是不可能的,那么当 X 出现在这个范围外时,可以看作是反常的。因此,一个工程上最粗糙、直观的判据是当可疑值 X_k 离中心值的距离是方差 σ 的3倍以上时,就是非正常值,可以剔除。但是如果认为概率 $\alpha=1\%$ 就已是很小了,那么相应地,只要 $|X_k-\bar{X}|>2.58\sigma$,就可认为 X_k 是反常值了。我们将 α 称为显著水平。对于具体问题,经人们多方协商、全面考虑,可规定一个统一的数值,在武器试验中常用的显著水平值有 $\alpha=1\%$、5%、10%等。由以上分析知,显著水平 α 越小,反常值出现的区域越小,而正常值出现的范围越大,允许剔除的范围越小;反之亦然。

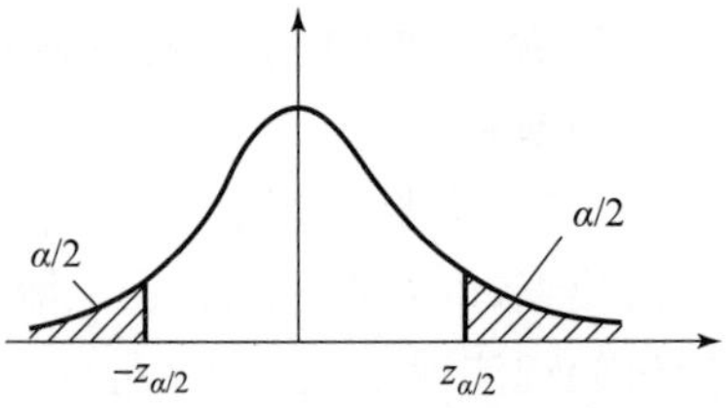

图 15.4.3　显著水平 α 的意义

在数理统计论中,关于反常结果的剔除属于假设检验问题。首先将试验结果按从小到大的顺序排列为 $X_1,X_2,\cdots,X_{n-1},X_n$,因而可疑结果必是 X_1 或 X_n。我们要检验的假设为

$$H_0:X_1(\text{或 }X_n)\text{ 为正常结果}$$

如果经检验拒绝了这个假设,那么 X_1(或 X_n)即为反常结果,应予剔除;如果经检验不能拒绝此假设,那么 X_1(或 X_n)不能认为是反常结果而应保留。下面介绍两个常用的检验方法:

1. 极值偏差法(均方差已知时)

当正态母体 X 的均方差 σ 已知时,做统计量

$$\zeta = (X_n - \bar{X})/\sigma \quad 或 \quad \zeta = (X_1 - \bar{X})/\sigma \tag{15.4.10}$$

ζ 也是随机变量,它也表示可疑值 X_n 到平均值间的距离是均方差 σ 的多少倍,在概率论中研究了它的分布。给定显著水平 α 即可决定界限 ζ_α,使概率

$$P(\zeta > \zeta_\alpha) = \alpha \tag{15.4.11}$$

不同的 α 所对应的界限 ζ_α 列在表 15.4.2 中,表中 n 为一组试验发数。

表 15.4.2　ζ_α 表($P(\zeta > \zeta_\alpha) = \alpha$)

α	n							
	3	4	5	6	7	8	9	10
0.10	1.497	1.696	1.835	1.939	2.022	2.091	2.150	2.200
0.05	1.738	1.941	2.080	2.184	2.267	2.334	2.392	2.441
0.01	2.215	2.431	2.574	2.679	2.761	2.828	2.884	2.931
0.005	2.396	2.618	2.764	2.870	2.952	3.019	3.074	3.122

判别法则是:当由可疑值所算得的 $\zeta > \zeta_\alpha$ 时,就拒绝假设,即这个可疑值不可能属于这个母体,可予以剔除;当 $\zeta < \zeta_\alpha$ 时,则不能拒绝这个假设,即无理由剔除。

在前面 5 个射程中,可以算出 $\bar{X} = 8\ 293$ m,如果从历次试验知该武器的距离中间偏差为 $\sigma_0 = 70$ m,则可得 $\zeta = (8\ 450 - 8\ 293)/70 = 2.243$(m)。

取显著水平 $\alpha = 10\%$,由 $n = 5$,$\alpha = 0.10$,查表 15.4.2,得 $\zeta_\alpha = 1.835$,可见 $\zeta > \zeta_\alpha$,故 $X = 8\ 450$ 属反常值,应予以剔除;但如取 $\alpha = 1\%$,则 $\zeta_\alpha = 2.574$,$\zeta < \zeta_\alpha$,$X = 8\ 450$,又属于正常值,不能剔除。可见显著水平 α 的规定至关重要,这在第 15.7 节里还要专门讨论。

2. 极值偏差法(方差 σ 未知时)

如果上述测量值的方差未知,则可算出样本的估计值

$$\bar{\sigma} = \sqrt{\frac{1}{n-1}\sum_{i=1}^{n}(X_i - \bar{X})^2}, \bar{X} = \frac{1}{n}\sum_{i=1}^{n} X_i \tag{15.4.12}$$

做统计量

$$Q = (X_n - \bar{X})/\bar{\sigma} \quad 或 \quad Q = (\bar{X} - X_1)/\bar{\sigma} \tag{15.4.13}$$

Q 也是随机变量,并且不同于 ζ。给定显著水平 α,根据 α 和 n 查表 15.4.3,$P(Q > q_\alpha) = \alpha$ 可得 q_α 值。

表 15.4.3　q_α 表($P(Q > q_\alpha) = \alpha$)

α	n							
	3	4	5	6	7	8	9	10
0.010	1.155	1.492	1.748	1.944	2.097	2.198	2.323	2.410
0.025	1.155	1.481	1.715	1.887	2.020	2.104	2.215	2.290
0.05	1.153	1.463	1.672	1.822	1.938	2.011	2.109	2.176
0.10	1.148	1.425	1.602	1.729	1.828	1.890	1.977	2.036

判别法则是,如果 $Q>q_\alpha$,则拒绝假设 H_0,即 X_n(或 X_1)为反常结果,应予剔除;如 $Q<q_\alpha$,则不能拒绝假设 H_0,即不能剔除。

仍以前面5个射程为例,如果不知道射程的均方差 σ,则计算出它的估计值为 =8 293,$\bar{\sigma}$ = 90.06/0.674 5 =134.32,再计算统计值 $Q=(8\ 450-8\ 293)/134.32=1.169$,取显著水平 $\alpha=1\%$,查表15.4.3,得 $q_\alpha=1.748$,因为 $Q<q_\alpha$,故不能拒绝假设 H_0,即没有充分的理由剔除 $X=8\ 450$ 这个值。

15.5 弹箭气动力系数辨识

弹箭气动力系数可通过风洞吹风、数值计算、工程计算获得,也可从飞行试验数据中提取。最后的这一种方法实际上是一种参数辨识法,其基本思路是寻找一组气动力系数,使得理论计算的弹道诸元值与实测的弹道诸元值最为接近,那么这一组气动力系数就是该弹箭的气动力系数。下面首先以用雷达测速数据提取弹箭零升阻力系数为例来讲述这个问题。

15.5.1 从雷达测速数据提取弹箭零升阻力系数 c_{x0} 的原理

这种方法要进行弹箭对空射击、自由飞行、雷达跟踪测速,还需测量试验时的地面、高空气象。为了使雷达跟踪的距离远一些,一般采用15°~25°射角进行射击。

在图15.5.1中,地面直角坐标系 $Oxyz$ 的原点在炮口,xOy 为射击面。设弹箭以初速 v_0、射角 θ_0 射击后,经时间 t 到达空中坐标为 (x,y,z),飞行速度为 (v_x,v_y,v_z) 的点 A,又设雷达天线头在地面坐标系中的坐标为 (x_0,y_0,z_0)。雷达所测得的速度 v_r 是沿径向 OA 方向的速度。OA 方向上的单位矢量 $\boldsymbol{I}$ 可写成下式

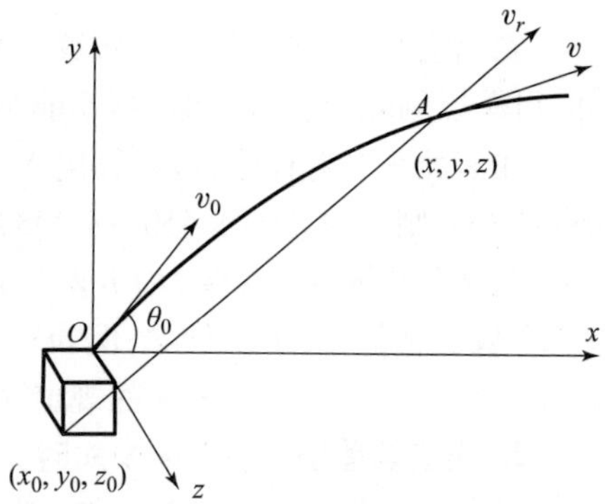

图15.5.1 径向速度 v_r 与切线速度 v 的关系

$$\boldsymbol{I}=[(x-x_0)\boldsymbol{i}+(y-y_0)\boldsymbol{j}+(z-z_0)\boldsymbol{k}]/R_D \tag{15.5.1}$$

式中,$\boldsymbol{i}$、$\boldsymbol{j}$、$\boldsymbol{k}$ 为地面坐标系三轴上的单位矢量;R_D 为弹箭至雷达的斜距,即

$$R_D=\sqrt{(x-x_0)^2+(y-y_0)^2+(z-z_0)^2} \tag{15.5.2}$$

弹箭相对于地面的速度矢量是沿弹道切线方向,故

$$\boldsymbol{v}=v_x\boldsymbol{i}+v_y\boldsymbol{j}+v_z\boldsymbol{k} \tag{15.5.3}$$

径向速度 v_r 应是切向速度 $\boldsymbol{v}$ 在 OA 方向上的投影,于是有

$$v_r=\boldsymbol{v}\cdot\boldsymbol{I}=[(x-x_0)v_x+(y-y_0)v_y+(z-z_0)v_z]/R_D \tag{15.5.4}$$

这便是弹箭飞行弹道诸元 x、y、z、v_x、v_y、v_z 与径向速度 v_r 间的关系式。

假定给定弹箭一组气动系数 c_{x_0}、c'_{y0}、m'_{z0}、m'_{zz0} 等,就可根据试验射角 θ_0、初速 v_0、弹箭参数、气象条件等,用选定的某一弹道模型(3D、4D、5D或6D)计算弹道,得到各时刻 t_i 的弹道诸元计算值 x_i、y_i、z_i、v_{xi}、v_{yi}、v_{zi} 等,从而可用式(15.4.4)计算出相对于雷达天线的径向速度计算值 $v_{ri计}$,如果它与雷达实测的径向速度 $v_{ri测}$ 十分接近,或者在最小二乘意义下十分接近,则可以认为这一组气动系数就是弹箭的气动力系数。如果 $v_{ri计}$ 与 $v_{ri测}$ 相差较大,那么就要改变气动系数

重新计算,如此反复逼近,直到二者之差很小为止。这个过程就叫气动力系数辨识。

因雷达测速数据中只有速度信息,而无弹箭角运动的姿态角信息,故一般只用它来辨识弹箭的零升阻力系数(和初速),对于无控弹箭,这也是最重要的气动系数,其他气动系数虽对飞行稳定性和侧偏有较大影响,但对射程这个关键性指标影响不大,故可用计算法或吹风法获得。

将弹道分为许多小段,在每小段上马赫数和阻力系数可视为常数。一般在每个小段上有十几到二十几个测量数据,用它们进行气动辨识,便可求得该小段上马赫数对应的阻力系数,然后就可采用平滑技术,制作阻力系数随马赫数变化的光滑曲线。

对于一组弹,各发测得的同一马赫数上的阻力系数会有差异,可先进行加权平均,再制作光滑曲线。或将多发弹阻力系数画在同一张图上,由人工按外弹道知识和经验进行平滑。

为了使各小段上求得的阻力系数光滑、连续性好,在分段时,可令两段之间有少量重叠,如将上一段尾 1/3 数据作为下一段头 1/3 数据,依此类推。

在每一小段上辨识阻力系数(和初速)时要多次迭代,不断地修改气动系数(和初速),逐步逼近最可信值。至于如何以最快速度在多参数的多维空间中找到这样一个点(即一组参数),这本质上是一个数学优化问题。

15.5.2　弹箭气动力系数辨识方法

如前所述,弹箭气动力系数辨识本质上是一个数学优化的过程。假设 $c_1, c_2, \cdots, c_n$ 是 n 个待辨识的气动力系数,则外弹道方程组可表示为如下形式

$$\frac{\mathrm{d}y_m}{\mathrm{d}t}=f_m(x,y_1,y_2,\cdots,y_{N_2};c_1,c_2,\cdots,c_n)\quad (y_m|_{x=x_0}=y_{m_0},m=1,2,\cdots,N_2) \tag{15.5.5}$$

式中,t 为自变量时间;$y_1, y_2, \cdots, y_{N_2}$ 为弹道方程的状态变量;N_2 为状态变量以及相应起始条件的个数;$y_{10}, y_{20}, \cdots, y_{N_{20}}$ 为起始条件。

将 $c_1, c_2, \cdots, c_n$ 看作优化设计变量,外弹道方程组(15.5.5)作为约束条件,将方程组(15.5.5)计算出的某弹道参数(如随时间变化的速度、攻角等)与对应实测值(试验过程中测得)在一段弹道上构建的误差平方和或似然函数作为目标函数,通过某种优化方法迭代寻优,使目标函数取得最小值或最大值(如对误差平方和取最小值,对似然函数取最大值),当优化过程收敛后,可得优化结果 $c_1^*, c_2^*, \cdots, c_n^*$,即为待辨识的气动力系数。

由上述可知,弹箭气动力系数辨识包含四个要素:①待辨识气动力系数;②辨识用数学模型;③试验测试数据;④优化方法。通过对每一个要素内容的选择,可得到不同的气动力系数辨识方案。从外弹道应用角度,待辨识的气动力系数主要有阻力系数 c_x、升力系数导数 c_y'、马格努斯力系数导数 c_z''、静力矩系数导数 m_z'、极阻尼力矩系数导数 m_{xz}'、赤道阻尼力矩系数导数 m_{zz}' 及马格努斯力矩系数导数 m_y'' 等。对于有控弹,还有舵面的阻力系数和升力系数等。要辨识这些气动力系数,首先需要考虑与其他要素的关联性,以确定出合理、可行的辨识方案。这是很好理解的,如采用的数学模型是质点弹道模型,模型中仅有阻力系数,则只能辨识出阻力系数,而体现阻力系数影响最为直接的就是弹箭速度变化,故可选取实测的速度 - 时间数据。表 15.5.1 列出了一些常用的弹箭气动力系数辨识方案。

表 15.5.1 常用弹箭气动力系数辨识方案

序号	待辨识系数	数学模型	测试数据	测试设备
1	阻力系数 c_x	质点弹道方程组	速度 v - 时间 t	多普勒雷达、卫星定位装置等
2	极阻尼力矩系数导数 m'_{xz}	转速方程	转速 $\dot{\gamma}$ - 时间 t	弹载地磁传感器
3	静力矩系数导数 m'_z、赤道阻尼力矩系数导数 m'_{zz}、马格努斯力矩系数导数 m''_y	攻角两圆运动方程	章动角 δ - 时间 t(或弧长 s)、进动角 ν - 时间 t(或弧长 s)	纸靶、靶道姿态测量、太阳方位传感器等
4	零升阻力系数 c_{x0}、诱导阻力系数 c_{x2}	速度方程	速度 v - 时间 t	多普勒雷达、卫星定位装置等
5	升力系数导数 c'_y、马格努斯力系数导数 c''_z	质心坐标方程,见式(7.6.1)	高低 y - 时间 t、侧向 z - 时间 t	纸靶、靶道坐标测量、坐标雷达等

需要说明的是,为了尽可能获得较为完备的弹箭气动力系数,上述辨识方案往往是配合使用的。例如,方案 3 要用到阻力系数 c_x,则先利用方案 1 辨识得到阻力系数 c_x,再将其作为常数用于方案 3。如果想一次性辨识获得较完整的气动力系数,可直接采用 6 自由度刚体弹道方程组作为辨识用数学模型,利用各测试设备同时获得弹箭飞行坐标、速度、攻角、转速等数据,这在理论上是可行的。但实际应用时,由于数学模型太过复杂,容易出现辨识过程发散等现象,有时辨识结果也不可靠。当某些气动辨识问题较复杂时,可采用一种所谓“灵敏度分析”(Sensitivity Analysis)的方法,定量分析出各气动力系数与弹道模型、测试数据之间的敏感程度,从而更为合理地确定辨识方案。具体参见文献[73]。

显然,上述所列气动力系数辨识方案是不完备的,还缺少“优化方法”这一要素。对于目前常见的气动系数辨识方法,如参数微分法(Chapman - Kirk 方法,简称 C - K 方法)、极大似然方法等,本质上是通过构建目标函数,利用牛顿法等下降迭代算法,对待辨识参数进行寻优。对于弹道学界曾广泛使用的 C - K 方法,其主要工作是建立共轭方程组和求解共轭方程组,采用残差平方和作为最小二乘准则的目标函数,采用下降迭代算法作为优化方法。C - K 方法的具体原理和步骤在很多教材中都有详细介绍,可参见文献[47]、[57]。

实际应用结果表明,C - K 方法、极大似然方法等存在两大缺点,即

第一,对迭代初值比较敏感。如果给定的迭代初始值比较接近于真值(最优解),则效果很好,如果迭代初值偏离真值较大,易出现迭代发散、迭代结果不可靠等现象。通常,由于我们对弹箭空气动力知识有所掌握,一般也能在各气动力系数正常范围内给出初始迭代值,而不致与真值相差过大。

第二,迭代过程中容易陷入局部最优,无法获得全局最优解。从数学上讲,如果我们寻找的是函数最小值,一旦陷入局部最优,局部最优解对应的函数值可能只是比全局最优解对应的函数值稍大一些,即并未找到该函数真正的最小值点。但从弹箭气动系数辨识角度,一般而言,局部最优解也能使式(15.5.1)对某个参数的理论计算值与对应实测值符合较好,但局部最优的气动力系数在数值上却有可能完全不符合物理意义,要么正负号不对,要么与正常气动

力系数的数值相差巨大。显然,如此辨识出的气动力系数是不可用的。

解决局部最优的最有效方式就是采用全局优化算法。目前,研究和应用较多的全局优化算法有粒子群优化算法(Particle Swarm Optimization, PSO)、差分进化算法(Differential Evolution, DE)、入侵杂草优化算法(Invasive Weed Optimization, IWO)、蚁群优化算法(Ant Colony Optimization, ACO)等。当全局优化算法在寻优过程中陷入局部最优时,有能力跳出局部最优,并且由于采用非梯度法,无须计算雅克比阵(一阶导数构成的矩阵)或海森矩阵(二阶导数构成的矩阵)而进行寻优,避免了奇异矩阵求逆变成病态矩阵的可能,这意味着面对复杂问题时,其计算稳定性也比局部优化算法更好。但全局优化算法应用于某些复杂问题时,也可能出现迭代收敛慢、机时长的问题,故全局优化算法的改进一直在进行中。文献[74]就针对弹箭气动力系数辨识问题,提出一种"元优化"(Meta - Optimization)方案,该方案将最速下降法、共轭梯度法、单纯形法等局部优化算法,与 PSO、IWO、DE、ACO 等全局优化算法相结合,形成一个综合的优化算法库,通过强化学习(reinforcement learning)来确定选取、调用何种算法。

采用合适的全局优化算法解决弹箭气动力参数辨识问题,是弹箭气动辨识技术后续重要的研究、发展方向之一。

15.6　射表编制

15.6.1　概述

射表是部队运用武器系统作战和训练的基本文件,射表中提供了进行射击指挥和有效发挥火力系统战斗效果的弹道数据,这些数据包括在标准条件下对给定目标位置进行射击所需的火炮(火箭炮)仰角、射向与目标位置之间对应关系的表格,称为基本诸元表;有对射击时非标准条件进行射角、射向修正的表格,称为修正诸元表;有表征距离、方向、高低密集度的散布诸元表;此外,还有考虑在不同纬度,向不同方向,对不同射程目标射击的地球自转修正量表,以及考虑目标不在水平面上时对基本射表中的射角进行修正的炮目高低角修正量表。对于火箭弹,还有低空风修正量表等。另有一些其他有关的弹道诸元数据以及弹、炮、引信知识和说明等。基本射表与修正量表的形式见表 15.6.1。

迫击炮射角 θ_0 都在 45°以上,射角越大,射程越小,为符合表尺越大打得越远的习惯,射表中令射角的表尺分划 = 1 750 - 射角密位数,故 45°射角(750 mil)的表尺分划数为 1 000。

实弹射击是射表编制的基础,但完全用实弹射击编射表,既不可能,也不适用,因为武器使用时的条件千变万化,我们不可能针对每一种条件编一个表。但纯粹用计算方法编射表也不行,因为数学模型并不是绝对准确的,数学模型中的许多参数也有待试验测定。因此,现在射表编制的方法是利用少量实弹射击试验获得弹道数学模型中的参数,然后转入大量计算。

海拔3 000 m
152杀爆
三号装药初速 427 m/s

表15.6.1　杀伤爆破榴弹

榴-4式引信

目标高2 m时直射距离为530 m

海拔/m	2 000	2 500	3 000	3 500	高角变化1 mil距离改变量	炮目高差10 m高低修正量	飞行时间	落角	落速	公算偏差 距离	公算偏差 高低	公算偏差 方向	最大弹道高	偏流
气压/mmHg①	589	554	520	488										
气温/℃	3	0	−4	−7										
射距离	表尺	表尺	表尺	表尺										
m	mil	mil	mil	mil	m	mil	s	(°)	m·s⁻¹	m	m	m	m	mil
200	6	6	5.5	6	38.0	0	0.5	0.3	420	11	0.1	0.1	0.3	0.1
400	11	11	10.8	11	378.2	0	1.0	0.6	413	11	0.1	0.1	1.1	0.3
600	16	16	16.3	16	36.4	0	1.4	1.0	407	11	0.2	0.2	2.5	0.4
800	22	22	21.8	22	35.6	0	1.9	1.3	400	11	0.3	0.3	4.6	0.6
1 000	28	28	27.5	27	34.8	0	2.4	1.7	393	11	0.3	0.3	7.3	0.8
200	34	33	33.3	33	34.0	0.1	3.0	2.1	387	11	0.4	0.4	11	0.9

射击条件	偏差量	修正量算成表 1	2	3	4	5	6	7	8	9	10	20	30
200 m 冲帽0 弹重+1 未涂漆0	横风	0	0	0	0	0	0	0	0	0	0	0	1
	纵风	0	0	0	0	0	0	0	0	0	0	0	0
	气压	0	0	0	0	0	0	0	0	0	0	0	0
	气温	0	0	0	0	0	0	0	0	0	0	$\frac{0}{0}$	$\frac{0}{0}$
	药温	0	0	0	1	1	1	1	1	1	2	3	5
	初速	0	1	1	2	2	2	3	3	4	4	8	12
1 000 m 冲帽1 弹重+5 未涂漆1	横风	0	0	2	0	0	1	1	1	1	1	2	3
	纵风	0	0	0	1	1	1	1	2	2	2	4	6
	气压	0	0	1	0	0	1	1	1	1	1	1	2
	气温	0	0	0	1	1	1	1	1	2	2	$\frac{3}{4}$	$\frac{5}{6}$
	药温	1	2	1	3	4	5	5	6	7	8	15	23
	初速	2	4	3	8	10	11	13	15	17	19	38	58

注：① 1 mmHg=133 Pa。

射击试验用弹量的多少与所要求的射表类型（完备射表、简易射表、临时射表）及精度有关。一般来说，射击用弹量大、组数多、数据充分，射表的精度会高一些，但是随着测试手段、数据处理方法、射表编拟方法与理论、计算工具和方法水平的提高，射击试验用弹量会有所减少。

用弹量还与效费比有关，对于价格高昂、组织试验规模大、时间长的弹药，应尽可能通过吹风、单项试验或子系统联合试验、地面试验和静态测试、理论分析与计算等方法获取弹道模型中的参数，再做少量实弹射击试验。但对于价格相对较低的弹药，开展上述工作所需经费和时间，比起多打几发弹更不合算，则不一定过分强求少打弹，特别是无控弹箭的弹道受较多随机因素的影响，太少的射击结果不能反映它的统计平均特性，会使射表精度降低。

武器射击精度由密集度和准确度组成，密集度是一组弹着点围绕平均弹着点散布的程度，准确度是指平均弹着点与目标中心偏离的程度。准确度取决于射击准备误差和射表误差的大小，这两个误差越小，则准确度越高；而密集度与弹、炮、药的特性以及各发射击时的情况及气象条件的随机变化（主要是风）有关。射击准确度越高，则要求密集度也越高；当准确度低时，对射击密集度的要求也不宜过高，过高的密集度反而使整个弹群偏离目标，命中目标的弹数减少。反之，当弹炮系统的密集度提高时，也要求射击准备和射表的精度提高。

此外，对射表的精度要求，要与武器系统的射击准备误差相匹配，一味追求射表精度高，不仅会提高对试验项目、试验数量、测试精度、人力物力的要求，而且实际上对射击精度没什么提高。设射表中射程的中间偏差为 E_{X1}，射击诸元装定的准备误差为 E_{X2}，则射程的总误差为

$$E_X = \sqrt{E_{X1}^2 + E_{X2}^2} \tag{15.6.1}$$

因此，射击准确度并不只是由射表决定，更重要的是由射击诸元准备误差的大小决定，射表的精度应以不使总误差 E_X 过分增大为原则。设用

$$\Delta E_X = [(E_X - E_{X2})/E_{X2}] \times 100\% \tag{15.6.2}$$

表示误差的相对增大量，如果要求此相对增大量 $\Delta E_X < 10\%$，由上两式联解可得

$$E_{X1} < 0.45 E_{X2} \tag{15.6.3}$$

因此，如果射击装定诸元准备误差 $E_{X2} = 1\% X$，则 $E_{X1} < 0.45\% X$；如果 $E_{X2} = (0.7\% \sim 0.8\%)X$，则 $E_{X1} < (0.3\% \sim 0.4\%)X$。可见，随着射击装定诸元准备误差减小，对射表精度的要求将不断提高。但当准备诸元误差未减小（例如 E_{X2} 仍为 $1\% X$）时，过分要求射表精度提高（例如要求 $E_{X1} < 0.2\% X$），对总精度 E_X 并没有什么显著改善，但却会使试验费用和难度大为增加。

射表装定诸元的准备误差包括气象测定误差、阵地与目标间的测地误差、各种原因造成的瞄准误差（例如火炮架设不水平、高低机和方向机的空回、瞄准镜和象限仪的读数误差、火控系统的门限）、药温测量不准等，它们与射表误差一起最终会造成射击误差（例如射程不准）。目前较为倾向性的意见是：用精密法准备诸元时，E_{X2} 为 $(0.7\% \sim 0.8\%)X$，这时即要求射表误差 $E_{X1} < (0.3\% \sim 0.4\%)X$。

气象诸元的测定误差以及气象探测结果的时间有效性和空间有效性，是造成射击诸元准备误差的主要原因，这是由于气象条件随时间和空间变化大，尤其以风的变化最大。因此，通常要求气象测定在射击前不久（作战时）或射击中间（试验时）进行（有效时间最好不要超过 1 h，现在规定 2 h 是偏大的），气象探测的位置应尽量在弹道通过的空域。对远程火炮、火箭，弹道通过的空域大，气象探测的空间有效性应如何处理还是一个专门的课题。采用第 4 章第 4.12 节中介绍的数字气象预报方法，目前来说是一个较为可行的途径。

下面叙述射表编制的一般过程和实施要求。

15.6.2 弹道数学模型的选取

射表编拟所采用的数学模型与弹炮系统的种类和性质有关,对于线膛火炮发射的旋转稳定弹,可采用6D 模型或5D 模型;对于低射界射击或只计算升弧段(高炮),也可用4D 模型;对于火箭弹,主动段采用6D 模型,被动段可采用3D、4D 或5D(涡轮式火箭)模型;对于高速直射武器,可以用3D 或4D 模型。所用的弹道模型不同,试验测试项目和测试仪器也有所不同,所需气动参数和结构参数的数量也不同。6D 模型需要完整的气动系数和结构参数,3D 模型就只需弹箭质量和阻力系数。当无法获得较准确的各种气动参数和结构参数时,高阶数学模型不一定比低阶数学模型好。对于火控系统中使用的弹道模型,既要考虑准确性,也要考虑到简单、快速性。

15.6.3 射击试验方案的制定和弹药消耗量预算

射击试验方案要根据对射表内容的要求和弹炮的种类及特点制定。例如,对于地炮榴弹,要进行几个射角的距离射和对几个距离的立靶射;对于坦克炮穿甲弹、破甲弹,就只进行立靶射;对于迫击炮,不打跳角;对于高炮,要进行对空弹道网射击试验;对于舰炮,还要增加对海(或对地)射击试验。射击方案不同,弹药消耗量也不同。如地炮榴弹的射表编制,要进行如下的射击试验:

选定装药试验	1 组 ×7 发	对给定初速 v_0选定火药装药量
阻力系数测定试验	1 组 ×7 发	从雷达测速数据提取阻力系数
跳角试验	1 ~3 组 ×7 发	测定弹炮系统的跳角和跳角散布
立靶试验	(1 ~3 靶距) × (1 ~3 组) ×7 发	测定立靶高低、方向散布,至立靶飞行时间和近距离阻力符合系数
射程和密集度试验	(3 ~5 个射角) × (1 ~3 组) ×7 发	测定平均射程和侧偏,距离散布和方向散布,求阻力符合系数、翻转力矩符合系数(或升力符合系数)
射表检查试验	(1 ~3 个点) ×3 组 ×7 发	

稳(温)炮弹、备份弹数量为总弹数的 10% ~15% 。

其他可选试验项目有药温系数试验、弹重系数试验、涂漆对比试验、章动试验等。这些试验不一定都要做,当弹厂和药厂能提供该产品的弹重系数和药温系数时,就可不做前两项试验。章动试验只是在需要考察飞行稳定性、起始扰动大小或测定攻角波长、静力矩系数时才进行。

15.6.4 分组试验问题和每组试验发数的确定

射击试验中存在两类误差:对一组弹射击中的每发弹,其大小都在改变的误差即为偶然误差,如每发弹的外形、重量、重心位置、转动惯量的差异、各发弹初速和转速不同、火炮振动情况及阵风等所造成的射程误差即属于偶然误差,用 B_X表示;对一组射弹中每一发都相同的误差则为系统误差,用 ε_X表示,例如,一组射击中的平均气温和气压测量不准、火炮支撑不水平、药温略偏离保温名义值、气象测量误差及使用时间与测量时间不同等,都属系统误差,常将它们称为这一组射弹的“当日误差”。根据误差合成公式,一组 n 发弹的平均射程中间偏差为

$$E_X = \sqrt{B_X^2/n + \varepsilon_X^2} \tag{15.6.4}$$

由此式可见,增加一组的射击发数 n,只能减小偶然误差的影响,却不能减小系统误差 ε_x 的影响。当 n 增大到一定程度后,E_X减小就不明显了。为了减小总误差,可以增加射击组数,这时各组的系统误差不同,也就成了偶然误差。设进行了 N 组射击,则射程平均值的中间偏差为

$$E_{\overline{X}} = \frac{E_X}{\sqrt{N}} = \sqrt{\frac{B_X^2}{n \cdot N} + \frac{\varepsilon_X^2}{N}} \tag{15.6.5}$$

显然,如果将 21 发弹分为 $N=3$ 组,每组 $n=7$ 发,要比只分 $N=1$ 组,每组 21 发的效果要好,因为它使系统误差 ε_X的影响减小了 N 倍。此外,当一组弹发数过多、射击时间过长时,因条件已变化,所测数据的误差会进一步加大。因此,射表试验要分组进行,同一科目的各组试验至少要间隔 4 h 以上,要重新准备、重新瞄准。

一组试验的发数多少为好呢? 这可简单分析如下。首先由靶场大量试验表明,不同组试验所得 B_X的散布实际值约为 $B_{BX}=20\% B_X$。又按统计学理论,随着一组弹射击发数 n 的增加,B_X的相对中间偏差 B_{BX}/B_X是减小的,其相对中间偏差为

$$E_\eta = 0.476\,9/\sqrt{n} \tag{15.6.6}$$

当 $n=10$ 时,$E_\eta=15.1\%$;当 $n=7$ 时,$E_\eta=18.1\%$;当 $n=5$ 时,$E_\eta=21.3\%$。这表明,当一组发数增大到 7 发时,$E_\eta=18.1\%$,比重复射击产生的二次散布实际值 20% 还小,因此,一组发数大于 7 发所引起的精度提高将被 B_X的二次散布所掩盖。另外,考虑到在进行距离射时还要获得密集度以及大小口径弹药价格的不同,故在距离射试验中,一组发数的选择为:

大口径弹(152 mm 口径以上)—5 发

大中口径弹(76 ~ 152 mm 口径)—7 发

小口径弹(76 mm 口径以下)—10 发

15.6.5　射击准备和实施

射表射击试验前要进行火炮准备、弹药准备、测试仪器准备、气象准备和试验记录工作准备,这些准备以及试验实施都应符合射表试验国军标中的规范。

15.6.6　试验数据处理和异常值的剔除

实测数据的处理主要是从雷达测速数据提取零升阻力系数、计算跳角、立靶密集度及距离、方向散布大小,这已都在上一节讲过,异常值的剔除也按上一节所述进行。

15.6.7　符合计算和射程标准化

符合计算是射表编制中射击试验与理论计算之间的纽带,其作用是弥补理论不可能完全与实际一致的不足。符合的方法是调整弹道数学模型中的某些参数,使理论计算结果与实际射击测量结果一致。符合对象应选对武器作战效果最为重要的弹道诸元,符合参数应选对符合对象影响最明显的参数。对于地炮,主要是要落点射程和侧偏准确,其他弹道诸元精度稍差关系不大,因此,选射程和侧偏作为符合对象,而对射程和侧偏影响最明显的参数是阻力系数和静力矩系数(或升力系数),故选这两个参数为符合参数。

符合的办法是将阻力系数 c_x(一般是零升阻力系数 c_{x0})乘以符合系数 k_{c_x},将静力矩系数

导数 m_z' 乘以符合系数 k_{m_z}（或在升力系数导数 c_y' 前乘以符合系数 k_{c_y}），使得用所选弹道模型在射击试验的实际条件下，计算弹道所得的落点射程 X 和侧偏 Z 与试验实测值基本相等（例如只相差0.5 m以下）。对于试验点，通过符合系数 k_{c_x}、k_{m_z}（k_{c_y}）就消除了模型误差，但其他射角上仍有模型误差。为了使各射角上的模型误差都减小些，符合试验一般要在若干射角上进行，这样可得出符合系数曲线 $k_{c_x}-\theta_0$ 和 $k_{m_z}-\theta_0$。试验点称为该曲线的支撑点，对于地炮榴弹，一般需3~5个射角支撑点，其他未试验射角上的符合系数可由符合系数曲线上的插值得到。

在得到符合系数 k_{c_x}、k_{m_z}（或 k_{c_y}）后，可在标准条件下重新计算射程 X_N，这个射程就叫标准化射程，这个工作就叫射程标准化。标准化最大射程 $X_{N\max}$ 是武器系统最重要的技术指标。

15.6.8　射表计算

有了符合系数曲线 $k_{c_x}-\theta_0$、$k_{m_z}-\theta_0$（或 $k_{c_y}-\theta_0$）后，就可转入射表计算。射表基本诸元是在标准条件下，按距离间隔200 m（或100 m）一个点计算的。修正诸元是按求差法计算的。至于散布诸元，主要依赖历次试验的数据。如果历史数据多为最大射程角 $\theta_{0x\max}$ 处的中间偏差 E_X，则因 $\theta_{0x\max}$ 处 $\partial x/\partial\theta_0\approx 0$，可获得阻力符合系数 k_{c_x} 的散布 $E_{k_{c_x}}$，即

$$E_{k_{c_x}}=\sqrt{E_X^2-\left(\frac{\partial X}{\partial v_0}E_{v_0}\right)^2}\Big/\frac{\partial X}{\partial k_{c_x}}\tag{15.6.7}$$

式中，E_{v_0} 为已测得的初速中间偏差。由此可计算其他射角上的散布，即

$$E_X=\sqrt{\left(E_{k_{c_x}}\cdot\frac{\partial X}{\partial k_{c_x}}\right)^2+\left(\frac{\partial X}{\partial v_0}E_{v_0}\right)^2+\left(\frac{\partial X}{\partial\theta_0}E_\gamma\right)^2}\tag{15.6.8}$$

式中，E_γ 为已测得的跳角中间偏差。如果中、小射角上算出的射程散布 E_X 与射击试验结果差距较大，还应调整 $E_{k_{c_x}}$ 和 E_γ，使计算值与实测值相差不要太大。

此外，还应计算地球自转修正量表和炮目高低角对瞄准角影响的修正量表等。高角修正量是指同一射程上，目标在炮口水平面上时对应的射角 θ_0 与目标不在水平面上，炮目连线高于（或低于）水平面 ε 角时所需射角 θ_1 之差：$\Delta\theta=\theta_1-\theta_0$。

15.6.9　射表精度

由前所述，射表编制有许多环节，它们都存在误差，因而影响射表的精度。这些误差可分成三类：随机误差、当日误差和模型误差。引起射程随机散布的因素已在第4.12节里有详细叙述。设在相同条件下射击 n 发弹，其射程中间偏差为 E_x，则将其平均值作为射程的估值误差为 $\sqrt{E_x^2/n}$，又设在不同条件下射击了 N_1 组，则 N_1 组总平均值的随机误差为 $E_{x_1}=\sqrt{E_x^2/(nN_1)}$，显然，射击发数越多，此随机误差越小。

所谓当日误差，是指由试验条件产生的系统误差。例如，试验时气压测量值比实际气压高，则实际射程将大于计算射程，如果将实际射程换算到标准条件下，将使射程产生一个正误差。因为这次试验气压测量都偏高，所以这一误差是系统误差，不能单靠增加射击发数来减小当日误差。但如果在不同日期反复试验，每次试验条件的测试误差不可能相同，所以当日误差就成了随机误差，不同日期试验结果的总平均值作为试验结果，可减小当日误差的影响。设在不同日期共试验了 N_1 组，每次当日误差为 ε_x，则由当日误差引起的射表误差为 $E_{x_2}=\sqrt{\varepsilon_x^2/N_1}$。由于每次试验时火炮的支撑情况不同，将引起各组射击跳角不同，这也属于当日误差。

数学模型误差 η_x 主要来自建立运动方程时所作的假设，还有数学模型中的气动参数、结构参数（对于火箭，还包括发动机推力）的测量误差、符合系数拟合曲线（$k_{c_x}-\theta_0$）制作以及对非支撑点射角插值的误差等，它们直接影响弹道计算的准确性，而它们与射击组数、每组发数都没有关系，也属于系统误差。其中，弹道数学模型的优劣，对符合系数 k_{c_x} 随射角 θ_0 变化规律影响较大，一个恰当的弹道数学模型不仅能提高计算速度，而且能使符合系数 k_{c_x} 随射角 θ_0 变化小且有规律，这样可减小插值误差以及射表计算误差。

这样，射表的总误差 E_T 即为

$$E_T=\sqrt{E_x^2/(n_1N_1)+\varepsilon_x^2/N_1+\eta_{x_1}^2+\eta_{x_2}^2} \tag{15.6.9}$$

式中，N_1、n_1 分别为射表射击的组数和每组的发数；η_{x_1} 为模型误差；η_{x_2} 为弹药批次误差。对于上述误差的取值，按 1980 年以前靶场大量统计结果，见表 15.6.2。

表 15.6.2　1980 年以前统计的各误差

误差模型		线膛炮		迫击炮
		$v_0<400$ m/s	$v_0>400$ m/s	
$E_x(\%X)$		0.50	0.45	0.60
$\varepsilon_x(\%X)$		0.46	0.36	0.44
$\eta_{x1}(\%X)$		0.20	0.20	0.20
$E_T(\%X)$	$\eta_{x_2}=0$	0.304 7	0.349 9	0.348 8
$E_T(\%X)$	$\eta_{x_2}=0.2$	0.364 5	0.403 0	0.402 1

如果取 $\eta_{x_1}=0.2\%X$，$\eta_{x_2}=0.2\%X$，射表试验数据对几种弹药射表精度研究的结果表明，上述计算方法的计算结果基本符合实际，射表精度大致为 $0.4\%X$。不过，现在由于靶场测试设备和测试技术的提高以及弹道数学模型、试验数据处理方法的研究成果，使射表编制的精度大为提高，误差已低于 $0.4\%X$。

为估计某一射表的精度，先根据标准化试验射程 X_{ij} 算出各组的平均射程 $\bar{x}_i$ 和中间偏差 E_{xi}，并求出 N_1 组的总平均值作为 E_x；再将组平均射程 $\bar{x}_i$ 作为随机变量，计算出它的平均值 $\bar{x}$，并求出它的中间偏差作为当日误差 ε_x。

15.6.10　射表检查

射表检查首先是要贯穿在整个射表编制过程中，对从试验、测试、记录直到计算的每一个环节层层把关，这样才能保证射表不会有大的错误。在射表编出后，如经使用发现有问题，则要进行检查。检查方式有两种。第一种是按射表试验的方法进行检查，一般只进行 1 ~ 3 个装药号，同一装药号 1 ~ 3 个射角（可包括编射表时曾打过的射角），所有过程与编射表相同，最后将所得到的标准化射距离、偏流与射表值进行比较，若两者之差在允许范围内，则射表合格，否则要找出原因，进行修正或再做补充试验重新编表。第二种是按部队使用方法检查，通常给出 1 ~ 3 个目标点，按射表用精密法准备射击装定诸元，射击后测出落点和目标的距离差，若在允许范围内，则射表合格，否则有大误差。下面讲述两种检验方法。

1. 靶场检查方法

设对于某射角，射表射程为 X_T，射程中间偏差为 E_T，射表试验组数为 N_1，每组的发数为

n_1,一般是3组×7发。在此射角上检查射表进行了 N_2 组射击,每组 n_2 发,得到标准化射程 X_N,射程中间偏差 E_N,计算相对射程差 $|\Delta X|$ 和界限值 $|\Delta X_{max}|$,有

$$|\Delta X| = \left|\frac{X_T - X_N}{X_T}\right| \times 100\%, \ |\Delta X_{max}| = U_0\sqrt{E_T^2 + E_N^2}, E_N = \sqrt{\frac{E_x^2}{N_2 n_2} + \frac{\varepsilon_x^2}{N_2}}$$

式中,E_T 按式(15.6.9)计算;E_x、ε_x、η_x 按表15.6.2取值;$U_0 = 2.44$(检查射击为1组时)或 $U_0 = 2.91$(检查射击为2组或3组时)。评定标准:①各检查结果均满足 $|\Delta X| < |\Delta X_{max}|$ 时,则认为射表精度合格;②大多数检查点满足 $|\Delta X| < |\Delta X_{max}|$,个别点不满足时,应分析原因或补充射击,然后决定射表是否满足要求;③大多数点甚至全部点不满足 $|\Delta X| < |\Delta X_{max}|$,则认为射表不合格。以上方法中,采用了靶场根据20世纪80年代以前的许多统计数据,从射表检查的实际来看,由于现在射表编制的精度都提高了,因此这个评定标准是较宽松的,如果还要继续用此法进行射表检查,应根据靶场射表编拟实践再行统计,适当减小表15.6.2中统计数据 E_x、ε_x、η_x 以及 U_0 的值。

2. 假设检验法

射表检查的评定是一个数理统计问题,适合用母体均方差未知时数学期望的检验法(t 检验法)。设用 θ_0 射角射击获得一组标准化射程 $(x_1, x_2, \cdots, x_n)$,现要根据这组子样检验假设

$$H_0: \bar{X} = \xi_0$$

式中,$\bar{X}$ 为随机射程 X 的数学期望,即 $M(X) = \bar{X}$;ξ_0 为射表上射角 θ_0 处的射程。作统计量

$$T = \frac{\bar{X} - \xi_0}{\bar{\sigma}/\sqrt{n}}, \bar{X} = \frac{1}{n}\sum_{i=1}^{n} X_i, \bar{\sigma} = \sqrt{\sum_{i=1}^{n} (X_i - \bar{X})^2/(n-1)} \tag{15.6.10}$$

则在 H_0 成立的条件下,T 是自由度为 $\gamma = n - 1$ 的 t 变量。

给定显著水平 α,可以确定界限 $t_{\alpha/2}$,使 $P(|T| > t_{\alpha/2}) = \alpha$。$t_{\alpha/2}$ 可根据显著水平 α 和自由度 γ 从表15.6.3中查取。

表15.6.3 t 分布的界限值 $t_{\alpha/2}$ 表($P(|t| > t_{\alpha/2}) = \alpha$)

α	γ									
	3	4	5	6	7	8	9	10	11	12
0.10	2.353	2.132	2.015	1.943	1.895	1.860	1.833	1.812	1.796	1.782
0.05	3.182	2.776	2.571	2.477	2.365	2.306	2.262	2.228	2.201	2.179
0.02	4.541	3.747	3.365	2.143	2.998	2.896	2.821	2.764	2.718	2.681
0.01	5.841	4.604	4.032	3.707	3.499	3.355	3.250	3.169	3.106	3.055
α	γ									
	13	14	15	16	17	18	19	20	21	22
0.10	1.771	1.761	1.753	1.746	1.740	1.734	1.729	1.725	1.721	1.717
0.05	2.160	2.145	2.131	2.120	2.110	2.101	2.093	2.086	2.080	2.074
0.02	2.650	2.624	2.602	2.583	2.567	2.552	2.539	2.528	2.518	2.508
0.01	3.012	2.977	2.947	2.921	2.898	2.878	2.861	2.845	2.831	2.819

判断准则:如果 $t < t_{\alpha/2}$,则不能拒绝假设 H_0,即 $\bar{X} = \xi_0$,射表合格;如果 $t > t_{\alpha/2}$,则拒绝假设

H_0,射表不合格。这种检查要在 1 ~ 3 个射角(包括射表试验射角)上进行。对侧偏和飞行时间也可按此法检查。

值得注意的是,从式(15.6.10)的 T 表达式可见,每组发数 n 越多,散布越小,则 $t_{\alpha/}2$ 越小,而 t 值越大,越难通过检验;相反,每组发数少,密集度越差,越容易通过检查,这是很不合理的。

另外,从 t 分布表可见,显著水平 α 越小,则合格界越大,而 α 的选取却带有人为性,究竟如何确定呢? 这两个方面都存在数理统计中的弃真概率和存伪概率问题,这将在第 15.7 节里讲述。

15.6.11　其他弹箭射表编制的特点

1. 火箭射表编制

火箭具有主动段,其中包括滑轨段,因此其射表编拟的数学模型应含有滑轨段约束期、半约束期模型和主动段、被动段弹道模型,主动段一般采用 6D 模型,被动段与炮弹相同,可根据情况选 3D、4D、5D 或 6D 模型。火箭主动段计算需要有高、低、常温推力曲线,推力应在地面试验台预先测定并标准化;此外,主动段空气阻力系数应在被动段吹风数据的基础上用计算方法减去底阻,或者理论计算时只计前体阻力。

射击试验时,用雷达跟踪测速,以获得主、被动段 $v-t$ 曲线和主动段末最大速度 v_k,用弹道照相机或坐标雷达测得主动段坐标,并处理出弹道倾角 θ_k 和弹道偏角 ψ_k,炮口速度 v_0 可用 $v-t$ 曲线外推至炮口时间 t_0 获得,也可将它作为待求参数,与阻力系数一起辨识获得。

主动段符合计算时,一般用推力符合系数 k_p 调整推力曲线,以符合主动段末速度实测值 v_k,用 $\Delta\theta_0$ 调节射角或用 $\dot{\varphi}_0$ 调整起始扰动,以符合主动段末实测弹道倾角 θ_k,如能测得主动段坐标(X_K, Y_K),也可以用主动段阻力符合系数 k_{c_xp} 和静力矩符合系数 k_{m_zp}(或升力符合系数 k_{c_yp})符合主动段末坐标(X_k, Y_k)。至于被动段,仍用阻力符合系数 k_{c_x} 和静力矩符合系数 k_{m_z}(或升力符合系数 k_{c_y})符合射程和侧偏。

火箭射表计算的特点是增加了比冲修正、药温修正和低空风修正。

比冲影响推力 $F_p = I_1 g|\dot{m}|$,但对于质量变化方程 $\dot{m} = F_p/(I_1 g)$,因右端分子分母均含 I_1,故相互抵消,对 $\dot{m}$ 没有影响,由此可算出比冲每改变 1% 的射程改变量。关于药温修正,是先计算高、低、常温下的标准化射程,在高 - 常和低 - 常两区间分别求出药温改变 +1 ℃和 -1 ℃ 时射程的改变量 l_{t_z},使用时根据实际药温高于常温还是低于常温 Δt_z 选用不同的药温系数 l_{t_z} 进行修正,$\Delta X_{t_z} = l_{t_z} \cdot |\Delta t_z|$。这与火炮弹丸把药温改变转换成初速改变略有不同。当射表采用火控弹道模型表达时,对药温的修正也可用改造推力曲线的方式进行(见第 4 章第 4.13 节)。

低空风(即主动段风)对野战火箭主动段末偏角及落点射程、方向的影响较大,须专门考虑。对于旋转火箭,由于纵风不仅影响射程,还影响侧偏,横风不仅影响侧偏,还影响射程,低旋尾翼式火箭和涡轮式火箭风偏的方向还相反,因此,无论对低空纵风或横风,都有距离和侧偏两个修正量。射表中专门编出了低空风修正量表,其中风速为 10 m/s,相对于射向的风向角从 0°到 360°每隔 6°(100 mil)一个点,列出了射角和方位角修正的密位数。全弹道用 6D 方程计算,计算时以含偏流的弹道为基准、被动段取风速为零,求出只有低空风的修正量。

火箭的横向散布远大于火炮弹丸,它主要由主动段末侧向偏角的散布引起,相当于火炮弹丸系统的跳角散布。如已由试验求得几个射角 θ_i 上落点侧偏散布 E_{zi}，则可得主动段末偏角散布 $E_{\psi_i}=E_{zi}\cos\theta_{ki}/X_i$，这里 θ_k 为主动段末弹道倾角，X_i 为试验射程。对射角 $\theta_0<45°$ 时的横向散布，可先求出这些射角上 $E_{\psi i}$ 的平均值 $E_{\bar{\psi}}=\sum N_iE_{\psi_i}/\sum N_i$，$N_i$ 为射角 θ_i 上的试验组数，然后由公式 $E_z=E_{\bar{\psi}}X/\cos\theta_k$ 计算各射程上的方向散布。如果射角 $\theta_0>45°$，则直接用 $E_{\psi_i}-\theta_{k_i}$ 曲线插值求出与某射角 θ 对应的 E_ψ，再计算方向散布 E_z。

2. 高初速直射武器射表编制

当小射角射击时，由于射角的微小变化会形成很大的射程变化，故对直射武器不宜进行距离射，只进行立靶射和对空射测阻力系数。因射角的微小变化几乎不影响至立靶的飞行时间，故以至立靶飞行时间为对象符合出阻力符合系数；同时，因直射武器对付的多是活动目标，飞行时间十分重要，故以它作为符合对象也是很合理的。对于旋转弹，还要用立靶弹孔横坐标符合静力矩系数，但须将试验时跳角和横风的影响去掉(有时这是很难的)。数学模型可取3D或4D弹道方程，至于立靶弹孔的高低坐标，因受定起角影响很大，可不必符合，使用射表时，用综合修正量解决。

3. 高炮射表编制

高炮用于打击空中活动目标，故要求空中每一点坐标准确，因此要进行弹道网试验，一般用弹道照相机或坐标雷达测试。严格来说，符合计算应对一条弹道逐点进行，使 t 时刻理论坐标 (x,y,z) 与 t 时刻实测坐标一致。做法是用阻力符合系数符合斜距，用静力矩符合系数(或升力符合系数)符合侧偏，用射角增量 $\Delta\theta_0$ 符合弹道高。但一条弹道上 $\Delta\theta_0$ 应该不变，如各点符合的 $\Delta\theta_0$ 略有不同可加权平均。

其他弹箭射表编制各有特点，在此不一一赘述。

15.6.12 关于高原射表和高原靶场建设的必要性

我国幅员辽阔，东西南北温差、湿度差大，冬季当黑龙江的漠河气温在 -40 ℃时，南方海南岛、三亚的居民还在穿衬衣；夏季长江流域副热带由于高压控制而酷暑难当时，海拔4 500 m的西藏高原居民还需要穿棉衣御寒。作为武器装备，必须要能适应这种气象、地理环境的差异，保证能正常发挥武器装备的作战效能。所以，武器装备定型时，都要进行北方冬季试验、南方夏季试验的考核。作为火炮火箭武器射击中必需的文件或软件——射表，也需要通过这些检验，有时需要对特殊环境进行专门的修订、补充。例如，东北冬季气温特别低，与标准气象条件气温偏差可达50 ℃，这时使用平原射表进行气温修正误差就太大，所以曾经通过单独建立东北冬季地面气象标准：$t_{0N}=-15$ ℃，$p_{0N}=1\ 000$ hPa，并在射表中增加东北冬季修正项来解决。

现在的射表编制都是在低海拔高度靶场进行的，虽然也计算了每1 000 m一个海拔高的射表，或在射表里列出了每500 m一个高程的射程－高角基本诸元，但它们都是用平原试验所取得的符合系数按炮兵标准气象条件、不同高程计算而来的。从部队在高原使用这些射表的实际情况看，尽管按高原的气温、气压、空气密度做了修正，但射击误差仍然较大。

然而弹箭在空中飞行，它只受飞行环境的气象条件影响，与地面是高原还是平原并无直接关系。从飞行动力学讲，无控弹箭的飞行主要取决于作用在弹箭上的空气动力，而气象条件是通过空气密度、声速、空气黏性影响空气动力，进而影响弹道的，那么我们在计算中已考虑了高原气象的这些影响，为何使用平原试验编出的高原射表就不好用呢？这就要从射表编制的原理说起。

射表编制是通过少量射击试验，经过试验数据处理，取得弹道数学模型中的参数，然后进行大量弹道计算编成的。由于弹道数学模型计算出的弹道与弹箭飞行的实际弹道不可能完全一致，例如用 2 自由度弹道模型、3 自由度弹道模型、4 自由度弹道模型、5 自由度弹道数学模型、6 自由度弹道数学模型计算出的弹道与测量出的弹箭飞行实际弹道的差异各不相同。为了使计算出的弹道与实际弹道相符，使计算出的弹道能用于指导实际射击，在射表编制中采用了符合技术，即调整弹道数学模型中的某些参数，使计算弹道与实际测量弹道相符。一般对于地面火炮弹箭，选取对射击效果影响最大的射程和侧偏作为符合对象，而取对射程、侧偏影响最明显的参数——阻力系数和升力系数（或翻转力矩系数）作为符合参数，一般是将阻力系数乘一个阻力符合系数 k_{c_x}，升力系数乘一个升力符合系数 k_{c_y}（或 k_{m_z}），使弹道计算的射程和侧偏与实测的射程和侧偏一致。对于火箭，为了使弹道计算的主动段末速度与实测速度一致，还要增加推力曲线符合系数 k_p。一般来说，不同射角和射程上，这些符合系数也不相同，为了做到各个射程上计算射程和侧偏与试验射程和侧偏相同，必须在几个射角上进行试验，求得各射角上的符合系数，这些射角即是射表编制的支撑点。其他射角的符合系数就通过这些支撑点插值求出，从而用于射表计算。显然，支撑点越多，插值越精确，射表也越精确，但试验量也越大，费钱、耗时也越多。

符合系数起到弥补计算弹道与弹箭实际飞行弹道之间差异的作用。为便于说明，假设在某射角上射击，取一系列时间点 $t_i=(t_1,t_2,t_3,\cdots,t_n)$（当然，也可取一系列 x 坐标），用某种弹道数学模型计算出的弹道诸元是 $q_j=(q_{j1},q_{j2},q_{j3},\cdots,q_{jn})$，例如攻角 $\alpha=(\alpha_1,\alpha_2,\alpha_3,\cdots,\alpha_n)$，弹道高 $y=(y_1,y_2,y_3,\cdots,y_n)$ 等，而弹箭实际（实际存在，但不一定都能测出来）的攻角是 $\bar{\alpha}=(\bar{\alpha}_1,\bar{\alpha}_2,\bar{\alpha}_3,\cdots,\bar{\alpha}_n)$，实际弹道高是 $\bar{y}=(\bar{y}_1,\bar{y}_2,\bar{y}_3,\cdots,\bar{y}_n)$，这样计算弹道与实际弹道各时刻就有攻角差 $\Delta\alpha=(\Delta\alpha_1,\Delta\alpha_2,\Delta\alpha_3,\cdots,\Delta\alpha_n)$、高度差 $\Delta\bar{y}=(\Delta\bar{y}_1,\Delta\bar{y}_2,\Delta\bar{y}_3,\cdots,\Delta\bar{y}_n)$ 等，最后就形成落点射程和侧偏的差 ΔX 和 ΔZ。因此，总的射程、侧偏差是弹道上每个时刻计算弹道与实际弹道差的综合体现，而符合系数虽然是针对最终的射程和侧偏进行符合，但其本质是弥补各时刻计算弹道与实际弹道之间的差异。

对于同样的火炮弹箭系统，尽管用同一射角在高原射击和在平原射击，只有气象条件的差异，但由于空气动力和空气动力矩通过空气密度、声速、黏性影响弹箭质心运动和绕心运动，在弹道一系列时间点上（包括落点），高原计算弹道诸元与实际弹道诸元之差，就不可能与平原计算弹道诸元与实际弹道诸元之差每时刻都相同。这样，由计算弹道与实测弹道之差进行符合所得符合系数 k_{c_x}、k_{c_y}、k_{m_z}、k_p 等也不可能相同。因此，由平原射表试验所得的符合系数，不能用于计算高原射表，现在射表编制中用平原试验得出的符合系数计算海拔高 1 000 m、2 000 m、3 000 m、4 000 m 的射表，实际上误差很大，这是造成在高原打不准的极重要原因。

所以，高原射表必须在高原进行射表试验，建立高原靶场对于高原射表编制是很有必要的。当然，只要与平原靶场有高程差，就有上面的问题，但不可能每个高程都建一个靶场，只能在差异显著、作战需要、便于建设的高原地区建立高原靶场。

最后有一个问题，即能否通过模拟试验来解决高原射表编制问题。在科技领域中，模拟试验、虚拟试验理论很多、很热门，许多装备和设备，包括军工产品、电子仪表、控制器件，甚至战车都可以在地面进行模拟试验，以证明在高原气象环境下可以使用或不能使用。为什么唯独高原射表必须在高原进行试验呢？这就涉及地面模拟试验的规模多大，一种电子仪表、控制器件,甚至控制舱、导引头,需要的模拟空间都不大,用一个大型密闭箱,在里面建立高空环境的气温、气压、密度,从而进行静态模拟或小尺度动态模拟试验是完全可以办到的,即便是大型装备甚至战车,也只要建造一个密闭屋,建立高空气温、气压、密度条件并进行许多试验,这也是可以办到的。但对于弹箭飞行,射程和射高都可达几千米甚至几十千米,要建立模拟高空环境的飞行空域几乎是不可能的,即便是现代化的密闭靶道,可以调节气温、气压、密度,但也只有几百米长、几米至十几米高,只能做些平飞试验。而计算射表的符合系数必须由实际弹箭飞行试验得出,故编制高原射表必须要在高原靶场进行相关的飞行试验。

15.7 平均弹道一致性和共用射表问题

15.7.1 平均弹道一致性和共用射表的概念

现在各种新型弹箭不断涌现,因此,在一门炮上配有几种弹的情况十分常见,如果每种弹都配一个射表,战斗使用起来有时颇觉不便,因此希望两种或两种以上的弹能通用一个射表;此外,如果一种弹只做了一点小的改进,它的弹道是否与原弹的弹道一致?能不能还用原弹的射表呢?特别是在连射武器上,除了主用弹,还要间或打一发指示弹道的曳光弹或对目标有不同毁伤作用的其他弹,这更加要求必须弹道一致、共用一个射表。因此,在弹药研制中常常遇到战技指标中要求与原有的弹弹道一致、通用一个射表的问题。

但是,严格地讲,两种不同的弹,其弹道肯定是不相同的,所谓平均弹道一致,只是某种意义上的一致。如两弹在同一射角上平均射程之差在允许的范围之内;两弹用同一射角和同一方位角对空中同一点射击的坐标差和飞行时间差在允许范围内;两弹对目标命中概率大致相同等。

为了考察两种弹的平均弹道是否一致,必须进行实弹射击、测量和对比。对比射击的方式有两种:一种是成组比较法,另一种是成对比较法。成组比较法是两种弹分别打几组,成对比较法是在一组试验中两种弹交替射击。但是,射击结果都是随机变量,它们的平均弹道诸元数值(如地炮的射程、侧偏;坦克炮弹丸的飞行时间)也是随机变量,试验测得的弹道诸元平均值只是一个样本,一般来说,两种弹射击得到的样本平均值是不相等的,但不能就得出它们的平均弹道不一致的结论。因为即使两种弹的平均弹道本来是一致的,但由于它们的样本是随机的,就可以造成两弹射击的样本平均值不一致。那么如何从少量的射击样本判断两种弹的平均弹道是否一致呢?这就要用到数理统计中的假设检验理论。取要对比的弹道诸元为两个随机变量,以地炮射程为例,两种弹的试验射程随机变量分别为 $X^{(1)}$、$X^{(2)}$,我们要检验的假设是:两种弹的平均射程相等,或两种弹射程的数学期望相等,即有假设

$$H_0:M[X^{(1)}]=M[X^2]$$

如果用数理统计方法判断的结果拒绝了这个假设,那么就说这个假设不成立,即两弹平均弹道不一致;如果不能拒绝这个假设,那么就不能说两弹平均弹道不一致,也就是两弹平均弹道一致。

因此,平均弹道一致性问题就变成了一个数理统计问题。实际中,平均弹道一致性通常是与通用射表问题联系在一起的,如果两种弹各用各的射表,那么就没人有兴趣去研究它们的平均弹道是否一致了。如果两种弹的弹道满足了在某种意义下的平均弹道一致性,那么也就可

在这种意义下通用一个射表。但是通用射表毕竟是一个射表使用问题,并不等价于平均弹道一致性,即使经过射击试验检查,两种弹不满足预先给定的一致性条件,但当差别不太大时,在特殊情况下,根据研制经费、研制进度和战争需要的情况,经军方、工业部门、领导机关的全面考虑,还是可以通用一个射表的(这只要适当减小显著水平 α 即可)。因为即使是军标,α 如何选也是由这些部门商定认可的,它并不是一个纯数学问题,只不过在无特殊的情况下应严格执行。这样处理的前提,是不一致性不是很大,对目标命中的概率降低不严重(军方可以接受)。

15.7.2　平均弹道一致性和共用射表检验方法

1. 利用射表检查方法确定使用同一射表的检验界

设 A 种弹丸已有射表,B 种弹丸是新研制产品,试验得到 B 种弹丸的射程和侧偏,把标准化后的射程和侧偏与射表对应的射程和侧偏进行比较,如果它们的偏差满足射表检查的要求,则 B 种弹丸可用 A 种弹丸的射表。射表检查的方法见第 15.6.10 节。

2. 成对试验检验法

在数理统计理论中,由于普通的成组比较法要求两个正态母体的均方差 σ 相等,通常这个条件难以满足或很难判断,为了判断这个条件是否成立,必须先进行射击试验并做 F 检验(见参考文献[15]),证明两个母体的均方差相等之后才能用此法。这十分费时、费钱、麻烦。成对比较法在消除各种外界因素改变对两种弹射击试验及数据影响的差异上,效果要好一些,并且不要求两个母体方差相等,故常被采用,但组织试验麻烦些。成对射击比较检验法如下:

对两个正态母体(两弹)X_1、X_2(如射程、侧偏、飞行时间等)进行了 n 次独立试验(射击),得到成对数据 (X_{11},X_{21}),(X_{12},X_{22}),…,(X_{1n},X_{2n}),在给定显著水平 α 下,检验假设 H_0。

$$H_0:\xi_1=\xi_2 \tag{15.7.1}$$

ξ_1 和 ξ_2 分别为第一种弹、第二种弹需对比的弹道诸元的数学期望。作一新的母体

$$\Delta X = X_1 - X_2 \tag{15.7.2}$$

原假设即变成了

$$H_0:M(\Delta X)=0 \tag{15.7.3}$$

作统计量

$$T=\frac{\overline{\Delta X}}{\bar{\sigma}/\sqrt{n}},\bar{\sigma}=\sqrt{\sum_{i=1}^{n}(\Delta X_i-\overline{\Delta X})^2/(n-1)},\overline{\Delta X}=\frac{1}{n}\sum_{i=1}^{n}\Delta X_i \tag{15.7.4}$$

由于母体 ΔX 为正态变量 $N(\xi_1-\xi_2,\sigma_{\Delta X})$,且子样 $\Delta X_1,\Delta X_2,\cdots,\Delta X_n$ 是互相独立的,于是统计量在假设 H_0 成立的条件下是 t_{n-1} 变量(表示服从 t 分布,自由度为 $n-1$)。因此,对于给定的显著水平 α,可以找出界限 $t_{\alpha/2}$,使

$$P(|T|>t_{\alpha/2})=\alpha \tag{15.7.5}$$

于是得检验方法:当统计量 T 的值 $|t|>t_{\alpha/2}$ 时,则拒绝假设 H_0,即两种弹的平均弹道不一致;当 $|t|<t_{\alpha/2}$ 时,则不能拒绝 H_0,两种弹的平均弹道是一致的。将此判据用式(15.7.4)改变形式,得

$$\overline{\Delta X}<\lambda_\alpha E_{\Delta X},\lambda_\alpha=t_{\alpha/2}/(0.6745\sqrt{n}) \tag{15.7.6}$$

此时,检验方法是:甲、乙两种弹各 n 发交替射击,求出甲、乙两弹的平均坐标偏差量 $\overline{\Delta X}$,

并计算出各对弹对应坐标差 $\Delta X_i = X_{1i} - X_{2i}$ 的中间偏差 $E_{\Delta X}$，用显著水平 α 和自由度 $\gamma = n-1$，查 t 分布界限表(见上一节)得 $t_{\alpha/2}$，则可算出界限系数 λ_α，再用式(15.7.6)检验即可。至于侧偏和飞行时间的一致性，也可用此法检验。

与成组检验法相比，成对检验法可以减小甚至消除由气象测量误差，气象条件随时间变化、火炮装定误差、测试仪器误差等造成两种弹弹道不同的系统性影响，更好地反映两种弹的弹道是否一致。

如果进行了 m 组试验，每组 n_j 发，则判据(15.7.6)中 t 的自由度应改为 $\sum\limits_{j=1}^{m}(n_j - 1)$。

$$E_{\Delta X} = \sqrt{\frac{\sum\limits^{m}(n_j - 1)E_{\Delta X_j}^2}{\sum\limits^{m}(n_j - 1)}},\quad \Delta\bar{X} = \frac{\sum\limits^{m} n_j \Delta X_j}{\sum\limits^{m} n_j},\quad \Delta X_j = \frac{\sum\limits_{i=1}^{n_j}\Delta X_{ij}}{n_j} \tag{15.7.7}$$

但从式(15.7.6)也可看出上一节提出的问题，即试验弹数 n 越小，两弹对应坐标差值的散布($E_{\Delta X}$)越大，越容易通过检验，这在实际中是不合理的。当所检验的弹道一致性稍差一点时，只要把 α 减小一点，也可以获得通过，这样做会有什么问题呢？本节作些讨论。

15.7.3 平均弹道一致性检验时两类错误的公算(概率)

在平均弹道一致性检验中，可能产生以下两类错误。

1. 弃真错误

两种弹的平均弹道是一致的，例如地炮射程和侧偏有 $M(X^{(1)}) = M(X^{(2)})$，$M(Z^{(1)}) = M(Z^{(2)})$，但射击结果出现了 $|\overline{\Delta X}| > \lambda_a E_{\Delta X}$，$|\overline{\Delta Z}| > \lambda_a E_{\Delta Z}$，此时我们作出了两种弹弹道不一致的结论，这就是弃真错误。

2. 存伪错误

两弹平均弹道不一致，即 $M(X^{(1)}) \neq M(X^{(2)})$，$M(Z^{(1)}) \neq M(Z^{(2)})$，但射击结果却出现了 $|\overline{\Delta X}| < \lambda_a E_{\Delta X}$，$|\overline{\Delta Z}| < \lambda_a E_{\Delta Z}$，此时我们作出了两种弹平均弹道一致的结论，这就是存伪错误。

弃真错误出现的概率称为弃真公算。由式(15.7.5)知，在 H_0 成立的条件下，$|t| > t_{\alpha/2}$ 的临界值是 α，即拒绝假设的概率为 α，因此弃真公算等于显著水平 α。

但是存伪错误的公算计算较为复杂，它依赖于两数学期望相差的程度，记

$$\begin{aligned} M(X^{(1)}) &= M(X^{(2)}) + \varepsilon_X \bar{E}_X, \quad \bar{E}_X = \sqrt{E_{X1}^2 + E_{X2}^2} \\ M(Z^{(1)}) &= M(Z^{(2)}) + \varepsilon_Z \bar{E}_Z, \quad \bar{E}_Z = \sqrt{E_{Z1}^2 + E_{Z2}^2} \end{aligned} \tag{15.7.8}$$

式中，E_{X1}、E_{X2} 分别为两弹试验值的中间偏差。

这时式(15.7.4)中的 t 不服从对称 t 分布，而服从非中心 t 分布。利用非中心 t 分布，取显著水平 $\alpha = 5\%$、10%，$\varepsilon = 1$、2，计算出存伪概率，见表15.7.1。

表15.7.1 存伪公算(概率)数值表

$m \times n$		1×4	1×5	1×6	1×7	3×7	9×7
$\alpha = 5\%$	$\varepsilon = 1$	0.750 1	0.703 8	0.659 5	0.616 4	0.188 5	0.001 7
	$\varepsilon = 2$	0.405 8	0.284 1	0.194 5	0.130 2	0.130 2	0.000 0

续表

$m \times n$		1×4	1×5	1×6	1×7	3×7	9×7
$\alpha = 10\%$	$\varepsilon = 1$	0.606 5	0.551 0	0.499 7	0.450 8	0.095 7	0.000 5
	$\varepsilon = 2$	0.232 7	0.145 4	0.089 1	0.054 9	0.000 0	0.000 0

由表 15.7.1 可见：

①存伪公算随显著水平 α 的增大而减小。即由于 α 的增大，缩小了一致性界限，这样存伪公算就小了。但是显著水平 α 的增大却导致弃真公算增加。

②当两个武器系统的散布中心的差别越大（即 ε 增大）时，存伪公算便越小。

③保持一定的弃真公算（即取定显著水平 α），增加射击的组数和每组弹数，可以缩小一致性界限，从而减少存伪公算。

由此可知，通常的射表检验法、弹道一致性检验法、异常值剔除法都只着重考虑了弃真公算。α 越小，打的弹组数 m 和每组发数 n 越少，射弹散布 E_X、E_Z 越大越容易通过检验，只是反映了弃真概率越小，但此时却会导致存伪概率增大，出现了结论可信程度降低的危险。例如，若是每种武器只射击 1×7 发，在 $\alpha = 5\%$ 的条件下，当两种弹平均射程差别为一个散布中间偏差时，弃真公算为 5%，而存伪公算却高达 P(存伪) = 61.64%。

如此之大的存伪公算显然是不允许的，即使增大 $\alpha = 10\%$，存伪公算仍有 P(存伪) = 45.08%，并导致弃真公算增大到 10%。可见只用一组七发进行平均弹道一致性检验是不合适的。

如果用三组七发射击，当 $\alpha = 5\%$，散布中心相差一个中间偏差，$\varepsilon = 1$ 时，弃真公算为 5%，存伪公算为 18.85%，这样的错误公算是可以接受的。

因此，弹道一致性检验以打三组、每组七发为宜，打的弹太少虽然容易通过检验，但存伪（虚假）的可能性太大。在多方协商减小 α 使射表通用时，也必须受到存伪概率的限制，如果存伪概率过大，如大于 30%，就需要考虑如此勉强地通用射表是否合适。

15.7.4　关于一致性界限问题的其他提法

实际上，用命中概率来研究弹道一致性更为合理，只要两种弹对空中一系列坐标区域内的命中概率大致相等或乙弹相对甲弹命中概率下降不多（如不超过 10%），就可认为两弹的弹道一致，可以通用一个射表。根据这一原则也可确定两弹弹道一致性的接受界，如在美国陆军试验法中，将由式（15.7.6）算出的界限再增加 50% 作为使用同一射表的试验接受界，即

$$\overline{\Delta X} < 1.5\lambda_{\alpha} E_{\Delta X}, \overline{\Delta Z} < 1.5\lambda_{\alpha} E_{\Delta Z}$$

对于用甲种弹射表进行乙种弹射击，有的参考文献中建议将通用射表合格界确定为 $1.5E_X$ 和 $1.5E_Z$。即当乙弹试验标准化射程、侧偏与表定射程、侧偏之差满足

$$\overline{\Delta X} < 1.5E_X, \overline{\Delta Z} < 1.5E_Z$$

时，认为乙弹可与甲弹通用射表。但该建议尚未成为我国试验检验标准，还有待研究。

目前还有一种检验方法，采用两种弹落入其散布椭圆重叠区域的概率来等效表征两种弹的弹道一致性程度，据此判别能否共用射表，该法已取得较好的实际应用效果，具体方法可参见文献[75]。

本章知识点

①外弹道试验常用仪器及其测试原理、试验数据处理方法。

②从弹箭飞行试验数据中辨识气动力系数的思路和方法。

③射表的作用、特点及编拟方法。

本章习题

1. 已知炮位的纬度为 47.517 3°、经度为 124.486 483 3°、高度为 157.5 m,目标位置的纬度为 47.456 281 41°、经度为 124.847 564 64°、高度为 157.16 m。假设射向为 100.595°(从正北顺时针转过),请根据第 15.3 节的相关内容,计算目标在弹道坐标系中的坐标(x,y,z)。

2. 已知炮位的纬度为 47.517 3°、经度为 124.486 483 3°、高度为 157.5 m,目标位置在弹道坐标系中的坐标为第 1 题中结果(x,y,z),射向仍为 100.595°,试根据第 15.3 节中的相关内容,迭代求出目标位置的纬度、经度和高度(观察结果是否与第 1 题所给数据一致)。

3. 对某穿甲弹进行射表检查。查射表得到某靶距对应的飞行时间为 1.189 s,按表载射角(经修正后)射击 5 发弹,标准化后的飞行时间分别为 1.135 s、1.203 s、1.033 s、1.086 s、1.195 s,请根据第 15.6.10 介绍的假设检验法(取显著水平 $\alpha=0.05$),做出射表是否合格的判定(要求列出计算过程)。

第 16 章
底部排气弹的弹道计算与分析

内容提要

本章以底部排气弹为对象,依次讲述底部排气弹的发展概况、底排装置内弹道理论和计算方法、底部排气减阻机理、底排减阻率的计算方法以及底部排气弹的弹道计算与弹道性能分析等。

16.1 引　　言

16.1.1 底排技术发展概况

增大火炮射程一直是弹道学家、空气动力学家和兵器设计专家的重要研究课题。增大火炮射程有多种途径,如提高初速、火箭助推和减小阻力、采用有控滑翔、底部排气等方法。

其中,底排增程在设计合理、作用可靠的情况下,不仅增程率比较高,可达到 30%,而且不需要改变火炮装药设计,在解决射程、精度、威力和机动性矛盾等方面,比其他增程方法容易些。

底部排气减阻增程技术是从曳光弹射击试验中得到启发的。在相同初速和射角下射击,带曳光管弹丸的射程比不带曳光管弹丸的射程要远。这引起了兵器科学技术部门的兴趣,从而开展了底部排气技术的研究工作。

早在 20 世纪 60 年代,美国国家航空航天局的路易斯实验室就进行了排气试验,在弹丸尾流区燃烧氢气,以减小超声速弹丸的阻力。到 20 世纪 80 年代,底部排气弹的研制蓬勃发展起来,美国、英国、比利时、瑞典和苏联都相继研制成功底部排气弹。155 mm 底排弹增程率达到 30%,最大射程接近 40 km。此时我国引进有关技术,20 世纪 90 年代初研制成功了 GC45 - 155 mm 底部排气弹、130 mm 底部排气弹,增程率接近世界先进水平。

16.1.2 底部排气弹外弹道计算和分析的特点

底部排气弹的弹道计算不单纯是外弹道计算。在外弹道计算的每一步都需进行底排减阻率的计算,这不仅涉及底排内弹道计算,而且还有排气情况下的气动力计算问题。因此底部排气弹的弹道计算将外弹道、底排内弹道及气动力计算融为一体了。在计算底部排气弹的弹道诸元时,将同时计算底排装置中的压力、排气参数、减阻率等。因此,在讨论底部排气弹外弹道的计算与分析之前,必须先介绍有关的底排内弹道理论和方法、底排减阻理论和减阻率计算方法等,同时这也为分析底排弹的试验现象和结果提供了理论基础和分析方法。

16.2 底排装置内弹道理论和计算方法

16.2.1 概述

尽管底排装置与固体火箭增程发动机在结构上有相似之处,但在增程机理上有本质区别。

火箭增程发动机的推进剂具有较高的燃速,一般在10 mm/s以上,推进剂燃烧后产生高温、高压燃气,其压力通常可达1 MPa甚至几十兆帕,高压燃气通过拉瓦尔喷管喷出,产生超声速气流。火箭增程弹靠高速喷射的质量流产生喷气反作用力,即动推力,同时还存在有静推力,使火箭增程弹增大射程。

底排装置则不同,底排药柱的燃速较低,一般为1~3 mm/s,燃烧面积较小,单位时间内产生的燃气量较小,在底排装置内只形成较低的压力,一般只比环境压力高15%,在地面上,底排装置内的压力只稍高于大气压。燃气从圆柱形排气孔排出,在出口截面上只获得亚声速气流。底排工作时产生的推力很小,只有空气阻力的1/10左右。

本节主要介绍底排装置内底排药柱燃烧和燃气流动的基本知识,建立底排药柱燃烧模型、底排内弹道计算模型,这些模型是底排弹外弹道计算模型的一部分。

16.2.2 底排药柱的燃速

1. 底排药柱的燃速定律

假定底排药柱的成分及其物理化学性能都均匀一致,药柱的全部燃烧面同时点燃,并处于相同的燃烧条件下,则全部燃烧面的各点将沿燃烧面的法线方向以相同的速度向药柱内部移动,即全部燃烧面同时点火平行层燃烧。这一燃烧规律称为几何燃烧定律。

药剂按照几何燃烧定律燃烧时的燃烧速度这样定义,假设在dt时间内,在一定条件下,药柱固相燃烧表面沿其法线方向烧去的距离为de,则药柱在此条件下的法线燃速r_p定义为

$$r_p = \mathrm{d}e/\mathrm{d}t$$

燃速本是一个瞬时概念,但由于燃速受多种因素影响,在燃烧过程中变化较复杂,难以准确描述,故工程上常采用平均燃速的概念,它定义为药柱厚度除以烧掉这一厚度所用的时间。

药剂的燃速取决于它本身的化学组成和物理结构,以及底排装置的工作条件。实验与理论都证明,当药剂性质一定时,燃气压力是影响药剂燃速的重要因素。经理论和实验研究建立了燃速与燃气压力的多种关系式,通常称之为燃速定律。常用的燃速定律有以下三种:

(1)指数燃速定律

指数燃速定律的表达式为

$$r_p = a_0 + ap_{\mathrm{mot}}^n \quad 或 \quad r_p = ap_{\mathrm{mot}}^n \tag{16.2.1}$$

式中,r_p为药柱的法线燃速(mm/s);a_0、a为燃速系数(mm/s);n为燃速压力指数;p_{mot}为底排装置内压力(MPa)。其中a_0、a、n由实验确定。在压力可控制的压力舱中测定药剂的燃速,经数据处理求出a_0、a、n。它们取决于药剂的性质、药柱的初温和底排装置内的压力范围。在计算中应注意,由于a_0、a与r_p的单位相同,因而p_{mot}^n量纲为1。

（2）线性燃速定律

线性燃速定律的表达式为

$$r_p = a_1 + b_1 p_{\text{mot}} \tag{16.2.2}$$

式中，a_1、b_1 为燃速系数，取决于药剂性质、初温和底排装置内压力，由试验确定。

（3）萨默菲尔德燃速定律：萨默菲尔德燃速定律的表达式为

$$\frac{1}{r_p} = \frac{A}{p_{\text{mot}}} + \frac{B}{\sqrt[3]{p_{\text{mot}}}} \tag{16.2.3}$$

式中，A、B 为燃速系数，取决于药剂性质、药柱初温和底排装置内压力，也由试验确定。

上述三种燃速定律都是由试验得到的半经验公式，在一定的条件下都有一定的精确性，在具体计算中，应根据具体条件来选择。在底排装置内弹道计算中使用较多的是指数燃速定律。

2. 初温对药剂燃速的影响

初温是影响药剂燃速的重要因素。一般来说，药剂初温越高，燃速越高。在相同压力下，初温对燃速的影响可以用如下公式表达

$$r_{pi} = r_{pst} \mathrm{e}^{\alpha_r (t_i - t_{st})} \tag{16.2.4}$$

式中，t_{st}为标准初温（℃）；t_i 为药柱初温（℃）；α_r 为燃速初温敏感度（1/℃）；r_{pst}为给定压力下标准初温对应的燃速（mm/s）；r_{pi}为与上述相同压力下药柱初温对应的燃速（mm/s）。

对式（16.2.4）取对数后微分得

$$\alpha_r = \frac{\mathrm{d}(\ln r_{pi})}{\mathrm{d}t_i} = \frac{\mathrm{d}r_{pi}}{\mathrm{d}t_i} \frac{1}{r_{pi}}$$

由上式可以看出，α_r 的物理意义是在压力不变的条件下，初温变化 1 ℃时燃速的相对变化率。它的数值取决于药剂的性质。

在实际应用中，常用平均燃速初温敏感度 $\bar{\alpha}_r$ 代替 α_r，$\bar{\alpha}_r$ 的表达式为

$$\bar{\alpha}_r = \frac{r_{pi} - r_{pst}}{r_{pst}(t_i - t_{st})} \tag{16.2.5}$$

此时燃速与初温的关系可表示为

$$r_{pi} = r_{pst}[1 + \bar{\alpha}_r (t_i - t_{st})] \tag{16.2.6}$$

3. 弹丸转速对药柱燃速的影响

在底部排气弹的研制过程中，发现旋转弹底排实际工作时间比理论计算工作时间短许多。经理论分析和研究认为，可能是弹丸旋转使底排药柱燃速加快的缘故。之后在专门设计的地面旋转试验台上测得了某复合剂底排弹的燃速随弹丸转速变化的数据，见表 16.2.1。

表 16.2.1　某复合剂底排弹的燃速随弹丸转速的变化

序号	$\dot{\gamma}$ /(r · min^{-1})	t_b /s	$\bar{r}_p$ /(mm · s^{-1})	燃速增大率/%
1	0	29	1.29	
2	6 000	25.5	1.47	14
3	7 200	25.2	1.48	15
4	9 000	24.7	1.51	17
5	10 200	23.9	1.56	21
6	10 800	23.4	1.60	24

注：$\dot{\gamma}$ 为弹丸自转角速度；t_b 为底排药柱燃烧时间；$\bar{r}_p$ 为平均燃速。

从表16.2.1可以看出,转速增加到10 800 r/min时,燃速增大24%,一般远程底排弹的转速为10 000~20 000 r/min,转速对燃速都有较大影响,必须予以考虑。底部排气弹飞行试验结果也表明,对于复合型药剂,转速使燃速增大15%~25%;对于烟火剂,则增大1~2倍。

目前见到的考虑转速对燃速影响的计算方法有两类:一类是直接修正燃速,即在弹丸不旋转时的燃速公式上,乘以与转速有关的修正系数;另一类是把转速对燃速影响的修正转化为对底排装置内压力的修正,即对弹丸不旋转条件下计算的底排装置内压力,附加上弹丸旋转引起的压力增量。常用修正方法是第一类。设弹不旋转时燃速为 r_p,旋转时燃速为 r'_p,则

$$r_p = ap_{\text{mot}}^n \tag{16.2.7}$$

$$r'_p = \varepsilon \cdot r_p = \varepsilon \cdot ap_{\text{mot}}^n \tag{16.2.8}$$

式中,ε 为药柱燃速修正系数。ε 由实验确定,常将其表示成弹丸转速的多项式,例如

$$\varepsilon = a_\varepsilon + b_\varepsilon(\dot{\gamma}^2 \cdot r) + c_\varepsilon(\dot{\gamma}^2 \cdot r)^2 \tag{16.2.9}$$

式中,a_ε、b_ε、c_ε 为根据实验数据得到的拟合系数;r 为任一时刻燃速面所在处的半径。

16.2.3 底排装置燃气流动理论基础

1. 基本假设

底排药剂燃烧之后产生大量具有一定温度和压力的燃气,燃气通过喷管向弹丸底部流动。燃气是由多种组分组成的混合气体,各组分的比例关系主要取决于药剂的配方。某些药剂燃烧后还可能伴有微量的固体粒子和液态质点,它们统称为凝聚相。燃气各组分之间还可能发生化学反应,它们的数量关系由一定温度下的化学平衡所决定。由于受药剂生产工艺等多方面的影响,在底排药柱燃烧过程中,燃气温度是在一定范围内变化的。燃气各组分间的数量关系也会变化。因此,燃气向弹丸底部的流动过程十分复杂。为了突出主要因素,抓住问题本质,既使理论计算满足一定的精度要求,又将问题简化,便于工程处理,特做如下假设:

①药柱燃烧时燃气温度不变,在底排工作期间,燃气的化学组分与热力特性保持不变。

②燃气为理想气体,满足理想气体状态方程,不考虑凝聚相的影响。

③燃气在底排装置出口的流动为一维等熵定常流。

所谓一维,是指在垂直于底排装置出口平面的轴线上的任意截面上,流动参数在各点的数值都相同。所谓定常,是指燃气流动过程中任一截面上的流动参数均不随时间变化,即流动参数仅是截面位置的函数而与时间无关。所谓等熵,是指燃气的流动过程是绝热可逆过程,即燃气与壳体没有热交换,而且流动参数的变化是连续的。实际上,由于摩擦的存在,在同一截面上燃气的流速不可能相等,而且摩擦也会产生热量。因药柱燃烧,底排装置内压力会变化,也会使流动参数变化。但因燃气流速低,这些影响都不大,上述假设带来的误差是允许的。

2. 一维等熵定常流基本方程

在以上的假设之下,底排内弹道方程可根据一维等熵定常流基本方程建立。描述一维等熵定常流特性的基本方程有质量方程、动量方程、能量方程、状态方程和等熵方程。

(1) 质量方程

根据一维定常流的假设,单位时间内通过流过任一截面的燃气质量始终相等,即质量流率相等。用公式表达为

$$\dot{m} = \rho_{\text{gas}} v S_{\text{gas}} = \text{常数} \tag{16.2.10}$$

式中，$\dot{m}$ 为燃气的质量流率，即单位时间内通过某一截面的燃气质量；S_{gas} 为燃气通过的截面面积；ρ_{gas}、v 分别为该截面上的燃气密度和燃气流速。

严格来讲，燃气的流动是非定常的，但这里仍然使用上述公式作为计算质量流率的基础，譬如，若取计算点为出口截面，则只要能计算出各瞬时该截面处的燃气密度与流速，就可利用式(16.2.10)求得对应于该瞬时燃气的质量流率及它随时间的变化规律。

(2) 动量方程

根据燃气流动是一维等熵定常流的假设，燃气质点之间以及燃气质点与管壁之间没有摩擦，而且燃气除受邻近气体的压力之外，同外界不再有任何热与功的交换，在此基础上，可导出动量方程为

$$\rho_{gas} v \mathrm{d}v + \mathrm{d}p = 0 \tag{16.2.11}$$

式中，p 为所取截面处燃气的压力。

由式(16.2.11)可以看出，当 $\mathrm{d}p<0$ 时，即燃气压力不断降低时，则 $\mathrm{d}v>0$，即燃气的流速不断增大。因此，在底排装置工作期间，只有出口截面处的压力总是低于底排装置内部的压力，才能在排气孔出口截面处使燃气达到一定的流速。

(3) 能量方程

对于一维定常流，只要燃气在流动过程中与外界没有热与功的交换，即可导出能量方程为

$$H + v^2/2 = 常数 \tag{16.2.12}$$

式中，H 为燃气的物理焓，即在定压条件下，使燃气达到一定温度所需要的热量。

$$H = \int_0^T c_p \mathrm{d}T \tag{16.2.13}$$

式中，c_p 为燃气的定压比热容；T 为燃气的温度。

燃气的定压比热容 c_p 与燃气的组分及温度有关。如果把 c_p 理解为在温度从 0 到 T 范围内的平均值(取为常数)，则燃气的物理焓 H 为

$$H = c_p T \tag{16.2.14}$$

(4) 状态方程

根据燃气为理想气体的假设，它必满足理想气体状态方程

$$p = \rho_{gas} RT \tag{16.2.15}$$

式中，R 为燃气的气体常数。它等于通用气体常数 R_0 与燃气的平均相对分子质量 M_r 之比，即

$$R = R_0/M_r \tag{16.2.16}$$

(5) 等熵方程

根据燃气的流动过程为等熵过程的假设，它必满足关系式

$$p/\rho_{gas}^k = 常数 \tag{16.2.17}$$

式中，k 为燃气的比热比或绝热指数，$k=c_p/c_V$，其中 c_p 和 c_V 分别为燃气定压比热容和定容比热容。

由式(16.2.17)可导出燃气在两种状态下温度 T 与压力 p 的关系，有

$$\frac{T_2}{T_1} = \left(\frac{p_2}{p_1}\right)^{\frac{k-1}{k}} \tag{16.2.18}$$

c_V、c_p 与 R 有如下关系式

$$c_V = c_p - R,\ c_p = Rk/(k-1) \tag{16.2.19}$$

3. 一维等熵定常流的三种特殊状态

(1) 滞止状态

燃气流速等于零时所对应的状态称为滞止状态。滞止状态下的燃气温度和压力分别用 T_0 和 p_0 表示。由能量方程可以看出,燃气在该状态下的物理焓记为 H_0,实质上也就是燃气的温度取最大值所对应的物理焓,此时的能量方程可写成

$$v^2/2 + H = H_0 \tag{16.2.20}$$

式(16.2.20)表明,当燃气的流速为零时,燃气的温度最高。随着燃气流速的增大,燃气温度在降低,物理焓在减小。由动量方程可知,随着流速的增大,燃气压力在下降,当燃气的流速为某一值时,对应此流速,燃气的温度与压力存在如下关系

$$Tp^{-\frac{k-1}{k}} = T_0 p^{-\frac{k-1}{k}} \quad 或写成 \quad T/T_0 = (p/p_0)^{\frac{k-1}{k}} \tag{16.2.21}$$

由于绝热过程能量不会损失,只要流动是绝热的,滞止温度 T_0 就保持不变。对于滞止压力 p_0 而言,只要流动是等熵的,在回到滞止状态时,滞止压力就保持不变。

在研究底排装置工作过程时,可将底排装置内部的燃气状态看成是滞止状态,即 $p_0 = p_{\text{mot}}$,$T_0 = T_{\text{mot}}$。严格来说,在底排装置内部,并不是任何一点燃气的流速均为零,从底排装置底部到排气出口截面,燃气是逐渐加速的,只不过与燃气在出口截面处的流速相比,底排装置内的流速要小得多。为了简化问题,可认为底排装置内部的燃气流为滞止状态。

(2) 极限状态

在燃气流动过程中,如果燃气压力和温度不断下降,则燃气的流速会不断增大。可以设想,当燃气温度下降到热力学温度为零度时,燃气的流速将达到最大值。燃气的此种流动状态称为极限状态。记此时的燃气流速为 $v_{\max}$。由式(16.2.20)可得

$$v_{\max} = \sqrt{2H_0} \tag{16.2.22}$$

式中,$v_{\max}$称为极限速度。当底排滞止温度为1 812 K、定压比热为1 797 J/(kg·K)时,$v_{\max}$ = 2 552 m/s。实际上,底排装置出口截面处燃气流速只有500 m/s,可见燃气的实际流速远小于极限速度。

(3) 临界状态和底排装置燃气流亚声速流出条件

燃气的流速等于当地声速时的状态称为燃气的临界状态。在临界截面的上游,燃气为流速低于声速的亚声速流动;在临界截面的下游,燃气为流速高于声速的超声速流动。必须强调指出,在流管的不同截面处,不仅燃气的流速在变化,而且声速也在变化。在排气孔出口截面处燃气的流速是超声速还是亚声速流动,主要取决于底排装置内压力 p_{mot}、排气孔内腔的形状变化规律、排气孔出口截面周围的环境压力等因素。火箭发动机燃烧室内压力较高,喷管内腔形状采用先收缩后扩张的拉瓦尔喷管,使出口截面的流速达到超声速。底排装置内部压力很低,排气孔的内腔为圆柱形,出口截面处的流速只能达到亚声速或声速。当然,这是根据不同的目的有意设计的。

临界状态下的燃气压力、流速和温度分别称为临界压力、临界速度和临界温度,分别记以 p^*、v^* 和 T^*,并记这时的声速为 c^*,由能量方程和有关关系式可得

$$v^* = c^* = c_0\sqrt{\frac{2}{k+1}} = \sqrt{\frac{2kRT_0}{k+1}}, \quad T^* = \frac{2}{k+1}T_0, \quad x = \frac{p}{p_0} \tag{16.2.23}$$

$$p^* = p_0\left(\frac{2}{k+1}\right)^{\frac{k}{k-1}} \quad 或 \quad \frac{p^*}{p_0} = \left(\frac{2}{k+1}\right)^{\frac{k}{k-1}} \tag{16.2.24}$$

式中，p^*/p_0 称为临界压力比，这是一个很重要的概念，它说明在等熵流动中，燃气经过膨胀，如果压力比 $x=p/p_0$ 达到临界值 $[2/(k+1)]^{\frac{k}{k-1}}$，则流速将达到临界速度；如果压力比继续降低，就能获得超声速流动。反之，如果要使燃气流动限于亚声速流动，须使设计压力比大于临界压力比。

根据如上分析，可得底排装置燃气流动亚声速流出条件

$$p_e/p_0 > p^*/p_0 \tag{16.2.25}$$

由于在亚声速条件下，底排装置出口处压力 p_e 与周围环境压力 p_c 相等，即 $p_e=p_c$，则有

$$\frac{p_c}{p_0} > \left(\frac{2}{k+1}\right)^{\frac{k}{k-1}} \tag{16.2.26}$$

由于弹丸飞行过程中，弹底周围的压力主要取决于弹丸飞行高度处的气压和飞行马赫数，故上述条件实质上是对底排装置内燃气压力 p_{mot} 的限制。随着弹道增高，环境压力不断减小，要保证燃气从排气孔流出始终为亚声速流动，底排内的燃气压力也应是逐渐减小的。

16.2.4　底排装置内弹道计算

理论研究与试验结果表明，底排装置减阻率与燃气的质量流率及其随时间的变化规律密切相关。底排装置内弹道计算必须解决 $\dot{m}$ 的计算问题。由质量方程可知，要计算 $\dot{m}$，首先必须解决底排药柱燃烧面的计算和底排装置内压力的计算。下面介绍它们的计算方法。

1. 药柱燃烧面积的计算

药柱燃烧面积与药柱的几何形状、包覆条件及各瞬时的燃速有关。因此，只有当底排药柱的几何尺寸及包覆（不燃烧物质制成）条件确定之后，才能进行药柱燃烧面积的计算。下面以图 16.2.1 所示的药柱结构为例，说明药柱燃烧面积的计算方法。

图 16.2.1(a) 所示的药柱为中空圆柱形，药柱端面和外表面被包覆，整个药柱分成三等分。药柱内孔半径为 r_1，外圆半径为 r_2，药柱长为 L，每个缝隙宽为 $2c_1$，内圆表面与 6 个狭缝表面为燃烧面。现以图 16.2.1(b) 所示的药块为例，导出此种药柱燃烧面积的计算公式。

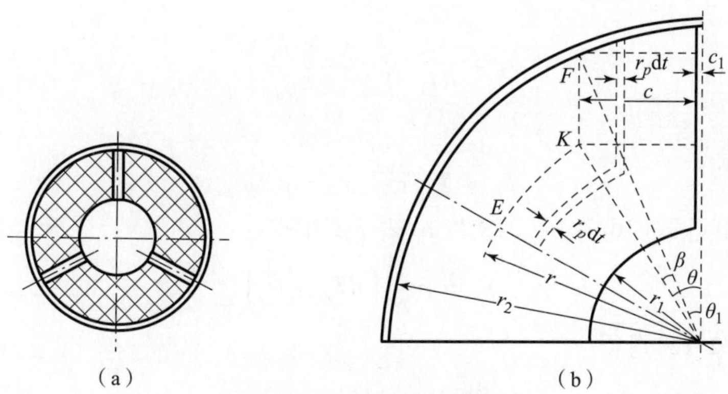

图 16.2.1　药柱燃面的变化

(a) 药柱剖面结构；(b) 药柱燃面的变化

根据药柱几何燃烧定律的假设，在微元时间 $\text{d}t$ 内，各燃烧面均沿其法线方向向内烧去 $r_p\text{d}t$ 的厚度。由于在燃烧过程中，药柱长度不变，因此，药柱燃烧面积的改变完全由燃烧层在横截

面上的线长变化引起。设在 t 瞬时燃烧面推移至图中 EKF 位置,此时的内孔半径由 r_1 增大至 r,狭缝的半个宽度由 c_1 增大至 c,其计算式为

$$r = \int_0^t r_p \mathrm{d}t + r_1,\ c = \int_0^t r_p \mathrm{d}t + c_1 \tag{16.2.27}$$

根据图 16.2.1 中所示几何参数,得半个药块的燃烧表面积 S_1 为

$$S_1 = L(\widehat{EK} + KF) \tag{16.2.28}$$

由于

$$\theta_1 = \arcsin\frac{c}{r_2}, \theta = \arcsin\frac{c}{r},\ \beta = \theta - \theta_1 = \arcsin\frac{c}{r} - \arcsin\frac{c}{r_2} \tag{16.2.29}$$

由余弦定理算出 KF 及弧长 $\widehat{EK}$

$$KF = \sqrt{r^2 + r_2^2 - 2rr_2\cos\beta}, \widehat{EK} = r(\pi/3 - \theta) \tag{16.2.30}$$

则在 t 瞬时药柱总燃烧面积 S 为

$$S = 6S_1 = 6L[r(\pi/3 - \theta) + \sqrt{r^2 + r_2^2 - 2rr_2\cos\beta}] \tag{16.2.31}$$

由于 r 和 c 都是时间 t 及燃速 r_p 的函数,而 r_p 又是底排装置内压力 p_{mot} 的函数,因此,燃速式(16.2.27)不能单独使用,只能与底排装置内压力 p_{mot} 的方程联立求解。

上面导出了三药块药柱燃烧面积公式,对于端面与外表面包覆的中空圆柱形药柱,同样可以导出具有 n 个狭缝的一般燃烧面积公式,其公式为

$$S = 2nL[r(\pi/n - \theta) + \sqrt{r^2 + r_2^2 - 2rr_2\cos\beta}] \tag{16.2.32}$$

在药柱燃速一定的情况下,药柱燃烧面的大小直接影响 $\dot{m}$ 的大小。在实际设计中,可根据最佳减阻的需要,先确定 $\dot{m}$ 的变化规律,然后进行药柱燃烧面设计。

2. 燃气秒质量流率的计算

燃气秒质量流率 $\dot{m}$ 的计算公式为

$$\dot{m} = \rho_e v_e S_e \tag{16.2.33}$$

由理想气体状态方程和绝热方程得

$$\rho_e = \frac{p_e}{RT_e}, \frac{T_e}{T_{\mathrm{mot}}} = \left(\frac{p_e}{p_{\mathrm{mot}}}\right)^{\frac{k-1}{k}} \tag{16.2.34}$$

即有

$$T_e = T_{\mathrm{mot}} x_e^{\frac{k-1}{k}},\ x_e = p_e/p_{\mathrm{mot}} \tag{16.2.35}$$

把式(16.2.35)代入式(16.2.34)的密度 ρ_e 表达式中得

$$\rho_e = p_e \Big/ \left(RT_{\mathrm{mot}} x_e^{\frac{k-1}{k}}\right) \tag{16.2.36}$$

由能量方程(16.2.12)可得

$$\frac{1}{2}v_e^2 + c_p T_e = c_p T_{\mathrm{mot}} \tag{16.2.37}$$

所以

$$v_e = \sqrt{2c_p(T_{\mathrm{mot}} - T_e)} = \sqrt{2c_p T_{\mathrm{mot}}(1 - x_e^{\frac{k-1}{k}})} \tag{16.2.38}$$

把式(16.2.38)与式(16.2.36)代入式(16.2.33),得

$$\dot{m}=\frac{p_eS_e}{RT_{\text{mot}}x_e^{\frac{k-1}{k}}}\sqrt{2c_pT_{\text{mot}}\left(1-x_e^{\frac{k-1}{k}}\right)}\quad 或\quad \dot{m}=\frac{p_{\text{mot}}S_ex_e}{RT_{\text{mot}}x_e^{\frac{k-1}{k}}}\sqrt{2c_pT_{\text{mot}}\left(1-x_e^{\frac{k-1}{k}}\right)}\tag{16.2.39}$$

将表达式(16.2.19)$c_p=kR/(k-1)$代入式(16.2.39),得

$$\dot{m}=\frac{p_{\text{mot}}S_ex_e^{\frac{1}{k}}}{RT_{\text{mot}}}\sqrt{\frac{2k}{k-1}RT_{\text{mot}}\left(1-x_e^{\frac{k-1}{k}}\right)}\quad 或\quad \dot{m}=\frac{p_{\text{mot}}S_e}{\sqrt{RT_{\text{mot}}}}\sqrt{\frac{2k}{k-1}\left(x_e^{\frac{2}{k}}-x_e^{\frac{k+1}{k}}\right)}\tag{16.2.40}$$

由上式可知,求解任一时刻的质量流率 $\dot{m}$,必须已知该时刻的 T_{mot}、p_{mot}、R、k、p_e 和 S_e 等参数。其中 S_e 为排气孔出口截面的面积,是已知量;R、T_{mot}和 k 由药剂的热力参数计算求得;p_{mot}和 p_e 为变量,需建立相应的计算方程。p_{mot}的计算式在下面研究,这里先求 p_e。对于亚声速流动,可取 p_e 等于排气孔周围的环境压力,即 $p_e=p_b$,p_b 为弹底压力。因此,只要求得 p_b 即可。

p_b 的计算式可根据弹丸底阻系数的定义求得

$$p_b=p_\infty\left(1-\frac{k}{2}c_{Db}\cdot Ma_\infty^2\frac{S_1}{S_e}\right)\tag{16.2.41}$$

式中,p_∞为环境压力;c_{Db}为弹丸底阻系数;S_e 为弹底面积;S_1 为弹体最大横截面积;Ma_∞为弹丸飞行马赫数。其中 c_{Db}由下式确定

$$c_{Db}=c_{DB0b}\cdot(1-R_{c_{Db}})\tag{16.2.42}$$

式中,c_{DB0b}为无底排减阻情况下的底阻系数;$R_{c_{Db}}$为底排减阻率。

因为计算 p_e 的目的就是求 $R_{c_{Db}}$,而这里又要用到 $R_{c_{Db}}$,故整个计算要迭代进行。

3. 底排装置内燃气压力的计算

计算底排装置内压力,工程上常用平衡压力法或数值积分法。这里仅介绍平衡压力法。

由状态方程 $p=\rho RT$ 可得底排装置内压力 p_{mot}的微分方程

$$\frac{\mathrm{d}p_{\text{mot}}}{\mathrm{d}t}=\frac{RT_{\text{mot}}}{V}(\Delta m-\dot{m})\tag{16.2.43}$$

式中,V 为底排燃气的体积。可以看出,压力 p_{mot}随时间的变化量 $\mathrm{d}p_{\text{mot}}/\mathrm{d}t$ 取决于燃气的每秒生成量 Δm 与每秒排出量 $\dot{m}$ 的数量关系。若 $\Delta m>\dot{m}$,则 $\mathrm{d}p_{\text{mot}}/\mathrm{d}t>0$,即该瞬时压力 p_{mot}升高;反之,若 $\Delta m<\dot{m}$,则 $\mathrm{d}p_{\text{mot}}/\mathrm{d}t<0$,即该瞬时压力 p_{mot}下降。如果 $\Delta m=\dot{m}$,则 $\mathrm{d}p_{\text{mot}}/\mathrm{d}t=0$,压力 p_{mot}处于动态平衡状态,此时的压力 p_{mot}称为平衡压力。从实际工作性能考虑,底排装置的工作基本上处于动态平衡状态。因此,可以用平衡压力法求解压力 p_{mot}与时间的关系。

使用线性燃速公式或考虑了转速的燃烧式(16.2.8),则瞬时 t 燃气的每秒生成量 Δm 为

$$\Delta m=Sr_p\rho_p=S\rho_p(a_0+ap_{\text{mot}}^n)\quad 或\quad \Delta m=S\rho_p\varepsilon ap_{\text{mot}}^n\tag{16.2.44}$$

每秒质量流量 $\dot{m}$ 按式(16.2.40)计算。又根据平衡压力的概念,$\Delta m=\dot{m}$,则由式(16.2.44)与式(16.2.40)相等,得

$$p_{\text{mot}}=\frac{\sqrt{RT_{\text{mot}}}S\rho_p(a_0+ap_{\text{mot}}^n)}{S_e\sqrt{\frac{2k}{k-1}\left(x_e^{\frac{2}{k}}-x_e^{\frac{k+1}{k}}\right)}}\quad 或\quad p_{\text{mot}}=\left[\frac{\sqrt{RT_{\text{mot}}}S\rho_p\varepsilon a}{S_e\sqrt{\frac{2k}{k-1}\left(x_e^{\frac{2}{k}}-x_e^{\frac{k+1}{k}}\right)}}\right]^{\frac{1}{1-n}}\tag{16.2.45}$$

由于上式两边都有压力 p_{mot},所以利用上式仍不能直接求解各瞬时底排装置内压力 p_{mot},只能用迭代法求解 p_{mot}。此外,p_{mot}还可直接从式(16.2.40)求得:引入与 p_{mot}无关的参量 a_b,并

将式(16.2.40)两端平方,得到关于因子($p_e^{1/k}p_{\text{mot}}^{(k-1)/k}$)的一元二次方程

$$[p_e^{1/k}p_{\text{mot}}^{(k-1)/k}]^2 - p_e[p_e^{1/k}p_{\text{mot}}^{(k-1)/k}] - a_b^2 = 0 \tag{16.2.46}$$

$$a_b = \dot{m}\sqrt{RT_{\text{mot}}}\sqrt{(k-1)/k}/S_e$$

由此解得

$$p_{\text{mot}} = \left(\frac{p_e + \sqrt{p_e^2 + 4a_b^2}}{2p_e^{1/k}}\right)^{k/(k-1)} \tag{16.2.47}$$

至此,我们建立了底排内弹道计算所需要的方程和有关关系式,将式(16.2.27)~式(16.2.31)、式(16.2.34)~式(16.2.47)及p_e、c_{Db}的关系式与弹丸运动方程组及有关气动力方程联立求解,可得到任一时刻底排装置内的压力p_{mot}、已燃去底排药的质量和秒流量,为计算底排减阻率提供必要的参数。

16.3 底部排气减阻机理与底排减阻率计算

16.3.1 弹丸零升阻力的组成和底阻的大小

在弹箭空气动力学中,一般将零升阻力系数c_{x_0}分成波阻c_{xw}、摩阻c_{xf}和底阻c_{xb}三部分,即

$$c_{x_0} = c_{xw} + c_{xf} + c_{xb} \tag{16.3.1}$$

c_{x_0}中各部分的大小与弹丸的外形及飞行速度有关。对普通远程榴弹,弹形不很细长,初速较高,在超声速($Ma>1.2$)条件下,摩阻占总阻的9%~13%,底阻占总阻的比例为27%~30%,波阻占总阻的57%~64%。对于细长的枣核弹,底阻占总阻的比例更大一些,如155底部排气弹底排装置不工作时的底阻占总阻的比例达到60%左右,对130底排弹,这个比例接近40%。

如上所述,弹丸底阻在总阻中占那么大的比例,可以设想如果将其减小50%,将使全弹总阻明显减小,从而使射程大幅度提高。底部排气弹就是通过底排装置向弹丸底部排气,给弹丸低压区增加质量、能量,提高底压,减小底阻,从而达到增程的目的。

16.3.2 底部排气减阻机理

为了阐明底排减阻机理,下面介绍一下底排弹在排气与不排气时的弹底部流场情况。

在介绍底部流场之前,先观察一下气流流过后台阶的超声速流动情况。如图16.3.1所示,来流壁面上有一薄的边界层,在拐角处,其厚度为δ_0,边界层之外为均匀的超声速气流($Ma_\infty>1$),在拐角处气流膨胀,流动方向发生折转,流动Ma数逐渐转为Ma_1,折转的气流在距底部一定距离上又转回到原来流的方向,形成一道激波,Ma数由Ma_1变为Ma_2。

如果沿底部尾迹区x方向测量其压力,发现在底部区压力是很均匀的,只是气流在Ma_1处通过再压缩形成激波转到Ma_2处时,压力开始上升。沿尾迹的压力分布情况如图16.3.2所示。

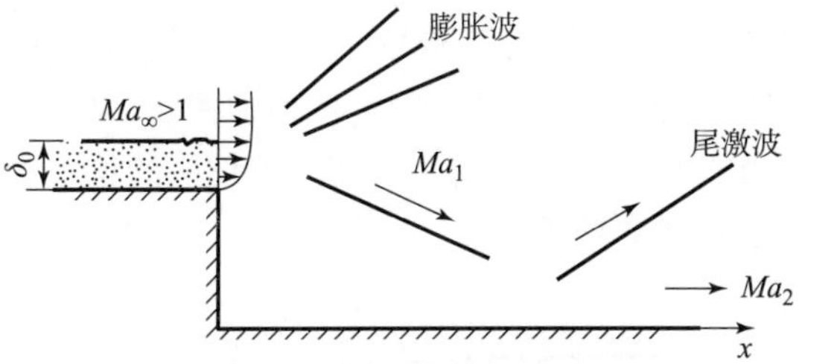

图 16.3.1　二维后台阶超声速流动

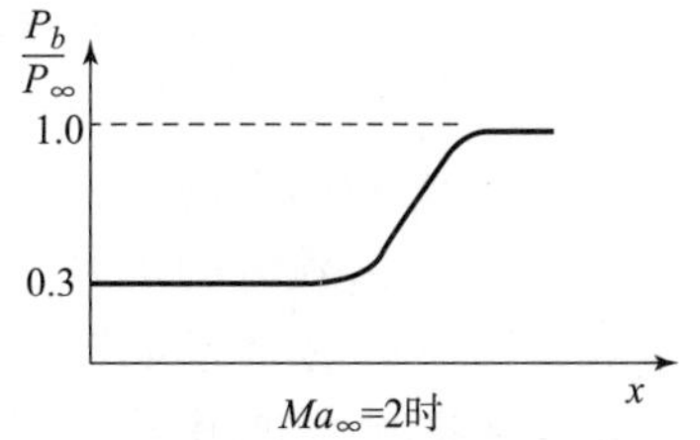

图 16.3.2　$Ma=2$ 时沿尾迹的压力分布

气流流过弹尾任一纵剖面的情况与气流流过后台阶时非常相似，现介绍弹丸底部流场。

1. 无底部排气时弹丸底部流场

无底部排气时的底部流场和分区如图 16.3.3 和图 16.3.4 所示。

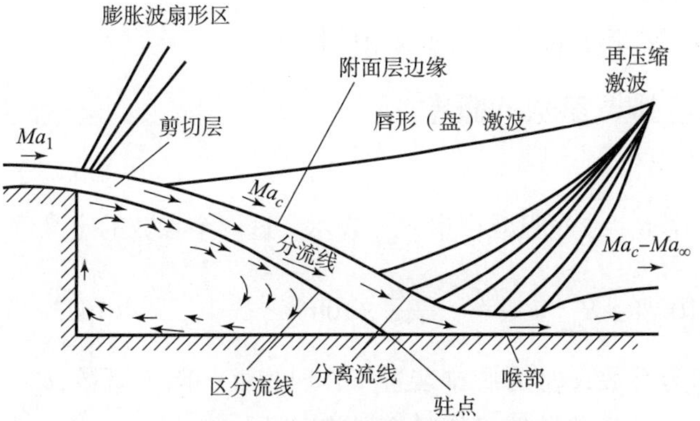

图 16.3.3　弹丸底部的流动状态

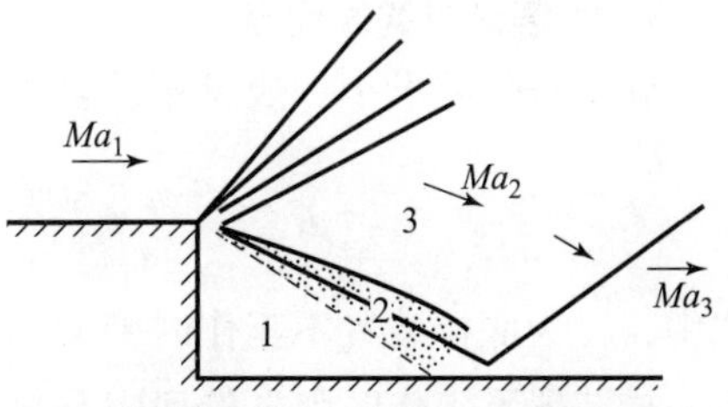

1—底部回流区；2—混合区；3—自由流区。

图 16.3.4　尾部流动的区分

①由于弹丸向前运动，使弹体表面上的边界层越接近拐角处越厚。边界层中有层流、过渡区和紊流三种状态且边界层的外部为自由流，并且可以是非均匀流动。

②在拐角处，边界层与自由流同时折转并膨胀，从而产生气流分离及唇形激波，并确定了从拐角处开始的自由剪切层的初始条件，来流的边界层从此开始形成弹底区域的自由剪切层。

③自由剪切层的下边缘为分流线，它将底部流动与拐角上游来的流动区分开。区分流线的下边为底部流动的区域，其气流可能是不动的或者速度很低的回流运动。因此这一区域又称回流区或死水区，其中压力较低。剪切层的上缘为分离流线，它把剪切层与自由流区分开。分离流线的外侧为自由流。故弹丸底部流动分为自由流区、剪切层区和回流区三部分。

④流动必须在尾迹的某处压缩、折转，使得在下游远方达到环境压力。在折转过程中，剪切层中有一条流线停滞在弹轴线上，这条流线定义为再附流线，它与轴线的交点为驻点。在此种条件下分流线与再附流线重合。气流方向向外折转时，呈压缩状态，形成尾激波，尾激波的强度由转角决定，即由剪切层的最小断面——喉部决定。

理论与实验表明，底部流动状态及底压的大小与剪切层状态密切相关，故提高底压必须改变剪切层的状态，分离流线越平直，膨胀角越小，喉部越拱起，底压就越高，底阻就越小；反之亦然。

2. 有底部排气时的底部流场

底部排气时,由弹丸底部端面的底排装置喷口向底部低压区排入低动量高温气体,向底部低压区添质加能,改变了底部低压区的流动状态,改变了回流区的形状、体积和密度,也改变了回流区的热力特性,如温度、平均相对分子质量和气体常数等。排气改变了剪切层的位置和形状,从而改变了外流区的压力分布,然后通过剪切层再影响底压。

底部回流区的状态如图 16.3.5 所示。实线表示无底排的状态,虚线表示有底排的状态。可见底排后的分流线更为外移了,进而使剪切层或混合区外推,最后使分离流线变得平直。这样使得外部流动静压增大,反过来通过混合层的传递使底压增大。底部排气主要是通过影响回流区的流动状态而影响混合层的结构,同时也影响再压缩激波的强度,达到增大底压、减小底阻和尾部波阻的目的。

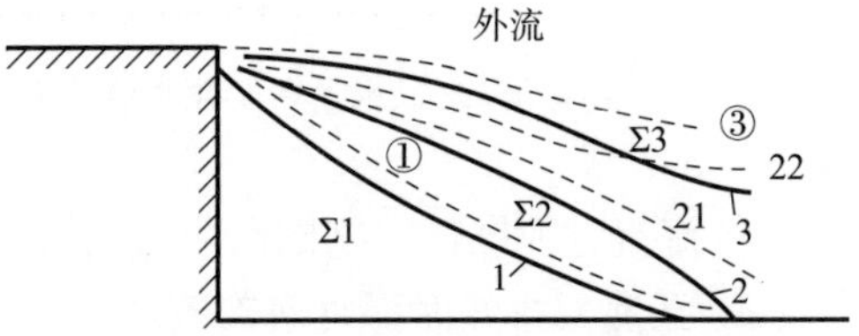

图 16.3.5　底部排气条件下的底部流动

16.3.3　底排减阻的表示方法与排气参数的概念

1. 底排减阻的表示法

底排减阻的大小一般可用总阻减阻率 R_{c_D} 或底阻减小率 $R_{c_{Db}}$ 表示。这两个参数的定义为

$$R_{c_D}=\frac{c_{DB_0}-c_{DBB}}{c_{DB_0}}\times 100\%\,,\ R_{c_{Db}}=\frac{c_{DB_0b}-c_{DBBb}}{c_{DB_0b}}\times 100\% \tag{16.3.2}$$

式中,c_{DB_0} 为底排装置不工作时弹丸的阻力系数;c_{DBB} 为底排装置工作时弹丸的阻力系数;c_{DB_0b} 为底排装置不工作时弹丸的底阻系数;c_{DBBb} 为底排装置工作时弹丸的底阻系数。

2. 排气参数

R_{c_D} 和 $R_{c_{Db}}$ 除了与 Ma 数有关之外,它们主要取决于排气的多少。计算中常将其表示成排气参数的函数。排气参数 I 的定义为

$$I=\dot{m}/(\rho_\infty v_\infty S_b) \tag{16.3.3}$$

式中,S_b 为弹底面积。上式右端分母上三个量的积表示单位时间内弹底运动所排开的空气质量,即弹丸运动时的质量排开率。因此,排气参数是底排装置的质量流率与弹丸运动空气质量排开率之比,此比值是影响排气减阻效果的重要参数。

16.3.4　影响底排减阻效果的因素分析

影响减阻效果的因素归纳起来有如下几个方面:①弹丸的结构参数和运动参数;②底排装置的结构参数和底排药柱结构参数;③底排药剂的理化性能和弹道性能;④大气条件,如气温、气压、风和空气密度等。

理论研究、风洞试验和飞行试验都表明,影响底排减阻效果的因素很多,它们还相互影响,非常复杂,对于它们影响减阻的机理和计算方法的研究正在逐步深入,下面简单介绍一下。

1. 弹丸飞行 Ma 与减阻率的关系

弹丸飞行 Ma 决定了弹丸周围流动状态和底部流场。不同 Ma 下,同样的燃气流进入底部区域引起底部流场的变化不同,减阻效果就不同。图 16.3.6 所示为 $-(\partial c_{Dbb}/\partial I)_{I=0}$ 随 Ma 的

变化曲线。由图可见，在低超声速条件下，随着 Ma 增加，底排效率迅速提高，在 $Ma = 2.0 \sim 2.5$ 时达到最大值，而后明显下降。不同的弹丸结构，这一规律可能有所变化，在弹道设计中，应设法预先确定这一关系，作为弹道参数设计的依据。

2. 排气参数与底排减阻效果的关系

理论计算与实验都证明，排气参数与底压比的关系如图16.3.7所示。由图可见，在排气参数很小时，底压比 p_b/p_∞ 随排气参数 I 的增大而增大，到某一 I 值，底压比达到最大值 $(p_b/p_\infty)_{max}$，以后随 I 值的增大，p_b/p_∞ 减小。p_b/p_∞ 达到最低点以后，I 值再增大，底压比 p_b/p_∞ 将急剧上升。从底排减阻增程的角度考虑，此曲线明显分为两个区域：小排气参数条件下的底排减阻区和大排气参数条件下的火箭增速区。

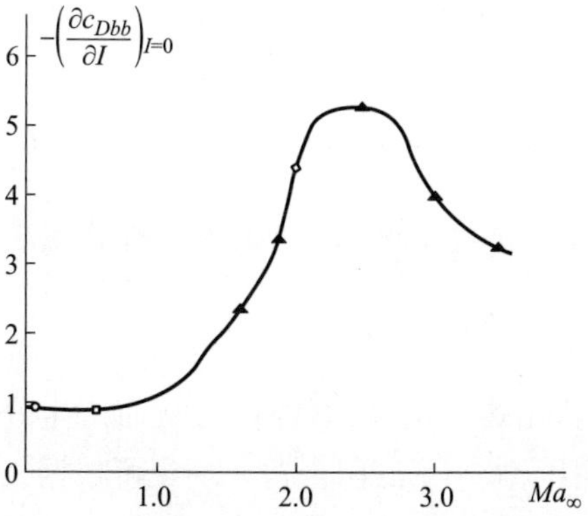

图16.3.6 底排时 $-(\partial c_{Dbb}/\partial I)_{I=0}$ 与 Ma 的关系

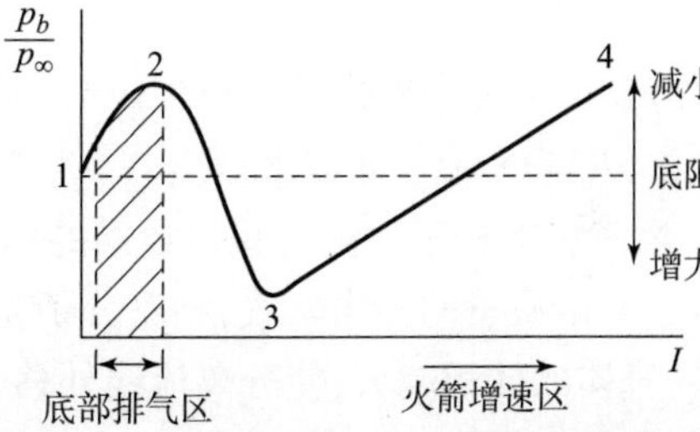

图16.3.7 底压比 p_b/p_∞ 与排气参数 I 的关系

底压比与排气参数的关系可由底部排气条件下底部流动的物理过程来解释。向底部低压区排气有三方面作用：添质、加能、加动量。添质、加能起提高底压的作用，但加动量起到降低底压的作用。因为排气动量的增大，有可能使排气流不能在回流区内环流，在大动量分子的作用下，穿过回流区，并由于气体的引射作用，还带走一部分气体质量，这都使底压降低。在小排气参数的条件下，添质、加能提高底压的因素占主导地位，所以，底压比随 I 值的增大而增大。I 值进一步增大，大动量的分子穿过回流区，引射作用增强，此时降低底压的因素占主导地位。所以，底压比随 I 值的增大而减小。之后，随着 I 值的增大，就成为火箭发动机的增速原理，而不再是底排减阻的作用原理。

利用固体底排药剂在各 Ma 和 I 值下进行风洞试验，将所得结果进行曲线拟合，对底阻减小率曾得到如下的经验公式

$$R_{c_{Db}} = A_0 + A_1 I + A_2 I^2$$

式中，A_0、A_1、A_2 均为 Ma 的函数。

3. 排气温度与减阻效果的关系

高温燃气排入回流区后，使回流区的气体体积增大，减小了外流的偏转角，从而提高了底压，减小了底阻。因此，为了提高排气减阻效果，应增加排气温度。图16.3.8所示即为固体药剂排气温度与减阻率的关系曲线。

W. A. 克莱汀(W. A. Clagden)和 J. E. 鲍曼(J. E. Bowman)等人曾给出如下排气温度与底压的关系式

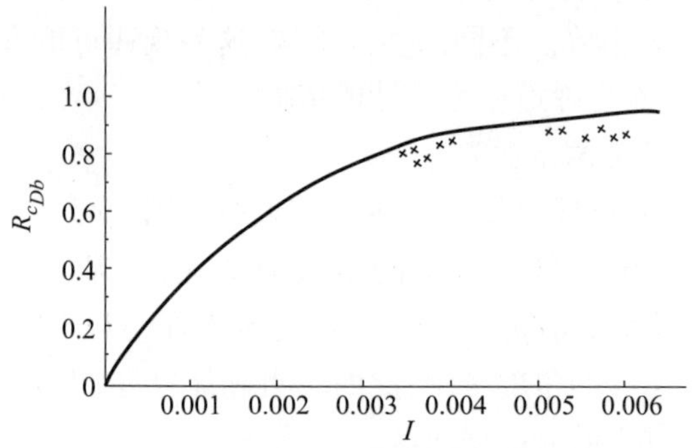

图 16.3.8　固体药剂排气温度与减阻率的关系

$-T_B=1\ 570$ K; $\times T_B=1\ 300\sim1\ 170$ K

$$\frac{p_{BBb}}{p_\infty}=\left(\frac{p_{B_0b}}{p_\infty}\right)_{I=0}+[12.35+0.005(T_g-T_0)I] \tag{16.3.4}$$

式中,$(p_{B_0b}/p_\infty)_{I=0}$为底排装置不工作时的底压比;$T_g$ 为排气温度;p_{BBb}/p_∞为底排装置工作时的底压比;T_0 为来流滞止温度。

4. 燃气相对分子质量对减阻效果的影响

对于一定质量的排出燃气,相对分子质量越小,排出燃气的摩尔数越多,从而产生的气体量越多,气体的体积越大,使分离流线外移,提高了底压,减小了底阻。这一现象可根据气体状态方程 $p=R_0\rho T/M_r$ 进行解释。显然,相对分子质量 M_r 越小,压力 p 就越大,从而使底阻越小。因此,在选择底排药剂时,应尽量采用生成燃气相对分子质量小的药剂。

5. 底排装置结构参数和工作时间与减阻率的关系

如果底排药柱是分瓣形式的,则其结构参数有药柱长度、内外径、分瓣数等。

在底排药剂一定的情况下,药柱的结构参数除其外径要影响底排工作时间之外,它们都影响任一时刻的底排药柱燃烧面。从质量秒流量的定义可知,燃烧面直接影响 $\dot{m}$,从而引起排气参数 I 的变化。只要这些参数使燃烧面增大,就使 I 增大。至于 I 增长是使减阻率增大还是减小,要视具体情况而定。如果 I 超过当时条件下最大减阻所对应的 I_m 值,则会使减阻率降低;如果 $I<I_m$,则使减阻率增大。在弹道设计中,可根据底排工作不同阶段对 I 或 $\dot{m}$ 大小的要求进行燃烧面设计,进而设计底排药柱的结构尺寸。

底排工作时间对减阻效果的影响也较复杂。在药剂总量一定的情况下,延长底排工作时间,必然降低燃速,降低燃速会减小 $\dot{m}$,从而减小 I 值。如果 I 值原来并不大,这会减小减阻率。因此延长工作时间,要在不影响弹道初始段的减阻率的情况下进行。

6. 弹丸外形和转速对减阻效果的影响

弹丸外形对减阻效果的影响包括两个方面:一方面,在同样 Ma 下,弹丸外形不同,特别是尾部结构不同,将使底部流场不同,同样的排气量下,减阻率不同;另一方面,即使底阻减阻率相同,但是弹形不同,总阻系数差别较大,减阻的影响不同。底阻占总阻比例高时,减阻效果好。故底部排气弹的头部细长、总阻小,会提高减阻效果。

弹丸转速增大,燃速加快,使 $\dot{m}$ 增大,进而使 I 增大,但它又会使底排工作时间缩短。这些都影响减阻率和减阻效果。因此,转速的影响应从排气参数和底排工作时间两个方面来分析。

7. 大气条件对减阻率的影响

大气条件中主要是气温、气压对底排减阻率有一定影响。从射击试验和风洞试验结果都发现，环境温度高，则减阻率低；环境温度低，则减阻率高。气压相反，环境压力低，则减阻率也低；环境压力高，减阻率也高。

根据定性分析，环境温度和压力主要影响尾流区热交换、化学反应速度和二次燃烧的情况，从而引起底压和底阻的差别，最后影响减阻率。

16.3.5　底排减阻率计算

前述减阻率 R_{c_D}、$R_{c_{Db}}$ 的计算方法有经验法、半经验法、工程算法和数值计算法等。目前经常采用的是经验法，即采用试验方法测出弹丸不排气和排气时，不同 Ma 和排气参数 I 下的底阻数据。然后根据这些数据整理成经验公式。

1. 底排减阻率的指数表达式

以冷排气试验为基础，将底排时的底阻系数 c_{DBBb} 表示为 $c_{DBBb}=c_{DB_0b}\mathrm{e}^{-IJ}$。式中，$I$ 为排气参数，J 是与 Ma 数有关的函数。由此可得到底排减阻率表达式

$$R_{c_{Db}}=\frac{c_{DB_0b}-c_{DB_0b}\mathrm{e}^{-IJ}}{c_{DB_0b}}=1-\mathrm{e}^{-IJ} \tag{16.3.5}$$

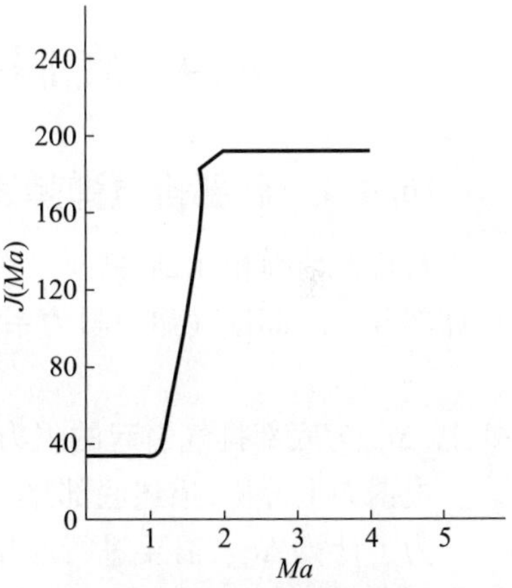

图 16.3.9　理想情况下的 $J(Ma)$ 曲线

函数 $J(Ma)$ 是根据试验数据反求出的。由于试验中，减阻率、Ma 和 I 都是已知的，J 值可以根据式(16.3.5)反求出来。$J(Ma)$ 有时表示为表格函数。图 16.3.9 为理想情况下的 $J(Ma)$ 曲线。在实际弹道计算中，对冷排气公式要进行修正，使计算结果符合底排药剂的排气减阻情况。修正中要考虑的因素有排出燃气的相对分子质量、排气温度、排气参数和 Ma。修正后的减阻率公式为

$$R_{c_{Db}}=c_k(1-\mathrm{e}^{-J_0\eta_M\eta_\mu\eta_T I}) \tag{16.3.6}$$

式中，J_0 为冷排气时得到的 $J_0(Ma)$ 曲线；η_M 为 J_0 对 Ma 的修正系数；η_μ 为 J_0 对相对分子质量的修正系数；η_T 为 J_0 对排气温度的修正系数；c_k 为排气参数对实际排气效果的修正系数。

c_k 的表达式为

$$\left.\begin{aligned}&I\leqslant 0.007,c_k=1\\&I>0.007,c_k=1-\left(\frac{I}{0.007}-1\right)^2\times\frac{1}{4}\end{aligned}\right\} \tag{16.3.7}$$

η_μ 和 η_T 的表达式分别为以下两式，即

$$\eta_\mu=\left(\frac{M_r}{18}\right)^{0.8},\eta_T=\frac{12.25+0.005(T_j-T_0)}{12.25+0.005(2\,500-T_{0N})},T_0=(1+0.2Ma_\infty^2)T_\infty \tag{16.3.8}$$

式中，M_r 为排出燃气的相对分子质量；T_j 为燃气的排气温度；T_∞ 为来流温度；Ma_∞ 为来流 Ma 数；T_{0N} 为标准总温。

η_M 是一表格函数，其关系如表 16.3.1 所列。

表 16.3.1 η_M 与 Ma 数的关系

Ma	0	0.5	1.0	1.5	2.0	2.5	3.0
η_M	0.245	0.237	0.280	0.35	1.0	1.49	1.33

2. 底排减阻率的多项式表达式

对飞行试验或风洞试验数据,采用回归分析法,可拟合出底阻减阻率的各种经验公式。利用风洞试验数据曾得到如下的多项式

$$R_{c_{Db}} = a + bI + cI^2 \tag{16.3.9}$$

式中 $a = a_0 + a_1 Ma + a_2 Ma^2 + a_3 Ma^3 \quad b = b_0 + b_1 Ma + b_2 Ma^2 + b_3 Ma^3$

$$c = c_0 + c_1 Ma + c_2 Ma^2 + c_3 Ma^3$$

其中,$a_0 \sim a_3$、$b_0 \sim b_3$、$c_0 \sim c_3$ 均为拟合系数。

16.4 底部排气弹的弹道计算与弹道性能分析

16.4.1 底部排气弹弹道计算方程组

与普通榴弹相比,底部排气弹的弹道计算仅多了由于底部排气引起的阻力系数减小量的计算部分。底部排气弹的阻力系数有如下的表达式,对于其他力和力矩的影响可忽略。

$$c_{xb} = c_{x_0} + c_{x_{\delta^2}} \cdot \delta^2 - \Delta c_{xb}$$

式中,Δc_{xb}为底部排气引起的阻力系数减小量。在底排装置工作结束之后,Δc_{xb}即等于零。

根据如上分析,描述底部排气弹飞行的方程与普通榴弹基本相同。

为了计算 Δc_{xb},需要进行底排内弹道计算和底排减阻率计算。因此,计算底部排气弹弹道的完整方程组包括了弹丸运动方程组、底排内弹道方程和底排减阻方程三部分。弹丸运动方程组有 3D、4D、5D、6D 方程,并且各种方程组在不同坐标系中还有不同形式。这里采用自然坐标系中的修正质点弹道方程组(7.10.1)。

1. 底排内弹道和底排减阻率计算方程组

底排内弹道计算与底排减阻计算是融合在一起同步进行的,这里将这两方面的方程和关系式一并给出。对于底排装置内的压力 p_{mot} 的计算,如用数值积分方法,要求积分步长小于 0.001 s,计算时间过长,工程上很少采用。这里给出用平衡压力法得出的有关计算式。对燃烧面的计算,计算式与底排药柱的结构设计有关,这里以圆柱分瓣式药柱形状为例,可采用前面给出的有关计算式。

$$\frac{\mathrm{d}r}{\mathrm{d}t} = u_R, \frac{\mathrm{d}c}{\mathrm{d}t} = u_c, \frac{\mathrm{d}m}{\mathrm{d}t} = \dot{m}$$

$$\theta_1 = \arcsin(c/r_2), \theta = \arcsin(c/r)$$

$$KF = \sqrt{r^2 + r_2^2 - 2rr_2\cos(\theta - \theta_1)}, EK = r\left(\frac{\pi}{3} - \theta\right)$$

$$S_R = 6L_\omega EK, S_c = 6L_\omega KF$$

$$\varepsilon = a_\varepsilon + b_\varepsilon(r\dot{\gamma}^2) + c_\varepsilon(r\dot{\gamma}^2)^2, u_c = ap_{\text{mot}}^n, u_R = u_c\varepsilon$$

$$\dot{m} = \rho_e(u_R S_R + u_c S_c), I = \frac{\dot{m}}{\rho V_r S_e}$$

$$R_{c_{Db}}=f(Ma,I)k_Tk_p,c_{Db}=c_{DB_0b}(1-R_{c_{Db}})$$

$$p_b=p_\infty\left(1-c_{Db}\frac{S}{S_e}\frac{k}{2}Ma^2\right),a_b=\frac{\dot{m}}{S_e}\sqrt{\frac{R_0T}{M_r}}\sqrt{\frac{k-1}{2k}},\ p_{\text{mot}}=\left(\frac{p_b+\sqrt{p_b^2+4a_b^2}}{2p_b^{1/2}}\right)^{\frac{k}{k-1}}$$

$$\Delta c_{xb}=c_{DBBb}R_{c_{Db}},b_x=\frac{\rho S}{2m}(c_{x_0}+c_{x_{\delta^2}}\delta^2-\Delta c_x) \tag{16.4.1}$$

式中，u_c、u_R 分别为狭缝面 S_c 上和圆柱面 S_R 上的燃速，u_c 与转速无关，u_R 与转速有关。

这里需要说明的是，$f(Ma,I)$、k_T、k_p 对于不同的底排弹可能有不同的具体表达式。对某 155 mm 底部排气弹，$f(Ma,I)$ 曾采用式（16.3.11）的形式；k_T、k_p 采用如下的形式

$$k_T=d_0+d_1\Delta T+d_2\Delta T^2,\Delta T=(T_N-T_\infty)/T_N \tag{16.4.2}$$

$$k_p=e_0+e_1\Delta p+e_2\Delta p^2,\Delta p=(p_N-p_\infty)/p_N \tag{16.4.3}$$

式中，T_N、p_N 分别为任一高度 y 上的标准气温和气压；T_∞ 和 p_∞ 分别为任一高度上的实际气温和气压；d_i 和 e_i 为经验系数。

将本节方程组（16.4.1）与修正质点弹道方程（7.10.1）联立，给定有关方程初值和各参数的值之后，即可计算出底部排气弹的全弹道诸元和底排工作期间的有关内弹道诸元。

2. 底部排气弹道计算举例

本节以某 155 mm 底部排气弹为例，利用以上的修正质点弹道方程组，在标准条件下计算弹道各点诸元。通过该算例介绍底部排气弹弹道计算所用的各种数据和弹道计算方法。

（1）弹道计算所用的各种数据

①弹丸结构参数和发射参数。弹径：155 mm；弹底直径：139 mm；全弹质量：48 kg；极转动惯量：0.153 3 kg · m²；赤道转动惯量：2.142 0 kg · m²；质心位置（至弹顶）：621.4 mm，初速：903 m/s；射角 52°；火炮膛线缠度：20。

②弹丸空气动力系数（略）。空气动力系数一般包括各种静态系数和动态导数，根据计算需要，有些系数可以不予考虑。对底部排气弹而言，总阻系数、底阻系数和极阻尼力矩系数导数是必需的。

③底排装置与底排工作相关的各种参数。排气孔直径：44.45 mm；底排装置内燃气温度：1 812 K；燃气相对分子质量：20.9；比热比：1.283；底排药柱长度：74 mm；内径：21.6 mm；外径：58.5 mm；分瓣数 3；狭缝宽：2 mm；药剂密度：1 520 kg/m³；底排药柱燃速系数 b：5.74×10^{-6}；燃速指数 n：0.484（燃速公式：$u_c=bp_{\text{mot}}^n$，p_{mot} 的单位为 Pa）；减阻率公式中的系数：

a_0：−0.813；	a_1：0.729；	a_2：−0.153
b_0：45.3；	b_1：24.1；	b_2：13.9
c_0：−15 627；	c_1：15 257；	c_2：−5 489

（2）计算结果

将以上所有参数代入修正质点弹道方程组的右端，并对各积分变量赋初值。同时给出各弹道积分终止条件。对方程组进行数值积分。积分方法一般采用龙格－库塔法。

为了说明底排工作对弹道性能的影响，下面给出在同样条件下，底排不工作和底排工作两种情况下的全弹道诸元，见表 16.4.1 和表 16.4.2。

表 16.4.1　底排不工作时的全弹道诸元

诸元	时间/s	射程/m	弹道高/m	侧偏/m	速度/($m \cdot s^{-1}$)	弹道倾角/(°)	转速/($rad \cdot s^{-1}$)	阻力系数
射出点	0.0	0.0	0.0	0.0	903.0	52.0	1 830.9	0.203 0
底排不工作	5.0	2 528.7	3 121.9	2.1	719.6	49.8	1 607.6	0.229 3
	10.0	4 707.5	5 584.0	8.1	602.9	47.0	1 472.2	0.243 3
	15.0	6 675.4	7 575.7	18.4	520.9	43.5	1 382.5	0.252 8
	20.0	8 504.8	9 192.8	33.1	457.9	39.3	1 319.2	0.267 4
	25.0	10 234.8	10 486.3	52.7	407.8	34.1	1 272.2	0.271 3
	35.0	13 490.5	12 218.5	109.8	336.8	20.9	1 206.5	0.285 5
	45.0	16 558.5	12 914.7	196.6	300.6	3.9	1 160.3	0.251 6
弹道顶点	48.0	17 168.2	12 936.4	218.5	296.5	-1.6	1 147.9	0.245 8
弹道落点	103.7	31 080.3	0.0	1 136.4	402.0	-66.3	741.9	0.279 9

表 16.4.2　底排工作时的全弹道诸元

诸元	时间/s	射程/m	弹道高/m	侧偏/m	速度/($m \cdot s^{-1}$)	弹道倾角/(°)	转速/($rad \cdot s^{-1}$)	阻力系数
射出点	0.0	0.0	0.0	0.0	903.0	52.0	1 830.9	0.143 0
底排工作	1.00	547.9	696.4	0.1	869.7	51.6	1 775.7	0.140 0
	5.00	2 606.2	3 218.9	2.1	764.1	49.9	1 607.6	0.144 9
	10.00	4 964.6	5 899.1	8.5	668.6	47.3	1 472.4	0.155 6
	15.00	7 162.6	8 161.9	19.2	595.8	44.3	1 383.7	0.166 2
	20.00	9 249.2	10 073.1	34.5	537.4	40.6	1 322.1	0.178 2
	20.79	9 569.8	10 337.7	37.3	529.2	40.0	1 313.9	0.180 2
底排工作结束	21.79	9 973.5	10 678.6	41.1	517.7	39.2	1 304.4	0.247 3
弹道顶点	53.29	21 123.9	15 472.0	273.6	338.9	-1.3	1 154.3	0.291 7
弹道落点	114.57	38 507.3	0.0	1 435.1	426.1	-65.6	747.9	0.273 6

比较表16.4.1和表16.4.2的计算结果可以看出,底排工作时阻力系数明显减小,弹道倾角变化减缓,全飞行时间增长,射程增大。

16.4.2　弹道性能分析

1. 增程率分析

设底排减阻使速度增加 Δv,将速度方程(6.5.10)中 v 改成 $v+\Delta v$,阻力系数改为 $c_x-\Delta c_{xb}$,再作线性化,可得关于速度增量 Δv 的方程及速度增量 Δv 和射程增量 Δx 的积分表达式如下

$$\frac{\mathrm{d}(\Delta v)}{\mathrm{d}t}=\frac{\rho S}{2m}\Delta c_{xb}v^2,\Delta v=\int_{t_H}^{t_B}\frac{\rho S}{2m}\Delta c_{xb}v^2\mathrm{d}t,\Delta x_B=\int_{t_H}^{T}\int_{t_H}^{t_B}\frac{\rho S}{2m}\Delta c_{xb}v^2\cos\theta\mathrm{d}t\mathrm{d}t$$

式中，t_H 为底排点火时间；t_B 为底排工作时间；θ 为弹道倾角；T 为弹丸飞行时间。

由上式可见，底排引起的射程增量随减阻率和弹丸速度的增大而增大。对于初速较高的弹，采用底排增程效果更为明显。图 16.4.1 所示为某底部排气弹增程率随减阻率的变化曲线，图 16.4.2 所示为增程率随初速变化的曲线。

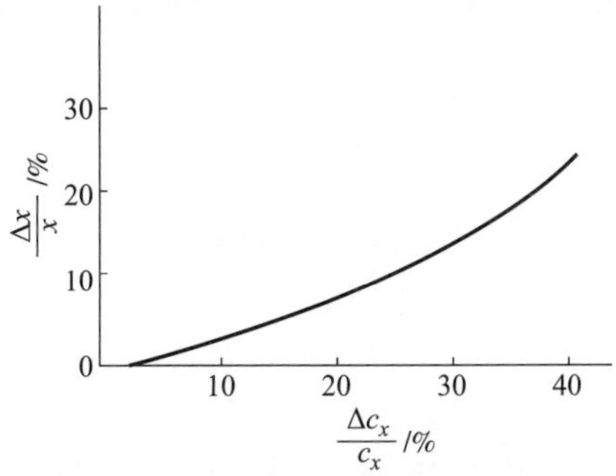

图 16.4.1　$\Delta x/x$ 与 $\Delta c_x/c_x$ 的关系

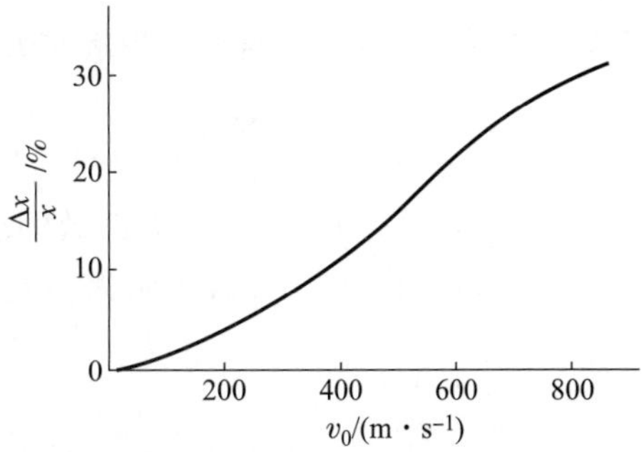

图 16.4.2　$\Delta x/x$ 与 v_0 的关系

2. 飞行稳定性分析

如上所述，描述底部排气弹运动的方程组与普通弹丸完全一样，这样，由运动方程组所得各种飞行稳定性条件的形式也应与普通弹丸完全相同。底排弹排气和不排气时对稳定性的影响主要从底排弹速度增大对稳定性的影响来考虑。

3. 底部排气弹的散布分析

底部排气对弹丸横向散布影响较小，这里讨论底排对纵向散布的影响。图 16.4.3 所示为底排工作段阻力系数 c_x 的变化。

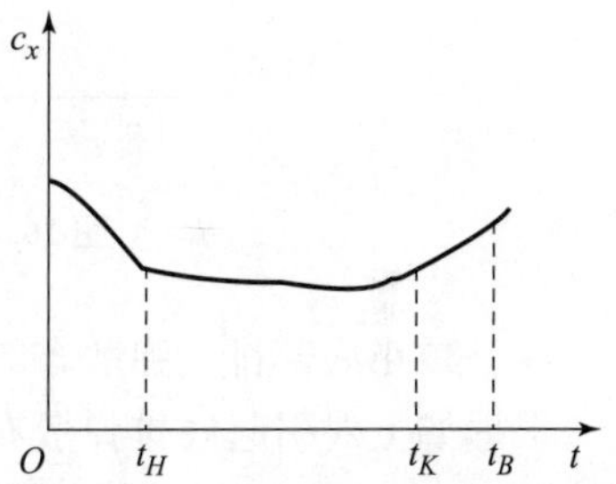

图 16.4.3　底排工作时的阻力系数

（1）扰动因素分析

与不排气时相比，底部排气弹排气后，第一是扰动因素增多或增大，第二是主要扰动因素的影响增大。

扰动因素增多主要是增加了底排工作段上减阻引起的阻力散布。如点火和传火过程长短、火药烧蚀情况不同、底排药剂及加工不一致都会引起底排减阻和阻力的散布。

扰动因素增大主要指起始扰动增大。因为底排装置可能使弹丸的静、动不平衡有所增大，所以会影响弹丸的膛内运动。另外，弹丸一出炮口环境压力降低，底排装置有一卸压过程。在短时间内将给弹丸一脉冲推力，在有推力偏心的情况下会引起弹丸摆动。章动测试表明，底排弹的起始章动角比底凹弹大 4°以上。

（2）有关因素对底排弹射程的影响

底排弹底排工作后，存速增大，阻力系数小，飞行时间长，使主要敏感因子 $\partial x/\partial c_x$、$\partial x/\partial v_0$ 大幅度增大（约可增大 50%），即使扰动因素散布不增大，也使底排弹的落点散布明显增大，扰动因素散布增大之后，使底排弹的落点散布增大更多。尽管底部排气后射程增大，但是散布增大较射程增大更快。所以底排弹的相对散布量 E_X/X 也大。

(3)底排弹减阻散布引起的落点散布估算

因为底排工作段在不同时间段内的阻力系数散布不同,并且各段内阻力系数散布对落点散布的影响也不同,对这种情况可采用加权平均方法,求出底排工作段上阻力系数散布的平均值,在已知底排工作段射程对阻力系数的敏感因子后,就可计算出底排减阻散布引起的落点散布。

设用测速雷达测得一组弹的阻力系数随时间的变化曲线,如图16.4.4所示。将每发的阻力曲线按时间分为 n 段,第 j 段上的阻力系数的平均值为 $\bar{c}_{xj}$,概率误差为 $E_{c_{xj}}$,则底排工作段上阻力系数散布平均值 $E_{c_{xB}}$ 和落点射程散布 $E_{Xc_{xB}}$ 为

$$E_{c_{xB}}^2 = \sum_{j=1}^{n}(q_{c_{xj}}E_{c_{xj}})^2,\ q_{c_{xj}} = \frac{\partial X}{\partial c_{xj}}\bigg/\frac{\partial X}{\partial c_x},\ E_{Xc_{xB}} = \frac{\partial X}{\partial c_x}E_{c_{xB}}$$

式中,$\partial X/\partial c_{xj}$ 为射程对第 j 段上阻力系数的敏感因子,在给定条件下,可根据弹道方程计算出来;$\partial X/\partial c_x$ 为射程对底排工作段上阻力系数的敏感因子,可根据弹道方程计算。

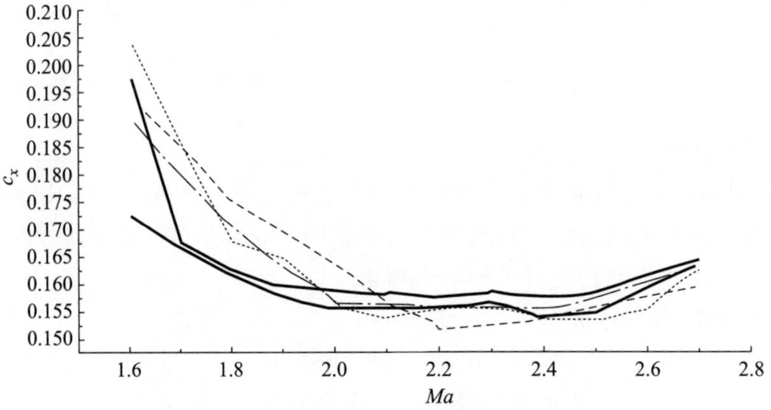

图16.4.4 阻力系数平均值和概率误差的求法

(4) 减小底部排气弹散布的方法

根据如上对引起底排弹散布因素的分析可知,为了减小底部排气弹的散布,可采取如下措施:

①选择性能良好的点火具,要求其点火迅速且一致性好,对底排药柱烧蚀小,这不仅减小了起始段上的阻力散布,而且使底排药剂的燃烧面比较规则一致。

②提高底排药柱工作性能的一致性,要求药剂的组分一致、拌混均匀、生产过程条件相同,以保证底排减阻性能的一致性。

③在设计指标一定的条件下,优化设计弹形、弹道参数、底排工作参数,减小射程对各扰动因素的敏感因子。

④提高生产质量,减少弹丸的不对称性,改善弹丸膛内运动状态。

本章知识点

①底部排气弹外弹道计算和分析的特点。

②底部排气弹的减阻机理及弹道上的影响因素。

③底部排气弹弹道计算方程组的求解方式(底排内弹道与外弹道的耦合计算)。

本章习题

1. 底部排气弹在飞行过程中的阻力变化有何特点？该变化与哪些因素有关？
2. 根据本章介绍的底排内、外弹道知识,试绘制底部排气弹弹道计算的流程框图。

第 17 章

装液弹外弹道

内容提要

本章围绕装液弹这类特种弹，首先讲述旋转装液弹陀螺稳定性的计算方法，然后讲述斯图瓦特森的液体本征频率、留数计算方法及装液弹的运动不稳定性判据，最后讲述黏性修正和非圆柱容腔修正，为装液弹飞行稳定性的设计计算提供基本的理论依据，并为读者进一步深入研究这些问题打下基础。

17.1 概　　述

弹腔内装有液体的弹称为装液弹，例如高温下的黄磷弹（腔内黄磷在 40 ℃以上时便熔化成液体）、某些云爆弹、灭火弹、液体燃料火箭以及一些其他特殊用途的液态战斗部装药弹箭。与固体弹箭相比，装液弹在外弹道性能上有许多特点，如按常规设计的旋转稳定黄磷弹，在常温和低温下，黄磷成固态时飞行稳定，而在高温黄磷熔化的情况下就常出现飞行不稳现象，这显然是由于腔内液体造成的。

最初人们认为是因炮口处液体还未能达到像固体一样随弹腔旋转，使弹丸轴向动量矩减小，因而发生了陀螺不稳，故采用在弹腔内加纵向隔板的方法，让液体能迅速随弹体旋转。但采用了这种措施后，仍然常发生飞行不稳现象。由此看来，造成飞行不稳除了有陀螺不稳的原因外，还有当时未认识到的别的原因。

1959 年，英国 Durham 大学的斯图瓦特森（K. Stewartson）在流体力学杂志上发表了他的论文“旋转充液陀螺的稳定性”，才从理论上将旋转装液弹运动不稳的原因弄清楚。斯图瓦特森的理论模型是一个充有无黏液体的自旋圆筒（陀螺），圆筒绕纵对称轴高速旋转的同时，对称轴又绕另一根轴（例如铅直轴）低速进动，自转轴和进动轴间夹角 α 较小。腔内液体经过一段时间起旋后，达到随圆筒一起自转的固体运动状态。斯图瓦特森发现，当圆筒进动时，液体受到扰动后，在腔内会有无限多个成对产生的自由振型扰动波，这种振型的不同可用一对数字 n 和 j 来表述，其中 n 和 j 分别与液体粒子振动的径向和轴向振动的半波数有关，每种振型的频率 ω_{nj} 称为固有频率或本征频率。这种扰动波又反过来对容腔壁产生反作用，形成压力和液体反作用力矩。当陀螺的固有频率（章动频率）与液体运动的某个本征频率接近时，便会产生共振不稳定，这就是长期以来未被人们认识的、使充液陀螺运动不稳的更重要的原因。

旋转装液炮弹的飞行情况与此十分相似，弹内充液容腔多数也是圆柱形或接近于圆柱形，其内充满或部分填充液体，弹丸出炮口后，在不长距离（约几千倍口径）上，腔内液体已达到刚性旋转状态。在一段弹道上，略去重力产生的弹道弯曲，则质心速度方向不变，弹轴围绕速度方向做二圆运动，在气动阻尼作用下逐渐衰减成一圆运动，即攻角大小为 $\delta = \alpha$、进动角速度 $\dot{\nu} = \omega$ 的圆锥运动，这与斯图瓦特森的理论模型基本一致。因此，斯图瓦特森关于旋转充液陀螺腔内液体运动本征频率和共振不稳定的理论就可应用于旋转装液炮弹，得出装液弹的共振不稳定条件和进行装液弹飞行稳定性设计的依据。

斯图瓦特森理论的一个最大优点是腔内液体运动本征频率只与容腔尺寸（直径 $2a$ 和高 $2c$）以及液体装填率有关，因而对于给定的装填率，设计人员可方便地调节容腔尺寸，以避免发生共振不稳定现象，设计人员也可根据给定的容腔尺寸来调节液体装填率。

不过还有一些有关的问题需要说明。

首先，腔内液体有无限多个本征频率，都能产生液体力矩，如将它们都加到弹丸角运动方程去，则方程的解可能无法得到。然而幸运的是，人们只须考虑共振频率就可以了，所有其他频率产生的液体力矩都可忽略不计。但就共振频率而言，这个理论表明了与较高阶（即较高的 n 和 j）相关的力矩数值很小，可以忽略。因此，似乎只有很少几个振型有实际的重要性。

其次，斯图瓦特森理论是在液体无黏的假设下建立的，这与液体通过与容腔壁摩擦而达到随弹体一起旋转的刚性流动状态是相矛盾的，没有黏性，液体就不可能旋转起来。因此，斯图瓦特森理论是在完成黏性起旋过程以后的理论。实际液体是有黏性的，但对于低黏性液体，它只在容腔壁表面的附面层内明显表现出黏性的作用，在附面层以外可将液体看成无黏性。威德迈（Wedemeyer）研究了低黏性液体在容腔里的流动，求得了沿圆柱侧壁的附面层厚度 δ_a 和沿两端壁上的附面层厚度 δ_c，于是应用斯图瓦特森理论的有效容腔尺寸变为 $2(a-\delta_a)$ 和 $2(c-\delta_c)$。这就是所谓的威德迈黏性修正。结果表明，在考虑黏性时，装液陀螺的液体本征频率略有漂移，不稳定频带加宽。

最后，充液容腔多数不是严格的圆柱形，那么斯图瓦特森理论是否可用呢？研究表明，对于两端为平面的非圆柱旋成体，只要侧壁半径沿轴向变化不大，经过圆柱容腔修正仍可使用斯图瓦特森理论，但对于非旋成体容腔或侧壁半径沿轴向变化大的容腔，则只好通过试验方法测定本征频率了。

对于装液弹容腔内还有一个中心爆管的情况，如果液体旋转后自由液面未浸润爆管表面，则仍可直接使用斯图瓦特森理论；如果液体已浸润爆管表面，就不存在自由液面了，这时流体的两个边界都是固壁，遵循固壁边界条件理论，也可求出此时的液体本征频率和装液弹不稳定频带，这便组成了有中心爆管时的斯图瓦特森表。

至于装液弹在炮口附近的液体起旋过程、装有高黏性液体以及容腔内带有隔板等复杂情况，涉及非线性、变参数偏微分方程求解问题，目前并没有完全解决，有待进一步研究，但有一些初步分析结果可以利用。读者可参考有关文献。

对于非旋转装液弹，例如液体燃料火箭，液体在容腔内的运动常用术语“晃动”来描述，由于弹腔的摆动而激起液体的晃动，与旋转装液弹内液体的运动类型不同。由于液体的质量只占全弹的一小部分，故一般情况下如果液体冻结时弹是稳定的，则非旋转装液弹在动力学上也是稳定的，无黏液体的作用只是改变了系统的惯性，而黏性通常有助于攻角的衰减。但在一定的条件下也可以激发出大幅度的旋涡运动、液体飞溅等非线性、不规则运动。当液体质量占全弹质量比例不太小时，也可能引起飞行不稳定问题。由于篇幅所限，本书不能讨论这些深入的问题。

装液弹的飞行稳定性在学科上属于充液刚体动力学的研究范畴,历史上有许多数学力学家做过研究,例如开尔文、格林希尔、儒可夫斯基、李雅普诺夫等。由于现代航空、航天、航海、兵器上出现了大量的这类问题,例如充液卫星、液体燃料火箭、充液炮弹、带油箱的飞机、水中的油船等的运动稳定性和准确性问题,促使了这门科学的研究和发展,例如莫依舍夫、鲁缅采夫、斯图瓦特森、威德迈、卡波夫、墨菲以及国内的一些专家和学者在这个领域里都做了深入的研究并取得了许多新的成果,其中以莫依舍夫和鲁缅采夫的《充液刚体动力学》讲得最为系统、深入,可作为读者入门和深造的首选参考书。

除了理论研究,许多学者还建立了专门的实验装置,用于进行实验验证和对实际产品进行测量,如英国的G. N. 沃尔德教授就为斯图瓦特森理论专门进行了试验验证,美国陆军弹道研究所还专门建造了充液陀螺试验台,用于验证斯图瓦特森不稳定性理论、预测实际装液弹的不稳定性、对非圆柱容腔和加速旋转过程进行研究等。

17.2 旋转装液弹的陀螺稳定性

在第12章里已详细讲过,刚体旋转稳定弹的陀螺稳定性条件为

$$(S_g)_R=\frac{P^2}{4M}>1,\quad P=\frac{C\dot{\gamma}}{Av},\quad M=\frac{1}{2A}\rho Slm_z' \tag{17.2.1}$$

这里用$(S_g)_R$表示全刚性弹或装液弹内液体刚化条件下的陀螺稳定因子。由上式可见,$(S_g)_R$与弹丸轴向动量矩$C\dot{\gamma}$的平方成正比。对于装液弹,如记其壳体的极转动惯量为C_0,腔内液体刚化的极转动惯量为c_0,则在炮口处陀螺稳定因子与轴向动量矩的比例式为

$$(S_g)_R\propto(C_0\dot{\gamma}_0+c_0\dot{\gamma}_0)^2=(C_0+c_0)^2\dot{\gamma}_0^2 \tag{17.2.2}$$

但如果装填物是液体,则在炮口处上式应改为

$$(S_g)_L\propto(C_0\dot{\gamma}_0+I_x')^2 \tag{17.2.3}$$

式中,I_x'是炮口处液体的轴向动量矩;$(S_g)_L$表示装填物为液体时的陀螺稳定因子。试验表明,除了液体的黏性很大,在身管内液体已被弹体旋转带动,到炮口已有较大转速的情况外,一般I_x'仅为液体刚化值$c_0\dot{\gamma}$的10%,它对总的轴向动量矩而言是小量,可以忽略。于是有

$$(S_g)_L\approx(S_g)_R\cdot\left(\frac{C_0}{C_0+c_0}\right)^2 \tag{17.2.4}$$

但对于薄壁弹或液体密度较大的情况,则不能忽略液体在炮口的轴向动量矩I_x'。

如果不计空气阻尼,弹丸出炮口后,轴向动量矩应守恒,液体转速继续提高是从弹体自转动量矩转移而来的,当达到平衡时,二者的转速相同,记为$\dot{\gamma}_p$,则有等式

$$(C_0+c_0)\dot{\gamma}_p=C_0\dot{\gamma}_0 \tag{17.2.5}$$

称这种情况下液体的运动为刚性旋转状态。

由式(17.2.1)可见,陀螺稳定因子还与赤道转动惯量A成反比,A也可分成空弹体的赤道转动惯量(相对于全弹重心)A_0和装填物的赤道转动惯量$a_0+m_ix_i^2$两部分。式中,a_0为装填物固化对自身重心的横向转动惯量,m_i为装填物质量,x_i为装填物重心到系统重心间的距离,$m_ix_i^2$为转动惯量的转移项。

如果装填物是液体,理论表明,其“有效”横向转动惯量要小于其刚化值,即a_0应乘一个小

于 1 的系数 β。对于全充液圆柱形弹腔，β 值仅取决于弹腔长细比 $2c/(2a)$，其中 $2a$ 为圆柱直径，$2c$ 为圆柱高。β 与 c/a 的关系曲线如图 17.2.1 所示。由图可见，当 $c/a\approx1$ 时，有效转动惯量最小。试验指出，这种函数关系应用于内腔几何形状变动范围较大的情况时，仍有足够的精度，因此液体装填物的横向转动惯量变成

$$a_i=\beta a_0+m_ix_i^2$$

将其代入式(17.2.4)左边 $(S_g)_L$ 的计算式中，得

$$(S_g)_L=(S_g)_R\cdot\left(\frac{C_0}{C_0+c_0}\right)^2\left(\frac{A_0+a_0+m_ix_i^2}{A_0+\beta a_0+m_ix_i^2}\right) \tag{17.2.6}$$

这就是一般情况下装液弹的陀螺稳定因子计算公式。而陀螺稳定性条件仍为 $(S_g)_L>1.3$。1.3 是根据经验人为规定的安全下限。

对于刚性弹，陀螺稳定因子在弹道升弧段上不断增大，炮口处最小，这也可从计算 S_g 的变化率看出，因

$$(\ln S_g)'=\frac{1}{S_g}\left[\left(\frac{C\dot{\gamma}}{Av}\right)^2\Big/(4M)\right]'=2\frac{\rho S}{2m}\left(c_x-\frac{l^2}{R_c^2}m'_{xz}\right) \tag{17.2.7}$$

式中，R_c 为极回转半径；l 为特征长度。一般情况下，因 $c_x>l^2m'_{xz}/R_c^2$，使 $\ln S_g$ 或 S_g 随飞行弧长 s 增大而增大。但对于装液弹，如果液体密度较大或轴向动量矩很大，那么由于弹体的角动量传递给了液体，可使转速下降很快，这相当于气动力矩系数 m'_{xz} 很大，就有可能在炮口附近使 $(\ln S_g)'<0$，导致陀螺稳定因子随弹道弧长增加而减小，直到达到平衡转速 $\dot{\gamma}_p$，以后再随弧长 s 增大。这样，如果装液弹是以炮口陀螺稳定因子最小进行设计的，并且处于临界稳定状态，那么在炮口附近随着 $(S_g)_L$ 减小，就会产生陀螺不稳。当怀疑这种情况可能会发生时，为了保险，在设计时可不用炮口转速 $\dot{\gamma}_0$ 计算 $(S_g)_R$，而用平衡转速 $\dot{\gamma}_p$ 计算 $(S_g)_R$，由式(17.2.5)知，$\dot{\gamma}_p=C_0/(C_0+c_0)\cdot\dot{\gamma}_0$，这就相当于在式(17.2.6)右边还要乘一个安全系数 $[C_0/(C_0+c_0)]^2$。

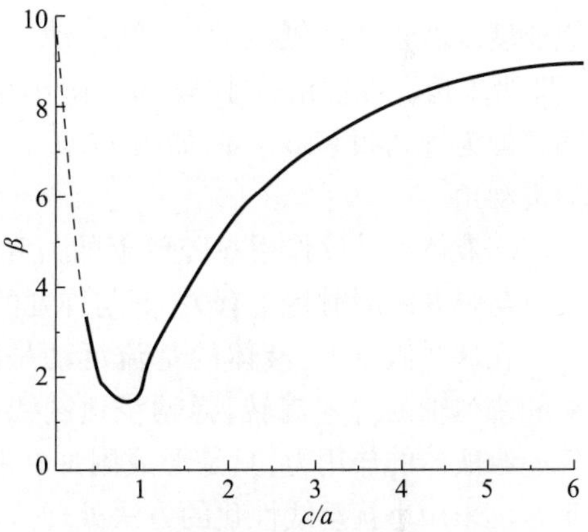

图 17.2.1　液体横向"有效"转动惯量对其刚性转动惯量之比

例 17.2.1　弹质量 $m=19.191$ kg，壳体极转动惯量 $C_0=0.050\ 242\ \text{kg}\cdot\text{m}^2$，壳体赤道转动惯量 $A_0=0.190\ 783\ \text{kg}\cdot\text{m}^2$，圆柱形弹腔直径 $2a=0.134\ 11$ m，弹腔高 $2c=0.209\ 21$ m，液体质量 $m_i=5.150$ kg，液体质心距弹底 0.157 m，全弹质心至弹底 0.148 7 m，液体刚化后对自身质心的横向转动惯量 $a_0=0.019\ 01\ \text{kg}\cdot\text{m}^2$，极转动惯量 $c_0=0.010\ 32\ \text{kg}\cdot\text{m}^2$，已知该弹全刚化时炮口的陀螺稳定因子为 $(S_g)_R=2.14$，试计算该装液弹的陀螺稳定性。

解：由以上数据得 $c/a=1.56$，从图 17.2.1 上查出 $\beta=0.37$；又可知液体装填物质心到全弹质心的距离为 $x_i=0.008\ 3$ m。将它们代入式(17.2.6)，得

$$\begin{aligned}(S_g)_L&=2.14\times\left(\frac{0.050\ 24}{0.050\ 24+0.010\ 32}\right)^2\times\left(\frac{0.190\ 783+0.019\ 01+5.15\times0.008\ 3^2}{0.190\ 783+0.37\times0.019\ 01+5.15\times0.00\ 83^2}\right)\\&=1.57>1.3\end{aligned}$$

可见,液体装填物使陀螺稳定因子降低了27%。因该弹炮口 $Ma=1.5$,$c_x=0.5$,轴向回转半径 $R_c=7.36d$,d 为弹径,当取参考长度 $l=d$ 时,极阻尼力矩导数 $m'_{xz}=0.01$。由式(17.2.7)得 $(\ln S_g)'>0$,即 S_g 在炮口附近是增大的,炮口 S_g 最小,故该装液弹可满足陀螺稳定性。

17.3 圆柱容腔装液弹内液体运动的本征频率

17.3.1 基本假设

①装液弹内的容腔为圆柱形,直径为 $2a$,高为 $2c$,圆柱轴与弹轴一致,但圆柱中心至弹丸质心的距离为 h,弹体绕纵轴自转并绕质心速度方向线进动。

②经过炮口附近不长的旋转加速过程后,腔内液体在腔壁摩擦带动下已达到与弹壁同步旋转的固体旋转状态,其转速就是弹丸自转角速度 $\Omega=\dot{\gamma}$。

③设液体部分填充容腔,在刚体旋转状态下,液体质点的离心力远大于重力(质量力),故可忽略重力,于是液体在腔内形成直径为 $2b$ 的中空圆柱,液体的装填比即为 $(1-b^2/a^2)$。

④设在一段弹道上,弹丸速度大小、方向不变,弹轴绕速度线做匀速圆锥运动(一圆运动),二者之间的夹角 α 即为攻角。设攻角较小,α 为一阶小量;圆锥运动的角频率即为进动频率 $\omega=\dot{\nu}$,如图17.3.1所示。$\dot{\nu}$ 为攻角面的进动角。

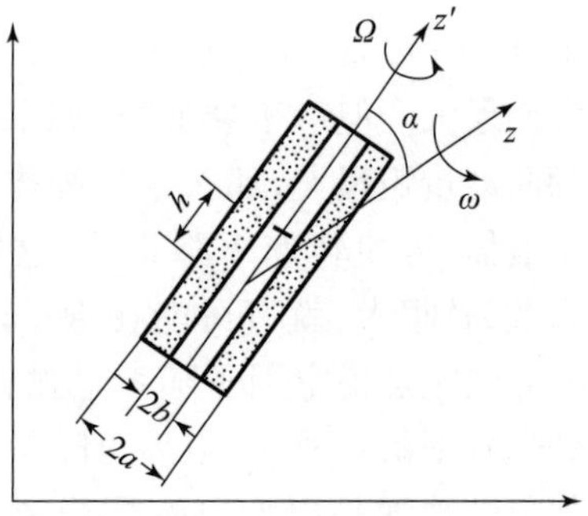

图 17.3.1　装液容腔的自转和进动

⑤液体运动反作用在腔壁上的力和对弹丸的液体力矩只与弹丸的瞬时运动有关,而与弹丸的先期运动无关。

在这些假设下,液体的基流运动是随弹丸的等速平移和绕弹轴的等速旋转,弹轴绕速度线的进动通过弹壁传递给液体的作用力,只是形成附加在基流上的小扰动,于是可采用小扰动线性化的方法处理液体在腔内的扰动运动。

17.3.2 坐标系和坐标变换

现取第6章第6.1节中的速度坐标系 $Ox_2y_2z_2$ 和第二弹轴坐标系 $O\xi\eta_2\zeta_2$,但为了与有关装液弹的大多数文献一致,将坐标轴 Ox_2、Oy_2、Oz_2 依次改为 z、x、y,将坐标轴 ξ、η_2、ζ_2 依次改为 z'、x'、y'轴。于是,参考表6.1.4和图6.1.3得到如下的坐标转换关系表17.3.1和图17.3.2。

表 17.3.1　速度坐标系与弹轴坐标系间的转换关系

坐标系	z	x	y
z'	$\cos\delta_2\cos\delta_1$	$\cos\delta_2\sin\delta_1$	$\sin\delta_2$
x'	$-\sin\delta_1$	$\cos\delta_1$	0
y'	$-\sin\delta_2\cos\delta_1$	$-\sin\delta_2\sin\delta_1$	$\cos\delta_2$

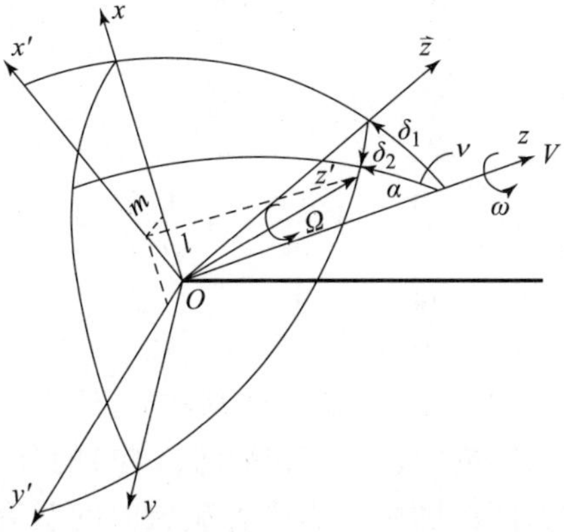

图 17.3.2　速度坐标系与弹轴坐标系几何关系

如将 z'轴上的单位长度 1 在 z、x、y 上的投影分别记为 n、l、m，则有

$$n=\cos\delta_2\cos\delta_1\approx 1$$
$$l=\cos\delta_2\sin\delta_1\approx\delta_1=\alpha\cos\nu$$
$$m=\sin\delta_2\approx\delta_2=\alpha\sin\nu \tag{17.3.1}$$

于是利用表 17.3.1，由矩阵运算得坐标近似变换关系式

$$z'=z+lx+my,x'=x-lz,y'=y-mz \tag{17.3.2}$$

应指出，这里速度坐标系 $Oxyz$ 为惯性坐标系，而弹轴坐标系为非惯性坐标系。当弹轴绕速度线做圆锥进动时，攻角 $\delta=\alpha$ 为常数，进动角速度记为 $\omega=\dot{\nu}$，进动角即为 $\nu=\omega t$，于是有 $l+\mathrm{i}m=\delta_1+\mathrm{i}\delta_2=\Delta=\alpha\mathrm{e}^{\mathrm{i}\omega t}$，复攻角 Δ 位于由 Oz'和 Oz 组成的平面内。

17.3.3　旋转装液弹腔内液体运动方程

在惯性参考系里，液体流动服从纳维尔－斯托克斯（N－S）方程。对于不可压流，并忽略质量力，此方程的矢量形式为

$$\frac{\partial \boldsymbol{V}}{\partial t}+(\boldsymbol{V}\cdot\nabla)\boldsymbol{V}+\nabla\frac{p}{\rho}=\bar{\nu}\nabla^2\boldsymbol{V},\ \nabla\boldsymbol{V}=0 \tag{17.3.3}$$

上面第二个方程为连续方程。式中，$\boldsymbol{V}$ 为液体流速；p 为液体压力；ρ 为液体密度；$\bar{\nu}$ 为运动黏性系数；t 为时间；∇ 是哈密顿算子，在笛卡尔坐标系里，$\nabla=\left(\frac{\partial}{\partial x},\frac{\partial}{\partial y},\frac{\partial}{\partial z}\right)$。$\bar{\nu}\nabla^2\boldsymbol{V}$ 为黏性项。不过，虽然黏性在流体起旋过程中起着重要作用，但它对液体振动的影响却可忽略不计，即使不能忽略，也可用附面层修正方法予以考虑（见第 17.5 节）。故先研究无黏液体情况。

由于装液弹腔一般为旋成体形，故采用柱坐标系(r,θ,z)较为方便。该坐标系原点在旋转中心（弹丸质心），Oz 轴与速度方向一致，r 为空间点至 Oz 轴的距离，θ 为该点位置的极角。从流体力学书籍中抄得，柱坐标系中 N－S 方程和连续方程为

$$\left.\begin{aligned}
&\frac{\partial U}{\partial t}+U\frac{\partial U}{\partial r}+\frac{V}{r}\frac{\partial U}{\partial\theta}-\frac{V^2}{r}+W\frac{\partial U}{\partial z}=-\frac{1}{\rho}\frac{\partial P}{\partial r}+\bar{\nu}(F_U)\\
&\frac{\partial V}{\partial t}+U\frac{\partial V}{\partial r}+\frac{V}{r}\frac{\partial V}{\partial\theta}+\frac{VU}{r}+W\frac{\partial V}{\partial z}=-\frac{1}{\rho}\frac{\partial P}{r\partial\theta}+\bar{\nu}(F_V)\\
&\frac{\partial W}{\partial t}+U\frac{\partial W}{\partial r}+\frac{V}{r}\frac{\partial W}{\partial\theta}+W\frac{\partial W}{\partial z}=-\frac{1}{\rho}\frac{\partial P}{\partial z}+\bar{\nu}(F_W)\\
&\frac{\partial U}{\partial r}+\frac{U}{r}+\frac{\partial V}{r\partial\theta}+\frac{\partial W}{\partial z}=0
\end{aligned}\right\}\tag{17.3.4}$$

式中，$\bar{\nu}(F_U)$、$\bar{\nu}(F_V)$、$\bar{\nu}(F_W)$ 均表示方程右边的黏性项，具体表达式可查流体力学书籍。U、V、W 分别是流速 $\boldsymbol{V}$ 沿径向(r 向)、周向(θ 向)和轴向(z 向)的分速；P 是压强。它们分别可以看作是由弹轴与速度线一致时，液体随弹体做刚性旋转时的基流速度分量 U_b、V_b、W_b 和基流压强 P_b 与液体随弹轴进动时产生的扰动速度 u、v、w 和扰动压强 p 合成的。但由于设基流是定轴旋转，故 $U_b=0$，$W_b=0$，而 $V_b=r\Omega$，故有

$$U=u,V=r\Omega+v,W=w,P=P_b+p\tag{17.3.5}$$

将这些关系式代入方程组(17.3.4)中并略去二阶以上小量，又取 $V^2=(V_b+v)^2\approx V_b^2+2V_bv$，并注意到基流是 N－S 方程的一个解，则腔内液体的扰动运动方程可写成如下形式

$$\left.\begin{aligned}
&\frac{\partial u}{\partial t}+\Omega\frac{\partial u}{\partial\theta}-2\Omega v+\frac{\partial(p/\rho)}{\partial r}=\bar{\nu}\left(\nabla^2u-\frac{u}{r^2}-\frac{2}{r^2}\frac{\partial v}{\partial\theta}\right)\\
&\frac{\partial v}{\partial t}+\Omega\frac{\partial v}{\partial\theta}+2\Omega u+\frac{1}{r}\frac{\partial(p/\rho)}{\partial r}=\bar{\nu}\left(\nabla^2v-\frac{v}{r^2}-\frac{2}{r^2}\frac{\partial u}{\partial\theta}\right)\\
&\frac{\partial w}{\partial t}+\Omega\frac{\partial w}{\partial\theta}+\frac{\partial(p/\rho)}{\partial z}=\bar{\nu}\nabla^2w,\frac{\partial u}{\partial r}+\frac{u}{r}+\frac{1}{r}\frac{\partial v}{\partial\theta}+\frac{\partial w}{\partial z}=0
\end{aligned}\right\}\tag{17.3.6}$$

在本节中，首先研究无黏情况，这时方程右边黏性项消失，方程成为齐次方程。

上述方程中的 $2\Omega v$ 和 $2\Omega u$ 显然是由于刚性旋转角速度($\boldsymbol{\Omega}$)和叠加在其上的扰动速度 v 与 u 共同产生的科氏加速度 $2\boldsymbol{\Omega}\times\boldsymbol{v}$ 的两个分量，将它们乘以质点质量并反向后，即为由扰动运动产生的科氏惯性力，它们分别与扰动速度 v 和 u 的方向垂直，引起流体质点沿 u、v 方向的运动，如图 17.3.3 所示。而沿 u、v 方向质点运动又会产生与之垂直但与 v、u 反向的惯性力和质点运动速度……依此类推。这样，液体质点就会在 u、v 方向形成振荡运动，并使压力波动，从而引起液体在 z 方向上也振动。

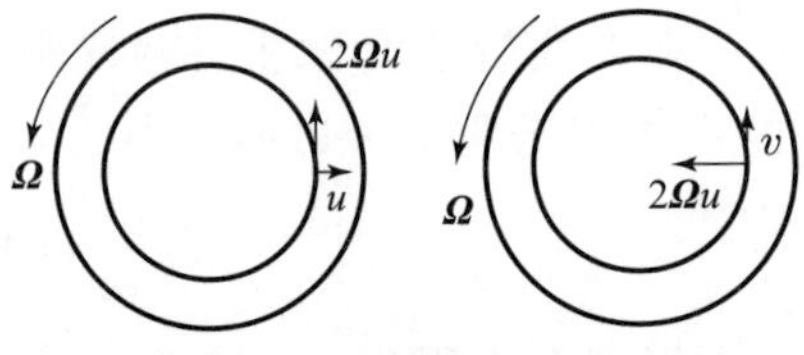

图 17.3.3　扰动速度产生的科氏惯性力和液体质点的振动

17.3.4　液体运动的边界条件

腔内液体的运动除了必须满足 N－S 方程和连续方程外，还必须满足下述边界条件：

①在约束流体的任意表面(固壁、自由表面、交界面)上，流速在表面法向上的分量应该等于该表面的法向分量。对于固壁，这就是不穿透、不留空隙的条件。②在自由表面上，压强为常数，如都等于外部空气的压强。③固壁上的边界条件：流体的切向分速应等于固壁的切向速度分量。当不考虑黏性时，条件③可不考虑。若 $F(\boldsymbol{r},t)=0$ 是液体表面的约束方程，$\boldsymbol{r}=x\boldsymbol{i}+y\boldsymbol{j}+z\boldsymbol{k}$ 为约束表面上点的矢径，则 $F(\boldsymbol{r},t)=0$ 的条件是 $\mathrm{d}F/\mathrm{d}t=0$，即 t 时刻位于约束表面上的流体

粒子，经位移后，在 $t+\Delta t$ 时刻仍在约束面上。在柱坐标系下，有

$$\begin{aligned}\frac{\mathrm{d}F}{\mathrm{d}t}&=\frac{\partial F}{\partial t}+U\frac{\partial F}{\partial r}+V\frac{\partial F}{r\partial\theta}+W\frac{\partial F}{\partial z}\\&=\frac{\partial F}{\partial t}+u\frac{\partial F}{\partial r}+(V_b+v)\frac{\partial F}{r\partial\theta}+w\frac{\partial F}{\partial z}=0,F(r,\theta,z,t)=0\end{aligned}\tag{17.3.7}$$

当液体容腔内表面是一个旋转对称体时，其表面方程在弹轴系内为

$$r'^2=x'^2+y'^2=R^2(z')\tag{17.3.8}$$

式中，$R(z')$ 是 z' 坐标处弹腔的半径，当弹丸进动时，这个表面在空间变动，利用坐标变换式(17.3.2)即可得到它在惯性空间坐标系 $Oxyz$ 里的表面方程。将 z' 的表达式代入式(17.3.8)的 $R(z')$ 中，并考虑到 $n\approx1$，l、m 均为一阶小量，用台劳级数展开 R^2，忽略二阶以上小量，得

$$R^2(z+lx+my)=R^2(z)+(lx+my)\mathrm{d}R^2/\mathrm{d}z\tag{17.3.9}$$

再将 x'、y' 的表达式代入式(17.3.8)中，最后得容腔内表面在坐标系 $Oxyz$ 内的方程为

$$F(r,t)=x^2+y^2-R^2(z)-\left(2z+\frac{\mathrm{d}R^2}{\mathrm{d}z}\right)(lx+my)=0\tag{17.3.10}$$

将直角坐标 x、y 改用极坐标 r、θ 表示，得

$$x=r\cos\theta,y=r\sin\theta,x^2+y^2=r,lx+my=r\alpha\cos(\omega t-\theta)$$

于是，容腔内表面在惯性空间内以圆柱坐标表示的方程为

$$F(r,\theta,z,t)=r^2-R^2(z)-\alpha\left(2z+\frac{\mathrm{d}R^2}{\mathrm{d}z}\right)r\cos(\omega t-\theta)=0\tag{17.3.11}$$

将它代入方程(17.3.7)的第一式中，略去一阶小量 α、u、v、w 彼此相乘的二阶小量，即得到旋转弹腔内表面的边界条件

$$2ru-\frac{\mathrm{d}R^2}{\mathrm{d}z}w=\alpha r(\Omega-\omega)\left(2z+\frac{\mathrm{d}R^2}{\mathrm{d}z}\right)\sin(\omega t-\theta)\tag{17.3.12}$$

或

$$u-\frac{R}{r}\frac{\mathrm{d}R}{\mathrm{d}z}w=-\mathrm{i}\alpha(\Omega-\omega)\left(z+R\frac{\mathrm{d}R}{\mathrm{d}z}\right)\mathrm{e}^{\mathrm{i}(\omega t-\theta)}\tag{17.3.13}$$

当用复数表示时，等式右边只有实部有物理意义。式(17.3.12)、式(17.3.13)中，$\mathrm{d}R/\mathrm{d}z$ 为容腔内壁面相对于 Oz 轴的斜率。设壁面母线的切线与 Oz 轴的夹角为 β，如图 17.3.4 所示，则 $\tan\beta=\mathrm{d}R/\mathrm{d}z$。如果壁面为圆柱面，$\beta=0$，则 $\mathrm{d}R/\mathrm{d}z=\tan\beta=0$，而对于顶端平面，$\beta=90°$，故 $\mathrm{d}R/\mathrm{d}z=\tan90°=\infty$。于是，对于圆柱侧面和上下顶端平面的边界条件式(17.3.13)，相应变成如下形式

$$u=-\mathrm{i}\alpha z(\Omega-\omega)\mathrm{e}^{\mathrm{i}(\omega t-\theta)}\quad(r=a)\tag{17.3.14}$$

$$w=\mathrm{i}\alpha r(\Omega-\omega)\mathrm{e}^{\mathrm{i}(\omega t-\theta)}\quad(z=h\pm c)\tag{17.3.15}$$

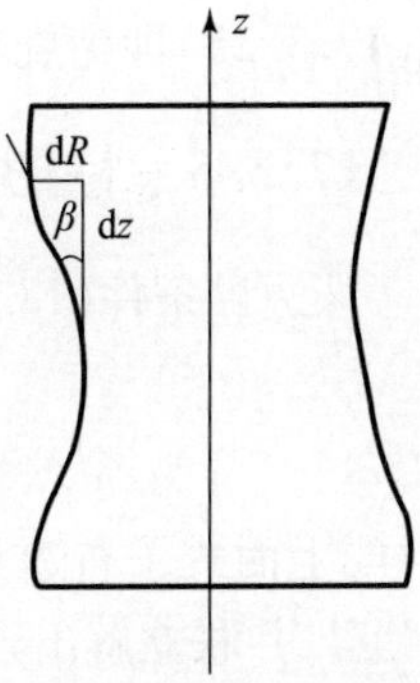

图 17.3.4　弯曲壁面的斜率 dR/dz 示意图

实际上，直接由圆柱侧壁方程 $x'^2+y'^2=a^2$ 和顶平面方程 $z'=h\pm c$ 经坐标变换可得侧壁方程 $r^2-2\alpha zr\cos(\omega t-\theta)-a^2=0$ 和端面方程 $z+\alpha r\cos(\omega t-\theta)-h\pm c=0$。将此两式左边视为边界面方程中的 F，分别代入式(17.3.7)中，略去高阶小量，同样可得到惯性空间中的边界条件方程(17.3.14)和方程(17.3.15)。

在未受扰动时，液体自由表面是一个与轴平行的圆柱面，它的方程是 $r'=b$，与装填率(1 -

b^2/a^2)相对应。设受扰动后的自由表面方程为

$$r=b+\eta(\theta,z,t) \tag{17.3.16}$$

或

$$G(r,\theta,z,t)=r-b-\eta(\theta,z,t)=0 \tag{17.3.17}$$

式中,η 是受扰后自由表面距未扰动位置的位移量,故 $\eta/b\ll1$。由于 $G(r,\theta,z,t)$ 也是约束面,故由 $\mathrm{d}G/\mathrm{d}t=0$,得到与式(17.3.7)类似的边界方程

$$\frac{\mathrm{d}G}{\mathrm{d}t}=\frac{\partial G}{\partial t}+u\frac{\partial G}{\partial r}+\left(\frac{V_b+v}{r}\right)\frac{\partial G}{\partial\theta}+w\frac{\partial G}{\partial z}=0 \tag{17.3.18}$$

将式(17.3.17)代入上式中,略去二阶以上小量,可得 η 满足的方程

$$\frac{\partial\eta}{\partial t}+\frac{V}{r}\frac{\partial\eta}{\partial\theta}=u \tag{17.3.19}$$

自由表面的动力学条件是自由表面上压力为常数或零,即

$$P=P_b+p=0\quad(G(r,\theta,z,t)=0) \tag{17.3.20}$$

对于现在的边界,则有

$$P_b(b+\eta)+p(b+\eta)=0 \tag{17.3.21}$$

或者略去高阶项后,有

$$P_b(b)+\eta\left(\frac{\partial P_b}{\partial r}\right)_b+p(b)=0 \tag{17.3.22}$$

又由动力学方程(17.3.4)的第一式知,对于基流 $U=0,V_b=V_b(r,t),W=0$,得等式

$$\partial P_b/\partial r=\rho V_b^2/r \tag{17.3.23}$$

计算出 $r=b$ 时上式的值并代入式(17.3.22)中,得

$$P_b(b)+\rho V_b^2(b)\eta/b+p(b)=0 \tag{17.3.24}$$

把算子$\dfrac{\partial}{\partial t}+\dfrac{V}{r}\dfrac{\partial}{\partial\theta}$用于式(17.3.24)中,可消去 η,并注意到自由面上的基流压力 P_b 不随时间和方位角 θ 变化,最后得到

$$\Omega^2bu+\frac{1}{\rho}\left(\frac{\partial p}{\partial t}+\Omega\frac{\partial p}{\partial\theta}\right)=0\quad(r=b) \tag{17.3.25}$$

式(17.3.25)即为旋转液体自由边界的动力学条件,式中不含攻角 α,为一齐次边界条件。

17.3.5 柱形弹腔内无黏液体流动边值问题的斯图瓦特森解

从边界条件(17.3.14)和式(17.3.15)看,方程组(17.3.6)的解可取如下形式

$$\begin{aligned}&u=\bar u(r,z)\mathrm{e}^{\mathrm{i}(\omega t-\theta)},\quad v=\bar v(r,z)\mathrm{e}^{\mathrm{i}(\omega t-\theta)}\\&w=\bar w(r,z)\mathrm{e}^{\mathrm{i}(\omega t-\theta)},\quad p/\rho=f(r,z)\mathrm{e}^{\mathrm{i}(\omega t-\theta)}\end{aligned} \tag{17.3.26}$$

同样,上面式子右边只有取实部才有物理意义。将它们代入方程组(17.3.6)中可消去因子 $\mathrm{e}^{\mathrm{i}(\omega t-\theta)}$,并联立解出以 f 表示的函数式 $\bar u$、$\bar v$、$\bar w$。

再将它们代入连续方程,通分化简,得到关于 f 的方程

$$-\mathrm{i}\bar u=\frac{(\Omega-\omega)^2f'+2\Omega f/r}{4\Omega^2-(\Omega-\omega)^2},\ \bar v=\frac{2\Omega f'+(\Omega-\omega)f/r}{4\Omega^2-(\Omega-\omega)^2},\ \bar w=-\mathrm{i}\frac{f_z}{\Omega-\omega} \tag{17.3.27}$$

$$\frac{\partial^2f}{\partial r^2}+\frac{1}{r}\frac{\partial f}{\partial r}-\frac{f}{r^2}-\left[\frac{4\Omega^2}{(\Omega-\omega)^2}-1\right]\frac{\partial^2f}{\partial^2z}=0 \tag{17.3.28}$$

而边界条件式(17.3.14)、式(17.3.25)、式(17.3.15)变为

$$\frac{(\Omega-\omega)f'+2\Omega f/r}{4\Omega^2-(\Omega-\omega)^2}=-\alpha z(\Omega-\omega)(r=a),f'=\frac{\partial f}{\partial r} \tag{17.3.29}$$

$$\Omega^2 b\frac{(\Omega-\omega)f'+2\Omega f/r}{4\Omega^2-(\Omega-\omega)^2}-(\Omega-\omega)f=0,\ r=b \tag{17.3.30}$$

$$\frac{f_z}{\Omega-\omega}=-\alpha r(\Omega-\omega)(z=h\pm c),f_z=\frac{\partial f}{\partial z} \tag{17.3.31}$$

为求得液体内的扰动流速分布和压力分布，须先求出压力函数 $f(r,z)$，这就要解偏微分方程(17.3.28)。可以看出，$C_0 r$、D_0/r 均是此方程的解，C_0、D_0 为常数。这只要代入验算即可，但系数 C_0、D_0 需由边界条件确定。此外，由端面边界条件(17.3.31)还可求得另一解

$$f_0=-\alpha r(\Omega-\omega)^2(z-h) \tag{17.3.32}$$

最后，根据偏微分方程理论，方程(17.3.28)还存在波动解。采用分离变量法，令

$$f(r,z)=\zeta(r)g(z)\quad 和\quad \gamma^2=\frac{4\Omega^2}{(\Omega-\omega)^2}-1 \tag{17.3.33}$$

代入方程(17.3.28)得方程 $g\zeta''+g\zeta'/r-g\zeta/r^2-\gamma^2 g''\zeta=0$，将此方程两边同除以 $\gamma^2 g\zeta$，得

$$\frac{\zeta''+\frac{1}{r}\zeta'-\frac{1}{r^2}\zeta}{\gamma^2\zeta}=\frac{g''}{g}=-\mu^2 \tag{17.3.34}$$

式中，μ 为某一常数，下面讲其确定方法。于是得到如下只含 $\zeta(r)$ 或 $g(z)$ 的常微分方程

$$\zeta''+\frac{1}{r}\zeta'-\frac{1}{r^2}\zeta+\mu^2\gamma^2\zeta=0 \tag{17.3.35}$$

$$g''+\mu^2 g=0 \tag{17.3.36}$$

方程(17.3.36)是我们熟知的二阶线性振动方程，其解为正弦或余弦函数，而 μ 为振动的角频率。由于顶面边界为 $(h-c,h+c)$，如采用变量 $z-h+c$，则相应的边界变为 $(0,2c)$，可使运算简化，故对于每一个 μ 值 μ_k，可将方程(17.3.36)的解写成如下形式

$$g_k(z)=A_k\cos\mu_k(z-h+c) \tag{17.3.37}$$

而方程(17.3.35)为一典型的贝塞尔方程，为了将其化为标准形式，进行变量变换，令 $t=\mu\gamma r$，则 $r=t/(\mu\gamma)$，代入方程(17.3.35)得

$$t^2\frac{d^2\zeta}{dt^2}+t\frac{d\zeta}{dt}+(t^2-1)\zeta=0 \tag{17.3.38}$$

这显然是 $n=1$ 的一阶贝塞尔方程，对不同的 μ_k，其通解形式为

$$\zeta_k(r)=C_k'J_1(\mu_k\gamma r)+D_k'Y_1(\mu_k\gamma r) \tag{17.3.39}$$

式中，$J_1(\mu_k\gamma r)$ 和 $Y_1(\mu_k\gamma r)$ 分别为第一类和第二类一阶贝塞尔函数。它们关于自变量 $(\mu_k\gamma r)$ 均有表可查，也有渐近计算公式。于是对于每一给定的 μ_k 值，压力函数 $f_k=\zeta_k(r)g_k(z)$ 均有一相应的解。它们之和构成了方程(17.3.28)的波动解。则方程(17.3.28)的全解为

$$\begin{aligned}f(r,z)=&-\alpha r(\Omega-\omega)^2(z-h)+C_0 r+D_0/r+\\&\sum_{k=1}^{\infty}[C_kJ_1(\mu_k\gamma r)+D_kY_1(\mu_k\gamma r)]\cos\mu_k(z-h+c),C_k=C_k'A_k,D_k=D_k'A_k\end{aligned} \tag{17.3.40}$$

方程(17.3.28)还有另外的一些解(如 $f=F_0 z/r^2$)，但在用下面的方法确定了解式(17.3.39)中各系数后，这另外的一些解的系数必定为零，在产生液体力矩方面不起作用。下面由端面边界条件确定 μ_k。将上式对 z 求导并代入式(17.3.31)中，得

$$-\mu_k \sin\mu_k(z-h+c)=0,\quad z=h+c \quad 和 \quad z=h-c$$

对于 $z=h-c$,上式自然成立,而对于 $z=h+c$,由 $z-h+c=2c$ 知要上式成立,必有

$$\mu_k = k\pi/(2c),\quad k=1,2,\cdots \tag{17.3.41}$$

至于 C_0、D_0、C_k、D_k,则由容腔侧壁边界条件和自由液面边界条件确定。为此,先求出导数 f',即

$$\begin{aligned}\frac{\partial f}{\partial r} &= -\alpha(\Omega-\omega)^2(z-h)+C_0-D_0/r^2+ \\ &\sum_{k\neq 0}\left[C_k\mu_k\gamma\frac{\mathrm{d}[J_1(t)]}{\mathrm{d}t}+D_k\mu_k\gamma\frac{\mathrm{d}[Y_1(t)]}{\mathrm{d}t}\right]\cos\mu_k(z-h+c)\end{aligned} \tag{17.3.42}$$

式中,$t=\mu_k\gamma r$。将 f 和 f' 代入边界条件(17.3.29)中,并按 C_k、D_k 的次序整理,得方程

$$\begin{aligned}&-\alpha(\Omega-\omega)^2(z-h)[(\Omega-\omega)+2\Omega]+C_0[(\Omega-\omega)+2\Omega]+\frac{D_0}{r^2}[-(\Omega-\omega)+2\Omega]+ \\ &\sum_{k\neq 0}\left\{\left[(\Omega-\omega)\mu_k\gamma\frac{\mathrm{d}[J_1(t)]}{\mathrm{d}t}+\frac{2\Omega}{r}J_1(t)\right]C_k+\left[(\Omega-\omega)\mu_k\gamma\frac{\mathrm{d}[Y_1(t)]}{\mathrm{d}t}+\frac{2\Omega}{r}Y_1(t)\right]D_k\right\}\cdot \\ &\cos\mu_k(z-h+c)=-\alpha z(\Omega-\omega)[4\Omega^2-(\Omega-\omega)^2]\end{aligned} \tag{17.3.43}$$

上式对任何 z 均成立,为了求出含 C_0 和 D_0 项,令 $z=h$,得

$$C_0(3\Omega-\omega)+D_0(\Omega+\omega)/r^2=-\sum_{k\neq 0}\{F_k\}\cos(k\pi/2)-\alpha h(\Omega-\omega)(3\Omega-\omega)(\Omega+\omega) \tag{17.3.44}$$

式中,$F_k=\left[(\Omega-\omega)\mu_k\gamma\frac{\mathrm{d}[J_1(t)]}{\mathrm{d}t}+\frac{2\Omega}{r}J_1(t)\right]C_k+\left[(\Omega-\omega)\mu_k\gamma\frac{\mathrm{d}[Y_1(t)]}{\mathrm{d}t}+\frac{2\Omega}{r}Y_1(t)\right]D_k$。将上式代回式(17.3.43)中,并将非和式项移到等式右边合并,得

$$\sum_{k\neq 0}\{F_k\}\cos\mu_k(z-h+c)=-\sum_{k\neq 0}\{F_k\}\cos(k\pi/2)-\alpha(\Omega-\omega)(3\Omega-\omega)2\omega(z-h) \tag{17.3.45}$$

为简化上式,可将其右边第二项中的$(z-h)$用傅氏级数展开成余弦项级数①

① 为将 $z-h$ 用富氏级数展开成与式(17.3.45)左端相似的余弦项之和,取变量 $x=z-h+c$,它在 $0\sim 2c$ 间变化。现将函数 $H(x)=x$ 在 x 轴上作偶延拓,成为周期 $T=4c$ 的偶函数的一部分(如图1所示)。再将此函数展成如下的富氏级数

$$x=\frac{a_0}{2}+\sum_{n=1}^{\infty}a_n\cos\frac{n\pi}{2c}\cdot x \tag{1}$$

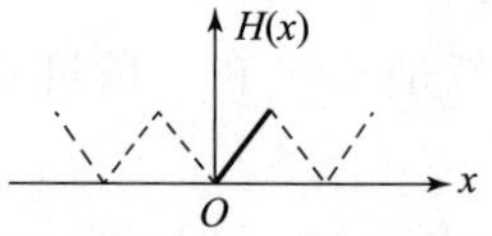

图1　函数 $H(x)=x$ 的偶延拓

由偶函数富氏级数展开式中系数的计算方法,得

$$a_0=\frac{4}{4c}\int_0^{2c}x\cos\frac{n\pi}{2c}x\mathrm{d}x=2c$$

$$a_n=\frac{4}{4c}\int_0^{2c}x\cos\frac{n\pi}{2c}x\mathrm{d}x=\frac{4c}{n^2\pi^2}(\cos\pi-1)=\begin{cases}\dfrac{-8c}{n^2\pi^2}, & n\text{ 为奇数}\\ 0, & n\text{ 为偶数}\end{cases}$$

将 $x=z-h+c$ 和 a_0、a_n 代入式(1)中,得

$$z-h=\sum_{n=1}^{\infty}E_n\cos\mu_n(z-h+c) \tag{2}$$

$$E_n=-\frac{2}{c\mu_n^2},\quad \mu_n=\frac{(2j+1)\pi}{2c}\quad n=2j+1,\ j=0,1,2,\cdots$$

$$z-h=\sum_{n=1}^{\infty}E_n\cos\mu_n(z-h+c),E_n=\frac{-2}{c\mu_n^2},\mu_n=\frac{(2j+1)\pi}{2c}$$

$$n=2j+1(j=0,1,2,3,\cdots) \tag{17.3.46}$$

显然和式中只含 n 的奇数项。将它代入式(17.3.45)中得

$$\sum_{k\neq 0}\{F_k\}\cos\mu_k(z-h+c)=\sum_{n=2j+1}[-\alpha(\Omega-\omega)(3\Omega-\omega)2\omega]E_n\cos\mu_n(z-h+c)-$$

$$\sum_{k\neq 0}\{F_k\}\cos(k\pi/2) \tag{17.3.47}$$

显然,上式两端相等的条件是左、右两端含 $\cos\mu_k(z-h+c)$ 与 $\cos\mu_n(z-h+c)$ 的项相等,故必有 $k=n=2j+1$,此时还有 $\cos(k\pi/2)=0$。

令 $\tau=\omega/\Omega$,称为相对偏航速率。又将 $r=a$ 代入式(17.3.47),并利用贝塞尔函数的递推公式 $tJ_n'(t)+nJ_n(t)=tJ_{n-1}(t)$ 和 $J_{-1}=-J_1,Y_{-1}=-Y_1$ 分别取 $n=0$ 和 $n=1$,得关系式

$$J_0'(t)=-J_1(t),\ J_1'(t)=J_0(t)-J_1(t)/t$$

以及

$$Y_0'(t)=-Y_1(t),\ Y_1'(t)=Y_0(t)-Y_1(t)/t$$

则由式(17.3.44)和式(17.3.45)分别得

$$C_0(3-\tau)+D_0(1+\tau)/a^2=-\alpha h\Omega^2(1-\tau)(3-\tau)(1+\tau) \tag{17.3.48}$$

$$a_{11}\cdot C_k+a_{12}D_k=a_{10} \tag{17.3.49}$$

式中

$$a_{11}=\mu_k\gamma a(1-\tau)J_0(\mu_k\gamma a)+(1+\tau)J_1(\mu_k\gamma a) \tag{17.3.50}$$

$$a_{12}=\mu_n\gamma a(1-\tau)Y_0(\mu_k\gamma a)+(1+\tau)Y_1(\mu_k\gamma a) \tag{17.3.51}$$

$$a_{10}=-2a\Omega^2(1-\tau)(3-\tau)\cdot\tau\cdot\alpha E_k,E_k=-2/(c\mu_k^2) \tag{17.3.52}$$

由式(17.3.48)可见,C_0、D_0 与 h 有关,当旋转中心与质心重合时,$h=0$,则 C_0、D_0 项也消失。因此,C_0、D_0 控制着弹轴进动时质心绕旋转中心的横向运动。

最后,由自由液面处边界条件确定 C_k、D_k 满足的另一个方程。由条件式(17.3.30),得

$$b^2(1-\tau)\cdot f'=[(1-\tau)(3-\tau)(1+\tau)-2]bf \tag{17.3.53}$$

将 f 和 f' 的表达式代入上式,再取 $z=h$,仍利用 $\cos\mu_k c=\cos(2j+1)\pi/2=0$ 的关系,可得

$$-(1-\tau)(bC_0-D_0/b)-[(1-\tau)(3-\tau)(1+\tau)-2]b(C_0b+D_0/b)=0 \tag{17.3.54}$$

据此关系式,在式(17.3.53)的展开式中消去含 C_0、D_0 的项并将 $z-h=E_k\cos\mu_k(z-h+c)$ 富氏级数展开式代入,比较等式两端和式中相同阶余弦项,最后得 C_k、D_k 满足的另一个方程

$$a_{21}C_k+a_{22}D_k=a_{20} \tag{17.3.55}$$

式中

$$a_{21}=\mu_k\gamma b(1-\tau)J_0(\mu_k\gamma b)-(1+\tau)(2-4\tau+\tau^2)J_1(\mu_k\gamma b) \tag{17.3.56}$$

$$a_{22}=\mu_k\gamma b(1-\tau)Y_0(\mu_k\gamma b)-(1+\tau)(2-4\tau+\tau^2)Y_1(\mu_k\gamma b) \tag{17.3.57}$$

$$a_{20}=b\Omega^2\tau^2(1-\tau)^2(3-\tau)\alpha\cdot E_k \tag{17.3.58}$$

将方程(17.3.49)和方程(17.3.55)联立,利用线性代数中的克莱姆法则即可求 C_k、D_k,从而求得 f 以及 p、u、v、w 各函数,即求得了腔内液体的流速场和压力场。

17.3.6 圆柱容腔内液体振动的本征频率

将方程(17.3.49)和方程(17.3.55)联立,得方程组

$$a_{11}C_k+a_{12}D_k=a_{10},a_{21}C_k+a_{22}D_k=a_{20} \tag{17.3.59}$$

方程右边的 a_{10}、a_{20} 中都含有 α,它代表弹轴与速度方向不一致,在绕速度方向线进动时,将对

液体产生强迫扰动作用,如果 $\alpha=0$,表示无强迫作用,这时得齐次方程组

$$a_{11}C_k+a_{12}D_k=0,a_{21}C_k+a_{22}D_k=0 \tag{17.3.59'}$$

齐次方程的解代表自由扰动运动,其解由其特征方程决定,即由下述方程的根决定。

$$\Delta=\begin{vmatrix} a_{11} & a_{12} \\ a_{21} & a_{22} \end{vmatrix}=a_{11}a_{22}-a_{12}a_{21}=0$$

由此求得的特征根 τ_{nj} 称为特征频率或本征频率,它描述液体做 $e^{i\Omega\tau_{nj}t}$ 形式的自由振动。这种振动是由瞬时干扰和科氏惯性力引起的,故称为惯性波。

当 $\alpha\neq0$ 时,产生强迫运动,这时由方程(17.3.59)解出

$$C_k=(a_{12}a_{20}-a_{22}a_{10})/\Delta,D_k=(a_{11}a_{20}-a_{21}a_{10})/\Delta \tag{17.3.60}$$

由于 a_{10}、a_{20} 中含有 α,如果液体运动频率 τ 不接近 τ_{nj},$\Delta\neq0$,则 C_k 和 D_k 是小量;但当 $\tau=\tau_{nj}$ 时,$\Delta=0$,则 C_k、$D_k\to\infty$,于是压力函数 $f(r,z)$ 或扰动压力 $p\to\infty$,这时弹丸将受到极大的液体扰动压力和力矩的作用。本征频率方程的具体形式如下

$$\begin{aligned}&[\mu\gamma a(1-\tau)J_0(\mu\gamma a)+(1+\tau)J_1(\mu\gamma a)][\mu\gamma b(1-\tau)Y_0(\mu\gamma b)-(1+\tau)(2-4\tau+\tau^2)Y_1(\mu\gamma b)]-\\&[\mu\gamma a(1-\tau)Y_0(\mu\gamma a)+(1+\tau)Y_1(\mu\gamma a)][\mu\gamma b(1-\tau)J_0(\mu\gamma b)-(1+\tau)(2-4\tau+\tau^2)J_1(\mu\gamma b)]=0\end{aligned} \tag{17.3.61}$$

式中

$$\gamma=\sqrt{\frac{4\Omega^2}{(\Omega-\omega)^2}-1}=\sqrt{\frac{(3-\tau)(1+\tau)}{(\tau-1)^2}},\tau=\frac{\omega}{\Omega}(\tau<1) \tag{17.3.62}$$

显然,本征频率 τ_{nj} 是 μa 和 μb 的函数,而

$$\mu a=\frac{(2j+1)\pi}{2c}a,\ \mu b=\frac{(2j+1)\pi}{2c}b=\frac{(2j+1)\pi}{2c}a\sqrt{\left(\frac{b}{a}\right)^2}$$

故可将本征频率写成如下函数形式

$$\tau_{nj}=y_n(b^2/a^2,c/[a(2j+1)]) \tag{17.3.63}$$

式中,c/a 为圆柱容腔的长径比;b^2/a^2 可表征腔内液体的装填率($1-b^2/a^2$),或称它为空隙率。实际上要直接从方程(17.3.61)中解出 τ_{nj} 是很困难的,甚至是不可能的,可行的办法是先给定 τ_{nj} 和 b^2/a^2,而反求出 $c/[a(2j+1)]$,这样编出的表称为斯图瓦特森本征频率表,附表 11 列出了此表的例子。表中的留数 R 在下面还要讲述。

计算此表时,对于给定的一组(τ_{nj},b^2/a^2),令组合变量 $a(2j+1)/c$ 从小到大变化(如从 0.02 起),当方程(17.3.61)左端函数值从正变为负或从负变为正时,表示其间有一个零点,采用二分法求出此零点,这就得到了一个与本征频率 τ_{nj} 对应的 $a(2j+1)/c$ 值(注意斯图瓦特森表中列出的是其倒数 $c/[a(2j+1)]$ 值),让 $a(2j+1)/c$ 值继续增大,又可找到第二个零点……,如此继续下去,可求得无穷多个零点,依次用 $n=1,2,3,\cdots$ 标记这些 $a(2j+1)/c$ 值,它们都与 τ_{nj} 对应。这些零点是由于贝塞尔函数 J_0、J_1、Y_0、Y_1 的周期性正负交变综合形成的,两个零点之间为半个波。

由压力函数的分离变量形成 $f(r,z)=\zeta(r)g(z)$ 知,$g(z)=a_k\cos\dfrac{(2j+1)\pi}{2c}(z-h+c)$ 中的 $(2j+1)$ 决定了液体扰动运动的轴向半波数,在 z 从 $h-c$ 到 $h+c$ 间,有 $(2j+1)$ 个半波;而 $\zeta(r)$ 控制了 $f(r,z)$ 沿径向的变化规律,它由贝塞尔函数的特性决定,故 $n=1,2,3,\cdots$ 分别确定了液

体沿径向扰动运动的半波数。反过来,对于给定的容腔 c/a 和装填比 b^2/a^2,本征频率 τ_{nj}就由径向和轴向半波数 n 和 j 决定,故将其下标以 nj 表示,同时将函数 $y_n(b^2/a^2, c/[a(2j+1)])$ 也以下标 n 表示。

17.3.7　液体作用力矩计算

受扰动液体运动对腔壁产生压力,此力对旋转中心之矩即为液体作用力矩,它影响着弹丸的角运动。首先,在惯性坐标系内,液体内任一点处的压力为

$$P=\rho\Omega^2(r^2-b^2)/2+p_0+\rho f(r,z)\mathrm{e}^{\mathrm{i}(\omega t-\theta)} \tag{17.3.64}$$

其中第一项为液体在未扰动状态下以固态形式旋转产生的离心压强;r 为质点至 z 轴的半径,它是从 b 到 r 每一流体微团 $\rho(r\mathrm{d}\theta\mathrm{d}z)\mathrm{d}r$ 产生的离心压强 $\rho r\Omega^2\cdot\mathrm{d}r$ 沿径向叠加(积分)的结果;p_0 为中心空气柱的压强;最后一项是由扰动运动产生的压强。由于坐标系 $Ox'y'z'$ 与惯性系 $Oxyz$ 的 z' 与 z 轴夹角 α 为一阶小量,扰动压力 $f(r,z)$ 及它产生的力矩也将是一阶小量(除非 $\tau=\tau_{nj}$),故两坐标系同名轴上的力矩分量之差为二阶小量,略去这种差别,则有

$$M_x = M'_x, M_y = M'_y, M_z = M'_z$$

故可用弹轴坐标系中计算的液体力矩代替 $Oxyz$ 坐标系中的力矩,而在 $Ox'y'z'$ 中容腔形状为旋成体形,计算大为方便。在一阶范围内,$f(r,z)=f(r',z')$,但

$$r^2=x^2+y^2=(x'+lz)^2+(y'+mz)^2=x'^2+y'^2+2z(lx+my')+(m^2+l^2)z^2$$

将 $l=\alpha\cos\omega t, m=\alpha\sin\omega t$ 代入上式,略去二阶小量 m^2 和 l^2,令 $x'=r'\cos\theta', y'=r'\sin\theta'$,并以复数取实部表达,得

$$r^2=r'^2+2\alpha r'z'\mathrm{e}^{\mathrm{i}(\omega t-\theta')} \tag{17.3.65}$$

将上式代入式(17.3.64)中,得

$$P=\rho\Omega^2(r'^2-b^2)/2+\alpha\rho\Omega^2z'r'\mathrm{e}^{\mathrm{i}(\omega t-\theta')}+p_0+\rho f(r',z')\mathrm{e}^{\mathrm{i}(\omega t-\theta')} \tag{17.3.66}$$

因上式右端 f 中含有因子 α,故它与右端第二项都是一阶小量,因而由 z 与 z'、r 与 r'不同造成的差别是二阶小量,可以忽略,而用 r'代替 r,z'代替 z。

液体对容腔侧壁、上端面、下端面的压力均对旋转中心产生力矩,如图 17.3.5 所示。图中定义 y' 轴为虚轴。在侧壁上,压力沿径向垂直于壁面,在侧壁微元面积 $\mathrm{d}S=a\mathrm{d}\theta'\mathrm{d}z'$ 上的压力大小为 $pa\mathrm{d}\theta'\mathrm{d}z'$,它在 x'、y'轴上的分量为 $p_x=pa\cos\theta'\mathrm{d}\theta'\mathrm{d}z'$ 和 $p_y=pa\sin\theta'\mathrm{d}\theta'\mathrm{d}z'$,它们对旋转中心 O 的力矩分别为 $p_x\cdot z'=\mathrm{d}M'_y, p_yz'=-\mathrm{d}M'_x$。将微元力矩对容腔整个侧壁积分,得

$$\begin{aligned}(M_x+\mathrm{i}M_y)_s &= \int_{h-c}^{h+c}\int_0^{2\pi}(\mathrm{d}M'_x+\mathrm{i}\mathrm{d}M'_y)\\ &= \int_{h-c}^{h+c}\int_0^{2\pi}(-p_yz'+\mathrm{i}p_xz')\mathrm{d}z'\mathrm{d}\theta'\\ &= \mathrm{i}\int_{h-c}^{h+c}\int_0^{2\pi}z'pa\mathrm{e}^{\mathrm{i}\theta}\mathrm{d}z'\mathrm{d}\theta'\end{aligned} \tag{17.3.67}$$

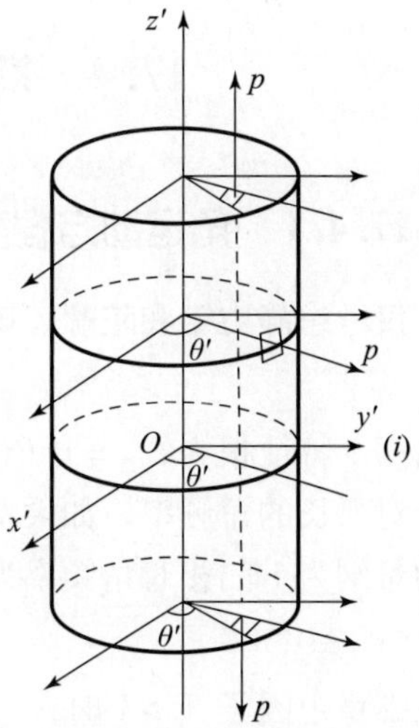

图 17.3.5　圆柱容腔中液体力矩的计算

对于上端面,液体压力 p 垂直于端面向上,在微元面积 $\mathrm{d}S=r'\mathrm{d}\theta'\cdot\mathrm{d}r'$ 上的压力 $pr'\mathrm{d}\theta'\mathrm{d}r'$ 对 O 点的力矩大小为

$dM'_+ = r'(pr'd\theta'dr')$,但方向与该微元的径向方向垂直并滞后90°,用复数表示即有 $dM'_{x+} + idM'_{y+} = -idM_+e^{i\theta}$。将此微元力矩在整个上端面积分,得

$$(M_i + iM_y)_+ = -i\int_b^a\int_0^{2\pi} pr'^2 e^{i\theta'}dr'd\theta' \tag{17.3.68}$$

同理,下端面上因液体压力垂直于端面向下,得液体力矩

$$(M_x + iM_y)_- = i\int_b^a\int_0^{2\pi} pr'^2 e^{i\theta'}dr'd\theta' \tag{17.3.69}$$

值得指出的是,上、下端面上的液体力矩表达式仅差一负号,但它们的合力矩并不等于零,这是因为在上、下端面上的压力 p 值并不相等。特别是扰动压力函数中的 $g(z)=A_k\cos[(2j+1)\pi\cdot(z-h+c)/2c]$,在上底 $z=h+c$ 处为 $-A_k$,在下端面 $z=h-c$ 处为 $+A_k$,再加上两端面上作用力方向相反,结果使两端面上扰动压力和压力矩同方向而叠加。如果在 $g(z)$ 中也包含了偶数个半波,则上、下底同一(r',θ')处压力同号相等,作用方向相反,合力矩反而抵消,不起作用。这也是在函数 $g(z)$ 的余弦函数表达式中只取奇数半波$(2j+1)\pi$ 项的物理原因。

由液体压力产生的总力矩即式(17.3.67)~式(17.3.69)三部分之和,经过冗长的运算,得

$$\begin{aligned} M_x + iM_y = {} & i\Omega^2\alpha e^{i\Omega\tau t}\Big\{\frac{1}{2}\pi\rho c\tau(\tau-2)(a^4-b^4) + \frac{2}{3}\pi\rho b^2c^3\frac{\tau^2(\tau-1)^3}{\tau+1} - \\ & \frac{2}{3}\pi\rho a^2c^3\frac{\tau^2(3\tau-5)}{\tau+1} + \frac{2\pi\rho ca^2h^2(a^2-b^2)\tau^2(\tau^2-4\tau+2)}{a^2(\tau^2-4\tau+2)+b^2\tau^2} + \\ & \frac{\pi\rho c}{\Omega^2(1+\tau)}\sum_{j=0}^{\infty}E_k^2[2a\tau\varphi_1(\gamma\mu a) + \tau^2(1-\tau)b\varphi_1(\gamma\mu b)]\Big\} \end{aligned} \tag{17.3.70}$$

式中

$$\begin{aligned} &\varphi_1(\gamma\mu a) = [C_kJ_1(\gamma\mu a) + D_kY_1(\gamma\mu a)]/(E_k\alpha) \\ &\varphi_1(\gamma\mu b) = [C_kJ_1(\gamma\mu b) + D_kY_1(\gamma\mu b)]/(E_k\alpha) \\ &E_k = -2/(c\mu_k^2) \end{aligned} \tag{17.3.71}$$

17.4 斯图瓦特森不稳定性判据,留数公式

17.4.1 角运动方程变换

仅考虑静力矩和陀螺力矩时,旋转弹以弧长 s 为自变量的角运动方程为式(7.4.1),即

$$\Delta'' - iP\Delta' - M\Delta = 0 \tag{17.4.1}$$

它的两个特征根为 $r_{1,2} = i[P(1\pm\sqrt{1-1/S_g})/2] = i\omega_{1,2}$,$S_g = P^2/(4M)$,$P = C\dot{\gamma}/(Av)$,$\omega_{1,2}$是两个对弧长的角频率。如果将弹丸自转角速率以 Ω 表示,则 $P = C\Omega/(Av)$,再记以时间为自变量的量纲为1的相对角频率为 $\tau_{1,2}$,则有

$$\tau_{1,2} = \omega_{1,2}v/\Omega = C(1\pm\sqrt{1-1/S_g})/(2A) \tag{17.4.2}$$

当陀螺稳定因子 $S_g>1$ 时,$\tau_{1,2}$均为实数,特征根为纯虚数,弹丸做稳定的周期运动。τ_1 常称为章动频率,τ_2 常称为进动频率。

利用关系式 $\Delta' = \dot{\Delta}/v$,$\Delta'' = \ddot{\Delta}/v^2$ 将自变量从弧长换为时间,得方程

$$A\ddot{\Delta}-\mathrm{i}C\Omega\dot{\Delta}-MAv^2\Delta=0 \tag{17.4.3}$$

对于装液弹,还要考虑液体力矩的作用。由 $\Delta=\delta_1+\mathrm{i}\delta_2,\ddot{\Delta}=\ddot{\delta}_1+\mathrm{i}\ddot{\delta}_2$ 和坐标系(图 17.3.2)可知,$\ddot{\delta}_1$ 是绕 y' 轴的摆动角加速度,受液体力矩 M_y 的影响;$\ddot{\delta}_2$ 是绕 x' 轴的转动加速度,但正的 M_x 使弹轴向 δ_2 减小方向摆动(图 17.3.2)。故考虑液体力矩的攻角方程为

$$A\ddot{\Delta}-\mathrm{i}C\Omega\dot{\Delta}-MAv^2\Delta=M_y-\mathrm{i}M_x=-\mathrm{i}(M_x+\mathrm{i}M_y) \tag{17.4.3′}$$

将 $\Delta=\alpha\mathrm{e}^{\mathrm{i}\nu}=\alpha\mathrm{e}^{\mathrm{i}\omega t}$ 代入上式,并令 $\tau=\omega/\Omega$,则得到关于量纲为 1 的角频率 τ 的方程

$$\begin{aligned}A\tau^2-C\tau+\frac{C^2}{4AS_g}&=\mathrm{i}(M_x+\mathrm{i}M_y)/(\alpha\Omega^2\mathrm{e}^{\mathrm{i}\Omega\tau t})\\&=-\frac{1}{2}\pi\rho c\tau(\tau-2)(a^4-b^4)-\frac{2}{3}\rho\pi b^2c^3\frac{\tau^2(\tau-1)^3}{\tau+1}+\\&\quad\frac{2}{3}\pi\rho a^2c^3\frac{\tau^2(3\tau-5)}{\tau+1}-\frac{2\pi\rho ca^2h^2(a^2-b^2)\tau^2(\tau^2-4\tau+2)}{a^2(\tau^2-4\tau+2)+b^2\tau^2}-\\&\quad\frac{\pi\rho c}{\alpha\Omega^2(1+\tau)}\sum_{j=0}^{\infty}E_k[2a\tau\varphi_1(\gamma\mu a)+\tau^2(1-\tau)b\varphi_1(\gamma\mu b)]\end{aligned} \tag{17.4.4}$$

式中,$\varphi_1(\gamma\mu a)=C_kJ_1(\gamma\mu a)+D_kY_1(\gamma\mu a)$,$\varphi(\gamma\mu b)=C_kJ_1(\gamma\mu b)+D_kY_1(\gamma\mu b)$。

17.4.2　斯图瓦特森的不稳定性判据

从参数个数和方程形式看,要对上述做全面的讨论是十分困难的。因此,这里仅讨论小容腔的情况。此时,除了在 C_k、D_k 的极点以及当 $a^2(\tau^2-4\tau+2)+b^2\tau^2=0$ 的情况外,液体力矩很小(因为是与 α 同阶的小量),在这种情况下,方程(17.4.4)右边可略去。方程变成与式(17.4.1)等价的齐次方程,弹丸的二圆运动频率仍为式(17.4.2),当 $S_g>1$ 时,装液弹运动稳定,当 $S_g<1$ 时,装液弹飞行不稳。

但是,如果方程(17.4.4)的根在方程右边的极点 τ_{nj} 附近,这时液体力矩中最后一项显著增大,方程右端可简化为

$$A\tau^2-C\tau+\frac{C^2}{4AS_g}=\frac{D(\tau_{nj})}{\tau-\tau_{nj}}+\text{小项} \tag{17.4.5}$$

而式中 $D(\tau_{nj})$ 为在极点 τ_{nj} 处的留数(罗郎级数 $(\tau-\tau_{nj})^{-1}$ 项的系数)。由方程可见,留数 D 的量纲与转动惯量的相同。液体力矩越大,留数值也越大。但如果此留数值还不够大,以至于

$$A\tau_{nj}^2-C\tau_{nj}+C^2/(4AS_g)\gg D(\tau_{nj}) \tag{17.4.6}$$

则方程(17.4.5)的根可写为

$$\tau=\tau_{nj}+D(\tau_{nj})/[A\tau_{nj}^2-C\tau_{nj}+C^2/(4AS_g)] \tag{17.4.7}$$

此时,因 τ_{nj} 是实数,故 τ 也为实数,装液弹飞行仍然能够稳定。

但是,如果式(17.4.6)不能满足,即留数 $D(\tau_{nj})$ 较大,如设 $\tau_n=\tau_1\approx\tau_{nj}$,则将式(17.4.5)左边在 τ_n 附近展开。令

$$f(\tau)=A\tau^2-C\tau+C^2/(4AS_g)$$

则展开式为

$$f(\tau)=f(\tau_1)+f'(\tau_1)(\tau-\tau_1)+\cdots\approx(2A\tau_1-C)(\tau-\tau_1) \tag{17.4.8}$$

式中,因 τ_1 是齐次方程的根,故 $f(\tau_1)=0$。将 τ_1 的表达式(17.4.2)代入上式,替代方程(17.4.5)的左边,则方程(17.4.5)变为

$$\tau^2-(\tau_n+\tau_{nj})\tau+\tau_n\tau_{nj}-D(\tau_{nj})/(C\sqrt{1-1/S_g})=0 \tag{17.4.9}$$

上式中记 $\tau_n=\tau_1$。此方程有实根的条件是 $b^2-4ac\geqslant 0$,即

$$(\tau_n-\tau_{nj})^2\geqslant -4D(\tau_{nj})/(C\sqrt{1-1/S_g}) \tag{17.4.10}$$

故在这种情况下,即便是陀螺稳定因子 $S_g>1$,但如果 $D(\tau_{nj})<0$,而且又满足不了上式,则弹丸将发生运动不稳。因此,装液弹运动不稳的条件是

$$|\tau_{nj}-\tau_n|<\left[\frac{-4D(\tau_{nj})}{C\sqrt{1-1/S_g}}\right]^{\frac{1}{2}} \tag{17.4.11}$$

用类似的方法可推出,若 $D(\tau_{nj})>0$,并且

$$|\tau_{nj}-\tau_p|<\left[\frac{4D(\tau_{nj})}{C\sqrt{1-1/S_g}}\right]^{\frac{1}{2}} \tag{17.4.12}$$

也发生运动不稳。式中 $\tau_p=\tau_2$。计算表明,极点处的留数都是负值,故实际有用的是式(17.4.11)。它表明,对于空弹腔运动稳定的弹丸($S_g>1$),只要在容腔中稍加一点液体,在理论上讲就有可能变得动态不稳。当然,理论上也可能出现陀螺不稳定($S_g<1$)的空弹丸在加入液体后变成动态稳定的情况,但这种情况十分复杂,况且我们对此也不感兴趣,因而实际上有用的不稳判据就只有式(17.4.11)。

在实际应用中,为了方便,将留数 D 写成两个因子之积:$D=R^2(\rho a^6/c)$,等号右边第二个因子的量纲与 D 的相同,即同转动惯量,并且与容腔尺寸(a/c)及液体密度 ρ 相联系;第一个因子 R^2 量纲为1。再定义"斯图瓦特森"参量

$$S=\frac{\rho(2R)^2a^5}{C(c/a)\sqrt{1-1/S_g}},(2R)^2=-\frac{4cD}{\rho a^6} \tag{17.4.13}$$

装液弹飞行不稳定性判据(17.4.11)可写成如下形式

$$-\sqrt{S}<\tau_n-\tau_{nj}<\sqrt{S} \tag{17.4.14}$$

上式表明,当章动频率 τ_n 接近本征频率 τ_{nj} 在 $\pm\sqrt{S}$ 范围内时,装液弹即发生动态不稳。因此,不稳定频带的宽度为 $\Delta\tau=2\sqrt{S}$。下面将会看到,当考虑液体黏性时,此不稳定频带会加宽。

17.4.3 留数公式

由上面讲述可知,装液弹的飞行不稳定性与扰动压力力矩在极点 τ_{nj} 处的留数 $D(\tau_{nj})$ 密切相关。从方程(17.4.4)右端看,只有最后和式项存在留数。将该和式项中的第 k 项记为 G_k,有

$$\begin{aligned}G_k=&\frac{-\pi\rho c}{\alpha\Omega^2(1+\tau)}\left(\frac{-2}{c\mu^2}\right)\left\{a\tau\left[2J_1(\gamma\mu a)+\tau(1-\tau)\frac{b}{a}J_1(\gamma\mu b)\right]C_k+\right.\\&\left.a\tau\left[2Y_1(\gamma\mu a)+\tau(1-\tau)\frac{b}{a}Y_1(\gamma\mu b)\right]D_k\right\},k=2j+1\end{aligned} \tag{17.4.15}$$

令

$$A_1=2J_1(\gamma\mu a)+\tau(1-\tau)\frac{b}{a}J_1(\gamma\mu b),A_2=2Y_1(\gamma\mu a)+\tau(1-\tau)\frac{b}{a}Y_1(\gamma\mu b) \tag{17.4.16}$$

并由本征频率方程(17.3.60)解出 $C_k=\Delta_x/\Delta,D_k=\Delta_z/\Delta$,代入式(17.4.15)中,得

$$G_k=\frac{2\pi\rho c\tau}{\alpha\Omega^2(1+\tau)}\cdot\frac{a}{c\mu^2}\left(\frac{A_1\Delta_x+A_2\Delta_z}{\Delta}\right) \tag{17.4.17}$$

其中

$$\Delta = a_{11}a_{22} - a_{12}a_{21}$$
$$\Delta_x = -E_k\alpha 2a\Omega^2\tau(3-\tau)(1-\tau)a_{22} - E_k\alpha b\Omega^2\tau^2(3-\tau)(1-\tau)^2 a_{12}$$
$$\Delta_y = E_k b\alpha\Omega^2\tau^2(3-\tau)(1-\tau)^2 C_{11} + E_k 2\alpha a\Omega^2\tau(3-\tau)(1-\tau)a_{21}$$

将它们代入式(17.4.15)中,得

$$G_k = \frac{4\pi\rho\tau^2(3-\tau)(1-\tau)}{1+\tau}\cdot\frac{a^2}{c\mu^4}\cdot\frac{Q_1}{a_{11}a_{22}-a_{12}a_{21}} \tag{17.4.18}$$

式中

$$Q_1 = A_1\left[2a_{22} + \frac{b}{a}\tau(1-\tau)a_{12}\right] - A_2\left[2a_{21} + \frac{b}{a}\tau(1-\tau)a_{11}\right] \tag{17.4.19}$$

根据留数的求法,得

$$D(\tau_{nj}) = \frac{4\pi\rho\tau^2(3-\tau)(1-\tau)}{1+\tau}\cdot\frac{a^2}{c\mu^4}\cdot\frac{Q_1}{(a_{11}a_{22}-a_{12}a_{21})'} \tag{17.4.20}$$

则

$$R^2 = -\frac{cD(\tau_{nj})}{\rho a^6} = -\frac{4\pi\tau^2(3-\tau)(1-\tau)}{(1+\tau)(\mu a)^4}\frac{Q_1}{Q_2} \tag{17.4.21}$$

式中

$$\begin{aligned}Q_1 = {} & [2J_1(\gamma\mu a) + \tau(1-\tau)\frac{b}{a}J_1(\gamma\mu b)]\cdot[2\gamma\mu b(1-\tau)Y_0(\gamma\mu b) - \\ & 2(1+\tau)(2-4\tau+\tau^2)Y_1(\gamma\mu b) + r\mu b\tau(1-\tau)^2 Y_0(\gamma\mu a) + \\ & \frac{b}{a}\tau(1-\tau)(1+\tau)Y_1(\gamma\mu a)] - [2Y_1(\gamma\mu a) + \tau(\tau-1)\frac{b}{a}Y_1(\gamma\mu b)]\times \\ & [2\gamma\mu b(1-\tau)J_0(\gamma\mu b) - 2(1+\tau)(2-4\tau+\tau)^2]\times \\ & J_1(\gamma\mu b) + \gamma\mu b\tau(1-\tau)^2 J_0(\gamma\mu a) + \frac{b}{a}(1-\tau)(1+\tau)\tau J_1(\gamma\mu a)\end{aligned} \tag{17.4.22}$$

$$Q_2 = (a_{11}a_{22}-a_{12}a_{21})',\gamma = \sqrt{\frac{4\Omega^2}{(\Omega-\omega)^2}-1} = \sqrt{(3-\tau)(1+\tau)/(1-\tau)^2} \tag{17.4.23}$$

在给定了 τ_{nj}、b^2/a^2 和 $(2j+1)\frac{a}{c}$ 的值后,即可算出留数 $2R$,它们也列在斯图瓦特森表中。

17.4.4　应用举例

应用斯图瓦特森不稳定性判据和斯图瓦特森表,可进行装液弹飞行稳定性设计和校核。下面是这些应用的例子。

例 17.4.1　设计一个新装液弹,其弹腔为圆柱形,液体装填率为 80%,即 $b^2/a^2 = 20\%$,需要根据不稳定性判据来选择弹腔的长细比 c/a,使弹腔内所充液体的振动频率不会接近弹丸的章动频率。假设该弹的章动频率 $\tau_n = 0.10$,则从斯图瓦特森表中 $b^2/a^2 = 0.2$ 的一页查得对应于液体振动频率 $\tau_0 = 0.10$ 的各种长细比 c/a。这些长细比正是设计弹腔时应该避开的参数值,当 $n=1$ 和 $n=2$ 时,得到

$$c/a = 1.065(2j+1),2R = 0.298\quad(j=0,1,2,\cdots,n=1)$$
$$c/a = 0.442(2j+1),2R = 0.259\quad(j=0,1,2,\cdots,n=2)$$

$n=3$ 和大于3的径向振型产生的液体力矩和留数都比较小,可以不考虑。实际上,c/a 不仅是要准确地避开这些数值,在有了留数 R 后,根据空弹陀螺稳定因子 S_g、容腔尺寸 a 和 c、空弹转动惯量 C 和 A 及液体密度 ρ,可算得斯图瓦特森参量 S,以确定出不稳定频带宽 $\Delta\tau=2\sqrt{S}$,对应于$(\tau_0-\sqrt{S})\sim(\tau_0+\sqrt{S})$范围内的 c/a 都是设计中应避开的容腔长细比。

例 17.4.2 某黄磷弹,已知其长细比 $c/a=1.56$,$\tau_n=0.25$,弹腔装填率为95%($b^2/a^2=0.05$),通过其他参数 ρ、C、S_g 可计算得到斯图瓦特森参量 $S=3.81\times10^{-2}(2R)^2$,要求校核该黄磷弹在黄磷熔化以后的飞行稳定性。

首先根据 $b^2/a^2=0.05$ 查斯图瓦特森表,找出对应于 $j=0,1,\cdots$ 的 $c/[a(2j+1)]=1.56$,0.52,…值上的本征频率和留数值:$\tau_{nj}=0.343$,$2R=1.306(j=0,n=1)$;$\tau_{nj}=0.586$,$2R=0.693$ $(j=0,n=2)$ 和 $\tau_{nj}=0.086$,$2R=0.0319(j=1,n=2)$。然后计算出斯图瓦特森参量 S,例如对应于$(j=1,n=1)$的振型算得 $S=0.0645$,而 $\tau_{nj}-\tau_n=0.343-0.250=0.093$,故满足不稳定性判据 $|\tau_{nj}-\tau_n|<\sqrt{S}$。结论是,由于至少 $j=0$ 时存在一个流体频率 $\tau=0.343$ 满足不稳定性条件,所以该弹飞行是不稳定的。

17.5 黏性修正、容腔形状修正和有中心爆管情况

17.5.1 斯图瓦特森不稳定性判据的黏性修正

上一节的斯图瓦特森不稳定性判据是在液体无黏性基础上导出的,但是,如果液体无黏性,就不可能由容腔壁带动旋转,因此这是互相矛盾的。不过对于黏性较低的液体,黏性的影响主要表现在接近容腔壁很薄的一层厚度内(即附面层内),在附面层以外可认为液体是无黏性的,也即黏性对液体的振荡运动基本上没有影响。设圆柱容腔侧壁和端面上的附面层厚度分别为 δ_a 和 δ_c,那么在缩小了的容腔范围$(a-\delta_a,c-\delta_c)$内,就可应用斯图瓦特森的无黏性理论,这就称为斯图瓦特森理论的黏性修正。

G. N. 沃德教授曾专门使用了一种充液陀螺试验仪对斯图瓦特森理论进行验证,结果发现,使充液陀螺运动不稳的频带中心略偏离无黏性理论的本征频率 τ_{nj} 一个数值 ε^*,而且频带的宽度也增加了一个宽度 δ^*。此后,威德迈(E. H. Wedemeyer)等人从理论和实验上证实这正是由液体的黏性造成的。下面简述黏性修正理论。

1. 附面层厚度公式推导

首先当液体黏性较小,或雷诺数 Re 很大时,可将柱坐标系下液体扰动运动方程分解成无黏性基流(u_0,v_0,w_0)和黏性扰动流(u_1,v_1,w_1)两部分,它们分别对应扰动运动方程的齐次解和非齐次解。无黏性基流的解就是上一节的斯图瓦特森解,而黏性扰动流的解则需用附面层理论获取。在圆柱容腔侧壁边界层内,运用边界层内压力 p_1 沿壁面法向不变,$u_1\ll v_1$,$u_1\ll w_1$,以及各变量的量级比较法,略去所有的 $Re^{-1/2}$ 阶($Re=a^2\Omega/\nu$ 为壁面处雷诺数)或更小的项后,由方程(17.3.6)简化后得到附面层方程

$$
\begin{gathered}
\frac{\partial v_1}{\partial t}+\Omega\frac{\partial v_1}{\partial\theta}=\nu\frac{\partial v_1^2}{\partial y^2},\frac{\partial w_1}{\partial t}+\Omega\frac{\partial w_1}{\partial\theta}=\nu\frac{\partial^2 w_1}{\partial y^2}\\
-\frac{\partial(ru_1)}{\partial y}+\frac{\partial v_1}{\partial\theta}+\frac{\partial(rw_1)}{\partial z}=0
\end{gathered}
\tag{17.5.1}
$$

式中，$y=a-r$ 是距壁面距离。

边界条件

$$y=0\text{ 处},u_0+u_1=v_0+v_1=w_0+w_1=0$$
$$y=\infty\text{处},u_1=v_1=w_1=0 \tag{17.5.2}$$

仍利用波动因子 $e^{i(\omega t-\theta)}$ 将 u_1、v_1、w_1 写成 $u_1=u_1(r,z)e^{i(\omega t-\theta)}$ 等形式，求解之后得侧壁附面层位移厚度 δ_a 的计算公式

$$\frac{\delta_a}{a}=\frac{1+i}{\sqrt{2}}\cdot\frac{1}{\sqrt{1-\tau}}\cdot\frac{1}{\sqrt{Re}},\ Re=\frac{\Omega a^2}{\nu} \tag{17.5.3}$$

对于容腔端面 $z=\pm c$ 处的边界，令 $\tilde{z}=cz$，简化后得附面层方程

$$\frac{\partial u_1}{\partial t}+\Omega\frac{\partial u_1}{\partial\theta}-2\Omega v_1=\nu\frac{\partial^2u_1}{\partial\tilde{z}^2},\frac{\partial v_1}{\partial t}+\Omega\frac{\partial v_1}{\partial\theta}+2\Omega u_1=\nu\frac{\partial^2v_1}{\partial\tilde{z}^2},\frac{\partial(ru_1)}{\partial r}+\frac{\partial v_1}{\partial\theta}=\frac{\partial(rw_1)}{\partial\tilde{z}} \tag{17.5.4}$$

由此方程并将边界条件(17.5.2)写成 $\tilde{z}=0$，$\tilde{z}=\infty$ 处的条件，解得端面上附面层位移厚度 δ_c 的计算公式

$$\frac{\delta_c}{c}=\frac{a}{c}\cdot\frac{1}{2\sqrt{2}}\left[\frac{(1-i)(3-\tau)}{\sqrt{1+\tau}(1-\tau)}-\frac{(1+i)(1+\tau)}{\sqrt{3-\tau}(1-\tau)}\right]\frac{1}{\sqrt{Re}} \tag{17.5.5}$$

2. 黏性对本征频率的修正

在上一节里已说明，本征频率 τ_{nj} 依赖于弹腔的尺寸和液体的装填比，即

$$\tau_{nj}=y_n(c/[a(2j+1)],b^2/a^2) \tag{17.5.6}$$

由于附面层厚度 δ_a、δ_c 使中心无黏流的有效容腔尺寸改变为 $a-\delta_a$、$c-\delta_c$，将相应的本征频率记为 τ_{0v}，则有

$$\tau_{0v}=\tau_0(a-\delta_a,c-\delta_c),\text{这里记 }\tau_0=\tau_{nj} \tag{17.5.7}$$

不过，由于 δ_a 和 δ_c 都是复数，故只能把上式右边的 τ_0 定义为无黏性本征频率表中对实宗量已算列出的无黏性 τ_{nj} 的解析延拓。将式(17.5.7)展成级数并只取一次项，得

$$\tau_{0v}(a,c)=\tau_0(a,c)-\left(\frac{\partial\tau_0}{\partial a}\right)\delta_a-\left(\frac{\partial\tau_0}{\partial c}\right)\delta_c \tag{17.5.8}$$

因 τ_0 已作为 $c/[a(2j+1)]$ 和 b^2/a^2 的函数列成了表，为利用此表，将偏导数写成如下形式

$$\frac{\partial\tau_0}{\partial a}=\frac{\partial\tau_0}{\partial[c/(a(2j+1))]}\left[\frac{-c}{a^2(2j+1)}\right]+\frac{\partial\tau_0}{\partial(b^2/a^2)}\left(-\frac{2b^2}{a^3}\right) \tag{17.5.9}$$

$$\frac{\partial\tau_0}{\partial c}=\frac{\partial\tau_0}{\partial[c/(a(2j+1))]}\cdot\frac{1}{a(2j+1)} \tag{17.5.10}$$

将式(17.5.9)、式(17.5.10)代入式(17.5.8)，并记 $\Delta\tau_0=\tau_{0v}-\tau_0$，得

$$\begin{aligned}\Delta\tau_0&=2\frac{b^2}{a^2}\cdot\frac{\partial\tau_0}{\partial(b^2/a^2)}\frac{\delta_a}{a}+\frac{c}{a(2j+1)}\cdot\frac{\partial\tau_0}{\partial[c/(a(2j+1))]}\left(\frac{\delta_a}{a}-\frac{\delta_c}{c}\right)\\&=\varepsilon^*+i\delta^*\end{aligned} \tag{17.5.11}$$

黏性本征频率修正量是个复数，故将其实部记为 ε^*，虚部记为 δ^*。由式(17.5.3)可见，δ_a^* 的虚部为正；由式(17.5.5)可见，δ_c^* 的虚部为负，再从本征频率表中知，两个偏导数为正，故 $\Delta\tau_0$ 的虚部 δ^* 总是正的。因为液体的振动形式为 $e^{i\omega t}=e^{i\Omega\tau t}$，故黏性振动形式为 $e^{i\Omega(\tau_0+\Delta\tau_0)t}=e^{i\Omega(\tau_0+\varepsilon^*+i\delta^*)t}=e^{-\Omega\delta^*t}\cdot e^{i\Omega(\tau_0+\varepsilon^*)t}$，由此可见，$\Delta\tau_0$ 的虚部对液体振荡起阻尼作用，而其实部改变了振荡频率。但这种阻尼对弹丸的运动却不一定起稳定作用，下面就来研究这个问题。

3. 黏性对稳定性判据的修正

黏性对液体运动的本征频率有明显的影响,但对留数的影响很小,可以忽略不计。这样表示液体对弹丸反作用的特征方程(17.4.5)的右边部分,从形式上保留了下来,故除了用本征频率的黏性对应量 $\tau_{0v}=\tau_0+\Delta\tau_0$ 全部代换 τ_0 外,可以保留无黏性理论的结果,则方程(17.4.9)的根为

$$\tau=\frac{1}{2}[(\tau_0+\varepsilon^*+\mathrm{i}\delta^*)+\tau_n]\pm\sqrt{\left[\frac{(\tau_0+\varepsilon^*+\mathrm{i}\delta^*)-\tau_n}{2}\right]^2-\frac{|D|}{C\sqrt{1-1/S_g}}}=\tau_R+\mathrm{i}\tau_I \quad (17.5.12)$$

因为弹丸的角运动为 $\Delta=\alpha\mathrm{e}^{\mathrm{i}\Omega\tau t}=\alpha\mathrm{e}^{\mathrm{i}\Omega(\tau_R+\mathrm{i}\tau_I)t}=\alpha\mathrm{e}^{-\Omega\tau_I t}\cdot\mathrm{e}^{\mathrm{i}\Omega\tau_R t}$,可见,如果 τ 的虚部 τ_I 为负,则 $-\tau_I>0$,弹丸的角运动发散,$-\tau_I$ 的大小即反映了攻角发散率。如果记

$$\tau_{00}=\tau_0+\varepsilon^*,\ \sigma=\sqrt{1-1/S_g} \quad (17.5.13)$$

$$m_1=\frac{4|D|}{C\sigma}+\delta^{*2}-(\tau_{00}-\tau_n)^2,\ n_1=-2\delta^*(\tau_{00}-\tau_n) \quad (17.5.14)$$

则式(17.5.12)变为

$$\tau=\frac{\tau_n+\tau_{00}}{2}+\mathrm{i}\frac{\delta^*}{2}\pm\frac{\mathrm{i}}{2}\sqrt{m_1+\mathrm{i}n_1}=\tau_R+\mathrm{i}\tau_I \quad (17.5.15)$$

利用复数开方公式将上式根号开方,得

$$\tau_R=\pm\frac{1}{2}\sqrt{\frac{\sqrt{m_1^2+n_1^2}-m_1}{2}}+\frac{\tau_{00}+\tau_n}{2},\tau_I=\mp\frac{1}{2}\sqrt{\frac{\sqrt{m_1^2+n_1^2}+m_1}{2}}+\frac{\delta^*}{2} \quad (17.5.16)$$

δ^* 是个小量(一般与 $\sqrt{|D|/(C\sigma)}$ 同级),这样,无论 $(\tau_{00}-\tau_n)$ 多大,τ 的第一个解总有一个负虚部 τ_I,它将引起装液弹丸运动不稳,即黏性加大了装液弹丸的运动不稳定性。

定义

$$y=-\tau_I\Big/\sqrt{\frac{|D|}{C\sigma}},x=\frac{\tau_{00}-\tau_n}{2}\Big/\sqrt{\frac{|D|}{C\sigma}},\Delta=\frac{\delta^*}{2}\Big/\sqrt{\frac{|D|}{C\sigma}} \quad (17.5.17)$$

则式(17.5.16)的第二式变为

$$y=\sqrt{[\sqrt{(1+\Delta^2-x^2)^2+4\Delta^2x^2}+(1+\Delta^2-x^2)]/2}-\Delta \quad (17.5.18)$$

以 y 为纵坐标、x 为横坐标、Δ 为参数,绘制出式(17.5.18)的图形,如图17.5.1所示。

由图可见,所有的曲线在 $\tau_{00}-\tau_n=0$ 处达极大值,此时共振带中心在 $\tau_n=\tau_0+\varepsilon^*$ 处,而不是在 $\tau_n=\tau_0$ 处,ε^* 即为由黏性产生的本征频率漂移。无黏性($\delta^*=0$)时,发散中心曲线为椭圆,曲线限于 ±1 内,即 $|x|<\pm1$ 或 $|\tau_0-\tau_n|<4|D|/(C\sigma)$。考虑黏性时没有明确的共振带,无论 $|\tau_{00}-\tau_n|$ 有多大,黏性均造成装液弹角运动发散。黏性越大,曲线越平坦,黏性越小,曲线越陡峭;无黏($\Delta=0$)时即成图中椭圆。但从图中也可

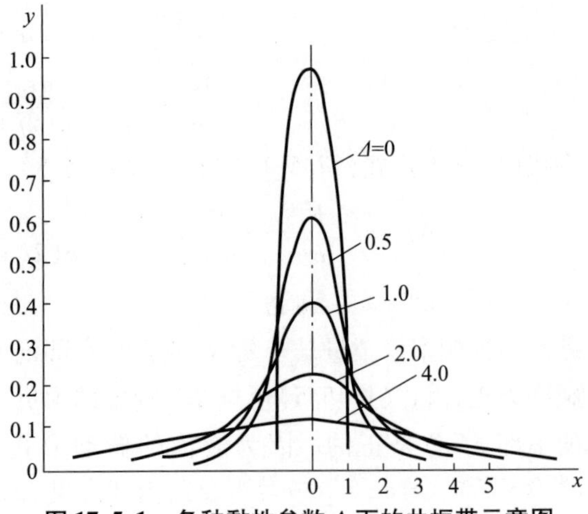

图 17.5.1 各种黏性参数 Δ 下的共振带示意图

见，随着频率差 $|\tau_{00}-\tau_n|$ 增大，曲线迅速衰减，大致与 $1/(\tau_{00}-\tau_n)^2$ 变化规律相同。因此，当 $(\tau_{00}-\tau_n)$ 大到一定程度后，由黏性产生的角运动发散率还不如空气阻尼力矩的作用大，实际上，此时黏性发散就不起作用了，所以有人提议，用气动阻尼正好克服黏性发散率来确定共振带的宽度。

但工程上认为，黏性共振带宽与无黏性共振带宽（$=2\sqrt{S}$）相比，较合适的测度是 $2(\sqrt{S}+\delta^*)$。这样，经黏性修正后的斯图瓦特森不稳定性判据为

$$-(\sqrt{S}+\delta^*)<\tau_{00}-\tau_n<\sqrt{S}+\delta^* \tag{17.5.19}$$

式中，$\tau_{00}=\tau_0+\varepsilon^*$，而 ε^*、δ^* 按式（17.5.11）计算。由此可见，黏性使共振带加宽，并使共振带中心从 τ_0 漂移。

例 17.5.1　设有某装液弹，内腔长细比 $c/a=3.6$，装填率为 95% 或 $b^2/a^2=0.05$，液体雷诺数 $Re=a^2\Omega/\nu=4.1\times10^6$，计算由黏性引起的共振带中心频率漂移量 ε^* 和频带加宽量 δ^*，即求 $\Delta\tau=\varepsilon^*+\mathrm{i}\delta^*$。

设该弹无黏性共振基本振型为（$j=1,n=1$），得

$$c/[a(2j+1)]=1.2,b^2/a^2=0.05,\tau_0(1.2,0.05)=0.16$$

由斯图瓦特森表中上列值附近求差商，得

$$\frac{\partial\tau_0}{\partial c/[a(2j+1)]}=\frac{\tau_0(1.231,0.05)-\tau_0(1.20,0.05)}{1.231-1.20}=\frac{0.02}{0.031}=0.645$$

$$\frac{\partial\tau_0}{\partial b^2/a^2}=\frac{\tau_0(1.2,0.1)-\tau_0(1.2,0.05)}{0.05}=\frac{0.006\,9}{0.05}=0.138$$

然后用 $c/a=3.6$ 和 $\tau=\tau_0=1.6$ 来计算式（17.5.3）、式（17.5.5），得

$$\frac{\delta_a}{a}=\frac{1}{\sqrt{Re}}(0.77+0.77\mathrm{i}),\frac{\delta_c}{c}=\frac{1}{\sqrt{Re}}(0.22-0.38\mathrm{i})$$

再由式（17.5.11）算出 $\tau_{0v}=\tau_0+\dfrac{1}{\sqrt{Re}}(0.44+0.916\mathrm{i})$，故中心频率漂移量为 $\varepsilon^*=0.44/\sqrt{Re}$，频带加宽 $\delta^*=0.916/\sqrt{Re}$。据此可进一步应用式（17.5.16）判定考虑黏性后该装液弹的飞行稳定性。

黏性修正与雷诺数的平方根成正比，如果修正量 δ^* 的大小与无黏性不稳定频带宽度 $\sqrt{S}$ 相比小得多，甚至在 $\sqrt{S}$ 的有效位数后面，考虑其他不确定因素，这种修正的意义就不大了。

17.5.2　容腔形状修正

对于旋转装液弹，腔内流体运动的本征频率和留数是判定飞行稳定性的重要依据，但目前除椭球形容腔和圆柱形容腔由于其数学简单性可得出解析解外，其他形状容腔要得到解析解看来是渺无希望的。但工程上实用的容腔形状有许多不是严格的圆柱形，为了尽可能扩大战斗部容积，腔壁一般为圆顺壳体外形，加工时倒圆角，使容腔形状与圆柱有一些差异，那么如何运用斯图瓦特森表和不稳定性判据呢？我们可以预计，在这些形状容腔里也存在液体运动本征频率，这种本征频率一般只能用数值方法求解或用充液陀螺试验仪测定，但当容腔形状与圆柱形接近时，也可采用一些近似的数学方法处理，获得经修正后的本征频率，值得庆幸的是，这些近似理论已得到广泛的试验验证和补充。下面就来讲述这些处理方法。

1. 容腔侧壁半径变化缓慢($\mathrm{d}a/\mathrm{d}z \ll 1$)时本征频率和留数的修正

这里的讨论只针对两个端面为垂直于容腔纵轴的平面的情况。在圆柱容腔里液体扰动运动压力的表达式为

$$f(r,z) = \sum_{k=1}^{\infty}[C_k J_1(\gamma\mu_k r) + D_k Y_1(\gamma\mu_k r)]\cos\mu_k z(z = 0 \sim 2c) \tag{17.5.20}$$

再由边界条件得到本征频率方程,计算出斯图瓦特森本征频率表。对于圆柱容腔,给定了 b^2/a^2 和 τ_0 即可从表中对于 $n=1,2,3,\cdots$ 查得 $c/[a(2j+1)]$,因此,$c/[a(2j+1)]$ 是 b^2/a^2 和 τ_0 的函数,可记为

$$K_n(b^2/a^2,\tau_0) = c/[a(2j+1)](j=1,2,3,\cdots,n=1,2,3) \tag{17.5.21}$$

$K_n(b^2/a^2,\tau_0)$ 基本上由贝塞尔函数 J_0、J_1、Y_0、Y_1 的根决定(见本征频率方程(17.3.61))。又从定义式 $\mu=(2j+1)\pi/(2c)$ 可得

$$\mu \cdot 2c = (2j+1)\pi, \mu a = \frac{a(2j+1)}{c}\cdot\frac{\pi}{2} = \frac{\pi/2}{K_n(b^2/a^2,\tau_0)} = \eta_n(b^2/a^2,\tau_0) \tag{17.5.22}$$

将上两式相除,可以得到一个关于长细比的关系式

$$\frac{c}{a(2j+1)} = \frac{\pi/2}{\eta_n(b^2/a^2,\tau_0)}(j=0,1,2,\cdots;n=1,2,3,\cdots) \tag{17.5.23}$$

现考虑弯曲侧壁,例如流线型侧壁、圆柱圆台组合侧壁等,设扰动压力函数有如下形式

$$p = \sum[C_k J_1(\gamma\mu r) + D_k Y_1(\gamma\mu r)]\cos\Phi(z)(-c < z < c, 0 < r < a(z)) \tag{17.5.24}$$

它也满足扰动流的压力函数方程,并设 μ 也依赖于变量 z,而轴向波变化依赖于 $\Phi(z) = \int_0^z \mu\mathrm{d}z$。对应于腔内侧壁边界条件(17.3.14)和顶壁边界条件(17.3.15),可导出

$$\mu(z) = \frac{1}{a(z)}\eta_n(b^2/a^2,\tau_0) \quad (n=1,2,3,\cdots) \tag{17.5.25}$$

$$\Phi(z) = \int_{-c}^{c}\mu_k(z)\mathrm{d}z = (2j+1)\pi \quad (j = 1,2,3,\cdots) \tag{17.5.26}$$

将式(17.5.25)代入式(17.5.26),得

$$\frac{1}{2c}\int_{-c}^{c}\frac{c/[a(z)(2j+1)]}{K_n(b^2/a^2,\tau_0)}\mathrm{d}z = 1 \quad (j = 0,1,2,\cdots;n = 1,2,3,\cdots) \tag{17.5.27}$$

这是容腔侧壁半径 $a(z)$ 随 z 变化时对式(17.5.23)的推广。积分的意义是对 $c/[a(z)(2j+1)]$ 在 $z=\pm c$ 上进行加权平均,权就是 $1/K_n(b^2/a^2,\tau_0)$,而 $K_n(b^2/a^2,\tau_0)$ 就是按 b^2/a^2、τ_0 在斯图瓦特森表中查得的值。但查这种表费力、费时,为此,通过数学拟合可得到它以 $x=b^2/a^2(z)$ 和 τ_0 表达的形式。在以下参数范围内

$$0 < b^2/a^2 = x < 0.4, 0 < \tau_0 < 0.36$$

对径向振型,有

$$n=1, 1/K_1 = 0.996 + 0.115x + 0.926x^2 - (1.007 + 0.942x - 0.590x^2)\tau_0 \tag{17.5.28}$$

对径向振型,有

$$n=2, 1/K_n = 2.056 + 1.390x + 5.545x^2 - (2.296 + 2.696x + 3.029x^2)\tau_0 \tag{17.5.29}$$

如果弹腔最大半径为 a_0,取如下相对变量

$$z' = z/(2c), a' = a(z)/a_0, x_0 = b^2/a_0^2$$

并只考虑 $n=1$ 的 $1/K_1$,将它代入积分式(17.5.27)中,得

$$1=\frac{1}{a_0(2j+1)}[0.966\,\mathrm{I}+0.155x_0\,\mathrm{II}+0.926x_0^2\,\mathrm{III}-(1.007\,\mathrm{I}+0.942x_0\,\mathrm{II}-0.590x_0^2\,\mathrm{III})\tau_0]$$

(17.5.30)

式中，$\mathrm{I}=\int_0^1\frac{1}{a'(z)}\mathrm{d}z'$，$\mathrm{II}=\int_0^1\left(\frac{1}{a'}\right)^3\mathrm{d}z'$，$\mathrm{III}=\int_0^1\left(\frac{1}{a'}\right)^5\mathrm{d}z'$。

上面式中的 x_0 与装填率有关。例如对于不带中心管的容腔，以 v_0 表示高为 $2c$，最大直径为 a_0 的容腔的容积，以 $v_c=\pi a_0^2\cdot(2c)$ 表示与该弹腔等高、半径为 a_0 的圆柱体积。设装填率为 β（现因 $a(z)$ 变化已不能用 $1-b^2/a^2$ 表示了），则液体的体积为 $\beta v_0=v_0-v_a$，$v_a=\pi a_0^2 2c(b^2/a_0^2)=v_c(b^2/a_0^2)$，于是得

$$x_0=b^2/a_0^2=(1-\beta)v_0/v_c \tag{17.5.31}$$

又对于带中心爆管的容腔，令爆管的体积为 $v_r=\pi r^2\cdot(2c)=\pi a_0^2\cdot 2c(r^2/a_0^2)=v_c(r^2/a_0^2)$，若要求装填率为 β，则液体的体积为 $\beta(v_0-v_r)$，于是有

$$\beta(v_0-v_r)=v_0-\pi b^2\cdot 2c=v_0-\pi a_0^2 2c\left(\frac{b^2}{a_0^2}\right)=v_0-v_c\cdot x_0$$

由此得

$$x_0=(1-\beta)v_0/v_c+\beta(r^2/a_0^2) \tag{17.5.32}$$

对于复杂的容腔侧壁形状，积分Ⅰ、Ⅱ、Ⅲ只能用网格法、数值计算方法获得。对一些简单形状，可将 a' 表示成 z 的函数，再以 $1/a'(z)$ 代入积分式中积分。例如，对于圆柱－圆锥形容腔，设圆锥部高为 h，半顶角为 θ，圆柱部高为 $2c-h$，最大半径均为 a_0。如取底部为坐标原点（图 17.5.2），并取 $z'=z/(2c)$，$z_1'=1-h/(2c)$，则

对于圆柱部，有 $a'=1(0<z'<z_1')$；

对于圆锥部，有 $a'=1-(z'-z_1')m'$，$m'=2\cot\theta/a_0$。

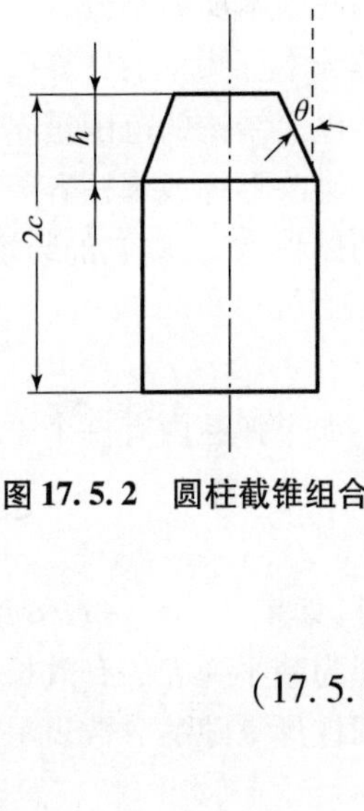

图 17.5.2　圆柱截锥组合形

将它们代入积分式中并分两段积分（圆柱段和圆锥段）后得

$$\mathrm{I}=1-\frac{h}{2c}-\frac{1}{m'}\ln\left(1-\frac{h}{2c}\right)m'$$

$$\mathrm{II}=1-\frac{h}{2c}+\frac{1}{2m'}\left[1\Big/\left(1-\frac{hm'}{2c}\right)^2-1\right] \tag{17.5.33}$$

$$\mathrm{III}=1-\frac{h}{2c}+\frac{1}{4m'}\left[1\Big/\left(1-\frac{hm'}{2c}\right)^4-1\right]$$

对于圆柱－截锥组合构形而言，其容积比为

$$\frac{v_0}{v_c}=1-\frac{h}{2c}+\frac{1}{3m'}\left[1-\left(1-\frac{hm'}{2c}\right)^3\right] \tag{17.5.34}$$

当把这些积分式代入式（17.5.20）后，得到一个关于 x_0 和 τ_0 的方程，就可对给定的 τ_0 求得装填率 $x_0=b^2/a^2$，或对给定的装填率 x_0 求本征频率 τ_0。

以上修正方法的意义是：一个非圆柱形弹腔具有与“等效圆柱形”弹腔相同的本征频率，等效圆柱形弹腔定义成长细比为 c/a 的圆柱弹腔，而 c/a 等于非圆柱形弹腔 c/a 的加权平均值。

留数的修正:由前面知,留数与液体作用力矩成正比,它主要影响不稳定频带的宽度,因此,对于非圆柱容腔,可以只做粗略的修正计算。对于圆柱容腔,留数的近似公式为

$$-D(\tau_0)=\frac{\rho a_0^6}{c}R^2,2R=2.84\tau_0(1-\tau_0)(1-b^4/a_0^4) \tag{17.5.35}$$

可见,纲量为1的2R只与τ_0及b^2/a^2有关,故对于非圆柱弹腔,可用其相应的本征频率τ_0和装填率$x_0=b^2/a_0^2$代入上式计算或查斯图瓦特森表获得。

2. 倒圆角修正

由于加工原因,实际弹腔顶部边缘常不是直角,而是有一倒圆弧,如图17.5.3所示。通常圆弧半径R'很小,对容腔容积改变不大,但却导致壁面拐角处容腔半径变化率很大,即不满足$\mathrm{d}a/\mathrm{d}z\ll 1$条件。因而不能用上面的方法去处理。为了获得容腔内液体的本征频率,更多的是依赖于实验结果,由这些试验结果可总结出一些处理方法。

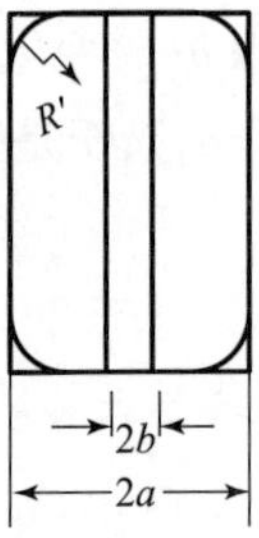

图17.5.3 倒圆角示意图

试验表明,对于有一倒圆角的腔体,给定液体装填量,其本征频率可根据下面的方法计算。首先不考虑倒圆角,即从弹腔端壁到侧壁拐角是直角,但装填的液体量不变(因带直拐角容腔的体积大,液体量不变,则柱形空隙的半径b相应增大),设带直角和等量液体的弹腔与倒圆角弹腔具有相同的本征频率,这样,就将带倒圆角弹腔的本征频率按装液体量相等转化成一个不带倒圆角容腔本征频率的计算(仅仅是中间空隙半径b有了变化)。

以上结论的范围是$b/a<1-r'/a$或$r'<a-b$,这即表示液体完全浸润倒圆角部分。

设改形弹或圆柱容腔弹的容腔体积为v_0,装填率为β,则液体体积为$v=\beta v_0$,如直角圆柱弹的体积为v_c,则它的装填率为

$$1-\frac{b^2}{a^2}=\frac{v}{v_c}=\beta\frac{v_0}{v_c}\quad 或 \quad \frac{b^2}{a^2}=1-\beta\frac{v_0}{v_c}=\frac{v_c-v}{v_0}$$

如果弹腔内有一个中心爆管,有效相对容积减小,上式改为

$$\frac{b^2}{a^2}=1-\beta\left(\frac{v_0}{v_c}-\frac{r^2}{a^2}\right) \tag{17.5.36}$$

此外,如果$b/a>1-r'/a$或$r'>a-b$,这时只有一部分倒圆角被液体浸润,这样,倒圆角效应就表现为减小弹腔的有效长度c/a。有效长度c/a值的减小使有效的液体装填率减小,因而可认为圆柱形空隙的分数表示值为

$$\frac{b^2}{a^2}=\frac{v_0-v}{v_c}=(1-\beta)\frac{v_0}{v_c} \tag{17.5.37}$$

在求得了b^2/a^2后,就可按b^2/a^2和c/a从斯图瓦特森表上查取本征频率τ_0和留数,再运用斯图瓦特森不稳定判据判断装液弹的飞行稳定性。

当装液容腔既有倒圆角又有非圆柱改形时,根据微小变化可以叠加的原理,可单独计算各自的影响再相加。

17.5.3 有中心爆管的情况

有一类装液弹的容腔中心有一根半径为r的中心爆管,如果液体不是全填充,那也有一个自由液面,情况就与斯图瓦特森所讲情况一样;但如果液体全填充容腔,就不存在自由液面而

多一个固壁边界,这样在侧固壁、顶固壁和中心固壁边界条件下求解液体扰动运动方程,也得到一个类似斯图瓦特森的本征频率表,称为中心爆管表,其每张表用爆管相对体积 r^2/a^2 为表头。其他查表方法和使用方法与前一样。

实际上,100% 填充是难以办到的,因为至少还要留出液体受热膨胀所需空间,故这种解的实际可行性受到限制。不过为了能处理这种特殊情况,也制定了相应的表(见附表 12)。

本章最后指出,对于经计算校核或经转台试验、飞行试验证明飞行不稳的装液弹,可通过改变容腔尺寸、改变液体装填率、加装与液体密度 ρ 相同的中心棒等方法来改变本征频率,也可以在容腔内增装横向隔板或纵向隔板,将液体分隔,使各间隔中液体本征频率大幅改变,脱离弹丸章动频率。当然,这既有深入的理论问题,也有加工工艺和装配工艺问题。

至于容腔内装高黏性液体、旋转加速期、大攻角条件以及弹丸加速、减速过程的装液弹飞行稳定性问题,属于更深入的问题,目前尚未彻底解决,本书因篇幅所限,不能展开,有兴趣的读者可查阅有关书籍和文献。

本章知识点

①旋转装液弹的陀螺稳定性计算方法。

②圆柱容腔装液弹内液体运动的特点及相关特征参数计算。

③斯图瓦特森不稳定性判据的推导过程。

本章习题

1. 根据第 17.4 节中的应用举例,试总结应用斯图瓦特森不稳定性判据和斯图瓦特森表进行装液弹飞行稳定性设计和校核的基本步骤。

2. 试对斯图瓦特森不稳定性判据的黏性修正、容腔形状修正的物理意义进行解释。

第 18 章

弹箭有控飞行的知识

内容提要

本章以导弹为研究对象,依次讲述有控飞行的一般知识、有控弹箭运动方程的建立、过载与机动性、方案弹道与导引弹道、有控弹箭弹体纵向动态特性分析以及弹箭纵向扰动运动的自动稳定与控制。在学习本章内容时,应注意同无控弹箭外弹道学的区别和联系。

18.1 控制飞行的一般知识

无控弹箭一经发射,其自由飞行轨迹和运动特性就不可改变,与目标无关,而有控弹箭却能在飞行中根据自己相对于预先给定的静止目标或运动目标的位置或状态,连续地或局部地调整、改变飞行状态和飞行轨迹向目标逼近,因而使命中目标的精度大幅提高。而实现这一功能的原因在于,有控弹箭上装有制导系统或控制系统,能根据需要提供改变弹箭飞行状态的力和力矩。本节将概括性地介绍有控飞行的一般知识。

18.1.1 改变飞行轨迹和飞行状态的力学原理

为了控制弹箭飞向目标,必须根据需要及时地改变速度方向和/或大小,这就要提供垂直于速度方向(法向)的力和沿速度方向(切向)的力,以形成法向加速度和切向加速度。

作用在弹箭上的力有重力 $\boldsymbol{G}=m\boldsymbol{g}$、气动力 $\boldsymbol{R}$ 和推力 $\boldsymbol{F}_p$。对于无控弹箭,它们都是不可控制力,但对于有控弹箭,除重力不可控外,推力 $\boldsymbol{F}_p$ 和气动力 $\boldsymbol{R}$ 是可以控制的。将可控制力 $\boldsymbol{N}=\boldsymbol{F}_p+\boldsymbol{R}$ 投影到速度的切向和法向,如图 18.1.1 所示,得

$$N_t=F_{pt}+R_t,N_n=F_{pn}+R_n \qquad (18.1.1)$$

于是,$F_t=N_t+G_t=0$ 时,弹箭做等速飞行;$F_t=N_t+G_t\neq 0$ 时,做加速或减速飞行;$F_n=N_n+G_n=0$ 时,弹箭直线飞行;$F_n=N_n+G_n\neq 0$ 时,弹箭速度方向改变,做拐弯机动飞行。其中,G_t、G_n 为重力的切向和法向分量。

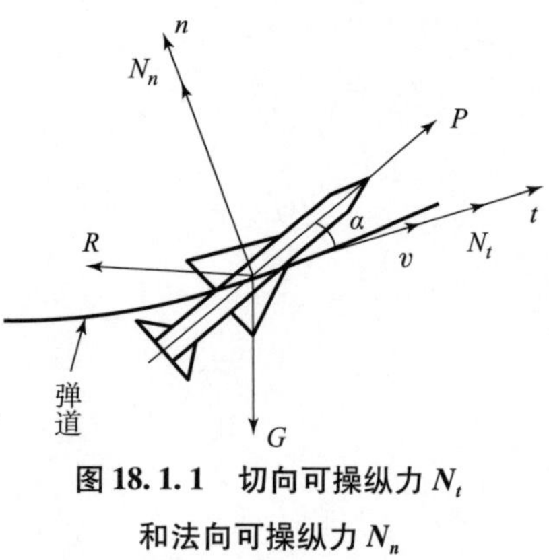

图 18.1.1 切向可操纵力 N_t 和法向可操纵力 N_n

在飞行中,改变 N_t 的方法有两种:一种是改变推力 F_p 的大小,如液体燃料发动机可控制

进入燃烧室的液体燃料，对固体燃料可采用附加发动机、纵向脉冲发动机；另一种是安装空气刹车，如使用降落伞或阻力片，以增大空气阻力或采用反向喷管。

在飞行中改变法向力 N_n 的方法也有两种：一种是改变推力沿法向的分力。在导弹设计中通常让推力沿弹轴（飞航式导弹发动机常与弹轴构成一个小的安装角，用于克服重力），当弹轴与速度有攻角 α 和侧滑角 β 时，就会产生法向分力 $F_p\alpha$ 和 $F_p\beta$；另外，还有在质心附近沿弹的径向安装燃气喷管或脉冲发动机，产生直接作用于质心的法向力。另一种是改变空气动力中的升力 $Y^\alpha \cdot \alpha$ 和侧向力 $Z^\beta \cdot \beta$（参见第 2 章第 2.7 节），或者同时产生这两种法向力。

由此可见，产生法向力、改变速度方向的一个重要方法是形成必要的攻角 α 和侧滑角 β，而这需要弹箭绕质心转动改变弹轴方向（或称弹箭姿态）才行，在有控弹箭中，这是由空气舵（或燃气舵）面转动产生空气动力或燃气动力形成对全弹质心的力矩——操纵力矩来实现的。

此外，还有用移动弹内质量块产生相对质心控制力矩的方法（如俄罗斯的白杨导弹）。

18.1.2　操纵力矩、操纵面、舵机、舵回路

在有控弹箭上装有相对于弹身可以转动的面，称为舵面或操纵面，流经舵面的燃气或空气作用在舵面上的力对弹箭质心的力矩即形成操纵力矩，前者称为燃气舵，后者称为空气舵。此外，还有一种利用在发动机喷管出口处安装一活动管道——摇摆帽，来改变燃气流喷出方向形成操纵力矩的方法。在大气中飞行的有翼式弹箭多采用空气舵。舵面安装于弹尾部、弹翼在前称正常式气动布局；舵面安装在头部、弹翼在后称为鸭式布局；整个弹翼兼作舵用，则为旋转弹翼式布局；尾翼与弹翼合为一体、舵面在弹翼后缘称为无尾式布局等，如图 2.1.2 所示。

舵面由舵机转动，舵机有液压舵机、气动舵机和电动舵机之分。舵机在与控制信号 u_δ 相应的控制量（电压、电流、磁场强度、数字信号）作用下转动，舵面和舵机是控制信号的执行机构，或弹箭的操纵机构。舵机是否偏转到位则由测量装置测量后反馈回与偏转位置（舵偏角）相应的量，再与控制量比较，直到输出量与输入量相等才停止转动。这一闭合回路称为舵回路，如图 18.1.2 所示。舵机的主要技术指标有转矩大小、延迟时间和线性度等。

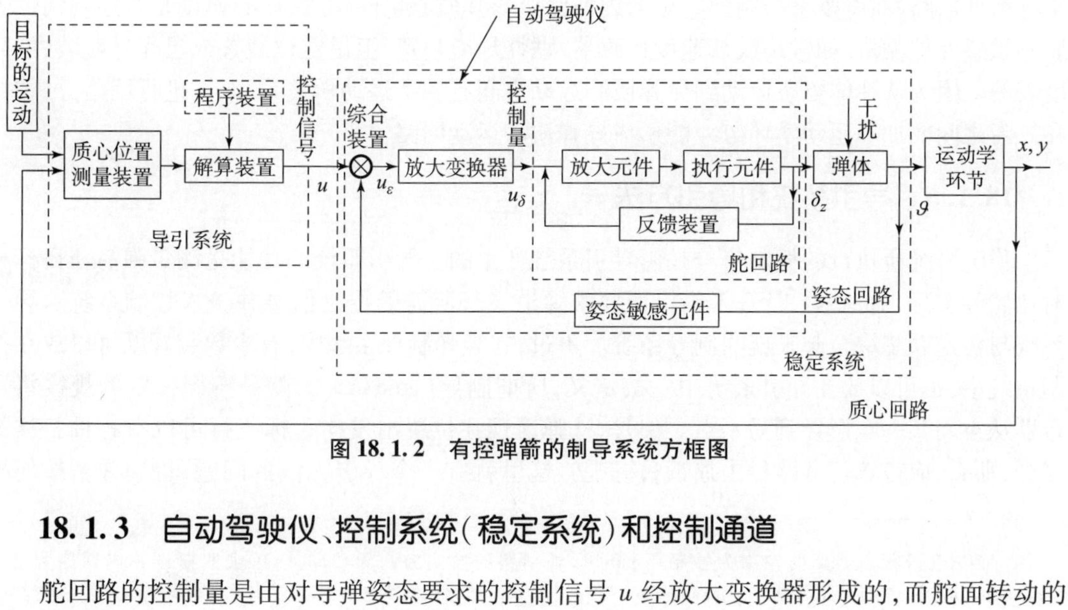

图 18.1.2　有控弹箭的制导系统方框图

18.1.3　自动驾驶仪、控制系统（稳定系统）和控制通道

舵回路的控制量是由对导弹姿态要求的控制信号 u 经放大变换器形成的，而舵面转动的

结果是形成了操纵力矩,使弹箭绕质心转动而改变姿态。导弹姿态是否改变到位则由姿态敏感元件测量,并反馈回与输入信号比较,直到输入信号与反馈信号之差为零,舵机无控制量输入,停止转动。在弹箭制导系统方框图 18. 1. 2 中,这一回路即称为姿态回路(或稳定回路)。

由舵机、姿态测量装置、放大变换器组成的系统称为自动驾驶仪,而由自动驾驶仪与导弹组成的系统称为控制系统,或姿态控制系统(control,西方各国),或稳定系统(стабилизаяция,俄罗斯)。其作用是当有控制信号来时,执行控制信号,改变弹箭飞行姿态;当无新的控制信号来时,就保持原有飞行状态,并能抵抗各种干扰,保持飞行稳定。

稳定回路中的敏感元件用于敏感导弹的姿态角或姿态角速率,如角度陀螺(三自由度陀螺)和角速率陀螺(二自由度陀螺),也可用平台惯导或捷联惯导中的姿态角和姿态角速率信号。

放大变换器用于放大控制信号和由敏感元件输出的反馈信号,以形成舵回路输入控制量,从而执行控制命令以及改善控制系统的动、静态特性,它可用通常的微分、积分、放大元件组成,通称为 PID 控制器。数字控制器则是一个计算机程序,控制信号通过 A/D 转换可进行数字运算,再经过 D/A 转换变成可执行的电信号。它更适合应用一些现代控制理论。

有控弹箭的控制系统都是具有负反馈的闭合回路。如果有两副舵机,两个控制回路分别控制升降舵和方向舵的转动,以控制弹箭的俯仰和偏航运动,则称弹箭为双通道控制。如果还有一副舵机操纵副翼控制弹箭的滚转(或倾斜),则称为三通道控制。现在也有用四副舵机独立偏转四个舵面完成既操纵俯仰又操纵偏转和滚转的任务。但对于小型弹箭,如反坦克导弹、肩射对空导弹、某些末制导炮弹或超远程滑翔炮弹,由于体积小,也可只装一副舵机,既控制俯仰,又控制偏航。此时,由导弹自旋形成所需方向上的周期平均控制力,称单通道控制。

18. 1. 4　质心运动控制回路,外回路和内回路①

稳定回路只能控制导弹的姿态,但控制的最终目的还是要导弹的质心位置运动到目标上去,故必须还有质心运动回路。在图 18. 1. 2 中,质心运动控制回路是最外面的一个回路,故也常称为外回路,而将姿态控制回路称为内回路。导弹质心空间位置、质心速度是否控制到位由质心敏感元件测量,如常用线加速度传感器、惯性导航装置、卫星定位装置或星光导航装置、高度表等。因为从弹体姿态运动到导弹质心运动之间有一个运动学关系,故在进行回路分析时,在二者之间要加一运动学环节才能形成导弹质心运动回路。

18. 1. 5　导引系统和导引方法

稳定系统所执行的控制信号是由导引系统产生的。导引系统的功能是测量弹箭与目标相对位置和实际飞行参数,计算弹箭沿所要求弹道飞行所需的控制信号并送入控制系统。导引系统与稳定系统综合起来就叫制导系统。不过,在导弹制导系统中,有少数装置既可以放在控制系统中,也可以放在导引系统中。按定义,所谓制导(guidance),就是按照一定的规律将飞行器从空间某一点引导到另一点。但是,从弹箭现在位置出发向目标飞行可以有各种各样的路径,那么,应该选何种路径去逼近目标呢? 这里就有一个导引方法的问题,也即弹箭按何种

① 西方各国称内回路的控制为控制(control),外回路的控制为制导(guidace);俄罗斯则称内回路为稳定(стабилизация)回路,外回路为控制(упpавнение)回路。本教材一般采用俄罗斯名称,但在有些场合又向西方名称靠拢。

原则接近目标的问题。一个好的导引方法能使导弹迅速、准确、不费力地接近目标,如导引方法选择不当,会产生飞行过载大、接近目标时间长、脱靶量大等缺点,甚至可造成导弹损坏,当然,技术上实现简单也是对导引方法的一个重要要求。导引方法有经典导引方法与基于现代控制理论的现代导引方法之分,对导引方法的研究是飞行力学、制导系统设计人员的共同任务,这将在第 18.6 节里介绍。

导引系统如安放在制导站(地面站、飞机、舰船)中,则属于遥控制导;如果全部放在弹上(如导引头),则称自寻的制导或自动瞄准。依据敏感目标物理特性的不同,导引头又分红外导引头、激光导引头、毫米波导引头、无线电导引头等。电视导引是由弹上的电视头将战场情况送回导引头或制导站,自动或者由人来选择并锁定攻击目标。有些导弹的控制还有人介入引导,如用三点法目视制导的反坦克导弹等,这时人在控制回路之中。

还有一种是自主式制导(如方案制导、惯性导航和星光制导等),它是根据弹箭应完成的任务,预先设计好弹道,存放在导引系统的程序装置中,如存放在导航计算机中。导弹飞行时,程序机构按一定时间节拍(通常信号刷新率为 5 ~ 20 ms/次),取出参数并与实测的导弹运动参数比较,求得二者的偏差,按照一定的调节规律(制导律)形成控制信号送给稳定系统。

18.1.6　控制理论、制导方法、分析方法、传递函数

控制理论是有控弹箭控制系统工作的理论基础,现有的控制理论分为经典控制理论和现代控制理论。经典控制理论是以单输入、单输出的常参量系统作为主要研究对象,采用的是传递函数、结构图、频率特性、根轨迹等分析法,通常采用 PID 控制器。而现代控制理论,如状态空间法,则建立在新的数学方法和计算机基础上,现代控制理论发展十分迅速,出现了如最优控制、模糊控制、智能控制、鲁棒控制、分数阶 $P^{\alpha}I^{\beta}D^{\gamma}$ 控制、满意控制、H_{∞} 控制、神经网络控制等多种理论。在这些控制理论的基础上,出现了最优制导、自适应、变结构制导以及微分对策制导等方法。比较起来,各有优缺点,经典控制理论结构直观、物理意义明确、调整参数容易;现代控制理论可分析较复杂(如非线性时变系统)的系统,并能获得高性能(例如弹道平直、抗干扰能力强、需用过载沿弹道分布合理、作战空域大等)要求的控制器。目前,在有控飞行器中仍主要采用经典控制理论,现代控制理论也在逐步应用之中,并且现代控制理论证明,所有经典制导方法(如三点法、比例导引法等)都可在特定条件下,由快速接近目标的原则导出。在采用传递函数分析法时,因导弹作为控制系统的一个环节,故必须求出它的传递函数,这是本章主要内容之一。目前较常用的控制系统分析软件是 Matlab。

18.1.7　有控弹箭的飞行稳定性、操纵性和机动性

1. 稳定性

有控弹箭的运动稳定性还分为控制系统不工作(舵面锁定在某一位置上)的稳定性和控制系统工作时(舵面按控制要求转动)的稳定性。前者实际上是指无控自由飞行时弹箭自身的稳定性,也称开环状态稳定性,后者是闭环自动控制飞行下弹箭的稳定性,二者之间有较大的区别,例如,无控情况下不稳定的弹箭在控制系统操纵下可以稳定飞行,当然,也有因控制系统设计得不好,使无控情况下稳定的弹箭反而在有控时不稳定。一般而言,我们都要求无控时弹箭具有良好的稳定品质,以降低控制系统设计的难度,更有利于闭环飞行。

最后还应指出,以上所说的稳定性是针对弹箭运动的某一个或某几个参数而言的,例如,

在导弹全部角运动参量稳定的情况下,质心坐标与未扰动弹道的偏差量可以随时间一直增大。

2. 操纵性

指舵面偏转后,弹箭改变飞行状态的能力,以及反应的快慢程度。

在研究弹体操纵性时,不考虑控制系统工作过程,只是给定舵面某种偏转后观察弹体的反应,以评定不同导弹(或不同设计方案)的操纵性,一般规定舵面做三种典型的偏转。

(1)舵面阶跃偏转

在 $t=t_0$ 瞬时,舵面从某位置 δ_z(或 δ_x、δ_y)阶跃偏转一个角度并一直保持,即 $\Delta\delta_z$(或 $\Delta\delta_x$、$\Delta\delta_y$) $=1(t)$,其目的是求得扰动运动的过渡函数,如图 18.1.3 所示。在这种情况下,导弹的反应最为强烈,故在过渡过程中的超调也最大,见第 18.11 节。

(2)舵面简谐偏转

$\Delta\delta_z=\Delta\delta\sin\omega t$,这时弹箭的摆动运动响应有振幅放大(或缩小)、相位延迟的现象,如图 18.1.4 所示。这称为导弹对操纵机构偏转的跟随性,或频率特性。

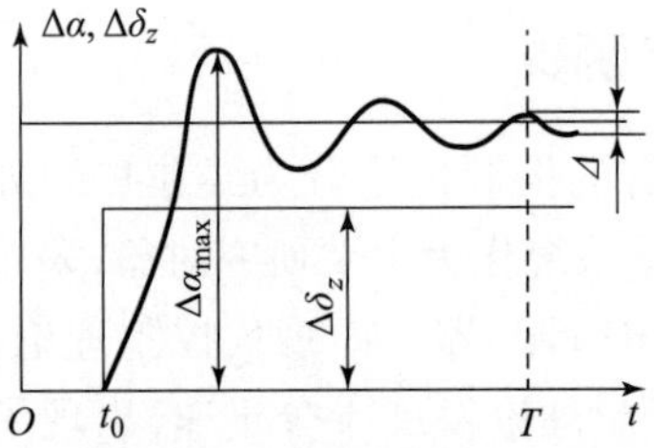

图 18.1.3 舵面阶跃偏转攻角变化的过渡过程

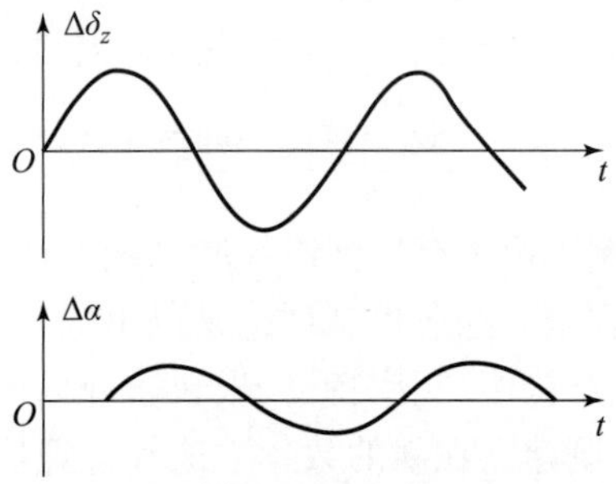

图 18.1.4 舵面简谐偏转攻角变化的跟随性

(3)舵面脉冲偏转

某些单通道反坦克导弹和肩射式地空导弹,其摇摆帽或鸭舵按脉冲调宽方式工作,舵面一直处于不断换向的脉冲工作状态之下,单个脉冲的工作方程为

$$\Delta\delta(t)=\begin{cases}A & (0<t<t_0)\\ 0 & (t<0,t>t_0)\end{cases}$$

其攻角响应曲线如图 18.1.5 所示。此时研究的目的就是要获得这种情况下弹体运动的响应特性。

有控弹箭飞行中,舵面实际偏转可以说是以上几种典型情况的某种组合。

由于恢复力矩反对形成攻角 α 和侧滑角 β,因此,操纵性与稳定性是有矛盾的,稳定性越好,操纵就越困难。所以,为了操纵灵活,有控弹箭的静稳定度远比无控弹箭的低,只有 2% ~ 5%。为达到机动性高的目的,有的导弹设计成静不稳定的,而利用控制系统来保证飞行稳定。

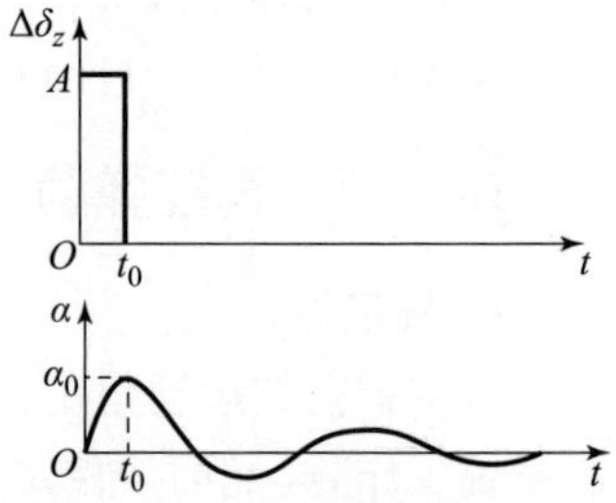

图 18.1.5 舵面脉冲偏转攻角变化的过渡过程

3. 机动性

指有控弹箭可迅速改变飞行速度大小和方向的能力。发动机推力和弹翼面升力是决定机动性大小的主要因素,当然,良好的操纵性可以在同样的推力及升力下提高机动性。

18.2　有控弹箭运动方程的建立

有控弹箭运动方程的建立与无控弹箭所使用的力学原理、方法和步骤相同(见第 6 章第 6.1 节),只是增加了控制力和控制力矩,但考虑到有控弹箭在气动布局上除了有轴对称型的,还有许多是面对称型的(如飞机形导弹),并且控制系统部件和控制通道大多数也是按位于气动对称面内和垂直于气动对称面布置,许多有控弹箭在方向上要做大机动飞行等,这使有控弹箭在方程建立的坐标系选取上有自己的特点。实际上,对于方向上机动不大的轴对称炮弹和火箭,在增加控制后,也可应用第 6 章建立的方程。

为与大多数文献中制导弹箭运动方程一致,本节建立常见的飞行力学坐标系和运动方程。

18.2.1　坐标系与坐标变换

1. 基准坐标系 $Oxyz$

O 为弹箭质心,Oxz 为水平面,与无控弹箭不同,Ox 是水平基准方向,但不一定是射向。将此坐标系平移至地面就成为地面坐标系。

2. 弹体坐标系 $Ox_1y_1z_1$

Ox_1 仍为弹轴,但 Ox_1y_1 面规定与弹箭的气动对称面固连。$Ox_1y_1z_1$ 与基准坐标系 $Oxyz$ 的关系如图 18.2.1 所示,ϑ 称为俯仰角,ψ 称为偏航角,γ 称为滚转角或倾斜角,统称为姿态角。两坐标系间的转换关系见表 18.2.1。

表 18.2.1　基准坐标系与弹体坐标系间的转换关系

基准坐标系	弹体坐标系		
	x_1	y_1	z_1
x	$\cos\vartheta\cos\psi$	$-\sin\vartheta\cos\psi\cos\gamma+\sin\psi\sin\gamma$	$\sin\vartheta\cos\psi\sin\gamma+\sin\psi\cos\gamma$
y	$\sin\vartheta$	$\cos\vartheta\cos\gamma$	$-\cos\vartheta\sin\gamma$
z	$-\cos\vartheta\sin\psi$	$\sin\vartheta\sin\psi\cos\gamma+\cos\psi\sin\gamma$	$-\sin\vartheta\sin\psi\sin\gamma+\cos\psi\cos\gamma$

3. 弹道坐标系 $Ox_2y_2z_2$

Ox_2 为质心速度方向,Oy_2 在铅直面内,Ox_2y_2 平面与基准坐标系铅直面的夹角 ψ_V 称为弹道偏角,Ox_2 与地面的夹角 θ 称弹道倾角,如图 18.2.2 所示。两坐标系间的转换关系见表 18.2.2。

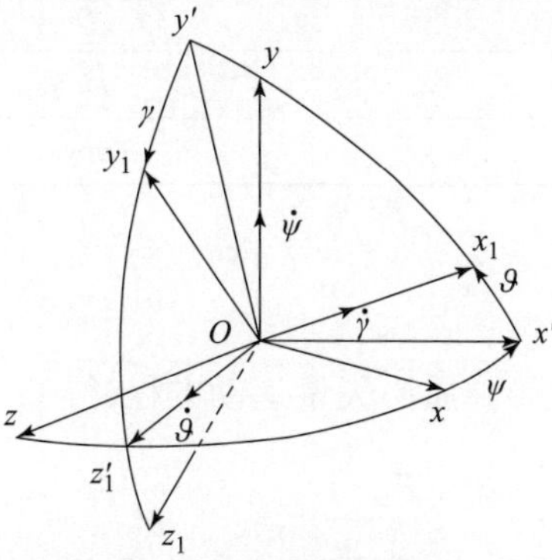

图 18.2.1　基准坐标系与弹体坐标系的关系(旋转次序 $\psi\to\vartheta\to\gamma$)

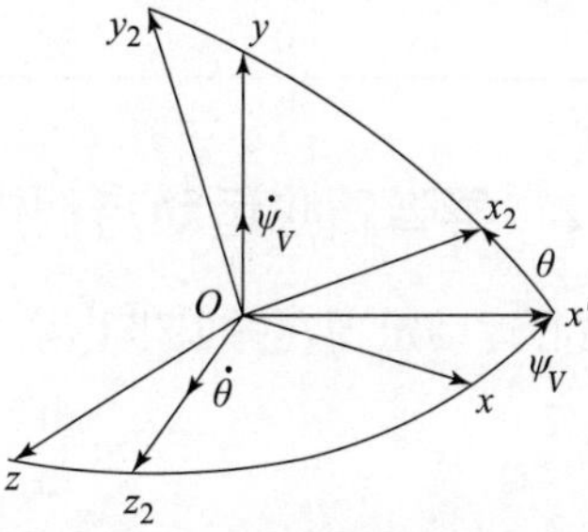

图 18.2.2　弹道坐标系与基准坐标系的关系(旋转顺序 $\psi_V\to\theta$)

表 18.2.2　弹道坐标系与地面坐标系间的转换关系

地面坐标系	弹体坐标系		
	x_2	y_2	z_2
x	$\cos\theta\cos\psi_V$	$-\sin\theta\cos\psi_V$	$\sin\psi_V$
y	$\sin\theta$	$\cos\theta$	0
z	$-\cos\theta\sin\psi_V$	$\sin\theta\sin\psi_V$	$\cos\psi_V$

4. 速度坐标系 $Ox_3y_3z_3$

Ox_3 为速度方向,Oy_3 轴始终在气动对称面内。见第 2 章第 2.7 节图 2.7.1。α 称为攻角,β 称为侧滑角。速度坐标系与弹体坐标系间转换关系见表 18.2.3。

5. 弹道坐标系与速度坐标系间的关系

因 Ox_2 和 Ox_3 均为速度方向,故坐标平面 Oy_3z_3 与 Oy_2z_2 同在垂直于速度的平面内,仅相差一个角度 γ_V,称为速度倾角,如图 18.2.3 所示,两坐标系间的转换关系见表 18.2.4。

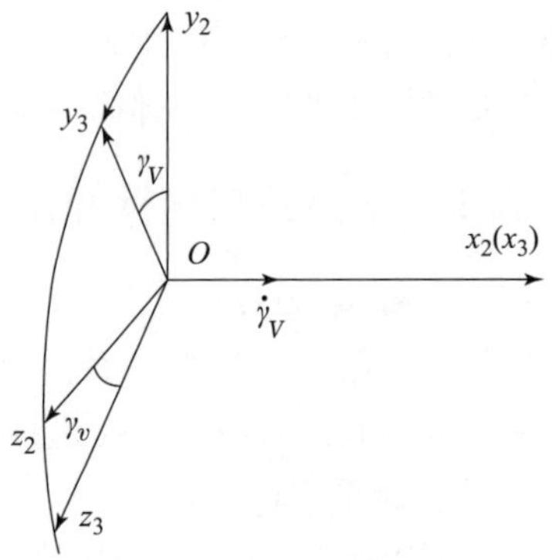

图 18.2.3　弹道坐标系与速度坐标系的关系

表 18.2.3　速度坐标系与弹体坐标系间的转换关系

弹体坐标系	速度坐标系		
	x_3	y_3	z_3
x_1	$\cos\alpha\cos\beta$	$\sin\alpha$	$-\cos\alpha\sin\beta$
y_1	$-\sin\alpha\cos\beta$	$\cos\alpha$	$\sin\alpha\sin\beta$
z_1	$\sin\beta$	0	$\cos\beta$

表 18.2.4　速度坐标系与弹道坐标系间的转换关系

弹道坐标系	速度坐标系		
	x_3	y_3	z_3
x_2	1	0	0
y_2	0	$\cos\gamma_V$	$-\sin\gamma_V$
z_2	0	$\sin\gamma_V$	$\cos\gamma_V$

18.2.2　导弹质心运动方程组

应用质心运动定理在弹道坐标系 $Ox_2y_2z_2$ 上建立导弹质心矢量运动方程,得

$$m\frac{\mathrm{d}\boldsymbol{v}}{\mathrm{d}t}=m\left(\frac{\partial\boldsymbol{v}}{\partial t}+\boldsymbol{\Omega}\times\boldsymbol{v}\right)=\boldsymbol{P}+\boldsymbol{F}\tag{18.2.1}$$

式中,$\boldsymbol{\Omega}=\dot{\boldsymbol{\psi}}_V+\dot{\boldsymbol{\theta}}$ 为弹道坐标系的转动角速度,本章记 $\boldsymbol{P}$ 为推力,$\boldsymbol{F}$ 为除推力以外其他的力(气动力、重力、控制力)。将推力 $\boldsymbol{P}$、沿速度反方向的阻力 $\boldsymbol{X}$、沿对称面内 Oy_1 轴的升力 $\boldsymbol{Y}$ 和垂

直于对称面的侧力 $\boldsymbol{Z}$、重力 $\boldsymbol{G}$ 代入方程，并向弹道坐标系分解，得质心运动的动力学方程如下

$$
\begin{gathered}
m\frac{\mathrm{d}v}{\mathrm{d}t}=P\cos\alpha\cos\beta-X-mg\sin\theta \\
mv\frac{\mathrm{d}\theta}{\mathrm{d}t}=P(\sin\alpha\cos\gamma_V+\cos\alpha\sin\beta\sin\gamma_V)+Y\cos\gamma_V-Z\sin\gamma_V-mg\cos\theta \\
-mv\cos\theta\frac{\mathrm{d}\psi_V}{\mathrm{d}t}=P(\sin\alpha\sin\gamma_V-\cos\alpha\sin\beta\cos\gamma_V)+Y\sin\gamma_V+Z\cos\gamma_V
\end{gathered}
\tag{18.2.2}
$$

上面第一个方程描述速度大小的变化，$\mathrm{d}v/\mathrm{d}t$ 为切向加速度；第二个方程描述速度方向在铅直面内的变化，$v\mathrm{d}\theta/\mathrm{d}t$ 是铅直面内的法向加速度；第三个方程描述速度方向在过速度线的铅直面两侧方向变化，$-v\cos\theta\mathrm{d}\psi_V/\mathrm{d}t$ 为水平方向上的法向加速度，也与速度垂直，其中负号是因为 ψ_V 转动的正向与 z 轴相反引起的。

将速度矢量向地面坐标系（或基准坐标系）$Oxyz$ 分解，得质心运动的运动学方程组

$$
\frac{\mathrm{d}x}{\mathrm{d}t}=v\cos\theta\cos\psi_V,\ \frac{\mathrm{d}y}{\mathrm{d}t}=v\sin\theta,\ \frac{\mathrm{d}z}{\mathrm{d}t}=-v\cos\theta\sin\psi_V
\tag{18.2.3}
$$

18.2.3　弹箭绕质心转动的动力学方程组和运动学方程组

利用对质心的动量矩定理建立有控弹箭绕质心的转动方程，并向弹体坐标系分解，得

$$
\frac{\mathrm{d}\boldsymbol{K}}{\mathrm{d}t}=\frac{\partial\boldsymbol{K}}{\partial t}+\boldsymbol{\omega}\times\boldsymbol{K}=\boldsymbol{M},\quad \boldsymbol{\omega}=\omega_{x_1}\boldsymbol{i}_1+\omega_{y_1}\boldsymbol{j}_1+\omega_{z_1}\boldsymbol{k}_1=\dot{\boldsymbol{\vartheta}}+\dot{\boldsymbol{\psi}}_V+\dot{\boldsymbol{\gamma}}
\tag{18.2.4}
$$

式中

$$
\boldsymbol{K}=\boldsymbol{J}\cdot\boldsymbol{\omega}=\begin{bmatrix}J_{x_1}&0&0\\0&J_{y_1}&0\\0&0&J_{z_1}\end{bmatrix}\begin{bmatrix}\omega_{x_1}\\\omega_{y_1}\\\omega_{z_1}\end{bmatrix}=\begin{bmatrix}K_{x_1}\\K_{y_1}\\K_{z_1}\end{bmatrix}
\tag{18.2.5}
$$

在上述方程中，将弹体转动角速度 $\boldsymbol{\omega}$、动量矩 $\boldsymbol{K}$、外力矩 $\boldsymbol{M}$ 均向弹体坐标系三轴分解。J_{x_1}、J_{y_1}、J_{z_1} 为关于弹体坐标系三轴的转动惯量，这里针对的是轴对称弹箭，忽略了惯性积的影响。经运算后，得导弹绕质心转动的动力学方程如下

$$
\begin{gathered}
J_{x_1}\frac{\mathrm{d}\omega_{x_1}}{\mathrm{d}t}+(J_{z_1}-J_{y_1})\omega_{z_1}\omega_{y_1}=M_{x_1},J_{y_1}\frac{\mathrm{d}\omega_{y_1}}{\mathrm{d}t}+(J_{x_1}-J_{z_1})\omega_{x_1}\omega_{z_1}=M_{y_1} \\
J_{z_1}\frac{\mathrm{d}\omega_{z_1}}{\mathrm{d}t}+(J_{y_1}-J_{x_1})\omega_{y_1}\omega_{x_1}=M_{z_1}
\end{gathered}
\tag{18.2.6}
$$

对于面对称弹箭，因只有惯性积 $J_{x_1z_1}=J_{y_1z_1}=0$，而 $J_{x_1y_1}\neq0$，故惯量矩阵要保留 $J_{x_1y_1}$，从而使转动方程中出现含 $J_{x_1y_1}$ 项。再由 $\dot{\vartheta}$、$\dot{\psi}$、$\dot{\gamma}$ 各自与坐标轴 Ox_1、Oy_1、Oz_1 的关系，如图 18.2.1 所示，得绕质心转动的运动学方程

$$
\frac{\mathrm{d}\vartheta}{\mathrm{d}t}=\omega_{y_1}\sin\gamma+\omega_{z_1}\cos\gamma,\frac{\mathrm{d}\psi}{\mathrm{d}t}=\frac{1}{\cos\vartheta}(\omega_{y_1}\cos\gamma-\omega_{z_1}\sin\gamma),\frac{\mathrm{d}\gamma}{\mathrm{d}t}=\omega_{x_1}-\tan\vartheta(\omega_{y_1}\cos\gamma-\omega_{z_1}\sin\gamma)
\tag{18.2.7}
$$

18.2.4　弹箭质量和转动惯量变化方程

由第 9.1 节知，弹箭由于发动机喷出燃气，其质量变化方程如下

$$\frac{\mathrm{d}m}{\mathrm{d}t} = \dot{m} = -m_c(t) \quad 或 \quad m = m_0 - \int_0^t m_c(t)\,\mathrm{d}t \tag{18.2.8}$$

式中,$m_c(t)$为质量变化率,也即无控火箭中的 $|\dot{m}|$,与飞行时发动机工作状态有关;m_0 为起飞质量。至于转动惯量 J_{x_1}、J_{y_1}、J_{z_1},可近似认为在发动机工作阶段是线性变化的。

18.2.5 几何关系式

同无控弹箭方程组一样,以上常用坐标系中有 8 个角度($\vartheta,\psi,\gamma,\psi_V,\theta,\alpha,\beta,\gamma_V$),但只有 5 个是独立的,另外 3 个可用这 5 个独立的角度表示。利用从弹道坐标系出发(经地面坐标系和经速度坐标系)向弹体坐标系转换的两个最终 3×3 矩阵相等,从中选出 3 个对应元素相等的等式关系,称为几何关系式。例如,为便于确定 α、β、γ_V 的正负号,取如下 3 个正弦表达式为几何关系式

$$\begin{aligned}
&\sin\beta = \cos\theta[\cos\gamma\sin(\psi-\psi_V) + \sin\vartheta\sin\gamma\cos(\psi-\psi_V)] - \sin\theta\cos\vartheta\sin\gamma \\
&\sin\alpha = \{\cos\theta[\sin\vartheta\cos\gamma\cos(\psi-\psi_V) - \sin\gamma\sin(\psi-\psi_V)] - \sin\theta\cos\vartheta\cos\gamma\}/\cos\beta \\
&\sin\gamma_V = (\cos\alpha\sin\beta\sin\vartheta - \sin\alpha\sin\beta\cos\gamma\cos\vartheta + \cos\beta\sin\gamma\cos\vartheta)/\cos\theta
\end{aligned} \tag{18.2.9}$$

在一些特殊情况下,几何关系可变得很简单。例如导弹做无侧滑($\beta=0$)、无倾斜($\gamma=0$)飞行时,由式(18.2.9)第一式解出 $\psi=\psi_V$;由第二式解得 $\theta=\vartheta-\alpha$;当导弹做无侧滑、无攻角($\alpha=0$)飞行时,由上述第一、二个方程联立解得 $\psi=\psi_V$,再由第三个方程解得 $\gamma_V=\gamma$;再如导弹在水平面($\theta=0$)做无倾斜($\gamma=0$)、小攻角($\alpha\approx0$)飞行时,由第一个方程可得 $\psi_V=\psi-\beta$。

方程组(18.2.2)、(18.2.3)、(18.2.6)~(18.2.9)共有 16 个方程,当舵面锁定时,也只有 16 个未知数($V,\psi_V,\theta,\vartheta,\psi,\gamma,\gamma_V,\omega_{x_1},\omega_{y_1},\omega_{z_1},\alpha,\beta,x,y,z,m$),故给定了这 16 个量的起始值,就可求解弹箭运动规律和弹道。但这是无控弹道,它与第 6 章的无控弹道方程本质相同,只是表现形式略有差别。例如,在两坐标系变换中,无控弹箭总是先转高低再转方向,而有控弹箭是先转方向再转高低。这是因为无控弹箭发射时,其射向一开始就已由人调转到目标方向了,关键是赋予射角,而导弹的射击目标常是活动的,故常要求导弹先自行调转方向指向目标。如果方程(18.2.9)中的某些力和力矩是可控的,弹箭运动即成为可控的,那又多出一些可变的量,以上方程组就不封闭,这时必须增加控制方程才能使其封闭,这时弹箭做有控飞行,其弹道特性不仅与起始条件有关,还主要与控制过程有关。

18.2.6 控制方程

对于有控弹箭,可以通过操纵机构偏转舵面(如升降舵 δ_z、方向舵 δ_y、副翼或差动舵 δ_x)形成操纵力矩(俯仰、偏航、滚转操纵力矩 $M_z^{\delta_z}\delta_z$、$M_y^{\delta_y}\delta_y$、$M_x^{\delta_x}\delta_x$ 等),使弹体转动形成必要的攻角 α、侧滑角 β 和速度倾角 γ_V,由此产生必要的升力、侧力和推力法向分量,使质心速度方向改变,使导弹按所希望的弹道飞行。此外,还可通过发动机的调节阀 δ_p 调节推力大小、改变速度的大小。这时,弹箭运动方程中又多出 4 个变量 δ_x、δ_y、δ_z、δ_p,只有给出它们随时间和运动状态变化的方程,才能使方程组封闭。这种描述控制系统工作过程的方程就称为控制方程,加上控制方程后解出的弹道称为有控弹道。以下是控制方程的一般形式

$$\begin{aligned}
&\Delta\delta_z = \Delta\delta_z(v,\theta,\cdots,x,y,\omega_x,\omega_y,\cdots), \quad \Delta\delta_y = \Delta\delta_y(v,\theta,\cdots,x,y,\omega_x,\omega_y,\cdots) \\
&\Delta\delta_x = \Delta\delta_x(v,\theta,\cdots,x,y,\omega_x,\omega_y,\cdots), \quad \Delta\delta_p = \Delta\delta_p(v,\theta,\cdots,x,y,\omega_x,\omega_y,\cdots)
\end{aligned} \tag{18.2.10}$$

操纵机构为使导弹依一定导引方法规定的弹道飞行，并保证它有良好的动态特性而偏转，设 $x_i^*\ (i=1,2,3,4)$ 为某瞬时由导引关系要求的运动参数值，如可以是弹道倾角 θ^*、弹道偏角 ψ_V^*、滚转角 γ^*、速度大小 v^*，而弹箭的实际运动参数是 θ、ψ_V、γ、v，则二者之间就形成误差

$$\varepsilon_1=\theta(t)-\theta^*(t),\ \varepsilon_2=\psi_V(t)-\psi_V^*(t),\ \varepsilon_3=\gamma_V(t)-\gamma_V^*(t),\ \varepsilon_4=v(t)-v^*(t) \tag{18.2.11}$$

控制系统即根据这种误差的大小转动舵面，改变导弹的姿态和质心运动，力图消除这些误差，故在最简单的情况下，控制关系方程可写为

$$\delta_z=f_1(\varepsilon_1),\ \delta_y=f_2(\varepsilon_2),\ \delta_x=f_3(\varepsilon_3),\ \delta_p=f_4(\varepsilon_4) \tag{18.2.12}$$

但不同类型的导弹有不同形式的具体控制关系方程；同一类型的导弹也可采用不同形式的控制系统，其控制关系方程也不一样。控制方程需测的运动参量不同，则控制系统的元器件组成也不同。例如，在某制导炸弹中采用 PID(比例－积分－微分)控制方式时，其控制俯仰运动的升降舵 δ_z 采用了如下的控制关系方程

$$\Delta\delta_z=K_\vartheta\Delta\vartheta+K_{\int\Delta\vartheta}\int\Delta\vartheta\mathrm{d}t+K_{\Delta\dot{\vartheta}}\Delta\dot{\vartheta}+K_{\Delta H}\Delta H+K_{\Delta\dot{H}}\Delta\dot{H}+K_{\int\Delta H}\int\Delta H\mathrm{d}t \tag{18.2.13}$$

式中，$\Delta\delta_z$ 为所需的舵面偏转角改变量；$\Delta\vartheta=\vartheta-\vartheta^*$ 为实际俯仰角与所需俯仰角之差；右边第一项与误差信号 $\Delta\vartheta$ 成比例，K_ϑ 为比例系数；第二项与误差的积分成比例，比例系数为 $K_{\int\Delta\vartheta}$；第三项与误差变化率 $\Delta\dot{\vartheta}$ 成比例，比例系数为 $K_{\Delta\dot{\vartheta}}$；第四、五项分别与高度误差 $\Delta H=H-H^*$ 和高度误差变化率 $\Delta\dot{H}$ 成比例。这些比例系数可以是常数，也可以随导弹飞行状态、大气环境以及制导系统的结构等变化。这时控制系统中就需要有测量俯仰角 ϑ 的三自由度陀螺和测量俯仰角速率 $\dot{\vartheta}$ 的二自由陀螺、测量高度的高度计或卫星定位接收机或惯导装置等。

制导系统的理想工作状态是随时随刻将产生的这种误差消除，即力图随时随刻保证

$$\varepsilon_1=0,\ \varepsilon_2=0,\ \varepsilon_3=0,\ \varepsilon_4=0 \tag{18.2.14}$$

这就是理想控制方程。只有在控制系统理想无延迟地工作，弹体无转动惯性的条件下才能实现。实际上，由于控制系统存在惯性和延迟(尤其是舵机)、弹体有惯性，完成控制信号的要求是需要时间的，控制系统不可能瞬时消除误差，它总是处在不断测量新产生的误差，不断逐步消除这些误差的工作状态中。

在有控弹箭弹道设计的初步阶段，为了避免涉及控制系统的组成和工作，使问题复杂化，一般假设控制系统已实现了理想控制，这样，导弹运动参量就能随时保持按导引关系要求的规律变化，而导引方程也就成了理想控制方程。

在有了控制力和力矩的同时，又增加了控制方程，这就使弹箭运动方程组又得以封闭，由它可解出有控飞行弹道。对于主要在铅直面或水平面飞行的有控弹箭，还可在以上方程组的基础上简化获得铅直面内的运动方程或水平面内的运动方程。

18.2.7　导弹运动方程组

由方程组(18.2.2)、(18.2.3)、(18.2.6)～(18.2.9)、(18.2.14)即构成了导弹运动方程组，其中的气动力和力矩表达式见第 2.7 节。

18.3　可操纵质点的运动方程与理想弹道

上节给出的有控弹箭运动方程是完整而复杂的，求解也很复杂。为了较快地了解导弹的

可能弹道和飞行特性,我们将导弹的运动分解成质心的运动和绕质心的转动,这与无控弹箭外弹道的思路是一样的。在只考虑质心运动时,实际上是将弹箭作为一个可操纵质点来考虑的。由于忽略控制过程中弹箭绕质心的转动,需要作出如下假设:

①控制系统准确、理想、无延迟地工作,随时满足理想操纵关系式 $\varepsilon_i=0(i=1,2,3,4)$。这实际上就是忽略了控制系统机械、电光元器件工作的过渡过程。

②忽略弹体的转动惯性,也就是忽略了操纵机构偏转后弹体转动时的过渡过程,也即假定 $J_{x_1}=J_{y_1}=J_{z_1}=0$。

在这些假设下,绕心运动过渡过程是瞬间完成的,每一瞬间作用在弹上的合力矩为零,处于力矩平衡状态,称为瞬时平衡。如果只考虑这些力矩中最重要的成分:俯仰、偏航、滚转操纵力矩和恢复力矩(见第2章第2.7节),则可得

$$M_{z_1}^{\alpha}\cdot\alpha+M_{z_1}^{\delta_z}\cdot\delta_z=0,\quad M_{y_1}^{\beta}\cdot\beta+M_{y_1}^{\delta_y}\cdot\delta_y=0,\quad M_{x_0}+M_{x_1}^{\beta}\cdot\beta+M_{x_1}^{\delta_x}\delta_x=0$$

由此可得此时的平衡攻角和平衡侧滑角

$$\alpha_B=-M_z^{\delta_z}\cdot\delta_z/M_z^{\alpha},\quad \beta_B=-M_y^{\delta_y}\cdot\delta_y/M_y^{\beta},\quad \delta_{xB}=-M_{x_0}/M_{x_1}^{\delta_x}-M_{x_1}^{\beta}\cdot\beta_B/M_{x_1}^{\delta_x}$$

于是,将上一节中有控弹箭运动方程组中关于绕心运动的部分去掉,即得可操纵质点方程组

$$\begin{aligned}
&m\frac{\mathrm{d}v}{\mathrm{d}t}=P\cos\alpha\cos\beta-X-mg\sin\theta\\
&mv\frac{\mathrm{d}\theta}{\mathrm{d}t}=(P\sin\alpha+Y)\cos\gamma_V-(-P\cos\alpha\sin\beta+Z)\sin\gamma_V-mg\cos\theta\\
&-mV\cos\theta\frac{\mathrm{d}\psi_V}{\mathrm{d}t}=(P\sin\alpha+Y)\sin\gamma_V+(-P\cos\alpha\sin\beta+Z)\cos\gamma_V\\
&\frac{\mathrm{d}x}{\mathrm{d}t}=v\cos\theta\cos\psi_V,\frac{\mathrm{d}y}{\mathrm{d}t}=v\sin\theta,\frac{\mathrm{d}z}{\mathrm{d}t}=-v\cos\theta\sin\psi_V\\
&\frac{\mathrm{d}m}{\mathrm{d}t}=-m_c,\alpha=-m_z^{\delta_z}\cdot\delta_z/m_z^{\alpha},\beta=-m_y^{\delta_y}\cdot\delta_y/m_y^{\beta}\\
&\varepsilon_1=0,\varepsilon_2=0,\varepsilon_3=0,\varepsilon_4=0
\end{aligned}\qquad(18.3.1)$$

此方程组有13个未知量和13个方程,它描述了质心运动与作用在弹箭上力的关系,弹箭的弹体转动以力矩瞬时平衡关系式代替。如果攻角 α 和侧滑角 β 不大于20°,还可令 $\sin\alpha\approx\alpha,\cos\alpha\approx1,\sin\beta\approx\beta,\cos\beta\approx1$,对方程(18.3.1)进一步简化。此外,还可根据需要专门组成导弹在铅直面内的质心运动方程组和水平面内的质心运动方程组。

在以上质心运动假设下,并且不考虑外界干扰,由方程(18.3.1)解出的弹道称为“理想弹道”,如图18.3.1所示。所谓理论弹道,是将弹箭视为某一力学模型(可操纵质点、刚体或弹性体),作为控制系统的一个环节(控制对象),将运动方程、控制方程以及其他附加方程(质量变化方程、几何关系式等)综合在一起,通过数值积分求得的弹道,其中所用到的弹箭外形结构参数、大气参数、气动参数、控制系统参数均取规定值,并给定初始条件。这种理论弹道可用于有控弹箭的弹道计算,也可给定不同的参数值用于数字仿真、参

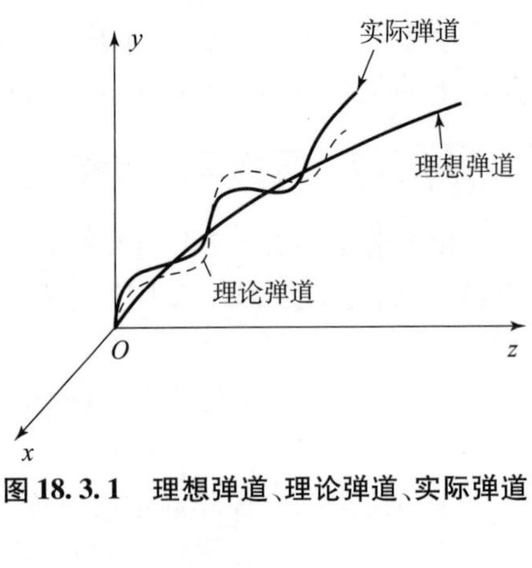

图18.3.1　理想弹道、理论弹道、实际弹道

数或方案的优化设计等。

在无干扰条件下弹箭的运动称为未扰动运动或基准运动，相应的弹道称为未扰动弹道或基准弹道；在各种干扰（如发射时的起始扰动、阵风、发动机开车或停车、级间分离、制导系统内偶然出现的短促信号、无线电起伏等瞬间性干扰以及推力偏心、外形不对称、舵面零位不准等经常性干扰）下的运动称为扰动运动，相应的弹道称为扰动弹道。理想弹道和理论弹道都可以作基准弹道，而实际弹道肯定是扰动弹道。实际弹道只能用各种测试仪器测得，如果导弹弹体和控制系统设计得较好，理想弹道和理论弹道与实际弹道是十分接近的。

18.4　过载与机动性

过载的直意是超过本身重力的载荷。其对于要经历迅速加速、减速或拐弯运动（如冲击、碰撞、剧烈振动、发射、机动飞行等）的物体具有十分重要的意义。例如电梯静止时，电梯箱底给人的反作用力等于人的重力 $G=mg$，当电梯以加速度 a 启动上升时，在短暂的加速期箱底给人的反作用力增加到 $G+ma$（这样人才能也以加速度 a 开始上升），故人就承受了向上超过人体的载荷 ma。炮射弹箭在发射过程中要承受强大的轴向过载，甚至可达到几万个 g（几万倍重力），而有控弹箭更关心的是控制弹道机动拐弯时的法向过载。过大的过载可能引起承载物体的材料碎裂、机构失灵及结构破坏等。但也可巧妙地利用过载作为一种环境力完成一些特殊的工作，如利用发射过载使引信解脱保险、利用过载形成信号进行飞行控制等。在弹箭的结构设计、控制系统设计和飞行特性分析中，过载是十分重要的数据。

18.4.1　过载的定义

在第 18.1 节中我们已提到过可控制力的概念，只有重力是不可控制的。在飞行力学中定义过载为除重力 $\boldsymbol{G}$ 以外其他力之和 $\boldsymbol{N}$（即可控制力或可操纵力）与重力 G 之比，记为 $\boldsymbol{n}$，即

$$\boldsymbol{n}=\boldsymbol{N}/G \tag{18.4.1}$$

过载是个向量，$\boldsymbol{n}$ 的方向与可控力 $\boldsymbol{N}$ 的方向一致，大小表明可控制力是重力的几倍。

在导引弹道分析（见第 18.5 节）中，为了方便，也用导弹所受全部外力（包括重力）之和与重力之比作为过载，记为 $\boldsymbol{n}'=(\boldsymbol{G}+\boldsymbol{N})/G$。

18.4.2　过载矢量的分解

由导弹质心运动方程，可求得过载 $\boldsymbol{n}$ 在弹道坐标系上的分量 n_{x_2}、n_{y_2}、n_{z_2} 以及在其他坐标系上的分量，以适应导弹在设计、分析和过载测量中的不同需要。如由方程组(18.2.2)可得

$$\begin{aligned} n_{x_2}&=N_{x_2}/G=(P\cos\alpha\cos\beta-X)/G \\ n_{y_2}&=N_{y_2}/G=[(P\sin\alpha+Y)\cos\gamma_V-(-P\cos\alpha\sin\beta+Z)\sin\gamma_V]/G \\ n_{z_2}&=N_{z_2}/G=[(P\sin\alpha+Y)\sin\gamma_V+(-P\cos\alpha\sin\beta+Z)\cos\gamma_V]/G \end{aligned} \tag{18.4.2}$$

令上式中 $\gamma_V=0$，即得到过载在速度坐标系中的分量

$$n_{x_3}=(P\cos\alpha\cos\beta-X)/G,\quad n_{y_3}=(P\sin\alpha+Y)/G,\quad n_{z_3}=(-P\cos\alpha\sin\beta+Z)/G \tag{18.4.3}$$

将式(18.4.3)代入式(18.4.2)各式中，可求得在弹道坐标系和速度坐标系上过载分量间的关系

$$n_{x_2}=n_{x_3},\quad n_{y_2}=n_{y_3}\cos\gamma_V-n_{z_3}\sin\gamma_V,\quad n_{z_2}=n_{y_3}\sin\gamma_V+n_{z_3}\cos\gamma_V \tag{18.4.4}$$

及 $$n_{x_3}=n_{x_2},\quad n_{y_3}=n_{y_2}\cos\gamma_V+n_{z_2}\sin\gamma_V,\quad n_{z_3}=-n_{y_2}\sin\gamma_V+n_{z_2}\cos\gamma_V \tag{18.4.5}$$
过载在速度方向上的投影 n_{x_2}、n_{x_3} 称为切向过载,在垂直于速度方向上的投影 n_{y_2}、n_{z_2} 和 n_{y_3}、n_{z_3} 称为法向过载。此外,过载沿弹体纵轴的投影 n_{x_1} 称为轴向过载,在垂直于弹体纵轴方向上的投影分量 n_{y_1}、n_{z_1} 称为横向过载。利用坐标转换关系表 18.2.3(以矩阵 $\boldsymbol{A}(\alpha,\beta)$ 表示),得

$$\begin{bmatrix} n_{x_1} \\ n_{y_1} \\ n_{z_1} \end{bmatrix}=\boldsymbol{A}(\alpha,\beta)\begin{bmatrix} n_{x_3} \\ n_{y_3} \\ n_{z_3} \end{bmatrix}=\begin{bmatrix} n_{x_3}\cos\alpha\cos\beta+n_{y_3}\sin\alpha-n_{z_3}\cos\alpha\sin\beta \\ -n_{x_3}\sin\alpha\cos\beta+n_{y_3}\cos\alpha+n_{z_3}\sin\alpha\sin\beta \\ n_{x_3}\sin\beta+n_{z_3}\cos\beta \end{bmatrix} \tag{18.4.6}$$

18.4.3 过载与运动、过载与机动性的关系

物体的运动与受力密切相关,因此也必与过载密切相关。由导弹质心运动方程组可得到质心运动加速度以过载表示的形式以及过载以运动加速度表示的形式如下

$$\begin{aligned} &\frac{1}{g}\frac{\mathrm{d}v}{\mathrm{d}t}=n_{x_2}-\sin\theta,\quad \frac{v}{g}\frac{\mathrm{d}\theta}{\mathrm{d}t}=n_{y_2}-\cos\theta,\quad -\frac{v}{g}\cos\theta\frac{\mathrm{d}\psi_V}{\mathrm{d}t}=n_{z_2} \\ &n_{x_2}=\frac{1}{g}\frac{\mathrm{d}v}{\mathrm{d}t}+\sin\theta,\quad n_{y_2}=\frac{v}{g}\frac{\mathrm{d}\theta}{\mathrm{d}t}+\cos\theta,\quad n_{z_2}=-\frac{v}{g}\cos\theta\frac{\mathrm{d}\psi_V}{\mathrm{d}t} \end{aligned} \tag{18.4.7}$$

由式(18.4.7)的前三式可见,当 $n_{x_2}>\sin\theta$ 时,导弹加速飞行;当 $n_{x_2}<\sin\theta$ 时,减速飞行。当 $n_{y_2}>\cos\theta$ 时,$\dot{\theta}>0$,在该瞬时弹道在铅直面上的投影向上弯;当 $n_{y_2}<\cos\theta$ 时,$\dot{\theta}<0$,弹道投影向下弯;当 $n_{y_2}=0$ 时,在该处曲率为零,如图 18.4.1 所示。当 $n_{z_2}>0$ 时,$\dot{\psi}_V<0$,在该瞬时弹道在水平面上的投影向右弯;当 $n_{z_2}<0$ 时,$\dot{\psi}_V>0$,弹道投影向左弯,如图 18.4.2 所示。

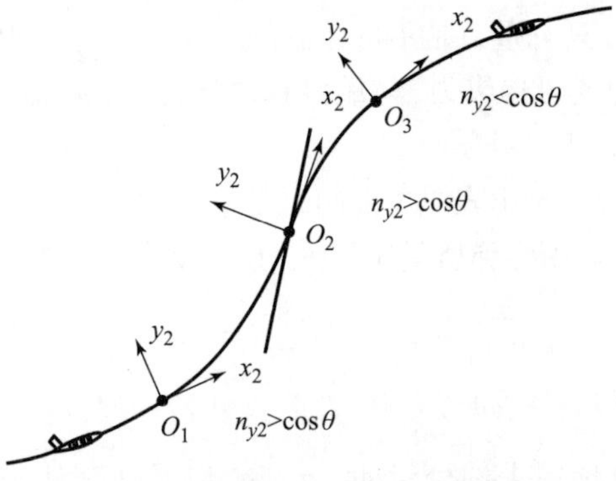

图 18.4.1 铅直面内弹道形状与 n_{y_2} 的关系

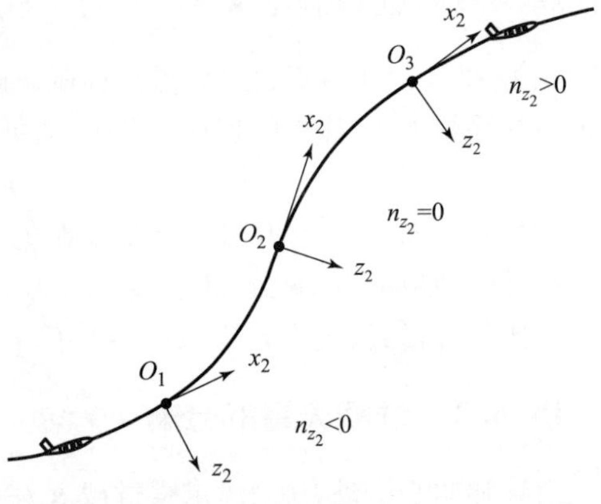

图 18.4.2 Ox_2z_2 平面内弹道形状与 n_{z_2} 的关系

对于攻击活动目标的导弹,机动性是重要的战技指标。机动性可用切向加速度和法向加速度来衡量,因此也可用过载来衡量,由可控制力产生的过载分量越大,则机动能力越强。

18.4.4 弹道曲率半径与法向过载的关系

弹道的弯曲程度可用曲率半径 ρ 表示,ρ 越小,弹道弯曲越厉害。曲率半径是曲率 K 的倒数($\rho=1/K$)。若导弹在铅直面内运动,利用方程组(18.4.7)的第五式,曲率半径为

$$\rho_{y_2}=\frac{1}{K}=\frac{1}{\mathrm{d}\theta/\mathrm{d}s}=\frac{\mathrm{d}s}{\mathrm{d}\theta}=\frac{\mathrm{d}s/\mathrm{d}t}{\mathrm{d}\theta/\mathrm{d}t}=\frac{v^2}{g(n_{y_2}-\cos\theta)} \tag{18.4.8}$$

如果导弹在 Ox_2z_2 平面内飞行，则弹道的曲率半径为

$$\rho_{z_2} = -\mathrm{d}s/\mathrm{d}\psi_V = -v\bigg/\left(\frac{\mathrm{d}\psi_V}{\mathrm{d}t}\right) = v^2\cos\theta/(gn_{z_2}) \tag{18.4.9}$$

由以上两式可见，法向过载 n_{y_2}、n_{z_2} 越大，曲率半径越小，弹道越弯曲，导弹转弯速率越大；飞行速度 v 越大，曲率半径就越大，表明速度越大，则越难转弯。

18.4.5　需用过载、极限过载和可用过载

1. 需用过载

需用过载是弹箭沿给定的弹道飞行所需要的过载，以 n_r 表示。给定弹道上的拐弯速率 $\dot{\theta}$、$\dot{\psi}_V$，由式(18.4.7)即可算得需用法向过载 n_{y_2}、n_{z_2}。需用过载与目标机动性大小、导引方法的选取、主要飞行性能要求（如比例导引法的弹道稳定性、制导炸弹的大弹道倾角转弯俯冲等）、作战空域、可攻击区的要求等有关，并且还应考虑各种随机干扰的影响，留一些过载裕量。

从设计和制造角度讲，希望需用过载越小越好，这样，弹箭所承受的载荷小，这对弹体结构、强度要求、舵机功率要求、弹上仪器设备正常工作和减少制导误差等都是有利的。

2. 极限过载

弹箭的极限过载是指攻角或侧滑角达到临界值 α_{kp}、β_{kp} 时所对应的过载，以 n_{kp} 表示。我们知道，当 α 和 β 较小时，弹箭平衡飞行时的升力、侧力、俯仰力矩、偏航力矩与 α、β 成线性关系，但当攻角或侧滑角超过了某一临界值 α_{kp}、β_{kp} 时，随着 α、β 增大，升力、侧力不仅不增大，还会减小，弹箭将会飞行失速。所以，攻角和侧滑角的临界值是一种极限情况，这时对应的法向过载称为极限过载。例如，铅直面内的极限法向过载为

$$n_{ykp} = n_y^{\alpha}\alpha_{kp} + (n_y)_{\alpha=0} \tag{18.4.10}$$

3. 可用过载

有控弹箭的可用过载是指操纵机构偏转到最大值 $\delta_{\max}$ 时，平衡状态下，飞行器所能产生的法向过载以 n_k 表示。

由力矩平衡时攻角 α，侧滑角 β，舵偏角 δ_z、δ_y 以及法向可操纵力 N_{y_2}、N_{z_2} 间的关系得

$$n_{y_2}=N_{y_2}/G=[(P+Y^{\alpha})\alpha+Y^{\delta_z}\cdot\delta_z]/G=[-(P+Y^{\alpha})M_z^{\delta_z}/M_z^{\alpha}+Y^{\delta_z}]\delta_z/G$$

$$n_{z_2}=N_{z_2}/G=[(-P+Z^{\beta})\beta+Z^{\delta_y}\cdot\delta_y]/G=[-(Z^{\beta}-P)M_y^{\delta_y}/M_y^{\beta}+Z^{\delta_y}]\delta_y/G$$

由以上公式可见，导弹所能产生的法向过载与操纵机构偏转角 δ_z、δ_y 成正比，而 δ_z、δ_y 的大小受到一些因素的限制。以升降舵为例，最大舵偏角 $\delta_{z\max}$ 相应的平衡攻角 $\alpha_{\max}$ 要受临界攻角 α_{kp} 和俯仰力矩线性区的限制，因为非线性力矩特性会使控制系统难以设计，飞行性能变坏。此外，还要避免由舵面最大偏转 $\delta_{z\max}$ 决定的法向过载过大使弹体结构遭受破坏等。

导弹的可用过载 n_k 必须大于需用过载 n_r，才能保证导弹按所需弹道飞行。导弹最多只能以可用过载飞行，如果还不能按要求机动转弯，就会造成脱靶，如图 18.4.3 所示。故它们应满足如下关系

$$n_{kp} > n_k > n_r \tag{18.4.11}$$

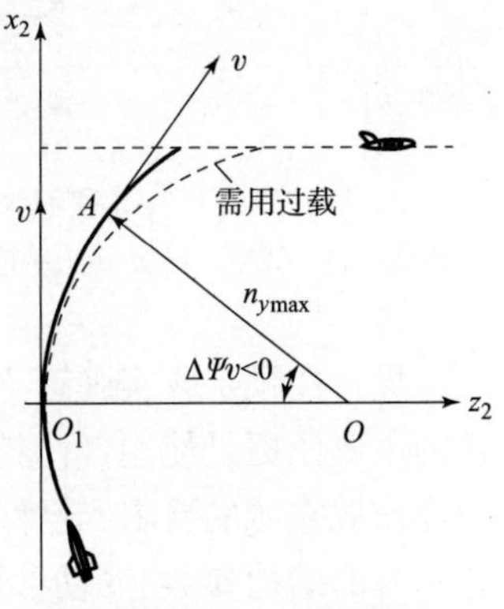

图 18.4.3　可用过载小于需用过载造成脱靶

18.5 方案飞行弹道

有控弹箭的弹道可分为两大类:一类是方案弹道,另一类是导引弹道。所谓方案弹道,是指弹道已预先确定,不受外界条件影响,导弹发射出去后,它的轨迹就不能随意改变,与目标无直接联系,制导系统的任务就是要使导弹沿这条预定的弹道飞行。按方案弹道飞行的导弹称为自主控制导弹。所谓导引弹道,是指导弹飞行方向在每一瞬时都取决于被攻击目标的位置和运动特性,根据目标信息和选定的导引方法接近目标,这种由导弹和目标相对运动规律而确定的飞行弹道称为导引弹道。本节介绍方案弹道,下一节介绍导引弹道。

采用方案飞行弹道的导弹是很多的,如飞航式导弹的爬升段和平飞段,弹道式导弹的主动段,空地导弹、制导炸弹、布撒器和末制导炮弹的中制导段,地空导弹和某些反坦克导弹的初始段等。方案弹道较适合攻击静止的或运动速度不大的目标,例如桥梁、机场、铁路枢纽、港口、工厂、军事要塞、坦克或军队集结地等。为了最后能准确命中目标,方案制导的导弹在弹道末段常转为自动导引。可变轨导弹的弹道介于方案弹道和导引弹道之间,可在飞行中途改变弹道方案。

图 18.5.1 所示为飞航式导弹的几种典型弹道,图 18.5.2 所示为制导炸弹的几种弹道方案。通常在弹道末段都转入大角度俯冲,以扩大对目标的视场、减小距离误差和突破敌方反导武器的拦截;中制导段一般要么超低空飞行,要么大高度飞行,以避开敌方雷达的侦察和防空火力的射击。

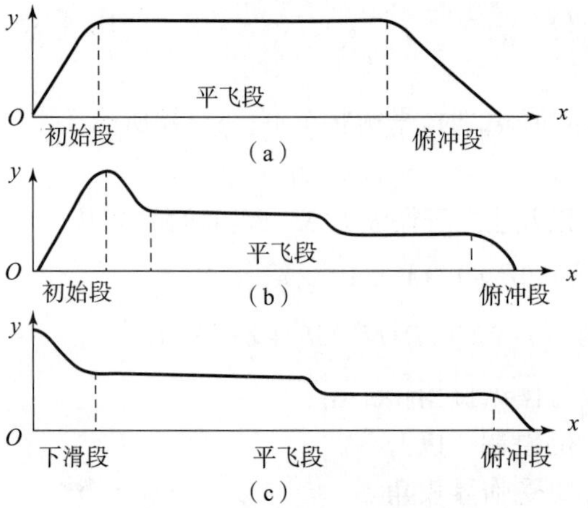

图 18.5.1 飞航式导弹的几种弹道

(a)低—高—低型;(b)高—低—低型;(c)低—低—低型

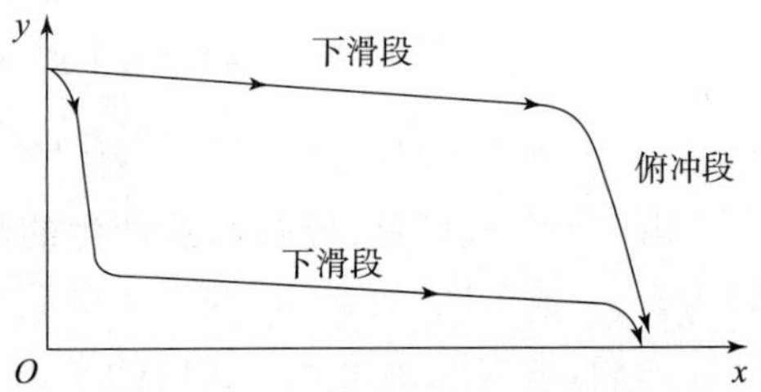

图 18.5.2 制导航弹的几种弹道

导弹按预定方案弹道飞行称为方案飞行,所以方案弹道设计也就是飞行轨迹设计。其设计的主要依据是使用部门提出的战术技术要求,如攻击目标的类型,最大和最小射程、作战环境和作战空域的要求,导弹的尺寸、重量、威力、运载和发射装置的要求等,同时,还必须掌握导弹本身的结构参数、气动参数、动力系统(如火箭发动机或冲压发动机)参数、制导方式等。

所谓飞行方案,是指设计弹道时选定的某一个或几个参数随时间变化的规律。如,对导弹在铅直面内的运动,理想运动方程可简化成

$$m\frac{\mathrm{d}v}{\mathrm{d}t}=P\cos\alpha-X-mg\sin\theta,\quad mv\frac{\mathrm{d}\theta}{\mathrm{d}t}=P\sin\alpha-mg\cos\theta$$

$$\frac{\mathrm{d}x}{\mathrm{d}t}=v\cos\theta,\quad \frac{\mathrm{d}y}{\mathrm{d}t}=v\sin\theta,\quad \frac{\mathrm{d}m}{\mathrm{d}t}=-m_c,\quad \varepsilon_1=0,\quad \varepsilon_4=0 \tag{18.5.1}$$

此方程组有 7 个方程和 7 个未知数($v,\theta,x,y,m,\alpha,\delta_p$),方程组封闭,可在给定的初始条件下求解。如果给定了弹道倾角变化规律 $\theta_*(t)$,则理想控制方程即为 $\varepsilon_1=\theta(t)-\theta_*(t)$,或 $\dot{\theta}(t)=\dot{\theta}_*(t)$。其中 $\theta_*(t)$ 就是一种飞行方案,而不同的 $\theta_*(t)$ 变化规律就对应有不同的方案弹道。例如,$\theta_*=0$ 就是水平直线弹道,$\theta_*(t)=\theta_0>0$ 就是直线爬升弹道,而 $\theta_*(t)=\theta_0<0$ 则是直线下滑弹道,这时必有 $\dot{\theta}=0$ 或 $P\sin\alpha+Y=mg\cos\theta_*$,即作用在导弹上的法向控制力必须和重力的法向分量相平衡,而相应的攻角 α、升降舵偏角 δ_z 和弹轴俯仰角 ϑ 为

$$\alpha_*(t)=G\cos\theta_*/(P+Y^{\alpha}),\quad \delta_{z*}(t)=-m_z^{\alpha}\cdot\alpha_*/m_z^{\delta_z},\quad \vartheta_*(t)=\theta_*(t)+\alpha_*(t) \tag{18.5.2}$$

当然,如将 $\theta_*(t)$ 设计成可变的函数,相应的方案弹道也会成为各种各样形状。如果取飞行方案为 $\theta_*=\theta_0>0$, $\dot{v}_*=0$,此时方案弹道为等速直线爬升,这时又从方程组(18.5.1)第一式得 $P\cos\alpha-X-mg\sin\theta=0$,即有

$$\alpha_{1*}(t)=(P\cos\alpha_*-mg\sin\theta_*)/X^{\alpha} \tag{18.5.3}$$

结合式(18.5.2),等速直线爬升必须满足 $\alpha_*(t)=\alpha_{1*}(t)$。但要沿弹道始终做到这一点是十分困难的,即使是发动机推力 P 可以调节,也只能实现近似等速直线爬升。

实际上,飞行中的弹道倾角 θ 以及攻角 α 都是难以直接测到的,只有弹轴俯仰角 ϑ 是容易直接测量的,如可利用三自由度陀螺的空间定向性测量弹轴相对于陀螺轴的角度,换算成弹轴俯仰角,也可用平台惯导或捷联惯导中测得的弹体相对于地面惯性坐标系的姿态角。如果给定了俯仰角的变化规律 $\vartheta_*(t)$,也就给出了一种方案弹道,此时的理想控制关系式为

$$\varepsilon_1=\vartheta(t)-\vartheta_*(t)=0 \tag{18.5.4}$$

为防止弹道上攻角过大致使需用过载太大,有必要限制攻角,或为了使导弹迅速爬升,尽可能利用最大攻角产生升力,可采用给定攻角变化规律 $\alpha_*(t)$ 的飞行方案,此时理想控制方程为

$$\varepsilon_1=\alpha(t)-\alpha_*(t) \tag{18.5.5}$$

为保证弹体强度,可给定法向过载 $n_y(t)$ 作飞行方案,这时理想控制关系式为

$$\varepsilon_1=n_y(t)-n_{y*}(t) \tag{18.5.6}$$

对于装有测高装置(例如高度计)的导弹,可以利用高度信息对导弹进行高度控制。为了使导弹较快并平稳地转入平飞,通常采用指数形式的高度程序

$$H_*(t)=\begin{cases}H_1 & (t<t_{H_1})\\(H_1-H_2)\mathrm{e}^{-K(t-t_H)}+H_2 & (t_{H_1}<t<t_{H_2})\\H_2 & (t>t_{H_2})\end{cases} \tag{18.5.7}$$

式中,通常 H_1 为起始高度,H_2 为中制导平飞高度(例如 50 m);t_{H_1}、t_{H_2} 为指令时间;K 为时间常数。H_1 和 H_2 根据战术技术指标而定。H_1、H_2、K 这三个数据应根据战术技术指标中最小射程、下滑过程中的高度超调量最小、转入平飞时间最短、需用过载小于允许值等因素综合确定。

此时升降舵控制规律可选为

$$\Delta\delta_z = K_{\Delta H}\Delta H + K_{\Delta\dot{H}}\Delta\dot{H} + K_{\int\Delta H}\int\Delta H\mathrm{d}t,\quad \Delta H = H - H_* \tag{18.5.8}$$

同理,在侧向平面内,可以以偏航角变化规律 $\psi_*(t)$ 给出侧向方案弹道,如对用平台惯导或捷联惯导控制的飞航导弹或制导炸弹,偏航角程序可设为

$$\psi_* = \begin{cases} \psi_0 & (t < t_k) \\ \psi_0 + K_{\psi_0}(t - t_k) & (t_k \leqslant t < t_A), \quad K_{\psi_0} = \psi_A/(t_A - t_k) \\ \psi_A & (t \geqslant t_A) \end{cases} \tag{18.5.9}$$

式中,ψ_0 为飞航式导弹助推器脱落或制导炸弹从飞机上投放时的偏航角;ψ_A 为给定的航向,导弹将可在一个攻击扇面内从起始的 ψ_0 方向逐渐偏转到给定方向 ψ_A 上。为了使导弹的侧向坐标最后与目标重合,还可增加一个侧向坐标的变化方案

$$Z_* = Z(X) \tag{18.5.10}$$

式中,X 为从启控点指向目标的距离。

此时,方向舵的控制规律可选为

$$\begin{aligned} \Delta\delta_y &= K_{\Delta\psi}\Delta\psi + K_{\Delta\dot{\psi}}\Delta\dot{\psi} + K_{\Delta z}\Delta Z + K_{\int\Delta Z}\int\Delta Z\mathrm{d}t \\ \Delta\psi &= \psi - \psi_*,\quad \Delta Z = Z - Z_* \end{aligned} \tag{18.5.11}$$

实际上,方案弹道不一定都是简单的爬升、下降、水平直线飞行或盘旋等平面弹道,也可以是满足战术技术要求及优化原则的形式较复杂的弹道,在测量手段不断提高以及利用计算机进行数字信号控制时,这也是可以办到的,例如现代的抗反导装置变轨道战略导弹。

以上方案中的数据可以数字信号序列的形式储存在弹载计算机中,或以模拟信号的形式储存在导引系统的程序装置中,导弹启控后,按一定的节拍(如每5~20 ms)取出,与当时由测量装置(如平台惯导、捷联惯导、高度表、卫星定位接收机、地形匹配等)测得的导弹实际飞行数据进行比较,形成误差信号,再按调节规律形成舵机(执行机构)的输入信号,控制舵面偏转,产生控制力矩和控制力,使导弹沿方案弹道飞行。

18.6 导引弹道的运动学分析

对于遥控和自动导引导弹,制导系统按照事先选好的导弹与目标的相对运动关系形成控制信号,改变导弹运动轨迹,把导弹导向目标,这种关系就叫导引关系或导引方法。导引方法选择不同,直接影响到需用过载的大小、控制系统软硬件设计、导引误差大小、结构强度设计、攻击区的限制和发射时机的选择等。在导弹的发展过程中,导引方法也在不断地发展。本节将导弹和目标当作质点,假定它们的飞行速度已知,采用运动学方法分析各种经典导引方法的弹道特性,从而得出各种导引方法的优缺点和实用性,最后简单介绍一下导引方法的发展情况。

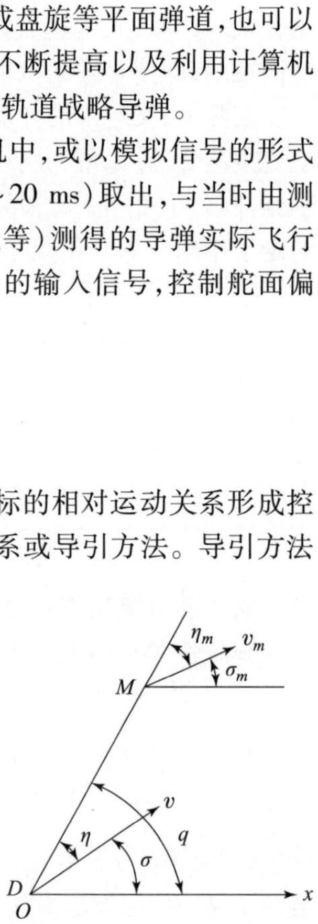

图 18.6.1 自动导引相对运动关系图

图18.6.1所示为自动导引相对运动关系图。目标 M 与导弹 D 间的连线称为目标线、瞄准线或目标瞄准线。Ox 称为基准线,目标线与基准线间的夹角 q 称为目标线方位角,从基准线逆时针转向目标线为正。目标速度 $\boldsymbol{v}_m$ 方向与目标线之夹角 η_m 称

为目标前置角，从目标速度逆时针转向目标线为正。类似地，可定义导弹前置角 η。$\boldsymbol{v}_m$ 与基准线的夹角 σ_m 称为目标速度方位角，从基准线逆时针转到 $\boldsymbol{v}_m$ 为正，类似地，可定义导弹速度方位角 σ。由图可见，$q=\sigma_m+\eta_m=\sigma+\eta$。当攻击平面为铅直面时，$\sigma$ 就是弹道倾角 θ；当攻击面为水平面时，σ 就是弹道偏角 ψ_V（即从基准线逆时针转到速度线的角度）。导弹与目标间的相对距离记为 r，导弹向目标接近过程中 r 不断减小，命中目标时 $r=0$。同时，在此过程中，目标线方位角 q 也不断变化。由图 18.6.1 可得 r 和 q 的变化方程，也即相对运动方程组

$$\frac{\mathrm{d}r}{\mathrm{d}t}=v_m\cos\eta_m-v\cos\eta,\quad r\frac{\mathrm{d}q}{\mathrm{d}t}=-v_m\sin\eta_m+v\sin\eta,\quad q=\sigma_m+\eta_m=\sigma+\eta \tag{18.6.1}$$

如果 v、v_m、σ_m 为已知的关于时间的函数，并且给定了导引方法（如追踪法 $\eta=0$），可解得以目标为原点的极坐标 r、q，由此可画出相对弹道。而在绝对参考系中，导弹的坐标则可按下式计算

$$x=x_m-r\cos q,\quad y=y_m-r\sin q \tag{18.6.2}$$

图 18.6.2(a)和(b)所示分别为追踪法的相对弹道和绝对弹道。

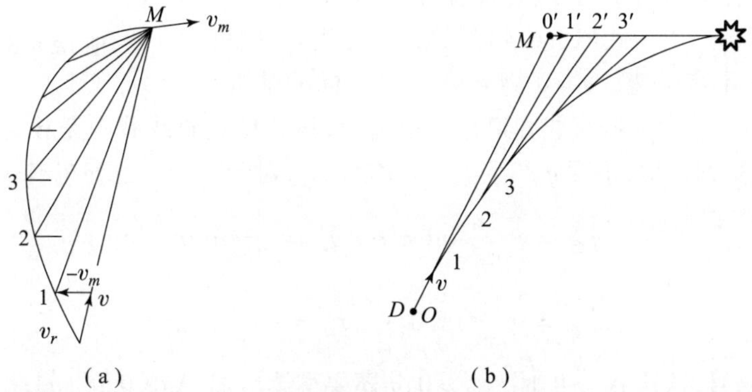

图 18.6.2　自动导引（以追踪法为例）中的相对弹道(a)和绝对弹道(b)

18.6.1　追踪法

追踪法是导弹在攻击目标的过程中，其速度向量 $\boldsymbol{v}$ 始终指向目标，即速度向量与目标线始终重合的一种导引方法。其导引关系式和相对运动方程分别为

$$\eta=0 \tag{18.6.3}$$

$$\dot{r}=v_m\cos(q-\sigma_m)-v,\quad r\dot{q}=-v_m\sin(q-\sigma_m) \tag{18.6.4}$$

则方程(18.6.4)有两个未知数：r、q，给出初始值 r_0、q_0，即可用数值积分法求解。

1. 目标等速直线飞行，导弹等速飞行条件下的解

为了得到解析解，以便了解追踪法的一般特性，须作如下假设：目标做等速直线运动，导弹做等速运动。在此假设下，取基准线与目标速度方向平行，则有 $\sigma_m=0$，$q=\eta_m$，再将方程组(18.6.4)的第一、第二两个方程相除，得

$$\frac{\mathrm{d}r}{r}=\frac{v_m\cos q-v}{-v_m\sin q}\mathrm{d}q=\frac{-\cos q+p}{\sin q}\mathrm{d}q,\quad p=\frac{v}{v_m} \tag{18.6.5}$$

式中，$p=v/v_m$ 称为速度比，当 v、v_m 为常数时，p 也为常数。从导弹开始追踪目标的起始位置 r_0、q_0 起积分上述方程，利用半角公式 $\sin q=2\tan(q/2)\cdot\cos^2(q/2)$，积分后得

$$r = C\frac{\tan^p(q/2)}{\sin q} = C\frac{(\sin q)^{p-1}}{(1+\cos q)^p},\quad C = r_0\frac{\sin q_0}{\tan^p(q_0/2)} = r_0\frac{(1+\cos q_0)^p}{(\sin q_0)^{p-1}} \tag{18.6.6}$$

式中,C 为积分常数,它取决于速度比 p 和初始条件(r_0,q_0)。

由式(18.6.6)知:

当 $p<1$ 时,$q\to 0$,$r\to\infty$;

当 $p=1$ 时,$q\to 0$,$r\to C/2$;

当 $p>1$ 时,$q\to 0$,$r\to 0$。

导弹命中目标时,$r\to 0$,这只有在 $p>1$,并且 $q\to 0$ 时才有可能。所以,导弹命中目标的必要条件是,导弹的速度 v 必须大于目标的速度 v_m,并且不管发射方向如何,导弹总要绕到目标的尾部($q\to 0$)去命中目标。图 18.6.3 所示为追踪法的相对弹道曲线族。

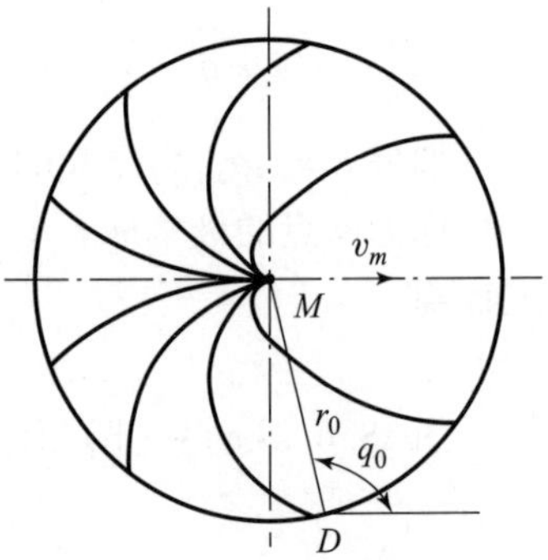

图 18.6.3 追踪曲线族

2. 直线弹道

直线弹道是法向加速度为零,因而需用过载最小(等于零)的弹道,此时 $\dot{q}\equiv 0$,由式(18.6.4)的第二个方程知,这只有 $q=0$ 和 $q=\pi$ 才有可能。$q=0$ 为导弹尾追目标的情况,$q=\pi$ 为迎击的情况。但迎击直线弹道是不稳定的,只有尾追直线弹道是稳定的。例如,设在直线弹道飞行中受到干扰,角度 q 产生了一个增量 Δq,对于迎击弹道和尾追弹道,分别有

$$\begin{aligned}\dot{q}_{迎} &= \frac{-v_m}{r}\sin(\pi+\Delta q) = \frac{v_m}{v}\sin\Delta q\\ \dot{q}_{尾} &= -\frac{v_m}{r}\sin(0+\Delta q) = -\frac{v_m}{r}\sin\Delta q\end{aligned} \tag{18.6.7}$$

显然,$\dot{q}_{迎}$与 Δq 同号,这样 $\Delta q>0$ 时,$\dot{q}_{迎}>0$,q 还要继续增加;$\Delta q<0$ 时,$\dot{q}_{迎}<0$,q 还要继续减小,因而不可能保持直线弹道,如图 18.6.4(b)所示。但对于 $\dot{q}_{尾}$,则与 Δq 反号,$\Delta q>0$ 时,$\dot{q}_{尾}<0$,q 将向 $q=0$ 减小,回到直线弹道;$\Delta q<0$ 时,$\dot{q}_{尾}>0$,q 向直线弹道增大,也回到直线弹道。因此,尾追直线弹道是稳定的,如图 18.6.4(a)所示。

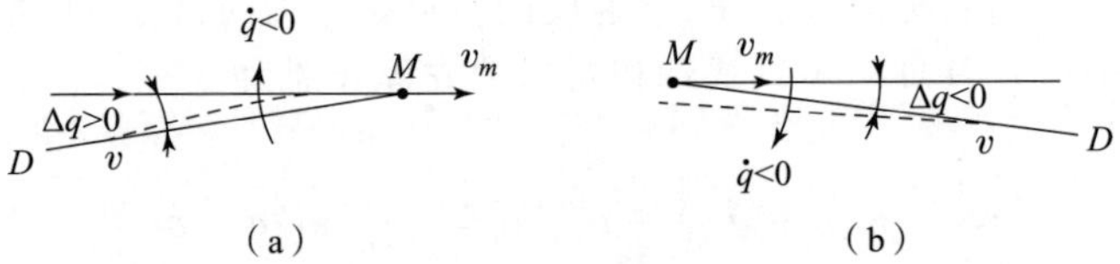

图 18.6.4 追踪法迎击和尾追目标时的直线弹道的稳定性

3. 导弹命中目标所需飞行时间

将方程组(18.6.4)的第一个方程乘以 $\cos q$,减去第二个方程乘以 $\sin q$,得方程

$$\dot{r}\cos q - \dot{r}q\sin q = v_m - v\cos q \tag{18.6.8}$$

再由方程(18.6.4)第一式求得 $\cos q = (\dot{r}+v)/v_m$,将其代入方程(18.6.8)右边,得

$$(p+\cos q)\dot{r} - \dot{r}q\sin q = v_m - pv$$

上式左边可写成全微分形式

$$\mathrm{d}[r(p+\cos q)] = (v_m - pv)\mathrm{d}t$$

积分后得

$$t = [r_0(p+\cos q_0) - r(p+\cos q)]/(pv - v_m) \tag{18.6.9}$$

命中目标时，$r\to 0$，$q\to 0$，于是由上式可得开始追踪至命中目标所需的飞行时间为

$$t_k = \frac{r_0(p+\cos q_0)}{pv - v_m} = \frac{r_0(p+\cos q_0)}{v_m(p^2-1)} \tag{18.6.10}$$

由上式知，迎击($q_0=\pi$)时，$t_k = r_0/(v+v_m)$；尾追($q_0=0$)时，$t_k=r_0/(v-v_m)$；侧面攻击($q_0=\pi/2$ 或 $3\pi/2$)，$t_k = \dfrac{r_0 p}{v_m(p^2-1)} = \dfrac{r_0}{v-v_m}\left(\dfrac{p}{p+1}\right) = \dfrac{r_0}{v+v_m}\left(\dfrac{p}{p-1}\right)$。

由此可见，在 r_0、v 和 v_m 相同的条件下，q_0 从 0 至 π 的范围内随 q_0 的增加，命中目标所需的飞行时间缩短，迎击时最短，尾追最长。

4. 追踪法弹道的需用过载

弹道上各点的需用过载主要取决于弹道各点的法向加速度 $a_n = v\dot{\sigma}$。当 $\sigma_m = 0$ 时，$\eta_m = \sigma = q$ 和 $\dot{\sigma} = \dot{q}$。将式(18.6.4)代入 $a_n = v\dot{\sigma}$ 中，得

$$a_n = \frac{-vv_m}{r}\sin q = -\frac{vv_m}{C}\frac{(1+\cos q)^p}{(\sin q)^{p-2}} \tag{18.6.11}$$

给定初始条件(r_0，q_0)，利用式(18.6.11)就可求出在不同速度比时的法向加速度随 q 变化的关系，如图 18.6.5 所示。

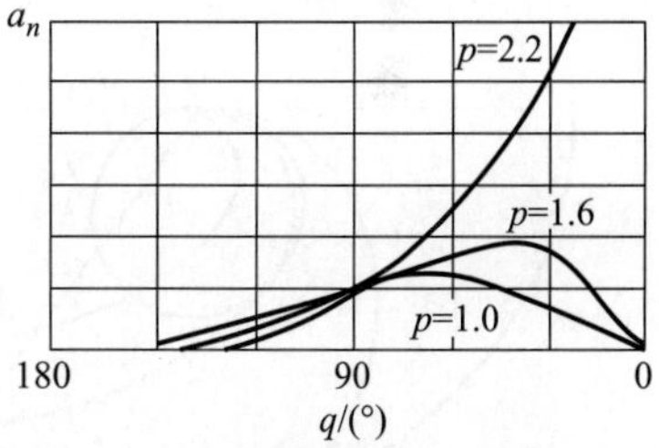

图 18.6.5　追踪法法向加速度 a_n 随 q 变化的关系

命中目标的条件为 $r\to 0$，$q\to 0$，因而 $\sin q\to 0$，$\cos q\to 1$，由式(18.6.11)知：

当 $1<p<2$ 时，$\lim\limits_{q\to 0} a_n = 0$；

当 $p>2$ 时，$\lim\limits_{q\to 0} a_n = -\infty$；

当 $p=2$ 时，$\lim\limits_{q\to 0} a_n = -4vv_m/C$。

这表明，当 $p>2$ 时，导弹在接近目标的过程中需用过载无限增大，然而导弹所能提供的可用过载和所能承受的法向过载是有限的，故 $p>2$ 情况下要么导弹损坏，要么脱靶，不可能命中目标；当 $p=2$ 时，命中目标时的过载为有限值，这个值与导弹以及目标的速度大小有关，还与初始发射条件(r_0，q_0)有关，如果这个过载有限值过大，导弹也不能命中目标；在 $1<p<2$ 的情况下，因为 $a_n\to 0$ 时，$q\to 0$，表明无论初始发射方向如何，导弹总要绕到目标的正后方去攻击，在接近目标时，逐渐与目标直线飞行轨迹相切，在命中点弹道曲率为零。

因此，追踪法导引的速度比受到严格限制，其范围为 $1<p<2$，即 $v_m < v \leqslant 2v_m$。

5. 等法向加速度圆和攻击禁区

在不同初始条件下，在相对弹道上法向加速度等于某一定值的点的连线称为等法向加速度曲线。按此定义，给定某一常值 a_n，由式(18.6.11)考虑到 r 只取正值，得等法向加速度方程如下：

$$r = vv_m|\sin q|/a_n \tag{18.6.12}$$

这是极坐标系中圆的方程，圆半径为 $vv_m/|2a_n|$，圆心在($vv_m/|2a_n|$，$\pm\pi/2$)处，给定不同的 a_{n1}，a_{n2}，a_{n3}，…，就可得到一族半径不等的圆，$|a_n|$越大，圆半径越小，这族圆都通过目标，与目标速度向量相切，如图 18.6.6 所示。

利用等法向加速度圆,可由可用过载确定攻击禁区。所谓攻击禁区,是指攻击平面内的某一区域,在该区域发射导弹时,导弹在命中目标以前,需用过载将超过可用过载,因而不能命中目标。

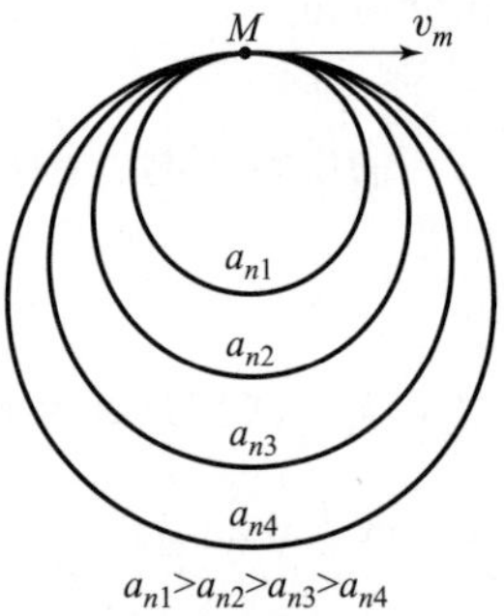

图 18.6.6 等法向加速度圆族

由可用过载 n_{yk} 所对应的法向加速度 a_{nk},作出对应的等法向加速度圆,对于初始发射距离 r_0,设有三个发射位置 D_{01}、D_{02}、D_{03},分别对应三条追踪曲线(即Ⅰ、Ⅱ、Ⅲ)。由图 18.6.7 可见,曲线Ⅰ不与 a_{nk} 决定的圆相交,因而其上任一点的法向加速度 $a_n < a_{nk}$;曲线Ⅱ与 a_{nk} 决定的圆在 E 点相切,曲线上任一点的法向加速度 $a_{\text{Ⅱ}} \leqslant a_{nk}$,法向加速度先是不断增加,在 E 点达极大值 $a_n = a_{nk}$,然后又逐渐减小,命中目标时,a_n 趋向零。曲线Ⅲ穿过该圆,因而曲线上有一段的法向加速度 $a_n > a_{nk}$,在这个圆内,需用过载超过可用过载,导弹不能命中目标。因而,从 D_{02} 发出的弹道曲线Ⅱ将攻击平面分成两部分,如图 18.6.8 所示。起始方位角 q_0 大于 q_{02} 的区域(图中画阴影线部分)就是由可用过载决定的攻击禁区。$q_0 < q_{02}$ 的区域为允许攻击区。

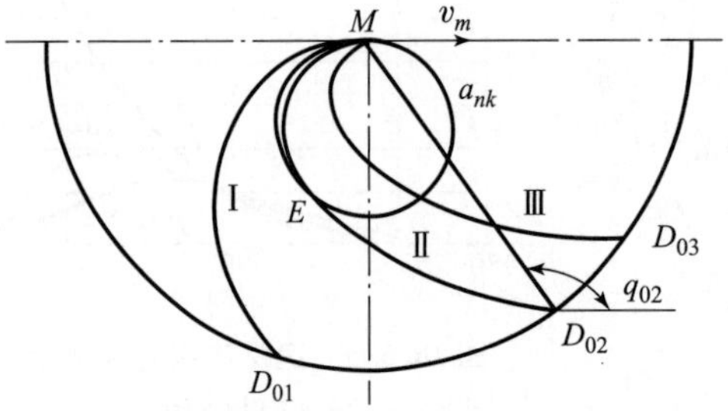

图 18.6.7 确定由可用过载决定的极限起始位置

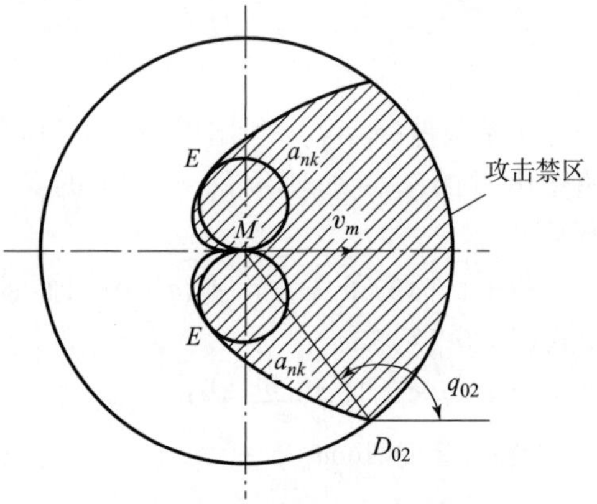

图 18.6.8 追踪法的攻击禁区

在每条追踪曲线上都有一个最大法向加速度点,或最大曲率点,或最大需用过载点 E,可用求极值的方法求得 E 点的极坐标。将式(18.6.11)对 q 求导,并令导数等于零,得方程

$$\cos^2 q - (p/2 - 1)\cos q - p/2 = 0 \tag{18.6.13}$$

求关于 $\cos q$ 的二次方程的根,得到有实际意义的根为

$$\cos q^* = p/2 \quad 并且有 \quad \sin q^* = \sqrt{(1 - p/2)(1 + p/2)} \tag{18.6.14}$$

这表明,追踪线上最大法向加速度点 E 的极坐标只与速度比 p 有关。

由于 E 点既在等法向加速度 a_n 的圆上,又在追踪曲线上,它们的 q^* 和对应的 r^* 是相同的,于是由式(18.6.12)与式(18.6.6)相等,得

$$r^* = \frac{vv_m}{a_n}|\sin q^*| = C\frac{(\sin q^*)^{p-1}}{(1+\cos q^*)^p}, \quad C = r_0\frac{(1+\cos q_0^*)p}{(\sin q_0^*)^{p-1}} \tag{18.6.15}$$

q_0^* 是在起始攻击距离 r_0 上的起始攻击方位角。

由上式可见,当 v、v_m、a_n 和 r_0 给定后,由式(18.6.14)算出 $\sin q^*$ 代入上式,求出 C 后再解出 q_0^*,就可决定相应的攻击禁区或允许攻击区。

6. 追踪法的优缺点

追踪法在技术实现上比较简单,如只要在导引头或弹上装一个“风标”装置,并将目标位

标器安装在风标上，使其轴线与风标指向一致。因风标的指向始终沿导弹速度矢量方向，只要目标的影像（各种波段的目标光点、光斑）偏离了位标器轴线，即表示导弹的速度没有指向目标，制导系统即会根据影像偏离轴线的距离和方位形成控制指令，操纵导弹飞行，以消除偏差，实现追踪法导引。追踪法的缺点是因为导弹的绝对速度指向目标，使相对速度（$\boldsymbol{v}_r=\boldsymbol{v}-\boldsymbol{v}_m$）总是落后于目标线，如图 18.6.9 所示。因而不管从哪个方向发射，导弹总是要绕到目标后方去，使弹道十分弯曲，需用法向过载很大（特别是在命中点附近），要求导弹有很高的可用过载。由于受到可用法向过载的限制，使导弹不能实现全向攻击，并且其速度比也受到严格限制，必须 $1<p\leqslant 2$。因此，追踪法只适合攻击那些静止或机动性不高的目标。目前有部分空－地导弹、制导炸弹采用了此法。

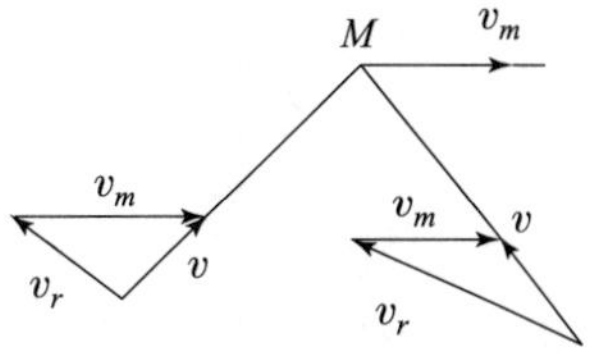

图 18.6.9　追踪法相对速度 $\boldsymbol{v}_r$ 落后于目标线

7. 广义追踪法

为了克服追踪法相对速度 $\boldsymbol{v}_r$ 落后于目标线的缺点，可让导弹速度超前目标瞄准线一个角度 η，即赋予一个前置角 η，如图 18.6.10 所示，当 η 为常数时，称为广义追踪法，它比纯追踪法（$\eta=0$）的弹道性能要好得多，读者可参考其他书籍。

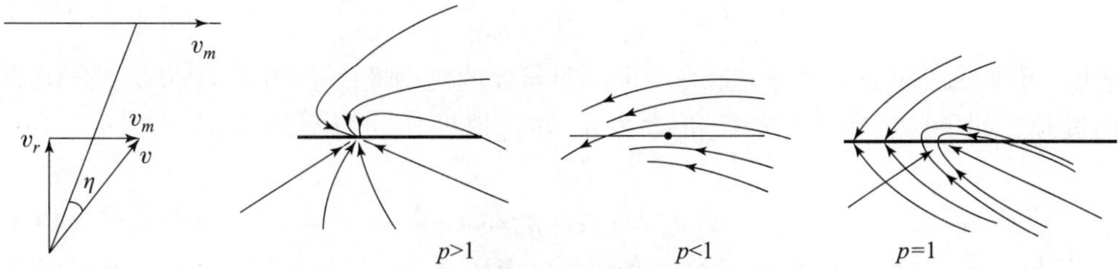

图 18.6.10　$0<b<1$ 时的广义追踪法（$b=v\sin\eta/v_m$）

18.6.2　平行接近法

平行接近法是导弹在攻击目标的过程中，目标线保持在空中平行移动。其导引关系为

$$\dot{q}=0 \quad 或 \quad q=q_0=\text{const}$$

将 $\dot{q}=0$ 代入相对运动方程（18.6.1）得

$$v\sin\eta=v_m\sin\eta_m,\quad \eta=\arcsin(v_m\sin\eta_m/v) \tag{18.6.16}$$

这表明，不管目标做何种机动，导弹速度向量 $\boldsymbol{v}$ 和目标速度向量 $\boldsymbol{v}_m$ 在垂直目标线方向上的分量相等，因而导弹的相对速度 $\boldsymbol{v}_r$ 正好在目标线上始终指向目标，使导弹对目标的相对弹道是始终沿目标线的直线弹道，如图 18.6.11 所示。

如果目标等速直线运动，导弹等速飞行，则 v、v_m、η_m 都是常数，η 也是常数，这时就与广义追踪法一样，只要选择恰当的前置角 η，导弹便可沿直线攻击目标，绝对弹道也为直线。

如果目标做机动飞行（$\dot{v}_m\neq 0,\dot{\sigma}_m\neq 0$），导弹做变速飞行（$\dot{v}\neq 0$），则导弹和目标的轨迹都是弯曲的，但可以证明，导弹轨迹的弯曲程度比目标轨迹的弯曲程度小，如图 18.6.12 所示，即导弹的需用法向过载比目标的要小，这对结构强度设计和控制系统设计都是有利的。为了

证明这一点,下面计算沿弹道的法向过载。将式(18.6.16)的第一式对时间求导,得

$$\dot{v}\sin\eta + v\cos\eta \cdot \dot{\eta} = \dot{v}_m\sin\eta_m + v_m\cos\eta_m\dot{\eta}_m \tag{18.6.17}$$

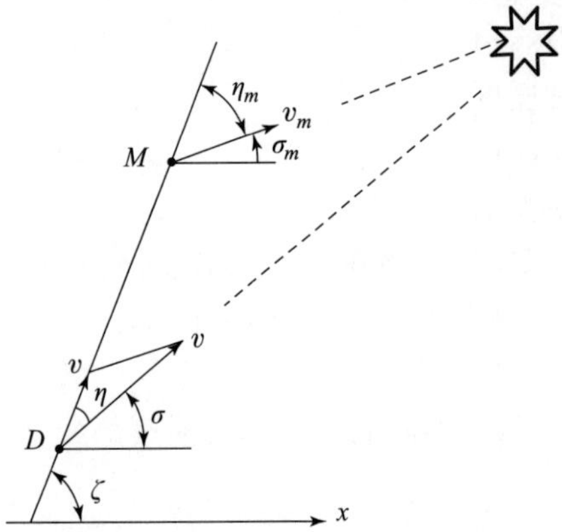

图 18.6.11　平行接近法几何关系

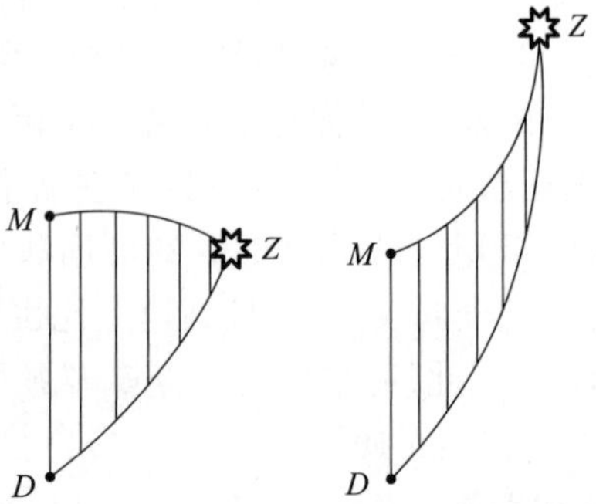

图 18.6.12　目标机动飞行时目标和导弹的绝对弹道

由 $\dot{q}=\dot{\eta}_m+\dot{\sigma}_m=\dot{\eta}+\dot{\sigma}=0$ 得 $\dot{\eta}=-\dot{\sigma}$,$\dot{\eta}_m=-\dot{\sigma}_m$。又因导弹和目标的法向加速度分别为 $a_n=v\dot{\sigma}$,$a_{nm}=v_m\dot{\sigma}_m$,于是得

$$a_n = a_{nm}\frac{\cos\eta_m}{\cos\eta} - \dot{v}_m\frac{\sin\eta_m}{\cos\eta} + \dot{v}\frac{\sin\eta}{\cos\eta} \tag{18.6.18}$$

此式表明,导弹的法向加速度与 r 无关。目标和导弹的机动性($\dot{v}\neq0$,$\dot{v}_m\neq0$,$\dot{\sigma}_m\neq0$)直接影响法向过载。如果目标和导弹都做机动飞行,并且速度比 p 为常数,则由式(18.6.16)求导可得

$$a_n = a_{nm}\cos\eta_m/\cos\eta \tag{18.6.19}$$

又根据方程(18.6.16)知,当 $v>v_m$ 或即 $p>1$ 时,必有 $\sin\eta<\sin\eta_m$,或 $\eta<\eta_m$,因而式(18.6.19)的因子 $\cos\eta_m/\cos\eta<1$,故有

$$a_n < a_{nm} \tag{18.6.20}$$

这就证明了,平行接近法中导弹的需用过载小于目标的需用过载。

尽管平行接近法有弹道平直、可实现全向攻击、导弹机动需用过载小于目标机动需用过载等优点,但实际中这种方法并未得到应用,因为它对制导系统提出了很高的要求,不仅在初瞬时,而且在整个飞行中,导弹的相对速度都要对准目标,这就要求随时准确测得导弹和目标的速度以及与目标线间的前置角,保证满足 $v\sin\eta=v_m\sin\eta_m$ 关系,这都是难以准确做到的。

18.6.3　比例导引法

比例导引法是导弹速度矢量 $\boldsymbol{v}$ 的转动角速度与目标线的转动角速度成正比的一种导引方法,其导引关系式为

$$\dot{\sigma} = K\dot{q} \quad 或 \quad \varepsilon_1 = d\sigma/dt - Kdq/dt = 0 \tag{18.6.21}$$

式中,K 为比例系数。因为 $q=\sigma+\eta$,故 $\dot{q}=\dot{\sigma}+\dot{\eta}$,因此有

$$\dot{\eta} = (1-K)\dot{q} \tag{18.6.22}$$

相对运动方程仍为式(18.6.1),当已知 v、v_m 和 σ_m 的变化规律和初始条件 r_0、q_0、σ_0(或

η_0)时,就可用数值积分法或图解法解算这组方程。但解析解只在 $K=2$ 的特殊条件下才能得到(略)。

如果 $K=1$,则由式(18.6.22)得 $\dot{\eta}=0$ 或 $\eta=\eta_0$,这就是常值前置角导引法(或广义追踪法),$\eta=\eta_0=0$ 即是纯追踪法。

如果 $K=\infty$,则 $\dot{q}=0$,这就是平行接近法,故只有 $1<K<\infty$ 才是真正意义下的比例导引法,其弹道曲线和弹道特性也介于追踪法和平行接近法之间,如图 18.6.13 所示。

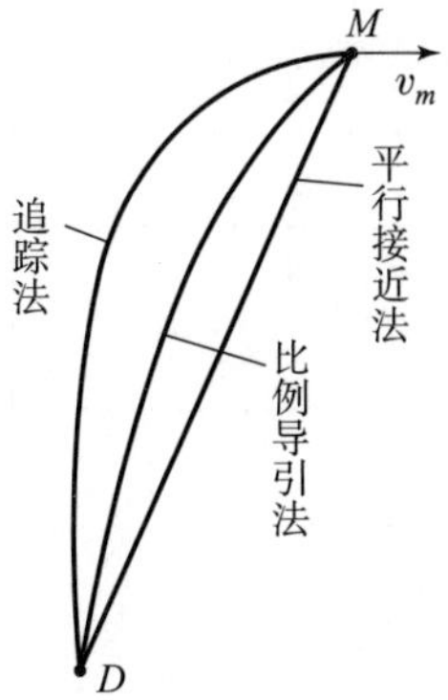

图 18.6.13　追踪法、比例导引法和平行接近法弹道比较

1. 直线弹道

实现直线弹道的条件为 $\dot{\sigma}=0$,因而 $\dot{q}=0$,$\dot{\eta}=0$,故 $\eta=\eta_0=$常数,并且由 $\dot{q}=0$ 得方程

$$v\sin\eta-v_m\sin\eta_m=0 \tag{18.6.23}$$

也就是导弹和目标的速度在垂直于目标线方向上的投影相等,因而导弹的相对速度 $\boldsymbol{v}_r$ 沿目标线指向目标。这就要求导弹的相对速度起始时就要指向目标,故开始导引瞬时前置角 η_0 须严格满足

$$\eta_0=\arcsin(v_m\sin\eta_m/v)\big|_{t=t_0},\ \eta_{m0}=q_0-\sigma_m \tag{18.6.24}$$

如果导弹的发射装置可调转,则在任何目标线方位 q_0,只要调整前置角 η_0,使其满足式(18.6.24),就可获得直线弹道;但如果导弹发射装置不可调整,前置角 η_0 固定(如只能直接瞄准,$\eta_0=0$),则由式(18.6.24)只能解出 $q_{01}=\sigma_m+\arcsin(v\sin\eta_0/v_m)$ 和 $q_{02}=\sigma_m+\pi-\arcsin(v\sin\eta_0/v_m)$两个值,即只有在这两个方位上才可获得直线弹道。图 18.6.14 所示即为 $\sigma_m=0$,$\eta_0=0$,$p=2$,$K=5$ 时,从不同方向发射导弹的相对弹道示意图,只有 $q_0=0°$ 和 $q_0=180°$两个发射方向具有直线弹道,其他方位均不满足式(18.6.24),$\dot{q}\neq0$,$\dot{\sigma}=K\dot{q}\neq0$,目标线在整个导引过程中不断转动,使相对弹道和绝对弹道均不是直线,但在整个导引过程中,目标视线角 q 变化很小。

因为命中目标时,$r=0$,由相对运动方程代入 $\sigma_m=0$ 知,应有

$$v\sin\eta_f-v_m\sin q_f=0,\quad \eta_f=\arcsin(v_m\sin q_f/v) \tag{18.6.25}$$

又由式(18.6.22)积分并代入 $\eta_0=0$(相当于直接瞄准发射)得

$$\eta_f=(1-K)(q_f-q_0)\quad 或\quad (q_f-q_0)=\frac{-1}{K-1}\arcsin\left(\frac{\sin q_f}{p}\right) \tag{18.6.26}$$

由此式可以看出,命中点处(下标为 f)的 q_f 值与起始导引时的相对距离 r_0 无关,只与起始引导方位 q_0、比例系数 K 及速度比 p 有关,在图 18.6.14 中明确表示了这个特点。由于 $\sin q_f\leqslant1$,故

$$\Delta q_m=|q_f-q_0|\leqslant\frac{1}{K-1}\arcsin\left(\frac{1}{p}\right) \tag{18.6.27}$$

Δq_m 即为导弹从不同方向发射时目标线转动的最大角度。显然,K 越大,p 越大,Δq_m 越小,见表 18.6.1。当 $p=2$,$K=5$ 时,$\arcsin(1/p)=30°$,$\Delta q_m=7.5°$,它对应于图 18.6.14 中 $q_0=97.5°$发射,命中目标时 $q_f=90°$的那一条弹道。

表 18.6.1　目标线最大转动角 $\Delta q_m(\eta_0=0)$　(°)

K	p			
	1.5	2	3	4
2	41.8	30	19.5	14.5
3	20.9	15	9.7	7.2
4	13.9	10	6.5	4.8
5	10.5	7.5	4.9	3.6

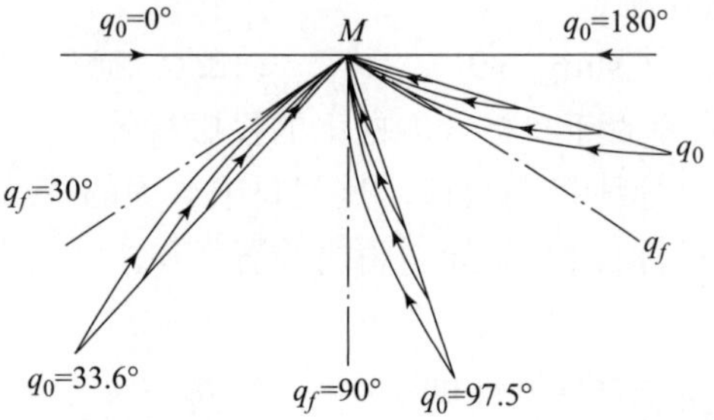

图 18.6.14　$K=5,p=2,\eta=0,\sigma_m=0$ 时从各方向发射导弹的相对弹道曲线

对于 $\eta_0\neq0$ 的情况,将式(18.6.22)积分后代入比例导引关系式 $\sigma-\sigma_0=K(q-q_0)$ 中,可得

$$|\sigma_f-\sigma_0|=|\eta_f-\eta_0|\cdot K/(K-1) \tag{18.6.28}$$

可见 K 值越大,$|K/(K-1)|$越接近于1,导弹速度方向转过的角度越接近$|\eta_f-\eta_0|$。当发射时,实际 η_0 越接近由式(18.6.24)确定的 η_0(即相对速度 $\boldsymbol{v}_r$ 指向目标),则$|\eta_f-\eta_0|$越小,$|\sigma_f-\sigma_0|$也越小,绝对弹道越平直。

2. 导弹的需用法向过载

因法向过载 $n=v\dot{\sigma}/g$,而按比例导引法 $\dot{\sigma}=K\dot{q}$,故要了解弹道上需用法向过载的变化,只需研究 $\dot{q}$ 的变化即可。将相对运动方程(18.6.1)的第二式两边关于时间求导,得

$$\dot{r}\dot{q}+r\ddot{q}=\dot{v}\sin\eta+v\dot{\eta}\cos\eta-\dot{v}_m\sin\eta_m-v_m\dot{\eta}_m\cos\eta_m$$

代入比例导引法关系 $\dot{\eta}=(1-K)\dot{q},\dot{\eta}_m=\dot{q}-\dot{\sigma}_m$ 及方程 $\dot{r}=v_m\cos\eta_m-v\cos\eta$,得

$$r\ddot{q}=-(Kv\cos\eta+2\dot{r})(\dot{q}-\dot{q}^*) \tag{18.6.29}$$

式中

$$\dot{q}^*=(\dot{v}\sin\eta-\dot{v}_m\sin\eta_m+v_m\dot{\sigma}_m\cos\eta_m)/(Kv\cos\eta+2\dot{r}) \tag{18.6.30}$$

①如果目标做等速直线飞行($\dot{v}_m=0,\dot{\sigma}_m=0$),导弹等速飞行($\dot{v}=0$),则 $\dot{q}^*=0$,而

$$\ddot{q}=-\frac{1}{r}(Kv\cos\eta+2\dot{r})\dot{q} \tag{18.6.31}$$

显然,如果$(Kv\cos\eta+2\dot{r})>0$,则 $\ddot{q}$ 与 $\dot{q}$ 反号,当 $\dot{q}>0$ 时,$\ddot{q}<0$,于是 $\dot{q}$ 将减小;当 $\dot{q}<0$ 时,$\ddot{q}>0$,$\dot{q}$ 值将增大。总之,$|\dot{q}|$ 值将不断向零减小。这时弹道的需用法向过载将随$|\dot{q}|$的减小而减小,弹道渐趋平直,这种情况称 $\dot{q}$ 是"收敛"的;如果$(Kv\cos\eta+2\dot{r})<0$,则 $\ddot{q}$ 与 $\dot{q}$ 同号,$|\dot{q}|$ 随时间的变化是绝对值不断增大,这种情况称 $\dot{q}$ 是"发散"的,弹道将越来越弯曲,在接近

目标时,要以无穷大速率转弯,实际上将导致脱靶。因此,要使导弹平缓转弯,须使 $\dot{q}$ 收敛,收敛的条件为

$$K > \frac{2|\dot{r}|}{v\cos\eta} \tag{18.6.32}$$

②如果目标做机动飞行,导弹做变速飞行,则 $\dot{q}^*$ 是随时间变化的函数。当 $(Kv\cos\eta + 2\dot{r}) \neq 0$ 时,$\dot{q}$ 是有限值,并且由式(18.6.29)可见,当 $(Kv\cos\eta + 2\dot{r}) > 0$ 时,$\dot{q}$ 向 $\dot{q}^*$ 接近,反之,如果 $(Kv\cos\eta + 2\dot{r}) < 0$,则 $\dot{q}$ 有离开 $\dot{q}^*$ 的趋势,弹道也越来越弯曲,接近目标时,需用法向过载变得很大,如图 18.6.15 所示。$\dot{q}$ 收敛的条件仍为式(18.6.32)。因此,满足式(18.6.32)的情况下,$\ddot{q}$ 是有限的。因在命中点 $r_f = 0$,故式(18.6.29)左端为零,因而右端也应为零,这就要求在命中点处 $\dot{q}_f = \dot{q}^*$。命中目标时的需用法向过载为

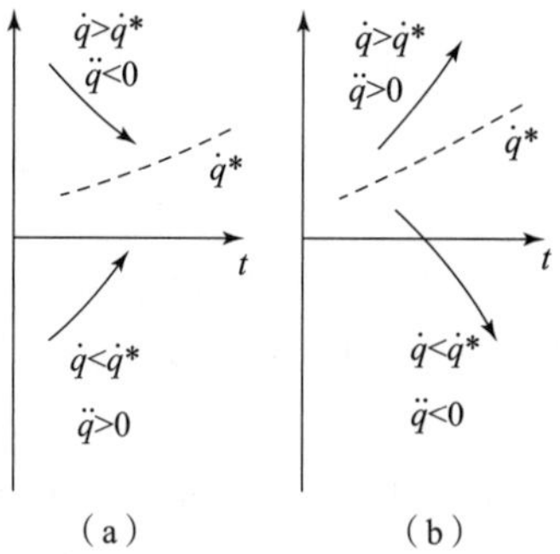

图 18.6.15　$(Kv\cos\eta + 2\dot{r})$ 变化时 $\dot{q}$ 的变化规律

$$n_f = \frac{v_f \cdot \dot{\sigma}_f}{g} = \frac{Kv_f\dot{q}_f}{g} = \frac{1}{g}\left.\frac{\dot{v}\sin\eta - \dot{v}_m\sin\eta_m + v_m\dot{\sigma}_m\cos\eta_m}{\cos\eta - 2|\dot{r}|/(Kv)}\right|_{t=t_f} \tag{18.6.33}$$

由此式可见,导弹命中目标的法向过载与命中点处导弹速度 v 以及导弹向目标接近的速度 $\dot{r}$ 有关系,v 越小,n_f 越大。因此,导弹在主动段命中目标比被动段有利。此外,迎击时,$|\dot{r}| = |v + v_m|$ 大,n_f 大;尾追时,$|\dot{r}| = |v - v_m|$ 小,n_f 小。后半球攻击目标比前半球有利。

3. 比例系数 K 的选取和比例导引法的优缺点

由于过载 $n_y = v\dot{\sigma} = Kv\dot{q}$,因此,比例导引法的比例系数 K 对弹道特性和需用过载有很大影响,对 K 的一般要求是:

$|\dot{q}|$ 必须满足收敛条件,$K > 2|\dot{r}|/(v\cos\eta)$,即 K 要选得足够大,才能保证 $r \to 0$, $\dot{q} \to 0$。因为迎击时 $|\dot{r}| = |v + v_m|$ 最大,故如要求能全向攻击,至少需要 $K > 4$。

但 K 值也不能过大,过大的 K 值使 $\dot{q}$ 的微小变化引起速度方向很大的变化($\dot{\sigma}$ 很大),不利于制导系统的稳定工作。同时,过大的 K 会使 $|\dot{q}|$ 数值不大时,也产生很大的需用法向过载 n_y,增加了对结构强度的要求,在超过可用法向过载时会造成脱靶。

比例导引法的优点是,在 K 值满足收敛条件下,$|\dot{q}| \to 0$,弹道前段能充分发挥导弹的机动能力(K 值越大,$|\dot{q}|$ 减小越快),弹道后段较为平直。在弹道上,比例系数 K 可以调节,只要 K、η_0、q_0 及 p 等参数选择适当,可实现 $n_{需} < n_{可}$ 和全向攻击;另一个优点是对瞄准发射的初始条件要求不严;此外,在技术上是可以实现的,因为它只需测 $\dot{q}$ 即可。故这种方法在地空导弹、空空导弹、末制导炮弹和空地导弹中得到广泛应用。

4. 其他形式的比例导引法

上述比例导引法的缺点是:命中目标时的需用法向过载与命中点的导弹速度及导弹的攻击方向直接有关,不利于在被动段速度降低时接近目标,也不利于实现全向攻击。

为了克服这种比例导引法的缺点,又出现了如下两种广义比例导引法,其导引关系为

$$n = K_1\dot{q} \quad 和 \quad n = K_2|\dot{r}|\dot{q} \tag{18.6.34}$$

即需用法向过载与目标线旋转角速度成比例,其中 K_1、K_2 为比例系数,与前述比例导引法 $\dot{\sigma} = K\dot{q}$ 以及 $n = v\dot{\sigma}/g = Kv\dot{q}/g$ 相比可见,有

$$K=K_1g/v \quad 和 \quad K=K_2g|\dot{r}|/v \tag{18.6.35}$$

将其分别代入式(18.6.33)中,分别得

$$n_f=\frac{1}{g}\frac{\dot{v}\sin\eta-\dot{v}_m\sin\eta_m+v_m\dot{\sigma}_m\cos\eta_m}{\cos\eta-2|\dot{r}|/(K_1g)}\bigg|_{t=t_f} \tag{18.6.36}$$

$$n_f=\frac{1}{g}\frac{\dot{v}\sin\eta-\dot{v}_m\sin\eta_m+v_m\dot{\sigma}_m\cos\eta_m}{\cos\eta-2/(K_2g)}\bigg|_{t=t_f} \tag{18.6.37}$$

由以上两式可见,按 $n=K_1\dot{q}$ 导引时,命中点的法向过载已与导弹速度无直接关系,按 $n=K_2|\dot{r}|\dot{q}$ 导引时,命中点的法向过载与攻击方向也无关,这有利于实现全向攻击。

但从以上两式看,命中点法向过载还与 $\dot{v}$、$\dot{v}_m$、$\dot{\sigma}_m$ 有关,因为目标机动的 $\dot{v}_m$、$\dot{\sigma}_m$ 无法预知,我们假设 $\dot{v}_m=0$ 和 $\dot{\sigma}_m=0$,那么 n_f 就只与导弹的切向加速度有关,又设在铅直面内攻击目标,则还与重力有关。为了消除这两种影响,可令导引关系为如下形式

$$n=A\dot{q}+y \tag{18.6.38}$$

铅直面内定义法向过载为 $n=v\dot{\sigma}+g\cos\sigma$。式中,$y$ 为一待定修正项,它的作用是使命中点处,导弹切向加速度和重力对法向需用过载的影响为零,经推导,得 y 的具体形式为

$$y=-\frac{N}{2g}\dot{v}\tan(\sigma-q)+N\cos\sigma/2,\quad N=Ag\cos(\sigma-q)/|\dot{r}| \tag{18.6.39}$$

上式中第一项为导弹切向加速度补偿,第二项为重力加速度补偿,N 称为有效导航比。

目标根据弹种不同、作战任务不同,还出现了许多改进的比例导引法,可参考有关文献。

5. 比例导引法的技术实现

在自动瞄准制导中,导引系统的信号由弹上装的导引头产生,导引头方框图如图18.6.16所示。图中目标位标器是用来测量目标线角 q 与目标位标器光轴视线角 q_1 之间的差值 Δq 的,这个差值经放大器放大转换为电信号 u 送入力矩电动机,力矩电动机产生力矩 M 驱动二自由度陀螺进动,从而产生进动角速度 $\dot{q}_1$,位标器光轴随进动陀螺一起进动,产生光轴视线角 q_1。假设这些制导系统元器件均为理想比例环节,忽略其惯性,则各环节输入/输出间的关系为

$$u=K_\varepsilon\Delta q=K_\varepsilon(q-q_1),\quad M=K_Mu,\quad \dot{q}_1=K_HM \tag{18.6.40}$$

图 18.6.16 导引头方框图

式中,K_ε、K_M、K_H 分别为放大器、力矩电动机和进动陀螺的比例系数。将上面第一式对时间求导得

$$\dot{u}=K_\varepsilon(\dot{q}-K_HK_Mu) \quad 或 \quad \dot{u}+K_\varepsilon K_HK_Mu=K_\varepsilon\dot{q} \tag{18.6.41}$$

当 u 达到稳态值(即 $\dot{u}=0$)时,由上式得

$$u=\dot{q}/(K_HK_M) \tag{18.6.42}$$

上式表明,导引头的输出信号 u 与目标线的旋转角速度 $\dot{q}$ 成正比,u 驱动舵机偏转。

$$\delta_z=K_Pu \tag{18.6.43}$$

式中，K_P 为舵机比例系数。由舵面偏转产生操纵力矩 $M_z^{\delta_z}\delta_z$ 使导弹转动，从而形成攻角 α，同时又产生稳定力矩 $M_z^{\alpha}\alpha$，此二力矩平衡时，得到一个平衡攻角 α，并产生与之相应的法向力 $(P+Y^{\alpha})\alpha$（α 以弧度计），使导弹速度方向以 $\dot{\theta}=(P+Y^{\alpha})\alpha/(mv)$ 机动（设导弹在铅直面内运动），即有

$$\alpha=-M_z^{\delta_z}\cdot\delta_z/M_z^{\alpha},\quad v\dot{\theta}=(P+Y^{\alpha})\alpha/m \tag{18.6.44}$$

代入前面各式得

$$\dot{\theta}=K\dot{q},\quad K=-\frac{K_P}{K_HK_M}\cdot\frac{(P+Y^{\alpha})}{mv}\cdot\frac{M_z^{\delta_z}}{M_z^{\alpha}} \tag{18.6.45}$$

显然，这就实现了比例导引。其中的比例系数 K 与导弹控制系统元器件参数（如 K_P、K_H、K_M 等）、导弹气动力参数（如 Y^{α}、M_z^{α}、$M_z^{\delta_z}$ 等）、导弹飞行参数（如 v 等）、导弹结构参数和推力（如 m、P 等）有关，在飞行中，随着这些参数的变化，比例系数也是变化的。

18.6.4　三点法

三点法属于遥控制导方法，地空导弹和反坦克导弹常采用此法。下面将目标 M、导弹 D 和制导站 O 看作质点，并设它们在同一平面内运动。

1. 三点法导引关系式

三点法导引就是导弹在攻击目标的过程中，始终位于目标和制导站的连线上，如图 18.6.17 所示。OM 称为目标线，D 为导弹。由 OM、OD 与基准线 Ox 的高低角（或方位角）ε_m、ε 相等，得三点法导引关系式为

$$\varepsilon=\varepsilon_m\quad 和\quad \dot{\varepsilon}=\dot{\varepsilon}_m \tag{18.6.46}$$

三点法在技术实施上较简单。对于地空导弹，是用一束雷达波束既跟踪目标，又制导导弹，如图 18.6.18 所示。当导弹偏离波束中心线时，制导系统将发出无线电指令控制导弹向波束中心靠拢；对于第一代反坦克导弹，是射手通过光学瞄准具目视跟踪目标和导弹，操纵手柄发出指令，通过导线传输给导弹，导弹按指令偏转舵面（导弹按脉冲调宽方式偏转燃气摇摆帽），形成控制力，使导弹回到目标线；对于第二代反坦克导弹，只需将测角仪十字线压向目标，即可保证命中目标。制导指令可用激光或毫米波传输；对于三点法驾束制导的导弹，导弹偏离目标线的误差不是由地面测角仪测量的，而是由弹上的光电接收器从调制以后的波束信号中测出的。

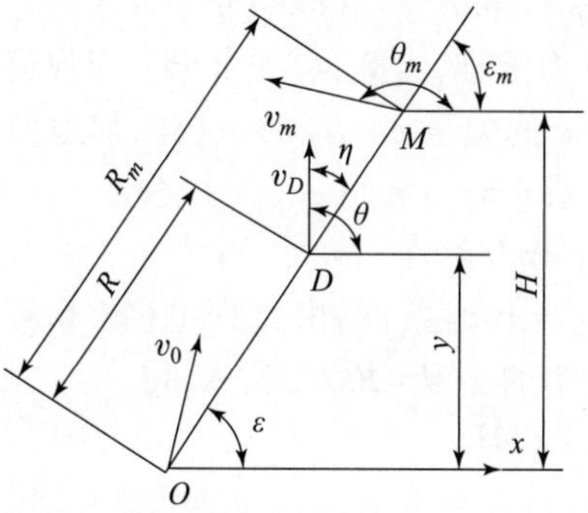

图 18.6.17　三点导引法

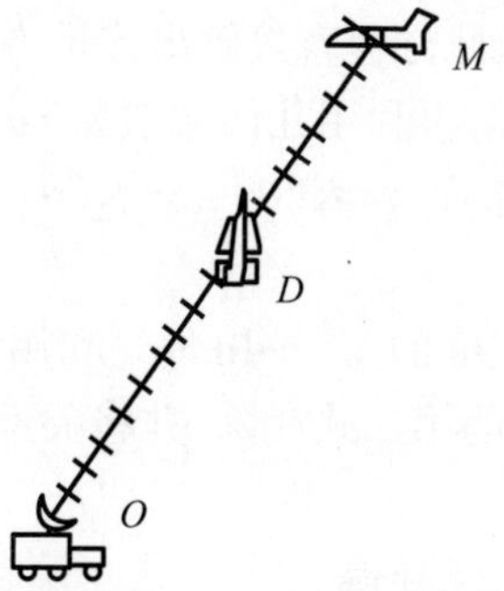

图 18.6.18　三点法波束制导

2. 三点法运动学方程

设制导站静止,则由图18.6.17可列出三点法的运动学方程组

$$\dot{R} = v\cos\eta,\quad R\dot{\varepsilon} = v\sin\eta,\quad \eta = \theta - \varepsilon \tag{18.6.47}$$

$$\dot{R}_m = v_m\cos\eta_m,\quad R_m\dot{\varepsilon}_m = v_m\sin\eta_m,\quad \eta_m = \theta_m - \varepsilon_m \tag{18.6.48}$$

如果已知目标运动参数 $v_m(t)$、$\theta_m(t)$ 以及导弹的速度 $v(t)$,就可在给定的起始条件下用作图法求解弹道。在求解时,都是先画出或算出目标运动轨迹,再求出导弹弹道。图18.6.19即为用作图法求解三点法弹道的示例,其中 $D_1,D_2,\cdots$ 依次是以 $D_0,D_1,\cdots$ 为圆心,$[v(t_{i-1})+v(t_i)]\Delta t/2$ 为半径作圆与目标线 OM_i 相交得到的。

3. 三点法弹道的解析解

为了求得解析解,便于分析三点法的弹道特性,这里假设目标等速直线飞行,飞行方向与基准线方向相反,即 $\theta_m = 180°$,目标轨迹至制导站的距离(航路捷径)为 H,又设导弹等速飞行,即可解得弹道方程 $y=f(\varepsilon)$。由图18.6.20可见

$$y = R\sin\varepsilon,\quad H = R_m\sin\varepsilon_m \quad 及 \quad y/H = R/R_m \tag{18.6.49}$$

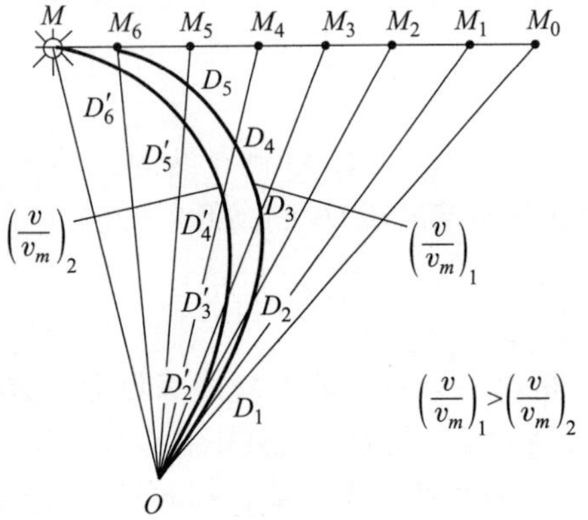

图18.6.19 用作图法求解三点法弹道

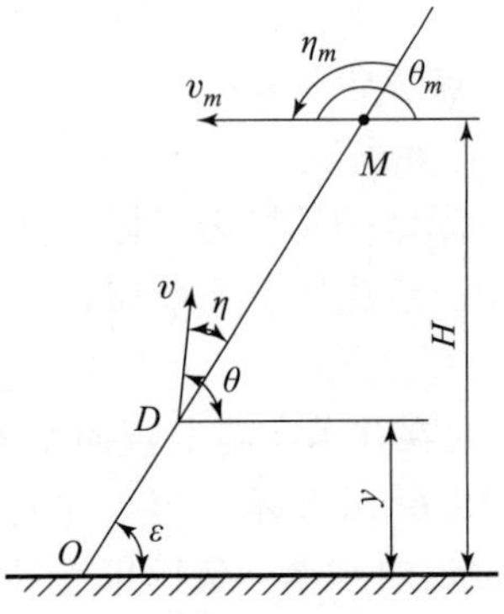

图18.6.20 目标做水平直线运动时的三点法

将方程(18.6.47)的第一式和第二式相除,得

$$\mathrm{d}R/\mathrm{d}\varepsilon = R\cos\eta/\sin\eta = y\cos\eta/(\sin\eta\sin\varepsilon) \tag{18.6.50}$$

再将方程(18.6.49)中的第一式对 ε 求导,并将上式代入,得

$$\frac{\mathrm{d}y}{\mathrm{d}\varepsilon} = \frac{\mathrm{d}R}{\mathrm{d}\varepsilon}\sin\varepsilon + R\cos\varepsilon = \frac{y\cos\eta}{\sin\eta} + \frac{y\cos\varepsilon}{\sin\varepsilon} = \frac{y\sin(\varepsilon+\eta)}{\sin\varepsilon\sin\eta} \tag{18.6.51}$$

但欲从此方程直接解出弹道方程 $y=f(\varepsilon)$ 较为困难,为此,可先求出 y 与弹道倾角 θ 的关系 $y=f_1(\theta)$,再利用几何关系 $\varepsilon=\theta-\eta$ 求出 ε 与 θ 的关系 $\varepsilon=f_2(\theta)$,这样,弹道即可用参数方程的形式表示:$y=f_1(\theta)$,$\varepsilon=f_2(\theta)$。先由几何关系 $\theta=\varepsilon+\eta$ 得

$$\mathrm{d}\theta/\mathrm{d}\varepsilon = 1 + \mathrm{d}\eta/\mathrm{d}\varepsilon \tag{18.6.52}$$

为消去上式中的 $\eta' = \mathrm{d}\eta/\mathrm{d}\varepsilon$,利用 $\dot{\varepsilon} = \dot{\varepsilon}_m$ 和 $\theta_m = 180°$ 条件,由方程组(18.6.47)第二式与(18.6.48)的第二式相除,并将关系式(18.6.49)中的 $y/H = R/R_m$ 代入,得

$$\sin\eta = y\sin\varepsilon/(pH) \tag{18.6.53}$$

将上式对 ε 求导得

$$\cos\eta\frac{\mathrm{d}\eta}{\mathrm{d}\varepsilon} = \frac{y}{pH}\cos\varepsilon + \frac{\sin\varepsilon}{pH}\frac{\mathrm{d}y}{\mathrm{d}\varepsilon} \tag{18.6.54}$$

利用式(18.6.51)消去上式中的 $\mathrm{d}y/\mathrm{d}\varepsilon$,并利用式(18.6.53)消去 $y/(pH)$,可解出 $\mathrm{d}\eta/\mathrm{d}\varepsilon$,最后将 $\mathrm{d}\eta/\mathrm{d}\varepsilon$ 代入式(18.6.52)中,得

$$\frac{\mathrm{d}\theta}{\mathrm{d}\varepsilon}=1+\frac{\cos\varepsilon\sin\eta}{\sin\varepsilon\cos\eta}+\frac{\sin(\varepsilon+\eta)}{\sin\varepsilon\cos\eta}=\frac{2\sin(\varepsilon+\eta)}{\sin\varepsilon\cos\eta} \tag{18.6.55}$$

于是将式(18.6.51)和式(18.6.55)相除得

$$\mathrm{d}y/\mathrm{d}\theta=y\cot\eta/2 \tag{18.6.56}$$

为消去 $\cot\eta$,在式(18.6.53)右边代入 $\varepsilon=\theta-\eta$,按三角公式展开,再除以 $\sin\theta\sin\eta$,即可得

$$\cot\eta=\cot\theta+pH/(y\sin\theta) \tag{18.6.57}$$

于是得

$$\frac{\mathrm{d}y}{\mathrm{d}\theta}-\frac{\cot\theta}{2}y=\frac{pH}{2\sin\theta} \tag{18.6.58}$$

这是关于 y 的一阶线性微分方程,按此类方程解的一般公式,得

$$y=\mathrm{e}^{\int\frac{\cot\theta}{2}\mathrm{d}y}\left(c+\int\frac{pH}{2\sin\theta}\cdot\mathrm{e}^{-\int\frac{1}{2}\cot\theta\mathrm{d}\theta}\cdot\mathrm{d}\theta\right) \tag{18.6.59}$$

设导弹开始受控的瞬时,$\theta=\theta_0$,$y=y_0$,将它们代入上式中积分后得

$$y=\sqrt{\sin\theta}\left(\frac{y_0}{\sqrt{\sin\theta_0}}+\frac{Hp}{2}\int_{\theta_0}^{\theta}\frac{\mathrm{d}\theta}{\sin^{3/2}\theta}\right)=\sqrt{\sin\theta}\left\{\frac{y_0}{\sqrt{\sin\theta_0}}+\frac{Hp}{2}[F(\theta_0)-F(\theta)]\right\} \tag{18.6.60}$$

式中

$$F(\theta)=\int_{\theta}^{\pi/2}\frac{\mathrm{d}\theta}{\sin^{3/2}\theta} \tag{18.6.61}$$

称为椭圆函数,可根据 θ 由表 18.6.2 求得。

表 18.6.2　椭圆函数表 $F(\theta)$

θ/(°)	$F(\theta)$	θ/(°)	$F(\theta)$	θ/(°)	$F(\theta)$
6	5.438 9	36	1.242 0	66	0.439 2
9	4.208 5	39	1.130 0	69	0.380 4
12	3.543 9	42	1.030 2	72	0.323 2
15	2.879 3	45	0.938 5	75	0.267 5
18	2.416 5	48	0.853 8	78	0.212 9
21	2.070 1	51	0.774 9	81	0.159 0
24	1.848 7	54	0.700 8	84	0.105 2
27	1.663 2	57	0.630 9	87	0.052 3
30	1.504 6	60	0.564 4	90	0
33	1.365 9	63	0.500 7		

为求 ε 与 θ 的关系,将式(18.6.53)左边代入 $\eta=\theta-\varepsilon$,按三角函数展开并左右同除以 $\sin\varepsilon\sin\theta$,整理后得

$$\cot\varepsilon=\cot\theta+\frac{y}{pH}\cdot\frac{1}{\sin\theta} \tag{18.6.62}$$

式(18.6.60)和式(18.6.62)即组成了三点法参数方程,参数是 θ。给定了初始条件 y_0、θ_0 及

一系列的 θ 值,由式(18.6.59)解出 y,再代入式(18.6.62)中,再解出 ε 就可画出绝对弹道。

4. 导弹速度方向的转弯速率

因为导弹的法向过载 $n = v\dot{\theta}/g$ 与导弹速度方向转弯速率 $\dot{\theta}$ 直接有关,故下面先讨论 $\dot{\theta}$ 的变化。

(1)目标做机动飞行,导弹做变速飞行的情况

由方程组(18.6.47)第二式和方程组(18.6.48)第二式,代入 $\dot{\varepsilon}=\dot{\varepsilon}_m$ 条件,得

$$vR_m\sin(\theta-\varepsilon)=v_mR\sin(\theta_m-\varepsilon_m) \tag{18.6.63}$$

将上式两边对 t 求导,得

$$\begin{aligned}&(\dot{\theta}-\dot{\varepsilon})vR_m\cos(\theta-\varepsilon)+\dot{v}R_m\sin(\theta-\varepsilon)+v\dot{R}_m\sin(\theta-\varepsilon)=\\&(\dot{\theta}_m-\dot{\varepsilon}_m)v_mR\cos(\theta_m-\varepsilon_m)+\dot{v}_mR\sin(\theta_m-\varepsilon_m)+v_m\dot{R}\sin(\theta_m-\varepsilon_m)\end{aligned} \tag{18.6.64}$$

再由方程组(18.6.53)和方程组(18.6.48)解出

$$\cos(\theta-\varepsilon)=\dot{R}/v,\quad \cos(\theta_m-\varepsilon_m)=\dot{R}_m/v_m$$
$$\sin(\theta-\varepsilon)=R\dot{\varepsilon}/v,\quad \sin(\theta_m-\varepsilon_m)=R_m\dot{\varepsilon}_m/v_m$$

将它们代入前一式中整理后得

$$\dot{\theta}=\left(2-\frac{2R\dot{R}_m}{R_m\dot{R}}-\frac{R\dot{v}}{\dot{R}v}\right)\dot{\varepsilon}_m+\frac{R\dot{R}_m}{R_m\dot{R}}\dot{\theta}_m+\frac{\dot{v}_m}{v_m}\tan(\theta-\varepsilon_m) \tag{18.6.65}$$

命中目标时,有 $R=R_m$,将此时导弹的转弯速率记为 $\dot{\theta}_f$,则有

$$\dot{\theta}_f=\left[\left(2-\frac{2\dot{R}_m}{\dot{R}}-\frac{R\dot{v}}{\dot{R}v}\right)\dot{\varepsilon}_m+\frac{\dot{R}_m}{\dot{R}}\dot{\theta}_m+\frac{\dot{v}_m}{v_m}\tan(\theta-\varepsilon_m)\right]_{t=t_f} \tag{18.6.66}$$

由此可见,按三点法导引时,弹道受目标机动($\dot{v}_m$,$\dot{\theta}_m$)的影响很大,尤其在命中点附近,将造成相当大的导引误差。

(2)目标做水平直线飞行,导弹做等速飞行的情况

这时 $\dot{v}_m=0$,$\dot{\theta}_m=0$,$\dot{v}=0$,则由式(18.6.65)得

$$\dot{\theta}=[2-2R\dot{R}_m/(R_m\dot{R})]\dot{\varepsilon}_m \tag{18.6.67}$$

再由式(18.6.48)得 $R_m=H/\sin\varepsilon_m$,$\dot{\varepsilon}_m=v_m\sin\varepsilon_m/R_m=v_m\sin^2\varepsilon_m/H$,$\dot{R}_m=-v_m\cos\varepsilon_m$,$\dot{R}=v\cos\eta=v\sqrt{1-\sin^2\eta}=v\sqrt{1-(\dot{R}\varepsilon_m/v)^2}$,将它们代入式(18.6.67)中并引用 $\rho=R/(pH)$,得

$$\dot{\theta}=\frac{v}{pH}\text{æ},\quad \text{æ}=\sin^2\varepsilon_m\left(2+\frac{R\sin2\varepsilon_m}{\sqrt{p^2H^2-R^2\sin^4\varepsilon_m}}\right)=\sin^2\varepsilon\left(2+\frac{\rho\sin2\varepsilon}{\sqrt{1-\rho^2\sin^4\varepsilon}}\right) \tag{18.6.68}$$

命中目标时,只须将命中点处高低角 ε_f 代入上式中,即可得命中点处的 æ_f 和 $\dot{\theta}_f$。

在式(18.6.68)中,$\rho=R/(pH)$ 是以 pH 为长度单位的量纲为1的极径。如果也令 $\bar{y}=y/(pH)$ 为以 pH 为单位的高度,还可将式(18.6.60)和式(18.6.62)都改成以 $\bar{y}$、$\bar{y}_0$ 为变量的量纲为1的弹道方程。由它们在坐标平面内画出的弹道曲线 $f(\bar{y},\varepsilon)$ 即为量纲为1的弹道曲线,如图18.6.21中的虚线所示。因目标航线与发射点 O 的距离为 H,故其量纲为1的航路捷径为 $h=H/(pH)=1/p$。p 越大,h 越小。地空导弹 p 只略大于1,故量纲为1的航路接近 $h=1$ 直线,反坦克导弹 $p>10$,故其量纲为1的航路靠近发射点。式(18.6.68)表明,在 v、v_m、H 一定时,按三点法导引,导弹的转弯速率 $\dot{\theta}$ 或弹道曲率æ完全取决于导弹所在的极坐标位置(R,ε)或(P,ε)。

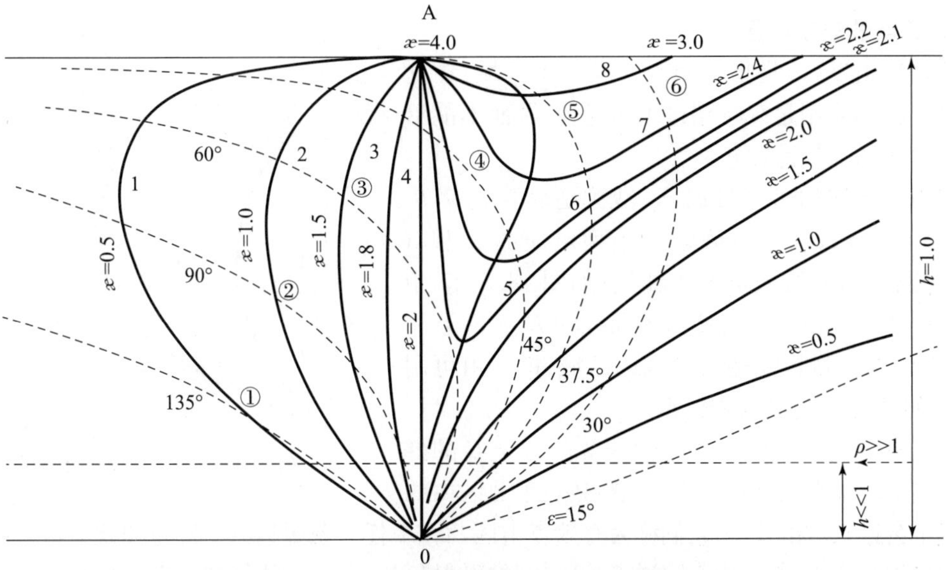

图 18.6.21　三点法量纲为 1 的弹道和等曲率线

5. 三点法的法向加速度曲线或等弹道曲率线

式(18.6.68)中的$\varkappa$是一个只与 ρ、ε 有关的函数,设弹道点的上曲率半径为 r_t,曲率为 $k = 1/r_t$,而弹道转弯速率为 $\dot{\theta} = v/r_t = kv$,将它与该式中 $\dot{\theta} = \varkappa v/(pH)$ 相比较,可见$\varkappa = (pH) \cdot k$,即$\varkappa$与弹道曲率成比例。给定一个$\varkappa$值就可在极坐标平面(ρ, ε)上画出一条等曲率线,如图 18.6.21 中的实线所示。现设 p、H、v、v_m 都是常数,则与$\varkappa$相应的弹道转弯速度 $\dot{\theta} = \varkappa v/(pH)$ 和法向加速度 $a_n = v\dot{\theta}$ 也是常数,故这些曲线也可称为等 $\dot{\theta}$ 线或等法向加速度曲线。下面对这些曲线进行分析。

①在发射点处,$\rho = 0$,$\varepsilon = \varepsilon_0$,则$\varkappa_0 = 2\sin^2\varepsilon_0$,故发射方向 ε_0 不同,起始点处弹道曲率也不同。如果在目标正好越过导引站正前方(或正上方),$\varepsilon_0 = 90°$时发射导弹,则$\varkappa = 2$ 是最大弹道曲率,此时目标视线转动角速度最大,$\dot{\varepsilon} = v_m/H$。又因 $|\sin\varepsilon_0| \leqslant 1$,故$\varkappa \leqslant 2$,所以$\varkappa > 2$ 的曲线不会通过原点,$\varkappa$越大,等$\varkappa$线离原点越远,如图中曲线 5、6、7、8 所示。这些曲线的最低点的连线称为主梯度线,如图中粗实线所示。

②图中 $\varepsilon = 90°$,$\rho = 1$ 处为一个奇点,当以不同方式趋于此点时,曲率$\varkappa$各不相同,例如当目标沿航路 $h = 1$ 到达此处时,该处$\varkappa(90°) = 4$;而沿纵轴 $OA(\varepsilon = 90°)$趋于此线时,$\varkappa = 2$。

③设 $p \geqslant 1$,则航路 $h = 1/p \leqslant 1$。首先指出,当以 $\varepsilon_0 = 37.5°$发射导弹时,弹道最后与 $h = 1$ 的航路直线相切于 $\varepsilon = 90°$的 A 点,见图中弹道⑤;如果 $\varepsilon_0 > 37.5°$,则量纲为 1 的弹道只能无限逼近于 $h = 1$ 的直线,但不相交;如果 $\varepsilon_0 < 37.5°$,则弹道与 $h = 1$ 的直线相交。

导弹离开发射点后沿弹道曲率的变化情况随初始瞄准角不同分为三种情况:

a. $\varepsilon_0 < 37.5°$发射时,全弹道在主梯度线右侧,导弹离开发射点后弹道曲率越来越大。故三点法以 $\varepsilon_0 < 37.5°$发射迎击目标时,命中点附近需用法向过载很大,这是它的一个缺点。

b. $\varepsilon_0 > 90°$发射时,导弹追击目标,全弹道在主梯度线左边,弹道曲率越来越小,如果 p 只略大于 1(如地空导弹),则需很长时间才能追上目标。

c. $37.5 < \varepsilon_0 < 90°$发射时,弹道与主梯度线相交,弹道曲率先是越来越大,经过一个极大

值后,曲率又逐渐减小。

6. 三点法攻击禁区

所谓攻击禁区,是指空间内这样一个区域,在此区域内导弹的需用过载将超过可用过载,因而不能沿理想弹道飞行而导致脱靶。

知道了导弹的可用过载 a_p,或弹道转弯速率 $\dot{\theta}_p$ 后,就可用式(18.6.68)确定一系列对应的 ε 和 R 值,由它们作出等法向加速度曲线,如图 18.6.22 中的曲线 2 所示。设目标航迹与该曲线在 D、F 两点相交,则该曲线与目标航迹所包围的区域,即是由可用法向加速度 a_p 决定的攻击禁区。

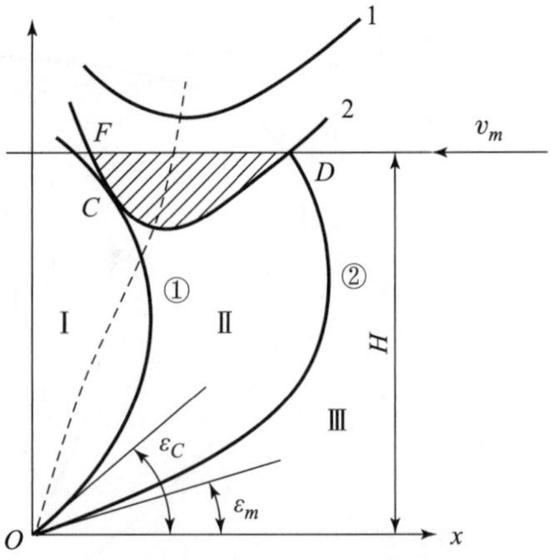

图 18.6.22　三点法的攻击禁区

通过 D 点的弹道②以及与曲线 2 相切于 C 的弹道①将整个攻击平面分成三个区,图中Ⅰ区和Ⅲ区内的弹道都不会进入攻击禁区,它们称为有效攻击区,而Ⅱ中任一条弹道都将穿过曲线 2 进入攻击禁区。我们把弹道①、②称为极限弹道,设它们的发射角为 ε_C、ε_D,则在掌握发射时机上应选择

$$\varepsilon_0 \geqslant \varepsilon_C \quad 或 \quad \varepsilon_0 \leqslant \varepsilon_D \tag{18.6.69}$$

但对于地空导弹,一般采用迎击,阻止目标进入阴影区,总是选择 $\varepsilon_0 \leqslant \varepsilon_D$,如果导弹的可用过载 n_p 很大,或目标航路捷径较小,则目标航迹就不与由 a_p 决定的等法向加速度曲线相交,此时从过载角度讲就没有攻击禁区。

7. 三点法的优缺点

三点法的优点是技术实施简单。例如在雷达导引地空导弹时,只要波束中心对准目标,导弹在波束中即可;在目视制导或激光制导反坦克导弹中,只需将光学瞄准具十字线压在目标影像上即可,不需要测目标距离、速度大小和方向等(不过现在也存在抗电子干扰和烟雾干扰的问题)。三点法的缺点,一是在迎击时,导弹越接近目标,弹道越弯曲,命中点的法向过载越大。这对于在大高度上因空气密度减小、可用法向过载减小的地空导弹十分不利,有可能造成需用过载大于可用过载而脱靶;二是由于导弹和控制系统各环节有惯性,不可能瞬时执行完控制指令,从而形成动态误差,理想弹道越弯曲,引起的动态误差就越大。

为了消除误差,需要在指令信号中加入补偿信号,对于地空导弹,这需要测目标机动的坐标及一、二阶导数以获得 $\dot{\theta}_m$、$\dot{v}_m$,但由于来自目标的信号起伏以及接收机干扰等使目标坐标测量不准,致使一、二阶导数误差更大,因此补偿信号不易完成,往往形成导弹偏离波束中心线十几米的动态误差。

18.6.5　前置量法和半前置量法

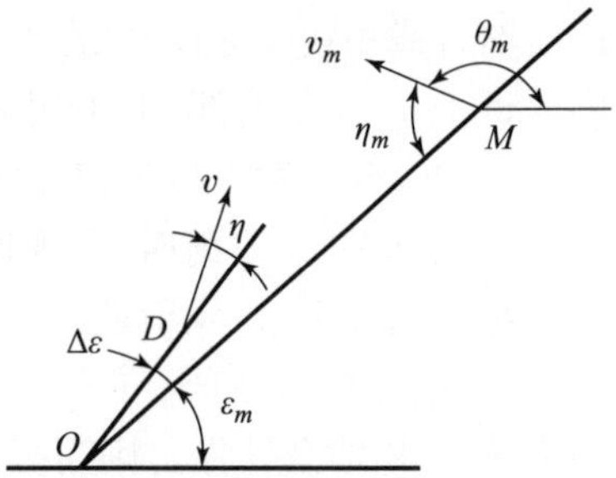

图 18.6.23　前置量法相对运动关系

为克服三点法弹道比较弯曲的缺点,仿照广义追踪法和平行接近法的思路,提出了前置量法,即在整个飞行过程中,导弹 - 制导站连线始终超前目标 - 制导站连线一个角度 $\Delta\varepsilon = \varepsilon - \varepsilon_m$,如图 18.6.23 所示。$\Delta\varepsilon$ 的取法这样确定:因在命中时,有 $\Delta R = 0$,则 $\Delta\varepsilon$ 也应为零,故 $\Delta\varepsilon$ 可取为

$$\Delta\varepsilon = F(\varepsilon, t)\Delta R, \quad \Delta R = R - R_m \tag{18.6.70}$$

为了确定 $F(\varepsilon,t)$ 的形式，再提出一个条件：为使弹道平直些，最好在接近目标时 $\dot{\varepsilon}\to 0$，因为这时 $\varepsilon=\varepsilon_m+\Delta\varepsilon=\varepsilon_m+F(\varepsilon,t)\Delta R$，于是有

$$\dot{\varepsilon}=\dot{\varepsilon}_m+\dot{F}(\varepsilon,t)\Delta R+F(\varepsilon,t)\Delta\dot{R}=0$$

在 $\Delta R\to 0$ 时，使 $\dot{\varepsilon}\to 0$，于是得 $F(\varepsilon,t)=-\dot{\varepsilon}_m/\Delta\dot{R}$。故得前置量法导引关系式

$$\varepsilon=\varepsilon_m-\dot{\varepsilon}_m\Delta R/\Delta\dot{R} \tag{18.6.71}$$

因为在命中时，$\dot{\varepsilon}\to 0$，故速度转弯速率 $\dot{\theta}$ 也较小，弹道比三点法弹道平直些，故也称此法为弹道矫直法。求出命中时（$R=R_m$）的 $\dot{\theta}_f$ 表明，前置量法在命中点处的过载仍受目标机动（$\dot{v}_m\neq 0,\dot{\theta}_m\neq 0$）的影响，只是影响项与三点法的大小相等，符号相反。为此，又提出了半前置量法。

半前置量法介于三点法与前置量法之间，推导表明，只要取上面修正量之半即可消去目标机动的影响，于是半前置量导引法的导引关系为

$$\varepsilon=\varepsilon_m-\frac{1}{2}\dot{\varepsilon}_m\Delta R/\Delta\dot{R} \tag{18.6.72}$$

并且它的命中过载比三点法小。图 18.6.24 为半前置量法与三点法的弹道比较。

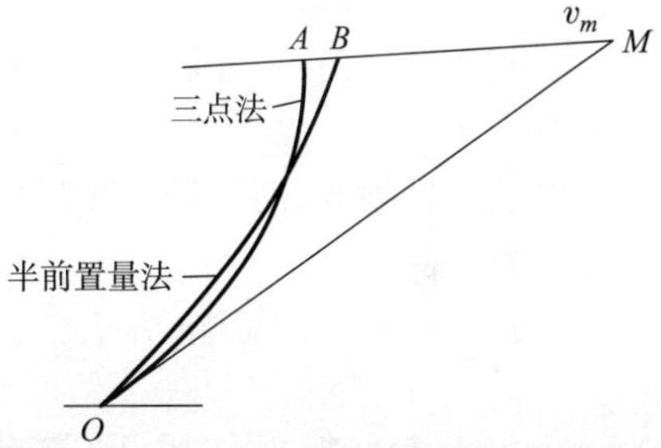

图 18.6.24　三点法与半前置量法弹道比较

但这种方法要求不断地测 R、R_m、ε、ε_m 及其导数 $\dot{R}$、$\dot{R}_m$、$\dot{\varepsilon}$、$\dot{\varepsilon}_m$ 等参数，使技术实施难度加大，抗干扰能力降低。此外，由于初始发射时 ΔR 很大，接近目标时 $\Delta\dot{R}$ 很小，可能造成前置量太大。为此，必须对 ΔR 和 $\Delta\dot{R}$ 加以限幅。设 R_g、$\Delta\dot{R}_{\max}<0$ 是与型号有关的两个常数，一种经过限幅的半前置量法导引关系如下

$$\varepsilon=\varepsilon_m-\frac{1}{2}\dot{\varepsilon}_m\left(1-\frac{\Delta R}{R_g}\right)\Delta R/\overline{\Delta\dot{R}},\quad \overline{\Delta\dot{R}}=\begin{cases}\Delta\dot{R}_{\max}, & |\Delta\dot{R}|\leqslant|\Delta\dot{R}_{\max}|\\ \Delta\dot{R}, & |\Delta\dot{R}|>|\Delta\dot{R}_{\max}|\end{cases} \tag{18.6.73}$$

在发射瞬时，$\Delta R=(\Delta R)_0$。取 $R_g=(\Delta R)_0$，则 $\varepsilon=\varepsilon_m$，成为三点法；在接近目标处，$\Delta R/R_g\ll 1$，$\varepsilon=\varepsilon_m-\dot{\varepsilon}_m\Delta R/(2\Delta\dot{R}_{\max})$，又成为半前置量法，便于充分发挥两种方法的优点。

18.6.6　经典制导方法与现代制导方法的比较

前述的几个制导方法都是经典制导方法，它们的优点是直观，所需信息量及信息处理量都较小，易于实现，故当前的战术导弹绝大多数是按经典制导方法制导的，并且这种制导方法还在不断地研究发展中（如出现比例积分导引方法等）。但在对付高性能大机动目标时，在抗干扰能力方面显得不太适应，而建立在现代控制理论基础上的制导律，例如最优制导律、自适应制导律和微分对策制导律等，都有抗目标机动、抗随机干扰、脱靶量小、作战空域大等优点。

现代制导律不是简单的以满足目标和导弹运动参数及相互方位中的某种关系式（如 $\eta=0,\dot{\sigma}=K\dot{q},\varepsilon=\varepsilon_m$）进行导引。以最优制导为例，它是以导弹与目标运动状态 $\boldsymbol{X}=(x_1,x_2,\cdots,x_n)^{\mathrm{T}}$ 和控制量 $\boldsymbol{u}=(u_1,u_2,\cdots,u_n)$ 组成状态方程（以线性系统为例）

$$\dot{\boldsymbol{X}}=\boldsymbol{AX}+\boldsymbol{Bu} \tag{18.6.74}$$

式中，$\boldsymbol{A}$、$\boldsymbol{B}$ 为系数矩阵，并以某种要求组成性能指标泛函 J

$$J=\int_0^T G(\boldsymbol{r},\boldsymbol{c},\boldsymbol{u},t)\,\mathrm{d}t \tag{18.6.75}$$

式中，$\boldsymbol{r}$ 为系统输入量矩阵；$\boldsymbol{c}$ 为输出量矩阵；$\boldsymbol{u}$ 为控制量矩阵。这种指标可以是脱靶量，可以

是飞行时间,也可以是总控制能量等。以此泛函作为目标函数,制导的目的是使系统在一些约束条件(如弹目交会角)下使泛函达到最小值,由此确定所需的控制量。

最优控制的缺点是最后所获得的最优条件必须严格被满足,一旦不能满足,可能变得很不优,也就是控制的最优性和鲁棒性是有矛盾的。所以,现在除了最优制导外,又出现许多新的控制、制导方法。随着新技术和新理论的出现(如微型计算机、微小型电视摄像头、光纤陀螺、微机电系统、全球定位卫星、自适应控制、变结构控制、神经网络控制、H_∞控制、鲁棒控制、满意控制、分数阶 $P^\alpha I^\beta D^\gamma$ 控制等),现代制导方法已逐步开始被采用并正在发展之中。

理论研究表明,在一定的限制条件下,从最优导引律可导出经典导引方法。

18.6.7 选择导引方法的一般原则

如上可见,每种导引方法都有它的优点、缺点及适用情况,选用导引方法的原则是:

①弹道上的需用法向过载要小,这对于提高制导精度、缩短飞行时间、扩大作战空域、减小弹体升力面积、减低强度要求、减轻弹重都是十分重要的。

②技术实施简单,如遥控制导中三点法较易实现,自动导引中比例导引法比平行接近法技术实施简单。

③抗干扰性好,能使导弹在目标施放干扰时也能顺利地进行攻击,从这一点讲,三点法就比半前置量法好。

④抗目标机动的影响,并适合在大作战空域攻击目标。

18.7 有控弹箭纵向扰动运动方程的建立及线性化

在本章第18.2节中建立的有控弹道6自由度运动方程是十分复杂的,尽管用数值方法可以求解,但却不容易看出主要气动力、结构参数和控制参数在弹箭有控飞行中所起的作用。考虑到有控飞行器的空间运动可以看成是铅直面内的运动与侧向平面内运动的合成,并且在许多情况下,主要在铅直面内飞行(在另有一些情况下主要在侧向平面内飞行),故通过研究纵向扰动运动,获得一些解析关系式作为应用和进一步研究的基础。至于有控弹箭侧向扰动运动的相关知识,可参见文献[20]、[21]、[22]。

18.7.1 纵向运动方程

如果飞行器的气动对称面与铅直面重合,并且质心也在此铅直面内运动,则称为纵向运动,描述这种运动的方程可由第18.2节的方程组简化获得如下

$$
\begin{aligned}
& m\frac{\mathrm{d}v}{\mathrm{d}t}=P\sin\alpha-X-mg\sin\theta,\quad mv\frac{\mathrm{d}\theta}{\mathrm{d}t}=P\sin\alpha+Y-mg\cos\theta \\
& J_z\frac{\mathrm{d}\omega_z}{\mathrm{d}t}=M_z,\quad \frac{\mathrm{d}m}{\mathrm{d}t}=-m_c,\quad \frac{\mathrm{d}x}{\mathrm{d}t}=v\cos\theta,\quad \frac{\mathrm{d}y}{\mathrm{d}t}=v\sin\theta \\
& \frac{\mathrm{d}\vartheta}{\mathrm{d}t}=\omega_z,\quad \theta=\vartheta-\alpha,\quad \varepsilon_1=0,\quad \varepsilon_4=0
\end{aligned}
\tag{18.7.1}
$$

18.7.2 纵向运动方程组线性化的方法

方程组(18.7.1)是一个非线性、变系数方程组,例如阻力 X、升力 Y、力矩 M_z 与攻角 α 呈

非线性关系,气动力系数随飞行马赫数变化,空气密度随飞行高度变化等。

考虑到对于控制系统工作正常的导弹,其实际飞行运动参数也总是在理想弹道运动参数的附近变化,即导弹受到控制或干扰产生的扰动可认为是加在理想运动上的小扰动,这样就可将实际运动参数写成是理想弹道运动参数与对应偏差量之和。

$$\begin{aligned} &v(t)=v_0(t)+\Delta v(t), \quad \vartheta(t)=\vartheta_0(t)+\Delta\vartheta(t) \\ &\theta(t)=\theta_0(t)+\Delta\theta(t), \quad \alpha(t)=\alpha_0(t)+\Delta\alpha(t), \quad \cdots \end{aligned} \tag{18.7.2}$$

式中,下标"0"表示基准运动(理想弹道)参数;Δv、$\Delta\vartheta$、$\Delta\theta$、$\Delta\alpha$ 表示偏差量或小扰动量。只要把偏差量的规律搞清楚了,加上基准运动参量就可求得实际运动参数。

因偏差量很小,故可将方程组(18.7.1)在基准运动附近线性化,组成关于偏差量的线性运动方程。下面先介绍一下微分方程线性化的方法。设导弹运动方程为以下一般形式的微分方程

$$f_i\frac{\mathrm{d}x_i}{\mathrm{d}t}=F_i \tag{18.7.3}$$

式中,$f_i=f_i(x_1,x_2,\cdots,x_n)$;$F_i=F_i(x_1,x_2,\cdots,x_n)$;$i=1,2,\cdots,n$。设此方程组的某个基准运动为

$$f_{i0}\frac{\mathrm{d}x_{i0}}{\mathrm{d}t}=F_{i0} \tag{18.7.4}$$

式中,$f_{i0}=f_{i0}(x_{10},x_{20},\cdots,x_{n0})$;$F_{i0}=F_{i0}(x_{10},x_{20},\cdots,x_{n0})$;$i=1,2,\cdots,n$。

现以其中一个方程的线性化为例,先求实际运动方程 $f\frac{\mathrm{d}x}{\mathrm{d}t}=F$ 与基准运动方程 $f_0\frac{\mathrm{d}x_0}{\mathrm{d}t}=F_0$ 之差

$$f_i\frac{\mathrm{d}x_i}{\mathrm{d}t}-f_{i0}\frac{\mathrm{d}x_{i0}}{\mathrm{d}t}=F_i-F_{i0}=\Delta F_i \tag{18.7.5}$$

在上式左边令 $f_i=f_{i0}+\Delta f_i$,并代入 $x_i=x_{i0}+\Delta x_i$,略去高阶项 $\Delta f_i\mathrm{d}(\Delta x)/\mathrm{d}t$,得

$$f_{i0}\frac{\mathrm{d}(\Delta x_i)}{\mathrm{d}t}+\Delta f_i\frac{\mathrm{d}x_{i0}}{\mathrm{d}t}=\Delta F_i \tag{18.7.6}$$

上式中的 Δf 和 ΔF 可由函数 f 和 F 在基准运动解的邻域按台劳级数展开,并只取一次项,近似求得

$$\begin{aligned} \Delta f_i&=\left(\frac{\partial f_i}{\partial x_1}\right)_0\Delta x_1+\left(\frac{\partial f_i}{\partial x_2}\right)_0\Delta x_2+\cdots+\left(\frac{\partial f_i}{\partial x_n}\right)_0\Delta x_n \\ \Delta F_i&=\left(\frac{\partial F_i}{\partial x_1}\right)_0\Delta x_1+\left(\frac{\partial F_i}{\partial x_2}\right)_0\Delta x_2+\cdots+\left(\frac{\partial F_i}{\partial x_n}\right)_0\Delta x_n \end{aligned} \tag{18.7.7}$$

将它们代入方程(18.7.6)中,即得到关于偏差量 Δx_i 的线性微分方程组或扰动运动方程组

$$\begin{aligned} f_{i0}\frac{\mathrm{d}(\Delta x_i)}{\mathrm{d}t}=&\left[\left(\frac{\partial F_i}{\partial x_1}\right)_0-\frac{\mathrm{d}x_{i0}}{\mathrm{d}t}\left(\frac{\partial f_i}{\partial x_1}\right)_0\right]\Delta x_1+\left[\left(\frac{\partial F_i}{\partial x_2}\right)_0-\frac{\mathrm{d}x_{i0}}{\mathrm{d}t}\left(\frac{\partial f_i}{\partial x_2}\right)_0\right]\Delta x_2+\cdots+ \\ &\left[\left(\frac{\partial F_i}{\partial x_n}\right)_0-\frac{\mathrm{d}x_{i0}}{\mathrm{d}t}\left(\frac{\partial f_i}{\partial x_n}\right)_0\right]\Delta x_n, \quad i=1,2,\cdots,n \end{aligned} \tag{18.7.8}$$

式中,$i=1,2,\cdots,n$ 对应于 n 个微分方程,如果某个 f_i 为常数,则对应的 $\partial f_i/\partial x_j=0$。

18.7.3 有控弹箭纵向扰动运动方程组的建立

利用式(18.7.8)可将纵向运动方程组(18.7.1)中的方程一个一个地线性化。对于其中第一个方程,m 相当于 f,v 相当于 x,$P\cos\alpha - X - mg$ 相当于 F。因为在下面导弹动态分析中不考虑结构参数变化的影响,故质量 m 和转动惯量 J_x、J_y、J_z 可看作常量,则套用式(18.7.8)后可得第一个方程线性化结果,为

$$m\frac{\mathrm{d}(\Delta v)}{\mathrm{d}t} = (P^v\cos\alpha - X^v)_0\Delta v - (P\sin\alpha + X^\alpha)_0\Delta\alpha - G_0\cos\theta_0 \cdot \Delta\theta + X^{\delta_z}\Delta\delta_z + F'_{gx} \tag{18.7.9}$$

式中,P^v、X^v 分别为推力 P、阻力 X 对速度 v 的偏导数;X^α 为 X 对攻角的偏导数,它们可由 P、X 的表达式求出,与发动机和阻力系数有关,例如,由 $X=\rho v^2 sc_x(Ma,\alpha)/2$ 可得 $X^v = X_0\left(2/v + \dfrac{1}{c_x}\dfrac{\partial c_x}{\partial Ma}\right)_0$ 等;下标"0"表示基准弹道上数值,随弹道点变化;F'_{gx}表示沿速度方向的外干扰力。因攻角 α 一般不超过 20°,故可取 $\sin\alpha\approx\alpha$,$\cos\alpha\approx 1$,则方程(18.7.8)简化成

$$m\frac{\mathrm{d}(\Delta v)}{\mathrm{d}t} = (P^v - X^v)\Delta v - (P\alpha + X^\alpha)\Delta\alpha - (G\cos\theta)\Delta\theta + X^{\delta_z}\Delta\delta_z + F'_{gx} \tag{18.7.10}$$

对于方程组(18.7.1)的第二个方程,mv 相当于 f,θ 相当于 x,$P\sin\alpha + Y - mg\cos\theta$ 相当于 F。再套用式(18.7.8),并考虑到弹道倾角 θ 变化不快,$\Delta v(\mathrm{d}\theta/\mathrm{d}t)$ 可视作二阶小量忽略,得

$$mv\frac{\mathrm{d}(\Delta\theta)}{\mathrm{d}t} = (P^v\alpha + Y^v)\Delta v + (P + Y^\alpha)\Delta\alpha + G\sin\theta\Delta\theta + Y^{\delta_z}\cdot\Delta\delta_z + F'_{gy} \tag{18.7.11}$$

依此类推,可将方程组(18.7.1)的第三、五、六、七、八个方程依次线性化,得

$$J_z\frac{\mathrm{d}(\Delta\omega_z)}{\mathrm{d}t} = M_z^v\Delta v + M_z^\alpha\Delta\alpha + M_z^{\omega_z}\Delta\omega_z + M_z^{\dot\alpha}\Delta\dot\alpha + M_z^{\delta_z}\Delta\delta_z + M_z^{\dot\delta_z}\Delta\dot\delta_z + M'_{gz} \tag{18.7.12}$$

$$\frac{\mathrm{d}(\Delta\vartheta)}{\mathrm{d}t} = \Delta\omega_z,\quad \Delta\theta = \Delta\vartheta - \Delta\alpha \tag{18.7.13}$$

$$\frac{\mathrm{d}(\Delta x)}{\mathrm{d}t} = \cos\theta\Delta v - v\sin\theta\Delta\theta,\quad \frac{\mathrm{d}(\Delta y)}{\mathrm{d}t} = \sin\theta\Delta v + v\cos\theta\Delta\theta \tag{18.7.14}$$

以上式中,F'_{gx}、F'_{gy} 为外干扰力;M'_{gz} 为外干扰力矩;X^{δ_z}、Y^{δ_z} 为舵面偏转产生的阻力、升力导数。因未考虑坐标变化量 Δx、Δy 对作用力和力矩的影响,故除了方程(18.7.14)外,其他方程中不含 Δx、Δy,因而方程(18.7.14)可在其他方程解出后单独积分。但如导弹飞行高度发生剧烈变化,如空地导弹和制导炸弹在末段弹道上几乎垂直下落,这时计算气动力和力矩偏量时就要考虑 Δy 对空气密度的影响,使方程(18.7.14)与其他方程产生耦合。

在以上方程中,各偏量前的系数均是时间的函数,使方程难以求得解析解。为了求得解析解便于进行理论分析,同无控弹箭一样,需在所考察的弹道段上采用系数冻结法,将其变为常系数线性微分方程。但应用此法后,就只能在一些选定的特征点附近分析导弹的动态特性。

至于气动力和力矩是否能线性化也要具体分析,如果弹箭气动力和力矩与攻角 α 呈现十分明显的非线性关系,或弹箭常处于大攻角飞行,就不能线性化,而只能保留并求数值解。

18.8　纵向动力系数、状态方程和特征根

18.8.1　纵向动力系数①

为了简化方程(18.7.10)~方程(18.7.14)的书写,引入动力系数 a_{mn},下标 m 表示方程序号、n 表示偏差量序号。这里将方程(18.7.10)、方程(18.7.12)、方程(18.7.11)分别编为 $m=1$、2、3;Δv、$\Delta\omega_z$、$\Delta\theta$、$\Delta\alpha$、$\Delta\delta_z$ 分别编为 $n=1$、2、3、4、5,并定义如表 18.8.1 所示的动力系数。

表 18.8.1　纵向动力系数 a_{mn} 的表达式

运动方程序号 m	运动参数序号 n				
	1(Δv)	2($\Delta\omega_z$)	3($\Delta\theta$)	4($\Delta\alpha$)	5($\Delta\delta_z$)
($\Delta\dot{v}$) 1	$a_{11}=-(P^v-X^v)/m$ ($\mathrm{s^{-1}}$)	$a_{12}=0$	$a_{13}=g\cos\theta$ ($\mathrm{m\cdot s^{-2}}$)	$a_{14}=(X^\alpha+P\alpha)/m$ ($\mathrm{m\cdot s^{-2}}$)	$a_{15}=-X^{\delta_z}/m$ ($\mathrm{m\cdot s^{-2}}$)
($\Delta\dot{\omega}_z$) 2	$a_{21}=-M_z^v/J_z$ ($\mathrm{m^{-1}\cdot s^{-1}}$)	$a_{22}=-M_z^{\omega_z}/J_z$ ($\mathrm{s^{-1}}$)	$a_{23}=0$	$a_{24}=-M_z^\alpha/J_z$ ($\mathrm{s^{-2}}$) $a'_{24}=-M_z^{\dot{\alpha}}/J_z$ ($\mathrm{s^{-1}}$)	$a_{25}=-M_z^{\delta_z}/J_z$ ($\mathrm{s^{-2}}$) $a'_{25}=-M_z^{\dot{\delta}_z}/J_z$ ($\mathrm{s^{-1}}$)
($\Delta\dot{\theta}$) 3	$a_{31}=-(P^v\alpha+Y^v)/(mv)$ ($\mathrm{m^{-1}}$)	$a_{32}=0$	$a_{33}=-g\sin\theta/v$ ($\mathrm{s^{-1}}$)	$a_{34}=(P+Y^\alpha)/(mv)$ ($\mathrm{s^{-1}}$)	$a_{35}=Y^{\delta_z}/(mv)$ ($\mathrm{s^{-1}}$)

显然,动力系数与导弹的结构参数、气动参数及运动参数有关,应在典型弹道的一些特征点上用未扰动运动(基准弹道)的值进行计算。

其中,在纵向动力系数中,a_{22} 称为阻尼动力系数,a_{24} 称为恢复动力系数,a_{25} 称为操纵动力系数,a_{21} 称为速度动力系数,a'_{24}、a'_{25} 称为下洗延迟动力系数,a_{34} 称为法向力动力系数,a_{35} 称为舵面动力系数,a_{33} 称为重力动力系数,a_{31} 称为速度动力系数,a_{14} 称为切向动力系数,a_{13} 也称为重力动力系数,a_{11} 也称为速度动力系数。

18.8.2　纵向扰动运动方程

将这些动力系数代入方程(18.7.10)~方程(18.7.14),则得到如下的纵向扰动运动方程组

$$
\begin{aligned}
&\Delta\dot{v}+a_{11}\Delta v+a_{13}\Delta\theta+a_{14}\Delta\alpha=F_{gx} && F_{gx}=F'_{gx}/m\\
&\Delta\dot{\omega}_z+a_{21}\Delta v+a_{22}\Delta\dot{\vartheta}+a_{24}\Delta\alpha+a'_{24}\Delta\dot{\alpha}=-a_{25}\Delta\delta_z-a'_{25}\Delta\dot{\delta}_z+M_{gz} && M_{gz}=M'_{gz}/J_z\\
&\Delta\dot{\theta}+a_{31}\Delta v+a_{33}\Delta\theta-a_{34}\Delta\alpha=a_{35}\Delta\delta_z+F_{gy} && F_{gy}=F'_{gy}/(mv)\\
&\Delta\dot{\vartheta}-\Delta\omega_z=0\\
&\Delta\vartheta-\Delta\theta-\Delta\alpha=0
\end{aligned}
\tag{18.8.1}
$$

由此方程组还可看出动力系数的物理意义,如 a_{24} 表示攻角变化一个单位($\Delta\alpha=1$)时引起

① 本章采用张有济编著的《战术导弹飞行力学设计》一书中的符号。

的导弹绕 Oz_1 轴转动的角加速度偏量 $\Delta\dot{\omega}_z$,它表征了导弹的静稳定性,故称为恢复动力系数;a_{25} 表示操纵机构偏转一个单位($\Delta\delta_z=1$)时所产生的导弹绕 Oz_1 轴转动的角加速度分量,它表征了升降舵的效率,故称为操纵动力系数;a_{34} 表示攻角偏量为一个单位时所引起的弹道切线转动角速度偏量 $\Delta\dot{\theta}$,它由法向力 $(P+Y^{\alpha})\Delta\alpha$ 产生,故称为法向力动力系数等。

18.8.3 纵向扰动运动的状态方程

将方程组(18.8.1)中的弹道倾角 $\Delta\theta$ 及其角速度 $\Delta\dot{\theta}$ 用关系式 $\Delta\theta=\Delta\vartheta-\Delta\alpha$ 消掉,改用攻角 α 描述运动,则可写成如下矩阵形式的方程

$$\begin{bmatrix}\Delta\dot{v}\\ \Delta\dot{\omega}_z\\ \Delta\dot{\alpha}\\ \Delta\dot{\vartheta}\end{bmatrix}=\boldsymbol{L}\begin{bmatrix}\Delta v\\ \Delta\omega_z\\ \Delta\alpha\\ \Delta\vartheta\end{bmatrix}+\begin{bmatrix}0\\ -a_{25}+a'_{24}a_{35}\\ -a_{35}\\ 0\end{bmatrix}\Delta\delta_z+\begin{bmatrix}0\\ -a'_{25}\\ 0\\ 0\end{bmatrix}\Delta\dot{\delta}_z+\begin{bmatrix}F_{gx}\\ M_{gz}+a'_{24}F_{gy}\\ -F_{gy}\\ 0\end{bmatrix}\tag{18.8.2}$$

式中

$$\boldsymbol{L}=\left[\begin{array}{c|ccc}-a_{11} & 0 & -a_{14}+a_{13} & -a_{13}\\ \hline -(a_{21}+a'_{24}+a_{31}) & -(a_{22}+a'_{24}) & (a'_{24}a_{34}+a'_{24}a_{33}-a_{24}) & -a'_{24}a_{33}\\ a_{31} & 1 & -(a_{34}+a_{33}) & a_{33}\\ 0 & 1 & 0 & 0\end{array}\right]\tag{18.8.3}$$

方程(18.8.2)称为纵向扰动运动的状态方程。由线性微分方程理论知,如果 $\Delta\delta_z=\Delta\dot{\delta}_z=0$,$F_{gx}=F_{gy}=M_{gz}=0$,则方程(18.8.2)为齐次方程,它决定了由初始扰动或瞬时干扰产生的纵向自由扰动运动特性。含有 $\Delta\delta_z$ 和 $\Delta\dot{\delta}_z$ 的项描述了导弹受控舵面偏转后的运动特性,含有 F_{gx}、F_{gy}、M_{gz}的项决定了导弹受外界干扰作用以后的运动状态。

按作用时间长短分,导弹所受到的干扰分为经常性干扰和瞬时干扰,经常性干扰有安装误差、推力偏心、舵面偏离零位等,瞬时干扰如起始扰动、级间分离、阵风、制导系统中出现的短促信号等。对于经常性干扰,在方程中以干扰力和干扰力矩的方式体现;对于瞬时干扰,往往以它产生运动参数初始偏差(或初始扰动)的形式体现。研究导弹动态特性的目的之一就是要排除或减小干扰对导弹飞行的影响。

方程组(18.8.1)便于理解各种力和力矩与运动的关系,方程(18.8.2)便于进行数学推导。

18.8.4 纵向扰动运动特征方程和特征根的求法

按照常系数线性微分方程理论,动力系统的主要运动特性取决于相应齐次方程特征根的性质,设方程(18.8.1)的齐次方程的解为

$$\Delta v=A\mathrm{e}^{st},\quad \Delta\vartheta=B\mathrm{e}^{st},\quad \Delta\theta=C\mathrm{e}^{st},\quad \Delta\alpha=D\mathrm{e}^{st}\tag{18.8.4}$$

将其代入方程(18.8.1)的齐次方程中,消去共同因子 e^{st},得到关于 A、B、C、D 的代数方程,其有非零解的条件为系数行列式为零,即

$$\Delta(s)=\begin{vmatrix}s+a_{11} & 0 & a_{13} & a_{14}\\ a_{21} & s(s+a_{22}) & 0 & (a'_{24}s+a_{24})\\ a_{31} & 0 & s+a_{33} & -a_{34}\\ 0 & -1 & 1 & 1\end{vmatrix}=0\tag{18.8.5}$$

将上式展开,得到如下形式的特征方程

$$\Delta(s) = -(s^4 + P_1 s^3 + P_2 s^2 + P_3 s + P_4) = 0 \tag{18.8.6}$$

式中

$P_1 = a_{22} + a_{33} + a_{11} + a_{34} + a'_{24}$

$P_2 = a_{22}a_{33} + a_{22}a_{34} + a_{24} + a_{11}(a_{22} + a_{33}) + a_{11}a_{34} - a_{31}(a_{13} - a_{14}) + a_{11}a'_{24} + a'_{24}a_{33}$

$P_3 = a_{24}a_{33} + a_{11}a_{22}a_{33} + a_{11}a_{22}a_{34} + a_{11}a_{24} + (a_{14} - a_{13})a_{22}a_{31} - a_{14}a_{21} - a_{13}a'_{24}a_{31} + a_{33}a_{11}a'_{24}$

$P_4 = a_{11}a_{24}a_{33} - a_{13}a_{24}a_{31} - a_{13}a_{21}a_{34} - a_{14}a_{21}a_{33}$

该特征方程有 4 个根:s_1、s_2、s_3、s_4,故方程的通解是 4 个基础解之和,即

$$\Delta v = \sum_{i=1}^{4} A_i \mathrm{e}^{s_i t},\quad \Delta\vartheta = \sum_{i=1}^{4} B_i \mathrm{e}^{s_i t},\quad \Delta\theta = \sum_{i=1}^{4} C_i \mathrm{e}^{s_i t},\quad \Delta\alpha = \sum_{i=1}^{4} D_i \mathrm{e}^{s_i t} \tag{18.8.7}$$

至于上述高次代数方程根的求法,可采用林士谔的大除法,现以某实例说明。设某飞行器在高空飞行,通过计算动力系数 a_{mn},得特征方程为

$$s^4 + 0.757s^3 + 6.038s^2 + 0.036s + 0.034 = 0$$

取出后三项并除以 6.038,将首次项归一化,得二次因子 $s^2 + 0.005\,96s + 0.005\,63 = X_2$,再采用多项式大除法求得另一个二次因子

$$
\begin{array}{rrrrrr}
 & & & s^2 + & 0.751s + & 6.027 \\ \cline{2-6}
X_2 \surd & s^4 + & 0.757s^3 + & 6.038s^2 + & 0.036s + & 0.034 \\
 & s^4 + & 0.005\,96s^3 + & 0.005\,63s^2 & & \\ \hline
 & & 0.751s^3 + & 6.032s^2 + & 0.036\,0s & \\
 & & 0.751s^3 + & 0.004\,4s^2 + & 0.004\,2s & \\ \hline
 & & & 6.027s^2 + & 0.031\,8s + & 0.034 \\
 & & & 6.027s^2 + & 0.035\,9s + & 0.033\,9 \\ \hline
 & & & & -0.004\,1s + & 0.000\,1
\end{array}
$$

于是得商为 $X_3 = s^2 + 0.751s + 6.027$,余数为 $-0.004\,1s + 0.000\,1$。如果认为此余数还不够小,则将最后一个二次三项式余项除以 6.027,将首项归一化得 $X_3 = s^2 + 0.005\,27s + 0.005\,64$,再将上面的除数 X_2 改为 X_3 再除一次,得商为 $X_4 = s^2 + 0.752s + 6.028$,余数几乎为零。这样就将特征多项式分解成两个二次因子之积。

$$(s^2 + 0.005\,27s + 0.005\,64)(s^2 + 0.752s + 6.028) = 0$$

解得 4 个特征根为 $s_{1,2} = -0.376 \pm \mathrm{i}2.426$,$s_{3,4} = -0.003 \pm \mathrm{i}0.075$。

18.9　纵向自由扰动运动的两个阶段和短周期扰动运动方程

18.9.1　特征方程的根和运动形态

特征方程(18.8.5)的四个根可以有如下几种情况:

① 四个根均为实数,这时按式(18.8.7),自由扰动运动由四个非周期运动合成。

②两个根为实数和两个根为共轭复数,与无控弹一样,两个共轭复根 $s_{1,2} = \lambda \pm \mathrm{i}\omega$ 对应的

运动可以合成一个振荡运动,ω 为振荡频率,λ 为振幅衰减指数,另两个实根仍对应两个非周期运动,全运动为此三个运动的合成。

③ 两对共轭复数 $s_{1,2}=\lambda_1\pm \mathrm{i}\omega_1$,$s_{3,4}=\lambda_2\pm \mathrm{i}\omega_2$,这时弹箭的运动为两个周期运动的叠加,振荡周期分别为 ω_1、ω_2,振幅衰减指数分别为 λ_1、λ_2。

只要有一个实根或复根的实部为正,则发生运动不稳。零根对应的是中立稳定运动。

18.9.2 纵向自由扰动运动分为两个阶段

上一节的例子表明,该飞行器特征方程有一对数值很大的共轭复根($-0.376\pm \mathrm{i}2.426$)和一对数字很小的共轭复根($-0.003\pm \mathrm{i}0.075$),而大复根表示频率高、衰减快的振荡运动,小复根表示频率低、衰减慢的振荡运动。由此例可见,大复根的振荡频率是小复根频率的 $2.426/0.075=32$ 倍,衰减指数是小复根的 $0.376/0.003=125$ 倍,大复根的振荡周期为 2.6 s,而小复根的振荡周期为 84 s。因此,大复根对应的运动称为短周期运动,而小复根对应的运动称为长周期运动,两种周期相差几十倍。

大量例子表明,飞行器无论外形、飞行速度、飞行高度怎样不同,它们的特征根在量级上都显出这种特点,或者是一对大复根一对小复根,或者是一对大复根两个小实根。如某尾翼式弹道导弹在基准弹道 50 s 处的特征根为 $s_{1,2}=-0.3541\pm \mathrm{i}14.43$,$s_3=-0.021$,$s_4=0.008\ 74$;某地对舰导弹在一个特征点上 $s_{1,2}=-1.823\pm \mathrm{i}6.64$,$s_3=-0.0317$,$s_4=0.026$ 等。

由于两种运动的周期相差几十甚至一两百倍,因此,尽管全部运动是由这两种运动合成的,但在扰动运动初期,起主导作用、变化剧烈的是短周期运动,而长周期运动的响应还很微弱,在短周期运动基本上衰减掉以后,长周期运动的作用才呈现出来。某飞行器的这种特性如图 18.9.1 所示。

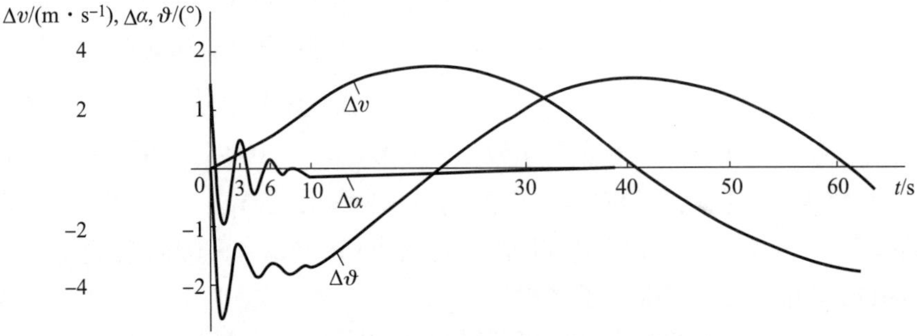

图 18.9.1 纵向自由扰动运动分为两个阶段

由图可见,在短周期运动起主导作用期间,只有攻角偏量 $\Delta\alpha$、俯仰角偏量 $\Delta\vartheta$ 和俯仰角速度偏量 $\Delta\omega_z$ 变化显著,而 Δv 几乎不变。故在以短周期运动为主的阶段,可只考虑攻角、俯仰角、俯仰角速度和弹道倾角偏量 $\Delta\theta=\Delta\vartheta-\Delta\alpha$ 的变化特性,不考虑速度偏量的变化。在短周期运动消失后,长周期运动才起主导作用,飞行速度偏量 Δv 才不可忽视,而攻角偏量 $\Delta\alpha$ 则已小到可以忽略,但 $\Delta\vartheta$ 和 $\Delta\theta$ 还有一定数值,由于它们变化很缓慢,衰减很微弱,故常称之为沉浮运动。

因此,我们可将导弹的扰动运动分为两个阶段:短周期运动阶段和长周期运动阶段。由于导弹的受控和受扰运动都是在短周期阶段完成,故我们对短周期阶段的导弹运动特点更为关心。

18.9.3　扰动运动分成两个阶段的力学原因

因为导弹在受到扰动或控制作用时，首先是改变了原来的力矩平衡状态，由于导弹的转动惯性(J_z)较小，故在不平衡力矩作用下，首先转动起来产生了俯仰角偏量 $\Delta\vartheta$ 和攻角偏量 $\Delta\alpha$，有了 $\Delta\alpha$ 才会相应地出现升力、阻力、推力法向分量的变化，引起质心速度方向和速度大小的改变量 $\Delta\theta$、Δv。但由于导弹的移动惯性(mv)很大，致使 $\Delta\theta$、Δv 的变化量较小并且变化也慢。

在气动阻尼作用下，弹轴摆动 $\Delta\vartheta$ 和攻角 $\Delta\alpha$ 很快衰减，在短周期运动阶段结束后，力的不平衡并未完全恢复，在以后恢复力的平衡过程中，速度的大小和方向以及俯仰角 $\Delta\vartheta$ 仍将缓慢变化，它会引起导弹质心轨迹改变。至于长周期扰动运动是否稳定，并不是什么严重的问题，因为自动驾驶仪的陀螺可直接测出俯仰角的缓慢变化，通过偏转升降舵能有效地改变长周期扰动运动的特性；另外，由运动参数反馈形成的导引误差，也可修正长周期扰动运动产生的影响。严格地讲，对于长周期运动，已不适于采用“系数冻结法”，最好直接用飞行器运动方程，按变系数情况进行计算分析。

18.9.4　纵向短周期运动方程

由上所述，在简捷处理纵向扰动运动的最初阶段，可取 $\Delta v=0, \Delta\dot{v}=0$，这样就可将扰动运动方程组(18.8.1)简化成如下形式，并称为短周期运动方程，即

$$\begin{aligned}&\Delta\ddot{\vartheta}+a_{22}\Delta\dot{\vartheta}+a_{24}\Delta\alpha+a'_{24}\Delta\dot{\alpha}=-a_{25}\Delta\delta_z-a'_{25}\Delta\dot{\delta}_z+M_{gz}\\&\Delta\dot{\theta}+a_{33}\Delta\theta-a_{34}\Delta\alpha=a_{35}\Delta\delta_z+F_{gy}\\&\Delta\dot{\vartheta}-\Delta\omega_z=0,\Delta\vartheta-\Delta\theta-\Delta\alpha=0\end{aligned}\tag{18.9.1}$$

该方程只适用于受控或受扰运动开始不超过几秒钟的时间。在设计与研究导弹及其飞行控制系统时，应用这个方程组进行分析计算，可以正确地选择导弹的气动、飞行、结构和控制等参数。此方程组的特征行列式为式(18.8.5)中行列式右下角元素组成的行列式，故特征方程为

$$\Delta(s)=\begin{vmatrix}s(s+a_{22}) & 0 & (a'_{24}s+a_{24})\\0 & s+a_{33} & -a_{34}\\-1 & 1 & 1\end{vmatrix}=s^3+P_1s^2+P_2s+P_3$$

$$P_1=a_{22}+a_{34}+a_{33}+a'_{24},\quad P_2=a_{24}+a_{22}(a_{33}+a_{34})+a_{33}a'_{24},\quad P_3=a_{24}a_{33}\tag{18.9.2}$$

对于短周期运动方程(18.9.1)，还可根据飞行器实际情况做进一步简化。

方程(18.9.1)中，$a_{33}=-g\sin\theta/v$，它反映了重力对弹道切线转动角速度 $\dot{\theta}$ 的影响，当未扰动运动是水平飞行时，$a_{33}=0$；当未扰动弹道倾角很大时，$|a_{33}|\approx g/v\leqslant G/(mv)$。如果 $|a_{33}|$ 与 a_{34} 或 a_{35} 相比很小，则它对 $\Delta\theta$ 的影响可以忽略。对于有翼导弹，因 $a_{34}=(P+Y^{\alpha})/(mv)$，发动机推力 P 和弹翼升力 $Y^{\alpha}\alpha$ 比重力大得多，例如

某地空导弹	$a_{33}=-0.0094$，	$a_{34}=1.152$，	$a_{35}=0.1435$
某地对舰导弹	$a_{33}=0.029$，	$a_{34}=0.943$，	$a_{35}=0.114$

可见，$|a_{33}|\ll a_{34}$ 和 a_{35}，故可以忽略。但对于弹道式导弹，因 G 很大，Y^{α} 较小，a_{33} 项就不能忽略。对于固定翼导弹，$a_{35}=Y^{\delta_z}/(mv)$ 比 a_{34} 也小得多，也可忽略，但对于旋转弹翼式导弹，Y^{δ_z} 与 Y^{α} 差别不大，因 $Y^{\alpha}\cdot\alpha$ 主要由弹翼提供，a_{35} 因较大而不能忽略。此外，$a'_{24}=-M_z^{\dot{\alpha}}/J_z$ 表征下洗

延迟对角运动的影响,通常这种影响不大,可以忽略,但对鸭式和旋转弹翼式导弹,下洗影响较大,应予以考虑。总之,任何简化都要根据不同类型弹箭的实际情况决定。

18.10 纵向短周期扰动运动的特点、传递函数和频率特性

18.10.1 短周期扰动运动的动态稳定性

1. 稳定性准则

我们知道,对于线性微分方程组,只有当其特征方程的根都具有负实部时,动力系统才是稳定的。在经典自动控制理论中,根据特征方程的系数来决定根的性质,从而判断动力系统的稳定性常用霍尔维茨稳定性判据,其判别法如下。

设有特征方程

$$\Delta(s)=a_0s^m+a_1s^{m-1}+\cdots+a_m=0 \tag{18.10.1}$$

式中,$a_0>0$,要使其根都具有负实部,必要和充分条件是如下所有的行列式之值大于零

$$\Delta_1=a_1,\Delta_2=\begin{vmatrix}a_1 & a_3\\ a_0 & a_2\end{vmatrix},\Delta_3=\begin{vmatrix}a_1 & a_3 & a_5\\ a_0 & a_2 & a_4\\ 0 & a_1 & a_3\end{vmatrix},\cdots,\Delta_m=\begin{vmatrix}a_1 & a_3 & a_5 & \cdots & 0\\ a_0 & a_2 & a_4 & \cdots & 0\\ \vdots & \vdots & \vdots & & \vdots\\ 0 & 0 & 0 & a_{m-2} & a_m\end{vmatrix}$$

当 $m=1,2,3,4$ 时,根具有负实部的具体判据如下:

$m=1$ 时,$a_1>0$　　$m=3$ 时,$a_1>0,a_2>0,a_3>0,\Delta_2>0$

$m=2$ 时,$a_1>0,a_2>0$　　$m=4$ 时,$a_1>0,a_2>0,a_3>0,a_4>0,\Delta_3>0$　　(18.10.2)

2. 短周期扰动运动的动态稳定性条件

首先我们注意到,短周期运动特征方程左边的多项式中,$P_3=a_{24}a_{33}$,其中,对于静稳定弹箭,$a_{24}=-M_z^\alpha/J_z>0$,而 $a_{33}=-g\sin\theta/v$。故当导弹爬升时,$\theta>0,P_3<0$,不满足霍尔维茨稳定性判据,特征方程有一个小的正实根,运动发散。但实际上 a_{33} 很小,这个正实根也很小,由它产生的运动发散很慢,在短短几秒钟的短周期运动阶段看不出它的作用,故可将其忽略;另外,算例表明,a_{33} 的这种影响实际上是从完整扰动运动方程简化成短周期运动方程时产生的误差,故也应将其忽略(如某导弹由完整扰动运动方程的特征方程解出了一对大复根和一对小复根,小复根实部为负,但当其简化为短周期运动方程后,却从特征方程解出了一对与前基本相同的大复根和一个小的正实根)。在略去了 a_{33} 后,特征方程(18.9.2)变成 $s(s^2+P_1s+P_2)=0$,这时除了有个零根外,还有另外两个根

$$s_{1,2}=-\frac{1}{2}(a_{34}+a_{22}+a'_{24})\pm\frac{1}{2}\sqrt{(a_{34}+a_{22}+a'_{24})^2-4(a_{22}a_{34}+a_{24})} \tag{18.10.3}$$

如果 $(a_{34}+a_{22}+a'_{24})^2-4(a_{22}a_{34}+a_{24})\geqslant0$,则 s_1、s_2 为两个实根;当 $a_{22}a_{34}+a_{24}=0$ 时,则出现一个零根,并因 a_{34}、a_{22}、a'_{24} 均为正,使另一实根为负,这样,导弹的角运动中立稳定。如果 $a_{24}+a_{22}a_{34}<0$,则出现一个正实根,短周期运动不稳定。故导弹具有纵向稳定性的条件为

$$a_{24}+a_{22}a_{34}=-M_z^\alpha/J_z-(M_z^{\omega_z}/J_z)(P+Y^\alpha)/(mv)>0 \tag{18.10.4}$$

这个不等式称为动态稳定极限条件。如果这时还有

$$(a_{34}+a_{22}+a'_{24})^2-4(a_{22}a_{34}+a_{24})<0 \tag{18.10.5}$$

则 s_1、s_2 为一对共轭复根，并且其实部为负，角运动为衰减振荡，运动稳定。

3. 静稳定与动稳定的关系

在纵向稳定性条件式(18.10.5)中，因俯仰阻尼力矩导数 $M_z^{\omega_z}<0$，故只要 $M_z^{\alpha}<0$，该式必然成立，也就是说，只要导弹是静稳定的(压力中心在质心之后)，就必然动稳定，并且，如果导弹有一点静不稳定，但只要能满足式(18.10.5)，导弹仍然是动稳定的。

导弹自由扰动运动的动态稳定性判据与无控弹箭自由运动的动态稳定性判据 $1/s_g<1-s_d^2$ 似乎很不相同，但本质上却是相同的。首先，这里的动态稳定性条件是针对不旋转导弹讲的，没有马格努斯力矩。其次，有翼导弹一般有较大的升力面和发动机(提供较大推力)，它们提供的法向力比无控弹的弹体和尾翼提供的法向力大得多，并且由弹翼提供的阻尼力矩 $M_z^{\omega_z}\cdot\omega_z$ 也比无控弹大得多。阻尼力矩大，可以抑制弹轴摆动，对稳定性有好处，而法向力 $(P+Y^{\alpha})\alpha$ 大，则有利于速度方向线向弹轴靠拢，从另一个方面减小了攻角，这种情况如图 18.10.1 所示。故有翼导弹的动稳定性条件中保留了它们的作用。

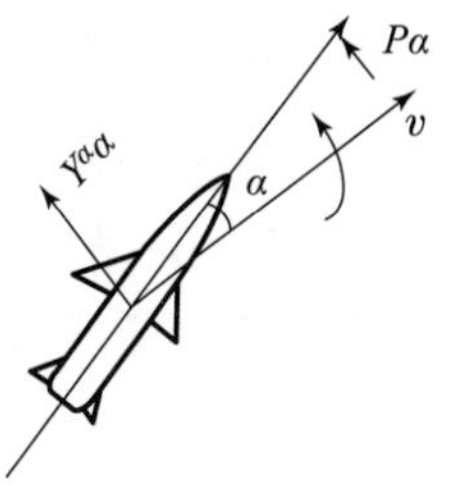

图 18.10.1　法向力使速度线向弹轴靠拢

值得指出的是，对于具有滚转速率的导弹(如单通道旋转导弹、双通道滚转方位不控制导弹)，必须考虑马格努斯力矩对动态稳定性的影响，对于无弹翼或弹翼面积很小的弹箭(如超远程炮弹)、无动力滑翔制导炸弹等，法向力所起的稳定作用会减小，这时要适当增大静稳定度。

18.10.2　短周期扰动运动的振荡特性

在满足式(18.10.5)的情况下，特征方程有一对共轭复根，运动为振荡型，改写该式为

$$a_{24}+a_{22}a_{34}>(a_{34}+a_{22}+a'_{24})^2/4 \tag{18.10.6}$$

可见，它比动态稳定性条件(18.10.5)的要求更为严格，即不等式左边不仅要大于零，还要大于一个正数。因此，弹箭做振荡型运动时必定是动态稳定的，但动态稳定的弹箭不一定能做振荡运动。如果忽略下洗，可将式(18.10.6)写成如下形式

$$a_{24}>\frac{(a_{34}-a_{22})^2}{4}\quad 或 \quad \frac{-M_z^{\alpha}}{J_z}>\frac{1}{4}\left(\frac{-M_z^{\omega_z}}{J_z}-\frac{P+Y^{\alpha}}{mv}\right)^2 \tag{18.10.7}$$

此式表明，产生振荡运动的条件是恢复力矩 $-M_z^{\alpha}\cdot\alpha$ 要足够大，至少要克服俯仰阻尼力矩和法向力的影响。在满足式(18.10.6)的条件下，一对共轭复根为

$$s_{1,2}=\lambda\pm \mathrm{i}\omega=-(a_{22}+a_{34}+a'_{24})/2\pm \mathrm{i}\sqrt{4(a_{24}+a_{22}a_{34})-(a_{22}+a_{34}+a'_{24})^2}/2$$

将各动力系数的表达式代入可知，阻尼指数

$$\lambda=\frac{1}{4}\left[(m_z^{\omega_z}+m_z^{\dot{\alpha}})\rho vSl^2/J_z-\frac{2P+C_y^{\alpha}\rho v^2S}{mv}\right] \tag{18.10.8}$$

因 $m_z^{\omega_z}$、$m_z^{\dot{\alpha}}$ 为负，C_y^{α} 为正，故 $\lambda<0$，振荡运动是衰减的。但 λ 与 m_z^{α} 无关，即俯仰力矩大小与振幅衰减无关。此外，飞行速度越大，衰减程度提高，但飞行高度越高，空气密度越低，衰减程度也降低。如 10 km 高空的空气密度只有地面的 0.34，20 km 高空只有地面的 0.073，这使导弹的高空稳定性比地面差得多，常要用控制系统来弥补高空稳定性的不足。

特征根的虚部 ω 决定了短周期扰动运动的频率。它除了与静力矩(a_{24})有关外，还与俯仰

阻尼力矩(a_{22})、下洗延迟力矩(a'_{24})、法向力(a_{34})等有关,但后面这几个力矩比静力矩小得多,如果略去它们,即得到纵向扰动运动的固有频率为

$$\omega = \sqrt{a_{24}} = \sqrt{-m_z^\alpha \rho v^2 Sl/(2J_z)} \tag{18.10.9}$$

这与无控尾翼弹对时间的固有频率表达式 $\omega_{ct} = \omega_c \cdot v = v\sqrt{-k_z}$是一样的。由此式可见,飞行速度增加将增大振荡频率,飞行高度增加将减小振荡频率,在设计导弹控制系统时必须考虑。

18.10.3 纵向短周期运动的传递函数

导弹是整个控制回路中的一个环节,在用经典控制理论研究控制系统特性、导弹飞行特性时,要将各个环节的传递函数组成结构图进行分析,因此就必须先求得导弹弹体的传递函数。

首先讲一下拉氏变换和传递函数。设函数 $f(t)$ 定义在半无限区间$(0,\infty)$上,如果积分

$$F(s) = \int_0^\infty f(t)\mathrm{e}^{-st}\mathrm{d}t \tag{18.10.10}$$

收敛,则由此积分定义了一个新的函数 $F(s)$,称它为函数 $f(t)$ 的拉氏变换,而称 $f(t)$ 为函数 $F(s)$ 的拉氏逆变换。有时也称 $f(t)$ 为原象,$F(s)$ 为映象,记为

$$L[f(t)] = F(s), \quad L^{-1}[F(s)] = f(t) \tag{18.10.11}$$

以函数 $f(t) = t^n$ 为例,其拉氏变换为

$$L[t^n] = F(s) = \int_0^\infty t^n \mathrm{e}^{-st}\mathrm{d}t = \frac{1}{-s}[t^n \cdot \mathrm{e}^{-st}]_0^\infty + \frac{n}{s}\int_0^\infty \mathrm{e}^{-st} t^{n-1}\mathrm{d}t + \cdots = \frac{n!}{s^{n+1}} \tag{18.10.12}$$

类似地,可导出其他一些函数的拉氏变换,仅将常用的列在表 18.10.1 中。

表 18.10.1 常用函数的拉氏变换

$f(t)$	$F(s)$	$f(t)$	$F(s)$	$f(t)$	$F(s)$
1	$1/s$	$\sin Kt$	$K/(s^2+K^2)(s>0)$	$t^{1/2}$	$\sqrt{\pi}/(2s^{3/2})$
t	$1/s^2$	$\cos Kt$	$s/(s^2+K^2)(s>0)$	$\mathrm{e}^{at}\sin Kt$	$K/[(s-a)^2+K^2](s>a)$
t^2	$2/s^3$	$t\mathrm{e}^{-Kt}$	$1/(s+K)^2(s>-K)$	$\mathrm{e}^{at}\cos Kt$	$(s-a)/[(s-a)^2+K^2](s>a)$
e^{Kt}	$1/(s-K)(s>K)$	e^{-Kt}	$1/(s+K)(s>-K)$	⋮	⋮

由定义式(18.10.10)可导出拉氏变换的一些性质:(以下 α、β、a 为常数)

线性性质 $L[\alpha f(t) + \beta g(t)] = \alpha L[f(t)] + \beta L[g(t)]$

相似性质 设 $L[f(t)] = F(s)(s>\sigma_0)$,则 $L[f(at)] = \dfrac{1}{a}F\left(\dfrac{s}{a}\right)$

平移性质 $L[\mathrm{e}^{at}f(t)] = F(s-a)$

迟缓性质 设 $f_\tau(t) = \begin{cases} 0, & t<\tau \\ f(t-\tau), & t>\tau \end{cases}$,则 $L[f_\tau(t)] = \mathrm{e}^{-\tau s}F(s)(s>\sigma_0)$

微分性质 $L[f'(t)] = sF(s) - f(0^+)(s>\sigma_0)$,$f(0^+) = \lim\limits_{t\to 0^+} f(t)$

积分性质 $L\left[\int_0^t f(\tau)\mathrm{d}\tau\right] = \dfrac{1}{s}F(s)$

初值定理 设 $L[f(t)] = F(s)$,则 $\lim\limits_{t\to 0^+} f(t) = \lim\limits_{s\to\infty} sF(s)$

终值定理 $\lim\limits_{t\to\infty} f(t) = \lim\limits_{s\to 0} sF(s)$

传递函数定义为零初始条件下系统输出量的拉氏变换与输入量的拉氏变换之比。

在导弹纵向短周期运动方程(18.9.1)中，输入量是舵偏角偏量 $\Delta\delta_z$ 及其变化速率 $\Delta\dot{\delta}_z$、外干扰力 F_{gy} 和干扰力矩 M_{gz}，输出量是运动参量 $\Delta\omega_z$、$\Delta\theta$、$\Delta\alpha$，而 $\Delta\omega_z = \Delta\dot{\vartheta}$。将该方程左右两边在零起始条件下求拉氏变换，并利用拉氏变换的微分性质等，可得到由各象函数组成的方程

$$\begin{bmatrix} s(s+a_{22}) & 0 & (a'_{24}s+a_{24}) \\ 0 & s+a_{33} & -a_{34} \\ -1 & 1 & 1 \end{bmatrix}\begin{bmatrix} \Delta\vartheta(s) \\ \Delta\theta(s) \\ \Delta\alpha(s) \end{bmatrix} = \begin{bmatrix} -a_{25} \\ a_{35} \\ 0 \end{bmatrix}\Delta\delta_z(s) + \begin{bmatrix} -a'_{25} \\ 0 \\ 0 \end{bmatrix}\Delta\dot{\delta}_z(s) + \begin{bmatrix} M_{gz}(s) \\ F_{gy}(s) \\ 0 \end{bmatrix} \tag{18.10.13}$$

利用克莱姆法则，求出系数行列式 $\Delta(s) = s^3 + P_1 s^2 + P_2 s + P_3$、$\Delta\vartheta(s)$、$\Delta\theta(s)$、$\Delta\alpha(s)$ 后即可按定义求得短周期运动的传递函数

$$W_{\delta_z}^{\vartheta}(s) = -\frac{\Delta\vartheta(s)}{\Delta\delta_z(s)} = \frac{a'_{25}s^2 + (a'_{25}a_{33} + a'_{25}a_{34} + a_{25} - a'_{24}a_{35})s + a_{25}(a_{34} + a_{33}) - a_{24}a_{35}}{s^3 + P_1 s^2 + P_2 s + P_3} \tag{18.10.14}$$

$$W_{\delta_z}^{\theta}(s) = -\frac{\Delta\theta(s)}{\Delta\delta_z(s)} = \frac{-a_{35}s^2 + (a'_{25}a_{34} - a_{35}a_{22} - a_{35}a'_{24})s + (a_{25}a_{34} - a_{24}a_{35})}{s^3 + P_1 s^2 + P_2 s + P_3} \tag{18.10.15}$$

$$W_{\delta_z}^{\alpha}(\theta) = -\frac{\Delta\alpha(s)}{\Delta\delta_z(s)} = \frac{(a'_{25} + a_{35})s^2 + (a_{35}a_{22} + a_{25} + a'_{25}a_{33})s + a_{25}a_{33}}{s^3 + P_1 s^2 + P_2 s + P_3} \tag{18.10.16}$$

如果忽略重力动力系数 a_{33} 以及进一步忽略舵偏转的下洗 $M_z^{\dot{\delta}_z}$（即 $a'_{25}=0$）（但鸭式导弹斜吹力矩较大，应予以保留），则以上式子可以简化，得标准形式的传递函数

$$W_{\delta_z}^{\vartheta}(s) = \frac{K_\alpha(T_{1\alpha}s+1)}{s(T_\alpha^2 s^2 + 2\xi_\alpha T_\alpha s + 1)} \tag{18.10.17}$$

其中，$K_\alpha = \dfrac{a_{25}a_{34} - a_{24}a_{35}}{a_{24} + a_{22}a_{34}}$，称为纵向传递系数；$T_\alpha = \dfrac{1}{\sqrt{a_{24} + a_{22}a_{34}}}$，称为纵向时间常数；$\xi_\alpha = \dfrac{a_{22} + a'_{24} + a_{34}}{2\sqrt{a_{24} + a_{22}a_{34}}}$，称为纵向相对阻尼；$T_{1\alpha} = \dfrac{a_{25} - a'_{24}a_{35}}{a_{25}a_{34} - a_{24}a_{35}}$，称为纵向气动力时间常数。

$$W_{\delta_z}^{\theta}(s) = \frac{K_\alpha(T_{1\theta}s+1)(T_{2\theta}s+1)}{s(T_\alpha^2 s^2 + 2\xi_\alpha T_\alpha s + 1)} \approx \frac{K_\alpha[1 - T_{1\alpha}a_{35}s(s+a_{22})/a_{25}]}{s(T_\alpha^2 s^2 + 2\xi_\alpha T_\alpha s + 1)} \quad (\text{略去 } a'_{24}) \tag{18.10.18}$$

$$T_{1\theta}T_{2\theta} = \frac{-a_{35}}{a_{25}a_{34} - a_{24}a_{35}},\quad T_{1\theta} + T_{2\theta} = \frac{-a_{35}(a_{22} + a'_{24})}{a_{25}a_{34} - a_{24}a_{35}} \tag{18.10.19}$$

$$W_{\delta_z}^{\alpha}(s) = \frac{K_{2\alpha}(T_{2\alpha}s+1)}{T_\alpha^2 s^2 + 2\xi_\alpha T_\alpha s + 1} \approx \frac{K_\alpha T_{1\alpha}[1 + a_{35}(s+a_{22})/a_{25}]}{T_\alpha^2 s^2 + 2\xi_\alpha T_\alpha s + 1} \tag{18.10.20}$$

其中，$K_{2\alpha} = \dfrac{a_{25} + a_{22}a_{35}}{a_{24} + a_{22}a_{34}}$，称为攻角传递系数；$T_{2\alpha} = \dfrac{a_{35}}{a_{25} + a_{22}a_{35}}$，称为攻角时间常数。

由以上式子可见，传递函数的分母多项式就是短周期运动方程(18.9.1)的特征行列式，故扰动运动的稳定性也取决于传递函数分母多项式根的性质，并且可见，我们前面分析短周期运动稳定性时用的特征方程 $s^2 + P_1 s + P_2 = 0$ 只是攻角传递函数 $W_{\delta_z}^{\alpha}(s)$ 的分母多项式或传递函数 $W_{\delta_z}^{\dot{\theta}}(s)$、$W_{\delta_z}^{\dot{\vartheta}}(s)$ 的分母多项式。因此，所得的稳定性结论只适合分析 $\Delta\alpha$、$\Delta\dot{\vartheta}$、$\Delta\dot{\theta}$ 的稳定性，而在 $\Delta\dot{\vartheta}$、$\Delta\dot{\theta}$ 稳定的情况下，积分后 $|\Delta\vartheta|$ 和 $|\Delta\theta|$ 都是不断增大的，并不具备稳

定性。

舵面偏转的目的是提供法向力和法向过载,改变飞行轨迹,故需求出以舵偏角为输入、法向过载为输出的传递函数。由于在基准弹道中法向过载为 $n_y = v\dot{\theta}/g + \cos\theta$,将它取偏量并略去二阶小量 $\Delta v \cdot \dot{\theta}/g$ 和 $\sin\theta \cdot \Delta\theta$ 后得

$$\Delta n_y = v\Delta\dot{\theta}/g$$

所以法向过载对舵偏角的传递函数为

$$W_{\delta_z}^{n_y}(s) = -\frac{\Delta n_y(s)}{\Delta\delta_z(s)} = -\frac{v}{g}\frac{s\Delta\theta(s)}{\Delta\delta_z(s)} = \frac{v}{g}sW_{\delta_z}^{\theta}(s) \tag{18.10.21}$$

导弹纵向传递函数(18.10.17)~(18.10.21)可用开环状态方块图表示在图18.10.2中。

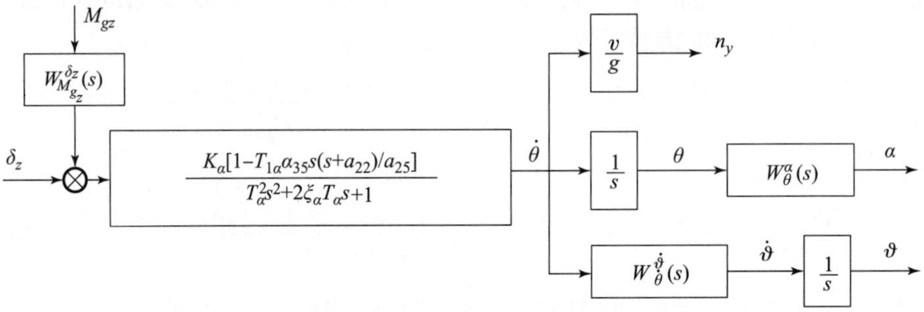

图18.10.2 短周期运动的传递关系图

作为输入作用,除舵面偏转外,还有干扰作用,它主要影响制导精度,在短周期运动阶段主要是干扰力矩 M_{gz} 的影响。采用与上述相同的方法,由方程组(18.10.13)可解出由干扰力矩 $M_{gz}(s)$ 产生的 $\Delta\vartheta(s)$、$\Delta\theta(s)$ 和 $\Delta\alpha(s)$,得常用形式的纵向短周期运动干扰传递函数

$$\begin{aligned} W_M^{\vartheta}(s) &= \frac{\Delta\vartheta(s)}{M_{gz}(s)} = \frac{T_\alpha^2(s+a_{34})}{s(T_\alpha^2s^2+2\xi_\alpha T_\alpha s+1)}, W_M^{\theta}(s) = \frac{\Delta\theta(s)}{M_{gz}(s)} = \frac{T_\alpha^2 a_{34}}{s(T_\alpha^2s^2+2\xi_\alpha T_\alpha s+1)} \\ W_M^{\alpha}(s) &= \frac{\Delta\alpha(s)}{M_{gz}(s)} = \frac{T_\alpha^2}{s(T_\alpha^2s^2+2\xi_\alpha T_\alpha s+1)}, W_M^{n_y}(s) = \frac{\Delta n_y(s)}{M_{gz}(s)} = \frac{vT_\alpha^2 a_{34}}{g(T_\alpha^2s^2+2\xi_\alpha T_\alpha s+1)} \end{aligned} \tag{18.10.22}$$

利用传递函数 $W_M^\theta(s)$ 和 $W_{\delta_z}^\theta(s)$,可将干扰 M_{gz} 的输入作用变换成虚拟的舵偏角输入作用,得到等效舵偏角。这时转换函数为

$$W_M^{\delta_z}(s) = \frac{W_M^\theta(s)}{W_{\delta_z}^\theta(s)} = \frac{T_\alpha^2 a_{34}}{K_\alpha[1-T_{1\alpha}a_{35}s(s+a_{22})/a_{25}]} \approx \frac{1}{a_{25}} \tag{18.10.23}$$

上式最后一步略了 a_{35},即略去了舵面转动产生的下洗,适宜在初步分析制导精度时使用。这样,干扰力矩折合成如下有效舵偏角,它也表示在图18.10.2中。

$$\Delta\delta_{gz} = M_{gz}/a_{25} \tag{18.10.24}$$

其实,由力矩等效关系 $-M_z^{\delta_z} \cdot \Delta\delta_z = -M_{gz} \cdot J_z = M'_{gz}$ 也可直接得到上面的关系。

18.10.4 纵向短周期运动的频率特性

导弹的频率特性是指当舵面做简谐振动时导弹运动参量偏量的响应特性,它反映了导弹对舵面简谐偏转的跟随性。导弹作为控制回路的一个环节,当用频率法分析控制回路时,就必

须知道导弹这个环节的频率特性。

因传递函数 $W_{\delta_z}^{\dot{\theta}}(s)=sW_{\delta_z}^{\theta}(s)$，故由式(18.10.17)、式(18.10.18)、式(18.10.20)可知，传递函数 $W_{\delta_z}^{\dot{\theta}}(s)$、$W_{\delta_z}^{n_y}(s)$、$W_{\delta_z}^{\alpha}(s)$ 分母多项式相同，均为 $T_\alpha^2s^2+2\xi_\alpha T_\alpha s+1$，仅分子表达式不同。因传递函数的分母由动力系统齐次微分方程决定，故当舵面做简谐振动时，运动参量 $\Delta\dot{\theta}$、Δn_y、$\Delta\alpha$ 的变化可统一用下述方程描述

$$T_\alpha^2\ddot{X}+2\xi_\alpha T_\alpha\dot{X}+X=K\delta_0\sin\omega_B t \tag{18.10.25}$$

式中，X 代表 $\Delta\dot{\theta}$、Δn_y 或 $\Delta\alpha$；δ_0 为舵面简谐振动的幅值；ω_B 为振动频率；K 为比例系数。此方程描述一个二阶振荡环节的受迫运动，它的解应是齐次方程的通解与非齐次方程的特解之和。当导弹动态稳定时，齐次解将逐渐衰减掉，最后只剩下非齐次特解对应的强迫振动，其振动频率也为 ω_B。另外，方程(18.10.25)可以看作是关于复变量 $z=y+\mathrm{i}x$ 的微分方程

$$T_\alpha^2\ddot{z}+2\xi_\alpha T_\alpha\dot{z}+z=K\delta_0\mathrm{e}^{\mathrm{i}\omega_B t} \tag{18.10.26}$$

的虚部方程。设此方程的非齐次解为 $z=D\delta_0\mathrm{e}^{\mathrm{i}(\omega_B t+\varphi)}$，将它代入方程中并消去公因子，得

$$D[T_\alpha^2(\mathrm{i}\omega_B)^2+2\xi_\alpha T_\alpha(\mathrm{i}\omega_B)+1]\mathrm{e}^{\mathrm{i}\varphi}=K \tag{18.10.27}$$

比较上式两边的模和相位

$$D(\omega_B)=\frac{K}{\sqrt{(1-T_\alpha^2\omega_B^2)+(2\xi_\alpha T_\alpha\omega_B)^2}},\quad \varphi=\begin{cases}\varphi_1=-\arctan\left(\dfrac{2\xi_\alpha T_\alpha\omega_B}{1-T_\alpha^2\omega_B^2}\right), & K>0\\ \varphi_2=\pi+\varphi_1, & K<0\end{cases} \tag{18.10.28}$$

因此，对于舵面简谐振动输入，取 z 的虚部后得输出变量的解 $X=D\delta_0\sin(\omega_B t+\varphi)$，其中输出量的模态振幅 D 随频率 ω_B 的变化特性即为幅频特性，输出量的相位 φ 随 ω_B 变化的特性即为相频特性。并且由式(18.10.28)可见，输出量的幅值 D 对输入量的幅值 K 有放大或缩小的作用，输出量的相位对输入量相位有所移动。

实际上将忽略了 a_{35} 的传递函数 $W_{\delta_z}^{\dot{\theta}}(s)$、$W_{\delta_z}^{n_y}(s)$、$\omega_{\delta_z}^{\alpha}(s)$ 分母中的拉氏算子 s 以 $(\mathrm{i}\omega_B)$ 代替，则所形成的复数的模即为上述幅频特性，复数的相位即为相频特性，即

$$D(\omega_B)=|W(\mathrm{i}\omega_B)|,\quad \varphi(\omega_B)=\arg W(\mathrm{i}\omega_B) \tag{18.10.29}$$

对于输出量 $\Delta\dot{\theta}$、Δn_y、$\Delta\alpha$，导弹的动态特性可用振荡环节的传递函数描述，振荡环节的幅频特性和相频特性，即 $D(\omega_B)$、$\varphi(\omega_B)$ 随 ω_B 变化的曲线如图 18.10.3 和图 18.10.4 所示。

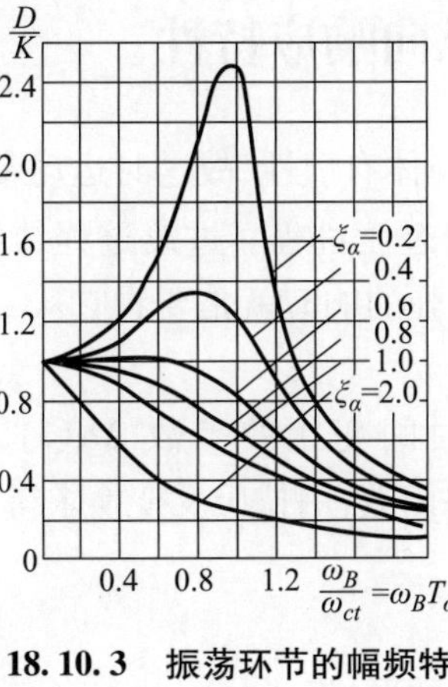

图 18.10.3　振荡环节的幅频特性

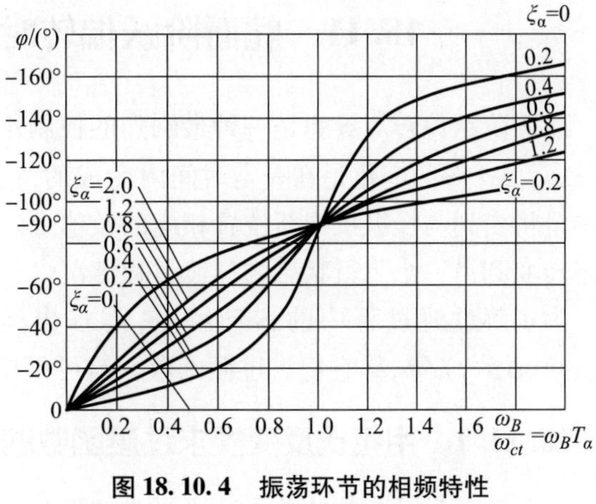

图 18.10.4　振荡环节的相频特性

由图18.10.3可见,随着阻尼ξ_α的减小,导弹运动参数的幅值逐渐增大,在阻尼ξ_α很小,而舵面偏转频率ω_B接近于导弹自由振动频率$\omega_{ct}=1/T_\alpha$时,由式(18.10.28)可见,D的分母变得很小,振幅D变得很大,即发生了共振。因导弹弹体阻尼一般较小,故为了避免共振,控制系统应使操纵机构频率不要接近导弹的固有频率,这些性质都与第12章所述相同。

由式(18.10.28)的相频特性$\varphi(\omega_B)$知,当$K>0,\xi_\alpha>0$时,$\Delta\alpha$、$\Delta\dot{\theta}$、Δn_y的振荡相位比操纵机构谐波振动相位滞后φ角,随着$\omega_B/\omega_{ct}=T_\alpha\omega_B$增大,相位移也逐渐增大。当$\omega_B=0$时,$\varphi=0$;当$\omega_B=\omega_{ct}$时,$\varphi=-90°$;当$\omega_B=\infty$时,$\varphi=-180°$。如果无阻尼($\xi_\alpha=0$),则当$\omega_B<\omega_{ct}$时,$\varphi=0$,无相位移动;当$\omega_B>\omega_{ct}$时,$\varphi=-180°$,相位相反。此时导弹将无延迟地跟随操纵机构偏转,同相或反向。故导弹理想无延迟地跟随操纵机构偏转只有在无阻尼时才能达到。

在用频率法进行控制回路分析时,采用的是对数幅频特性和相频特性,并以分贝数表示。以俯仰角对舵偏角传递函数(18.10.17)为例,它由比例环节K_α、一阶微分环节($T_{1\alpha}s+1$)、一阶积分环节$1/s$和振荡环节$T_\alpha^2s^2+2\xi_\alpha T_\alpha s+1$组成,将式(18.10.17)取对数后可知,总的对数幅频特性为各环节对数幅频特性之和(以分贝数表示),总的相频特性为各环节相频特性之和,于是有

$$D_\vartheta(\omega_B)=20\lg K_\alpha+20\lg\sqrt{T_{1\alpha}^2\omega_B^2+1}-20\lg\omega_B-20\lg\sqrt{(1-T_\alpha^2\omega_B^2)^2+(2\xi_\alpha T_\alpha\omega_B)^2}$$

$$\varphi_\vartheta(\omega_B)=\arctan(T_{1\alpha}\omega_B)-\arctan\left(\frac{2\xi_\alpha T_\alpha\omega_B}{1-T_\alpha^2\omega_B^2}\right)-\frac{\pi}{2}$$

以某飞行器为例,$K_\alpha=1.961\ \mathrm{s}^{-1}$,$T_{1\alpha}=0.729\ \mathrm{s}$,$\xi_\alpha=0.493$,$T_\alpha=0.234\ \mathrm{s}$,作出其对数幅频特性和相频特性,如图18.10.5中曲线1所示。同一图上还画出了对全面纵向扰动运动俯仰角的对数幅频特性和相频特性,如图18.10.5中的曲线2所示。可见两曲线在高频段(即短周期运动阶段)极其接近,但在低频段就有明显差异了,其原因是短周期运动结束后俯仰角进入长周期运动,其频率特性处于低频段,而短周期传递函数只适用于短周期运动阶段。

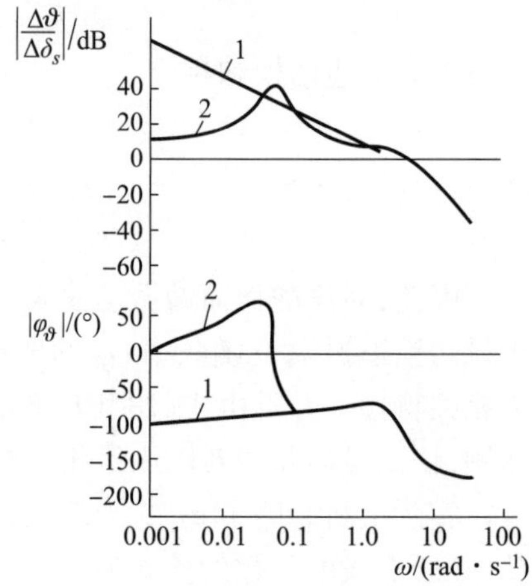

图18.10.5　对数幅频特性和相频特性

18.11　舵面阶跃偏转时导弹的纵向响应特性

舵面阶跃偏转对导弹是一种最剧烈的控制作用,因导弹弹体有惯性,故这时运动参量$\Delta\alpha$、$\Delta\dot{\theta}$、Δn_y、$\Delta\vartheta$等的变化是在一定时间内完成的,这个过程就叫过渡过程。过渡过程结束后,运动参量将变到与操纵机构新位置相应的数值上。研究此时导弹的响应就是要看它从一个飞行状态转变到另一个飞行状态的过渡过程情况。

为了解过渡过程中的运动特点,需求出运动参量随时间变化的函数$\Delta\alpha(t)$、$\Delta\dot{\theta}(t)$、$\Delta n_y(t)$、$\Delta\vartheta(t)$等,称它们为过渡函数。这可根据它们的传递函数,用拉氏反变换求得。

18.11.1　用拉氏反变换求过渡函数的方法

设已知某运动参数的象函数可写成如下分子分母多项式的形式

$$X(s)=H(s)/D(s) \tag{18.11.1}$$

设 $D(s)$ 为 n 次多项式，并且 s^n 的系数为 1，$H(s)$ 的阶次数低于 $D(s)$ 的阶次。又设 $D(s)$ 无重根，只有 n 个单根 $s_1,s_2,\cdots,s_n$，其中也可以有一个零根。则可将 $D(s)$ 写成 $D(s)=(s-s_1)(s-s_2)\cdots(s-s_n)$ 形式，而采用部分分式法可将式(18.11.1)因式分解成如下形式

$$x(s)=\frac{H(s)}{D(s)}=\frac{I_1}{s-s_1}+\frac{I_2}{s-s_2}+\cdots+\frac{I_n}{s-s_n} \tag{18.11.2}$$

其中，将上式两边同乘 $(s-s_i)$，并令 $s\to s_i$，即求得了 I_i。即

$$I_i=\lim_{s\to s_i}(s-s_i)x(s) \tag{18.11.3}$$

由于 $(s-s_i)$ 乘以 $x(s)$ 后即消去了式(18.11.2)分母 $D(s)$ 中的因子 $(s-s_i)$，余下只有不含 s_i 的各因子之积，而这与将分母 $D(s)$ 对 s 求导并且导数中 $s\to s_i$ 的效果相同，即

$$\lim_{s\to s_i}D'(s)=(s-s_1)(s-s_2)\cdots(s-s_{i-1})(s-s_{i+1})\cdots(s-s_n)$$

由此可得

$$x(s)=\sum_{i=1}^{n}\frac{H(s_i)}{D'(s_i)}\left(\frac{1}{s-s_i}\right) \tag{18.11.4}$$

此式称为海微赛德展开式。再用拉氏反变换(表 18.10.1)，即得运动参量的原函数

$$x(t)=\sum_{i=1}^{n}\frac{H(s_i)}{D'(s_i)}\mathrm{e}^{s_i t} \tag{18.11.5}$$

利用此式，可由导弹运动参数偏量对起始扰动、舵面偏转或外界干扰作用的传递函数求运动偏量的象函数，进而求得它们的过渡函数，用于分析导弹的稳定性、操纵性和稳态误差特性。

18.11.2　过渡过程的形态

由传递函数(18.10.17)～式(18.10.22)可见，当忽略舵面动力系数 a_{35} 时(当然，前面早已忽略了 a_{33})，运动参数 $\Delta\alpha$、$\Delta\dot{\theta}$、Δn_y 对舵偏转的传递函数都是一个二阶振荡环节，可统一表示为

$$\frac{\Delta X(s)}{\Delta\delta_z(s)}=\frac{K}{T_\alpha^2 s^2+2\xi_\alpha T_\alpha s+1}\qquad\begin{pmatrix}\Delta X(s)=\Delta\alpha(s),\Delta\dot{\theta}(s),\Delta n_y(s)\\ K=K_\alpha T_{1\alpha},K_\alpha,K_\alpha v/g\end{pmatrix} \tag{18.11.6}$$

过渡函数的收敛或发散由传递函数的分母多项式的根值决定，而分子只影响过渡函数的系数。式(18.11.6)的分母多项式的根为

$$s_{1,2}=-\frac{\xi_\alpha}{T_\alpha}\pm\sqrt{\frac{\xi_\alpha^2-1}{T_\alpha^2}}=-\frac{1}{2}(a_{34}+a_{22}+a_{24}')\pm\frac{1}{2}\sqrt{(a_{34}+a_{22}+a_{24}')^2-4(a_{24}+a_{22}a_{34})} \tag{18.11.7}$$

由前面分析知，当 $a_{24}+a_{22}a_{34}<0$ 时，导弹运动不稳。下面只讨论 $a_{24}+a_{22}a_{34}>0$ 的情况。

①当 $\xi_\alpha>1$ 时，$\sqrt{\xi_\alpha^2-1}>0$，$s_{1,2}$ 均为实数。这时过渡过程由两个衰减的非周期运动组成。此时有 $(a_{34}+a_{22}+a_{24}')^2>4(a_{24}+a_{22}a_{34})$。利用式(18.11.5)可求得

$$\Delta X(t)=\left[1-\frac{\xi_\alpha+\sqrt{\xi_\alpha^2-1}}{2\sqrt{\xi_\alpha^2-1}}\mathrm{e}^{-(\xi_\alpha-\sqrt{\xi_\alpha^2-1})t/T_\alpha}+\frac{\xi_\alpha-\sqrt{\xi_\alpha^2-1}}{2\sqrt{\xi_\alpha^2-1}}\mathrm{e}^{-(\xi_\alpha+\sqrt{\xi_\alpha^2-1})t/T_\alpha}\right]K\Delta\delta_z \tag{18.11.8}$$

② 当$\xi_\alpha<1$时，$\sqrt{\xi_\alpha^2-1}=\mathrm{i}\sqrt{1-\xi_\alpha^2}$，$s_{1,2}$为共轭复数，过渡过程为衰减的振荡运动。同样，利用式(18.11.5)可得

$$\Delta X(t)=\left[1-\frac{\mathrm{e}^{-\xi_\alpha t/T_\alpha}}{\sqrt{1-\xi_\alpha^2}}\cos\left(\frac{\sqrt{1-\xi_\alpha^2}}{T_\alpha}t-\varphi_1\right)\right]K\Delta\delta_z,\quad \tan\varphi_1=\frac{\xi_\alpha}{\sqrt{1-\xi_\alpha^2}} \tag{18.11.9}$$

俯仰角速度$\Delta\dot{\vartheta}(t)$的过渡函数可由先传递函数(18.10.17)求出$\dot{\vartheta}(s)$，再用式(18.11.5)求得

$$\Delta\dot{\vartheta}=\left[1-\mathrm{e}^{-\xi_\alpha t/T_\alpha}\sqrt{\frac{1-2\xi_\alpha(T_{1\alpha}/T_\alpha)+(T_{1\alpha}/T_\alpha)^2}{1-\xi_\alpha^2}}\cos\left(\frac{\sqrt{1-\xi_\alpha^2}}{T_\alpha}t+\varphi_1+\varphi_2\right)\right]K_\alpha\Delta\delta_z$$

$$\tan(\varphi_1+\varphi_2)=\frac{T_{1\alpha}/T_\alpha-\xi_\alpha}{\sqrt{1-\xi_\alpha^2}} \tag{18.11.10}$$

将$x(t)$作为$\dot{\theta}(t)$，$K=K_\alpha$，积分式(18.11.8)以及积分式(18.11.10)，可得$\Delta\theta$和$\Delta\vartheta$的过渡函数

$$\frac{\Delta\vartheta}{K\Delta\delta_z}=T_\alpha\left[\frac{t}{T_\alpha}-2\xi_\alpha+\frac{T_{1\alpha}}{T_\alpha}-\mathrm{e}^{-\xi_\alpha t/T_\alpha}\sqrt{\frac{1-2\xi_\alpha(T_{1\alpha}/T_\alpha)+(T_{1\alpha}/T_\alpha)^2}{1-\xi_\alpha^2}}\sin\left(\frac{\sqrt{1-\xi_\alpha^2}}{T_\alpha}t+\varphi_2\right)\right]$$

$$\tan\varphi_2=\frac{\sqrt{1-\xi_\alpha^2}(T_{1\alpha}/T_\alpha-2\xi_\alpha)}{1-2\xi_\alpha^2+\xi_\alpha T_{1\alpha}/T_\alpha} \tag{18.11.11}$$

$$\frac{\Delta\theta}{K\Delta\delta_z}=T_\alpha\left[\frac{t}{T_\alpha}-2\xi_\alpha-\frac{\mathrm{e}^{-\xi_\alpha t/T_\alpha}}{\sqrt{1-\xi_\alpha^2}}\sin\left(\frac{\sqrt{1-\xi_\alpha^2}}{T_\alpha}t-2\varphi_1\right)\right]$$

$$\tan 2\varphi_1=\frac{2\xi_\alpha\sqrt{1-\xi_\alpha^2}}{1-2\xi_\alpha^2} \tag{18.11.12}$$

过渡函数$\Delta\dot{\vartheta}$、$\Delta\vartheta$所描述的过渡过程如图18.11.1所示，而过渡函数$\Delta\theta(t)$曲线在图18.11.2中。

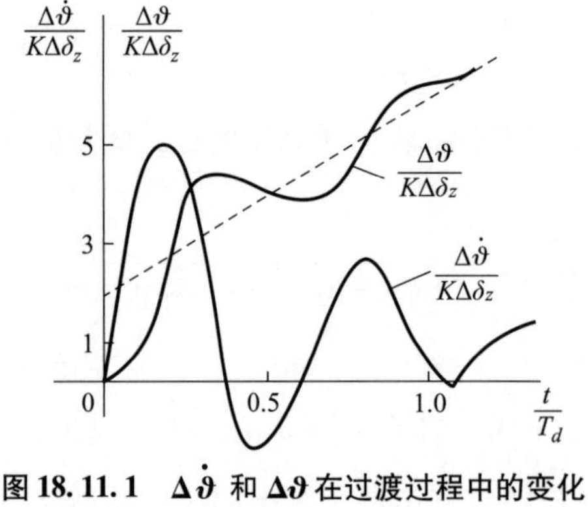

图18.11.1 $\Delta\dot{\vartheta}$ 和 $\Delta\vartheta$ 在过渡过程中的变化

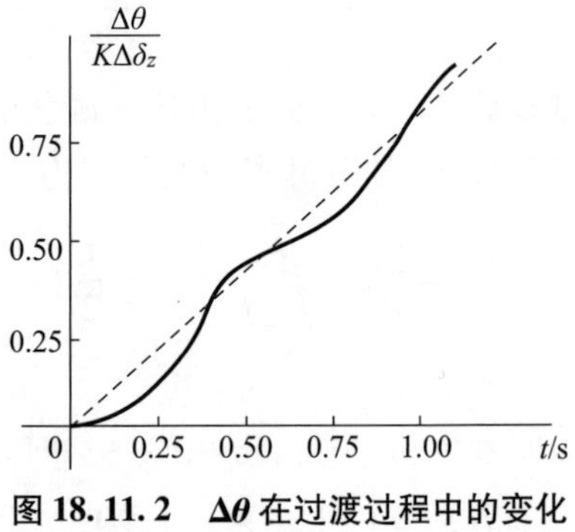

图18.11.2 $\Delta\theta$ 在过渡过程中的变化

由图可见，舵面阶跃偏转后，只能使攻角、俯仰角角速度和弹道倾角角速度在过渡过程结束时达到稳态值，而俯仰角和弹道倾角是一直在增大的。下面我们讨论过渡过程品质的五项指标：传递系数、过渡过程时间、过渡过程中的最大偏量、超调量和振荡次数。

18.11.3　纵向传递系数 K_α 对过渡过程的影响

传递系数(即放大系数)定义为稳态时输出变量与输入变量之比,由式(18.11.8)~式(18.11.12)可见,当 $t\to\infty$ 时,各指数项均趋于零,代入各变量相应的 K 表达式,得

$$-\frac{\Delta\alpha_w}{\Delta\delta_z}=K_\alpha T_{1\alpha},\quad -\frac{\Delta\dot{\theta}_w}{\Delta\delta_z}=K_\alpha,\quad -\frac{\Delta n_y}{\Delta\delta_z}=\frac{V}{g}K_\alpha,\quad -\frac{\Delta\dot{\vartheta}}{\Delta\delta_z}=K_\alpha \tag{18.11.13}$$

式中,下标"w"表示稳态值。由此式可见,K_α 越大,在舵面偏转后可得到的 $\Delta\alpha$、$\Delta\dot{\theta}$、Δn_y 稳态值越大,表示操纵性越好。实际上,传递系数也可由传递函数利用终值定理求得,即 $K=\lim\limits_{s\to 0}sW(s)\delta_z(s)$。当 $|a_{22}a_{34}|\ll|a_{24}|$,$|a_{35}a_{24}|\ll|a_{25}a_{34}|$ 时,K_α 有如下精确公式和近似公式

$$K_\alpha=\frac{a_{25}a_{34}-a_{24}a_{35}}{a_{24}+a_{22}a_{34}},\quad K_\alpha\approx\frac{a_{25}a_{34}}{a_{24}}=\frac{m_z^{\delta_z}}{m_z^\alpha}\left(\frac{P+Y^\alpha}{mv}\right)\approx\frac{m_z^{\delta_z}\rho v c_y^\alpha S}{m_z^\alpha\ 2m} \tag{18.11.14}$$

表 18.11.1 为某地空导弹按半前置量法导引,攻击 22 km 高度目标时,K_α 沿高度变化情况。由表可见,K_α(近似值)$\approx K_\alpha$(精确值)。

表 18.11.1　纵向传递系数沿弹道的变化

H/m	1 067.7	4 526	8 210	14 288	22 038
$v/(\mathrm{m\cdot s^{-1}})$	546.9	609.2	701.5	880.3	1 090.9
$a_{22}/\mathrm{s^{-1}}$	1.488	1.132	0.774 8	0.352 8	0.112 7
$a'_{24}/\mathrm{s^{-1}}$	0.270 9	0.175 4	0.095 77	0.030 0	0.006 4
$a_{25}/\mathrm{s^{-2}}$	66.54	54.93	41.52	21.59	7.967
$a_{34}/\mathrm{s^{-1}}$	1.296	1.126	0.900	0.514	0.206
$a_{24}/\mathrm{s^{-2}}$	10.47	91.97	76.51	46.44	17.70
$a_{35}/\mathrm{s^{-1}}$	0.129	0.106	0.076	0.036	0.012
$K_\alpha/\mathrm{s^{-1}}$(精确值)	0.681 5	0.559 3	0.408 8	0.202 4	0.080 5
$K_\alpha/\mathrm{s^{-1}}$(近似值)	0.823 6	0.672 5	0.488 4	0.239 0	0.092 6

将 K_α 的近似公式代入式(18.11.13)中可得

$$-\frac{\Delta\alpha_w}{\Delta\delta_z}=\frac{m_z^{\delta_z}}{m_z^\alpha},\ -\frac{\Delta\dot{\theta}}{\Delta\delta_z}=-\frac{\Delta\dot{\vartheta}}{\Delta\delta_z}=\frac{m_z^{\delta_z}}{m_z^\alpha}\left(\frac{P+Y^\alpha}{mv}\right),\ -\frac{\Delta n_y}{\Delta\delta_z}=\frac{v}{g}\left(\frac{-\Delta\dot{\theta}}{\Delta\delta_z}\right),\frac{\Delta\dot{\theta}_w}{\Delta\alpha_w}=\frac{P+Y^\alpha}{mv} \tag{18.11.15}$$

由上两式可见,提高升降舵操纵效率 $m_z^{\delta_z}$,在保证飞行稳定的条件下减小静稳定性 m_z^α,有利于提高传递系数 K_α 和操纵性。而在 $m_z^{\delta_z}/m_z^\alpha$ 已定的情况下,提高全弹升力 Y^α 有利于提高弹道倾角速度 $\dot{\theta}$ 与稳态攻角 α_w 之比,也即提高了机动性。$|m_z^{\delta_z}/m_z^\alpha|$ 的参考值如下:对正常式导弹,约为 0.7~1.0;对鸭式导弹,约为 0.8~1.2;对无尾式导弹,约为 0.5~0.8。

传递系数 K_α 随导弹速度增大而增大,随空气密度减小而减小。对于飞行高度变化很大的地空导弹,因随高度增加,空气密度减小比速度增大要快,使导弹的操纵性和机动性都变坏。如某导弹从地面升至 22 km 高空时,速度增大 2 倍,而空气密度下降为 1/17。结果为传递系数从 0.681 5 降至 0.08,下降为 1/8.5。不过对于攻击低空目标的导弹,因空气密度变化不大,而发动机增速明显,情况就不同了。对于空地导弹和制导炸弹,密度和速度的综合影响也要具体

分析。

为了减小飞行高度和速度对操纵性的影响,应使传递系数 K_α 大致保持不变。如在式(18.11.14)中代入静稳定储备量关系式 $m_z^\alpha/c_y^\alpha=(X_G-X_F)/l$,则得

$$K_\alpha \approx \frac{\rho v S l}{2m}\left(\frac{m_z^{\delta_z}}{X_G-X_F}\right) \tag{18.11.16}$$

由上式可见,如能使飞行中 X_G-X_F 与 ρv 成比例地变化,就能减小 K_α 的变化,改善操纵性。这可从两个途径入手:一是在进行弹体部位安排设计时,充分考虑重心 X_G 的变化,使(X_G-X_F)与 ρv 成比例变化;二是在飞行中改变弹翼的形状和位置,使焦点位置 X_F 改变,实现(X_G-X_F)与 ρv 成比例变化。如有的导弹在主动段飞行时,弹翼就可沿弹轴移动。

当然,我们也可在控制方法上采取措施,如采用自适应控制,根据导弹飞行的高度和速度(一般可简化成相应的时间函数)改变控制器中的参数,通过调整舵面偏转规律改变操纵力矩的大小,以抵消空气密度和飞行速度变化带来的不利影响,保证导弹有良好的操纵性和机动性。不过这时需要给舵面偏转留有较大的可调节裕量。

18.11.4 纵向时间常数 T_α 对过渡过程的影响

由过渡函数(18.11.9),如取相对时间 $\bar{t}=t/T_\alpha=\omega_{ct}t$ 为自变量,则输出变量 $X(\bar{t})$(即 $\Delta\alpha$、$\Delta\dot{\theta}$、Δn_y)与稳态值之比 $X(\bar{t})/(K\Delta\delta_z)$ 就只是相对阻尼系数 ξ_α 的函数,其图形如图 18.11.3 所示。

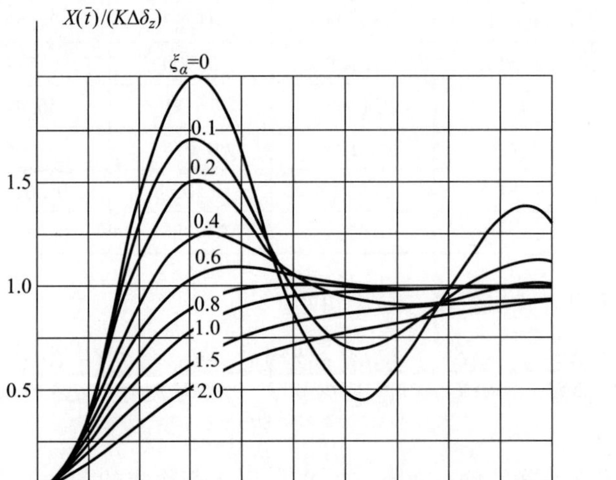

图 18.11.3 二阶环节对单位阶跃输入的响应

过渡过程时间 t_p 一般定义为输出量首次进入稳态值附近 ±5% 范围内不再越出的时刻。由图 18.11.3 可见,相对阻尼小,曲线振动太剧烈;阻尼系数过大,曲线变化过于缓慢,这都使过渡过程时间加长,而 $\xi_\alpha=0.75$ 时,过渡过程时间最短,这时 $\bar{t}\approx 3$,过渡过程所需真实时间为 $t_p=3T_\alpha$。在其他阻尼值下,过渡过程与时间常数 T_α 成正比。由

$$T_\alpha=1/\sqrt{a_{24}+a_{22}a_{34}}=1/\omega_{ct} \tag{18.11.17}$$

可见,增大静力矩(a_{24})、法向力(a_{34})和俯仰阻尼(a_{22})有利于减小时间常数和过渡过程时间。但 a_{24} 的增大又会使传递系数 K_α 减小,这又对操纵性不利。因此,在设计导弹和控制系统时,恰当确定导弹的静稳定性甚为重要,一般来说,导弹为提高操纵性,其静稳定度只约为 1% ~ 5%。导弹的自振频率主要由静稳定性决定。弹体以赫兹为单位的自振频率为

$$f_\alpha = \frac{\omega_{ct}}{2\pi} = \frac{1}{2\pi}\frac{1}{T_\alpha} \approx \frac{1}{2\pi}\sqrt{\frac{-m_z^\alpha qSl}{J_z}} = \frac{1}{2\pi}\sqrt{\frac{-(X_G - X_F)c_y^\alpha qSl^2}{J_z}} \tag{18.11.18}$$

此式表明,增加静稳定性 m_z^α 可以减小时间常数 T_α,但也增大了弹体自振频率。设计控制系统时,一般要求弹体自振频率低于控制系统的频率,以免出现共振。故从这个角度讲,静稳定也不是可以随便增加的。f_α 的参考值如下,对地空导弹,低空 4 ~ 5 km, $f_\alpha > 3 \sim 4$ Hz,高空约 22 km, $f_\alpha > 1.2 \sim 1.5$ Hz;空空导弹,高空 22 km, $f_\alpha > 1.6 \sim 1.8$ Hz;飞航式导弹, $f_\alpha < 1.5 \sim 2$ Hz。

由式(18.11.18)还可见,随飞行高度增加,q 减小, f_α 减小;但随着速度 v 增大,q 增大, f_α 增大。为了减小 ω_{ct} 和 f_α 的变化范围,希望 $X_G - X_F$ 与动压头 q 成反比地变化,但这又与传递系数 K_α 希望 $X_G - X_F$ 与 q 成正比变化相反,故设计弹体和控制系统时,只能取折中方案,综合照顾各传递参数的影响。

18.11.5　纵向相对阻尼 ξ_α 对过渡过程的影响

由图 18.11.3 知,$\xi_\alpha > 1$ 时,过渡过程是非周期的;$\xi_\alpha < 1$ 时,运动是振荡的,将出现超调。超调 σ 定义为过渡过程中输出变量的最大值(X_{max})与稳态值($K\Delta\delta_z$)之差,而相对超调 $\bar{\sigma}$ 定义为这个差值与稳态值之比。首先由过渡函数(18.11.9),令 $t \to \infty$,得稳态 $\Delta X_w = K\Delta\delta_z$;再应用求极值法,令 $\mathrm{d}(\Delta X)/\mathrm{d}t = 0$,可求得极值点时间

$$t' = \pi T_\alpha / \sqrt{1 - \xi_\alpha^2} \approx \pi / \omega_{ct} \tag{18.11.19}$$

将它再代入式(18.11.9)中,可求得最大值 ΔX_{max},并进一步求得相对超调

$$\Delta X_{max} = (1 + \mathrm{e}^{-\pi\xi_\alpha/\sqrt{1-\xi_\alpha^2}})K\Delta\delta_z, \quad \bar{\sigma} = \frac{\Delta X_{max} - \Delta X_w}{\Delta X_w} = \mathrm{e}^{-\pi\xi_\alpha/\sqrt{1-\xi_\alpha^2}} \tag{18.11.20}$$

故

$$\Delta X_{max} = (1 + \bar{\sigma})\Delta X_w \tag{18.11.21}$$

相对超调与阻尼系数 ξ_α 的关系曲线如图 18.11.4 所示。可见在振荡运动中,ξ_α 越小,超调 $\bar{\sigma}$ 越大。实际上,当舵面不是阶跃偏转时,操纵机构偏转慢,超调也会小一些,但从制导精度讲,又希望舵面迅速无延迟地偏转。故 $\bar{\sigma}$ 的大小取决于舵面偏转规律,特别是偏转速度,可用计算机仿真计算或从飞行试验数据中取得。

导弹在飞行中的最大法向过载是导弹结构强度设计中需要考虑的一个重要参数(如某地空导弹在 δ_{zmax} 时的可用过载 $n_{y可} = 3.1 \sim 3.7$)。对于攻击活动目标的导弹,常有可能要求舵面急剧地偏转到极限位置,在弹体响应的过渡过程中就会产生很大的攻角和侧滑角,形成很大的法向过载,对弹体强度是极大的考验。

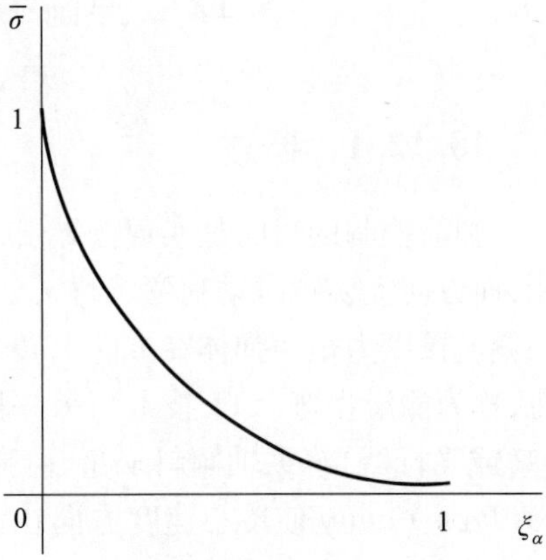

图 18.11.4　相对超调 $\bar{\sigma}$ 与相对阻尼系数 ξ_α 的关系

如果未扰动运动是在可用过载下飞行,此时过载为

$$n_{yp}=\frac{P\alpha+Y}{G}=-\left(\frac{P+c_y^{\alpha}qS}{G}\cdot\frac{m_z^{\delta_\alpha}}{m_z^{\alpha}}\right)\delta_{\max}$$

一种最严重的情况是,舵偏角从一个极限位置($\pm\delta_{\max}$)突然偏转到另一个相反的极限位置($\mp\delta_{\max}$),也即相当于舵偏角改变量为 $\Delta\delta_z=\pm2\delta_{\max}$,于是产生相对超调,过载最大偏量为

$$\Delta n_{y\max}=\mp2[n_{yp}(1+\bar{\sigma})] \tag{18.11.22}$$

最大过载为

$$n_{y\max}=\pm n_{yp}\mp2[n_{yp}(1+\bar{\sigma})]=\mp n_{yp}(1+2\bar{\sigma}) \tag{18.11.23}$$

这时过渡过程中的超调将增大一倍,如果 $\bar{\sigma}$ 数值较大,这时最大过载将比可用过载大得多。

为了减小过载最大值,希望增大导弹的相对阻尼系数 ξ_α 以降低超调,一般限制 $\bar{\sigma}<30\%$。由 ξ_α 的表达式,在略去下洗 a_{24}' 以及比 a_{24} 小得多的 $a_{22}a_{34}$ 项后,得

$$\xi_\alpha=\left(-\frac{1}{2J_z}\omega_z^{\omega_z}\rho vSl^2+\frac{P}{mv}+\frac{1}{2m}C_y^{\alpha}\rho vS\right)\Big/\left(2\sqrt{-\frac{1}{J_z}\frac{1}{2}m_z^{\alpha}\rho v^2Sl}\right) \tag{18.11.24}$$

式中,$P/(mv)$一项数值较小,常可忽略。由此式可见,增大分子中气动阻尼力矩和升力项总是有利的。减小分母中稳定力矩也有利于提高阻尼系数 ξ_α,这一点与传递系数 K_α 对静稳定性要求是一致的,但静力矩减小将使时间常数 T_α 增大,这又是我们不希望的。由于导弹受到气动外形布局的限制,不可能选择过大的弹翼面,相对阻尼系数不可能接近0.75,甚至只有0.1左右。

式(18.11.24)的分子、分母中均有速度 v,故相对阻尼系数 ξ_α 和超调 $\bar{\sigma}$ 与飞行速度无直接关系,但 ξ_α 与空气密度有关,随飞行高度增大而下降,如某地空导弹从5 km升至22 km,ξ_α 从0.121减至0.035,致使在高空过渡过程达19 s,振荡次数11次,飞行品质很不好。

为了提高导弹的相对阻尼系数 ξ_α,改善过渡过程品质,特别是减小超调,多数导弹通过自动驾驶仪形成操纵力矩,抑制弹体的摆动,从而补偿弹体阻尼的不足(可使 $\xi_\alpha\approx0.7$)。

在 ξ_α 较小的情况下,为了防止超调引起的最大过载太大,需限制最大舵偏角(电路限幅或机械限位),如果 $\delta_{z\max}$ 的值是为了保证高空飞行有足够的机动性,则低空时就要减小 $\delta_{z\max}$。某地空导弹就是采用动压头传感器,使 $\delta_{z\max}$ 与 q 成反比。

18.12 弹箭纵向扰动运动的自动稳定与控制

18.12.1 概述

弹箭控制的目的是实现按导引方法确定的空间弹道飞行,因此,主要是高低控制和方向控制,而方向上实现机动拐弯飞行又分两种方式:一种是气动轴对称弹箭,依靠方向舵偏转产生的偏航操纵力矩使弹体在方向上转动,形成侧滑角 β,产生侧向力 $Z^\beta\cdot\beta$,使质心速度方向转弯,称为侧滑拐弯(STT技术);另一种是对于气动面对称型弹箭,依靠副翼提供的倾斜力矩使弹(或飞行器)绕纵轴倾斜 γ 角,由弹翼升力和推力法向分力的合力($P\alpha+Y$)在水平面上的投影($P\alpha+Y$)$\sin\gamma$ 使质心速度方向在水平面上拐弯,称为倾斜拐弯(BTT技术),这种拐弯方式可提供很大的方向机动能力。

对于轴对称弹箭,因为两对舵面是按"+"形或"×"形安装在弹体上的,弹箭起飞后,为了不使两个方向上的控制错乱,必须使弹体和舵面保持发射时的状态,这就必须有另一控制通道

专门稳定弹体的滚转方位。但轴对称弹一般不装副翼，故滚转方位的控制由一对舵面差动偏转形成的滚转力矩来实现。

对于面对称弹箭，在倾斜拐弯时（例如右倾（$\gamma>0$）右拐），为了减小由侧滑角 β 产生的反方向（向左）的侧力 $Z^{\beta}\cdot\beta$，以及防止横向静稳定力矩 $M_x^{\beta}\cdot\beta$ 过大而降低副翼操纵效率，要求第二通道的方向舵也同时偏转（$\delta_y>0$），产生方向操纵力矩 $M_y^{\delta_y}\cdot\delta_y<0$，使弹体绕 y_1 轴负向转动，使弹轴也向右偏，从而减小侧滑角 β。同时，由于弹翼倾斜使升力的铅直分量 $Y\cos\gamma$ 减小，不能与重力平衡，会导致弹箭下沉。为此，还需转动升降舵，增大平衡攻角和升力，保证铅直面内升力分量与重力平衡。这整个过程称为"协调拐弯"。

因此，有控弹箭一般有三个控制通道，分别控制俯仰、偏航和滚转，也有的只控制俯仰偏航，不控制滚转。对于单通道旋转弹箭，只有一个控制通道，但在弹体旋转时，舵机采用调宽方式工作，可控制平均操纵力和力矩的方向，达到既控制俯仰又控制偏航的目的。

自动控制弹箭飞行首先是要操纵导弹的角运动，使它的姿态发生变化，产生新的攻角 α、侧滑角 β 和倾斜角 γ，以改变作用在导弹上的力，进而改变质心运动轨迹。所以，在分析和设计飞行控制系统时，应首先满足闭环情况下角运动和控制品质要求，然后在此基础上分析、设计自动导引或自主控制的整个系统。

前几节讲了控制系统不工作时弹体的动态特性，下面简单介绍一下控制系统工作时弹箭的运动特性，从而对控制系统实现弹箭有控飞行的过程和改善运动品质方面的作用有所了解。本节仅介绍弹箭纵向扰动运动的自动稳定与控制，至于倾斜运动的稳定和控制，可参考其他导弹飞行力学相关文献。

18.12.2　纵向扰动运动的自动稳定和控制

1. 俯仰角反馈的纵向动态分析

（1）自动驾驶仪方程

弹箭纵向自动驾驶仪除了保证弹箭具有飞行状态稳定性，还有控制弹箭飞行的作用，故要求它能迅速响应控制信号，使弹箭具有良好的操纵性和机动性。根据不同类型弹箭的弹道要求、被控制的运动参数不同，自动驾驶仪中所采用的测量元器件也不同。例如，对于定高飞行或在程序控制下爬高或下滑飞行的弹箭，或者是在水平面内按程序改变航向的弹箭，常希望俯仰角和攻角不受干扰影响，并且能执行控制信号以改变弹箭的飞行状态，这时自动驾驶仪应采用角度陀螺进行俯仰角反馈。

如果不考虑自动驾驶仪各组成元件的工作惯性和时间延迟，作为一种理想环节来处理，以俯仰角位移为反馈的导弹稳定系统如图 18.12.1 所示，其中控制信号 u_{ϑ} 来自导引系统。

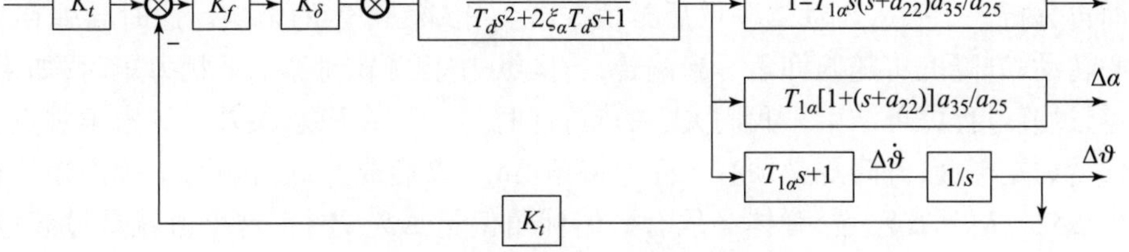

图 18.12.1　俯仰角反馈的纵向姿态运动

图中 K_t 是角位移 $\Delta\vartheta$ 敏感陀螺的传递系数;K_f 是放大器增益;K_δ 是舵机传递系数,其余环节是导弹纵向短周期传递函数;$\Delta\delta_{gz}$是等效干扰舵偏角。从图中可以看出,导弹舵面偏角包含两个分量:一个分量是为了传递控制信号,从而有目的地改变导弹的飞行;另一个分量是为了克服干扰作用,使导弹不受影响而保持原有飞行状态。舵面偏转规律为

$$\Delta\delta_z = K_\vartheta(\Delta\vartheta - u_\vartheta)(K_\vartheta = K_t K_f K_\delta) \tag{18.12.1}$$

此式描述了升降舵偏转角与控制信号、反馈信号之间的关系,称为自动驾驶仪方程或称自动驾驶仪调节规律。设正常式导弹在基准值 ϑ_0 上要抬头增加俯仰角偏量 $\Delta\vartheta^* > 0$,相应的电控信号规定为 $+u_\vartheta$,在抬头过程中,若俯仰角实际偏量 $\Delta\vartheta$ 还小于 u_ϑ,则按式(18.12.1),有 $\Delta\delta_z < 0$,这促使正常式导弹继续抬头,这就自然地符合了控制要求。

(2)俯仰角位移反馈的纵向稳定性

将俯仰角反馈的自动驾驶仪方程代入弹箭短周期运动简化方程(18.9.1)中,得

$$\begin{aligned}
&\Delta\ddot{\vartheta} + a_{22}\Delta\dot{\vartheta} + a_{24}\Delta\alpha + a'_{24}\Delta\dot{\alpha} = -a_{25}K_\vartheta(\Delta\vartheta - u_\vartheta) + M_{gz}\\
&\Delta\dot{\theta} + a_{33}\Delta\theta - a_{34}\Delta\alpha = a_{35}K_\vartheta(\Delta\vartheta - u_\vartheta) + F_{gy}\\
&\Delta\vartheta - \Delta\theta - \Delta\alpha = 0
\end{aligned} \tag{18.12.2}$$

略去重力动力系数 a_{33}后,此方程组的特征方程为

$$s^3 + (a_{22} + a_{34} + a'_{24})s^2 + (a_{24} + a_{22}a_{34} + a_{25}K_\vartheta - a'_{24}a_{35})s + a_{25}a_{34}K_\vartheta - a_{24}a_{35}K_\vartheta = 0 \tag{18.12.3}$$

此方程有三个根,如果要求运动稳定,三个根的实部均应为负。按照霍尔维茨稳定性准则,除要求特征方程的系数均为正值外,还必须满足稳定的充分条件,即满足下列不等式

$$(a_{24} + a_{22}a_{34} + a_{25}K_\vartheta - a'_{24}a_{35})(a_{22} + a_{34} + a'_{24}) - (a_{25}a_{34}K_\vartheta - a_{24}a_{35}K_\vartheta) > 0$$

略去舵面升力 Y^{δ_z}后($a_{35}=0$),上式简化为

$$K_\vartheta \frac{a_{25}(a_{22} + a'_{24})}{a_{22} + a_{34} + a'_{24}} + a_{22}a_{34} + a_{24} > 0 \tag{18.12.4}$$

在上式中,因为 $a_{22}>0$,$a_{34}>0$,$a'_{24}>0$,对正常式导弹,$a_{25}>0$,对静稳定弹,$a_{24}>0$,故此时只要 $K_\vartheta>0$,上式必然成立。与没有自动驾驶仪($K_\vartheta=0$)情况下的稳定条件 $a_{22}a_{34}+a_{24}>0$ 相比较可见,当 $K_\vartheta>0$ 时,允许静稳定性 a_{24}小一些,甚至允许导弹静不稳定($a_{24}<0$),只要 K_ϑ 足够大,使式(18.12.4)成立即可。从这个角度讲,$K_\vartheta>0$ 时,通过俯仰角反馈形式的操纵力矩起到了增加稳定性的作用。但这并不是说,只要有了自动驾驶仪,导弹的静稳定性就可以随便设计,因为静稳定性 a_{24}还决定着弹体的传递系数 K_α、时间常数 T_α、相对阻尼 ξ_α 以及自振频率,而这些参数不仅影响稳定性,还决定着导弹整个纵向运动的动态品质。

为了加快升降舵的偏转,更有效地抑制俯仰角的偏离,希望传递系数 K_ϑ 大一些,但 K_ϑ 也不能过大,否则会使导弹的反应过于激烈,并容易使升降舵处于极限位置,没有继续控制的余量。此外,还要考虑到操纵性方面的要求。

下面再分析一下引入自动驾驶仪后常值干扰力矩 M_{gz}产生的影响。这时导弹在 M_{gz}作用下绕重心转动,升降舵将随俯仰角一起偏转,当操纵力矩调节到等于干扰力矩时,如果俯仰角速度为零,过渡过程即可结束。我们关心的是,这时是否存在稳态误差。从力学观点看,为了使弹体保持力矩平衡,升降舵必须有一固定偏角 $\Delta\delta_{z\varepsilon}$,以形成操纵力矩与干扰力矩抗衡,而从调节规律 $\Delta\delta_{z\varepsilon} = K_\vartheta \cdot \Delta\vartheta_\varepsilon$ 看,弹体必须有一俯仰角偏量 $\Delta\vartheta_\varepsilon$ 才行,这个值就是过渡过程结束后的稳态误差。在过渡过程结束后,$\Delta\ddot{\vartheta} = \Delta\dot{\vartheta} = \dot{\theta} = \dot{\alpha} = 0$,将它们代入方程(18.12.2),经变

换得

$$a_{24}\Delta\alpha_\varepsilon + a_{25}K_\vartheta\Delta\vartheta_\varepsilon = M_{gz} - (a_{33}+a_{34})\Delta\alpha_\varepsilon + (a_{33}-a_{35}K_\vartheta)\Delta\vartheta_\varepsilon = 0 \tag{18.12.5}$$

解此方程组,可得下列纵向稳态误差

$$\begin{aligned}&\Delta\vartheta_\varepsilon = (a_{34}+a_{33})M_{gz}/\Delta_1 \quad && \Delta\alpha_\varepsilon = (a_{33}-a_{35}K_\vartheta)M_{gz}/\Delta_1\\ &\Delta\theta_\varepsilon = (a_{34}+a_{35}K_\vartheta)M_{gz}/\Delta_1 \quad && \Delta\delta_z = (a_{34}+a_{33})K_\vartheta M_{gz}/\Delta_1\end{aligned} \tag{18.12.6}$$

式中
$$\Delta_1 = K_\vartheta(a_{25}(a_{34}+a_{33}) - a_{24}a_{35}) + a_{24}a_{33}$$

由以上各式还可见,这时攻角也有了稳态误差 $\Delta\alpha_\varepsilon$,这是因为在舵偏角 $\Delta\delta_{z\varepsilon}$ 上产生了升力 $Y^\delta\Delta\delta_{z\varepsilon}$,并且重力的法向分量也发生了变化,为了在稳态飞行时使法向力处于平衡状态,就必须在过渡过程中调整攻角,最后形成了攻角稳态误差 $\Delta\alpha_\varepsilon$;与此同时,还出现了恢复力矩 $M_z^\alpha\cdot\Delta\alpha_\varepsilon$,它和操纵力矩一起与干扰力矩相平衡,其力矩平衡状态为

$$M_z^\alpha\Delta\alpha_\varepsilon + M_z^{\delta_z}\cdot K_\vartheta\Delta\vartheta_\varepsilon + M_{gz} = 0 \tag{18.12.7}$$

如果自动驾驶仪不工作($K_\vartheta = 0$),则在干扰力矩 M_{gz} 作用下,依靠弹体的自然稳定性,所形成的运动参量稳态误差则为

$$\Delta\vartheta_\varepsilon = \frac{a_{34}+a_{33}}{a_{24}a_{33}}M_{gz},\quad \Delta\alpha_\varepsilon = \frac{M_{gz}}{a_{24}},\quad \Delta\theta_\varepsilon = \frac{a_{34}}{a_{24}a_{33}}M_{gz} \tag{18.12.8}$$

因为 $a_{33} = -g\sin\theta/v$,在导弹接近水平飞行时,$|\theta|\approx 0$,则 $|\Delta\vartheta_\varepsilon|$ 和 $|\Delta\theta_\varepsilon|\to\infty$,即产生非常大的稳态误差,导弹不是上升就是下降,不能保持平飞。而在自动驾驶仪按 $\Delta\delta_z = K_\vartheta\Delta\vartheta$ 偏转后,因 $K_\vartheta\neq 0$ 就不会出现这种情况,它起到了减小稳态误差、提高飞行准确性的作用。

(3)俯仰角位移反馈的操纵性

在纵向运动中,自动驾驶仪除保证飞行稳定性外,更主要的作用是执行控制信号操纵导弹飞行,假设操纵导弹飞行所需的控制信号是代表俯仰角的需要量 u_ϑ,它是纵向回路的输入值,则输出值是俯仰角 $\Delta\vartheta$、攻角 $\Delta\alpha$,弹道倾角 $\Delta\theta$ 以及法向过载等。分析这些输出值的操纵性,进行参数调整,可以采用自动控制原理的方法,例如频率特性法或根轨迹法等。以俯仰角 $\Delta\vartheta$ 为输出量,在图 18.12.1 中,导弹纵向姿态运动的开环传递函数为

$$W_{u_\vartheta}^{\vartheta}(s) = \frac{K_\vartheta K_\alpha(T_{1\alpha}s+1)}{s(T_\alpha^2 s^2 + 2\xi_\alpha T_\alpha s + 1)} \tag{18.12.9}$$

它的极点 s_0、s_1、s_2 和零点 s_3 分别是

$$s_0 = 0,\quad s_{1,2} = -\frac{\xi_\alpha}{T_\alpha} \pm \mathrm{i}\sqrt{\frac{1-\xi_\alpha^2}{T_\alpha}},\quad s_3 = -\frac{1}{T_{1\alpha}}$$

当导弹的相对阻尼 $\xi_\alpha < 1$ 时,对应于上述开环传递函数的根轨迹,如图 18.12.2 所示。从根轨迹看,再一次证明只要放大系数 $K_\vartheta > 0$,根的实部总为负,导弹的纵向角运动一定是稳定的。

为了提高动态品质,应选取较大的放大系数 $K_\vartheta K_\alpha$,使等于零的极点向零点 $-1/T_{1\alpha}$ 靠拢,否则系统的一个小实根将对控制过程起主要作用,动态反应时间将会很长。

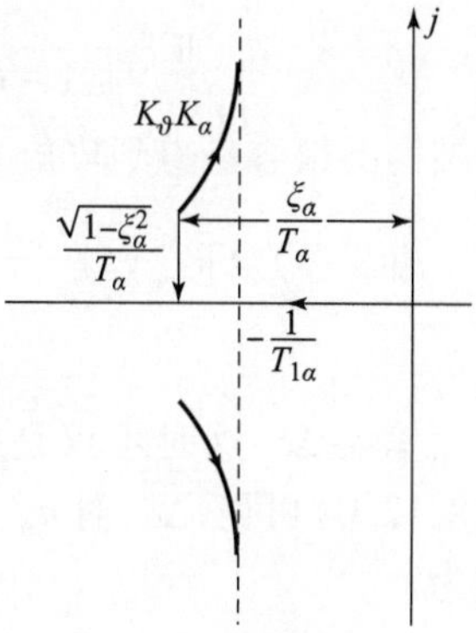

图 18.12.2　俯仰角反馈下的纵向根轨迹

增大阻尼 ξ_α,可使从两个极点出发的根轨迹向左移动,从而增大振荡分量的衰减。同时,因 ξ_α 增大还减小了复根的虚

部,从而可降低振荡频率。当不计下洗时,可得振荡阻尼和频率为

$$\frac{\xi_\alpha}{T_\alpha}=\frac{a_{22}+a_{34}}{2},\quad \frac{\sqrt{1-\xi_\alpha^2}}{T_\alpha}=\sqrt{a_{24}+a_{22}a_{34}-\frac{(a_{24}+a_{34})^2}{2}} \tag{18.12.10}$$

由此可见,为了提高振荡分量的衰减程度,减小振荡频率,必须增大俯仰阻尼力矩(a_{22})、法向力(a_{34})并限制静稳定度(a_{24})的数值。

为了提高导弹对控制信号的反应速度,要求舵面一开始就有较大的偏角,从而要求提高放大系数 K_ϑ。但因舵偏角不允许超过最大值,提高 K_ϑ 就受到限制。在此情况下,为了进一步提高导弹的反应能力,必须增大导弹的传递系数 $K_\alpha=(a_{25}a_{34}-a_{24}a_{35})/(a_{24}+a_{22}a_{34})$,这就要求增大动力系数 a_{25},并同样希望降低 a_{24},即增大操纵力矩、减小静稳定度。根据上述原则,选择了导弹和自动驾驶仪的有关参数后,控制信号为阶跃函数时比较理想的过渡过程如图 18.12.3 所示。

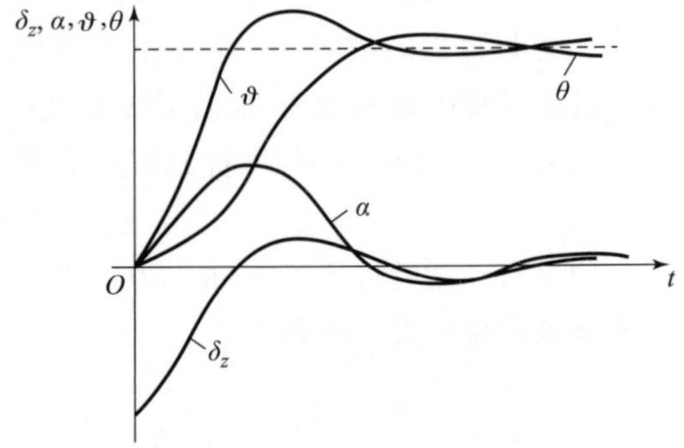

图 18.12.3　理想控制的纵向过渡过程

过渡过程开始时,升降舵与控制信号成正比。导弹在操纵力矩作用下俯仰角改变,接着出现攻角变化,由攻角产生升力后才引起速度方向改变,所以弹道倾角的变化滞后于俯仰角。随着俯仰角的增大,通向驾驶仪的负反馈信号也加大,使舵偏角又逐渐减小,于是操纵力矩也逐渐减小,而攻角产生的恢复力矩又要阻止弹体纵轴偏转,这两个力矩共同作用的结果使得俯仰角只能慢慢地达到新的给定值。与此同时,在升力和推力法向分量作用下弹道倾角不断加大,攻角也就逐渐减小。

上面所说的情况,与导弹作为开环飞行的状态是完全不同的,因为自动驾驶仪发挥作用后,因有反馈信号使舵面不再阶跃偏转,而是由控制信号和俯仰角反馈信号之差来决定舵偏角的大小,其差值为零时,舵偏角也就收回到原来的位置。

为求出运动参数的过渡函数和稳态值,首先应求出它们对于控制信号 u_ϑ 的闭合传递函数。在图 18.12.1 中,输出量 $\Delta\vartheta$ 对信号 u_ϑ 的传递函数为式(18.12.9),但对于综合点 A 处信号 K_tu_ϑ 的传递函数为 $G(s)=W_{u_\vartheta}^{\vartheta}(s)/K_t$,反馈通道传递函数 $H(s)=K_t$,于是闭合传递函数为

$$W_{u_\vartheta}^{\vartheta}=\frac{G(s)}{1+G(s)H(s)}=\frac{K_fK_\delta K_\alpha(T_{1\alpha}s+1)}{T_\alpha^2s^3+2\xi_\alpha T_\alpha s^2+(K_\vartheta K_\alpha T_{1\alpha}+1)s+K_\vartheta K_\alpha} \tag{18.12.11}$$

由结构图很容易得到攻角 $\Delta\alpha$ 对于控制信号的传递函数

$$W_{u_\vartheta}^{\alpha}(s)=W_{u_\vartheta}^{\vartheta}(s)\frac{T_{1\alpha}(1+(s+a_{22})a_{35}/a_{25})}{(T_{1\alpha}s+1)/s}=\frac{K_fK_\delta K_\alpha T_{1\alpha}(1+(s+a_{22})a_{35}/a_{25})s}{T_\alpha^2s^3+2\xi_\alpha T_\alpha s^2+(K_\vartheta K_\alpha T_{1\alpha}+1)s+K_\vartheta K_\alpha} \tag{18.12.12}$$

舵面偏角 $\Delta\delta_z$ 这时不仅是弹体的输入量,也是驾驶仪的输出量,应视为被调节参量。由式(18.12.6)可见,$\Delta\delta_z$ 对 u_ϑ 的开环传递函数为 $K_tK_fK_\delta=K_\vartheta$,故 δ_z 对控制信号 u_ϑ 的闭合传递函数为

$$W_{u_\vartheta}^{\delta_z}(s)=\frac{K_fK_\delta(T_\alpha^2s^2+2\xi_\alpha T_\alpha s+1)s}{T_\alpha^2s^3+2\xi_\alpha T_\alpha s^2+(K_\vartheta K_\alpha T_{1\alpha}+1)s+K_\vartheta K_\alpha} \tag{18.12.13}$$

假定控制信号 u_ϑ 为单位阶跃函数,则其拉氏变换为 $u_\vartheta(s)=u_\vartheta/s$,由传递函数 $W_{u_\vartheta}^{\vartheta}(s)$、

$W_{u_\vartheta}^{\alpha}(s)$、$W_{u_\vartheta}^{\delta_z}(s)$ 先求出函数 $\Delta\vartheta(s)$、$\Delta\alpha(s)$、$\Delta\delta_z(s)$，再利用拉氏变换的终值定理，$\lim\limits_{t\to\infty}X(t) = \lim\limits_{s\to 0}s\cdot X(s)$，可得到以下运动偏量的稳态值

$$\Delta\vartheta_w = \Delta\theta_w = u_\vartheta,\quad \Delta\alpha_w = \Delta\delta_{zw} = 0 \tag{18.12.14}$$

可见，由敏感元件测量俯仰角 ϑ 形成反馈信号可直接使 $\Delta\vartheta_w = u_\vartheta$；操纵导弹的过渡过程结束后，攻角偏量和舵偏角重新复原到零值，为导弹继续改变俯仰角保存了操纵能力。

2. 俯仰角速率反馈的自动驾驶仪方程

对于按自动导引方法飞行的弹箭，如空空导弹和地空导弹，由于目标速度比较高，导弹的纵轴和飞行速度的方向根据导引律在随时改变，而姿态角无一定变化规律，在这种情况下，不便要求自动驾驶仪对俯仰角稳定，只能采用二自由度陀螺敏感弹箭角速率的变化并对它进行自动稳定，以便在控制信号下获得较大的俯仰角速率 $\Delta\dot{\vartheta}$ 和弹道倾角速率 $\Delta\dot{\theta}$ 或法向过载 $n_y = v\dot{\theta}/g$，以攻击活动目标。这时纵向自动驾驶仪采用角速率反馈，调节规律采用如下形式

$$\Delta\delta_z = K_{\dot{\vartheta}}(\Delta\dot{\vartheta} - u_{\dot{\theta}}/K_i),\quad K_{\dot{\vartheta}} = K_f K_\delta K_i \tag{18.12.15}$$

式中，K_i 为角速率陀螺传递系数。控制信号 $u_{\dot{\theta}}$ 应与 $\Delta\dot{\theta}$ 成正比，此信号来自导引头。根据式(18.12.15)可以组成以 $\Delta\dot{\theta}$ 为输出，$u_{\dot{\theta}}$ 为输入，$\Delta\dot{\vartheta}$ 为反馈的结构图，求出相应的闭合回路传递函数和相对阻尼系数 ξ_V

$$W_{u_{\dot{\theta}}}^{\dot{\theta}}(s) = \frac{K_V[1 - T_{1\alpha}a_{34}s(s+1)/a_{25}]}{T_V^2 s^3 + 2\xi_V T_V s + 1},\quad \xi_V = \frac{2\xi_\alpha T_\alpha + K_{\dot{\vartheta}}K_\alpha T_{1\alpha}}{2T_\alpha\sqrt{K_{\dot{\vartheta}}K_\alpha + 1}} \tag{18.12.16}$$

由 ξ_V 表达式可见，与 ξ_α 相比，角速率传动比 $K_{\dot{\vartheta}}$ 增加了动态过程的相对阻尼。例如某战术导弹自身的相对阻尼系数很小，ξ_α 平均不到 0.1，但在自动驾驶仪中引入了俯仰角速率信号后，动态过程的相对阻尼 ξ_V 均接近 $\sqrt{2}/2 = 0.707$。在控制信号 $u_{\dot{\theta}}$ 为常值时，经过动态反应后，按式(18.12.16)得到以下稳态值

$$\dot{\theta}_w = K_V = \frac{K_f K_\delta K_\alpha}{1 + K_{\dot{\vartheta}}K_\alpha}u_{\dot{\theta}} \tag{18.12.17}$$

即在控制信号作用下，导弹可以法向过载 $n_{yw} = v\dot{\theta}_w/g$ 做曲线机动飞行。

3. 纯积分调节规律和 PID 调节规律

上面的调节规律消除不了稳态误差，与前面讲过的思路一样，可采用纯积分调节规律

$$\Delta\delta_z = \int K_{\dot{\vartheta}}\Delta\dot{\vartheta}\mathrm{d}t\quad 或\quad \Delta\dot{\delta}_z = K_{\dot{\vartheta}}\Delta\vartheta \tag{18.12.18}$$

来消除静差，这种调节规律常用在空空导弹和防空导弹上。但它的缺点是不能补偿导弹气动阻尼的不足，要求导弹自身气动阻尼较好。为了全面改善性能，提出了如下的 PID 控制律

$$\Delta\delta_z = K_\vartheta\Delta\vartheta + K_{\dot{\vartheta}}\Delta\dot{\vartheta} + K_I\int\Delta\vartheta\mathrm{d}t \tag{18.12.19}$$

其中，第一项增补了弹箭的静稳定性，第二项弥补了弹箭气动阻尼的不足，第三项消除了稳态误差，提高了控制精度。它的缺点是增加了测量元器件，使自动驾驶仪变复杂。

对于飞航式导弹、布撒器、舰对舰导弹和地对舰导弹、巡飞弹等，都有很长一段弹道要做等高飞行，为了稳定和控制飞行高度，在自动驾驶仪方程中就应该有高度信息，而高度信息可用无线电高度表、气压高度表、卫星定位装置等进行测量。由于控制系统通常是在俯仰角控制的基础上形成的，故其调节规律可用下式

$$(T_\delta s+1)\Delta\delta_z=K_f K_\delta\left(K_\vartheta\Delta\vartheta+K_{\Delta\dot{\vartheta}}\Delta\dot{\vartheta}+K_h\Delta h+K_{\dot{h}}\Delta\dot{h}+K_I\int\Delta h\mathrm{d}t\right) \tag{18.12.20}$$

上式中考虑了舵机的惯性,如果舵机响应速度很高,可认为 $T_\delta=0$。式中,$\Delta h=h-H$,H 为要求的飞行高度,h 为实际飞行高度;K_h、$K_{\dot{h}}$ 为相应的放大系数。

此外,还有直接用法向加速度或法向过载信息控制导弹法向过载的调节规律,这时就需要有加速度传感器作为过载传感器。调节规律中采用的反馈信息越多,自动驾驶仪的测量元器件也就越多,结构越复杂。调节规律中的系数 K_ϑ、$K_{\dot{\vartheta}}$、K_I、K_h、$K_{\dot{h}}$ 等需利用自动控制理论及控制系统、飞行力学仿真方法,按有控飞行品质的要求来确定。

本章知识点

① 弹箭控制飞行原理、制导控制回路、控制理论与方法、稳定性、操纵性和机动性等。

② 有控弹箭运动方程的建立(含坐标系及其转换、作用在弹上的力和力矩等),注意与第6章中弹箭6自由度刚体运动方程的区别和联系。

③方案弹道与导引弹道的定义、特点、导引方法及实现方式。

④有控弹箭纵向动态特性的研究方法及基本结论。

本章习题

1. 根据第18.7.2节和第18.7.3节介绍的纵向运动方程组线性化方法,试给出方程组(18.7.1)中第3、5~8个方程的线性化过程。

2. 试对表18.8.1中所列纵向动力系数的物理意义进行解释。

3. 根据第18.11节介绍的舵面阶跃偏转时导弹的纵向响应特性,试归纳纵向传递系数 K_α、纵向时间常数 T_α、纵向相对阻尼 ξ_α 对过渡过程的影响。

4. 试比较俯仰角反馈的自动驾驶仪和俯仰角速率反馈的自动驾驶仪,各有何特点?

第 19 章

新型弹箭外弹道

内容提要

围绕当前弹箭技术的新发展，本章依次讲述末敏弹、弹道修正弹（一维和二维）、滑翔增程弹箭、卫星制导炮弹、简控火箭等新型弹箭的外弹道理论及相关技术，介绍了弹道滤波和弹道预测、弹道规划和最优方案弹道求解方法（极小值原理和伪谱法）、最优制导律等。

19.1 概　　述

近 30 年来，随着电光技术、信息技术、控制技术、计算机技术、新材料新工艺的发展和新原理的应用，出现了许多新型弹箭，其中有的已定型，有的还正在研制中，它们再也不是简单的炸药加钢铁了，而是有一定智能的弹药，例如末敏弹、弹道修正弹、滑翔增程弹、巡飞弹、简控火箭和航空炸弹、末制导炮弹等，这使常规武器向远程、精确打击的方向发展，大幅度提高了对目标的命中概率和毁伤概率。但是，这些新型弹箭也不同于一般意义上的导弹，首先它们仍以通常的火炮、火箭炮或飞机作为发射平台，因而必须体积小，能承受高发射过载；其次是与导弹相比，价格低廉，在战争中能较大量使用，因而它们的控制系统比导弹简单，一般不进行全程制导，弹道的主要部分还是无控飞行段，只是在弹道的关键部分，如火箭的主动段或弹箭飞行的降弧段或接近目标的弹道末段，增加控制、敏感或修正，并且多是开环控制或仅对目标敏感，大多数自身不带动力装置。这些新型弹箭对目标的毁伤概率比普通弹箭高好几倍，而价格又比导弹低很多，所以效费比很高。在近 30 年的几场战争中，其中一些已充分展现出了它们的威力，因而引起各国的重视，目前这种高技术含量弹药的研制，已成为弹箭发展的热点和主流。

新型弹箭不仅在其作用原理上不同于普通弹箭，在其飞行原理和弹道特性上也与普通弹箭有很大差别，如在一条弹道上既有无控飞行段，也有有控飞行段，还有火箭增程或冲压增程段；有的用降落伞形成螺旋扫描运动；有的在飞行中途改变气动外形和空气动力；有的采用脉冲发动机改变飞行弹道等，这些都是普通外弹道学中不曾遇到的问题，必须要针对具体的弹种建立新的外弹道理论，这一方面可解决此类弹箭研制的需要，另一方面也开拓了外弹道学的新领域，丰富了外弹道学的内容，同时使外弹道学与导弹飞行力学有了更多的结合点。目前有关新型弹箭的外弹道和飞行力学理论还正在研究发展中，本章只能做些简单介绍。

19.2 末敏弹外弹道

19.2.1 引言

末敏弹是指在弹道末端能敏感目标再进行打击的弹药,英文全称为"Terminal Sensing Ammunition"。它常用大口径火炮弹丸、火箭弹、炸弹、布撒器、导弹等作为运载器送至敌方上空几百米至一千多米高处,抛撒下落后投入战斗。为此,末敏弹首先要有能敏感目标、识别目标的敏感器,目前多采用的是毫米波、红外及激光雷达敏感器,有单一体制的,也有复合体制的。为了使敏感器能对目标区进行扫描并发现目标,末敏子弹必须有稳态扫描装置,使子弹在一边下落时一边绕铅直轴旋转,形成对地面的螺线扫描,如图 19.2.1 所示。子弹里用于打击目标的战斗部有各种各样的,打击装甲和火炮的战斗部一般用爆炸成型弹(EFP)。当探测器发现并识别了目标后,子弹内炸药在中央控制器指令下爆炸,将药型罩(有时兼作探测器天线)锻压成弹丸形状从 100 多米高处以约 2 000 m/s 的速度射向目标。

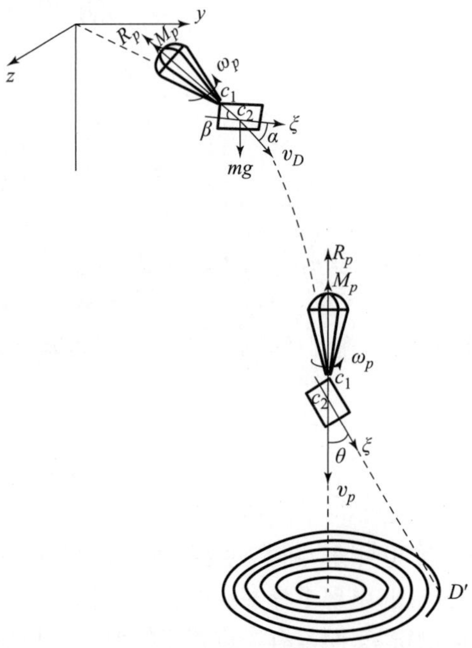

图 19.2.1　末敏弹扫描示意图

末敏弹由于能在较大范围(直线距离可达一百多米)内发现目标后对准目标打击,故对目标的毁伤概率比普通弹箭高得多,但它又比导弹便宜得多,因而备受各国军方重视,目前已有美国的萨达姆(Sadam)155 mm 末敏弹、德国的斯玛特(Smart)155 mm 末敏弹和俄罗斯的多管火箭末敏弹研制成功并少量装备部队。

末敏子弹的稳态扫描可用两种方法形成,一种是采用旋转降落伞,另一种是不用降落伞而利用子弹自身的气动外形和质量分布不对称形成旋转扫描。扫描运动的主要参数是转速、落速、扫描角及扫描角的变化频率。扫描角 θ 是指子弹纵轴(敏感器轴沿此方向)与铅直线的夹角(图 19.2.1)。扫描转速 ω_p 是指子弹纵轴绕铅直轴旋转的角速度。落速 v_p 是子弹质心下落的速度。转速、落速和扫描角必须匹配好,才能使地面扫描螺线的间距小于目标宽度(例如坦克宽大约 3 m)的一半,以保证在目标区内对静止目标至少能扫描到两次。稳态扫描装置使这几个扫描参数稳定,否则会影响探测器对目标探测和识别的准确度以及爆炸成型弹对目标射击的精度。

下面研究有伞末敏子弹扫描运动的形成、扫描运动参数与结构参数间的关系等问题,这对于稳态扫描装置参数、总体方案参数的选取以及作战效果分析都是有用的。

19.2.2　有伞末敏子弹运动的近似解和扫描运动特性分析

在接近目标的上空，末敏子弹从运载器中抛出后，要经过减速减旋，打开主旋转伞，再进一步减速和导旋。由于降落伞的柔性大，在低速旋涡流场中运动时，这一过程是十分复杂的，但经过不长时间，末敏弹就进入了稳态扫描状态，系统在匀速下落过程中匀速旋转，设计者最关心的问题之一是稳态扫描状态下扫描角的平均值以及扫描角变化的周期与伞－物体转速、静态悬挂角、横向转动惯量与极转动惯量、物体质量及悬挂点至质心距离间的关系。由于对伞－物体运动方程用数值计算求解，不能直观地看出这种关系，故本节在适当的简化下，导出运动参数与结构参数之间的解析关系式，这大大方便了伞－物体系统结构参数设计和总体设计分析。

1. 稳态运动状态和坐标系的选取

由实验测定知，在伞－物体系统进入稳态扫描阶段后，旋转伞－物体系统的下落速度 v_p 和转速 $\boldsymbol{\omega}$ 变化很小，可近似取作常数（这也是对稳态扫描的要求），但是物体相对于悬挂点可以绕铰链轴摆动，以致形成扫描角的周期变化。

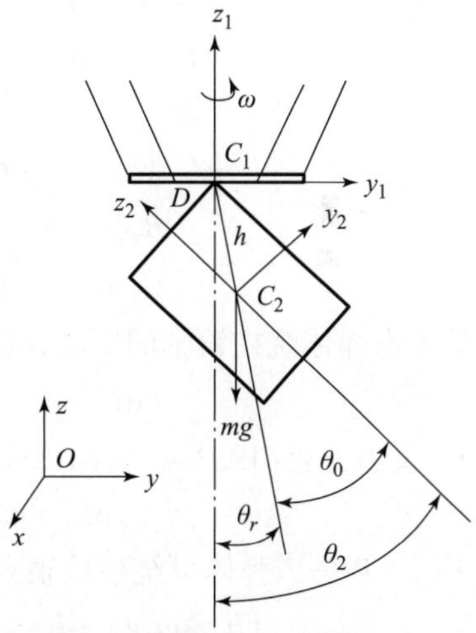

图 19.2.2　伞－物体系统和坐标系

在图 19.2.2 中，设伞盘质心为 C_1，物体质心为 C_2，二者的铰接点在弹体上的 D 点，由于伞盘很薄，可认为 D 与 C_1 重合。为进行动力学分析，在 D 点将伞盘和物体分离成两个物体。由于 D 不在物体的纵轴上，故弹体相对于伞盘倾斜悬挂。在静止时，重心 C_2 必在过 D 点的铅直线上，此时 DC_2 线必与铅直线重合，而弹体纵轴相对铅直线的倾角 θ_0 即为静态悬挂角。铰链 D 为柱铰，故物体只能相对于伞盘绕此柱铰轴转动，而整个系统则在旋转伞的作用下绕铅直轴旋转。由于旋转和摆动，弹体纵轴离开静悬挂位置，它与铅直轴的夹角 θ_2 即为动态扫描角，而值 $\theta_r = \theta_2 - \theta_0$ 即为扫描角变化量。

取地面坐标系 $Oxyz$，O 点固定于地面。对于伞盘建立坐标系 $C_1x_1y_1z_1$，其中 C_1 为伞盘中心，C_1z_1 为铅直轴，Cx_1 平行于柱铰轴，在图中垂直于纸面向上，Cy_1 垂直于柱铰轴，其三轴上的单位矢量依次为 $\boldsymbol{k}_1$、$\boldsymbol{i}_1$ $\boldsymbol{j}_1$。对于弹体建立坐标系 $C_2x_2y_2z_2$，其中 C_2 为弹体质心，C_2x_2 仍平行于铰链轴，C_2y_2 垂直于铰链轴，C_2z_2 为弹体纵轴，此三轴上的单位向量依次为 $\boldsymbol{i}_2$ $\boldsymbol{j}_2$、$\boldsymbol{k}_2$，显然 $\boldsymbol{i}_2 = \boldsymbol{i}_1$。

2. 运动学关系

设质心 C_1 和 C_2 的位置矢量分别为 $\boldsymbol{r}_1 = \boldsymbol{OC}_1$，$\boldsymbol{r}_2 = \boldsymbol{OC}_2$。又设 D、C_2 之间的距离为 h，则

$$h = \boldsymbol{DC}_2 = h\sin\theta_r\boldsymbol{j}_1 - h\cos\theta_r\boldsymbol{k}_1 \tag{19.2.1}$$

此外，对于伞盘，其角速度 $\boldsymbol{\omega} = \omega\boldsymbol{k}_1$。对于弹体，除了绕铅直轴旋转，还有绕 D 点的摆动角速度 $\dot{\theta}_r$，它沿 C_2x_2 方向，此外，有 $\theta_2 = \theta_0 + \theta_r$，于是得弹体转速为

$$\omega_2 = \omega_{2x_2}\boldsymbol{i}_2 + \omega_{2y_2}\boldsymbol{j}_2 + \omega_{2z_2}\boldsymbol{k}_2 \tag{19.2.2}$$

$$\omega_{2x_2} = \dot{\theta}_r, \omega_{2y_2} = \omega\sin\theta_2, \omega_{2z_2} = \omega\cos\theta_2 \tag{19.2.3}$$

3. 运动方程的建立

弹体所受的外力有重力 $m_2\boldsymbol{g}$、来自伞盘的约束反力 $\boldsymbol{N}_1$ 和约束反力矩 $\boldsymbol{M}_1$,如图19.2.3所示。弹体的质心运动方程和动量矩方程为

$$m_2\ddot{\boldsymbol{r}}_2 = m_2\boldsymbol{g} + \boldsymbol{N}_1,\quad \mathrm{d}\boldsymbol{L}_{C_2}/\mathrm{d}t = \boldsymbol{m}_{C_2}(\boldsymbol{N}_1) + \boldsymbol{M}_1 \tag{19.2.4}$$

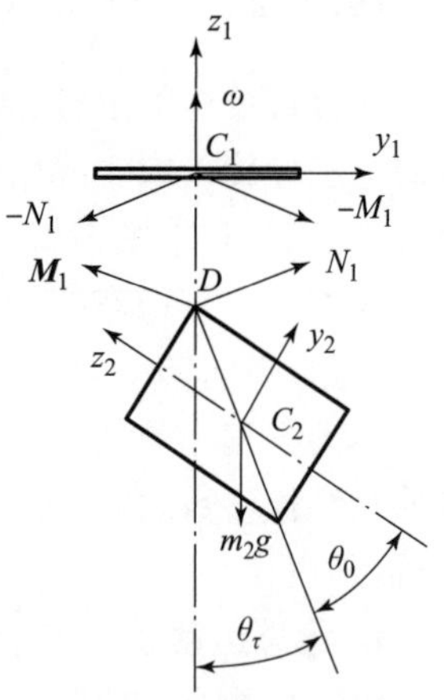

图19.2.3 弹体运动方程

式中,$\boldsymbol{L}_{C_2}$ 为弹体对质心 C_2的动量矩。对于轴对称弹体有

$$\boldsymbol{L}_{C_2} = A_2\omega_{2x_2}\boldsymbol{i}_2 + B_2\omega_{2y_2}\boldsymbol{j}_2 + C_2\omega_{2z_2}\boldsymbol{k}_2 \tag{19.2.5}$$

式中,A_2、B_2、C_2分别为弹体绕 C_2x_2、C_2y_2、C_2z_2 轴的转动惯量。反力 $\boldsymbol{N}_1$ 对质心 C_2的力矩为

$$\begin{aligned}\boldsymbol{m}_{C_2}(\boldsymbol{N}_1) &= |C_2D| \times \boldsymbol{N}_1 = -\boldsymbol{h} \times (m_2\ddot{\boldsymbol{r}}_2 - m_2\boldsymbol{g})\\ &= \boldsymbol{h} \times (m_2\boldsymbol{g} - m_2\ddot{\boldsymbol{r}}_2)\end{aligned} \tag{19.2.6}$$

利用绝对导数与相对导数的关系,得

$$\begin{aligned}\frac{\mathrm{d}\boldsymbol{L}_{C_2}}{\mathrm{d}t} &= \frac{\partial \boldsymbol{L}_{C_2}}{\partial t} + (\boldsymbol{\omega}_2 \times \boldsymbol{L}_{C_2})\\ &= [A_2\dot{\omega}_{2x_2} + (C_2 - B_2)\omega_{2y_2}\omega_{2z_2}]\boldsymbol{i}_2 +\\ &\quad [B_2\dot{\omega}_{2y_2} + (A_2 - C_2)\omega_{2x_2}\omega_{2z_2}]\boldsymbol{j}_2 +\\ &\quad [C_2\dot{\omega}_{2z_2} + (B_2 - A_2)\omega_{2x_2}\omega_{2y_2}]\boldsymbol{k}_2\end{aligned} \tag{19.2.7}$$

现只考虑弹体绕柱铰轴的摆动,故将上式向 C_2x_2 轴投影得

$$\mathrm{d}\boldsymbol{L}_{C_2}/\mathrm{d}t \cdot \boldsymbol{i}_2 = A_2\ddot{\theta}_r + (C_2 - B_2)\omega^2\sin\theta_2\cos\theta_2 \tag{19.2.8}$$

另外,又由方程(19.2.4)的第二式得

$$\mathrm{d}\boldsymbol{L}_{C_2}/\mathrm{d}t \cdot \boldsymbol{i}_2 = [\boldsymbol{h} \times (m_2\boldsymbol{g} - m_2\ddot{\boldsymbol{r}}_2)] \cdot \boldsymbol{i}_2 \tag{19.2.9}$$

$\boldsymbol{M} \cdot \boldsymbol{i}_2 = 0$ 是因弹体可绕柱铰轴自由转动,故沿 C_2x_2轴无反作用力矩。而上式中

$$\begin{aligned}(\boldsymbol{h} \times m_2\boldsymbol{g}) \cdot \boldsymbol{i}_2 &= [(h\sin\theta_r\boldsymbol{j}_1 - h\cos\theta_r\boldsymbol{k}_1) \times m_2g(-\boldsymbol{k}_1)] \cdot \boldsymbol{i}_2\\ &= -m_2gh\sin\theta_r\end{aligned} \tag{19.2.10}$$

由式(19.2.8)和式(19.2.9)相等得

$$A_2\ddot{\theta}_r + m_2gh\sin\theta_r + (C_2 - B_2)\omega^2\sin\theta_2\cos\theta_2 + (\boldsymbol{h} \times m_2\ddot{\boldsymbol{r}}_2)\boldsymbol{i}_2 = 0 \tag{19.2.11}$$

这就是扫描角变化所应满足的方程。

4. 扫描角变化方程的定性分析

在式(19.2.11)中有一项 $(\boldsymbol{h} \times m_2\ddot{\boldsymbol{r}}_2)\boldsymbol{i}_2$,如果不将其简化,就难以求解,好在稳态扫描阶段弹体质心加速度 $|\ddot{\boldsymbol{r}}_2|$ 是非常小的,故可以进行简化。

由降落伞理论和实验知,当悬挂物质量大而伞较小时,悬挂物落速较稳定;当伞较大而悬挂物较小时,则降落伞落速较稳定。因此,对该项的处理也分两种情况。

①当子弹体质量比降落伞面积、质量大得多时,可认为在稳定状态下,子弹体质心落速较稳,而加速度 $\ddot{\boldsymbol{r}}_2 = 0$。末敏弹就是这种情况,于是得

$$A_2\ddot{\theta}_r + m_2gh\sin\theta_r + (C_2 - B_2)\omega^2\sin\theta_2\cos\theta_2 = 0 \tag{19.2.12}$$

- 稳态扫描角与转速及结构参数间的关系

当伞-物体系统进入稳态扫描阶段时,弹轴扫描角也大致稳定在一平均值 α_0 附近变化,设 $\alpha_0 = \theta_0 + \beta_0$,$\beta_0$ 即为由旋转产生的扫描角稳态值增量。记变量

$$\theta_r = \beta_0 + \beta_r$$

则
$$\theta_2 = \theta_0 + \beta_0 + \beta_r = \alpha_0 + \beta_r \tag{19.2.13}$$

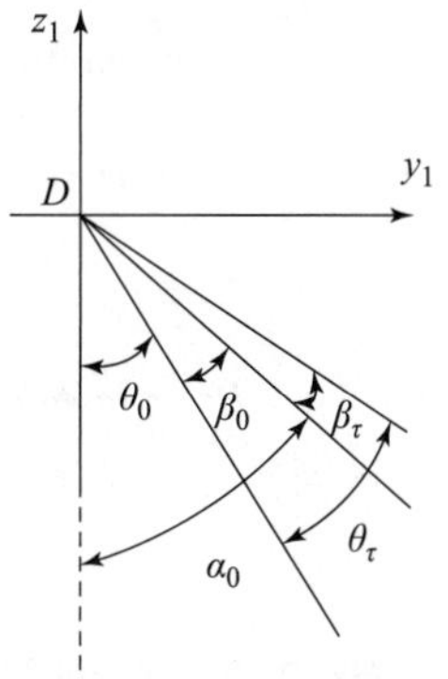

图 19.2.4　角度间关系

即 θ_r 在 β_0 附近变化，θ_2 在 α_0 近变化，如图 19.2.4 所示。则方程 (19.2.12) 改写为

$$A_2\ddot{\beta}_r + (C_2 - B_2)\omega^2\sin(\alpha_0 + \beta_r)\cos(\alpha_0 + \beta_r) + m_2gh\sin(\beta_0 + \beta_r) = 0 \tag{19.2.14}$$

在实现稳态扫描时，必须有 $\beta_r \approx 0, \ddot{\beta}_r \approx 0$，则式(19.2.14)简化为

$$\sin(\alpha_0 - \theta_0) = \frac{B_2 - C_2}{2m_2gh}\omega^2\sin2\alpha_0 \quad 或$$

$$\sin\beta_0 = \frac{B_2 - C_2}{2m_2gh}\omega^2\sin2(\theta_0 + \beta_0) \tag{19.2.15}$$

这就是稳态扫描角平均值 α_0 或扫描角增量 β_0 与转速 ω 及结构参数 θ_0、B_2、C_2、h、m_2 之间的关系。这是一个超越方程，可用逐次逼近法计算。

由此式还可见，当 $B_2 > C_2$ 时，$\beta_0 > 0$；当 $B_2 < C_2$ 时，$\beta_0 < 0$，但一般设计是弹体赤道转动惯量大于极转动惯量，即 $B_2 > C_2$，故稳态扫描角 α_0 总是大于静态悬挂角 θ_0。

- 扫描角变化周期

弹体轴摆动周期也就是 θ_r 或 β_r 变化的周期，考虑到稳态扫描时 β_r 是很小的，故可取 $\sin\beta_r \approx \beta_r, \cos\beta_r \approx 1, \beta_r^2 \approx 0$，利用式(19.2.15)将方程(19.2.14)变换成如下形式

$$A_2\ddot{\beta}_r + H_1\beta_r = 0 \tag{19.2.16}$$

式中
$$H_1 = m_2gh\cos(\alpha_0 - \theta_0) + (C_2 - B_2)\omega^2\cos2\alpha_0 \tag{19.2.17}$$

这是一典型的谐振方程，由振动理论知，扫描角变化周期为

$$T_1 = 2\pi/\omega = 2\pi\sqrt{A_2/H_1} \quad (A_2 = B_2) \tag{19.2.18}$$

②当降落伞面积和质量较大，弹体质量相对较小时，可认为在稳定状态下，伞盘的质心速度变化很小，即 $\ddot{\boldsymbol{r}}_1 \approx 0$。如落速较低的扫描侦察弹可认为是这种情况。由图 19.2.2，知

$$\boldsymbol{r}_2 = \boldsymbol{r}_1 + \boldsymbol{h}, \ddot{\boldsymbol{r}}_2 = \ddot{\boldsymbol{r}}_1 + \ddot{\boldsymbol{h}}$$

而由式(19.2.1)得

$$\dot{\boldsymbol{h}} = \mathrm{d}\boldsymbol{h}/\mathrm{d}t = \partial\boldsymbol{h}/\partial t + \boldsymbol{\omega}\times\boldsymbol{h} = (-h\omega\sin\theta_r)\boldsymbol{i}_1 + \dot{\theta}_rh\cos\theta_r\boldsymbol{j}_1 + \dot{\theta}_rh\sin\theta_r\boldsymbol{k}_1$$

$$\ddot{\boldsymbol{h}} = \mathrm{d}\dot{\boldsymbol{h}}/\mathrm{d}t = \partial\dot{\boldsymbol{h}}/\partial t + \boldsymbol{\omega}\times\dot{\boldsymbol{h}} = (-2\dot{\theta}_rh\omega\cos\theta_r)\boldsymbol{i}_1 + (\ddot{\theta}_rh\cos\theta_r - \dot{\theta}_r^2h\sin\theta_r - h\sin\theta_r\omega^2)\boldsymbol{j}_1 + (\ddot{\theta}_rh\sin\theta_r + \dot{\theta}_r^2h\cos\theta_r)\boldsymbol{k}_1$$

所以
$$(\boldsymbol{h}\times m_2\ddot{\boldsymbol{r}}_2)\boldsymbol{i}_2 = m_2(\boldsymbol{h}\times\ddot{\boldsymbol{r}}_2)\boldsymbol{i}_1 = m_2h^2\ddot{\theta}_r - m_2h^2\omega^2\sin\theta_r\cos\theta_r$$

将它代入式(19.2.11)中得

$$(A_2 + m_2h^2)\ddot{\theta}_r + m_2gh\sin\theta_r - m_2h^2\omega^2\sin\theta_r\cos\theta_r + (C_2 - B_2)\omega^2\sin\theta_2\cos\theta_2 = 0 \tag{19.2.19}$$

同样，在上式中令 $\alpha_0 = \theta_0 + \beta_0, \theta_r = \beta_0 + \beta_r, \theta_2 = \alpha_0 + \beta_r$，将上式化为

$$(A_2 + m_2h^2)\ddot{\beta}_r + m_2gh\sin(\beta_0 + \beta_r) - m_2h^2\omega^2\sin(\beta_0 + \beta_r)\cos(\beta_0 + \beta_r) + (C_2 - B_2)\omega^2\sin(\alpha_0 + \beta_r)\cos(\alpha_0 + \beta_r) = 0 \tag{19.2.20}$$

在稳态扫描状态下，令 $\beta_r = 0, \ddot{\beta}_r = 0$，得稳态扫描角与转速及结构参数之间的关系为

$$m_2gh\sin\beta_0 - \frac{1}{2}m_2h^2\omega^2\sin2\beta_0 + \frac{1}{2}(C_2 - B_2)\omega^2\sin2(\theta_0 + \beta_0) = 0 \quad (19.2.21)$$

同理,取 $\sin\beta_r \approx \beta_r$,$\cos\beta_r \approx 1$,$\beta_r^2 \approx 0$,并利用式(19.2.21)将方程(19.2.20)简化成如下形式

$$(A_2 + m_2h^2)\ddot{\beta}_r + H_2\beta_r = 0 \quad (19.2.22)$$

式中

$$H_2 = m_2gh\cos(\alpha_0 - \theta_0) + (C_2 - B_2)\omega^2\cos2\alpha_0 - m_2h^2\omega^2\cos2(\alpha_0 - \theta_0) \quad (19.2.23)$$

这同样是一个谐振方程,由此得 β_r 的变化周期或弹轴扫描角变化周期,为

$$T_2 = 2\pi/\omega = 2\pi\sqrt{(A_2 + m_2h^2)/H_2} \quad (19.2.24)$$

19.2.3 算例及计算结果

设有一旋转伞-弹系统,弹体直径 $d = 0.2$ m,质量 $m_2 = 15$ kg,轴向转动惯量 $C_2 = 0.064\ 563\ \mathrm{kg\cdot m^2}$,求在不同转速(r/s)、不同转动惯量比和静态悬挂角下的稳态扫描角增量 $(\alpha_0 - \theta_0)$(°)及扫描角变化周期 T(s)。按第一种情况的公式,将算例结果摘录于表 19.2.1 和表 19.2.2 中。

表 19.2.1 平衡扫描角与静态悬挂角的差值($\alpha_0 - \theta_0$)与结构参数间的关系

$\omega = 4.0$ r/s, $D = 0.20$ m, $C_2 = 0.064\ 563\ \mathrm{kg\cdot m^2}$										
θ_0/(°) → ; β_0/(°) ; A_2/C_2 ↓	20	21	22	23	24	25	26	27	28	29
1.000	0.000	0.000	0.000	0.000	0.000	0.000	0.000	0.000	0.000	0.000
1.020	1.049	1.083	1.114	1.144	1.171	1.195	1.217	1.236	1.253	1.267
1.040	2.188	2.255	2.312	2.373	2.424	2.470	2.511	2.460	2.575	2.599
1.060	3.425	3.523	3.611	3.692	3.763	3.826	3.880	3.926	3.963	3.992
1.080	4.765	4.889	5.000	5.099	5.185	5.260	5.322	5.373	5.412	5.440
1.100	6.209	6.354	6.482	6.593	6.688	6.767	6.831	6.880	6.914	6.934

表 19.2.2 扫描角变化周期 T 与结构参数间的关系

$\omega = 4.0$ r/s, $D = 0.20$ m, $C_2 = 0.064\ 563\ \mathrm{kg\cdot m^2}$										
θ_0/(°) → ; T/s ; A_2/C_2 ↓	20	21	22	23	24	25	26	27	28	29
1.000	0.413	0.412	0.410	0.409	0.407	0.406	0.404	0.402	0.400	0.398
1.020	0.426	0.424	0.422	0.420	0.418	0.416	0.414	0.412	0.405	0.408
1.040	0.439	0.437	0.434	0.432	0.430	0.427	0.424	0.422	0.419	0.416
1.060	0.452	0.449	0.446	0.443	0.440	0.437	0.434	0.431	0.427	0.424
1.080	0.464	0.461	0.457	0.454	0.450	0.446	0.443	0.439	0.435	0.431
1.100	0.476	0.472	0.468	0.463	0.459	0.455	0.450	0.446	0.442	0.437

由表 19.2.1 可见，如果要求动态平衡扫描角为 α_0，例如 $\alpha_0 = 30°$，则静态是挂角 θ_0 必须小于 30°。另外，子弹体横向转动惯量 A_2 与轴向转动惯量 C_2 之比越大，旋转后动态扫描角平均值 α_0 与静态悬挂角 θ_0 之差越大；计算还表明，转速越大，α_0 与 θ_0 之差也越大。这使得在受到扰动转速不稳时，扫描角变化就越大。因此，为了减小扫描角的变化，转动惯量比 A_2/C_2 越接近于 1 越好，最好是 $A_2/C_2 = 1$，这时弹体的惯量椭球变成球，扫描角不受转速影响，扫描角易稳定。因而已有的几种末敏弹都比较短粗，忌用细长，一般以 $A/C < 1.05$ 为好。又由表 19.2.2 这个例子可见，扫描角变化周期（表中约 0.4 s）一般不等于扫描周期（0.25 s）。

19.2.4　伞－弹运动方程组及其数值解

为了详细了解末敏子弹在旋转伞张开后逐步形成稳态扫描的过程，须详细建立这一系统的运动方程。这里采用的是将末敏弹分为伞、伞盘和子弹体三个物体，分析各自受的力和力矩，分别建立它们的质心运动方程和转动运动方程，然后建立伞－伞盘，伞盘－子弹体之间的约束和联系。最后可以得到一组由 34 个一阶微分方程组成的方程组（略）。在确定的起始条件下进行数值积分，即可得整个扫描运动建立的过程。图 19.2.5 所示为由数值计算得到的地面扫描轨迹变化情况，可见运动初期扫描曲线十分混乱，但经过一段时间后，最后形成规则的螺旋扫描曲线。图 19.2.6 所示为扫描角变化情况，最后稳定在确定的数值上（图中约 30°）。

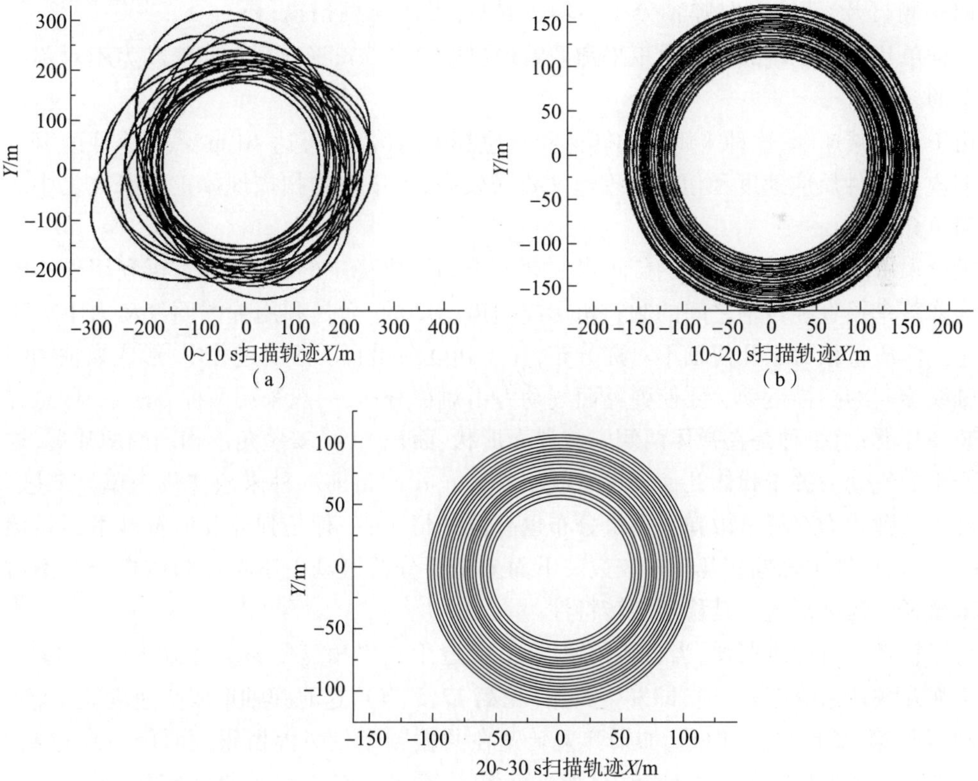

图 19.2.5　不同时间段的地面扫描轨迹

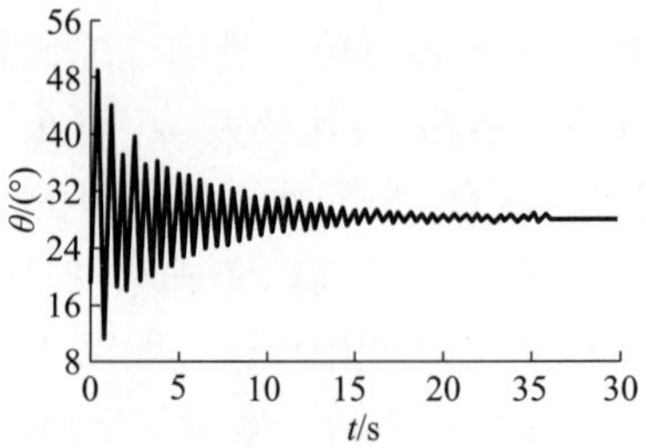

图 19.2.6　末敏弹系统扫描角随时间的变化

19.2.5　无伞末敏弹扫描运动的形成

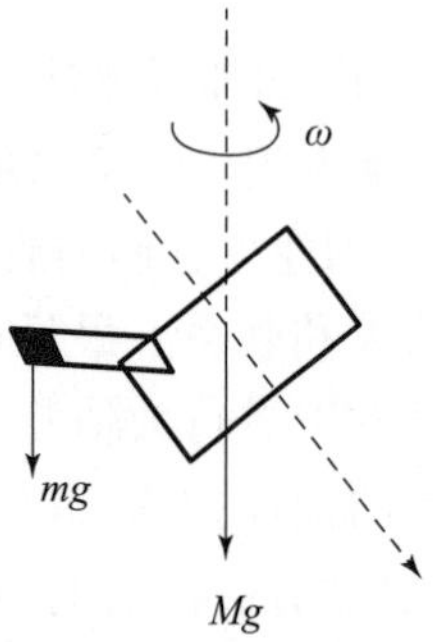

图 19.2.7　单翼质量块扫描运动示意图

有伞末敏弹的优点是转速低、落速低,故对探测器敏感元器件的反应速度要求低一些,适合现在的器件水平,但它的缺点是留空时间长、受风影响大、容易受到反击和外界影响。为此,早就有人提出了无伞扫描的方案。无伞扫描的基本原理是利用子弹的气动外形和质量分布不对称而形成有规律的扫描运动,如图 19.2.7 所示。这可采用各种各样的方案,例如瑞典、法国联合研制的"博纳斯"BONUS 155 mm 末敏弹,就是采用两侧导旋翼面不对称使气动力不对称,并且红外探测器向一侧打开,使质量对弹轴分布不均,结果可形成螺旋扫描;还有在一种单片弹翼上端故意装上不平衡质量块(图 19.2.7),形成质量和气动力不对称产生扫描运动的。

由于没有减速伞,这种末敏弹的转速和落速都很高(落速可达 40 m/s,转速可达 16 r/s 以上),对电子器件反应速度和信号处理速度要求较高,关于它的扫描规律正在研究之中。下面做些简单介绍。

无伞末敏弹不是依靠强大的旋转伞气动力带动形成稳定的旋转运动、再利用悬挂的子弹弹轴与降落伞铅直旋转轴之间的倾斜角形成扫描运动的,而是利用弹翼面气动力不对称布置以及子弹体质量相对于几何轴不对称分布,在子弹逐渐铅直下落的过程中,形成弹轴倾斜并绕铅直轴线旋转的扫描运动。要使弹翼面气动力不对称分布,一般采用两种方法:一种是弹体上只安装一片翼;另一种是在弹体两侧安装翼面形状、面积大小、安装角不相同的两片翼,这样由翼面产生的气动力关于弹体几何轴肯定就不对称。我们将前一种末敏弹称为单翼末敏弹,将后一种末敏弹称为双翼末敏弹。质量分布也有两种情况:一种是弹体几何轴基本还是惯量主轴;另一种是惯性主轴偏离几何轴较大。下面来简要分析气动力不对称和质量分布不对称情况下末敏弹的运动形式及其稳定旋转特性。

对于轻微不对称尾翼弹,当自转角速度 ω_t 接近于临界角速度 ω_{kp} (见式(12.5.12))或者接近于弹丸摆动角速度 ω_{ct} 时,即发生共振(见第 12.5 节),这时弹轴形成绕速度线旋转的"似月运动"(见第 12.6 节)。但是,如果弹丸转速在共振频率处只停留很短时间就穿过共振区,则实际上产生不了稳定的共振旋转,对于一般弹箭,最害怕的是转速被锁定在共振转速附近,即害怕产生"转速闭锁"或"稳定的共振旋转"情况。如由尾翼旋转引起的诱导滚转力矩和诱导侧向力矩就有可能导致"转速闭锁"的发生。

但正如第 12 章第 12.6 节所述，根据需要也可以人为地形成“转速闭锁”或“稳定的共振旋转”和“似月运动”，无伞扫描就可以利用了这一原理形成扫描运动。不过，由于所要求的扫描角较大（一般 30°以上），故形成稳定共振旋转的动力不是力量较小、由基本对称分布的尾翼旋转形成气流关于攻角面左右不对称引起的诱导滚转力矩和诱导侧向力矩，而是力量较大的气动力不对称或/和质量分布不对称。

(1) 对于主要利用质量分布不均形成扫描运动的末敏弹（例如美国的斯基特）

首先赋予子弹绕惯量主纵轴旋转的转速（转轴和主轴都布置在铅直方向），而使带有微波探测元件的几何轴与其构成夹角形成扫描，这个夹角就是扫描角。为了获得所需的扫描角，需对弹体进行质量分布设计。通常我们是在弹体坐标系里进行质量分布设计的。关键是要找到惯量主纵轴的方位。

设已知圆柱体在弹体坐标系 $Oxyz$ 下的惯性矩阵 $\boldsymbol{J}$ 为

$$\boldsymbol{J}=\begin{bmatrix} J_x & -J_{xy} & -J_{xz} \\ -J_{xy} & J_y & -J_{yz} \\ -J_{xz} & -J_{yz} & J_z \end{bmatrix} \tag{19.2.25}$$

这是一个对称矩阵，利用 $\lambda\boldsymbol{I}-\boldsymbol{J}$ 特征矩阵求特征值，就可以求解得到惯量矩阵 $\boldsymbol{J}$ 的特征值 λ_1、λ_2、λ_3，由特征值组成的矩阵 $\begin{bmatrix} \lambda_1 & 0 & 0 \\ 0 & \lambda_2 & 0 \\ 0 & 0 & \lambda_3 \end{bmatrix}$ 就是惯性主轴对应的惯量矩阵，其中 $\lambda_1=J_x'$，$\lambda_2=J_y'$，$\lambda_3=J_z'$，即为惯量主轴 Ox'、Oy'、Oz' 对应的转动惯量，由此还可以求出主轴 Ox'、Oy'、Oz' 在弹体固连坐标系中的位置。

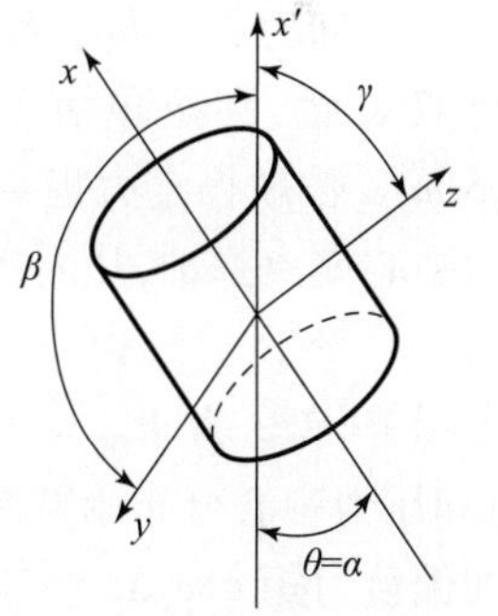

图 19.2.8　惯量主轴的方位

首先以 Ox' 轴为例，上面已经求出 Ox' 的转动惯量为 $J_x'=\lambda_1$，又设 Ox' 轴在坐标系 $Oxyz$ 下与三个轴的夹角分别为 α、β、γ，如图 19.2.8 所示。

由理论力学知，惯量主轴 Ox' 上某一点坐标 (x_1,y_1,z_1) 满足以下方程组

$$\begin{cases} (J_x-\lambda_1)x_1-J_{xy}y_1-I_{xz}z_1=0 \\ -J_{yx}x_1+(J_y-\lambda_1)y_1-J_{yz}z_1=0 \\ -J_{xz}x_1-J_{yz}y_1+(J_z-\lambda_1)z_1=0 \end{cases} \tag{19.2.26}$$

同时，因位置矢量的模 $r=\sqrt{x_1^2+y_1^2+z_1^2}$ 非零，因而方程组有非零解，故此三个方程是线性相关的，只有两个独立，假设为第一、第二个方程。可用克莱姆法则求解，先计算下列行列式

$$D=\begin{vmatrix} (J_x-\lambda_1) & -J_{xy} \\ -J_{yx} & (J_y-\lambda_1) \end{vmatrix},D_x=\begin{vmatrix} J_{xz} & -J_{xy} \\ J_{yz} & (J_y-\lambda_1) \end{vmatrix}z_1,D_y=\begin{vmatrix} (J_x-\lambda_1) & J_{xz} \\ -J_{yx} & J_{yz} \end{vmatrix}z_1$$

在式中可取 $z_1=D$，则得到一组基础解

$$x_1=\frac{D_x}{D}=\frac{1}{D}\begin{vmatrix} J_{xz} & -J_{xy} \\ J_{yz} & (J_y-\lambda_1) \end{vmatrix} z_1, y_1=\frac{D_y}{D}=\frac{1}{D}\begin{vmatrix} (J_x-\lambda_1) & J_{xz} \\ -J_{yx} & J_{yz} \end{vmatrix} z_1,$$

$$z_1=\frac{1}{D}\begin{vmatrix} (J_x-\lambda_1) & -J_{xy} \\ -J_{yx} & (J_y-\lambda_1) \end{vmatrix} z_1 \tag{19.2.27}$$

由此即得惯量主轴的方向矢量 $\boldsymbol{r}=x_1\boldsymbol{i}+y_1\boldsymbol{j}+z_1\boldsymbol{k}$ 和方位角

$$\alpha=\arccos(x_1/r), \beta=\arccos(y_1/r), \gamma=\arccos(z_1/r), r=\sqrt{x_1^2+y_1^2+z_1^2} \tag{19.2.28}$$

同理,可以求得另外两个主轴 Oy'、Oz' 的方向矢量和方向角。由此即可设计惯量主轴与弹体纵轴间的夹角 $\theta=\alpha$。

当初始时让惯性主纵轴在铅直方位,并让子弹弹体绕惯量主纵轴旋转,则即使子弹被斜抛出去,重心沿一定轨迹的弹道前进和降落,弹体也可较长时间保持这种绕铅直轴的平稳旋转状态,使安装在弹轴上的探测器形成具有扫描角 θ 的稳态扫描,直到转速逐渐衰减。

(2)对于主要由气动力分布不对称形成扫描运动的情况

对于由强非对称气动力形成稳态扫描运动的情况,建立随弹体自转的固连坐标系。此时要注意到,即使攻角 α 和侧滑角 β 都等于0,气流平行于弹轴流动,也会产生滚转力矩 $M_{x0}=qSlm_{x0}$、俯仰力矩 $qSlm_{z0}$ 和偏航力矩 $qSlm_{y0}(q=0.5\rho v^2)$,其中滚转矩 M_{x0} 可用斜置尾翼,或不对称双翼面,甚至单翼面产生。而当有攻角 α、侧滑角 β 时,除了会产生俯仰稳定力矩 $-qSlm_z^\alpha\alpha$、偏航稳定力矩 $-qSlm_y^\beta\beta$ 外,还由于空气动力轴既不与弹轴平行也不与弹轴相交,使压力中心偏离弹轴,从而产生附加滚转力矩、附加偏航力矩和附加俯仰力矩分别为

$$qS(c_y^\alpha\alpha\Delta z+c_z^\beta\beta\Delta y), qSc_x\Delta z, qSc_x\Delta y \tag{19.2.29}$$

图19.2.9为 $m_{z0}=0, m_{y0}\neq 0$ 情况下,在偏航平面($y=0$)里空气动力轴(不是气流速度线)和压力中心分布示意图,压心偏离俯仰平面 xOy 一个距离 Δz,它除了由阻力产生绕 y 轴的附加偏航力矩 $qSc_x\Delta z$ 外,还由法向力 $qSc_n^\alpha\alpha$ 产生绕 x 轴的附加滚转力矩 $qSc_n^\alpha\alpha\Delta z$。同样,气动力不对称也可能在俯仰运动平面($z=0$)里,使压心偏离偏航平面 xOz 一个距离 Δy。

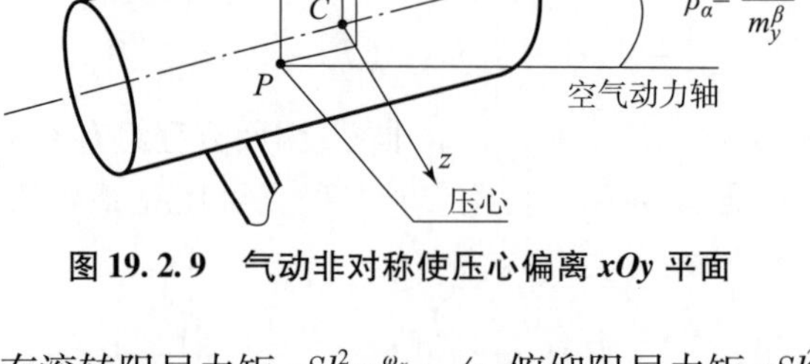

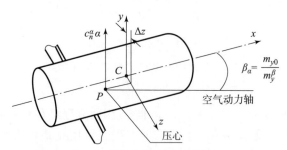

图19.2.9　气动非对称使压心偏离 xOy 平面

当然,除此以外,还有滚转阻尼力矩 $qSl^2m_x^{\omega_x}\omega_x/v$、俯仰阻尼力矩 $qSl^2m_z^{\omega_z}\omega_z/v$ 和偏航阻尼力矩 $qSl^2m_y^{\omega_y}\omega_y/v$、马格努斯力矩等。它们共同组成了强非对称气动外形弹体的气动力矩系。而特别值得注意的是,总滚转力矩为

$$M_x=qS(lm_{x0}+c_y^\alpha\alpha\Delta z+c_z^\beta\beta\Delta y)-qSl^2|m_x^{\omega_x}|\omega_x/v \tag{19.2.30}$$

据此可建立运动方程进行理论分析,但这涉及非线性运动理论和奇点稳定性理论、空气动力设

计和计算,情况比较复杂。

例如,在 $M_x=0$ 时,ω_x 为一平衡点 ω_{xp},相应的奇点攻角和侧滑角分别为 α_p、β_p,显然,根据 m_{x0}、$m_x^{\omega_x}$、c_y^{α}、Δy、Δz、ω_{kp} 组合的不同,平衡点不止一个,但它们既可能是稳定的平衡点,也可能是不稳定的平衡点,所谓稳定的平衡点,是指当转速离开平衡点 ω_{xp} 时,合成的滚转力矩有使转速 ω_x 回到平衡点 ω_{xp} 的作用。例如,当弹箭的转速接近临界转速 ω_{kp} 时,会导致攻角 α 和侧滑角 β 的共振增大,如果气动力偏心设计得使附加滚转力矩 $qS(c_y^{\alpha}\alpha\Delta z+c_z^{\beta}\beta\Delta y)$ 与导转力矩 $qSlm_{x0}$ 相反,就会抵消导转力矩的作用,如图 19.2.10 所示,甚至使滚转力矩反向,结果使转速减小,如图 19.2.11 中的第 1 区间尾段所示;反之,当转速离开临界转速 ω_{kp} 时,会导致攻角 α 和侧滑角 β 减小,使附加滚转力矩绝对值减小,导转力矩又大于附加滚转力矩,转速又开始增大,如图 19.2.11 中的第 2 区间尾段所示。这种滚转、俯仰、偏航运动的交联就使得转速和攻角、侧滑角能稳定在平衡点,形成稳定的圆运动。这与弹箭的结构参数、气动参数有关。另外,运动起始条件还须使相轨线落入稳定奇点的吸引域中。

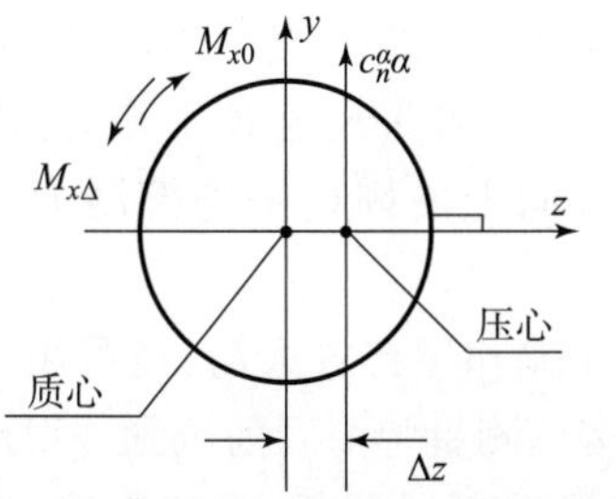

图 19.2.10　附加滚转力矩的作用

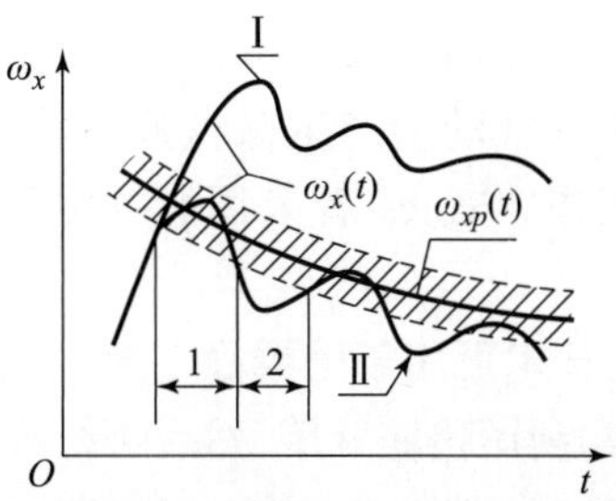

图 19.2.11　临界转速的吸引域和稳定共振旋转情况

(3)对于气动力分布和质量分布都有较大不对称的情况

这时不仅要考虑由气动不对称产生的压力中心偏离弹体质心($\Delta y,\Delta z$),还要建立考虑弹轴不是惯量主轴而需保留惯性积 J_{xy}、J_{xz}、J_{yz} 影响的方程,求解和分析就较为复杂,实际上最好的解决办法是进行气动力设计和质量分布设计,使空气动力轴、导转力矩矢量与惯量主纵轴一致,并与弹轴构成所需的夹角——稳态扫描角,以此来形成稳定的圆锥扫描运动。

19.3　弹道修正弹外弹道

19.3.1　概述

普通弹箭在飞行中如果受到各种干扰或由于目标机动而使弹道偏离预定目标或机动目标,则是无法纠正的,因而其命中目标的概率低。导弹有这种能力但价格太高,只适合打击高价值点目标,对于使用数量大的常规弹箭是不适合的,于是出现了一种介于二者之间的弹箭,即弹道修正弹,它是普通弹药与现代高新技术相结合的典范。这种弹箭在飞行弹道的恰当弧段上能根据弹箭偏离预定轨迹或偏离目标的情况,使用燃气动力(脉冲的或连续的)或空气动力对弹道做有限次或较短时间的连续修正,从而减小弹道偏差,向固定目标或移动目标靠近,从而较大幅度提高射击密集度和对目标的命中概率。

弹道上修正位置的选择与作用在弹箭上的不同扰动因素的影响有关。例如,如果炮弹的脱靶量是由于飞行中的扰动因素产生的,则必须在扰动形成的过程中或弹道末段(目标附近)进行修正,而对于火箭,终点脱靶量的极大部分是由主动段上的扰动产生的,因而应在主动段或临界段上修正这些扰动的影响。当然,对于大射程火箭,还要增加末段修正。

为了实现弹道修正,首先要有弹道偏差测量装置,同时还要有根据弹道偏差解算出控制信号的弹道数学模型、软件和弹载计算机,最后还要有进行弹道修正的执行机构。

弹道偏差是指弹箭现在位置与"理想弹道"位置的偏差,或者是与目标位置的偏差。为了确定这个偏差,需要测定弹箭的位置以及目标位置或理想弹道的相应点坐标。弹箭在弹道上的位置可以通过头部修正模块中的卫星定位接收机接收卫星信号得知,或采用微机电系统(MEMS)测量装置测得,也可用地面雷达跟踪弹箭来探知;对于地面目标的位置,可以通过前方观察员用激光测距机测量,也可通过侦察机、发射侦察弹、巡飞弹等探知;还可用侦察卫星定位;对于空中活动目标,则可用弹头的红外、毫米波、激光、无线电敏感器等确定其方位;执行机构主要有阻力片、爆炸弹顶、小型脉冲发动机和鸭舵。阻力片和爆炸弹顶用于在弹道上适时展开或爆炸,以增大阻力、改变弹道;小型脉冲发动机如果沿轴向布置,可增大弹箭飞行速度,如果沿弹体圆周径向布置,则可产生改变质心速度方向的力,还可产生使弹体转动的力矩;鸭舵可以利用空气动力产生操纵弹体转动的力矩和升力。鸭舵可采用连续工作方式,也可采用继电式工作方式,后者采用脉冲调宽技术,形成所需方向上的周期平均控制力和控制力矩。

弹道修正技术可用于尾翼稳定弹,例如迫击炮弹、航空炸弹和尾翼式火箭,也可用于旋转稳定弹,后者常利用鸭舵减旋,然后进行控制。如果用地面雷达测量弹箭当前位置并形成控制指令,发送给弹箭,则弹上机构可以简化,只需有指令接收装置和执行机构,价格低廉,但带来需要地面高价值设备且无法实现打了不管的缺点;如果所有测控装置都放在弹上,则有不需地面高价值设备并能实现打了不管的优点,但实现起来较为困难,且每发弹的成本大幅提高。

要求测控装置体积小、抗过载能力强、成本低以及能准确、快速解算弹道形成控制指令是弹道修正弹的难点。下面分述一维弹道修正和二维弹道修正技术。

19.3.2 阻力型一维弹道修正原理

这是最简单的弹道修正,主要用于对地面火炮的射程进行修正。如图19.3.1所示,对目标 A 射击时,瞄准比目标远的 B 点,通过在弹道上接近目标处恰当位置展开头部引信上的阻力器增大阻力,使射程减小,向目标 A 接近,从而起到了修正各种因素造成的弹道偏差的作用,使弹箭的纵向密集度有较大幅度的提高。但这种"打远修近"的修正模式要损失一部分火炮弹丸的射程,带来的好处是实现起来简单,可作为弹道修正技术研究的第一步。

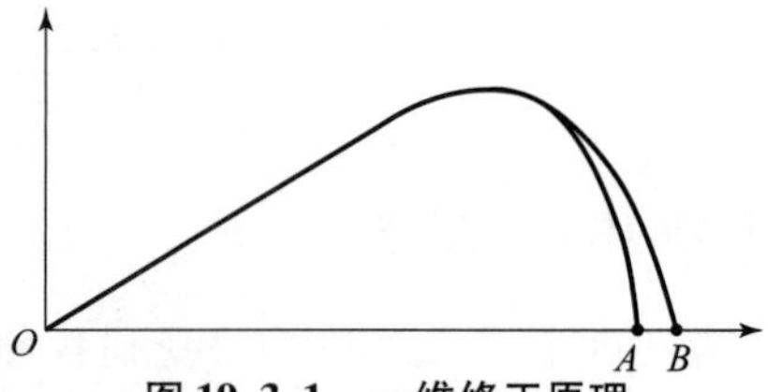

图19.3.1 一维修正原理

阻力器是一维弹道修正的执行机构,现都装在头部引信上,其外形多种各样。图19.3.2所示为一种扇形阻力器闭合和展开的形状,图19.3.3所示为几种平面和斜面阻力器形状,阻力片又分带圆凹槽的、有泄气孔和无泄气孔的等不同类型。

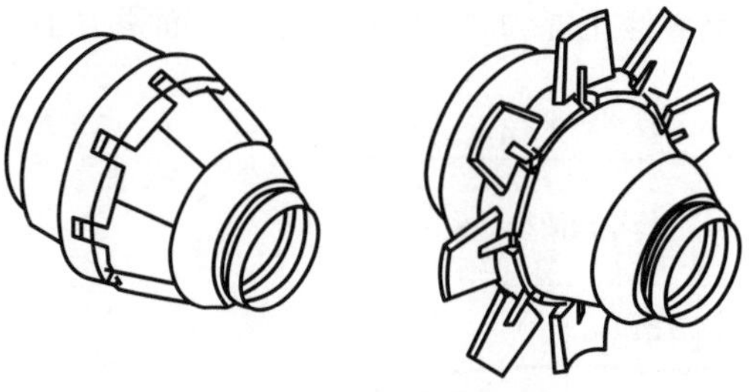

图 19.3.2　扇形阻力器

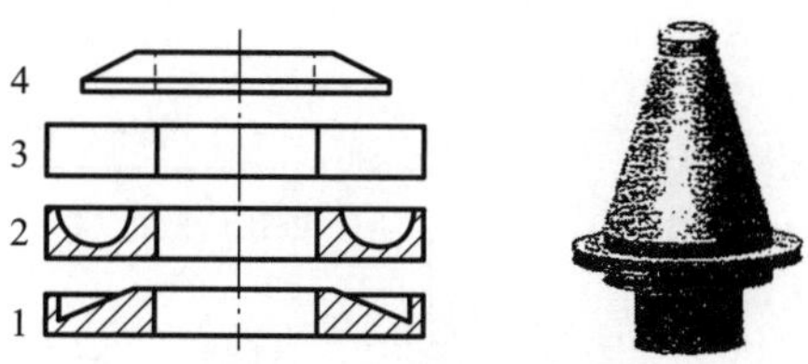

图 19.3.3　平板形阻力器

阻力器的形状和面积大小,决定了其展开后在不同马赫数上的阻力系数和阻力的大小,这直接关系到此后的减速过程和弹道改变情况。由于阻力器气动外形复杂,其气动力数据主要由风洞或试验获取。阻力器阻力越大,弹道修正能力越强,但在展开时抖动也更剧烈,影响修正时的运动平稳性,须综合考虑。

对具体的弹箭进行一维修正及其阻力器设计时,要充分考虑到弹箭本身的散布 E_{x_1}（如迫弹约 1/200)、射击准备诸元误差 E_{x_3}（约为射程的 4/1 000)以及修正机构工作中由于装定误差、模型误差、弹道参数测量误差、弹道解算误差以及执行机构误差等造成的对目标 A 的散布 E_{x_2} 之间的关系,E_{x_2} 也即对修正后的散布指标要求。

在图 19.3.4 中,目标距炮位的射程为 X_L,射击时对瞄准点 B 瞄准,称 AB 间的距离 X_K 为射程扩展量。由于有射击诸元(射角)准备误差 E_{x_3},使弹箭的落点散布中心可分布在 $\pm 4E_{x_3}$ 椭圆内,而落点围绕散布中心可分布在 $\pm 4E_{x_1}$ 椭圆内。

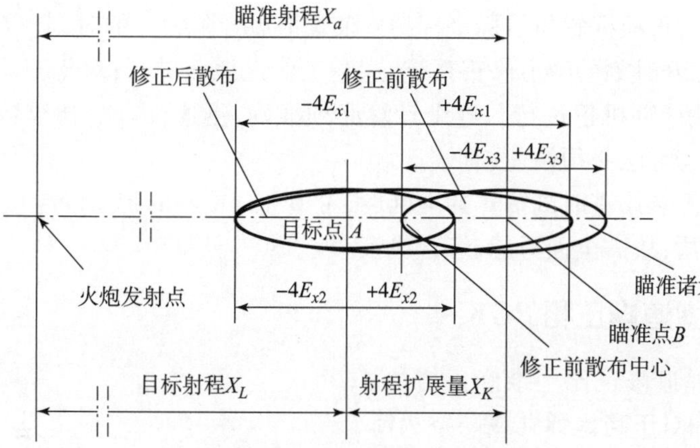

图 19.3.4　最佳射程扩展量的确定

当散布中心出现在射击准备椭圆 $4E_{x_3}$ 最左边,而落点又出现在射弹散布椭圆 $4E_{x_1}$ 最左边时,如果落点还不越出修正后对目标 A 的散布椭圆 $4E_{x_2}$ 之内,则射程扩展量 X_K 最佳,由图 19.3.5 可见,最佳射程扩展量为

$$X_K = (4E_{x_1} + 4E_{x_3}) - 4E_{x_2} \tag{19.3.1}$$

当散布中心出现在 $4E_{x_3}$ 椭圆最右边而落点又出现在 $4E_{x_1}$ 椭圆的最右边点时,所需的射程修正量最大,记为 $X_{X\max}$,由图 19.3.5 可见,有

$$X_{X\max} = X_K + 4E_{x_3} + 4E_{x_1} \tag{19.3.2}$$

由 X_K 可确定最佳瞄准点 B,由 $X_{X\max}$ 可确定所需的最大修正能力,以便设计阻力片面积大小。

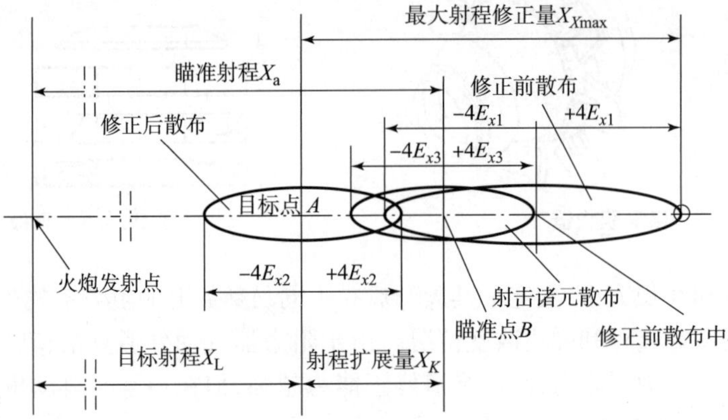

图 19.3.5　最大射程修正量的确定

一般修正都在弹道上最小速度点之后。但由于展开阻力片改变弹道,是通过弹丸克服阻力、消耗动能做功才能实现,这需要一定时间积累,或通过一段弹道的做功积累。消耗动能做功的弹道越长,对射程的修正能力也越大。因此,对于那些射程较小、飞行时间较短的弹丸,为了提高修正能力,也可在弹道升弧段打开阻力片进行修正。

打开阻力片的时刻是一维修正弹的关键技术之一,通常是测量飞行弹丸在一段弹道上若干采样点的空间坐标(可用雷达测量或用卫星定位装置测量),经过弹道数据处理(参见第19章第19.5节)获得此段弹道末点的弹道诸元以及弹道方程中的参数,然后以此点为起点计算弹道,预测出落点射程,再根据它与目标坐标的差值选取展开阻力片的时刻。对于采用雷达测量、指令发送阻力片张开时刻的弹道修正系统,这一工作在地面进行;对于卫星定位测量修正系统,这个工作在弹载计算机里进行。这个计算必须准确、迅速,因此,弹道数学模型必须简洁、准确,弹道数据处理方法必须快速、有效。

为了保证弹道预测和修正时刻解算的准确性,希望进行量测的弹道段越接近目标越好,但这又与修正能力相矛盾,故需全面考虑、综合决策。

19.3.3　二维弹道修正和 PGK

对于地炮,二维弹道修正比一维修正增加了对落点侧偏的修正,而对于高炮弹丸或防空火箭,则主要是进行高低和方向坐标的修正。图 19.3.6 所示即为二维修正弹拦截空中目标的示意图。

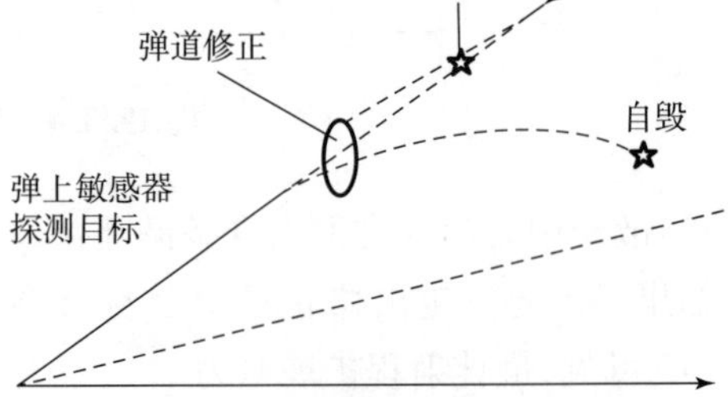

图 19.3.6　二维弹道修正弹拦截空中目标示意图

为了进行方向修正,需要提供改变速度方向的侧向力,目前提供侧向力的方式有两种:一种是采用微小型脉冲发动机或射流喷管,另一种是采用空气舵。图 19.3.7(a)为某种弹道修正火箭上脉冲发动机布置于质心之前的示意图,图 19.3.7(b)为某种火炮弹丸上脉冲发动机布置在质心所在横剖面上的示意图。图 19.3.8 所示为以鸭舵为执行机构的二维弹道修正弹。

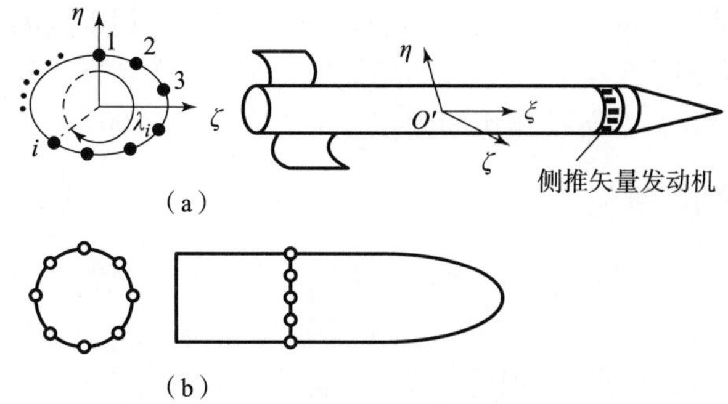

图 19.3.7　脉冲发动机

(a)布置在质心前;(b)布置在质心处

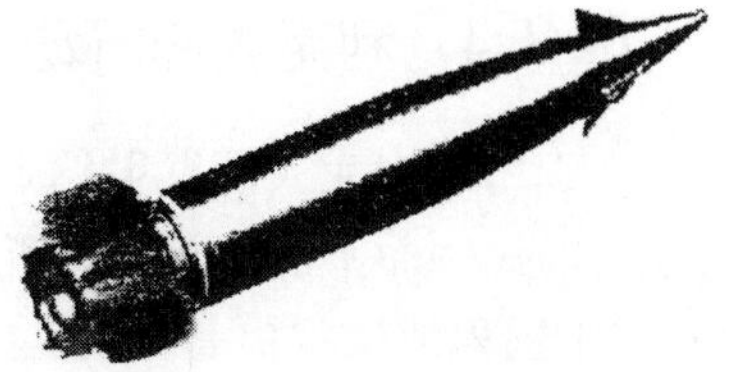

图 19.3.8　鸭舵布置图

对于利用脉冲发动机进行修正的情况,只要在弹箭运动方程组(6.4.2)或方程组(9.4.1)中的作用力 F_{x_2}、F_{y_2}、F_{z_2} 中增加脉冲发动机产生的推力分量 P_{x_2}、P_{y_2}、P_{z_2},在力矩表达式 M_ξ、M_η、M_ζ 中增加脉冲发动机对质心的作用力矩 $M_{P\xi}$、$M_{P\eta}$、$M_{P\zeta}$,即可进行脉冲发动机工作期间和之后的飞行运动规律和弹道轨迹计算。

设由脉冲发动机试验台测得单个发动机工作时间 Δt 和冲量 I_P,则平均脉冲力(矩形波)为

$$P = I_p/\Delta t \tag{19.3.3}$$

对于轴向安装的脉冲发动机,理想情况下其推力 P_1 沿弹轴,如考虑推力偏心,其推力偏心力矩为 $P_1 l_{P1}$,这与火箭运动方程建立时情况一样,只是作用时间短(例如 0.005 s)而已。

对于径向布置的脉冲发动机,如果它的作用线通过质心,则可产生改变速度方向的直接作用力 P_2,如图 19.3.9 所示,而不产生对质心的力矩。这个直接作用力沿弹体坐标系 $Ox_1y_1z_1$ 三轴的分量为$(0, P_2\cos\gamma_{P_2}, P_2\sin\gamma_{P_2})$,式中的 γ_{P_2} 为推力作用线与弹体坐标系 Oy_1 轴的夹角(图 19.3.9)。先将它们转换到弹轴坐标系 $O\xi\eta\zeta$,则为$(0, P_2\cos\gamma_P, P_2\sin\gamma_P)$,式中,$\gamma_P = \gamma_{P_2} + \gamma$,$\gamma$ 为自转角。

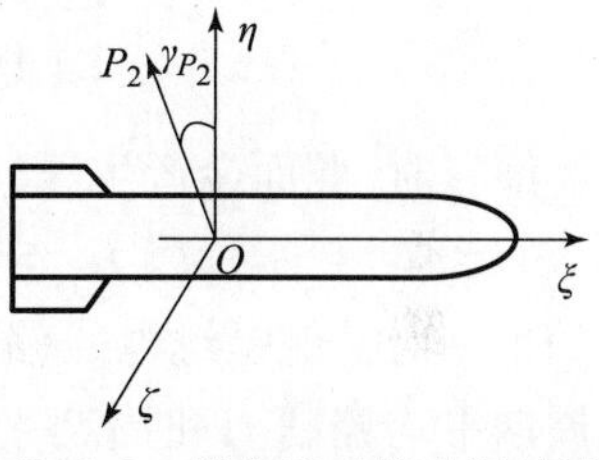

图 19.3.9　横向脉冲推力通过质心

再通过坐标变换表 6.1.4,可将推力 P_2 投影到速度坐标系 $Ox_2y_2z_2$ 中去,得

$$\begin{bmatrix} (F_{P_2})_{x_2} \\ (F_{P_2})_{y_2} \\ (F_{P_2})_{z_2} \end{bmatrix} = P_2 \begin{bmatrix} -\cos\gamma_P\sin\delta_1 - \sin\gamma_P\sin\delta_2\cos\delta_1 \\ \cos\gamma_P\cos\delta_1 - \sin\gamma_P\sin\delta_2\sin\delta_1 \\ \sin\gamma_P\cos\delta_2 \end{bmatrix}$$

$$\gamma_P = \gamma_{P_2} + \gamma \tag{19.3.4}$$

如果喷管所在横剖面距质心距离为 l_{PG},如图 19.3.10 所示,则除上面的脉冲力外,还要产生对质心的力矩 $P_2 l_{PG}$,它在弹体坐标系 $Ox_1y_1z_1$ 内的分量为$(0, -P_2 l_{PG}\sin\gamma_{P_2}, P_2 l_{PG}\cos\gamma_{P_2})$,再利用坐标转换矩阵表 6.1.3,可投影到弹轴坐标系 $O\xi\eta\zeta$ 中去,得

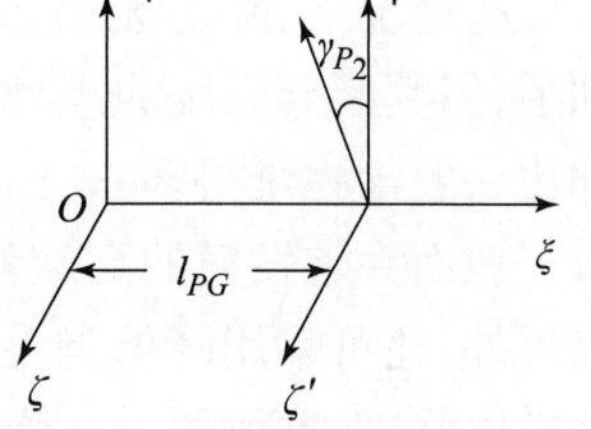

图 19.3.10　横向脉冲推力不通过质心

$$(M_{P_2})_\xi = 0,(M_{P_2})_\eta = -P_2 l_{PG}\sin\gamma_P,(M_{P_2})_\zeta = P_2 l_{PG}\cos\gamma_P \tag{19.3.5}$$

将式(19.3.4)和式(19.3.5)代入刚体弹道方程中,即可计算脉冲发动机工作期间的运动。由于脉冲作用时间很短,故积分运动方程时,在脉冲作用期间积分步长应小于0.001 s。

19.3.4 利用鸭舵气动力进行修正的情况

由于用火炮或火箭发射的弹箭一般没有很大的弹翼,故鸭舵上的气动力就占了全弹气动力较大的比例而不能忽视。鸭舵除了能提供操纵力矩外,其舵面升力、阻力对弹道也有很大影响(对于远程滑翔弹更是如此)。因此,对于鸭舵修正,要把舵面升力和阻力列入方程中。

设由气动计算或吹风得到弹体坐标系内一对可绕 Oz_1 轴转动的鸭舵偏转 δ_z 产生的轴向力和法向力为$(F_{\delta x_1},F_{\delta y_1})$($\delta_z=0$ 时,由攻角产生的舵面升力、阻力已归并到弹体气动力中了),先按自转角 γ 转换到弹轴坐标系 $O\xi\eta\zeta$ 中,再由攻角分量转换到速度坐标系中(见表6.1.4),得

$$\begin{bmatrix}(F_\delta)_{x_2}\\(F_\delta)_{y_2}\\(F_\delta)_{z_2}\end{bmatrix} = L_{VB}\begin{bmatrix}(F_\delta)_{x_1}\\(F_\delta)_{y_1}\\(F_\delta)_{z_1}\end{bmatrix} = \begin{bmatrix}F_{\delta x_1}\cos\delta_1\cos\delta_2 - F_{\delta y_1}(\sin\delta_1\cos\gamma + \sin\gamma\cos\delta_1\sin\delta_2)\\F_{\delta x_1}\cos\delta_2\sin\delta_1 + F_{\delta y_1}(\cos\delta_1\cos\gamma - \sin\gamma\sin\delta_1\sin\delta_2)\\F_{\delta x_1}\sin\delta_2 + F_{\delta y_1}\sin\gamma\cos\delta_2\end{bmatrix} \tag{19.3.6}$$

设舵面压心到质心的距离 l_{tG},则弹体坐标系内的操纵力矩分量为

$$[M_{\delta x_1},M_{\delta y_1},M_{\delta z_1}]^{\mathrm{T}} = [0,0,F_{\delta y_1}\cdot l_{tG}]^{\mathrm{T}}$$

将其转换到弹轴坐标系内,即得

$$\begin{bmatrix}(M_\delta)_\xi\\(M_\delta)_\eta\\(M_\delta)_\zeta\end{bmatrix} = L_{AB}\begin{bmatrix}0\\0\\F_{\delta_{y_1}}l_{tG}\end{bmatrix} = \begin{bmatrix}0\\-F_{\delta y_1}l_{tG}\sin\gamma\\F_{\delta y_1}l_{tG}\cos\gamma\end{bmatrix} \tag{19.3.7}$$

当弹箭滚转时,舵面会产生滚转阻尼力矩,沿弹轴反方向,即

$$(M_{xz\delta})_{x_1} = -\rho Sldm'_{xz\delta}v\dot{\gamma}/2,(M_{xz\delta})_{y_1} = 0,(M_{xz\delta})_{z_1} = 0 \tag{19.3.8}$$

如果一对鸭舵是继电式偏转,形成单通道控制,则在形成控制指令时,其升力和操纵力矩要用周期平均控制力和周期平均气动力来处理,具体可参见文献[20-22]。但在弹道计算中,由于所取步长很小,也可用舵面瞬时位置对应的气动力方向来计算。

舵面偏转规律由测控、解算系统根据目标相对于弹轴的方位及偏离角度的大小,或根据弹箭现在的坐标位置与预定的同一时刻坐标位置之差按给定的制导律确定,前者适用于打击活动目标,后者适用于打击固定目标。弹箭的滚转方位角 γ 也须由一个基准(如垂直陀螺)确定。总之,在连续修正直至目标的情况下,除了无动力外,已与一个导弹没有本质差别了,但其制导系统的小型化、抗发射高过载、低成本要求却比一般导弹难得多。

对于地面火炮发射的高旋弹,除了用阻力片增阻降速修正射程外,还可采用降低弹丸转速、减小偏流的方法进行落点方向修正,这就要求在弹头部除了有垂直于弹轴的正面阻力片外,还要增加旋转制动片,如图19.3.11所示。

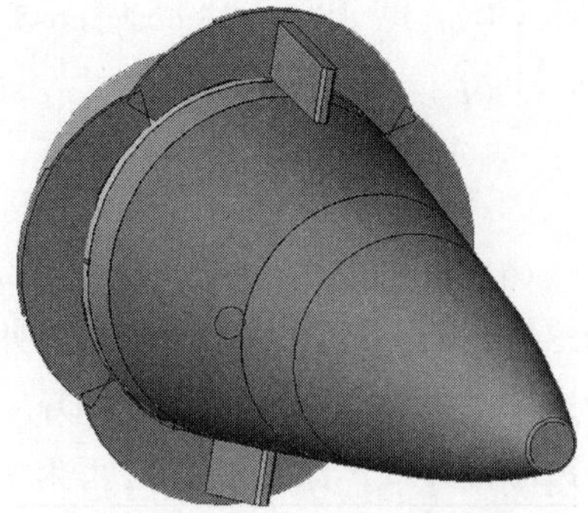

图19.3.11 阻力片和旋转制动片

旋转制动片也是沿弹丸径向展开，但其表面与弹轴平行，起到增加滚转阻尼力矩、减小转速，从而减小偏流的作用。射击时，瞄准方向要比考虑了制动片不展开的偏流修正（向左瞄 ψ 角）减少 $\Delta\psi$（即向左瞄 $\psi-\Delta\psi$ 角）。这样，在制动片展开、偏流减小后，就能在方向上向目标靠拢。与一维修正弹的瞄远修近类似，这可称作减左修右。

但为了减小旋转制动片对角运动可能产生的影响，旋转制动片不宜太大，还要沿弹轴对称分布。此外，弹体转速的降低还要以不破坏陀螺稳定性和动态稳定性为前提。因此，用这种方法进行的方向修正是比较有限的。

目前又出现了一种弹道修正方案，采用精确制导组件 PGK（Precision Guidance Kit）。它将探测装置、弹道解算装置、控制机构、引信、电源等制导工具集合成一个组件，其外形、体积与一般引信相近，只要将它旋进弹头部，就将无控弹变为有控弹。它既可以用在尾翼弹上，也可用在高旋弹上，不过在高旋弹上难度要大得多。

对于采用鸭舵控制的高旋弹，如果在舵面张开及偏转时，舵面上的气力和力矩直接传递到弹体上，则由于弹体高速旋转，除了对转速影响很大外，形成不了对特定方向的控制力，还极易由于转速减小太多而破坏弹丸的陀螺稳定性。为了克服与弹体高速旋转有关的困难，国外提出了一种带有鸭舵 PGK 双旋制导弹，如图 19.3.12 所示。弹丸由前体、后体两部分组成，后体为高速旋转的弹体，两体之间通过轴承连接，前体以微电动机带动鸭舵反向旋转，这样只要控制得当，前体就可以相对于空间不动，按照需要停在某一固定方位上，舵面提供升力和力矩，改变弹丸的运动状态和飞行轨迹，同时滚动轴承基本不影响弹体旋转和陀螺稳定性。

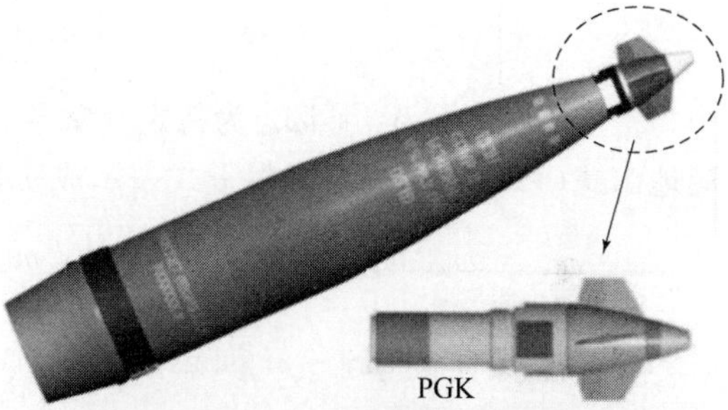

图 19.3.12　带 PGK 组件的双旋弹

PGK 上的鸭舵有两对舵面，但与一般导弹鸭舵可以控制偏转不同，PGK 的两对鸭舵都是固定不能转动的，一对舵面相对于弹轴差动安装，起减旋和稳定鸭舵方位的作用；另一对鸭舵与弹轴有一固定的同向偏转角或称安装角，这对舵面主要提供升力和力矩。鸭舵的控制作用是通过它停留在空间某方位上（PGK 还建立了铅直面基准）提供升力，以改变弹丸在高低向和方位向上的作用力与力矩，或改变总空气动力的大小、方位，总空气动力的法向力是鸭舵升力、弹体升力和马格努斯力的合成。在不需要控制时，不锁住鸭舵，让其以低速转动，则其平均控制力为零。

由于弹体高速旋转的陀螺效应，高旋弹的 PGK 控制要比尾翼弹的 PGK 控制复杂得多，例如，向上向下的舵面升力不是引起弹轴的上下摆动，向右向左的升力不是引起弹轴的左右摆动，而是引起弹轴的空间章动和进动，故控制力对质心轨迹的影响就要比尾翼弹复杂得多，因此，PGK 控制与外弹道关系更大。

19.3.5　在冲击力矩作用下弹箭的角运动

设冲击作用时间远小于一个自转时间周期 $T=2\pi/\dot{\gamma}$，我们要研究在有限个冲击的短时间间隔内弹箭的横向运动。设在此时间间隔内空气动力矩的量值比冲击力矩小得多，因而前者可以忽略，则弹箭有如下的转动运动方程

$$C\frac{\mathrm{d}\omega_\xi}{\mathrm{d}t}=0, A\frac{\mathrm{d}\omega_\eta}{\mathrm{d}t}-(A-C)\omega_\xi\omega_\zeta=M_{P_\eta}(t), A\frac{\mathrm{d}\omega_\zeta}{\mathrm{d}t}+(A-C)\omega_\xi\omega_\eta=M_{P\zeta}(t) \tag{19.3.9}$$

式中,M_{P_η}、M_{P_ζ} 见式(19.3.5),将自变量从时间 t 改为自转角 γ,则有

$$\mathrm{d}\gamma=\dot{\gamma}\mathrm{d}t\approx\omega_\xi\mathrm{d}t, \dot{\omega}_j=\mathrm{d}\omega_j/\mathrm{d}t=\mathrm{d}\omega_j/\mathrm{d}\gamma\cdot\dot{\gamma}=\omega_j'\dot{\gamma}\quad(j\sim\eta,\xi)$$

式中,"′"表示对 γ 求导。则方程(19.3.9)的第二和第三个方程变成如下形式

$$\omega_\eta'-\mu\omega_\zeta=m_\eta(\gamma), \omega_\zeta'+\mu\omega_\eta=m_\zeta(\gamma) \tag{19.3.10}$$

式中

$$\mu=1-C/A, m_\eta=M_{P_\eta}/(A\dot{\gamma}), \boldsymbol{m}_\zeta=M_{P\zeta}/(A\dot{\gamma}) \tag{19.3.11}$$

引进复数 $\boldsymbol{m}=m_\eta+\mathrm{i}m_\zeta$,$\boldsymbol{\omega}=\omega_\eta+\mathrm{i}\omega_\zeta$,将方程组(19.3.10)的第二式乘以 i 并与第一式相加,得

$$\boldsymbol{\omega}'+\mathrm{i}\mu\boldsymbol{\omega}=\boldsymbol{m}(\gamma) \tag{19.3.12}$$

此方程的解可写成如下形式

$$\boldsymbol{\omega}=\mathrm{e}^{-\mathrm{i}\mu\gamma}\left(\omega_0+\int_0^\gamma\boldsymbol{m}(\psi)\mathrm{e}^{\mathrm{i}\mu\psi}\mathrm{d}\psi\right) \tag{19.3.13}$$

式中,$\omega_0=\omega(0)=\omega_{\eta0}+\mathrm{i}\omega_{\xi0}$ 为待定复常数,由修正开始瞬时的弹箭摆动情况决定;$\boldsymbol{m}(\psi)$ 则相应地由式(19.3.11)确定。将上式表示成实数形式,则有

$$\omega_\eta=\omega_{\eta0}\cos\mu\gamma+\omega_{\zeta0}\sin\mu\gamma+\int_0^\gamma[m_\eta\cos\mu(\gamma-\psi)+m_\zeta\sin\mu(\gamma-\psi)]\mathrm{d}\psi \tag{19.3.14}$$

$$\omega_\zeta=\omega_{\zeta0}\cos\mu\gamma-\omega_{\eta0}\sin\mu\gamma+\int_0^\gamma[m_\zeta\cos\mu(\gamma-\psi)-m_\eta\sin\mu(\gamma-\psi)]\mathrm{d}\psi \tag{19.3.15}$$

连续短时冲击作用可用狄拉克函数 $\delta(t)$ 表示

$$M_P(t)=\sum_j M_{Pj}\delta(t-t_j) \tag{19.3.16}$$

式中,t_j 是第 j 个冲击的时间;M_{Pj} 是第 j 个冲击力矩的量值。则式(19.3.13)可写成如下形式

$$\boldsymbol{\omega}=\boldsymbol{\omega}_0\mathrm{e}^{-\mathrm{i}\mu\dot{\gamma}t}+\dot{\gamma}_0\int_0^t\mathrm{e}^{-\mathrm{i}\mu\dot{\gamma}_0(t-\tau)}\sum\boldsymbol{m}_j\delta(\tau-t_j)\mathrm{d}\tau \tag{19.3.17}$$

每一个冲击都引起瞬时角速度的突变,为

$$\Delta\boldsymbol{\omega}_j=\dot{\gamma}\boldsymbol{m}_j\int_{t_j-\varepsilon}^{t_j+\varepsilon}\delta(\tau-t_j)\mathrm{d}\tau \tag{19.3.18}$$

再引入单位阶跃函数

$$\boldsymbol{I}(t-t_j)=\int_0^t\delta(\tau-t_j)\mathrm{d}\tau=\begin{cases}0, & t<t_j\\1, & t>t_j\end{cases} \tag{19.3.19}$$

则一般解(19.3.17)可归结为如下形式

$$\boldsymbol{\omega}=\boldsymbol{\omega}_0\mathrm{e}^{-\mathrm{i}\mu\dot{\gamma}_0t}+\dot{\gamma}_0\sum\boldsymbol{m}_j\boldsymbol{I}(t-t_j)\mathrm{e}^{-\mathrm{i}\mu\dot{\gamma}_0(t-t_j)} \tag{19.3.20}$$

这个解是单个冲击力矩激起的弹轴特征振动的叠加。当然,这是脉冲修正完毕不长时间内弹轴的摆动情况,如果此后弹轴在空气动力矩作用下的运动是稳定的,这些振动会在阻尼作用下逐渐消失,恢复到通常的大气飞行状态。但在设计不当时,也有可能引起飞行不稳。

19.3.6 脉冲修正弹的飞行稳定性及对脉冲冲量大小的限制

如果做简化处理,每次横向脉冲修正后弹箭的运动状态都发生突变,改变大小为

$$\Delta v=I_{px_2}/m,\quad \Delta\theta=I_{py_2}/(mv\cos\psi)\approx\Delta\delta_1,\quad \Delta\psi=I_{pz_2}/(mv)\approx\Delta\delta_2 \tag{19.3.21}$$

$$\Delta\omega_{\xi} = M_{P\xi}/C \approx 0,\quad \Delta\omega_{\eta} \approx \Delta\dot{\varphi}_2 = M_{P\eta}/A,\quad \Delta\omega_{\zeta} \approx \Delta\dot{\varphi}_1 = M_{P\zeta}/A \tag{19.3.22}$$

反之,如果通过测试或仿真获得了这些偏差量 $\Delta\theta$、$\Delta\psi$、$\Delta\dot{\varphi}_1$、$\Delta\dot{\varphi}_2$,要通过脉冲做修正,也可算出所需的脉冲冲量大小 I_{py_2}、I_{pz_2}。但对脉冲大小一方面要考虑弹体强度能否承受,另一方面还要考虑脉冲修正后弹箭的飞行稳定性,如果脉冲冲量过大,引起弹箭飞行状态改变很大,而弹箭又具有较强的非线性气动特性,就有可能出现非线性运动稳定性问题。因此,限制脉冲作用后的攻角幅值 δ_m 也即限制脉冲冲量 I_p 大小也是脉冲修正发动机设计的一个方面。如果通过分析,给定攻角限制值为 $\delta_{\max}$,并记脉冲攻角增量 $\Delta\delta_0 = I_p/(mv)$ 和攻角速度增量 $\Delta\dot{\delta}_0 = \Delta\dot{\varphi}_0 = M_{p_2}/A = I_p l_{PG}/A$ 产生的角运动幅值分别为 δ_{m_1} 和 δ_{m_2},在最严重情况下,总攻角为二者绝对值之和,于是根据式(7.4.21)和式(7.4.17),可写出脉冲限制条件

$$[\delta_{m1}] + [\delta_{m2}] = \left[\frac{\Delta\delta_0}{\sqrt{\sigma}}\right] + \left[\frac{\Delta\dot{\delta}_0}{\alpha v\sqrt{\sigma}}\right] = \left[\frac{I_p}{mv\sqrt{\sigma}}\right] + \frac{I_p l_{PG}}{A\alpha v\sqrt{\sigma}} < \delta_{\max}$$

$$\sigma = 1 - k_z/\alpha^2,\alpha = C\dot{\gamma}/(2Av) \tag{19.3.23}$$

实际上,考虑到脉冲作用瞬时弹箭攻角不一定为零,上式中的 $\delta_{\max}$ 还应再减小一点才可靠。

19.3.7　弹道修正弹的导引方法问题

如同制导弹箭一样,对于弹道修正弹,修正力和/或修正力矩何时、依何种原则、向何方向修正呢?这也存在一个导引方法问题。导引方法不同,修正的过程和效果也不同。一个好的导引方法能使修正弹在有限的修正能力下,更快、更精确地接近目标,提高作战效果。

如果修正弹采用的是连续修正方式(如用鸭舵气动力连续修正),这已与导弹的类似,其导引方法也与导弹的类似。对于只进行一次修正的情况(如一维修正中阻力片展开),则主要是从弹道特性和阻力特性上解算和选择一个适当的修正时机,而这里主要简介有限次离散修正(如多个小型脉冲发动机径向环状分布)情况下修正弹的导引问题。

目前资料中所见修正弹导引方法有多种,常见的有弹道追踪法、速度追踪法、弹体追踪法、比例导引法和抛物线导引法等,每种导引方法都必须有相应的弹目相对位置和/或相对运动,以及修正弹自身运动状态的测量器件或导引头。弹道追踪法实际就是将弹箭质心向预定弹道上修正;速度追踪法是根据速度方向(例如用风标头测量)与弹目连线方向间的关系形成控制信号,脉冲的作用是使弹的质心速度向弹目连线(也可以再增加一个前置角)方向偏转;弹体追踪法是根据弹轴与弹目连线的相互位置形成控制信号,控制弹的偏转。比例导引法是总速度线的偏转角速度与弹目连线的偏转角速度成比例。但地炮和航弹在弹道末段对地面目标进行修正打击时,应用抛物线导引可能更好一些,这是因为这种情况下弹箭本来就以一条有空气阻力的自然抛物线下落,如果导引方法也以一条近似的抛物线为基础,则相应的偏差量和脉冲修正需求量就会小一些,有利于用有限的控制能量快速、准确地逼近目标。下面讲述它的基本原理。

在图 19.3.13 中,D 点为启控修正时弹箭的位置,C 为目标。以目标为原点建立直角坐标系 Cxy,弹箭当前坐标为(x_D,y_D)。设作一抛物线 L_0 通过 C、D 两点,它的方程及其一、二阶导数为

$$y = y_0 + K_1x + K_2x^2,y' = K_1 + 2K_2x,y'' = 2K_2$$

其中

$$K_1 = \tan\theta_C,K_2 = (y_D - y_0 - K_1x_D)/x_D^2 \tag{19.3.24}$$

式中,y_0 为目标海拔高。显然,此抛物线通过目标($x = 0,y = y_0$),由它还要通过 D 点而求出

K_2,另外,求出它在目标 C 处的落角为 θ_C 而得出 $K_1 = \tan\theta_C$。这条理论抛物线尽管不同于弹箭自然下落的抛物线,但要比其他简单形式的理论曲线更接近自然抛物线。这条理论抛物线的特点是构成它的要素 K_1、K_2 只与 D 点坐标以及落角 θ_C 有关,并且沿全弹道,$y'' = K_2 =$ 常数。

$y'' = \mathrm{d}y^2/\mathrm{d}x^2$ 是弹道高 y 随水平距离 x 加速变化的情况,因为 $y'' = (y')' = (\tan\theta)'$,而由弹道曲率表达式为 $K = \dfrac{y''}{1+(y')^2}$ 可见,y'' 为弹道切线斜率的变化率,并且与曲率有关,故它反映了弹道弯曲的情况。

在 D 点处,这条理论弹道的切线倾角为 $\theta_D = \arctan(K_1 + 2K_2x_D)$,设弹箭实际速度倾角为 $\theta = \arctan(v_y/v_x)$,如图 19.3.13 所示,这里 v_x、v_y 是速度 v 的两个分量。两个倾角相差为 $\Delta\theta = \theta_D - \theta$。

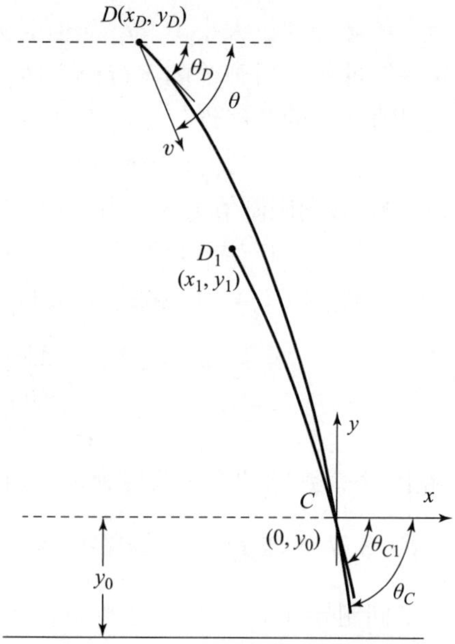

图 19.3.13　抛物线导引法示意图

抛物线导引的原则就是让实际速度方向向该瞬时理论抛物线的切线方向靠拢。设弹轴与速度方向一致,而一个脉冲可使弹箭得到一个横向速度增量 $\Delta v = I_p/m$,显然,要使 $\Delta\theta \to 0$,需要的脉冲次数为

$$n = v\tan(\theta_D - \theta)/\Delta v = a(b + c\tan\theta_C)/(d + e\tan\theta_C) \tag{19.3.25}$$

式中,$a = \sqrt{v_x^2 + v_y^2}/\Delta v, b = 2(y_D - y_0)v_x - v_yx_D, c = -v_xx_D, d = 2(y_D - y_0)v_y + v_xx_D, e = -v_yx_D$。

可见,n、a、b、c、d 只与弹箭当前的坐标和速度(它们可用 GPS 或 MEMS 测得)及规定着角 θ_C 有关,由图 19.3.13 可见,对于降弧段控制,θ_D 和 θ 均为负值,如果 $\Delta\theta = \theta_D - \theta > 0$,则实际速度线在理论速度线下方,此时必须有向上的脉冲控制力才能令 $\Delta\theta \to 0$,定义此时的 $n>0$,表示脉冲向上修正;反之,$n<0$,表示脉冲向下修正。

将上式对落角 θ_C 求导,得

$$\frac{\mathrm{d}n}{\mathrm{d}\theta_C} = \frac{a(cd - be)}{d^2}\frac{\sec^2\theta_C}{(1 + e\tan\theta_C/d)^2} \tag{19.3.26}$$

因为 $a(cd - be) = -v^2x_D^2 < 0$,故知 $\mathrm{d}n/\mathrm{d}\theta_C < 0$,当 $n>0$ 时,表示如要求落角 $|\theta_C|$ 越大(也即要求 θ_C 代数值越小),则所需脉冲数越多,或一次脉冲的冲量要足够大,那么 $n<0$ 时,随 $|\theta_C|$ 增大,脉冲数 $|n|$ 减少就不难满足了。

实际飞行中,$\Delta\theta$ 总是有的,但要超过一定的值才开始修正,也即 n 要大于一个最小限制值 n_k,脉冲发动机才开始工作,这个值常称为阈值。

如果启控一段时间后,弹箭新位置 $D_1(x_1, y_1)$ 还在这条起始抛物线 L_0 上,只要规定落角 $\theta_{C_1} = \theta_C$,则由 D_1 所作的通过目标的新抛物线就与初始抛物线重合,弹箭该瞬时修正到沿初始抛物线运动。但实际弹箭不可能一直理想地沿初始抛物线运动,如果新位置 D_1 不在初始抛物线上,那么下一步应如何修正呢?

设现在弹箭位置在 $D_1(x_1, y_1)$,可通过 D_1 和 C 再作一条抛物线 L_1,如图 19.3.13 所示。

曲线 L_1 可按两种方式作出:一种是仍按要求在 C 点处落角为 θ_C 作出,这时弹箭将强制按保证落角为 θ_C 方向修正和飞行;另一种是不要求落角为 θ_C,但要求它的 $(y'')_{L_1}$ 与初始抛物线的 y'' 相等,也即要求 L_1 的曲率与初始抛物线 L_0 的曲率基本一致,较顺畅地飞行。由此,从 $(y)''_{L_1} = (K_2)_{L_1} = (K_2)_{L_0} = (y'')_{L_0}$ 得相应 L_1 抛物线的落角为

$$\theta_{C_1} = \arctan\left[\frac{y_1 - y_0}{x_1} - \frac{x_1(y_D - y_0 - \tan\theta_C x_D)}{x_D^2}\right] \tag{19.3.27}$$

可见,随着弹箭修正机构动作点不同,保证所作的抛物线弹道与初始弹道曲率 y'' 相等,其弹道落角就不能与规定落角一致。但弹道落角 θ_C 对弹箭的终点效应有很大影响,所以,弹道修正弹在接近落点时,应适时转入按规定落角 θ_C 来形成抛物线弹道,而这时就不必考虑弹道曲率是否与初始抛物线弹道相同了。这样,就可在前一阶段充分进行距离修正,在后一阶段充分调整落角。至于这两个阶段何时划分,则应针对具体的修正弹,由计算分析和少量试验确定。

19.4　滑翔增程弹箭外弹道

增程是当今弹箭发展的重要方向之一,利用各种增程技术,用火炮和火箭炮发射的现代弹箭已将射程从 20 ~ 30 km 提高到了 50 ~ 70 km,并向 150 km 以上迈进。弹箭增程方法大致分为以下几类:一类是给弹箭增加能量,如提高火炮发射能量,增加炮口速度,采用火箭发动机、冲压发动机助推等;第二类是减阻增程,如采用阻力更小的外形(如枣核形弹),采用底凹、底排技术提高弹底压力减小底阻等;第三类是设计大升阻比气动布局弹形,弹箭做无控滑翔飞行,但因这种滑翔距离不会很大,落点较难控制,故多用在抛撒的子弹药上;第四类是采用控制方法使弹箭滑翔增程,如末制导炮弹、防区外投放炸弹、布撒器和超远程炮弹、火箭等都有滑翔飞行弹道段;第五类是建立在上述各项技术基础上的复合增程。如果再加上弹道优化方法,优选各种参数(包括点火位置、启控点、滑翔方案等),还可进一步发挥这些增程技术的潜能。

弹箭滑翔一般是指在无动力飞行阶段,通过改变弹箭姿态,控制作用在弹上的升力,从而改变弹箭飞行轨迹(不按弹道式轨迹自由飞行),达到增加射程的目的。图 19.4.1 所示为两种弹道的示意图。本节将分析其中的有关问题。

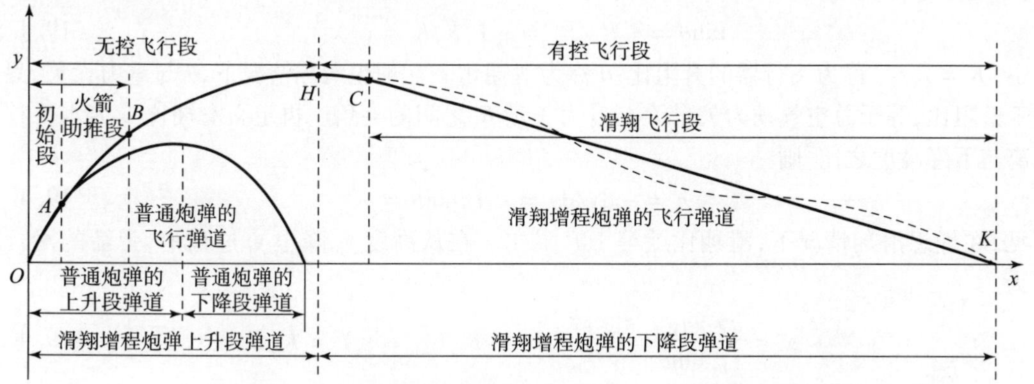

图 19.4.1　普通炮弹与滑翔增程炮弹的飞行弹特性示意图

1. 理想滑翔状态与升阻比

为简化问题,揭示主要内容,我们采用可操纵质点弹道模型进行分析。设在平静大气中,弹箭在射击面内做纵向平面运动,如图 19.4.2 所示,其运动方程为

$$\begin{aligned} m\dot{v} &= -R_x - mg\sin\theta, \\ mv\dot{\theta} &= R_y - mg\cos\theta, \\ \dot{x} &= v\cos\theta, \\ \dot{y} &= v\sin\theta, M_z = 0 \end{aligned} \tag{19.4.1}$$

式中,$M_z=0$ 为力矩瞬时平衡方程,由操纵力矩与恢复力矩相平衡,得舵偏角 δ_z 与攻角 α 的关系

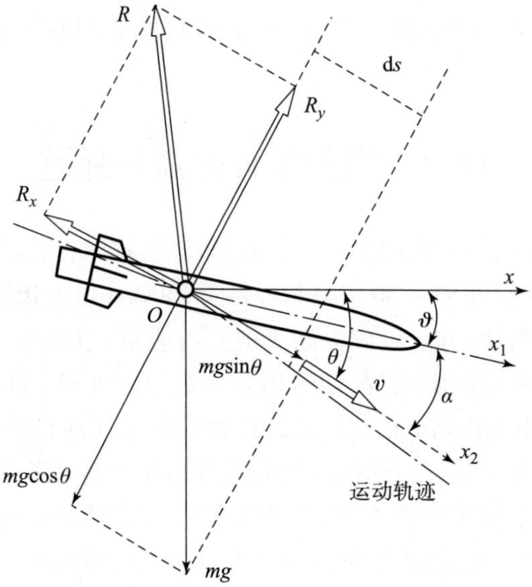

图 19.4.2　弹弹滑翔飞行时的受力情况

$$\delta_z = -m_z^{\alpha} \cdot \alpha / m_z^{\delta_z} \tag{19.4.2}$$

在理想滑翔情况下,空气阻力 R_x 与重力的切向分量 $mg\sin\theta$ 相平衡,空气升力 R_y 与重力的法向分力 $mg\cos\theta$ 相平衡,于是由方程(19.4.1)得 $\dot{v}=0, \dot{\theta}=0$,即弹箭做等速直线下滑($\theta<0$)飞行,于是得

$$\tan\theta = -R_x/R_y = -1/K, K = c_y/c_x \tag{19.4.3}$$

式中,$K=c_y/c_x$ 称为飞行器的升阻比;θ 称为滑翔角。在理想滑翔情况下,θ 与重力无关,只取决于升阻比,等于总空气动力矢量 R 与升力矢量 R_y 之间的夹角。再定义滑翔比 ε 为水平移动距离与下降高度之比,则

$$\varepsilon = -\mathrm{d}x/\mathrm{d}y = -1/\tan\theta = K \tag{19.4.4}$$

可见,在理想滑翔情况下,滑翔比就等于升阻比。在从高度 y_0 降至 y_f 过程中,弹箭的滑行距离为

$$x = \int_{y_0}^{y_f} \frac{\mathrm{d}y}{\tan\theta} = -\int_{y_0}^{y_f} K\mathrm{d}y \approx K_{cp}(y_0 - y_f) = K_{cp}H \tag{19.4.5}$$

式中,K_{cp} 表示在高差 H 范围内弹箭的平均升阻比。可见,理想滑翔飞行距离取决于飞行器的

气动特性——升阻比 K,升阻比越大,滑翔距离越远。

因为阻力系数 c_x 和升力系数 c_y 除了与马赫数 Ma、雷诺数 Re 有关(因而与飞行高度 y 有关)外,还与攻角 α 有关,在小攻角范围内,还有 $c_y = c_y^{\alpha} \cdot \alpha, c_x = c_{x_0} + c_{x_2}\alpha^2$,故阻力系数 c_x 也可表示成零升阻力系数 c_{x_0} 与诱导阻力系数之和

$$c_x = c_{x_0} + Ac_y^2, A = c_{x_2}/(c_y^{\alpha})^2 \tag{19.4.6}$$

由此得

$$K = c_y/c_x = c_y/(c_{x_0} + Ac_y^2) \tag{19.4.7}$$

对应于升阻比最大值,应有 $\partial K/\partial c_y = 0$,由此可得最大升阻比 $K_{\max}$,此时的阻力系数记为 c_{xe},升力系数记为 c_{ye},攻角记为 α_e,它们分别为

$$K_{\max} = 1/(2\sqrt{Ac_{x_0}}), c_{xe} = 2c_{x_0}, c_{ye} = \sqrt{c_{x_0}/A}, \alpha_e = c_{ye}/c_y^{\alpha} \tag{19.4.8}$$

飞行器升力系数 c_y 与阻力系数 c_x 间的关系曲线称为升阻极曲线,如图 19.4.3 所示。图中,Ma 和 y 为给定的常值。极曲线上任一点 B 与 O 的连线 OB 相对于纵轴的夹角 θ' 满足 $\tan\theta' = c_x/c_y = 1/K$,因而由式(19.4.3)知 $\theta' = |\theta|$。K 越大,θ' 越小,而最小的 θ' 是与极曲线相切于 E 点的 OE 直线的 θ' 值。该点处 $K = K_{\max}, c_x = c_{xe}, c_y = c_{ye}, \alpha = \alpha_e$。与此点对应的滑翔角 θ' 最小,升阻比最大,因而弹道下降最缓慢,滑翔距离最远,故 c_{ye} 为有利升力,α_e 为有利攻角。因此,对于滑翔飞行器都希望升阻比要大,这主要依靠气动力设计。对于现代性能良好的滑翔机,升阻比可达 40～50,而一般飞机可达 5～10。对于炮射滑翔弹箭,因不可能有很大的弹翼,其升阻比就较小,一般只有 3 左右。

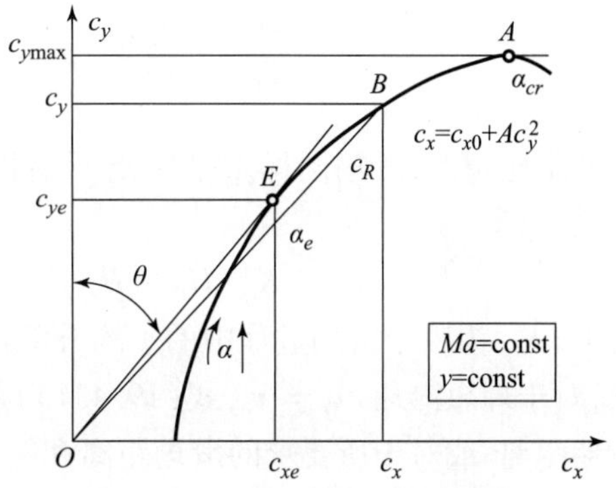

图 19.4.3　弹箭飞行的升阻极曲线

理想滑翔时总空气动力 $R = \sqrt{R_x^2 + R_y^2}$,且与重力相平衡,故总空气动力系数 c_R 和滑翔速度 v 为

$$c_R = \sqrt{c_x^2 + c_y^2}, v = \sqrt{2mg/(\rho S\sqrt{c_x^2 + c_y^2})} \tag{19.4.9}$$

2. 滑翔飞行的能量法研究

弹箭飞行的总能量 E 是其动能 $mv^2/2$ 和势能 mgy 之和,再定义它与重力之比为能量高度 H_E,则有以下关系

$$E = mgy + mv^2/2, H_E = y + v^2/(2g) \tag{19.4.10}$$

H_E 是弹箭单位重力所具有的能量,其物理意义是当速度为零时弹箭所能达到的高度(相当于全部动能转化为势能),它具有长度量纲,因此称它为能量高度。将上两式对时间求导并利用方程组(19.4.1)的第一、二式,得到能量 E 以及能量高度 H_E 的变化率,即

$$\dot{E} = -R_x v = -\rho v^3 Sc_x/2 < 0, \dot{H}_E = -\rho v^3 Sc_x/(2mg) < 0 \tag{19.4.11}$$

此两式表明,弹箭在飞行过程中总机械能(或能量高度 H_E)随时间的变化率恒为负,因此总能量和能量高度 H_E 是单调减小的,减小的能量用于克服空气阻力做了功。其能量转换关系可由式(19.4.10)线化处理求得

$$\Delta H_E = \Delta y + v\Delta v/g \tag{19.4.12}$$

由于 ΔH_E 恒为负,因此,当 $\Delta v \geqslant 0$ 时,必有 $\Delta y < 0$,而 $\Delta y \geqslant 0$ 时,必有 $\Delta v \leqslant 0$。即速度增加只有靠高度降低来实现,而高度增加或不变只有靠速度减小来实现。但高度过快降低对滑翔来说是不利的,因此采用速度缓慢减小,高度保持不变或缓慢降低才是有利的。即高度降低所损失的势能只用于克服空气的阻力而不用于无意义地增大速度。但速度降低也是有限的,如果要做直线下滑,还必须满足法向力平衡关系 $mv\dot{\theta} = R_y - mg\cos\theta = 0$,由此得飞行速度至少要大于一个最小值 $v_{\min}$,即

$$v > v_{\min}, v_{\min} = \sqrt{2mg\cos\theta/(\rho S c_{y\max})} \tag{19.4.13}$$

除了直线滑翔,还有一种保持升阻比取最大值的滑翔方式,显然它对滑翔增程是有利的,但 $\dot{\theta}$ 不一定恒为零,弹道可以弯曲,不过实际计算表明,这种滑翔方式的弹道实际上也接近于直线,即 $\dot{\theta} \approx 0$。弹箭滑翔飞行中空气阻力消耗着弹箭总能量,我们希望在增加射程的过程中,总能量变化尽可能小,将式(19.4.11)做变量变换并利用式(19.4.1)第二式得

$$\frac{\mathrm{d}E}{\mathrm{d}x} = \frac{\mathrm{d}E}{\mathrm{d}t}\frac{\mathrm{d}t}{\mathrm{d}x} = \frac{-R_x v}{v\cos\theta} = \frac{-mg}{K - mv\dot{\theta}/R_x} \approx \frac{-mg}{K} \tag{19.4.14}$$

故升阻比越大,滑翔同样水平距离所消耗的能量越少。将式(19.4.14)积分,得到如下近似关系

$$x_f = K_{cp}(H_E - H_{Ef}) = K_{cp}[(y_0 - y_f) + (v_0^2 - v_f^2)/(2g)] \tag{19.4.15}$$

式中,K_{cp} 为整个滑翔过程中的平均升阻比,下标"0"和"f"分别表示滑翔起点和终点的值。显然,对于理想滑翔,$v_f = v_0$,式(19.4.15)就变成式(19.4.5)。此式可用于估计弹箭最大水平滑翔距离,或对于所要求的滑翔距离和终点条件设计升阻比及滑翔起点的高度和速度。

由式(19.4.15)可见,滑翔起点的总能量越高,则滑翔的水平距离越远,所以对于滑翔增程弹箭,总是要设法提高滑翔起点的高度和速度。为此,常在弹道升弧段上以火箭发动机或冲压发动机增速并提高弹道顶点的高度,然后在弹道顶点附近起滑。但为了实现最有利滑翔,需满足 $R_y \approx mg\cos\theta$,故起滑处的速度 v_{0e} 应满足

$$v_{0e} \geqslant \sqrt{2mg\cos\theta_0/(\rho S c_{ye})} = \sqrt{2mg\cos\theta_0/(\rho S c_y^{\alpha} \cdot \alpha_e)} \tag{19.4.16}$$

因此,如果在弹道顶点处速度 $v_{y\max} = v_{0e}$,则就在顶点处起滑最有利;如果 $v_{y\max} < v_{0e}$,则应在顶点附近的升弧或降弧段上满足 $v = v_{0e}$ 处起滑;如果 $v_{y\max} > v_{0e}$,则应先控制弹箭做水平滑翔,等速率降至 v_{0e} 时再做最优滑翔飞行。水平滑翔时,重力对速度大小无影响,只有阻力起作用,故速度变化方程为 $m\dot{v} = -\rho v^2 S c_x/2$。将其自变量改为 x 后积分得出滑行的距离

$$x = -\int_{v_{y\max}}^{v_{0e}} \frac{2m}{\rho S c_x}\frac{\mathrm{d}v}{v} = b\ln\frac{v_{y\max}}{v_{0e}}, b = \frac{2m}{\rho S c_x} \tag{19.4.17}$$

3. 沿直线滑翔飞行和保持升阻比最大滑翔飞行中对 $\dot{v}$ 和攻角 α 的要求

在直线下滑或接近直线下滑的情况下,由方程组(19.4.1)得水平滑翔距离为

$$\Delta x = -\Delta y/\tan\theta, \tan\theta = -(R_x + m\dot{v})/R_y = -\frac{1}{K} - \frac{m\dot{v}}{R_y} \tag{19.4.18}$$

由式(19.4.18)可见,减速下滑时,$\dot{v} < 0$,$-m\dot{v}/R_y > 0$,上式右边两项符号相反,它使 θ 的绝对值减小,对射程增大有利;如果 $\dot{v} > 0$,弹箭加速下滑,这时 $|\theta|$ 加大,并会加大克服阻力的能量损失,这对增大滑翔距离是不利的;当 $\dot{v} = 0$ 时,即为理想的等速直线下滑,这时 $\Delta x = K\Delta y$,当 $K = K_{\max}$ 时,即为最有利滑翔。这同样表明,减速或等速下滑是有利的。

在下滑过程中，由于空气密度 ρ 和声速不断增大，马赫数在减小，为保证弹箭滑翔速度不变，弹道倾角不变，就必须不断随高度调整滑翔飞行姿态，即调整升力系数。较理想的情况是使 ρc_y 保持不变。因为大气密度沿高度的分布为 $\rho = \rho_0 e^{-\beta y}(\beta = 1.059\times10^{-4})$，而按直线下滑，任一时刻的高度 $y = y_0 + (v_0\sin\theta_0)t$，按照 $\rho c_y = \rho_0 c_{y0} = \text{const}$ 的要求，得所需攻角 α 和升降舵 δ_z 的变化规律为

$$\alpha = \frac{\rho_0 c_y^{\alpha}(Ma_0)\alpha_0}{\rho c_y^{\alpha}(Ma)} = \frac{c_y^{\alpha}(Ma_0)}{c_y^{\alpha}(Ma)}e^{\beta v_0 \sin\theta_0 t}, \delta_z = -m_z^{\alpha}\alpha/m_z^{\delta_z} \tag{19.4.19}$$

如果以最大升阻比滑翔飞行，则由式（19.4.8），得有利攻角和舵偏角为

$$\alpha_e = \sqrt{c_{x0}(Ma)/A}/c_y^{\alpha}, \delta_z = -m_z^{\alpha}\cdot\alpha_e/m_z^{\delta_z} \tag{19.4.20}$$

式中，马赫数 $Ma = v_s/c_s = v_s/(20.05\sqrt{\tau})$。

4. 理想直线下滑的速度极曲线

在某一高度 y 上，空气密度 ρ 和声速 c_s 也就给定了。对于某一滑翔角 θ，根据法向力平衡关系 $R_y = \rho v^2 S c_y/2 = mg\cos\theta$，可计算出对应不同速度 $v_i(Ma_i)$ 时直线滑翔所需升力 $c_{yi} = 2mg\cos\theta/(\rho S v_i^2)$；已知 $v_i(Ma_i)$ 和 c_{yi} 后，可从升阻极曲线上查到阻力系数 $c_{xi}(Ma_i)$ 和攻角 α_i，最后从这一组 (c_{xi}, v_i) 中用插值法求得一个又同时满足切向力平衡方程 $R_x = \rho v^2 S c_x/2 = mg\sin\theta$ 的速度 v 和攻角 α。

对于每一个滑翔角 θ，都有一个与之相应的速度 v，将它们描绘在横坐标为 $v_x = v\sin\theta$、纵坐标为 $v_y = |v\cos\theta|$ 的坐标图中并连成曲线，即成为理想滑翔的速度极曲线，如图 19.4.4 所示。

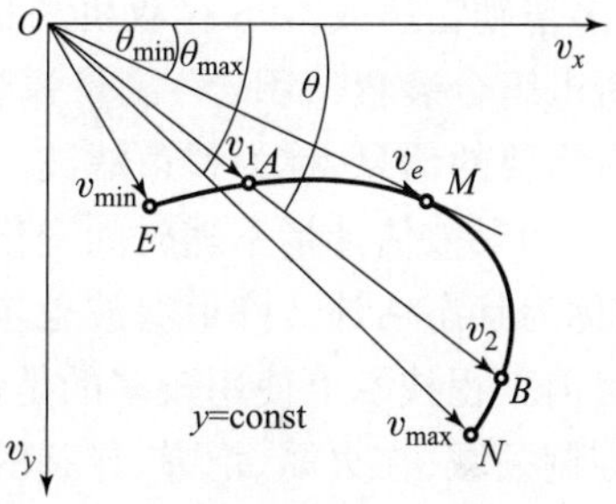

图 19.4.4　理想滑翔状态下的速度极曲线

在图中，OM 为与极曲线相切于 M 点的直线，该点对应的滑翔角最小，记为 $\theta_{\min}$，对应的升阻比最大，为 $K_{\max}$，因此该点的速度即为有利滑翔速度 v_e，对应的攻角为有利攻角 α_e。图中与 O 点距离最近的点 E 为最小速度点，速度记为 $v_{\min}$，与 O 点距离最远的点 N 为最大速度点，速度记为 $v_{\max}$，它对应的弹道倾角记为 $\theta_{\max}$，下面将说明 $|\theta_{\max}|$ 也是实际上的最大滑翔角。

由图可见，当 $|\theta_{\min}| < |\theta| < |\theta_{\max}|$ 时，对应的滑翔速度有两个：v_1 和 v_2（攻角 α 不同），并且 $v_2 > v_1$，都能实现直线滑翔，但在选择直线滑翔速度时，应选择较大的速度 v_2。首先这对于快速飞达目标区是有利的，更重要的是，当 $v = v_2 \in [v_e, v_{\max}]$ 时，弹箭的飞行速度具有稳定性。例如，若此时弹箭受到一小扰动，使速度变为 v_2'，当 $v_2' > v_2$ 时，则弹箭的阻力 $R_x' = \rho v'^2 S c_x/2$ 将比原来的阻力 $R_x = \rho v^2 S c_x/2$ 大，而原阻力 R_x 是与重力的切向分力 $mg\sin\theta$ 平衡的，于是现在阻力将大于重力的切向分量，这就会使速度减小，向 v_2 靠近；反之，如果 $v_2' < v_2$，阻力的减小又会导致速度向 v_2 增大，这样就保持了滑翔速度的稳定性。相反，如果滑翔速度位于 $[v_{\min}, v_e]$ 之间，同样的分析表明，它不具有速度的稳定性。正因为如此，尽管从理论上讲，极曲线 ME 段上也能满足直线滑翔条件，但实际上，由于没有速度稳定性而不可能实现。因此，最大滑翔角只能为 $|\theta_{\max}|$，我们定义它所对应的升阻比为最小升阻比 $K_{\min}$。这样所设计的滑翔增程弹箭，在任何高度上均应满足

$$K_{\min} < K < K_{\max}, |\theta_{\min}| < |\theta| < |\theta_{\max}| \tag{19.4.21}$$

最有利滑翔飞行时，$K = K_{\max}, \theta = \theta_{\min}$，此时相同高差范围内滑翔距离最远。

19.5 弹道滤波和弹道预测

随着无控弹箭向灵巧化、智能化、制导化方向发展，出现了一维修正弹、二维修正弹、简易制导弹、PGK精确制导弹、校射弹等新型弹箭，它们仍用火炮、火箭炮作为发射平台，而且其飞行弹道的大部分是无控的，只在部分弹道上实施控制，用于改变弹道轨迹，向目标靠拢；或者在弹箭飞行全弹道上无控，只是控制射角、射向，使下一发弹更接近目标。对于弹箭飞行控制，除了要研究控制策略，还需要测量弹箭的飞行参数(坐标、速度、姿态、姿态变化率)，并预测弹箭以此参数继续飞行将与预定弹道点或目标点产生多大偏离，这样才能确定何时、向何方向、用多大控制量实施控制。因此，许多新型弹箭都会遇到弹道预测的问题。

然而，对于弹道测量(或一般的工程测量)，其测量数据中包含着干扰或噪声引起的误差，直接用测量数据进行分析计算将会带来很大的误差，甚至是错误，从而必须从测量数据中提取(滤取)所需要的信息，这种数据处理方法称为滤波。

火箭、炮弹、导弹及其他飞行器的外弹道测量主要是飞行轨迹(坐标)、飞行速度、飞行姿态和姿态变化率的测量，例如用坐标雷达或GPS火箭、炮弹、导弹及其他飞行器的质心轨迹坐标，用多普勒雷达或GPS接收机测量弹箭飞行速度，用加速度计测量加速度变化，用捷联惯导或微机电组合装置(MEMS)测量弹箭飞行姿态和转动角速度等。我们将从外弹道测量数据中提取所需要的信息，称为弹道滤波。一般而言，根据观测数据对随机量进行定量的推断就是估计问题，如果被估计量不随时间变化，称为参数估计；如果被估计系统的状态是随时间而变化的，则称为状态估计。弹道滤波也包含弹道参数估计问题和飞行状态估计问题。

目前工程技术上使用较多的是最小二乘滤波、最大似然估计和卡尔曼滤波，其中卡尔曼滤波在控制领域，在火箭、炮弹、导弹的弹道和飞行状态以及卫星轨迹观测的数据处理上得到广泛应用。本书下面专门叙述这一方法。

19.5.1 离散系统的卡尔曼滤波

为获取未知量 $\boldsymbol{x}$ 的状态(n 维状态变量)，在各离散时刻1,2,3,…进行了 j 次观测，观测结果记为 $y_1, y_2, y_3, \cdots, y_j$($\boldsymbol{y}$ 为 m 维)。通常 $\boldsymbol{y}$ 的维数 m 低于 $\boldsymbol{x}$ 的维数 n，也即观测量的个数少于状态量的个数。利用这 j 个观测值，就可以对未知量 $\boldsymbol{x}$ 在 k 时刻的状态 $\boldsymbol{x}_k$ 进行估计，把这个估计记为 $\hat{\boldsymbol{x}}(k/j)$，它是上述 j 个观测值的函数，具体的函数关系还依赖于所选取的最优准则或目标函数，我们的准则是使误差的方差最小。根据 j 与 k 的关系，将滤波分为3种情况：当 $j = k$ 时，称为滤波，即根据过去直到现在时刻的量测值来估计现时的状态；当 $j < k$ 时，称为预测(预报)，又称为外推；当 $j > k$ 时，称为平滑，又称为内插。下面只讨论滤波问题，它不仅体现了卡尔曼滤波的基本原理，而且也是应用较广的。

1. 系统的数学模型

系统的状态方程如下式所示

$$\boldsymbol{x}_k = \boldsymbol{\varphi}_{k/k-1}\boldsymbol{x}_{k-1} + \boldsymbol{V}_{k-1}, \boldsymbol{x}(t_0) = \boldsymbol{x}_0 \tag{19.5.1}$$

式中，$\boldsymbol{x}_k$ 是系统在时刻 t_k 的 n 维状态变量；$\boldsymbol{\varphi}_{k/k-1}$ 是系统从时刻 t_{k-1} 到时刻 t_k 的 $n \times n$ 状态转

移矩阵,它是可逆的;$\boldsymbol{V}_{k-1}$ 是 n 维随机序列 $\{\boldsymbol{V}_k\}$ 中相应于 t_{k-1} 的 n 维列阵,称为输入噪声(或动态噪声、模型噪声)。系统量测方程为

$$\boldsymbol{y}_k = \boldsymbol{H}_k\boldsymbol{x}_k + \boldsymbol{D}_k \tag{19.5.2}$$

它描述了量测量 $\boldsymbol{y}$ 与状态量 $\boldsymbol{x}$ 之间的关系。式中,$\boldsymbol{y}_k$ 是在时刻 t_k 获得的 m 维量测列阵;$\boldsymbol{H}_k$ 是系统在时刻 t_k 的 $m\times n$ 量测矩阵;$\boldsymbol{D}_k$ 是 m 维随机序列 $\{\boldsymbol{D}_k\}$ 中相应于时刻 t_k 的 m 维随机列阵,称为量测噪声。

假定 $\{\boldsymbol{V}_k\}$ 和 $\{\boldsymbol{D}_k\}$ 是零均值的白噪声,即

$$E\boldsymbol{V}_k = 0, E\boldsymbol{D}_k = 0 \tag{19.5.3}$$

$$\mathrm{cov}[\boldsymbol{V}_k, \boldsymbol{V}_j] = E[\boldsymbol{V}_k\boldsymbol{V}_j^{\mathrm{T}}] = \boldsymbol{R}_k\boldsymbol{\delta}_{kj} \tag{19.5.4}$$

$$\mathrm{cov}[\boldsymbol{D}_k, \boldsymbol{D}_j] = E[\boldsymbol{D}_k\boldsymbol{D}_j^{\mathrm{T}}] = \boldsymbol{Q}_k\boldsymbol{\delta}_{kj} \tag{19.5.5}$$

式中,$\boldsymbol{\delta}_{kj}$ 是 Kronecker δ 函数,定义为

$$\boldsymbol{\delta}_{kj} = \begin{cases}1, & k = j\\ 0, & k \neq j\end{cases} \tag{19.5.6}$$

式(19.5.4)和式(19.5.5)表明,任意两个不同时刻的噪声都是不相关的,这就是白噪声的含义。此外,还假定

$$\mathrm{cov}[\boldsymbol{V}_k, \boldsymbol{D}_j] = E[\boldsymbol{V}_k\boldsymbol{D}_j^{\mathrm{T}}] = 0 \tag{19.5.7}$$

以及系统的初态 $\boldsymbol{x}_0$ 与 $\{\boldsymbol{V}_k\}$、$\{\boldsymbol{D}_k\}$ 也不相关,即

$$E[\boldsymbol{x}_0\boldsymbol{V}_k^{\mathrm{T}}] = 0, E[\boldsymbol{x}_0\boldsymbol{D}_k^{\mathrm{T}}] = 0 \tag{19.5.8}$$

且初态的统计特性为

$$E[\boldsymbol{x}_0] = \bar{\boldsymbol{x}}_0, \mathrm{var}\boldsymbol{x}_0 = E[(\boldsymbol{x}_0 - \bar{\boldsymbol{x}}_0)(\boldsymbol{x}_0 - \bar{\boldsymbol{x}}_0)^{\mathrm{T}}] = P_0 \tag{19.5.9}$$

2. 离散系统的卡尔曼滤波公式

匈牙利数学家卡尔曼(R. E. Kalman)于1960年发表了他的杰出论文 *A New Approach to Linear Filtering and Predicting Problem*(《线性滤波和预测问题的一个新方法》),几十年来,卡尔曼滤波已广泛用于信息系统、宇航及军事领域。作为工程应用,下面我们不去考究其数学上的严密性,而采用一种直观的推导方法,以给读者一个直观的概念。

设在量测 $k-1$ 次以后,已经有了一个 $\hat{\boldsymbol{x}}_{k-1} = \hat{\boldsymbol{x}}_{k-1/k-1}$ 的估计值,那么由式(19.5.1)来预测 t_k 时刻的状态值为

$$\hat{\boldsymbol{x}}_{k/k-1} = \boldsymbol{\phi}_{k/k-1}\hat{\boldsymbol{x}}_{k-1} \tag{19.5.10}$$

这一直观推断的合理性还在于 $\boldsymbol{V}_{k-1}$ 的均值为零。同理,因为量测误差的均值为零,因而由式(19.5.2)可得量测的期望值为 $\hat{\boldsymbol{y}}_k = \boldsymbol{H}_k\hat{\boldsymbol{x}}_{k/k-1}$ 是合理的。但是当获得了第 k 次(时刻为 t_k)量测 $\boldsymbol{y}_k$ 之后,基于这一新信息与原有期望值 $\hat{\boldsymbol{y}}_k = \boldsymbol{H}_k\hat{\boldsymbol{x}}_{k/k-1}$ 的差异,便必须对预估值 $\hat{\boldsymbol{x}}_{k/k-1}$ 加以校正。最简单而又直观的设想,就是采用线性的校正形式

$$\hat{\boldsymbol{x}}_k = \hat{\boldsymbol{x}}_{k/k} = \hat{\boldsymbol{x}}_{k/k-1} + \boldsymbol{K}_k(\boldsymbol{y}_k - \boldsymbol{H}_k\hat{\boldsymbol{x}}_{k/k-1}) \tag{19.5.11}$$

式中,$\boldsymbol{K}_k$ 是一个待定的校正增益矩阵。令

$$\tilde{\boldsymbol{x}}_{k/k-1} = \hat{\boldsymbol{x}}_{k/k-1} - \boldsymbol{x}_k \tag{19.5.12}$$

$$\tilde{\boldsymbol{x}}_{k/k} = \tilde{\boldsymbol{x}}_k = \hat{\boldsymbol{x}}_{k/k} - \boldsymbol{x}_k = \hat{\boldsymbol{x}}_k - \boldsymbol{x}_k \tag{19.5.13}$$

它们表示获得量测 $\boldsymbol{y}_k$ 之前和之后的估计误差。为了合理地确定 $\boldsymbol{K}_k$,应以估计误差方差阵取极小为原则。将式(19.5.12)代入式(19.5.11),再将式(19.5.11)代入式(19.5.13),再考虑到式(19.5.2),便得

$$\tilde{\boldsymbol{x}}_k = \hat{\boldsymbol{x}}_k - \boldsymbol{x}_k = (\boldsymbol{I} - \boldsymbol{K}_k\boldsymbol{H}_k)\tilde{\boldsymbol{x}}_{k/k-1} + \boldsymbol{K}_k\boldsymbol{D}_k \tag{19.5.14}$$

则估计的误差方差阵为

$$\boldsymbol{P}_k = E[\tilde{\boldsymbol{x}}_k\tilde{\boldsymbol{x}}_k^{\mathrm{T}}] = E\{(\boldsymbol{I} - \boldsymbol{K}_k\boldsymbol{H}_k)\tilde{\boldsymbol{x}}_{k/k-1}[\tilde{\boldsymbol{x}}_{k/k-1}^{\mathrm{T}}(\boldsymbol{I} - \boldsymbol{K}_k\boldsymbol{H}_k)^{\mathrm{T}} + \boldsymbol{D}_k^{\mathrm{T}}\boldsymbol{K}_k^{\mathrm{T}}] + \boldsymbol{K}_k\boldsymbol{D}_k[\tilde{\boldsymbol{x}}_{k/k-1}^{\mathrm{T}}(\boldsymbol{I} - \boldsymbol{K}_k\boldsymbol{H}_k)^{\mathrm{T}} + \boldsymbol{D}_k^{\mathrm{T}}\boldsymbol{K}_k^{\mathrm{T}}]\} \tag{19.5.15}$$

将上式开展,得

$$\boldsymbol{P}_k = E[(\boldsymbol{I} - \boldsymbol{K}_k\boldsymbol{H}_k)\tilde{\boldsymbol{x}}_{k/k-1}\tilde{\boldsymbol{x}}_{k/k-1}^{\mathrm{T}}(\boldsymbol{I} - \boldsymbol{K}_k\boldsymbol{H}_k)^{\mathrm{T}} + (\boldsymbol{I} - \boldsymbol{K}_k\boldsymbol{H}_k)\tilde{\boldsymbol{x}}_{k/k-1}\boldsymbol{D}_k^{\mathrm{T}}\boldsymbol{K}_k^{\mathrm{T}} + \boldsymbol{K}_k\boldsymbol{D}_k\tilde{\boldsymbol{x}}_{k/k-1}^{\mathrm{T}}(\boldsymbol{I} - \boldsymbol{K}_k\boldsymbol{H}_k)^{\mathrm{T}} + \boldsymbol{K}_k\boldsymbol{D}_k\boldsymbol{D}_k^{\mathrm{T}}\boldsymbol{K}_k^{\mathrm{T}}] \tag{19.5.16}$$

假定 $\{\boldsymbol{V}_k\}$ 和 $\{\boldsymbol{D}_k\}$ 是互不相关的零均值白噪声序列,且根据式(19.5.8),$\{\boldsymbol{D}_k\}$ 与初态 $\boldsymbol{x}_0$ 也不相关,则可对期望符号中的每一项求期望,得到

$$E[(\boldsymbol{I} - \boldsymbol{K}_k\boldsymbol{H}_k)\tilde{\boldsymbol{x}}_{k/k-1}\boldsymbol{D}_k^{\mathrm{T}}\boldsymbol{K}_k^{\mathrm{T}}] = (\boldsymbol{I} - \boldsymbol{K}_k\boldsymbol{H}_k)E[\tilde{\boldsymbol{x}}_{k/k-1}]E[\boldsymbol{D}_k^{\mathrm{T}}]\boldsymbol{K}_k^{\mathrm{T}} = 0 \tag{19.5.17}$$

类似地,有

$$E[\boldsymbol{K}_k\boldsymbol{D}_k\tilde{\boldsymbol{x}}_{k/k-1}^{\mathrm{T}}(\boldsymbol{I} - \boldsymbol{K}_k\boldsymbol{H}_k)^{\mathrm{T}}] = 0 \tag{19.5.18}$$

则估计误差方差矩阵还剩如下两项

$$\boldsymbol{P}_k = (\boldsymbol{I} - \boldsymbol{K}_k\boldsymbol{H}_k)E[\tilde{\boldsymbol{x}}_{k/k-1}\tilde{\boldsymbol{x}}_{k/k-1}^{\mathrm{T}}](\boldsymbol{I} - \boldsymbol{K}_k\boldsymbol{H}_k)^{\mathrm{T}} + \boldsymbol{K}_kE[\boldsymbol{D}_k\boldsymbol{D}_k^{\mathrm{T}}]\boldsymbol{K}_k^{\mathrm{T}} \tag{19.5.19}$$

再定义

$$\boldsymbol{P}_{k/k-1} = E[\tilde{\boldsymbol{x}}_{k/k-1}\tilde{\boldsymbol{x}}_{k/k-1}^{\mathrm{T}}] \tag{19.5.20}$$

$$\boldsymbol{Q}_k = E[\boldsymbol{D}_k\boldsymbol{D}_k^{\mathrm{T}}] \tag{19.5.21}$$

由于 $\boldsymbol{P}_{k/k-1}$ 也是对称矩阵,则式(19.5.19)转化为:

$$\boldsymbol{P}_k = (\boldsymbol{I} - \boldsymbol{K}_k\boldsymbol{H}_k)\boldsymbol{P}_{k/k-1}(\boldsymbol{I} - \boldsymbol{K}_k\boldsymbol{H}_k)^{\mathrm{T}} + \boldsymbol{K}_k\boldsymbol{Q}_k\boldsymbol{K}_k^{\mathrm{T}} \tag{19.5.22}$$

展开式(19.5.22),可得

$$\boldsymbol{P}_k = \boldsymbol{P}_{k/k-1} - \boldsymbol{P}_{k/k-1}\boldsymbol{H}_k^{\mathrm{T}}\boldsymbol{K}_k^{\mathrm{T}} - \boldsymbol{K}_k\boldsymbol{H}_k\boldsymbol{P}_{k/k-1} + \boldsymbol{K}_k\boldsymbol{H}_k\boldsymbol{P}_{k/k-1}\boldsymbol{H}_k^{\mathrm{T}}\boldsymbol{K}_k^{\mathrm{T}} + \boldsymbol{K}_k\boldsymbol{Q}_k\boldsymbol{K}_k^{\mathrm{T}} \tag{19.5.23}$$

根据矩阵分析的相关知识,要使估计误差方差矩阵最小,即使得估计误差方差矩阵的迹(trace)最小,即

$$\mathrm{mintr}(\boldsymbol{P}_k) \tag{19.5.24}$$

令其关于卡尔曼增益 $\boldsymbol{K}_k$ 的一阶导数为零,有

$$\frac{\mathrm{d}[\mathrm{tr}(\boldsymbol{P}_k)]}{\mathrm{d}\boldsymbol{K}_k} = 0 \tag{19.5.25}$$

引入与矩阵之迹相关的两个求导公式(设 $\boldsymbol{A}$ 和 $\boldsymbol{B}$ 为对称矩阵)

$$\frac{\mathrm{d}[\mathrm{tr}(\boldsymbol{AB})]}{\mathrm{d}\boldsymbol{A}} = \boldsymbol{B}^{\mathrm{T}} \tag{19.5.26}$$

$$\frac{\mathrm{d}[\mathrm{tr}(\boldsymbol{ABA}^{\mathrm{T}})]}{\mathrm{d}\boldsymbol{A}} = 2\boldsymbol{AB} \tag{19.5.27}$$

利用式(19.5.26)和式(19.5.27),可以得到估计误差方差矩阵迹的导数,为

$$\frac{\mathrm{d}[\mathrm{tr}(\boldsymbol{P}_k)]}{\mathrm{d}\boldsymbol{K}_k} = 0 - 2(\boldsymbol{H}_k\boldsymbol{P}_{k/k-1})^{\mathrm{T}} + 2\boldsymbol{K}_k\boldsymbol{H}_k\boldsymbol{P}_{k/k-1}\boldsymbol{H}_k^{\mathrm{T}} + 2\boldsymbol{K}_k\boldsymbol{Q}_k = 0 \tag{19.5.28}$$

将上式化简,可得

$$-\boldsymbol{P}_{k/k-1}\boldsymbol{H}_k^{\mathrm{T}} + \boldsymbol{K}_k(\boldsymbol{H}_k\boldsymbol{P}_{k/k-1}\boldsymbol{H}_k^{\mathrm{T}} + \boldsymbol{Q}_k) = 0 \tag{19.5.29}$$

由此计算出 $\boldsymbol{K}_k$,为

$$\boldsymbol{K}_k = \boldsymbol{P}_{k/k-1}\boldsymbol{H}_k^{\mathrm{T}}(\boldsymbol{H}_k\boldsymbol{P}_{k/k-1}\boldsymbol{H}_k^{\mathrm{T}} + \boldsymbol{Q}_k)^{-1} \tag{19.5.30}$$

则方差矩阵(19.5.22)简化为

$$\boldsymbol{P}_k = (\boldsymbol{I} - \boldsymbol{K}_k\boldsymbol{H}_k)\boldsymbol{P}_{k/k-1} \tag{19.5.31}$$

这就是误差方差阵的迭代公式。由此可见,卡尔曼递推公式不仅得到了滤波估计值,同时又可以得到误差方差阵。也就是说,卡尔曼滤波器能产生自身的误差分析,这是卡尔曼滤波的一个重要优点。

剩下的问题是要建立式(19.5.31)中 $\boldsymbol{P}_{k/k-1}$ 与 $\boldsymbol{P}_{k-1}$ 的关系式,完成从 $\boldsymbol{P}_{k-1}$ 到 $\boldsymbol{P}_k$ 的递推关系。由式(19.5.10)两边同减 $\boldsymbol{x}_k$,得

$$\hat{\boldsymbol{x}}_{k/k-1} - \boldsymbol{x}_k = \boldsymbol{\phi}_{k/k-1}\hat{\boldsymbol{x}}_{k-1} - \boldsymbol{x}_k \tag{19.5.32}$$

将式(19.5.1)、式(19.5.12)、式(19.5.13)代入上式中,得

$$\tilde{\boldsymbol{x}}_{k/k-1} = \boldsymbol{\phi}_{k/k-1}\tilde{\boldsymbol{x}}_{k-1} - \boldsymbol{V}_{k-1} \tag{19.5.33}$$

将它代入式(19.5.20)中,并认为 $E(\tilde{\boldsymbol{x}}_{k-1}\boldsymbol{V}_{k-1}^{\mathrm{T}}) = E(\boldsymbol{V}_{k-1}\tilde{\boldsymbol{x}}_{k-1}^{\mathrm{T}}) = 0$,则得

$$\boldsymbol{P}_{k/k-1} = \boldsymbol{\phi}_{k/k-1}\boldsymbol{P}_{k-1}\boldsymbol{\phi}_{k/k-1}^{\mathrm{T}} + \boldsymbol{R}_{k-1} \tag{19.5.34}$$

根据以上推导,现将离散系统的卡尔曼滤波递推公式总结如下。

系统状态方程为

$$\boldsymbol{x}_k = \boldsymbol{\phi}_{k/k-1}\boldsymbol{x}_{k/k-1} + \boldsymbol{V}_{k-1}, \boldsymbol{x}(t_0) = \boldsymbol{x}_0$$

系统量测方程为

$$\boldsymbol{y}_k = \boldsymbol{H}_k\boldsymbol{x}_k + \boldsymbol{D}_k$$

状态噪声 $\{\boldsymbol{V}_k\}$ 和量测噪声 $\{\boldsymbol{D}_k\}$ 是互不相干的零均值白噪声,即

$$E\boldsymbol{V}_k = 0, E\boldsymbol{D}_k = 0$$

$$\mathrm{cov}[\boldsymbol{D}_k, \boldsymbol{D}_j] = E[\boldsymbol{D}_k\boldsymbol{D}_j^{\mathrm{T}}] = \boldsymbol{Q}_k\delta_{kj}, \mathrm{cov}[\boldsymbol{V}_k, \boldsymbol{V}_j] = E[\boldsymbol{V}_k\boldsymbol{V}_j^{\mathrm{T}}] = \boldsymbol{R}_k\delta_{kj}$$

$$\mathrm{cov}[\boldsymbol{V}_k, \boldsymbol{D}_j] = E[\boldsymbol{V}_k\boldsymbol{D}_j^{\mathrm{T}}] = 0$$

以及系统的初态 $\boldsymbol{x}_0$ 与 $\{\boldsymbol{V}_k\}$、$\{\boldsymbol{D}_k\}$ 也不相关,即

$$E[\boldsymbol{x}_0\boldsymbol{V}_k^{\mathrm{T}}] = 0, E[\boldsymbol{x}_0\boldsymbol{D}_k^{\mathrm{T}}] = 0$$

且初态的统计特征为

$$E[\boldsymbol{x}_0] = \bar{\boldsymbol{x}}_0, \mathrm{var}\boldsymbol{x}_0 = E[(\boldsymbol{x}_0 - \bar{\boldsymbol{x}}_0)(\boldsymbol{x}_0 - \bar{\boldsymbol{x}}_0)^{\mathrm{T}}] = \boldsymbol{P}_0$$

卡尔曼滤波递推公式如下。

①状态预测估计:

$$\hat{\boldsymbol{x}}_{k/k-1} = \boldsymbol{\phi}_{k/k-1}\hat{\boldsymbol{x}}_{k-1}$$

②预报误差方差预测:

$$\boldsymbol{P}_{k/k-1} = \boldsymbol{\phi}_{k/k-1}\boldsymbol{P}_{k-1}\boldsymbol{\phi}_{k/k-1}^{\mathrm{T}} + \boldsymbol{R}_{k-1}$$

③滤波公式(状态估计):

$$\hat{\boldsymbol{x}}_k = \hat{\boldsymbol{x}}_{k/k} = \hat{\boldsymbol{x}}_{k/k-1} + \boldsymbol{K}_k(\boldsymbol{y}_k - \boldsymbol{H}_k\hat{\boldsymbol{x}}_{k/k-1})$$

④滤波增益:

$$\boldsymbol{K}_k = \boldsymbol{P}_{k/k-1}\boldsymbol{H}_k^{\mathrm{T}}(\boldsymbol{H}_k\boldsymbol{P}_{k/k-1}\boldsymbol{H}_k^{\mathrm{T}} + \boldsymbol{Q}_k)^{-1}$$

⑤滤波误差方差迭代:

$$\boldsymbol{P}_k = (\boldsymbol{I} - \boldsymbol{K}_k\boldsymbol{H}_k)\boldsymbol{P}_{k/k-1}$$

3. 对滤波公式的简要分析

(1)递推性质

由状态预测估计公式,可将上述滤波公式改写为

$$\hat{\boldsymbol{x}}_k = \hat{\boldsymbol{x}}_{k/k} = \boldsymbol{\phi}_{k/k-1}\hat{\boldsymbol{x}}_{k-1} + \boldsymbol{K}_k(\boldsymbol{y}_k - \boldsymbol{H}_k\boldsymbol{\phi}_{k/k-1}\hat{\boldsymbol{x}}_{k-1})$$

可见,从第 $k-1$ 步的估计开始,由系统的状态方程和第 k 步的观测方程,就可做出第 k 步状态 $\boldsymbol{x}_k$ 的最小方差估计 $\hat{\boldsymbol{x}}_k$,在有了初始值 $\bar{\boldsymbol{x}}_0$ 的情况下,就可依次做出估计 $\hat{\boldsymbol{x}}_1,\hat{\boldsymbol{x}}_2,\hat{\boldsymbol{x}}_3,\cdots,\hat{\boldsymbol{x}}_k$,此即卡尔曼滤波的递推性质。这与用龙格-库塔法解常微分方程类似,是一套可以套用的固定算法,这也是卡尔曼滤波的一大优点。

(2)反馈校正性质

再由上面的滤波公式可以看出,第二项是对原有预测值的校正项。因为在获得第 k 次量测 $\boldsymbol{y}_k$ 之后就需对 $\hat{\boldsymbol{x}}_{k/k-1}$ 进行校正,校正的系数矩阵 $\boldsymbol{K}_k$ 称为卡尔曼增益。

(3) $\boldsymbol{K}_k$ 的性质

如果一步预报很准确,则式(19.5.12)的差值 $\tilde{\boldsymbol{x}}_{k/k-1}$ 很小,由式(19.5.20)知 $\boldsymbol{P}_{k/k-1}$ 很小,于是由滤波增益表达式知 $\boldsymbol{K}_k$ 值也不会大,特别是从极端情况看,若式(19.5.20)差值为零,则就无须校正了,相应的 $\boldsymbol{P}_{k/k-1}$ 和 $\boldsymbol{K}_k$ 均为零,得 $\hat{\boldsymbol{x}}_k = \hat{\boldsymbol{x}}_{k/k-1}$。

另外,由于滤波增益还可写成如下形式(推导从略)

$$\boldsymbol{K}_k = (\boldsymbol{P}_{k/k-1}^{-1} + \boldsymbol{H}_k^{\mathrm{T}}\boldsymbol{Q}_k^{-1}\boldsymbol{H}_k)^{-1}\boldsymbol{H}_k^{\mathrm{T}}\boldsymbol{Q}_k^{-1} = \boldsymbol{P}_k\boldsymbol{H}_k^{\mathrm{T}}\boldsymbol{Q}_k^{-1}$$

可知,如果量测值 $\boldsymbol{y}_k$ 很准,量测误差 $\boldsymbol{Q}_k$ 很小,$\boldsymbol{Q}_k^{-1}$ 很大,使得 $\boldsymbol{P}_{k/k-1}^{-1} \ll \boldsymbol{Q}_k^{-1}$,由上式知,$\boldsymbol{K}_k$ 的作用就大了。

由以上分析可知,$\boldsymbol{K}_k$ 与 $\boldsymbol{P}_{k/k-1}$ 成正比而与 $\boldsymbol{Q}_k$ 成反比,而由上面的预报误差方程预测表达式可见,$\boldsymbol{P}_{k/k-1}$ 随动态误差 $\boldsymbol{P}_{k-1}$ 的变化而增减,这就表明输入噪声 $\boldsymbol{P}$ 越强,$\boldsymbol{K}_k$ 就越大,就越倚重于量测;反之,量测噪声 $\boldsymbol{Q}$ 越强,$\boldsymbol{K}_k$ 就越小,自然要倚重于原有的估计。

19.5.2 推广卡尔曼滤波

这里考虑的对象为非线性系统。设动态方程为

$$\dot{\boldsymbol{x}}(t) = \boldsymbol{f}(\boldsymbol{x}(t)) + \boldsymbol{V}(t) \tag{19.5.35}$$

式中,$\boldsymbol{x}(t)$ 为 n 维状态量列阵; $\boldsymbol{V}(t)$ 为模型噪声列阵,假定为零均值高斯白噪声,且

$$E[\boldsymbol{V}(t)\boldsymbol{V}^{\mathrm{T}}(\tau)] = \boldsymbol{R}(t)\boldsymbol{\delta}(t-\tau)$$

$\boldsymbol{\delta}(t-\tau)$ 为单位脉冲函数,即 Dirac δ 函数:

$$\boldsymbol{\delta}(t-\tau) = \begin{cases} 1/\varepsilon, & \tau - \varepsilon/2 < t < \tau + \varepsilon/2 \\ 0, & t\text{ 为其他值} \end{cases}$$

量测方程为

$$\boldsymbol{y}(t) = \boldsymbol{h}(\boldsymbol{x}(t)) + \boldsymbol{D}(t) \tag{19.5.36}$$

式中,$\boldsymbol{y}(t)$ 为 m 维量测列阵; $\boldsymbol{D}(t)$ 为量测噪声,假定为零均值高斯白噪声

$$E[\boldsymbol{D}(t)\boldsymbol{D}^{\mathrm{T}}(\tau)] = \boldsymbol{Q}(t)\boldsymbol{\delta}(t-\tau) \tag{19.5.37}$$

此外,还假定 $\boldsymbol{V}(t)$ 与 $\boldsymbol{D}(t)$ 互不相关。

为了将式(19.5.35)用于计算机的数值计算,可对其进行离散化。由于

$$\boldsymbol{x}(t+\Delta t) = \boldsymbol{x}(t) + \dot{\boldsymbol{x}}(t)\cdot\Delta(t) + \frac{1}{2!}\ddot{\boldsymbol{x}}(t)(\Delta t)^2 + \cdots \tag{19.5.38}$$

将式中的 $\dot{\boldsymbol{x}}(t)$ 用式(19.5.35)代入,并由式(19.5.35)求导得

$$\ddot{\boldsymbol{x}}(t) = \frac{\partial \boldsymbol{f}(\boldsymbol{x})}{\partial \boldsymbol{x}^{\mathrm{T}}}\dot{\boldsymbol{x}} + \dot{\boldsymbol{V}}(t) = \frac{\partial \boldsymbol{f}(\boldsymbol{x})}{\partial \boldsymbol{x}^{\mathrm{T}}}[\boldsymbol{f}(\boldsymbol{x}) + \boldsymbol{V}(t)] + \dot{\boldsymbol{V}}(t)$$

也代入式(19.5.38)中,略去高阶小量,得

$$\boldsymbol{x}(t+\Delta t)=\boldsymbol{x}(t)+[\boldsymbol{f}(t)+\boldsymbol{V}(t)]\Delta(t)+\frac{1}{2!}\left\{\frac{\partial \boldsymbol{f}(\boldsymbol{x})}{\partial \boldsymbol{x}^{\mathrm{T}}}[\boldsymbol{f}(x)+\boldsymbol{V}(t)]+\dot{\boldsymbol{V}}(t)\right\}\cdot(\Delta t)^2$$

$$=\left[\boldsymbol{x}(t)+\boldsymbol{f}(\boldsymbol{x})\Delta(t)+\frac{\partial \boldsymbol{f}(\boldsymbol{x})}{\partial \boldsymbol{x}^{\mathrm{T}}}\boldsymbol{f}(\boldsymbol{x})\frac{(\Delta t)^2}{2!}\right]+\boldsymbol{V}(t)\Delta t+\frac{\partial \boldsymbol{f}(\boldsymbol{x})}{\partial \boldsymbol{x}^{\mathrm{T}}}\boldsymbol{V}(t)\frac{(\Delta t)^2}{2!} \tag{19.5.39}$$

记

$$F(\boldsymbol{x}(t))=\boldsymbol{x}(t)+\boldsymbol{f}(\boldsymbol{x}(t))\cdot\Delta t+\frac{1}{2!}\frac{\partial \boldsymbol{f}(\boldsymbol{x})}{\partial \boldsymbol{x}^{\mathrm{T}}}\boldsymbol{f}(\boldsymbol{x}(t))(\Delta t)^2 \tag{19.5.40}$$

并在 $\hat{\boldsymbol{x}}(t)$ 点处展成台劳级数,得

$$F(\boldsymbol{x}(t))=F(\hat{\boldsymbol{x}}(t))+\left\{I+\frac{\partial \boldsymbol{f}(\boldsymbol{x})}{\partial \boldsymbol{x}^{\mathrm{T}}}\Delta t+\frac{\partial}{\partial \boldsymbol{x}^{\mathrm{T}}}\left[\frac{1}{2!}\frac{\partial \boldsymbol{f}(\boldsymbol{x})}{\partial \boldsymbol{x}^{\mathrm{T}}}\boldsymbol{f}(\boldsymbol{x}(t))(\Delta t)^2\right]\right\}\Bigg|_{x=\hat{x}}[\boldsymbol{x}(t)-\hat{\boldsymbol{x}}(t)]+\cdots$$

记

$$\boldsymbol{\phi}(\hat{\boldsymbol{x}}(t))=\left\{\boldsymbol{I}+\frac{\partial \boldsymbol{f}(\boldsymbol{x})}{\partial \boldsymbol{x}^{\mathrm{T}}}\Delta t+\frac{\partial}{\partial \boldsymbol{x}^{\mathrm{T}}}\left[\frac{1}{2!}\frac{\partial \boldsymbol{f}(\boldsymbol{x})}{\partial \boldsymbol{x}^{\mathrm{T}}}f(\boldsymbol{x}(t))(\Delta t)^2\right]\right\}\Bigg|_{x=\hat{x}} \tag{19.5.41}$$

则式(19.5.39)成为下式

$$\boldsymbol{x}(t+\Delta t)=F(\boldsymbol{x}(t))+\boldsymbol{V}(t)\Delta t=F(\hat{\boldsymbol{x}}(t))+\boldsymbol{\phi}(\hat{\boldsymbol{x}}(t))[\boldsymbol{x}(t)-\hat{\boldsymbol{x}}(t)]+\boldsymbol{V}(t)\Delta t$$

令

$$\boldsymbol{x}(t+\Delta t)=\boldsymbol{x}_k,\boldsymbol{x}(t)=\boldsymbol{x}_{k-1},\boldsymbol{V}(t)\Delta t=\boldsymbol{V}_{k-1}$$

则动态方程(19.5.39)变为

$$\boldsymbol{x}_k=\boldsymbol{\phi}(\hat{\boldsymbol{x}}_{k-1})\boldsymbol{x}_{k-1}+\boldsymbol{U}_{k-1}+\boldsymbol{V}_{k-1} \tag{19.5.42}$$

略去其中的高阶导数项,得

$$\boldsymbol{U}_{k-1}=F(\hat{\boldsymbol{x}}(t))-\boldsymbol{\phi}(\hat{\boldsymbol{x}}_{k-1})\hat{\boldsymbol{x}}_{k-1}=\left[\boldsymbol{f}(\hat{\boldsymbol{x}}_{k-1})-\frac{\partial \boldsymbol{f}}{\partial \boldsymbol{x}^{\mathrm{T}}}\Bigg|_{x=\hat{x}_{k-1}}\hat{\boldsymbol{x}}_{k-1}\right]\Delta t+$$

$$\frac{\partial \boldsymbol{f}}{\partial \boldsymbol{x}^{\mathrm{T}}}\Bigg|_{x=\hat{x}_{k-1}}\boldsymbol{f}(\hat{\boldsymbol{x}}_{k-1})\frac{(\Delta t)^2}{2!}+\cdots$$

对量测方程(19.5.36)也需离散化。将 $\boldsymbol{H}(\boldsymbol{x})$ 在 $\boldsymbol{x}$ 的附近 $\hat{\boldsymbol{x}}$ 处展成台劳级数得

$$h(\boldsymbol{x})=\boldsymbol{h}(\hat{\boldsymbol{x}})+\frac{\partial h}{\partial \boldsymbol{x}^{\mathrm{T}}}\Bigg|_{x=\hat{x}}(\boldsymbol{x}-\hat{\boldsymbol{x}})+\cdots$$

则量测方程(19.5.36)成为下式(取 $\hat{\boldsymbol{x}}_k=\hat{\boldsymbol{x}}_{k/k-1}$)

$$\boldsymbol{y}_k=\boldsymbol{H}_k\boldsymbol{x}_k+\boldsymbol{h}(\hat{\boldsymbol{x}}_{k/k-1})-\boldsymbol{H}_k\hat{\boldsymbol{x}}_{k/k-1}+\boldsymbol{D}_k=\boldsymbol{H}_k\boldsymbol{x}_k+\boldsymbol{S}_k+\boldsymbol{D}_k \tag{19.5.43}$$

式中

$$\boldsymbol{H}_k=\frac{\partial \boldsymbol{h}}{\partial \boldsymbol{x}^{\mathrm{T}}}\Bigg|_{x=x_{k/k-1}},\boldsymbol{S}_k=\boldsymbol{h}(\hat{\boldsymbol{x}}_{k/k-1})-\boldsymbol{H}_k\hat{\boldsymbol{x}}_{k/k-1} \tag{19.5.44}$$

式(19.5.42)中的 $\boldsymbol{\phi}(\hat{\boldsymbol{x}}_{k-1})$ 就是状态转移矩阵,可与前面记法一致,写为 $\boldsymbol{\phi}_{k/k-1}$,则动态方程和量测方程可写为

$$\boldsymbol{x}_k=\boldsymbol{\phi}_{k/k-1}\boldsymbol{x}_{k-1}+\boldsymbol{V}_{k-1}$$

$$\boldsymbol{y}_k=\boldsymbol{H}_k\boldsymbol{x}_k+\boldsymbol{D}_k$$

应该指出,上式中的 $\boldsymbol{V}_k$ 和 $\boldsymbol{D}_k$ 不仅包含了模型噪声和量测噪声,也包含了离散化和线性化中做

近似处理所带来的原理误差 $\boldsymbol{U}_{k-1}$ 和 $\boldsymbol{S}_k$。于是,引用上面的公式,得到非线性系统(19.5.35)和(19.5.36)的推广卡尔曼滤波公式如下:

预测方程

$$\hat{\boldsymbol{x}}_{k/k-1} = \hat{\boldsymbol{x}}_{k-1} + \boldsymbol{f}(\hat{\boldsymbol{x}}_{k-1})\Delta t \tag{19.5.45}$$

$$\hat{\boldsymbol{y}}_{k/k-1} = h(\hat{\boldsymbol{x}}_{k/k-1}) \tag{19.5.46}$$

$$\boldsymbol{P}_{k/k-1} = \boldsymbol{\phi}_{k/k-1}\boldsymbol{P}_{k-1}\boldsymbol{\phi}_{k/k-1}^{\mathrm{T}} + \boldsymbol{R}_{k-1}\Delta t \tag{19.5.47}$$

滤波方程

$$\hat{\boldsymbol{x}}_k = \hat{\boldsymbol{x}}_{k/k-1} + \boldsymbol{K}_k(\boldsymbol{y}_k - \hat{\boldsymbol{y}}_{k/k-1}) \tag{19.5.48}$$

$$\boldsymbol{K}_k = \boldsymbol{P}_{k/k-1}\boldsymbol{H}_k^{\mathrm{T}}(\boldsymbol{H}_k\boldsymbol{P}_{k/k-1}\boldsymbol{H}_k^{\mathrm{T}} + \boldsymbol{Q}_k)^{-1} \tag{19.5.49}$$

$$\boldsymbol{P}_k = (\boldsymbol{I} - \boldsymbol{K}_k\boldsymbol{H}_k)\boldsymbol{P}_{k/k-1} \tag{19.5.50}$$

初值分别取 $\hat{\boldsymbol{x}}_0 = E\boldsymbol{x}_0, \boldsymbol{P}_0 = \mathrm{var}\boldsymbol{x}_0$。

19.5.3 弹道滤波在弹道预测中的应用

弹道滤波是根据在一段弹道上测得的弹箭飞行弹道数据(坐标、速度、加速度、姿态和姿态变化率),利用数学方法从这些数据中提取(滤取)当前飞行状态及弹道数学模型中的某些参数的最佳估计,利用这种最佳估计和弹道数学模型计算弹道,求取在所需点上的弹道参数,这就是弹道预测。这种预测的弹道参数与规定弹道参数的差值,或计算的落点与目标点的差值可用于形成控制信号,是弹箭向目标点靠拢的重要依据。

下面以雷达或GPS、北斗卫星定位测量飞行中弹箭质心坐标 (x,y,z) 和速度 (v_x,v_y,v_z) 为例,讲述弹道滤波和弹道预测的方法。

由于通过测量获取的只是质心坐标和速度,没有弹体姿态数据,故弹道数学模型只取弹箭质心弹道方程(4.2.4)。令状态变量为

$$\boldsymbol{x} = [x,y,z,v_x,v_y,v_z,c]^{\mathrm{T}} = [x_1,x_2,x_3,x_4,x_5,x_6,x_7]^{\mathrm{T}} \tag{19.5.51}$$

视弹道系数在一个时间间隔内为常数,即 $\dot{c} = 0$,则方程(4.2.4)可写成下式

$$\boldsymbol{x} = \boldsymbol{f}(\boldsymbol{x}) = \begin{bmatrix} f_1 \\ f_2 \\ f_3 \\ f_4 \\ f_5 \\ f_6 \\ f_7 \end{bmatrix} = \begin{bmatrix} x_4 \\ x_5 \\ x_6 \\ -x_7H(y)G(v_r,c_s)(x_4 - w_x) \\ -x_7H(y)G(v_r,c_s)x_5 - g \\ -x_7H(y)G(v_r,c_s)(x_6 - w_z) \\ 0 \end{bmatrix} \tag{19.5.52}$$

式中,$v_r = \sqrt{(v_x - w_x)^2 + v_y^2 + (v_z - w_z)^2} = \sqrt{(x_4 - w_x)^2 + x_5^2 + (x_6 - w_z)^2}$; $H_y = \rho/\rho_{0N} = (1 - 2.1904 \times 10^{-5}x_2)^{4.4}$; $G(v_r,c_s)$ 为空气阻力函数; $c_s = \sqrt{kgR\tau}$; $k = 1.40$; $g = 9.8\ \mathrm{m/s^2}$; $R = 29.27$; τ 为虚温,按炮兵标准大气分布。

在应用式(19.5.45)~式(19.5.50)进行递推滤波计算时,其中 Δt 是采样间隔,而转移矩阵 $\boldsymbol{\phi}$ 可只取式(19.5.40)的线性部分

$$\boldsymbol{\phi} = \boldsymbol{I} + \frac{\partial \boldsymbol{f}(\boldsymbol{x})}{\partial \boldsymbol{x}^{\mathrm{T}}}\Delta t \tag{19.5.53}$$

由式(19.5.52)得

$$\boldsymbol{A} = \frac{\partial \boldsymbol{f}(\boldsymbol{x})}{\partial \boldsymbol{x}^{\mathrm{T}}} = \begin{bmatrix} 0 & 0 & 0 & 1 & 0 & 0 & 0 \\ 0 & 0 & 0 & 0 & 1 & 0 & 0 \\ 0 & 0 & 0 & 0 & 0 & 1 & 0 \\ 0 & A_{42} & 0 & A_{44} & A_{45} & A_{46} & A_{47} \\ 0 & A_{52} & 0 & A_{54} & A_{55} & A_{56} & A_{57} \\ 0 & A_{62} & 0 & A_{64} & A_{65} & A_{66} & A_{67} \\ 0 & 0 & 0 & 0 & 0 & 0 & 0 \end{bmatrix} \tag{19.5.54}$$

式中，$A_{ij} = \dfrac{\partial f_i}{\partial x_j}, i = 1 \sim 7, j = 1 \sim 7$。例如，$A_{42} = -x_4 x_7 (b_2 + b_4), b_2 = H'(x_2) G(v_r, c_s), b_4 = H(x_2) G'(c_s) c_s'(\tau) \tau'(x_2)$

至于量测方程和初值，则根据量测方法不同而取不同的形式。

(1)采用卫星定位时的量测方程和预测误差方差阵

如果采用卫星定位测量弹箭质心坐标 (x, y, z) 和速度 (v_x, v_y, v_z)，那么，量测量也是状态量，于是量测方程为

$$\boldsymbol{y} = \boldsymbol{h}(\boldsymbol{x}(t)) + \boldsymbol{D} = [x_1, x_2, x_3, x_4, x_5, x_6]^{\mathrm{T}} + \boldsymbol{D} = [h_1, h_2, h_3, h_4, h_5, h_6]^{\mathrm{T}} + \boldsymbol{D}$$

则卡尔曼滤波公式中的 $\boldsymbol{H}$ 表达式如下

$$\boldsymbol{H} = \frac{\partial \boldsymbol{h}}{\partial \boldsymbol{x}^{\mathrm{T}}} = \begin{bmatrix} 1 & 0 & 0 & 0 & 0 & 0 & 0 \\ 0 & 1 & 0 & 0 & 0 & 0 & 0 \\ 0 & 0 & 1 & 0 & 0 & 0 & 0 \\ 0 & 0 & 0 & B_{44} & B_{45} & B_{46} & B_{47} \\ 0 & 0 & 0 & B_{54} & B_{55} & B_{56} & B_{57} \\ 0 & 0 & 0 & B_{64} & B_{65} & B_{66} & B_{67} \end{bmatrix} = \begin{bmatrix} 1 & 0 & 0 & 0 & 0 & 0 & 0 \\ 0 & 1 & 0 & 0 & 0 & 0 & 0 \\ 0 & 0 & 1 & 0 & 0 & 0 & 0 \\ 0 & 0 & 0 & 1 & 0 & 0 & 0 \\ 0 & 0 & 0 & 0 & 1 & 0 & 0 \\ 0 & 0 & 0 & 0 & 0 & 1 & 0 \end{bmatrix};$$

$$B_{ij} = \frac{\partial h_i}{\partial x_j} (i = 1 \sim 6, j = 1 \sim 7) \tag{19.5.55}$$

状态初值为 $\hat{\boldsymbol{x}}_0 = E\boldsymbol{x}_0 = \bar{\boldsymbol{x}}_0$。又设卫星定位测量的水平坐标方差为 8.0 m^2，高度方差为 5.0 m^2，速度测量的方差为 0.1 $(\mathrm{m/s})^2$，弹道系数的方差为 0.1，则预测误差方差阵的初值为

$$\boldsymbol{P}_{0/0} = \boldsymbol{Q}_k = \begin{bmatrix} 5.0 & 0 & 0 & 0 & 0 & 0 & 0 \\ 0 & 8.0 & 0 & 0 & 0 & 0 & 0 \\ 0 & 0 & 5.0 & 0 & 0 & 0 & 0 \\ 0 & 0 & 0 & 0.1 & 0 & 0 & 0 \\ 0 & 0 & 0 & 0 & 0.1 & 0 & 0 \\ 0 & 0 & 0 & 0 & 0 & 0.1 & 0 \\ 0 & 0 & 0 & 0 & 0 & 0 & 0.1 \end{bmatrix} \tag{19.5.56}$$

(2)采用雷达测量弹箭质心坐标时的量测方程和预测误差方差阵

在雷达坐标系内量测弹丸位置时,采用斜距 r、方位角 β 和高低角 ε,如图 19.5.1 所示,它与直角坐标系的关系为

$$r = \sqrt{x^2 + y^2 + z^2}, \beta = \arctan(z/x), \varepsilon = \arctan(y/\sqrt{x^2 + z^2})$$

记

$$\boldsymbol{y} = [r, \beta, \varepsilon]^{\mathrm{T}}$$

则得量测方程

$$\boldsymbol{y} = \begin{bmatrix} r \\ \beta \\ \varepsilon \end{bmatrix} = \boldsymbol{h}(\boldsymbol{x}) + \boldsymbol{D} = \begin{bmatrix} h_1 \\ h_2 \\ h_3 \end{bmatrix} + \boldsymbol{D}$$

$$= \begin{bmatrix} \sqrt{x_1^2 + x_2^2 + x_3^2} \\ \arctan(x_3/x_1) \\ \arctan(x_2/\sqrt{x_1^2 + x_3^2}) \end{bmatrix} + \boldsymbol{D} \tag{19.5.57}$$

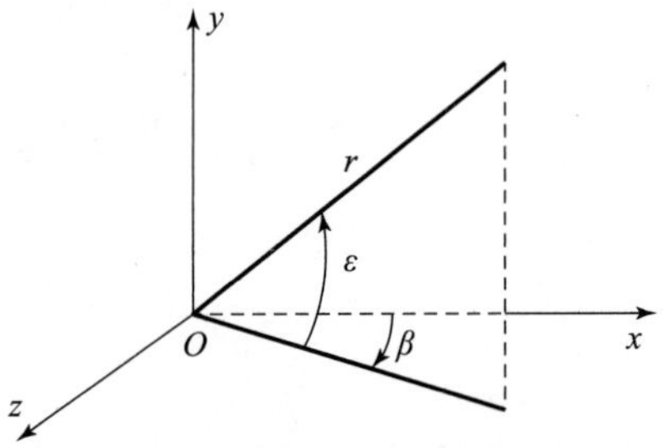

图 19.5.1 雷达坐标系与直角坐标系

式中,$\boldsymbol{D}$ 是雷达测量的噪声,且假定 $\boldsymbol{D} \sim N(0, \boldsymbol{Q})$,其中噪声的方差阵为

$$\boldsymbol{Q} = \begin{bmatrix} \sigma_r^2 & 0 & 0 \\ 0 & \sigma_\beta^2 & 0 \\ 0 & 0 & \sigma_\varepsilon^2 \end{bmatrix} \tag{19.5.58}$$

又由式(19.5.44)得

$$\boldsymbol{H} = \frac{\partial \boldsymbol{h}}{\partial \boldsymbol{x}^{\mathrm{T}}} = \begin{bmatrix} H_{11} & H_{12} & H_{13} & \\ H_{21} & H_{22} & H_{23} & \boldsymbol{O}_{(3\times4)} \\ H_{31} & H_{32} & H_{33} & \end{bmatrix}$$

$$H_{ij} = \frac{\partial h_i}{\partial x_j}(i = 1 \sim 3, j = 1 \sim 7)$$

例如

$$H_{11} = \frac{\partial h_1}{\partial x_1} = \frac{x_1}{\sqrt{x_1^2 + x_2^2 + x_3^2}}$$

下面确定初值 $\boldsymbol{x}_0$ 和 $\boldsymbol{P}_0$。由图 19.5.1 易知,雷达所测炮弹坐标 (r, β, ε) 与直角坐标的关系为

$$\begin{aligned} &x = r\cos\varepsilon\cos\beta \quad && \mathrm{d}x = \cos\varepsilon\cos\beta\mathrm{d}r - r\cos\varepsilon\sin\beta\mathrm{d}\beta - r\cos\beta\sin\varepsilon\mathrm{d}\varepsilon \\ &y = r\sin\varepsilon && \mathrm{d}y = \sin\varepsilon\mathrm{d}r + r\cos\varepsilon\mathrm{d}\varepsilon \\ &z = r\cos\varepsilon\sin\beta && \mathrm{d}z = \cos\varepsilon\sin\beta\mathrm{d}r + r\cos\varepsilon\cos\beta\mathrm{d}\beta - r\sin\beta\sin\varepsilon\mathrm{d}\varepsilon \end{aligned}$$

当雷达测得开始两点 $(r_1^0, \beta_1^0, \varepsilon_1^0)$ 和 $(r_2^0, \beta_2^0, \varepsilon_2^0)$ 时,则由上面 6 个关系式可得

$$\boldsymbol{x}_0 = \left[x_2^0 \quad y_2^0 \quad z_2^0 \quad \frac{x_2^0 - x_1^0}{\Delta t} \quad \frac{y_2^0 - y_1^0}{\Delta t} \quad \frac{z_2^0 - z_1^0}{\Delta t} \quad c_0 \right]^{\mathrm{T}}$$

式中,c_0 可取某一估计值,比如可取 $c_0 = 1$;而协方差初值为

$$
\boldsymbol{P}_0 = \begin{bmatrix} P_{011} & & & \\ & P_{022} & & \\ & & \ddots & \\ & & & P_{077} \end{bmatrix}
$$

$$
= \begin{cases} P_{011} = (\cos\beta_2^0\cos\varepsilon_2^0)^2\sigma_r^2 + (r_2^0\sin\beta_2^0\cos\varepsilon_2^0)^2\sigma_\beta^2 + (r_2^0\cos\beta_2^0\sin\varepsilon_2^0)^2\sigma_\varepsilon^2 \\ P_{022} = (\sin\varepsilon_2^0)^2\sigma_r^2 + (r_2^0\cos\varepsilon_2^0)^2\sigma_\varepsilon^2 \\ P_{033} = (\sin\beta_2^0\cos\varepsilon_2^0)^2\sigma_r^2 + (r_2^0\cos\beta_2^0\cos\varepsilon_2^0)^2\sigma_\beta^2 + (r_2^0\sin\beta_2^0\sin\varepsilon_2^0)^2\sigma_\varepsilon^2 \\ P_{044} = 2P_{011}/(\Delta t)^2 \\ P_{055} = 2P_{022}/(\Delta t)^2 \\ P_{066} = 2P_{033}/(\Delta t)^2 \\ P_{077} = \sigma_c^2 \end{cases} \tag{19.5.59}
$$

以下便可以用卡尔曼滤波递推公式，一步一步地往前推进，求得该段弹道末点的最优弹道状态估计 x_n、y_n、z_n、v_{xn}、v_{yn}、v_{zn} 和弹道系数最优估计 c_n。

最后，就以这组状态估计为初值、以 c_n 为弹道方程的参数计算弹道，直到特定时刻（也可以是下一时刻）或落点，求得该时刻或落点的弹道参数，完成弹道预测，供与有控方案弹道、理想弹道或落点相比较，以形成控制量。

19.5.4　无迹卡尔曼滤波及其在弹道预测中的应用

19.5.4.1　概述

前面介绍的推广卡尔曼滤波虽然可以解决系统和量测为非线性时的估计问题，但必须对原系统和量测方程作台劳级数展开且仅保留线性项，这一过程由于舍弃了二阶以上的高阶项，故只适用于弱非线性对象的估计，被估计对象的非线性越强，引起的估计误差就越大，甚至导致滤波发散。此外，从第 19.5.3 节中可看到，在线性化过程中，需要对系统状态方程关于所有状态变量进行求导，这一步骤工作量很大。特别是随着弹道方程越来越复杂（如采用 4D、5D 或 6D 弹道方程），线性化的复杂度大为增加。为了减小线性化过程引起的误差，并简化卡尔曼滤波模型的构建过程，可考虑采用无迹卡尔曼滤波方法。

无迹卡尔曼滤波属于一种近似的线性最小方差估计，它是根据被估计量和量测量的协方差阵来确定最佳增益阵的，在计算最佳增益的过程中，无迹卡尔曼滤波并未对系统方程和量测方程提出任何附加条件。算法既适用于线性对象，也适用于非线性对象。在非线性条件下，无迹卡尔曼滤波具有较大的优越性，非线性越强，优越性就越明显。从实际应用角度，采用无迹卡尔曼滤波方法时，可以直接处理非线性数学模型而无需冗繁的线性化过程，使得各种复杂度的外弹道模型应用于弹道滤波成为可能。

无迹卡尔曼滤波的推导及算法原理在很多文献中都有介绍，这里不做赘述。本节将结合弹道滤波的具体应用，推导出相关公式。下面以雷达或 GPS、北斗卫星定位测量飞行中弹箭质心坐标 (x,y,z) 和速度 (v_x,v_y,v_z)、弹载转速测量装置（如地磁传感器）测量弹丸转速 $\dot{\gamma}$ 为例，讲述弹道滤波和弹道预测的方法。

19.5.4.2 系统模型

为了体现无迹卡尔曼滤波的应用优势,以第6章中建立的6D刚体弹道方程(6.4.2)为基础,增加三个状态变量:阻力系数的符合系数 k_{cx}、升力系数的符合系数 k_{cy}、极阻尼力矩系数的符合系数 k_{mxz}。在弹道方程中,将这三个变量分别乘在阻力系数 c_x、升力系数导数 c'_y 以及极阻尼力矩系数 m'_{xz} 的前面,同时建立三个新的微分方程,为

$$\frac{\mathrm{d}k_{cx}}{\mathrm{d}t}=0,\frac{\mathrm{d}k_{cy}}{\mathrm{d}t}=0,\frac{\mathrm{d}k_{mxz}}{\mathrm{d}t}=0 \tag{19.5.60}$$

将式(19.5.60)与式(6.4.2)联立,即作为系统模型。不难想象,针对该系统模型,如果采用前述推广卡尔曼滤波方法,其复杂程度非常大。

系统模型的状态变量可表达为

$$\boldsymbol{x}=[v\quad \theta_a\quad \psi_2\quad x\quad y\quad z\quad \omega_\xi\quad \omega_\eta\quad \omega_\zeta\quad \varphi_a\quad \varphi_2\quad \gamma\quad k_{cx}\quad k_{cy}\quad k_{mxz}]^{\mathrm{T}}$$

则系统模型可写成状态空间形式,为

$$\frac{\mathrm{d}\boldsymbol{x}}{\mathrm{d}t}=\boldsymbol{f}(\boldsymbol{x})=[f_1\quad f_2\quad f_3\quad f_4\quad f_5\quad f_6\quad f_7\quad f_8\quad f_9\quad f_{10}\quad f_{11}\quad f_{12}\quad f_{13}\quad f_{14}\quad f_{15}]^{\mathrm{T}} \tag{19.5.61}$$

式中,$f_1=\dfrac{F_{x2}}{m},f_2=\dfrac{F_{y2}}{mv\cos\psi_2}+\dfrac{v\cos\theta_a\cos\psi_2}{R_E+h_0+y},f_3=\dfrac{F_{z2}}{mv}$,

$$f_4=v\cos\psi_2\cos\theta_a\left(1+\frac{y}{R_E+h_0}\right)^{-1},f_5=v\cos\psi_2\sin\theta_a,f_6=v\sin\psi_2,$$

$$f_7=\frac{M_\xi}{C},f_8=\frac{1}{A}M_\eta-\frac{C}{A}\omega_\xi\omega_\zeta+\omega_\zeta{}^2\tan\varphi_2,f_9=\frac{M_\zeta}{A}+\frac{C}{A}\omega_\xi\omega_\eta-\omega_\eta\omega_\zeta\tan\varphi_2,$$

$$f_{10}=\frac{\omega_\zeta}{\cos\varphi_2}+\frac{\mathrm{d}x}{\mathrm{d}t}\cdot\left(\frac{1}{R_E+h_0+y}\right),f_{11}=-\omega_\eta,f_{12}=\omega_\xi-\omega_\zeta\tan\varphi_2,$$

$f_{13}=0,f_{14}=0,f_{15}=0$;其他符号的含义可参见本书第6章。

假设可以测得的弹道参数——量测量表示为

$$\boldsymbol{y}=[v\quad \theta_a\quad \psi_2\quad x\quad y\quad z\quad \omega_\xi]^{\mathrm{T}}$$

实际上,GPS或北斗卫星提供的数据往往是弹丸位置分量 (x,y,z) 和速度分量 (v_x,v_y,v_z),则滤波前可将速度分量转化为弹道倾角 θ_a 和弹道偏角 ψ_2,以简化计算,即

$$\begin{cases}v=\sqrt{v_x^2+v_y^2+v_z^2}\\ \theta_a=\arctan(v_y/v_x)\\ \psi_2=\arctan(v_z\cdot\cos\theta_a/v_x)\end{cases} \tag{19.5.62}$$

因此,弹道滤波系统的量测方程可以表达为

$$y=\boldsymbol{h}(\boldsymbol{x})+\boldsymbol{n}=\begin{bmatrix}\sqrt{v_x{}^2+v_y^2+v_z^2}\\ \arctan(v_y/v_x)\\ \arctan(v_z\cos\theta_a/v_x)\\ x\\ y\\ z\\ \omega_\xi\end{bmatrix}+\boldsymbol{n} \tag{19.5.63}$$

式中，$\boldsymbol{h}(\boldsymbol{x})$ 为量测量与状态变量之间的函数关系；$\boldsymbol{n}$ 为量测噪声。

19.5.4.3　弹道滤波模型构建

1. 离散时间非线性系统

给定具有 n 个状态变量的离散时间非线性系统，记为

$$\boldsymbol{x}_{k+1} = \boldsymbol{f}(\boldsymbol{x}_k, \boldsymbol{u}_k, t_k) + \boldsymbol{V}_k \tag{19.5.64}$$

式中，$\boldsymbol{V}_k \sim (0, \boldsymbol{R}_k)$，表示过程噪声的方差；$\boldsymbol{u}_k$ 表示控制向量。

系统量测方程可记为

$$\boldsymbol{y}_k = \boldsymbol{h}(\boldsymbol{x}_k, t_k) + \boldsymbol{D}_k \tag{19.5.65}$$

式中，$\boldsymbol{D}_k \sim (0, \boldsymbol{Q}_k)$，表示测量噪声的方差。

2. 滤波系统初始化

给定状态变量最优估计的初始值

$$\hat{\boldsymbol{x}}_0^+ = E(\boldsymbol{x}_0) \tag{19.5.66}$$

并给出状态变量协方差最优估计的初值

$$\boldsymbol{P}_0^+ = E[(\boldsymbol{x}_0 - \hat{\boldsymbol{x}}_0^+)(\boldsymbol{x}_0 - \hat{\boldsymbol{x}}_0^+)^{\mathrm{T}}] \tag{19.5.67}$$

3. 状态变量及其协方差计算

利用以下步骤可将状态变量的估计值和协方差从一个测量点（第 $k-1$ 点）传播到下一个测量点（第 k 点）。

第 1 步：为了从第 $k-1$ 步传播到第 k 步，利用第 $k-1$ 步的最优估计 $\hat{\boldsymbol{x}}_{k-1}^+$ 和协方差 $\boldsymbol{P}_{k-1}^+$ 构造 σ 点，为

$$\begin{cases} \hat{\boldsymbol{x}}_{k-1}^{(i)} = \hat{\boldsymbol{x}}_{k-1}^+ + \tilde{\boldsymbol{x}}^{(i)}, i = 1,2,\cdots,2n \\ \tilde{\boldsymbol{x}}^{(i)} = (\sqrt{n \cdot \boldsymbol{P}_{k-1}^+})_i^{\mathrm{T}}, i = 1,2,\cdots,n \\ \tilde{\boldsymbol{x}}^{(i+n)} = -(\sqrt{n \cdot \boldsymbol{P}_{k-1}^+})_i^{\mathrm{T}}, i = 1,2,\cdots,n \end{cases} \tag{19.5.68}$$

式中，n 为状态变量的个数。

第 2 步：利用已知的非线性函数(19.5.61)对 σ 点进行变换，可得

$$\hat{\boldsymbol{x}}_k^{(i)} = \boldsymbol{f}(\hat{\boldsymbol{x}}_{k-1}^{(i)}, \boldsymbol{u}_k, t_k) \tag{19.5.69}$$

将 $\hat{\boldsymbol{x}}_{k-1}^{(i)}$ 作为初值，对刚体弹道方程组进行数值积分，积分步长恰为 $\Delta t = t_k - t_{k-1}$，得到 σ 点 $\hat{\boldsymbol{x}}_{k-1}^{(i)}$ 的变化值 $\hat{\boldsymbol{x}}_k^{(i)}$。

第 3 步：采用无迹变换，可求出第 k 时刻状态变量最优估计的预测值，即

$$\hat{\boldsymbol{x}}_k^- = \frac{1}{2n}\sum_{i=1}^{2n}\hat{\boldsymbol{x}}_k^{(i)} \tag{19.5.70}$$

第 4 步：仍采用无迹变换，可求得第 k 时刻协方差的预测值，即

$$\boldsymbol{P}_k^- = \frac{1}{2n}\sum_{i=1}^{2n}(\hat{\boldsymbol{x}}_k^{(i)} - \hat{\boldsymbol{x}}_k^-)(\hat{\boldsymbol{x}}_k^{(i)} - \hat{\boldsymbol{x}}_k^-)^{\mathrm{T}} + \boldsymbol{R}_{k-1} \tag{19.5.71}$$

4. 量测方程更新

第 1 步：利用更新的状态变量最优估计预测值来构造 σ 点，有

$$\begin{cases} \hat{\boldsymbol{x}}_k^{(i)} = \hat{\boldsymbol{x}}_k^- + \tilde{\boldsymbol{X}}^{(i)}, i = 1,2,\cdots,2n \\ \tilde{\boldsymbol{x}}^{(i)} = (\sqrt{n \cdot \boldsymbol{P}_k^-})_i^{\mathrm{T}}, i = 1,2,\cdots,n \\ \tilde{\boldsymbol{x}}^{(i+n)} = -(\sqrt{n \cdot \boldsymbol{P}_k^-})_i^{\mathrm{T}}, i = 1,2,\cdots,n \end{cases} \tag{19.5.72}$$

第2步:利用量测方程对 σ 点进行非线性变换,可得

$$\hat{\boldsymbol{y}}_k^{(i)} = \boldsymbol{h}(\hat{\boldsymbol{x}}_k^{(i)}, t_k) \tag{19.5.73}$$

第3步:求测量量的近似均值,为

$$\hat{\boldsymbol{y}}_k = \frac{1}{2n}\sum_{i=1}^{2n}\hat{\boldsymbol{y}}_k^{(i)} \tag{19.5.74}$$

第4步:求测量量的近似协方差,为

$$\boldsymbol{P}_y = \frac{1}{2n}\sum_{i=1}^{2n}(\hat{\boldsymbol{y}}_k^{(i)} - \hat{\boldsymbol{y}}_k)(\hat{\boldsymbol{y}}_k^{(i)} - \hat{\boldsymbol{y}}_k)^{\mathrm{T}} + \boldsymbol{Q}_k \tag{19.5.75}$$

第5步:求状态变量与测量量之间的交叉协方差估计,为

$$\boldsymbol{P}_{xy} = \frac{1}{2n}\sum_{i=1}^{2n}(\hat{\boldsymbol{x}}_k^{(i)} - \hat{\boldsymbol{x}}_k^-)(\hat{\boldsymbol{y}}_k^{(i)} - \hat{\boldsymbol{y}}_k)^{\mathrm{T}} \tag{19.5.76}$$

第6步:给出卡尔曼增益及基本递推关系式,为

$$\begin{cases}\boldsymbol{k}_k = \boldsymbol{P}_{xy}(\boldsymbol{P}_y)^{-1} \\ \hat{\boldsymbol{x}}_k^+ = \hat{\boldsymbol{x}}_k^- + \boldsymbol{k}_k\cdot(\boldsymbol{y}_k - \hat{\boldsymbol{y}}_k) \\ \boldsymbol{P}_k^+ = \boldsymbol{P}_k^- - \boldsymbol{k}_k\boldsymbol{P}_y(\boldsymbol{k}_k)^{\mathrm{T}}\end{cases} \tag{19.5.77}$$

注意,如果噪声是非线性的,则可将 $\boldsymbol{V}_k$ 和 $\boldsymbol{D}_k$ 作为系统的状态变量进行处理,同步开展最优估计,此时就不用考虑 $\boldsymbol{R}_k$、$\boldsymbol{Q}_k$ 了。

以下便可以用卡尔曼递推公式(19.5.77),一步一步地往前推进,求得弹道上各点的最优弹道状态估计值及阻力符合系数、升力符合系数、极阻尼力矩符合系数的最优估计。

最后,以这组状态估计为初值、以三个符合系数的最优估计为弹道方程的参数计算弹道,直到特定时刻(也可以是下一时刻)或落点,求得该时刻或落点的弹道参数,完成弹道预测。

与第19.5.3节采用质点弹道方程相比,采用刚体弹道方程(当然,也可采用第7章中的修正质点弹道方程)可较好地预测弹道侧偏;采用无迹卡尔曼滤波方法,无须对状态方程关于状态变量逐个求导数,处理复杂如6D刚体弹道方程组这样的数学模型,无论是理论推导还是计算机编程,都相对较容易实现。

19.6 弹道规划和最优方案弹道,极小值原理和伪谱法

19.6.1 概述

提高射程和射击精度是当今弹箭发展的方向,除了利用动力技术(如增加炮口动能、火箭增速、底排减阻)外,一般还需采用控制和制导方法来实现增程和精确打击,如制导火箭、滑翔增程炮弹、防区外投放炸弹、制导迫弹、布撒器等。其中许多是采用中制导加末制导方案,在弹箭的大部分弹道采用方案制导,以增大射程为主,在弹道末端采用对目标自动导引,提高命中精度。而中制导的方案弹道设计就成为提高射程的关键,同时也与射击精度相关。一个好的弹道方案设计,可以最大限度地增大弹箭射程,同时满足某些约束,我们将这项工作称为弹道规划,本节就以弹箭滑翔增程和空中水平发射导弹为例讲述适合弹箭有控飞行最优方案弹道设计的两种方法:极小值原理和伪谱法。

19.6.2　应用极小值原理求解最优滑翔基准弹道问题

弹箭有控滑翔飞行的目的是增程，然而，不同的控制过程或不同的控制函数增程的效果是不一样的，因此，数学中的优化理论在滑翔增程技术中有用武之地，但这种优化不同于第 14 章第 14.6 节中所讲的参数优化，这是一个过程优化问题。目前求解飞行器最优控制的主要方法是庞德里雅金的极大值原理（或极小值原理）和别尔曼的动态规划，其次还有古典变分法和线性系统二次型性能指标问题矩阵黎卡提方程方法。

1956 年，由苏联科学院院士庞德里雅金创立的极小值原理，是在经典变分学的基础上发展起来的，所以也可称为非经典变分法。在用变分法求解最优控制时，假设控制变量 $U(t)$ 不受任何限制，并要求哈密顿函数 H 对 U 连续可微，但在实际问题中，控制变量往往受到限制，容许控制集合是一个有界内集（例如战术导弹的舵偏角一般不超过 20°），这时控制变分 δ_u 在容许集合边界上不能任意选取，经典变分法也就无能为力，而极小值原理则可以处理这类问题，因而成为求解最优控制的有力工具。

动态规划法是由美国学者别尔曼于 1957 年提出来的，其基本原理是，无论系统的初始状态和初始解如何，其余的决策对于前面的决策所造成的状态来说，必须构成一个最优决策，这称为别尔曼最优化原理，该原理也可简述为最优轨迹的第二段也是最优的。这个论断与极小值的任何一部分也是极小值是等价的，这在哈密顿 - 雅可比理论中已得到证明。动态规划法把复杂的最优控制问题变成多级决策过程，给出了从最后一步的终端开始，反向向初始状态递推求解最优策略或最优控制的方法。动态规划法依赖于大量计算，故只有电子计算机出现后，才有可能产生并得到广泛应用。

关于极大值原理和动态规划法，有大量的书籍文献可查，这里就不多讲了。下面只列写极大（极小）值原理的主要结论及在滑翔增程最优控制中的简单例子。

1. 连续系统的极小值原理

设动力系统的状态方程为

$$\dot{\boldsymbol{x}}(t)=\boldsymbol{f}[\boldsymbol{x}(t),\boldsymbol{u}(t),t] \tag{19.6.1}$$

式中，$\boldsymbol{x}(t)$ 为 n 维状态向量，其边界可以固定、自由或受轨线约束，控制变量 $\boldsymbol{u}(t)$ 属于 m 维有界闭集 $\boldsymbol{\Omega}$，满足不等式约束

$$\boldsymbol{G}[\boldsymbol{x}(t),\boldsymbol{u}(t),t]\geqslant 0 \tag{19.6.2}$$

在终端时刻 t_f 未知的情况下，为使状态 $\boldsymbol{x}(t)$ 自初态 $\boldsymbol{x}(t_0)=\boldsymbol{x}_0$ 转移到满足边界条件

$$\boldsymbol{M}[\boldsymbol{x}(t_f),t_f]=0 \tag{19.6.3}$$

的终态，并使性能指标

$$J=\Phi[\boldsymbol{x}(t_f),t_f]+\int_{t_0}^{t_f}F[\boldsymbol{x}(t),\boldsymbol{u}(t),t]\mathrm{d}t \tag{19.6.4}$$

达到极小值。设哈密顿函数为

$$H=F(\boldsymbol{x},\boldsymbol{u},t)+\boldsymbol{\lambda}^{\mathrm{T}}\boldsymbol{f}(\boldsymbol{x},\boldsymbol{u},t) \tag{19.6.5}$$

则最优控制 $\boldsymbol{u}^*(t)$、最优轨迹 $\boldsymbol{x}^*(t)$ 和最优伴随向量 $\boldsymbol{\lambda}^*(t)$，必须满足下列条件。

(1)沿最优轨迹满足正则方程

$$\frac{\mathrm{d}\boldsymbol{x}}{\mathrm{d}t}=\frac{\partial H}{\partial \boldsymbol{\lambda}},\frac{\mathrm{d}\boldsymbol{\lambda}}{\mathrm{d}t}=-\frac{\partial H}{\partial \boldsymbol{x}}-\left(\frac{\partial \boldsymbol{G}}{\partial \boldsymbol{x}}\right)^{\mathrm{T}}\boldsymbol{\Gamma} \tag{19.6.6}$$

式中,$\boldsymbol{\Gamma}$ 是与时间 t 无关的拉格朗日乘子向量,其维数与控制量约束 $\boldsymbol{G}$ 的维数相同。若 $\boldsymbol{G}$ 中不含 $\boldsymbol{x}$,则

$$\frac{\mathrm{d}\boldsymbol{\lambda}}{\mathrm{d}t}=-\frac{\partial H}{\partial \boldsymbol{x}} \tag{19.6.7}$$

(2)边界条件及横截条件

$$\boldsymbol{\lambda}(t_f)=\left[\frac{\partial \Phi}{\partial \boldsymbol{x}}+\left(\frac{\partial \boldsymbol{M}}{\partial \boldsymbol{x}}\right)^{\mathrm{T}}\boldsymbol{v}\right]_{t=t_f} \tag{19.6.8}$$

$$\left[H(\boldsymbol{x},\boldsymbol{u},\boldsymbol{\lambda},t)+\frac{\partial \Phi}{\partial t}+\left(\frac{\partial \boldsymbol{M}}{\partial t}\right)^{\mathrm{T}}\boldsymbol{v}\right]_{t=t_f}=0 \tag{19.6.9}$$

$$\boldsymbol{x}(t_0)=\boldsymbol{x}_0,\boldsymbol{M}[\boldsymbol{x}(t_f),t_f]=0 \tag{19.6.10}$$

式中,$\boldsymbol{v}$ 是边界约束 $\boldsymbol{M}$ 对应的待定乘子。

(3)在最优轨线 $\boldsymbol{x}^*(t)$ 上,与最优控制 $\boldsymbol{u}^*(t)$ 相对应的 H 函数取绝对极小值,即

$$H(\boldsymbol{x}^*,\boldsymbol{u}^*,\boldsymbol{\lambda}^*,t)\leqslant \underset{u\in\Omega}{H}(\boldsymbol{x}^*,\boldsymbol{u},\boldsymbol{\lambda}^*,t) \tag{19.6.11}$$

并且沿最优轨迹,下式成立

$$\frac{\partial H}{\partial \boldsymbol{u}}=-\left(\frac{\partial \boldsymbol{G}}{\partial \boldsymbol{u}}\right)^{\mathrm{T}}\boldsymbol{\Gamma} \tag{19.6.12}$$

$\boldsymbol{\Gamma}$ 是与控制约束 $\boldsymbol{G}$ 对应的乘子。显然,如果控制量 $\boldsymbol{u}(t)$ 没有约束 $\boldsymbol{G}$,则 $\partial H/\partial \boldsymbol{u}=0$。

上述定理即为极小值原理,只要将哈密顿函数 H 中的 F 改为 $-F$,伴随向量 $\boldsymbol{\lambda}$ 改为 $-\boldsymbol{\lambda}$,而使 H 变为最大,则极小值原理就变成极大值原理。

根据不同的边界条件可以导出利用极小值原理求解最优控制问题的各种不同横截条件,但正则方程是相同的。当 t_0 和 $\boldsymbol{x}(t_0)$ 给定时,根据 t_f 固定或自由以及终端给定、自由和受约束等不同情况所导出的求最优解的必要条件列于表 19.6.1 中。

表 19.6.1 用极小值原理求最优解的必要条件(t_0、$x(t_0)$ 给定,混合型性能指标)

终端时刻	终点状态	正则方程	边界条件与横截条件
	终端固定		$\boldsymbol{x}(t_0)=\boldsymbol{x}_0,H(t_f)=-\frac{\partial \Phi}{\partial t_f}$ $\boldsymbol{x}(t_f)=\boldsymbol{x}_f$
t_f 自由	终端自由	$\boldsymbol{G}(\boldsymbol{u},\boldsymbol{x},t)\geqslant 0$ $\dot{\boldsymbol{x}}=\frac{\partial H}{\partial \boldsymbol{\lambda}}=f(\boldsymbol{x},\boldsymbol{u},t)$ $\dot{\boldsymbol{\lambda}}=-\frac{\partial H}{\partial \boldsymbol{x}}-\left(\frac{\partial \boldsymbol{G}}{\partial \boldsymbol{x}}\right)^{\mathrm{T}}\Gamma$ $H=F(\boldsymbol{x},\boldsymbol{u},t)+\boldsymbol{\lambda}^{\mathrm{T}}\boldsymbol{f}(\boldsymbol{x},\boldsymbol{u},t)$ 当 G 中不显含 $\boldsymbol{x}$ 时	$\boldsymbol{x}(t_0)=\boldsymbol{x}_0$ $\boldsymbol{\lambda}(t_f)=\frac{\partial \Phi}{\partial \boldsymbol{x}(t_f)},H(t_f)=-\frac{\partial \Phi}{\partial t_f}$
	终端约束即 $\boldsymbol{G}(\boldsymbol{u}(t),t)\geqslant 0$ 时		$\boldsymbol{x}(t_0)=\boldsymbol{x}_0,\boldsymbol{M}[\boldsymbol{x}(t_f),t_f]=0$ $\boldsymbol{\lambda}(t_f)=\left[\frac{\partial \Phi}{\partial \boldsymbol{x}}+\left(\frac{\partial \boldsymbol{M}}{\partial \boldsymbol{x}}\right)^{\mathrm{T}}\boldsymbol{v}\right]_{t_f}$ $H(t_f)=-\left[\frac{\partial \Phi}{\partial t}+\left(\frac{\partial \boldsymbol{M}}{\partial t}\right)^{\mathrm{T}}\boldsymbol{v}\right]_{t_f}$

续表

终端时刻	终点状态	正则方程	边界条件与横截条件
t_f 固定	终端固定	$\dot{\boldsymbol{\lambda}} = -\dfrac{\partial H}{\partial \boldsymbol{x}}$ $\boldsymbol{\Gamma}$ 是与时间 t 无关的拉格朗日乘子向量，其维数与 $\boldsymbol{G}$ 的维数相同	$\boldsymbol{x}(t_0) = \boldsymbol{x}_0$ $\boldsymbol{x}(t_f) = \boldsymbol{x}_f$
	终端自由		$\boldsymbol{x}(t_0) = \boldsymbol{x}_0, \boldsymbol{\lambda}(t_f) = \dfrac{\partial \boldsymbol{\Phi}}{\partial \boldsymbol{x}(t_f)}$
	终端约束		$\boldsymbol{x}(t_0) = \boldsymbol{x}_0, \boldsymbol{M}[\boldsymbol{x}(t_f)] = 0$ $\boldsymbol{\lambda}(t_f) = \left[\dfrac{\partial \boldsymbol{\Phi}}{\partial \boldsymbol{x}} + \left(\dfrac{\partial \boldsymbol{M}}{\partial \boldsymbol{x}}\right)^{\mathrm{T}} \boldsymbol{v}\right]_{t_f}$

2. 最优控制理论在滑翔增程弹箭中的应用举例

下面以弹箭作为可控质点在纵向平面内运动为例，以达到最大射程为目标，说明用极大值原理解最优控制和最优滑翔基准弹道的方法。可控质点的纵向运动方程组为式(19.4.1)，即

$$\begin{aligned}&\dot{v} = -\rho S c_x v^2/(2m) - g\sin\theta, \dot{\theta} = \rho S c_y v/(2m) - g\cos\theta/v\\&\dot{x} = v\cos\theta, \dot{y} = v\sin\theta, M_z = 0\end{aligned} \tag{19.6.13}$$

式中，升力和阻力系数 c_y 和 c_x 满足 $c_x = c_{x0} + Ac_y^2$ 关系（A 的定义见式(19.4.6)），大气密度 ρ 沿高度 y 按以下规律变化

$$\mathrm{d}\rho/\mathrm{d}y = -\mu\rho \tag{19.6.14}$$

系数 μ 沿高度也可变，其量纲为 m^{-1}。为了简化分析，现将上述运动方程量纲变为1。规定标准化升力系数为

$$k = c_y/c_{ye}, c_{ye} = \sqrt{c_{x0}/A}, c_{xe} = 2c_{x0} \tag{19.6.15}$$

式中，c_y 为实际升力系数；c_{ye} 为最大升阻比时的升力系数；此时阻力系数为 $c_{xe} = 2c_{x0}$，于是

$$\frac{c_{xe}}{c_x} = \frac{2c_{x0}}{c_{x0} + Ac_y^2} = \frac{2}{1 + k^2} \tag{19.6.16}$$

最大升阻比为

$$K_{\max} = c_{ye}/c_{xe} = 1/(2\sqrt{Ac_{x0}}) \tag{19.6.17}$$

再引入量纲为1的变量

$$X = \mu x, Y = \frac{2m\mu}{\rho S c_{ye}}, w = \sqrt{\frac{\mu}{g}} \cdot v, \tau = \sqrt{\mu g}t \tag{19.6.18}$$

将自变量改为 X，则运动方程(19.6.13)变成如下量纲为1的形式

$$\frac{\mathrm{d}w}{\mathrm{d}X} = \frac{-w(1 + k^2)}{2K_{\max}Y\cos\theta} - \frac{\tan\theta}{w}, \frac{\mathrm{d}\theta}{\mathrm{d}X} = \frac{k}{Y\cos\theta} - \frac{1}{w^2}, \frac{\mathrm{d}Y}{\mathrm{d}X} = Y\tan\theta, \frac{\mathrm{d}X}{\mathrm{d}X} = 1 \tag{19.6.19}$$

注意，式(19.6.19)的第一个式子的推导思路是，应用链式求导法则，即 $\mathrm{d}w/\mathrm{d}X = (\mathrm{d}w/\mathrm{d}t) \cdot (\mathrm{d}t/\mathrm{d}X)$、$\mathrm{d}w/\mathrm{d}t = \sqrt{\mu/g} \cdot (\mathrm{d}v/\mathrm{d}t)$、$\mathrm{d}t/\mathrm{d}X = \sqrt{\mu/g}/(\mu w\cos\theta)$，并将关系式 $c_x = (1+k^2)c_{xe}/2$、$K_{\max} = c_{ye}/c_{xe}$、$Y = 2m\mu/(\rho S c_{ye})$ 一并代入 $\mathrm{d}v/\mathrm{d}t$ 的表达式，经简单推导即得。式(19.6.19)中其余方程的推导类似。

在方程(19.6.19)中，除弹箭运动的状态参量外，影响其滑翔飞行增程效果的只有描述弹箭自身气动特性的参量、最大升阻比 $K_{\max}$ 和标准化升力系数 k。设弹箭在可用攻角范围内的

最大标准化升力系数为 $k_{max} = c_{ymax}/c_{ye}$,则升力控制特征量 k 应满足

$$0 \leqslant k \leqslant k_{max}$$

从升力是由攻角 α 产生的这个观点讲,上面这个限制实际上就是对攻角的限制。

弹箭滑翔飞行水平距离最大的最优控制问题的数学提法是:找出一个允许控制 $k(t) \in [0, k_{max}]$,它把由微分方程(19.6.19)确定的动力系统从给定的初始状态

$$X_{t=0} = 0, w = w_0, \theta = \theta_0, Y = Y_0$$

转移到由

$$X_{t=t_f} = X_f, w(x_f) = w_f, \theta(x_f) = \theta_f, Y(x_f) = Y_f$$

规定的终止状态,并使得性能指标函数

$$J(k) = -\int_{x_0}^{x_f} \mathrm{d}X = \min \tag{19.6.20}$$

与式(19.6.4)相比较可见,这里 $\Phi = 0$。上式中的"-"号将 J 的极小值变为 X 的极大值。在以上式中,w_f 是规定的落速(量纲为1),它须保证引信能发火或保证对目标有一定的撞击能力;θ_f 是落角,其大小要根据提高对目标命中精度、增大对目标打击效果或突防敌方火力反击网的需要来定;Y_f 确定了目标位置的高度。

由以上所述知,该问题是一个时变系统、末值型性能指标、末端自由、控制受约束的最优控制问题。则其哈密顿函数可构造为

$$H = -1 - \lambda_v\left[\frac{w(1+k^2)}{2K_{max}Y\cos\theta} + \frac{1}{w}\tan\theta\right] + \lambda_\theta\left(\frac{k}{Y\cos\theta} - \frac{1}{w^2}\right) + \lambda_Y Y\tan\theta + \lambda_X \tag{19.6.21}$$

式中,λ_θ、λ_Y 和 λ_X 为待定拉格朗日乘子。

将此式代入哈密顿正则方程中,可得到协态方程(伴随方程)为

$$\begin{aligned}
\frac{\mathrm{d}\lambda_w}{\mathrm{d}X} &= -\frac{\partial H}{\partial w} = \lambda_w\left(\frac{1+k^2}{K_{max}Y\cos\theta} - \frac{1}{w^2}\tan\theta\right) - \lambda_\theta\frac{2}{w^3} \\
\frac{\mathrm{d}\lambda_\theta}{\mathrm{d}X} &= -\frac{\partial H}{\partial \theta} = \lambda_w\left[\frac{w(1+k^2)\sin\theta}{2K_{max}Y\cos^2\theta} + \frac{1}{w\cos^2\theta}\right] - \lambda_\theta\frac{k\sin\theta}{Y\cos^2\theta} - \lambda_Y\frac{Y}{\cos^2\theta} \\
\frac{\mathrm{d}\lambda_Y}{\mathrm{d}X} &= -\frac{\partial H}{\partial Y} = -\lambda_w\frac{w(1+k^2)}{2K_{max}Y^2\cos\theta} + \lambda_\theta\frac{k}{Y^2\cos\theta} - \lambda_Y\tan\theta \\
\frac{\mathrm{d}\lambda_X}{\mathrm{d}X} &= -\frac{\partial H}{\partial X} = 0
\end{aligned} \tag{19.6.22}$$

在本例中,设控制量无约束,由无约束取极小值的条件,得

$$\frac{\partial H}{\partial k} = 0$$

即

$$\frac{-2\lambda_w wk}{2K_{max}Y\cos\theta} + \frac{\lambda_\theta}{Y\cos\theta} = 0$$

由此可解得

$$k = \lambda_\theta K_{max}/(\lambda_w w) \tag{19.6.23}$$

根据 k 的定义:$k = c_y/c_{ye}$,而 $c_y = c_y^\alpha(Ma)\alpha$、$c_{ye} = \sqrt{c_{x0}(Ma)/A}$ 只是马赫数 Ma 的函数。因此,在获得最优控制 k 以后,实际上就是获得了最优攻角变化规律 $\alpha(t)$,再由瞬时平衡方程即得沿最优滑翔弹道操纵机构的变化规律 $\delta_z = -m_z^\alpha(Ma)\alpha/m_z^{\delta_z}(Ma)$。但从最优控制式(19.6.23)可

知,要求得 k,须先求得 λ_θ 和 λ_w,但要从方程组(19.6.22)中求出 λ_w、λ_θ、λ_Y 的解析表达式是不可能的,故只有将方程(19.6.19)、方程组(19.6.22)、方程(19.6.23)以及边界条件一起联立求解,才能最终获得满足边界条件、控制量有约束的最优控制 k 以及最优基准弹道和射程极大值。

由方程组(19.6.22)中的第 4 个方程知

$$\lambda_X = C_1$$

式中,C_1 为常数,再由横截条件 $\boldsymbol{\lambda}(t_f) = \dfrac{\partial \Phi}{\partial \boldsymbol{x}(t_f)} = 0$ 就可知 $C_1 = 0$,并且 $\lambda_w(t_f) = 0, \lambda_\theta(t_f) = 0, \lambda_Y(t_f) = 0$,这样就可使哈密顿函数(19.6.21)得到简化。由于方程组(19.6.19)和方程(19.6.22)的边界条件各在起点和终端,故使问题成为两点边值问题,需假定各 λ 在起点的值 $\boldsymbol{\lambda}(t_0)$ 进行打靶试算,如果算出的 $\boldsymbol{\lambda}_{tf} \neq \boldsymbol{\lambda}(t_f)$,则要按一定的方法修改 $\boldsymbol{\lambda}(t_0)$ 再次计算,直至在 t_f 处二者之差满足精度要求,才能求得最后的解,这个工作是很费时的。由式(19.6.22)可见,其中唯一的控制参量是 k,但它是待求的。因为对它有约束,使问题变得复杂,需根据最优控制理论中的直接方法进行迭代计算。作为起始试算,可假定它不受约束,这时 H 取极大值的条件即为哈密顿函数对 k 的导数为零,如果这样求出的 k 并未超过 $k_{\max}$,那么它就是最优控制,如果超过了 $k_{\max}$,可在此方案附近取一初始试探控制函数 $k^0(t)$(存入计算机中)开始进行迭代计算,如采用梯度法时,$k^{i+1} = k^i - \alpha^i \dfrac{\partial H^i(t)}{\partial k}$,而 $\dfrac{\partial H^i(t)}{\partial k} = \dfrac{\partial H(\boldsymbol{x}^i, \boldsymbol{\lambda}^i, k^i(t))}{\partial k}$,其中 $\boldsymbol{x}^i$ 由状态方程解出,$\boldsymbol{\lambda}^i$ 由协态方程反向积分求出,并都存入计算机中。再对 α^i 进行一维寻优,得 k^{i+1},再以 k^{i+1} 开始求 k^{i+2},每次都计算哈密顿函数 H,使其逐步减少到接近极小值,于是得到最优控制 $\boldsymbol{k}^*$。

通过数字仿真还可研究下滑段高度 ΔY、初始速度 $v_0(Ma)$、初始控制参数 k、初始弹道倾角 θ_0 等各因素对滑翔段射程的影响。计算表明,无论各种参数怎样改变,k 值从滑翔一开始很快就转到接近于 1,变化不大,这同样表明,弹箭很快以最大升阻比下滑。

实际上也可不变换方程,直接以攻角 $\alpha(t)$ 作为控制量寻找最优控制,例如对某滑翔增程炸弹,其状态方程仍为式(19.6.13),性能指标可取为如下迈耶形式

$$J = \Phi(t_f) = -x(t_f) + w_1(v(t_f) - v_C)^2 + w_2(y - 0)^2 + w_3(\theta(t_f) - \theta_C)^2 \tag{19.6.24}$$

式中,w_1、w_2、w_3 为罚因子。可以看出这种性能指标除要求射程最远外,还要求落点速度接近 v_C(如 v_C =200 m/s),落点高程 0 m,落角接近 θ_C(如 θ_C =75°),这样才能保证对目标的毁伤效果好。这些约束也是对弹道终端的约束,它们被安排在性能指标中。取哈密顿函数

$$H = L + \boldsymbol{\lambda}^{\mathrm{T}} \boldsymbol{f} = \lambda_1 \dot{V} + \lambda_2 \dot{\theta} + \lambda_3 \dot{x} + \lambda_4 \dot{y}, X_1 = V, X_2 = \theta, X_3 = x, X_4 = y \tag{19.6.25}$$

由此可得伴随方程 $\dot{\lambda}_i = -\partial H / \partial x_i$ 和边界条件 $(\lambda_i - \partial \Phi / \partial x_i)\big|_{t_f} = 0$,再用最优化计算方法逐次逼近最优控制 $\alpha(t)$。最后指出,在实际工作中不一定要完全按最优控制方案去做,可根据总体性能协调,也可在其临近取次优方案进行。

19.6.3 应用伪谱法进行最优弹道规划

1. 最优化问题及其直接求解方法

根据上面所述,一般形式的最优控制问题可表述为,考虑动力学系统

$$\dot{x}(t)=\boldsymbol{f}[\boldsymbol{x}(t),\boldsymbol{u}(t),t],t\in[t_0,t_f] \tag{19.6.26}$$

式中，$\boldsymbol{x}\in R^n,\boldsymbol{u}\in R^m$，满足路径不等式约束条件

$$\boldsymbol{G}[\boldsymbol{x}(t),\boldsymbol{u}(t),t]\geqslant 0 \tag{19.6.27}$$

在终端时刻 t_f 未知的情况下，使状态 $\boldsymbol{x}(t)$ 自初态 $\boldsymbol{x}(t_0)=\boldsymbol{x}_0$ 转移到满足边界条件

$$\boldsymbol{M}[x(t_f),t_f]=0 \tag{19.6.28}$$

的终态 $\boldsymbol{x}(t_f)$，并使性能指标

$$J=\Phi[\boldsymbol{x}(t_f),t_f]+\int_{t_0}^{t_f}F[\boldsymbol{x}(t),\boldsymbol{u}(t),t]\mathrm{d}t \tag{19.6.29}$$

达到极小值。

上述最优控制问题的求解，一般是根据前面所述的庞德里雅金极小值原理，引入协态变量 λ_i，推导出最优解满足的一阶必要条件，其中最优控制函数表示成状态变量和协态变量的函数，从而将其转化为一个微分方程的两点边值问题进行求解。由于上述求解过程要通过协态变量这个与最优控制无直接关系的辅助变量才能进行，所以称为间接求解法。由于协态变量没有明确的物理意义，所以很难对它的初值进行估计，从而限制了该方法的应用。另外，对于弹道优化问题，其弹道方程往往比较复杂，包含气动力参数和大气参数等大量的表格函数，其控制变量和状态变量通常包含各类约束条件，所以若要求解两点边值问题，一般非常困难。

直接法是将上述最优控制问题直接离散并参数化，转化为非线性规划问题进行求解。伪谱法是最优控制问题直接求解方法的一种，近年来已成为最优控制数值求解方法中最具应用前景的一种方法，在航空、航天轨迹优化方面得到了深刻而广泛的应用。

由于伪谱法采用的离散化节点是分布在区间[-1,1]上的，需引入一个新的时间变量 τ 进行变量变换

$$t=\frac{t_f-t_0}{2}\tau+\frac{t_f+t_0}{2} \tag{19.6.30}$$

将上述最优控制问题转化为区间[-1,1]上的标准最优控制问题。即

$$\min_{\boldsymbol{u}(\tau),t_f}J=\Phi[\boldsymbol{x}(t_f),t_f]+\frac{t_f-t_0}{2}\int_{-1}^{1}F[\boldsymbol{x}(\tau),\boldsymbol{u}(\tau),\tau]\mathrm{d}\tau \tag{19.6.31}$$

s. t.

$$\dot{\boldsymbol{x}}(\tau)=\frac{t_f-t_0}{2}\boldsymbol{f}[\boldsymbol{x}(\tau),\boldsymbol{u}(\tau),\tau],\tau\in[-1,1] \tag{19.6.32}$$

$$\boldsymbol{G}[\boldsymbol{x}(\tau),\boldsymbol{u}(\tau),\tau]\geqslant 0,\tau\in[-1,1] \tag{19.6.33}$$

$$\boldsymbol{M}[\boldsymbol{x}(t_f),t_f]=0 \tag{19.6.34}$$

式中为简洁起见，状态变量 $\boldsymbol{x}$、控制变量 $\boldsymbol{u}$ 及函数 F、$\boldsymbol{f}$、$\boldsymbol{G}$ 仍沿用变量变换前的符号；实际上，对于时变系统，变换后的函数 F、$\boldsymbol{f}$、$\boldsymbol{G}$ 可能会与待优化的终态时间 t_f 有关，但这不影响伪谱法处理所得表达式的形式。

2. 高斯伪谱法

众所周知，对于形如式(19.6.26)的一般非线性动力学方程，几乎都不存在解析解，只能指望得到级数形式的解或近似的解析解或数值解。有一种求近似解的方法是将动力学方程的解表示为某种基函数的和，然后通过确定相应基函数的系数以求取动力学方程的解，这就是所谓的谱方法。

伪谱法是将动力学方程的解表示为有限个某种基函数的和,通过确定相应基函数的系数,以保证在给定的有限个配点上等于真解的值,以求取动力学方程的近似解。其中,关于基函数及其配点的不同选择方法,对应着不同的伪谱法。

勒让德－高斯伪谱法(Legendre－Gauss,LG)的 N 阶配点取为 N 阶勒让德多项式 $P_N(t)$ 在区间$(-1,1)$内关于零对称分布的 N 个实根。

勒让德－高斯－拉道伪谱法(Legendre－Gauss－Radau,LGR)的 N 阶配点为多项式 $P_N(t)+P_{N-1}(t)$ 在区间$[-1,1)$上分布的 N 个实根,或在$(1,-1]$上分布的这 N 个实根的相反数。

勒让德－高斯－洛巴托伪谱法(Legendre－Gauss－Lobatto,LGL)的 N 阶配点为多项式 $\dot{P}_{N-1}(t)$ 的在区间$(-1,1)$内分布的 $N-2$ 个实根,外加 -1 和 1。

最优控制问题的伪谱法求解以全局插值多项式为基函数来近似整个优化时域内的状态变量和控制变量,能用较少的节点获得较高的优化精度。以下主要叙述高斯伪谱法的相关结果。

①高斯伪谱法的 N 阶配点 $t_i,i=1,2,\cdots,N$ 取为 N 阶勒让德多项式 $P_N(t)$ 在区间$(-1,1)$内关于零对称分布的 N 个实根,即满足

$$P_N(t_i)=0,\ -1<t_1<t_2<\cdots<t_N<1 \tag{19.6.35}$$

式中,N 阶勒让德多项式 $P_N(t)$ 可由下列递推公式给出

$$NP_N(t)=(2N-1)tP_{N-1}(t)-(N-1)P_{N-2}(t),P_0(t)=1,P_1(t)=t \tag{19.6.36}$$

②高斯伪谱法的基函数。

高斯伪谱法先采用配点 $t_i,i=1,2,\cdots,N$ 构造 $N-1$ 阶勒让德插值多项式

$$L_i(t)=\prod_{j=1,j\neq 1}^{N}\frac{t-t_i}{(t_i-t_j)}=\frac{g(t)}{(t-t_i)\dot{g}(t_i)},i=1,2,\cdots,N \tag{19.6.37}$$

作为基函数,其中 $g(t)=\prod_{i=1}^{N}(t-t_i)$。

③函数的逼近。

利用 $L_i(t),i=1,2,\cdots,N$ 的代数和,可以构造任一函数 $f(t),t\in[-1,1]$ 的一个 $N-1$ 阶多项式形式的逼近函数 $F(t)$,即

$$f(t)\approx F(t)=\sum_{i=1}^{N}L_i(t)f(t_i) \tag{19.6.38}$$

可见

$$F(t_i)=f(t_i),i=1,2,\cdots,N \tag{19.6.39}$$

④积分的逼近。

从式(19.6.38)可以看出,函数 $f(t),t\in[-1,1]$ 的积分可通过 $(N-1)$ 阶多项式逼近函数 $F(t)$ 来进行数值计算,即高斯积分公式

$$\int_{-1}^{1}f(t)\,\mathrm{d}t\approx\int_{-1}^{1}F(t)\,\mathrm{d}t=\sum_{i=1}^{N}\omega_i f(t_i) \tag{19.6.40}$$

式中

$$\omega_i=\int_{-1}^{1}L_i(t)\,\mathrm{d}t=\frac{2}{(1-t_i^2)[\dot{P}_N(t_i)]^2},i=1,2,\cdots,N \tag{19.6.41}$$

称为高斯积分的权系数。

高斯积分的相关定理指出,对于 $2N-1$ 阶以下的多项式被积函数 $f(t)$,N 阶高斯积分公式(19.6.40)是精确的。

⑤导函数的逼近。

高斯伪谱法为了利用状态初始值 $\boldsymbol{x}(t_0)$ 信息在控制优化过程中的作用,在考虑用基函数的线性组合逼近导函数时,将 -1 引入,从而将 N 阶配点 $t_i, i=1,2,\cdots,N$ 扩张为 $N+1$ 个节点 $-1=t_0<t_1<t_2<\cdots<t_N<1$,并在此基础上根据式(19.6.36)重新定义 N 阶勒让德插值多项式

$$L_i^*(t)=\prod_{j=0,j\neq i}^{N}\frac{t-t_i}{(t_i-t_j)}=\frac{g^*(t)}{(t-t_i)\dot{g}^*(t_i)}, i=0,1,2,\cdots,N \tag{19.6.42}$$

式中, $g^*(t)=\prod_{i=0}^{N}(t-t_i)$。

根据式(19.6.38),光滑函数 $f(t), t\in[-1,1]$ 的导函数 $\dot{f}(t), t\in[-1,1]$ 可由 N 阶多项式函数 $F(t)$ 逼近,即

$$\dot{f}(t)\approx\dot{F}(t)=\sum_{i=0}^{N}\dot{L}_i^*(t)f(t_i) \tag{19.6.43}$$

特别在配点 t_i 处满足

$$\dot{f}(t_i)\approx\dot{F}(t_i)=\sum_{j=0}^{N}\dot{L}_j^*(t_i)f(t_j)=\sum_{j=0}^{N}D_{ij}f(t_j), i=1,2,\cdots,N \tag{19.6.44}$$

其中

$$D_{ij}=\begin{cases}\dot{g}^*(t_i)/[(t_i-t_j)\dot{g}^*(t_j)], & j\neq i, i=1,2,\cdots,N\\ \ddot{g}^*(t_i)/[2\dot{g}^*(t_i)], & j=i, j=0,1,\cdots,N\end{cases} \tag{19.6.45}$$

3. 区间[-1,1]上的标准最优控制问题的高斯伪谱离散化

(1)最优控制问题的高斯伪谱离散化

利用高斯积分公式(19.6.40),将性能指标式(19.6.31)离散化为

$$\min_{U_i,t_f} J=\boldsymbol{\Phi}[\boldsymbol{x}(t_f),t_f]+\frac{t_f-t_0}{2}\sum_{i=1}^{N}\omega_i f(\boldsymbol{X}_i,\boldsymbol{U}_i,t_i) \tag{19.6.46}$$

利用式(19.6.44),在配点上将动力学方程(19.6.32)离散化为

$$D_{i0}\boldsymbol{x}(t_0)+\sum_{j=1}^{N}D_{ij}\boldsymbol{X}_j=\frac{t_f-t_0}{2}f(\boldsymbol{X}_i,\boldsymbol{U}_i,t_i), i=1,2,\cdots,N \tag{19.6.47}$$

根据高斯积分公式,得到另一有关初值和终值的约束方程

$$\boldsymbol{x}(t_f)=\boldsymbol{x}(t_0)+\frac{t_f-t_0}{2}\sum_{i=1}^{N}\omega_i f(\boldsymbol{X}_i,\boldsymbol{U}_i,t_i) \tag{19.6.48}$$

显然,路径约束(19.6.27)可离散化为

$$\boldsymbol{G}(\boldsymbol{X}_i,\boldsymbol{U}_i,t_i)\geqslant 0, i=1,2,\cdots,N \tag{19.6.49}$$

终端约束可化为

$$\boldsymbol{M}[\boldsymbol{x}(t_f),t_f]=0 \tag{19.6.50}$$

式中, $\boldsymbol{X}_i=x(t_i), \boldsymbol{U}_i=u(t_i), i=1,2,\cdots,N$。

(2)高斯伪谱离散化问题与原最优控制问题的关系

经高斯伪谱法导出最优控制的离散化问题,可以归结为一个非线性规划(NLP)问题进行求解,该 NLP 问题的 KKT 条件与最优控制问题一阶必要条件的高斯伪谱法离散形式是等价的(图 19.6.1)。这就意味着,在原理上,该 NLP 的解等价于原最优控制问题的解。

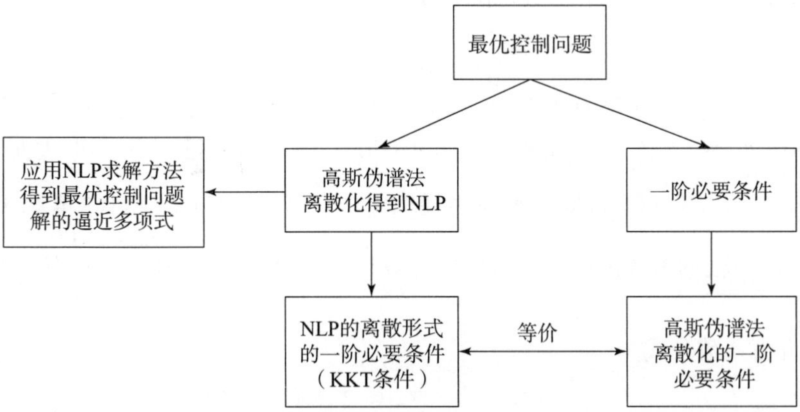

图 19.6.1　使用高斯伪谱法解决最优控制问题的直接方法和间接方法的等价关系

所谓 KKT 条件，是 NLP 问题的最优解所需满足的离散形式的一阶必要条件（包括平稳条件、互补松弛条件、对偶可行性条件等）。在 NLP 问题求解过程中，通过 KKT 乘子可以对最优控制问题的协态变量进行非常准确的估计，再加上初始条件，就可以把最优控制问题的一阶必要条件所相应的两点边值问题转化为一个初值问题，从而可以把一个动态优化问题转化为一系列的静态优化问题。因此，人们认为高斯伪谱法最有希望实现非线性系统的在线优化控制。

从图 19.6.1 中可以看出，高斯伪谱法并没有给出最优控制问题的最终解，它只是把最优控制问题转为一个等价的离散化形式的最优控制问题，即一个 NLP 问题。该问题目前可以利用高效的序列二次规划（SQP）算法进行求解。

4. 利用高斯伪谱法求解最优控制问题的例子

下面给出的最优控制求解的例子是利用非商业用途的自由软件 GPOPS Ⅱ 来求解的。GPOPS Ⅱ 是用于求解一般最优控制问题的 Matlab 工具箱，关于 GPOPS Ⅱ 的详细介绍和应用说明，可访问其主页 www. gpops. org。

下面的例子是空中水平发射导弹在纵向平面内控制飞行以命中海平面目标的最优控制问题，以导弹的射程为优化指标，导弹的弹着角和终点速度为优化约束条件，待优化的控制量为带约束的飞行攻角。

（1）最优控制问题算例描述

弹道方程为

$$\begin{aligned} \dot{v} &= -\frac{\rho S v^2 c_x}{2m} - g\sin\theta, \dot{\theta} = \frac{\rho S v c_y}{2m} - \frac{g \cdot \cos\theta}{v} \\ \dot{x} &= v\cos\theta, \dot{y} = v\sin\theta \end{aligned} \tag{19.6.51}$$

指标函数为

$$J = -x(t_f) \tag{19.6.52}$$

初始状态为

$$t_0 = 0, v(t_0) = 300\ \text{m/s}, \theta(t_0) = 0, x(t_0) = 0, y(t_0) = 6\ 000\ \text{m} \tag{19.6.53}$$

末端状态为

终端时刻 t_f 自由 $$v(t_f) = 200\ \text{m/s}, \theta(t_f) = -\frac{\pi}{3}, y(t_f) = 0 \tag{19.6.54}$$

路径约束 $$|\alpha| \leqslant 8° \tag{19.6.55}$$

式中,飞行速度为 v;弹道倾角为 θ;射程为 x;飞行海拔高度为 y;飞行控制量为攻角 α;弹体质量为 $m = 286.829\ 8\ \text{kg}$,弹体特征面积为 $S = 0.070\ 2\ \text{m}^2$;空气密度为 ρ,重力加速度为 $g = g_0\left(1 - 2\dfrac{y}{R_e}\right)$,$g_0 = 9.806\ 65\ \text{m/s}^2$。地球半径取 $R_e = 6\ 378\ 145\ \text{m}$。空气密度和声速采用美国1976年标准大气,根据海拔高度 y 进行插值计算得到,再根据飞行速度 v 和声速进一步计算出马赫数。

阻力与升力系数公式

$$c_x = c_{x0} + c_x^{\alpha^2} \cdot \alpha^2, c_y = c_{y0} + c_y^{\alpha} \cdot \alpha \tag{19.6.56}$$

式中,c_x 为阻力系数;c_y 为升力系数。计算时用到的气动数据由表19.6.2给出。

表19.6.2 气动导数系数与马赫数对应表

Ma	0.3	0.6	0.8	0.9	1.0
c_{x0}	0.231 9	0.256 8	0.304 4	0.362 2	0.380 4
$c_x^{\alpha^2}$	0.007 2	0.009 6	0.011 4	0.011 8	0.012 3
c_{y0}	1.093 7	0.841 0	0.818 9	0.800 1	0.862 8
c_y^{α}	0.578 46	0.516 49	0.500 63	0.486 14	0.531 38

(2)优化的求解结果

调用GPOPS Ⅱ软件对上述飞行控制优化问题进行求解,结果如图19.6.2~图19.6.5所示。计算结果表明,飞行控制的优化约束条件完全满足;根据计算得到最优控制攻角 α 和初始条件,进行弹道方程求解的验算,验算的结果与优化的结果吻合得非常好。

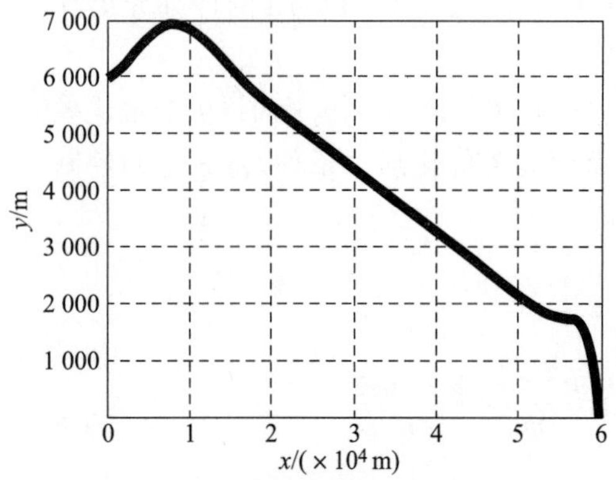

图19.6.2 飞行高度 y 关于射程 x 的曲线

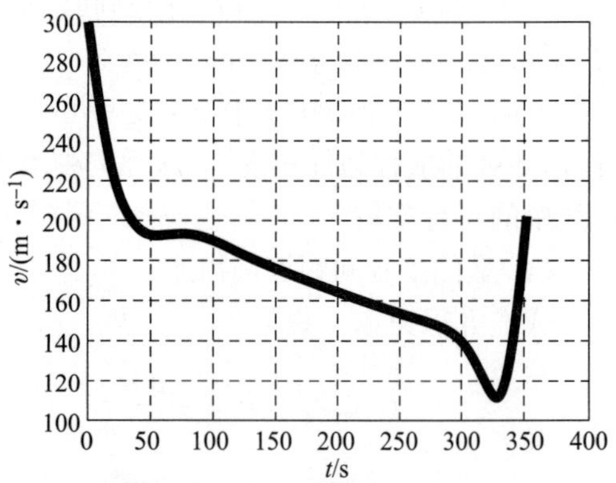

图19.6.3 飞行速度 v 关于飞行时间 t 的运动曲线

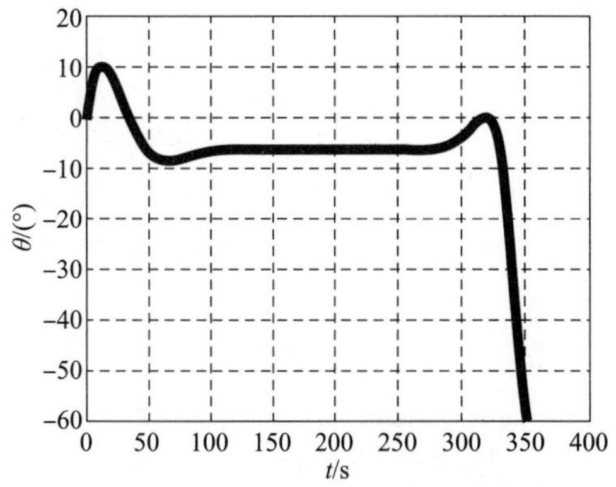

图 19.6.4　弹道倾角 θ 关于飞行时间 t 的曲线

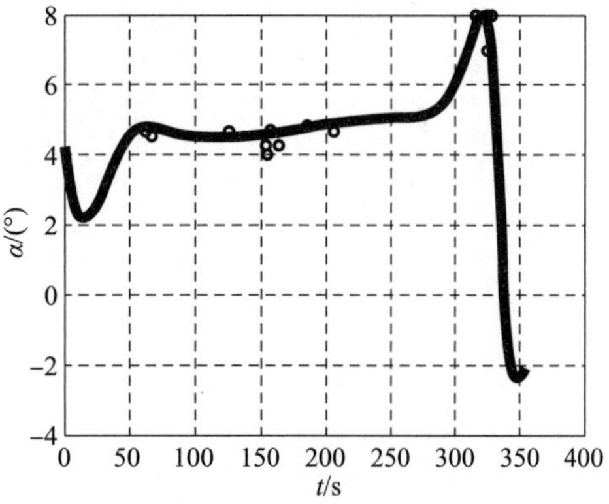

图 19.6.5　控制攻角 α 关于飞行时间 t 的变化曲线

19.7　卫星制导炮弹自动瞄准最优导引律

19.7.1　概述

卫星导航定位技术因具有体积小、质量小、成本低、发射后不管、可全天候作战等诸多优点而受到广泛关注，因此，如何有效利用卫星定位技术提供的弹丸实时运动信息，构建弹丸和目标之间的相对运动关系，给出相应的导引数学模型和实现方法，值得进行深入细致的探索和研究。

前面讲的弹道规划实际上是为了实现制导弹箭的方案导引，即弹箭的制导系统竭力使弹箭按照事先规划好的最优方案弹道飞行，当前的制导火箭、滑翔增程炮弹都有一段很长的弹道，按照方案弹道飞行，也就是中制导按方案弹道飞行；但为了提高对目标射击的精度，人们又在弹箭飞行接近目标时转为自动瞄准，将此后对弹箭的控制随时与目标直接联系起来。

本节针对卫星制导炮弹体积小、升力小、可用法向过载小、弹载计算机算力有限的特点，介绍一种简易的计及重力补偿的自动瞄准最优导引律，与比例导引法相比，该制导律具有结构简单、需用法向过载小且突变量较低等特点，易于在弹道调控能力不足的制导炮弹上实现。

对于钻地弹、航空炸弹以及为了增强对坚固目标破坏力的弹箭，对弹箭与目标相遇时的着角有严格的要求，下面就考虑这一情况下的最优制导律问题。

19.7.2　考虑弹着角约束的最优制导律

1. 系统运动状态方程

设弹丸与地面固定目标在同一铅直平面内运动，其相对运动关系如图 19.7.1 所示。其中 r 为弹目相对距离；v 为弹丸飞行速度；q 为目标视线角；θ 为弹道倾角。

不考虑控制系统和弹体动力学延迟，弹丸和目标之间的相对运动关系描述为

$$\dot{r} = -v\cos(q-\theta),\quad r\dot{q} = v\sin(q-\theta) \tag{19.7.1}$$

对上面第二式两端求导，得

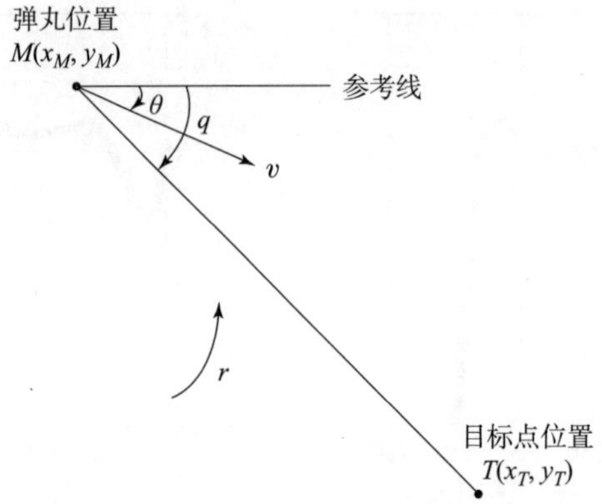

图 19.7.1　弹丸与目标的相对运动关系

$$\dot{r}\dot{q} + r\ddot{q} = \dot{v}\sin(q - \theta) + \dot{v}\cos(q - \theta)(\dot{q} - \dot{\theta}) \tag{19.7.2}$$

对于制导炮弹,由于弹道末端弹丸一般处于无动力飞行阶段,此时有 $\frac{\dot{v}}{v} << 1 \approx 0$。将式(19.7.1)中的两式代入式(19.7.2),整理后得

$$\ddot{q} = -2\frac{\dot{r}}{r}\dot{q} + \frac{\dot{r}}{r}\dot{\theta} \tag{19.7.3}$$

令 $x_1 = q - \theta_f, x_2 = \dot{x}_1 = \dot{q}$,控制量 $u = \dot{\theta}$。其中 $\theta_f = \theta(t_f)$ 为终端弹着角约束,则上式可写为

$$\dot{x}_1 = x_2, \dot{x}_2 = -2\frac{\dot{r}}{r}x_2 + \frac{\dot{r}}{r}u$$

令 $\boldsymbol{X} = \begin{bmatrix} x_1 \\ x_2 \end{bmatrix}, \boldsymbol{U} = \begin{bmatrix} 0 \\ u \end{bmatrix} = \begin{bmatrix} 0 \\ \dot{\theta} \end{bmatrix}, \boldsymbol{A} = \begin{bmatrix} 0 & 1 \\ 0 & -\frac{2\dot{r}}{r} \end{bmatrix}, \boldsymbol{B} = \begin{bmatrix} 0 & 0 \\ 0 & \frac{\dot{r}}{r} \end{bmatrix}$,则系统状态方程可整理为

$$\dot{\boldsymbol{X}} = \boldsymbol{AX} + \boldsymbol{BU} \tag{19.7.4}$$

2. 性能指标和终端条件

设系统的二次型性能指标函数为

$$J(\boldsymbol{U}) = \boldsymbol{X}^{\mathrm{T}}(t_f)\boldsymbol{FX}(t_f) + \int_{t_0}^{t_f}(\boldsymbol{X}^{\mathrm{T}}\boldsymbol{QX} + \boldsymbol{U}^{\mathrm{T}}\boldsymbol{RU})\mathrm{d}t \tag{19.7.5}$$

式中,$\boldsymbol{F}$、$\boldsymbol{Q}$ 为 $n \times n$ 非负定对称矩阵;$\boldsymbol{R}$ 为 $m \times m$ 正定对称矩阵。它们使指标函数具有二次型,这里 $n = 2, m = 2$。

最优控制的目的就是求解满足上述泛函取极小值条件下的控制向量 $\boldsymbol{U}(t)$ 的变化规律 $\boldsymbol{U}^*(t)$。其中 $\boldsymbol{F}$ 为终端状态(本例即弹着点)约束矩阵,$\boldsymbol{Q}$ 和 $\boldsymbol{R}$ 称为约束权阵。

式中第一项 $\boldsymbol{X}^{\mathrm{T}}(t_f)\boldsymbol{FX}(t_f)$ 表示终端状态约束,是为了限制终端误差而引入的,$\boldsymbol{F}$ 取的权重越大,表明相对应的终端误差限制(或约束)越大(即误差越小)。现在为保证终端状态成立,须有 $\boldsymbol{F} \to \infty$。

第二项 $\boldsymbol{X}^{\mathrm{T}}\boldsymbol{QX}$ 表示对状态向量在整个导引过程中的约束限制,$\boldsymbol{Q}(t)$ 的非负性决定了此项的非负性,$\boldsymbol{Q}$ 取值越大,对 $\boldsymbol{X}(t)$ 的限制越大。

第三项 $U^{T}RU$ 代表控制能量的消耗,积分表示整个导引过程中控制能量的消耗,$R(t)$ 的正定性决定了这一项总是正的,并设 $U(t)$ 无约束,t_f 为终端时间。设要求终端状态为:$q(t_f)\to\theta_f$,$\dot{q}(t_f)\to 0$,即 $X(t_f)=[x_1(t_f),x_2(t_f)]^{T}\Rightarrow[0,0]^{T}$,这是一个在有限时间内,用最小弹道倾角变化率 $\dot{\theta}$(或最小需用法向过载)使得终端状态保持在零值附近的状态调节器设计问题。

3. 用极小值原理来求解这一问题

首先写出哈密顿函数

$$H(X,U,\lambda,t)=\frac{1}{2}X^{T}(t)Q(t)X(t)+\frac{1}{2}U^{T}(t)R(t)U(t)+\lambda^{T}A(t)X(t)+\lambda^{T}(t)B(t)U(t)\tag{19.7.6}$$

设控制不受约束,则控制方程满足

$$\frac{\partial H}{\partial U}=R(t)U^{*}(t)+B^{T}(t)\lambda^{*}(t)=0\tag{19.7.7}$$

由此可得最优控制

$$U^{*}(t)=-R^{-1}(t)B^{T}(t)\lambda^{*}(t)\tag{19.7.8}$$

又由于 $\partial^2 H/\partial U^2=R(t)$,$R(t)$ 正定,从而 $U^{*}(t)$ 存在且为使 J 为最小的最优控制。由式(19.4.27)得正则方程为

$$\dot{X}^{*}(t)=A(t)X(t)+B(t)U^{*}(t)\tag{19.7.9}$$

$$\dot{\lambda}^{*}(t)=-\frac{\partial H}{\partial X}=-Q(t)X^{*}(t)-A^{T}(t)\lambda^{*}(t)\tag{19.7.10}$$

其边界条件是

$$X^{*}(t_0)=X(t_0)\tag{19.7.11}$$

横截条件是

$$\lambda^{*}(t_f)=\frac{\partial}{\partial X(t_f)}\left[\frac{1}{2}X^{*T}(t_f)FX^{*}(t_f)\right]=FX^{*}(t_f)\tag{19.7.12}$$

在横截条件中,$X^{*}(t_f)$ 与 $\lambda^{*}(t_f)$ 呈线性关系,正则方程也是线性的,因此可以假设(并可以证明)在任何时刻 X 与 λ 存在线性关系

$$\lambda^{*}(t_f)=P(t)X^{*}(t)\tag{19.7.13}$$

将此式两边求导,并将式(19.7.10)、式(19.7.9)和式(19.7.8)代入其中,得

$$[\dot{P}(t)+P(t)A(t)-P(t)B(t)R^{-1}(t)P(t)]X^{*}(t)=[-Q(t)-A^{T}(t)P(t)]X^{*}(t)$$

上式对任何 $X^{*}(t)$ 均应成立,故有

$$\dot{P}(t)=-P(t)A(t)-A^{T}(t)P(t)+P(t)B(t)R^{-1}(t)B^{T}(t)P(t)-Q(t)\tag{19.7.14}$$

此式称为矩阵黎卡提方程,为一阶非线性矩阵微分方程。由式(19.7.12)及式(19.7.13)可知式(19.7.14)的边界条件是

$$P(t_f)=F(t_f)\tag{19.7.15}$$

至此,如能从黎卡提方程求出 $P(t)$,将它代入式(19.7.13)中,再将 $\lambda^{*}(t)$ 代入式(19.7.8)中,则可得到最优状态反馈控制规律

$$U^{*}(t)=-R^{-1}(t)B^{T}(t)P(t)X^{*}(t)\tag{19.7.16}$$

如再把式(19.7.16)代回状态方程(19.7.4),则可以求出最优轨线 $X^{*}(t)$。

黎卡提方程为非线性矩阵微分方程,通常情况下很难求得解析解,都需由计算机求数值

解,但由于黎卡提方程与状态变量、控制变量无关,故可以在过程开始之前解出 $\boldsymbol{P}(t)$,存入计算机中,以备控制过程使用。

4. 考虑弹着角约束的最优制导律

工程上,通常 $\boldsymbol{P}(t)$、$\boldsymbol{Q}(t)$、$\boldsymbol{R}(t)$ 均为对称矩阵,为了保证闭环反馈系统的稳定性,$\boldsymbol{P}(t)$ 还应是正定矩阵。对于我们的问题,在整个导引过程中不需要也不可能要求 $\boldsymbol{X}(t)$ 最小,即对 $\boldsymbol{X}(t)$ 无约束要求,则权重 $\boldsymbol{Q}$ 取为 0;当控制矢量为一维时,$\boldsymbol{U}^{\mathrm{T}}\boldsymbol{RU}$ 项可表示为 $\boldsymbol{R}u^2$。在本问题中,$\boldsymbol{R}$ 取 1,则 $\boldsymbol{U}^{\mathrm{T}}(t)\boldsymbol{RU}(t)=u^2=\dot{\theta}^2$,即表示在整个导引过程中,$\int_{t_0}^{t_f}u^2\mathrm{d}t=\int_{t_0}^{t_f}\dot{\theta}^2\mathrm{d}t$ 最小(弹道倾角的变化速率最小),也即对弹道倾角的调控量最小或需用法向过载最小。

由于 $\boldsymbol{P}(t_f)=\boldsymbol{F}(t_f)\to\infty$ 无法计算,通常求解逆黎卡提方程。由于 $\boldsymbol{P}$ 为对称矩阵,则有 $\boldsymbol{P}^{-1}\boldsymbol{P}=\boldsymbol{P}\boldsymbol{P}^{-1}=\boldsymbol{I}$,$\dot{\boldsymbol{P}}^{-1}=-\boldsymbol{P}^{-1}\dot{\boldsymbol{P}}\boldsymbol{P}^{-1}$,对黎卡提方程两端同时左乘、右乘 $\boldsymbol{P}^{-1}$,整理后式(19.7.14)可变为如下逆黎卡提方程

$$\begin{cases}\dot{\boldsymbol{P}}^{-1}(t)=\boldsymbol{P}^{-1}(t)\boldsymbol{A}^{\mathrm{T}}(t)+\boldsymbol{A}(t)\boldsymbol{P}^{-1}(t)-\boldsymbol{B}(t)\boldsymbol{R}^{-1}(t)\boldsymbol{B}^{\mathrm{T}}(t)+\boldsymbol{P}^{-1}(t)\boldsymbol{Q}(t)\boldsymbol{P}^{-1}(t)\\ \boldsymbol{P}^{-1}(t_f)=\boldsymbol{F}^{-1}(t_f)=0\end{cases}\tag{19.7.17}$$

将 $\boldsymbol{A}$、$\boldsymbol{B}$、$\boldsymbol{R}$、$\boldsymbol{Q}$ 代入式(19.7.17),并令 $\boldsymbol{P}^{-1}=\begin{bmatrix}p_{11}&p_{12}\\p_{21}&p_{22}\end{bmatrix}$,则有

$$\begin{bmatrix}\dot{p}_{11}&\dot{p}_{12}\\\dot{p}_{21}&\dot{p}_{22}\end{bmatrix}=\begin{bmatrix}p_{21}+p_{12}&p_{22}-2\dfrac{\dot{r}}{r}p_{12}\\p_{22}-2\dfrac{\dot{r}}{r}p_{21}&-4\dfrac{\dot{r}}{r}p_{22}-\left(\dfrac{\dot{r}}{r}\right)^2\end{bmatrix}\tag{19.7.18}$$

令 $T=-\dfrac{r}{\dot{r}}$,其物理意义是弹丸到目标点的剩余飞行时间,则 $\dfrac{\mathrm{d}T}{\mathrm{d}t}=\dfrac{\ddot{r}r-\dot{r}\dot{r}}{\dot{r}^2}$。弹箭在末制导阶段一般为无动力飞行,故 $\ddot{r}$ 较小,越接近目标,r 也越小,故可取 $\mathrm{d}T=-\mathrm{d}t$,将其代入式(19.7.18)得到 4 个微分方程

$$p'_{11}=-p_{21}-p_{12},\ p'_{12}=-p_{22}-(2/T)p_{12}$$

$$p'_{21}=-p_{22}-(2/T)p_{21},\ p'_{22}=-(4/T)p_{22}+(1/T)^2$$

式中,“$'$”是对 T 的导数。先从第 4 个方程开始求解,求得 p_{22} 后再依次求得 p_{21}、p_{12}、p_{11}。第 4 个方程是一阶变系数非齐次方程,其解有公式可套用。最后得到

$$\boldsymbol{P}=(\boldsymbol{P}^{-1})^{-1}=\begin{bmatrix}\dfrac{T}{3}&-\dfrac{1}{6}\\-\dfrac{1}{6}&\dfrac{1}{3T}\end{bmatrix}^{-1}=\begin{bmatrix}\dfrac{4}{T}&2\\2&4T\end{bmatrix}\tag{19.7.19}$$

从而最优控制为

$$\boldsymbol{U}^*=-\boldsymbol{R}^{-1}\boldsymbol{B}^{\mathrm{T}}(t)\boldsymbol{P}(t)\boldsymbol{X}(t)=-\begin{bmatrix}0&0\\0&-\dfrac{1}{T}\end{bmatrix}\begin{bmatrix}\dfrac{4}{T}&2\\2&4T\end{bmatrix}\begin{bmatrix}x_1\\x_2\end{bmatrix}=\begin{bmatrix}0\\\dfrac{2}{T}x_1+4x_2\end{bmatrix}\tag{19.7.20}$$

即最优导引律为

$$\dot{\theta}^* = 4\dot{q} - q\frac{\dot{r}}{r}(q - \theta_f) \tag{19.7.21}$$

其中，$\dot{\theta} = 4\dot{q}$ 就是一般较好的比例导引律。

5. 卫星制导弹目斜距、接近速度、弹目视线角和弹目视线角速率信息的获取

对于弹箭在 WGS－84 坐标系和弹道坐标系的卫星定位问题，已在第 15 章第 15.3 节里有详细的叙述，假定在铅直平面内已测得弹丸和目标在弹道坐标系中的坐标分别为 $(x_M, y_M)^T$ 和 $(x_T, y_T)^T$，弹丸速度为 $(v_x, v_y)^T$，并且目标固定，则弹目斜距离 r 和接近速度（即弹目斜距变化率）$\dot{r}$ 为

$$r_x = x_M - x_T, r_y = y_M - y_T, r = \sqrt{r_x^2 + r_y^2}, \dot{r} = -v\cos(q - \theta) \tag{19.7.22}$$

注意，按上面定义，有 $\dot{r}_x = \dot{x}_M = v_x, \dot{r}_y = \dot{y}_M = v_y, \sqrt{\dot{r}_x^2 + \dot{r}_y^2} = \sqrt{v_x^2 + v_y^2} = v$，但

$$\dot{r} = (r_x\dot{r}_x + r_y\dot{r}_y)/r = (r_xv_x + r_yv_y)/r \neq \sqrt{\dot{r}_x^2 + \dot{r}_y^2} = \sqrt{v_x^2 + v_y^2} = v$$

由图 19.7.1 可知，弹目视线角 q、弹目视线角速率 $\dot{q}$ 和弹道倾角 θ 分别为

$$q = 57.3 \times \arctan\left(\frac{r_y}{r_x}\right), \dot{q} = 57.3 \times \frac{r_xv_y - r_yv_x}{r_x^2 + r_y^2}, \theta = \arctan\left(\frac{v_y}{v_x}\right) \tag{19.7.23}$$

进一步的研究还可以考虑在状态方程（19.7.4）中增加模型噪声，由式（19.7.23）导出关于 r_x、r_y、v_x、v_y 的量测方程，并增加 GPS 测量误差，就可以将此问题扩展成求解非线性随机系统二次型指标的最优控制问题。

当然，由二次型指标在控制量无约束条件下导出的黎卡提方程，并不适用于控制量有约束的情况。例如，弹箭控制只能在可用过载或舵偏角或脉冲发动机冲量有限（它们决定了 $\dot{\theta}$ 受限）的条件下进行，而由黎卡提方程解出的最优控制不受约束，就可能超过限制，这种情况下只能用庞德里雅金极小值原理求最优控制，因为它在推导或计算中始终考虑了控制受约束，它所导出的最优控制是在不超过控制量限制值条件下的最优控制。但是，由黎卡提方程求解最优控制可回避求解两点边值问题的麻烦，在很多情况下还能求得最优控制的解析表达式。为了充分利用这一优点，在工程上可以先假设系统控制量不受约束，解出最优控制，如果不超过控制量的限制值 $\boldsymbol{U}_{\max}$，就可算作实际系统的最优控制，如果超过了控制量的限制值，那么就是实现不了的最优控制，可再设法寻找次优控制，例如可调节性能指标项 $\boldsymbol{U}^T\boldsymbol{R}\boldsymbol{U}$ 中权矩阵 $\boldsymbol{R}$，重新求解以获得与权矩阵 $\boldsymbol{R}$ 相应、不超过控制量约束 $\boldsymbol{U}_{\max}$ 的最优控制。但 $\boldsymbol{R}$ 需根据对过载限制的大小来选择。$\boldsymbol{R}$ 过小时，对弹箭过载的限制小，过载就可能大，超过可用过载；$\boldsymbol{R}$ 大时，对弹箭过载限制大，过载就可能小，不会超过可用过载。但为了充分发挥弹箭的机动能力，过载也不能太小。因此，应根据弹箭所能提供的可用过载来恰当地选择 $\boldsymbol{R}$ 值。

19.7.3　计及重力补偿的制导律

由于重力对弹丸与目标相对运动关系的影响具有非线性，通常采用非线性的最优制导律设计方法求解，其存在结构复杂、计算量大等不足，特别是制导炮弹体积小、弹载计算机算力有限，故其应用受到一定限制。

这里介绍一种简易处理方法，将最优控制量 $\dot{\theta}$ 分解为控制分量和重力分量，即

$$\dot{\theta} = \dot{\theta}_C + \dot{\theta}_g \tag{19.7.24}$$

式中，$\dot{\theta}$ 为最优制导律要求的弹道倾角变化率；$\dot{\theta}_g$ 为重力引起的弹道倾角变化率；$\dot{\theta}_C$ 为控制系

统提供的弹道倾角变化率。

由于弹丸升力较小,在忽略升力的情况下,由重力影响引起的弹道倾角变化率为

$$\dot{\theta}_g = -g\cos\theta/v \tag{19.7.25}$$

代入式(19.7.24)后并整理得

$$\dot{\theta}_C = \dot{\theta} + g\cos\theta/v \tag{19.7.26}$$

将上式分别代入弹着角约束的最优制导律和比例导引律,可得

$$\dot{\theta}_{C1}^* = \dot{\theta}^* + \frac{g}{v}\cos\theta = 4\dot{q} - 2\frac{\dot{r}}{r}(q - \theta_{D0}) + \frac{g}{v}\cos\theta \tag{19.7.27}$$

$$\dot{\theta}_{C2}^* = K\dot{q} + \frac{g}{v}\cos\theta = 4\dot{q} + \frac{g}{v}\cos\theta \tag{19.7.28}$$

其中,θ_{D0} 为预期的弹着角;$\dot{\theta}_{C1}^*$ 为计及重力且有弹着角约束的最优制导律;$\dot{\theta}_{C2}^*$ 为计及重力的比例导引律。对于过载控制器,可将 $\dot{\theta}_C^*$ 转换为过载,从而实现计及重力条件下的最优过载控制器设计。

进一步地,还可考虑将重力补偿项指令增大,成为过重力补偿,这样弹箭在接近目标时弹道会先抬升而后再迅速下降,使弹道落角增大,获得更好的攻击效果。

19.7.4 几种导引律的比较

根据以上所述,分别对四种不同导引律进行了仿真分析。四种导引律如下:

比例导引律

$$\dot{\theta}_C = 4\dot{q}$$

计及重力比例导引律

$$\dot{\theta}_C = 4\dot{q} + \frac{g}{v}\cos\theta$$

有弹着角约束最优制导律

$$\dot{\theta}_C = 4\dot{q} - 2\frac{\dot{r}}{4}(q - \theta_{D0})$$

计及重力且有弹着角约束最优制导律

$$\dot{\theta}_C = 4\dot{q} - 2\frac{\dot{r}}{r}(q - \theta_{D0}) + \frac{g}{v}\cos\theta$$

为了便于分析对比,四种不同导引律均采用统一的初始条件 t_0 = 30 s,取控制节拍为 10 ms,通过6自由度全弹道仿真,仿真计算结果如图19.7.2和图19.7.3所示。

图19.7.2和图19.7.3分别为目标距离小于无控落点和大于无控落点时的弹道倾角变化曲线。从图中可以看出,比例导引律在接近目标时出现了"飘飞"现象,过小的弹着角不但严重影响弹丸的毁伤效果,同时由于卫星导航定位高度误差相对较大,平直弹道曲线将产生较大的弹道倾角误差。另外,由于比例导引没

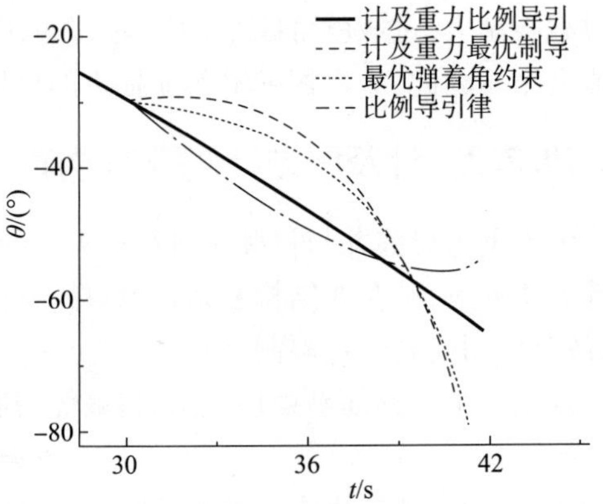

图 19.7.2 目标距离小于无控落点的 $\theta-t$ 曲线

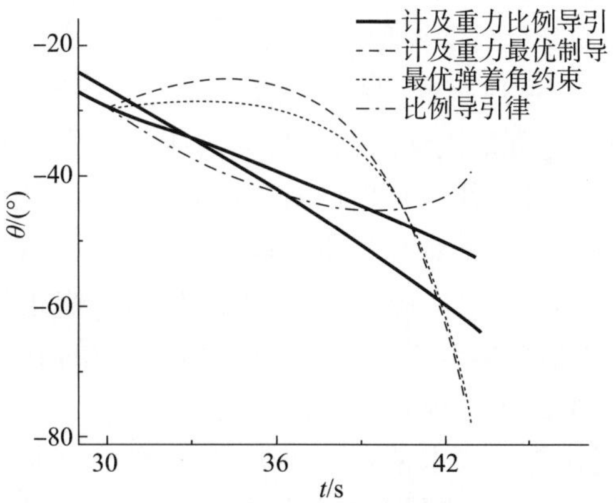

图 19.7.3　目标距离大于无控落点的 $\theta - t$ 曲线

有考虑重力影响，因此，导引初期调控“过量”，造成后期弹道“下沉”，临近目标点时需大幅度提升弹道（$\dot{\theta} > 0$），这对提高命中精度极为不利；有弹着角约束的最优制导律、计及重力且有弹着角约束的最优制导律均出现了弹道曲线“爬高”现象（$\dot{\theta} > 0$），即要求弹丸提供的升力大于弹丸自身重力。由于制导炮弹的升力翼面相对较小，所能提供的升力有限，调整弹道的能力不足，故这种“爬升”弹道轨迹要求过于苛刻，在制导炮弹中难以实现；而计及重力的比例导引律的弹道倾角变化较为平缓，调控量要求较小，在制导炮弹中易于实现。由图 19.7.2 和图 19.7.3 可以看出，计及重力的比例导引律法向过载变化量最小，对弹丸的调控能力要求最低，因而该制导律不但易于实现，而且有利于提高打击精度。

余下的问题是控制系统如何实现这种导引律的问题，对于无旋或低旋静稳定弹，实现这种导引律是可能的，但对于高速旋转稳定弹，则有相当大的困难。

19.8　简控火箭、远程炮弹和制导航弹的弹道特点

19.8.1　简控火箭的弹道特点

众所周知，无控火箭的散布远大于火炮弹丸的散布，特别是在最大射程附近，火炮弹丸的方向散布中间误差约只有射程的 1/2 000，而火箭的方向散布中间误差达到射程的 1%，这是由于火箭出炮口速度低、易受起始扰动、推力偏心和风以及其他干扰因素的随机影响而形成主动段末角散布所致。为了减小火箭弹的散布，人们想了很多办法。例如提高加工精度以减小推力偏心的影响，让尾翼弹低速旋转以减小推力偏心的影响，采用对风不敏感的设计（如零风偏设计）等。

为了减小起始扰动，从理论上讲，应该把弹箭在发射中形成起始扰动的机理和过程搞清，做到能有效地计算起始扰动大小和给出减小起始扰动的措施。然而由于在发射过程中，弹在炮膛内、发射管内或发射架上以及出炮口以后的后效期内的运动与火药燃烧情况、膛压的高低、发射装置的刚弹性、地面支撑情况、火炮后坐和振动情况、发射管的弯曲度、波纹度、弹炮间隙、高低机和方向机空回、定心部位置的选择、弹箭重量、重心位置、偏心情况、动不平衡、外形尺寸公差、推力偏心、后效期燃气压力大小和压力场分布、后效期长短、前一发弹发射后发射装

置的余振对后一发弹的影响等数不清的随机因素的交叉影响有关,使得从理论上研究起始扰动太过复杂和烦琐,经过大量简化后的模型又与实际情况相差太大,同时,由于试验和测试手段缺乏,没有专用的测试仪器(单独研究测起始扰动的仪器本身就是个难题),使试验费用高且难以进行,这就使关于发射过程形成弹箭起始扰动的研究十分困难,大多数研究多限于理论探讨,缺乏对理论本身的实验验证,使这种理论研究难以在实际中奏效。这使人们不得不转移方向,在适度减小起始扰动的同时,不刻意去研究起始扰动的形成机理,而是改用主动的方法去减小起始扰动和其他扰动对弹道的影响。简控火箭和弹道修正弹就是在这种思路下产生的,而且在实际中收到了令人信服的效果,例如,它把远程火箭的射击密集度大幅度提高,俄罗斯的 70 km 火箭子母弹(旋风 смеря)就是一个典型的例子。

因为火箭的散布主要是由主动段末偏角散布引起的,更进一步,这种偏角实际上已在临界段内形成,因此减小偏角散布就要在临界段内采取措施。该火箭的主动段简控装置就是采用一个二自由度陀螺(液浮陀螺),在发射前令其高速旋转,在发射后,弹箭受到起始扰动或其他扰动而具有摆动角速度 $\dot{\Phi}$ 时,陀螺就能敏感到这个角速度而形成控制指令,根据 $\dot{\Phi}$ 大小和方位,启动沿弹体前部径向布置的 4 个射流小喷管中相应的 2 个喷气,由喷气所产生的反作用力形成力矩反对弹体摆动,达到将弹轴(因而推力作用线)稳定在起始发射方向上的目的,从而也达到了减小速度方向偏离射击方向的目的,这使该火箭的散布大为减小。

此外,该火箭采用加速度传感器敏感火箭加速度,积分获得主动段末速度大小,据此修正引信的装定时间,控制火箭开舱抛撒子弹的时间,达到进一步减小开舱点距离散布的目的。

这种控制装置只在临界段内工作,因而工作时间很短(不到 3 s),而且是开环控制,因此整个控制系统比导弹简单,故称为简易控制,但这对于提高火箭射击精度效果明显。

该弹的被动段弹道计算与普通弹箭的相同,主动段弹道计算则需增加控制方程。

不过,简易控制火箭由于它只是克服了起始扰动影响,故只能提高射击密集度,对气象测量的准确性、适时性,大空域范围内的有效性,火箭发动机批次不同的差异,目标和炮位测量误差,弹道和射表模型解算误差等系统偏差无法克服,因而不能提高射击准确度。随着火箭的射程越来越大,射击准确度在射击精度中所占比重也越来越大,只采用主动段简易控制是不能解决这个问题的,密集度提高也是有限的,所以现在大射程火箭都采用全程制导来保证射击精度,此类火箭称为制导火箭。例如,某远程火箭攻坚弹采用北斗卫星 + 捷联惯导制导,发射初始逼近设计好的大射角方案弹道以便积累势能,然后转入落点预测控制,直到空气稀薄的某高度关闭控制,自由飞行过弹道顶点后下落至稠密大气时,再开启落点预测控制,直到下降到一定高度且弹道倾角较大时,转为比例导引,提高命中精度,最后留下几百米高度关闭控制,让攻角自由衰减(有利于攻坚),直到落地。

制导火箭的射程大,飞行高度也大,有的可达 80 km,在弹道学上就出现了许多有待解决的新问题。例如,大高度上,空气密度很低,在弹道计算中涉及稀薄气体空气动力学问题;在大射程、大高度上,气象探测的适时性、空域有效性问题;空气密度变化引起的动力学变系数问题;火箭大长细比引起的气动弹性问题;最优方案弹道设计问题;弹道预测解算精度与解算时间的矛盾问题;弹道降弧段大攻角再入大气层的非线性问题等。

19.8.2 滑翔增程炮弹的弹道特点

为便于从身管炮内发射以及有效地提高升阻比,滑翔增程炮弹多采用鸭式布局,在力矩平衡状态下，总升力为弹体、尾翼升力和鸭翼升力之和（正常式布局的总升力为二者之差），小小的鸭翼可使升力增大 40% ~50%。图 19.8.1 所示为某滑翔增程炮弹的外形。

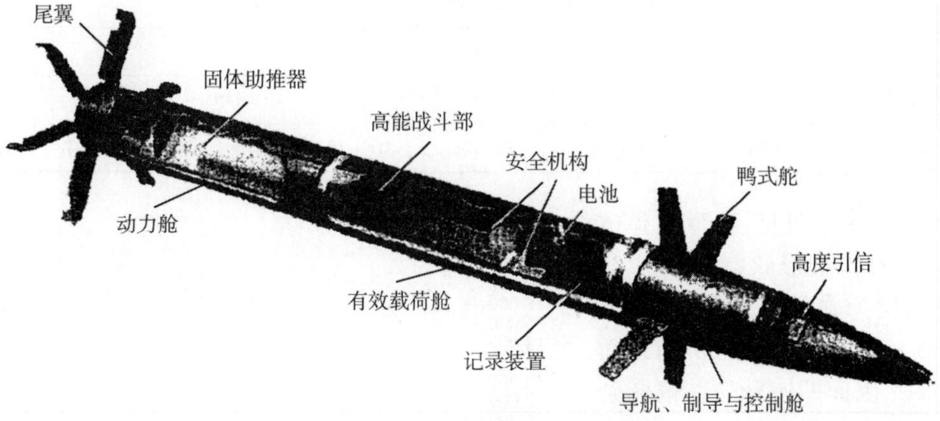

图 19.8.1　某滑翔增程炮弹外形

滑翔增程弹常在弹道升弧段用火箭发动机或冲压发动机助推，使弹箭在起滑时具有较大的高度和速度，其起始滑翔高度可达几十千米。在滑翔弹道段上，控制系统力求使弹箭按方案弹道飞行，在弹道末段可转入自动导引，以提高命中目标的精度，因此，方案弹道的最优化设计是滑翔增程弹箭设计中至关重要的一步。

目前，绝大多数利用滑翔增程的弹箭采用了全球卫星定位 + 捷联惯导方案制导体制（如美国的 XM982 神剑制导炮弹，如图 19.8.2 所示）。这种体制的好处是既发挥了卫星定位的高精度优点，又发挥了惯性制导工作可靠的优点，当弹箭在空中接收不到卫星信号（丢星）时，可用纯惯导方式工作，保证弹箭不致迷失方向乱飞，且对目标仍具有一定的命中精度，而惯导的方向漂移又可用卫星定时纠正（例如每隔 1 s 或 0.5 s 纠正一次），并且卫星定位接收机体积小、价格低，在使用差分技术后，定位精度可大幅度提高。

图 19.8.2　美国 XM982 神剑制导炮弹

对于炮射滑翔增程弹箭，采用这一体制要解决的难题是减小捷联惯导体积，能承受高过载（10 000g 以上）及如何进行初始对准等问题。

有些滑翔增程弹在弹道末段还转入自动导引。例如俄 152 mm 末制导炮弹就有两个陀螺，一个用于滑翔段惯性飞行，一个用于自动导引段分解信号，其目标位标器采用 4 象限光电传感器确定目标位置。

关于弹箭有控飞行的自动稳定与控制，仍用自动驾驶仪完成，可参考第 18 章第 18.12 节。

影响滑翔增程弹射程的因素很多，如升阻比、射角大小、点火位置、滑翔起点、滑翔速度、信号采样频率、陀螺（或捷联惯导）精度、漂移和惯性、舵机精度和延时、卫星定位精度、控制器参数等，一般要用有控弹道方程进行数值仿真分析，这种分析一般采用单因素法。在获得了这方面的数据和规律后，再采用优化方法进行综合设计。而滑翔增程弹对落速、落角的要求构成了对优化设计的一种约束。见本章第 19.4 节。

表 19.8.1 为某 155 mm 滑翔增程炮弹不同起滑点对射程的影响，其最大弹道高约 24 km。

由表可见,起滑点在顶点前后 $-1°\sim10°$范围内对射程影响很小。在降弧段不同点($\theta<-1°$),起滑对射程影响大。其他因素的影响也可类似地通过弹道计算进行分析。

表 19.8.1　起始滑翔点对射程的影响

θ_0/(°)	-10	-5	-1	0	1	5	10
飞行时间/s	315	330	335	335	335	335	335
射程/km	100.55	104.36	105.69	105.70	105.71	105.73	105.71

由图 19.8.3 可见,该弹在弹道顶点附近的弹道形状与无控弹相似。这是因为弹道高较大、空气密度低(25 km 高处空气密度只有地面值的 3%),因而即使升降舵偏转到最大,平衡攻角产生的升力也不能平衡重力,致使弹道下降快、滑翔效果差。故从减小控制系统和舵机工作时间考虑,在降弧段前一段可不加控制,让弹箭自由飞行下落,等到速度和空气密度增大到一定程度再启控滑翔,这时的升力大,滑翔弹道倾角减小,滑翔效果较好。再往下因弹箭克服空气阻力已消耗了许多能量,飞行速度降低,升力减小,使弹道倾角又增大,直至落地。

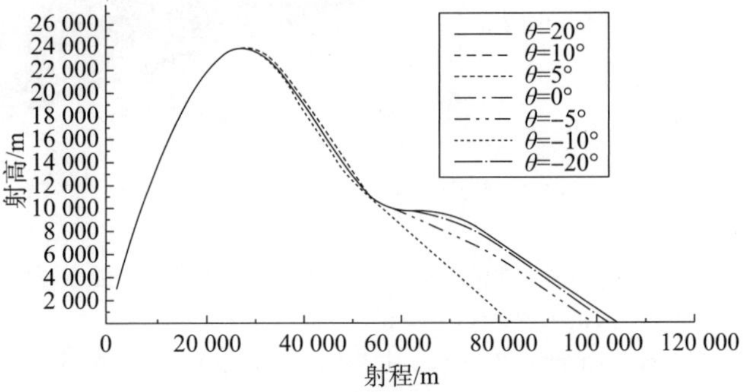

图 19.8.3　不同起滑点的影响

该滑翔增程弹的最大射程角约为 60°,当射角小于最大射程角时,由于弹箭上升的高度不够,对滑翔增程不利;当射角大于最大射程角时,弹道上升过高,克服阻力消耗能量多,使顶点附近速度降低太多,也对射程不利。

此外,利用数字仿真还可研究不同升阻比、不同的控制系统采样频率、不同的陀螺精度、漂移、不同的舵机精度、延迟时间、不同的控制器参数对射程的影响,从中可得出一些有益的结论。

19.8.3　制导航弹的弹道特点

为了提高航弹轰炸精度和增大射程,并避免激光制导炸弹需要飞机照射目标的缺点,美国已研制了几种可以发射后不管(fire and forget)的航空炸弹,其中最典型的是捷联惯导加卫星联合制导的杰达姆(JDM)炸弹,如图 19.8.4 所示。目前许多国家也正在研制和改进这种炸弹,如图 19.8.5 和图 19.8.6 所示。

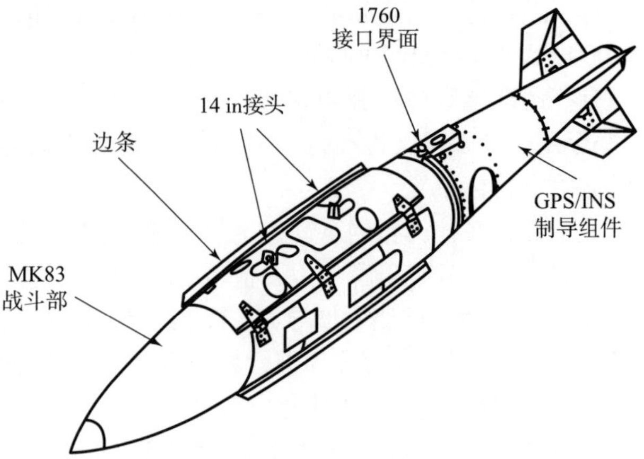

图 19.8.4　美国杰达姆(JDM)制导航弹

图 19.8.5　美国洛克希德·马丁公司的“蝎子”轻型滑翔制导炸弹

图 19.8.6　装有激光导引头和增程组件的宝石路 Paveway Ⅳ制导炸弹

航弹飞行中采用捷联惯导不断地测得航弹的坐标 (x,y,z) 和姿态角 ϑ、姿态角速度 $\dot{\vartheta}$，将其与规定的方案弹道比较，根据二者间的偏差进行控制，使航弹尽可能沿方案弹道飞行。对于这种制导体制，其对目标轰炸的圆概率误差可小于 15 m。

也有为使制导直接与目标挂钩，使弹道大致指向目标而采用比例导引方案的。

对于炸弹，为了提高爆炸效果，要求在落点处弹道切线(或弹轴线)与地面垂直，并且有较高的落速，尤其对于钻地弹，这是重要的技术指标，常作为弹道优化的约束条件。

总之，以上这些新型弹都还在不断研究和发展中，有关它们的外弹道理论也将进一步丰富起来。

本章知识点

①末敏弹、弹道修正弹、滑翔增程弹等新型弹箭的外弹道特点。

②卡尔曼滤波的原理，弹道滤波框架的构建方法及其在弹道预测中的应用思路。

③极小值原理、伪谱法等应用于最优弹道规划的基本思路。

④最优制导律在卫星制导炮弹上的应用特点及基本思路。

本章习题

1. 采用 4D 弹道方程，假设弹箭的位置、速度可由卫星定位装置测得，转速可由弹载地磁传感器测得，参照第 19.5.2 节和第 19.5.3 节内容，试导出推广卡尔曼滤波的全套方程，对弹箭坐标三分量、速度三分量、转速、阻力符合系数、极阻尼力矩符合系数等进行最优估计。

2. 除本章所述内容外，试通过互联网、数据库等途径，查找目前世界上还有哪些已装备或在研的新型弹箭，并归纳其外弹道特点。

附录和附表

附录　格林函数法与常数变易法的关系

考虑二阶常系数线性微分方程组

$$\begin{cases} x^{(n)} + a_1 x^{(n-1)} + \cdots + a_n x + b_1 y^{(m-1)} + \cdots + b_m y = f_1(t) \\ y^{(m)} + c_1 x^{(n-1)} + \cdots + c_n x + d_1 y^{(m-1)} + \cdots + d_m y = f_2(t) \end{cases} \tag{1}$$

的求解问题。

令
$$x_i = x^{(i-1)}, y_j = y^{(j-1)}, x_1 = x^{(0)} = x, y_1 = y^{(0)} = y$$
$$i = 1,2,\cdots,n, j = 1,2,\cdots,m$$

则式(1)等价于方程组

$$\begin{bmatrix} x_1 \\ \vdots \\ x_n \\ y_1 \\ \vdots \\ y_m \end{bmatrix}' = \begin{bmatrix} 0 & 1 & & & & & & & & \\ 0 & 0 & \ddots & & & & & & & \\ \vdots & \vdots & \ddots & & & & & & & \\ 0 & 0 & \cdots & 0 & 1 & & & & & \\ -a_n & -a_{n-1} & \cdots & -a_2 & -a_1 & -b_m & -b_{m-1} & \cdots & -b_2 & -b_1 \\ 0 & 0 & \cdots & 0 & 0 & 0 & 1 & & & \\ 0 & 0 & \cdots & 0 & 0 & 0 & 0 & \ddots & & \\ \vdots & \vdots & & \vdots & \vdots & \vdots & \vdots & \ddots & & \\ 0 & 0 & \cdots & 0 & 0 & 0 & 0 & \cdots & 0 & 1 \\ -c_n & -c_{n-1} & \cdots & -c_2 & -c_1 & -d_m & -d_{m-1} & \cdots & -d_2 & -d_1 \end{bmatrix} \begin{bmatrix} x_1 \\ \vdots \\ x_n \\ y_1 \\ \vdots \\ y_m \end{bmatrix} + \begin{bmatrix} 0 \\ \vdots \\ 0 \\ f_1 \\ 0 \\ \vdots \\ 0 \\ f_2 \end{bmatrix} \tag{2}$$

式(2)记为 $\boldsymbol{X}' = \boldsymbol{A}\boldsymbol{X} + F(t)$，$\boldsymbol{X} \in \boldsymbol{R}^{m+n}$，$\boldsymbol{X}$ 的第一分量为 x，第 $n+1$ 分量为 y，$\boldsymbol{A}$ 为 $m+n$ 阶矩阵。

式(1)对应的齐次方程组为

$$\begin{cases} x^{(n)} + a_1 x^{(n-1)} + \cdots + a_n x + b_1 y^{(m-1)} + \cdots + b_m y = 0 \\ y^{(m)} + c_1 x^{(n-1)} + \cdots + c_n x + d_1 y^{(m-1)} + \cdots + d_m y = 0 \end{cases}$$

取初值条件为

$$x(t_0) = x_0, x'(t_0) = x_0^{(1)}, x^{(n-1)}(t_0) = x_0^{(n-1)}$$
$$y(t_0) = y_0, y'(t_0) = y_0^{(1)}, y^{(m-1)}(t_0) = y_0^{(m-1)}$$

则齐次方程组的初值问题等价于

$$\begin{cases} X' = AX \\ X(t_0) = X_0 \end{cases} \quad X_0 = \begin{bmatrix} x_0 \\ \vdots \\ x_0^{(n-1)} \\ y_0 \\ \vdots \\ y_0^{(m-1)} \end{bmatrix} \tag{3}$$

设 $\boldsymbol{X}' = \boldsymbol{AX}$ 的基解矩阵为 $\boldsymbol{\Phi}(t) = (X^{(1)}(t),\cdots,X^{(m+n)}(t)), X^{(i)}(t) \in R^{m+n}, (i = 1,\cdots,m+n)$

于是式(3)的解为

$$\boldsymbol{X}(t,t_0) = \boldsymbol{\Phi}(t)\boldsymbol{\Phi}^{-1}(t_0)\boldsymbol{X}_0$$

记 $x^{(1)}(t,t_0),\cdots,x^{(n)}(t,t_0),y^{(1)}(t,t_0),\cdots,y^{(m)}(t,t_0)$

为 $\boldsymbol{\Phi}(t)\boldsymbol{\Phi}^{-1}(t_0)$ 的 $m+n$ 列均为 $\boldsymbol{X}' = \boldsymbol{AX}$ 的解，且满足 $x^{(1)}(t_0,t_0) = e_1,\cdots,x^{(n)}(t_0,t_0) = e_n$，$y^{(1)}(t_0,t_0) = e_{n+1},\cdots,y^{(m)}(t_0,t_0) = e_{m+n}$，其中，$e_1,\cdots,e_{m+n}$ 为 $\boldsymbol{R}^{m+n}$ 的标准基。

由常数变易法，令式(2)的解为

$$\boldsymbol{X}^*(t) = \boldsymbol{\Phi}(t)\boldsymbol{C}(t)$$

代入式(2)得

$$\boldsymbol{C}(t) = \int_{t_0}^{t} \boldsymbol{\Phi}^{-1}(\tau) \begin{bmatrix} 0 \\ \vdots \\ 0 \\ f_1(\tau) \\ 0 \\ \vdots \\ 0 \\ f_2(\tau) \end{bmatrix} \mathrm{d}\tau$$

所以式(2)的一个特解为

$$\boldsymbol{X}^*(t) = \int_{t_0}^{t} \boldsymbol{\Phi}(t)\boldsymbol{\Phi}^{-1}(\tau) \begin{bmatrix} 0 \\ \vdots \\ 0 \\ f_1(\tau) \\ 0 \\ \vdots \\ f_2(\tau) \end{bmatrix} \mathrm{d}\tau = \int_{t_0}^{t} [x^{(1)}(t,\tau),\cdots,y^{(m)}(t,\tau)] \begin{bmatrix} 0 \\ \vdots \\ 0 \\ f_1(\tau) \\ 0 \\ \vdots \\ 0 \\ f_2(\tau) \end{bmatrix} \mathrm{d}\tau$$

$$= \int_{t_0}^{t} x^{(n)}(t,\tau) f_1(\tau)\,\mathrm{d}\tau + \int_{t_0}^{t} y^{(m)}(t,\tau) f_2(\tau)\,\mathrm{d}\tau$$

因而 $\boldsymbol{X}^*(t)$ 的第一分量

$$x^*(t) = \int_{t_0}^{t} x_1^{(n)}(t,\tau) f_1(\tau)\,\mathrm{d}\tau + \int_{t_0}^{t} y_1^{(m)}(t,\tau) f_2(\tau)\,\mathrm{d}\tau$$

第 $n+1$ 个分量

$$y^*(t) = \int_{t_0}^{t} x_{n+1}^{(n)}(t,\tau) f_1(\tau)\mathrm{d}\tau + \int_{t_0}^{t} y_{n+1}^{(m)}(t,\tau) f_2(\tau)\mathrm{d}\tau$$

故式(1)的一个特解可写成如下形式

$$\left[\begin{pmatrix} x^*(t) \\ y^*(t) \end{pmatrix} = \int_{t_0}^{t} \begin{bmatrix} x_1^{(n)}(t,\tau) & y_1^{(m)}(t,\tau) \\ x_{(n+1)}^{(n)}(t,\tau) & y_{n+1}^{(m)}(t,\tau) \end{bmatrix} \begin{bmatrix} f_1(\tau) \\ f_2(\tau) \end{bmatrix} \mathrm{d}\tau \right] \tag{4}$$

其中，$\begin{cases} x_1^{(n)}(t,t_0) \\ x_{n+1}^{n}(t,t_0) \end{cases}, \begin{cases} y_1^{(m)}(t,t_0) \\ y_{n+1}^{(m)}(t,t_0) \end{cases}$ 均为式(1)的对应齐次方程满足下列条件的解。

$$\begin{gathered} [x_1^{(n)}(t,t_0)]^{(i)}|_{t=t_0} = 0, i = 0,\cdots,n-2, [x_1^{(n)}(t,t_0)]^{(n-1)}|_{t=t_0} = 1 \\ [x_{n+1}^{(n)}(t,t_0)]^{(j)}|_{t=t_0} = 0, j = 0,\cdots,m-1 \\ [y_1^{(m)}(t,t_0)]^{(i)}|_{t=0} = 0, i = 0,\cdots,n-1 \\ [y_{(m+1)}^{(m)}(t,t_0)]^{(j)}|_{t=0} = 0, j = 0,\cdots,m-2, [y_{n+1}^{(m)}(t,t_0)]^{(m-1)}|_{t=t_0} = 1 \end{gathered} \tag{5}$$

由此可见，求式(1)的一个特解，只需求对应齐次方程组满足条件式(5)的两个解，再由式(4)积分即可得。

附表 1　43 年阻力定律 $c_{x0N}(Ma)$

Ma	0	1	2	3	4	5	6	7	8	9
0. 7	0. 157	0. 157	0. 157	0. 157	0. 157	0. 157	0. 158	0. 158	0. 159	0. 159
0. 8	0. 159	0. 160	0. 161	0. 162	0. 164	0. 166	0. 168	0. 170	0. 174	0. 178
0. 9	0. 184	0. 192	0. 204	0. 219	0. 234	0. 252	0. 270	0. 287	0. 302	0. 314
1. 0	0. 325	0. 334	0. 343	0. 351	0. 357	0. 362	0. 366	0. 370	0. 373	0. 376
1. 1	0. 378	0. 379	0. 381	0. 382	0. 382	0. 383	0. 384	0. 384	0. 385	0. 385
1. 2	0. 384	0. 384	0. 384	0. 383	0. 383	0. 382	0. 382	0. 381	0. 381	0. 380
1. 3	0. 379	0. 379	0. 378	0. 377	0. 376	0. 375	0. 374	0. 373	0. 372	0. 371
1. 4	0. 370	0. 370	0. 369	0. 368	0. 367	0. 366	0. 365	0. 365	0. 364	0. 363
1. 5	0. 362	0. 361	0. 359	0. 358	0. 357	0. 356	0. 355	0. 354	0. 353	0. 353
1. 6	0. 352	0. 350	0. 349	0. 348	0. 347	0. 346	0. 345	0. 344	0. 343	0. 343
1. 7	0. 342	0. 341	0. 340	0. 339	0. 338	0. 337	0. 336	0. 335	0. 334	0. 333
1. 8	0. 333	0. 332	0. 331	0. 330	0. 329	0. 328	0. 327	0. 326	0. 325	0. 324
1. 9	0. 323	0. 322	0. 322	0. 321	0. 320	0. 320	0. 319	0. 318	0. 318	0. 317
2. 0	0. 317	0. 316	0. 315	0. 314	0. 314	0. 313	0. 313	0. 312	0. 311	0. 310
2	0. 317	0. 308	0. 303	0. 298	0. 293	0. 288	0. 284	0. 280	0. 276	0. 273
3	0. 270	0. 269	0. 268	0. 266	0. 264	0. 263	0. 262	0. 261	0. 261	0. 260
4	0. 260	0. 260	0. 260	0. 260	0. 260	0. 260	0. 260	0. 260	0. 260	0. 260

注：当 $Ma < 0.7$ 时，$c_{x0N} = 0.157$。

附表 2　*G*(*v*)函数表(43 年阻力定律)

v	0	1	2	3	4	5	6	7	8	9
100*	0.007 45	751	758	765	772	779	787	794	802	810
10	0.008 18	826	835	844	852	861	869	877	885	893
20	0.009 01	908	916	923	930	937	944	952	960	968
30	0.009 76	984	992	1 000*	1 007*	1 014*	1 022*	1 029*	1 036*	1 043*
40	0.010 50	1 057	1 064	1 071	1 078	1 085	1 092	1 099	1 106	1 113
50	0.011 20	1 127	1 134	1 141	1 148	1 155	1 162	1 170	1 177	1 185
60	0.011 93	1 200	1 208	1 215	1 222	1 230	1 237	1 244	1 251	1 258
70	0.021 65	1 273	1 280	1 287	1 295	1 302	1 310	1 317	1 325	1 332
80	0.013 39	1 347	1 355	1 363	1 370	1 377	1 385	1 392	1 400	1 408
90	0.014 16	1 424	1 432	1 440	1 448	1 456	1 464	1 472	1 479	1 487
200	0.014 95	1 502	1 509	1 517	1 524	1 531	1 538	1 545	1 552	1 560
10	0.015 68	1 575	1 582	1 589	1 597	1 605	1 613	1 621	1 628	1 635
20	0.016 43	1 650	1 658	1 665	1 672	1 680	1 688	1 696	1 704	1 711
30	0.017 18	1 725	1 732	1 739	1 746	1 753	1 760	1 767	1 774	1 781
40	0.017 88	1 795	1 802	1 809	1 816	1 823	1 830	1 838	1 846	1 853
50	0.018 60	1 868	1 876	1 883	1 890	1 898	1 906	1 914	1 922	1 930
60	0.019 38	1 947	1 956	1 965	1 973	1 982	1 991	2 000	2 009	2 019
70	0.020 29	2 040	2 051	2 062	2 072	2 083	2 094	2 104	2 115	2 127
80	0.021 39	2 152	2 165	2 179	2 193	2 207	2 221	2 235	2 250	2 265
90	0.022 81	2 297	2 314	2 331	2 349	2 368	2 388	2 409	2 431	2 454
300	0.024 78	2 504	2 531	2 558	2 587	2 617	2 648	2 670	2 703	2 737
10	0.027 73	2 813	2 858	2 912	2 976	3 050	3 134	3 228	3 332	3 437
20	0.035 42	3 642	3 742	3 839	3 934	4 026	4 116	4 204	4 290	4 374
30	0.044 56	4 536	4 615	4 693	4 770	4 846	4 921	4 995	5 066	5 135
40	0.052 00	5 264	5 327	5 389	5 450	5 510	5 569	5 627	5 682	5 735

注:v 为速度(m/s)。当 $v<100$ m/s 时, $G(v)=0.000\,074v$。声速取 $c_s=341.1$ m/s。

附表3 饱和水汽压计算表

计算公式:

$$E(T) = E_0\left(\frac{T_0}{T}\right)\cdot \exp\frac{(L_0 + C_L T_0)(T - T_0)}{R_W T_0 T}$$

$R_W = 11.078\ 737\ 2\times 10^{-2}$ K · g^{-1} · ℃,为水汽的比气体常数

$T_0 = 273.16$ K,为绝对温度

$C_L = 0.57$ K · g^{-1} · ℃,为水汽凝结(或水的蒸发)潜热随温度的变化率

$E_0 = 6.107\ 8$ hPa,为0 ℃时的饱和水汽压

$L_0 = 0.57$ K · g^{-1},为0 ℃时水汽凝结(或水的蒸发)潜热

T /℃	E(T) /hPa	T /℃	E(T) /hPa	T /℃	E(T) /hPa	T /℃	E(T) /hPa	T /℃	E(T) /hPa
-60	0.019 24	-35	0.313 97	-10	2.862 36	15	17.039 94	40	73.609 41
-59	0.021 81	-34	0.346 41	-09	3.096 75	16	18.168 15	41	77.614 61
-58	0.024 70	-33	0.381 86	-08	3.348 09	17	19.361 31	42	81.805 96
-57	0.027 93	-32	0.420 55	-07	3.617 44	18	20.622 54	43	86.190 49
-56	0.031 55	-31	0.462 76	-06	3.905 91	19	21.955 11	44	90.775 44
-55	0.035 59	-30	0.508 76	-05	4.214 67	20	23.362 40	45	95.568 25
-54	0.040 10	-29	0.558 84	-04	4.544 95	21	24.847 90	46	100.576 55
-53	0.045 12	-28	0.613 33	-03	4.898 02	22	26.415 24	47	105.808 19
-52	0.050 72	-27	0.672 58	-02	5.275 23	23	28.068 19	48	111.271 21
-51	0.056 94	-26	0.736 93	-01	5.678 00	24	29.810 65	49	116.973 89
-50	0.063 86	-25	0.806 77	00	6.107 80	25	31.646 63	50	122.924 69
-49	0.071 54	-24	0.882 52	01	6.566 19	26	33.580 32	51	129.132 30
-48	0.080 05	-23	0.964 61	02	7.054 78	27	35.616 04	52	135.605 64
-47	0.089 47	-22	1.053 50	03	7.575 28	28	37.758 24	53	142.353 83
-46	0.099 90	-21	1.149 68	04	8.129 45	29	40.011 54	54	149.386 23
-45	0.111 42	-20	1.253 68	05	8.719 15	30	42.380 71	55	156.712 43
-44	0.124 14	-19	1.366 05	06	9.346 31	31	44.870 67	56	164.342 23
-43	0.138 17	-18	1.487 36	07	10.012 95	32	47.486 50	57	172.285 67
-42	0.153 63	-17	1.618 25	08	10.721 18	33	50.233 45	58	180.553 03
-41	0.170 64	-16	1.759 36	09	11.473 20	34	53.116 92	59	189.154 82
-40	0.189 35	-15	1.911 39	10	12.271 30	35	56.142 49	60	198.101 80
-39	0.209 91	-14	2.075 07	11	13.117 86	36	59.315 92		
-38	0.232 47	-13	2.251 17	12	14.015 36	37	62.643 14		
-37	0.257 20	-12	2.440 50	13	14.966 40	38	66.130 23		
-36	0.284 31	-11	2.643 93	14	15.973 66	39	69.783 50		

附表4　我国标准大气简表(30 km 以下部分)

高度	温度	压力	密度	声速	运动学黏性系数	重力加速度
y/m	T/K	p/hPa	ρ/(kg · m^{-3})	a/(m · s^{-1})	η/(m^2 · s^{-1})	g/(m · s^{-2})
0	288. 150	1. 013 25 +3	1. 225 0 +0	340. 29	1. 460 7 -5	9. 806 6
1 000	281. 651	8. 987 6 +2	1. 111 7	336. 43	1. 581 3	9. 803 6
2 000	275. 154	7. 950 1	1. 006 6	332. 53	1. 714 7	9. 800 5
3 000	268. 659	7. 0121	9. 092 5 -1	328. 58	1. 862 8	9. 797 4
4 000	262. 166	6. 166 0	8. 193 5	324. 59	2. 027 5	9. 794 3
5 000	255. 676	5. 404 8	7. 364 3	320. 55	2. 211 0	9. 791 2
6 000	249. 187	4. 721 7	6. 601 1	316. 45	2. 416 1 -5	9. 788 2
7 000	242. 700	4. 110 5	5. 900 2	312. 31	2. 646 1	9. 785 1
8 000	236. 215	3. 565 1	5. 257 9	308. 11	2. 904 4	9. 782 0
9 000	229. 733	3. 080 0	4. 670 6	303. 85	3. 195 7	9. 778 9
10 000	223. 252	2. 649 9	4. 135 1	299. 53	3. 525 1	9. 775 9
11 000	216. 774	2. 269 9	3. 648 0	295. 15	3. 898 8	9. 772 8
12 000	216. 650	1. 939 9 +2	3. 119 4 -1	295. 07	4. 557 4	9. 769 7
13 000	216. 650	1. 657 9	2. 666 0	295. 07	5. 332 5	9. 766 7
14 000	216. 650	1. 417 0	2. 278 6	295. 07	6. 239 1	9. 763 6
15 000	216. 650	1. 211 1	1. 947 6	295. 07	7. 299 5	9. 760 5
16 000	216. 650	1. 035 2	1. 664 7	295. 07	8. 539 7	9. 757 5
17 000	216. 650	8. 849 7 +1	1. 423 0	295. 07	9. 990 1	9. 754 4
18 000	216. 650	7. 565 2	1. 216 5	295. 07	1. 168 6 -4	9. 751 3
19 000	216. 650	604 674	1. 040 0	295. 07	1. 367 0	9. 748 3
20 000	216. 650	5. 529 3	8. 891 0 -2	295. 07	1. 598 9	9. 745 2
21 000	217. 581	4. 728 9	7. 571 5	295. 70	1. 884 3	9. 742 2
22 000	218. 574	4. 047 5	6. 451 0	296. 38	2. 220 1	9. 739 1
23 000	219. 567	3. 466 8	5. 500 6	297. 05	2. 613 5 -4	9. 736 1
24 000	220. 560	2. 971 7	4. 693 8	297. 72	3. 074 3	9. 733 0
25 000	221. 552	2. 549 2	4. 008 4	298. 39	3. 613 5	9. 730 0
26 000	222. 544	2. 188 3	3. 425 7	299. 06	4. 243 9	9. 726 9
27 000	223. 536	1. 879 9	2. 929 8	299. 72	4. 980 5	9. 723 9
28 000	224. 527	1. 616 1	2. 507 6	300. 39	5. 840 5	9. 720 8
29 000	225. 518	1. 390 4 +1	2. 147 8 -2	301. 05	6. 843 7	9. 717 8
30 000	226. 509	1. 197 0	1. 841 0	301. 71	8. 013 4	9. 714 7

附表5 1976年美国标准大气简表(30~80 km部分)

高度	温度	压力	密度	声速	运动学黏性系数	重力加速度
y/m	T/K	p/hPa	ρ/(kg·m^{-3})	a/(m·s^{-1})	η/(m^2·s^{-1})	g/(m·s^{-2})
30 000	226.509	1.197 0 +1	1.841 0 −2	301.71	8.013 4 −4	9.714 7
32 000	228.490	8.890 6 +0	1.355 5	303.02	1.096 2 −3	9.708 7
34 000	233.743	6.634 1	9.887 4 −3	306.49	1.531 2	9.702 6
36 000	239.282	4.985 2	7.257 9	310.10	2.126 4	9.696 5
38 000	244.818	3.771 3	5.366 6	313.67	2.929 7	9.690 4
40 000	250.350	2.871 4	3.995 7	317.19	4.006 6	9.684 4
42 000	255.878	2.199 6	2.994 8	320.67	5.440 4 −3	9.678 3
44 000	261.403	1.694 9	2.258 9	324.12	7.337 1	9.672 3
46 000	266.925	1.313 4	1.714 2	327.52	9.830 5	9.666 2
48 000	270.650	1.022 9	1.316 7	329.80	1.293 9 −2	9.660 2
50 000	270.650	7.977 9 −1	1.026 9	329.80	1.659 1	9.654 2
55 000	260.771	4.252 5	5.681 0 −4	323.72	2.911 7 −2	9.639 1
60 000	247.021	2.195 8	3.096 8	315.07	5.114 1	9.624 1
65 000	233.292	1.092 9 −1	1.632 1 −4	306.19	9.261 7	9.609 1
70 000	219.585	5.220 9 −2	8.282 9 −5	297.06	1.735 7 −1	9.594 2
75 000	208.399	2.388 1	3.992 1	289.40	3.446 5	9.579 3
80 000	198.639	1.052 4	1.845 8	282.54	7.155 7	9.564 4
85 000	188.893	4.456 8 −3	8.219 6 −6	275.52	1.538 6 +0	9.549 6
85 500	187.920	4.080 2	7.564 1	274.81	1.664 5	9.548 1

附表6(a) 火炮直射程$X_{直}$表(43年阻力定律,目标高度2 m)

v_0 \ $X_{直}$ \ c	0.5	1.0	1.5	2.0	2.5	3.0	3.5	4.0	4.5	5.0	5.5	6.0
100	127	127	127	126	126	126	125	125	125	125	124	124
200	254	253	252	251	250	248	247	246	245	244	243	242
300	380	377	375	372	369	367	364	362	359	357	355	352
400	499	489	479	469	460	452	445	439	433	427	422	417
500	622	605	590	576	562	549	537	525	514	504	495	486

续表

c / $X_{直}$ / v_0	0.5	1.0	1.5	2.0	2.5	3.0	3.5	4.0	4.5	5.0	5.5	6.0
600	744	722	702	683	665	648	632	617	602	588	575	563
700	866	839	814	790	767	746	726	707	689	672	656	641
800	987	954	923	895	868	843	819	796	775	754	735	717
900	1 108	1 068	1 032	998	966	936	908	882	857	834	812	791
1 000	1 127	1 181	1 138	1 099	1 062	1 028	996	966	937	911	886	862
1 100	1 347	1 293	1 243	1 198	1 156	1 117	1 081	1 047	1 015	985	957	930
1 200	1 464	1 403	1 346	1 295	1 247	1 203	1 162	1 124	1 089	1 056	1 025	995
1 300	1 581	1 510	1 446	1 388	1 335	1 286	1 241	1 199	1 160	1 123	1 089	1 057
1 400	1 697	1 616	1 544	1 479	1 420	1 366	1 316	1 270	1 228	1 188	1 151	1 116
1 500	1 811	1 720	1 639	1 567	1 502	1 442	1 388	1 338	1 292	1 249	1 209	1 172
1 600	1 925	1 822	1 732	1 652	1 581	1 516	1 458	1 404	1 354	1 308	1 265	1 225
1 700	2 039	1 923	1 824	1 736	1 658	1 588	1 525	1 467	1 413	1 364	1 318	1 276
1 800	1 251	2 023	1 914	1 818	1 733	1 658	1 589	1 527	1 470	1 418	1 370	1 324
1 900	2 262	2 122	2 002	1 898	1 807	1 725	1 652	1 586	1 525	1 470	1 419	1 371
2 000	2 373	2 220	2 089	1 977	1 878	1 791	1 713	1 643	1 579	1 520	1 466	1 416

附表 6(b) 火炮直射角 $\theta_{0直}$ 表(43 年阻力定律,目标高度 2 m)

c / $\theta_{0直}$ / v_0	0.5	1.0	1.5	2.0	2.5	3.0	3.5	4.0	4.5	5.0	5.5	6.0
100	59.9	59.9	60.0	60.0	60.1	60.1	60.2	60.2	60.3	60.3	60.4	60.4
200	29.9	30.0	30.0	30.1	30.1	30.2	30.2	30.3	30.3	30.4	30.4	30.5
300	20.0	20.0	20.1	20.1	20.2	20.2	20.3	20.3	20.4	20.4	20.5	20.5
400	15.1	15.2	15.3	15.4	15.5	15.6	15.7	15.8	15.9	16.0	16.1	16.2
500	12.1	12.2	12.3	12.4	12.5	12.6	12.7	12.8	12.9	13.0	13.1	13.3
600	10.1	10.2	10.3	10.4	10.5	10.6	10.7	10.8	10.9	11.0	11.1	11.2
700	8.6	8.7	8.8	8.9	9.0	9.1	9.2	9.3	9.4	9.5	9.6	9.7
800	7.6	7.6	7.7	7.8	7.9	8.0	8.1	8.2	8.3	8.3	8.4	8.5
900	6.7	6.8	6.9	7.0	7.1	7.1	7.2	7.3	7.4	7.5	7.6	7.6
1 000	6.1	6.1	6.2	6.3	6.4	6.5	6.5	6.6	6.7	6.8	6.9	6.9

续表

v_0 \ $\theta_{0直}$ \ c	0.5	1.0	1.5	2.0	2.5	3.0	3.5	4.0	4.5	5.0	5.5	6.0
1 100	5.5	5.6	5.7	5.7	5.8	5.9	6.0	6.1	6.1	6.2	6.3	6.4
1 200	5.1	5.1	5.2	5.3	5.4	5.5	5.6	5.7	5.7	5.8	5.9	5.9
1 300	4.7	4.4	4.5	4.6	4.6	4.7	4.8	4.9	4.9	5.0	5.1	5.5
1 400	4.3	4.4	4.5	4.6	4.6	4.7	4.8	4.9	4.9	5.0	5.1	5.1
1 500	4.1	4.1	4.2	4.3	4.4	4.4	4.5	4.6	4.6	4.7	4.8	4.8
1600	3.8	3.9	4.0	4.0	4.1	4.2	4.3	4.3	4.4	4.5	4.5	4.6
1 700	3.6	3.5	3.5	3.6	3.7	3.8	3.8	3.9	4.0	4.0	4.1	4.2
1 800	3.4	3.5	3.5	3.6	3.7	3.8	3.8	3.9	4.0	4.0	4.1	4.2
1 900	3.2	3.3	3.4	3.4	3.5	3.6	3.7	3.7	3.8	3.9	3.9	4.0
2 000	3.1	3.1	3.2	3.3	3.4	3.4	3.5	3.6	3.6	3.7	3.8	3.8

注：$X_{直}$—直射射程（m）；v_0—初速（m/s）；c—弹道系数（43年定律）；$\theta_{0直}$—直射射角（mil），1 mil = 0.06°。

附表7(a) 最大射程 X_m 表

v_0 \ c	0.2	0.4	0.6	0.8	1.0	1.5	2.0	2.5	3.0	4.0	5.0	6.0
100	1 008.6	997.1	986.0	975.1	946.6	939.4	915.7	893.5	872.6	834.1	799.5	768.2
200	3 907.3	3 750.0	3 607.1	3 476.7	3 357.1	3 096.8	2 880.2	2 696.6	2 538.6	2 279.8	2 075.7	1 910.1
300	8 389.1	7 739.8	7 179.7	9 736.9	6 339.8	5 548.7	4 955.0	4 490.7	416.2	3 546.5	3 130.8	2 812.3
400	1 3067.6	1 252.9	10 011.0	9 080.0	8 344.0	7 012.4	6 100.9	5 428.3	4 907.4	4 146.2	3 611.7	3 212.7
500	17 793.7	14 406.4	12 343.5	10 917.3	9 852.9	8 044.1	6 877.7	6 047.7	5 420.5	4 526.1	3 911.9	3 460.2
600	22 981.9	17 704.8	14 698.8	12 721.5	1 305.0	9 007.1	7 590.7	6 610.3	5 883.4	4 865.7	4 179.1	3 679.9
700	29 302.1	2 121.1	17 133.0	14 542.2	12 742.3	9 933.5	8 266.4	7 138.9	6 315.8	5 180.7	4 425.6	3 882.0
800	37 414.0	25 012.3	19 664.6	16 395.8	14 177.3	10 831.6	8 911.6	7 639.3	6 722.8	5 475.9	4 655.4	4 070.3
900	46 859.7	29 967.7	22 296.9	18 281.6	15 610.4	11 701.0	9 527.3	8 112.9	7 105.8	5 750.9	4 869.8	4 244.8
1 000	58 129.3	35 348.1	25 313.1	20 213.8	17 055.4	12 547.7	1 017.8	8 563.3	7 468.5	6 010.5	5 071.5	4 409.4
1 100	70 936.8	42 430.2	28 862.5	22 194.3	18 509.4	1 371.8	10 682.6	8 990.1	7 810.3	6 253.5	5 259.2	4 561.8
1 200	85 063.6	50 696.0	32 502.9	24 501.5	19 969.7	14 171.4	11 222.0	9 394.0	8 133.0	6 482.0	5 434.8	4 704.4
1 300	100 417.6	59 985.0	37 323.4	27 036.4	21 440.6	14 949.8	11 736.7	9 777.2	8 436.6	6 695.2	5 599.6	4 837.4
1 400	116 830.4	70 130.3	43 043.0	29 448.1	23 100.1	15 709.6	12 230.2	10 139.9	8 721.9	6 896.0	5 753.3	4 962.8
1 500	134 224.0	80 988.7	49 496.4	32 564.5	24 972.0	16 450.1	12 700.6	10 483.5	8 992.2	7 083.7	5 896.5	5 078.1
1 600	152 580.0	92 461.9	56 544.2	36 144.3	26 608.8	17 176.6	13 152.9	10 809.9	9 247.7	7 260.9	6 031.2	5 187.1
1 700	171 999.5	104 515.4	64 097.7	40 269.8	28 441.4	17 892.1	13 588.2	11 121.6	9 489.8	7 427.7	6 259.1	5 290.1

续表

c / v_0	0. 2	0. 4	0. 6	0. 8	1. 0	1. 5	2. 0	2. 5	3. 0	4. 0	5. 0	6. 0
1 800	192 524. 2	117 137. 7	72 134. 4	44 922. 6	30 685. 4	18 601. 2	14 010. 0	11 420. 4	9 720. 6	7 585. 8	6 279. 1	5 386. 8
1 900	214 187. 9	130 321. 2	80 529. 6	50 024. 1	33 226. 8	19 306. 3	14 419. 3	11 707. 1	9 941. 4	7 737. 2	6 393. 5	5 479. 0
2 000	237 006. 3	144 102. 3	89 296. 3	55 493. 1	36 060. 5	20 019. 5	14 817. 8	11 983. 8	10 153. 0	7 880. 8	6 502. 3	5 566. 5

附表 7(b) 最大射程 θ_{0Xm} 表(单位:(°))

c / v_0	0. 20	0. 40	0. 60	0. 80	1. 00	1. 50	2. 00	2. 50	3. 00	4. 00	5. 00	6. 00
100. 00	44. 883	44. 805	44. 727	44. 602	44. 586	44. 383	44. 180	43. 969	43. 812	43. 453	43. 180	42. 867
200. 00	44. 688	44. 438	44. 250	44. 023	43. 766	43. 211	42. 711	42. 180	41. 758	40. 977	40. 367	39. 711
300. 00	44. 625	44. 187	43. 758	43. 422	43. 055	42. 180	41. 492	40. 797	40. 211	39. 117	38. 273	37. 586
400. 00	45. 359	44. 859	44. 344	43. 758	43. 320	42. 187	41. 281	40. 406	39. 680	38. 555	37. 516	36. 750
500. 00	46. 328	45. 422	44. 680	43. 922	43. 305	42. 055	40. 961	40. 016	39. 203	37. 977	36. 945	36. 117
600. 00	47. 500	46. 125	44. 945	44. 117	43. 367	41. 797	40. 602	39. 648	38. 812	37. 500	36. 414	35. 539
700. 00	47. 328	47. 109	45. 484	44. 383	43. 445	41. 641	40. 359	39. 336	38. 422	37. 047	35. 953	35. 094
800. 00	47. 289	50. 023	46. 258	44. 914	43. 727	41. 664	40. 172	39. 078	38. 141	36. 688	35. 547	34. 656
900. 00	49. 820	50. 844	47. 500	45. 531	44. 242	41. 789	40. 102	38. 891	37. 906	36. 320	35. 172	34. 289
1 000. 00	50. 680	51. 930	51. 688	46. 453	44. 820	41. 945	40. 133	38. 820	37. 648	36. 078	34. 922	33. 953
1 100. 00	51. 063	53. 375	49. 453	47. 453	45. 562	42. 242	40. 180	38. 719	37. 609	35. 875	34. 633	33. 641
1 200. 00	51. 180	54. 109	54. 516	52. 109	46. 312	42. 641	40. 375	38. 719	37. 406	35. 664	34. 398	33. 391
1 300. 00	51. 195	54. 602	55. 539	49. 719	47. 219	43. 000	40. 437	37. 719	37. 406	35. 500	34. 273	33. 211
1 400. 00	51. 188	54. 734	56. 297	54. 352	51. 516	43. 461	40. 742	38. 836	37. 445	35. 430	34. 094	33. 016
1 500. 00	51. 047	54. 922	56. 828	56. 578	50. 922	44. 062	40. 898	38. 961	37. 445	35. 336	33. 961	32. 820
1 600. 00	50. 961	54. 773	57. 180	57. 898	48. 484	44. 734	41. 203	38. 687	37. 383	35. 258	33. 766	32. 703
1 700. 00	50. 938	54. 766	57. 391	58. 359	55. 000	45. 391	41. 438	39. 203	37. 414	35. 258	33. 703	32. 625
1 800. 00	50. 906	54. 625	57. 438	58. 875	56. 758	45. 883	41. 836	39. 312	37. 594	35. 164	33. 633	32. 461
1 900. 00	20. 938	54. 625	57. 391	59. 141	58. 242	46. 594	42. 281	39. 391	37. 516	35. 266	33. 562	32. 281
2 000. 00	50. 930	54. 547	57. 398	59. 352	59. 492	48. 414	42. 562	39. 578	37. 734	35. 102	33. 523	32. 305

注:v_0 为初速(m/s)。

附表8　火箭外弹道 B_R, B_I 函数表

$$B_R = \int_{z_0}^{z} \frac{1}{2z}\sqrt{\frac{z_0}{z}}\cos(z - z_0)\,dz,\quad B_I = \int_{z_0}^{z} \frac{1}{2z}\sqrt{\frac{z_0}{z}}\sin(z - z_0)\,dz$$

z	0.50		0.55		0.60		0.65		0.70		0.75	
z_0	B_R	B_I	B_R	B_I	B_R	B_I	B_R	B_I	B_R	B_I	B_R	B_I
0.001	0.953 45	0.020 22	0.955 26	0.021 26	0.956 78	0.022 25	0.958 08	0.023 18	0.959 20	0.024 07	0.960 16	0.024 92
0.002	0.934 20	0.027 49	0.936 75	0.028 96	0.938 91	0.030 35	0.940 75	0.031 67	0.942 33	0.032 93	0.943 69	0.034 13
0.003	0.919 45	0.032 65	0.922 57	0.034 45	0.925 21	0.036 15	0.927 47	0.037 76	0.929 40	0.039 30	0.931 07	0.040 77
0.004	0.907 02	0.036 72	0.910 63	0.038 79	0.913 69	0.040 75	0.916 29	0.042 62	0.915 83	0.044 39	0.920 45	0.046 08
0.005	0.896 09	0.040 11	0.900 13	0.042 42	0.903 54	0.044 60	0.906 46	0.046 68	0.908 96	0.048 66	0.911 12	0.050 55
0.006	0.886 21	0.043 00	0.890 64	0.045 53	0.894 39	0.047 92	0.897 58	0.050 20	0.900 32	0.052 36	0.902 69	0.054 43
0.007	0.877 14	0.045 53	0.881 93	0.048 26	0.885 98	0.050 84	0.889 43	0.053 29	0.892 39	0.055 63	0.894 95	0.057 86
0.008	0.868 71	0.047 77	0.873 82	0.050 68	0.878 16	0.053 44	0.881 85	0.056 05	0.885 02	0.058 55	0.887 76	0.060 93
0.009	0.860 79	0.049 78	0.866 22	0.052 86	0.870 82	0.055 78	0.874 74	0.058 55	0.878 11	0.061 19	0.881 01	0.063 72
0.010	0.853 31	0.051 60	0.859 04	0.054 93	0.863 89	0.057 90	0.868 03	0.060 82	0.871 58	0.063 61	0.874 64	0.066 26
0.015	0.820 65	0.058 58	0.827 69	0.062 51	0.833 65	0.066 24	0.838 73	0.069 80	0.843 10	0.073 18	0.846 86	0.076 41
0.020	0.793 23	0.063 32	0.801 38	0.067 82	0.808 28	0.072 09	0.814 17	0.076 16	0.819 24	0.080 05	0.823 60	0.083 76
0.025	0.769 17	0.066 67	0.778 30	0.071 66	0.786 04	0.076 39	0.792 65	0.080 91	0.798 34	0.805 23	0.803 24	0.089 35
0.030	0.747 49	0.069 07	0.757 53	0.074 48	0.766 03	0.079 63	0.773 30	0.084 54	0.779 54	0.089 24	0.784 94	0.093 73
0.035	0.727 63	0.070 78	0.738 49	0.076 56	0.747 70	0.082 08	0.755 58	0.087 35	0.762 35	0.092 38	0.768 20	0.097 21
0.040	0.709 19	0.071 95	0.720 84	0.078 08	0.730 71	0.083 93	0.739 16	0.089 52	0.746 43	0.094 86	0.752 71	0.099 99
0.050	0.675 63	0.073 13	0.688 72	0.079 86	0.699 83	0.086 28	0.709 33	0.092 44	0.717 52	0.098 33	0.724 60	0.103 99
0.060	0.645 44	0.073 21	0.659 85	0.080 43	0.672 09	0.087 35	0.682 57	0.093 98	0.691 60	0.100 35	0.699 41	0.106 48
0.070	0.617 78	0.072 51	0.633 43	0.080 16	0.646 72	0.087 50	0.658 11	0.094 55	0.667 93	0.101 34	0.676 44	0.107 86
0.080	0.592 14	0.071 27	0.608 94	0.079 27	0.623 23	0.086 98	0.635 48	0.094 40	0.646 06	0.101 54	0.655 22	0.108 43
0.090	0.568 12	0.069 62	0.586 03	0.077 93	0.601 27	0.085 95	0.614 34	0.093 69	0.625 63	0.101 16	0.635 42	0.108 36
0.100	0.545 47	0.067 67	0.564 43	0.076 24	0.580 58	0.084 53	0.594 44	0.092 55	0.606 41	0.100 31	0.616 81	0.107 80
0.110	0.523 96	0.065 50	0.543 94	0.074 29	0.560 96	0.082 82	0.575 58	0.091 08	0.588 22	0.099 09	0.599 20	0.106 84
0.120	0.503 45	0.063 16	0.524 41	0.072 13	0.542 27	0.080 86	0.557 63	0.089 34	0.570 92	0.097 57	0.582 47	0.105 55
0.130	0.483 81	0.060 71	0.505 71	0.069 83	0.524 40	0.078 72	0.540 47	0.087 39	0.554 38	0.095 82	0.566 49	0.104 00
0.140	0.464 93	0.058 17	0.487 75	0.067 40	0.507 24	0.076 44	0.524 00	0.085 27	0.538 53	0.093 87	0.551 17	0.102 23
0.150	0.446 73	0.055 57	0.470 45	0.064 89	0.490 71	0.074 05	0.508 15	0.083 01	0.523 28	0.091 76	0.536 45	0.100 29
0.160	0.429 13	0.052 95	0.453 73	0.062 33	0.474 74	0.071 57	0.492 85	0.080 65	0.508 56	0.089 53	0.522 26	0.098 20
0.170	0.412 09	0.050 31	0.437 53	0.059 72	0.459 29	0.069 03	0.478 05	0.078 20	0.494 34	0.087 19	0.508 54	0.095 99
0.180	0.395 54	0.047 67	0.421 82	0.057 09	0.444 30	0.066 45	0.463 70	0.075 69	0.480 55	0.084 78	0.495 25	0.093 68
0.200	0.363 77	0.042 45	0.391 66	0.051 83	0.415 55	0.061 22	0.436 19	0.070 55	0.454 14	0.079 77	0.469 82	0.088 85
0.220	0.333 53	0.037 39	0.362 98	0.046 64	0.388 23	0.055 98	0.410 07	0.065 33	0.429 08	0.074 62	0.445 72	0.083 81
0.240	0.304 61	0.032 53	0.335 56	0.041 57	0.362 12	0.050 80	0.385 11	0.060 11	0.405 16	0.069 42	0.422 73	0.078 66
0.260	0.276 83	0.027 93	0.309 22	0.036 70	0.337 06	0.045 75	0.361 18	0.054 95	0.382 24	0.064 22	0.400 71	0.073 48

续表

z	0.50		0.55		0.60		0.65		0.70		0.75	
z_0	B_R	B_I	B_R	B_I	B_R	B_I	B_R	B_I	B_R	B_I	B_R	B_I
0.280	0.250 06	0.023 61	0.283 85	0.032 04	0.312 91	0.040 85	0.338 13	0.049 90	0.360 17	0.059 08	0.379 53	0.068 30
0.300	0.224 18	0.019 62	0.259 32	0.027 64	0.289 58	0.036 16	0.315 87	0.045 00	0.338 87	0.054 04	0.359 09	0.063 19
0.320	0.199 09	0.015 96	0.235 55	0.023 52	0.266 97	0.031 69	0.294 30	0.040 28	0.318 23	0.049 14	0.339 31	0.058 16
0.340	0.174 74	0.012 66	0.212 46	0.019 69	0.245 01	0.027 47	0.273 35	0.035 76	0.298 20	0.044 39	0.320 10	0.053 26
0.360	0.151 04	0.009 72	0.189 99	0.016 18	0.223 64	0.023 51	0.252 97	0.031 45	0.278 71	0.039 83	0.301 42	0.048 50
0.380	0.127 94	0.007 16	0.168 09	0.013 00	0.202 80	0.019 83	0.233 09	0.027 39	0.259 71	0.035 46	0.283 22	0.043 90
0.400	0.105 41	0.004 98	0.146 71	0.010 14	0.182 46	0.016 45	0.213 69	0.023 58	0.241 15	0.031 31	0.065 44	0.039 48
0.420	0.083 40	0.003 19	0.125 82	0.007 64	0.162 57	0.013 36	0.194 71	0.020 02	0.223 00	0.027 39	0.248 06	0.035 26
0.440	0.061 88	0.001 80	0.105 38	0.005 84	0.143 11	0.010 58	0.176 13	0.016 74	0.205 24	0.023 70	0.231 04	0.031 25
0.460	0.040 82	0.000 80	0.085 36	0.003 67	0.124 04	0.008 12	0.157 92	0.013 74	0.187 82	0.020 26	0.214 35	0.027 44
0.480	0.025 020	0.000 20	0.065 75	0.002 22	0.105 34	0.005 97	0.140 06	0.011 03	0.170 73	0.017 07	0.197 97	0.023 87
0.500			0.046 52	0.001 14	0.086 99	0.004 15	0.122 53	0.008 60	0.153 94	0.014 14	0.181 88	0.020 52
0.520			0.027 65	0.000 41	0.068 98	0.002 66	0.105 30	0.006 47	0.137 44	0.011 48	0.166 05	0.017 41
0.540			0.009 13	0.000 05	0.051 29	0.001 50	0.088 37	0.004 64	0.121 22	0.009 09	0.150 49	0.014 55

附表9　火箭外弹道 $B_{R\infty}$, $B_{I\infty}$ 函数表

$$B_{R\infty} = \int_{z_0}^{\infty} \frac{1}{2z} \sqrt{\frac{z_0}{z}} \cos(z - z_0)\,\mathrm{d}z, B_{I\infty} = \int_{z_0}^{\infty} \frac{1}{2z} \sqrt{\frac{z_0}{z}} \sin(z - z_0)\,\mathrm{d}z$$

z_0	$B_{R\infty}$	$B_{I\infty}$	z_0	$B_{R\infty}$	$B_{I\infty}$	z_0	$B_{R\infty}$	$B_{I\infty}$
0.001	0.960 40	0.037 67	0.600	0.286 51	0.262 29	8.500	0.012 57	0.057 48
0.002	0.944 06	0.052 16	0.620	0.279 99	0.260 93	9.000	0.012 24	0.053 74
0.003	0.931 55	0.062 85	0.640	0.273 72	0.259 54	9.500	0.011 57	0.050 07
0.004	0.921 03	0.071 56	0.660	0.267 67	0.058 11	10.000	0.010 48	0.046 69
0.005	0.911 79	0.079 07	0.680	0.261 85	0.256 67	10.500	0.009 03	0.043 85
0.006	0.903 45	0.085 66	0.700	0.256 23	0.255 22	11.000	0.007 41	0.041 66
0.007	0.895 81	0.091 59	0.750	0.243 01	0.251 51	11.500	0.005 87	0.040 21
0.008	0.888 71	0.096 99	0.800	0.230 67	0.247 75	12.000	0.004 69	0.039 41
0.009	0.882 07	0.101 97	0.850	0.219 69	0.243 96	12.500	0.004 07	0.039 03
0.010	0.875 79	0.106 58	0.900	0.209 35	0.240 21	13.000	0.004 10	0.038 77
0.015	0.848 52	0.125 79	1.000	0.190 86	0.232 74	13.500	0.004 71	0.038 32
0.020	0.825 80	0.140 76	1.100	0.174 83	0.225 47	14.000	0.005 69	0.037 44
0.025	0.806 02	0.153 67	1.200	0.160 82	0.218 43	14.500	0.006 75	0.036 00
0.030	0.788 33	0.163 51	1.300	0.148 50	0.211 66	15.000	0.007 56	0.034 03

续表

z_0	$B_{R\infty}$	$B_{I\infty}$	z_0	$B_{R\infty}$	$B_{I\infty}$	z_0	$B_{R\infty}$	$B_{I\infty}$
0.035	0.772 24	0.172 56	1.400	0.137 59	0.205 17	15.500	0.007 86	0.031 74
0.040	0.757 43	0.180 53	1.500	0.127 89	0.196 96	16.000	0.007 50	0.029 41
0.050	0.730 76	0.193 96	1.600	0.119 21	0.193 02	17.000	0.005 10	0.025 93
0.060	0.707 17	0.204 98	1.700	0.111 42	0.187 35	18.000	0.002 20	0.025 24
0.070	0.685 88	0.214 17	1.800	0.104 39	0.181 93	19.000	0.001 30	0.026 62
0.080	0.666 45	0.221 97	1.900	0.098 04	0.176 75	20.000	0.003 16	0.027 49
0.090	0.648 53	0.228 67	2.000	0.092 27	0.171 80	21.000	0.006 95	0.025 77
0.100	0.631 90	0.234 46	2.100	0.087 01	0.167 07	22.000	0.007 03	0.021 83
0.110	0.616 36	0.239 53	2.200	0.082 21	0.162 55	23.000	0.005 08	0.018 27
0.120	0.601 77	0.243 96	2.300	0.077 81	0.158 22	24.000	0.001 74	0.017 53
0.130	0.588 02	0.247 86	2.400	0.073 76	0.154 06	25.000	−0.000 05	0.019 59
0.140	0.575 01	0.251 30	2.500	0.070 04	0.150 09	26.000	0.001 48	0.021 83
0.150	0.562 67	0.254 33	2.600	0.066 59	0.146 27	27.000	0.004 85	0.021 45
0.160	0.550 92	0.257 02	2.700	0.063 40	0.142 60	28.000	0.006 95	0.018 02
0.170	0.539 72	0.259 39	2.800	0.060 44	0.139 06	29.000	0.005 71	0.014 04
0.180	0.529 02	0.261 50	2.900	0.057 68	0.135 70	30.000	0.002 11	0.012 64
0.200	0.508 95	0.265 00	3.000	0.055 11	0.132 45	31.000	−0.000 59	0.014 68
0.220	0.490 44	0.267 71	3.200	0.050 43	0.126 31	32.000	0.000 11	0.017 87
0.240	0.473 27	0.269 77	3.400	0.046 30	0.120 63	33.000	0.003 63	0.018 78
0.260	0.457 29	0.271 30	3.600	0.042 61	0.115 36	34.000	0.006 73	0.016 06
0.280	0.442 34	0.272 39	3.800	0.039 28	0.110 48	35.000	0.006 47	0.011 72
0.300	0.428 32	0.273 10	4.000	0.036 27	0.105 96	36.000	0.002 96	0.009 39
0.320	0.415 12	0.273 50	4.200	0.058 05	0.099 29	37.000	−0.000 64	0.010 89
0.340	0.402 68	0.273 62	4.400	0.078 48	0.088 06	38.000	−0.001 01	0.014 63
0.360	0.390 91	0.273 51	4.600	0.039 73	0.093 60	39.000	0.002 27	0.016 82
0.380	0.379 76	0.273 21	4.800	0.056 67	0.086 12	40.000	0.006 20	0.015 07
0.400	0.369 18	0.272 73	5.000	0.024 63	0.088 08	41.000	0.007 13	0.010 61
0.420	0.359 12	0.272 10	5.200	0.042 52	0.083 32	42.000	0.004 06	0.007 24
0.440	0.349 54	0.271 34	5.400	0.059 40	0.074 90	43.000	−0.000 22	0.007 86
0.460	0.340 40	0.270 46	5.600	0.028 81	0.080 01	44.000	−0.001 81	0.011 73
0.480	0.331 67	0.269 51	5.800	0.044 98	0.074 28	45.000	0.000 83	0.015 08
0.500	0.323 32	0.268 46	6.000	0.017 33	0.076 37	46.000	0.005 32	0.014 54

续表

z_0	$B_{R\infty}$	$B_{I\infty}$	z_0	$B_{R\infty}$	$B_{I\infty}$	z_0	$B_{R\infty}$	$B_{I\infty}$
0. 520	0. 315 33	0. 267 34	6. 500	0. 015 12	0. 072 05	47. 000	0. 007 51	0. 010 31
0. 540	0. 307 68	0. 266 15	7. 000	0. 013 74	0. 068 26	48. 000	0. 005 30	0. 006 03
0. 560	0. 300 33	0. 264 91	7. 500	0. 013 04	0. 064 71	49. 000	0. 006 32	0. 005 46
0. 580	0. 293 28	0. 263 62	8. 000	0. 012 74	0. 061 15	50. 000	−0. 002 23	0. 009 03

附表 10　火箭外弹道 R_L 函数表

$R_L(z_0, z) \times 10^5$

z_0 \ z	0. 2	0. 4	0. 6	0. 8	1. 0	1. 2	1. 4	1. 6	1. 8	2. 0
0. 00	6 656	13 253	19 729	26 026	32 095	37 880	43 342	48 443	53 149	57 437
0. 01	3 114	7 907	13 029	18 228	23 379	28 393	33 205	37 762	42 020	45 947
0. 02	2 129	6 204	10 777	15 527	20 302	24 998	29 542	33 875	37 947	41 723
0. 03	1 532	5 077	9 236	13 646	18 136	22 589	26 927	31 087	35 017	38 677
0. 04	1 124	4 239	8 058	12 185	16 436	20 685	24 854	28 866	32 675	36 237
0. 05	833	3 584	7 108	10 989	15 031	19 102	23 117	27 004	30 707	34 182
0. 06	615	3 051	6 315	9 977	13 831	17 743	21 621	25 393	29 000	32 396
0. 07	455	2 613	5 642	9 105	12 788	16 553	20 306	23 972	27 490	30 815
0. 08	329	2 241	5 058	8 338	11 864	15 494	19 131	22 698	26 135	29 391
0. 09	237	1 928	4 549	7 660	11 039	14 543	18 071	21 546	24 905	28 098
0. 10	169	1 661	4 101	7 054	10 296	13 681	17 107	20 495	23 780	26 913
0. 12	78	1 230	3 346	6 012	9 003	12 169	15 405	18 632	21 981	24 801
0. 14	30	906	2 738	5 149	7 913	10 881	13 945	17 023	20 047	22 963
0. 16	8	661	2 243	4 423	6 982	9 767	12 672	15 613	18 520	21 340
0. 18	2	475	1 837	3 808	6 177	8 793	11 550	14 636	17 161	19 889
0. 20	0	335	1 500	3 280	5 473	7 933	10 551	13 243	15 938	18 579
0. 30		32	501	1 535	3 046	4 821	6 851	9 023	11 268	13 527
0. 40		0	124	665	1 628	2 932	4 497	6 249	8 121	10 056
0. 50			13	243	827	1 741	2 928	4 327	5 880	7 532
0. 60			0	63	378	988	1 865	2 965	4 240	5 641
0. 70				6	144	521	1 145	1 992	3 025	4 201
0. 80				0	39	246	667	1 300	2 121	3 096

续表

z_0 \ z	0.2	0.4	0.6	0.8	1.0	1.2	1.4	1.6	1.8	2.0
0.90					4	95	358	813	1 451	2 247
1.00					0	27	172	482	961	1 598
1.20						0	19	127	364	740
1.40							0	14	98	286
1.60								0	12	78
1.80									0	9
2.00										0
2.20										
2.40										
2.60										
2.80										
3.00										
3.20										
3.40										
3.60										
3.80										
4.00										
4.20										
4.40										
4.60										
4.80										
5.00										
5.50										

附表 11　装液弹的斯图尔特森表

各种圆柱形弹腔(高 $2c$,直径 $2a$)、不同装填率 b^2/a^2($2b$ 为柱形空隙的直径)的流体频率和留数的斯图尔特森表

$b^2/a^2=0.00$						
τ_0	$n=1$		$n=2$		$n=3$	
	$\frac{c}{a(2j+1)}$	$2R$	$\frac{c}{a(2j+1)}$	$2R$	$\frac{c}{a(2j+1)}$	$2R$
0.00	0.995	0.000	0.487	0.000 0	0.310	0.000 0
0.02	1.018	0.058	0.490	0.007 0	0.319	0.001 9
0.04	1.042	0.118	0.503	0.014 4	0.327	0.004 0

续表

τ_0	$n=1$		$n=2$		$n=3$	
	$\frac{c}{a(2j+1)}$	$2R$	$\frac{c}{a(2j+1)}$	$2R$	$\frac{c}{a(2j+1)}$	$2R$
0.06	1.066	0.181	0.516	0.022 3	0.336	0.006 2
0.08	1.091	0.246	0.530	0.030 7	0.345	0.008 6
0.10	1.117	0.313	0.544	0.039 6	0.355	0.011 1
0.12	1.144	0.382	0.559	0.049 1	0.364	0.013 9
0.14	1.172	0.454	0.574	0.059 1	0.375	0.016 8
0.16	1.201	0.528	0.590	0.069 7	0.385	0.019 8
0.18	1.231	0.604	0.607	0.080 9	0.397	0.023 1
0.20	1.626	0.682	0.624	0.092 8	0.408	0.026 6
0.22	1.294	0.762	0.642	0.105 4	0.420	0.030 4
0.24	1.328	0.845	0.661	0.118 7	0.433	0.034 4
0.26	1.363	0.930	0.680	0.132 8	0.446	0.038 7
0.28	1.399	1.017	0.700	0.147 8	0.460	0.043 3
0.30	1.437	1.107	0.722	0.163 6	0.475	0.048 1
0.32	1.478	1.200	0.745	0.180 4	0.490	0.503 3
0.34	1.521	1.295	0.769	0.198 1	0.506	0.058 9
0.36	1.565	1.392	0.794	0.216 9	0.523	0.064 9

附表 12 中心爆管表

有中心爆管的各种圆柱形弹腔(高 $2c$,直径 $2a$,中心爆管直径 $2r$)的
流体频率和留数表(其装填率皆为 100%)

$r^2/a^2=0.002\,5$						
T_0	$n=1$		$n=2$		$n=3$	
	$\frac{c}{a(2j+1)}$	$2R$	$\frac{c}{a(2j+1)}$	$2R$	$\frac{c}{a(2j+1)}$	$2R$
0.00	0.981	0.000	0.465	0.000 0	0.299	0.000 0
0.02	1.005	0.057	0.477	0.006 3	0.307	0.001 9
0.04	1.028	0.117	0.490	0.013 0	0.316	0.003 9
0.06	1.053	0.178	0.503	0.020 2	0.324	0.006 0
0.08	1.078	0.242	0.517	0.027 9	0.333	0.008 3
0.10	1.104	0.309	0.531	0.036 1	0.343	0.010 8

续表

T_0	$n=1$		$n=2$		$n=3$	
	$\frac{c}{a(2j+1)}$	$2R$	$\frac{c}{a(2j+1)}$	$2R$	$\frac{c}{a(2j+1)}$	$2R$
0.12	1.130	0.377	0.546	0.044 9	0.352	0.013 4
0.14	1.158	0.448	0.561	0.054 1	0.363	0.016 2
0.16	1.187	0.521	0.577	0.064 0	0.373	0.019 2
0.18	1.217	0.597	0.593	0.074 6	0.384	0.022 4
0.20	1.248	0.674	0.610	0.085 7	0.396	0.025 8
0.22	1.280	0.755	0.628	0.097 6	0.408	0.029 5
0.24	1.314	0.837	0.647	0.110 2	0.420	0.033 3
0.26	1.349	0.922	0.666	0.123 6	0.433	0.037 5
0.28	1.385	1.009	0.687	0.137 8	0.447	0.041 9
0.30	1.424	1.098	0.708	0.152 9	0.461	0.046 7
0.32	1.464	1.190	0.730	0.168 9	0.477	0.051 8
0.34	1.506	1.284	0.754	0.185 9	0.493	0.057 3
0.36	1.550	1.381	0.779	0.203 9	0.510	0.063 1

参 考 文 献

[1] 浦发. 外弹道学 [M]. 北京：国防工业出版社，1980.
[2] 宋丕极. 枪炮与火箭外弹道学 [M]. 北京：兵器工业出版社，1993.
[3] 徐明友. 火箭外弹道学 [M]. 北京：兵器工业出版社，1989.
[4] 郭锡福. 底部排气弹外弹道学 [M]. 北京：国防工业出版社，1995.
[5] 杨绍卿，等. 火箭弹散布与稳定性分析 [M]. 北京：国防工业出版社，1979.
[6] 雷申科，等. 外弹道学 [M]. 韩子鹏，薛晓中，译. 北京：国防工业出版社，2000.
[7] 墨菲. 对称发射体的自由飞行运动 [M]. 韩子鹏，译. 北京：国防工业出版社，1984.
[8] 韩子鹏，等. 外弹道气象学 [M]. 北京：兵器工业出版社，1990.
[9] 李奉昌，韩子鹏. 弹丸非线性运动理论 [M]. 北京：兵器工业出版社，1988.
[10] 莫依舍夫. 充液刚体动力学 [M]. 韩子鹏，译. 北京：宇航出版社，1995.
[11] 金达根，任国民，苏根良. 试验外弹道学 [M]. 北京：兵器工业出版社，1991.
[12] 杨启仁. 子母弹飞行动力学 [M]. 北京：国防工业出版社，1999.
[13] 郭锡福，赵子华. 火控弹道模型理论及应用 [M]. 北京：国防工业出版社，1997.
[14] 曲延禄. 外弹道气象学 [M]. 北京：气象出版社，1987.
[15] 潘承泮. 武器弹药试验和检验的公算与统计 [M]. 北京：国防工业出版社，1980.
[16] Matthew S Smith. Stability and Dispersion Analysis for Rockets and Projectiles [M]. 北京：国防工业出版社，1975.
[17] Leverett Davis，James W Follin，Leon Blitzer. The Exterior Ballistics of Rockets [M]. Princeton：D. Van Nostrand Company，Inc.，1958.
[18] 杨炳尉. 标准大气参数的公式表示 [J]. 宇航学报，1983 (01)：83-86.
[19] 贾沛然，陈克俊，何力. 远程火箭弹道学 [M]. 长沙：国防科技大学出版社，2009.
[20] 张有济. 战术导弹飞行力学设计 [M]. 北京：宇航出版社，1996.
[21] 曾颖超，陆毓峰. 战术导弹弹道与姿态动力学 [M]. 西安：西北工业大学出版社，1990.
[22] 钱杏芳，等. 导弹飞行力学 [M]. 北京：北京理工大学出版社，2000.
[23] 严恒元. 飞行器气动特性分析与工程计算 [M]. 西安：西北工业大学出版社，1990.
[24] 臧国才，李树常. 弹箭空气动力学 [M]. 北京：兵器工业出版社，1989.
[25] 本书编写组. 箭弹空气动力特性分析与计算 [M]. 北京：国防工业出版社，1979.
[26] 董亮，等. 弹箭飞行稳定性理论及其应用 [M]. 北京：兵器工业出版社，1990.

[27] 路史光，等. 飞航导弹总体设计 [M]. 北京：宇航出版社，1991.
[28] 潘荣霖，等. 飞航导弹自动控制系统 [M]. 北京：宇航出版社，1991.
[29] 袁子怀，钱杏芳. 有控飞行力学与计算机仿真 [M]. 北京：国防工业出版社，2001.
[30] 干国强，邱致和. 导航与定位——现代战争中的北斗星 [M]. 北京：国防工业出版社，2000.
[31] 王儒策，刘荣忠. 灵巧弹药的构造与作用 [M]. 北京：兵器工业出版社，2001.
[32] 林代业，胡寿松. 自动控制原理 [M]. 北京：国防工业出版社，1980.
[33] 杨越宁，于世杰. 高等动力学及在弹箭设计中的应用 [M]. 沈阳：东北大学出版社，1993.
[34] 胡中辑，等. 最优控制原理及应用 [M]. 杭州：浙江大学出版社，1988.
[35] 祁载康. 制导弹药技术 [M]. 北京：北京理工大学出版社，2002.
[36] 文仲辉. 导弹系统分析与设计 [M]. 北京：北京理工大学出版社，1989.
[37] 谢钢. GPS 原理及接收机设计 [M]. 北京：电子工业出版社，2011.
[38] 赵捍东，刘庆上，王芳. 利用侧向脉冲力减小火箭弹散布的技术研究 [J]. 弹箭与制导学报，2004 (02)：49 -50 +57.
[39] 陈科山，马宝华，李世义，申强. 迫弹一维弹道修正引信阻力器结构的空气阻力特性研究 [J]. 北京理工大学学报，2004 (06)：477 -480 +491.
[40] 夏群力，祁载康，林德福. 超远程火炮弹药的无控及滑翔弹道优化研究 [J]. 弹箭与制导学报，2002 (02)：26 -30.
[41] 中国人民解放军总参谋部. 地面火炮外弹道表 (下册) [M]. 北京：国防工业出版社，1977.
[42] 徐明友，丁松滨. 飞行动力学 [M]. 北京：科学出版社，2003.
[43] 何颖，杨新民，易文俊，戴明祥. 计及重力补偿的卫星制导炮弹最优制导律设计 [J]. 弹道学报，2013，25 (02)：12 -16.
[44] 胡寿松. 自动控制原理 [M]. 北京：国防工业出版社，2000.
[45] 杨保民. 现代控制理论 [M]. 南京：南京理工大学，1996.
[46] 郭锡福. 远程火炮武器系统射击精度分析 [M]. 北京：国防工业出版社，2004.
[47] 闫章更，祁载康. 射表技术 [M]. 北京：国防工业出版社，2001.
[48] 李奉昌. 动力平衡角的直接算法 [J]. 兵工学报，1992 (01)：45 -51，65.
[49] 宋忠保. 探空火箭设计 [M]. 北京：中国宇航出版社，1993.
[50] Robert L McCoy. Modern Exterior Ballistics：The Launch and Flight Dynamics of Symmetric Projectiles [M]. Atglen，PA，US：Schiffer Publishing Ltd.，1999.
[51] W C Pitts，J N Nielsen，G E Kaatari. Lift and Center of Pressure of Wing-Body-Tail Combination at Subsonic，Transonic，and Supersonic Speeds [R]. NACA Rep. 1307，1957.
[52] Frank G Moore. Approximate Methods for Weapon Aerodynamics [M]. US：American Institute of Aeronautics and Astronautics，Inc.，2002.
[53] Robert L McCoy. "MC DRAG" - A Computer Program for Estimating the Drag Coefficients of Projectiles [R]. ARBRL-TR-02293，1981.

[54] STANAG 4655：An Engineering Model to Estimate Aerodynamic Coefficients [R]. NATO, 2010.

[55] 纪楚群. 导弹空气动力学 [M]. 北京：中国宇航出版社，1996.

[56] Gil Y Graff, Frank G Moore. Empirical Method for Predicting the Magnus Characteristics of Spinning Shells [J]. AIAA Journal, 1977, 15 (10).

[57] 韩子鹏，常思江，史金光. 弹箭非线性运动理论 [M]. 北京：北京理工大学出版社，2016.

[58] C H Murphy, W H Mermagen. Spin-Yaw Lock-In of a Rotationally Symmetric Missile [J]. Journal of Guidance, Control, and Dynamics, 2009, 32 (2)：378 - 383.

[59] 李东阳，常思江，王中原. 某弹箭转速 - 攻角闭锁数值仿真分析 [J]. 弹道学报，2016 (04)：12 - 16 + 29.

[60] Dongyang Li, Sijiang Chang, Zhongyuan Wang. Analytical Solutions and a Novel Application：Insights into Spin-Yaw Lock-In [J]. Journal of Guidance, Control, and Dynamics, 2017, 40 (6)：1472 - 1481.

[61] 刘怡昕. 炮兵射击学 [M]. 北京：海军出版社，2000.

[62] 王兆胜. 火炮射击精度分析的模型与应用 [M]. 北京：国防工业出版社，2013.

[63] 刘玉文，李俊，吴正龙，张跃华. 炮兵防空兵射击气象理论与应用 [M]. 北京：兵器工业出版社，2018.

[64] STANAG 4082 edition 1. Adoption of a Standard Artillery Computer Meteorological Message [S]. Military Agency for Standardization, NATO, 1969.

[65] STANAG 4082 edition 2. Adoption of a Standard Artillery Computer Meteorological Message [S]. Military Agency for Standardization, NATO, 2000.

[66] STANAG 4082 edition 3. Adoption of a Standard Artillery Computer Meteorological Message [S]. Military Agency for Standardization, NATO, 2012.

[67] STANAG 6022 edition 1. Adoption of a Standard Gridded Data Meteorological Message [S]. Military Agency for Standardization, NATO, 2005.

[68] STANAG 6022 edition 2. Adoption of a Standard Gridded Data Meteorological Message [S]. Military Agency for Standardization, NATO, 2010.

[69] Bernard Jones. Using Forecast Meteorological Data to Reduce the Artillery Error Budget [C]. The 30th International Symposium on Ballistics. Long Beach, CA, USA：IBS, 2017：131 - 142.

[70] Cogan J. Generation of a Gridded Meteorological Message (METGM) from Weather Research and Forecasting (WRF) Output Files and Initial Results [R]. ARL-TR-8801, 2019.

[71] Cogan J. Gridded Meteorological Messages (METGMs) with User-Selected Parameters from GRIB2 Formatted Model Output Files [R]. ARL-TR-8912, 2020.

[72] Ameer G Mikhail. Roll Damping for Projectiles Including Wraparound, Offset, and Arbitrary Number of Fins [J]. Journal of Spacecraft and Rockets, 1995, 32 (6)：929 - 937.

[73] Albisser M, Dobre S. Sensitivity Analysis for Global Parameter Identification：Application to Aerodynamic Coefficients [C]. IFAC Papers Online, 2018 (51 - 15)：963 - 968.

[74] Gross M, Costello M. Smart Projectile Parameter Estimation Using Meta-Optimization [J]. Journal of Spacecraft and Rockets, 2019, 56 (5): 1508 – 1519.

[75] Zhongxiang Xu, Lixin Chen. New Evaluation Method for Shared Firing Table of Two Ammunition Types [C]. 2020 International Conference on Defence Technology, ICDT 2020 Spring Edition-Other Defence Technologies.